彩 页 目 录

中冶赛迪集团有限公司……封二
长沙众城石油化工有限责任公司……A1
海门市油威力液压工业有限责任公司……A2
中冶连铸技术工程股份有限公司……A4
中冶南方工程技术有限公司……A5
宁波东力传动设备股份有限公司……A6
武汉南星冶金设备备件有限公司……A8
江阴兴澄特种钢铁有限公司……A9
常州宝菱重工机械有限公司……A10
西安重型机械研究所……A12
上海重矿连铸技术工程有限公司……A14
浙江恒久诸暨特种链条有限公司……B1
上海新中冶金设备有限公司……B2
上海海鹏特种车辆有限公司……B3
镭目公司……B4
安徽马钢工程技术有限公司……B6
重庆钢铁集团设计院……B7
武汉钢铁重工集团有限公司……B8
武汉钢铁股份有限公司……B9
邯郸钢铁集团有限责任公司……B10
河北钢铁集团承钢公司……B11
达涅利冶金设备（北京）有限公司……B12
SKF(中国)销售有限公司……B13
极东贸易（上海）有限公司……B14
北京市捷瑞特弹性阻尼体技术研究中心……B18
江苏大峘集团有限公司……B20
无锡市长江液压缸厂……B21
山东宏康装备集团……B22
大连国威轴承制造有限公司……B26
江西剑光节能科技有限公司……B28
郑州烨化燃气烘炉有限公司……B29
天津市征远专业烘炉服务有限公司……B30
广州市凯棱工业用微波设备有限公司……B31
山东省四方技术开发有限公司……B32
吉林市泽诚冶金设备有限公司……B34
中国长江航运集团电机厂……B35
北京欧洛普过滤技术开发公司……B36
北京中冶华润科技发展有限公司……B37
太原馨泓机电设备有限公司……B38
北京斯蒂尔罗林科技发展有限公司……B42
北京京诚之星科技开发有限公司……B44
成都攀成钢冶金工程技术有限公司……B46
北京金自天成液压技术有限责任公司……B47
中冶焊接科技有限公司……B48
浙江大鹏重工设备制造有限公司……B49
国家冷轧板带装备及工艺工程技术研究中心……B50
北京中冶迈克液压有限责任公司……B51
北京安期生技术有限公司……B52
佛山市科达液压机械有限公司……B53
青岛康泰重工机械有限公司……B54
无锡谐圣环保设备有限公司……B55
上海施威焊接产业有限公司……B56
襄阳博亚精工装备股份有限公司……B57
开封空分集团有限公司……B58
廊坊市双飞碟簧厂……B59
安丘浩宇结晶器有限公司……B60
上海自润轴承有限公司……B61
哈尔滨广旺机电设备制造有限公司……B62
五矿邯邢矿业霍邱机械设备有限公司……B63
泰尔重工股份有限公司……B64

※ *极薄板轧制、平整技术：*

通过采用变增益伺服控制技术、非接触式干平整粉尘处理技术、合理布置带钢通道等专有技术，有效解决了极薄板产品生产中存在的厚度精度差、板形控制能力不足、高速轧制稳定性差、穿带时间长等问题，极大地提高了客户核心产品竞争力。

※ *热轧高强平整矫直技术：*

自主研发的多功能高品质热轧平整技术，在原有热轧平整机组上增设氧化铁皮处理工艺段以及残余应力处理工艺段，使热轧平整机组的产品质量在表面质量、残余应力水平两个关键指标上得到进一步提升，做到产品高品质；使轧辊、矫直辊、以及机组重要零部件的消耗进一步降低，做到生产低成本；降低对操作人员的健康损害、对环境的污染，做到环境无损害。

※ *低消耗板面清洁技术：*

“低消耗板面清洁技术”是一套完整的技术体系，包含乳化液喷射特性控制技术、无吹扫板面清洁技术以及无吹扫乳化液回流阻断技术等，实现了冷轧轧制过程的清洁生产，逐步取代传统轧制中采用压缩空气吹扫，大幅提高带钢表面质量、降低轧制电耗。

※ *不锈钢平整技术：*

满足不锈钢平整工艺的特殊需求，中冶南方轧机事业部开发了大辊径二辊平整机组。该机组采用了轧辊在线抛光、轧辊正负弯辊、带钢保护、垫纸展平、断纸保护、转向辊清洁保护等多种技术，并成功应用于宝钢特殊钢分公司不锈钢和特殊钢的生产。打破了国外公司在国内不锈钢领域平整机组的长期垄断，大幅度降低工程建设投资。

宝钢特钢两辊可逆平整机

※ *金属复合材料轧制技术：*

随着金属复合材料的迅速发展和日益扩大的市场需求，公司在复合材料领域（包括不锈钢-钢复合、钛-钢复合、铝-钢复合等）也积极拓展，可以根据各钢厂现有的中厚板轧机、热轧和冷轧等进行轧制能力盒设备配置情况进行技术评估，根据机组的现状进行技术改造并开发适合其生产的产品品种，在尽可能减少费用投资的情况下让客户开辟新的市场领域。

宝钢冷轧薄板厂双机架六辊平整机

在钢铁企业竞争日趋严重的今天，公司力求做到在产品质量、生产消耗、环境压力等方面为钢铁生产企业提升竞争力。

莱钢2号单机架六辊可逆轧机

首钢京唐单机架四辊平整机

日照热轧平整分卷机组

地 址：湖北省武汉市东湖新技术开发区大学园路33号
网 址：www.WISDRI.com
电 话：027-81997955 81997928
传 真：027-81997980
邮 箱：08208@wisdri.com

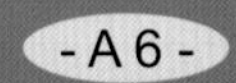

东力是中国传动领域著名的领导性厂商之一。

公司生产基地分设于江北工业园区、宁波国家高新区、江东仇毕工业区、杭州湾新区、天津北辰开发区，总占地面积95万平方米。公司以工业齿轮箱和工业电动机为核心业务，以大功率重载齿轮箱、模块化减速器、模块化减速电机、模块化电动机以及风力发电齿轮箱核心发展产品，在齿轮行业中占有重要的地位。

2007年8月，公司公开发行股票成功（证券简称：东力传动，证券代码：002164），成为齿轮行业率先在A股上市的企业。

近年来，公司为适应新时期发展要求，实现科学、可持续的发展，每年投入巨资，致力于树立中国传动行业的典范。

东力秉承“忠信笃敬，止于至善”的核心价值观，始终专注于传动设备，服务于高端市场，以卓越的品质向客户提供整体的传动解决方案。

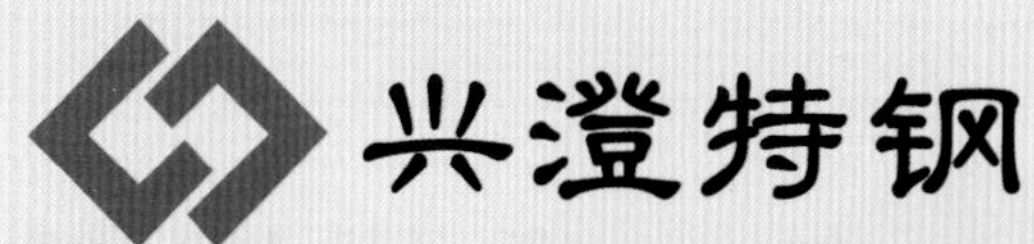

江阴兴澄特种钢铁有限公司是由香港中信泰富有限公司投资建立，隶属中信泰富特钢集团公司，年产优特钢能力达600万吨，现为国内最大的优特钢板材和棒材生产基地之一。精品钢板主要用于管线、钢构、桥梁、风电、压力容器等行业，精品棒材主要有高标准轴承钢、高级齿轮钢、合金弹簧钢、合金管钢、油田用钢、高级系泊链钢、帘线钢、易切削非调质钢等，是中国最大的特殊钢“替代进口”生产基地和出口基地之一。

公司采用当今世界最先进工艺装备技术，不仅建成投产3500mm炉卷生产线和4300mm中厚板生产线，具备年产300万吨板（卷）的能力；还拥有中国最先进的精品棒材生产线5条，具备年产300万吨棒材的生产能力。

公司地处江苏省江阴市经济开发区，北临长江，自建10万吨级远洋专用码头，南接锡澄、沿江沪宁高速公路，拥有公路、内河、长江和远洋海运等发达的交通物流优势。

公司的战略目标：建成全球最具竞争力的特钢企业。

Coherence and Refinement Building Word

(1)印度JSL不锈钢连铸

(2)出口东京2号扇形段

(3)宝钢罗泾大方坯活动段

(4)巴西A钢连铸大包回转台

(5)出口结晶器

(6)1880热轧机组

(7)卡罗塞尔卷取机

(8)地下卷取机

(9)双边剪

(10)印度JSPL剪切线剖分剪

◆设计及制造能力

宝菱重工具备连铸设备、轧制设备、工艺线设备和各类冶金工具件的设计开发能力以及成套设备总成能力。公司拥有一支以各类中高级专业技术人才为主体的设计队伍，通过与国内外知名设计商合作，特别是引进三菱日立的先进设计技术，公司完成了各类冶金成套设备的设计工作，形成了相关专业和领域的配套能力，具有较强的设计开发能力和丰富的产品设计经验。随着三菱日立技术转让及宝菱工程一体化工作的推进，公司自主研发、设计、制造水平不断提升，总包完成了宝钢不锈钢分公司TCM轧机项目;完成了酒钢1680mm酸轧机组入、出口段机械设备详细设计，及全部机械设备的国产化；并承接了梅钢地下卷取机等EP项目。公司具有铸铁、铸钢、热处理、金属切削加工等配套齐全的制造加工能力，引进了国际最先进的大型数控落地镗铣床、数控龙门铣床、数控加工中心、数控立车等关键设备，建有100吨级、200吨级、300吨级等系列化重型厂房和开卷卷取机加工中心、轴承座加工中心、连铸机装配中心、轧机制造中心等专业化生产线，公司已成为规模化、专业化、现代化的重型设备制造基地。

钢液真空精炼专业

炉外精炼装备研究所

成立于20世纪60年代，主要从事RH真空循环除气成套设备、VD真空除气成套设备、LF钢包精炼炉、VOD真空吹氧脱碳成套设备、精炼设备耐材喷补机与真空除气设备高压水清灰装置等设计与供货服务。该专业配置有高效蒸汽喷射真空系统试验室。50年来，先后开发设计了我国首台VOD炉、VD/VOD炉、DH真空除气设备、250t真空铸锭设备和30t ASEA-SKF真空除气等设备，近两年又成功地为宝钢、攀钢、莱钢、本钢、梅钢等设计了多套国产化的RH设备；为钢铁、化工等行业设计/制造了二百余台（套）的真空精炼设备与蒸汽喷射真空泵系统。获国家级、省部级科技进步二等奖以上六项（含国家科技进步二等奖二项），三等奖多项。

RH

LF

VD

地址：西安·辛家庙　　邮编：710032
电话：029-86322353　86322323　86322556
传真：029-86713965　　　邮编：710032
网址：www.xaheavy.com
邮箱：office@xaheavy.com

冶金设备产品手册

《冶金设备产品手册》编辑委员会
中国金属学会冶金设备分会　编
北方中冶（北京）工程咨询有限公司

北　京
冶金工业出版社
2014

内 容 简 介

本书精选了我国近年来在冶金矿山设备、炼铁设备、炼钢设备、轧钢设备、表面及热处理设备以及钢铁行业其他领域设备方面的优秀设备产品和技术，初步总结汇编了改革开放以来我国在引进、消化、吸收国外冶金装备技术基础上进行自主创新和国产化开发的具有自主知识产权的重要成果。内容可以反映当前我国冶金设备的研发、设计、制造及工程应用水平，方便行业主管部门把握我国冶金设备领域的发展现状和趋势，服务我国钢铁行业新建或改造工程进行设备设计与选型，也可为冶金设备设计单位和重型机械制造行业技术或战略决策提供参考。

本书的主要读者对象是钢铁行业和冶金设备研发、设计、制造及工程建设单位的机械工程师、工艺工程师、电气工程师，以及工程建设与管理人员，也可供科研院所、学校相关专业人员参考。

图书在版编目(CIP)数据

冶金设备产品手册/《冶金设备产品手册》编辑委员会，中国金属学会冶金设备分会，北方中冶（北京）工程咨询有限公司编．—北京：冶金工业出版社，2014.10

ISBN 978-7-5024-6710-4

Ⅰ.①冶…　Ⅱ.①冶…　②中…　③北…　Ⅲ.①冶金设备—手册　Ⅳ.①TF3-62

中国版本图书馆CIP数据核字(2014)第228175号

出 版 人　谭学余
地　　址　北京市东城区嵩祝院北巷39号　邮编　100009　电话　(010)64027926
网　　址　www.cnmip.com.cn　电子信箱　yjcbs@cnmip.com.cn
责任编辑　杨盈园　美术编辑　彭子赫　版式设计　孙跃红
责任校对　石　静　责任印制　牛晓波
ISBN 978-7-5024-6710-4
冶金工业出版社出版发行；各地新华书店经销；三河市双峰印刷装订有限公司印刷
2014年10月第1版，2014年10月第1次印刷
210mm×285mm；39.5印张；39彩页；1431千字；615页
180.00元

冶金工业出版社　投稿电话　(010)64027932　投稿信箱　tougao@cnmip.com.cn
冶金工业出版社营销中心　电话　(010)64044283　传真　(010)64027893
冶金书店　地址　北京市东四西大街46号(100010)　电话　(010)65289081(兼传真)
冶金工业出版社天猫旗舰店　yjgy.tmall.com

编辑委员会名单

序　言

中国金属学会冶金设备分会组织专家学者编著的《冶金设备产品手册》就要和读者见面了，学会认为这是一件很有意义的事。

冶金设备一头连着冶金行业，一头连着机械制造行业，既是从“钢铁大国”向“钢铁强国”转变的重要支撑条件和标志，也是从“制造大国”向“制造强国”跨越必须攻克的标志性技术产品。因此，冶金设备不仅为我国国民经济和社会发展始终做出重要贡献，而且对于未来实现中华民族伟大复兴的“中国梦”也是不可或缺的。

路甬祥曾指出：我们为之奋斗的制造强国绝不是仅仅基于传统技术和产品的强国，而必须是适应新时代、掌握新技术、满足新需求的制造强国。中国不仅要拥有强大的以家电和电子元器件为代表的轻型的规模产品制造能力，还要拥有强大的以发电设备、冶金石化设备和汽车生产装备为代表的重型的重大装备制造能力，更要拥有强大的以微电子、光电子制造设备、微机电系统和生物工程为代表的新型的高技术装备制造能力。

改革开放以来，我国冶金装备的引进消化、集成创新、自主研制的工作均取得了重大成果，骨干企业的在役冶金装备的整体技术水平跨入世界先进行列，实现了从过去以引进为主到目前以自主研制为主的重大转变。行业主导的大型冶金装备自主创新切实推动了我国冶金装备现代化、自主化的进程。中国钢铁工业装备技术水平得到大幅提升，冶金装备的现代化取得长足进步，骨干企业主流程工艺装备达到了世界先进水平。冶金装备的自主化设计、制造、集成工作也都取得巨大成就，自主集成能力大大增强，装备国产化率大幅提高。我国冶金装备的集成创新及工程应用成果层出不穷，令国人振奋，令世界惊异。

但是，也应该看到存在的差距，我国冶金装备技术的创新能力以及我国冶金装备的自主化与国产化仍需要继续努力。我国目前仍有少量尚不能完全自主研制而需要引进的关键装备和部件；自主研制的大型连续轧制及后处理机组与全引进的国外同类机组相比，在设备精度与运行稳定性、可靠性方面仍存在一定差距；冶金装备国产化急需实现从“点”（单体设备）到“线”（生产线）再到“面”（生产厂）的突破，急需实现从装备集成向装备、工艺、控制综合集成的跨越；冶金装备技术自主首创原创能力不足、前瞻性技术储备缺乏、自主知识产权意识淡薄，诸多因素制约了我国成为世界冶金装备研究与创新的中心。

进入21世纪第二个10年，中国钢铁行业遭遇了前所未有的困难和挑战。“产能严重过剩，微利运营，资源能源‘瓶颈’、环境压力趋紧，产业集中度偏低，经营形势严峻”等等，一系列问题紧迫地摆在中国钢铁工业面前。面对这些问题，我国钢铁行业的基本对策是钢铁企业要依靠技术和管理创新，提升竞争力、延伸产业链和实现绿色钢铁。通过提升竞争力，降低成本，提高产品质量，追求高附加值钢材品种，提高利润率，走向国际市场。在提高竞争力过程中，减量重组减少过剩产能，提高产业集中度，延伸产业链，实现服务型钢铁制造业，节能减排，实现钢铁工业向“绿色制造和制造绿色”战略转型。因此，中国钢铁工业因危机逼迫进入新的发展阶段，调整产业结构和行业发展模式，推动钢铁产业由大变强。这必将要求进一步提高我国钢铁工业的装备水平，尤其是我国冶金装备的自主化能力及应用水平，以冶金装备的“智能、数控、绿色”化支撑中国钢铁工业的转型和复兴。这也许是冶金设备行业一个新的重大机遇。

冶金设备是工艺的实现手段和载体，也是产品的制造工具和质量保障条件。冶金工艺的变化和发展是冶金设备技术进步的主要推动力。同时，冶金设备的技术进步有时也能引发和促进冶金工艺及产品的技术进步，甚至有时可能会因为设备研发滞后而导致某项新工艺技术长期处于“中试”甚至“概念”状态。因此，《冶金设备产品手册》不仅愿意服务冶金设备专业人员，也愿意为冶金工艺及过程控制领域的自主创新贡献片砖只瓦。

冶金设备分会始终关注和服务于我国冶金设备的自主创新工作及进展，本辑《冶金设备产品手册》本意拟对过去全行业所取得成绩给予概括总结，但是由于编写者的能力和条件所限，手册中难免存在遗漏和谬误。在此，编写组首先向读者和当事方致歉，并恳请批评指正，我们愿意在编著下一辑《冶金设备产品手册》时更正和补充。

《冶金设备产品手册》编写组

2014 年 8 月 15 日于北京

目 录

1 矿山设备 …… 1
1.1 湖南有色重型机器有限责任公司 …… 1
1.1.1 凿岩台车 …… 1
1.1.2 潜孔钻机 …… 3
1.1.3 铲运机 …… 6
1.2 中船重工中南装备有限责任公司 …… 8
1.2.1 凿岩机 …… 8
1.2.2 凿岩台车 …… 9
1.3 张家口宣化华泰矿冶机械有限公司 …… 9
1.3.1 钻凿设备 …… 9
1.4 南昌凯马有限公司 …… 13
1.4.1 钻凿设备 …… 13
1.5 湖南山河智能机械股份有限公司 …… 14
1.5.1 潜孔钻机 …… 14
1.5.2 露天液压钻车 …… 16
1.6 沃尔沃建筑设备（中国）有限公司 …… 17
1.6.1 挖掘机 …… 17
1.7 太原重工股份有限公司 …… 20
1.7.1 装运设备 …… 20
1.8 徐工集团工程机械有限公司 …… 31
1.8.1 装载机 …… 31
1.8.2 运输设备 …… 35
1.8.3 推土机 …… 37
1.9 北方重工集团有限公司 …… 41
1.9.1 带式输送机 …… 41
1.10 郑州同力重型机器有限公司 …… 43
1.10.1 带式输送机 …… 43
1.11 山西新富升机器制造有限公司 …… 43
1.11.1 竖井提升设备 …… 43
1.12 常州御发工矿设备有限公司 …… 46
1.12.1 无极绳运输 …… 46
1.13 北京安期生技术有限公司 …… 48
1.13.1 铲运机 …… 48
1.13.2 地下运输主辅设备 …… 64
1.14 爱斯太克骨料及矿山集团 …… 77
1.14.1 破碎设备 …… 77

1.15 特雷克斯南方路机（泉州）移动破碎设备有限公司 …… 79
1.15.1 破碎设备 …… 79
1.15.2 筛分设备 …… 82
1.16 上海建设路桥机械设备有限公司 …… 85
1.16.1 破碎设备 …… 85
1.17 中国有色（沈阳）冶金机械有限公司 …… 91
1.17.1 破碎设备 …… 91
1.17.2 粉磨设备 …… 93
1.18 塔克拉夫特诺恩采矿技术（北京）有限公司 …… 97
1.18.1 破碎设备 …… 97
1.19 内蒙古高尔得矿山设备制造有限责任公司 …… 99
1.19.1 公司介绍 …… 99
1.19.2 粉磨设备 …… 99
1.20 郑州金泰选矿设备有限公司 …… 100
1.20.1 选别与脱水设备 …… 100
1.21 赣州金环磁选设备有限公司 …… 103
1.21.1 SLon 磁选机 …… 103
1.22 湖南科美达电气股份有限公司 …… 104
1.22.1 CTB（N、S）永磁湿式筒式磁选机 …… 104
1.23 烟台鑫海矿山机械有限公司 …… 105
1.23.1 磁选机 …… 105
1.23.2 浮选机 …… 106

2 炼铁设备 …… 109
2.1 江苏大峘集团有限公司 …… 109
2.1.1 矿渣微粉 GGBS …… 109
2.1.2 高炉喷煤系统 …… 110
2.2 江苏宏大特种钢机械厂有限公司 …… 111
2.2.1 链箅机 …… 111
2.3 太原重工股份有限公司 …… 113
2.3.1 焦化设备 …… 113
2.4 南通申东冶金机械有限公司 …… 117
2.4.1 高炉送风装置 …… 117
2.5 石川岛（上海）管理有限公司 …… 120
2.5.1 高炉 …… 120
2.6 鞍钢重型机械有限责任公司 …… 120
2.6.1 炼铁高炉全液压泥炮 …… 120
2.6.2 高炉铸铁冷却壁 …… 122
2.6.3 高炉风口 …… 122
2.7 中冶赛迪工程技术股份有限公司 …… 123
2.7.1 不积泥旋流沉淀池 …… 123

2.7.2 新型球体转动接头 …… 124
2.8 北京中冶设备研究设计总院有限公司 …… 125
2.8.1 高炉煤气取样机 …… 125
2.8.2 炉前起重机 …… 125
2.8.3 高炉开铁口机 …… 127
2.8.4 移盖机 …… 128
2.8.5 高炉炉顶点火装置 …… 129
2.8.6 高炉炉顶测温装置 …… 130
2.8.7 炉顶机械料面探尺 …… 130
2.8.8 铁沟残铁开口机 …… 130
2.8.9 摆动流嘴装置 …… 131
2.8.10 风口及直吹管更换机 …… 131
2.8.11 烧结烟气脱硫成套设备 …… 132
2.8.12 冷水底滤法水冲渣成套设备 …… 135

3 炼钢设备 …… 137
3.1 中冶连铸技术工程股份有限公司 …… 137
3.1.1 高效板坯连铸机 …… 137
3.1.2 大方/圆坯、异形坯连铸机 …… 140
3.1.3 多流数优质钢高效小方坯连铸机 …… 144
3.1.4 板坯连铸设备 …… 145
3.1.5 大方/圆坯、异形坯、多流小板坯连铸设备 …… 157
3.1.6 小型方坯、圆坯连铸设备 …… 164
3.2 上海重矿连铸技术工程有限公司 …… 172
3.2.1 连铸设备 …… 172
3.3 秦皇岛首钢长白结晶器有限责任公司 …… 174
3.3.1 连铸结晶器（方坯、矩形坯结晶器、圆坯结晶器） …… 174
3.4 浙江大鹏重工设备制造有限公司 …… 175
3.4.1 板坯连铸无磁辊 …… 175
3.5 达涅利冶金设备（北京）有限公司 …… 176
3.5.1 达涅利在宝钢4号双流连铸机 …… 176
3.5.2 达涅利在包头钢铁集团公司新建125万吨厚板坯连铸机 …… 177
3.5.3 达涅利在比利时CARSID新宽板坯连铸机 …… 177
3.5.4 达涅利在阿塞洛集团双流板坯连铸机 …… 178
3.5.5 达涅利在邯郸钢铁集团公司新建520万吨双流板坯连铸机 …… 179
3.6 石川岛（上海）管理有限公司 …… 180
3.6.1 带坯连铸机 …… 180
3.6.2 高可靠性的连铸线用数控式步进控制液压缸 …… 180
3.7 中冶赛迪工程技术股份有限公司 …… 180
3.7.1 板坯连铸机 …… 180
3.7.2 大方坯连铸机 …… 200

3.7.3　小方坯连铸机 …… 212
3.7.4　异形坯连铸机 …… 223
3.7.5　CISDI 圆坯连铸机 …… 231
3.8　西安新达炉业工程有限责任公司 …… 233
3.8.1　VD/VOD 小吨位环保型钢包精炼炉 …… 233
3.8.2　矿热炉 …… 234
3.8.3　电熔耐火材料炉 …… 236
3.9　西安桃园冶金设备工程公司 …… 237
3.9.1　电熔耐火材料炉 …… 237
3.9.2　废渣金属回收电弧炉 …… 237
3.9.3　HX 炼钢电弧炉（EAF） …… 237
3.9.4　LF 钢包精炼炉 …… 239
3.10　石川岛（上海）管理有限公司 …… 240
3.10.1　电弧炉 …… 240
3.10.2　再加热炉 …… 240
3.10.3　热处理炉 …… 240
3.11　江西剑光节能科技有限公司 …… 241
3.11.1　高效节能炼钢连铸火焰切割装置 …… 241
3.12　中冶焊接科技有限公司 …… 244
3.12.1　连铸坯火焰切割成套技术 …… 244
3.13　极东贸易（上海）有限公司 …… 245
3.13.1　引进火焰清理机的必要性说明 …… 245
3.14　上海新中冶金设备有限公司 …… 249
3.14.1　火焰切割机 …… 249
3.15　北京中冶设备研究设计总院有限公司 …… 250
3.15.1　新型 150t 转炉设备 …… 250
3.15.2　钢渣处理装置 …… 252
3.15.3　铁水预脱硫站 …… 254
3.15.4　转炉湿法煤气除尘回收装置 …… 259
3.15.5　扒渣机系列 …… 260
3.15.6　钢包/铁包烘烤器设备 …… 262
3.15.7　锥形氧枪 …… 266
3.15.8　双向倾翻钢包自动加取盖装置 …… 266
3.15.9　干式机械泵真空系统 …… 267
3.15.10　RH 精炼炉插入管自动喷涂机 …… 268
3.15.11　YZRG－Ⅱ型高炉遥控自动热喷补装置 …… 269
3.15.12　DJR1－5 型中间包喷涂机器人 …… 270

4　轧钢设备 …… 271
4.1　太原馨泓机电设备有限公司 …… 271
4.1.1　钢管轧机设备 …… 271

4.2 达涅利冶金设备（北京）有限公司 …… 273
4.2.1 轧机 …… 273
4.3 山东省冶金设计院股份有限公司 …… 278
4.3.1 全自动短应力线轧机清洗机 …… 278
4.3.2 螺纹钢生产线强化收集系统 …… 278
4.4 北京斯蒂尔罗林科技发展有限公司 …… 280
4.4.1 SR12/20 - 1450mm 单机架可逆式冷轧机组（中国发明专利号：200810215583.4） …… 280
4.4.2 SR12 - 1450mm 双机架可逆式冷轧机组 …… 281
4.4.3 SR18 - 1450mm 单机架可逆式冷轧机组 …… 281
4.4.4 SR20 二十辊单机架可逆式冷轧机组（中国发明专利号：200810215582.X） …… 282
4.5 江阴兴澄特种钢铁有限公司 …… 283
4.5.1 轧钢设备万能轧机 …… 283
4.6 厦门正黎明冶金机械有限公司 …… 284
4.6.1 轧钢设备万能轧机 …… 284
4.7 中冶南方工程技术有限公司 …… 285
4.7.1 9 辊矫直机 …… 285
4.7.2 1250mm 双机架平整机 …… 286
4.7.3 1950mm 单机架汽车板平整机组 …… 288
4.7.4 1500mm 不锈钢平整机 …… 289
4.7.5 单机架可逆轧机 …… 290
4.7.6 冷热兼容平整机组 …… 293
4.7.7 热轧矫直平整机组 …… 294
4.8 鞍钢重型机械有限责任公司 …… 296
4.8.1 中厚板机械式高位取钢机的研制 …… 296
4.9 中冶赛迪工程技术股份有限公司 …… 298
4.9.1 LZW 型拉矫破鳞机 …… 298
4.9.2 高架式出钢机 …… 299
4.9.3 无机架钢坯热剪机 …… 300
4.9.4 卷取机组 …… 302
4.9.5 热轧带钢生产线粗轧除鳞机 …… 306
4.9.6 热轧带钢生产线带附着立辊的四辊可逆粗轧机 …… 307
4.9.7 热轧带钢生产线转鼓式飞剪 …… 309
4.9.8 热轧带钢生产线曲柄式飞剪 …… 311
4.9.9 热轧带钢生产线精轧机组 …… 313
4.9.10 热轧带钢生产线层流冷却 …… 317
4.9.11 热轧平整机组 …… 319
4.9.12 热轧分卷机组 …… 322
4.9.13 热轧横切机组 …… 325
4.9.14 中厚板冷矫直机 …… 328
4.9.15 中厚板热矫直机 …… 330
4.9.16 六辊矫直机 …… 332

4.9.17 Assel 轧机 …… 333
4.9.18 顶管机组…… 335
4.9.19 吹吸灰装置…… 337
4.9.20 二辊立式斜轧穿孔机…… 338
4.9.21 钢管淬火装置…… 340
4.9.22 钢管冷床…… 341
4.9.23 ACC 装置 …… 342
4.9.24 切头分段剪…… 343
4.9.25 三辊侧向换辊式连轧管机…… 345
4.9.26 热轧带钢生产线精轧除鳞机…… 347
4.9.27 微张力减径机…… 348
4.9.28 小车+销齿式运输系统…… 350
4.9.29 BDCD 开坯轧机系列 …… 351
4.9.30 NHCD 短应力线轧机系列 …… 355
4.9.31 HSCD 牌坊轧机系列 …… 358
4.9.32 UMCD 万能轧机系列…… 360
4.9.33 SFMCD 型钢精轧机 …… 362
4.9.34 FSHCD 飞剪机系列 …… 363
4.9.35 SRSCD 线材减定径机 …… 365
4.9.36 RSSCD 辊式型钢矫直机系列 …… 367
4.9.37 BCBCD 棒材冷床系列 …… 370
4.9.38 SCBCD 型钢冷床系列 …… 371
4.9.39 开卷机（酸轧机组、连续酸洗机组和推拉式酸洗机组等） …… 374
4.9.40 开卷机（全连续冷轧机组、单机架可逆式冷轧机组等） …… 375
4.9.41 开卷机（连续镀锌机组、连续退火机组、连续彩色涂层机组、重卷检查机组等） …… 377
4.9.42 活套（酸轧机组、连续酸洗机组、连续冷轧机组等） …… 378
4.9.43 活套（连续镀锌机组、连续退火机组、连续彩色涂层机组、重卷检查机组等） …… 380
4.9.44 拉伸弯曲矫直机（连退、镀锌、镀锡、重卷等机组） …… 383
4.9.45 漂洗槽（酸轧机组、连续酸洗机组） …… 384
4.9.46 酸洗槽（酸轧机组、连续酸洗机组） …… 386
4.9.47 圆盘剪（酸轧机组、连续式酸洗机组等） …… 388
4.9.48 圆盘剪（连续退火机组、重卷检查机组等） …… 389
4.9.49 废边卷取机（连续退火机组、重卷检查机组等） …… 391
4.9.50 滚筒式飞剪（酸轧机组、全连续冷轧机组） …… 392
4.9.51 滚筒式飞剪（连续镀锌机组、连续退火机组、连续彩色涂层机组、重卷检查机组等） …… 394
4.9.52 双卷筒卷取机（酸轧机组、全连续冷轧机组） …… 395
4.9.53 卷取机（单机架可逆式冷轧机组） …… 397
4.9.54 卷取机（连续镀锌机组、连续退火机组、连续彩色涂层机组和重卷检查机组等） …… 399
4.9.55 清洗段设备（连续镀锌机组、连续退火机组和脱脂机组等） …… 401
4.9.56 辊涂机（连续镀锌机组） …… 404
4.9.57 1420mm 单机架四辊可逆式冷轧机 …… 405

4.9.58 1450mm 单机架六辊可逆式冷轧机 …… 408
4.9.59 1450mm 五机架六辊冷连轧机 …… 411
4.9.60 平整机（连续退火机组） …… 414
4.9.61 光整机（连续镀锌机组） …… 417
4.10 太原重工股份有限公司 …… 421
4.10.1 无缝钢管轧机 …… 421
4.11 鞍钢重型机械有限公司 …… 432
4.11.1 ϕ1500 大型开坯轧机 …… 432
4.11.2 板坯表面清理机（去毛刺机） …… 434
4.11.3 2500 轧机的研制 …… 435
4.11.4 高铬复合铸铁轧辊 …… 439
4.11.5 高速钢轧辊 …… 440
4.12 广东冠邦科技有限公司 …… 441
4.12.1 广东冠邦科技有限公司产品介绍 …… 441
4.13 山东省四方技术开发有限公司 …… 441
4.13.1 钢管及冷弯型钢用高铬合金轧辊和矫直辊的应用 …… 441
4.14 北京中冶设备研究设计总院有限公司 …… 445
4.14.1 飞剪机 …… 445
4.14.2 冷剪机 …… 448
4.14.3 热锯机 …… 448
4.14.4 板带连续电镀锌机组 …… 449
4.14.5 球体转动接头 …… 450
4.14.6 长材冷床 …… 451
4.14.7 板带精整系列设备 …… 452
4.14.8 棒材精整设备 …… 457
4.14.9 条钢精整线 …… 458
4.14.10 宽度可调式热轧带钢高效层流冷却装置 …… 460
4.14.11 多辊轧机 …… 462
4.14.12 热轧-取样机组 …… 466
4.14.13 SY 型短应力线轧机 …… 467
4.14.14 紧凑式连轧机组 …… 468

5 其他设备 …… 470
5.1 铁姆肯（中国）投资有限公司 …… 470
5.1.1 轴承 …… 470
5.2 大连国威轴承股份有限公司 …… 471
5.2.1 轴承 …… 471
5.3 武汉南星冶金设备备件有限公司 …… 478
5.3.1 IB 轴承 …… 478
5.4 宁波东力传动设备股份有限公司 …… 502
5.4.1 宁波东力模块化减速电机 …… 502

5.4.2 DLHB 模块化高精减速器 …… 503
5.4.3 DLP 行星齿轮减速器 …… 505
5.5 镭目科技有限责任公司 …… 506
5.5.1 镭目智能解决方案 …… 507
5.6 昆山华得宝检测技术设备有限公司 …… 508
5.6.1 H2003－Ⅱ轧辊涡流自动检测系统 …… 508
5.7 中冶赛迪工程技术股份有限公司 …… 509
5.7.1 冷轧带钢表面质量检测仪 …… 509
5.7.2 高速数据采集分析仪 CHPDA …… 510
5.7.3 工业炉 …… 512
5.7.4 新型球体转动接头 …… 530
5.8 北京欧洛普过滤技术开发公司 …… 531
5.8.1 LF、TLF、ELF Series 等系列过滤器 …… 531
5.8.2 ADF、TDF、EDF Series 等系列过滤器 …… 534
5.9 北京捷瑞特弹性阻尼体技术研究中心 …… 538
5.9.1 管道阻尼器 …… 538
5.9.2 缓冲减震器 …… 543
5.9.3 工业用弹性阻尼体缓冲器 …… 544
5.9.4 减震器 …… 552
5.10 武汉南星冶金设备备件有限公司 …… 559
5.10.1 NTL 钢制拖链 …… 559
5.11 山东省冶金设计院股份有限公司 …… 565
5.11.1 智能润滑系统设备选型 …… 565
5.11.2 加热炉技术 …… 566
5.12 北京中冶华润科技发展有限公司 …… 567
5.12.1 用户对设备润滑管理的要求 …… 567
5.12.2 中冶华润为客户创造的生产价值 …… 568
5.12.3 ZDRH 系列智能集中润滑系统 …… 569
5.13 浙江省嵊州市崇仁花田板保温砖厂 …… 571
5.13.1 耐火砖 …… 571
5.14 北京通达耐火技术股份有限公司 …… 572
5.14.1 公司冶金行业主要产品介绍 …… 572
5.15 宁波恒力液压股份有限公司 …… 577
5.15.1 HL－A4VSO 型轴向柱塞变量泵 …… 577
5.16 佛山市科达液压机械有限公司 …… 579
5.16.1 泵、阀 …… 579
5.16.2 压力阀 …… 587
5.16.3 流量阀 …… 589
5.16.4 方向阀 …… 590
5.17 鞍山天利机械工程有限公司 …… 592
5.17.1 双丝摆动埋弧自动堆焊机床 …… 592

5.18 太原富朗德液压技术有限公司 …… 595
5.18.1 DIN 管接头 …… 595
5.18.2 胶管接头及总成 …… 595
5.18.3 高压法兰 …… 596
5.18.4 快速接头 …… 596
5.18.5 其他产品 …… 596
5.19 吉林市泽诚冶金设备有限公司 …… 597
5.19.1 GA－L 型高压绝缘胶管总成系列产品专利技术节能产品 …… 597
5.20 中冶焊接科技有限公司 …… 599
5.20.1 焊接产品 …… 599
5.20.2 连铸坯火焰切割成套技术 …… 602
5.21 五矿邯邢矿业霍邱机械设备有限公司 …… 602
5.21.1 铸球生产线 …… 602
5.21.2 机器人焊接工作站 …… 603
5.21.3 托辊加工专用生产线 …… 604
5.21.4 皮带机及其配件 …… 605
5.22 江苏华杉环保科技有限公司 …… 605
5.22.1 HSAN－C 吹脱回收硫酸铵工艺 …… 605
5.22.2 HSAN－Z 低压蒸氨回收氨水工艺 …… 605
5.22.3 蒸发浓缩回收铵盐及零排放工艺 …… 606
5.23 太原重工股份有限公司 …… 606
5.23.1 锻压设备 …… 606

1 矿山设备

1.1 湖南有色重型机器有限责任公司

1.1.1 凿岩台车

1.1.1.1 CSY50 全液压凿岩台车

(1) 产品说明:

智能全液压采矿凿岩台车（见图1.1.1）研制项目属机械工程研究领域，矿山机械行业，系现代机械制造与电子控制技术的有机结合，主要用于我国地下矿山分段采矿法中，钻凿直径ϕ38~76mm、深度25m以内的炮孔，具有能耗低、效率高、噪声小、工作环境干净、人机关系优良、自动化程度高等特点，是当前矿山急需的换代装备。

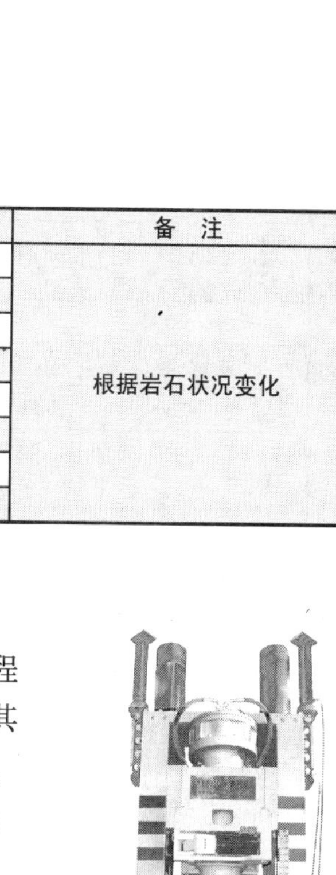

图1.1.1 CSY50 全液压凿岩台车

(2) 主要结构特点及技术优越性:

◆ 液压凿岩智能控制；◆ 高精度程序布孔定位；

◆ 软特性自动防卡杆；◆ 有线远程电液比例控制；

◆ 高的机械和电子控制系统可靠性；

◆ 高通过性、大爬坡能力专用承载底盘；

◆ 与智能控制系统匹配的高效液压系统；

◆ 适合深孔接杆钻进的安全、可靠、自动化程度高的扶杆和接卸杆机构；

◆ 适合深孔接杆钻进的液压推进器。

(3) 主要技术参数见表1.1.1。

表1.1.1 主要技术参数

参数名称	单位	规格	备注
钻孔直径	mm	ϕ38~76	
钻孔深度	m	25	
钻孔角度	(°)	360	
凿岩速度	m/min	0.3~2.0	
推进（提升）力	kN	15000	根据岩石状况变化
冲击功	J	300	
爬坡能力	(°)	15	
控制方式		有线远程电液比例控制	

1.1.1.2 AT/ZFY系列天（反）井钻机

(1) 产品说明:

AT/ZFY系列天（反）井钻机（见图1.1.2）主要用于地下矿山和其他各种工程的通风井、充填井、管道井等，也可作为矿山地下掘进大断面天井和溜井之用。其中ZFY1500型天井牙轮钻机获省部级二等奖。该系列天井钻机均采用全液压驱动，各种钻进参数可无级调整，抗冲击性好，工作平稳；结构紧凑，安装操作简单方便；具有生产效率高、成井质量好、操作安全、工人劳动强度低、钻孔偏斜率小等特点。

(2) 产品构成:

◆ 天（反）井钻机主机；◆ 操作台；◆ 泵站；◆ 扩孔刀盘。

(3) 主要结构特点及技术优越性:

◆ 钻机采用向下钻导向孔、向上扩孔、全断面切割、直接成井的钻进方式，天井能直接钻通，扩孔刀头从上水平取出。

◆ 整套设备采用全液压驱动控制系列，各钻进参数（轴压、转数和扭矩等）可根据岩石情况和钻进深度无级调整，抗冲击性好，工作平衡。

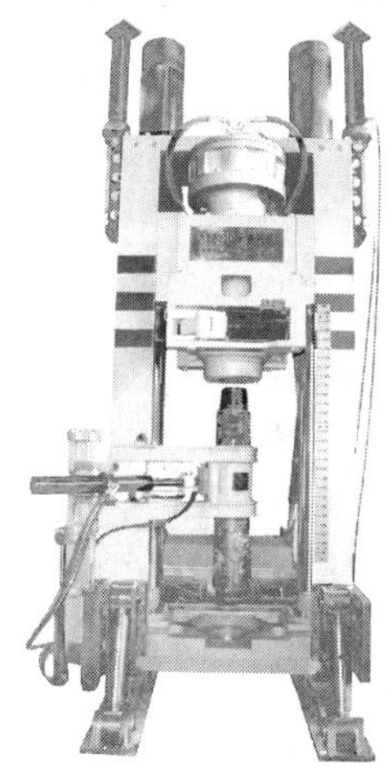

图1.1.2 AT/ZFY系列天（反）井钻机

◆ 采用双油缸推进系统，推进力大，平衡性好。

◆ 回转系统采用NJM-2/4FB型低速大扭矩液压马达、普通直齿轮变速器和具有轴向浮动、万向摆角机构的机头。

◆ 主机、泵站和钻杆车均采用轨轮移动方式，运搬较方便。

◆ 液压系统采用主、副泵双回路系统，使回转系统和推进系统互不干涉，设有用于深井钻进的减压钻进系统，能实现提着钻杆钻进的特殊功能。

◆ 配备接卸杆机械手，可从地面直接提取钻杆送至钻机轴线，减轻了劳动强度。

◆ 配备了防卡杆控制机构，能有效防止抱钻故障的出现。

(4) 主要技术参数见表1.1.2。

表1.1.2　主要技术参数

基本参数 \ 型号		AT1000 ZFY0.9/100(A)	AT1200 ZFY1.2/100(A)	AT1500 ZFY1.5/100(A)	AT2000 ZFY2.0/200(A)	AT3000
主机	额定转速/r·min^{-1}	扩孔：0~15 钻孔：0~31	扩孔：0~15 钻孔：0~31	扩孔：0~15 钻孔：0~31	扩孔：0~13 钻孔：0~27	扩孔：8~9 钻孔：22~25
	额定扭矩/kN·m	扩孔：32 钻孔：16	扩孔：42 钻孔：21	扩孔：57.5 钻孔：28.8	扩孔：95 钻孔：47	扩孔：130 钻孔：43
	钻进推力/kN	240	320	450	1200	1200
	扩孔拉力/kN	556	880	883	2200	2200
	钻孔直径/mm	216	215~245	250	280	311
	钻井深度/m	(AT)150 (ZFY)100	(AT)150 (ZFY)100	(AT)200 (ZFY)100	(AT)400 (ZFY)200	200
	扩孔直径/mm	900～1000	1200	1500	2000	3000
	钻机摆角/(°)	60~90	55~90	60~90	60~90	60~90
	运输尺寸(长×宽×高)/mm×mm×mm	1920×1000×1130	2500×1260×1640	2666×1240×1545 (不可拆卸轨面高度)	3020×1420×2000 (不可拆卸轨面高度)	3020×1420×2000 (不可拆卸轨面高度)
	外形尺寸(长×宽×高)/mm×mm×mm	2940×1320×2833	4200×1800×2900	3564×2835× (3250~3550)	3450×(870+2174) ×(3900~4200)	3450×(870+2174) ×(3900~4200)
	噪声/dB(A)	≤95	≤95	≤90	≤90	≤90
	质量/kg	8000	10000	8500	10500	12500
	轨距/mm	600/762/900可调	600/762/900可调	600/762/900可调	600/762/900可调	600/762/900可调
泵站	额定压力/MPa	副泵系统：21 主泵系统：25	副泵系统：21 主泵系统：25	副泵系统：28 主泵系统：25	副泵系统：28 主泵系统：25	副泵系统：28 主泵系统：25
	额定流量/L·min^{-1}	副泵系统：10 主泵系统：160	副泵系统：10 主泵系统：160	副泵系统：40 主泵系统：220	副泵系统：40 主泵系统：320	副泵系统：40 主泵系统：320
	电动机额定功率/kW	副泵系统：5.5 主泵系统：75	副泵系统：5.5 主泵系统：75	副泵系统：11 主泵系统：75	副泵系统：11 主泵系统：132	副泵系统：11 主泵系统：132
	额定电压/V	380/660/1140可选	380/660/1140 可选	380/660/1140可选	380/660/1140可选	380/660/1140可选
	油箱有效容积/L	927	927	1100	1100	1100
	油箱尺寸(长×宽×高)/mm×mm×mm	1660×1159×1463	1660×1159×1463			
	外形尺寸(长×宽×高)/mm×mm×mm	2475×1140×1149	2475×1140×1149	2600×1300×1600	2600×1300×1600	2600×1300×1600
	机重/kg	1223	1223	3500	3500	3500
操作台	外形尺寸(长×宽×高)/mm×mm×mm	1000×530×870	1000×530×870	(AT) 630×490×1000 (ZFY) 800×950×933	(AT)630×490×1000 (ZFY)800×950×933	630×490×1000
	机重/kg	304	304	(AT)40 (ZFY)90	(AT)40 (ZFY)90	40

1.1.2 潜孔钻机

1.1.2.1 CS165系列露天潜孔钻机

(1) 产品说明:

CS165系列露天潜孔钻机（见图1.1.3）采用凿岩、供气、动力三位一体化设计，采用高气压凿岩，全液压驱动，配备电动机动力的凿岩液压系统和柴油机动力的履带行走系统，自带高压螺杆空压机，具有凿岩参数自动控制功能，配备钻孔导向和接卸杆机构、湿式除尘装置以及冷暖空调驾驶室，可满足各类凿岩时钻凿直径ϕ138~178mm，深度30m的炮孔。该机采用模块化组合设计方法，主要元器件均选用国内外知名公司的成熟产品（英格索兰空气压缩机组、小松山推自润滑履带、芬兰EPEC控制器、德国传感器等等），整机由湖南有色重型机器有限责任公司制造，具有结构紧凑，性能先进，高效低耗，稳定、可靠，操作、维护简便等特点，是国内领先的穿孔凿岩设备。

图1.1.3 CS165系列露天潜孔钻机

CS系列露天潜孔钻机主要用于露天矿山开采，建筑基础开挖，水利，电站，建材，交通及国防建设等多种石方工程中的凿岩钻孔作业。

2009年CS-165E智能型整体式露天潜孔钻机荣获“湖南省优秀技术创新项目”称号。

(2) 主要结构特点及技术优越性:

◆ 采用双动力驱动，实现远距离自行。◆ 采用现代液压传动技术，结构简捷，性能可靠。◆ 采用现代程序控制技术，实现高度自动化。

◆ 采用多自由度钻架结构，有效地扩展了钻机的作业范围。◆ 采用新型的盘式钻杆库，保证了钻机的钻孔深度。◆ 采用新型的钻杆导向、防卡、接卸结构，减轻了工人劳动强度，提高了作业效率。◆ 采用侧置推进器结构，保证钻孔作业在操作者的有效视野之内。◆ 选用国内外先进成熟的配套产品，确保钻机性能的稳定可靠。

(3) 主要技术参数见表1.1.3。

表1.1.3 主要技术参数

参数名称			单位	规格	备注
结构参数	运输状态	长	mm	8200	卸下推进器总成
		宽	mm	3450	
		高	mm	3400	
	补偿行程		mm	1500	
	整机质量		kg	25000	
	推进器左右摆角		(°)	±30	推进器与垂直线夹角
钻孔参数	钻孔直径		mm	ϕ138~178	
	钻孔深度		m	30	
	钻孔角度		(°)	-15~+60	以垂直为基准计
	钻杆直径		mm	ϕ114	与孔径有关
	钻杆长度		m	6	
	钻杆库钻杆容量		根	4	
推进参数	推进行程		mm	6400	增长型为6500
	推进（提升）力		kN	0~39	连续可调
回转参数	回转扭矩		N·m	4700	
	回转速度		r/min	0~36/0~72	两挡连续可调
	行走速度		m/s	1.2/0.6（快/慢挡）	
	爬坡能力		(°)	≥20	
	行走方式			液压传动履带	小松
	最小离地间隙		mm	400	
其他	控制方式			PLC程控	可选配无线遥控
	电气系统电压		V	DC24	
	捕尘方式			湿式捕尘	自带水箱
	冲击器润滑方式			精密定量注油	
	驾驶室空调系统			分体式冷暖空调	海尔

1.1.2.2　CS225**系列露天潜孔钻机**

(1) 产品说明:

图1.1.4　CS225系列露天潜孔钻机

CS225系列履带式露天潜孔钻机（见图1.1.4）是湖南有色重型机器有限责任公司专为露天矿山凿岩作业开发的新型钻机产品，它瞄准了国际上同类产品的最高水平，结合我国露天矿山开采的工艺特点，将Can-bus总线控制技术、液压集成技术和PLC程控技术有机地溶入钻机上，使钻机功能模块清晰、性能先进可靠、人机关系和谐、操作环境优良，是我国露天钻机更新换代的理想钻机产品。CS225系列露天潜孔钻机可以在大中型露天矿山、大中型水利工程、军事工程等采矿与工程施工中，钻凿孔深18m，孔径ϕ202~225mm的各类钻孔。由于它采用国际上通用的多自由度钻臂结构，钻孔范围广，作业场地要求低，可穿凿露天边坡预裂孔、根底孔以及台阶前缘垮落孔等，不需其他钻机来辅助配套。其技术水平之先进性可与当今世界同类钻机产品相媲美。

(2) 主要技术参数见表1.1.4。

表1.1.4　主要技术参数

参数名称			单位	规格	备注
结构参数	行走状态	长	mm	12700	
		宽	mm	3400	
		高	mm	5000	
	运输状态	长	mm	7450	卸下推进器总成
		宽	mm	3400	
		高	mm	3500	
	补偿行程		mm	1450	
	整机质量		kg	30000	
	推进器左右摆角		(°)	±20	推进器与垂直线夹角
钻孔参数	钻孔直径		mm	ϕ202~225	
	钻孔深度		m	18	
	钻孔角度		(°)	-15~+60	以垂直为基准计
	钻杆直径		mm	ϕ180	与孔径有关
	钻杆长度		m	9	
	钻杆库钻杆容量			1根	
推进参数	推进行程		mm	9350	
	推进（提升）力		kN	0~39	连续可调
	推进（提升）速度		m/min	0~26	连续可调
回转参数	回转扭矩		N·m	5870	
	回转速度		r/min	0~40/0~80	两挡连续可调
空压机参数	输出压力		MPa	2.1	连续可调
	排气量		m^3/min	33	
	空压机功率		kW	355	卡特彼勒 C13
行走参数	柴油机功率		kW	60（2000r/min）	康明斯
	燃油箱容积		L	180	
	行走速度		km/h	1.2/0.6（快/慢挡）	
	爬坡能力		(°)	≥20	
	行走方式			液压传动履带	小松
	最小离地间隙		mm	400	
其他	控制方式			PLC程控	可选配无线遥控
	电气系统电压		V	DC24	
	捕尘方式			湿式捕尘	自带水箱
	冲击器润滑方式			精密定量注油	
	驾驶室空调系统			冷暖空调	
工作条件范围	最大海拔高度		m	3000	
	环境温度		℃	-20~40	

1.1.2.3　CS100D/150D**环形潜孔钻机**

(1) 产品说明:

CS100D/150D环形潜孔钻机（见图1.1.5）系湖南有色重机最新开发的新型矿用钻机，该机结合我国地下矿山采矿的工艺特点，将液压集成技术和PLC程控技术有机地结合，使钻机功能模块清晰、性能先进可靠、人机关系和谐、操作环境优良。CS100D/150D环形潜孔钻机以三相异步电机为动力,采用全液压驱动的液压系统；通过轮胎式底盘行走系统移机、移位，变位系统调整钻孔角度和方位；钻杆回转采用低速大扭矩马达驱动，推进采用液压油缸推进，综合利用了国内外同类产品的优点。

图1.1.5 CS100D/150D环形潜孔钻机

（2）主要结构特点及技术优越性：

◆ 具有完善的钻架变位、定位机构，可360°全方位凿岩，作业灵活、范围广。◆ 采用轮胎式底盘行走系统，牵引力大，爬坡能力强。◆ 采用先进的液压集成技术，大大简化了液压管路结构，提高了液压系统的可靠性。◆ 采用先进的接卸杆装置和自动防卡系统，确保钻机的高效作业操作。◆ 采用先进的PLC程控技术，有效地实现了钻机的智能化功能。◆ 各钻机参数可根据岩石情况和钻进深度无级调整，调节和控制方便，大幅度提高了回转和推进等主要工作机构的驱动能力、平稳度和抗过载能力。

（3）主要技术参数见表1.1.5。

表1.1.5 主要技术参数

参数名称				CS100D	备注
钻孔参数	钻孔直径		mm	ϕ76~127	
	钻孔深度		m	0~60	
	钻孔俯仰角度		(°)	-10~70	以垂直面为基准
	钻杆直径		mm	ϕ89	
	钻杆长度		m	1.5	
推进参数	推进行程		mm	1689	
	推进力		N	0~40000	连续可调
	提升力		N	0~40000	连续可调
	最大推进速度		m/min	4.5	
	补偿行程		mm	900	
行走参数	行走方式			轮胎式、液压自行	
	转弯半径		(°)	原地360	
	行走速度		km/h	0~1.5	
	爬坡能力		(°)	25	
工作气压	输出压力		MPa	0.5~2.1	
回转参数	高速挡	回转速度	r/min	64	
		正转扭矩	N·m	1170	
		反转扭矩	N·m	3700	
	低速挡	回转速度	r/min	32	
		正转扭矩	N·m	1850	
		反转扭矩	N·m	2350	
整机参数	电机功率		kW	22	
	控制方式			远程控制	
	外形尺寸		mm	3850×1780×2550	托架除外
	最小离地间隙		mm	300	
	整机质量		kg	4800	

1.1.3 铲运机

(1) 产品说明。

铲运机是一种集铲、装、运为一体的多功能多用途工程设备（见图1.1.6），广泛应用于有色、冶金、化工、黄金矿山及国防、铁道、水利、建筑等部门的地下工程施工中。湖南有色重机已研制生产了0.75~4.0m^{3}各种斗容的柴油、电动和无线电遥控三类铲运机，产品性能可与国外进口设备相媲美，能满足各种工程环境和工作条件下的不同需求。

图1.1.6 铲运机

(2) 主要结构特点及技术优越性。

◆采用DEUTZ低污染柴油机，配以催化水洗尾气净化箱，设备使用对地下巷道空气污染更少，设备更加环保。

◆在国内率先使用变量泵、负载感应控制的液压系统、具有灵活、可靠、高效的特点。设备插入力、铲取力更大，而能耗更小。

◆设置于前车架的防翻滚、半封闭司机室具有更好的安全性以及更加舒适的驾驶环境。

◆整机采用中心铰接、液压动力转向结构，由一对转向油缸驱动。

◆后桥设置摆动架悬挂结构，使整机的后桥摆动灵活，同时具有高可靠性。

◆采用反转连杆结构的工作机构，具有高卸载高度高，铲取力大的特点。

◆采用电子换挡变速箱使整机的行驶操控更加舒适。

(3) 主要技术参数见表1.1.6。

表1.1.6 主要技术参数

参数名称		单位	型号	
			2m^{3}铲运机	3m^{3}铲运机
整机参数	外型尺寸（长×宽×高）	mm×mm×mm	7545×1770×2030	8976×2110×2300
	最大卸载高度	mm	1756	1810
	斗容（SAE堆装）	m^3	2	3
	卸载角度	(°)	40	41±2
	转向角	(°)	±40	±40
	后车架摆动角度	(°)	8	8
	整机质量	t	13.5	17
	最大载重	t	4	6.5
	最大铲取力	kN	80	114
	最大牵引力	kN	120	138

续表1.1.6

参数名称		单位	型号	
			$2m^3$铲运机	$3m^3$铲运机
工作时间	大臂举升时间	s	6	6
	大臂下降时间	s	4	5
	铲斗卸载时间	s	2	3
	铲斗回落时间	s	3	5
传动系统	发动机形式		DEUTZ 风冷	DEUTZ 水冷
	型号		F5L914W	BF6L914e
	功率	kW RPM	70 2300	132 2300
	变矩器		DANA C270单级三元件 带工作泵、转向泵接口	DANA C273单级三元件 带工作泵、转向泵接口
	变速箱		DANA R20320	DANA R32420
	挡位		前三后三	前四后四
	换挡形式		电子换挡	电子换挡
	桥	前桥	DANA 16D 2149	DANA 16D 2149
		后桥	DANA 16D2149 trunnion	DANA 16D2149 trunnion
	轮胎		12~24	17.5~25
制动	行车制动		设置于轮边的全封闭湿式制动器	设置于轮边的全封闭湿式制动器
			全液压动力双管路	全液压动力双管路
	停车制动		设置于轮边的全封闭湿式制动器	设置于轮边的全封闭湿式制动器
液压系统	形式		负载反馈系统	负载反馈系统
	液压系统流量	L/min	149	180
	翻斗油缸		ϕ180/ϕ100 两端带缓冲	ϕ220/ϕ100 两端带缓冲
	大臂油缸		ϕ125/ϕ70 两端带缓冲	ϕ160/ϕ90 两端带缓冲
	转向油缸		ϕ80/ϕ45	ϕ90/ϕ50
电器	电压	V	24	24
	蓄电池	V	2个12V电瓶	2个12V电瓶
	车灯		前2，后2	前2，后2

1.2 中船重工中南装备有限责任公司

1.2.1 凿岩机

1.2.1.1 公司介绍

中船重工中南装备有限责任公司（三八八厂）位于世界著名的“水电之都”湖北省宜昌市，始建于1965年，拥有总资产11亿元，是集光、机、电、液产品的研发、生产和销售于一体的国家大型综合企业、国家重点保军骨干企业。工厂拥有自营进出口经营权，是国家计量局批准的计量等级二级合格单位。

公司凭借军工技术和资源优势，成功开发了全液压凿岩钻车、凿岩机、系列光电产品、石油机械产品、工程油缸、液压启闭机成套设备和各类精密钢管等产品，为光电、石油、水电、船舶、建筑、筑路、冶金、矿山等行业提供了品质优良的仪器和装备。

公司成立了专业研制和生产全液压凿岩机械的凿岩机械公司。具有液压凿岩机、系列凿岩钻车及配套系统的核心技术，产品的技术指标达到国外同类产品的水平。目前，公司已批量生产多种型号的液压凿岩机、全液压掘进钻车、露天凿岩钻车、采矿钻车、锚杆钻车、潜孔钻车等高性能、高品质凿岩机械产品。产品可广泛应用于岩石钻凿炮孔、冲击打桩、边坡铆固、地质灾害治理、炼钢高炉开炉口、地下电缆铺设、石油勘探等领域。

1.2.1.2 ZYYG150型全液压凿岩机

ZYYG150型全液压凿岩机（见图1.2.1）采用液压驱动、独立回转，与液压钻车配套使用,主要用于深孔钻进及露天钻凿作业，钻孔直径为65~125mm。该机是一种高效节能，可长期稳定工作的新型凿岩设备。

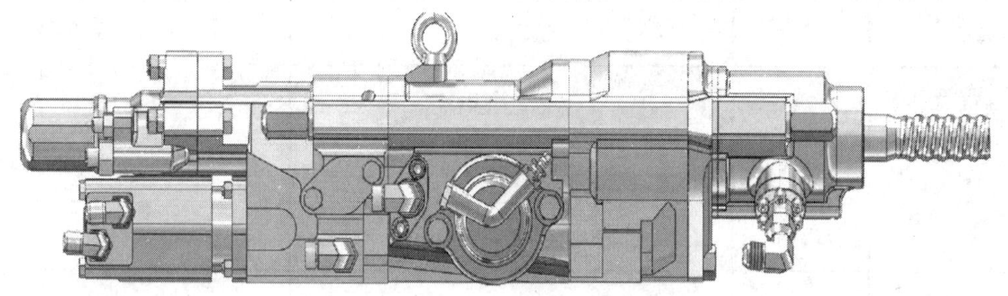

图1.2.1 ZYYG150型全液压凿岩机

1.2.1.3 ZYYG175型全液压凿岩机

ZYYG175型全液压凿岩机（见图1.2.2）具有功率大、效率高的特点，适用孔径范围38~115mm，能提供高效的钻孔作业速度，延长钻具使用寿命。

ZYYG175型具有的液压凿岩机双缓冲系统能有效消除和吸收来自岩石的反射应力波，同时确保钻头与岩石良好接触，这些特点使得凿岩机能传递最大动能用以破碎岩石，同时钻杆螺纹不容易发生松动。冲击活塞的尺寸设计符合钻杆尺寸要求，最大限度地减小了钻杆上的应力。功率强大、能无级调速且双向可逆的回转马达提供高效作业所需的大扭矩，同时减小钻具卡住的风险。机头和钎尾均有独立的润滑回路，同时压紧配合面及拉紧螺栓、传动轴孔均得到充分润滑，有效的防止了整机的磨损和锈蚀。在冲击进油和缓冲进油回路中配置了两个充满氮气的蓄能器，吸收系统中的压力波峰，起到了减少震动以及保护液压元件的作用。

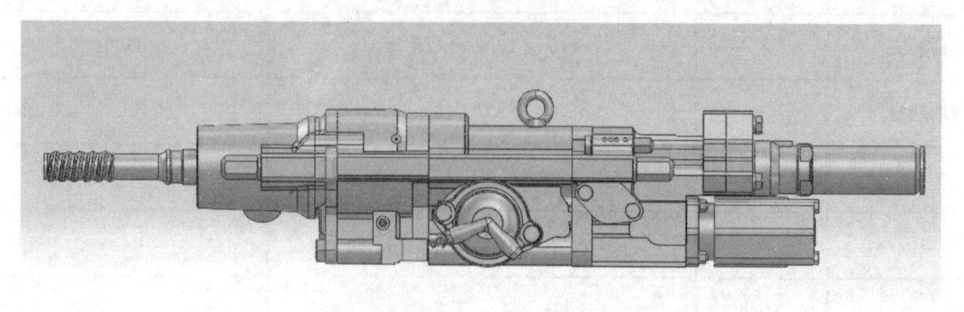

图1.2.2 ZYYG175型全液压凿岩机

1.2.2 凿岩台车

1.2.2.1 ZCLL100全液压露天凿岩钻车

ZCLL100全液压露天凿岩钻车（见图1.2.3）主要适用于露天矿山生产、水电站建设、建筑工程中的土石方开挖、采石场取料及边坡处理等各项工作。

性能特点：

◆ 钻车控制回路为集成式电液比例加负载敏感控制，操作灵活方便、节能效率高。

◆ 各个主回路如冲击、回转、推进等都是相互独立的，可确保钻机各项功能的操作清晰明了。

◆ 采用CAN-OPEN数据通讯，在显示器上可直接反馈和观察钻机的工作状态，包括发动机的运行状态、液压系统状态、空压机系统状态等，钻孔定位角度并通过显示器能设定和查看各项工作参数、报警停车参数，故障判断、维修处理方便。

图1.2.3 ZCLL100全液压露天凿岩钻车

◆ 系统中配备了回转压力控制推进、回转压力控制冲击、推进压力控制冲击、自动防卡钻装置（可实现全自动、半自动、手动操作）等几种保护功能，可自动线性调整推进压力及冲击压力，回转速度，遇到不规则岩层可自动进行慢速推进低压冲击，自动反提。大大降低卡钻、丢失钻具的风险，节省钻具，提高成孔率。

◆ 油门自动控制系统可根据系统压力变化自动调节发动机供油量，降低油耗。

◆ 具有低压开孔功能，可保证开孔精度。

◆ 配有自动/手动换钎装置，可大大提高工作效率和减轻操作者的劳动强度。

◆ 系统还预留了孔深记录和倒车显示装置（选配），角度显示，在钻同样深度的炮孔时，钻孔速度、精度及偏斜度控制要更优越。

1.2.2.2 ZCLH100全液压露天凿岩钻车

ZCLH100全液压露天凿岩钻车（见图1.2.4），运用于采石场，露天矿山阶段开挖,水电站施工,公路施工和岩石工程作业，以及其他的机械化土石方工程。

ZCLH100钻车包括：履带式360°可旋转底盘、折叠式钻臂、推进器、集尘器、一个适用于各种气候条件的冷暖空调驾驶室，配用ZYYG150型液压凿岩机，配置了排除岩粉和润滑用的螺杆压缩机。

钻车还配备一套自动防卡装置，当钻杆旋转扭矩超过一定（设定）值时，该系统使推进器自动改变进退方向，推进器自动退回。

图1.2.4 ZCLH100全液压露天凿岩钻车

本钻车推荐采用钻杆的直径范围：钎尾T38 T45、钻杆T45×3660mm、钻头直径ϕ65×102mm。最大钻孔深度20m，钻车选配装置：集尘器、自动换钎装置。

1.2.2.3 ZCYTJ12.3全液压凿岩钻车

图1.2.5 ZCYTJ12.3全液压凿岩钻车

ZCYTJ12.3全液压凿岩钻车（见图1.2.5）由液压凿岩机与钻机配套而成，是一种全液压轮胎式三臂凿岩钻车，适用于交通隧道、矿山掘进、地下洞穴等大断面积施工工程的掘进工作。

1.3 张家口宣化华泰矿冶机械有限公司

1.3.1 钻凿设备

1.3.1.1 HT62型全液压撬毛台车

HT62型全液压撬毛台车（见图1.3.1）主要适用于地下矿山、水电、铁路、公路工程的巷道、隧道、涵洞的撬毛工程。该车工作臂为折叠式并配备旋转油

图1.3.1 HT62型全液压撬毛台车

缸驱动的液压锤及机械式平动机构，可对工作面、顶板、侧帮及底板进行全方位作业，同时该车液压系统采用比例先导操纵，因而具有操纵灵活、动作平稳等特点。该车采用模块化设计，结构紧凑、重心低、工作稳定、移动性能好、转弯半径小、爬坡能力强，采用该设备可大幅提高撬毛作业效率及安全性。

性能参数见表1.3.1。

表1.3.1　性能参数

项　　目		单　位	主要技术参数
整机	外形尺寸	mm×mm×mm	8209×1450×2819
	质　量	t	约11
液压破碎锤	质　量	kg	256
	钎杆直径	mm	68
	冲击频率	b/min	500~950
	驱动油压	bar	95~130
	驱动流量	L/min	34~60
工作装置	最大伸出长度	mm	7674
	液压锤摆动角度	(°)	上下180，左右180
	最大撬毛高度	mm	8529
	工作臂摆动角	(°)	±35
胶轮底盘	行走速度	km/h	0~7
	转向系统		铰接
	转弯半径	mm	内3500，外5500
	爬坡能力		25%（约14°）
	工作状态稳车方式		支腿稳车
动力系统	总功率	kW	57.2
	主电机功率	kW	55
	电　压	V	380
	发动机额定功率	kW	57.7

1.3.1.2　HT82型液压掘进凿岩台车

液压掘进凿岩台车性能参数见表1.3.2、图1.3.2和图1.3.3。

表1.3.2　性能参数

项　　目	单　位	主要技术参数
运输外形尺寸（长×宽×高）	mm×mm×mm	11000×1450×2080(2780)
钻孔深度	mm	3090，3300
钻孔直径	mm	ϕ43~76
适用最大断面	m	2.8×2.8~3.5×4
推进补偿行程	mm	1250
推进梁翻转	(°)	±180
装机容量	kW	62
供电电压	V	380
行走速度	km/h	0~12
柴油发动机	kW	53.1
钻臂升降度	(°)	+55/-30
摆臂度	(°)	左右各35
凿岩速度	m/min	1.2
凿岩机冲击功率	kW	13.3
额定爬坡能力		14%
运行状态最小转弯半径	mm	4900
总　重	kg	10000

图1.3.2　HT82型液压掘进凿岩台车

图1.3.3　HT81型液压掘进凿岩钻车

钻车特点：采用直控式钻进系统，拥有极佳的自动防卡钎功能RPCF（回转压力控制推进力）。液压凿岩机带有独特的双减震缓冲系统，采用大流量低压力模式，真正兼顾了高钻进速度和低钎具消耗的特点。HT 系列重型箱型推进梁，具有很高的抗弯、抗扭强度。伸缩式钻臂在钻孔之间移动和定位直接、快速、准确。结实的铰接式的重型底盘，四轮驱动。适合在狭窄隧道和矿山巷道中工作。配备四个液压支腿，定位稳固。台车基本配置中还包括了满足FOPS（防落物冲击）要求的可升降安全顶棚、电缆卷筒。性能参数见表1.3.3。

表1.3.3　性能参数

项　目	单　位	主要技术参数
运输外形尺寸（长×宽×高）	mm×mm×mm	11050×1850×2100
钻孔深度	mm	3300，3900
钻孔直径	mm	ϕ 42~76
		ϕ 42~102
适用最大断面	m×m	6.5×6
推进器长度	mm	5210，5830（HC109）
		4810，5410（HC50）
推进补偿行程	mm	1250
装机容量	kW	65
供电电压	V	380
行走速度	km/h	0~14
柴油发动机	kW	60
钻臂升降度	（°）	+65/-30
摆臂度	（°）	左右各35
钻臂延伸	mm	1250
钻臂回转度	（°）	±180
凿岩速度	m/min	0.8~2
凿岩机冲击功率	kW	13/18
额定爬坡能力		25%
运行状态最小转弯半径	mm	6000
总　重	kg	12500

1.3.1.4　CMJ2-29煤矿用全液压掘进钻车

CMJ2-29履带式液压掘进钻车（见图1.3.4）主要用于煤矿，有色金属，水电，铁路，公路等部门的巷道，隧道，涵洞的掘进工程。该钻车为双臂式，采用全液压凿岩系统，系统先进，设有防卡钎装置，凿岩速度快，工作效率高；灵活的凿岩机构对巷道的工作面，顶板，侧帮，底板均能凿岩作业，还能很方便的钻凿向上锚杆孔。该车模块化设计，车身小，结构紧凑，重心低，机动灵活，工作稳定，爬坡能力强。可大幅度改善工作环境，提高施工效率和施工质量。

性能参数见表1.3.4。

图1.3.4　CMJ2-29煤矿用全液压掘进钻车

表1.3.4 性能参数

项目			单位	参数
整机性能	钻臂数量			2
	适应断面		m^2	29.15
	工作范围（宽×高）		m×m	5.5×5.3
	外形尺寸（长×宽×高）		mm×mm×mm	8400×1320×1950
	钻孔直径		mm	ϕ27~55
	钻孔深度		mm	2600~3100
	钻孔速度		m/min	0.8~2
	钎杆长度		mm	2975~3475
	整机质量		kg	9200（approx.）
钻（凿）孔机械	类型特征			冲击回转式
	冲击	冲击能	J	200
		冲击频率	Hz	33~60
		工作压力	MPa	14~16
		工作流量	L/min	30~45
		蓄能器充氮压力	MPa	6
	旋转	额定转矩	N·m	220
		额定转速	r/min	200
		工作压力	MPa	15
		工作流量	L/min	45
	冲洗水压力		MPa	0.4~1.2
	边心距		mm	80
	外形尺寸（长×宽×高）		mm×mm×mm	800×300×200
推进器	类型特征			导轨式
	推进方式			油缸—钢丝绳
	总长		mm	3935
	推进冲程		mm	3100
	推进力		N	7000
	推进速度		mm/min	4000
	推进俯仰		(°)	上105，下15
	推进摆角		(°)	45
	工作流量		L/min	15
钻臂	钻臂数量			2
	推进器补偿		mm	1500
	钻臂升降		(°)	上55，下16
	钻臂回转角度		(°)	±180
	钻臂摆臂		(°)	内14，外47
	工作压力		MPa	17.5
	工作流量		L/min	15
行走	行走机构特征			液压马达驱动
	履带宽度		mm	350
	行走速度		km/h	2.4
	爬坡能力		(°)	25
液压动力	电动机	额定功率	kW	55
		额定电压	V	660/1140，50Hz
		额定电流	A	58.4/33.7
		相位数量		3相交流电
		防爆证明标准		ExdI（ib）
		IP额定		IP55
	液压泵	类型		负荷传感变量泵
辅助工作部件	供水系统	工作压力	MPa	0.6~1.2
		工作流量	L/min	60
		额定流量	L/min	75
	空气压缩机	工作压力	MPa	0.2~0.4
		工作流量	m^3/min	0.2
		额定压力	MPa	0.7
	爆炸证明软启动	额定电压与频率	V，Hz	660/1140，50
		保护控制		超负荷，超电压，短路，低电压，泄漏

1.4　南昌凯马有限公司

1.4.1　钻凿设备

1.4.1.1　**牙轮钻机**

(1) 产品概述:

牙轮钻机即一种钻孔设备，多用于大型露天矿山。半个世纪以来，露天穿孔设备经历了“磕头钻”、喷火钻、冲击（潜孔）钻的发展，最终牙轮钻机以钻孔孔径大、穿孔效率高等优点成为大、中型露天矿目前普遍使用的穿孔设备。

(2) 基本原理:

牙轮钻机钻孔时，依靠加压、回转机构通过钻杆，对钻头提供足够大的轴压力和回转扭矩，牙轮钻头在岩石上同时钻进和回转，对岩石产生静压力和冲击动压力作用。牙轮在孔底滚动中连续地挤压、切削冲击破碎岩石，有一定压力和流量流速的压缩空气经钻杆内腔从钻头喷嘴喷出，将岩渣从孔底沿钻杆和孔壁的环形空间不断地吹至孔外，直至形成所需孔深的钻孔。

(3) 主要参数:

钻孔直径、轴压、钻头速度和扭矩。

1.4.1.2　KY**系列牙轮钻机**

(1) 简要说明:

KY系列牙轮钻机适用于金属或非金属露天矿以及土石方工程钻爆破孔，其性能达到世界先进水平，获国家、部、省级科技进步奖8项，现已有100多台产品在铁、铜、钼、煤、硫、石灰石等矿山及水坝和港口工程中使用，国内市场占有率约40%。

(2) KY系列牙轮钻机结构特点:

◆ 电动或液压加压能无级调速，可以恒压、恒速钻进，适用范围广;
◆ 回转转速无级调节，回转与加压系统连锁，避免过载损坏;
◆ 行走、提升合用一种驱动动力，结构紧凑;
◆ 行走可以机上操作也可以地面遥控操作;
◆ 干、湿两种除尘任选，湿式除尘时可干式钻孔;
◆ 司机室有增压净化装置，司机室墙壁有绝缘夹层;
◆ 自带空压机、变压器;
◆ 孔径、孔深、孔向、动力要求、履带尺寸以及气候环境特殊要求等均可以协商变更;
◆ 电缆卷筒供用户选用。

(3) KY系列牙轮钻机技术性能见表1.4.1。

表1.4.1　牙轮钻机技术性能

型　号	单位	KY-150A	KY-150B	KY-200	KY-200A	KY-250A	KY-250B1	KY-250B2	KY-250C	KY-310	KY-380
钻孔直径	mm	150	150	150~200	150~220	220~250	250	250~310	250	250~310	310~380
钻孔方向	(°)	65~90	90	70~90	70~90	垂直	垂直	90	垂直	垂直	垂直
钻孔深度	m	17	17	15; 21	15	17	17	18	18	17.5	17
最大轴压	kN	160	120	160	196	207; 353	207;353	0~450	400	交流500 直流310	550
钻进速度	m/min	0~2	0~2.08	0~3	0~3	0~0.94 ~2.1	0~1.24	0~9	0~25	交流 0~0.98 直流 ~4.5	0~8.8

续表1.4.1

型 号			单位	KY-150A	KY-150B	KY-200	KY-200A	KY-250A	KY-250B1	KY-250B2	KY-250C	KY-310	KY-380
回转转速			r/min	0~113	0~120	0~100	0~120	0~88	0~2.780 ~88	0~120	0~150	0~100	0~108
回转扭矩			N·m	3026～7565	5500	3679～9197	3950～9375	6270	6270	0~16910	13500	7210	8829
提升速度			m/min	0~23	0~19	0~20	0~17.6	6.9；14.8	9.7；21.8	0~26	0~20	0~11.87 ~20	0~19.8
行走方式				履带	液压驱动履带			履带			液压驱动履带		履带
行走速度			km/h	1.3	1.3	1	1	0.73	0.73	1.2	0~1	0~0.6	0~1
爬坡能力			(°)	12	14	12	12	12	12	14	14	12	14
除尘方式				干湿任选	湿法	干湿任选				湿法		干湿任选	
主空压机类型				螺杆式	螺杆式	螺杆式	螺杆式	螺杆式	螺杆式	螺杆式	螺杆式	螺杆式	螺杆式
排渣风量			m^3/min	18	19.5	18	27	30	30	40	40	40	50
排渣风压			MPa	0.4	0.5	0.35	0.4	0.35	0.35	0.45	0.4	0.35	0.35
安装功率			kW	240	315	320	320	400	400	500	500	405	630
外形尺寸	钻架竖起	长	t	9300	9750	8720	9120	12108	12107	14980	13720	13835	13010
		宽		4060	3500	3580	4080	6215	6422	6950	7040	5695	6435
		高		14580	14817	12335	14395	25022	25080	27620	27050	26326	26980
	钻架放倒	长	mm	14227	14247	12225	13285	24276	24327	27680	27400	26606	26380
		宽		4060	3500	3580	4080	6215	6422	6950	7040	5695	6435
		高		5447	5090	5100	5100	7214	7315	6675	7650	7620	6340
机重			t	33.56	41.246	38.948	48	93	95.5	107	105	123	125
备注					油缸加压提升						全液压驱动		

1.5 湖南山河智能机械股份有限公司

1.5.1 潜孔钻机

1.5.1.1 潜孔钻机结构与工作原理

一体化液压潜孔钻机，由履带浮动式行走底盘、机架、液压钻臂、推进钻孔系统、空压机、动力系统、液压系统、除尘系统、控制系统、司机室等部分组成。

1.5.1.2 一体化液压潜孔钻机结构图

一体化液压潜孔钻机结构图见图1.5.1。

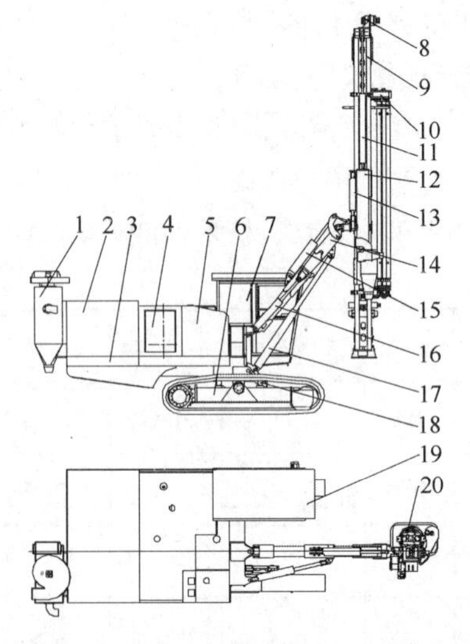

图1.5.1 一体化液压潜孔钻机结构

1—除尘系统；2—空压机；3—机架；4—动力系统；5—液压系统；6—行走底盘；7—司机室；8—推进系统；9—钻架；10—钻杆库；11—补偿油缸；12—滑架；13—钻架偏摆油缸；14—钻臂；15—钻架举升油缸；16—钻臂偏摆油缸；17—钻臂举升油缸；18—行走架偏摆油缸；19—操作系统；20—回转系统

1.5.1.3 性能特点

山河智能潜孔钻机如图1.5.2所示。性能特点如下：

(1) 钻机、风冷空压机、柴油机液压泵组三位一体。做到机动性好，节能高效。

(2) 钻机所有的操纵、姿态调整、钻孔位置选定都由先导操纵手柄集中控制，带冷暖空调自动增压的人机工程设计司机室，大大改善了劳动条件，所有的指示灯、报警灯安装于同一面板，司机对作业情况一目了然。

(3) 采用高可靠性履带行走机构，设液压调平机构，钻具回转采用液压马达，钻架起落采用液压缸支撑。最大限度地提高了工作效率及钻机的工作面适应能力。

(4) 设冲击器、钻杆自动拆装机构，设一对夹持牢固的液压缸和一个滑移式固定扳手，确保了开孔和钻进过程中钻杆的有效导向与保证了自动可靠的拆装。减轻工人的劳动强度，提高了工作效率。

(5) 钻具回转机构装设液压减震机构，延长回转机构的使用寿命。

(6) 驾驶室设有冷暖空调及空气净化设备，防止室外粉尘进入室内，改善了工人的工作条件。

(7) 自动防卡杆机构，在发生意外时自动提升保护设备。

(8) 高效率的旋风+层流吸尘装置，维持了清洁的作业环境。

(9) 灵活可靠的滑架补偿机构，对钻架与工作面的接触进行可靠调整。

(10) 独特的长钻杆高钻架结构最大限度地减少辅助作业时间、大大提高工作效率；使操作更为简易。

图1.5.2　山河智能潜孔钻机

1.5.1.4　山河智能潜孔钻机技术参数

山河智能潜孔钻机技术参数见表1.5.1。

表1.5.1　山河智能潜孔钻机技术参数

项　目	型　号				
	SWDX90	SWDX120	SWDX138	SWDX165	SWDX200
钻孔直径/mm	90~105	90~138	105~152	138~180	165~255
钻孔深度/m	24	21	24	27	30
钻杆直径/mm	76	76, 89, 102	89, 102, 110	110, 133	133, 146, 168
钻杆长度/m	4	7	8	9	10
钻杆库容量/根	5	2	2	2	2
钻具转速/r·min^{-1}	10~70	10~70	10~60	10~50	10~40
回转扭矩/N·m	2500	2500	4000	4000	6000
推进行程/m	4.5	7.5	8.5	9.5	10.5
推进轴压/kN	2~20	2~20	2~40	2~40	2~60
提升能力/kN	40	40	50	50	75
提升速度/m·min^{-1}	25	25	25	22	20

续表1.5.1

项目	型号				
	SWDX90	SWDX120	SWDX138	SWDX165	SWDX200
行走速度/$km \cdot h^{-1}$	0~2	0~2	0~2	0~2	0~2
爬坡能力/(°)	25	25	30	30	25
工作气压/MPa	1.05~1.4	1.05~1.7	1.05~2.4	1.05~2.4	1.05~2.4
总耗气量/$m^3 \cdot min^{-1}$	12	14	17	21	28
除尘方式	旋风+层流	旋风+层流	旋风+层流	旋风+层流	旋风+层流
液压系统压力/MPa	25	25	25	25	25
油箱容积/L	600	600	800	800	1000
装机总功率/kW	155	185	217	299	345
主风管内径/mm	50	50	50	50	75
轮廓尺寸(长×宽×高)/mm×mm×mm	7300×3000×3200	9800×3200×3500	10300×3500×4200	12300×3600×4300	12300×3600×4300
总质量/t	12.5	15.5	18	23	30

1.5.2 露天液压钻车

山河智能露天液压钻车技术参数见表1.5.2。

表1.5.2 山河智能露天液压钻车技术参数

项目	型号				
	SWDH89-1	SWDH89-3	SWDH102-2	SWDH115-2	SWDH152-1
钻孔直径范围/mm	45~89	45~89	64~102	64~115	89~152
钻孔深度/m	15	15	25	25	25
钻孔范围/(°)	0~90	0~90	0~90	0~90	0~90
钻臂形式	直臂	折叠臂	伸缩臂	伸缩臂	直臂
钻臂节数	1	2	2	2	1
驱动方式	柴油机	柴油机	柴油机	柴油机	柴油机
行走方式	履带式	履带式	履带式	履带式	履带式
额定功率/kW	118	118	132	132	158
行走速度/$km \cdot h^{-1}$	2.0	2.0	1.5/3.7	1.5/3.7	1.5
爬坡能力/(°)	20	20	20	20	25
推进长度/mm	3050	3050	3660	3660	3660
凿岩机型号	HC50	HC50	HC109	HC150	HC200
最大冲击功率/kW	15	15	15	18	20
排气量 /$m^3 \cdot min^{-1}$	6	6	8	10	12
排气压力/MPa	0.7	0.7	0.8	0.8	1.0
轮廓尺寸(长×宽×高)/mm×mm×mm	9500×2600×2700	9800×2600×2700	10300×2700×2800	11300×2700×2800	12300×2800×3000
整机质量/t	8	9	10.8	13.5	15
自动换钎机构	选配	选配	选配	配置	配置

1.6 沃尔沃建筑设备（中国）有限公司

1.6.1 挖掘机

(1) 驾驶室。

室门宽阔，进出方便。驾驶室安装在液压阻尼安装座上，以降低振动和冲击，再加上吸音内衬可以降低噪声水平。驾驶室拥有出色的全方位视野。前风挡可轻松地向上滑动至顶部，下部前窗可拆除并存放在门里。

集成的空调和加热系统：经过加压和过滤的驾驶室空气由一个自动控制电扇供给，通过13 个排气孔向外排出。

符合人机工程学的操作员座椅：可调节座椅和操纵杆可以按照驾驶员的要求独立移动。座椅有九种不同的调节位置和一个安全带，保证驾驶员的舒适和安全。

驾驶室内的声级符合 ISO 6396 要求：LpA73 dB(A)外部噪声水平符合 ISO 6395 和 EUDirective 2000/14/EC: LwA 106 dB(A)。

挖掘机外形尺寸见图1.6.1。

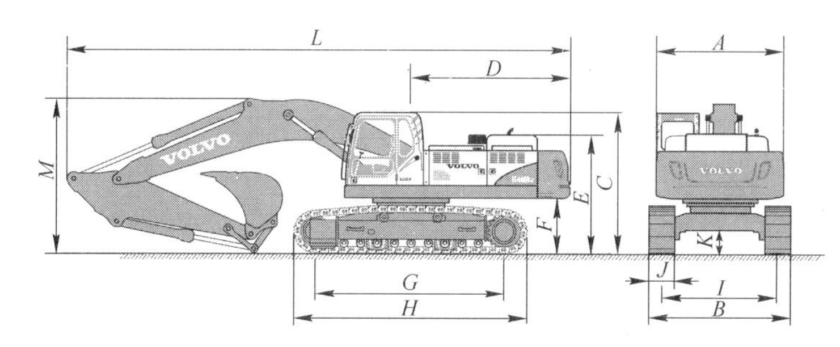

图1.6.1 挖掘机

挖掘机性能参数见表1.6.1和表1.6.2。

表1.6.1 挖掘机性能参数（一）

类 别	单 位	6.5m大臂	7.0m大臂
		2.55m小臂	3.35m小臂
上部总成总宽度*A*	mm	2990	2990
总宽度*B*	mm	3340	3340
驾驶室总高度*C*	mm	3250	3250
尾部回转半径*D*	mm	3800	3800
发动机罩总高度*E*	mm	2750	2750
平衡重离地间隙*F*	mm	1275	1275
导向轮驱动轮轴距*G*	mm	4370	4370
履带长度*H*	mm	5370	5370
履带轨距*I*	mm	2740	2740
履带板宽度*J*	mm	600	600
最小离地间隙*K*	mm	550	550
总长度*L*	mm	11640	12150
大臂总高度*M*	mm	3770	3650

(2) 接地压力。

EC460BLC PRIME 挖掘机大臂7.0m，小臂3.35m，铲斗容积为 $2.1m^3$ (2030kg)，平衡重为9300kg。

表1.6.2 挖掘机性能参数（二）

类 别	三齿履带板
履带板宽度	600mm
最大操作质量	45390kg
接地压力	78.5kPa (0.80kg/cm^2)
总宽度	3340mm

(3) 举升能力。

在小臂末端，没有安装铲斗。

计算有铲斗的举升能力，只需从表1.6.3所列值中减去直接安装型铲斗或快速安装铲斗的实际质量即可。

EC460B LC PRIME性能参数见表1.6.3。

表1.6.3　EC460B LC PRIME性能参数

垂直底盘沿着底盘	举升钩相对于地面高度		3.0m		4.5m		6.0m		7.5m		9.0m		最大距离		
			沿着底盘	垂直底盘	沿着底盘	垂直底盘	沿着底盘	垂直底盘	沿着底盘	垂直底盘	沿着底盘	垂直底盘	沿着底盘	垂直底盘	最大
大臂 7.0 m+小臂 3.35 m+履带板 600 mm+平衡重 9300kg	6.0m	kg							10290*	10290*	9860*	7860	8660*	7210	9460
	4.5m	kg			17390*	17390*	13320*	13320*	11360*	10150	10320*	7700	8730*	6570	9930
	3.0m	kg			22140*	20140*	15620*	13380	12620*	9750	10980*	7490	9030*	6240	10150
	1.5m	kg			14340*	14340*	17490*	12790	13750*	9410	11480	7300	9580*	6140	10150
	0m	kg			17590*	17590*	18550*	12450	14520	9170	11330	7160	9860	6270	9920
	-1.5m	kg	12690*	12690*	25020*	18190	18720*	12330	14670	9070	11280	7120	10550	6690	9450
	-3.0m	kg	21670*	21670*	23500*	19080	17960*	12390	14150*	9100			11590*	7540	8690
	-4.5m	kg	27480*	27480*	20640*	19440	15930*	12620	11970*	9360			11780*	9260	7560

注意：(1) 此处举升能力是处于“精细模式 - F”(功率增强) 时的情况。(2) 上述载荷符合 SAE J1097 和 ISO 10567 液压挖掘机举升标准。(3) 额定载荷不超过液压举升能力的 87% 或倾卸载荷的 75%。(4) * 表示额定载荷主要受制于液压能力而非倾卸载荷。

EC700BLC挖掘机规格如图1.6.2所示。

(1) 发动机。

新一代沃尔沃柴油发动机采用沃尔沃高级燃烧技术(V-ACT)，排放低，性能出色，燃油经济性高。该发动机使用精确的高压燃料喷射泵、增压器和中间冷却器以及电子发动机控制，优化了机器的性能。

发动机 VOLVO D16E　功率输出在 30r/s (1800r/min)　　总功率 (SAE J1995) 346 kW (470 ps/464hp)

净功率 (ISO 9249，SAE J1349)　　316kW (430ps/424 hp)　　最大扭矩 1200r/min下 2500 N · m

气缸数 6　　排量 161L　　缸径 144mm　　行程 165mm

(2) 电气系统。

高容量、妥善保护的电气系统。双重锁紧的防水导线插头用于固定无锈蚀接头。主继电器和电阀有防护罩，以防损坏。主开关是标准配置。

Contronics，具有先进的监控车辆的功能以及重要的故障诊断信息功能。

电压 24V　　蓄电池 2×12V　　蓄电池容量 225Ah　　发电机 28V/80A　　加注容量

油箱 840 L　　液压系统，总计 655 L　　液压油箱 350 L

发动机油 42 L　　发动机冷却液 65 L

回转减速装置 2 × 6 L　　行走减速装置 2 × 12 L

(3) 回转系统。

使用两个轴向柱塞马达，驱动两个行星减速机，以达到最大扭矩。自动回转制动阀和防回跳阀都是标准配置。

最大回转速度　　6.7r/min

(4) 驱动。

每侧履带由自动双速行走马达驱动。履带制动阀是多片式结构，加有弹簧，用液压制动。行走马达、制动阀和行星齿轮在履带架内得以妥善保管。

最大索引力 453kN　　最快行驶速度 3.0/4.6km/h　　爬坡能力 35°

(5) 行走部分。

行走部分有一个坚固、耐用的 X 型机架。黄油润滑且密封的履带是标准配置。

履带板 2×48　　链板节距 260.4mm

履带板宽度 650/750/900mm　　支重轮 2×8　　托链轮 2×3

(6) 液压系统。

该系统具有下列重要功能:

合流系统: 结合两台液压泵的流量确保快速循环时间和高生产效率。

大臂优先: 在进行装载或者深挖掘作业时, 优先进行大臂操作, 以加快上升速度。

小臂优先: 进行平整作业时, 优先进行小臂操作以缩短往返时间; 进行挖掘作业时, 优先进行小臂操作以增加铲斗挖掘量。

回转优先: 在同步操作过程中, 优先进行回转操作, 以加快回转同步操作。流量再生系统: 防止气穴并在同步操作中向其他运动提供流量, 以便获得最大的生产率。

功率增强: 增加挖掘力和吊装力。

保持阀: 所有用于大臂和小臂的保持阀可防止挖掘装置滑动。

主泵: 类型: 两台可变排量轴向柱塞泵。

最大流量: 2 ×436 L/min

先导泵: 类型: 齿轮泵

最大流量: 27.4 L/min

液压马达: 行走: 带机械制动闸的变排量轴向柱塞液压马达; 回转: 带机械制动闸的轴向柱塞液压马达。

溢流阀设定值:

工作液压回路　31.4/34.3MPa　行走液压回路　34.3MPa

回转液压回路　25.5MPa　　控制回路　3.9MPa

液压油缸:

大臂　2　　缸径×行程 ϕ 190×1790mm

小臂　1　　缸径×行程 ϕ 215×2070mm

铲斗　1　　缸径×行程 ϕ 190×1450mm

ME 铲斗　1　　缸径×行程 ϕ 200×1450mm

(7) 驾驶室。

室门宽阔, 进出方便。驾驶室是安装在液压阻尼安装座上的, 以降低振动和冲击, 再加上吸音内衬可以降低噪声水平。驾驶室拥有出色的全方位视野。前挡风玻璃可以向上推进至顶棚, 前下方挡风玻璃可拆除, 存放在门中。

集成的空调和加热系统: 自动控制风扇可为驾驶室提供增压和过滤后的空气。通过13个排气孔向外排出。符合人机工程学的操作员座椅: 可调节座椅和操纵杆可按照驾驶员的要求独立移动。座椅具备九种不同的调节位置和安全带, 保证驾驶员的舒适及安全。

声级:

驾驶室内的声级符合

ISO 6396　　LpA74dB(A)

外部声级符合

ISO 6395 和 EU Directive

2000/14/EC　　LwA108dB(A)

(8) 工作范围与挖掘力。

EC700BLC性能参数见表1.6.4、图1.6.2。

表1.6.4　EC700BLC性能参数

带直接安装铲斗的挖掘机		6.6m大臂	7.7m大臂		
		2.9m小臂	2.9m小臂	3.55m小臂	4.2m小臂
最大挖掘范围*A*	mm	11500	12600	13170	13780
最大地面挖掘距离*B*	mm	11200	12335	12910	13540
最大挖掘深度*C*	mm	7250	7755	8400	9055
最大垂直墙壁挖掘深度*D*	mm	5065	6780	7250	7855
最大挖掘高度*E*	mm	10980	12490	12620	12940
最大卸载高度*F*	mm	6960	8410	8610	8930
最小前部回转半径*G*	mm	5160	5480	5410	5160

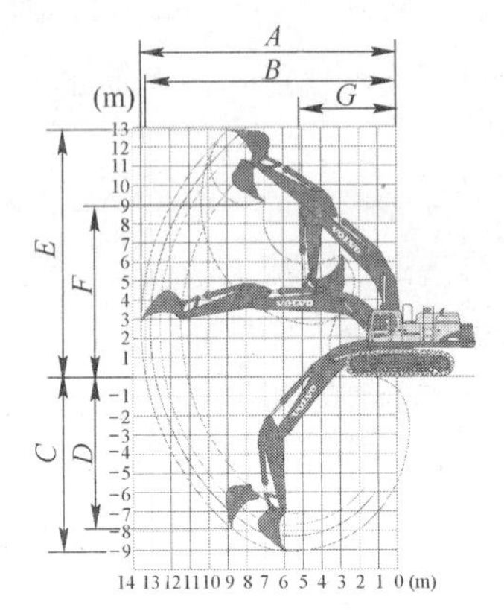

图1.6.2　EC700BLC挖掘机

挖掘力性能参数见表1.6.5。

表1.6.5　挖掘力性能参数

挖掘力，直接安装铲斗			6.6m大臂	7.7m大臂		
			2.9m小臂	2.9m小臂	3.55m小臂	4.2m小臂
铲斗半径		mm	2215	2150	2150	2150
铲斗挖掘力（正常值/功率增强）	ISO 6015	kN	342/374	326/356	326/356	326/356
小臂挖掘力（正常值/功率增强）	ISO 6015	kN	298/326	303/332	265/290	236/258
铲斗回转角度		(°)	172	173	173	173

1.7　太原重工股份有限公司

1.7.1　装运设备

1.7.1.1　WK系列挖掘机设备

WK系列挖掘机（见图1.7.1）是太原重工股份有限公司自主研发的大型露天矿山采装设备，它融入了该公司几十年矿用挖掘机设计、研发、制造的成功经验，并集成了当前国内外该领域的新技术、新材料、新工艺，形成了4m^3、8m^3、10m^3、20m^3、27m^3、35m^3、55m^{3}直至75m^{3}等十多个型号的产品系列，适用于年产量500万吨到2000万吨的各类矿山，其中WK-75型挖掘机作为世界上首台最大的矿用机械正铲式挖掘机，将于2012年底正式交付客户投入使用。该系列产品以其技术先进，质量可靠，易于维修，经济环保及完善的售后服务深受客户青睐，目前太原重工制造的WK系列挖掘机产品遍布国内各大露天煤矿、铁矿及有色金属矿山，产品还远销俄

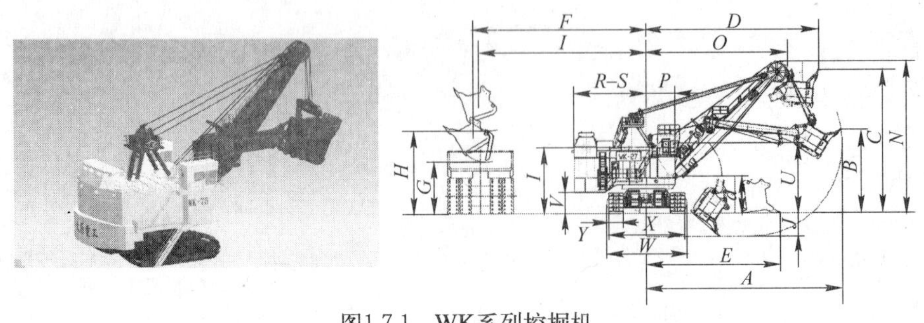

图1.7.1　WK系列挖掘机

罗斯、秘鲁、巴基斯坦、印度等国。已成为享誉国内的驰名品牌和该公司出口国外的拳头产品。

电气系统有传统的直流调速系统，WK-4C、WK-10B、WK-12B等老产品还可以选用，但目前所有的新产品（如WK-4D、WK-10C、WK-12C及20m^{3}以上挖掘机）均采用交流变频调速系统，控制上以PLC为核心，采用上位监控、现场总线、变频调速的三级控制系统。具有对电网扰动小、节能等特点；装有优化挖掘特性、自适应“提一挖”等软件；同时电铲具有故障诊断和运行状态显示、电能计量等功能。这种系统技术先进、运行可靠、传动效率高、能耗低。

1.7.1.2 WK系列挖掘机的选型原则

主要考虑以下因素：

（1）露天矿的矿层赋存情况，开采规模决定挖掘机的规格。

（2）开采工艺（汽车运输还是皮带运输、挖掘物料的高度等）、矿岩运量也决定挖掘机的规格。

（3）矿山的工况条件，采掘物料的物理、机械性质及状态，影响斗容的大小。

（4）若是汽车运输时，考虑挖掘机卸载高度，卸载半径等；并考虑满足挖掘机3~5斗装满一车的最经济原则。

（5）选型后复核挖掘机的性能参数、作业范围、主要尺寸、电气参数及对地比压。

（6）若挖掘机的工况特殊时（如：海拔高于2000m、温度过低小于-40℃、温度过高），请直接与厂家联系，可为用户定制。

以上为选型原则，具体参数见各个产品介绍。总之挖掘机选型非常重要，选配适合的，会使设备投资少、生产效率高、适应性强、经营费用低。

1.7.1.3 WK-75挖掘机

（1）设备简介。

世界上首台最大的矿用机械正铲式挖掘机WK-75即将进行组装，预计2012年底在内蒙古大唐国际锡林浩特矿业有限公司投入使用，满足9000t/h自移式破碎站系统的要求。

（2）主要参数。

性能参数见表1.7.1。

表1.7.1 性能参数

序 号	名 称	单 位	数 值
1	标准铲斗容量	m^3	75
2	斗容范围	m^3	48~100
3	铲斗额定负载	t	135
4	最大提升力	kN	4219
5	额定提升速度	m/s	约0.92
6	最大提升速度	m/s	约1.84
7	最大推压力	kN	1354
8	额定推压速度	m/s	0.68
9	最大推压速度	m/s	0.75
10	回转速度	r/min	2.75
11	履带最大牵引力	kN	8233
12	额定行走速度		0.80
13	最大行走速度	km/h	1.60
14	最大爬坡角度	(°)	13
15	平均工作循环时间	s	45
16	整机工作质量	t	1988
17	配 重	t	472
18	履带板平均接地比压	kPa	326.4
19	理论生产率	t/h	9519

作业范围见表1.7.2。

表1.7.2 作业范围

符 号	名 称	单 位	数 值
A	最大挖掘半径	m	约26.36
B	最大挖掘半径时的挖掘高度	m	约11.72
C	最大挖掘高度	m	约19.2
D	最大挖掘高度时的挖掘半径	m	约24.69
E	水平清道半径	m	约18.51
F	最大卸载半径	m	约21.78
G	最大卸载半径时的卸载高度	m	约8.80
H	最大卸载高度	m	约10.65
I	最大卸载高度时的卸载半径	m	约21.58
J	最大挖掘深度	m	约2.10

主要尺寸见表1.7.3。

表1.7.3 主要尺寸

符 号	名 称	单 位	数 值
α	起重臂对停机面的倾角	(°)	45
K	起重臂长度	m	21.5
L	起重臂顶部滑轮直径	m	2.628
M	斗臂有效长度	m	11.24
N	顶部滑轮上缘至停机面高度	m	23.47
O	顶部滑轮外缘至回转中心的距离	m	21.59
P	起重臂支脚中心至回转中心的距离	m	4.59
Q	起重臂支脚中心高度	m	7.44
R	机棚尾部回转半径	m	11.16
S	机棚宽度	m	11.69
T	机棚顶至停机面的高度	m	10.46
U	司机水平视线至停机面高度	m	11.48
V	配重箱底面至停机面高度	m	3.73
W	履带部分总宽度	m	14.36
X	履带部分宽度	m	12.84
Y	履带板宽度	m	2.60
Z	履带驱动装置最低点距停机面高度	m	0.80

电气参数见表1.7.4。

表1.7.4 电气参数

序 号	名 称	数 量	单 位	数 值
1	提升电动机	2	kW	1760
2	推压电动机	1	kW	915
3	回转电动机	3	kW	700
4	行走电动机	2	kW	920
5	开斗电动机	1	kW	9.6
6	主变压器容量	1	kV·A	4500
7	辅助变压器容量	1	kV·A	500

(3) 结构、性能特点及工作原理。

产品配置见表1.7.5。

表1.7.5 产品配置

1—铲斗	2—斗杆	3—起重臂及推压机构
4—开斗机构	5—提升机构	6—线槽及平台布置
7—回转机构	8-回转平台装置	9—A形架
10—机棚	11—中央枢轴装置	12—辊盘装置
13—底架梁装置	14—行走机构	15—履带装置
16—左司机室	17—右司机室	18—除尘通风装置
19—电气附件	20—平衡重	21—集中润滑系统
22—提升稀油润滑系统	23—压气操作系统	24—回转稀油润滑系统
25—推压稀油润滑系统	26—电气系统	

(4) WK-75挖掘机由五大传动机构组成。

提升传动机构、推压传动机构、回转传动机构、行走传动机构和开斗传动机构组成。

挖掘机依靠提升、推压、回转、行走和开斗五大传动机构协同作业，完成挖掘机对挖掘对象的切入（推压）、装满铲斗（提升）、转移（回转）、卸载（开斗）和纵深挖掘（行走）等工作。

1）提升机构用于提起或下放铲斗。由两台交流变频电动机并联驱动，通过双输入轴的“分流式”提升减速机驱动单个提升卷筒，两根长度相同的提升钢丝绳在单卷筒上有序缠绕，从而实现铲斗的提升或下放动作。

2）推压机构用于推出和收回铲斗。推压电动机通过动力联组皮带驱动推压传动机构，推压传动机构通过两级齿轮减速传动，将驱动力矩传递至推压轴和推压小齿轮，推压小齿轮与斗杆上的推压齿条啮合，驱动斗杆动作，以实现斗杆的伸出（推压）或缩回（回收）功能。

3）回转机构用于铲斗的回转。由并联且各自独立的三套回转电机驱动回转小齿轮转动，小齿轮与大齿圈啮合，驱动回转平台转动从而带动铲斗完成回转动作。

4）开斗机构由一台交流电机通过减速机驱动开斗卷筒转动完成开斗动作，依靠铲斗自重实现闭斗。

5）行走机构用于整机地面移动，采用两台交流变频电动机分别驱动两套独立的履带行走装置，完成行走动作。

机械结构件采用UG三维设计；采用齿轮-齿条推压方式。铲斗采用ESCO公司铸焊结构铲斗，耐磨部分采用合金钢铸件和ESCO公司12系列耐磨铸钢件。斗杆采用双梁高强度变截面箱形结构，推压齿条采用高锰钢铸造齿条。起重臂采用单梁箱形焊接结构，并带有侧护梁。推压传动采用“V形联组动力皮带”传动方式，并配有手动皮带张紧装置，可有效地限制推压机构的过载力矩。推压机构采用硬齿面圆柱齿轮传动。A形架前压杆和后拉杆采用板梁焊接结构；绷绳装置采用带有平衡装置的四根等长的死绷绳结构。开斗机构采用交流变频电机和标准行星减速机，结构简单、紧凑，易于维护和检修。

回转平台采用箱形焊接结构，回转平台和起重臂跟脚采用大跨距筒支梁穿销联接方式。提升机构采用硬齿面圆柱齿轮传动装置，由前后布置的双电机驱动，便于整机平衡；提升一级减速采用斜齿圆柱齿轮传动。提升钢丝绳采用单卷筒双钢丝绳缠绕方式，提升卷筒密封采用结构先进的大直径多道密封结构，确保提升齿轮箱润滑油不泄漏。回转机构采用前后布置的三套（前二后一）独立的立式同轴硬齿面圆柱齿轮传动装置，回转立轴采用悬臂梁支撑结构。

辊盘的辊子采用圆锥形结构；上下环轨轨道面也呈锥面，保证回转过程中辊子和辊道面之间为纯滚动运动。底架和履带架为箱形梁焊接结构件，两者之间的连接具有定位止口，保证了备件的互换性。回转大齿圈和底架的连接同样具有互换性，采用超级螺母连接，并带有定位止口。履带行走装置采用多支点支撑形式，驱动方式采用左右履带单独驱动。行走减速机采用硬齿面圆柱齿轮传动。驱动轮采用合金钢铸件，张紧轮和履带板采用高锰钢铸件，支重轮采用合金钢锻件。

主要承载焊接结构件：如铲斗、斗杆、起重臂、A形架、回转平台、底架和履带架等均采用焊接性能好，低温冲击韧性高的低合金高强度调质钢板、低合金高强度正火钢板和耐磨钢板制造。

传动件（轴和齿轮）材料采用韧性高的Ni-Cr-Mo合金钢制造，辅以合理的热处理工艺，确保了主要传动件的可靠性和使用寿命。整机滚动轴承均采用可靠性更高的进口轴承。

提升、回转、推压、行走传动机构采用气动盘式制动器。

传动机构稀油润滑采用分散油池独立循环系统。提升齿轮箱、三个回转齿轮箱和推压齿轮箱分别采用油池独立稀油润滑系统（共五套系统），行走采用油池飞溅润滑。油脂润滑采用定时、定量、自动、集中供油或喷射润滑系统。整机主要润滑元件、气路元件和密封元件均选用可靠性高的进口产品。

机棚设有增压除尘装置，首次使用除尘效率高的滤筒式除尘器，代替了原先的叶片式惰性除尘器；WK-75挖掘机首次配置两个司机室，方便操作，相互之间实现互锁，更加的人性化，司机室配有适合挖掘机工况条件的专用空调。

WK-75挖掘机的变频调速系统电气系统采用“上位综合监控系统+PLC+基础变频传动”控制方案，提高控制水平和调速性能，PLC实现整机运行的时序逻辑控制，变频传动驱动各机构协调动作，实现可控运行；在挖掘机上采用监控系统，对各种信号进行综合显示、监控，实现运行状态监控与故障诊断；三级数据之间交换通过PROFIBUS DP总线实现，信息交换量大，提高工艺控制的软件化程度。较直流机组系统节能17%，工作效率提高10%，功率因数可达到1，对电网无谐波污染。

WK-75挖掘机为了方便提升机构在主、从和一拖二的控制方式方便更换，同时为了降低故障率，取消切换柜，行走机构不再和提升机构切换，增加两个逆变器，采用闭环控制。

(5) 选型。

选型原则见前面的总原则。

公司生产的WK-75挖掘机标准斗容为75m^3，可以与载重量为326t、363t的自卸卡车配套使用，标准的75m^{3}铲斗可以满足9000t/h自移式破碎站的需求，适合千万吨级大型露天煤矿、铁矿及有色金属矿的使用。

1.7.1.4 WK-55挖掘机

(1) 产品结构。

WK-55挖掘机是太原重工股份有限公司开发的大型矿用机械正铲式挖掘机。WK-55挖掘机机械部分主要包括：铲斗、斗杆、起重臂与推压机构、开斗机构、提升机构、回转机构、回转平台、A形架、中央枢轴、辊盘、底架、行走机构、履带装置、机棚、滤筒式通风除尘装置、司机室、梯子、栏杆、走台、配重等，见图1.7.2。

电气部分主要包括：供电系统、高低压集电环、避雷器、高压开关柜、主变压器、辅助变压器、变频驱动电机、AFE变频驱动系统、PLC控制及综合监控系统、辅助电气系统、加热及通风装置、限位保护、照明系统、电缆等。

气路系统主要包括低温螺杆型空气压缩机组、膜式干燥机组（可选项）、上部气路控制箱体组件、下部气路控制箱体组件、梯子控制单元、油雾器、防冻器、管道等。

润滑系统主要包括干油自动集中润滑（油脂）、开式齿轮油自动集中润滑（滴油）和减速箱稀油润滑。

图1.7.2 WK-55挖掘机

产品配置见表1.7.6。

表1.7.6 产品配置

1—铲斗	2—斗杆	3—起重臂及推压机构
4—开斗机构	5—提升机构	6—回转机构
7—回转平台	8—A形架	9—机棚
10—中央枢轴装置	11—辊盘装置	12—底架梁装置
13—行走机构	14—履带装置	15—司机室
16—通风除尘装置	17—电气附属装置	18—平衡重
19—集中润滑系统	20—提升减速机润滑系统	21—压气操作系统
22—回转减速机润滑系统	23—推压减速机润滑系统	24—电气系统
25—铭牌	26—尾部电缆托架	27—灭火器安装

(2) 性能特点。

1) 铲斗容量大、工作范围宽、生产效率高、适应性强、易于维护保养、故障率低等。

2) 斗杆、起重臂、A形架、回转平台、底架梁、履带架等主要焊接结构采用整体退火处理工艺，有效地消除了焊接残余应力，提高了结构件的使用寿命。

3) 传动机构的轴和齿轮类零件采用国内优质低碳合金钢锻造，轮齿表面渗碳淬火，提高了齿轮传动的承载能力和传动零件的使用寿命。

4) 履带架和底架梁等关键部位的联结采用超级螺母，安全可靠，易于调整和维护。

5) 起重臂限位装置、推压机构限位装置和提升机构限位装置，可有效地保护设备免受附加的冲击载荷。

6) 司机室设计符合人机工学原理，视野范围大，并有保温隔热、隔音性能。机棚为密闭式，采用滤筒式除尘保证机棚内清洁卫生。

7) “上位综合监控系统＋PLC＋AFE整流回馈单元公用直流母线变频调速系统”，提高了控制水平和调速性能，较国外直流机组系统节能17%，工作效率提高10%，功率因数可达到1，对电网无谐波污染。

(3) 工作原理。

挖掘机依靠提升、推压、回转、行走和开斗五大传动机构协同作业，完成挖掘机对挖掘对象的切入（推压）、装满铲斗（提升）、转移（回转）、卸载（开斗）和纵深挖掘（行走）等工作。

提升机构用于提起或下放铲斗。由两台交流变频电动机并联驱动，通过双输入轴的“分流式”提升减速机驱动单个提升卷筒，两根长度相同的提升钢丝绳在单卷筒上有序缠绕，从而实现铲斗的提升或下放动作。

推压机构用于推出和收回铲斗。推压电动机通过动力联组皮带驱动推压传动机构，推压传动机构通过两级齿轮减速传动，将驱动力矩传递至推压轴和推压小齿轮，推压小齿轮与斗杆上的推压齿条啮合，驱动斗杆动作，以实现斗杆的伸出（推压）或缩回（回收）功能。

回转机构用于铲斗的回转。由并联且各自独立的三套回转电机驱动回转小齿轮转动，小齿轮与大齿圈啮合，驱动回转平台转动从而带动铲斗完成回转动作。

开斗机构由一台交流电机通过减速机驱动开斗卷筒转动完成开斗动作，依靠铲斗自重实现闭斗。

行走机构用于整机地面移动，采用两台交流变频电动机分别驱动两套独立的履带行走装置，完成行走动作。

(4) 主要参数。

设备的主要性能参数见表1.7.7，主要结构参数见表1.7.8，电气系统参数见表1.7.9。

表1.7.7 主要性能参数

序号	项目名称	单位	数值
1	标准铲斗容量	m^3	55
2	斗容范围	m^3	36~76
3	最大提升力	kN	2890
4	最大推压力	kN	1127
5	履带最大牵引力	kN	5860
6	平地行走速度	km/h	1.6
7	连续爬坡角度	(°)	9.5
8	履带板平均接地比压	kPa	约362
9	平均理论工作循环时间（≤70°时）	s	32
10	工作重量	t	1510
11	配重	t	172
12	最大挖掘半径	mm	23850
13	最大挖掘半径时的挖掘高度	mm	10200
14	最大挖掘高度	mm	18100
15	最大挖掘高度时的挖掘半径	mm	22050
16	停机地面上的最大挖掘半径	mm	16900
17	最大卸载半径	mm	20440
18	最大卸载半径时的卸载高度	mm	6345
19	最大卸载高度	mm	10450
20	最大卸载高度时的卸载半径	mm	19580
21	最大挖掘深度	mm	1930

表1.7.8　主要结构参数

序　号	项　目　名　称	单　位	数　值
1	起重臂长度	mm	20168
2	起重臂对停机平面的倾角	(°)	45
3	起重臂顶部滑轮直径	mm	2216
4	斗杆有效长度	mm	10411
5	顶部滑轮上缘至停机平面高度	mm	21720
6	顶部滑轮外缘至回转中心的距离	mm	19237
7	起重臂跟脚中心至回转中心的距离	mm	3810
8	起重臂跟脚中心高度	mm	6293
9	机棚尾部回转半径	mm	9880
10	机棚宽度	mm	10618
11	双脚支架顶部至停机面高度	mm	13767
12	除尘装置顶部至地面高度	mm	11020
13	机棚顶至地面高度	mm	8818
14	司机水平视线至地面高度	mm	10100
15	平衡重底面至地面高度	mm	2437
16	履带部分长度	mm	11578
17	履带部分宽度	mm	10490
18	履带板宽度	mm	2210
19	底架下部距地面高度	mm	665

表1.7.9　电气系统参数

序　号	项　目　名　称	单　位	数　值
1	输入电压	V	6000/6600
2	应承受的最小短路容量	MV·A	40
3	主变压器	kV·A	3000
4	辅助变压器	kV·A	450
5	提升电动机额定功率（690V）	kW	2×1112
6	推压电动机额定功率（690V）	kW	750
7	回转电动机额定功率（690V）	kW	3×450
8	行走电动机额定功率（690V）	kW	2×600
9	开斗电动机功率	kW	22

(5) 选型原则。

选型原则见前面的总原则。

它适用于年产量1000万吨以上的大型露天矿山的岩石剥离和矿物采装作业，可与载重量为220~363t的矿用自卸卡车相配套。

(6) 典型案例应用情况。

WK-55挖掘机目前在中煤平朔露天煤矿有2台，分别于2008年5月和7月投入运行。在神华和哈尔乌素露天煤矿有5台，第1台2010年10月初投入运行，第5台2011年5月投入运行。这5台电铲全部用于岩石的剥离作业。

产品在投产初期曾出现了一些产品设计或制造质量问题，但总体表现还是比较满意的，基本达到了设计要求，满足了矿山生产的需要，与国外同规格产品的表现相当。

1.7.1.5　WK-35挖掘机

WK-35挖掘机为太原重工股份有限公司自主研制的大型露天矿山采装设备，它汇集了该公司多年矿用挖掘机设计、工艺、制作的成功经验的同时，采用大量国内外先进技术，可适用于大型露天煤矿、铁矿及有色金属矿山的剥离和采装作业，见图1.7.3。

(1) 产品结构。

WK-35挖掘机主要由机械部分和电气部分组成。

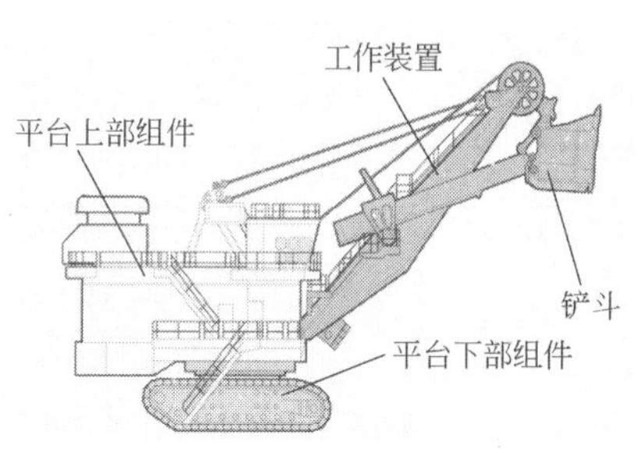

图1.7.3 WK-35矿用挖掘机整体结构

挖掘机的机械部分包括：铲斗、斗杆、起重臂与推压机构、开斗机构、提升机构、回转机构、回转平台、中央枢轴、辊盘装置（上滑轨、下滑轨、辊盘、大齿圈）、底架、行走机构（拖车）、履带装置、附件、压气操纵系统、润滑系统及润滑室、机棚及其通风除尘装置、司机室及其空调、梯子、栏杆、走台、配重等主要部分。挖掘机的推压机构采用齿轮-齿条推压结构，移动采用履带自行独立驱动方式。

挖掘机的电气部分包括：供电、高低压集电环、避雷器、高压开关柜、主变压器、辅助变压器、变频驱动电机、整流回馈变频驱动系统、PLC控制及综合监控系统、辅助电气系统、加热及通风装置、限位保护、照明系统、电缆等。

设备上干油、黑油润滑均采用集中润滑，减速箱内齿轮采用稀油油池润滑和飞溅润滑，气路系统自带有空气干燥装置，保证寒冷地区正常工作。

(2) 性能特点：

1) 铲斗容量大、工作范围宽、生产效率高、适应性强、易于维护保养、故障率低等。

2) 斗杆、起重臂、A形架、回转平台、底架梁、履带架等主要焊接结构采用整体退火处理工艺，有效地消除了焊接残余应力，提高了结构件的使用寿命。

3) 传动机构的轴和齿轮类零件采用国内优质低碳合金钢锻造，轮齿表面渗碳淬火的制造工艺，提高了齿轮传动的承载能力和传动零件的使用寿命。

4) 履带架和底架梁等关键部位的连接采用超级螺母，安全可靠，易于调整和维护。

5) 起重臂限位装置、推压机构限位装置和提升机构限位装置，可有效地保护设备免受附加的冲击载荷。

6) 上位综合监控系统＋PLC＋AFE整流回馈单元公用直流母线变频调速系统，提高了控制水平和调速性能，较国外直流机组系统节能17%，工作效率提高10%，功率因数可达到1，对电网无谐波污染。

(3) 工作原理。

WK-35矿用挖掘机依靠提升、推压、回转、行走和开斗五大传动机构协同作业，完成了挖掘机对挖掘对象的切入（推压）、装满铲斗（提升+推压）、转移（回转）、卸载（开斗）、返回切入点（提升+回转+推压）和纵深挖掘（行走）等工作。

提升机构用于提起或下放铲斗。由两台交流变频电动机并联驱动，通过双输入轴的“分流式”提升减速机驱动单个提升卷筒，两根长度相同的提升钢丝绳在单卷筒上有序缠绕，从而实现铲斗的提升或下放动作。

推压机构用于推出和收回铲斗。推压电动机通过动力联组皮带驱动推压传动机构，推压传动机构通过两级齿轮减速传动，将驱动力矩传递至推压轴和推压小齿轮，推压小齿轮与斗杆上的推压齿条啮合，驱动斗杆动作，以实现斗杆的伸出（推压）或缩回（回收）功能。

回转机构用于铲斗的回转。由并联且各自独立的两套回转电机驱动回转小齿轮转动，小齿轮与大齿圈啮合，驱动回转平台转动从而带动铲斗完成回转动作。

行走机构用于整机地面移动，采用两台交流变频电动机分别驱动两套独立的履带行走装置，完成行走动作。

(4) 主要参数。

标准铲斗容量：35m^3

额定有效载荷：63t

进线电源规格：6000V AC 3相，50Hz

最大挖掘半径：24m

最大挖掘高度：16.2m

最大卸载高度：9.4m

最大挖掘深度：1.75m

技术参数见表1.7.10。

表1.7.10　技术参数

项　目	名　称	单　位	数　值	备　注
起重臂	长　度	m	17.68	
	倾　角	(°)	45	
	天轮中心高度	m	18.54	
	天轮直径	m	2.44	
基　座	外　径	m	4.953	
	回转轨道直径	m	4.56	外圈直径
	滚轮数量	个	54	
	滚轮直径	mm	254	大径
	回转大齿圈直径	m	5.167	节径
行走机构	对地面压力	kPa	330	
	有效承重面积	m^2	32.73	
	履带板数量	块	82	
	履带板宽度	m	1.829	
	行走速度	m/min	18	
	行走允许坡度	%	9	
提升机构	提升滚筒直径	m	1.424	节径
	提升钢丝绳直径	mm	60	
	提升钢丝绳数量	根	2	
工作参数及重量	绷绳直径	mm	94	
	绷绳数量	根	4	
	整机净重	kg	850000	
	整机工作质量	kg	1080000	
	配　重	t	230	
	挖掘深度	m	1.75	
	卸载高度	m	9.4	
	作业半径	m	24	
	铲斗容量	m^3	35	
	空铲斗质量	kg	57100	
	铲斗的满斗系数	%	100	
	作业时允许最大倾斜角度	(°)	3	
	底盘对地高度	m	1.035	
	平均一个工作循环时间	s	36	回转90°

(5) 选型原则、方法及步骤。

选型原则见前面的总原则。

它适用于年产量1000万吨以上的大型露天矿山的岩石剥离和矿物采装作业。可与载重量为172~326t的矿用自卸卡车相配套。

(6) 典型案例应用。

WK-35矿用挖掘机自2007年研制成功并投入使用以来，已经生产了近30台左右，几乎在国内所有的露天矿都可以看到它的身影。现将主要的用户使用情况汇总如下：

第一台WK-35于2007年在神华某矿投入使用，至今已5年时间，工作稳定，性能良好见图1.7.4。

WK-35于2011年出口俄罗斯，现已运行了半年以上，出动率达到90%以上，用户非常满意，现又签订了四台WK-35合同，见图1.7.5。

图1.7.4　神华某露天煤矿WK-35矿用挖掘机

图1.7.5　俄罗斯库斯巴斯煤矿WK-35矿用挖掘机

1.7.1.6　WK-27A**挖掘机**

(1) 产品结构。

WK-27A挖掘机（见图1.7.6）的机械部分由工作装置、上部机构、下部机构等组成。

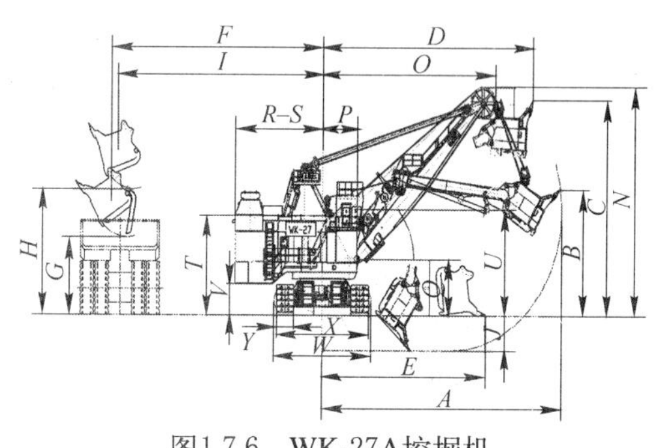

图1.7.6　WK-27A挖掘机

工作机构采用单梁起重臂、双斗杆齿轮—齿条推压机构，并配有气囊力矩限制器来限制推压机构承受的最大动负荷。

上部机构采用并联的回转机构、双卷筒提升机构、正压通风除尘的密封机棚以及带空调除尘的司机室。此外，上部机构中还包括有三脚支架、压气操纵系统和干油自动集中润滑系统以及电气控制系统的主要部分。

下部机构的回转支承采用了圆锥形辊盘、分段式装配的锥形环轨。

行走支撑采用多支点履带式独立行走装置，行走机构采用两套各自独立且集中在底架梁后面的行星齿轮传动减速机，分别控制两履带的行走方向。

各机构（提升、推压、回转、行走、开斗）均分别由交流电动机独立驱动，依靠电气控制系统和压气操纵系统来控制并完成挖掘机的各种运动。

润滑部分由稀油和干油两套自动系统及手动润滑组成。

(2) 性能特点。

WK系列矿用机械正铲式挖掘机为我公司研制的大型露天矿山采装设备，它汇集了我公司多年矿用挖掘机设计、工艺、制作的成功经验的同时，采用大量国内外先进技术，可适用于大型露天煤矿、铁矿及有色金属矿山的剥离和采装作业。

WK系列挖掘机采用三维仿真和有限元分析等现代设计方法，对整机性能和工作尺寸进行合理的选择；充分发挥自身的效力，提高了挖掘机与范围宽广的各种矿用车、破碎站等其他设备的匹配性，更好地满足用户高效装载、降低单位生产成本的要求。

电气系统采用整流/回馈公用直流母线变频调速系统，控制上以PLC为核心，采用上位监控、现场总线、变频调速的三级控制系统。具有对电网无扰动、允许电压波动范围宽、功率因数高等特点；装有优化挖掘特性、自适应“提—挖”等软件；同时电铲具有故障自诊断和运行状态显示、电能计量等功能。这种系统技术先进、运行可靠、传动效率高、耗能低。

技术特点：

齿轮齿条推压方式，切入性强，效率高；

硬齿面齿轮传动，齿轮寿命长；

履带行走装置采用多点支撑型式；

机棚设有增压除尘装置；

除走行外，其余采用全盘式气动制动器。

(3) 工作原理。

机械式正铲单斗挖掘机是挖掘机的一种，用一个铲斗以间歇重复的工作循环进行哪个工作，即:挖掘、满斗回转至卸载点、卸载、空斗回转至挖掘地点等四个工序构成一个工作循环。在作业过程中，挖掘机是不动的，直到将一次停机范围内的土壤挖完，挖掘机才移动到新的作业地点。

(4) 主要参数。

性能参数见表1.7.11。

表1.7.11　性能参数　(m)

序　号	项　目　名　称		单　位	数　值
1	标准斗容（物料松散容重为1.8t/m³）		m³	25
2	斗容范围		m³	23~46
3	最大提升速度		m/s	1.23
4	最大推压速度		m/s	0.63
5	最大行走速度		km/h	1.70
6	最大提升力		kN	2150
7	最大推压力		kN	790
8	履带最大牵引力		kN	4520
9	连续爬坡角度		(°)	12
10	履带板平均接地比压	履带板宽度=1422mm	kPa	380
		履带板宽度=1829mm	kPa	300
11	循环时间（90°时）		s	30
12	工作重量	履带板宽度=1422mm	t	约972
		履带板宽度=1829mm	t	约985
13	配　重		t	约175
14	理论生产率		m³/h	约3000

作业范围见表1.7.12。

表1.7.12　作业范围　(m)

符　号	项　目　名　称	数　值	符　号	项　目　名　称	数　值
A	最大挖掘半径	约23.40	*F*	最大卸载半径	约20.40
B	最大挖掘半径时的挖掘高度	约10.10	*G*	最大卸载半径时的卸载高度	约6.70
C	最大挖掘高度	约16.80	*H*	最大卸载高度	约10.2
D	最大挖掘高度时的挖掘半径	约20.60	*I*	最大卸载高度时的卸载半径	约18.80
E	水平清道半径	约15.10	*J*	挖掘深度	约1.75

主要尺寸见表1.7.13。

表1.7.13　主要尺寸　(m)

符　号	项　目　名　称	数　值	符　号	项　目　名　称	数　值
α	起重臂对停机面的倾角	45°	*S*	机棚宽度	8.55
K	起重臂长度	17.68	*T*	机棚顶至停机面的高度	7.95
L	起重臂顶部滑轮直径	2.59	*U*	司机水平视线至停机面高度	约9.2
M	斗臂有效长度	10.80	*V*	配重箱底面至停机面高度	2.54
N	顶部滑轮上缘至停机面高度	18.24	*W*	履带部分总长度	10.20
O	顶部滑轮外缘至回转中心的距离	17.35	*X*	履带部分宽度（履带板宽度=1829mm）	9.45
P	起重臂支脚中心至回转中心的距离	3.50	*Y*	履带板宽度	1.829
Q	起重臂支脚中心高度	4.50	*Z*	履带驱动装置最低点距停机面高度	0.7
R	机棚尾部回转半径	8.94			

电气参数见表1.7.14。

表1.7.14 电气参数

序 号	项 目 名 称	单 位	数 值	备 注
1	输入电源（3 phs 50Hz/60Hz）	V	6000/6600/10000	
2	主变压器	kV·A	2000	
3	提升电动机（690V AC）	kV·A	2×700	
4	推压电动机（690V AC）	kW	400	
5	回转电动机（690V AC）	kW	4×200	
6	行走电动机（690V AC）	kW	2×450	
7	开斗电动机（380V AC）	kW	15	

(5) 选型原则及方法。

选型原则：

WK-27A挖掘机与154~240t矿用汽车配套使用。适用于年产量1000万吨以上的大型露天矿山的岩石剥离和矿物采装作业。

(6) 典型案例。

案例一

用户：包钢巴润矿业有限公司；铲斗斗容：25m^3；用途：用于露天矿山的剥离。

案例二

用户：霍林河露天煤业有限公司；铲斗斗容：27m^3；用途：用于露天矿山的剥离。

1.8 徐工集团工程机械有限公司

1.8.1 装载机

1.8.1.1 LW500E轮式装载机

(1) 性能特点：

具有工作效率高、转弯半径小、狭隘场地适应性强、操作舒适等特点，是一款具有极高性价比、广泛适用于各类散装物料铲装的新一代徐工装载机产品。

效率高：

动作快：“三项和”仅9.9s，同类产品行业领先。

车速快：作业车速11.5km/h，铲运快捷。

转向活：负荷传感转向，轻便高效。

动力足：双泵合流，动力利用更充分，节油高效。

性能优：

卸高高、卸距长：卸高3145mm、卸距1220mm，保证足够的操作余地和各种工况。

轴距优、适应性强：2900mm的适中轴距、紧凑的车架结构，具有较小转弯半径兼顾足够的作业稳定性。

散热好：优化液压油、冷却水散热顺序，传动油水冷，彻底解决热平衡问题。

强度高：

关键结构件均采用有限元分析，确保满足各类工况。

整体铸造式支撑耳座，承载能力强。

寿命长：

关键铰接部位两级防尘，磨损小，寿命长。

耐磨刀板、斗齿，寿命更长久。

铲斗底部加焊耐磨板，延长铲斗寿命。

液压管路采用24°锥加O形圈两道密封，解决共性的渗漏难题。

传动可靠：

采用动力强劲、节能高效型名牌发动机。

配置采用徐工多项专有技术设计制造的最新一代行星式变速箱，可靠性高，承载能力强。

历经考验的徐工专用驱动桥，传递效率、负载能力行业领先。

维护方便：

制动钳结构优化，位置内移，维护更方便。

机罩采用上翻式大侧门，开启度大，检修更方便。

前后车架铰接处空间大，有效提升泵、阀、液压管路及销轴等的维护方便性。

驾驶舒适：

新型驾驶室，空间大，视野宽。

可调式豪华座椅，美观，乘坐舒适。

选装空调，驾乘更舒适。

实现领先于行业的内外两大突破：

内在突破：针对变速箱的共性薄弱环节，实施多项重大改进，承载能力和可靠性实现革命性突破，关键环节使用寿命显著提高。

外在突破：在国内率先全面启动汽车制造工艺，采用全金属模压覆盖件，模具冲压、脉冲焊接、电泳涂漆，有效防锈，长久保持新车成色。

(2) 技术参数见表1.8.1。

表1.8.1 技术参数

项目		单位	参数
额定载荷		kg	5000
倾翻载荷		kN	100
铲斗容量		m	2.7
卸载高度		mm	3145
卸载距离		mm	1220
举升高度		mm	5316
铲斗宽度		mm	3000
最大掘起力		kN	150
铰接角度		(°)	35
整机外形尺寸（长×宽×高）		mm×mm×mm	7960×3000×3300
整机重量		t	16.1
动臂提升时间		s	5.6
三项和时间		s	9.9
轴距		mm	2900
轮距		mm	2250
最小转弯半径(外轮中心)		mm	5850
最小转弯半径(铲斗外侧)		mm	6800
额定功率 / 转速		kW/r/min	162/2200
发动机型号			SC9D220G2B1
爬坡能力		(°)	28
速度	Ⅰ挡(前/后)	km/h	11.5/16.5
	Ⅱ挡(前)	km/h	38
轮胎规格			23.5~25

1.8.1.2 LW300F**装载机**

(1) 性能特点：

在保持老产品成熟、可靠的同时，实施全方位改进提升，全面领先于同类产品。特别是在全行业率先采用了全金属模压驾驶室、机罩，电泳涂漆，有效防锈，长久保持新车成色。该车是一款集效率、力量、长寿、舒适、美观于一身的工业精品，全面适用于各类工况。

力量大：

保持转斗缸径160mm超大尺寸的同时，动臂缸径由110mm加大至125mm，动臂提升力增加29%。

12t的强大转斗掘起力，保证各种恶劣工况。

7t的强大动臂提升力，保证满足各种高强度作业方式。

效率高：

采用125工作泵，排量大，供油强，“三项和”仅10.3s。

转弯半径仅5420mm，运行距离短，装载速度快，节油高效。

单泵分流，负荷传感转向，流量大，动力足，轻便高效。

强度高：

超强重载设计，前后车架均采用箱型结构，板材厚，强度高。

关键结构件均采用有限元分析，确保满足各类险重工况。

寿命长：

关键铰接部位两级防尘，磨损小，寿命长。

耐磨刀板、斗齿，寿命更长久。

液压管路采用24°锥加O形圈两道密封，解决共性的渗漏难题。

易磨损油管加装保护套，延长使用寿命。

满斗系数高：

加长斗底，斗型锐利，易切入，收料多。

缩小张角，减小断面，易推进，易提升。

维护方便：

液压油箱回油路的独立腔设计，保证了维修保养的方便性。

机罩采用上翻式大侧门，开启度大，检修更方便。

经典的定轴式变速箱，成熟、稳定、易维护，配件易选易购。

驾驶舒适：

驾驶室内饰豪华，空间大，视野宽。

可调式豪华座椅，美观大方，乘坐舒适。

实现行业领先水平的关键突破。

国内率先全面启动汽车制造工艺，采用全金属模压覆盖件，电泳涂漆，有效防锈，长久保持新车成色，转手保值。

(2) 技术参数（见表1.8.2）。

表1.8.2 技术参数

项目		单位	参数
额定载荷		t	3.0
铲斗容量		m^3	1.8
卸载高度		mm	2892
卸载距离		mm	1104
最大掘起力		kN	≥120
最大牵引力		kN	≥90
整机外形尺寸（长×宽×高）		mm×mm×mm	6905×2470×3028
整机重量		t	10.0
动臂提升时间		s	5.65
三项和时间		s	10.3
轴距		mm	2600
最小转弯半径（铲斗外缘）		mm	5925
额定功率		km/h	92
行驶速度	一挡（前进/后退）	km/h	0~10/14
	二挡（前进/后退）	km/h	0~16/25
	三挡（前进）	km/h	0~21
	四挡（前进）	km/h	0~35

加长臂产品参数见表1.8.3。

表1.8.3　加长臂产品参数

项 目 名 称	单 位	数 值
铲斗容量	m^3	1. 5/1. 8
额定载荷	t	2. 6/2. 6
整机外形尺寸（长×宽×高）	mm×mm×mm	7127×2470×3028；7226×2470×3028
卸载高度	mm	3253/3200
卸载距离	mm	1051/1142
整机重量	t	10. 2/10. 2

变形机具参数——抓草机参数见表1.8.4。

表1.8.4　抓草机参数

项 目 名 称	单 位	数 值
卸载高度	mm	2948
卸载距离	mm	2036
钳体宽度	mm	2200
最大张口	mm	2800

变形机具参数——夹钳（III）参数见表1.8.5。

表1.8.5　夹钳（III）参数

项 目 名 称	单 位	数 值
卸载高度	mm	2551
卸载距离	mm	837
最小抱圆直径	mm	590
最大张口	mm	1700

变形机具参数——侧卸参数见表1.8.6。

表1.8.6　侧卸参数

项 目 名 称	单 位	数 值
铲斗宽度	mm	2650
外形尺寸（长×宽×高）	mm×mm×mm	7. 25×2650×3028
卸载高度（正/侧）卸	mm	2725/3524
卸载距离（正/侧）卸	mm	1109/175
举升高度（正/侧）卸	mm	4980/5928

变形机具参数——滑叉参数见表1.8.7。

表1.8.7　滑叉参数

项 目 名 称	单 位	数 值
收叉角度	(°)	17. 2
机具长度	mm	1575
机具宽度	mm	1980
机具高度	mm	1200
叉齿长度	mm	1050

1.8.2 运输设备

1.8.2.1 沃尔沃A40F详细信息

(1) 发动机 (如图1.8.1所示)。

图1.8.1 发动机

高燃油效率、低排放的强大6缸直列涡轮增压式柴油发动机，每缸4个阀，具有顶置凸轮轴和电子控制的整体式喷油器。低转速时实现高扭矩。使用寿命长。发动机配置湿式可更换油缸套、可更换阀导和阀座。标配了二阶进气过滤装置。冷却系统。

高能冷却系统，带有省电、省油且容易接触到的变速液压驱动风扇。

(2) 产品介绍。

◆A40F (沃尔沃 D16F-A)

最大功率，当转速为	r/s	30
SAE J1995总功率	kW	350
飞轮功率，当转速为	r/s	30
ISO 9249，SAE J1349净功率	kW	327
最大扭矩，当转速为	r/s	17.5
SAE J1995总功率	N·m	2525
ISO 9249，SAE J1349净功率	N·m	2500
排量	L	16.1

◆动力传动系统 (如图1.8.2所示)。

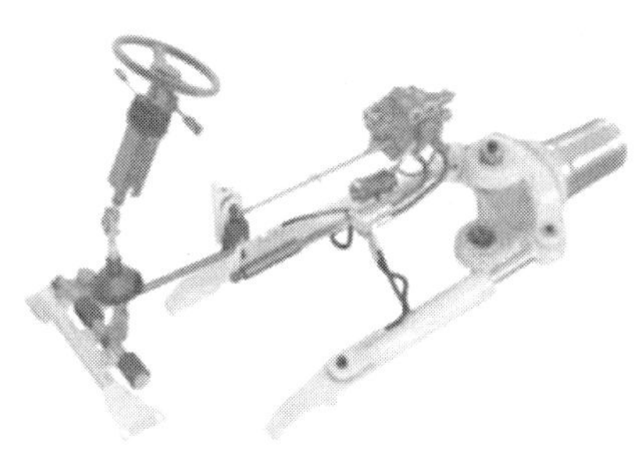

图1.8.2 传动系统

具有内置锁定功能的扭矩转换器。变速箱：沃尔沃PowerTronic自动行星齿轮型变速箱，具有9个前进挡和3个倒牢挡。转向箱：沃尔沃开发的直列式设计，具有高离地间隙和100%纵向“爪式离合器”型差速器锁。轮轴：沃尔沃专门构建的重负荷设计，具有行星齿轮型轮毂减速装置和100%“爪式离合器”型差速器锁。自动牵引控制系统(ATC)。

◆A40F扭矩转换器	2.1 :1
变速箱，沃尔沃	PT 2519
分动箱，沃尔沃	IL2 ATC
轮轴，沃尔沃	ARB H35/H40

◆电气系统

电缆被密封在固定在车架上的塑料保护导管中。

所有电缆、插座和插头都作标记。为选装件预先配线。接头符合IP67防水标准。

容易接触到的蓄电池切断开关。强大的卤素灯。

◆制动系统

符合ISO3450。所有车轮上都配置了全液压、封闭、油冷湿盘式多片制动器。每根轮轴均配置独立制动冷却系统。两个独立电路：一个用于前轴，一个用于转向架轮轴。停车制动：传动轴上应用弹簧的盘式制动器。减速器：使用轮轴上的湿式制动器和沃尔沃发动机制动：压缩制动系统与排气减速器(EPG)。

◆A40F (见图1.8.3)

电压：

24V (2×12V)

蓄电池容量：

2×170/2×225A·h

交流发电机：

2126kW (80A)

启动马达：9.0kW

◆转向系统

液压机械式自补偿设计。两个双作用转向油缸。转向角：3、4转向盘锁对锁转向，±45°。转向系统（包括辅助转向）符合ISO 5010。

图1.8.3　沃尔沃A40F运输设备

◆倾卸系统

已获专利的装载和倾卸制动系统。卸载油缸：两个单阶双作用。

◆底盘

车架：箱型，重负荷。高强度钢材，机器人焊接。旋转连接装置：100%免维护、完全密封，带有永久润滑的锥形滚子轴承。前悬挂：100%免维护。借助三点悬置系统，可以实现独立车轮运动。后悬挂：100%免维护。跨装的转向架梁。借助三点悬置系统，可以实现独立车轮运动。

1.8.2.2　EC460BLC PRIME **技术规格**

◆发动机

新的沃尔沃柴油发动机可提供更低的排放水平、出色的性能和高的燃油效率，该发动机配置精确的高压燃油喷射器涡轮增压器和电子发动机控制系统可最大程度地提高设备性能。

◆自动怠速系统

操纵杆和踏板未启动时该系统会把发动机速度降至怠速以降低燃油自耗量和驾驶室噪声水平。

发动机　沃尔沃D12D　输出功率　30r/s（1800rpm）时235kW

净功率 (ISO 9249/SAEJ1349)　总功率 (SAEJ1995) 245kW

最大扭矩转速为 1350r/min，1720 N·m

油缸数 6　排量12.11L　缸径 131mm　行程 150mm

◆电气系统

高容量妥善保护的电气系统。双重锁紧的防水导线插头用于固定无锈蚀接头主继电器和电磁阀有防护罩以防损坏。

ContronIc8：可以提供先进的设备功能监测和重要的故障诊断信息。

电压 24V　蓄电池 2×12V　蓄电池容量 200A·h

发电机 28W/80A　容量　油箱 6851　液压系统，总计 5251　液压油箱 2701

发动机油 421　发动机冷却液 601

回转减速装置 2×6.01　行程减速装置 2×6.51

◆回转系统

回转系统采用两个轴向柱塞马达驱动两个行星变速箱可以实现最大扭矩。自动回转制动阀和回转摆动防止阀都是标准配置。

最大回转速度　85r/min

◆驱动

每根履带是自动双速行走马达驱动。履带制动阀是多片式结构加有弹簧用液压制动。行走马达制动阀和行星齿轮在履带架内得以妥善保管。

最大牵引力　324.6kN

最大行驶速度　29/48km/h　爬坡能力　35°（70%）

◆底盘

底盘部分有一个坚固耐用的X型机。黄油润滑且密封的履带是标准配置。

固定底盘（标配）履带板数目　　2×52

链板节距　　216mm

履带板宽度三齿履带板　　600/700/800/900mm

履带板宽度双齿履带板　　600mm

支重轮数量　2×9　　拖链轮数量　2×2

◆液压系统

液压系统也被称作“集成工作模式控制系统”，其设计目的是提供高生产效率、高挖掘能力、高操作精确度和良好的燃油经济性。复合系统、大臂优先、小臂优先、回转优先以及大臂和小臂液流的快速返回系统保证了最佳的性能。该系统具有下列重要功能：

复合系统：结合两台液压泵的流量确保快速循环时间和高生产效率。

大臂优先：在进行装载或者深挖掘作业时，优先进行大臂操作，以加快上升速度。

小臂优先：进行平整作业时，优先进行小臂操作以缩短往返时间；进行挖掘作业时，优先进行小臂操作以增加铲斗挖掘量。

回转优先：在同步操作过程中，优先进行回转操作，以加快回转同步操作。

流量恢复系统：防止气穴并在同步操作中向其他运动提供流量，以便获得最大的生产率。

功率增强：增加挖掘力和举升力。

保持阀：所有用于大臂和小臂的闭锁阀可防止挖掘设备滑动。

◆主泵

类型　　两台可变排量轴向柱塞泵

最大流量　　2×345L/min

◆先导泵

类型　齿轮泵　　最大流量　1×31L/min

◆液压马达

行走：带机械制动闸的变排量轴向柱塞液压马达

回转：带机械制动闸的轴向柱塞液压马达

◆溢流阀调定值

执行液压回路　31.4/34.3 MPa (320/350kg/cm^2)

行走系统　　31.4 MPa (320kg/cm^2)

回转系统　　24.5 MPa (250kg/cm^2)

先导系统　　3.9 MPa (40kg/cm^2)

◆液压油缸

大臂　2　　缸径×行程　　ϕ 165 mm×1590mm

小臂　1　　缸径×行程　　ϕ 190 mm×1850mm

铲斗　1　　缸径×行程　　ϕ 165 mm×1335mm

1.8.3 推土机

1.8.3.1 DT140B推土机

(1) 产品特点。

◆ 采用综合性能优良的上柴6135AK-10发动机:新型悬挂弹性支撑，减震效果好。

◆ 采用斜齿圆柱齿轮传动的分动箱和变速箱,变速箱五进四退双杆机械操纵、结合套换挡，传动效率高、噪声低。

◆ 采用常开式、湿式多片摩擦片、液压助力的主离合器和常接合湿式多片摩擦片的转向离合器，操纵轻便。

◆ 最终传动采用两级直齿大变位齿轮减速,牵引力大。

◆ 推土工作装置液压系统采用先导控制，操纵力小；油缸前置，系统压力降低；操纵阀外置，油箱容积大，改善了散热效果，提高了液压系统可靠性。

◆ 六面体驾驶室和全封闭机罩,获国家专利的外观造型，采暖通风，外形美观，视野开阔，维护方便。

◆ 整机具有良好的总体布置，结构紧凑，重心布置合理，稳定性好，机体与行走系具有较好的缓冲效果。

◆ 可选装置包括自动注油装置、履带自动张紧装置、无氟冷暖空调、松土器等。

(2) 技术参数见表1.8.8。

表1.8.8 技术参数

项目		单位	参数
额定转速		r/min	1800
额定功率		kW	114
使用重量		kg	17800
使用重量（带松土器）		kg	19400
最大牵引力		kN	141
接地比压		kPa	≤68
履带板宽度		mm	500
坡行角度	纵向	(°)	30
	横向	(°)	25
最小离地间隙		mm	350
整机外形尺寸（带松土器）（长×宽×高）		mm×mm×mm	6320×3762×3114
前进五挡，后退四挡		km/h	2.52~10.61
行驶速度		km/h	3.53~10.53
角铲（宽×高）		mm×mm	3762×1048
最大提升高度		mm	1000
最大切削深度		mm	400
角铲铲刀水平回转角		(°)	+/-25
推土操纵力		N	≤24
松土角		(°)	50
最大松土深度		mm	500
最大提升高度		mm	510
松土器齿数		个	3

1.8.3.2 TY16025推土机

(1) 产品特点。

◆ 采用WD615-T1-3A发动机，动力性强，性能可靠，售后服务便捷。

◆ 传动系统采用液力机械传动。

◆ 具有声光报警功能的电子监测系统，灵敏度高、监测直观。

◆ 自动调节角度、高度的司机座椅与更符合人机工程设计的操作系统，使操作方便、轻松。

◆ 新颖美观的六面体驾驶室，造型美观，视野宽阔。

◆ 可配置直倾铲、U形铲、角铲、三齿松土器，工况适应能力强。

(2) 技术参数（见表1.8.9）。

表1.8.9　技术参数

项　目		单 位	参 数
额定转速		r/min	1850
活塞排量		L	9.7
额定功率		kW	131
最小耗油量		g/(kW·h)	198
使用重量		kg	17400
最大牵引力		kN	141
单铲（直倾铲）容量		m^3	3.9
生产率(运距30m)		m^3/h	350
接地长度		mm	2430
接地比压		kPa	≤65
履带中心距		mm	1800
最大输出扭矩		N·m	830
最大爬坡性能		(°)	30
最小离地间隙		mm	400
最小转弯半径		mm	3100
整机外形尺寸（带松土器）（长×宽×高）		mm×mm×mm	6430×3416×3015
行驶速度	前进三挡	km/h	0~9.07
	后退三挡	km/h	0~11.81
最大提升高度		mm	1149
最大松土深度		mm	545
松土器齿数		个	3

(3) 行走系统见表1.8.10。

(4) 工作液压系统见表1.8.11。

表1.8.10　行走系统

型式	八字梁摆动式、平衡梁悬挂结构
履带类型	单履齿组合式
齿高	60mm
履带板数量	37×2
履带板宽度	510mm、560mm、610mm
链轨节距	203mm
拖带轮数	2个/每边
支重轮数	6个/每边

表1.8.11　工作液压系统

工作油泵形式	PAL.112齿轮泵
油缸形式	双作用活塞式
最高工作油压	14MPa
铲刀升降内径×数量	110mm×2
倾斜油缸内径×数量	160mm×1
松土油缸内径×数量	160mm×1
操纵阀形式	双联阀柱式

1.8.3.3　TY230**推土机**

(1) 产品特点。

◆ 配用NT855-C280S10涡轮增压柴油发动机，动力强劲、性能卓越。

◆ 新颖的六面体空调驾驶室，造型美观、视野开阔、密封减震、乘坐舒适。

◆ 具有声光报警功能的电子监控系统，灵敏度高，监测更为直观。

◆ 自动调节角度、高度的司机座椅与更符合人机工程设计的操作系统，使操作方便，轻松。

◆ 独立的防滚翻保护装置加强工作中的安全保障。

◆ 可配置直倾铲、U形铲、角铲、单齿、三齿松土器，工况适应能力强。

◆ 利用军工技术和设备生产的传动件和磨损件强度高、韧性好、耐磨性强。

◆ 行走系统采用八字梁摆动式，平衡梁半刚性悬挂结构，同时增加履带接地长度，保证高速行走时具有良好的缓冲作用，行走平稳，操作舒适，附着性好。

(2) 技术参数见表1.8.12。

(3) 发动机见表1.8.13。

表1.8.12　技术参数

裸　机		19950kg
带直倾铲		25740kg
带直倾铲、松土器		28460kg
行驶速度	挡次	1/2/3
	前进	0~3.8/0~6.8/0~11.3(kW/h)
	后退	0~4.9/0~8.2/0~13.6(km/h)
最大牵引力		221kN
接地长度		2840mm
接地比压		0.076MPa
最小离地间隙		405mm
最小转弯半径		3.3m
履带中心距		2000mm
单铲(直倾铲)容量		7.8m³
生产率(运距30m)		505m³/h
最大爬坡性能		30°
发动机额定功率/转速		169kW(230ps/2000r/min)
外形尺寸(长×宽×高)		5459mm×3725mm×3380mm (配直倾铲)
		6790mm×3725mm×3472mm (配直倾铲、三齿松土器和防翻滚)

表1.8.13　发动机

型　号	康明斯发动机NT855-C280S100
形　式	直列 水冷 四冲程 直接喷射 涡轮增压
缸数-缸径×冲程	6-139.7mm×152.4mm
活塞排量	14.01L
最小耗油量	231g/(kW·h)
额定功率	169kW±5%
额定转速	2000r/min
最大输出扭矩	1033N·m/1400r/min
扭矩储备系数	1.25
充电用发电机	硅整流发电机24V 35A
启动方式	启动马达24V 11kW
蓄电池	(12V-195A·h)×2
液力变矩器	三元件、一级一相
变速箱	行星齿轮、多片离合器
中央传动	螺旋锥齿轮、一级减速、飞溅润滑
转向离合器	湿式、多片、弹簧压紧、液压分离
转向制动器	湿式、浮式、直接离合、液压助力制动
终传动	二级直齿轮减速、飞溅润滑

(3) 行走系统见表1.8.10。

表1.8.14　工作装置

推土板形式	直倾铲	角　铲
推土板(宽×高)	3725mm×1390mm	4365mm×985mm
最大提升高度	1210mm	1292mm
最大倾斜量	735mm	
最大切削深度	540mm	536mm
刀刃切削角	55°	55°
爬坡能力	30°	30°
松土器形式	三齿	单齿
松土器最大松土深度	665mm	695mm
松土器最大提升高度	555mm	515mm
松土器重量	2900kg	3600kg

1.9 北方重工集团有限公司

1.9.1 带式输送机

1.9.1.1 露天矿带式输送机

(1) 产品用途及特点。

随着世界范围内露天采矿业开采工艺和设备的技术进步，半连续开采运输工艺已经成为国内外大型露天煤矿、露天金属矿的主流开采运输工艺。移动式带式输送机、移置式带式输送机、半移置式带式输送机作为露天矿开采的主要技术装备，其特点是胶带机通过移植机牵引钢轨或滑橇实现整机水平移动，另外本机还具有运输距离长、运量大、无基础等特点。

(2) 主要技术参数（见表1.9.1）。

表1.9.1 主要技术参数

带宽/mm	动堆积角	带速/m·s^{-1}					
		2.0	2.5	3.15	4.0	5.0	6.3
		运输能力/t·h^{-1}					
800		380~550	480~680	600~850	—	—	—
1000		630~880	790~1110	1000~1400	1200~1700	—	—
1200		900~1300	1150~1600	1450~2050	1850~2600	2300~3200	—
1400		1250~1800	1580~2250	2000~2800	2550~3600	3190~4500	—
1600	10°~20°	1700~2350	2100~2950	2650~3850	3400~4750	4250~5950	—
1800		2150~3050	2700~3800	3440~4840	4350~6100	5450~7650	6800~9600
2000		—	—	4380~6050	5480~7680	6850~9600	8700~12000
2200		—	—	5300~7300	6700~9300	8400~11700	10600~14600
2400		—	—	6300~8600	7900~11000	9900~13800	12600~17200

注：表中运输能力是在物料堆积容重为1t/m³，水平输送，托辊槽角为30°时的计算值。

1.9.1.2 管状带式输送机

(1) 产品用途及特点。

管状带式输送机是在槽型带式输送机的基础上发展起来的一类特种带式输送机，可实现封闭运输，有效避免漏料、洒料、扬尘、杂物混入、雨雪侵入等现象。具有密封性好，环境污染低；输送倾角大；适合于复杂地形布置，易于实现平面和空间转弯；占地面积小；实现双向输送物料等特点。

(2) 主要技术参数（见表1.9.2）。

表1.9.2 主要技术参数

管径/mm	带宽/mm	带速/m·s^{-1}							
		运输能力/m³·h^{-1}							
100	430	17.0	21.2	26.5	33.9	—	—	—	—
150	600	38.0	47.5	59.4	76.0	95.0	118.8	—	—
200	750	66.5	83.1	103.9	133.0	166.21	207.8	—	—
250	1000	117.9	147.4	184.3	235.8	294.8	368.5	464.3	—
300	1100	114.1	176.4	211.7	282.2	352.8	441.0	555.7	705.6
350	1300	—	237.6	297.0	380.2	475.2	594.0	748.4	950.4
400	1600	—	388.8	486.0	622.1	777.6	972.0	1224.7	1555.2
500	1900	—	558.1	697.6	893.0	1116.2	1395.3	1758.0	2232.4
600	2250	—	777.6	972.0	1244.2	1555.2	1944.0	2449.4	3110.4
700	2250	—	1008.0	1260.0	1612.8	2016.0	2520.0	3175.0	4032.0
850	3100	—	1454.4	1818.0	2327.0	2908.8	3636.0	4581.4	5817.6

注：表中运输能力是在物料堆积容重为1t/m³，水平输送，托辊槽角为30°时的计算值。

1.9.1.3 **平面转弯型带式输送机**

(1) 产品用途及特点。

平面转弯带式输送机是指采用平输送带可以实现平面转弯的特种带式输送机,也可以伴随着平面转弯进行竖向凸凹弧转弯,构成空间转弯。它是通过将输送带的内曲线抬高，使输送机运行时产生一个向外的离心推力来克服由转弯造成的输送带张力的向心合力，保证输送带的转弯运行。

采用弯曲的运行线路以绕开障碍物或不利地段，实现少设或不设中间转载站，从而达到减少设备数量的目的，使系统的供电和控制系统更为集中。

(2) 主要技术参数（见表1.9.3）。

表1.9.3 主要技术参数

带宽/mm	动堆积角/(°)	带速/m·s^{-1}					
		2.0	2.5	3.15	4.0	5.0	6.3
		运输能力/t·h^{-1}					
800	10~20	380~550	480~680	600~850	—	—	—
1000		630~880	790~1110	1000~1400	1200~1700	—	—
1200		900~1300	1150~1600	1450~2050	1850~2600	2300~3200	—
1400		1250~1800	1580~2250	2000~2800	2550~3600	3190~4500	—
1600		1700~2350	2100~2950	2650~3850	3400~4750	4250~5950	—
1800		2150~3050	2700~3800	3440~4840	4350~6100	5450~7650	6800~9600
2000		—	—	4380~6050	5480~7680	6850~9600	8700~12000
2200		—	—	5300~7300	6700~9300	8400~11700	10600~14600
2400		—	—	6300~8600	7900~11000	9900~13800	12600~17200

注：表中运输能力是在物料堆积容重为1t/m³，水平输送，托辊槽角为30°时的计算值。

1.9.1.4 **下运带式输送机**

(1) 产品用途及特点。

下运带式输送机是一种将物料由高到低输送的特种胶带机，此种胶带机在运输物料过程中出现负功率，电机处于发电制动状态。有效地控制带式输送机满载启动、停车，尤其是突然失电的情况下实现胶带机的可控软制动，防止胶带机飞车是此种胶带机的关键技术。

(2) 主要技术参数（见表1.9.4）。

表1.9.4 主要技术参数

带宽/mm	动堆积角/(°)	带速/m·s^{-1}					
		2.0	2.5	3.15	4.0	5.0	6.3
		运输能力/t·h^{-1}					
800	10~20	380~550	480~680	600~850	—	—	—
1000		630~880	790~1110	1000~1400	1200~1700	—	—
1200		900~1300	1150~1600	1450~2050	1850~2600	2300~3200	—
1400		1250~1800	1580~2250	2000~2800	2550~3600	3190~4500	—
1600		1700~2350	2100~2950	2650~3850	3400~4750	4250~5950	—
1800		2150~3050	2700~3800	3440~4840	4350~6100	5450~7650	6800~9600
2000		—	—	4380~6050	5480~7680	6850~9600	8700~12000
2200		—	—	5300~7300	6700~9300	8400~11700	10600~14600
2400		—	—	6300~8600	7900~11000	9900~13800	12600~17200

注：表中运输能力是在物料堆积容重为1t/m³，水平输送，托辊槽角为30°时的计算值。

1.10 郑州同力重型机器有限公司

1.10.1 带式输送机

DTⅡ型带式输送机：

(1) **产品用途及特点。**

DTⅡ型带式输送机广泛应用于冶金、矿山、煤炭、电站、建材等各个行业，用于散装物料的输送。具有生产效率高、输送量大、能源消耗少，可实现连续长距离运输，工作平稳可靠、噪声小、污染低、结构简单、运行费用低等特点。

(2) 主要技术参数（见表1.10.1）。

表1.10.1 主要技术参数

带宽/mm	动堆积角/(°)	带速/m·s^{-1}					
		2.0	2.5	3.15	4.0	5.0	6.3
		运输能力/t·h^{-1}					
800	10~20	380~550	480~680	600~850	—	—	—
1000		630~880	790~1110	1000~1400	1200~1700	—	—
1200		900~1300	1150~1600	1450~2050	1850~2600	2300~3200	—
1400		1250~1800	1580~2250	2000~2800	2550~3600	3190~4500	—
1600		1700~2350	2100~2950	2650~3850	3400~4750	4250~5950	—
1800		2150~3050	2700~3800	3440~4840	4350~6100	5450~7650	6800~9600
2000		—	—	4380~6050	5480~7680	6850~9600	8700~12000
2200		—	—	5300~7300	6700~9300	8400~11700	10600~14600
2400		—	—	6300~8600	7900~11000	9900~13800	12600~17200

注：表中运输能力是在物料堆积容重为1t/m³，水平输送，托辊槽角为30°时的计算值。

1.11 山西新富升机器制造有限公司

1.11.1 竖井提升设备

1.11.1.1 JKMD系列多绳摩擦提升机

(1) 产品介绍。

详细参数：

JKMD系列产品用于煤矿、金属矿和非金属矿的竖井做提升煤、矿物、升降人员、下放材料与设备等。

(2) JKMD系列多绳摩擦提升机图片见图1.11.1，技术性能（落地式提升机）见表1.11.1。

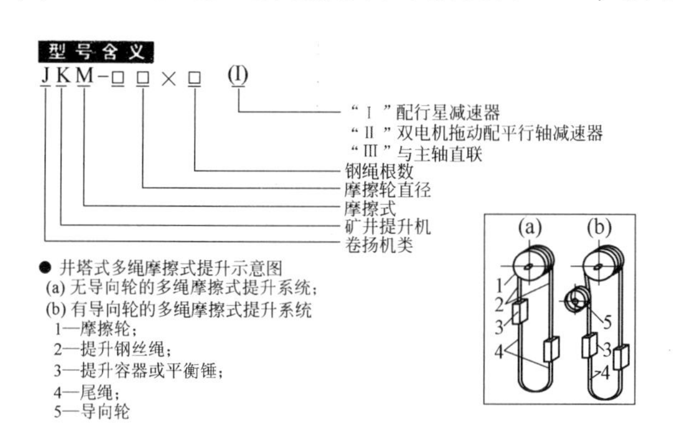

图1.11.1 JKMD系列多绳摩擦提升机

表1.11.1　JKMD系列多绳摩擦提升机技术性能

序号	型号	钢丝绳					最大提升速度 /m·s^{-1}	减速器	旋转部分变位质量（除电机与天伦）/t	天伦变位质量 /t	机器质量（不含电气设备） /t
		天伦直径/m	最大静拉力 /kN	最大静拉力差/kN	最大直径 /mm	间距 /mm		速比			
1	JKMD-1.85×4(Ⅰ)	1.85	160	50	20	250	10	7.35 10.5 11.5	6.0	1.1×2	43
2	JKMD-2.25×4(Ⅰ)	2.25	210	65	22	300	10	7.35 10.5 11.5	6.5	2.3×2	48.5
3	JKMD-2.25×4(Ⅲ)	2.25	210	65	24	300	10		5.62	2.2×2	45
4	JKMD-2.8×4(Ⅰ)	2.8	335	95	28	300	15	7.35 10.5 11.5	9	3.44×2	64.3
5	JKMD-2.8×4(Ⅲ)	2.8	335	95	30	300	10			3.2×2	37.5
6	JKMD-3.25×4(Ⅰ)	3.25	450	140	34	300	13	7.35 10.5 11.5	13.36	2.72	68
7	JKMD-3.25×4(Ⅲ)	3.25	450	140	34	300	13			2.72	62
8	JKMD-3.5×4(Ⅰ)	3.5	525	140	35	300	13	7.35 10.5 11.5	20.6	6.3×2	106
9	JKMD-3.5×4(Ⅲ)	3.5	525	140	35	300	13		18	6.3×2	87
10	JKMD-4×4(Ⅰ)	4	680	180	39.5	350	14	7.35 10.5 11.5	23	6.5×2	133.5
11	JKMD-4×4(Ⅲ)	4	680	180	39.5	350	14		20	6.5×2	115
12	JKMD-4.5×4(Ⅲ)	4.5	900	220	45	350	14		29	11.5×2	165

1.11.1.2　JKM系列多绳摩擦提升机

(1) 产品介绍。

详细参数:

JKM系列产品用于煤矿、金属矿和非金属矿的竖井做提升煤、矿物、升降人员、下放材料与设备等。

(2) JKM系列多绳摩擦提升机图片见图1.11.2，技术性能（井塔式提升机）见表1.11.2。

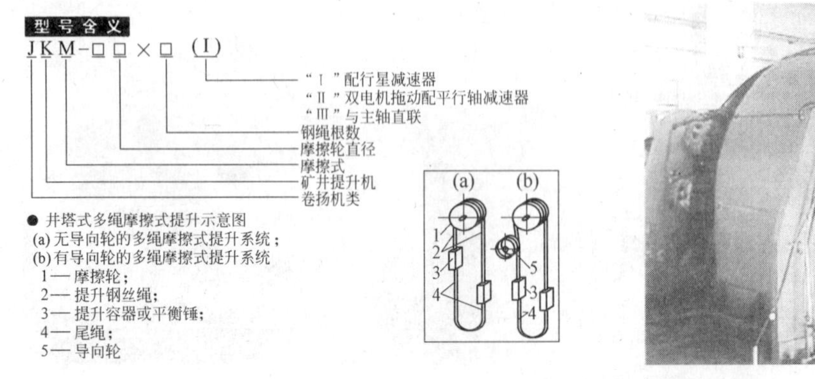

图1.11.2　JKM系列多绳摩擦提升机

表1.11.2　JKM系列多绳摩擦提升机技术性能

序号	型号	导向轮直径/m	钢丝绳					最大提升速度/m·s^{-1}	减速器	旋转部分变位质量（除电机与天伦）/t	导向轮变位质量/t	机器质量（不含电气设备）/t
			最大静拉力/kN	最大静拉力差/kN	有导向轮时最大直径/mm	无导向轮时最大直径/mm	间距/mm		速比			
1	JKM-1×4(Ⅰ)		60	7.5		13	150	5	10			6.36
2	JKM-1.85×4(Ⅰ)		150	50		22	200	10	7.35 10.5 11.5	5.8		24.5
3	JKM-2.25×4(Ⅰ)	2	215	65	24		200	10	7.35 10.5 11.5	6.5	1.39	34.18
4	JKM-2.25×4(Ⅲ)	2.25	210	65	24	28	200	10		7.1	2.2	34
5	JKM-2.8×4(Ⅰ)	2.5	330	100	30		250	9.14	7.35 10.5 11.5	9.1	2.4	50.8
6	JKM-2.8×4(Ⅲ)	2.5	330	100	30		250	10		6.5	2.4	45.6
7	JKM-2.8×6(Ⅰ)	2.8	490	140	30		250	15	7.35 0.5 11.5	15.8	3.7	66.5
8	JKM-2.8×6(Ⅲ)	2.8	490	140	30		250	15		14	3.7	60
9	JKM-3.25×4(Ⅰ)	3	450	140	32		300	14	7.35 10.5 11.5	13.36	2.72	68.5
10	JKM-3.25×4(Ⅲ)	3	450	140	32		300	14		9.55	3.6	59.6
11	JKM-3.5×4(Ⅰ)	3.5	570	220	38		300	15	7.35 10.5 11.5	15.3	6.2×2	78
12	JKM-3.5×4(Ⅲ)	3.5	570	220	38		300	15		21	6.2×2	59.93
13	JKM-3.5×6(Ⅰ)	3.5	820	270	38		300	15	7.35 10.5 11.5	22.85	4.06	89.5
14	JKM-3.5×6(Ⅲ)	3.5	820	270	38		300	15		21	4.06	82
15	JKM-4×4(Ⅰ)	3.2	690	180	39.5		300	14	7.35 10.5 11.5	18.5	4.1	87.8
16	JKM-4×4(Ⅲ)	3.2	690	180	39.5		300	14		16	4.1	58

1.12 常州御发工矿设备有限公司

1.12.1 无极绳运输

无极绳牵引车：JWB系列矿用无极绳连续牵引车系统是以钢丝绳牵引的矿井轨道运输设备，使用于长距离、大倾角、多变坡、大吨位工况条件的普通轨运输。主要用于煤矿井下工作面顺槽、掘进后配套和采区巷道，运送生产所需材料设备及排矸，也可用于金属矿井下巷道和地面轨道运输。

牵引车配置有绞车、张紧装置、梭车、尾轮、压绳轮组、托绳轮组及电控等，通过钢丝绳组合成运输系统。无极绳绞车有55kW、75kW、110kW三种形式，均采用机械制动。其中，55kW绞车分为JWB-55单速和JWB-55B双速;75kW绞车为双速，分为JWB-75、JWB-75B单滚筒;张紧装置分为三轮和五轮两种形式，根据不同工况条件选用。

牵引车直接运行于井下现有轨道系统，替代传统的小绞车接力、对拉运输方式，实现不经转载的连续直达运输。系统可布置为单道单向运输，双道双向运输或三轨双向运输，并可使用水平弯道运输。

该设备操作简单、适应性强、一次性投资少、运行费用低、可靠性高，是目前适合国情的煤矿进下高效辅助设备，是替代小绞车连续转运的理想产品。

(1) 产品系列及主要技术参数（见表1.12.1）。

表1.12.1 产品系列及主要技术参数

型 号	JWB				
	55	55B	75	75B	110
绞车功率/kW	55		75		110
滚筒直径/mm	1200				1200
牵引力/kN	50	65	60	80	80
绳速/m·s^{-1}	1	0.67/1.0	1.0/1.7	0.67/1.0	1.0/1.7
钢丝绳（6×19）/mm	ϕ22~24				
轨距/mm	600/900				
轨型/kg·m^{-1}	15/18/22/24/30				

(2) 型号组成及其代表意义（见图1.12.1）。

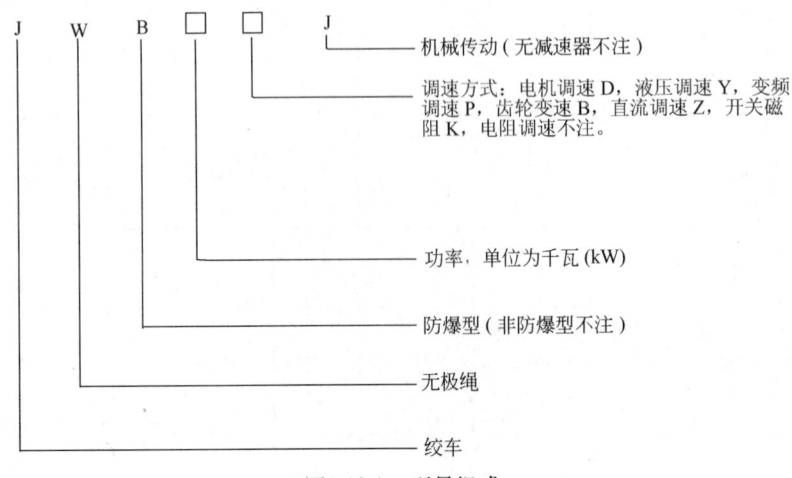

图1.12.1 型号组成

示例1：变频调速，额定功率为110kW采用机械传动的防爆型煤矿用无极绳调速机械绞车：JWB110PJ

示例2：电机调速，额定功率为75kW采用机械传动的非防爆型煤矿用无极绳调速绞车：JW75D

(3) 牵引车运输设备特点。

1) 操作简单、可靠性高。采用机械传动方式，结构紧凑，操作方便，大大地提高了工人可操作性和设备可靠性。

2) 采用电机换向、齿轮变速箱机械变速方式，高、低速换挡方便可靠。

3) 适应性强、用途广、牵引车既可实用在顺槽，又可应用在采区上（下）坡，还可布置在集中轨道巷，又能为掘进后配套服务，可进行区段内直达运输，无需转载， 减少人力倒车次数，减轻了作业人员的劳动强度；同时大大降低了管理难度。

4) 牵引车配置方便。根据不同的工况条件，采用不同轮组配置方式，可适应起伏变化的坡道的不同运输需求。

5) 可实现巷道水平转弯运输；配置专用弯道达到水平曲线运输之目的。

6) 绞车配有两套制动系统，运行安全高效。

JWB系列矿用无极绳牵引车系统布置图见图1.12.2。

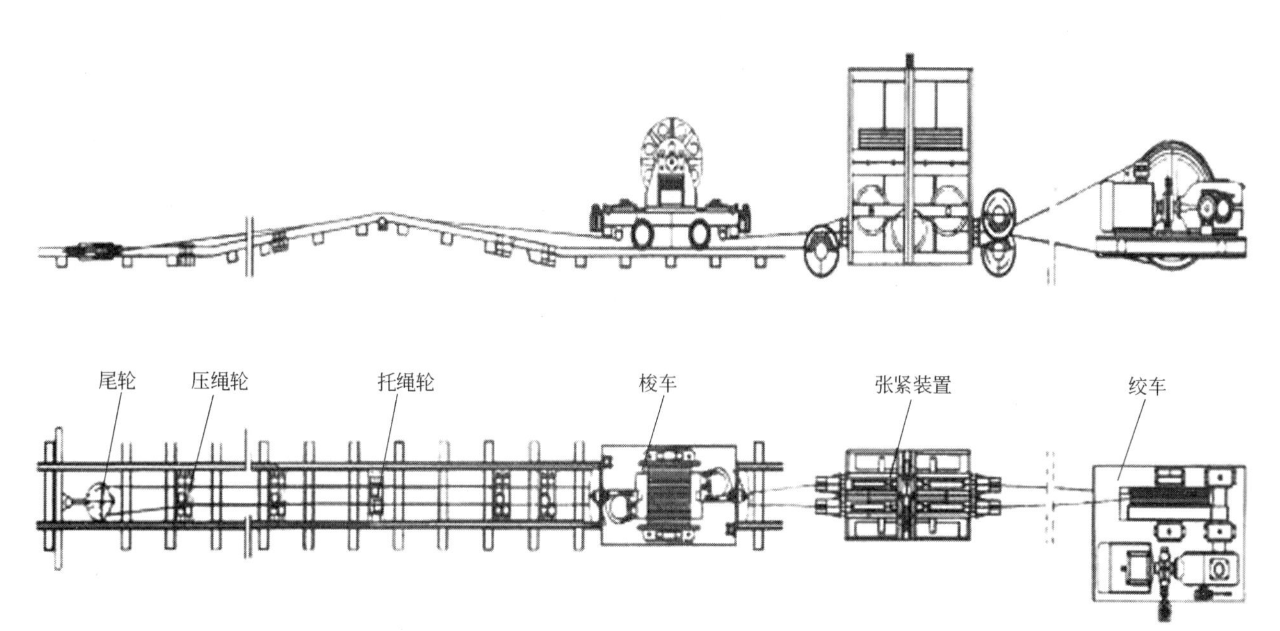

图1.12.2　JWB系列矿用无极绳牵引车系统布置图

(4) 牵引车运输设备主要用途及使用范围。

1) 主要用途及适用范围：

牵引车主要用于巷道坡度不大于20°的煤矿井下巷道轨道运输牵引系统。适用于长距离、大倾角、多变坡、大吨位工况条件下的工作面顺槽、采区上（下）坡和集中轨道巷材料、设备等系统行驶路线内的不经转载的直达运输的动力。是替代传统小绞车接力、对拉运输方式比较理想的辅助运输设备。但不适用于载人和提升的绞车。

2) 适用的工作条件：

本绞车是用于有瓦斯、煤气易燃气体的场所。但周围空气中的瓦斯、煤尘等不应超过《煤矿安全规则》中规定的浓度。

周围空气0~40℃；相对温度不大于85%（环境温度为20±5℃时）；海拔高度不超过1000m，上坡度不超过20℃，并能防止液体入侵电器内部，无剧烈震动、颠簸；无腐蚀性气体的环境中工作。

当海拔高度超过1000m时，需考虑到空气冷却作用和介电强度的下降，所选用的电气设备应根据制造厂和用户的协议进行专门设计后方能安全使用。

1.13 北京安期生技术有限公司

1.13.1 铲运机

1.13.1.1 ACY-15地下内燃铲运机

(1) 产品说明（工作尺寸见图1.13.1）。

适用于巷道宽度2.5m矿山井下，以铲装、运输爆破后的松散物料为主。也可用于铁路、公路以及水利等隧道工程，特别适合于工作条件恶劣、作业现场狭窄、低矮以及泥泞的作业面。本机采用高效DEUTZ发动机，德纳（DANA）公司的液力机械传动系统。制动系统采用全液压双管路工作制动系统，并配装了多盘湿式制动器。手动阀控制转向，先导阀控制举升和倾翻。精心设计和制造的铲运机外形美观、工作效率高。

(2) 质量。

空载质量：12350kg

满载质量：15350kg

(3) 工作性能。

最大索引力：100kN

最大铲取力：80kN

倾覆载荷：4300kg

载重量：3000kg

铲斗容积（SAE 标准）：$1.5m^3$

(4) 运动时间。

举升时间：5.6s

下降时间：4.2s

倾翻时间：2.4s

(5) 行驶速度。

1挡：4.2km/h

2挡：8.3km/h

3挡：19.2km/h

(6) 发动机。

型号：DEUTZ F6L914W

功率：79kW/2300r/min

最大扭矩：275N·m/1400r/min

(7) 传动系统。

变矩器：DANA C270

动力变速箱：DANA RT20000

驱动桥：美驰C201

轮胎（标准）：12.00-24 L-5S TT

(8) 液压系统。

转向形式：中央铰接、液压动力转向

转向角：±36°

转向系统流量：36.5L/min

转向压力：14MPa

工作系统流量：130L/min

工作压力：14MPa

制动形式：液压制动

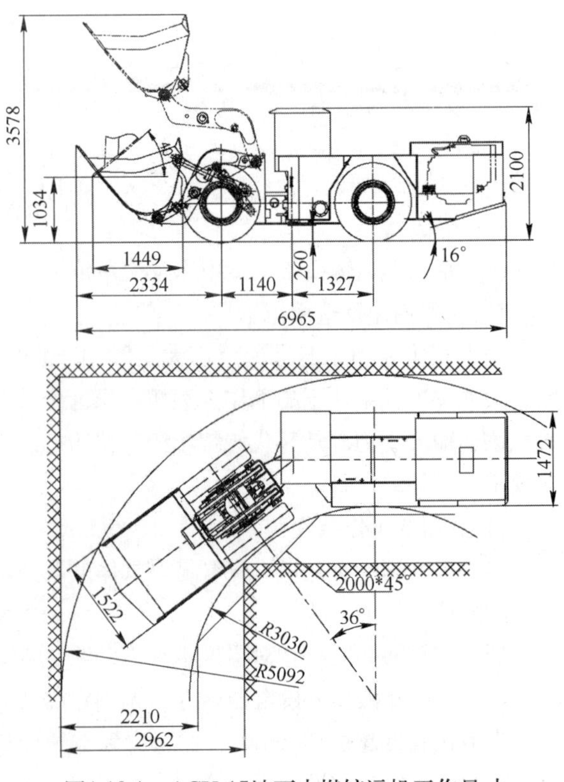

图1.13.1 ACY-15地下内燃铲运机工作尺寸

系统压力：16MPa

制动能力：满载8km/h时的制动距离2m

(9) 电气系统。

电压：DC24V

发电机：28V/35A

启动马达：4.8kW/24V

电瓶：两个12V/135A·h

照明：2前，2后

(10) 司机室。

符合美国SAE标准的防翻滚/防砸撞（ROPS/FOPS）司机室。

1.13.1.2 **AXY-2地下内燃铲运机**

(1) 产品说明（工作尺寸见图1.13.2）。

主要用于矿山井下巷道内，以铲装、运输爆破后的松散物料为主。也可用于铁路、公路以及水利等隧道工程，特别适合于工作条件恶劣、作业现场狭窄、低矮以及泥泞的作业面。本机采用道依茨（DEUTZ）风冷/水冷低污染发动机，并配置了加拿大ECS的铂金干式尾气消音净化器。传动系统选用DANA公司的液力变矩器和动力换挡变速箱，操作轻便，运行平稳。制动系统采用全液压双管路工作制动系统，配装了多盘湿式制动器并且前桥装有NO-SPIN防滑差速器，在环境恶劣、高含水、泥泞巷道作业时安全可靠。该车液压系统主要件采用Parker元件，全液压转向，手动控制。精心设计的主车架结构和六杆工作机构保证了外形美观、工作效率高。ACY-2在安期生是一个家族，有标配、高配、司机室前置、司机室后置、高原型等多个变型供用户选择。

(2) 质量。

空载质量：12500kg

满载质量：16500kg

(3) 工作性能。

最大索引力：104kN

最大铲取力：102kN

静态倾覆载荷：8000kg

额定载重量：4000kg

铲斗容积（SAE标准）：2.0m^3

(4) 运动时间。

举升时间：5.6s

下降时间：4.0s

倾翻时间：6.4s

(5) 行驶速度。

1挡：3.6km/h

2挡：7.1km/h

3挡：16.5km/h

(6) 发动机。

型号：DEUTZ F6L914W

功率：79kW/2300r/min

最大扭矩：385N·m/1500r/min

(7) 传动系统。

变矩器：DANA C270

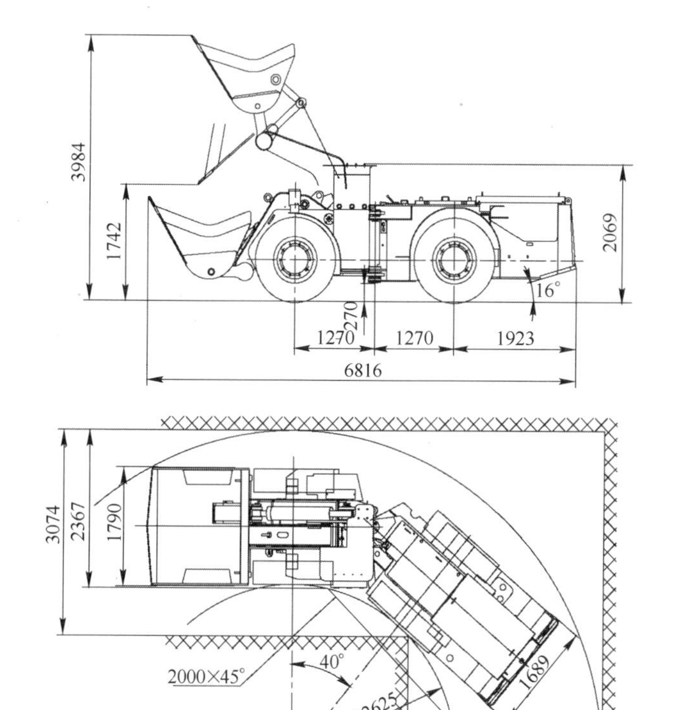

图1.13.2　AXY-2地下内燃铲运机工作尺寸

动力变速箱：DANA RT20000

驱动桥：美驰C201

轮胎（标准）：12.00-24L-5S TT

(8) 液压系统。

转向形式：中央铰接、双作用液压油缸驱动

转向角：±40°

转向系统流量：74.3L/min

转向压力：14MPa

工作系统流量：148L/min

工作压力：14MPa

行车制动：液压制动、弹簧释放

停车制动：弹簧制动、液压释放

系统压力：16MPa

制动能力：满载8km/h时的制动距离2m

(9) 电气系统。

电压：DC 24V

发电机：28V/55A

启动马达：4.8kW/24V

电瓶：两个12V/135A·h

照明：2前，2后

(10) 司机室。

符合美国SAE标准的防翻滚/防砸撞（ROPS/FOPS）司机室。

1.13.1.3 ACY-3地下内燃铲运机

(1) 产品说明（工作尺寸见图1.13.3）。

ACY-3地下内燃铲运机主要用于矿山井下，以铲装、运输爆破后的松散物料为主。动力系统采用世界先进的DEUTZ水冷低污染发动机，并配置了加拿大ECS公司的铂金干式尾气消音净化器。传动系统选用美国DANA公司的液力变矩器、动力换挡变速箱和驱动桥。制动系统采用全液压系统，制动形式为弹簧制动、液压释放。集行车制动、停车制动、紧急制动于一体。在环境恶劣、高含水、泥泞巷道作业时安全可靠。工作系统和转向系统采用合流形式，大大地提供了生产效率。液压系统主要元件采用美国Parker公司的产品，质量好，性能可靠。

(2) 质量。

空载质量：16140kg

满载质量：22140kg

(3) 工作性能。

最大索引力：175kN

铲取力，举升缸：119kN

铲取力，倾翻缸：111kN

倾覆载荷：14500kg

载重量：6000~7500kg

铲斗容积（SAE标准）：3.0m^3

(4) 运动时间。

举升时间：6.2s

下降时间：4.2s

倾翻时间：8.0s

(5) 行驶速度。

1挡：4.7km/h

2挡：9.4km/h

3挡：18.4km/h

(6) 发动机。

型号：DEUTZ BF6M1013EC

功率：148kW/2300r/min

最大扭矩：727N·m/1400r/min

(7) 传动系统。

变矩器：DANA C270

动力变速箱：DANA R32000

驱动桥：DANA 16D2149

轮胎（标准）：17.5×25，L-5S

(8) 液压系统。

转向形式：全液压先导动力转向，中央铰接，由两个双作用液压油缸驱动

转向：±42°

转向系统流量：75.9L/min

转向压力：18MPa

工作系统流量：187L/min

工作压力：21MPa

制动形式：弹簧制动 液压释放

系统压力：16MPa

制动能力：满载8km/h时的制动距离2.5m

(9) 电气系统。

电压：DC 24V

发电机：DEUTZ 28V/55A

启动马达：DEUTZ 4kW/24V

电瓶：两个12V/135A·h

照明：2前，2后

(10) 司机室。

符合美国SAE标准的防翻滚/防砸撞（ROPS/FOPS）司机室。

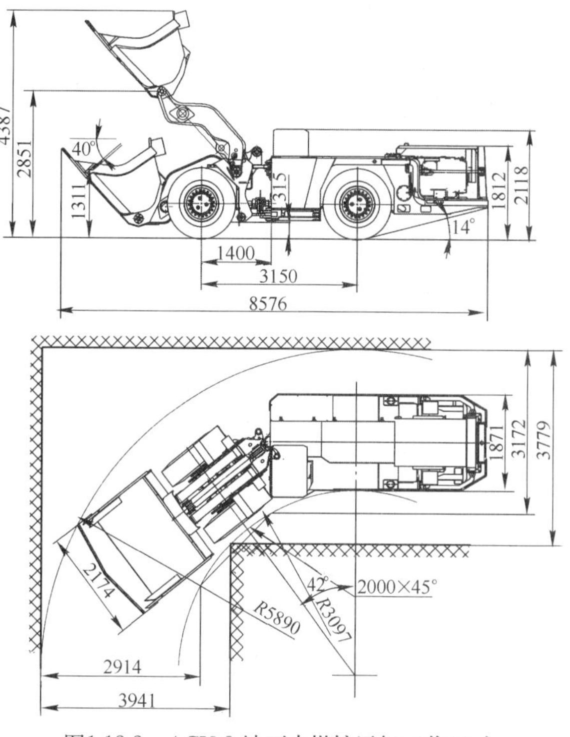

图1.13.3 ACY-3 地下内燃铲运机工作尺寸

1.13.1.4 ACY-3L 地下内燃铲运机

(1) 产品说明（工作尺寸见图1.13.4）。

ACY-3L地下内燃铲运机是我公司原ACY-3内燃铲运机基础上，采用新设计的六杆工作机构的新一代铲运机产品。它的最大卸载高度由原ACY-3的1325mm提高到1890mm，即可以用于溜井卸矿，也可以用于运矿卡车，大大提高了其适用范围。

(2) 质量。

空载质量：18070kg

满载质量：24070kg

(3) 工作性能。

最大索引力：175kN

铲取力，举升缸：105kN

铲取力，倾翻缸：131kN

倾覆载荷：13170kg

载重量：6000~7500kg

铲斗容积（SAE标准）：3.0m^3

(4) 运动时间。

举升时间：7.2s

下降时间：4.7s

倾翻时间：6.0s

(5) 行驶速度。

1挡：4.7km/h

2挡：9.4km/h

3挡：18.4km/h

(6) 发动机。

型号：DEUTZ BF6M1013EC

功率：148kW/2300r/min

最大扭矩：727N·m/1400r/min

(7) 传动系统。

变矩器：DANA C270

动力变速箱：DANA R32000

驱动桥：DANA 16D2149

轮胎（标准）：17.5×25，L-5S

(8) 液压系统。

转向形式：全液压先导动力转向，中央铰接，由两个双作用液压油缸驱动

转向：±42°

转向系统流量：75.9L/min

转向压力：18MPa

工作系统流量：187L/min

工作压力：21MPa

制动形式：液压制动 弹簧释放

系统压力：16MPa

制动能力：满载8km/h时的制动距离2.5m

(9) 电气系统。

电压：DC24V

发电机：DEUTZ 28V/55A

启动马达：DEUTZ 4.0kW/24V

电瓶：两个12V/135A·h

照明：2前，2后

(10) 司机室。

符合美国SAE标准的防翻滚/防砸撞（ROPS/FOPS）司机室。

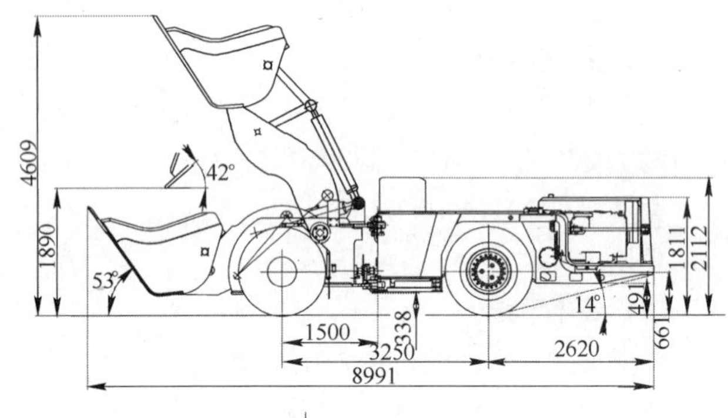

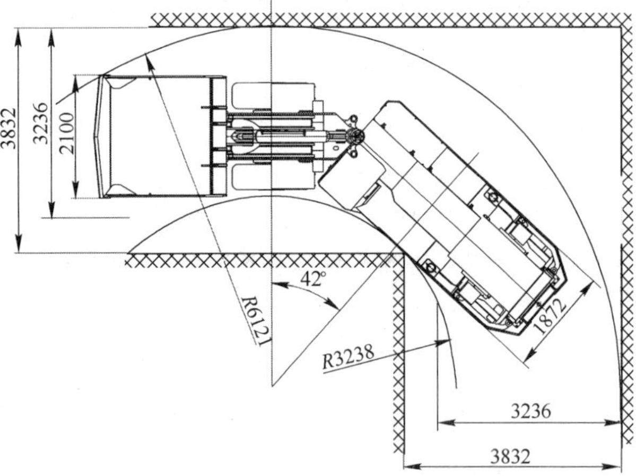

图1.13.4　ACY-3L 地下内燃铲运机工作尺寸

1.13.1.5　ACY-4 地下内燃铲运机

(1) 产品说明（工作尺寸见图1.13.5）。

主要用于地下矿山，以铲装、运输爆破后的松散物料为主。也可用于铁路、公路以及水利等隧道工程，特

别适合于工作条件恶劣、作业现场狭窄、低矮以及泥泞的作业面。本机采用高效DEUTZ或CUMMINS发动机，选用德纳（DANA）公司的液力机械传动系统。制动系统采用全液压系统，制动形式为弹簧制动、液压释放。手动阀控制转向，先导阀控制举升和倾翻。精心设计和制造的铲运机外形美观、工作效率高。

(2) 质量。

空载质量：25340kg

满载质量：35500kg

(3) 工作性能。

最大牵引力：200kN

最大铲取力：180kN

倾覆载荷：23000kg

额定载重量：10000kg

铲斗容积：4m^3

卸载高度：2010mm

(4) 运动时间。

举升时间：8.0s

下降时间：6.0s

倾翻时间：7.8s

(5) 行驶速度。

1挡：4.5km/h

2挡：10.3km/h

3挡：16.9km/h

4挡：29.0km/h

(6) 发动机。

型号：CUMMINS QSL9 C250

功率：186kW/2000r/min

最大扭矩：1085N·m/1400r/min

(7) 传动系统。

变矩器：DANA C5000

动力变速箱：DANA R36000

驱动桥：DANA 43RM175

轮胎（标准）：18.00-25-32 ply TT

(8) 液压系统。

转向形式：中央铰接，液压动力转向

转向角：±40°

转向系统流量：192 L/min

转向压力：17.5 MPa

工作系统流量：240 L/min

工作压力：23MPa

制动形式：多盘全封闭弹簧制动器

系统压力：16MPa

制动能力：满载15km/h时的制动距离5m

(9) 电气系统。

电压：DC 24V

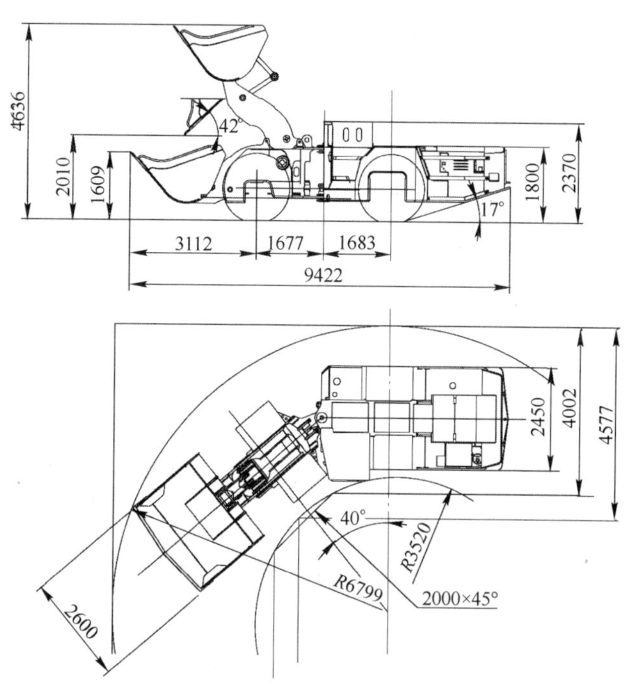

图1.13.5 ACY-4 地下内燃铲运机工作尺寸

发电机：28V/100A

启动马达：7.5kW/24V

电瓶：两个12V/200A·h

照明：2前，2后

（10）司机室。

符合美国SAE标准的防翻滚/防砸撞（ROPS/FOPS）司机室。

1.13.1.6 ACY-6 地下内燃铲运机

（1）产品说明（工作尺寸见图1.13.6）。

主要用于矿山井下，以铲装、运输爆破后的松散物料为主。动力系统采用DEUTZ或CUMMINS低污染发动机，并配置了加拿大ECS公司的铂金干式尾气消音净化器，排放达到欧美非公路Tire 3标准。传动系统选用DANA公司的液力变矩器、动力换挡变速箱以及德国Kessler驱动桥，前后驱动桥均带有限防滑差速器（limited slip differential）,保证了整车传动高可靠性。制动系统采用全封闭湿式多盘弹簧制动，制动型式为弹簧制动、液压释放，作用在四个轮边。在井下潮湿、泥泞的巷道作业时安全可靠。液压系统主要元件采用Bosch Rexroth、Parker、Danfoss等世界知名公司的产品，性能优良，寿命较长。整车操纵简单、舒适，可满足大型井下矿山大出矿的要求。

（2）质量。

空载质量：34450kg

满载质量：48450kg

（3）工作性能。

最大牵引力：317kN

最大铲取力 大臂：275kN

最大铲取力 收斗：230kN

额定载重量：14000kg

铲斗容积（SAE标准）：6.0m^3

（4）运动时间。

举升时间：7.1s

下降时间：4.8s

倾翻时间：8.0s

铲装时间：19.9s

（5）行驶速度。

1挡：5.65km/h

2挡：9.96km/h

3挡：16.9km/h

4挡：28.5km/h

（6）发动机。

型号：Cummins QS11

功率：250kW/2100r/min

最大扭矩：1670N·m/1000r/min

（7）传动系统。

变矩器：DANA C8000系列

动力变速箱：DANA 6000系列

驱动桥：kesslerD106系列

轮胎（标准）：26.5-25 TL

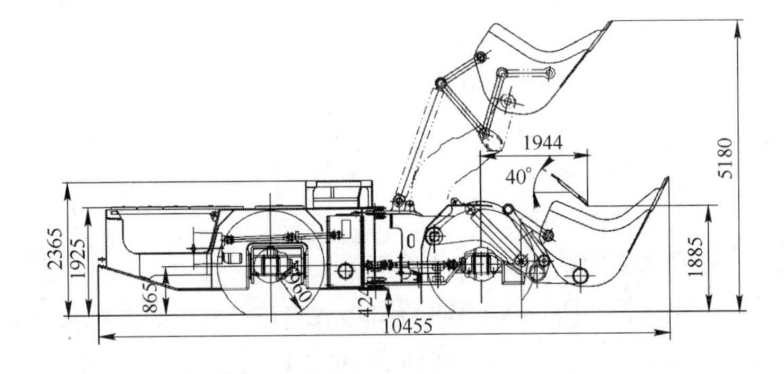

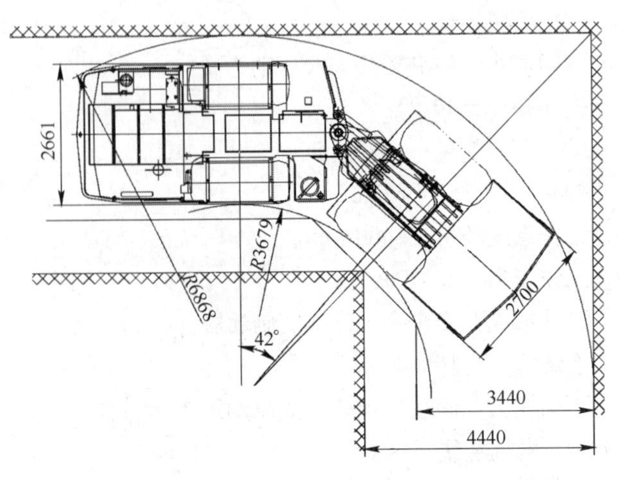

图1.13.6 ACY-6 地下内燃铲运机工作尺寸

(8) 液压系统。

转向形式：方向盘式液压动力转向

转向角：±42°

转向泵流量：185.8L/min

转向压力：17.5MPa

工作系统流量：278.6L/min

工作压力：21MPa

制动形式：湿式多盘弹簧制动器（SAHR）

系统压力：14MPa

制动能力：符合国际标准GB21500要求

(9) 电气系统。

电压：DC 24V

发电机：Delco Remy/39 MT-HD

启动马达：Delco Remy/33 SI-455 28/100A

电瓶：两个12V/200A·h

照明：前灯，后灯，倒车等，顶棚灯

(10) 司机室。

ROPS/FOPS防翻滚/防砸撞驾驶棚(符合SAE标准)。

1.13.1.7 ADCY-15地下电动铲运机

(1) 产品说明（工作尺寸见图1.13.7）。

主要用于矿山井下，以铲装、运输爆破后的松散物料为主。动力系统采用电动机，无尾气，符合环保要求。传动系统选用DANA公司的液力变矩器、动力换挡变速箱，前驱动桥带有NO-SPIN防滑差速器。制动系统采用全液压双管路系统，停车制动采用弹簧制动、液压释放形式，在环境恶劣、高含水、泥泞巷道作业时安全可靠。工作系统和转向系统采用合流形式，大大提高了生产效率。液压系统主要元件采用Parker、Bosch Rexroth等世界知名公司产品，质量好，性能可靠。

(2) 质量。

空载质量：12410kg

满载重量：15410kg

(3) 工作性能。

最大铲取力：80kN

最大牵引力：100kN

倾覆载荷：7850kg

载重量：3000kg

铲斗容积：1.5m^3

(4) 运动时间。

举升时间：5.7s

下降时间：4.2s

倾翻时间：2.4s

(5) 行驶速度。

1挡：3.3km/h

2挡：4.8km/h

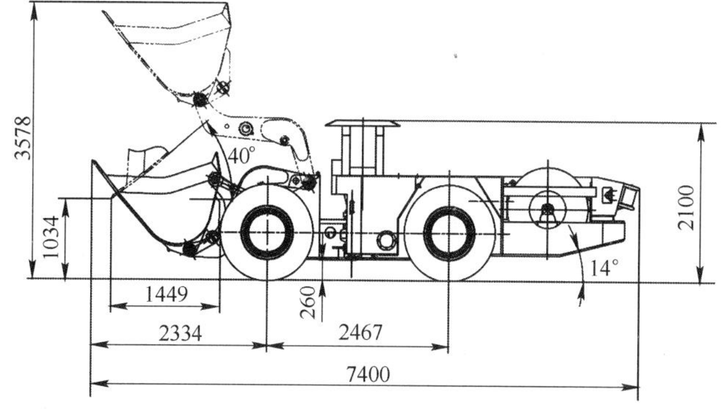

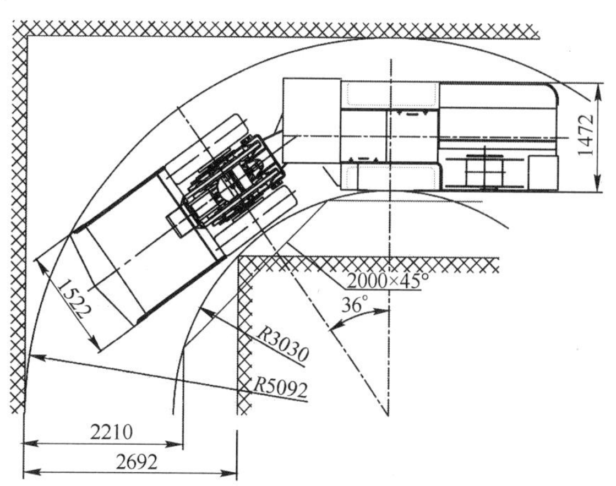

图1.13.7 ADCY-15地下电动铲运机工作尺寸

3挡：10.7km/h

(6) 发动机。

型号：Y250MB-4

功率：50kW/1480r/min

最大扭矩：387N·m/1480r/min

(7) 传动系统。

变矩器：DANA C270

动力变速箱：DANA RT20000

驱动桥：美驰C201

轮胎（标准）：12.00-24 L-5S

(8) 液压系统。

转向形式：中央铰接式液压动力转

转向角：±38°

转向系统流量：37.7L/min

转向压力：14MPa

工作系统流量：125L/min

工作压力：14MPa

行车制动：液压制动、弹簧释放

停车制动：弹簧制动、液压释放

系统压力：16MPa

制动能力：满载8km/h时的制动距离2.5m

(9) 电气系统。

电压：AC 380V

照明：DC 24V

(10) 司机室。

符合美国SAE标准的防翻滚/防砸撞（ROPS/FOPS）。

1.13.1.8 ADCY-2 地下电动铲运机

(1) 产品说明（工作尺寸见图1.13.8）。

ADCY-2地下电动铲运机主要用于矿山井下，以铲装、运输爆破后的松散物料为主。动力系统采用电动机，无尾气，符合环保要求。传动系统选用美国DANA公司的液力变矩器、动力换挡变速箱，前驱动桥带有NO-SPIN防滑差速器。制动系统采用全液压双管路系统，停车制动采用弹簧制动、液压释放形式，在环境恶劣、高含水、泥泞巷道作业时安全可靠。工作系统和转向系统采用合流形式，大大地提高了生产效率。液压系统主要元件采用Parker、Bosch Rexroth等世界知名公司产品，质量好，性能可靠。

(2) 质量。

空载质量：12500kg

满载质量：16500kg

(3) 工作性能。

最大铲取力：102kN

最大牵引力：104kN

倾覆载荷：8000kg

额定载重量：4000kg

铲斗容积(SAE标准)：2.0m^3

(4) 运动时间。

举升时间：5.6s

下降时间：4.0s

倾翻时间：6.4s

(5) 行驶速度。

1挡：2km/h

2挡：4km/h

3挡：7km/h

(6) 电动机。

型号：YXn280S-4

额定功率：75kW

额定转速：1480r/min

额定扭矩：484N·m

(7) 传动系统。

变矩器：DANA C270

动力变速箱：DANA RT20000

驱动桥：美驰C201

轮胎（标准）：12.00-24 L-5S TT

(8) 液压系统。

转向形式：中央铰接式液压动力转

转向角：±40°

转向系统流量：82L/min

转向压力：14MPa

工作系统流量：164 L/min

工作压力：14MPa

行车制动：液压制动、弹簧释放

停车制动：弹簧制动、液压释放

系统压力：16MPa

制动能力：满载8km/h时的制动距离2m

(9) 电气系统。

电压：AC 380V

照明：DC 24V

(10) 司机室。

符合美国SAE标准的防翻滚/防砸撞(ROPS/FOPS)。

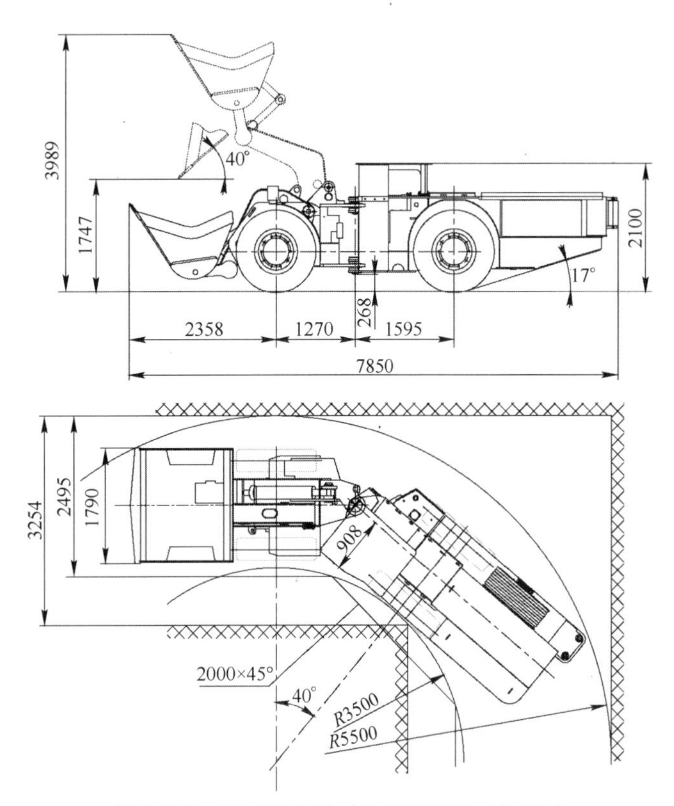

图1.13.8　ADCY-2 地下电动铲运机工作尺寸

1.13.1.9　ADCY-3L**地下电动铲运机**

(1) 产品说明（工作尺寸见图1.13.9）。

该机最大卸载高度达到1880mm，卸荷角为42°，即可以用于溜井卸矿，也可以用于运矿卡车卸矿。它以可编程控制器和多功能保护器为技术手段，配合在线电流检测、电压检测、接地电阻检测、相序检测、卷缆盘运动检测等先进的技术，实现对地面配电的安全检测与控制。通过对车载设备进行电气环境变换保护，对过载、缺相、相序错误、漏电、零序进行保护，使其控制技术和安全防护水平达到国内外的领先水平。

(2) 质量。

空载质量：19525kg

满载质量：25525kg

(3) 工作性能。

最大牵引力：175kN
铲取力，举升缸：105kN
铲取力，倾翻缸：131kN
倾覆载荷：13933kg
载重量：6000~7500kg
铲斗容积(SAE标准)：3.0m^3
(4) 运动时间。
举升时间：7.2s
下降时间：4.7s
倾翻时间：6.0s
(5) 行驶速度。
1挡：3.8km/h
2挡：7.8km/h
3挡：15.1km/h
(6) 电动机。
型号：YXn280M-4
额定功率：90kW
额定转速：1480r/min
额定扭矩：581N·m

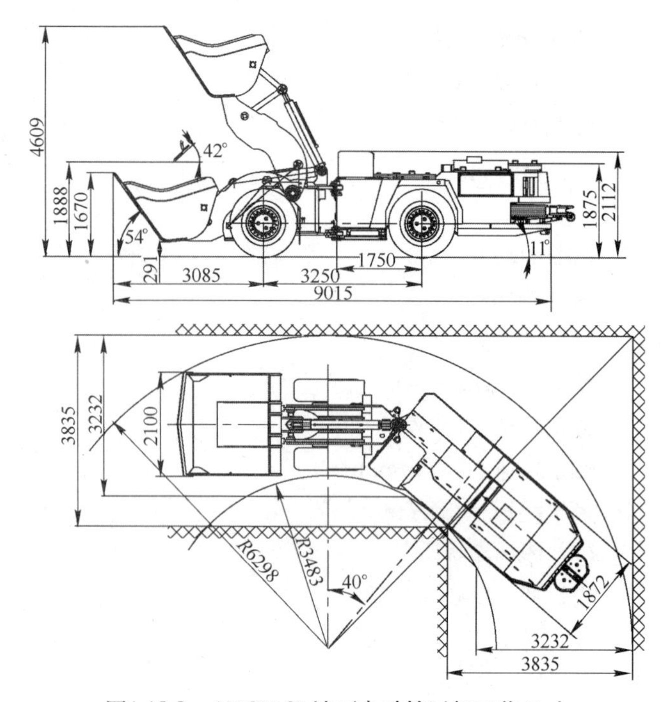

图1.13.9 ADCY-3L地下电动铲运机工作尺寸

(7) 传动系统。
变矩器：DANA C270
动力变速箱：DANA R32000
驱动桥：DANA 16D2149
轮胎（标准）：17.5×25 L-5S TT
(8) 液压系统。
转向形式：全液压先导动力转向，中央铰接，由两个双作用液压油缸驱动
转向角：±40°
转向系统流量：75.9L/min
转向压力：21.0MPa
工作系统流量：187 L/min
工作压力：21MPa
行车制动：全液压多盘湿式制动器作用在每个车轮上为弹簧制动，液压释放形式
系统压力：17MPa
制动能力：满载8km/h时的制动距离2.5m
(9) 电气系统。
电压：600V/1000V
照明：2前，2后
(10) 司机室。
符合美国SAE标准的防翻滚/防砸撞(ROPS/FOPS)。

1.13.1.10 ADCY-4**地下电动铲运机**

(1) 产品说明（工作尺寸见图1.13.10）。

ADCY-4地下电动铲运机主要用于铲装、运输爆破后的松散物料。可用于溜井卸矿，也可用于运矿卡车卸矿。传动系统选用美国DANA公司的液力变矩器、动力换挡变速箱和驱动桥。电气系统采用可编程控制器和多功能保护器，实现对地面配电的安全监测和控制。液压系统元件采用Parker、Rextoth、Danfoss等世界知名品牌产品，质量好，性能可靠。

(2) 质量。

空载质量：25500kg

满载质量：35500kg

(3) 工作性能。

最大牵引力：220kN

最大铲取力：180kN

倾覆载荷：23000kg

额定载重量：10000kg

铲斗容积(SAE标准)：4m^3

卸载高度：2050mm

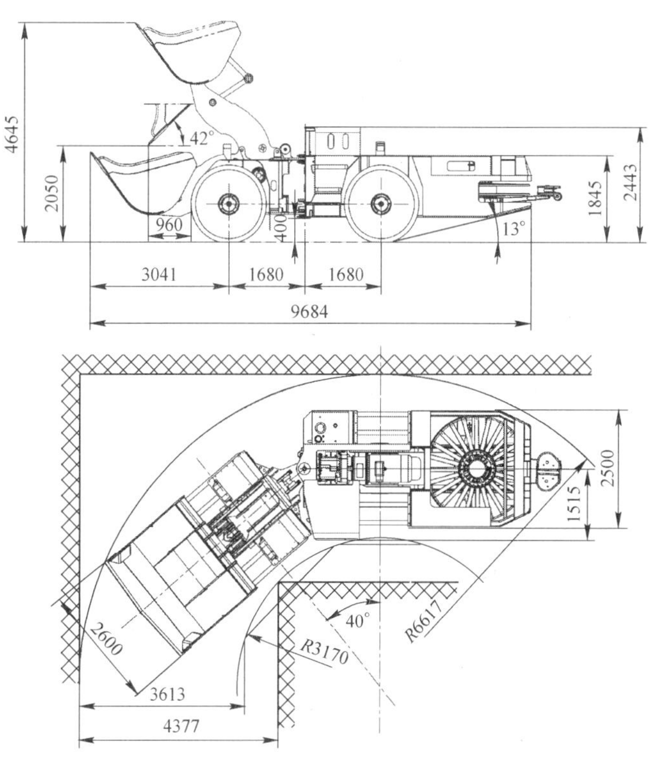

图1.13.10　ADCY-4地下电动铲运机工作尺寸

(4) 运动时间。

举升时间：8.2s

下降时间：6.2s

倾翻时间：5.0s

(5) 行驶速度。

1挡：3.1km/h

2挡：6.6km/h

3挡：11.5km/h

(6) 电动机。

型号：Yxn315S-4

额定功率：110kW

额定转速：1487r/min

(7) 传动系统。

变矩器+变速箱：15.7HR36000

驱动桥：DANA 43R

轮胎（标准）：18.00-25-32 ply TT

(8) 液压系统。

转向形式：全液压先导动力转向，中央铰接，由两个双作用液压油缸驱动

转向角：±40°

转向系统流量：180L/min

转向压力：17.5MPa

工作系统流量：216L/min

工作压力：23MPa

制动形式：全液压多盘湿式制动器作用在每个车轮上为弹簧制动，液压释放形式

系统压力：17.5MPa

制动能力：满载8km/h时的制动距离2.5m

(9) 电气系统。

电压：1000V

照明：4前，3后，2顶

(10) 司机室。

符合美国SAE标准的防翻滚/防砸撞(ROPS/FOPS)。

地下电动铲运机型号和性能参数见表1.13.1和表1.13.2。

表1.13.1　地下电动铲运机型号和性能参数（一）

型　号		ACY-10	ACY-15H	ACY-2	ACY-3	ACY-3L	ACY-4	ACY-6
额定容积/m³（SAE堆装）		0.75	1.5	2	3	3	4	6
额定载荷/kg		1500	3000	4000	6000	6000	8000	12000
整机空载质量/kg		6550	12350	12500	21340	21340	25300	34450
变速箱		—	RT20000	R32000	R32000	R3200	R36000	5000
变矩器		—	C270	C270	C270	C270	C5000	C8000
驱动桥			ZLD-40B	QY150	DANA 16D2149	DANA 16D2149	DANA 43RM175	DANA 21D
发动机		Deutz F5L912W	Deutz BF6M1013EC	Deutz F6L914	Deutz BF6M1013EC	Deutz BF6M1013EC	CUMMINS QSL9	CUMMINS QSM11
额定功率/kW		53kW/2300r/min	148kW/2300r/min	79kW/2300r/min	148kW/2300r/min	148kW/2300r/min	224kW/2100r/min	261kW/2100r/min
最大牵引力/kN		42	100	100	180	180	200	317
最大铲取力/kN		38	80	80	举升119/倾翻111	举升105/倾翻226	180	284
车速/km·h⁻¹	Ⅰ挡	13.5	4.2	3.6	4.7	4.7	4.5	5.6
	Ⅱ挡		8.3	7.1	9.4	9.4	10.3	9.9
	Ⅲ挡		19.2	16.5	18.1	18.4	16.9	16.9
	Ⅳ挡		—	—	—	—	29	28.5
最大转向角/(°)		±36	±36	±40	±40	±40	±40	±42
转向半径/mm	内	2550	2945	2650	3330	3500	3520	3690
	外	4300	5200	5100	6100	6300	6800	6870
制动形式	工作制动	液压鼓式制动器	全液压双管路工作制动，多盘湿式制动器	全液压双管路工作制动，多盘湿式制动器	三合为一，全液压系统，弹簧制动、液压释放	三合为一，全液压系统，弹簧制动、液压释放	三合为一，全液压系统，弹簧制动、液压释放	三合为一，全液压系统，弹簧制动、液压释放
	停车制动	二合为一，弹簧制动、液压释放	二合为一，弹簧制动、液压释放	二合为一，弹簧制动、液压释放				
	紧急制动							
制动能力		满载8km/h制动距离2m	满载8km/h制动距离2m	满载8km/h制动距离2m	满载8km/h制动距离2m	满载8km/h制动距离2m	满载8km/h制动距离2m	满载8km/h制动距离2m
卸载高度/mm		995	1260	1740	1300	1890	2010	1885
外形尺寸/mm	长	5700	6965	6820	8580	8990	9442	10455
	宽	1350	1688	1770	2174	2100	2600	2700
	高	2050	2100	2100	2120	2120	2382	2400
轮胎规格		10~20	12~24	12~24	17.5~25	17.5~25	18~25	26.5-25 L5S

表1.13.2　地下电动铲运机型号和性能参数（二）

型　号	ADCY-10	ADCY-15	ADCY-2	ADCY-3L	ADCY-4
额定容积/m³（SAE堆装）	0.75	1.5	2	3	4
额定载荷/kg	1500	3000	4000	6000	8000
整机空载质量/kg	6550	12410	12500	18070	25500
变速箱	—	RT20000	R32000	R32000	R36000
变矩器	—	C2700	C270	C70	
驱动桥		QY150A	QY150	DANA16D2149	DANA43RM175
电动机	Y225M-4	YXn250-4M	Y280S-4	YXn280M-4	VEM KPER 315 S4
电缆长度/m	75	150	150	150	200

续表1.13.2

型 号		ADCY-10	ADCY-15	ADCY-2	ADCY-3L	ADCY-4
额定功率/kW		37	60	75	90	110
最大牵引力/kN		42	100	100	120	217
最大铲取力/kN		38	80	80	举升119/倾翻111	180
车速 /km·h^{-1}	Ⅰ挡	8.5	3.3	3.3	3.2	3.1
	Ⅱ挡		4.8	4.8	6.4	6.6
	Ⅲ挡		10.7	10.7	12.6	11.5
	Ⅳ挡		—	—	—	
最大转向角/(°)		+36	±38	±40	±40	±40
转向半径 /mm	内	2550	3000	3650	3500	3520
	外	4300	5200	6050	6300	6800
制动形式	工作制动	液压鼓式制动器	全液压双管路工作制动，多盘湿式制动器	全液压双管路工作制动，多盘湿式制动器	三合为一，全液压系统，弹簧制动、液压释放	三合为一，全液压系统，弹簧制动、液压释放
	停车制动	二合为一，弹簧制动、液压释放	二合为一，弹簧制动、液压释放	二合为一，弹簧制动、液压释放		
	紧急制动					
制动能力		满载8km/h 制动距离2m	满载8km/h 制动距离2m	满载8km/h 制动距离2m	满载8km/h 制动距离2m	满载8km/h 制动距离2m
卸载高度/mm		995	1260	1740	1890	2010
外形尺寸 /mm	长	5700	7400	7775	9215	9700
	宽	1350	1584	1770	2100	2600
	高	2050	2100	2100	2120	2370
轮胎规格		10~20	12~24	12~24	17.5~25	18~25

1.13.1.11 ACY-2FB（A）**防爆多功能铲运机**

（1）产品说明（工作尺寸见图1.13.11）。

ACY-2FB（A）防爆多功能铲运机是一种以防爆柴油机为动力、液力机械传动、四轮驱动的煤矿井下无轨运输、铲装运输设备。在连采工作面掘进时，做清理工作面浮煤、平整巷道路面及装载运输井下散料和其他物料的工作，同时可用来搬运连采工作面小型设备（4t左右）及材料。适用于巷道底板条件较差，巷道断面不小于3m×3m、坡度不大于25%的有瓦斯煤矿井下运输作业。该铲运机制动系统采用公司独有的专利技术（车用湿式多盘全封闭制动器），传动系统选用美国DANA公司的液力变矩器和动力换挡变速箱，通过对整机传动系统作优化匹配设计，使发动机的功率在传动系统、液压系统、辅助系统间得到了合理的分配，在同等能耗下，发动机的功率得到了最充分的发挥。该铲运机具有结构紧凑、铲装容易、卸料干净、操作方便、转弯半径小、重载爬坡能力强、机动灵活、安全高效等特点，是煤矿井下辅助运输作业的理想设备。

（2）质量。

空载质量：13190kg

满载质量：17190kg

（3）工作性能。

最大牵引力：104kN

最大铲取力：120kN

倾覆载荷：12296kg

载重量：4000kg

铲斗容积：2.0m^3

（4）运动时间。

举升时间：5.1s

下降时间：2.9s

倾翻时间：5.27s

推板时间：1.5s

(5) 行驶速度。

1挡：3.96km/h

2挡：7.61km/h

3挡：16.75km/h

(6) 发动机。

型号：AQS6105QFB

功率：70kW/2150r/min

最大扭矩：328N·m/1700r/min

(7) 传动系统。

变矩器：DANA C270

动力变速箱：DANA RT20000

驱动桥：美驰C201

轮胎（标准）：17.5~25

(8) 液压系统。

转向形式：中央铰接，液压动力转向

转向角：±42°

转向泵流量：82L/min

转向压力：14MPa

工作系统流量：164L/min

工作压力：14MPa

制动形式：多盘式湿式液压制动

系统压力：16MPa

制动能力：满载8km/h时的制动距离2m

(9) 电气系统。

电压：保护装置 天地常州YE0.3/24

发电机：隔爆型永磁发电机

启动马达：英格索兰ST400气启动马达

照明：两个12V/165A·h

(10) 司机室。

FOPS/ROPS防翻滚驾驶棚（符合SAE标准）。

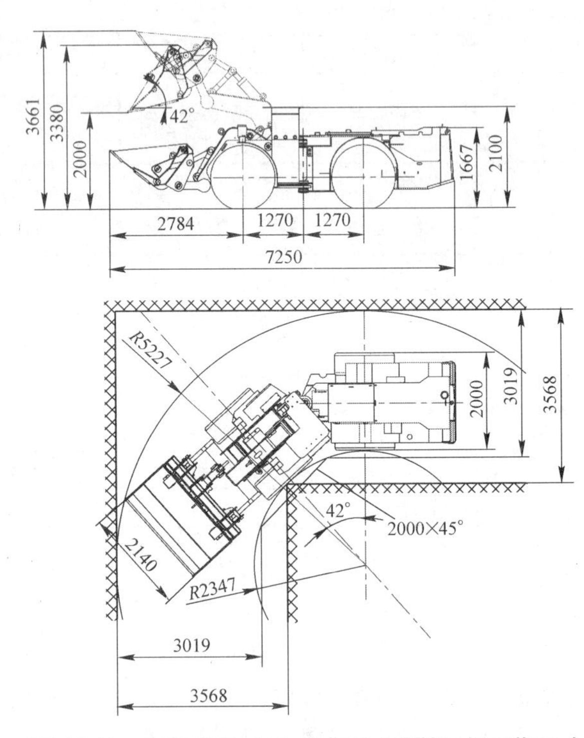

图1.13.11 ACY-2FB（A）防爆多功能铲运机工作尺寸

1.13.1.12 WJ-4FB防爆柴油铲运机

(1) 产品说明（工作尺寸见图1.13.12）。

WJ-4FB防爆柴油铲运机是在煤矿井下新型无轨辅助运输系统中使用的高效安全铲装、运输设备。与传统轨道运输相比，减少了大量铲装人员，效率可提高5倍以上。该铲运机以防爆柴油机为动力、液力机械传动、四轮驱动。适用于巷道底板条件较差，巷道断面不小于3m×1.7m、坡度不大于25%的有瓦斯煤矿井下铲装作业。该铲运机制动系统采用公司独有的专利技术（车用湿式多盘全封闭制动器），传动系统选用美国DANA公司的液力变矩器和动力换挡变速箱，通过对整机传动系统作优化匹配设计，使发动机的功率在传动系统、液压系统、辅助系统间得到了合理的分配，在同等能耗下，发动机的功率得到了充分的发挥。整机高度小于1700mm，是国内首台可用于1700mm薄煤层使用的防爆铲运机。该铲运机具有结构紧凑、铲装容易、卸料干净、操作方便、转弯半径小、重载爬坡能力强、机动灵活、安全高效等特点，是煤矿井下辅助运输作业的理想设备。

(2) 质量。
空载质量：14000kg
满载质量：18000kg
(3) 工作性能。
最大牵引力：104kN
最大铲取力：120kN
倾覆载荷：12296kg
载重量：4000kg
铲斗容积：2.0m^3
(4) 运动时间。
举升时间：5.1s
下降时间：2.9s
倾翻时间：5.27s
推板时间：1.5s
(5) 行驶速度。
1挡：3.72km/h
2挡：7.41km/h
3挡：18.3km/h
(6) 发动机。
型号：AQS6105QFB
功率：70kW/2150r/min
最大扭矩：328N·m/1700r/min
(7) 传动系统。
变矩器：DANA C270
动力变速箱：DANA RT20000
驱动桥：美驰C201
轮胎（标准）：15.5~25
(8) 液压系统。
转向形式：中央铰接，液压动力转向
转向角：±42°
转向泵流量：82L/min
转向压力：14MPa
工作系统流量：164L/min
工作压力：14MPa
制动形式：多盘式湿式液压制动
系统压力：16MPa
制动能力：满载8km/h时的制动距离2m
(9) 电气系统。
电压：保护装置天地常州YE0.3/24
发电机：隔爆型永磁发电机
启动马达：英格索兰ST400气启动马达
照明：两个12V/165A·h
(10) 司机室。
FOPS/ROPS防翻滚驾驶棚（符合SAE标准）。

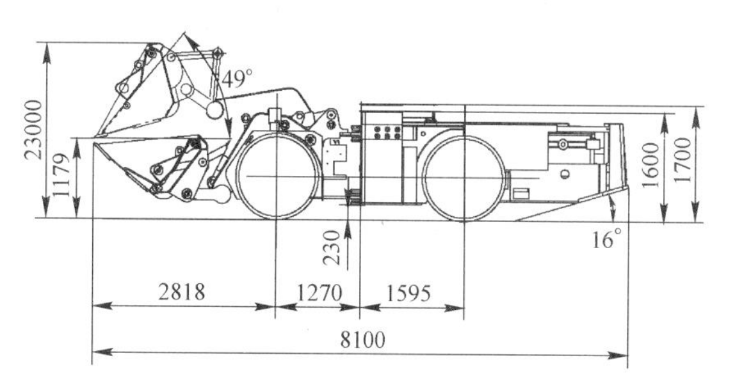

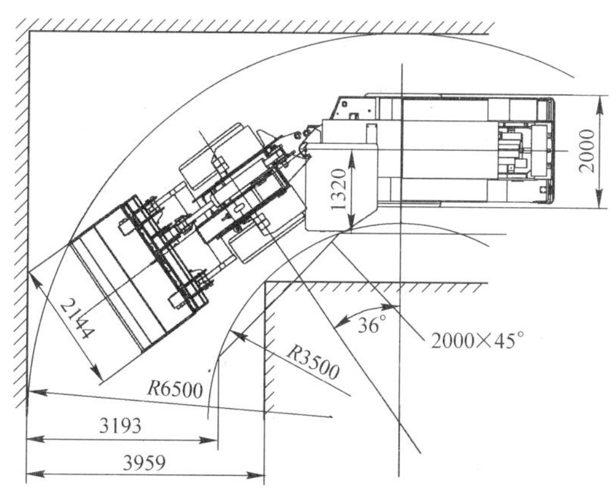

图1.13.12　WJ-4FB防爆柴油铲运机工作尺寸

1.13.2 地下运输主辅设备

1.13.2.1 AJK-5地下运矿卡车

(1) 产品说明（工作尺寸见图1.13.13）。

主要适用于地下矿山和巷道进行矿石和废石的运输作业。也可以在铁路，公路及水利工程的隧道内进行运输作业。动力系统采用世界先进的DEUTZ风冷发动机，并配置了加拿大ECS公司的铂金干式尾气消音净化器。传动系统选用美国DANA公司的液力变矩器、动力换挡变速箱以及驱动桥。制动系统采用全液压系统，集行车制动、停车制动、紧急制动于一体。液压系统主要原件采用Rexroth、Parker、SAFIM等世界知名公司的产品，质量好，性能可靠。

(2) 质量。

空载质量：7500kg

满载质量：12500kg

(3) 工作性能。

最大牵引力：60kN

最大爬坡能力：一挡时，爬坡25%

最大卸载角：77°

车厢容积：2.5m³

(4) 运动时间。

举升时间：6s

下降时间：6s

转向时间：5s

(5) 行驶速度。

1挡：5km/h

2挡：11km/h

3挡：24.9km/h

(6) 发动机。

型号：DEUTZ BF4L914

功率：69kW/2300r/min

最大扭矩：355N·m/1600r/min

(7) 传动系统。

一体式动力变速箱：DANA 1201FT20000

驱动桥：DANA 112

轮胎（标准）：10-20TT

(8) 液压系统。

转向形式：中央铰接，全液压动力转向

转向角：±40°

转向系统流量：36L/min

转向压力：16MPa

行车制动：液压制动、弹簧释放

停车制动：弹簧制动、液压释放

工作压力：16MPa

制动能力：满载8km/h时的制动距离2m

(9) 电气系统。

电压：DC 24V

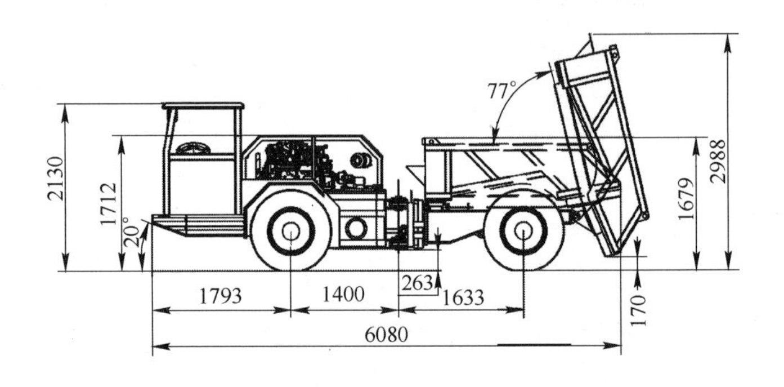

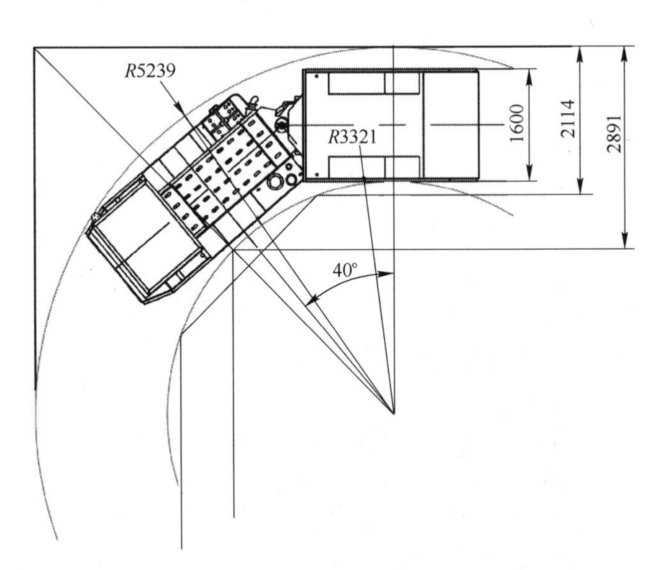

图1.13.13 AJK-5地下运矿卡车工作尺寸

交流发电机：28V/55A

启动马达：4kW/24V

电瓶：两个12V / 135A·h

照明：前灯，后灯，倒车灯，顶棚灯

(10) 司机室。

ROPS/FOPS防翻滚/防砸撞驾驶棚(符合SAE标准)。

1.13.2.2　AJK-10**地下运矿卡车**

(1) 产品说明（工作尺寸见图1.13.14）。

AJK-10地下运矿卡车主要适用于地下矿山巷道进行矿石和废石运输作业。也可以在铁路、公路以及水利工程的隧道内进行运输作业。动力系统采用世界先进的DEUTZ水冷低污染发动机，并配置了加拿大ECS公司的铂金干式尾气消音净化器。传动系统选用美国DANA公司的液力变矩器、动力换挡变速箱。行车制动采用双管路全液压系统，停车制动为弹簧制动、液压释放形式。在环境恶劣、高含水、泥泞巷道作业时安全可靠。转向系统采用负荷传感形式，转向系统总具有最高优先级。液压系统主要元件采用Rexroth、Parker、Danfoss等世界知名公司的产品，质量好，性能可靠。

(2) 质量。

空载质量：10000kg

满载质量：20000kg

(3) 工作性能。

最大牵引力：160kN

最大爬坡能力：一挡时，满载爬坡25%

最大卸载角：70°

车厢容积：5m³

(4) 运动时间。

举升时间：10.6s

下降时间：14.0s

转向时间：6.0s

(5) 行驶速度。

1挡：4.8km/h

2挡：9.6km/h

3挡：19.2km/h

(6) 发动机。

型号：DEUTZ BF4M1013EC

功率：107kW/2300r/min

最大扭矩：520N·m/1400r/min

(7) 传动系统。

变矩器：DANA C270

动力变速箱：DANA R32000

驱动桥：美驰C201

轮胎（标准）：14.00-24-24PR TT

(8) 液压系统。

转向形式：中央铰接，液压动力转向、通过两个双转向油缸驱动

转向角：±40°

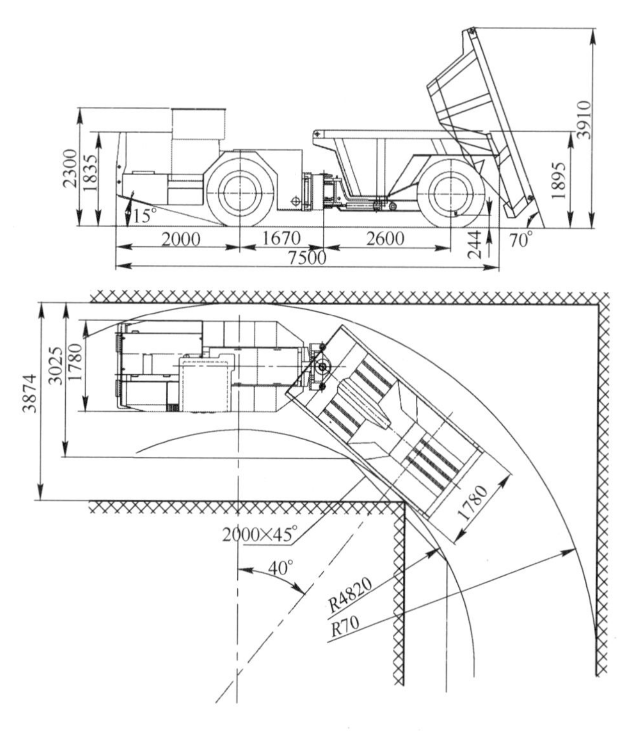

图1.13.14　AJK-10地下运矿卡车工作尺寸

转向系统流量：130 L/min

转向压力：16MPa

工作系统流量：130L/min

工作压力：16MPa

行车制动：液压制动、弹簧释放

停车制动：弹簧制动、液压释放

系统压力：16MPa

制动能力：满载8km/h时的制动距离2m

(9) 电气系统。

电压：DC 24V

发电机：28V/55A

启动马达：4.0kW/24V

电瓶：两个12V/135A·h

照明：2前，2后，2顶

(10) 司机室。

FOPS/ROPS防翻滚驾驶棚（符合SAE标准）。

1.13.2.3 AJK-12 地下运矿卡车

(1) 产品说明（工作尺寸见图1.13.15）。

主要适用于地下矿山和巷道进行矿石和废石运输作业，也可以在铁路、公路以及水利工程的隧道内进行运输作业。动力系统采用世界先进的DEUTZ水冷低污染发动机，并配置了加拿大ECS公司的铂金干式尾气消音净化器。传动系统选用美国DANA公司的液力变矩器、动力换挡变速箱。行车制动采用双管路全液压系统，停车制动为弹簧制动、液压释放形式。在环境恶劣、高含水、泥泞巷道作业时安全可靠。转向系统采用负荷传感形式，转向系统具有最高优先级。液压系统主要元件采用Rexroth、Parker、Danfoss等世界知名公司的产品，质量好，性能可靠。

(2) 质量。

空载质量：13000kg

满载质量：25000kg

(3) 工作性能。

最大牵引力：160kN

最大爬坡能力：一挡时，满载爬坡25%

最大卸载角：70°

车厢容积：6m³

(4) 运动时间。

举升时间：10.6s

下降时间：14.0s

转向时间：6.0s

(5) 行驶速度。

1挡：4.8km/h

2挡：9.6km/h

3挡：19.2km/h

(6) 发动机。

型号：DEUTZ BF4M1013EC

功率：107kW/2300r/min

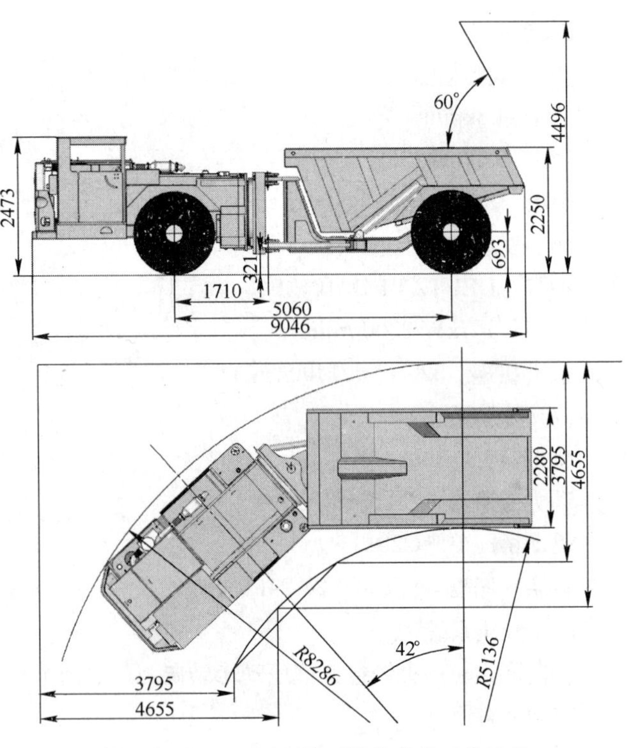

图1.13.15 AJK-12 地下运矿卡车工作尺寸

最大扭矩：520N·m/1400 r/min

(7) 传动系统。

变矩器：DANA C270

动力变速箱：DANA R32000

驱动桥：美驰C201

轮胎（标准）：14.00-24-24PR TT

(8) 液压系统。

转向形式：中央铰接、液压动力转向、通过两个双作用转向油缸驱动

转向角：±40°

转向系统流量：130 L/min

转向压力：16MPa

工作系统流量：130L/min

工作压力：16MPa

行车制动：液压制动、弹簧释放

停车制动：弹簧制动、液压释放

系统压力：16MPa

制动能力：满载8km/h时的制动距离2m

(9) 电气系统。

电压：DC 24V

发电机：28V/55A

启动马达：4.0kW/24V

电瓶：两个12V/135 A·h

照明：2前，2后，2顶

(10) 司机室。

FOPS/ROPS防翻滚驾驶棚（符合SAE标准）。

1.13.2.4 AJK-15地下运矿卡车

(1) 产品说明（工作尺寸见图1.13.16）。

主要适用于地下矿山进行矿石和废石运输作业，也可以在铁路、公路以及水利工程的隧道内进行运输作业。动力系统采用世界先进的DEUTZ水冷低污染发动机，并配置了加拿大ECS公司的铂金干式尾气消音净化器。传动系统选用美国DANA公司的液力变矩器、动力换挡变速箱；德国Kessler公司驱动桥。制动系统采用全液压系统，制动形式为弹簧制动、液压释放。集行车制动、停车制动、紧急制动于一体。在环境恶劣、高含水、泥泞巷道作业时安全可靠。转向系统采用负荷传感形式，转向系统具有最高优先级。液压系统主要元件采用Rexroth、Parker、Danfoss等世界知名公司的产品，质量好，性能可靠。

(2) 质量。

空载质量：13000kg

满载质量：28000kg

(3) 工作性能。

最大牵引力：160kN

最大爬坡能力：一挡时，满载爬坡25%

最大卸载角：70°

车厢容积：7.5m^3

(4) 运动时间。

举升时间：10.6s

下降时间：14.0s

转向时间：6.0s

(5) 行驶速度。

1挡：5.1km/h

2挡：10.1km/h

3挡：20.2km/h

(6) 发动机。

型号：DEUTZ BF6M1013EC

功率：148kW/2300 r/min

最大扭矩：727N·m/1400 r/min

(7) 传动系统。

变矩器：DANA C270

动力变速箱：DANA R32000

驱动桥：KESSLER D81

轮胎（标准）：14.00-24-24PR TT

(8) 液压系统。

转向形式：中央铰接、液压动力转向、通过两个双作用转向油缸驱动

转向角：±40°

转向系统流量：130L/min

转向压力：16MPa

工作系统流量：130L/min

工作压力：16MPa

制动形式：弹簧制动，液压释放

系统压力：16MPa

制动能力：满载8km/h制动距离2m

(9) 电气系统。

电压：DC 24V

发电机：28V/55A

启动马达：4.0kW/24V

电瓶：两个12V/135 Ah

照明：2前，2后，2顶

(10) 司机室。

FOPS/ROPS防翻滚驾驶棚（符合SAE标准）。

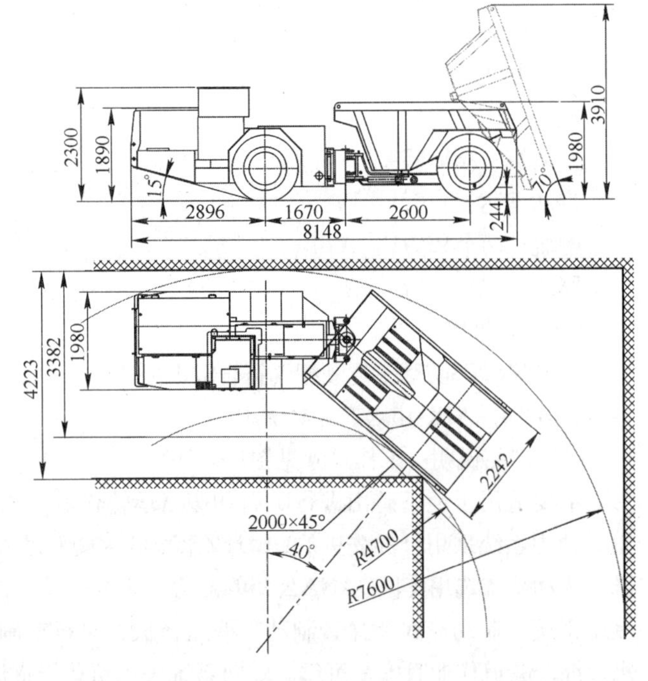

图1.13.16　AJK-15地下运矿卡车工作尺寸

1.13.2.5　AJK-20地下运矿卡车

(1) 产品说明（工作尺寸见图1.13.17）。

采用了国际先进的电控发动机——康明斯发动机；尾气排放达到欧美非公路机动设备第三阶段排放标准；突破传统时速限制，最高车速达到33km/h；斜坡道重载牵引，动力强劲，比传统20t卡车提高50%以上的运输效率；系统反应迅速；制动力大；参数化结构设计，最大限度保证强度，整车各系统配置和整体技术与世界同步。

(2) 质量。

空载质量：19000kg

满载质量：39000kg

(3) 工作性能。

最大牵引力：221.3kN

最大爬坡能力：满载时15%坡度可达7.8km/h

最大卸载角：60°

车厢容积：10m³

(4) 运动时间。

举升时间：12s

下降时间：10s

转向时间：5.0s

(5) 行驶速度。

1挡：5.0km/h

2挡：11.6km/h

3挡：19.9km/h

4挡：33.8km/h

(6) 发动机。

型号：CUMMINS QSL9

功率：224kW/2100r/min

最大扭矩：1369N·m/1200r/min

(7) 传动系统。

变矩器：DANA CL5000

动力变速箱：DANA R36000

驱动桥：KESSLER D81

轮胎（标准）：16.00-25-32（TT）DNR（Z）

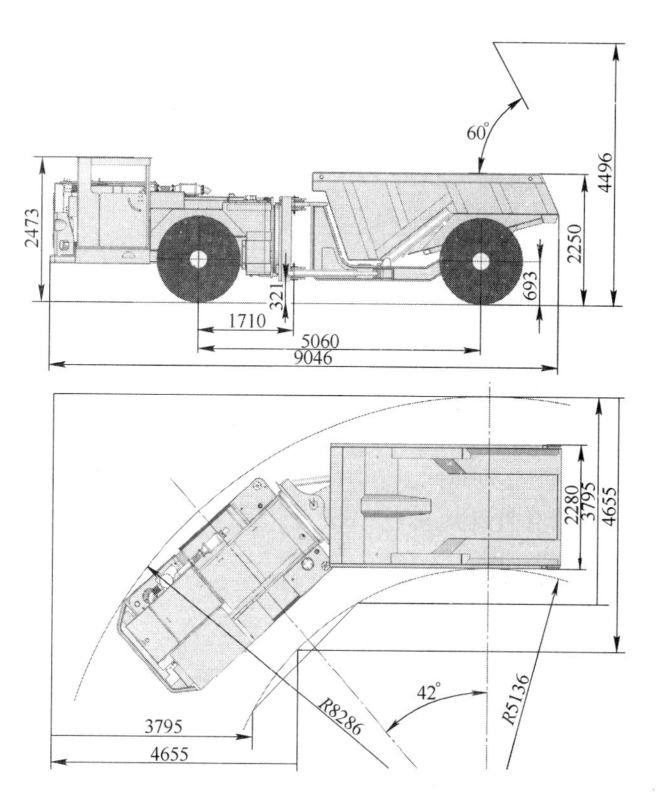

图1.13.17　AJK-20地下运矿卡车工作尺寸

(8) 液压系统。

转向形式：中央铰接、液压动力转向、通过两个双作用转向油缸驱动

转向角：±42°

转向系统流量：175L/min

转向压力：17.5MPa

工作系统流量：175L/min

工作压力：16MPa

制动形式：湿式多盘轮边制动器，采用弹簧制动，液压释放，强制冷却

系统压力：17MPa

(9) 电气系统。

电压：DC 24V

发电机：Delco 28V/70A

启动马达：Denso R7.5 7.5kW/24V

电瓶：两个12V/200A·h

照明：前灯、后灯、倒车灯、顶棚灯

(10) 司机室。

FOPS/ROPS防翻滚驾驶棚（符合SAE标准）。

1.13.2.6　AJK-25地下运矿卡车

(1) 产品说明（工作尺寸见图1.13.18）。

主要适用于地下矿山和巷道进行矿石和废石的运输作业。适于恶劣的工作条件。动力系统采用世界先进的

CUMMINS风冷发动机，并配置了加拿大ECS公司的铂金干式尾气消音净化器，排气标准达到欧洲工业Ⅱ级标准。通过精细的计算根据动力及车辆性能要求，传动系统选用美国DANA公司的液力变矩器、动力换挡变速箱+德国kessler公司的驱动桥达到了车辆性能的高标准要求。行车制动采用双管路全液压系统，停车制动为弹簧制动、液压释放形式，制动可靠、操作方便。转向系统采用负荷传感形式，转向系统总具有最高优先级。液压系统主要元件采用Rexroth、Parker、Danfoss等世界知名公司的产品，性能优良，寿命较长。结构设计采用三维实体参数化建模及强度分析，确保了整车的强度。

(2) 质量。

空载质量：23000kg

满载质量：50000kg

(3) 工作性能。

最大牵引力：231.7kN

最大爬坡能力：满载时15% 坡度可达6.2km/h

最大卸载角：70°

车厢容积：15m^3

(4) 运动时间。

举升时间：19s

下降时间：12s

转向时间：6.0s

(5) 行驶速度。

1挡：5.3km/h

2挡：11.4km/h

3挡：19.5km/h

4挡：31km/h

(6) 发动机。

型号：CUMMINS QSM11

功率：261kW/2100r/min

最大扭矩:1776N·m/1100r/min

(7) 传动系统。

变矩器：DANA CL5000

动力变速箱：DANA R36000

驱动桥：KESSLER D91

轮胎（标准）：18.00-25 L-3S TT

(8) 液压系统。

转向形式：中央铰接、液压动力转向、通过两个双作用转向油缸驱动

转向角：±40°

转向泵流量：93L/min

转向压力：14MPa

工作系统流量：205L/min

工作泵流量：112L/min

工作压力：18MPa

制动形式：湿式多盘轮边制动器，采用弹簧制动，液压释放，强制冷却

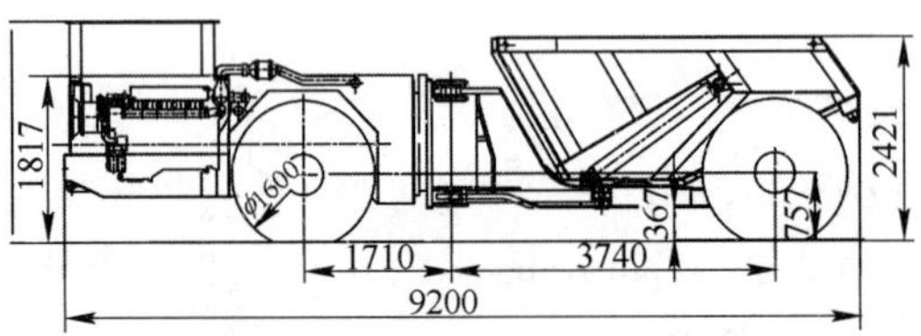

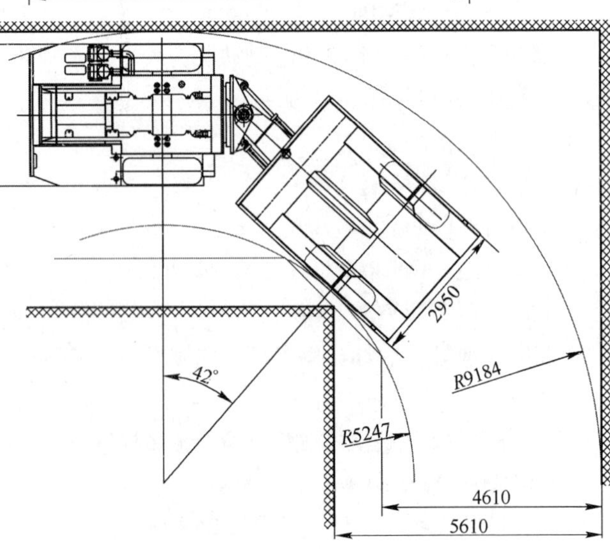

图1.13.18　AJK-25地下运矿卡车工作尺寸

系统压力：17MPa

制动能力：空载26km/h时的制动距离6.75m

满载26km/h时的制动距离9.12m

(9) 电气系统。

电压：DC 24V

发电机：28V/100A

启动马达：7.52kW/24V

电瓶：两个12V/200Ah

照明：前灯、后灯、倒车灯、顶棚灯

(10) 司机室。

FOPS/ROPS防翻滚驾驶棚（符合SAE标准）。

地下运矿卡车型号和性能参数见表1.13.3。

表1.13.3　地下运矿卡车型号和性能参数

型　号		AJK-5	AJK-10B	AJK-12	AJK-15H	AJK-20	AJK-25
车厢容积/m^3		2.5	5	6	7.5	10	15
整机空载质量/kg		7500	10000	13000	13000	19000	23000
变速箱		一体式 1201FT20000	R32000	R32000	R32000	R36000	R36000
变矩器			C270	C270	C270	CL5000	CL5000
驱动桥		DANA112	QY150K	QY150L	KESSLER D81	KESSLER D81	KESSLER D91
发动机		Deutz BF4L914	Deutz BF4M1013EC	Deutz BF4M1013EC	Deutz BF6M1013EC	CUMMINS QSL9	CUMMINS QSM11
额定功率/kW		69kW/ 2300r/min	107kW/ 2300r/min	107kW/ 2300r/min	148kW/ 2300r/min	224kW/ 2100r/min	261kW/ 2100r/min
最大牵引力/kN		60	160	160	160	221	231.7
车速 $/km \cdot h^{-1}$	Ⅰ挡	5	4.8	4.8	5.1	5	5.3
	Ⅱ挡	11	9.6	9.6	10	11.6	11.4
	Ⅲ挡	24.9	19.2	19.2	20	19.9	19.5
	Ⅳ挡	—	—	—	—	33.8	31
最大转向角/(°)		±40	±40	±40	±40	±42	±42
转向半径/mm	内	3321	4810	4800	4700	5136	5300
	外	5239	7310	7600	7500	8287	9000
制动形式	工作制动	液压制动，弹簧释放	全液压双管路工作制动，多盘湿式制动器	全液压双管路工作制动，多盘湿式制动器	全液压系统、弹簧制动液压释放，三种制动于一体	全液压系统、弹簧制动液压释放，三种制动于一体	全液压系统、弹簧制动液压释放，三种制动于一体
	停车制动	二合为一，弹簧制动、液压释放	二合为一，弹簧制动、液压释放	二合为一，弹簧制动、液压释放			
	紧急制动						
制动能力		满载8km/h 制动距离2m	满载8km/h 制动距离2m	满载8km/h 制动距离2m	满载8km/h 制动距离2m	满载26km/h 制动距离8.02m	满载26km/h 制动距离9.12m
外形尺寸/mm	长	6080	7850	7880	8145	9046	9200
	宽	1600	1780	1980	2242	2280	2950
	高	2130	2300	2300	2300	2475	2550
轮胎规格		10~20TT	14~24	14~24	14~24	16~25	18~25

1.13.2.7 WCJ5E防爆柴油机无轨胶轮车

(1) 产品说明（工作尺寸见图1.13.19）。

WCJ5E防爆柴油机无轨胶轮车是一种以防爆柴油机为动力，液力机械传动，四轮驱动的煤矿井下无轨式车辆。主要应用于巷道底板条件较差，巷道断面大于3m×3m、坡度不大于25%的有瓦斯煤矿井下，适用于工作面设备搬迁时，装载、卸载和调车等工作。该车采用美国DANA公司带全封闭多盘湿式制动器的刚性驱动桥，提升整车的安全性。传动系统采用变矩器闭锁技术，将长下坡辅助制动技术和高速运行区提高液力传动效率技术巧妙结合，保证整车最高时速达到40km/h，能在煤矿巷道和地面结合的长距离运输中高效作业。该车具有结构紧凑、承载能力大、动力强劲、操作方便、转弯半径小、重载爬坡能力强、机动灵活、爬坡速度快、污染低、安全高效，运输成本低等特点。

(2) 质量。

空载质量：8400kg

满载质量：13400kg

(3) 工作性能。

最大牵引力：79.6kN

最大爬坡能力：14°

最大卸载角：45°

车载质量：5t

(4) 运动时间。

举升时间：4.5s

下降时间：7.5s

转向时间：7.0s

(5) 行驶速度。

1挡：7.0km/h

2挡：14.2km/h

3挡：36km/h

3挡（闭锁）：40km/h

(6) 发动机。

型号：AQS6105QFB

功率：70kW/2150r/min

最大扭矩：328N·m/1700r/min

(7) 传动系统。

变矩器：DANA CL270

动力变速箱：DANA RT20000

驱动桥：DANA 112

轮胎（标准）：12.5R20-11.00

(8) 液压系统。

转向形式：中央铰接、液压动力转向、通过两个双作用转向油缸驱动

转向角：±37°

转向系统流量：85L/min

转向压力：16MPa

工作系统流量：85L/min

工作压力：16MPa

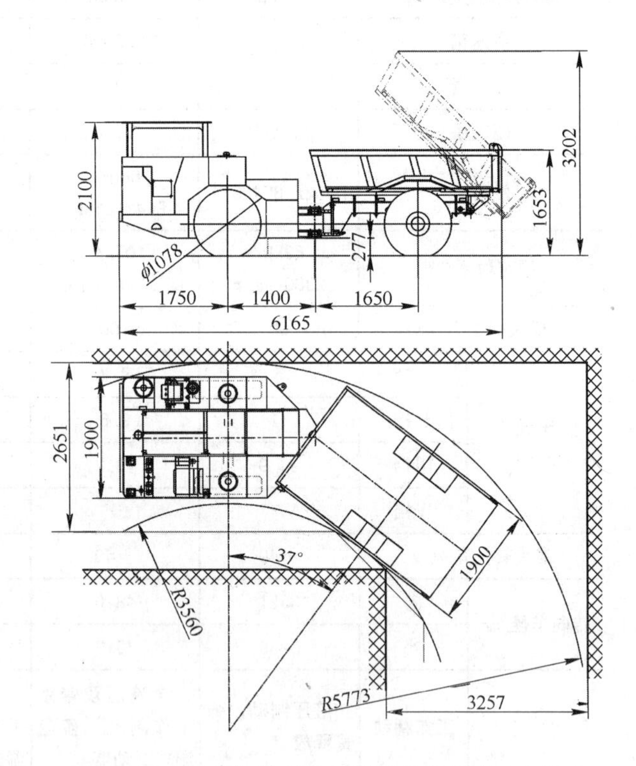

图1.13.19 WCJ5E防爆柴油机无轨胶轮车工作尺寸

制动型式：湿式液压制动

系统压力：16MPa

制动能力：满载40km/h制动距离7m

(9) 电气系统。

电压：保护装置 天地常州YE0.3/24

发电机：隔爆型永磁发电机

启动马达：英格索兰ST400气启动马达

照明：2前，2后

(10) 司机室。

FOPS/ROPS防翻滚驾驶棚（符合SAE标准）。

1.13.2.8 ATY-5**地下多功能服务车**

(1) 产品说明（工作尺寸见图1.13.20）。

地下多功能服务车由5t通用底盘车和可更换工作装置组成。配置不同的工作装置，可组成加油车、洒水车、运人车、升降台车、材料运输车、检修车等辅助车辆。

加油起重车是在通用底盘车的基础上，集加油、充气、起吊装置于一体的新型服务车。

(2) 质量。

空载质量：7520kg

满载质量：12525kg

(3) 工作性能。

最大牵引力：79.6kN

最大爬坡能力：25%

最大卸载角：70°

车载质量：5t

(4) 运动时间。

转向时间：5.0s

(5) 行驶速度。

1挡：4.3km/h

2挡：8.6km/h

3挡：21.5km/h

(6) 发动机。

型号：DEUTZ F6L914

功率：79kW/2200r/min

最大扭矩：385N·m/1500r/min

(7) 传动系统。

变矩器：DANA C270

动力变速箱：DANA RT20000

驱动桥：DANA 112

轮胎（标准）：10.00-20.00-14

(8) 液压系统。

转向形式：中间铰接车架，全液压动力传向，方向盘控制

转向角：±41°

转向系统流量：73L/min

转向压力：16MPa

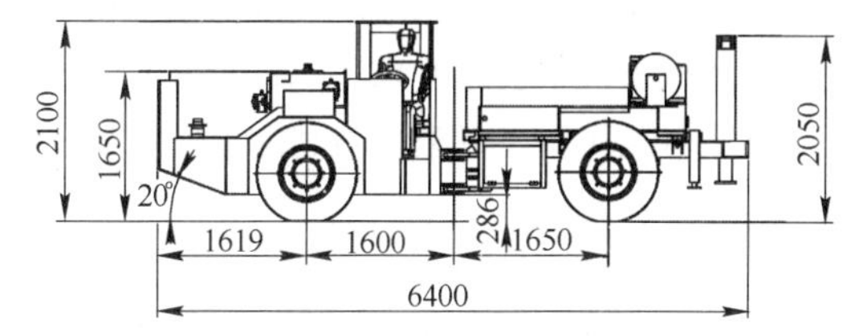

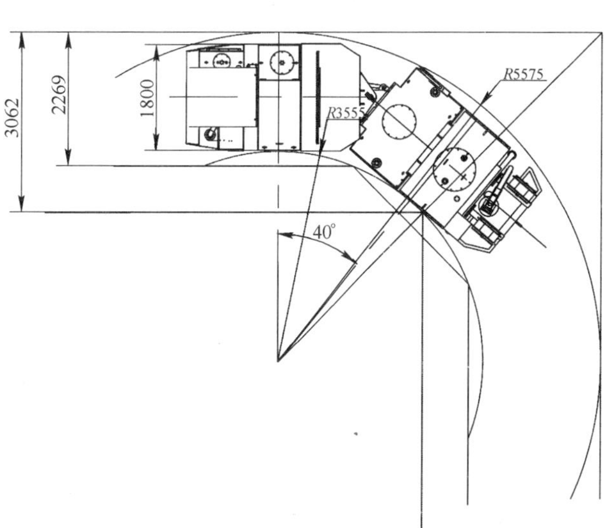

图1.13.20 ATY-5地下多功能服务车工作尺寸

工作系统流量：73L/min

工作压力：16MPa

制动形式：轮边多盘湿式制动器，液压双路制动系统

系统压力：16MPa

制动能力：满载8km/h时的制动距离2m

(9) 电气系统。

电压：DC 24V

发电机：28V/55A

启动马达：4kW/24V

照明：2前，2后

(10) 选装件。

液压空压机：进口DYNASET

液压起重机：最大起重量1t

(11) 司机室。

FOPS/ROPS防翻滚驾驶棚（符合SAE标准）。

1.13.2.9 ATY-5A地下运料车

(1) 产品说明（工作尺寸见图1.13.21）。

井下运料车由通用底盘和固定车厢组成，适用于地下矿山进行炸药和物料的运输。动力系统采用世界先进的DEUTZ风冷发动机，并配置了加拿大ECS公司的铂金干式尾气消音净化器；传动系统选用美国DANA公司的液力变矩器、动力换挡变速箱以及驱动桥。制动系统采用全液压系统，集行车制动、停车制动、紧急制动于一体。液压系统主要原件采用Rexroth、Parker、SAFIM等世界知名公司的产品，质量好，性能可靠。

此车的通用底盘配置不同的工作机构，可组成运料车、运人车、加油车等多种辅助车辆。

(2) 质量。

空载质量：6860kg

满载质量：11860kg

(3) 工作性能。

最大牵引力：70kN

最大爬坡能力：一挡时，爬坡25%

车厢容积：2.5m³

(4) 运动时间。

转向时间：6.0s

(5) 行驶速度。

1挡：5.0km/h

2挡：10.9km/h

3挡：24.5km/h

(6) 发动机。

型号：DEUTZ F6L914W

功率：79kW/2300r/min

最大扭矩：385N·m/1500r/min

(7) 传动系统。

一体式变矩器变速箱：DANA 120FT20000

驱动桥：DANA 112

轮胎（标准）：10-20TT

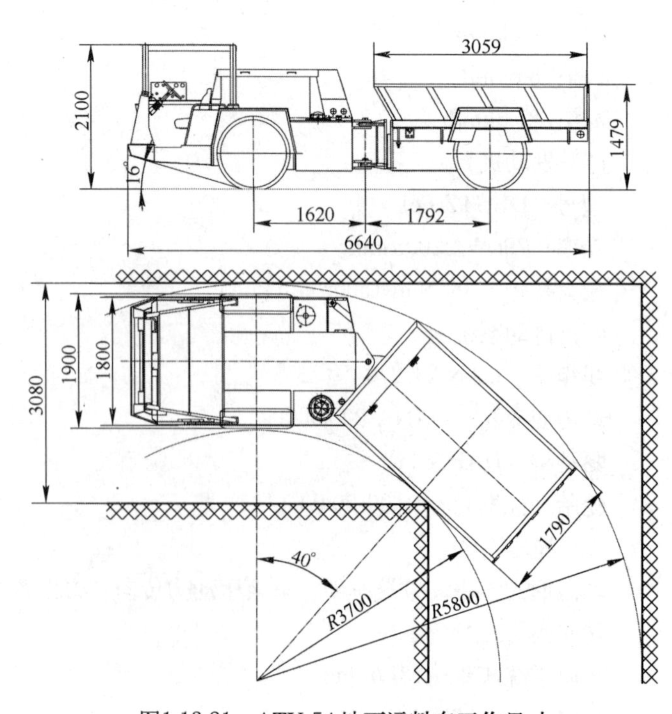

图1.13.21 ATY-5A地下运料车工作尺寸

(8) 液压系统。

转向型式：中央铰接、液压动力转向

通过两个双作用转向油缸驱动

转向角：±40°

转向泵流量：66L/min

转向压力：12MPa

行车制动形式：液压制动

停车制动形式：弹簧制动、液压释放

系统压力：16MPa

制动能力：在V=8km/h时，L≤2.5m

(9) 电气系统。

电压：DC 24V

发电机：28V/55A

启动马达：4kW/24V

电瓶：两个12V/135Ah

照明：2前，2后

(10) 司机室。

FOPS/ROPS防翻滚驾驶棚(符合SAE标准)。

1.13.2.10　AYS-1100**地下移动碎石机**

(1) 产品说明（工作尺寸见图1.13.22）。

AYS-1100地下移动碎石机主要用于矿山井下，用于破碎大块的散落矿石。本机采用ACY-2铲运机底盆，使用当今世界比较先进的道依茨(DEUTZ)风冷两级燃烧低污染发动机。并配置了加拿大ECS公司的铂金干式尾气消音净化器。传动系统选用美国DANA公司的液力变矩器和动力换挡变速箱，操作轻便，运行平稳。制动系统采用全液压双管路工作制动系统，并配装了多盘湿式制动器和美国NO-SPIN防滑差速器，在环境恶劣、高含水、泥泞巷道作业时安全可靠。该车液压系统主要件采用美国派克(PAKER)公司的元件，全液压转向，手动控制。工作机构配用GT50液压破碎锤。

(2) 质量。

整机质量：13000kg

(3) 工作性能。

钎杆直径：85mm

冲击频率：400~800b/min

冲击功：1100~1200J

(4) 行驶速度。

1挡：3.6km/h

2挡：10km/h

3挡：18km/h

(5) 发动机。

型号：DEUTZ F6L914W

功率：79kW/2300r/min

最大扭矩：385N·m/1500r/min

(6) 传动系统。

变矩器：DANA C270

动力变速箱：DANA RT20000

驱动桥：美驰C201

轮胎（标准）：12.00-24L-5S TT

(7) 液压系统。

转向形式：中央铰接，双作用液压油缸驱动

转向角：±40°

转向系统流量：74.3 L/min

转向压力：14MPa

工作系统流量:148L/min

工作压力：14MPa

制动形式：行车制动 停车制动 紧急制动

系统压力：16MPa

制动能力：满载8km/h时的制动距离2m

(8) 电气系统。

电压：DC 24V

发电机：28V/55A

启动马达：4kW/24V

电瓶：两个12V/135Ah

照明：2前，2后

(9) 司机室。

符合美国SAE标准的防翻滚/防砸撞（ROPS/FOPS）司机室。

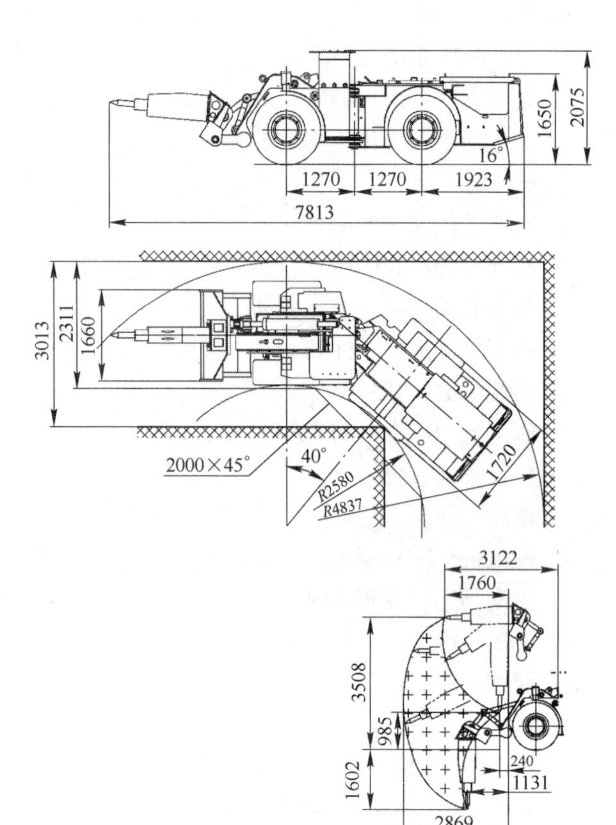

图1.13.22 AYS-1100地下移动碎石机工作尺寸

1.13.2.11 防爆多功能铲运车等其他运输辅助设备

型号和性能参数见表1.13.4。

表1.13.4 防爆多功能铲运车等其他运输辅助设备型号和性能参数

产品名称		防爆多功能铲运车	防爆多功能铲运车	胶轮运输车	地下运料车	地下多功能服务车	地下移动碎石机
型 号		WJ-4FB	ACY-2FB(A)	WCJ5E	ATY-5A	ATY-5	AYS-1100
车厢容积/m³		—	—	2.5	多种可选类型		钎杆直径 85mm
铲斗容积/m³		2	2	—	—		冲击频率 400-800bpm
额定载重量/kg		4000	4000	5000	5000	5000	冲击功 1100-1200J
整机空载质量/kg		13190	13190	8400	6860	520	13000
变速箱		RT20000	RT20000	RT20000	一体式 1201FT2000	RT20000	RT20000
变矩器		C270	C270	CL270		C270	C270
驱动桥		QY150A	QY150A	DANA 112	DANA 112	DANA 112	QY150J
发动机		AQS6105QFB	AQS6105QFB	AQS6105FB	Deutz F6L914	Deutz F6L914	Deutz F6L914
额定功率/kW		70	70	70	79	79	79
最大牵引力/kN		104	104	70.6	70	79.6	—
最大铲取力/kN		120	120	—	—		—
车速 /km·h⁻¹	Ⅰ挡	3.72	3.96	7	5	4.3	3.6
	Ⅱ挡	7.41	7.61	14.2	10.9	8.6	10
	Ⅲ挡	18.3	16.75	36	24.5	2.5	18
	Ⅳ挡			40			
最大转向角/(°)		±42	±42	±37	±40	±41	±40
转向半径/mm	内	3500	2347	3560	3700	3544	2580
	外	6500	5227	5800	5800	5564	4837

续表1.13.4

产品名称		防爆多功能铲运车	防爆多功能铲运车	胶轮运输车	地下运料车	地下多功能服务车	地下移动碎石机
制动形式	工作制动	全液压双管路工作制动，多盘湿式制动器	全液压双管路工作制动，多盘湿式制动器	全液压双管路工作制动，多盘湿式制动器	全液压双管路工作制动，多盘湿式制动器	全液压双管路工作制动，多盘湿式制动器	全液压双管路工作制动，多盘湿式制动器
	停车制动 紧急制动	二合为一，弹簧制动、液压释放	二合为一，弹簧制动、液压释放	二合为一，弹簧制动、液压释放	二合为一，弹簧制动、液压释放	二合为一，弹簧制动、液压释放	二合为一，弹簧制动、液压释放
制动能力		满载8km/h 制动距离2m	满载8km/h 制动距离2m	满载8km/h 制动距离2m	满载8km/h 制动距离2m	满载8km/h 制动距离2m	满载8km/h 制动距离2m
外形尺寸/mm	长	8100	7250	6150	6640	6560	7813
	宽	2144	2140	1900	1900	1900	1660
	高	1700	2100	2100	2100	2078	2075
轮胎规格		15.5~25	17.5~25	12.5R20-11.00	10.00-20TT	10.00-20.00-14	12.00-24L-5S TT

1.14 爱斯太克骨料及矿山集团

1.14.1 破碎设备

1.14.1.1 TELSMITH-SBS圆锥破碎机

爱斯太克骨料及矿山集团旗下的TELSMITH公司位于美国威斯康星州密尔沃基市，已有100多年的历史，生产的圆锥破碎机拥有119项国际专利，已被世界范围内矿山及骨料处理行业公认为目前市场上最好的圆锥破碎机之一（见图1.14.1）。

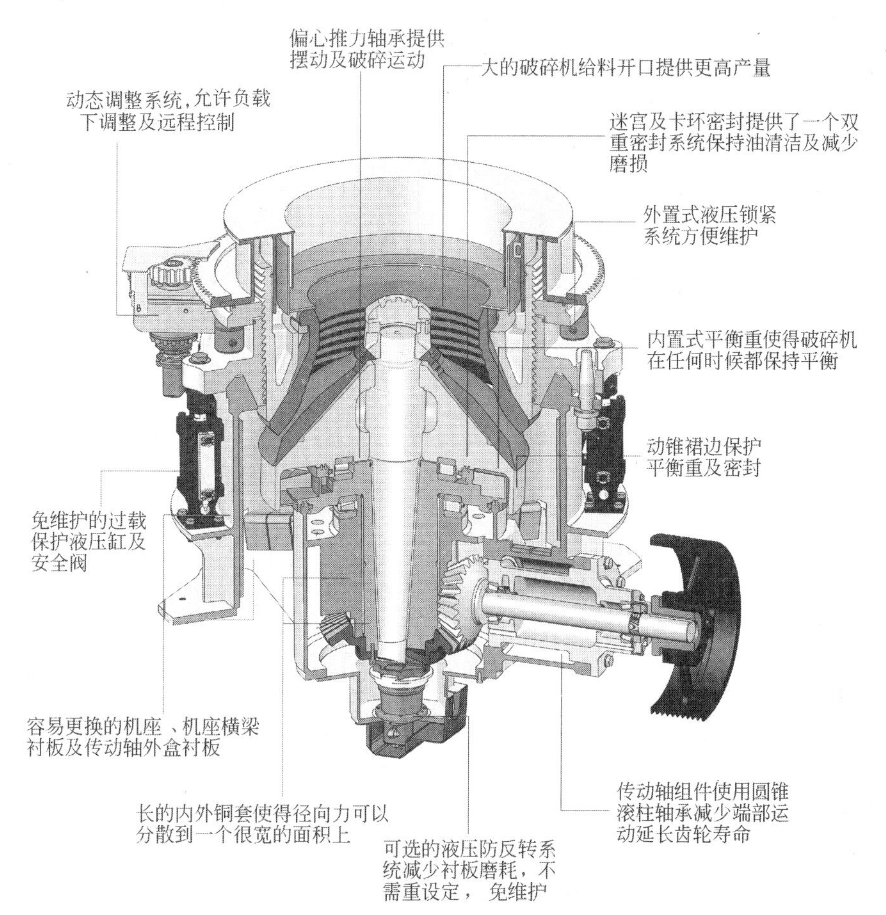

图1.14.1 TELSMITH-SBS圆锥破碎机

其特点包括：采用独特的滚动轴承、斜盘以及偏心轴的偏心机构，可受重载同时摩擦小，能耗比同类设备节省约10%；配置的动锥防反转装置可延长衬板的寿命高达10%~20% 以上；专利的卸压阀过铁保护系统，反应速度快，过铁时系统破碎压力保持不变，破碎力保持恒定，对设备提供最佳的保护；重型的机架结构，适合重载及恶劣工况作业，同时破碎力大（某些型号可达同类型设备的2倍），特别适合于矿山的细碎作业；内置式的平衡重不与卸料接触，无磨耗，故设备长期运行也不需对其平衡进行重调整，设备振动小，对设备基础的抗振要求很低。

圆锥破碎机型号与参数见表1.14.1。

表1.14.1 圆锥破碎机型号与参数

型 号	破碎机处理能力（t/h）－ 在不同排料口尺寸下								
	10mm	13mm	16mm	19mm	25mm	32mm	38mm	45mm	51mm
38SBS	104~126	117~144	140~171	153~189	185~230	216~270			
44SBS	135~176	153~198	180~234	198~257	243~315	275~351	288~374	324~410	
52SBS	158~203	180~234	203~261	230~297	279~360	320~405	342~437	369~477	410~527
57SBS		270~347	297~387	333~432	396~518	428~540	455~512	509~657	572~738
68SBS		410~527	437~563	468~603	527~684	585~756	617~774	635~825	702~905

1.14.1.2 TELSMITH液压颚式破碎机

美国TELSMITH公司生产的液压系列及铁人系列超重型颚式破碎机具有全新的液压及自动化功能，其针对矿山应用的超重型机架结构及深腔及小啮角设计，可在破碎最坚硬物料的环境下获得最大的生产效率及最长的使用寿命（见图1.14.2）。

图1.14.2 TELSMITH液压颚式破碎机

（1）液压过载/过铁保护。

当不能破碎的物料进入破碎型腔时，液压缸自动退回以允许不能破碎的物料通过，过铁后设备自动回复到最初的排料口设定，保护了相关部件，同时消除了传统的过铁保护系统（肘板断裂或弯曲）带来的停机时间及产品损失。

（2）液压调整排料口。

采用独特的液压张紧缸来代替传统的弹簧张紧组件，张紧缸可自动保持作用于肘板上的张紧力，消除调整弹簧的需要。在肘板梁后面的两个大的液压缸可用于对排料口（CSS）进行调整，在调整过程中不需要任何垫片。在控制面板上通过开关选择伸出或退回，就可以简单地完成调整过程。

（3）液压型腔清洁。

破碎机配置的专利液压型腔清洁系统极大地减少停机时间及降低运行成本。带按钮控制的独特设计可在极短的时间把破碎型腔内堆积的物料清理干净，大大地减少了过去需要数以小时计的清理工作所带来的产品损失。该系统两个强劲的液压缸可以用于破碎每次清理后残留在破碎机型腔内的物料，石料被破碎到适合二级破碎的大小然后卸入到传送皮带上。通过采用遥控的方式，操作人员得以远离以前不得不采用的不安全清理方式。

液压颚式破碎机型号与参数见表1.14.2。

表1.14.2　液压颚式破碎机型号与参数

破碎机处理能力（t/h）— 在不同排料口尺寸下											
CSS / 型号	76mm	90mm	100mm	125mm	150mm	175mm	200mm	229mm	250mm	305mm	356mm
2550	163~268	182~290	200~327	227~367	268~440						
3258		270~440	280~435	335~435	369~565	410~636					
3858			355~545	393~618	455~668	482~727	523~809	564~864			
4448				349~527	403~595	455~682	491~736	527~791	564~845	636~936	
5060					498~714	518~773	568~855	618~923	677~1018	841~1146	968~1273
5566						610~905	655~983	714~1069	780~1167	951~1424	1192~1775

1.15　特雷克斯南方路机（泉州）移动破碎设备有限公司

1.15.1　破碎设备

1.15.1.1　J-1175型履带移动式破碎站

(1) 产品介绍。

Terex® NFLG J-1175履带移动式破碎站产量高、性能好。采用Terex® Jaques JW42 型颚式破碎主机和重型振动箅条给料机。在一系列的应用中，J-1175 都能提供最佳的产量。

J-1175型履带移动式破碎站紧凑的结构见图1.15.1和图1.15.2，迅速的安装，便捷的运输和方便的维修使其成为采石，采矿，固废回收和再利用的理想设备。

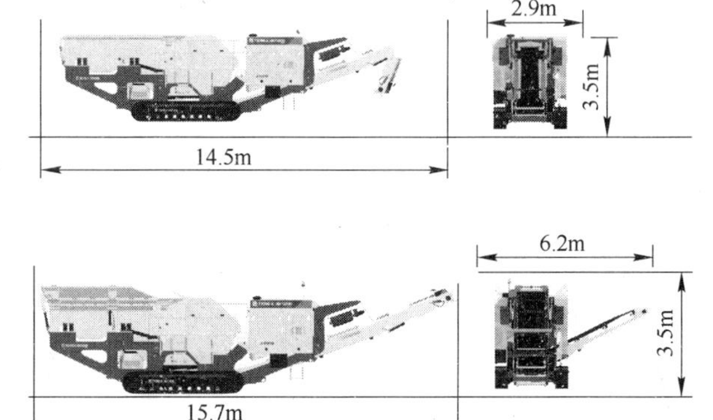

图1.15.1　J-1175型履带移动式破碎站（一）

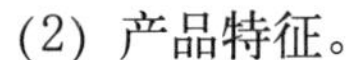

(2) 产品特征。

◆ 液压驱动、坚固、高性能的单肘板颚式破碎机破碎比大，产量高。

◆ 强力型振动给料机可自动调速，使主机保持满负荷运作，以达到理想的生产率。

◆ 大功率的液压传动充分保证建筑垃圾和固废破碎作业时，破碎机的精确控制和逆转排除堵塞功能。

◆ 采用液压调节的排料口，可快速进行调节，最大限度的减少了停机调整的时间。

(3) 标准部件。

发动机：

注意：本机标配不包括侧带式输送机和取铁器。

Caterpillar C9 Acert 261 kW (350hp)水冷柴油发动机。

(4) 颚式破碎主机。

Jaques 1070mm×762mm (42″×30″) 单肘板颚式破碎主机。

◆ 液压传动和先进的电控系统。

◆ 液压控制调节排料口。

◆ 可逆运转清除堵塞物。

◆ 配置标准的S齿形颚板。

图1.15.2　J-1175型履带移动式破碎站（二）

(5) 受料斗/给料机。

◆ 受料斗容量为9m³ (11.7 yd³)。

◆ 侧挡板可液压折叠。

◆ 强力型振动给料机。

◆ 配有标准间隙为75mm的箅条预筛分。

◆ 可选择侧置带式输送机或主带式输送机卸料。

◆ 箅条下方另置有孔隙为38mm的筛体。

(6) 主带式输送机。

◆ 带宽1000mm的主带式输送机在给料口位置安装有缓冲条。

◆ 输送带安装有挡料板。

◆ 驱动滚筒处安装有高强度刮板。

(7) 总体。

◆ 独立的中央操作窗口。 ◆ 符合采石采矿标准。

◆ 悬挂式取铁器。 ◆ 低润滑度要求。

◆ 液压油温度传感器。 ◆ 急停装置 (7处)。

◆ 肘板标准设定为590mm。

◆ 履带为软启动，两种可选速行驶。

◆ 重型底架结构，履带板宽为500mm。

◆ 操作通道采用镀层防护的扶手、踏板和踏梯。

◆ 可在距离5m范围内，通过遥控方式操作履带行驶。

◆ 淋水除尘系统（需外部压力水源支持），主带式输送机标配 有软管和喷管架。

1.15.1.2 C-1540型履带移动式破碎站

如图1.15.3和图1.15.4所示。

(1) 产品介绍。

Terex® NFLG. C-1540引领的破碎路线极为注重成品料的粒状。采用Terex® 1000型圆锥式破碎主机，由液压直接驱动，安装有过载保护系统并由液压调节排料口大小。Terex® 1000型圆锥式破碎主机产能高，破碎比大。

(2) 产品特征。

◆ 液压驱动的圆锥式破碎主机，速度可调节，产量高，可保证成品料粒状。

◆ 可选的预筛分组件使产量最大化，在细料进入主机前将其排出以降低主机的磨损。

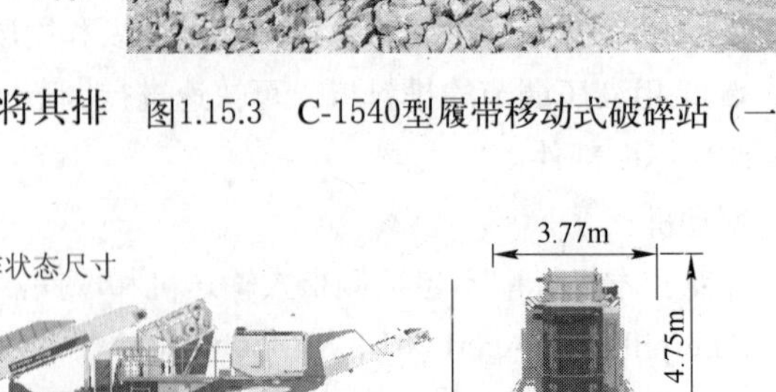

图1.15.3 C-1540型履带移动式破碎站（一）

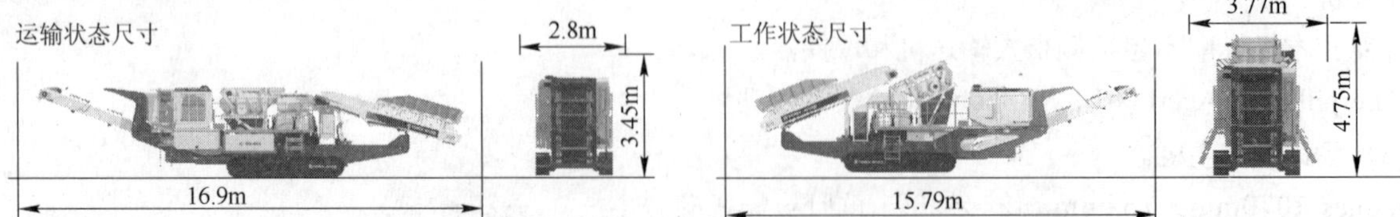

图1.15.4 C-1540型履带移动式破碎站（二）
（机重：排杂槽38300kg 注意：图中机器安装有可选预筛分系统）

◆ 给料皮带上安装有金属检测系统，自动停机系统可以在有金属物进入主机时起到保护作用，可控的排杂系统可将金属物排出机外。

(3) 标准部件。

发动机:

◆ Caterpillar C9 Acert 261 kW (350Hp)水冷发动机。

带式给料机/受料斗:

◆ 容量5m³ (6.5yd³)，带有缓冲桥。

◆ 后部上料位置低。

◆ 液压折叠系统 (运输时可折叠)。

◆ 给料带式输送机带宽1050mm (42″)。

◆ 可控制的排杂系统可将皮带式给料机上的金属物清除。

◆ 重型大转矩液压驱动给料带式输送机。

◆ 破碎机下方的受料点安装有耐磨衬板（10mm）。

(4) 圆锥式破碎机主机。

◆ Terex 1000 型圆锥破碎主机,动锥底部直径1000mm (40″)。

◆ 较长的中粗型破碎腔 (最大给料粒径160mm)。

◆ 液压驱动、电控调速的圆锥式破碎主机。

◆ 带有监控设备，通过液压调节的悬空紧边排料口。

◆ 定锥表面的磨损程度指示器。

◆ 可自动复位的过载保护系统。

(5) 主带式输送机。

◆ 带宽900mm (36″)。

◆ 驱动滚筒安装有高强度刮板。

◆ 破碎机卸料口安装有耐磨衬板（15mm）。

(6) 总体。

◆ 机身的操作通道采用镀层防护的扶手、踏板和踏梯。

◆ 重型履带行驶系统，链轮中心距为3.8m。

◆ 履带板宽500mm。

◆ 可在距离5m范围内，通过遥控方式操作履带行驶。

◆ 符合采石采矿安全标准。

◆ 润滑点容易接近，润滑度要求低。

◆ 原机标配两个后备驱动。

◆ 急停装置 7处。

◆ 淋水除尘系统（多头分配器，三个喷嘴，外部压力水源）。

1.15.1.3 I-130RS**履带移动式破碎站**

I-130RS履带移动式破碎站如图1.15.5所示。

(1) 产品介绍。

TERREX | NFLG I-130RS 履带移动式反击破碎站同时具有破碎和筛分功能。该设备在原TEREX | NFLG I-130的基础上增加了一个可快

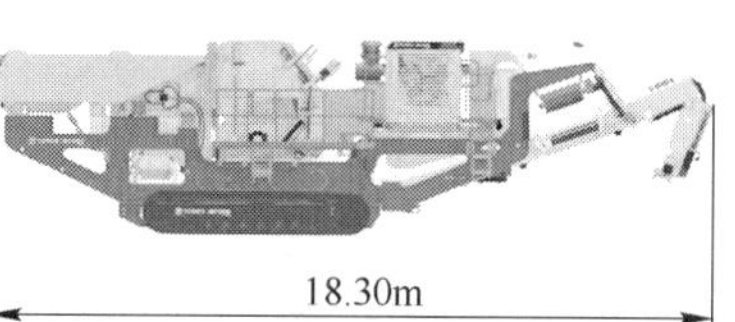

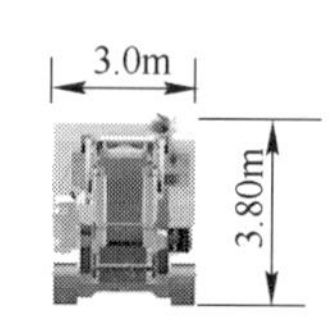

工作状态尺寸

18.50m

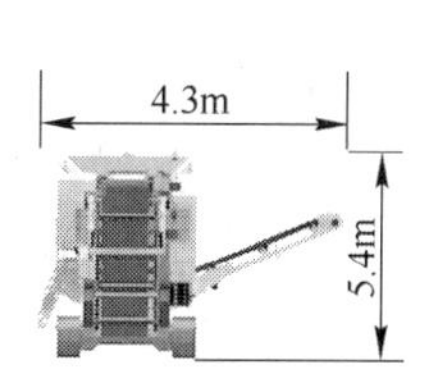

图1.15.5 I-130RS履带移动式破碎站

（机重：59000kg (130073lbs) 注意：基本配置不包括侧带式输送机和取铁器）

速拆卸的4270mm×1520mm (14′×5′) 的单层筛网的筛箱。这一设计可将物料进行分级并将超大的物料送回破碎主机中进行破碎。这一筛箱可在不需对物料进行分级和循环破碎时快速卸下。

(2) 产品特征。

◆ 可拆卸的，单层筛网的筛体，筛网尺寸为4270mm×1520mm (14′×5′)。该设备通过机载的循环系统将超大物料送回破碎主机再破碎。

◆ 机载的细料带式输送机卸料高度可达3700mm (12′1″)，可以直接堆料或者进行二次筛分。

◆ 拆卸快捷简易的筛分设备和细料带式输送机。

(3) 标准部件。

发动机：

CAT C13 328kW (440Hp) @ 1700~2100r/min。

(4) 破碎主机。

◆ Cedarapids IP1313型反击式破碎主机(4 板锤转子) 采用2大2小的材料钢板锤。

◆ 通过液力偶合器直接驱动。

◆ 由液压辅助调节反击板。

(5) 受料斗/ 给料机。

◆ 受料斗容量 9m³ (11.7 yd³)。

◆ 液压折叠。

◆ 重型振动给料机。

◆ 阶梯式算条给料机带有完整的预筛分系统,标准间隙 50mm。

◆ 可选侧置带式输送机或主带式输送机卸料。

◆ 驱动滚筒处安装有高强度刮板。

(6) 回料带式输送机。

◆ 带宽 1000mm (40″) 的防撕皮带。

◆ 头普驱动滚筒安装有高规格刮板。

(7) 料带式输送机。

◆ 带宽 500mm(1′8″)。

◆ 可折叠以便运输。

(8) 总体。

◆ 带宽 1400mm (4′7″)。

◆ 卸料高度 3.2m (10′7″)。

(9) 筛分设备。

◆ 单层筛网 筛面尺寸 4.27m×1.52m (14′×5′)。

◆ 筛体和细料带式输送机可快速拆卸，以适应更多的工况。

◆ 筛体倾斜角度可在 17°~25°之间调节。

◆ 标配安装 40mm空隙的筛网。

(10) 回料带式输送机。

◆ 带宽 500mm(1′8″)。

1.15.2 筛分设备

1.15.2.1 883型履带移动式筛分设备

883型履带移动式筛分设备如图1.15.6和图1.15.7所示。

(1) 产品介绍。

Terex® NFLG. 883的优良设计使其既成为可与初级破碎机联合作业，又可单独作为一线筛分的高性能履带移动式筛分站。883的应用范围包括采石场，矿山建设，建筑拆除碎片处理，表层土处理，物料再生利用，沙砾筛分，煤矿和骨料筛分。处理量高达每小时500t。无论在何种应用上，883总是能够很好的工作。

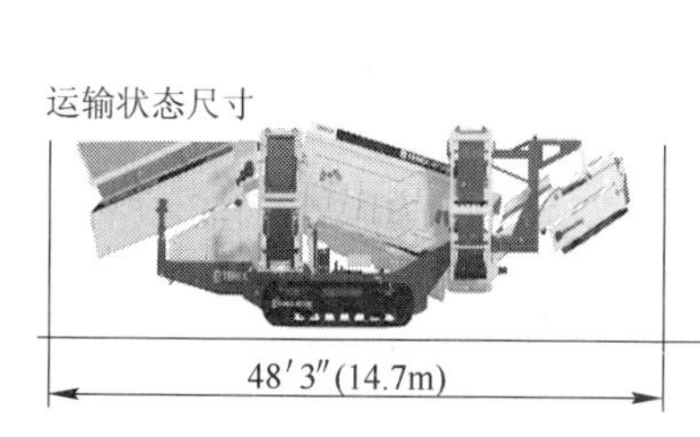

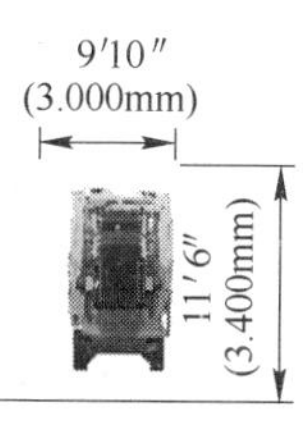

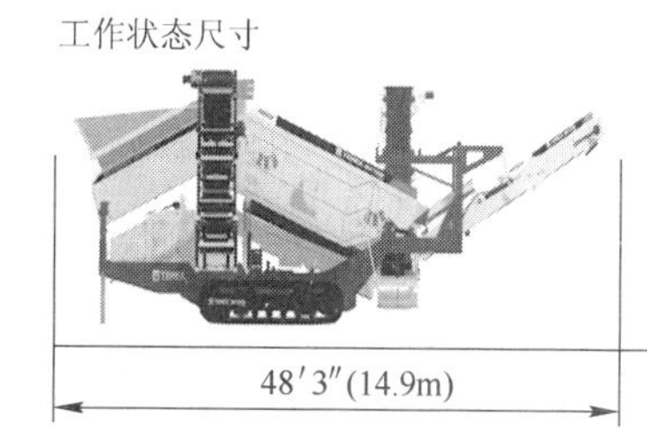

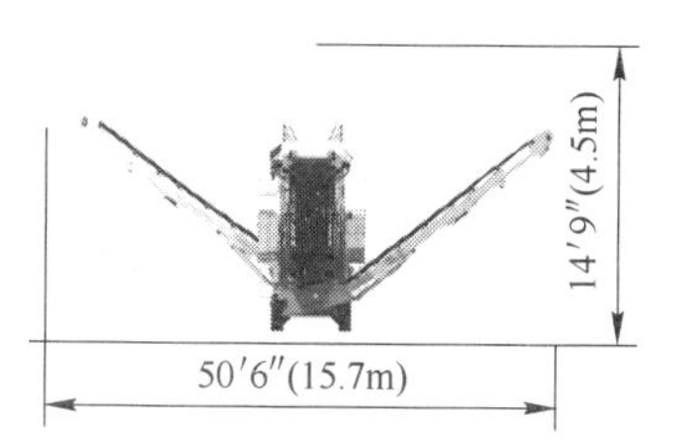

图1.15.6　883型履带移动式筛分设备（一）
（机重：32000kg (70547lbs)）

图1.15.7　883型履带移动式筛分设备（二）

(2) 产品特征。

◆ 高性能的筛箱可以安装多种筛网，包括Bofor棒条筛网，条缝筛网，网格筛网，冲孔筛网，指状筛分板。
◆ 组合结构的筛箱上层筛网面积为4.8m×1.5m (16′×5′)，下层筛网面积为3.65m×1.5m (12′×5′)。
◆ 筛箱倾斜角度可通过液压装置在13°~19°之间调节。
◆ 筛箱卸料口可通过液压装置顶升500mm，以便更换筛网。
◆ 所有卸料带式输送机的角度都可通过液压装置调节。

(3) 标准部件。

◆ 筛孔规格按客户要求需另行订购（设备基本配置不含筛网，但预留安装筛网的结构）。
◆ 大物料带式输送机采用带宽1200mm（48″）人字形花纹输送带和双马达驱动 (卸料高度为3.6m)。
◆ 中级物料输送机采用带宽800mm（32″）人字形花纹输送带及可调速 驱动滚筒。
◆ 细料带式输送机采用宽800mm (32″)普通输送带及可调速驱动滚筒，配置输送带刮板。
◆ CAT C4.4 (130Hp/97kW)增置空气预滤器。
◆ 链板式给料机及围板由耐磨钢板制作，并采用重型链条传动。
◆ 重型履带底盘，履带板宽400mm，链轮中心距为3280mm。
◆ 受料斗容量为7m^3 (9.16 cu. yards)。
◆ 无网格结构。
◆ 组合结构的筛箱。
◆ 采用液压装置顶升500mm，以便更换筛网。
◆ 上层筛面尺寸为 4.8m×1.5m (16′×5′)。
◆ 下层筛面尺寸为 3.65m×1.5m(12′×5′)。
◆ 机身周围安装有带扶手的过道，同时还有踏板和梯子。
◆ 筛箱安装有排杂槽(1)。
◆ 链板式给料机可远程遥控其启/停。
◆ 大物料带式输送机上配置挡料板。
◆ 手持遥控设备可在5m范围内操控机器的行驶。
◆ 符合采石采矿标准。
◆ 低润滑度要求。
◆ 急停装置4处。

1.15.2.2　694+型履带移动式筛分设备

694+型履带移动式筛分设备如图1.15.8所示。

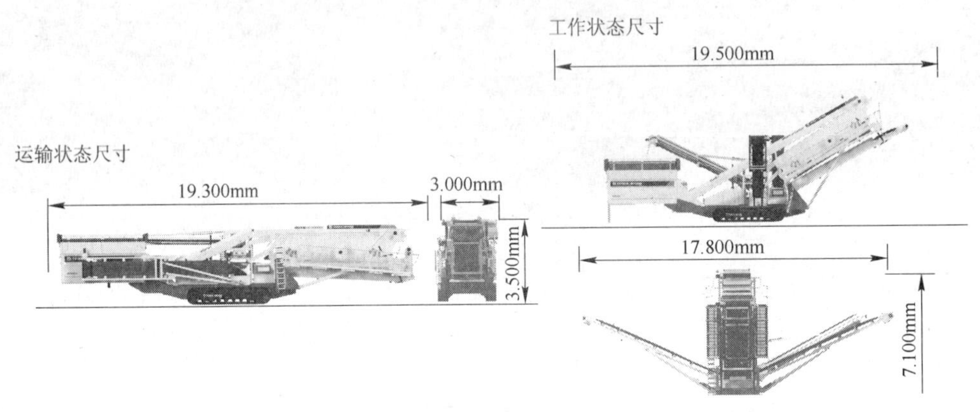

图1.15.8　694+型履带移动式筛分设备

（机重：38000kg　带翻转网格筛）

(1) 产品介绍。

新型 Terex® NFLG. 694+是业内领先的履带移动式倾斜筛分设备，具有最佳的生产水平、最短的安装时间和最便捷的操作。大容量的带式给料机配备有可遥控翻转的网格筛或单/双层振动网格筛。全新的三层筛分结构安装有三层尺寸为20′×5′ (6.1m×1.525m)的筛网。创新的液压控制系统可使四级输送带在堆料和送料时做简单的位置调节。

(2) 产品特点。

◆ 全新的三层筛网的筛箱，筛网尺寸为20′×5′(6.1m×1.525m) 筛箱周围安装有操作通道。

◆ 快速的楔形张紧装置、方便的检查孔和底层液压张紧装置的结合使筛网安装和更换的时间最小化。

◆ 三个大尺寸的筛网20′×5′ (6.1m ×1.525m)保证了超高效的筛分能力，即使筛分细粒级骨料也同样高效。

◆ 四级（特大号）带式输送机可倾斜或旋转调整出料位置，确保对破碎机的精确给料和堆料要求。

(3) 标准部件。

◆ 筛孔规格按客户要求需另行订购（设备基本配置不含筛网，但预留安装筛网的结构）。

◆ 主带式输送机带宽1200mm (48)，细骨料带式输送机带宽 1200mm (48)。

◆ 液压驱动的网格筛可遥控翻转清除堵塞物，同时安装定位销。

◆ 特大物料带式输送机采用带宽为500mm的人字形花纹输送带。

◆ 上、中层筛网采用侧边张紧，下层筛网采用底部张紧。

◆ CAT 水冷柴油发动机（97kW），带有空气滤清器。

◆ 大、中物料侧带式输送机采用带宽为800mm (32)。

◆ 筛箱四周安装有操作通道和扶手、踏板、踏梯。

◆ 料斗长4.25m (14)，容量为8.0m^3 (10.5yd^3)。

◆ 手持遥控设备可在5m范围内操控机器的行驶。

◆ 主带式输送机带有挡料板，低润滑度要求。

◆ 三层筛网面积均为6.1m×1.52m (20×5) 。
◆ 带宽1200mm (48″)的变速带式给料机。
◆ 箅条间隔为4.25m×100mm (14-0″ ×4) 。
◆ 上、中层筛网采用楔形快速张紧装置。
◆ 下层筛网采用液压张紧。
◆ 人字形花纹输送带。
◆ 重型底盘，履带板宽500mm。
◆ 符合采石采矿标准。
◆ 急停装置 (4处) 。

1.16 上海建设路桥机械设备有限公司

1.16.1 破碎设备

1.16.1.1 PYYX系列单缸液压圆锥破碎机

圆锥破碎机是目前应用最广泛硬物料破碎中、细碎破碎机，尤其是在处理量要求大的矿山、建材、水泥等行业，使用十分广泛。圆锥破碎机是利用正和倒立的两个圆锥之间的间隙进行物料破碎，由于整个运行过程中，其破碎力是脉动的，且在破碎中，有时还混有不可破碎物，如铁块等，故圆锥破碎机必须设计有保险装置，以供排出不可破碎物并起到保护机器的作用。根据保险装置的不同，可分为装有机械弹簧装置或者液压弹簧装置（即保险缸装置）两种，我公司设计并制造的PYYX系列是一种保险装置为一个液压缸（保险缸），且液压缸（保险缸）装在机架底部，故称为底部单缸液压圆锥破碎机，简称为单缸液压圆锥破碎机，其目前执行的行业标准为JB/T 2501—2008。

PYYX单缸液压圆锥破碎机是一种细碎破碎机，适用于进料100mm以下的物料，在一定工况条件下，其出料中小于5mm的物料可占整个处理能力的30%左右，故受到用户好评。它是一种主轴筒支梁支撑形式，底部单缸液压支撑和顶部呈星形架结构，其特点是陡锥，小偏心距，故结构简单，零件少，外形美观，维护方便，便于自动控制，在设计中由于动锥支撑球面半径R较大，主轴偏心角度较小，因此破碎锥相对较陡，破碎腔长，从而提高了破碎物料的均匀性。

(1) PYYX的型号和规格（见表1.16.1和表1.16.2）。

表1.16.1 PYYX系列单缸液压圆锥破碎机的型号和规格（一）

闭路流程																					
尺寸		PYYX0807				PYYX0912					PYYX1112						PYYX1612				
供给原料尺寸/mm		网筛尺寸/mm			破碎能力(通过破碎机)	网筛尺寸/mm				破碎能力(通过破碎机)	网筛尺寸/mm					破碎能力(通过破碎机)	网筛尺寸/mm				破碎能力(通过破碎机)
最大	最小	5	13	20		5	13	20	30		5	13	20	30	40		13	20	30	40	
100	0					35	70	95	130	150	60	105	140	195	250	260	155	195	275	355	555
	20					35	65	85	115	145	60	100	130	170	215	220	150	195	255	320	485
80	0					40	75	105	145	150	60	110	155	220	260	265	160	205	300	405	575
	20					35	70	90	120	130	60	105	140	185	210	215	155	205	275	350	475
60	0	25	50	75	95	45	85	125		150	65	125	185	260		265					
	13	25	45	60	80	40	75	105		125	60	115	155	215		225					
	20	25	45	60	80	40	70	100		125	60	110	150	205		225					
40	0	30	65	85	95	50	110	150		150											
	13	25	50	70	80	45	85	120		125											
	20	25	45	65	80	45	80	105		125											

表1.16.2 PYYX系列单缸液压圆锥破碎机的型号和规格（二）

闭路流程																					
尺寸		PYYX0807				PYYX0912					PYYX1112						PYYX1612				
供给原料尺寸/mm		网筛尺寸/mm			破碎能力（通过破碎机）	网筛尺寸/mm				破碎能力（通过破碎机）	网筛尺寸/mm					破碎能力（通过破碎机）	网筛尺寸/mm				破碎能力（通过破碎机）
最大	最小	5	13	20		5	13	20	30		5	13	20	30	40		13	20	30	40	
100	0					30	65	95	130	145	50	100	140	195	250	260	150	215	295	375	575
	20					25	55	80	110	120	40	85	125	170	210	215	130	185	255	325	475
80	0					35	75	105	145	150	55	110	155	220	260	265	170	240	335	420	580
	20					30	60	85	115	120	45	90	130	180	210	215	140	200	275	345	475
60	0	25	50	75	95	40	90	125		150	60	130	185	260		265					
	13	20	45	60	80	35	70	105		120	50	110	155	210		215					
	20	20	40	55	75	30	65	95		115	45	100	145	200		205					
40	0	30	65	85	95	50	110	150		150											
	13	25	50	70	75	40	85	120		125											
	20	20	45	65	70	35	75	105		115											

(2) 工作原理和机器结构。

圆锥破碎机是利用正和倒立的两个圆锥之间的间隙进行物料破碎的。PYYX单缸液压圆锥破碎机系列的工作原理也是如此。动力由电动机带动皮带轮传动到小锥齿轮，小锥齿轮带动大锥齿轮转动，大锥齿轮和偏心套固定为一体，大锥齿轮的转动，迫使主轴绕定点作刚体旋摆运动，由于有偏心，其破碎壁和轧臼壁之间的间距有周期性的增大和减小，使物料达到破碎的目的，其排料口调整方式是通过主轴上下浮动来调整破碎圆锥部，从而调整排料口的大小。

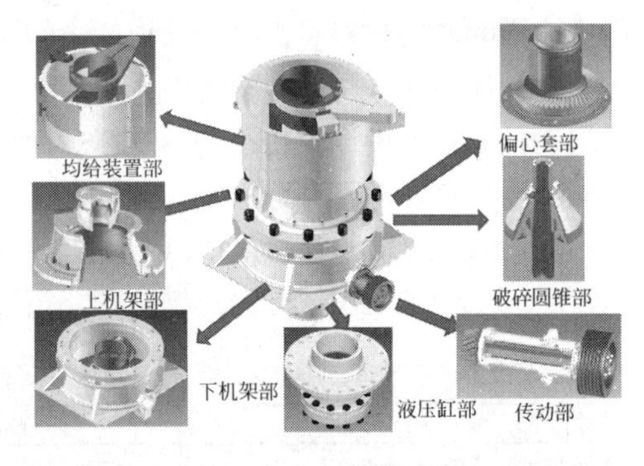

图1.16.1 PYYX系列单缸液压圆锥破碎机组成部分

其主要组成部分有上机架部、下机架部、偏心套部、液压缸部、传动部、破碎圆锥部、润滑液压部及均给装置（见图1.16.1）。

(3) 机器特点。

PYYX系列单缸液压圆锥破碎机具有以下几个特点：

1) 细粒级物料多。

在细碎领域中，传统的圆锥破碎机不能担当此工作，由于PYYX系列单缸液压圆锥破碎机采用先进的层压破碎理论，能稳定且大量生产粒形好的细粒级产品，突出了与众不同的优点，世界上一般圆锥破碎机是依据单颗粒破碎理论设计的，其在生产细粒级产品时，破碎腔内排料口间隙一般要小于所需产品尺寸的0.3～0.5倍，由于出口间隙小，限制了破碎机的生产能力，要想提高生产能力，就必须配置更大的机器设备，同时由于物料水分含量的变化，会使电机电流值加大，致使液压系统压力波动，引起设备运转不稳定，且单颗粒破碎带来的是出料中针片状含量较多，成品品质较低，不能用于高等级混凝土施工，而层压破碎理论是一种较大出口间隙的破碎腔内形成料层，在提高物料密度的同时又带来足够的破碎力，由于是料层之间的破碎，使出料中针片状大大降低，在工作压力方面，则与单颗粒破碎相似，且由于物料在破碎腔内相互挤压、碰撞、摩擦、能产出粒形很好的物料。

2）均匀给料装置的设置。

单缸液压圆锥破碎机的结构决定轧臼壁磨损不均匀，及常常造成轧臼壁的单边磨损，故在此系列中增加了均匀给料装置，它是一个带电机、减速机的一个旋转的布料机构，当给料进入破碎腔之前，先进入均匀给料装置，使其破碎腔布料均匀，且在均匀给料装置上设置接近开关，与给料皮带联动，当给料多时，均匀给料装置会减慢转速，且同时会反馈至给料皮带，使给料皮带减速，反之则增速，使之始终保持一定的给料量，解决了给料均匀性问题，有利于提高破碎效率，产品质量和衬板利用率。

3）轧臼壁、破碎壁的更换更迅速容易。

上机架和轧臼壁，圆锥躯体和破碎壁都是采用直接的金属接触，即中间无需灌注环氧树脂等填料，这样用户在更换轧臼壁、破碎壁时，迅速、安全，降低了用户的维护成本。

4）静音操作的弧齿锥齿轮。

齿轮传动有噪声是机器设备空载声响的一个很重要问题，为此，选用了弧齿锥齿轮，并采用硬齿面，使得噪声大大降低，而且由于弧齿锥齿轮啮合的重合度大，其强度也增加，选用模数相对较直齿锥齿轮小，也就减轻了齿轮的质量。

5）空气吹尘系统。

主机采用润滑密封圈，且为了加强密封效果，再增加鼓风机吹扫系统，使破碎腔有关位置形成正压，保证粉尘不会进入润滑油中，可延长润滑油的使用寿命，同时延长机器的使用寿命。

6）自动过铁系统。

在破碎中，有时混有不可破碎物，如铁块等，为该系列配置的蓄能器为大流量的蓄能器，有较强的过铁能力，保证了机器的完好性。

7）自动化操作系统。

采用PLC控制加电子触摸屏的自动控制形式，对设备电流、给料状态和液压等进行实时全自动监控，通过不断测试和补偿破碎机衬板的磨损，使用户充分利用破碎机衬板，自动化操作系统又能及时显示机器故障部位，进行报警，以便能及时排除故障。

8）润滑系统多种冷却方式。

为润滑系统配置了3种冷却方式，即水冷、风冷、电制冷，可适合不同地区用户的各种需求。

(4) 与其他圆锥破碎机性能比较。

由于型号、腔形很多，选了比较典型的PYYX1112（单缸液压圆锥）和PYFB1620（复合圆锥）性能指标作一比较。

从表1.16.3中可以看出PYYX1112比PYFB1620性能较为优异，在能耗上，排放口为16mm时PYYX1112是PYFB1620的0.796，而此时-20mm以下破碎物能耗PYYX1112是PYFB1620的0.67，故在节能上，PYYX1112是更为先进的圆锥破碎机，而在功率质量比上，PYYX1112是PYFB1620的1.75倍，因此PYYX1112整机质量轻，功率大，处理量也大。

表1.16.3 PYYX1112和PYFB1620性能比较

参　数	PYFB1620	PYYX1112
安装功率/kW	250	220
排放口调整范围/mm	16~38	16~35
最大给料粒度/mm	178	100
设备重/t	41.5	20.8
功率质量比	6.02	10.58
动锥直径/mm	1600	1100
通过能力/t·h^{-1}	181~327	200~310

续表1.16.3

参　　数	PYFB1620	PYYX1112
排放口为16mm时的处理量/t·h^{-1}	181	200
上述因素时的电耗/kW·h·t^{-1}	1.381	1.1
上述因素时-20mm粒级以下的生产能力/t·h^{-1}	99.5	130
上述因素-20mm粒级时电耗/kW·h·t^{-1}	2.51	1.692
破碎单位重物料时设备质量/t·t^{-1}	0.229~0.127	0.104~0.067
针片状含量/%	≤25	≤20
自动控制能力	一般	好
结构及调整方法	一般	好
空载噪声/dB（A）	90	85

(5) 选型原则。

一个好的生产工艺流程必须充分考虑到物料性质，工艺合理性、可靠性、先进性、经济性及相互的匹配性，要根据所需处理规模，物料的性质，成品的要求，可由多种生产工艺流程布置，必须进行比较，才能得出最优工艺布置流程，才能配备不同的破碎筛分设备，一般选型原则有如下考虑：

1）破碎比。

衡量破碎机的破碎效果，常用破碎比这个概念，破碎机的破碎比就是原料粒度与破碎后成品粒度之比，它表示破碎后原料减少的倍数。

2）生产规模。

破碎加工系统规模越大，其经济性是首要指标，但当加工系统的规模较小时，首先好考虑的是流程简单。

3）产品的粒型与粒度。

产品的粒型是指颗粒的几何形状，产品的粒度是指颗粒的大小，但不论是产品的粒型还是粒度，都是衡量产品质量的主要工艺性指标。

4）破碎设备的性能。

破碎机的种类直接影响破碎工艺流程和产品粒度组成，一般而言，具有较高破碎比的破碎机可减少破碎段数，带层压破碎原理的破碎机所得产品针片状较少，旋转式靠动能来破碎的破碎机所得产品呈立方体多。

5）物料的性质。

物料的晶体结构和抗压强度是影响破碎工艺流程和设备选型的重要因素之一，抗压强度较高的物料不易被破碎，需选用破碎力大的设备。

1.16.1.2　TRIO CT型颚式破碎机

本公司的CT型颚式破碎机是一种复合摆动单肘板颚式破碎机见图1.16.2。该系列产品由欧洲著名的破碎机械设计师主持设计。最新的设计理念与公司已经有百年历史的专业技术相结合，设计出了新一代的颚式破碎机，其具有破碎能力大，运行平稳，维修操作简单的特点。

图1.16.2　TRIO CT型颚式破碎机

CT型颚式破碎机的主要特点：

(1) 处理能力大。

运用最新的低悬挂、短肘板、大摆角的传动理论，采用计算机优化设计确定相关联参数，使颚式破碎机的特征值可以小于2。

(2) 采用欧美的设计标准。

现行的进料口定义，国内是齿顶对齿底，而本公司的设计为齿顶对齿顶。故同样规格的机器，进料口相差一个齿深。对大型颚式破碎机来讲，齿深可达80~100mm，由此，TRIO标准的允许最大进料规格就将比国内的颚破大60~80mm。

(3) 采用先进的机械结构。

如轴承装置;

如机架装配。

(4) 采用优良的耐磨材料。

齿板有两种材料可选择：ZGMn13Cr12与ZGMn18Cr2Mo,应用不同的破碎材料，不同的机型有不同的齿型与不同的齿面曲线可选择。

(5) 简单的操作与维修。

如：液压斜楔式的排放口调整机构;

如：齿板的更换方式。

TRIO公司目前有各种规格的颚式破碎机几千台在世界各地运行。

1.16.1.3 TC系列圆锥式破碎机

本公司的多缸液压圆锥在结构上的特点：第一，采用的碗型轴承支撑在排矿口的位置上，避免悬臂梁式的破碎，故允许满腔或不满腔时工作。第二，采用中速，在线速度相仿条件下，降低20%转速，易损件寿命提高。第三，采用重型结构，故此，在处理能力相同条件下，比其他破碎机的使用可靠性高，耐用性好，是大型矿山的最佳选择。

TC系列圆锥破使用了新型的TURBO衬套轴承，该部件是全新开发的产品，它保证了其无论是在负载还是在空载情况下更高速运行的优良表现。在应用中，设定排矿口下的成品物料粒度约为70%，这便得益于新衬套更小的径向间隙，同时，更小的间隙有助于形成更厚的油膜，从而允许承受更大的负载力。

TC系列圆锥破在机体顶部的安装中采用了更小规格的分料盘，这将使得物料进入破碎腔更加流畅，并增加了机器处理容积的10%。

在TC系列圆锥破的设计过程中，每种新技术都能让客户使用更容易，操作更安全，检修及维护也更简便。

TC系列圆锥破采用了最先进的过铁及清腔系统。油缸配有高流量溢流阀，过铁时将使油压升高最小化且时间极短。采用12个油缸来保证锁紧动作，并使用1~2个液压马达锁紧调整套及进行调整。系统的设计方便自动化操作。配置PLC进行控制，液压与润滑系统安装监测与触发报警装置。通过PLC，使用中出现的问题均可被快速方便的检修。

TC系列圆锥破的平衡相当好，降低了对地基的要求。另一方面，TC圆锥破使用螺旋齿轮传动，在承受额外力矩时，有更多强度及耐磨性的安全余量，且使用寿命更长。

TC系列圆锥破提供双唇口油封，有效地防止机外脏物进入机器及润滑系统的设计。保证衬套及轴颈的使用寿命。

1.16.1.4 TRIO 全液压多缸圆锥式破碎机

TRIO 全液压多缸圆锥式破碎机如图1.16.3所示。

(1) 主要的结构特点。

1) 最先进的过铁及清腔系统。

TC84圆锥机身外调共设有8个油缸，呈均匀分布排列。每一个油缸都装有从美国原装进口的大流量可调溢流阀。在过铁时，油缸上腔压力油打开溢流阀。迅速到油缸下腔或系统油路，这时，单独溢流既避开了系统蓄能器的多缸共享冲突。又减少系统油路的流阻及距离阻隔。还有助于油腔下腔的迅速顶升。由此达到过铁的时间反响极短——仅0.02s，（相比，系统蓄能器卸压过铁为0.5s）而且，由于过铁引起系统压力升高最小化。

图1.16.3　TRIO 全液压多缸圆锥式破碎机

2）全新的衬套轴承设计。

全新的衬套轴承结构设计。允许主轴、偏心套在更小的径向间隙下运行。更小的间隙有利于较厚油膜的稳定形成。可以承受更大的负载力。由此，加大主电机功率，提高转速。最终，既提高了处理能力，又提高了排料粒度中细颗粒的含量百分比。双唇口干油密封。

双唇口的干油密封，在回转摆动中，不仅有效的阻断外界粉尘对冷却润滑油的侵入，而且在长期使用中，几乎不会磨损，故密封十分可靠。延长了润滑油的使用寿命。

3）排矿口的液压调整及锁紧系统。

TC84圆锥机采用圆锥均布12个锁紧油缸来压实锁紧。保证破碎作业时的平稳运行，无跳动。而在调整排矿口时，锁紧缸松开，液压马达驱动大齿转动，带大螺纹调整套提升或下降，调节排矿口十分方便和灵活。也可以在更换动锥时，将带定锥的调整套从进料口上方旋转取出，十分可靠与便利。

(2）技术先进性。

1）处理量大。

TC84的躯体直径为85″（ϕ 2159mm)(标准粗型)处理量正常与躯体直径平方成正比。由此，腔形容量大，处理量自然也就越大。

2）运行平稳。

在提高转速的前提下，无论空腔、半腔、满腔，破碎工作运行充分平衡。不仅保证长时间连续的稳定工作，而且提高零部件的使用寿命。

3）机、电、液、自控、配套齐全，功能可靠。

主电机按客户要求可配套高压（6kV，10kV）或低压电机。主电机可配置软启动。液压站与润滑站共用控制电柜。都设有温度，流量开关与主电机连锁。全自动操作系统可供客户选配。现场与运程操作相结合，可选自动或手动操作。对有关压力、温度、流量以及给料，排矿口等实测、调整、控制。

4）维修方便，使用寿命长。TC84圆锥机采用圆锥均布。

5）排矿口的液压调整及锁紧系统。

TC84圆锥机易损件采用最可靠的材料，如动、定锥采用ZGMn18Cr2、且在中速运行时，碗形轴瓦支撑躯体在主轴破碎腔附近。因而满腔、半腔都能获得良好的使用寿命。通过大螺纹调整套回转升降，很容易取出动、定锥进行更换。

1.17 中国有色（沈阳）冶金机械有限公司

1.17.1 破碎设备

1.17.1.1 圆锥破碎机

圆锥破碎机是沈冶机械传统产品，其图片见图1.17.1，生产至今已有30余年历史。适用于冶金、建筑行业中原料的破碎，可以破碎中等和中等硬度以上的各种矿石和岩石。圆锥破碎机破碎比大、效率高、能耗低，产品粒度均匀，适合中碎和细碎各种矿石，岩石。

弹簧圆锥破碎机主要参数及规格见表1.17.1，单缸液压圆锥破碎机主要参数及规格见表1.17.2.

表1.17.1 弹簧圆锥破碎机主要参数及规格（沈冶机械）

型号规格	型式	破碎锥直径/mm	进矿口/mm	最大给矿尺寸/mm	排矿口范围/mm	产量/$t \cdot h^{-1}$	功率/kW	转速/$r \cdot min^{-1}$	外形尺寸/mm			设备质量/t
									长	宽	高	
PYB600/75	标准	600	75	65	12~25	40	30	980	2760	1330	1690	5.57
PYD600/40	短头	600	40	35	3~13	12~23	30	980	2760	1330	1470	5.57
PYB900/135	标准	900	135	115	15~50	50~90	55	740	3510	3295	2900	10.4
PYZ900/70	中型	900	70	60	5~20	20~65	55	740	3510	3295	2900	10.4
PYD900/50	短头	900	50	40	3~13	15~50	55	740	3510	3295	2900	10.5
PYB1200/170	标准	1200	170	145	20~50	110~168	110	735	4020	2270	3115	24.6
PYZ1200/115	中型	1200	115	100	8~25	42~135	110	735	4020	2270	2980	25
PYD1200/60	短头	1200	60	50	3~15	18~105	110	735	4020	2270	2980	25.3
PYB1650/250	标准	1650	250	215	25~60	220~375	155	735	3319	2400	4005	41.6
PYZ1650/215	中型	1650	215	180	10~30	90~260	155	735	3319	2400	4005	41.6
PYD1650/70	短头	1650	70	60	5~15	58~176	155	735	3319	2400	4005	41.6
PYB1750/250	标准	1750	250	215	25~60	280~430	155	735	6020	5200	5900	50.3
PYZ1750/215	中型	1750	215	185	10~30	115~320	155	735	6020	5200	5900	50.5
PYD1750/100	短头	1750	100	85	5~15	75~230	155	735	6020	5200	5910	50.5
PYB2100/350	标准	2100	350	300	30~60	500~800	210/260	490/485	6020	5200	5910	63.5
PYZ2100/75	中型	2100	75	50	5~15	100~290	210/260	490/485	6020	5200	5910	63.5
PYD2100/100	短头	2100	100	75	5~15	100~290	210/260	490/485	12800	4700	4100	63.4
PYB2200/350	标准	2200	350	300	30~60	590~1000	280/260	490/485	12800	4700	4100	84
PYZ2200/275	中型	2200	275	230	30~60	200~580	280/260	490/485	12800	4700	4100	85
PYD2200/130	短头	2200	130	100	5~15	125~350	280/260	490/485	12800	4700	4100	85

表1.17.2 单缸液压圆锥破碎机主要参数及规格（沈冶机械）

型号规格	型式	破碎锥直径/mm	进矿口/mm	最大给矿尺寸/mm	排矿口范围/mm	产量/$t \cdot h^{-1}$	功率/kW	转速/$r \cdot min^{-1}$	外形尺寸/mm			设备质量/t
									长	宽	高	
PYZY1520/140	细碎	1520	180	140	10~25	80~100	115	975	4700	3080	4500	37
PYBY2200/350	标准	2200	350	300	30~60	450~900	280	490	6500	3680	5400	79.7
PYZY2200/290	中型	2200	290	230	15~35	250~580	280	490	6500	3680	5300	78.94
PYDY2200/130	短头	2200	130	110	8~15	200~380	260	490	6500	3680	5300	78.9

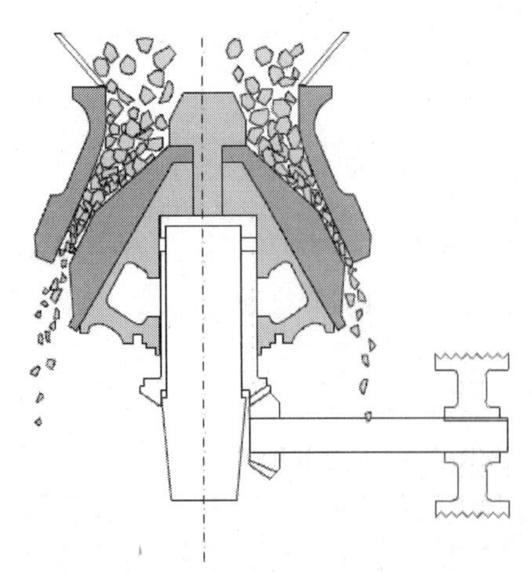

图1.17.1 圆锥破碎机

1.17.1.2 颚式破碎机

颚式破碎机主要参数及规格见表1.17.3，其图片见图1.17.2。

表1.17.3 颚式破碎机主要参数及规格（沈冶机械）

型 号	进料口尺寸 /mm×mm	最大进料粒度 /mm	排料口调整范围 /mm	处理能力 /t·h^{-1}	偏心轴转速 /r·min^{-1}	电机功率 /kW	质量(不含电机)/t
PEF-500×750	500×750	425	50~100	55~110	275	55	10
PEF-600×900	600×900	500	75~200	60~144		75	15.5
PEF-750×1060	750×1060	630	80~140	136~224		90	28
PEF-800×1060	800×1060	640	100~200	136~229	250	90	30
PEF-870×1060	870×1060	660	200~260	230~290		90	31
PEF- 900×1060	900×1060	665	230~290	160~400		110	32
PEF- 900×1200	900×1200	750	95~165	210~370	200	110	44
PEJ- 900×1200	900×1200	750	100~180	120~200	180	110	68
PEJ-1200×1500	1200×1500	850	130~180	130~200	135	180	128
PEJ-1500×2100	1500×2100	1250	180~220	400~500	100	260	220

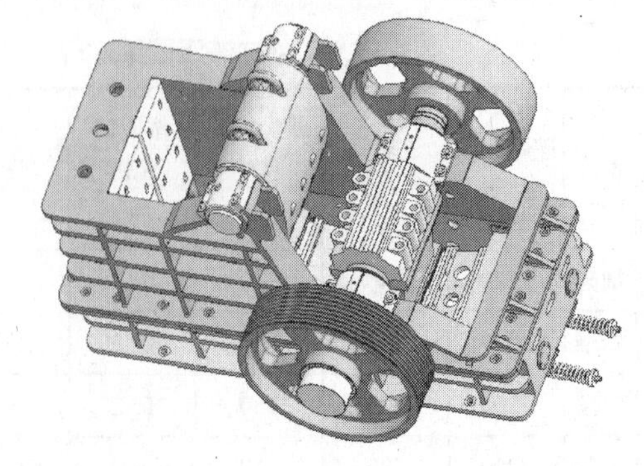

图1.17.2 颚式破碎机

1.17.2 粉磨设备

1.17.2.1 球磨机

沈冶机械球磨机在经过30多年的技术积累后，型号及规格都很全。现已具备研发和生产筒体直径5.5m长8.5m以下的全部规格球磨机。球磨机有湿式和干式球磨机，其中湿式包含格子型（MQG）和溢流型球磨机（MQY）。

溢流型球磨机主要参数规格见表1.17.4；格子型球磨机主要参数规格见表1.17.5，图片见图1.17.3。

表1.17.4 溢流型球磨机主要参数规格（沈冶机械）

型号规格	筒体（直径×长度）/mm×mm	有效容积/m³	最大装球量/t	工作转速/r·min⁻¹	主电机功率/kW	总重（不含电机）/t	备注
MQY15×30	1500×3000	5	9	26.6	95	18.5	
MQY15×36	1500×3600	5.7	10.6	26.6	95	17.22	
MQY21×30	2100×3000	9.4	15	22.1	200	45	
MQY24×30	2400×3000	12.2	22.5	21	250	55	
MQY27×36	2700×3600	18.5	39	20.5	400	61.34	
MQY27×40	2700×4000	20.5	38	20.24	400	70	
MQY27×45	2700×4500	23.5	43.5	20.5	500	76	
MQY27×60	2700×6000	34.34	53	19.5	630	71.2	
MQY28×54	2800×5400	30	55.2	19.5	630	97.8	
MQY32×36	3200×3600	26.3	48.4	18.3	500	116.94	
MQY32×40	3200×4000	29.2	60	18.2	560	121.4	
MQY32×45	3200×4500	32.9	60.5	18.3	630	124.23	
MQY32×54	3200×5400	39.4	73	18.3	800	129	
MQY32×64	3200×6400	46.75	86	18.3	1000	140	
MQY34×45	3400×4500	37	74.6	18.4	800	129.8	
MQY34×56	3400×5600	45.8	84.3	17.9	1120	142.3	
MQY36×45	3600×4500	41.4	76	17.25	1000	144.1	
MQY36×50	3600×5000	46.7	85.96	17.5	1250	150	
MQY36×56	3600×5600	55.4	106.3	17.76	1250	159.7	
MQY36×60	3600×6000	55.7	102.5	17.3	1250	161	
MQY36×61	3600×6100	55.36	106.3	17.76	1200	164.1	
MQY38×67	3800×6700	70	130	16.5	1400	185.2	
MQY40×60	4000×6000	69.8	126	16	1500	203.5	
MQY40×67	4000×6700	78	136.3	16	1600	206.2	
MQY43×61	4270×6100	80	144	15.67	1750	215.3	
MQY45×61	4500×6100	92	165	15	1750	265	
MQY48×64	4800×6400	114	230	14.8	2250	296	
MQY50×64	5030×6400	120	251	14.4	2600	318.5	
MQY50×83	5030×8300	152.3	266	14.4	3300	361.5	
MQY55×65	5500×6500	143.3	264	13.8	3400	402.6	
MQY55×85	5500×8500	187.4	335	13.8	4500	441.5	

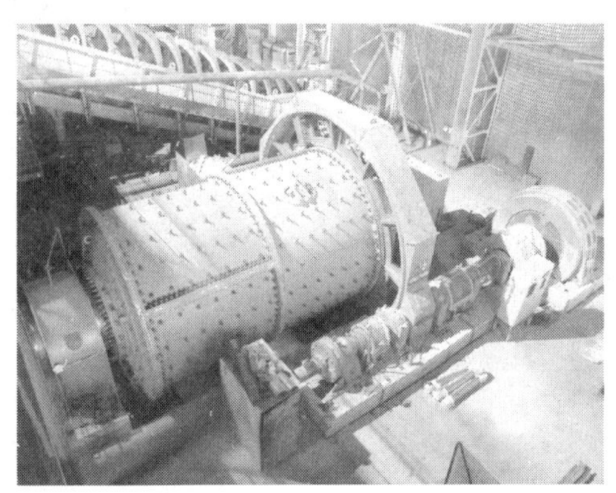

图1.17.3 溢流型无格子型球磨机

表1.17.5　格子型球磨机主要参数及规格（沈冶机械）

型号规格	筒体（直径×长度）/mm×mm	有效容积/m³	最大装球量/t	工作转速/r·min⁻¹	主电机功率/kW	总重（不含电机）/t	备注
MQG15×15	1500×1500	2.5	4.7	29.2	60	14	
MQG15×30	1500×3000	5	9	29.2	95	19.5	
MQG15×36	1500×3600	5.7	10.6	29.2	95	22	
MQG21×30	2100×3000	9.4	15	22.8	210	45	
MQG24×30	2400×3000	12.2	22.5	22.8	245	55	
MQG27×36	2700×3600	18.5	39	21.7	400	48	
MQG27×40	2700×4000	20.5	38	21.7	400	81	
MQG27×45	2700×4500	23.5	43.5	21.7	500	89	
MQG27×60	2700×6000	34.34	53	21.7	630	92	
MQG32×36	3200×3600	26.3	48.4	18.3	630	117	
MQG32×40	3200×4000	29.2	60	18.2	710	121.5	
MQG32×45	3200×4500	32.9	60.5	18.3	800	126	
MQG32×54	3200×5400	39.4	73	18.3	1000	136	
MQG34×45	3400×4500	37	74.6	17.9	1120	140	
MQG34×56	3400×5600	45.8	84.3	17.9	1250	155	
MQG36×45	3600×4500	41.4	76	17.3	1250	160	
MQG36×50	3600×5000	46.7	85.96	17.3	1250	172	
MQG36×56	3600×5600	55.4	106.3	17.3	1500	184	
MQG36×60	3600×6000	55.7	102.5	17.3	1600	190	

1.17.2.2　自磨机/半自磨机

自磨机/半自磨机主要参数及规格见表1.17.6，图片见图1.17.4。

表1.17.6　自磨机/半自磨机主要参数及规格（沈冶机械）

型号规格	筒体（直径×长度）/mm×mm	有效容积/m³	最大装球量/t	工作转速/r·min⁻¹	主电机功率/kW	总重（不含电机）/t	备注
MZ24×10	2400×1000	4.5		22	55	18.5	
MZ32×12	3200×1200	9.2		18.2	160	32.8	
MZ40×14	4000×1400	16.6		17.6	250	63	
MZ55×18	5500×1800	34.6		15	800	178	
MZ64×33	6400×3300	107		12.8	2000	306	
MZ55×25	5500×2500	54		14.4	1250	201	
MZ75×28	7500×2800	107		11.4	2000	355	

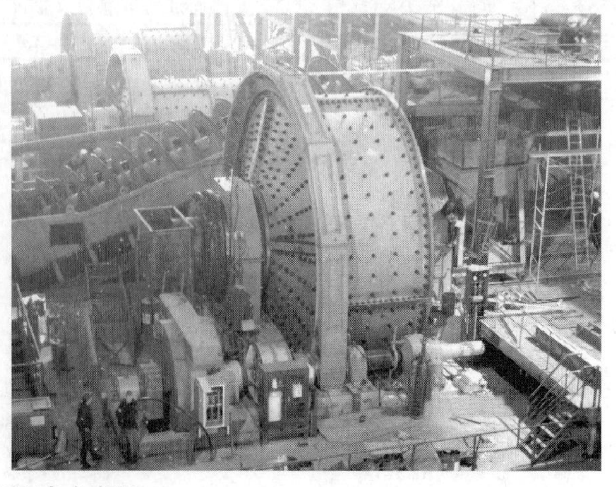

图1.17.4　自磨机/半自磨机

1.17.2.3 **重型板式给料机**

重型板式给料机（见图1.17.5）是粗碎段重要的辅助设备，其主要特点就是承载高，处理量大。并且工作稳定，不易损坏。

板式给料机主要参数及规格见表1.17.7。

表1.17.7 板式给料机主要参数及规格（沈冶机械）

型号规格	链板总成			给料粒度/mm	处理量/t·h^{-1}	主电机			外形尺寸/mm			设备质量/t
	宽度/mm	长度/mm	速度/m·s^{-1}			型号	功率/kW	转速/r·min^{-1}	长	宽	高	
GBZ1245	1200	4500	0.05	≤500	100		15	1460	6900	5200	2100	32
GBZ1250		5000							7600			34
GBZ1256		5600							8200			35
GBZ1260		6000							8700			36
GBZ1280		8000					22	1470	10500			42
GBZ1287		8700							11400			44
GBZ12100		10000							12600			47
GBZ12120		12000							14600			52
GBZ12150		15000					30	1470	17600			62
GBZ1540	1500	4000	0.02~0.05	≤600	150		15	1460	6600			33
GBZ1560		6000					22	1470	8900	5300		40
GBZ1570		7000							9600			44
GBZ1580		8000							10500			46
GBZ1660	1600	60000	0.02~0.07	≤750	100~300		18.5	980	9500	5500	4500	49
GBZ18100	1800	10000		≤850	200~500		45		14500	5500		60
GBZ18200		20000			150~450		2×37		24000	5600		99
GBZ20100	2000	10000		≤900	150~450		45		14500			79
GBZ21100	2100	10000		≤1000	300~700		55		14500			87
GBZ22100	2200	10000	0.05~0.09		200~600		55		15500	6800		79
GBZ22120		12000					45		15500	5600		81
GBZ23100	2300	10000					55		14500	7100		89
GBZ23120		12000					2×55		15500	6000		91
GBZ2440	2400	4000	0.12~0.25	≤1200	300~900		55		5600	5600		45
GBZ2485		8500			300~900		2×45		12000	5700		75

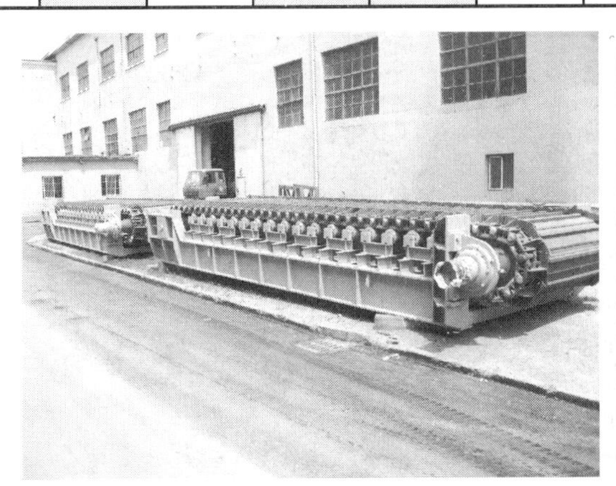

图1.17.5 重型板式给料机

1.17.2.4 **棒磨机**

公司近几年在传统磨机的基础上，开发了水煤浆棒磨机。现规格最大棒磨机已达到筒体直径4.3m、长6.2m。广泛地应用于煤化工行业。

棒磨机主要参数及规格见表1.17.8，其图片见图1.17.6。

表1.17.8 棒磨机主要参数及规格（沈冶机械）

型号规格	筒体（直径×长度）/mm×mm	有效容积/m³	最大装棒量/t	工作转速/r·min⁻¹	主电机功率/kW	总重（不含电机）/t	备注
MBY15×30	1500×3000	5	8	23	75	20	
MBY17×30	1700×3000	5.8	10.2	20	90	40.4	
MBY21×30	2100×3000	8.8	25	19.4	220	48	
MBY21×36	2100×3600	10.8	28	21	220	52.5	
MBY24×30	2400×3000	11.8	27	18.2	250	58	
MBY27×36	2700×3600	18.8	42	17.5	400	70	
MBY30×40	3000×4000	25.9	50	16.2	500	89	
MBS32×45	3200×4500	33	56	15.5	630	111.5	水煤浆用
MBS32×48	3200×4800	34	60	15.5	710	121.2	水煤浆用
MBS32×54	3200×5400	39.5	68.8	16.4	710	126	水煤浆用
MBS32×58	3200×5800	41	66.5	16.4	710	121（橡胶衬板）	水煤浆用
MBS33×58	3300×5800	45	78	15.7	900	104（橡胶衬板）	水煤浆用
MBS34×58	3400×5800	49	80	15.29	900	129（橡胶衬板）	水煤浆用
MBS36×54	3600×5400	50	87	14.5	1000	155（橡胶衬板）	水煤浆用
MBS38×52	3800×5200	54.1	102	14.2	1120	175	水煤浆用
MBS38×58	3800×5800	60.3	112.2	14.2	1250	156（橡胶衬板）	水煤浆用
MBS40×60	4000×6000	70	130	14	1400	163（橡胶衬板）	水煤浆用
MBS43×60	4300×6000	82	131.5	13.94	1500	226	水煤浆用
MBS43×62	4300×6200	84	146	13.94	1600	232	水煤浆用
MBS45×62	4500×6200	92	160	13.54	2000	250	水煤浆用

图1.17.6 棒磨机

1.18 塔克拉夫特诺恩采矿技术（北京）有限公司

1.18.1 破碎设备

1.18.1.1 ***移动、半移动式破碎站***

移动、半移动式破碎站，见图1.18.1。

图1.18.1 移动、半移动式破碎站

Tenova 塔克拉夫提供在矿山内外工作全套采矿解决方案及设备，其中包括破碎设备。这种工艺是将物料破碎成方便运输的粒度使用带式输送机运输，减少卡车运输的成本。

与采矿工艺配合，Tenova 塔克拉夫将根据用户要求设计并提供移动、半移动式破碎站以及固定破碎站。

自移动式破碎站的采矿工艺是在钻孔和爆破后，使用电铲配合自移动式破碎机沿着工作面进行采掘、破碎转载作业。

半移动破碎站以及固定破碎站则视采矿工艺，随着运距及成本的增加，在一个旧的位置运行一段时间后，破碎站将拆解为3~4个模块，使用多轮卡车或履带运输车（TAKRAF同样提供）重新移设到一个全新的位置，提高采矿效率。

Tenova 塔克拉夫的首台移动式硬岩破碎站于2010年投入使用。设备的生产能力为每小时1万吨。

1995年以来，Tenova 塔克拉夫已为在智利、墨西哥、巴西、英国、印度尼西亚和俄罗斯等国家设计、制造并调试了十部半移动破碎站。设备配有旋回式破碎机、辊式筛分破碎机、颚式破碎机。

针对不同的破碎机采用不同的给料方式(直接倾倒，板式给料机，预筛分等)。

技术参数见表1.18.1。

表1.18.1 移动、半移动式破碎站

使用地点	破碎能力 /t·h^{-1}	物料	入料粒度 /mm	出料粒度 /mm	破碎机	排料带式输送机长度 /mm	输送能力 /t·h^{-1}
智　利	8800	铜矿	1500	200	旋回式	15000	8800
巴　西	750	铁矿	1200	280	颚式	34500	8000
印　尼	5600	铜矿	1500	180	旋回式	10100	10000
墨西哥	3600	铜矿	1500	300	旋回式	24900	3600
智　利	5750	铜矿	1500	300	旋回式	84000	16000
智　利	5750	铜矿	1500	200	旋回式	127500	13000

1.18.1.2　**排土机**

排土机见图1.18.2和图1.18.3。

图1.18.2　排土机（一）

排土机为移动式连续工作的排料端设备。它将来自移动式、半移动式破碎站或轮斗挖掘机的物料排卸在排土场上或堆浸工艺的堆浸区内。整个系统是借助卸料小车将物料从排土场的可移设带式输送机上转载到排土机的受料臂上，完成排弃工作。配有或没有履带行走装置的排土机，其主要组成部分有：上部结构、下部结构、排料臂、受料臂、平衡臂和附件。在任何一个项目中，Tenova 塔克拉夫均将配合业主确定最为合适的排土工艺，按照工艺要求确定受料臂、排料臂的长度，及上排下排高度和回转范围。

Tenova 塔克拉夫提供重心低且灵活的紧凑式排土机、适用于较大下排和上排范围的大型排土机、可将剥离物从工作采掘面直接排弃到坑后排土场的跨坑排土机等不同形式不同尺寸的解决方案。排土能力从2500 m³/h 至 14500 m³/h。最大的排料臂 长度可以达到 195 m ，在俄罗斯的直接内排系统就采用的这一设计。

图1.18.3　排土机（二）

技术参数见表1.18.2。

表1.18.2　排土机型号及技术参数

型　号	使用地点	理论排土能力/m³·h⁻¹	排料有效长度/m	受料有效程度/m
Ars-B 14400.60	泰　国	14,4400	60	62 ± 1.5
A2Rs - B 5000.60	中国元宝山	5,000	60	65 ± 2.5
ARs - B 6300.60	智　利	6,300	60	60 ± 2
ARs - B 3000.50	中　国	3,000	50	50 ± 1.5
A2Rs (H) 5220.55	秘　鲁	5,250	55	95 ± 2.5
A2Rs - B 8000.60	印　度	8,000	60	42 ± 2.5
A2Rs-B 3500.45	马其顿	3,500	45	31 ± 1.5
ARs - B 2800.37.5	泰　国	2,800	37.5	37.5 ± 2
ARs - B (K) 4000.50	俄罗斯	4,000	50	50 ± 2
ARs-B 12500.90	印　度	12,500	90	45
A2Rs - B 4400.170.1	罗马尼亚	4,400	170	81 ± 2.5
ARs-B 12500.90	印　度	12,500	90	45
A2Rs-B 5500.60	马其顿	5,500	60	50 ± 1.5
A2Rs 5000.45	智　利	5,000	45	65 ± 1.5

1.19 内蒙古高尔得矿山设备制造有限责任公司

1.19.1 公司介绍

内蒙古高尔得矿山设备制造有限责任公司是集矿山通用机械设备的研发，生产制造和销售及相关的技术咨询服务为一体的专业性矿山设备制造企业。

目前公司主要生产的产品有：矿车、球磨机、螺旋分级机、水力旋流器、搅拌槽、浮选机、浓缩机、皮带运输机和各种给矿设备及矿山所需的各类非标设备。

公司愿与全国各地的科研院所乃至海内外企业和各界朋友真诚合作，将真诚为您提供最优良的产品和最优质的服务。

1.19.2 粉磨设备

1.19.2.1 *磨矿设备*

磨矿设备见图1.19.1。该产品主要应用于黑色、有色金属的选矿以及化工、建材等行业中，作为粉磨各种软硬矿石和原料的主要设备。

图1.19.1 磨矿设备

球磨机主要技术参数见表1.19.1。

表1.19.1 球磨机主要技术参数

型号规格	给料粒度/mm	处理能力/t·h^{-1}	工作转速/r·min^{-1}	最大装球量/t	电动机		质量/t
					型号	功率/kW	
MQC(Y)900×900	≤35	0.20~1.08	35	0.96	Y225S-8	18.5	4.40
MQC(Y)900×1800	≤35	0.45~2.15	35	1.90	Y225M-8	22	5.90
MQC(Y)900×2400	≤35	0.60~2.90	35	4.00	Y250M-8	30	6.80
MQC(Y)1200×1200	≤30	0.17~4.10	31	2.40	Y250M-8	30	11.4
MQC(Y)1200×2400	≤30	0.35~8.20	31	4.80	Y280M-8	55	14.56
MQC(Y)1500×1500	≤25	1.40~1.50	29	5.00	YR280S-8	55	15.00
MQC(Y)1500×3000	≤25	2.08~9.00	29	10.40	JR125-8	95	17.53
MQC(Y)2100×2200	≤38	5.00~2.90	24	10.00	JR128-8	155	45.60
MQC(Y)2100×3000	≤38	6.50~3.60	24	20	JR137-8	210	49.10

1.19.2.2 *搅拌设备*

搅拌设备见图1.19.2。搅拌槽按其结构不同可分为有中心受矿循环筒(RJ型)和无中心受矿循环筒(RJW型)两种形式，按其叶轮结构形式不同也可分为单叶轮搅拌槽和双叶轮搅拌(浸出)槽两种。

图1.19.2 搅拌设备

该产品主要用于黑色、有色金属矿山选矿工艺中矿物和药剂混合搅拌、储存以及黄金浸出搅拌，炭吸附中。一般情况下，RJ型带中心受矿循环筒，主要用于矿浆搅拌；RJW不带中心受矿循环筒，主要作为药剂搅拌之用。

搅拌槽主要技术参数见表1.19.2。

表1.19.2 搅拌槽主要技术参数

型 号	槽体内径/mm	有效容积/m^3	叶轮转速/r·min^{-1}	电动机		质量/kg
				型 号	功率/kW	
RJ(W)-10	1000	0.63	530	Y90L-4	1.1	680
RJ(W)-15	1500	2.20	320	Y112M-6(Y100L-6)	2.2(1.5)	1108
RJ(W)-20	2000	5.60	305	Y132M-6(Y112L-6)	4(2.2)	2205
RJ(W)-25	2500	11.30	244	Y160M-6(Y132L-6)	7.5(4)	3460
RJ(W)-30	3000	19.1	210	Y160L-8(Y160L-8)	11(7.5)	4620

1.20 郑州金泰选矿设备有限公司

1.20.1 选别与脱水设备

1.20.1.1 磁团聚重选机

(1) 磁团聚重选机简介。

磁铁矿在离开磁场时存在剩磁，磁性颗粒之间就会由于剩磁而发生磁团聚，如磁链和磁团，它对选别、分级以及过滤作业都有不利影响，解决这一问题的途径之一就是脱磁。而在磁选过程中同样会发生磁团聚，这是由于磁性颗粒在外磁场作用下强烈聚集形成磁团，在磁团内，除磁性颗粒本身外，还包裹着品位低的单体脉石及脉石连生体，从而降低了精矿的品位。为了达到一定精矿质量要求，选厂采取多段磨矿多段精选工艺，或全面降低精选粒度.提高磁铁矿单体解离度。这类措施在技术上存在一定困难，经济上也昂贵，同时选厂生产能力也降低，金属回收率下降。实际上，要提高磁选机精矿产品的质量，应破坏磁团，使被夹杂于其中的单体脉石或连生体从中分离出来，破坏力可以是机械力也可以是流体力。

图1.20.1　磁团聚重选机

(2) 磁团聚重选机性能。

磁团聚重选机见图1.20.1，其性能特点是节水、易操作、好管理、无运转部件、无动力消耗。本机广泛应用在磁铁选矿厂，特别是对于呈不均匀性嵌布的单一磁矿石最为适宜。磁团聚的选矿工艺可保证在其精矿品位不变的情况下，可提高其产量或质量。这主要是本机分选精度高，能够有效的分离出精矿中夹杂的脉石和贫连体。

(3) 磁团聚重选机技术参数（见表1.20.1）。

表1.20.1　磁团聚重选机技术参数

参数＼型号	ϕ 1000型	ϕ 1200型	ϕ 1800型	ϕ 2100型	ϕ 2500型
给矿粒度/mm	小于1	小于1	小于1	小于1	小于1
给矿浓度/%	25~30	25~30	25~30	25~30	25~30
处理量/$t\cdot h^{-1}$	20	30	60	90	120
给水量/$t\cdot h^{-1}$	15	20	40	80	120
介质上升速度/$mm\cdot s^{-1}$	20	20	20	20	20
磁场强度/$A\cdot m^{-1}$	1.6×10^4	1.6×10^4	1.6×10^4	1.6×10^4	1.6×10^4

1.20.1.2 6-S型摇床

摇床，摇床设备，选矿摇床，6-S型摇床是一种物理选矿设备，主要用于选别金、银、铅锌、钽铌、锡等稀有金属和贵重金属矿石。摇床，摇床设备，选矿摇床，6-S型摇床结合国内摇床和重力选矿技术，具有富集比高、选别效率好、操作简单等优点，且一次得出最终精矿和最终尾矿。与传统选矿工艺相比具有不用药剂、耗能低、便于管理等优点，具有较高的性能价格比。摇床，摇床设备，选矿摇床，6-S型摇床选矿过程是在具有来复条的倾斜台面上进行的，矿粒群从台面上角的给矿槽送入，同时由给水槽供给横向冲洗水，在振动波作用下，按比重和粒度分层，并沿台面作纵向运动和横向运动。密度和粒度不同的矿粒沿着各自的运动方向呈梯形流下，分别从精矿端和尾矿侧的不同位置排出，最后被分成精矿、中矿和尾矿。

摇床，摇床设备，选矿摇床，6-S型摇床技术参数见表1.20.2。

表1.20.2　摇床，摇床设备，选矿摇床，6-S型摇床技术参数

名　称		单　位	粗砂摇床	细砂摇床	矿泥摇床
台面尺寸	长　度	mm	4450	4450	4450
	传动端宽	mm	1855	1855	1855
	精矿端宽	mm	1546	1546	1546

续表1.20.2

名　称	单　位	粗砂摇床	细砂摇床	矿泥摇床
最大给矿粒度	mm	2	0.5	0.15
给矿量	t/d	30~60	10~20	15~25
给矿浓度	%	25~30	20~25	15~25
行　程	mm	16~22	11~16	8~16
频　率	F	15~48	48~53	50~57
台面清洗水量	t/d	80~150	30~60	10~17
横向坡度	(°)	2.5~4.5	1.5~3.5	1~2
纵向坡度	%	1.4	0.92	—
台面尖灭角	(°)	32~42	40	42
选矿面积	m^2	7.6	7.6	7.6
台面长度比		2.6	2.6	2.6
电机功率	kW	1.1	1.1	1.1

1.20.1.3　**螺旋溜槽**

(1) 螺旋溜槽产品介绍。

玻璃钢旋转螺旋溜槽是综合了螺旋选矿机、螺旋溜槽、摇床、离心选矿机的特点,于1977 年研制成的一种新型国内首创的设备，是采矿、选矿的最佳设备，特别是海滨、河畔、沙滩、溪道的砂矿开采更为理想。本设备适用于分选粒度0.3~0.02mm细料的铁矿、钛铁矿、铬铁矿、硫铁矿、锆英石、金红石、独居石、磷钇矿、钨矿、锡矿、钽矿、铌矿以及具有密度差异的其他有色金属、稀有金属和非金属矿物体。本设备具有选别过程稳定、容易控制，给矿浓度允许变化范围大，富集比高、回收率高，占地面积小、耗水量少，结构简单，无需动力，处理量大，安装简易，操作方便，投资小见效快等优点。

(2) 螺旋溜槽性能特点。

产品具有结构合理，安装简单，占地面积少，操作简易，选矿稳定，分矿清楚，处理量大，效率高选矿富集比高、回收率高，运转可靠的特点。具有质量轻、防潮、防锈、耐腐蚀，对给矿量和浓度、粒度、品位的波动适应性强，无噪声等优点。

(3) 螺旋溜槽工作原理。

将螺旋溜槽立起，校准垂直线，用铁架或木头固定在合适的位置，由砂泵将矿砂送到螺旋上顶两个进料口处，加入补充水，调节矿浆浓度，矿浆自然从高往下旋流，在旋转的斜面流速中产生一种惯性的离心力，以矿砂的密度、粒度、形状上的差异，通过旋流的重力和离心力的作用，将矿与砂分开，精矿流入精矿斗用管道接出，尾砂流进尾砂斗用管道接到砂池，再用砂泵排走，完成了选矿的全过程。

(4) 螺旋溜槽技术参数 (见表1.20.3) 。

表1.20.3　螺旋溜槽技术参数

型　号	5LL-1200	5LL-900	5LL-600	5LL-400
外径/mm	1200	900	600	400
螺距/mm	900/720/540	675/540/405	450/360/270	240/180
距径比（螺距/直径）	0.75/0.6/0.45	0.75/0.6/0.45	0.75/0.6/0.45	0.6/0.45
横向倾角/(°)	9	9	9	9

续表1.20.3

型　号		5LL-1200	5LL-900	5LL-600	5LL-400
每台最多安装螺旋头数		4	4	3	2
给矿粒度/mm		0.3~0.03	0.3~0.03	0.2~0.02	0.2~0.02
给矿浓度/%		25~55	25~55	25~55	25~55
生产能力/t·h^{-1}		4~6	2~3	0.8~1.2	0.15~0.2
外形尺寸/mm	长	1360	1060	700	460
	宽	1360	1060	700	460
	高	5230	4000	2600	1500
质量/kg		600	400	150	50

1.20.1.4　高效浓缩机

(1) 浓缩机介绍。

浓缩机在选矿厂中一般用于过滤之前的精矿浓缩和脱水（其图片见图1.20.2），还可广泛用于煤炭、化工、建材以及水源和污水处理等工业中含固料浆液的浓缩和净化，一般分为：周边传动浓缩机、中心传动浓缩机和高效浓缩机三大类。

图1.20.2　浓缩机

浓缩机特点：1）添加絮凝剂增大沉降固体颗粒的粒径，从而加快沉降速度，但与此同时其应用范围也缩小了；2）装设倾斜板缩短矿粒沉降距离，增加沉降面积；3）发挥泥浆沉积浓相层的絮凝、过滤、压缩和提高处理量的作用；4）配备有完整的自控设施，机电装置为全密封结构，可靠安全。5）NG型和NT型浓缩机皆为周边传动，前者为周边辊轮式传动，后者为周边齿条式传动。

(2) 浓缩机结构原理。

浓缩机主要由圆形浓缩池和耙式刮泥机两大部分组成，浓缩池悬浮于矿浆中的固体颗粒在重力的作用下沉降，上部则成为澄清水，使固液得以分离。沉积于浓缩池底部的矿泥由耙式刮泥机连续的刮集到池底中心排矿口排出，而澄清水则由浓缩池上沿溢出。

(3) 浓缩机主要技术参数（见表1.20.4）。

表1.20.4　浓缩机主要技术参数

型　号	传动方式	浓缩池		每24h生产能力/t	配套电机		外形尺寸（长×宽×高）/mm×mm×mm
		直径/mm	中央深度/mm		型号	功率/kW	
NZS-1	中心传动	1.8	1.8	5.6	Y90L-6	1.1	2000×1960×2900
NZS-3	中心传动	3.6	1.8	22.4	Y90L-6	1.1	3917×3787×3190
NZS-6	中心传动	6	3	62	Y100L2-4	3	6170×6170×5053
NZS-9	中心传动	9	3	140	Y132S-6	3	10000×10000×5337
NZS-12	中心传动	12	3.5	250	Y132S-6	3	15500×12000×6625
NZS-15	周边齿条	15	3.5	390	Y132S-4	5.5	16545×15670×7017
NZS-18	周边齿条	18	3.5	560	Y132S-4	5.5	19742×18864×7047
NZS-15	周边齿条	15	3.5	390	Y132S-4	5.5	17000×15000×7000
NZS-18	周边齿条	18	3.5	560	Y132S-4	5.5	20000×18000×7000

1.21 赣州金环磁选设备有限公司

1.21.1 SLon磁选机

(1) SLon磁选机的设备结构和工作原理。

SLon立环脉动高梯度磁选机结构见图1.21.1，它主要由脉动机构、激磁线圈、铁轭、转环和各种矿斗、水斗组成。用导磁不锈钢制成的钢板网或圆棒作磁介质。该机工作原理如下：

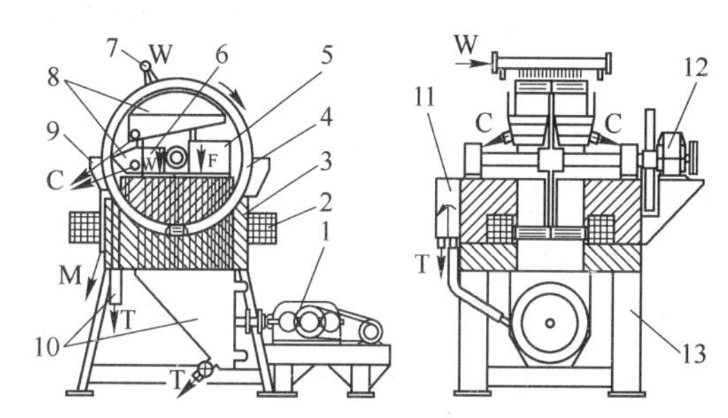

图1.21.1　SLon立环脉动高梯度磁选机结构
1—脉动机构；2—激磁线圈；3—铁轭；4—转环；
5—给矿斗；6—漂洗水斗；7—精矿冲洗装置；
8—精矿斗；9—中矿斗；10—尾矿斗；11—液位斗；
12—转环驱动机构；13—机架；
F—给矿；W—清水；C—精矿；M—中矿；T—尾矿

激磁线圈通以直流电，在分选区产生感应磁场，位于分选区的磁介质表面产生非均匀磁场即高梯度磁场；转环作顺时针旋转，将磁介质不断送入和运出分选区；矿浆从给矿斗给入，沿上铁轭缝隙流经转环。矿浆中的磁性颗粒吸附在磁介质棒表面上，被转环带至顶部无磁场区，被冲洗水冲入精矿斗，非磁性颗粒在重力、脉动流体力的作用下穿过磁介质堆，与磁性颗粒分离。然后沿下铁轭缝隙流入尾矿斗排走。该机的转环采用立式旋转方式，对于每一组磁介质而言，冲洗磁性精矿的方向与给矿方向相反，粗颗粒不必穿过磁介质堆便可冲洗出来。该机的脉动机构驱动矿浆产生脉动，可使位于分选区磁介质堆中的矿粒群保持松散状态，使磁性矿粒更容易被捕获，使非磁性矿粒尽快穿过磁介质堆进入到尾矿中去。

显然，反冲精矿和矿浆脉动可防止磁介质堵塞；脉动分选可提高磁性精矿的质量。这些措施保证了该机具有较大的富集比、较高的分选效率和较强的适应能力。

(2) SLon磁选机的主要特点。

SLon立环脉动高梯度磁选机将磁选和重选理论和方法有机结合起来，在提高磁性精矿品位、防止磁介质堵塞、扩大分选粒度范围和改善机械稳定性等方面有重大突破，突出特点是：1)整机结构合理、选矿效率高，分选细粒弱磁性矿粒可获得很好的精矿质量和很高的回收率，设备工作稳定可靠，设备作业率可保证达到99%以上。2)该机转环立式旋转，反冲精矿，配有矿浆脉动机构，优化选矿过程。具有节电、节水的优点。该机精矿浓度较高，有利于下一道工序的浮选作业。3)采用单脉冲选矿，具有中矿量小，选矿指标高，占地面积小，检修维护方便的优点。4)采用进口减速器，具有精度高、噪声小、使用寿命长的优点，使转环传动机构工作更平稳，可靠性更高。5)根据选矿原理采用计算机精确定位和数控钻床加工实现了磁介质最佳有序排列组合，有利于获得优良的选矿指标，只要给矿中无大于+1.2mm粗粒及冲洗水正常，磁介质可长期不堵塞，且使用寿命长。6)采用优质导线和优质的绝缘材料绕制激磁线圈，激磁线圈采用不锈钢外壳铠装，有效地保护了激磁线圈的安全。7)采用耐磨材料制造脉动冲程箱，数值式调节冲程的偏心连杆机构，使脉动冲程箱具有高效耐磨、使用寿命长、易于调节的优点。8)采用耐磨橡胶及不锈钢防锈丝杆研制成功耐磨阀，控制矿浆流量，使耐磨阀的使用寿命达到普通阀的10倍以上。总之，针对生产中存在的问题，经过了数百次的改进，SLon型立环脉动高梯度磁选机的选矿性能和机电性能不断地得到提高和发展，具有富集比大,选矿效率高,适应性强，设备运转可靠，可长期稳定工作的优点。见图1.21.2~图1.21.4。

图1.21.2　SLon强磁-反浮选流程

图1.21.3　多台磁选机在司家营铁矿的应用

图1.21.4　SLon-2500磁选机

1.22 湖南科美达电气股份有限公司

1.22.1 CTB（N、S）永磁湿式筒式磁选机

（1）产品概述。

CT系列永磁筒式磁选机适用于粒度3mm以下的磁铁矿、磁黄铁矿、焙烧矿、钛铁矿等物料的湿式磁选，也用于煤、非金属矿、建材等物料的除铁作业，以及选煤作业中的磁重介质回收。

（2）特点。

◆ 磁系采用优质铁氧体材料或与稀土磁钢复合而成；◆ 筒表平均磁感应强度范围为100～600mT；◆ 根据用户需要，可提供顺流、半逆流、逆流型及双筒磁选机；◆ 结构简单,处理量大,操作方便,易于维护。

（3）选型指南。

◆ 筒表磁感应强度不小于135mT的磁选机，通常用于精选段；不小于160mT的磁选机用于粗选段。

◆ 下表处理能力的两组数值，前者为选矿厂选别磁铁矿（上限值）或焙烧赤铁矿（下限值）的能力（按给矿粒度小于1mm，浓度不大于35%）。处理其他矿石时，可在上、下限之间取。后者（以矿浆体积计）为洗煤厂处理磁铁矿悬浮液时的最大处理能力。

◆ 槽体型式选择。

顺流型：收得率较高，但品位较低。适宜于选别粒度不大于6mm；

半逆流型：收得率、品位均适中。适宜于选别粒度不大于1mm；

逆流型：收得率较低、品位较高。适宜于选别粒度不大于0.6mm。

◆ 当采用双筒或多筒时，水平布置处理量大；垂直布置可在一台设备上连续完成矿物的粗选、精选或扫选两次选别，简化了流程。

图1.22.1 CTB（N、S）永磁湿式筒式磁选机

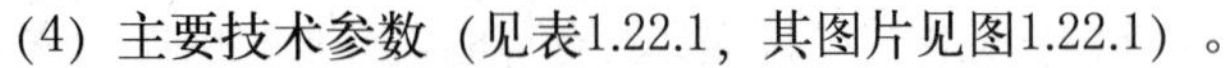

（4）主要技术参数（见表1.22.1，其图片见图1.22.1）。

表1.22.1 主要技术参数

型号	筒径 /mm	筒长 /mm	筒表磁场 /mT	选别粒度 /mm	处理能力		电机功率 /kW	质量 /t
					t/h	m^3/h		
CTB(S,N)-63	600	300	80~400	3~0	2~4	5	0.55	0.4
CTB(S,N)-66	600	600	80~400	3~0	4~8	10	2.2	0.95
CTB(S,N)-69	600	900	80~400	3~0	7~14	20	2.2	1.3
CTB(S,N)-612	600	1200	80~400	3~0	10~20	30	2.2	1.5
CTB(S,N)-618	600	1800	80~400	3~0	15~30	48	2.2	1.8
CTB(S,N)-712	750	1200	120~400	3~0	15~30	48	1.6	2.0
CTB(S,N)-715	750	1500	120~400	3~0	20~40	60	3.0	2.2
CTB(S,N)-718	750	1800	120~400	3~0	20~45	72	3.0	2.5
CTB(S,N)-724	750	2400	140~400	3~0	30~65	90	3.0	2.8
CTB(S,N)-1018	1050	1800	140~400	6~0	50~80	120	4.0	3.6
CTB(S,N)-1021	1050	2100	140~400	6~0	60~100	140	5.5	4.2
CTB(S,N)-1024	1050	2400	140~400	6~0	80~120	160	5.5	4.6
CTB(S,N)-1218	1200	1800	160~400	6~0	80~140	140	5.5	4.8
CTB(S,N)-1224	1200	2400	160~400	6~0	100~190	192	7.5	6.1
CTB(S,N)-1230	1200	3000	160~400	6~0	130~240	240	7.5	7.0
2CTB(S,N)-1030	2×1050	3000	150~400	6~0	130~200	190	2×7.5	11.2

1.23 烟台鑫海矿山机械有限公司

1.23.1 磁选机

(1) 产品介绍。

磁选机适用于粒度3mm以下的磁铁矿、磁黄铁矿、焙烧矿、钛铁矿等物料的湿式磁选，也用于煤、非金属矿、建材等物料的除铁作业。磁选机的磁系，采用优质铁氧体材料或与稀土磁钢复合而成，筒表平均磁感应强度为100～600mT。根据用户需要，可提供顺流、半逆流、逆流型等多种不同表强的磁选。本产品具有结构简单、处理量大、操作方便、易于维护等优点。

(2) 性能特点。

永磁磁力滚筒性能特点：

永磁磁力滚筒（也称磁滑轮），主要适用于以下用途：

1）贫铁矿经粗碎或中碎后的粗选，排除围岩等废石，提高品位，减轻下一道工序的负荷。

2）用于赤铁矿还原闭路焙烧作业中将未充分还原的生矿选别，返回再烧。

3）用于陶瓷行业中将瓷泥中混杂的铁除去，提高陶瓷产品的质量。

4）矿石、煤炭、铸造型砂、耐火材料以及其他行的需用要的除铁作业。

(3) 工作原理。

矿浆经给矿箱流入槽体后，在给矿喷水管的水流作用下，矿粒呈松散状态进入槽体的给矿区。在磁场的作用，磁性矿粒发生磁聚而形成“磁团”或“磁链”，“磁团”或“磁链”在矿浆中受磁力作用，向磁极运动，而被吸附在圆筒上。由于磁极的极性沿圆筒旋转方向是交替排列的，并且在工作时固定不动，“磁团”或“磁链”在随圆筒旋转时，由于磁极交替而产生磁搅拌现象，被夹杂在“磁团”或“磁链”中的脉石等非磁性矿物在翻动中脱落下来，最终被吸在圆筒表面的“磁团”或“磁链”即是精矿。精矿随圆筒转到磁系边缘磁力最弱处，在卸矿水管喷出的冲洗水流作用下被卸到精矿槽中，如果是全磁磁辊，卸矿是用刷辊进行的。非磁性或弱磁性矿物被留在矿浆中随矿浆排出槽外，即是尾矿。

(4) 技术参数（见表1.23.1）。

表1.23.1 技术参数

型 号	筒径/mm	筒长/mm	圆筒转速/r·min^{-1}	给料粒度/mm	处理量/t·h^{-1}	功率/kW
CTB6012	600	1200	＜35	2~0	10~20	1.5
CTB6018	600	1800	＜35	2~0	15~30	2.2
CTB7518	750	1800	＜35	2~0	20~45	2.2
CTB9018	900	1800	＜35	3~0	40~60	3
CTB9021	900	2100	＜35	3~0	45~60	3
CTB9024	900	2400	＜28	3~0	45~70	4
CTB1018	1050	1800	＜20	3~0	50~75	5.5
CTB1021	1050	2100	＜20	3~0	50~100	5.5
CTB1024	1050	2400	＜20	3~0	60~120	5.5
CTB1218	1200	1800	＜18	3~0	80~140	5.5
CTB1224	1200	2400	＜18	3~0	85~180	7.5
CTB1230	1200	3000	＜18	3~0	100~180	7.5
CTB1530	1500	3000	＜14	3~0	170~280	11

(5) 永磁磁力滚筒技术参数（见表1.23.2）。

表1.23.2 永磁磁力滚筒技术参数

型 号	筒体尺寸($D\times L$)/mm×mm	配用皮带宽度/mm	筒表磁场强度	入选粒度/mm	处理能力/t·h^{-1}
XCT465	400×650	500	定做范围 1600~4500高斯	＜70	5
XCT565	500×650	500		＜70	10
XCT665	600×650	500		＜70	15
XCT68	600×800	650		＜80	20
XCT758	750×800	650	定做范围 1600~5500高斯	＜80	25
XCT7595	750×950	800		＜80	30
XCT995	900×950	800		＜80	150~210
XCT10115	1000×1150	1000		＜80	350~430

1.23.2 浮选机

1.23.2.1 全截面气升式微泡浮选机

全截面气升式微泡浮选机技术参数见表1.23.3。

表1.23.3 全截面气升式微泡浮选机技术参数

序号	规格型号	选别区		有效容积/m^3	所需风量/$m^3 \cdot min^{-1}$	序号	规格型号	选别区		有效容积/m^3	所需风量/$m^3 \cdot min^{-1}$
		直径/m	高/m					直径/m	高/m		
1	XQF1070	1.0	7.0	XQF1070	0.94	21	XQF4058	4.0	5.8	62.83	15.08
2	XQF1064	1.0	6.4	XQF1064	0.94	22	XQF4570	4.5	7.0	98.61	19.09
3	XQF1058	1.0	5.8	XQF1058	0.94	23	XQF4564	4.5	6.4	89.06	19.09
4	XQF1570	1.5	7.0	XQF1570	2.12	24	XQF4558	4.5	5.8	79.52	19.09
5	XQF1564	1.5	6.4	XQF1564	2.12	25	XQF5070	5.0	7.0	121.74	23.56
6	XQF1558	1.5	5.8	XQF1558	2.12	26	XQF5064	5.0	6.4	109.96	23.56
7	XQF2070	2.0	7.0	XQF2070	3.77	27	XQF5058	5.0	5.8	98.17	23.56
8	XQF2064	2.0	6.4	XQF2064	3.77	28	XQF5570	5.5	7.0	147.30	28.51
9	XQF2058	2.0	5.8	XQF2058	3.77	29	XQF5564	5.5	6.4	133.05	28.51
10	XQF2570	2.5	7.0	XQF2570	5.89	30	XQF5558	5.5	5.8	118.79	28.51
11	XQF2564	2.5	6.4	XQF2564	5.89	31	XQF6070	6.0	7.0	175.30	33.93
12	XQF2558	2.5	5.8	XQF2558	5.89	32	XQF6064	6.0	6.4	158.34	33.93
13	XQF3070	3.0	7.0	XQF3070	8.48	33	XQF6058	6.0	5.8	141.37	33.93
14	XQF3064	3.0	6.4	XQF3064	8.48	34	XQF6570	6.5	7.0	205.74	39.82
15	XQF3058	3.0	5.8	XQF3058	8.48	35	XQF6564	6.5	6.4	185.83	39.82
16	XQF3570	3.5	7.0	XQF3570	11.55	36	XQF6558	6.5	5.8	165.92	39.82
17	XQF3564	3.5	6.4	XQF3564	11.55	37	XQF7070	7.0	7.0	238.60	46.18
18	XQF3558	3.5	5.8	XQF3558	11.55	38	XQF7064	7.0	6.4	215.51	46.18
19	XQF4070	4.0	7.0	XQF4070	15.08	39	XQF7058	7.0	5.8	192.42	46.18
20	XQF4064	4.0	6.4	XQF4064	15.08						

注：所需风压:高度5.8 m，风压97.5kPa；高度6.4 m，风压109.2kPa；高度7 m，风压120.9kPa。

1.23.2.2 SF型自吸空气机械搅拌浮选机

叶轮带有后倾式双面叶片，可实现槽内矿浆双循环；

叶轮与盖板间隙较大，吸气量大；

叶轮圆周速度低，易损件寿命长；

前倾式槽体，死角小，泡沫运动速度快；

吸气量大，能耗小；

易损件寿命长；

有利于粗粒矿物浮选；

机械搅拌，自吸气，自吸矿浆；

可与JJF型浮选机构成联合浮选机组，作为每一个作业的吸入槽。

SF型自吸空气机械搅拌浮选机主要技术参数见表1.23.4，其图片见图1.23.1。

图1.23.1 SF型自吸空气机械搅拌浮选机

1.23.2.3 BS-K型浮选机

表1.23.4　SF型自吸空气机械搅拌浮选机主要技术参数

型号	有效容积/m³	处理能力/m³·min⁻¹	叶轮直径/mm	叶轮转数/r·min⁻¹	电机功率/kW		单槽质量/kg
					搅拌用	刮板用	
SF-0.37	0.37	0.2~0.4	300	352~442	1.5	0.55	470
SF-0.7	0.7	0.3~1.0	350	336	3	1.1	970
SF-1.2	1.2	0.6~1.2	450	312	5.5	1.1	1400
SF-2.8	2.8	1.5~3.5	550	280	11	1.5	2120
SF-4	4	2.0~4	650	235	15	1.5	2600
SF-8	8	4.0~8	760	191	30	1.5	4292
SF-16	16	5.0~16	850	169~193	45	1.5	7415
SF-20	20	5.0~20	730	186	30×2	1.5	9823

BS-K型浮选机主要技术参数见表1.23.5，其图片见图1.23.2。

主轴部分侧挂在机架上，结构轻巧，安装方便；

叶轮呈截圆锥形，定子为放射状，搅拌能力强，功耗低；

采用U形槽体，尾砂沉积少；

叶轮直径小，圆周速度低，功耗小；

功耗很小，可节能30%~50%；

空气弥散好，气泡分散均匀，泡沫稳定；

固体颗粒可充分悬浮，不易沉槽，浆气混合好，浮选指标高；

易损件磨损轻，寿命长；

机械搅拌式，不能自吸气，不能自吸矿浆，作业间需阶梯配置（落差为300~400mm）。

图1.23.2　BS-K型浮选机

表1.23.5　BS-K型浮选机主要技术参数

型号	有效容积/m³	处理能力/m³	叶轮直径/mm	叶轮转数/r·min⁻¹	鼓风机风压/kPa	最大充气量/m³·(m²·min)⁻¹	搅拌用电机功率/kW	刮板用电机功率/kW	单槽质量/kg
BS-K2.2	2.2	0.5~3	420	260	≥15	2~3	5.5	1.1	1750
BS-K4	4	0.5~4	500	220, 230	≥17	3~6	7.5	1.1	2568
BS-K6	6	1.0~6	650	197	≥21	4~10	11	1.1	3570
BS-K8	8	1.0~8	650	180, 190	≥21	4~10	15	1.1	4539
BS-K16	16	2.0~15	750	160, 170	≥27	6~15	30	1.1	8131
BS-K24	24	7.0~20	830	154, 159	≥29	8~18	37	1.1	9546
BS-K38	38	10.0~30	910	141	≥34	10~20	45	1.1	11107

1.23.2.4　XJM型浮选机

（1）产品描述。

XJM 、 XJX 系列浮选机 属机械搅拌自吸式浮选机，主要用于分选0.5mm 以下的煤泥；同时也是分选铁矿石、磷盐酸、铅、锌矿石的有效设备。经双偏摆斜叶轮搅拌后，矿浆呈立体循环，矿浆由导流管中心入料，用气溶胶加药方式，利用旋转叶轮产生的负压，自吸气体和药剂成雾状气泡与煤粒接触，设有液面自动调节装置，用自控系统控制浓度、干煤量、给药量和液位，见图1.23.3。

图1.23.3　XJM型浮选机

（2）特点。

1）该系列浮选机采用机械搅拌，新颖独特的矿浆入料方式，矿浆流态合理，处理能力大。

2）充气效能高，可调范围广， 浮选速度快。开机状态下，可随意调节进气量。

3）搅拌机构为带有弯曲叶片的叶轮与呈放射状的稳流板，可使煤浆环流和充气适度。

4）针对煤种、粒度、浓度不同，优化设计流体动力学参数，使高密度和粗、细粒度煤也获得理想的分选效果。

5）结构紧凑、质量轻、运转可靠。浮选 速度快，对细粒级选择性高、粗粒级浮选效果好。

6）能耗和药耗低、装机及实耗功率均小于同类型同规格浮选机 。

7）结构参数合理，占地面积小，兼顾了与老设备的兼容性。

8）运转可靠性高，操作维护方便，矿浆液位单点控制，既可自动调节也可手动。

9）叶轮和定子采用耐磨材料，使用寿命达 3~5 年。

（3）主要技术参数见表1.23.6。

表1.23.6 主要技术参数

技术特征/型号			XJM-S	XJM-S	XJM-S	XJM-S	XJX-T8A	XJX-T8	XJX-T12
处理量/t（m^3·h）$^{-1}$			0.6~1.0	0.6~1.0	0.6~1.0	0.6~1.0	0.7~1.2	0.8~1.2	0.8~1.2
单槽容积/m^3			4	8	12	16	8.2	8.5	12
搅拌机构电机	型号		Y180L-6	Y200L-6	Y2200M-6	Y250M-6	Y225M-6V6	Y225M-6V6	Y280S-8V1
	功率/kW		15	22	30	37	30	30	37
	转速/r·min^{-1}		970	970	980	980	970	970	970
刮板机构减速机	型号		XWD1.5-4	XWD1.5-4	XWD1.5-4	XWD2.2-5	JXJ311-43	XWD2.2-5-1/43	JXJ311-43
	功率/kW		1.5	1.5	1.5	2.2	1.94	2.2	1.94
	转速/r·min^{-1}		25	25	25	25	33.3	33.3	33.3
外形尺寸	长/mm	3槽	6785	8200	9494.5	10970.5	12169	14744/15560	14258/15078
		4槽	8690	10555	122545	14175.5			
		5槽	10595	12910	15014.5	17380.5			
		6槽	12500	15265	17774.5	—			
	宽/mm		2150	2750	3120	3450	3500	3500	3840
	高/mm		2758	2958	3458.5	3433	2950	2844	3500
总质量/kg	3槽		9684	15100	22863	27344	25.03	24.57/25.96	37.5/39
	4槽		12274	19758	28334	33966			
	5槽		14854	24415	33805	40564			
	6槽		17446	29072	39867	—			

1.23.2.5 ***超细层压湿式半自磨机***

超细层压湿式半自磨机技术参数见表1.23.7。

表1.23.7 超细层压湿式半自磨机技术参数

型号	规格筒体（长×宽）/mm×mm	有效容积/m^3	给矿粒度/mm	筒体转速/r·min^{-1}	主电机			减速机		质量/t
					型号	功率/kW	转速/r·min^{-1}	型号	速比	
ZMJ4014	4000×1400	ZMJ4014	<350	<350	JR138-8(10kV)	245	735	ZD60	5.6	70.2
ZMJ4018	4000×1800	ZMJ4018	<350	<350	JR1410-8(10kV)	320	740	ZD70	5.6	80.4
ZMJ5518	5500×1800	ZMJ5518	<400	<400	TDMK800-40/3250(10kV)	800	150			161.5
ZMJ5526	5500×2600	ZMJ5526	<400	<400	TDMK1250-40/3250	1250	150			178

2 炼铁设备

2.1 江苏大峘集团有限公司

2.1.1 矿渣微粉GGBS

(1) 矿渣微粉。

矿渣微粉是高炉水渣经过研磨得到的一种超细粉末。其化学成分主要是SiO_2、Al_2O_3、CaO、MgO、Fe_2O_3、TiO_2、MnO_2等；含有95%以上的玻璃体和硅酸二钙、钙黄长石、硅灰石等矿物，与水泥成分接近。

矿渣微粉具有超高活性，用作水泥和混凝土的优质掺和料，是一种新型的绿色建筑材料。

(2) 矿渣微粉的特性。

矿渣微粉具有潜在水化活性。当与水泥混凝土混合时，活性SiO_2、Al_2O_3与水泥中C_3S和C_2S水化产生的$Ca(OH)_2$反应，进一步形成水化硅酸钙产物，填充于水泥混凝土的孔隙中，大幅度提高水泥混凝土的致密度，同时将强度较低的$Ca(OH)_2$晶体转化成强度较高的水化硅酸钙凝胶，显著改善了水泥和混凝土的一系列性能。

矿渣微粉具有潜在水硬性。矿渣中含有硅酸盐、铝酸盐及大量含钙的玻璃质（如C_2S、CAS_2、C_2AS、C_3A、C_2F和$CaSO_4$等），具有独立的水硬性，在CaO与$CaSO_4$的激发作用下，遇到水就能硬化，通过细磨后，硬化过程大大加快。

(3) 矿渣微粉的用途。

与硅酸盐水泥按比例混合，生产高性能矿渣水泥。细度为400~450m^2/kg的矿粉，可配制425，425R矿渣硅酸盐水泥；细度为450~500m^2/kg的矿粉，可配制525，525R 矿渣硅酸盐水泥。

作为混凝土掺和料，等量取代部分水泥（20%~70%），配制高强度、耐久性、高性能混凝土。

(4) 工程实例。

加拿大多伦多Scotia大厦（1988年建成），68层，高275m，世界上第一幢用含高炉矿渣C70高性能混凝土建造的高层建筑。

日本明石海峡大桥（1998年建成），大桥全长3910m，主跨长1991m，桥塔高280m，基础沉箱的直径约80m，高约70m。混凝土用量为$5.2\times10^5m^3$，其中矿渣微粉的掺量为40%。

上海电视台综合楼基础承台，混凝土用量为3000m^3，强度等级为C40，矿渣微粉掺量为胶材总量的50%。

上海明天广场55层，高285m，混凝土用量为3000m^3，强度等级为C80，矿渣微粉掺量为胶材总量的20%。

首都机场扩建工程。其中航站楼、楼前路桥系统、停车楼的梁、板、柱、墙主体结构均采用掺入20%~40%（胶材总量）矿渣微粉的混凝土，混凝土的强度等级为C50、C60，坍落度为18~20cm，混凝土用量约100000m^3。

澳大利亚悉尼港海底隧道。该隧道总长960m，由预制的巨型混凝土沉箱连接而成，混凝土用量为80000m^3，为保证其耐久性，采用了掺入60%矿渣微粉的矿渣水泥，设计寿命为100年。

掺有矿渣微粉的混凝土具有水化热低、耐腐蚀、与钢筋黏接力强、抗渗性强、抗微缩、后期强度高等特点，特别适用于高层建筑、大坝、机场、大型深基础及水下工程。

(5) 矿渣微粉的优点。

可有效提高水泥混凝土的抗海水侵蚀性能，特别适合于抗海水工程。

可显著降低水泥混凝土的水化热，适于配制大体积混凝土。

可有效抑制水泥混凝土的碱骨料反应，提高混凝土的耐久性。

可显著减少水泥混凝土的泌水量，改善溺水混凝土的和易性。

可大幅度提高水泥混凝土的强度，轻而易举地配制超高强度水泥混凝土。

可显著增加水泥混凝土的致密度，改善水泥混凝土的抗渗性。

用于普通水泥混凝土可节省水泥用量，降低混凝土成本。

(6) 矿渣微粉的国家标准（见图2.1.1、图2.1.2）。

GB/T18046—2000用于水泥和混凝土中的粒化高炉矿渣粉。

(7) 工艺流程。

立磨工艺由于其技术先进，生产可靠，系统节能，在国内外广泛应用。

系统可以使用高炉煤气、焦炉煤气、天然气、水煤气、煤粉等作为燃料。

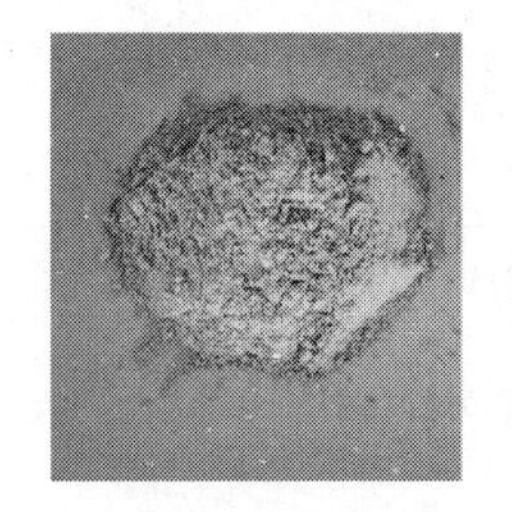

图2.1.1 矿渣微粉GGBS

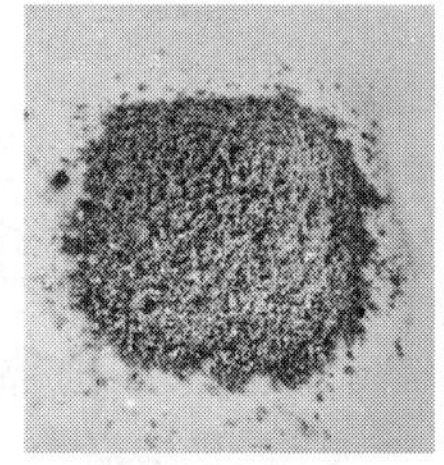

图2.1.2 矿渣Slag

矿渣微粉项目投资小、占地少、效益显著、回收期短、符合国家能源环保政策，属于政府鼓励发展项目。

2.1.2 高炉喷煤系统

2.1.2.1 产品介绍

高炉喷煤技术工程公司是江苏大峘集团有限公司（MTP）所属的专门从事高炉喷煤(PCI)工程设计、工程总承包以及设备制造的专业性工程公司。公司拥有雄厚的技术实力,同时也生产制造喷煤系统中全部非标设备和自动化控制系统。公司拥有全国知名炼铁高炉喷煤专家，同时配备一支素质高、专业强、年轻化的设计队伍。在高炉喷煤领域已取得多项专利，并参与制定了GB16543—2008《高炉喷吹烟煤系统防爆安全规程》。

公司2001年获得德国CLAUDIUS PETERS(CP)公司EM型磨煤机的生产许可证，与CP公司合作制造具有低能耗、低漏风率、免维护、使用寿命长等特点的EM型磨煤机。

德国CP公司是一家在国际上从事喷煤工程设计、建设并享有盛誉的技术工程公司。CP与MTP的合作，是两种文化与技术的结合，使得MTP成为中国高炉喷煤行业技术领先的供应商。

与国内同类系统比较，MTP的制粉喷粉系统效率最高，可以在低投资、低维护、低运行成本的情况下达到最高的品质。MTP对喷煤系统的调试和运行提供全过程的技术支持，为客户保驾护航。

2.1.2.2 高炉喷煤的优势

高炉喷煤是现代炼铁工艺的一项新技术，它既有利于节焦增产，又有利于改进高炉冶炼工艺和促进高炉顺行，其经济效益和社会效益显著。

2.1.2.3 喷煤的好处

代替了焦炭中的炭提供的热量。

富化了炉内还原性气体，改善了间接还原。

由于对炉缸的“冷化”作用使沿炉缸半径方向的温度分布均匀，为高炉接受风温提供了条件。

稳定操作，炉缸内的温度均匀，生铁质量提高。

2.1.2.4 先进成熟的制粉工艺

采用中速磨煤机短流程制粉工艺。该流程是目前主流设计流程，在高炉喷煤领域得到广泛运用。

短流程制粉系统就干燥剂的组成不同，具体又分为开环烟气制粉系统和闭环自循环制粉系统。

开环烟气制粉系统：

利用热风炉废气作为喷吹烟煤的惰性干燥剂，同时利用其余热对原煤进行干燥。该系统既节约能源，又保障了烟煤制粉系统的安全。

闭环自循环制粉系统：

利用烟气炉废气作为喷吹烟煤的惰性干燥剂，通过多次循环，将干燥剂的氧含量降低到许可范围内。

2.1.2.5 先进成熟的喷吹工艺

直接喷吹工艺。

2.1.2.6 适用于高炉分布集中的用户

(1) 并罐喷吹。

(2) 串罐喷吹。

2.1.2.7 **间接喷吹工艺**

适用于拥有多座高炉且相距较远的用户。

(1) 安全可靠的喷煤技术:

安全喷吹烟煤技术。

利用热风炉废气作为干燥剂技术。

烟气系统自循环技术。

磨煤机工作负荷自动调节技术。

煤场配煤技术。

磨煤机机前配煤技术。

原煤仓防堵技术。

布袋除尘器气体分配技术。

无防爆孔喷吹罐技术。

煤粉流化技术。

远距离输送煤粉技术。

沸腾混合器技术。

导流板分配器技术。

喷煤系统自动化控制技术。

浓相输送技术。

炉前自动补气技术。

喷吹管路吹扫技术。

O_2、CO浓度监控技术。

N_2保安技术。

(2) 先进的电气自动化控制

运行可靠的高低压传动系统，先进、开放的计算机控制系统，优秀、流畅的人机对话界面。可根据客户需求，使用客户熟悉的软件进行控制程序和工艺画面的设计。

(3) 自动化程度:

稳定、先进、运行可靠的高、低压传动系统。

电气、仪表、计算机“三电” 合一的控制方式。

工艺参数丰富，各类运算和控制手段齐全、实时动态的人机对话界面。

安全可靠、检测齐全的保安联锁及报警系统。

集中联锁控制与机旁检修相结合的操作方式。

清晰、全方位的工业电视监视系统。

明亮、节能、安全的照明系统。

安全、可靠的防雷接地。

规范、整齐的电缆敷设。

安全、有效的防火措施。

2.2 江苏宏大特种钢机械厂有限公司

2.2.1 链算机

产品结构（见图2.2.1）:

链算机是球团生产线中的关键机械装备，它主要由机械循环运行系统、热工系统和工艺控制系统等组成。其中循环运行系统由传动机构、轴轮、链节、算板等耐热、耐磨零部件组成。

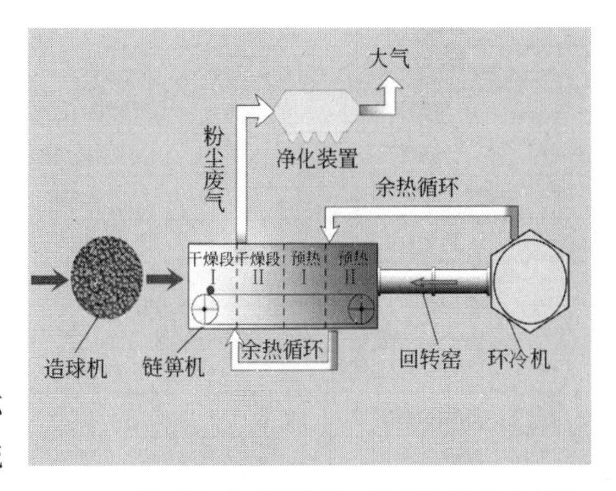

图2.2.1 链算机在球团生产工艺中的应用示意图

工作原理：造球机制造的生球通过布料装置进入链箅机，通过链箅机运行系统，将球团按规定的输送速度经过由室温到高温的加热，进行球团的干燥、预热和预烧结，通过热工调节和输送速度的调节来保障工艺规定的温度和升温速率。链箅机尾部的卸料装置将球团送入回转窑进行焙烧。

产品规格及主要参数（见表2.2.1）。

表2.2.1 产品规格及主要参数

规格/m×m	4.5×60	4×45	3.1×36	2.8×36
正常机速/m·min^{-1}	3	3	1.5～2.4	1.5～2.4
调速范围/m·min^{-1}	1.25～3.75	1.1～2.6	0.57～2.9	0.57～2.9
物料层高度/mm	180～200	200～220	160～180	160～180
链箅机正常生产能力/t·h^{-1}	340	162	108	100
物料粒度/mm	9～16	6～18	6～18	8～16
传动装置型号及参数（包括电动机、减速机）	TSH800AH-820	TSH750AH-980	TSH670AH-1170	TSH670AH-1170
	电机功率 4×15kW	电机功率 4×15kW	电机功率 4×7.5kW	电机功率 4×7.5kW
	正常转速 0.96r/min	正常转速 0.90r/min	正常转速 0.47～0.69r/min	正常转速 0.47～0.69r/min
	调速范围 0.4～1.2r/min	调速范围 0.3～1.1r/min	调速范围 0.18～0.91r/min	调速范围 0.18～0.91r/min
	输出扭矩 240 kN·m×2	输出扭矩 200 kN·m×2	输出扭矩 115 kN·m×2	输出扭矩 115 kN·m×2
冷却水用量	≥0.30MPa 87t/h	≥0.30MPa 75t/h	≥0.30MPa 60t/h	≥0.35MPa 54t/h

性能特点（见表2.2.2）。

表2.2.2 性能特点

性 能 指 标	数 据
整机寿命/a	＞3
标煤单耗/kg·t^{-1}	19～21
矿料适应性	磁铁矿、赤铁矿
稳定生产作业率/%	＞95
大型化水平/kt	＞2400
链箅机利用系数/t·(m^2·d)$^{-1}$	≥24
漏风率/%	＜30

典型案例应用情况（见表2.2.3）。

表2.2.3 典型案例应用

链箅机应用业绩			
名 称	年产量/kt	生产线条数	制造内容
印度AISCO	1200(红矿)	1	链箅机整机
印度BMM	1200(红矿)	1	链箅机整机
印度CECL	600(红矿)	1	链箅机整机
伊朗	3000	1	链箅机整机
达州钢厂	600	1	链箅机整机
冷水江钢厂	800	1	链箅机整机
昆钢二期	1200	1	链箅机整机
八钢富蕴二期	600	1	链箅机整机
八钢哈密二期	600	1	链箅机整机
河北敬业钢厂	800	1	链箅机整机
内蒙古准格尔旗	300	1	链箅机整机

续表2.2.3

链算机应用业绩			
名　称	年产量/kt	生产线条数	制造内容
诚信集团	600	1	链箅机整机
鞍山宝得	800	1	链箅机整机
宝钢湛江	5000	1	链箅机整机
印度JCL	600	1	链箅机整机
攀钢白马二期	1200	1	链箅机整机
鞍钢弓矿二球	2400	1	整条链箅机改造
太钢	2000	1	整条链箅机改造
前钢	800	1	整条链箅机改造
淮钢	800	1	链箅机整机
印度GPIL	600（红矿）	1	总　包
印度ASL	600（红矿）	1	总　包
印度SML	600（红矿）	1	总　包
沙钢（一期）	2400	1	链箅机整机
本钢	2000	1	链箅机整机
沙钢（二期）	2400	1	链箅机整机

2.3 太原重工股份有限公司

2.3.1 焦化设备

太原重工是中国最大的大型焦炉设备设计制造企业之一。1998年设计制造了世界第一套3.6m捣固清洁型热回收焦炉机械设备，国内第一个投产4.3m捣固型焦炉设备，大型焦炉设备7.63m和8m已完成技术开发工作。目前产品涉及2.8m、3.0m、3.6m捣固型热回收焦炉成套设备，4.3m、6m、7m、7.63m、8m顶装式焦炉成套设备，4.3m、5.5m、6m捣固、6.25m捣固型焦炉成套设备，已有三十余套设备走出国门。太重已成为焦炉机械技术创新发展的主要推动力量。

太原重工已形成了全系列焦化产品，完全能够满足各焦化生产使用需求。

2.3.1.1 顶装煤焦化设备

顶装煤焦化设备（见图2.3.1）主要功能是将松散的煤装入碳化室后，完成推焦、熄焦、烟尘处理、炉门清扫、炉框清扫、头尾焦处理等。顶装煤焦化设备采用炉号识别、自动对位、一次对位、四车联锁等先进技术，部分关键动作用油缸均采用带位移传感器（MTS）油缸，安全可靠。

顶装煤焦化设备由装煤车、推焦车、除尘拦焦车、电机车、焦罐车或湿熄焦车、液压交换机组成。

(1) 焦炉工艺参数（见表2.3.1）。

表2.3.1　7m焦炉工艺参数

序　号	名　称	JNX-70-2	JNX3-70-1	JNX3-70-2
1	炭化室平均宽/mm	450	500	530
2	炭化室高（冷/热）/mm	6980/7071	6980/7071	6980/7071
3	炭化室长/mm	16960	17640	18640
4	每孔有效容积/m^3	48	55.6	63.7
5	炭化室中心距/mm	1400	1500	1500
6	立火道中心距/mm	480	500	500
7	每孔装煤量/t	36	41.7	47.78
8	周转时间/h	19	22	23.8
9	每孔年产焦量/t	12656	13265	13188

(2) 设备简介。

1) 装煤车。

装煤车运行在焦炉炉顶的装煤车轨道上，其作用是从煤塔取煤经计量后按作业计划将煤装入炭化室内，同时对在装煤过程中从装煤孔溢出的烟气进行收集并混入适量的空气导入固定的集尘干管中，由地面除尘站进行除尘。

2）推焦车。

推焦车工作于焦炉机侧，将成熟的焦炭推出炭化室，完成推焦前与推焦后机侧炉门的启闭，对焦炉的炉门和炉门框进行机械化清扫，并将推焦时逸出炉门的焦炭进行收集，推焦时清扫炭化室顶部的石墨和上升管根部的石墨，完成对推焦，清门，平煤时产生的烟尘收集和净化。推焦车还要对炭化室内部的煤粉进行平煤，平煤杆进出炭化室前后启闭小炉门。

3）除尘拦焦车。

除尘拦焦车运行于焦炉的焦侧。成熟焦炭由推焦车推焦杆经除尘拦焦车导焦栅导入熄焦车或焦罐车内，并将推焦时产生的烟尘导入地面除尘干管，拦焦前后启闭炉门，清扫炉门、炉门框。

4）电机车。

电机车运行在焦炉焦侧的熄焦车轨道上，用于牵引和操纵焦罐车或湿熄焦车。

5）焦罐车或湿熄焦车。

焦罐车或湿熄焦车运行在焦炉焦侧。用于盛装1000℃炙热焦炭，并将其运送到熄焦塔下熄焦。车体反复在100~1000℃温差环境下工作。水气中含有大量的焦粉和T.S.P等。

6）液压交换机。

液压交换机用于驱动交换拉条，以完成煤气、空气和废气的定时转换。

图2.3.1　顶装煤焦化设备

2.3.1.2　捣固焦化设备

捣固焦化设备主要功能是将松散的煤捣固成形装入碳化室后，完成推焦、熄焦、烟尘处理、炉门清扫、炉框清扫、头尾焦处理等。捣固焦化设备采用炉号识别、自动对位、一次对位、四车联锁等先进技术，部分关键动作用油缸均采用带位移传感器（MTS）油缸，安全可靠。

捣固焦化设备有分体和一体两种形式。

捣固焦化设备分体形式由捣固装煤车、推焦车、除尘拦焦车、电机车、焦罐车或湿熄焦车、导烟车、捣固机、摇动给料机、液压交换机组成。

捣固焦化设备一体形式由SCP一体机、除尘拦焦车、电机车、焦罐车或湿熄焦车、导烟车、液压交换机组成。

SCP一体机为新开发的捣固焦化设备，集给料、捣固、装煤、推焦于一体，自动化程度高，工作效率高，是焦化设备未来发展的方向。

(1) 焦炉工艺参数（见表2.3.2）。

表2.3.2 6.25m捣固焦炉参数

序 号	名 称	参 数
1	炭化室平均宽/mm	530
2	炭化室高/mm	6170+80(热态尺寸)
3	炭化室长/mm	17000+220(热态尺寸)
4	每孔装煤量/t	45.6
5	每孔产焦量/t	约38

(2) 设备简介。

1) 分体捣固焦化设备（见图2.3.2）。

①捣固装煤车:

捣固装煤车运行于焦炉机侧，捣固机将装入煤箱的煤捣固成煤饼，由装煤车的托煤板将煤饼送入炭化室内，并回收散落的煤粉。同时对在装煤过程中从装煤孔逸出的烟气进行收集并混入适量的空气导入固定的集尘干管中，由地面除尘站进行除尘。

②推焦车:

推焦车工作于焦炉机侧，将成熟的焦炭推出炭化室，完成推焦前与推焦后机侧炉门的启闭，对焦炉的炉门和炉门框进行机械化清扫，并将推焦时逸出炉门的焦炭进行收集，推焦时清扫炭化室顶部的石墨和上升管根部的石墨，完成对推焦，清门时产生的烟尘收集和净化。

③除尘拦焦车:

成熟焦炭由推焦车推焦杆经除尘拦焦车导焦栅导入熄焦车或焦罐车内，并将推焦时产生的烟尘导入地面除尘干管，拦焦前后启闭炉门，清扫炉门、炉门框。除尘拦焦车运行在焦炉焦侧。

④电机车:

电机车运行在焦炉焦侧的熄焦车轨道上，用于牵引和操纵焦罐车或湿熄焦车。

⑤焦罐车、湿熄焦车:

用于盛装1000℃炙热焦炭，并将其运送到熄焦塔下熄焦。车体反复在100~1000℃温差环境下工作。水气中含有大量的焦粉和T.S.P等。

⑥捣固机:

捣固机用于将摇动给料机布入装煤车煤槽中的散煤捣固成煤饼。

⑦导烟车:

导烟车通过炉顶除尘孔，收集炭化室内荒煤气及烟尘，使其通过燃烧处理；而后通过混风降低烟气温度，导入集尘干管。减轻对环境的污染。

图2.3.2 分体式捣固焦化设备

⑧摇动给料机:

摇动给料机固定于煤塔下方出煤口处，用于给装煤车煤槽定量均匀布煤。

⑨液压交换机:

液压交换机用于驱动交换拉条，以完成煤气、空气和废气的定时转换。

2）一体捣固焦化设备：

①SCP一体机（见图2.3.3）：

太原重工股份有限公司开发设计的6.25m捣固焦炉机械设备是为6.25m焦炉配套的焦炉机械，该套设备采用炉号识别、自动对位、一次对位、四车联锁等先进技术；并将捣固、装煤、推焦的集成技术成功应用在SCP机上，部分关键动作用油缸均采用带位移传感器油缸。拦焦车、推焦车的炉门清扫装置采用螺旋铣刀及高压水清扫形式，取门机构设有位置检测及记忆系统。

SCP一体机工作于焦炉机侧，在焦炉设备运行过程中，由皮带输送机将所需要的煤料连续地从SCP皮带给料系统运送到SCP-机的煤仓内。自动化操作的捣固系统安装在捣固煤箱上方，煤仓的煤料通过摇动给料机将煤料输送到煤箱内，采用捣固机落锤功能夯实装入煤箱内的煤料。通过装煤装置将捣固成型的煤饼从机侧装入炭化室内。通过推焦装置推出炭化室内成熟的焦炭，推焦前与推焦后启闭机侧炉门，同时对机侧炉门、炉门框进行机械清扫和头尾焦处理。推焦时清扫炭化室顶部的石墨。

图2.3.3　SCP一体机

②除尘拦焦车、电机车、焦罐车或湿熄焦车、导烟车、液压交换机与分体焦化设备相同。

2.3.1.3　热回收焦化设备

清洁型热回收焦化设备是太原重工自主开发的产品（见图2.3.4），拥有多项发明专利，并获得山西省科学技术进步二等奖。本套设备满足捣固煤饼及装煤出焦要求，设备简单先进，为用户生产高质量的焦炭提供了保证。

清洁型热回收焦化设备由捣固站、装煤推焦车、接、熄焦车组成。

（1）焦炉工艺参数见表2.3.3。

表2.3.3　热回收焦炉工艺参数

序号	名　称	参　数
1	炭化室全长（冷态/热态）/mm	13340/13530
2	炭化室有效长/mm	13000
3	炭化室高（冷态）/mm	2758
4	炭化室直墙高/mm	1697
5	炭化室平均宽/mm	3596
6	炭化室中心距/mm	4292
7	炭化室最高温度/℃	1350
8	单孔煤量（湿）/t	约50
9	单孔焦量/t	约37
10	炭化炉周转时间/h	约66

（2）设备简介。

1）捣固站。

捣固站是用于热回收焦炉的一种布煤和捣固的机械设备。它主要用来将煤塔的煤通过布煤车,均匀的布到煤饼模中，并控制布煤的高度，再通过布煤车两侧的捣固装置捣固成煤饼，最后配合装煤推焦车将煤饼拉到煤盒中。

2）装煤推焦车。

装煤推焦车工作于炭化炉机侧的轨道上。从焦炉前行驶到捣固站，将车上的托煤板送入捣固站内，将托煤板连同捣好的煤饼抽回。装煤车行驶到待出焦、装煤的炭化室前，将炉门打开。将红焦推出炭化室。进行二次对位，将捣固煤饼和托煤板送入炭化室。关闭机侧炉门，完成炭化室装煤工艺。

装煤推焦车采用托煤板送煤与传统的煤盒送煤方式相比较，既解决了无落差装煤，又节约了成本，大大减少了维修量。

3）接、熄焦车。

接焦、熄焦车工作于炭化炉焦侧，运行在炭化炉焦侧轨道上。其作用是启闭焦侧炉门，接、熄焦车的接焦槽对准并靠拢该炭化室，红焦被推入接、熄焦车的接焦槽内。将从炭化室内推出的红热焦炭送至熄焦塔熄焦，再送至凉焦台凉焦。此外还应能用开门机构将炉门送往炉门站进行修理。

图2.3.4　清洁型热回收焦化设备

接、熄焦车采用平接焦，有效防止接焦时粉尘的污染。接、熄焦车采用牵引和接焦分体车，更好保护了高温对电气和液压设备的影响。

2.3.1.4　**业绩表**

业绩表见表2.3.4。

表2.3.4　业绩表

序号	设备系列	开发时间	第一套投产时间	产品业绩
1	热回收设备	1998.6	2000.8	28套
2	4.3m顶装	2000.3	2001.11	26套
3	4.3m捣固	2001.6	2002.8	146套
4	6m顶装	2004.5	2005.10	12套
5	5.5m捣固	2007.2	2008.3	82套
6	7m顶装	2010.1	2011.4	2套
7	6m捣固	2010.7	2011.6	4套
8	7.63m顶装	2008.9	2009.4	制造焦罐车4套
9	6.25mSCP一体	2010.10	2012.12	3套

2.4　南通申东冶金机械有限公司

2.4.1　高炉送风装置

高炉送风装置的作用，是将热风围管送来的热风通过“送风装置”送入高炉炉内，并可通过直吹管上的喷煤装置向高炉内喷吹煤粉，提高冶炼强度，减少焦炭用量从而降低炼铁成本。

2.4.1.1　**高炉送风装置的构成和作用**

（1）鹅颈管（即“接管”）是连接热风围管与送风装置本体的那部分短管，见图2.4.1。

（2）波纹补偿器是调节热风围管和炉体之间因安装、热胀冷缩等产生的位移，补偿器的不锈钢波纹及特殊的内衬结构可以补偿这种位移，以免送风装置遭到破坏而漏风、发红或烧出。

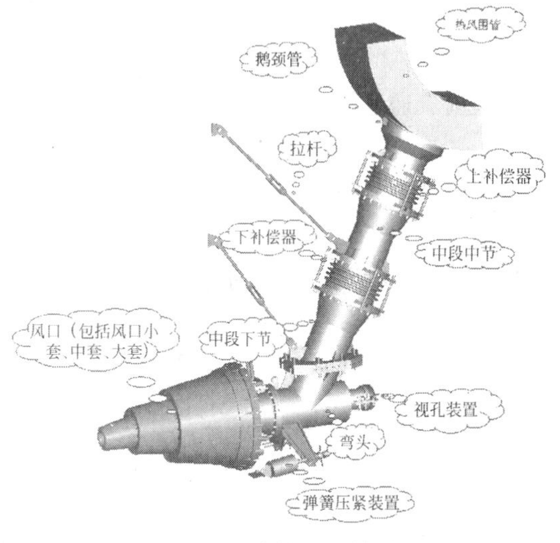

图2.4.1　高炉送风装置

（3）中段中节、中段下节（即变径管）用来连接补偿器及弯头。

说明：中段中节、中段下节和上、下补偿器组装在一起统称为“支管中段总成”，一般均为成套供货，打压试漏后出厂。

(4) 弯头：其作用是转变送风装置中热风方向。

(5) 直吹管：送风装置的最末端，直接与风口小套相连。

说明：弯头与直吹管组装在一起统称“直吹弯头总成”，一般均为成套供货，打压试漏后出厂。当然，实际供货状态要依用户要求而定。

(6) 拉紧装置：分为弹簧压紧装置和拉杆总成两种，与弯头支腿连接的是弹簧压紧装置，与支管中段总成连接的是拉杆总成，用来固定送风装置并压紧风口。

(7) 金属包覆垫、陶瓷纤维垫、螺栓（螺母及垫片）、连接锁紧装置起到密封和固定连接的作用。

(8) 视孔装置：方便高炉操作人员观察风口的工作情况。

(9) 送风装置本体内浇注耐火材料形成内衬，以抵抗高温热风对管体的冲刷，隔热以保持热风温度，减少热量的损失，达到节能降耗的作用。

2.4.1.2 出厂组装、检验

(1) 出厂组装。

为减少现场安装的工作量并提高组装质量，送风装置成套出厂前要对以下部分进行总成组装。

1) 中段中节、中段下节与上、下补偿器组装成“支管中段总成”。

2) 弯头、直吹管组装成直吹弯头总成。

3) 弹簧压紧装置组装。

4) 拉杆总成组装。

5) 各部件间核对连接尺寸。

送风装置支管中段总成及直吹弯头总成，各法兰之间均需加装金属包覆垫，金属密封垫上下面均匀涂抹耐高温密封胶或白厚漆，耐材表面均加装陶瓷纤维垫作密封隔热垫，涂淋白厚漆粘连固定。用8.8或10.9级的高强螺栓拧紧，拧紧力矩为35~40kgf · m。

(2) 气密试验。

组装完毕后，校核支管中段总成、直吹弯头总成的尺寸，并对以上两总成作密封压力试验。以洁净空气为介质，试验压力以1.5倍的工作压力进行打压试验，无异常为合格；合格后将压力降至0.2MPa保压10min，涂肥皂液，检查各焊缝和法兰，以无冒泡等异常现象为合格。

2.4.1.3 送风装置的安装条件

(1) 送风装置对接口部位的精度要求。

每套送风装置两端接口部位的偏差范围的制定是根据不同高炉的标高，不同设计方案制定，并对技改高炉进行有针对性的设计，减少安装误差。偏差必须在可接受的限制范围内，所有超出可接受范围的偏差，应在开始安装前，通过实际测量调整，并最终进行全新设计或调整修改的方法进行改正，以达到可接受的偏差限制范围内。

(2) 热风围管安装精度与偏差。

围管安装误差，将对每个送风装置的上端与围管连接部分的定位产生影响。围管水平中心线平面，与理论标高平面重合，安装允许10~20mm，围管轴向中心线与高炉轴向中心线重合，安装偏差：同轴度允差5~10mm。

围管安装后，要进行验证，对不可接受的偏差要进行纠正，修正、调整以达到上述允差范围。过大的偏差将导致送风装置不能准确的安装到位，将出现如下几种情况：

1) 鹅颈管轴线与高炉中心线的夹角误差加大，影响下部弯头直吹的安装。

2) 鹅颈管耐火内衬砌筑不能与围管内衬协调一致，加剧局部风阻，影响设备正常安全使用。

3) 鹅颈管高度偏差加大，直接影响下部弯头直吹的顺利安装。

4）围管偏差过大，安装时将直接导致送风装置调节处于死点，从而在生产中失去自动调节功能，甚至超出可调节范围，安装不上。

（3）风口安装的精度与偏差。

在实际制作和安装风口送风装置的过程中，每个送风装置与高炉连接点，实际尺寸与理论的线性尺寸和角度会有偏差，以下几种因素会造成偏差：

1）每个风口处的高炉炉壳半径的偏差。

2）每个风口小套位置与高炉中心相对应的尺寸偏差。

3）风口角度位置在高炉风口水平断面产生旋转造成的偏差。

4）风口大、中、小套轴向中心线同轴度偏差。

5）风口水平断面上，风口轴向中心线方向偏差。

6）纵断面上，风口轴向中心线方向偏差。

风口送风装置安装之前，应检验高炉风口的理论形态、尺寸和安装精度与实际安装之间的偏差，检查送风装置前端位置变化，进行核查处理，调整到可以接受的偏差限制范围内。

（4）安装前对送风装置的检查。

送风装置运抵现场后，在安装前，对之进行检查。

首先，进行品种检验，做到不漏项，不缺项，品种齐全。其次对零部件做尺寸的检验，验出超差零部件进行处理。之后对零部件做品质检验。最后，对各法兰面进行检验，法兰面对运输过程中引起的锈蚀、划伤、划痕、撞击、冲击引起的损伤，进行修复处理。现场不能修复处理的退回原厂进行修复，不能带病安装，以绝后患。

其次，检查耐火材料内衬。送风装置内均已浇注耐火内衬，检查耐火材料内衬是否潮湿，或出现损坏、碎裂。出现耐火材料内衬意外伤害的部件，需送至专业生产厂，做进一步检验修复，如需要重新捣打的则对耐火内衬重新捣打。

第三，对波纹补偿器进行检查。波纹管属于薄壁易损件，易受机械损伤，在吊装、运输过程中极易受到损伤，如发现较大损伤的补偿器应退回原厂，做进一步的检查修复。

2.4.1.4 送风装置的安装程序

根据送风装置对接口部位的精度要求，热风围管侧及风口侧的误差进行修正后，达到可以接受的限制范围内，则可以进行风口送风装置的安装工作。

（1）鹅颈管的定位和焊接。

为使所有送风装置能顺利安装，首先要做好鹅颈管的定位。其中心轴线应在风口轴线及高炉中心线的确定的纵剖面上，其轴向夹角，应符合设计要求。施工单位现场安装焊接鹅颈管时，一般均利用同一个特制模具（送风装置模拟结构，简称定位器具）来准确定位鹅颈管的安装位置。定位后，在热风围管上开孔，插入鹅颈管并点焊固定，检查安装尺寸，确认无误后开始焊接。鹅颈管伸入热风围管内多余的部分要割除，以免影响耐火材料的砌筑。通常，供货的鹅颈管筒体部分要稍长于图纸要求的安装尺寸，尺寸长了可以方便地在定位焊接后割除，若尺寸短了则会给安装带来不必要的、较大的困难。

（2）安装送风装置。

1）检查补偿器的拉杆螺母，有松动的要拧紧，防止安装过程中补偿器旋转，造成波纹管的损伤。将各总成及零部件运输提升到风口平台，将组件放置到和热风围管相连接的位置和方向。在运输提升的过程中，避免任何震动及伤害。

2）安装所需要的临时支撑锁定构件。通常，现场用手拉葫芦予以吊装送风装置。

3）安装支管中段总成，将其与鹅颈管进行连接组装。将中段与鹅颈管进行角度调整最终使中段的下方法兰面与高炉风口套的中心线平行。调整完毕，适当松开手拉葫芦等，在中段总成的上补偿器上法兰与鹅颈管法兰间加装金属包覆垫，金属密封垫上下面均匀涂抹耐高温密封胶或白厚漆，耐材表面均加装陶瓷纤维垫作密封隔热垫，涂淋白厚漆粘连固定。用8.8或10.9级的高强螺栓拧紧，拧紧力矩为35~40kgf·m。

4）安装直吹弯头总成。通过手拉葫芦，将直吹管的前端头与高炉小套紧密接触，把连接锁紧装置穿上。安装弹簧压紧装置并适当紧固，使直吹管的前端头与高炉小套密封。调整补偿器的调节拉杆的螺母，使支管中段总成的下方法兰与弯头的上方法兰贴合。适当松开手拉葫芦等，在中段总成的下方法兰与弯头的方法兰间加装金属密封，金属密封垫上下面均匀涂抹耐高温密封胶或白厚漆，耐材表面均加装陶瓷纤维垫作密封隔热垫，涂淋白厚漆粘连固定。紧死连接锁紧装置。

5）安装拉杆并紧固拉杆。高炉送风后，若风口不漏风，则将弹簧压紧装置紧固到位；若风口漏风，则对送风装置再行调整后紧固弹簧压紧装置。调整时，也要相应调整拉杆。

至此整套风口的送风装置安装完毕，其余各风口的安装顺序以此类推进行安装。

(3) 送风装置的调整。

高炉炉体以及送风装置，在热负荷的作用下，发生热膨胀变形，从而引起送风装置的位移，补偿器能自动补偿这种位移。

补偿器在进行吊装时不允许松动拉杆螺母，保持补偿器的安装尺寸不变。送风装置全部安装完毕后，适当松开补偿器上下法兰内侧螺母，外侧螺母用扳手稍作紧固即可，以适应高炉送风后因温度的变化而引起的位移。

高炉升温后，经一周时间的运行，高炉的热负荷达到内外平衡，各部件均处于良好的运行状态，需对各零部件进行调整。升温后送风装置的钢壳等于进行了一次人工时效处理，各处的焊接应力得到消除，尤其是各个法兰的焊接能力得到消除，对于法兰处密封状态应当给予特别关注，应对各螺栓的拧紧力矩进行校核，其拧紧力矩为35~40kgf · m。中段下节方法兰与弯头方法兰间的锁紧销钉的斜楔应再次紧固。高炉运行前期每次休风，都应作如上工作，保证送风装置的密封要求。

2.4.1.5 送风装置的选型及设计

高炉的送风装置为非标设备，其外形、安装尺寸需要根据高炉本体、热风围管及风口套的位置及安装尺寸来确定，其耐火材料内衬的送风通道孔径需要根据高炉的鼓风量来确定。生产厂家可根据上述数据参数对高炉送风装置进行详细设计，并制造出成套设备。

2.5 石川岛（上海）管理有限公司

2.5.1 高炉

从1941年开始，IHI已经为日本、奥地利、韩国、巴西、中国台湾地区等客户提供了超过90座的高炉和25座的无钟装料系统。

近年的高炉业绩见表2.5.1、图2.5.1。

图2.5.1 高炉

表2.5.1 近年的高炉业绩

竣工年份	客 户	容量/m³	竣工年份	客 户	容量/m³
2002	住友金属	2150	2009	住友金属	3700
2004	住友金属	5370	2010	中国钢铁（台湾）	2624
2007	住友金属	5370	2013	住友金属	3700

2.6 鞍钢重型机械有限责任公司

2.6.1 炼铁高炉全液压泥炮

2.6.1.1 泥炮简介及相关背景

泥炮是炼铁高炉炉前的重要设备之一。泥炮的作用是在炼铁高炉出铁后，压出炮泥堵住出铁口。随着高炉高压操作和高炉大型化的发展以及无水炮泥的使用，泥炮从早期的蒸汽泥炮发展到电动泥炮以及目前广泛使用的液压泥炮。

2.6.1.2 液压泥炮的优点

(1) 打泥力大，打泥致密，适用高压操作。

(2) 压紧机构具有稳定的压紧力。

(3) 结构紧凑，高度矮小，节省空间，便于操作。

(4) 液压装置不在泥炮本体上，结构简化。

2.6.1.3 **公司设计制造的液压泥炮**

公司设计制造的泥炮是由德国DDS型泥炮国产化而来。这种泥炮主要由打泥机构、悬臂装置、回转臂装置、倾斜底座以及缓冲调整装置组成。

打泥机构是泥炮的主要工作部件。它是由泥炮嘴，泥缸体，驱动腔体，打泥油缸，活塞以及指示器组成。泥炮嘴是直接与铁口接触的部件，因此炮嘴前端局部使用了铸铁材料，这样就提高了炮嘴口的耐磨性，从而提高其使用寿命。泥缸体有两种制作方法，一种是铸造的，一种是由钢板卷制而成。相比较而言，铸造而成的泥缸体成本相对小一些，但也可能因为铸造工艺等的缘故，铸造出的泥缸体会有一些气泡，夹渣等影响强度的缺陷。这就要求制造厂完善铸造工艺，已经产生缺陷的铸件要想办法消除缺陷或减小缺陷对铸件的影响。驱动腔体是由钢板卷制焊接而成。驱动腔体的前端与泥缸体联结，后端与打泥油缸的活塞杆联结。这就使得打泥油缸的活塞杆固定，而油缸的缸体作往复运动。这样就避免泄漏炮泥，磨损活塞杆和密封件。打泥活塞联结在打泥油缸的缸体前端。指示器是反映打泥机构打泥深度的部件。它是利用油缸缸体的直线运动带动螺旋键旋转，再通过连杆机构把打泥深度反映到刻度盘上。因为打泥机构距离铁钩很近，所以在打泥机构的下侧设置有隔热板。

悬臂装置实际上就是一种吊挂装置。它下部与打泥机构上的吊轴联结，上部与回转臂的臂架顶端配合。

回转臂装置和倾斜底座共同构成了泥炮的回转机构，回转机构是由回转油缸来驱动的，可以自锁。回转油缸及连杆放置在回转臂内部。回转臂坐在倾斜底座上面，通过回转轴承实现二者的相互转动。因为倾斜底座的巧妙设计，所以此种泥炮是由倾斜底座实现压炮动作的，而没有专门的压炮装置。当回转臂转动时，回转臂内的四杆机构可调整泥炮嘴的水平位置。

缓冲器内部有碟形弹簧，它的主要作用是当泥炮旋转到铁口时，减少铁口与泥炮之间的冲击，而且在安装调试时，它还能调整泥炮嘴在竖直平面内的位置。

调整装置也具有缓冲冲击力的作用，而且它还可以调整泥炮嘴在水平平面内的位置。

2.6.1.4 **这种泥炮的结构特点**

打泥机构（见图2.6.1）采用活塞杆固定,液压缸缸体运动,避免了泄漏炮泥磨损活塞杆和密封件；炮嘴前端局部使用了铸铁材料，提高了炮嘴口的耐磨性，从而提高了其使用寿命；打泥深度采用螺旋键转换成刻度盘上来显示。回转臂装置采用油缸驱动，可以自锁。因为此种泥炮的高度矮小，所以在大型高炉上，开铁口机与液压泥炮可同侧布置。

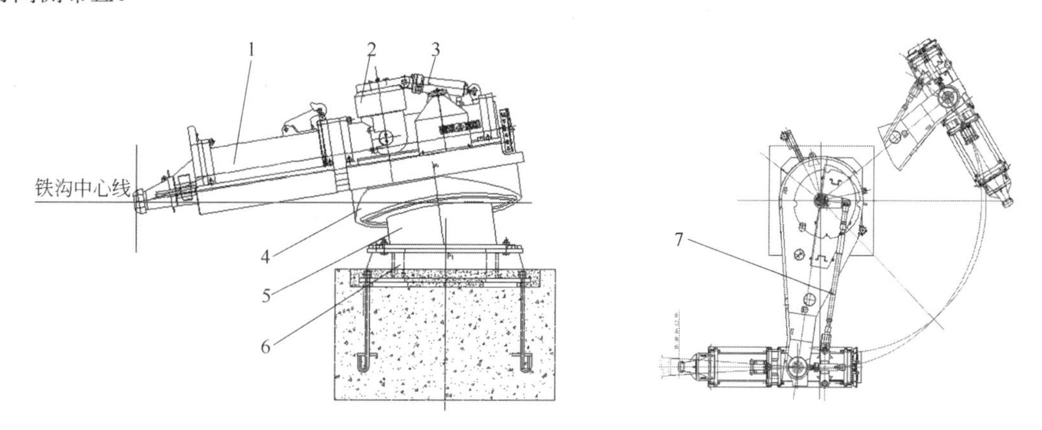

图2.6.1 液压泥炮结构

1—打泥机构；2—悬臂装置；3—缓冲器；4—回转臂装置；5—倾斜底座；6—二次浇铸底座；7—调整装置

2.6.1.5 **应用的实例及效果**

公司设计制造的液压泥炮已经应用于鞍钢新4号高炉和新5号高炉上，且运行良好。

2.6.2 高炉铸铁冷却壁

2.6.2.1 高炉冷却壁的作用

(1) 保护炉壳，炉内高温热量由冷却设备带去85%以上。

(2) 对炉衬耐火材料的冷却和支撑。

(3) 维持合理的操作炉型，形成渣皮。

(4) 使高炉冶炼顺行。

2.6.2.2 失效机理

(1) 长期在高温条件下承受炉料的撞击、磨损及炉渣热气流的侵蚀。

(2) 承受热冲击、热疲劳。

(3) 铸件氧化和成长。

(4) 非正常损耗。

最终表现为冷却水管出现漏水失效。

2.6.2.3 技术要求

按照《高炉用铸铁冷却壁》(YB/T 4073—2007) 执行。

2.6.2.4 分类

平板类、带凸台类、倒扣类、风口类、异型类。

2.6.3 高炉风口

2.6.3.1 产品说明

高炉风口是高炉送风系统的主要部件，功能是负责将热风和煤粉送入高炉炉腹内部，调节高炉炉膛内气氛。高炉风口是强制冷却器，依靠铜的高传导性能，通过水冷却作用，实现向高炉炉腹内送风、送煤粉的作用。

公司高炉风口采用0号电解铜生产，制造工艺根据铜合金的特点和高炉风口的特殊使用条件设计，以特殊工艺保证产品质量可靠。采用真空电炉熔炼铜合金，金属型与树脂砂结合进行铸造成型，焊接采用熔化极半自动焊接工艺。为了确保合格产品出厂，施行严格的检查制度。采用样板检查配合尺寸，壁厚超声波测厚，焊缝渗透检测。

2.6.3.2 风口结构

高炉风口的结构有：空腔风口、双进双出风口、贯流式风口、偏心式风口。风口主要尺寸见表2.6.1。

表2.6.1 风口主要尺寸

分 类	最大外径/mm	内孔最小直径/mm	长度/mm	倾斜角度/(°)	备 注
空腔风口	φ100～1000	φ30～500	H200～H1000	5、6、7	(1) 空腔内无挡水筋; (2) 空腔内有挡水筋
贯流式风口	φ400～600	φ100～180	H300～H700	5、6、7	(1) 无堆焊层; (2) 堆焊耐磨合金; (3) 内孔镶嵌耐火衬
双进双出风口	φ400～600	φ100～180	H400～H700	5、6、7	(1) 无堆焊层; (2) 堆焊耐磨合金; (3) 内孔镶嵌耐火衬
偏心风口	φ300～600	φ80～180	H300～H700	5、6、7	(1) 无堆焊层; (2) 堆焊耐磨合金; (3) 内孔镶嵌耐火衬

空腔风口主要应用在小型高炉上，整体一次成型，没有焊缝。贯流式风口在空腔风口的基础上增加外侧螺旋水道，提高了风口前端的冷却效果。双进双出风口将风口冷却水腔做成了两个独立的冷却水循环系统，两个水腔独立供水，根据炉况和风口损坏情况可切断其中一个系统，另一个仍可正常工作。偏心风口是贯流式风口的一种，通过偏心使螺旋水道上下侧的流速不同。

2.6.3.3　**主要技术参数指标**

材质：Cu≥99.7%，Sn≤0.09%，P≤0.05%，杂质≤0.15%。

电导率：前帽≥90%IACS；本体≥85%IACS。

压力试验：水压2.0MPa，保压30min，无渗漏无降压。

水流量：30~35m^3/h。

公司高炉风口以在大型高炉上应用为主，高炉型号有1000m^3、2580m^3、3200m^3、4050m^3。使用厂家有：鞍钢、鞍凌、鞍钢鲅鱼圈、通钢、攀钢。

公司几十年来一直以服务鞍钢各大高炉为主，不断研究高炉生产运行特点，分析高炉喷吹煤粉、热风对风口的磨损特点，跟踪不同型号高炉对风口质量的影响，拥有自己独特的解决风口质量问题的经验，通过不断改进风口各项指标，使风口质量适应各类高炉的需要。

2.7　中冶赛迪工程技术股份有限公司

2.7.1　不积泥旋流沉淀池

2.7.1.1　**产品说明**

冶金工厂在连铸、轧钢生产过程中需要使用大量的水进行设备的冷却，水与设备和高温的坯、板、管、棒、线、型材接触后被污染，大量的氧化铁皮进水冷却水中，对这种生产废水的处理采用沉淀的方式，即采用铁皮坑和旋流沉淀池的方式进行沉淀处理，沉淀后的氧化铁皮采用抓斗的方式清除。当采用旋流沉淀池作为沉淀构筑物时，都设置有独立的吸水井。由于沉淀后的水仍然含有一定的氧化铁皮，这些氧化铁皮进入到旋流沉淀池的吸水井后会沉淀下来，造成吸水井积泥，从而造成水泵的磨损。为了避免这种事故的产生，操作人员需要定期地对旋流沉淀池吸水井的淤泥进行清理，通常半个月就要进行一次，劳动强度很大，也影响生产。

中冶赛迪工程技术股份有限公司（CISDI）结合多年设计和工程实践检验，针对旋流池中的缺点开发了不积泥旋流沉淀池。

2.7.1.2　**处理构筑物结构及主要技术参数**

（1）处理构筑物结构。

不积泥旋流沉淀池结构见图2.7.1。

（2）工作原理。

避免短流和加大沉淀时间是提高沉淀效率最有效的方法，是在旋流沉淀池中心筒的斜撑柱上增设整流板，可以使得外筒的配水更加均匀，避免产生短流；取消外筒的专用水泵吸水井，扩大了沉淀区的容积，增加了水的停留时间，沉淀效果更好。

（3）技术参数指标。

沉淀后的出水悬浮物低于100mg/L。

2.7.1.3　**关键技术或技术特点**

（1）沉淀区出水的氧化铁皮含量降低，大幅度减轻了水泵的磨损，延长了易损件的更换周期，降低了设备维修费用；

（2）取消了吸水井，避免了吸水井积泥，减轻了操作人员的劳动强度，提高了作业效率。

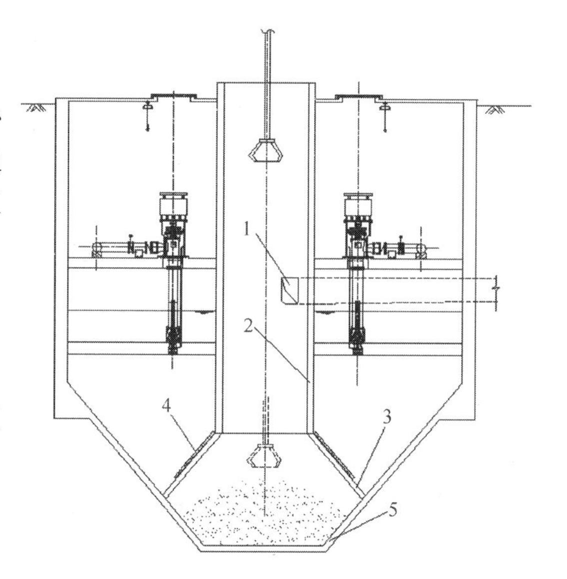

图2.7.1　不积泥旋流沉淀池结构

1—铁皮沟进水流槽；2—旋流沉淀池中心筒；3—中心筒斜向支撑柱；4—整流板；5—渣斗

2.7.1.4　**应用的实例及效果**

CISDI开发的不积泥旋流沉淀池已大量应用于钢铁厂的直接冷却水处理中，如宝钢的1880热轧、上钢一厂1780热轧、新余钢铁1580热轧、吉钢1450热轧、太钢2250热轧、涟钢2250热轧等30多个工程中，彻底解决了旋流沉淀池积泥的问题。

2.7.2 新型球体转动接头

2.7.2.1 产品说明

球体转动接头属液体介质固定管道与旋转、往复运动或摆（转）动某角度的设备或管道相连接，以及吸收热力管道的热位移的技术领域，它既保证连续不断向运转的设备、管道传输流体，又防止液体介质泄漏。

中冶赛迪工程技术股份有限公司（CISDI）开发的新型球体转动接头主要用于步进梁式加热炉（或电炉）汽化冷却装置中步进装置的和转炉活动烟罩的柔性升降装置以及热力管道中补偿大热膨胀位移的场合。

2.7.2.2 设备结构及主要技术参数

(1) 设备结构。

球体转动接头主要由：球壳、主密封、压紧螺母、次密封、压环、转动球体、止退销、法兰等组成。

(2) 设备原理（见图2.7.2）。

针对步进梁式加热炉（或电炉）的运动冷却构件（活动梁）和转炉活动烟罩的升降装置等工作特性——周期性往复运动，因此设计出适用于这种工况下的设备：步进装置或柔性升降装置，而这些运动装置的关键部件就是——球体转动接头。

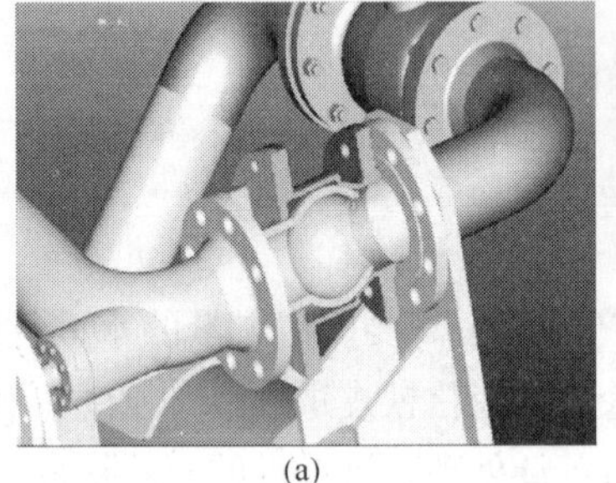
(a)

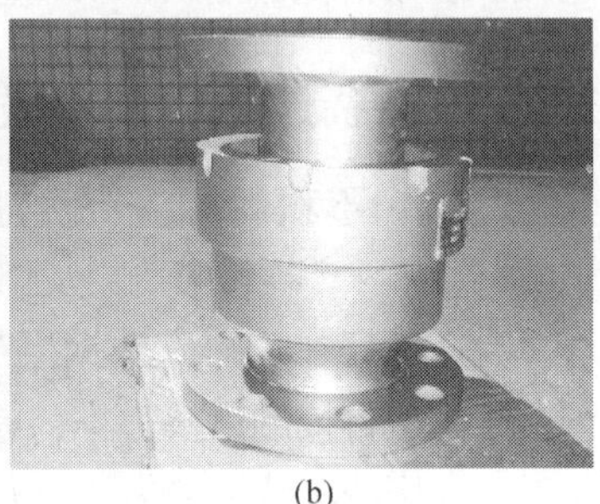
(b)

图2.7.2 球形转动接头
(a) 工作原理；(b) 单个转动接头

针对上述步进活动在长期运行后可能出现的球体转动接头泄漏问题，本产品采用了一种均衡受力的密封形式，使用密封圈与球体接触面受力更加均匀；其球体表面采用特殊耐磨材料，增强了球体表面的硬度，提高抗磨能力；其球体密封圈采用的是新型专用组合材料，减少摩擦力，可保证球体密封圈的使用寿命。

(3) 技术参数指标。

工作压力：≤6.4MPa

工作温度：≤300℃

公称直径：DN250、DN200、DN150、DN125、DN100、DN80

工作介质：水、汽水混合物、蒸气

球体偏转角度：±15°

转动次数：≥210万次

2.7.2.3 关键技术或技术特点

(1) 独有的创新结构，既能使球体转动接头体积更小、质量更轻，又有利于调节密封间隙和预紧力更方便，受力更均匀。

(2) 专用简单的密封压盖，使密封圈压紧更均匀，密封效果更好，操作维护方便。

(3) 高性能的组合式密封材料，确保使用摩擦力更小、转动力矩小，球体、密封圈的使用寿命更长。

2.7.2.4 应用的实例及效果

以本产品为关键部件的加热炉步进装置、转炉活动烟罩等设备，自2003年以来，分别在宝钢、太钢、武钢、本钢、攀钢、新疆八钢、梅钢、新余钢厂、酒钢、昆钢等用户的几十座加热炉、转炉工程中予以应用，效果明显（见图2.7.3和图2.7.4）。

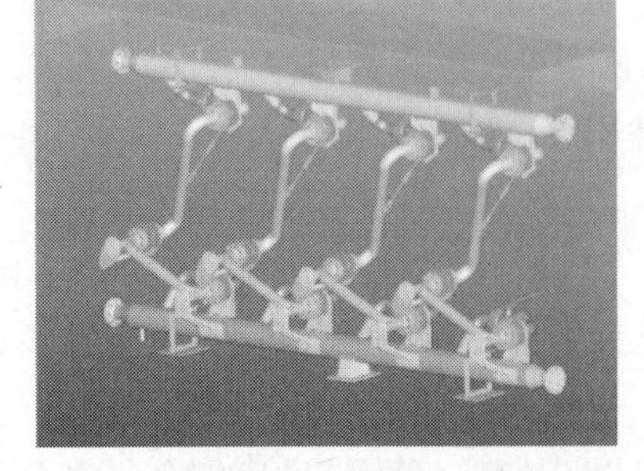

图2.7.3 新型球形转动接头在加热炉步进装置中的工作原理

图2.7.4 太钢2250热轧加热炉步进装置

2.8 北京中冶设备研究设计总院有限公司

2.8.1 高炉煤气取样机

2.8.1.1 ***产品说明***

高炉炉身煤气取样机能以高速度、高精度和高自动化的采样和分析代替人工采样和分析，及时、可靠地探测炉身上部径向方向上煤气（CO、CO_2、H_2）分析和温度分布状况，及时、正确判断炉况，稳定冶炼过程、提高生产率、降低能耗等；可以随时对炉内温度，特别是炉墙附近的温度进行检测，使用户能够及时地发现和防止炉温过热现象，有效地避免了炉墙耐火砖的烧损，延长了高炉的使用寿命。

北京中冶设备研究设计总院有限公司可为不同容积的高炉设计制造各种形式的取样设备。

2.8.1.2 ***产品构成***

本机主要由取样机械、液压系统、稀油润滑站、干油润滑站、气控阀站、电控系统和气体分析系统组成。取样机械、液压系统、气控阀站、稀油润滑系统、干油润滑系统、现场操作台设置在高炉第五层平台，电气柜和PC系统设置在高炉控制室内，中央操作台设置在高炉中控室内。正常工作时本设备在中控室内遥控运行，检修操作时使用现场操作台控制运行。

2.8.1.3 ***技术参数***

高炉煤气取样机的技术参数见表2.8.1。

表2.8.1 高炉煤气取样机的技术参数

项 目		单 位	1200m³ BF	4063m³ BF
工艺条件				
	测量截面炉内压力	MPa	＞0.12	＞0.25
	测量截面炉内温度	℃	220～600	500～800
	测量点数		5	9
	每班检测次数		1～2	1～2
技术参数	探杆截面尺寸	mm	圆形φ240	长圆形210×550
	探杆最大行程	mm	6200	8800
	探杆测量行程	mm	3400	5600
	探杆维护行程	mm	2800	3200
	探杆推进速度	m/min	2	2.6
	运转方式		自动运转	自动运转
			手动运转	手动运转
			现场运转（不取样）	现场运转（不取样）

2.8.1.4 ***应用情况***

已先后为攀钢一号高炉（1200m³）、宝钢二号高炉（4063m³）、宝钢三号高炉（4350m³）和唐钢二期高炉（1260m³）设计制造了取样机系统，投入使用后，运行良好，得到用户的好评，现场照片如图2.8.1所示。

图2.8.1 高炉煤气取样机

2.8.2 炉前起重机

2.8.2.1 ***产品说明***

悬臂起重机主要有气动、电动、手动三种驱动方式。安装在厂房立柱上。气动悬臂起重机主要用于高炉炉前吊运出铁沟盖和炉前设备的检修，特别适合在高温、粉尘的恶劣环境下工作。电动、手动悬臂起重机用于出铁场。

此外，还开发了电动桥悬起重机，该起重机是由电动桥式起重机和悬臂起重机组合成的复合式起重机，主要用于中小型高炉出铁场，其中桥式起重机主要用于泥炮、开口机、及出铁场除尘设备的维修更换，以及沟盖、生产用工具、材料、备品备件的搬运；悬臂起重机主要用于吊运出铁场主沟前部预制件、泥炮旋转机构部分部件及风口设备的转运。

2.8.2.2 **产品构成及结构特点**

A 气动悬臂起重机的设备组成及结构特点

气动悬臂起重机是全气动设备。是以压缩空气为动力源，气动马达为执行元件，通过操纵台上的手动气控阀可以远距离控制起重机的旋转、起升及行走运动，在高温、大粉尘的环境中具有良好的可靠性和防爆性能。本设备还设有气动限位装置及气动过载、过卷安全保护装置。铁口气动悬臂起重机位于高炉出铁口的上方，主要用于铁沟盖和炉前材料的吊运及炉前设备的维修。

气动悬臂起重机主要由悬臂梁主体、上下轴承座、旋转装置、气动吊、检修平台、轴承座支架、气路系统、润滑系统等组成。

悬臂梁主体是由悬臂梁与旋转轴筒焊接而成，是悬臂起重机主要承载构件。通过轴承座支架、上下轴承座及旋转轴筒的上下半轴将悬臂梁主体固定在安装立柱上，并在旋转装置的驱动下，悬臂梁绕旋转中心转动。

旋转装置由气马达、气动制动器、摆线减速机、小链轮、套筒滚子链及缓冲制动装置等组成，套筒滚子链安装在旋转轴筒上，由气马达将转动通过减速机传给小链轮，小链轮与安装固定在旋转轴筒上的套筒滚子链啮合带动悬臂梁旋转。

气动吊是气动悬臂起重机的重要部件，实现起重机沿悬臂梁的行走及重物的升降。主要由行走机构、起升机构、气动制动器等组成。气动吊有两套制动器，一个是气动制动器，一个是机械制动器，确保作业安全。

气路系统包括气动操纵台及配管。控制起重机的起升、行走、旋转、制动及限位。

润滑系统主要是对上下轴承座内的轴承进行手动润滑泵集中润滑。

B 电动悬臂起重机的设备组成及结构特点

电动悬臂起重机主要由悬臂梁主体、上下轴承座、轴承座支架、检修平台、旋转装置、电动葫芦、电气控制系统及润滑系统组成。

悬臂梁是由工字钢与钢板焊接成的箱形变截面梁，与带有上下半轴的转柱圆筒组焊成悬臂梁主体。通过上下轴承座、轴承座支架及检修平台将悬臂梁主体固定在安装立柱上，通过旋转装置使悬臂梁围绕旋转中心转动，由电动葫芦实现起重机沿臂架行走和提升重物。旋转装置是由制动电机直联减速机、小齿轮、大齿圈组成，大齿圈与转柱以法兰连接。在旋转的极限位置安装有限位块和行程开关。

2.8.2.3 **技术参数**

炉前起重机的技术参数见表2.8.2。

表2.8.2 炉前起重机的技术参数

参 数	气动悬臂起重机	电动悬臂起重机	手动悬臂起重机	电动桥悬起重机
额定起动质量/t	12, 13.5	2	2	20/5+5悬臂吊
最大悬臂长/m	10	9	6.6	5
起升高度/m	5	6, 12	6	6
起升速度/$m \cdot min^{-1}$	3	4		8
行走速度/$m \cdot min^{-1}$	10	20		20
回转速度/$r \cdot min^{-1}$	0.5	0.5		0.5
回转角度/(°)	max 225	max 180	max 180	max 180
起重葫芦	自行式气动吊	电动小车式环链电动葫芦	手拉小车 手拉葫芦	钢丝绳电动葫芦 环链电动葫芦
旋转驱动	气马达直联摆线减速机	制动电机直联摆线减速机	手拉滑轮带动直角减速箱	制动电机直联摆线减速机
操作方式	手动气控阀远距离控制	电动	手动	电动
气源或电源	0.5～0.7MPa	动力AC 380V50Hz 控制AC220V		动力AC380V50Hz 控制AC220V
耗气量 /$m^3 \cdot min^{-1}$	起重7.5 行走1.7 旋转4.8 冷却2.0			
自重/t	约25	8	6	38

2.8.2.4 **技术优势**

铁口气动悬臂起重机位于高炉出铁口的上方，主要用于铁沟盖和炉前材料的吊运及炉前设备的维修。本设备为全气动驱动和控制，在高温、大粉尘的环境中具有良好的可靠性和防爆性能。

2.8.2.5　***应用情况***

电动、手动悬臂起重机用于出铁场，该系列悬臂起重机已用于宝钢二号、三号高炉及上海一钢公司2500m^3高炉。出铁场电动桥悬起重机已用于上海一钢750m^3高炉，如图2.8.2所示。

图2.8.2　电动桥悬起重机

2.8.3　高炉开铁口机

2.8.3.1　***产品说明***

开铁口机是高炉重要的炉前设备之一，用于高炉需出铁水时打开铁口使铁水从高炉内流出。我公司气动开口机技术优势突出，并开发了气液复合开铁口机，该机具有回转、压下、进给、钻打、吹扫等功能，其回转、压下、进给、转钎机构均为液压驱动，正反冲击为气动，该开口机具有顺序控制功能（通过PLC 控制），并具有检测和记录铁口深度、开口进程、扭矩值等参数的功能。

2.8.3.2　**技术参数**

气液复合开铁口机的主要技术参数见表2.8.3。

表2.8.3　气液复合开铁口机的主要技术参数

序号	名　称		单　位	参　数
1	开铁口机行程		m	1.9~6
2	开口深度		m	1.5~5.5
3	钻头直径		mm	60、45
4	钻进机构送进速度		m/min	约1
5	钻进机构退回速度		m/s	1
6	钻进机构退回时间		s	约3.5
7	打击机参数型号THD120R，THD150R，THD150RY	正打冲击功	kg·m	37~54
8		冲击频率	次/分	1650
9		逆打冲击功	kg·m	28~32
10		冲击频率	次/分	1750
11		转钎扭矩	N·m	max 850
12		转钎速度	r/min	150~450
13	回转油缸			ϕ180/ϕ125
14	送进液压马达			6K~490
15	额定空气压力		MPa	0.5
16	空气压力适应范围		MPa	0.4~0.7
17	空气消耗量		m^3/min	12~20
18	回转机构送进/退回时间		s	约15/约10
19	液压系统压力		MPa	14
20	供水压力/供水耗量		MPa/L/min	0.5~0.8/20
21	开口机角度在±4°连续可调			

开铁口机打击机的主要技术参数见表2.8.4。

表2.8.4 开铁口机打击机的主要技术参数

参数 \ 型号	THD150R	THD120R
正打冲击功/kg·m	54	30
正打冲击频率/次·min^{-1}	1550	1550
逆打冲击功/kg·m	34	25
逆打冲击频率/次·min^{-1}	1550	1550
转钎速度/r·min^{-1}	150~450	150~450
转钎扭矩/N·m	850	850
适用炉容/m^3	2500~4000	2000以下

2.8.3.3 **技术特点和技术优势**

气液复合开口机具有以下特点：

(1) 该机开发的气液复合结构开铁口机，综合了气动打击的可靠性和液压转钎的扭矩大、开口速度快的优点。

(2) 液压驱动四连杆机构的机架回转稳定可靠，回转位置和极限位置在操作室内显示；压下机构同时具有调角功能，其挂钩装置可以使开口时导向架更稳定。

(3) 推进液压驱动的推力和推进速度分级可调，最大推力4000kg，推力和速度的调整和设定可在操作室内进行；推进液压驱动可以设定为恒推力和推进速度自适应进给模式；液压转钎的速度和扭矩可以分级可调。

(4) 气动正、反打击冲击能量高，稳定性、安全性好；正打击冲击能量可以分级可调。

(5) 调角机构可以在4°~15°范围内调整开口角度；可通过调整轨梁（钻杆）的角度（-10°）实现事故铁口开口。

(6) 开口机具有水雾冷却吹扫系统，可以实现正常吹扫和加水冷却吹扫，通过此技术可以显著提高开口速度和降低钻杆消耗量。

(7) 开口进程和铁口深度在操作室内显示；开口机可以按照事先设定的程序自动完成开口，并能实现与其他设备的衔接和联锁；可以在手动模式下，人工单独控制开口机各动作。

气动/气液开铁口机打击机具有如下优点：

(1) 设备驱动为：气动/气液，可靠性高，对炉前高温粉尘环境适应性好。

(2) 具备正打和逆打功能，可满足高炉一次开孔和使用无水炮泥的要求。

(3) 冲击功大，转钎功率大，开口速度快。

(4) 正打和逆打机构一体化，结构简单，维护方便。

(5) 打击轴和钎杆螺纹连接，冲击功传递效率高。

(6) 钎杆自动装卸，使用劳动强度低。

(7) 结构紧凑，外形尺寸小。

(8) 采用水雾冷却和吹扫。

2.8.3.4 **应用情况**

该产品已在浦钢等钢厂使用，如图2.8.3所示。

图2.8.3 开铁口机

2.8.4 移盖机

2.8.4.1 **产品说明**

高炉在出铁过程中铁口区域和铁沟会产生强烈喷溅，由于蓄铁式铁沟的采用，高温铁水将产生很大的辐射热，造成铁口周围的环境温度很高，直接影响开口机和泥炮的使用寿命和可靠性，并使得周围的工作环境恶劣。严重时铁水喷溅会烧坏开口机和泥炮，以及对周围的工作人员造成安全威胁。目前国内外高炉为了防止高温铁水流动时产生的辐射热，在铁沟上大都设置了沟盖，这样能有效地减少高温铁水流动时产生的辐射热，但在开、堵铁口时，沟盖会影响开口机和泥炮的使用。因此，在开、堵铁口时需将沟盖（A 盖）移到不与开口机和泥炮发生干涉的位置。移盖机就是用于移动主铁沟上的主沟沟盖A 盖的专用设备。移盖机分为悬挂式和座地摆动式两种，如图2.8.4所示。

悬挂式移盖机

座地摆动式移盖机

图2.8.4　移盖机

2.8.4.2　**技术特点**

(1) 沟盖提升和移动是由两个油缸分别完成。

(2) 提升和摆动油缸都装有安全保护的平衡阀。

(3) 移盖机的极限位置和沟盖提升的极限位置在操作室显示。

2.8.4.3　**技术参数**

移盖机的技术参数见表2.8.5。

表2.8.5　移盖机的技术参数

额定提升质量/t	16	走行驱动	液压缸推拉/摆动
最大提升质量/t	20	提升方式	液压缸驱动四连杆
提升高度/mm	约492	操作方式	操作室液压阀远距离控制
移动行程/mm	约3600	润滑方式	手动给脂
走行速度/m·min^{-1}	0.15	液压系统压力	20MPa

2.8.5　高炉炉顶点火装置

2.8.5.1　**产品说明**

本设备是为代替人工点火而研究开发的炉顶半自动点火装置。设备主要由点火装置本体（包括喷吹管、移动小车、小车轨道、支架和传动机构等）、气控阀座、引火燃烧器和电控柜等组成。点火执行元件——喷吹管是一根双层的无缝钢管。点火时可以沿炉中心线倾斜45°的方向插入炉内。压缩空气、氧气和煤气从喷吹管尾部引入内外套管，在前端燃烧，点燃炉内煤气。

设备以压缩空气或动力电作为动力源（主要根据选用的驱动装置而定），操作在高炉炉顶平台上进行。

2.8.5.2　**技术参数**

高炉炉顶点火装置的技术参数见表2.8.6。

表2.8.6　高炉炉顶点火装置的技术参数

喷吹管移动速度/m·min^{-1}	约10
喷吹管移动行程/mm	10800（对于4063m^{3}的高炉）
使用气体压力/MPa	(1) 压缩空气：0.7～0.85；
	(2) 煤气：0.072～0.079；
	(3) 氧气：0.9
驱动装置	(1) 电机功率：4kW
	(2) 电源电压：380V

2.8.6 高炉炉顶测温装置

2.8.6.1 **产品说明**

高炉炉顶测温装置安装在高炉炉喉部，用以检测炉内的煤气温度分布，由此可以得到炉内煤气的分布情况。本装置长期在炉内恶劣的环境中工作，为延长使用寿命进行通水冷却，断水时采用氮气冷却。

2.8.6.2 **技术参数**

高炉炉顶测温装置的技术参数见表2.8.7。

表2.8.7 高炉炉顶测温装置的技术参数

安装形式	十字水平式	悬臂倾斜式
结构说明	该装置有高、低探测器各一根，其安装成“十”字水平式，每根探测器两端分别固定在炉皮上	该装置有4根分别安装在不同半径方向上的探测器所组成，其中有一根稍长，炉内的安装角度为10°～30°（根据工艺设计而定）。探测器为悬臂式结构，一端固定在炉皮上，一端悬在炉内
探测器的全长	根据用户炉体直径而定	最长的一根比用户炉体的半径稍长
探测器的水平位置	无论哪种形式的测温装置，其安装的水平位置均由用户根据高炉总体设计而提供，但其基本位置是在炉喉部	
最多测定点数（供用户参考）	高探测器： 9 点 低探测器： 8 点 总 计： 17 点	长探测器： 6 点 短探测器： 5 点 总 计： 11 点
其他说明	材质：特殊堆焊材料、耐热不锈钢； 冷却方式：水冷（断水时用氮气）	

2.8.7 炉顶机械料面探尺

2.8.7.1 **产品说明**

炉顶探尺用于探测高炉炉内料面变化情况，一般每台高炉配置24m（21m）炉顶探尺一台，8m（6m）炉顶探尺一台。

探尺电气控制系统以PLC为核心,以编码器为传感器,自动测量和显示高炉料位，控制探尺下降、提升的速度,按设定料位自动控制探尺。对高炉生产中出现的亏料、挂料和塌料进行监视、报警和控制。具有钢丝绳断点记忆、钢丝绳延伸率修正功能。该电气控制系统同时控制2~3台探尺设备。

2.8.7.2 **技术参数**

炉顶机械料面探尺的技术参数见表2.8.8。

表2.8.8 炉顶机械料面探尺的技术参数

参 数	24m/21m炉顶探尺	8m/6m炉顶探尺
提升总高度/m	30	11.87
工作提升高度/m	26.62	8.97
提升质量/N	约2220	
提升速度/m·s^{-1}	0.6	
下降速度/m·s^{-1}	0.3	
电机功率/kW	2.2	
卷筒直径/mm	ϕ652	
全行程转数/转	12.4	5.08
钢绳规格	6 ×(37)+7×7-10-1400-特-光-右交	
链条规格	GB 5802—1986	

2.8.8 铁沟残铁开口机

2.8.8.1 **产品说明**

铁沟残铁开口机是高炉炉前的主要辅助设备之一。

2.8.8.2 **技术参数**

铁沟残铁开口机的技术参数见表2.8.9。

表2.8.9　铁沟残铁开口机的技术参数

参　　数	24m/21m炉顶探尺	8m/6m炉顶探尺
提升总高度/m	30	11.87
工作提升高度/m	26.62	8.97
提升质量/N	约2220	
提升速度/m·s^{-1}	0.6	
下降速度/m·s^{-1}	0.3	
电机功率/kW	2.2	
卷筒直径/mm	ϕ652	
全行程转数/转	12.4	5.08
钢绳规格	6 ×(37)+7×7-10-1400-特-光-右交	
链条规格	GB 5802—1986	

2.8.9　摆动流嘴装置

2.8.9.1　产品说明

摆动流嘴是大型高炉出铁场主要设备之一。本设备是在气动控制传动的摆动流嘴装置上发展而成。

2.8.9.2　产品构成

我公司的摆动流嘴装置，主要由液压传动机构、耳轴曲梁机构、铁水嘴等系统组成，如图2.8.5所示。

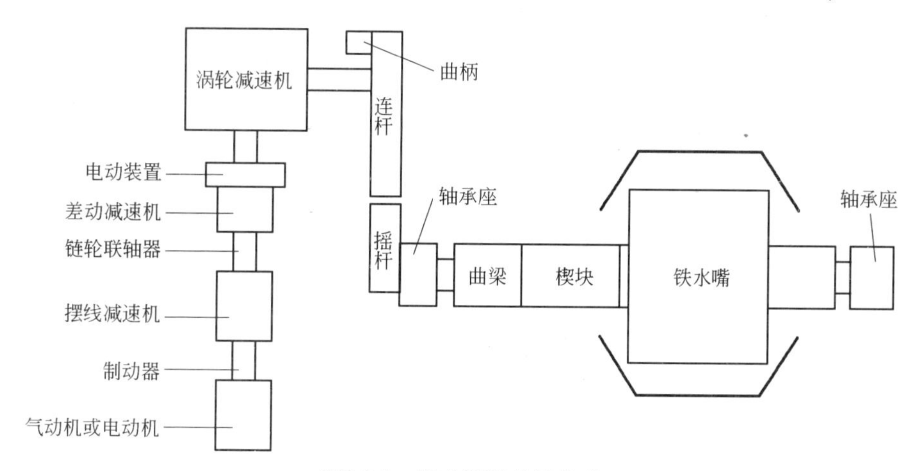

图2.8.5　摆动流嘴装置构成

2.8.10　风口及直吹管更换机

2.8.10.1　产品说明

风口及直吹管更换机是高炉的炉周围辅助设备，主要用于直吹管的更换和风口小套的拆装，如图2.8.6所示。由于炉周围空间的限制和环境的恶劣，要求该设备灵活可靠、操作简便、转位迅速、结构紧凑、力量大、耐高温及耐蒸汽浸蚀。

2.8.10.2　技术特征

（1）以3t叉车（林德）为设备的基础平台，由叉车完成设备的行走和转位，并由它提供动力。

（2）直吹管更换和风口小套的拆装分别由两个组件完成，它们分别是直吹管更换组件、风口拆装组件；各组件的上下和水平横移均由叉车架完成；各组件均以叉车架为安装基础，接口尽量一致。

图2.8.6　风口及直吹管更换机

（3）风口更换机的动力由气锤和液压缸产生，其气源由高炉现场提供，液压源由叉车提供。

（4）直吹管更换机能够将拆下的直吹管放置于风口平台上的指定位置，并可以从存放处取出新直吹管安装于相应位置，此过程无需其他辅助设备（如电动葫芦）。

(5) 风口小套拆下后能直接放在风口平台上，不需进行二次吊装。

(6) 风口小套拆卸的打击力以测试人工拆卸的测试数据为基础，根据冲击设备的特点进行配置。

(7) 为保证拆装的打击效率，拆装机应尽可能靠近风口。

(8) 风口安装机能直接将风口小套从风口平台上拾起并平稳可靠的安装于风口中套，且保证风口安装机组件退出后，风口不脱落。

2.8.11 烧结烟气脱硫成套设备

2.8.11.1 新型氨法烟气脱硫成套设备

A 产品说明

我公司开发有第一代单塔和第二代双塔氨法脱硫系统，见图2.8.7和图2.8.8。

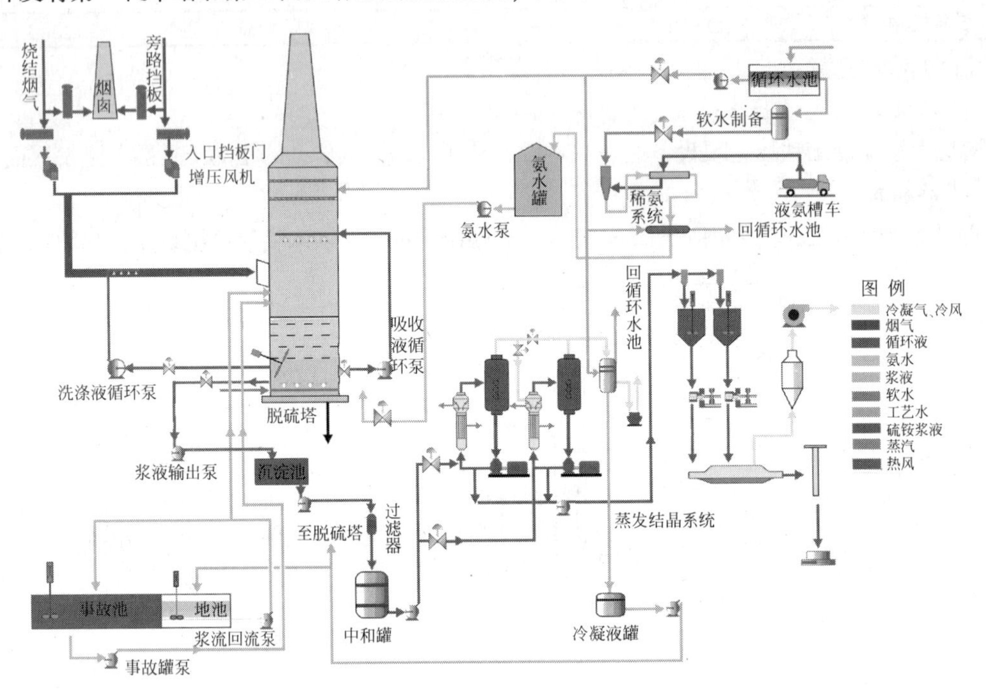

图2.8.7 单塔氨法脱硫系统流程示意图

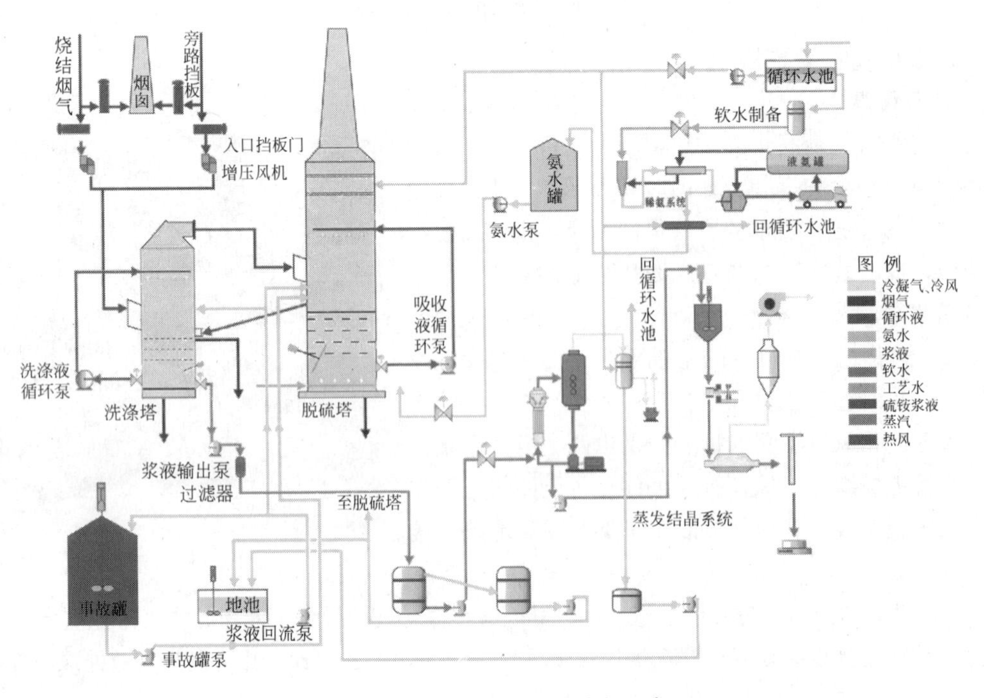

图2.8.8 双塔氨法脱硫系统流程示意图

B 技术参数

装置设计使用年限为20年以上，年运行≥8000h；

装置负荷适应范围 25%~120%；

脱硫效率 90%~99%；

出口烟气含尘量（标态）≤30~50mg/m³；

出口氨含量 ≤10ppmv；

产品硫铵满足国家标准：GB535—1995。

指标名称		指标
氮(N)含量(以干基计)/%	(≥)	20.5
水分含量/%	(≤)	1.0
游离酸(H_2SO_4)含量/%	(≤)	0.2

蒸汽消耗≤0.6t/t硫铵。

C 技术特点

脱硫塔根据具体的情况可以推荐逆流脱硫塔和并流脱硫塔。并流塔的设计气速可以高于逆流塔，配置的除雾器可以布置在出口烟道上，水平布置，设备更紧凑。逆流脱硫塔可以在脱硫塔上加烟囱直接排放脱硫净烟气，省去了烟气回原烟囱的烟道，减少了占地，同时也不会对原烟囱产生腐蚀，省去了对原烟囱的防腐。脱硫塔整体采用FRP，采用进口的原材料和先进可靠的现场机械缠绕机，制作施工快，可确保在2个月内整体就位，使用寿命确保20年以上，几乎不用维护。对于出口烟道和干湿交接烟道，采用防水和防腐蚀性能优良的高温FRP，也可以确保20年以上的使用寿命。

解决了氨的易挥发损失。在氨溢出损失的控制方面，创新设计了多段吸收塔以及并流吸收塔。在理论上确保离开脱硫塔的尾气氨含量为零，如图2.8.9所示。

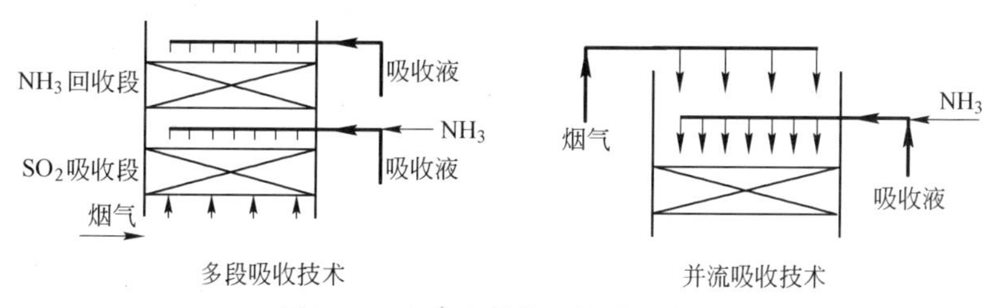

图2.8.9 多段和并流吸收塔示意图

解决了亚硫酸铵氧化的困难。从理论上，确定了亚硫酸铵氧化等同于O_2的化学吸收，据此提出的氧化反应器，可以确保氧化率大于95%~99%。

完善了硫铵结晶系统。在硫铵结晶方面，确定了杂质影响、细晶消除、晶粒分级的反应结晶方法，提出的结晶器兼有反应器的特点，称为反应结晶技术，形成了大颗粒的硫铵结晶体，结晶温度低，工艺简单，能耗低。

有效控制了亚硫铵气溶胶。通过形成机理的研究，合理控制了系统的温度、各物质的分压等因素确保不产生亚硫铵气溶胶。

D 应用情况

该系统已在云南玉溪钢铁公司、山东莱钢永峰钢铁公司等得到应用。

2.8.11.2 ***新型钙法烟气脱硫成套设备***

A 产品说明

该系统解决了原有电厂运行中出现的结垢、堵塞的问题，同时针对烧结烟气的特点提高了对烟气量、温度、含硫量的一系列烟气条件波动大、变化频繁的适应性，如图2.8.10所示。

B 技术参数

装置设计使用年限为20年以上，年运行≥8000h；

装置负荷适应范围 25%~120%；

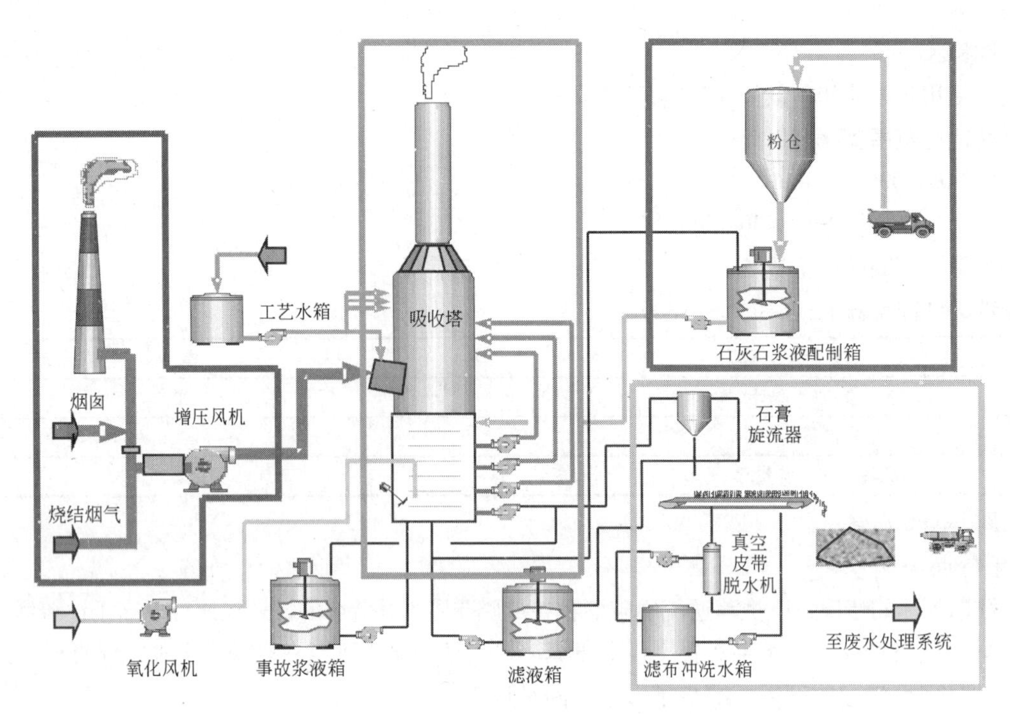

图2.8.10 钙法烟气脱硫系统流程示意图

脱硫效率 90%~99%；

出口烟气含尘量（标态）≤30~50mg/m³；

产品石膏满足国家标准。

C **技术优势**

采用完全空塔喷淋，系统阻力小于1000Pa，无结垢，无堵塞。

采用新型塔入口及塔内烟气分布，保证气液完全接触，大大降低液气比，可以达到液气比（标态）为行业12~15L/m³ 一半的6 L/m³。

采用计算机模拟喷嘴布置，保证每层喷淋浆液200%覆盖率，无死区。

对气体流量和进口SO_2含量的急剧变化，具有很好的适应能力，脱硫效率稳定达到≥95%。

针对烧结机烟气量波动较大的情况，研发了一套烟气量同步监控调节技术，随时跟踪主抽风机排出的烟气流量，使脱硫装置增压风机吸进的烟气量与烧结装置主抽风机排出的烟气量保持同步协调，完全消除了脱硫装置设置对烧结工艺带来的附加影响，使烧结、脱硫装置完全协调适配。该技术解决了“大马拉小车”现象，可使增压风机轴功率随流量的下降而大幅度降低，可以节省增压风机电能27%～70%，大大降低了增压风机的耗电量。

针对脱硫塔不同部位、系统不同介质条件的烟道及管道采用合适的防腐技术，确保系统长期稳定运行。

为了解决塔内结垢问题，研发了一套浆池结晶生成物控制方法，该方法不但很好地消除了吸收塔内壁结垢和管道堵塞问题，而且该控制方法下生成的石膏晶体大，有利于石膏脱水，能有效保证副产物石膏的含水量在10%以下。

D 应用情况

该系统已在河北钢铁承德分公司等得到应用。

2.8.11.3 密相塔烟气脱硫成套设备

A 产品说明

密相塔烟气脱硫技术是在喷雾干燥烟气脱硫技术基础上发展起来的。其设备采用“积木式”设计，投资费用低、占地面积小。其工艺不仅脱硫效率高（可达96%）、无废水产生，而且流程简单,运行可靠。

密相塔烟气脱硫技术常用的脱硫剂可以为$Ca(OH)_2$、CaO、$CaCO_3$，烟气经过预除尘进入反应器，脱硫剂与布袋除尘器除下的颗粒物混合后被提升至加湿器内，在此加水增湿使混合灰的水分含量从3%增加到5%，然后含钙循环灰被导入反应塔与烟气反应。反应后的烟气由干塔下部的出口进入布袋除尘器除尘，净化后的烟气通过烟囱排入大气。

特点：工程造价低，运行费用低，实用可靠。

B 技术参数

装置设计使用年限为20年以上，年运行时间≥8000h。

装置负荷适应范围 25%~120%。

脱硫效率 90%~99%。

出口烟气（标态）含尘量 ≤30~50mg/m^3。

C 技术优势

对含硫量波动的适应性强。系统设计时，充分考虑了SO_2含量的波动，系统最大循环倍率为200倍，通过安装在入口烟道上的SO_2在线监测系统的数据，可以调整循环倍率和加湿机加水量，来稳定出口SO_2含量。

充分利用脱硫灰的活性，最大限度的发挥系统的潜能，使脱硫灰与烟气充分接触，控制出口SO_2浓度。

为保证脱硫装置连续运行，在设备选型和管路设计时充分考虑最恶劣工况。

对烧结烟气量波动的适应性强。由于密相塔的脱硫灰是从塔的顶部加入的，与烟气同向而行，在脱硫岛内通过离心力和除灰栅格进行初步灰气分离，不存在类似循环流化床的“塌床”现象，设计中充分考虑了反应时间，留有足够的余量，可以适应30万~110万立方米/h烟气量的工况，同时，对烟气量短时间内大幅度的波动，也有极好的适应性。

对烧结烟气温度变化的适应性强。密相塔脱硫系统在理论上对温度的敏感性小于其他方法，自身可以适应一定程度的温度波动。增加塔入口烟气降温喷淋装置，强化降温作用。增大工艺水用量，也可以在一定程度上缓解温度剧烈波动。

对脱硫剂变化的适应性强。本设计中所要求的脱硫灰活性，仅仅是作为数据计算的依据，用时也是行业内的标准，在实践中发现脱硫灰活性大于60%，就可以满足工艺指标的要求。脱硫剂中总是存在一定数量的$CaCO_3$（俗称生烧），在循环过程中也可以得到利用。系统对脱硫灰的粒度没有太严格的要求，在设计中也充分考虑了加大颗粒的影响。

耐负荷冲击。耐烟气量变化冲击，从标况到工况，可达50%以上。耐含硫量冲击，可从400~4000mg/m^3。新料只从0.2t/h加到1.5t/h即可。而循环灰在260t/h以上，占比例很小。耐温度变化大，从110~180℃，温度涉及烟气风量和露点，极细的脱硫剂可吸收较多的水汽，在系统中起缓冲作用。烟尘含量变化，与循环灰相比占比例很小。

2.8.12 冷水底滤法水冲渣成套设备

2.8.12.1 *产品说明*

该系统工艺流程（如图2.8.11所示）如下：

（1）冲渣、粒化，将高炉熔渣冲制成水渣。高炉炉渣经熔渣沟流入粒化池（或冲渣沟），被从粒化器喷出的高速水流击碎、淬冷、粒化并在粒化池内进一步浸泡、淬化。

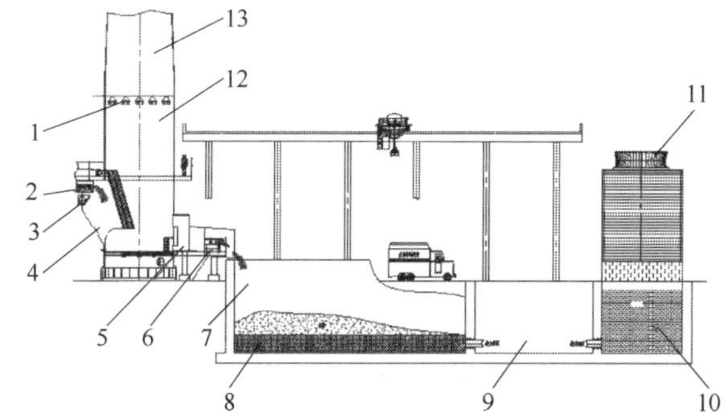

图2.8.11 冷水底滤水冲渣系统工艺示意图

1—粒化池冷凝喷淋装置；2—熔渣沟；3—粒化器；4—粒化池入口装置；5—粒化池出口装置；6—出口阀门；7—过滤池；8—过滤管；9—水泵房；10—储水池；11—冷却塔；12—水渣粒化池；13—烟囱

（2）过滤池过滤，实现渣水分离。淬化后的渣水混合物经出口装置（冲渣沟）、出口阀门流入工作过滤池，过滤池内的过滤层实现渣水分离，水渣停留在过滤层上；冲渣水穿过过滤层，进入过滤管。

（3）过滤后的冲渣水循环使用。过滤后的冲渣水经过滤管，由上塔泵打到冷却塔冷却，冷却后进入储水池，储水池内的水再由冲渣泵打到炉前继续冲渣循环使用。同时，冲渣泵定期将冲渣水打到过滤池过滤管内，对过滤管和滤层进行反冲洗，以防止过滤管的堵塞、板结，延长过滤管的使用寿命。

（4）水渣的抓取、运输。冲渣过程中，过滤池内进水量与水泵抽走水量相同，水位不高于过滤层，停留在过滤层上的水渣没有浸泡在水中，属于“干”水渣。通过桥式抓斗起重机将水渣抓走，根据生产需要，可以采用汽车、火车、胶带机外运水渣。由于水渣属于饱和含水，运输工程中不会出现有水溢出，污染道路。

(5) 冲渣水蒸气的处理措施。冲渣时，在粒化池内产生大量蒸汽，在粒化池内向上经烟囱高空排放。采用冲渣沟时，冲渣沟内设计水封式盖板，确保蒸汽不外溢，在冲渣沟上设计烟囱，将蒸汽高空排放。为了减少外排蒸汽量，用生产补充水向粒化池内（烟囱）喷淋。过滤池过滤时，进出过滤池的水量相同，过滤池内水位低于过滤层，几乎没有冲渣水，避免传统过滤池大量蒸汽外溢。

2.8.12.2 技术特点

冷水底滤法水冲渣工艺源于自来水厂砂滤原理，其最根本的优点在于是采用滤料利用地球重力物理过滤。相对于热水底滤法、沉淀法及各种机械过滤法，冷水底滤法水冲渣工艺优点如下：

(1) 过滤池内不存冲渣水，过滤池环保，无蒸汽、污水外排、环境友好。

(2) 过滤后的水渣属于饱和含水的“干”水渣，运输过程中没有水析出，不会污染道路，极大改善运输过程的环境。

(3) 过滤效果好、不需要二次沉淀、占地面积小、工艺流程简单。

(4) 过滤后水质洁净，水管及设备磨损小，不需要渣浆泵和耐磨钢管。

(5) 机械设备少、故障率低、可靠、服役时间超长。

(6) 冲渣水量小，动力消耗低。

(7) 运行成本低，对操作人员技术要求简单。

(8) 过滤后的冲渣水可直接采暖（采暖供水水温可达70℃），回收部分能量。

(9) 过滤池对熔渣渣量变化适应性好，渣量大时，无需分流出干渣。

(10) 过滤池内不存冲渣水，冲渣水存在储水池内，冲渣用水水量、水压不受过滤池板结影响，确保安全生产。

(11) 冷水冲渣水温低，不易结垢，过滤池滤料使用时间长。

(12) 两个过滤池一用一备，一个检修时，另一个可联系工作，安全、可靠。

(13) 工程投资低、可全自动运行、运行成本低。

(14) 水渣运输灵活，既可用皮带集中运输，又可就地装汽车外运。

2.8.12.3 应用情况

该系统已在津西钢铁、天津钢铁、天津无缝钢管等得到应用。

3 炼钢设备

3.1 中冶连铸技术工程股份有限公司

3.1.1 高效板坯连铸机

3.1.1.1 **武钢四炼钢两台250mm×1600mm双流板坯连铸项目**

基本半径：R=9m

铸坯规格：(210~250) mm×(800~1600) mm

定尺长度：5~12m

生产钢种：取向硅钢、无取向硅钢、船板钢、低中高碳钢、包晶钢、合金钢

设计产能：100×2万吨/年

为提高生产率而采用的设备及技术：

上装引锭杆装置缩短浇注准备时间；结晶器铜板长度900mm，窄面铜板呈抛物线状收缩来满足高拉速；

采用结晶器黏结性漏钢预报技术；

结晶器在线液压自动调宽；

铸流导向装置采用自动控制辊缝，提高辊缝精度、减轻更换厚度的劳动强度和缩短更换厚度的时间；

铸坯直接热装技术提高了生产效率并降低了能源消耗；

配备有完善的连铸机设备离线快速维修、试验、对中、检测设施及中间罐维修准备设施以保证连铸机的作业率。如图3.1.1、图3.1.2所示。

图3.1.1 武钢四炼钢两台250mm×1600mm双流板坯连铸项目（一）

图3.1.2 武钢四炼钢两台250mm×1600mm双流板坯连铸项目（二）

为保证铸坯质量而采用的设备及技术：

钢包下渣检测；

全程无氧化保护浇铸；

中间包内钢水液位控制与结晶器液面自动检测和自动控制；

配置结晶器电磁制动；

结晶器振动采用液压振动装置；

铸流导向装置从结晶器足辊起全部采用分节辊；

采用动态轻压下技术，减少中心偏析、中心疏松等缺陷；

采用二冷水动态控制；

二冷区电磁搅拌；

铸坯质量跟踪判定模型。

3.1.1.2 **邯钢250mm×1900mm板坯连铸项目**

基本半径：R=10m

铸坯规格：(180~250) mm×(1400~1900) mm

定尺长度：1.9~3.2m

生产钢种：优结钢、低合高强结钢、造船钢板、管线钢板、锅炉钢板、压力容器用钢板

桥梁及耐候钢板、汽车大梁用钢板

设计产能：112万吨/年

该板坯铸机由转炉供应钢水，用于宽厚板轧机直接供坯，特点是生产节奏快、作业率高，钢种多，是当时国内技术装备水平最高

图3.1.3 邯钢250mm×1900mm板坯连铸项目（一）

的宽厚板连铸机之一。该项目的成功投产对于当时邯钢淘汰落后产能、调整产品结构，从线材向优质板材转变产生了深远影响。

2010年9月，中冶连铸为这台板坯连铸机新增动态轻压下技术。作为解决中心偏析、中心疏松的有效技术手段，该项目的实施明显改善铸坯内部质量，同时减轻工人操作及维护强度。如图3.1.3、图3.1.4所示。

图3.1.4　邯钢250mm×1900mm板坯连铸项目（二）

3.1.1.3　**莱钢300mm×2100mm板坯连铸项目**

基本半径：R=10m

铸坯规格：200mm、250mm、300mm×(1230~2100) mm

定尺长度：7.2~12m

设计产能：150万吨/年

生产钢种：碳结钢、优碳钢、低合金钢、船板、管钢板、压力容器板、锅炉钢板、工程机械用钢、高强度高韧性钢板

原莱钢300mm×2100mm板坯连铸机是2005年投产使用的宽厚板坯连铸机，由国内某钢铁设计院设计。

2009年，中冶连铸技术人员对原有连铸机在4年生产实践中存在的问题进行了分析，针对连铸机拉速低、铸坯质量差等缺陷，在保持连铸机的设备布置、工艺流程不变的情况下，对连铸机关键设备及工艺技术进行高效改造。

图3.1.5　莱钢300mm×2100mm板坯连铸项目（一）

(1) 运用中冶连铸自主研发的液压振动技术，提高铸坯的表面质量。

(2) 采用动态二冷水技术，严格控制铸坯表面的温度分布，得到良好的晶相组织，提高铸坯的内部质量。

中冶连铸在改造项目组织安排上，协调好工程施工与原有连铸机生产的关系，最大限度的减少了两者之间的干扰及施工时间，改造施工仅仅停产7天，保证了工程进度和生产目标的实现。如图3.1.5、图3.1.6所示。

图3.1.6　莱钢300mm×2100mm板坯连铸项目（二）

3.1.1.4　**福建三钢250mm×1600mm板坯连铸项目**

基本半径：R=9.5m

铸坯规格：180mm、220mm、250mm×(1000~1600) mm

定尺长度：5~8.9m

生产钢种：碳结钢、优碳钢、低结钢、桥梁钢、压力容器钢、锅炉钢、船板钢、建筑结构钢

设计产能：100万吨/年

该项目投产标志着福建拥有了该省第一台板坯连铸机，不论在铸坯质量，还是在生产能力方面，均代表国产常规板坯的最高水平。如图3.1.7所示。

主要技术装备特点：

(1) 采用结晶器液面检测及自动控制系统；

(2) 采用结晶器液压振动（正弦、双正弦)；

(3) 采用结晶器调宽技术；

(4) 采用远程调辊缝及动态轻压下技术；

(5) 采用结晶器漏钢探测预报及控制系统；

(6) 三角或用户定义的波形；

(7) 采用二冷动态模型配水；

(8) 采用铸坯定尺优化技术。

图3.1.7　福建三钢250mm×1600mm板坯连铸项目

3.1.1.5　**山东富伦200mm×1000mm+300mm×2100mm双流板坯**

基本半径：R=10m

设计产能：155万吨/年

流数：2 铸坯规格 (150、180、200、250、300) mm×(700~2100) mm、(180、200) mm×(700~1000) mm

定尺长度：5~12m

生产钢种：普通碳素结构钢、优质碳素结构钢、低合金钢、管线钢、电工钢

本着先进、成熟、可靠的设计理念，该连铸机全面集成了结晶器液压振动、铸坯二次冷却水动态控制、铸坯凝固末端动态轻压下、铸坯质量跟踪与判定等一系列中冶连铸具有自主知识产权的板坯连铸新技术，以满足用户浇注优碳钢、低合金高强钢、管线钢、电工钢等高质量钢种的要求。连铸机采用基本半径R为10m的直弧形机型和连续弯曲、连铸矫直技术，设计年产量155万吨，可单流生产 (150~250) mm× (1100~2100) mm的宽厚板坯，为新建的厚板轧机供坯，也可双流生产 (180、200) mm×(700~1000) mm的中断面板坯，为既有的中宽带轧机供坯。连铸机生产的铸坯可通过热送系统向两条热轧生产线进行热送。

该项目的建设将对丰富用户产品结构、提高市场适应能力发挥显著作用。

3.1.1.6 山东隆盛钢铁250mm×2000mm板坯连铸机

基本半径：R=9m

流数：1

铸坯规格：(180、200、220、250) mm×(1400~2000) mm

定尺长度：5~12m

生产钢种：普碳钢、优碳结构钢、低合金高强度钢

设计产能：110万吨/年

该连铸机作为在中冶连铸总承包的第一台2000mm宽度板坯连铸，所采用的工艺、设备、三电控制系统及二级模型等都由中冶连铸自主研发、设计、制造，集成了结晶器液压振动系统、结晶器专家系统、结晶器液压调宽、动态二冷配水及动态轻压下、铸坯质量判定系统等先进技术。如图3.1.8、图3.1.9所示。

图3.1.8 山东泰钢250mm×2000mm不锈钢板坯连铸项目 (一)

图3.1.9 山东泰钢250mm×2000mm不锈钢板坯连铸项目 (二)

3.1.1.7 山东泰钢220mm×1600mm不锈钢板坯连铸项目

基本半径：R=9m

铸坯规格：(160、200、220) mm×(800~1600) mm

定尺长度：5~12m

生产钢种：不锈钢、碳结钢、低合高强结钢

设计产能：80万吨/年

备注：国内第一台动态轻压下板坯连铸机

鉴于不锈钢成分和凝固的特殊性，为了保证铸坯的表面及内部质量，这台不锈钢连铸机不仅需要有成熟可靠的设备作为保障，而且需要采用优化的工艺、规范的操作进行生产。

其中全程动态轻压下技术，是在国产板坯铸机上的首次运用，具有完全的自主知识产权。近5年的生产实践表明：该铸机的辊缝控制系统稳定可靠，铸坯质量优良，已经成功生产了奥氏体、铁素体、马氏体各系列的不锈钢板坯，标志着我国板坯铸机的设计、研发水平的新里程。如图3.1.10、图3.1.11所示。

图3.1.10 山东泰钢220mm×1600mm不锈钢板坯连铸项目 (一)

主要技术装备特点：

（1）采用直弧形机型，连续弯曲、连续矫直；

（2）采用结晶器液面自动控制装置；

（3）优化结晶器浸入式水口参数；

（4）采用结晶器漏钢预报系统；

（5）采用结晶器液压振动；

（6）采用二冷区电磁搅拌技术；

（7）动态二冷配水及动态轻压下；

（8）完善的维修设备及优化的工艺布置。

图3.1.11　山东泰钢220mm×1600mm不锈钢板坯连铸项目（二）

3.1.2　大方/圆坯、异形坯连铸机

3.1.2.1　湖北新冶钢4流410mm×530mm大方坯合金钢连铸项目

基本半径：R=16.5m

铸坯规格：410mm×530mm

定尺长度：4~6m

生产钢种：优碳钢、合结钢、弹簧钢、轴承钢、易切钢、齿轮钢、机械结构管、工程用管、石油套管、钻杆、高压锅炉，不锈钢、低碳高合金钢

设计产能：91万吨/年

备注：国内最大断面

该连铸机410mm×530mm铸坯断面为目前国内大方坯中的最大断面，也是国内最先进的连铸技术的具体应用。如图3.1.12、图3.1.13所示。

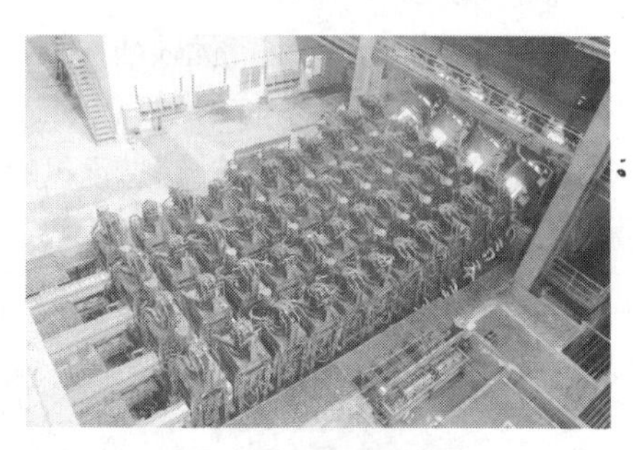

图3.1.12　湖北新冶钢4流410mm×530mm大方坯合金钢连铸项目（一）

主要技术装备特点：

（1）采用中间罐双通道感应加热技术；

（2）采用结晶器电磁搅拌技术，改善铸坯的表面、内部质量；

（3）采用凝固末端电磁搅拌技术，改善铸坯内部质量；

（4）采用高效抛物线专用结晶器，满足不同合金钢铸坯的收缩特性，提高冷却效率，降低拉坯阻力，结晶器维护工作量小；

（5）采用结晶器液面自动控制技术，实现恒拉速浇注；

（6）采用新型双单元板簧导向液压振动技术；

（7）采用气水雾化冷却，实现铸坯弱冷制度；采用二冷动态配水与轻压下技术，可以大大降低或消除铸坯的中心偏析与疏松；

（8）采用铸坯质量跟踪与判定系统；

（9）采用连续矫直技术，避免矫直裂纹的发生。

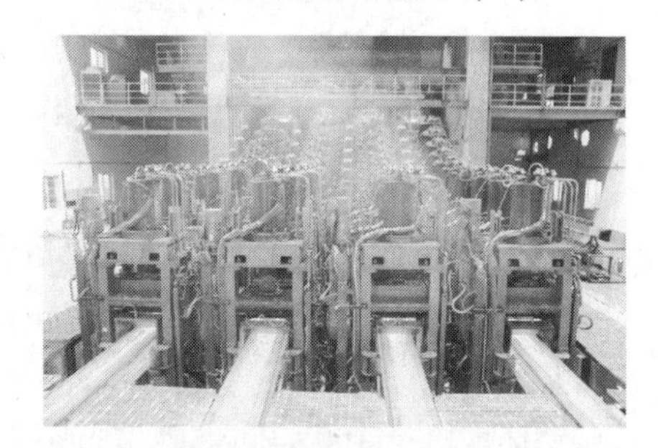

图3.1.13　湖北新冶钢4流410mm×530mm大方坯合金钢连铸项目（二）

3.1.2.2　武钢一炼钢5流320mm×480mm大方坯连铸项目

基本半径：R=12m

铸坯规格：250mm×280mm、280mm×380mm、320mm×420mm、320mm×480mm

定尺长度：3.7~8m

生产钢种：碳结钢、低合结钢、高碳钢、冷镦钢、齿轮钢、硬线钢、重轨钢、预应力钢丝

设计产能：110万吨/年

如图3.1.14、图3.1.15所示。大方坯连铸机机头的优化：

（1）连铸机结晶器与扇形段1段易于对中；

（2）机头更换简单，生产效率高；

图3.1.14　武钢一炼钢5流320mm×480mm大方坯连铸项目（一）

(3) 结晶器采用自动对中，铜板厚度较薄、磨损小并且易于更换；

(4) 结晶器液压振动装置；

(5) 无磨损板簧精确铸坯导向系统，确保了高精度导向、高度安全的操作和低成本维护；

(6) 振体质量轻；

(7) 振幅、振频和振动曲线能实现在线自动调整；

(8) 采用外置式结晶器电磁搅拌技术以细化晶粒，改善铸坯凝固组织，减少中心疏松和偏析；

(9) 采用动态二冷配水技术，可根据断面、钢种和目标表面温度，冷却水量可随拉速自动调整；

(10) 采用动态轻压下技术改善铸坯中心偏析。

图3.1.15 武钢一炼钢5流320mm×480mm大方坯连铸项目（二）

3.1.2.3 河北津西3流异形坯连铸项目

基本半径：R=12m

铸坯规格：555mm×440mm×90mm、750mm×370mm×90mm、1023.8mm×390mm×90mm

定尺长度：9~13.6m

生产钢种：碳结钢、桥梁结构钢、低合结钢、矿用钢、耐候钢

设计产能：107万吨/年

河北津西钢铁股份有限公司100万吨异型坯工程，是国内目前产能最大、市场占有率最高的异形坯生产线，断面规格目前为世界上最大之一（最大宽度达1024mm），代表了当今世界异形坯连铸技术的最高水平之一。如图3.1.16、图3.1.17所示。

图3.1.16 河北津西3流异形坯连铸项目（一）

该异形坯连铸机为近终形机型，铸坯断面更接近成品规格（大断面腹板厚度仅90mm），直接为后续万能型钢轧机轧制H型钢供应钢坯，减少了轧机轧制道次，是国际上采用新一代H型钢生产技术的第一条生产线。

图3.1.17 河北津西3流异形坯连铸项目（二）

主要技术装备特点：

(1) 采用中包水口保护浇注；

(2) 采用第三代板式组合结晶器，在线自动对弧；

(3) 采用结晶器双单元液压振动；

(4) 采用三段式扇形段，整体快速更换，自动接水，自动对中；

(5) 采用气水雾化冷却，自动配水；

(6) 采用4机架拉矫装置，连续矫直；

(7) 采用短节距引锭杆，自动密封；

(8) 采用仿弧切割火切机，大功率割焰；

(9) 出坯设备采用液压步进冷床，横向钩钢机，激光测距，行走、升降变频调节；

(10) 采用二级自动化控制系统。

3.1.2.4 东北特钢3流380mm×490mm大方坯连铸项目

基本半径：R=16.5m

铸坯规格：380mm×490mm

定尺长度：4~6m

生产钢种：碳素结构钢、工具钢、弹簧钢、低合金钢、轴承钢、不锈钢

设计产能：41万吨/年

主要技术装备特点：

(1) 采用自动加保护渣技术，防止钢水二次氧化形成夹杂物，配套大包下渣检测；

(2) 采用结晶器液压振动装置，在浇铸过程中可对振幅、振频和振动曲线进行动态调整，有利于提高铸坯表面质量；

(3) 采用内置式结晶器电磁搅拌及预留的凝固末端电磁搅拌，改善铸坯表面及内部质量；

(4) 采用动态轻压下技术，通过相关模型的计算，动态的确定铸坯的末端凝固区域。通过控制拉矫机辊缝实施动态轻压下，改善铸坯凝固末端附近的中心偏析；

(5) 采用淬火装置，在切前辊道上喷水冷却铸坯，防止热裂纹的出现。如图3.1.18、图3.1.19所示。

图3.1.18　东北特钢3流380mm×490mm大方坯连铸项目（一）

图3.1.19　东北特钢3流380mm×490mm大方坯连铸项目（二）

3.1.2.5　**南(京)钢3(5)流320mm×480mm大方坯连铸项目**

基本半径：R=12m

铸坯规格：320mm×480mm、ϕ450mm

定尺长度：4.5~7m

生产钢种：碳结钢、低合结钢、高碳钢、冷镦钢、齿轮钢、硬线钢、重轨钢、预应力钢丝

设计产能：106万吨/年

主要技术装备特点：

(1) 采用无足辊弧形板式结晶器；

(2) 采用结晶器液压振动；

(3) 采用三段形式铸坯导向段；

(4) 采用带有动态轻压下拉矫机组；

(5) 采用动态二冷配水及动态轻压下生产工艺软件。如图3.1.20、图3.1.21所示。

图3.1.20　南(京)钢3(5)流320mm×480mm大方坯连铸项目（一）

图3.1.21　南(京)钢3(5)流320mm×480mm大方坯连铸项目（二）

3.1.2.6　**莱钢6流260mm×300mm大方坯连铸项目**

基本半径：R=12m

铸坯规格：180mm×220mm、260mm×300mm

定尺长度：2.7~9.0m

生产钢种：合金钢、优碳钢、低合金钢

设计产能：120万吨/年

该铸机于2008年投产，自热试开始，动态二冷配水和动态轻压下在线控制模型便全程应用于生产并参与在线控制，在保证合金钢铸坯质量方面起到重要作用。如图3.1.22、图3.1.23所示。

图3.1.22　莱钢6流260mm×300mm大方坯连铸项目（一）

主要技术装备特点：

(1) 采用结晶器电磁搅拌装置，改善铸坯的表面质量及内部质量；

(2) 采用结晶器液压振动系统；

(3) 采用大弧形半径和连续矫直技术，避免矫直裂纹的发生；

(4) 采用二冷水动态控制技术和铸坯凝固末端动态轻压下技术。

图3.1.23　莱钢6流260mm×300mm大方坯连铸项目（二）

3.1.2.7　凌钢5机5流405mm×510mm大方坯连铸机

基本半径：R=16.5m

流　　数：5

铸坯规格：405mm×510mm、300mm×360mm

定尺长度：4~6m

生产钢种：优碳钢、合结钢、轴承钢、齿轮钢

设计产能：120万吨/年

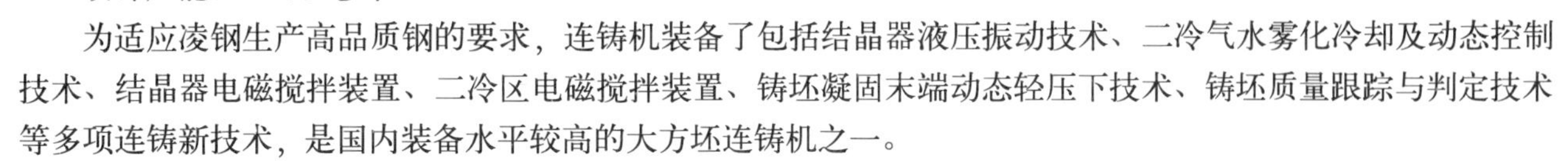

为适应凌钢生产高品质钢的要求，连铸机装备了包括结晶器液压振动技术、二冷气水雾化冷却及动态控制技术、结晶器电磁搅拌装置、二冷区电磁搅拌装置、铸坯凝固末端动态轻压下技术、铸坯质量跟踪与判定技术等多项连铸新技术，是国内装备水平较高的大方坯连铸机之一。

主要技术装备特点：

(1) 采用全程密封的无氧化保护浇注系统，防止钢水二次氧化；

(2) 采用钢包称重、钢包下渣检测、中间罐称重设施，监控钢包、中间罐钢水重量，减少大包下渣，稳定中间罐液面；

(3) 采用大容量深液位中间罐，优化中间罐流场，保证钢水温度均匀，促进夹杂物上浮。中间罐钢水温度测量采用连续测温；

(4) 采用钢包、中间罐升降装置，便于采用内装式浸入式水口及水口区的操作；

(5) 采用结晶器液面自动控制技术，实现恒拉速浇注操作，保证铸机生产的热态稳定性，避免非金属夹杂的卷入和表面裂纹的发生，降低拉漏的发生率，保证铸坯的外形尺寸，从而提高铸坯表面质量与生产效率；

(6) 采用结晶器电磁搅拌，改善铸坯的表面、内部质量；

(7) 采用凝固末端电磁搅拌装置和凝固末端动态轻压下技术，改善铸坯内部质量；

(8) 采用气水雾化冷却，实现铸坯弱冷制度；采用密排喷嘴布置，减小铸坯回温；

(9) 采用二冷动态配水模型，提高铸坯的冷却均匀性，提高生产可靠性，改善铸坯质量；

(10) 采用结晶器液压振动技术，便于优化振动曲线，振动参数在线可调；

(11) 采用连续矫直技术，避免矫直裂纹的发生；

(12) 采用高效抛物线专用结晶器，满足不同合金钢铸坯的收缩特性，提高冷却效率高，降低拉坯阻力，结晶器维护工作量小；

(13) 采用铸坯质量跟踪及判定技术，有利于保证热送铸坯的质量，提高轧材收得率。

(14) 完善的线外维修设施，保证设备高作业率。

3.1.2.8　包钢3机3流异形坯兼容大方坯连铸机工程

基本半径：R=12m

流　　数：3

铸坯规格：350mm×290mm×100mm(BB1)、555mm×440mm×105mm(BB2)、730mm×370mm×90mm（BB3）、1024mm×390mm×120mm(BB4）；280mm×380mm、319mm×410mm

定尺长度：4~13.6m

生产钢种：碳素结构钢、桥梁结构钢、低合金结构钢、钢板桩、耐候钢

设计产能：100万吨/年

包头钢铁有限公司R12m3机3流1024mm×390mm×120mm异形坯/大方坯兼容连铸机工程，这也是目前世界上产品规格最大、覆盖面最广的异形坯连铸机之一。该铸机不仅可以生产世界上最大的H型钢,同时还可完美兼容319mm×410mm大方坯的生产，实现了包钢产品的多样化。该项目的实施标志着中冶连铸在国内异形坯领

域占据领导地位。

主要装备技术特点：

(1) 采用“蝶”式回转台，两侧钢包臂可独立升降；配备了钢包称重、中间罐称重装置，可实时监控钢包、中间罐内钢水质量，减少大包下渣，稳定中间罐液面；

(2) 采用半门型中间罐车，液压马达行走，依靠带位移传感器的油缸可实现中间罐的整体升降与横移，便于水口的安装、对中及操作；

(3) 采用大容量、高液位中间罐，延长钢水在中间包内的停留时间；通过设置湍流抑制器、挡渣墙、坝等来优化中间罐内流场，减小各流之间温差，有利于夹杂物的上浮去除；

(4) 采用结晶器液面自动控制技术，实现恒拉速浇注操作，保证铸机生产的热态稳定性；

(5) 弧形板式结晶器；

(6) 采用了均压配水系统，能获得稳定流量的结晶器冷却水，可保证初生坯壳冷却均匀；

(7) 结晶器采用自动对中，铜板厚度较薄、磨损小并且易于更换和二次加工，可降低投资费用；

(8) DYNAFLEX液压振动装置；

(9) 紧凑式铸坯导向装备；

(10) 单机架拉矫装置（WSU）；

(11) 由钩钢机、步进冷床、铸坯称重单元、喷号机、试样切割机等组成的出坯系统，可自动实现单根异型坯均匀冷却后下线，并实时记录下线铸坯重量与标号，可大大减轻工人的劳动强度；

(12) 动态二冷配水：通过2级系统提供的铸坯断面、钢种和目标表面温度，冷却水量可随拉速自动调整，能提高铸坯的冷却均匀性和生产可靠性，改善铸坯质量。

3.1.3 多流数优质钢高效小方坯连铸机

3.1.3.1 宣钢1500轧钢工程2号12流方坯连铸项目

宣钢1500轧钢工程2号12流方坯连铸机（见图3.1.24）是中冶连铸在宣钢总承包的第三台12流连铸工程，它们是迄今为止世界上流数最多的方坯连铸机。

该项目是国内首次在小方坯连铸机上采用动态轻压下技术。使国内传统小方坯连铸机技术上升到一个新的台阶。

图3.1.24 宣钢1500轧钢工程2号12流方坯连铸项目

基本半径：R=10m

铸坯规格：150mm×150mm、165mm×165mm

定尺长度：12m

生产钢种：普碳钢、低合金钢、优碳结钢、焊接用非合金钢、焊接用低合金钢、钢丝用非合金钢、合结钢、冷镦盘条

设计产能：200万吨/年

主要技术装备特点：

(1) 采用内置式结晶器电磁搅拌系统，改善铸坯质量；

(2) 采用末端电磁搅拌系统，提高铸坯内部质量；

(3) 采用多机架密排辊布置拉矫机，实现铸坯动态轻压下；

(4) 采用新型数字缸驱动结晶器振动，实现电动非正弦模式，改善铸坯质量；

(5) 采用气水雾化冷却，动态二冷配水，能使铸坯得到合理有效的冷却；

(6) 采用结晶器自动加保护渣装置；

(7) 采用钢包下渣自动检测系统，防止钢水卷渣，改善铸坯质量，降低工人劳动强度。

3.1.3.2 常州中天10流合金钢方坯连铸项目

该项目是继宣钢3台12流连铸机后，中冶连铸总承包的又一台10流以上工程，配置有目前小方坯连铸领域所能采用的绝大部分先进技术和工艺。如图3.1.25所示。

图3.1.25　常州中天10流合金钢方坯连铸项目

基本半径：R=10m

铸坯规格：160mm×160mm、200mm×200mm

定尺长度：6~12m

生产钢种：碳素结构钢、优碳钢、低合金钢、焊接用钢、弹簧钢、冷镦钢、轴承钢

设计产能：145万吨/年

主要技术装备特点：

（1）采用结晶器电磁搅拌和凝固末端电磁搅拌技术，提高铸坯表面质量和内部质量；

（2）结晶器振动装置采用电动缸驱动，实现振幅实时调节、高频小振幅振动、非正弦振动等技术，避免振动参数配置不当对铸坯质量的影响；

（3）采用二冷配水动态控制系统，提高铸坯的冷却均匀性，提高生产可靠性，改善铸坯质量。

3.1.3.3　**邯钢1号、2号8流方坯连铸项目**

基本半径：R=10m

铸坯规格：150mm×150mm、200mm×200mm

定尺长度：6~12m

生产钢种：钢帘线、胎圈钢丝、预应力钢丝钢绞线、焊丝、焊条、优质冷镦钢

设计产能：125×2万吨/年

主要技术装备特点：

（1）采用8流整体单中间罐技术，降低耐材吨钢成本；配合中间罐流场和温度数学模拟技术，优化改善夹杂物上浮条件，提高钢水温度均匀性；

（2）采用二冷动态配水模型，提高铸坯的冷却均匀性，提高生产可靠性，改善铸坯质量；

（3）采用非正弦振动方式，减轻铸坯表面振痕，改善铸坯表面质量；

（4）采用M-EMS+F-EMS技术，增加等轴晶率，减少中心偏析与疏松的形成，避免夹杂物的富集；

（5）采用铸坯质量跟踪与判定系统，对生产数据、过程数据、成品质量数据进行检查及分析，不断调节与控制工艺参数，提高铸坯质量管理水平。如图3.1.26、图3.1.27所示。

图3.1.26　邯钢1号、2号8流方坯连铸项目（一）

图3.1.27　邯钢1号、2号8流方坯连铸项目（二）

3.1.4　板坯连铸设备

3.1.4.1　板坯组合式结晶器

（1）产品简介。

结晶器用于铸坯的一次冷却。液态金属通过铜板的冷却，以形成适当厚度的凝固坯壳。

中冶连铸（CCTEC）开发设计了各种型式的板坯结晶器，厚度规格从135~300mm，宽度规格从500~2100mm。

中冶连铸在结晶器方面成功研发的技术包括结晶器专家系统、结晶器漏钢预报、结晶器液压调宽、结晶器流场大涡模拟等。

（2）设备结构。

板坯结晶器可分为分体式（见图3.1.28~图3.1.31）和整体框架式（见图3.1.32）。结晶器的调宽型式有：机械调宽、液压调宽和电机调宽。机械调宽可分为手动丝杆调宽和垫片调整式调宽。

结晶器由支撑框架、铜板、背板装配、宽边夹紧装置、窄边调整装置及顶丝装配、足辊、冷却水及喷水配

管、润滑配管等组成。所有铜板背面布置有密集的水缝，供冷却水通过。

分体式结晶器的支撑框架由外弧框架、内弧框架、游动框架和固定框架组成，如图3.1.28~图3.1.31所示。支撑框架内有冷却水通道。

整体框架式结晶器的支撑结构左右两侧连接在一起，形成整体框架，内外弧水箱安装在它上面，如图3.1.32所示。

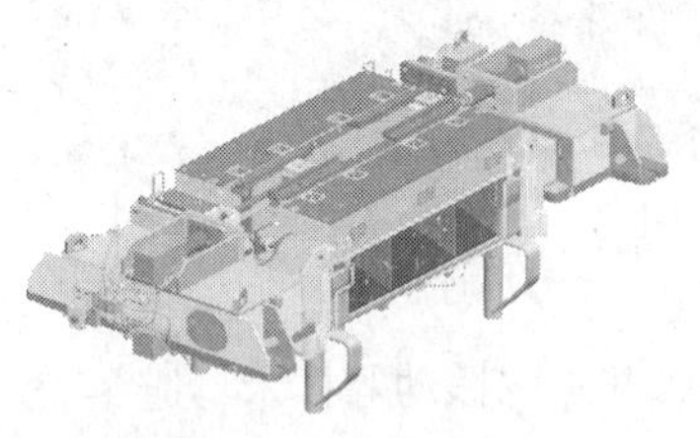

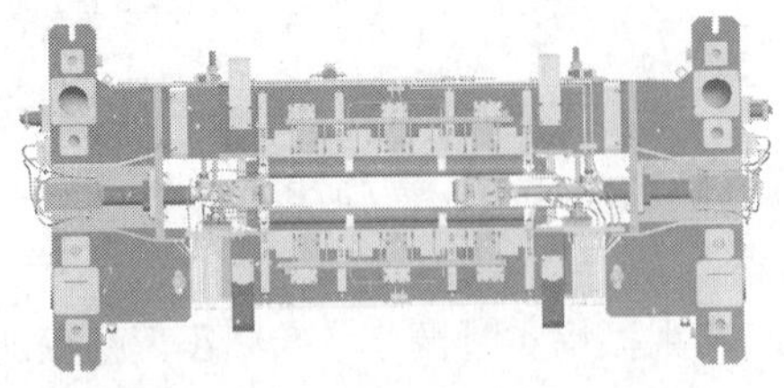

图3.1.28 分体式结晶器（液压调宽）

图3.1.29 分体式结晶器（机械手动丝杆调宽）

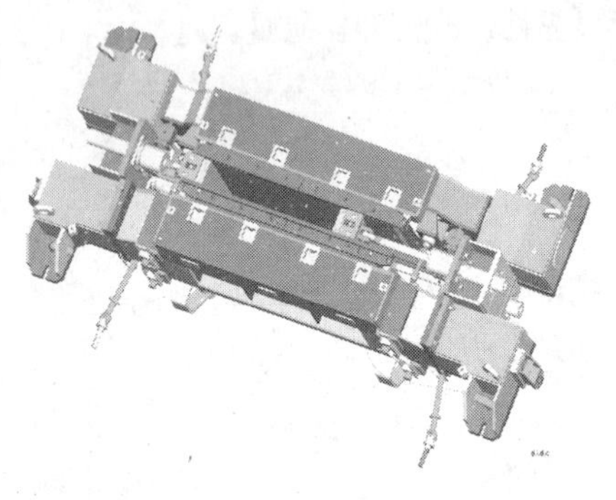

图3.1.30 分体式结晶器（电机调宽）

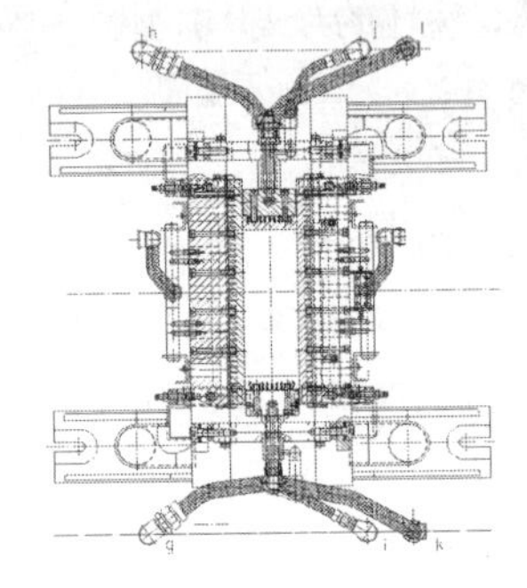

图3.1.31 分体式结晶器（垫片调整式调宽）

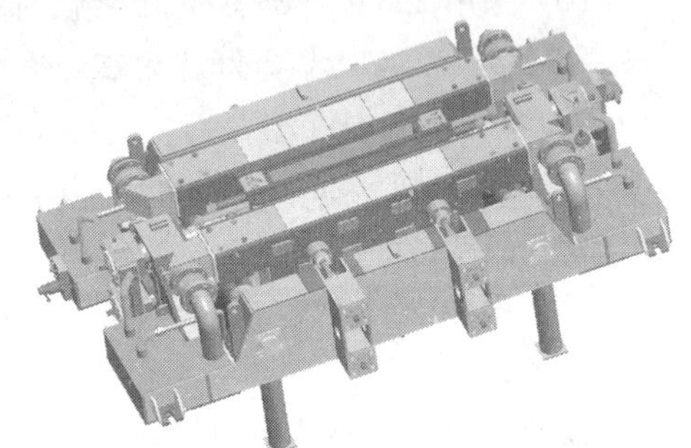

图3.1.32 整体框架式结晶器

（3）工作原理。

板坯结晶器由内外弧和左右两侧铜板组成特定尺寸的矩形腔体，从中间罐流入的钢水与铜板接触后，被快速冷却，凝结成壳，随着拉坯运动，坯壳向下移动，并逐渐增厚，到出结晶器下口时，其厚度足以抵抗钢水静压力不会撕裂。

板坯结晶器通过更换不同宽度的窄面铜板来改变浇注铸坯的厚度，通过调宽机构推动，改变窄面铜板位置，可以更改浇注铸坯的宽度。

（4）性能特点。

直结晶器具有以下优点：

1）平直铜板，冷却均匀，坯壳生长均匀，有利于提高铸坯质量，且不易发生漏钢。

2）直铜板加工和调节简便。

3）避免了夹杂物向内弧聚集。

4）简化了结晶器与弯曲段之间的对弧调节。

板坯组合式结晶器具有以下优点：

1）结晶器就位后自动对中。

2）结晶器就位后冷却水自动接通。

3）窄面足辊装配设有碟簧组，可预防过载。

4）结晶器带脚，不需要结晶器存放台。

（5）主要技术参数（见表3.1.1）。

表3.1.1 主要技术参数

板坯规格	宽400~2100mm，厚135~300mm
铜板尺寸	高900~950mm，厚42mm
铜板材质	Cu-Zr-Cr; 表面镀Ni-Fe
夹紧机构	碟簧夹紧，液压缸松开
调宽驱动	液压/机械手动/机械电动
调宽方式	在线（冷）热调宽
结晶器漏钢预报	按工艺需求设置
结晶器特殊要求	按工艺要求，可以安装结晶器电磁搅拌及电磁制动

（6）选型原则。

整体框架式结晶器质量较重，结构复杂，一般为旧连铸机使用。分体式结晶器因设备质量轻，适合各种新建连铸机使用。

（7）典型项目应用情况。

整体式结晶器在酒泉板坯、三明、凌源、泰山、津西、海鑫、沧州中铁、西城特钢等多台板坯连铸机上成功应用，设备运行稳定。

分体式结晶器在武钢二炼钢1号及2号板坯、邯郸、武钢新二炼钢、泰山不锈钢、莱芜、沧州中铁、山东隆盛等多台板坯连铸机上成功应用，设备运行稳定。

3.1.4.2　**结晶器液压振动装置**

（1）产品简介（专利号：ZL200520095869.5）。

结晶器振动装置是连铸机中的一个重要设备。为了防止结晶器内钢水在凝固过程中与铜板发生黏结而出现粘挂拉裂或拉漏事故，振动装置带动结晶器按振动曲线周期性振动，改变钢液面与结晶器壁的相对位置以便于脱坯，同时，通过保护渣的加入，减少黏结的可能。

中冶连铸（CCTEC）液压振动装置为板簧导向，铸流侧两个独立单元的形式，可以实现在线正弦、非正弦振动，减小铸坯表面振痕深度，提高铸坯表面质量；可以减少粘钢漏钢事故的发生。

（2）设备结构。

板坯液压振动装置由两片振动单元组成，布置在铸流的两侧。每片振动单元主要由配有伺服阀、位置传感器的液压缸、全板簧无磨损振动导向系统、带结晶器支撑、对中和固定装置的振动台、水/气自动连接系统组成，如图3.1.33所示。

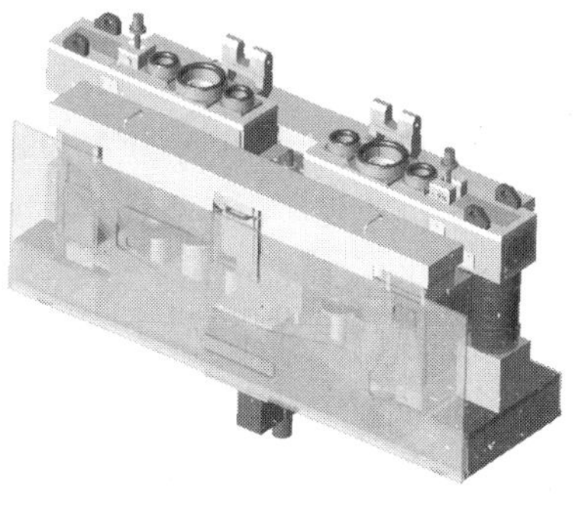

图3.1.33　两片式液压振动装置
（其中一个单元）

（3）工作原理。

结晶器液压振动技术，是利用液压缸的往复运动来实现结晶器振动的一项新技术。

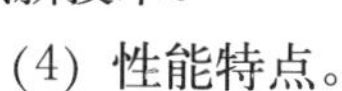

（4）性能特点。

与传统的机械振动相比，液压振动技术具有下述优点：

1）可在线调节结晶器振动的波形、频率和振幅，选择最佳的振动特性参数，在不同钢种和拉速组合下均可获得最佳的铸坯表面质量。

2）以液压缸取代了传统机械振动系统中复杂的传动系统和振动发生装置，设备组成大大简化，因而大大减轻了设备维修工作量。

3）由于振动装置大大简化，可方便结晶器、弯曲段的在线检查维护。

4）振动导向采用无摩擦导向技术。

5）结晶器在振动装置上就位后，各冷却水路自动连通。

（5）主要技术参数（见表3.1.2）。

表3.1.2　主要技术参数

形　式	液压振动
振动频率	25~300次/min
振动行程	2~12mm，可在浇注过程中随时调节
振动波形	正弦、非正弦
波形非对称性	最高 80%，取决于波形
液压缸行程	50mm
X向精度（水平，浇铸方向）	≤0.15mm
Y向精度(水平，垂直于X方向)	≤0.15mm
Z向精度(竖向，缸的行程)	行程的3%

（6）选型原则。

两片式板坯液压振动装置，适用于所有断面的板坯连铸机，设备结构极其简单，通用性强，适合新上的连铸机。

此外还有机械式的四偏心正弦振动装置，由于其设备结构复杂笨重，维修麻烦，不能在线调振幅等缺陷，目前新上的连铸机已很少用，主要是一些老的连铸机上还在用。

(7) 典型项目应用情况。

两片式板坯液压振动装置在凌源板坯、津西、海鑫、冷水江博大、泰山不锈钢、莱芜、沧州中铁、西城特钢、承德、山东隆盛等多台板坯连铸工程上成功应用，运行效果良好。

3.1.4.3 弯曲段

(1) 产品简介。

弯曲段用于直弧形板坯连铸机，位于结晶器和1号扇形段之间，将从结晶器出来的铸坯经过一段垂直部分，连续弯曲后过渡到弧形扇形段。

(2) 设备结构。

弯曲段主要由内外弧框架、辊子装配、夹紧及定位装置、水气及润滑配管、漏钢保护板等组成，如图3.1.34所示。

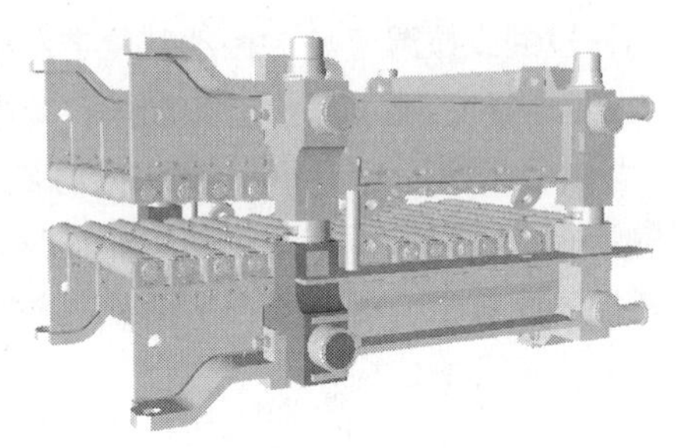

图3.1.34 弯曲段

(3) 工作原理。

弯曲段的内外弧辊子分别固定在内外弧框架上，通过辊缝夹紧装置连接，形成一个具有特定尺寸的辊缝通道，对铸坯进行夹持和引导，防止因钢水静压力引起鼓肚变形或造成漏钢事故。辊缝调节通过调节辊缝夹紧装置内的定距块实现，满足生产不同厚度铸坯的需要。

(4) 性能特点。

此结构形式的弯曲段具有以下优点：

1) 弯曲段自动定位在振动基础框架及扇形段支撑结构件中。

2) 采用带螺纹拉杆和螺母连接内弧框架和外弧框架，辊子开口度通过垫块调整。

3) 无侧框架，设备维修方便。

4) 结构坚固，刚性好。

5) 铸坯连续弯曲应力小。

6) 优化了辊径和辊距，鼓肚变形小。

7) 弯曲段就位后，各冷却水路自动接通。

8) 弯曲段可与结晶器整体吊装。

9) 弯曲段带脚，不需要存放架。

(5) 主要技术参数（见表3.1.3）。

表3.1.3 主要技术参数

板坯宽度/mm	500~2100
板坯厚度/mm	135~300
辊缝调节方式	定距块
辊子形式	分节辊
辊子和轴承座冷却方式	通过二次冷却水进行冷却

(6) 选型原则。

弯曲段设备属于通用设备，适合各种直弧形中等厚度薄板坯、常规和特厚板坯连铸机。

(7) 典型项目应用情况。

弯曲段设备在酒钢板坯、三明、海鑫、泰山、邯郸、凌源、沧州中铁、山东隆盛等多台板坯连铸机上成功运用，设备运行稳定。

3.1.4.4 扇形段

(1) 产品简介。

扇形段位于连铸机的弧形区，用于对铸坯进行支撑导向，并对铸坯进一步冷却，使其完全凝固。扇形段采用收缩辊缝技术，保证对铸坯提供最佳的支撑状态，防止铸坯内裂。

扇形段驱动辊的作用是拉坯和上引锭杆，一般上下辊均带驱动，扇形段1和2根据工艺条件采取不驱动或仅上辊驱动。

(2) 设备结构。

扇形段由内外弧框架、辊子装配（自由辊和驱动辊）、辊缝调节装置、上驱动辊升降装置、喷嘴及喷嘴支架、冷却水配管、液压配管和润滑配管、密封板等组成，如图3.1.35所示。

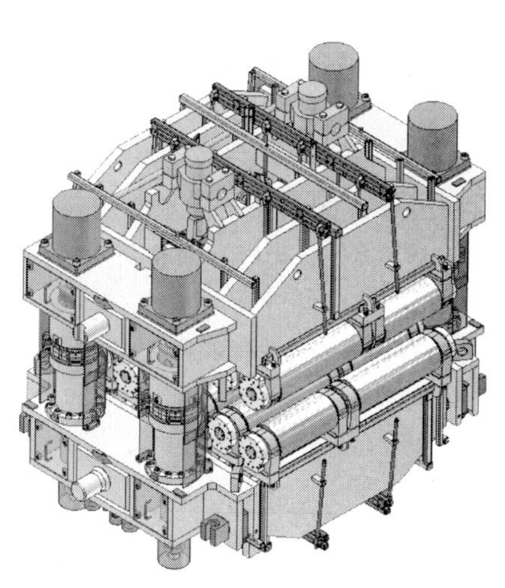

图3.1.35 扇形段

扇形段驱动由交流变频电机、硬齿面行星齿轮减速机、联轴器、外置式制动器等组成，不含在图3.1.35中。

可安装辊式电磁搅拌系统。

(3) 工作原理。

扇形段内弧辊和外弧辊组成的辊缝，用来引导和夹持铸坯，防止铸坯鼓肚，同时也用来送引锭杆。扇形段辊缝通过辊缝调节装置（夹紧装置）进行调节，以适应生产不同厚度铸坯的需要。辊缝调节装置由液压缸进行驱动。

扇形段辊缝调节装置采用带位移传感器的液压缸，可实现远程调辊缝和静态轻压下，在配置相应的计算机软件后，可实现动态轻压下。

扇形段上驱动辊固定在升降梁上，由1个或2个液压缸进行升降驱动。拉坯或送引锭杆时，由升降液压缸通过上驱动辊将铸坯或引锭杆压紧，通过扇形段驱动装置进行驱动。

(4) 性能特点。

此结构形式的扇形段具有以下优点：

1) 夹紧装置采用导向柱子方式，无侧框架，设备检修方便。

2) 扇形段通过基础框架上的4个螺柱固定，安装方便可靠。

3) 扇形段下框架两侧设有接水装置，设备就位后二冷水气及设备冷却水自动通过基础框架连通。

4) 可在线检查扇形段间的对弧。

5) 优化了辊径和辊距，鼓肚量小。

6) 结构坚固、刚性好。

7) 扇形段夹紧缸上设有释压阀，可防止设备过载。

8) 设备带脚，便于存放，不需要存放架。

(5) 主要技术参数（见表3.1.4）。

表3.1.4 主要技术参数

板坯宽度/mm	500~2100
板坯厚度/mm	135~320
辊缝升降方式	液压缸
扇形段驱动辊升降方式	液压缸
辊缝调节方式	定距块或位移传感器
辊子形式	分节辊
辊子数量	一般7对（其中1对为驱动辊）
辊子和轴承座冷却方式	内冷

(6) 选型原则。

扇形段设备属于通用设备，适合各种中等厚度薄板坯、常规和特厚板坯连铸机。

(7) 典型项目应用情况。

扇形段设备在酒钢板坯、三明、海鑫、泰山、邯郸、凌源、沧州中铁、山东隆盛等多台板坯连铸机上成功运用，设备运行稳定。

3.1.4.5 引锭杆存放装置

(1) 产品简介。

引锭杆存放装置的作用是在引锭杆与铸坯脱离后（通过脱锭装置实现引锭杆与铸坯的脱离），及时把引锭杆收存离开辊道，并在下一次浇铸前，把引锭杆再次送进铸机。板坯引锭杆存放方式分为上装式和下装式两种。

(2) 设备结构。

上装式引锭杆存放装置特征是将引锭杆从结晶器上口装入，由引锭杆车、脱锭装置、导向装置、提升装置等组成，如图3.1.36所示。

下装式引锭杆存放装置特征是将引锭杆从结晶器下口装入，由机架、引锭杆小车、小车传动装置和引锭对中装置等组成，如图3.1.37所示。

(3) 性能特点。

上装式引锭杆存放装置有以下优点：

1) 浇铸准备时间短，在拉坯还没有结束时就可以进行引锭杆的插入。

2) 利用引锭杆自重插入结晶器，引锭杆不会跑偏。

下装式引锭杆存放装置有以下优点：设备占地小，投资省，质量轻，操作维护简单，工作可靠。

(4) 工作原理。

下装式引锭杆存放装置工作原理：在准备浇铸时，传动装置通过联结轴上的链轮链条拉动移送小车顺斜度为约15°的轨道将引锭杆横移到切割后辊道上，并自动完成对中。切割后辊道起动逆向运转，将引锭杆送到扇形段中。移送小车在切割后辊道处等待接收引锭杆。开浇后，脱离铸坯的引锭杆被快速送到切割后辊道上的设定位置，切割后辊道停止运转，引锭杆存放装置电机启动，将处于等待位置的移送小车拉动托起引锭杆，沿轨道侧移到引锭杆存放位置停下并锁定，完成接收存放引锭杆动作。

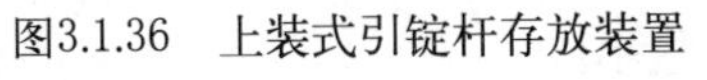

图3.1.36 上装式引锭杆存放装置

图3.1.37 下装式引锭杆存放装置

(5) 主要技术参数（见表3.1.5和表3.1.6）。

上装式引锭杆存放装置主要技术参数见表3.1.5。下装式引锭杆存放装置主要技术参数见表3.1.6。

表3.1.5 上装式引锭杆存放装置主要技术参数

提升装置:	
提升驱动	电动卷扬
提升高度	按浇铸平台高度
提升速度/m·min^{-1}	0~5
引锭杆车	
走行速度/m·min^{-1}	0~15
链条移送速度/m·min^{-1}	0.5~5

表3.1.6 下装式引锭杆存放装置主要技术参数

形　式	斜桥小车侧存放式
驱动方式	电动
对中方式	液压缸
导轨斜度/(°)	约15
小车走行速度/m·min^{-1}	约10

(6) 选型原则。

上装式引锭杆存放装置设备复杂，需要较大的浇铸平台面积，提升装置提升引锭杆时，速度要求与拉速同步，电气控制系统比较复杂。相对下装式引锭杆存放装置，投资较大。要求连铸机有较高的作业率，投资预算许可时，选用该设备。

下装式引锭杆存放装置安全可靠，结构简单，输送引锭杆时定位性较好。对开浇准备时间没有太高要求的板坯连铸机，均可选用。近年来，除有特殊要求外，国内连铸机一般多采用下装式。

(7) 典型项目应用情况。

上装式引锭杆存放装置已经在武钢二炼钢和武钢新二炼钢四台板坯连铸机上应用，运行状况良好。

下装式引锭杆存放装置已经广泛应用在川威板坯、酒泉、玉溪、三明、海鑫、泰山、邯郸、凌源、沧州中铁、西城特钢、山东隆盛等多台板坯连铸机上，设备运行稳定。

3.1.4.6 出坯系统设备

根据连铸机的出坯节奏、下线方式（单块或多块），可以选择不同的出坯系统设备。

铸坯下线和上线设备主要有推钢机、垛板台等。

铸坯热送设备主要有横移台车、转盘、升降辊道等。

当出坯中心线和热送中心线平行但与某一流有一定的距离（不在一条线上）时可通过横移台车实现热送。

当出坯中心线和热送中心线垂直或有一定的角度时可通过一字转盘实现热送。

当出坯辊面和热送辊面标高不同时，可选择升降辊道实现热送。

(1) 推钢机和垛板台。

1) 产品简介。

推钢机和垛板台通常配合使用于板坯的下线，如图3.1.38所示推钢机和垛板台分别布置在下线辊道的两侧。推钢机和铸坯存放台（或垛板台）配合使用于铸坯的上线，如图3.1.39所示推钢机和铸坯存放台（或垛板台）布置在上线辊道的一侧。

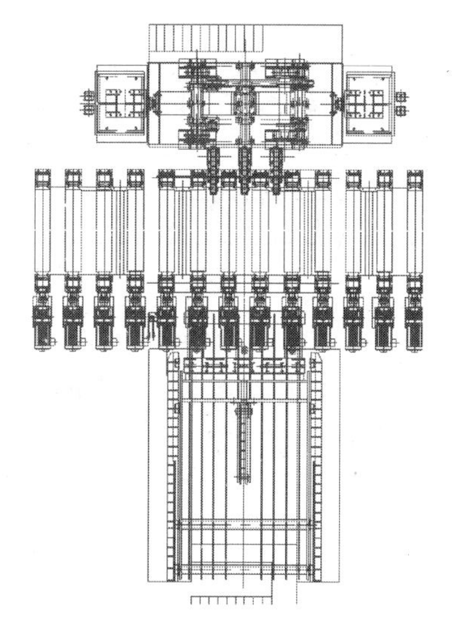

图3.1.38 推钢机和垛板台

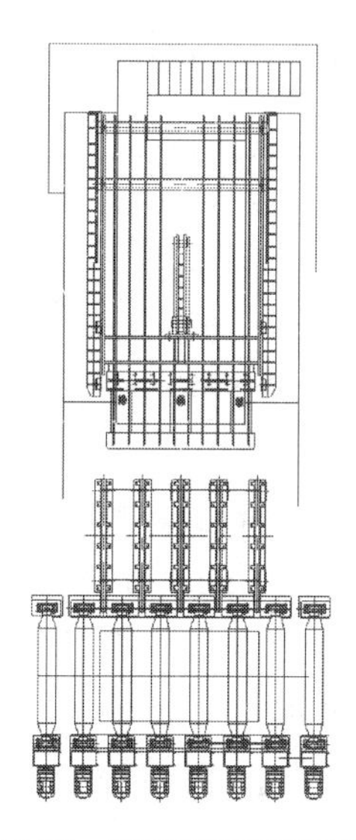

图3.1.39 推钢机和铸坯存放台

2) 设备结构。

推钢机主要由底座、座架、推钢车、推杆、推头、液压系统、行程控制装置等构成，如图3.1.40所示。推钢机的动作是通过液压缸驱动连杆机构来完成。

垛板台主要由台架、滑轨、支座、底座、导向座、升降机构（连杆、转轴、液压缸等）、辊道架、铸坯检测装置等组成，如图3.1.41所示。

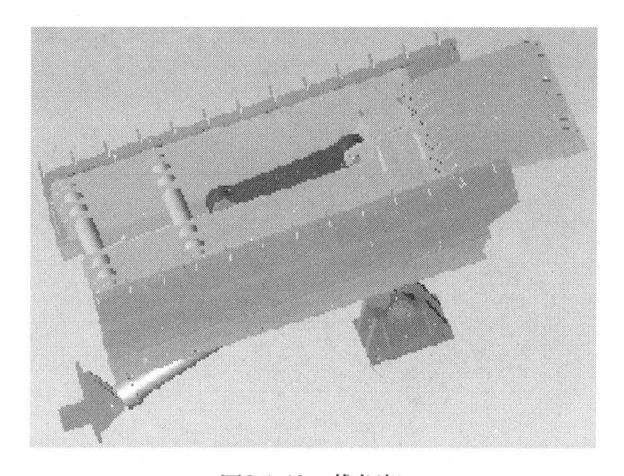

图3.1.40 推钢机

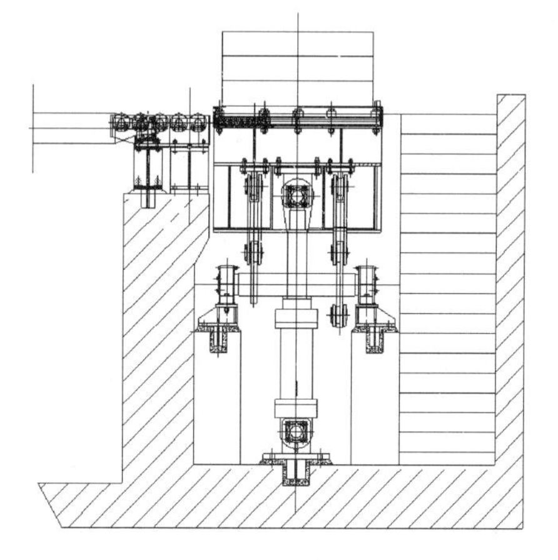

图3.1.41 垛板台

3）工作原理。

铸坯下线时推钢机通过过渡板推送铸坯到垛板台上，到位后推钢机自动返回原位。垛板台接受铸坯后下降一个坯厚的高度等待接下一根铸坯，依次进入下一根推钢周期，当垛板台接受2~3根铸坯（依据设计能力而定）后由天车一次性将铸坯吊走，垛板台上升至原位。

铸坯上线时：天车将铸坯吊至铸坯存放台，当铸坯需要上线时由推钢机将铸坯推至上线辊道。用垛板台代替铸坯存放台，天车可一次性将2~3根铸坯吊至垛板台上，由推钢机一根一根地将铸坯推至上线辊道。

4）主要技术参数。

推钢机主要技术参数见表3.1.7。

表3.1.7　推钢机主要技术参数

形　式	液压四连杆式
油缸数量/个·台$^{-1}$	1
推坯速度/m·min^{-1}	约15

垛板台主要技术参数见表3.1.8。

表3.1.8　垛板台主要技术参数

形　式	液压升降式
垛坯数量/块	2~3
升降速度/m·s^{-1}	上升40；下降20

5）选型原则。

用于多根铸坯同时下线和上线，缓解天车的作业压力。根据出坯节奏、铸坯断面、定尺长度、堆垛根数确定推钢机的推坯力及液压缸规格和垛板台台架尺寸及液压缸规格。

6）典型项目应用情况。

推钢机、垛板台已在邯郸板坯、三明板坯、西城特钢板坯、承德板坯连铸机上使用，效果良好。

（2）横移台车。

1）设备结构。

横移台车多用于双流板坯中起收集铸坯并线热送的作用。

横移台车主要由本体、车轮、行走传动装置、辊子装配及传动装置、供电滑线、润滑配管等组成，如图3.1.42所示。

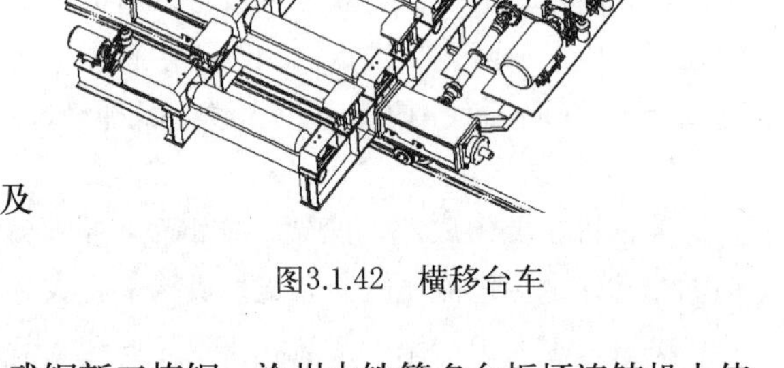

图3.1.42　横移台车

2）典型项目应用情况。

横移台车在四川川威、武钢二炼钢、玉溪、凌源、泰山、武钢新二炼钢、沧州中铁等多台板坯连铸机上使用，效果良好。

（3）转盘。

1）设备结构。

当出坯中心线和热送中心线垂直或有一定的角度时可通过转盘实现热送。

转盘主要由转动驱动机构、转动导向支撑机构、辊子装配、底座、圆形轨道、润滑配管、铸坯位置及转盘位置信号装置等组成，如图3.1.43所示。

在转盘辊道的末端设置有升降挡板，以防在设备故障或误操作时由于板坯不能及时停止而造成事故。

2）主要技术参数（见表3.1.9）。

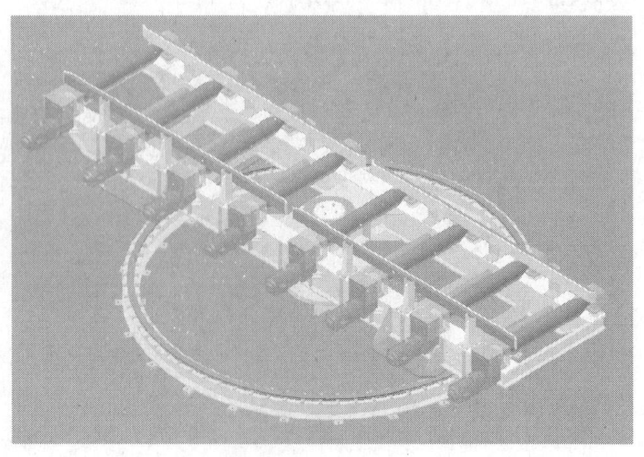

图3.1.43　转盘

表3.1.9 主要技术参数

辊道速度/m·min⁻¹	最大24（VVVF）
辊子驱动方式	单传动，电机
回转驱动	电机
回转速度/r·min⁻¹	1
回转角度	根据工艺需要

3）典型项目应用情况。

转盘在邯郸板坯、三明、海鑫、武钢新二炼钢、泰山不锈钢、凌源、承德、山东隆盛等多台板坯连铸机上使用，效果良好。

（4）升降辊道。

1）设备结构。

当出坯辊面和热送辊面标高不同时，可选择升降辊道来调整标高进行热送。

升降辊道主要由卷筒传动、辊道装配、升降支架、底座、滑轮、导轮、导向座、缓冲装置等组成，如图3.1.44所示。

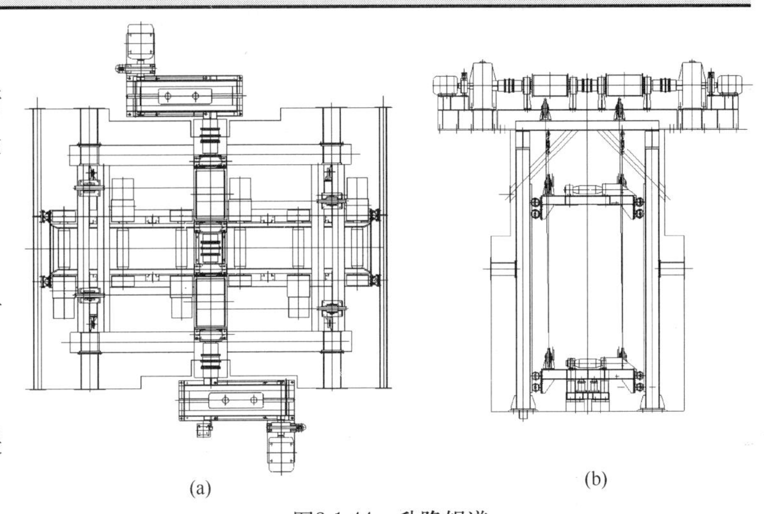

(a) (b)

图3.1.44 升降辊道

2）主要技术参数（见表3.1.10）。

表3.1.10 主要技术参数

辊道速度/m·min⁻¹	最大24（VVVF）
辊子驱动方式	单传动，电机
升降速度/m·min⁻¹	约10（VVVF）
升降高度	根据工艺需要

3）典型项目应用情况。

升降辊道在川威板坯、凌源板坯、承德板坯连铸机上使用，效果良好。

3.1.4.7 **连铸机通用设备**

连铸机通用设备适用于小方坯、大方坯、圆坯、异形坯、板坯等所有机型。主要包括钢包回转台和中间罐车。

（1）钢包回转台。

1）产品简介。

钢水罐回转台设置在钢水接受跨与连铸浇钢跨之间的浇铸平台上，用于将装满钢水的钢水罐从钢水接受跨的受包位置旋转180°到连铸浇钢跨中间罐上方的浇铸位置，并支撑钢水罐，同时将浇完钢水的空包回转至受包位置，实现过跨运输并连续向中间罐供给钢水，实现多炉连浇作业。

目前主要有直臂式和蝶式（升降式）两种回转台型式。

2）设备结构。

直臂式钢包回转台主要由基础框架、底座、回转支撑、回转臂、传动装置、称重装置、润滑系统等组成，如图3.1.45所示。

（蝶式）升降式钢包回转台主要由基础框架、底座、传动装置、回转支撑、转台、上连杆、下连杆、叉臂、升降液压缸、滑环、防护罩板、称重装置、润滑系统等组成，如图3.1.46所示。

3）工作原理。

正常旋转为电机驱动，事故旋转由事故液压马达或气动马达驱动（蓄能器或储气罐提供动力）。对于蝶式钢包回转台，每个臂可独立升降，通过液压缸驱动。

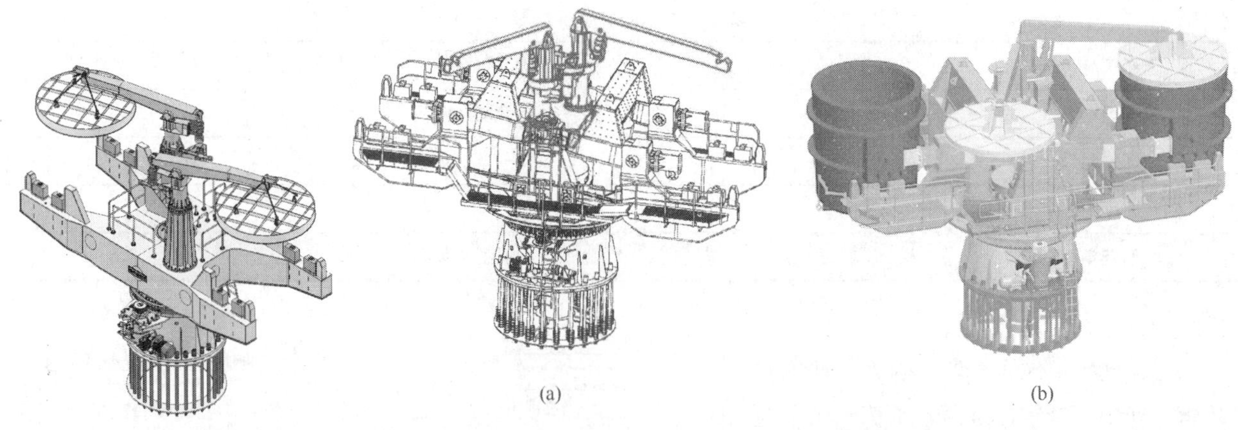

图3.1.45　直臂式钢包回转台　　　　图3.1.46　蝶式钢包回转台

合格钢水由钢水接受跨内的起重机运到回转台支撑臂上方，待支撑臂上升至高位后，将钢水罐放到支撑臂上，然后把滑动水口液压缸安装完毕（也可在中位或浇铸位安装滑动水口液压缸）。电机启动驱动回转台旋转至浇铸位后，支撑臂下降至低位浇铸。

4) 主要技术参数。

直臂式钢包回转台技术参数见表3.1.11。

表3.1.11　直臂式钢包回转台技术参数

承载能力/t	100~260（单侧）
回转半径/m	4~5
正常回转速度/r·min^{-1}	1
事故回转速度/r·min^{-1}	0.5
正常回转角度	任意角度
介质连接	液压滑环、电气滑环
润　滑	集中干油润滑
称　重	8个传感器，无线传输

蝶式钢包回转台技术参数见表3.1.12。

表3.1.12　蝶式钢包回转台技术参数

承载能力/t	100~360（单侧）
回转半径/m	4~6
正常回转速度/r·min^{-1}	1
事故回转速度/r·min^{-1}	0.5
正常回转角度	任意角度
大包升降行程/mm	800
大包升降速度/mm·s^{-1}	15
介质连接	液压滑环、电气滑环
润　滑	集中干油润滑
称　重	8个传感器，无线传输

钢包加盖装置技术参数见表3.1.13。

表3.1.13　钢包加盖装置技术参数

数量/套	2
升　降	液压
回　转	液压
升降行程/mm	约600
旋转角度/(°)	约80

5）选型原则。

直臂式回转台无升降功能，生产操作比较困难，但结构简单，投资少，仍在以生产建筑用钢为主并采用敞开浇铸的小方圆坯连铸机上较多采用。具有升降功能的蝶臂式回转台，因能满足保护浇铸的要求，则广泛应用于板坯，大方圆坯和近终型连铸机上。

6）典型项目应用情况。

直臂式钢包回转台已在陕西龙门八流小方坯、酒钢六流小方坯、潍坊华奥八流小方坯、江天重工四流大方圆坯、冷水江博大板坯等多台连铸机上使用，效果良好。

蝶式升降钢包回转台已在韶钢八流小方坯、邯钢八流小方坯、宣化十流小方坯、常州中天十流小方坯、莱钢五流矩形坯、新冶钢四流大方坯、津西双流板坯、隆盛板坯等多台连铸机上使用，效果良好。

（2）升降中间罐车。

1）产品简介。

中间罐车作为中间罐的运输和承载设备，布置在连铸机的浇铸平台上，为了能快速更换中间罐，保证多炉连浇，通常每台连铸机配备两台中间罐车，一台浇铸，另一台进行烘烤等准备工作。中间罐车具有行走、中间罐升降、中间罐对中和中间罐钢水称量功能。行走分快速和慢速。停位通过装在中间罐车平台梁上的极限开关控制。各种能源介质均通过拖链供应。

2）设备结构。

用于方圆坯连铸机上的中间罐车主要有U形提升梁式（见图3.1.47）和中导杆式（见图3.1.48），此外还有全悬挂式（见图3.1.49）、丝杠升降半悬挂式（见图3.1.50）等。U形提升梁式中间罐车也用于承载吨位较低的双流板坯中间罐。

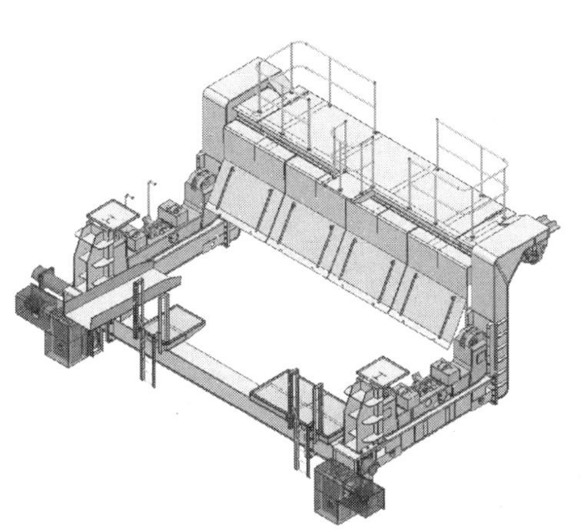

图3.1.47　U形提升梁式中间罐车

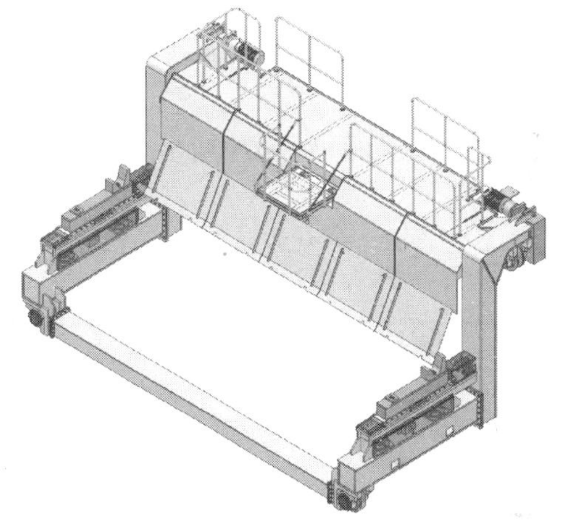

图3.1.48　平板中导杆式中间罐车

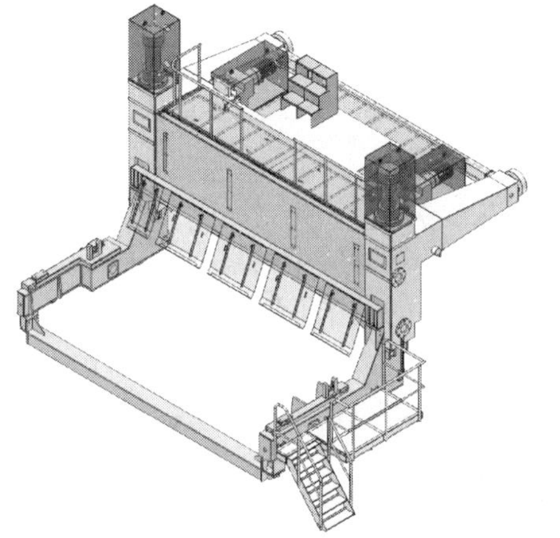

图3.1.49　全悬挂式中间罐车

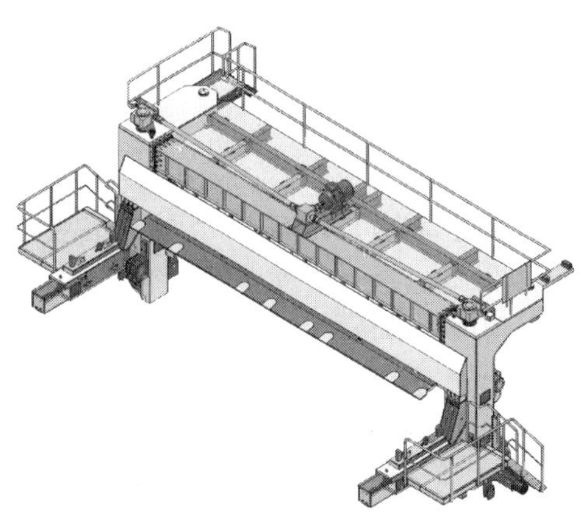

图3.1.50　丝杠升降半悬挂式中间罐车

行走驱动可采用电机或液压马达，两个驱动装置可都装在高腿上，也可都装在低腿上，也可高低腿上各装1个。低腿上轮压大，传动装在低腿上，行走相对平稳些。传动装在高腿上，为浇铸平台上与中间罐车相关的设备布置提供充足空间，并避免钢包漏钢事故回转时可能对传动的损坏。

U形提升梁式中间罐车主要由左右低腿、左右高腿、上下横梁、左右侧导向立柱、左右提升机构、称重装置、左右横移机构、主从动车轮组、平台与栏杆、托链、溢流过渡槽、缓冲器，液压配管等组成。

中导杆式中间罐车主要由左右低腿、左右高腿、上下横梁、升降横移机构、主从动车轮组、升降液压缸、称重装置、栏杆、托链、溢流过渡槽、缓冲器，液压配管等组成。

用于板坯连铸机上的中间罐车主要有单流板坯半悬挂式中间罐车（见图3.1.51）、两缸升降落地门式中间罐车（见图3.1.52）。此外，当双流板坯连铸机考虑到某一流处于停浇状态的情况，为保证钢水在中间罐内不形成死区，通常设置挡墙阻碍钢水向停浇的某流流动。此时为防止偏载，中间罐车设计成四缸升降落地门式（见图3.1.53）。

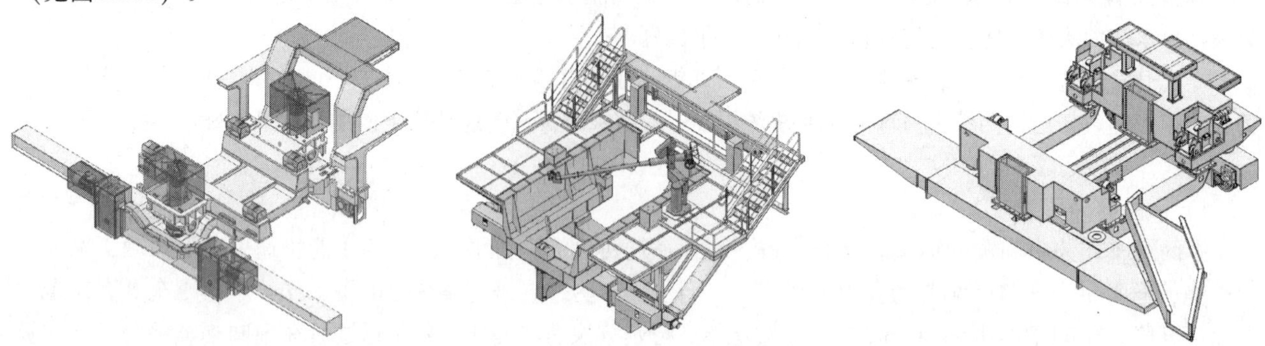

图3.1.51　单流板坯半悬挂式中间罐车　　图3.1.52　两缸升降落地门式中间罐车　　图3.1.53　四缸升降落地门式中间罐车

单流板坯半悬挂式中间罐车主要由车架装配、行走装置、升降装置、对中装置、平台装配、长水口机械手装配等组成。

两缸升降落地门式中间罐车主要由车架、车轮组、升降装置、对中装置、工作平台、缓冲支座、溢流导槽等组成。

3）主要技术参数（见表3.1.14）。

表3.1.14　主要技术参数

承载能力/t	可达140
行走电机/个	2
行走速度/m·min^{-1}	2~20（VVVF）
升降液压缸/个	2或4
升降行程/mm	400~600
升降速度/mm·s^{-1}	约30
横移液压缸/个	2
横移行程/mm	±50~±100
横移速度/mm·s^{-1}	1

4）选型原则。

U形提升梁式 由于受力较均匀，可用于承载大质量的中间罐，广泛用于方、板坯连铸机。中导杆式中间罐车设备结构简单、制造简单、质量轻，可用于承载较小质量的中间罐。全悬挂式中间罐车可用于承载较小质量的中间罐，浇铸平台上更整洁，不妨碍中间罐相关设备的操作维护。

单流板坯半悬挂式中间罐车独特的设计，布置紧凑，功能齐全。两缸升降落地门式中间罐车两缸布置合理，受力好，可承载大载荷的双流中间罐。四缸升降落地门式中间罐车可满足客户对双流有一流长时间停浇中间罐仍不偏载的需求。

5）典型项目应用情况。

U形提升梁式中间罐车已经在广钢四流小方坯、黑龙江建龙六流小方坯、邯钢八流小方坯、津西三流异形坯、武钢五流大方坯、冶钢五流大方坯等多台连铸机上使用，设备运行良好。

U形提升梁式中间罐车也用于承载吨位较低的双流板坯中间罐，已用于川威板坯、泰山板坯、玉溪板坯、凌源板坯、冷水江博大板坯、承德板坯等多个项目，设备运行良好。

中导杆式中间罐车已经在淄博张店七流方坯、海鑫七流小方坯、隆盛六流小方坯、陕西龙门八流小方坯、凌源七流小方坯、酒钢八流小方坯、韶关八流小方坯、津西二流大方坯、四川达州五流大方坯等多台连铸机上使用，设备运行良好。

单流板坯半悬挂式中间罐车已经在武钢二炼钢板坯、酒钢板坯、邯郸板坯、三明板坯、津西板坯、海鑫板坯、泰山不锈钢板坯、西城特钢板坯、隆盛板坯等多台连铸机上使用，设备运行良好。

四缸升降落地门式中间罐车已经在莱钢、沧州中铁等多台双流板坯连铸机上使用，设备运行良好。

两缸升降落地门式中间罐车已经在武钢新二炼钢、凌钢、沧州中铁等多台双流板坯连铸机上使用，设备运行良好。

3.1.5 大方/圆坯、异形坯、多流小板坯连铸设备

3.1.5.1 结晶器

(1) 产品简介。

结晶器是连铸机关键设备，是连铸机的心脏。它的作用是将钢水凝结成型，使浇入其中的钢水快速冷却，按所需断面初步凝固，使铸坯拉出结晶器后，凝结的钢水坯壳能承受内部还未凝固的钢水静压力。

(2) 设备结构。

大圆坯采用管式结晶器，大方坯、异形坯及小板坯采用组合板式结晶器。

将结晶器放置在振动台上，利用定位销进行预定位，通过对中装置进行精确对中定位。结晶器安装就位后，其各路冷却水等介质自动接通。

管式结晶器上安装有放射源式结晶器液面检测装置，外壳筒体和足辊间可安装外置式电磁搅拌。结晶器下部带有足辊和喷淋环。结晶器本体主要由内壁镀铬的三维立体锥度铜管，不锈钢水套、外壳、足辊、喷淋环、连接管线及密封件等部分组成，如图3.1.54所示。对于浇铸多断面的连铸机，管式结晶器可分成结晶器本体和结晶器过渡框架，如图3.1.55所示。结晶器过渡框架上带冷却水通道。更换断面时只需更换结晶器本体。过渡框架坐落在振动台上，结晶器本体坐落在结晶器过渡框架上。

组合板式结晶器通常由结晶器框架和结晶器本体组成，如图3.1.56和图3.1.57所示。结晶器本体包括结晶铜

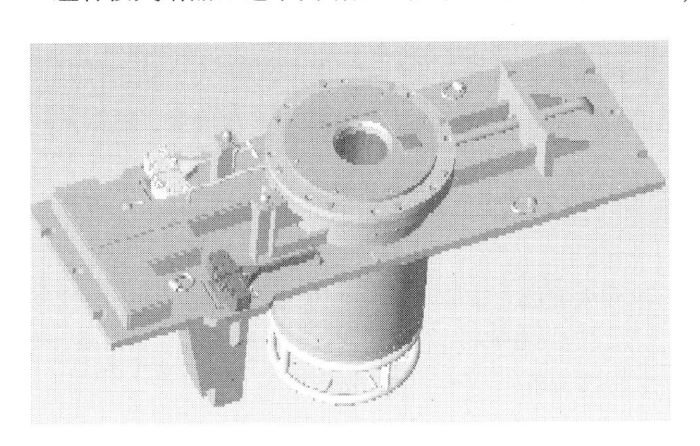

图3.1.54　大圆坯结晶器

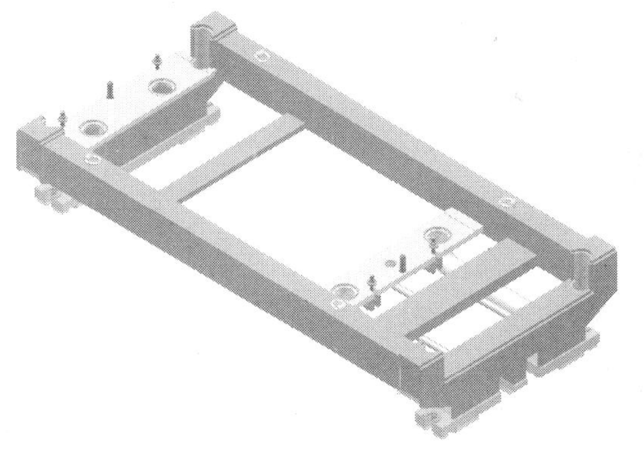

图3.1.55　结晶器过渡框架

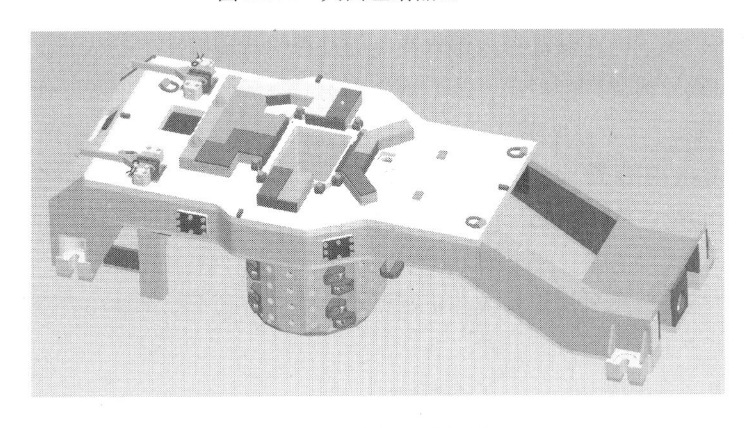

图3.1.56　大方坯结晶器

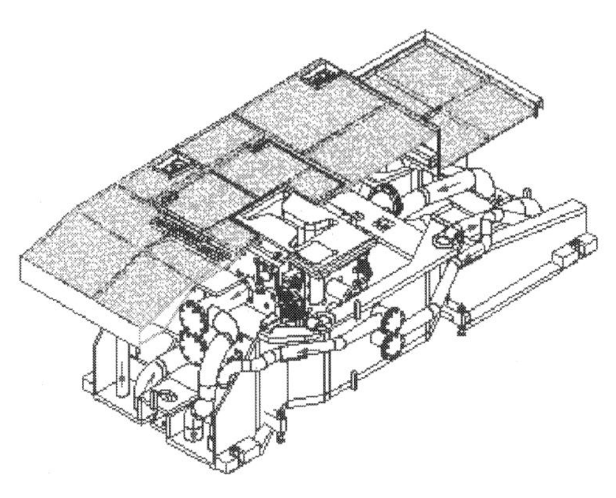

图3.1.57　异形坯结晶器

板、不锈钢背板、连接件等。每面铜板与其背板通过背面螺栓连接为一体，各面铜板与背板组合通过交错螺栓连接形成结晶器本体，结晶器本体顶面与结晶器框架相连，有利于铜板的快速更换与维护。

在结晶器上可安装有放射源式或涡流式结晶器液面检测装置。

在结晶器下部可安装外置式电磁搅拌设备。

(3) 特性特点。

1) 结晶器坐落到振动台上时，通过对中装置可快速对中；

2) 结晶器被置于振动台上时一次冷却水就会自动连接。

组合板式结晶器的优点：

1) 铜板与背板之间为面接触，背板能够很好地支撑铜板，机械强度高；

2) 铜板内表面能加工成各种形状，并且可修复，通钢量大；

3) 更容易设置热电偶，便于安装漏钢预报系统；

4) 各块铜板可以单独做水路，便于监控和控制各面的水量。

(4) 主要技术参数（见表3.1.15）。

表3.1.15 主要技术参数

结构形式	管式或组合板式
基本弧半径/m	R8~R17（全弧形或直弧形）
结晶器断面/mm×mm×mm	大方坯：230×230~425×530
	大圆坯：ϕ250~800
	异型坯：1024×390×90（最大）
	小板坯（扁坯）：(125~180)×(285~650)
铜管/板材质	Cr-Zr-Cu（板式），Cu-Ag（管式），内表面复合镀层
铜管/板长度/mm	800~900
锥度曲线	抛物线形

(5) 选型原则。

大断面的方坯、矩形坯、异形坯、扁坯采用组合板式结晶器。组合板式结晶器机械强度大，稳定性好，对各个面的均匀传热较管式结晶器更好控制。组合板式结晶器一次采购成本高，但铜板可多次修磨，通钢量较铜管高。

管式结晶器适合较小断面的方坯、矩形坯以及圆坯。

(6) 典型项目应用情况。

组合板式结晶器已经在武钢大方坯、南钢大方坯、津西大方坯、冶钢大方坯、东北特钢大方坯、津西异形坯、介休异形坯、承德4流小板坯等多台连铸机上使用，使用效果良好。

管式结晶器已经在达力普圆坯、江天重工方圆坯等多台连铸机上使用，使用效果良好。

3.1.5.2 结晶器振动装置

(1) 产品简介。

结晶器振动装置是连铸机中的一个重要设备。为了防止结晶器内钢水在凝固过程中与铜板发生黏结而出现粘挂拉裂或拉漏事故，振动装置带动结晶器按振动曲线周期性振动，改变钢液面与结晶器壁的相对位置以便于脱坯，同时，通过保护渣的加入，减少黏结的可能。

大方坯、大圆坯、小板坯及异形坯液压振动装置为中冶连铸（CCTEC）专利技术（专利号：ZL200810048987.9），该装置由2个内外弧布置的独立单元组成，每个单元为全板簧导向，液压缸驱动，如图3.1.58所示。

该装置可实现在线振幅与频率等参数的实时调节，可采用正弦或非正弦振动曲线，有利于控制铸坯表面质量、振痕深度、黏接漏钢等。

(2) 设备结构。

液压振动装置由两个振动单元组成，分别布置在内、外弧两侧。每个振动单元主要由配有伺服阀、位置传感器的液压缸、全板簧无磨损振动导向系统、带结晶器支撑、对中和固定装置的振动台、水/气自动连接系统组成，如图3.1.59所示。

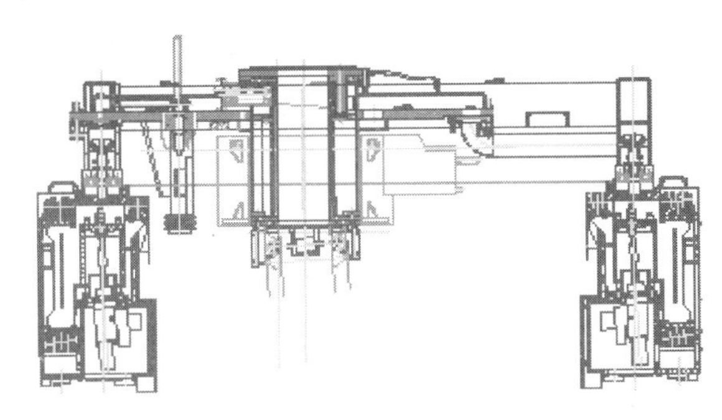

图3.1.58　内外弧布置振动装置

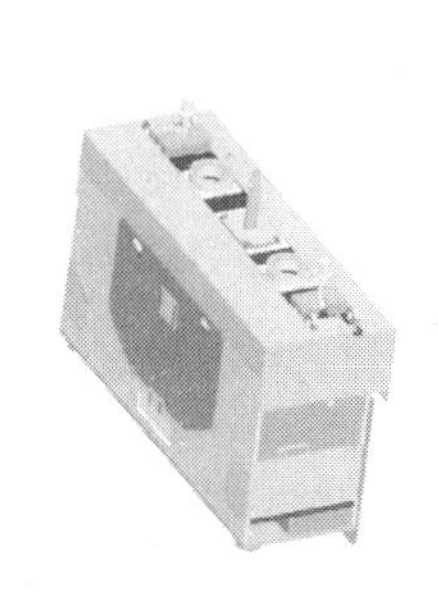

图3.1.59　液压振动单元

(3) 工作原理。

结晶器液压振动技术，是利用液压缸的往复运动来实现结晶器上下仿弧振动的一项新技术。

(4) 性能特点。

与传统的机械振动相比，液压振动技术具有下述优点：

1）可在线调节结晶器振动的波形、频率和振幅，选择最佳的振动特性参数，在不同钢种和拉速组合下均可获得最佳的铸坯表面质量；

2）以液压缸取代了传统机械振动系统中复杂的传动系统和振动发生装置，设备组成大大简化，因而大大减轻了设备维修工作量；

3）振动导向采用无摩擦导向技术，提高了振动机构运行精度；

4）结晶器在振动装置上就位后，各冷却水路自动连通。

(5) 主要技术参数（见表3.1.16）。

表3.1.16　主要技术参数

形　式	液压振动
振动频率/次·min^{-1}	25~300
振动行程/mm	2~12，可在浇注过程中随时调节
振动波形	正弦、非正弦
波形非对称性	最高80%，取决于波形
液压缸行程/mm	50
X向精度（水平，浇铸方向）/mm	≤0.15
Y向精度（水平，垂直于X方向）/mm	≤0.15
Z向精度（竖向，缸的行程）	行程的3%

(6) 典型项目应用情况。

内外弧布置的液压振动装置在武钢大方坯、津西大方坯、冶钢大方坯、津西异形坯、介休异形坯、达力普圆坯、承德4流扁坯等CCTEC所有该机型连铸工程上成功应用，运行效果良好。

3.1.5.3　铸流导向系统

(1) 产品简介。

扇形段用来引导和支承从结晶器拉出的铸坯，继续进行气雾喷水冷却，使铸坯完全凝固；同时用来引导引锭杆。

铸流导向系统主要有两种布置形式，一种为将导向系统为分成三个较长的扇形段，如图3.1.60所示，另一种为将导向系统为分成较长的扇形Ⅰ段，以及后面的若干小段，如图3.1.61所示。

对于图3.1.60的结构形式，扇形Ⅰ、Ⅱ段带喷淋条，封在二冷室内。通常扇形Ⅲ段为各断面共用，仅需更换辊子，在扇形Ⅲ段上安装有末端电磁搅拌装置。此种型式便于多断面更换扇形段（更换速度快），在线对弧工作量少，二冷室内空旷，检修维护方便且工作量少。应用比较广泛，适用于断面较多的工矿。

对于图3.1.61的结构形式，相当于扇形Ⅰ段（见图3.1.62）以后的密排扇形段被分成了若干个小段（约4~5段），如图3.1.63所示。扇形Ⅰ段从结晶器上口吊出，余下扇形段的吊出时要通过各自的导轨由浇注平台开孔吊出。此种形式的优点是更换后部扇形段时不必先将扇形Ⅰ段吊出，可单独检修更换。比较适合单一大型断面的铸机，如冶钢425mm×530mm大方坯铸机。

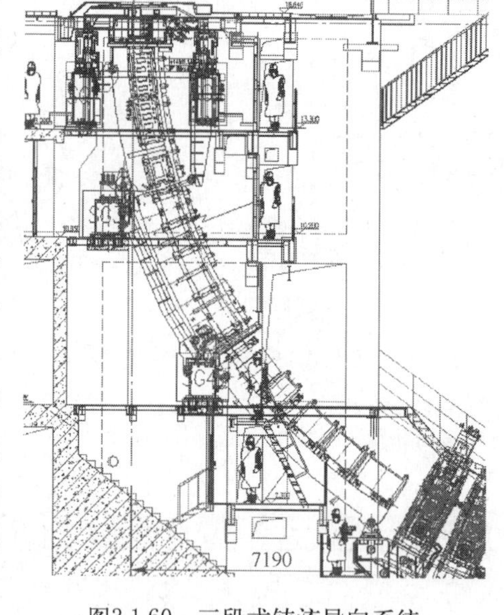

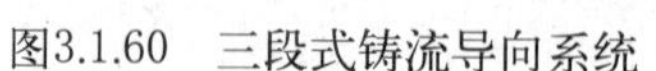
图3.1.60　三段式铸流导向系统

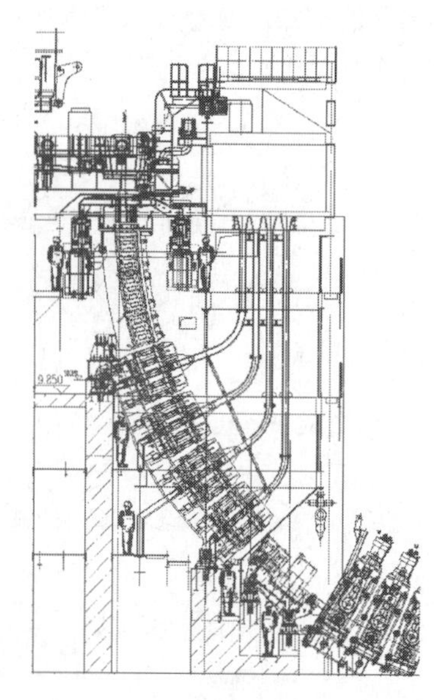
图3.1.61　多段式铸流导向系统

（2）设备结构。

1）扇形Ⅰ段。

扇形Ⅰ段用来导向/支撑在结晶器和扇形Ⅱ段之间的热坯及引锭杆。该扇形段采用四面辊子支撑夹持结构（异形坯为八面夹持），为整体框架结构，为焊接钢构件。

内外弧及两侧辊分组装配、对弧，整体装配至扇形段框架上，减少了整体对弧工作量。

足辊布置在扇形Ⅰ段顶部，足辊架独立对弧，装配式自动对中，减少了结晶器的线外对弧工作量。

扇形段的框架、轴承和辊子等采用净环水内冷，冷却水和润滑油脂通过固定板连通到导向辊的轴承座上，减少了设备本体上的软管连接。

扇形段外弧底部设自动接水盘，扇形段就位后介质自动接通；扇形段支撑为自动定位设计，扇形段就位后自动定位固定，无需调整、固定。大大缩短了扇形段更换时间。

大方坯扇形Ⅰ段对铸坯的4个面实行全支撑，如图3.1.63所示。

异形坯扇形Ⅰ段对铸坯的各个面（8面）实行全支撑，如图3.1.64所示。

大圆坯扇形Ⅰ段结构相对简单，且相近断面可共用。外弧设支撑导向辊，内弧仅设几个导向辊，如图3.1.65所示。

图3.1.62　大方坯扇形Ⅰ段

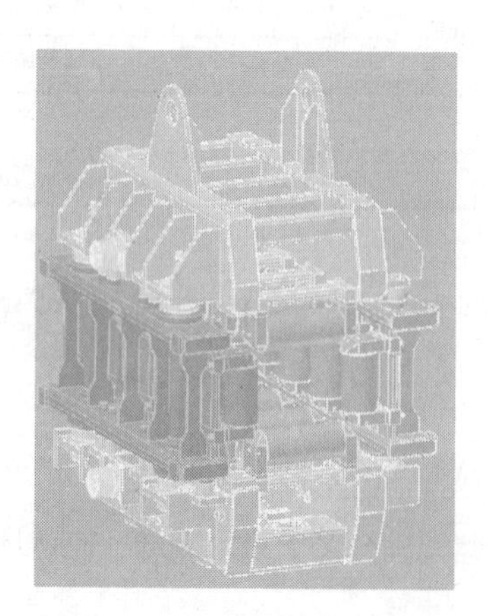
图3.1.63　大方坯扇形Ⅱ~Ⅳ段

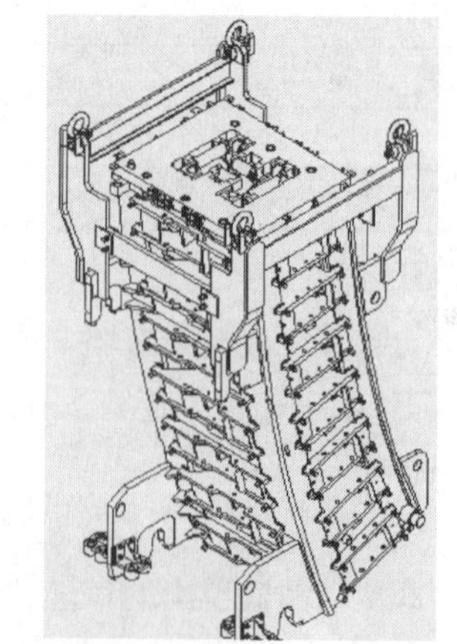
图3.1.64　异形坯扇形Ⅰ段

图3.1.65　圆坯扇形Ⅰ段

扇形Ⅱ段用来导向/支撑在扇形Ⅰ段和扇形Ⅲ段之间的热坯及引锭杆。

该扇形段为整体框架结构，焊接钢构件。该段上部采用内外弧辊子夹持支撑结构，内外弧导向辊分组先安装在小框架上，然后用螺栓连接在该段的整体弧框架上。

在扇形Ⅱ段上侧导向装置。设备冷却水和润滑油脂通过固定板连通到导向辊的轴承座上。轴承和辊子的内部冷却水是闭路循环冷却水系统。

异形坯扇形Ⅱ段前部对铸坯的腹板和翼缘两侧面（4面）进行支撑，后部仅对铸坯的腹板（2面）进行支撑，尾部设除水装置用于除去内弧侧的积水，如图3.1.66所示。

大方坯扇形Ⅱ段根据拉速水平和断面大小确定是否需要夹持辊，通常对铸坯的内外弧实行支撑。

大圆坯扇形Ⅱ段结构相对简单，外弧设支撑导向辊，内弧仅设几个导向辊，且各断面可共用，如图3.1.67所示。

2）扇形Ⅲ段。

扇形Ⅲ段用来导向、支撑热坯及引锭杆。主要由扇形段框架、外弧支撑托辊、导向板等组成，如图3.1.68所示。为减少设备维护量，采用较少的支撑辊，托辊间设有导向托板。该段框架采用焊接钢结构。根据需要该扇形段上可设铸坯隔热保温罩，对铸坯进行保温，同时减少了该区域的热辐射，改善了该区域的设备作业环境。设备冷却水和润滑油脂通过固定板连通到导向辊的轴承座上。轴承和辊子的内部冷却水是闭路循环冷却水系统。

小型板坯通常拉速要求高，孤独倾向严重，其扇形Ⅲ段需要设夹持辊对铸坯进行夹持，且需要二次冷却，这时需要将该段布置在二冷室内，且设导向装置能够由结晶器口吊出。

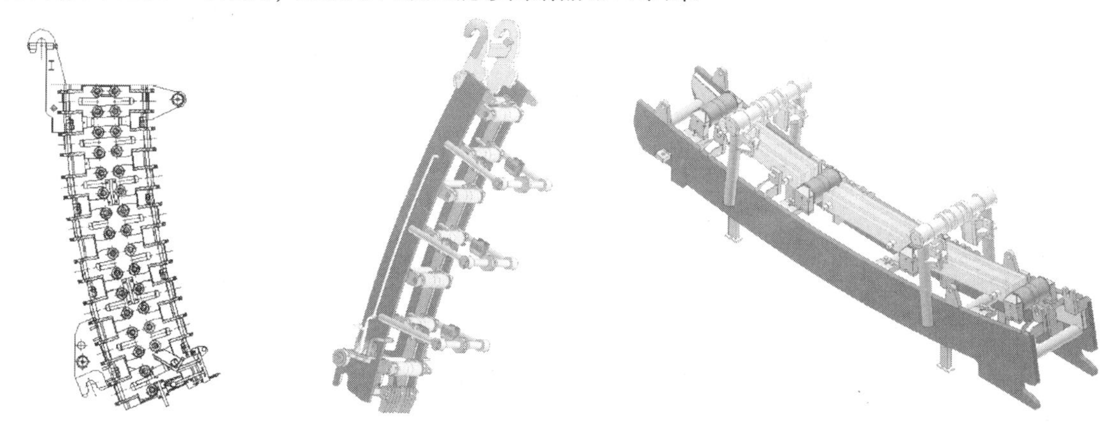

图3.1.66　密排夹持扇形Ⅱ段　图3.1.67　无夹持辊扇形Ⅱ段　图3.1.68　扇形Ⅲ段

（3）技术特点。

1）足辊架通过用不锈钢材质的对中螺栓在扇形段Ⅰ框架顶部对中；

2）用垫片调节厚度，线外对弧；

3）扇形Ⅰ段和扇形Ⅱ段水、气介质自动连接，扇形Ⅲ段介质采用快换接头连接；

4）更换部件，简便快速，部件通用性强；

5）刚性设计，框架稳定性强；

6）扇形段框架、轴承座、辊子净环水内冷，寿命高，不易变形、卡阻；

7）三段式结构，二冷室空旷，扇形段更换快捷，检修、维护方便；

8）扇形段辊子对弧工作分解合理，操作简洁、科学，对弧时间短、精度易于保证；

9）扇形段自动就位、定位、对中。

（4）典型项目应用情况。

采用图3.1.60的结构形式的工程有武钢大方坯、津西大方坯、南钢大方坯、莱钢矩形坯、达州大方坯、津西异形坯、介休异形坯、达力普圆坯、江天重工方圆坯等工程，使用效果良好。

采用图3.1.61的结构形式的工程有东北特钢大连基地大方坯、冶钢大方坯，使用效果良好。

3.1.5.4　**拉矫机**

(1) 产品简介。

拉矫机用于传送引锭杆、拉坯并矫直铸坯。大方、大圆、异形坯拉矫机通常采用牌坊式独立机架结构（专利号：200910171794.7）。根据铸坯断面的不同以及是否采用轻压下，布置的机架数量在4~11架不等，如图3.1.69所示。

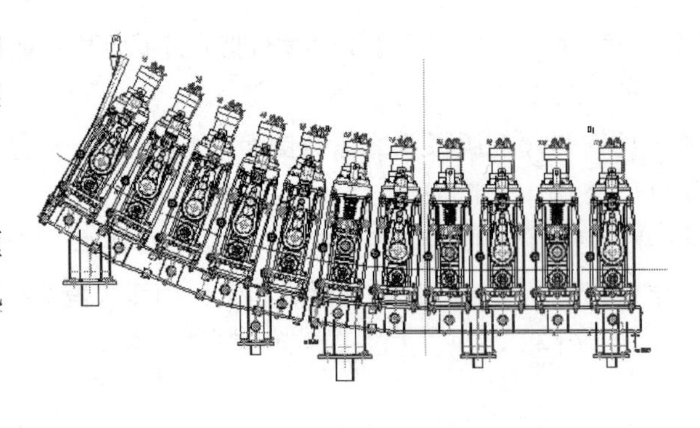
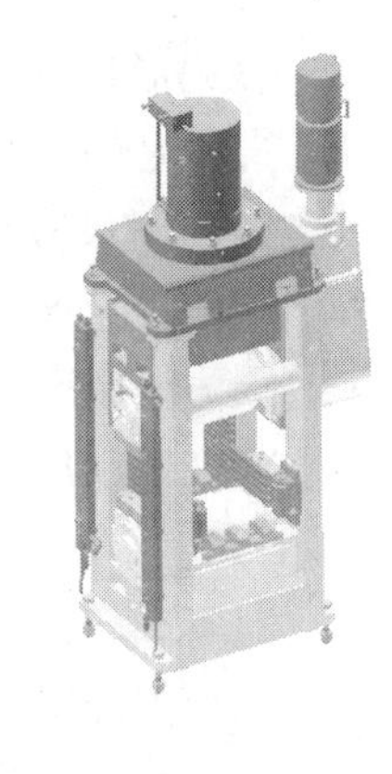

图3.1.69 牌坊式独立机架拉矫机

（2）设备结构。

每台独立机架主要由钢结构框架、上下辊子装配、导向装置、电机减速机传动装置，液压缸升降机构、水冷隔热罩、本体管线等部分组成。

拉矫机上辊径向运动，保证了辊子的运行轨迹和轻压下精度，改善了铸坯的受力情况。

拉矫机液压缸带位移传感器，精确控制压下位置，可实现凝固末端动态轻压下。

新型长寿命拉矫辊（专利号：ZL201020571393.9），冷却直达辊子表面，冷却充分，寿命高。

拉矫机机架、辊子、轴承座等净环水内冷，设全封闭式水冷隔热罩冷却，提高了设备的轻压下性能和使用寿命，大大降低了热辐射对机架、传动系统、油缸及其电气元件的烘烤影响，降低了区域内环境温度。

机架冷却通道同时作为辊子、水冷罩等用水点的分配器，大大减少了机架本体上的硬管线，有利于设备的检修维护操作。

（3）性能特点。

1）拉矫机驱动采用上辊传动，交流变频调速电机控制技术，可以准确的判断铸坯和引锭杆的位置。

2）拉矫机液压缸自带阀块，可以准确控制液压缸的参数，同时在液压缸上安装位移传感器，可以精确调整液压缸的行程，从而准确控制辊缝开口度的大小。

3）拉矫机采用轻压下技术，可以有效提高大方坯的内部质量。

4）拉矫机的辊子采用优质的合金钢并在辊面堆焊不锈钢层，增加辊子的强度，提高了辊子的使用寿命。

5）采用独立的机架形式，方便快速更换。

6）多机架组成连续矫直曲线，能有效降低铸坯的矫直变形率，从而有利于减少铸坯表面和内部裂纹缺陷。

7）采用水冷罩隔热和设备内冷设计，降低拉矫机区域环境温度，提高设备寿命，改善作业环境。

8）用于支撑和安装拉矫机的基础框架采用整体焊接件，确保拉矫机在运行过程中的支撑强度和刚度。

（4）主要技术参数。

结构形式：多机架，连续矫直

每流机架数：4~11

基本半径：R=10~17m

驱动辊数量：上辊驱动

辊子材质：42CrMo（表面堆焊不锈钢）

拉矫机冷却：机架、轴承座、水冷罩、辊子内部通水冷却

轴承润滑：干油或油气集中润滑

（5）典型项目应用情况。

牌坊式独立机架拉矫机适用于所用大方、大圆以及异形坯连铸机，已经在东北特钢大连基地大方坯、冶钢大方坯、武钢大方坯、津西大方坯、南钢大方坯、莱钢矩形坯、达州大方坯、津西异形坯、介休异形坯、达力普圆坯、江天重工方圆坯等众多工程上使用，设备运行稳定，使用效果良好。

3.1.5.5 引锭杆存放装置

（1）产品简介。

引锭杆存放装置用于收集、存放和投放引锭杆。

(2) 设备结构。

大方、大圆坯连铸机引锭杆存放装置布置在输送辊道区域，采用辊道侧存放的形式。主要由液压缸、连杆机构、支座及横梁等组成，如图3.1.70所示。

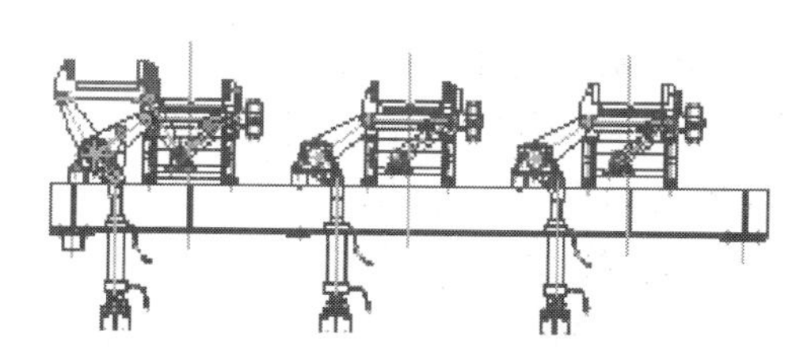

图3.1.70 大方、大圆坯引锭杆存放装置

异形坯连铸机由于其引锭头特殊的封装形式，存放装置也有布置在出坯辊道旁的，通过横向钩钢机将引锭杆放置在出坯辊道上后开始送引锭。主要由一些固定支座和活动支座组成，用于存放引锭杆本体和过渡段，如图3.1.71所示。此种结构形式便于线外处理引锭头而不占用辊道两侧的空间，但钩钢机的轨距要适当加大。

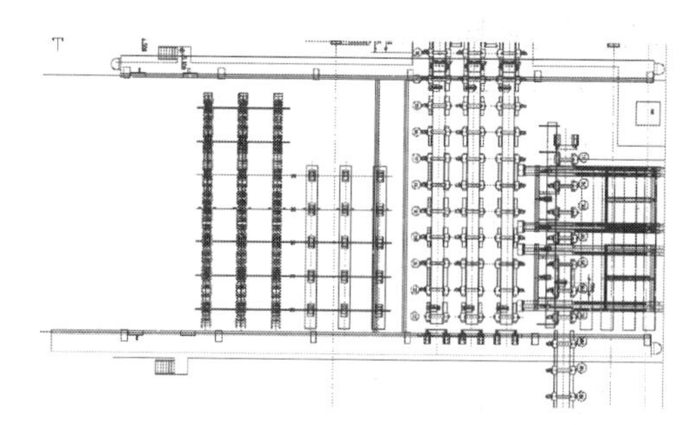

图3.1.71 异形坯引锭杆存放装置

(3) 典型项目应用情况。

辊道侧引锭杆存放装置已经在东北特钢大连基地大方坯、冶钢大方坯、武钢大方坯、津西大方坯、南钢大方坯、莱钢矩形坯、达州大方坯、江天重工方圆坯等众多工程上使用，设备运行稳定，使用效果良好。

3.1.5.6 出坯系统设备

根据连铸机的出坯节奏、下线方式和对坯子表面摩擦的要求可以选择不同的出坯系统设备，如：横向钩钢机+推钢式步进冷床（或翻转冷床，或无摩擦步进冷床）、升降出坯辊道+链式接坯车+升降式接坯台架+推钢式步进冷床、升降出坯辊道、链式拉钢机+分组步进冷床等。

下面主要对大方、大圆及异形坯连铸机最常用的横向钩钢机和推钢式步进冷床进行介绍。

(1) 横向钩钢机。

1) 产品简介:

钩钢机运行轨道安装在轨道梁上，分别位于冷床区的两侧，为焊接结构。钩钢机每次钩一根铸坯将铸坯运至热送辊道或冷床上。

2) 设备结构:

横向钩钢机主要由桥架、走行装置、升降传动装置、升降机构、钩钢机构、运行轨道、能源介质管线、行走定位编码器、接近开关等组成，如图3.1.72所示。

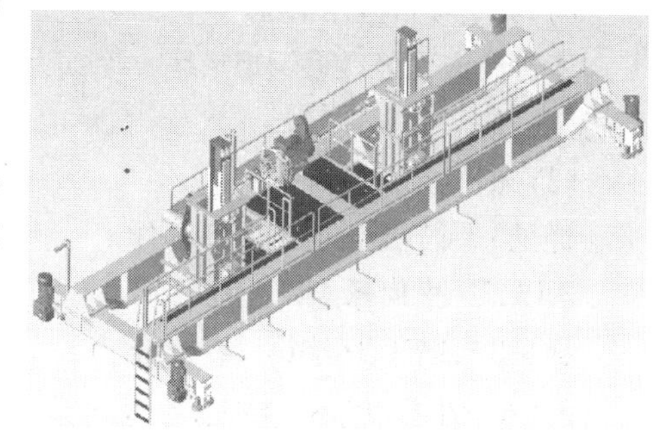

图3.1.72 横向钩钢机

由电动机、制动器、减速器组成的升降传动装置，通过齿轮驱动升降立柱，升降立柱四周设有导轮装置。

钩钢机行走的四个轮子都有驱动，每个轮子由一套电机、减速机直接驱动。

钩钢机的行走定位由编码器及行程开关控制。

3) 性能特点:

采用厚钢板焊接的箱形结构为主体框架，设备具备较高的刚度和强度；

铸坯升降采用大功率变频电机驱动，具有较高的起吊负载能力；

钩钢机与辊道及冷床区信号联锁，可实现铸坯移送的全自动、半自动及手动等多种控制模式。

4) 主要技术参数见表3.1.17。

表3.1.17 主要技术参数

轨 距	根据定尺而定
工作行程	根据工艺需要
走行速度/r·min^{-1}	5~60（交流变频）
升降速度/r·min^{-1}	8~10（交流变频）
作业率/%	60~70

5）典型项目应用情况：

横向钩钢机已经在武钢大方坯、津西大方坯、南钢大方坯、莱钢矩形坯、达州大方坯、津西异形坯、介休异形坯、江天重工方圆坯等众多工程上使用，设备运行稳定，使用效果良好。

(2) 推钢式步进冷床。

1）产品简介：

通过拨爪机构运动实现铸坯在冷床上步进冷却，每根铸坯具有一定间隔，便于单根夹钳起吊，同时在冷床末端设有铸坯集中位置，可对铸坯进行集中处理。

2）设备结构：

推钢式步进冷床主要由液压传动装置（含液压缸、同步轴装置、拨爪及小车）、冷床支架及滑道（包括支撑架、横梁、滑道、U形收集槽）等组成，如图3.1.73所示。

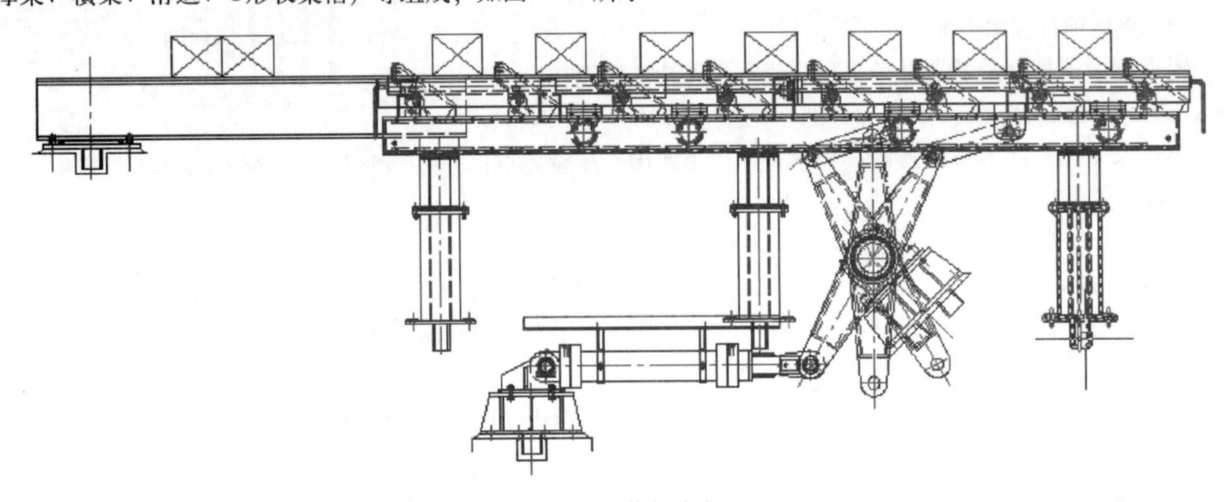

图3.1.73 推钢冷床

3）典型项目应用情况：

步进冷床已经在莱钢矩形坯、冶钢大方坯、天津江天重工方圆坯、达力普圆坯等众多工程上使用，设备运行稳定，使用效果良好。

(3) 钢包回转台。

详见3.1.4节板坯连铸设备部分。

3.1.5.7 中间罐车

详见3.1.4节板坯连铸设备部分。

3.1.6 小型方坯、圆坯连铸设备

3.1.6.1 结晶器

(1) 产品简介。

结晶器是连铸机关键设备，是连铸机的“心脏”。它的作用是将钢水凝结成型，使浇入其中的钢水快速冷却，按所需断面初步凝固，使铸坯拉出结晶器铜管后，凝结的钢水坯壳能承受内部还未凝固的钢水静压力。

(2) 设备结构。

主要由内壁镀铬的连续变化锥度铜管、不锈钢水套、外壳、足辊、喷淋环、联结管线及密封件等部分组成，如图3.1.74所示。

图3.1.74 管式结晶器

(3) 性能特点。

1）采用连续变化锥度，铸流与铜管之间的气隙小，接触好，阻力小。

2）结晶器上留有结晶器液面检测装置安装位置。

3）结晶器底部设检修、试压后排水口，用于检修时、试压后排净结晶器内的余水。

4）方坯曲面高速结晶器是中冶连铸的核心技术之一，包含曲面高速结晶器（专利号：ZL96241495.6）和

整体成型铜水套（专利号：L00233390.2）两项专利。

（4）主要技术参数（见表3.1.18）。

表3.1.18　主要技术参数

适合断面：各种小方坯断面	设计拉速：最高4m/min
铜管弧形半径：R6~10m	铜管材质：银铜，脱氧磷铜
镀层：铬	铜管高度：850~1000mm
锥度：抛物线锥度	水套材质：不锈钢
水套结构形式：整体式，剖分式	铜管密封形式：端部密封
电磁搅拌形式：外置式，内置式	

（5）选型原则。

小方坯结晶器均为管式结晶器，选型主要考虑铜管材质。铜管材质可选用银铜或脱氧磷铜，银铜传热性能更佳，但价格较贵。

（6）典型项目应用情况。

中冶连铸设计制造的小方坯结晶器已应用于众多工程，且运行良好。主要应用于宣钢十二机十二流；九钢八机八流；龙钢八机八流；北营八机八流等多台方坯连铸机，生产断面从150mm×150mm到240mm×240mm。

3.1.6.2　**结晶器振动装置**

（1）产品简介。

结晶器振动装置是连铸机中的一个重要设备。为了防止结晶器内钢水在凝固过程中与铜板发生黏结而出现粘挂拉裂或拉漏事故，振动装置带动结晶器按振动曲线周期性振动，改变钢液面与结晶器壁的相对位置以便于脱坯，同时，通过保护渣的加入，减少黏结的可能。

中冶连铸（CCTEC）小方/圆坯结晶器振动主要有：

半板簧振动（专利号：201120273450.X），如图3.1.75所示。

全板簧振动（专利号：ZL02238393.X、200520095636.5、200910168486.9、ZL201020549831.1等），如图3.1.76所示。

滚动体振动（专利号：ZL200920228517.0、ZL200920228516.6等）。

中冶连铸设计的小方/圆坯连铸机主要配置全板簧导向振动技术，根据振动驱动源不同可分为：机械（变频电机）驱动、液压驱动和数字缸驱动三种形式。

机械振动通过更换偏心套来改变振幅；液压振动或数字缸振动可通过在线调节振幅、振频、上下振动时间来设计振动运行参数或波形。

根据生产工艺要求可将结晶器振动布置在内弧或者外弧。

（2）设备结构。

半板簧结晶器振动主要由振动架、振动臂及连杆、传动装置等组成，如图3.1.75所示。

全板簧结晶器振动主要由固定框架、活动框架、板簧装配、载荷平衡装置、防偏摆装置、传动装置等组成，如图3.1.76和图3.1.77所示。

滚动体结晶器振动主要由固定框架、活动框架、滚动体装配、侧向防窜动装置、传动装置等组成，如图3.1.78所示。

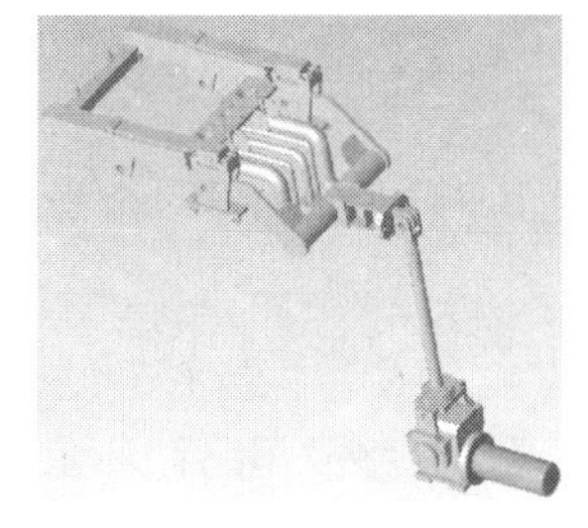

图3.1.75　半板簧结晶器振动

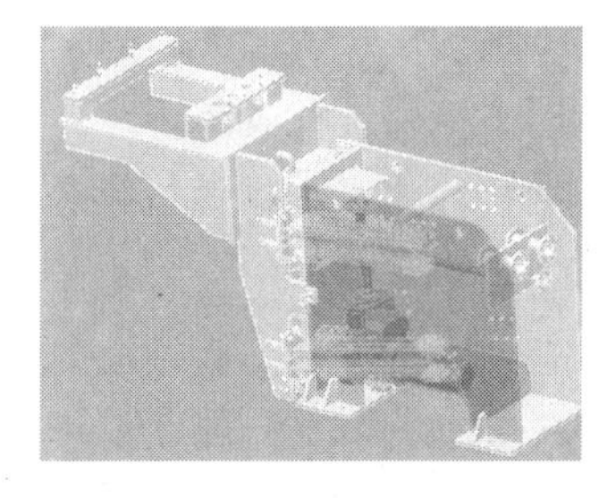

图3.1.76　全板簧机械振动

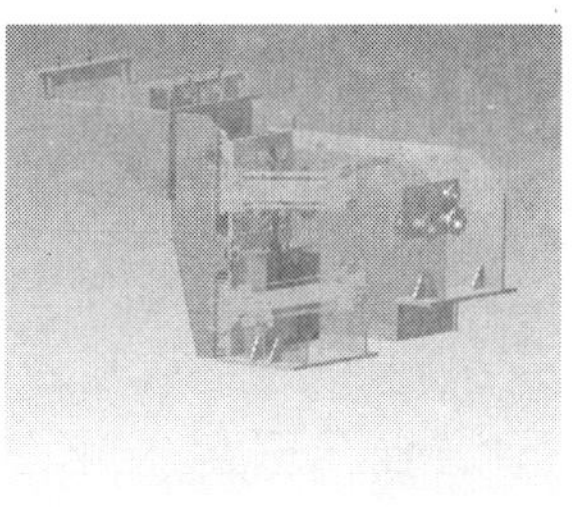

图3.1.77　全板簧液压振动

图3.1.78　滚动体机械振动

(3) 性能特点。

半板簧振动特点：

1) 整个设备结构简单，质量轻，设备成本低；

2) 振动台上的半板簧导向，相当于减少了刚性四连杆的关节，有利于长时间保证振动精度；

3) 结晶器冷却水及喷淋水自动接通接口。

全板簧振动特点：

1) 振动导向运动轨迹精度高，整体仿弧精确；

2) 振动装置整体刚性好，全板簧无关节连接，寿命长，偏摆小而稳定；

3) 多项专利技术，克服了半板簧的横向移动和老式全板簧导向的偏摆及耷拉头问题；

4) 弹簧板安装更换方便，振动平稳，经久耐用；

5) 整个装置结构简洁，制造精度易于保证，安装、维护工作量少；

6) 采用荷载平衡技术，减小液压缸或数字缸的负荷；

7) 设置液压缸保护装置，保护液压缸工作环境，提高液压缸使用寿命。

滚动体振动特点：

1) 振动导向运动轨迹精度高，整体仿弧精确；

2) 振动装置整体刚性好，无关节连接，寿命长，偏摆小而稳定；

3) 整个装置结构简单，制造简单，安装、维护工作量少。

(4) 主要技术参数（见表3.1.19）。

表3.1.19 主要技术参数

偏摆精度/mm	<±0.15(全板簧、滚动体振动)
频率范围/次·min^{-1}	30~300
振 幅	±2~±6

(5) 选用原则。

三种振动装置均适用于各种规格小方/圆坯连铸机。

半板簧振动装置投资少，适合于普钢、常规拉速连铸生产。

对于合金钢铸机及高拉速铸机，适合于采用全板簧或滚动体振动。

采用液压振动可实现正弦、非正弦振动，在线调节振幅、振频、负滑脱时间，获取最佳的振动曲线。

(6) 典型项目应用情况。

液压全板簧振动装置，已在江苏申源特钢不锈钢方/圆坯连铸机上应用，运行效果良好。

机械全板簧振动装置已在陕西龙门钢厂、宣化钢铁公司、新冶钢一炼钢等多台方/圆坯连铸机上应用，运行效果良好。

数字缸全板簧振动装置已在包钢六流方圆扁坯连铸机上应用，运行效果良好。

滚动体机械振动已在南昌钢铁公司小方坯铸机上使用，目前运行平稳可靠。

半板簧机械/数字缸振动装置，已在九江钢厂、邯郸钢厂等CCTEC大多数小方/圆坯连铸机上应用，运行安全可靠。

3.1.6.3 **二冷导向段**

(1) 产品简介。

导向段用于浇注前引导引锭杆进入结晶器并在浇铸时支撑引锭杆或铸坯。

小方/圆坯连铸机采用刚性引锭杆，二冷导向设备结构简化。根据铸机半径不同，导向段布置3~4个导向辊，如图3.1.79所示。

(2) 设备结构。

导向段主要由导向辊、侧导辊、压辊、支座等组成。辊子带轮缘、辊子、轴承座采用开路或闭路循环水冷却。辊子采用轴套且大辊径，靠摩擦力与辊子半径产生的力矩使辊子转动灵活，这种结构形式日常维护简单，更换辊子方便，如图3.1.80所示。

另外导向辊也有采用滚动轴承形式，辊子直径小。轴承润滑可采用集中干油润滑。这种结构形式不易更换辊子，但能更好地保证辊子的灵活转动，不易积渣，如图3.1.81所示。

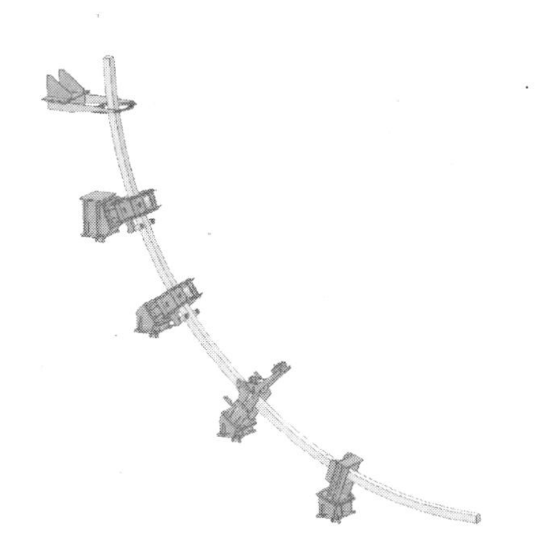

图3.1.79　方坯导向段布置

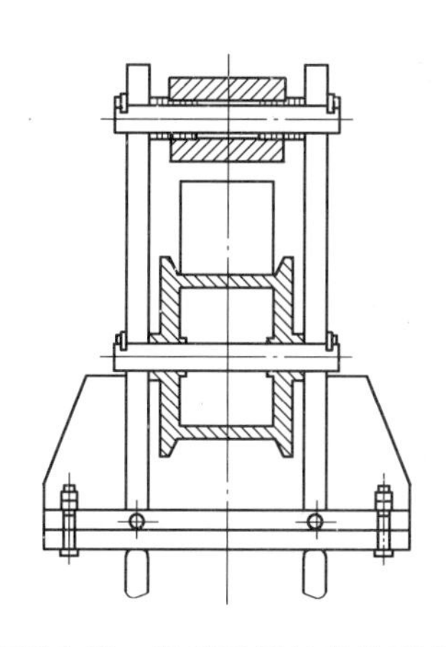

图3.1.80　辊子采用轴套的形式

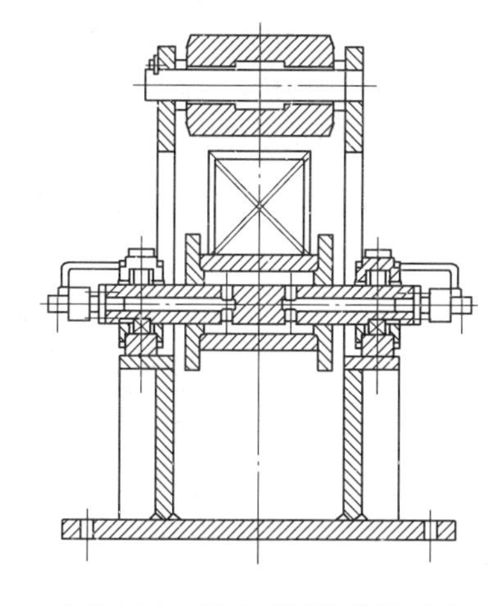

图3.1.81　辊子采用轴承的形式

导向辊有固定式的，也有适应多断面浇铸的自适应导向的形式。自适应导向机构（专利号：ZL02279073.X）如图3.1.82所示。自适应导向辊开口度可任意调节，通过配重铁或气缸来压紧引锭杆或铸坯。

(3) 应用情况。

导向辊采用轴套形式的导向段在九江钢厂、韶关钢厂、酒泉钢厂等多台小方坯连铸机上面都有应用，投产后使用情况良好。

导向辊采用轴承形式的导向段在宣化钢厂、海城钢厂、湘潭钢厂等多台小方坯连铸机上面都已应用，投产后使用情况良好。

自适应导向段在衡阳华菱钢管有限公司、邯郸钢厂、张店钢厂等多台小方坯连铸机上面都有应用，投产后使用情况良好。

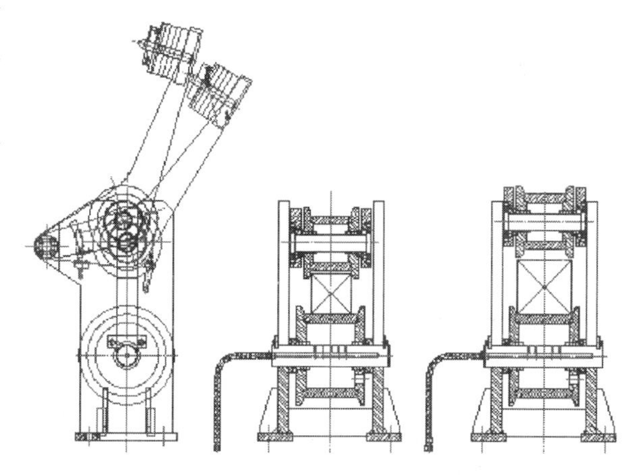

图3.1.82　自适应导向机构

3.1.6.4　**拉矫机**

(1) 产品简介。

拉矫机用于输送引锭杆，并从结晶器拉出引锭杆和热坯，以及对热坯进行矫直。

(2) 设备结构。

自同步连续矫直拉矫机主要由拉坯辊、脱坯矫直辊、自由辊、机架、底座、传动装置及液压系统等组成。传动装置由交流变频电机、两级蜗轮减速器、万向接轴组成。采用三辊独立驱动，交流变频调速，拉坯能力大，适应能力强，能确保在事故工况下顺利拉坯。拉矫机采用全封闭水冷套，确保拉矫机架及传动装置避免遭铸坯热辐射，改善了拉矫机传动的工作环境，提高了机架及传动的寿命。拉矫机采用油气润滑系统，对辊子轴承进行润滑。拉坯辊开口度大小及脱坯动作的完成由液压系统实现。

(3) 性能特点。

中冶连铸连续矫直拉矫机主要有整体机架五辊或六辊拉矫机和独立机架钳式拉矫机（专利号：201120233896.X）两种结构形式，如图3.1.83和图3.1.84所示。

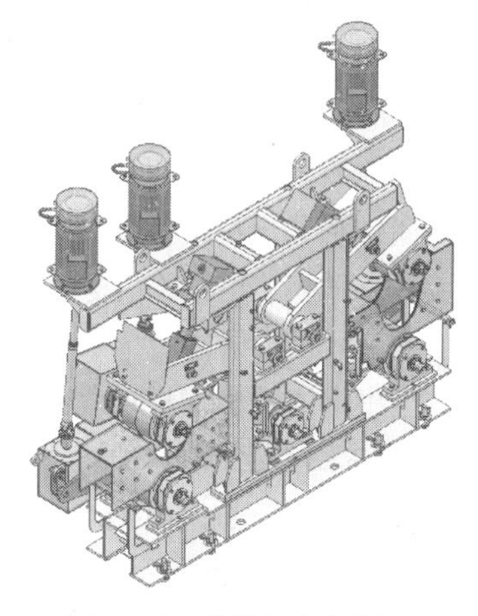

图3.1.83　整体机架拉矫机

整体机架拉矫机可以方便整体更换，离线检修，提高了拉矫机的作业率及维修性能。结构紧凑，设备重量轻。整体机架与公共底座间采用键槽定位。为了保证辊子布置在连续矫直曲线上，对整体机架的轴承座安装面的机加工精度要求高。

独立机架钳式拉矫机检修拆装比整体式更为简单容易，辊子安装面方便调节，制造简单，但设备较重。

整体轻压下拉矫机（专利号：201010578251.X）由多对轻压下拉矫辊组成，所有辊对安装在一个整体框架结构内，上辊径向运动，设备刚性好、辊子运行轨迹精确、轻压下量控制精度高，如图3.1.85所示。上下辊对可单独拆装吊出维修，安装、维护方便。在宣化12流小方坯连铸机上投入应用，效果良好。

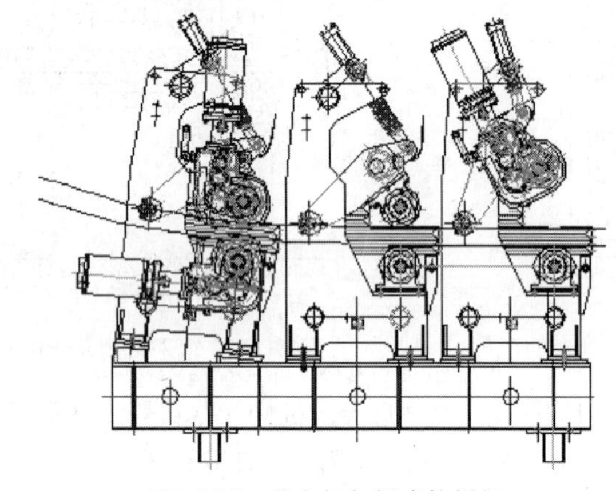

图3.1.84　独立机架钳式拉矫机

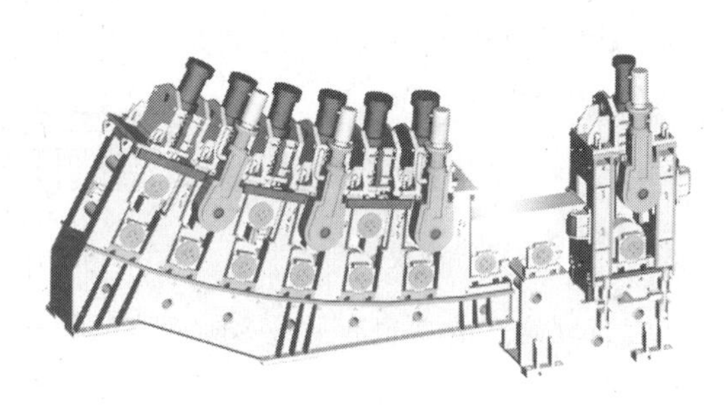

图3.1.85　整体机架拉矫机

（4）主要技术参数（见表3.1.20）。

表3.1.20　主要技术参数

矫直方式	连续矫直
拉矫机辊子	拉矫辊：1个驱动可升降上辊，1个驱动固定下辊
	脱坯辊：1个可升降上辊，1个固定驱动下辊
传动装置	交流变频水冷电机，水冷减速箱
上辊摆动升降	液压缸
拉矫机速度/m·min^{-1}	0~4.5
辊子材料	合金钢
拉矫机冷却	机架、轴承座、辊子内部通水冷却
轴承润滑	油气润滑

（5）典型项目应用情况。

整体机架式五辊或六辊拉矫机已在韶关钢厂、宣化钢厂、张店钢厂、萍钢钢厂、承德钢厂、龙门钢厂等多台小方坯连铸机上使用，使用情况良好。

独立机架钳式拉矫机在江苏申源特钢、衡阳钢管方坯连铸机上使用，投产后使用情况良好。

3.1.6.5　引锭杆存放装置

（1）产品简介。

连铸机开浇前，启动引锭杆存放装置电机使引锭杆送至拉矫机内。引锭结束后，启动引锭杆存放装置电机将引锭杆收回到存放位置。

（2）设备结构。

中冶连铸引锭杆存放装置主要有链轮链条传动和摩擦轮传动两种结构形式，如图3.1.86~图3.1.88所示。此外还有齿轮齿条传动、气缸或液压驱动式存放装置。

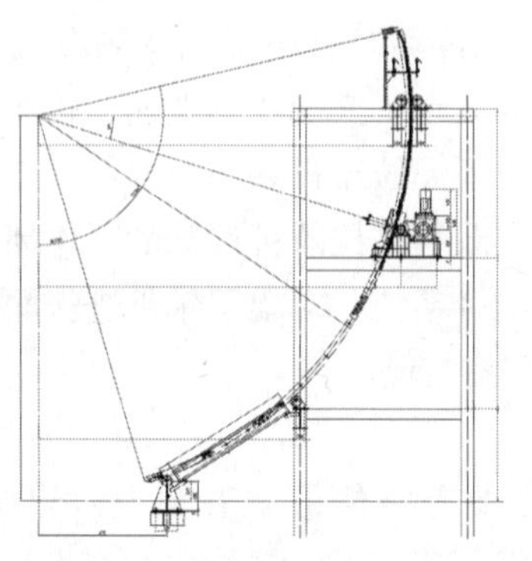

图3.1.86　链轮链条传动引锭杆存放装置

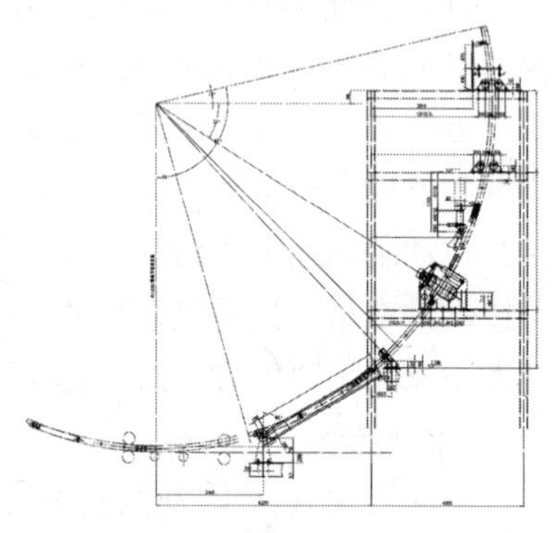

图3.1.87　摩擦轮传动引锭杆存放装置

链轮链条传动引锭杆存放装置主要由底

座、罩壳、压轮缓冲器、侧导轮装配、传动装置等组成。

摩擦轮传动引锭杆存放装置由托辊装配、传动装置、导向辊装配、水冷罩、限位开关装置、安全钩等组成。

(3) 性能特点。

链轮链条传动引锭杆存放装置的主要特点:

1) 该设备采用双速电机、主传动轴上设置超越离合器，以便使拉矫机的速度与引锭杆的运行速度相匹配。

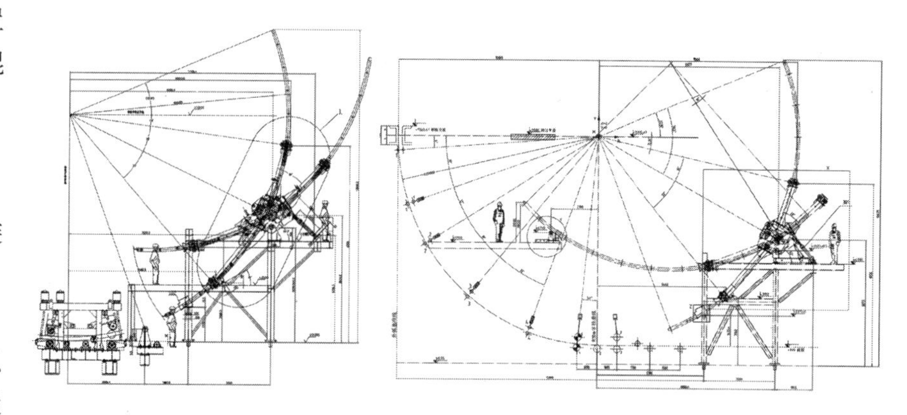

图3.1.88 带摆动的摩擦轮传动引锭杆存放装置

2) 该设备不易顶齿。链轮链条传动加工精度要求低。

摩擦轮传动引锭杆存放装置的主要特点:

1) 该设备与拉矫机都采用变频电机，易于速度匹配。

2) 该设备的优点是引锭杆设计，加工制造简单，不必开槽装弧形齿条或链条，可避免“顶齿”问题。通过蝶簧的预紧力，使两摩擦轮产生传动引锭杆的夹紧力。将引锭杆末端加工成锥形，返回时可顺利地进入两摩擦轮之间。

3) 该设备要求引锭杆加工精度高，现场安装准确，左右两组弹簧预紧力一致，否则引锭杆容易跑偏或打滑。

(4) 选型原则。

根据铸机弧半径和厂房高度，选用不同形式的引锭杆存放装置 。

(5) 典型项目应用情况。

链轮链条式传动引锭杆存放装置已广泛应用在海鑫钢厂、张店钢厂、唐山恒安钢厂、酒泉钢厂等多台小方坯连铸机上，使用情况良好。

摩擦轮式传动引锭杆存放装置已在邯郸钢厂、凌源钢厂、龙门钢厂等多台小方坯连铸机上使用，使用情况良好。

3.1.6.6 **翻钢机**

(1) 产品简介。

翻钢机的作用是将进入出坯辊道上的铸坯翻到上部滑道上，为后面的铸坯腾出空间。在厂房受限输送辊道不能太长时有助于缓解出坯节奏。

(2) 设备结构。

翻钢机有两种基本结构：摆臂式翻钢机、平行连杆翻钢机，每流由2个油缸驱动同步长轴转动，带动间断布置的摆动拔爪或平行连杆机构将铸坯翻到或托举到上部的滑道上。

主要由油缸、同步轴、摆动拔爪或连杆机构、轴承座等组成，如图3.1.89所示。

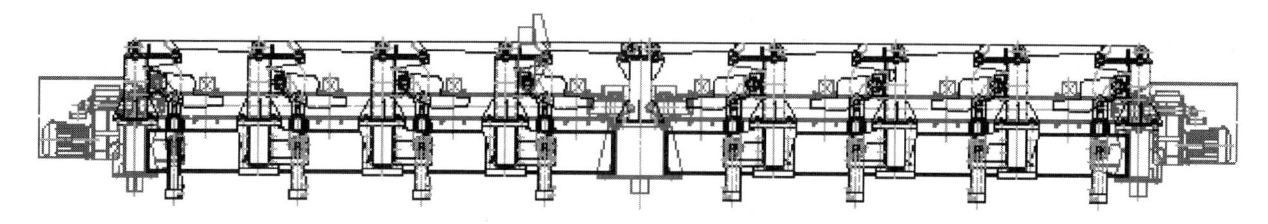

图3.1.89 翻钢机

(3) 技术特点。

摆臂式翻钢机：

1）设备结构简单，承载能力强；

2）摆臂拨爪运行轨迹合理，铸坯上滑道过程中进行翻转，对滑道有冲击；

3）油缸翻钢驱动平稳可靠。

平行连杆翻钢机：

1）设备结构稍复杂，制造精度要求高，承载能力强；

2）平行连杆带动托架运行，轨迹合理，铸坯上滑道无需翻转，冲击力小；

3）油缸翻钢驱动平稳可靠。

（4）选用原则。

多流或切割后辊道长度小时选用翻钢机。

圆坯及矩形坯生产需翻钢时，选用连杆机构形式。

（5）典型项目应用情况。

摆臂式翻钢机已广泛应用在中天钢铁、酒泉钢厂、龙门钢厂等多台小方坯连铸机上，使用情况良好。

平行连杆式翻钢机已广泛应用在韶钢松山、凌源钢铁、邯郸钢铁、衡阳钢管、鄂钢州钢厂等方圆坯连铸机上，使用情况良好。

3.1.6.7 **双向移坯车**

（1）产品简介。

移坯车用于将出坯辊道或翻钢机上的铸坯移到翻转冷床或固定冷床上。可双向移坯。根据设计能力，可一次同时推几根铸坯。

（2）设备结构。

移坯车主要由桥架、拨钢装置、运行轨道、车轮装置、缓冲装置、传动装置等组成。传动轴带动桥架上的齿轮和轨道梁上的齿条带动桥架行走，桥架上的拨钢装置将铸坯移至冷床。

按行走传动布置方式分：上扣齿齿轮齿条传动，如图3.1.90所示，和反扣齿齿轮齿条传动，如图3.1.91所示。

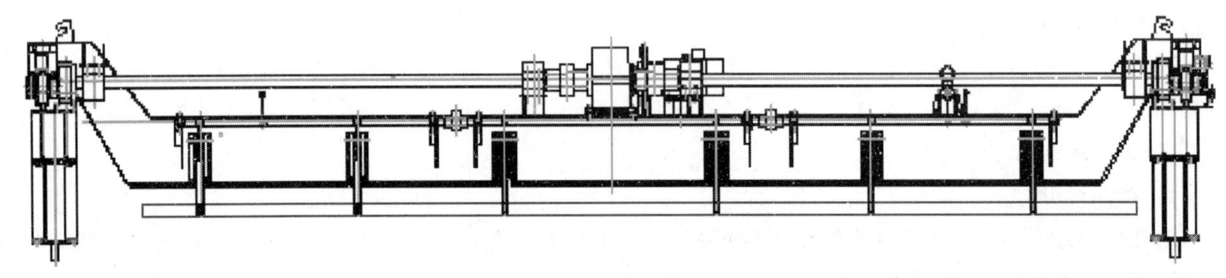

图3.1.90 上扣齿齿轮齿条传动移坯车

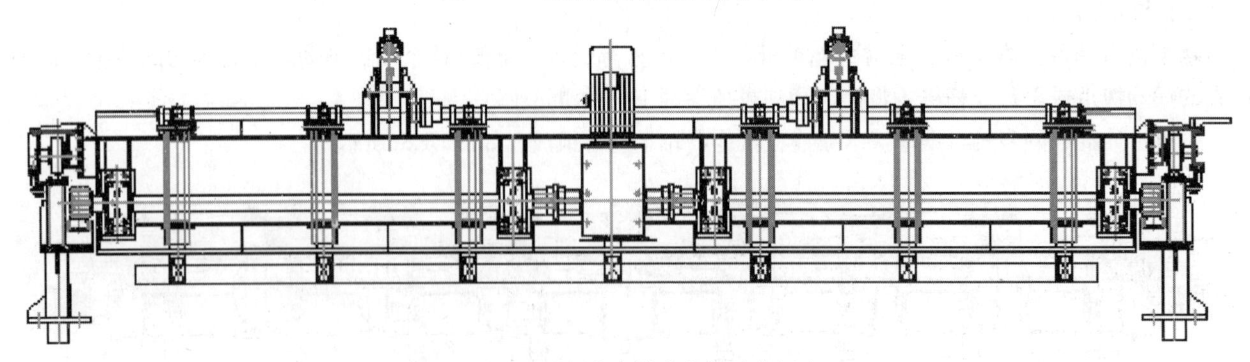

图3.1.91 反扣齿齿轮齿条传动移坯车

按推头提升机构形式主要分为拨爪轴链条提升，如图3.1.92所示，和拨爪轴带中部圆棒提升，如图3.1.93所示。

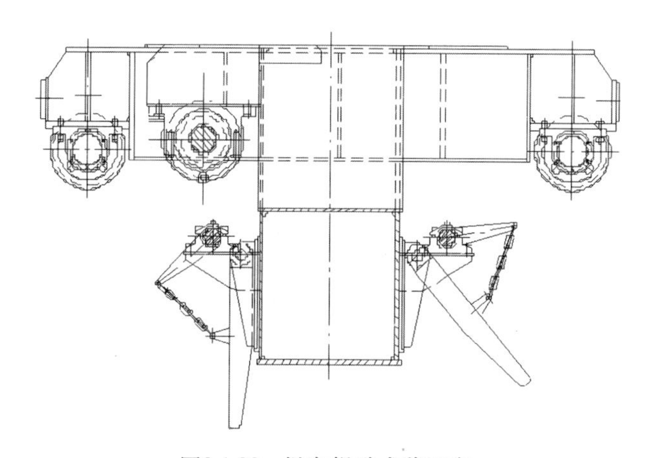

图3.1.92　链条提升式移坯车

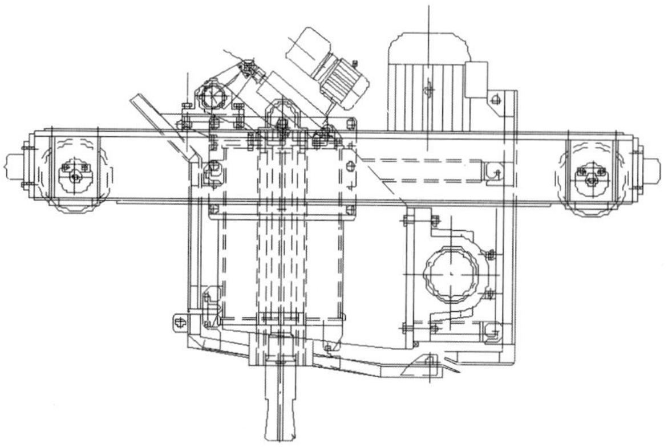

图3.1.93　中部圆棒提升式移坯车

(3) 主要技术参数（见表3.1.21）。

表3.1.21　主要技术参数

结构形式	双向移坯式，行走为齿轮齿条传动
移钢速度	变频调速
行　程	根据工艺要求
轨　距	根据定尺而定
轮距/轮径	约2800mm/D440mm

(4) 性能特点。

链条提升式移坯车采用电动机驱动同步轴、齿轮齿条传动，多采用上扣齿，双向推头推坯，两侧拨爪轴靠平行四连杆连接，电动机或电液推杆驱动连杆转动。此类型移坯车为传统双向移坯车形式，结构亦简单可靠，耐用。

中部圆棒提升式移坯车采用电动机驱动同步轴、齿轮齿条传动，多采用反扣齿，中间圆棒通过拨爪轴提升，提升驱动采用电动液压缸或电液推杆。此类型移坯车结构简单，但加工精度要求高。

(5) 选型原则。

上扣齿移批车结构简单，易于操作，使用较广泛，但推力小，易跳齿，适合于流数少、断面小的铸机。

反扣齿移坯车适合于推力大、同时推坯数量多的铸机，但投资略高，连锁控制较复杂。

(6) 典型项目应用情况。

上扣齿移坯车已广泛应用在龙钢8流、凌源7流、津西5流、海城4流等多台小方坯连铸机上，使用情况良好。

反扣齿移坯车已应用于邯郸钢铁8流、宣化钢铁12流、中天钢铁10流等多台小方坯连铸机上，使用情况良好。

3.1.6.8　翻转冷床及收集台架

(1) 产品简介。

翻转冷床用于存放并冷却铸坯，防止铸坯变形。用于铸坯的冷却下线。对于小方坯，定尺长度大于6m时，为防止下线后铸坯弯曲，推荐使用翻转冷床。

(2) 设备结构。

翻转冷床（专利号：201220304745.3）主要由活动齿条、固定齿条、活动支架、固定支架、升降液压缸、横移液压缸等组成，如图3.1.94所示。

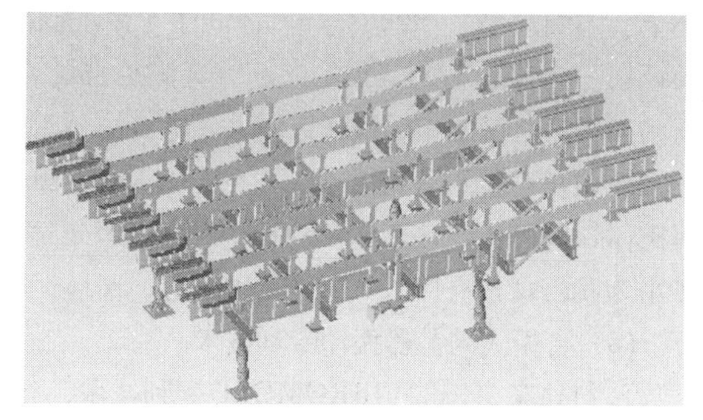

图3.1.94　翻转冷床及收集台架

(3) 工作原理。

当移坯设备将铸坯移送到翻转冷床接坯位置后，冷床开始周期动作。第一步，活动架带动活动齿板由升降驱动装置驱动升起，将铸坯抬起，离开固定齿板；第二步，横移驱动装置驱动活动架带动活动齿板及铸坯向前平移；第三步，活动架由升降液压缸驱动下降，齿板及铸坯随活动架下降，铸坯下降时由于固定齿板的顶托，铸坯有一个90°的翻转动作；第四步，横移驱动装置驱动活动架带动活动齿板后退平移，回到起始位置，重复下一动作，实现铸坯按齿距步进，并连续翻转。

(4) 主要技术参数（表3.1.22）。

表3.1.22 主要技术参数

结构形式	液压驱动步进冷床
适用铸坯断面	150~200方坯
适用铸坯长度	根据工艺要求
存放铸坯	50~70根（应保证下线温度）
升降液压缸数量	4
横移液压缸数量	2
翻坯动作周期	约30s

(5) 典型项目应用情况。

该翻转冷床已广泛应用在九江钢厂、隆盛钢厂、龙门钢厂、邯郸钢厂韶关钢厂、包头钢厂等多台小方坯连铸机上，使用情况良好。

3.1.6.9 钢包回转台

详见板坯连铸设备部分。

3.1.6.10 中间罐车

详见板坯连铸设备部分。

3.2 上海重矿连铸技术工程有限公司

3.2.1 连铸设备

3.2.1.1 技术优势

(1) 合金钢/不锈钢大方坯/大圆坯连铸技术。

公司自主开发的合金钢/不锈钢大方坯/大圆坯连铸机已经获得上海市重大技术装备备案，其中包括与清华大学合作开发合金钢大方坯连铸机动态凝固控制软件，采用PLC与液压伺服组成的闭环控制系统，充分发挥轻压下装置的效果。

(2) 不锈钢领域方、圆、扁多断面连铸技术。

近年来，国内不锈钢连铸均为进口的板坯连铸，由于生产规模大，生产成本高，市场容量有限。而市场容量大的用方、圆、扁坯生产的成品、线、管、中宽带却都是落后的模铸工艺为主生产的，连铸与模铸相比，具有质量好，效率高，成材率高等优点，是一种先进工艺，也是目前世界上生产不锈钢的主要方法。由于不锈钢品种复杂，各工艺要求不一样，用金相来分就有三大类，即：奥氏体、马氏体、铁素体，因此生产工艺有一定难度。

公司自2002年就开始注重于不锈钢连铸技术的开发，不锈钢领域方、圆、扁多断面连铸技术在国内属于首创。于2003年一月在东北特钢大连钢厂R8M弧形连铸机上率先拉出国内第一炉用于线材不锈钢小方坯。在此基础上，不断总结，于2005年5月在浙江青山特钢生产出国内第一台用于直接穿管的不锈钢圆坯，并解决了方、圆坯在一台铸机上的兼用的问题。为满足市场多品种、多规格的需求，于2006年开发出具有一机三用的方、圆、扁坯多断面的不锈钢连铸技术。

公司在不锈钢连铸方面，可生产ϕ150~260mm圆坯，160~240mm厚度方坯，≤800mm扁坯，品种扩大至奥氏体、马氏体、铁素体及双相钢。自2003年至今已设计制造出十余台不锈钢连铸机，其中方、圆、扁坯一机多用为我公司独有技术，取得了国内方、圆坯，扁不锈钢领域连铸技术领先的地位。

(3) 自振式结晶器振动专利技术。

公司独家引进的VIBROMOLD专利技术，经过几年的技术改进与创新，形成了专有的“自振式结晶器技术”（中国专利号：ZL 94192938.8; ZL 94193175.7）。

自振式结晶器设计结构紧凑，振动机构与结晶器完美结合成一体；较小的安装尺寸将使配套连铸机可以做到最小的流间距，这对目前国内市场多机多流连铸机来说无疑是先天的优势；采用液压或电动缸驱动的自振式结晶器，可以灵活地进行参数在线调整，为改善连铸工艺提供了丰富的调节手段。

自振式结晶器采用插入式结晶器的结构设计，对于铸坯规格单一的用户而言，可以进行快速的设备更换。由于不需要重新拆装电磁搅拌等附件，只更换内水套，大大缩短了设备更换时间，提高了设备的作业生产率。对于有多种断面铸坯生产要求的用户，可快速更换不同断面的内水套，更加提高了设备的作业率。

(4) 直驱正弦/非正弦振动专利技术（专利号：ZL200810043694.1ZL 201010027240.2）。

随着公司在冶金自动化控制技术方面的不断创新，使得高新技术进一步融入传统产业。公司自主开发并已经获得发明专利的，属于国内先进水平的非正弦振动软件，分别用于连铸结晶器振动的液压和电控系统。

(5) 液压驱动板簧振动专利技术。

(6) 方坯硬线钢连铸机。

(7) 二冷混合喷淋技术。

采用计算机与PLC技术，开发出动态二次配水软件，在传统的PID控制中加入模糊控制器，通过目标温度控制法来确定冷却制度，针对不同钢种的凝固特性，动态调整各区域水量，实现实时控制。

(8) 冶金自动化控制专有技术。

(9) 连铸工艺控制软件。

采用公司冶金连铸专家多年来的经验数据，编制了连铸工艺数据库，进而设计开发了工艺生产软件包，为生产高质量高性能的耐腐蚀钢，高性能的碳素结构钢及高质量的各种不锈钢提供了有力保障。

3.2.1.2 主要设备选型

(1) 主要参数及设备组成。

连铸机机型：全弧形、直弧形、立弯式

铸坯断面：方坯

弧形半径：R5~16m

流数：视用户具体要求，目前最多已达12流

流间距：视机型而定

大包支撑方式：蝶式升降回转台、直臂式回转台、钢包车、座架

大包水口开启方式：人工、液压自动

中包浇注方式：定径水口敞开浇注、定径水口保护浇注、塞棒控制保护浇注

中间包水口快换

振动装置形式：自振式板簧振动、四连杆振动、四偏心振动

振动驱动形式：直驱力矩电机驱动、变频电机＋减速机驱动、伺服液压缸驱动、电动缸驱动

扇形段：适用于扁坯，板坯

拉矫机：多点连续矫直、拉矫机带轻压下（适用于大方坯，板坯）

切割方式：火焰切割、机械剪、液压剪

定尺方式：自动摄像定尺、机械定尺

切割前辊道：通辊（轴套减速机）、单辊（摆线减速机）

输送辊道：通辊（轴套减速机）、单辊（摆线减速机）

出坯方式：液压推钢机、拉钢机、移钢机、步进式翻转冷床

热送装置

(2) 自动化系统配置。

1) 大包称量系统。

2) 中间罐称量系统。

3) 自动加保护渣系统。

4）大包下渣检测系统。

5）AMLC（Cs-137）。

6）自动塞棒控制系统。

7）二冷水自动控制系统。

8）中间罐钢水连续测温系统。

9）铸坯表面红外测温系统。

10）EMS（结晶器电磁搅拌）。

11）FEMS（二冷末端电磁搅拌装）。

12）拉矫机动态轻压下控制系统。

13）铸坯标号打印系统。

3.3 秦皇岛首钢长白结晶器有限责任公司

3.3.1 连铸结晶器（方坯、矩形坯结晶器、圆坯结晶器）

3.3.1.1 结晶器的结构组成

方坯（矩形坯）结晶器、圆坯结晶器主要由结晶器铜管、导流水套、外壳体、连接法兰、足辊装置、足辊喷淋装置、液面自动控制装置、电磁搅拌器等零部件组成。结晶器常见结构形式见图3.3.1。

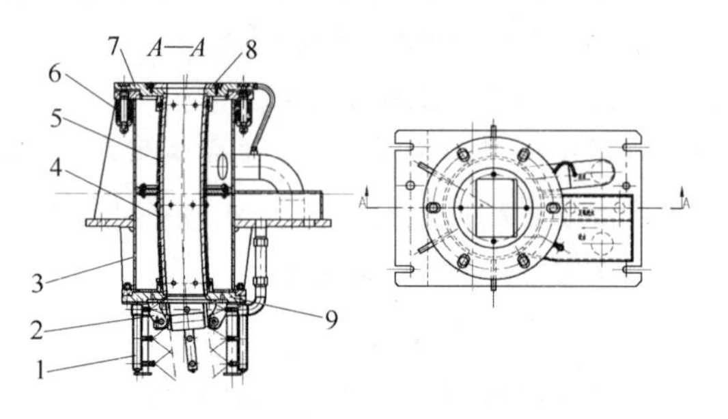

图3.3.1 结晶器常见结构形式

1—足辊喷淋装置；2—足辊装置；3—外壳体；4—导流水套；5—结晶器铜管；6—碟形弹簧装置；7—上密封法兰；8—润滑法兰；9—下密封法兰

3.3.1.2 结晶器的性能和特点

（1）要有良好和均匀的导热性能。

（2）结构合理，并具有足够的刚性，能够在承受剧烈的温度变化时变形小，铜管内壁要有良好的耐磨性能。

（3）在保证结晶器刚性的前提下，质量尽量要轻，以便减小振动时的惯性力，使结晶器的运动平稳可靠。

（4）结构尽量简单，便于制造、安装和调整。

3.3.1.3 结晶器工作原理

结晶器是连铸机上的重要部件，被称为连铸机的“心脏”。结晶器为坯壳形成的最初阶段提供了冷却、几何形状和空间。连续注入的钢水通过结晶器内腔的水冷铜管强制冷却逐步凝固成型，成为具有一定坯壳厚度的铸坯，并被连续不断地从结晶器下口拉出，进入二冷区后，经进一步冷却形成钢坯。

3.3.1.4 结晶器主要参数

（1）结晶器铜管主要参数见表3.3.1。

表3.3.1 结晶器铜管主要参数

铸坯规格	方坯/mm×mm	90×90~400×400
	矩形坯/mm×mm	130×170~450×550
	圆坯/mm	ϕ 100~800
弧形半径/m		R4~16
铜管长度/mm		700~1000
锥度形式		单锥度、抛物线锥度、多锥度
铜管材质		磷脱氧铜、银铜、铬锆铜
镀层材质		Cr、Ni-Cr

（2）水冷工作压力：0.50~1.0MPa。

（3）水缝宽度：3~5mm。

（4）足辊直径：ϕ 70~120mm。

（5）足辊数量：1~3组。

3.3.1.5 **选型原则、方法及选型步骤**

(1) 首先要确定要生产铸坯的规格，同时要考虑预留以后升级的空间。

(2) 根据确定的最大铸坯规格确定弧形半径，铸坯规格越大弧形半径也应越大，防止矫直时出现裂纹。

(3) 根据拉坯速度确定结晶器铜管的长度，拉坯速度越快铜管长度也应越长，防止因坯壳薄而出现漏钢事故。

(4) 根据浇铸半径确定水冷工作压力，浇铸半径越大水冷工作压力也应越大。

(5) 水缝宽度是根据冷却水流量和水缝内的水流速确定的，应保证水缝内水流速达到10~12 m/s。

(6) 足辊直径和足辊数量是根据铸坯的规格确定的，铸坯的规格越大足辊直径应越大，同时足辊的数量也应越多。

3.4 浙江大鹏重工设备制造有限公司

3.4.1 板坯连铸无磁辊

产品说明：

板坯连铸无磁辊是连铸机的关键部件之一，其质量和性能的好坏直接关系到连铸坯的质量（等轴晶比例）。为保证无磁辊的修复质量，就二钢南区2号连铸机ϕ150无磁辊、3号连铸机ϕ170无磁辊、北区1号2号连铸机ϕ235无磁辊修复提出如下要求：

(1) 辊子的解体及检查：

1) 辊子拉回承修厂后，承修厂负责对其进行拆解、清洗、检查。

2) 承修厂依据二钢所供图纸负责制定辊子的拆解工艺，明确拆解的方法和所使用工器具，防止拆解过程中对部分零部件造成无辜损坏。

(2) 辊身（或辊套）的修复：

1) 去除旧堆焊层，重新堆焊材料X6NiCrTi2615，堆焊层单面6mm，焊丝应采用神钢焊材株式会社制作的奥氏体2615焊丝。

2) 在去除旧堆焊层后，目测或着色检查母材堆焊面是否有裂纹，如有裂纹，继续车削，如半径上车削量已大于8mm还有裂纹，该辊身（或辊套）将不做修复，进行新制。

3) 在去除旧堆焊层后，对母材的Mo、Ti含量进行检测，损耗超过20%者该辊身（或辊套）将不做修复，进行新制。

4) 辊身（或辊套）精加工，工作表面粗糙度3.2，并经超声波探伤无裂纹等缺陷。

5) 辊身精加工后经RT磁粉探伤，不能有超过3mm明显裂痕。

6) 辊子合格标准：①导磁系数≤0.03。②辊面辊身金相分析显示奥氏体。③磁导率≤1.005，试样数据越接近1为直线，越表现出很强的顺磁性。④辊子硬度HB130~170。

(3) 辊子的轴承、密封环全部换新制件,更换轴承应采用德国产FAG轴承。

(4) 轴承座根据图纸进行尺寸精度检测，如尺寸精度超标，进行精度恢复性修复（堆焊，重新加工），如无法修复可以进行新制。

(5) 芯轴（二钢南区连铸无磁辊）进行油、水孔路清洗，并校正修复满足图纸直线度要求，如果弯曲度不小于3mm或内部探伤出现缺陷的进行新制。

(6) 承修厂对辊子修复过程中使用的自制件和外购件的质量负责，保证其正常的使用效果和寿命。

(7) 辊子的装配：

1) 辊子的装配环境必须保证清洁，不能有灰尘污染。整个装配操作应在洁净的装配平台上进行。

2) 承修厂依据二钢所供图纸负责制定辊子的装配工艺和各环节的精度控制要求，并严格执行。

3) 装配完后对辊子进行注润滑脂（二钢提供型号），使润滑部位出现油环。

4) 装配过程中所需要的小零件由承修厂自备。

(8) 装配后辊子的检验：

装配完后辊子整体检验按《二钢连铸无磁辊检验标准》（附后）进行检验，达标准要求，并填写检验记录。

(9) 辊子的标记和包装：

1) 辊子检验完后，在外轴承座上面用钢印做标记，标记具体形式由承修厂设计，但标记应能够表达清楚厂家、批号、辊子序号等内容。

2) 辊子表面涂脱水机油，并用塑料纸包装。

(10) 为了满足现场使用需要，辊子的修复周期不应大于1个月。承修厂最好能够储备少量修复好的成品，以备二钢紧急需要。

(11) 辊子交货时要求附带检验记录和合格证，二钢有权对送到现场的辊子进行复检和验收，如发现不合标准的辊子承修厂负责拉回重修。

(12) 二钢负责提供承修厂辊子的详细图纸，如图纸有变更及时通知承修厂。

(13) 修复辊子的正常使用寿命按过钢量计算不低于10万吨，使用过程中辊面不能有粘渣现象。

(14) 对于无修复价值的辊子及零部件，承修厂负责将其送回二钢，并出具详细证明材料。

(15) 如因承修厂的修复质量问题造成严重生产、设备事故，二钢有权追究承修厂责任。

(16) 辊子的来回运输由承修厂负责。

(17) 无磁辊性能要求如下：

在仅改变无磁辊装配的工况下，连铸坯等轴晶比例不小于试用前甲方连铸坯的等轴晶比例。依以下三个钢种等轴晶比例作为考核指标：0Cr13等轴晶比例不小于65%；430等轴晶比例不小于65%；TCS345等轴晶比例不小于65%。

(18) 除规格尺寸之外，技术指数由浙江大鹏重工设备制造有限公司提供的数据为准，最终考核指标为正常使用的过钢量不小于700炉。

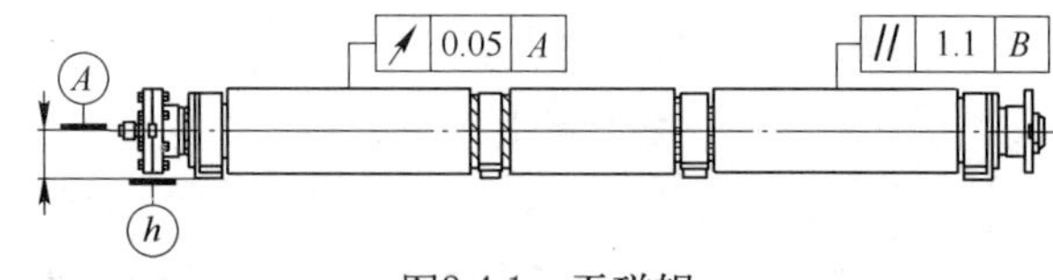

图3.4.1　无磁辊

二钢连铸无磁辊检验标准：每套辊子安装完毕后，必须经过以下检验：

中心高h偏差：±0.1mm（见图3.4.1）

平行度（相对B）：＜0.1mm

辊身跳动（相对A）：＜0.05mm

轴承座底平面度：＜0.1mm

辊子打号：齐全、清晰

油路：畅通

水路：畅通、无泄漏

辊子表面粗糙度：3.2

转动情况：灵活

3.5　达涅利冶金设备（北京）有限公司

3.5.1　达涅利在宝钢4号双流连铸机

主要参数（见图3.5.1）：

机型：直弧型连铸机

主半径：9.5m

炉子容量：295t

中间包容量：70t

铸机流数：2

垂直段长度：2600mm

拉坯速度：2.2m/min (最大)

铸机长度：41.3m

产量：2800000t

板坯宽度：900~1750mm

图3.5.1　达涅利在宝钢4号双流连铸机

板坯厚度：230mm

结晶器：垂直型INMO结晶器高度 900mm，结晶器均装配在线调宽装置

结晶器液位控制：塞棒，滑板和涡流液位检测控制系统漏钢及黏结自动预报系统：结晶器内完整的热电偶排列并装配有热成像系统

振动：液压型

频率：25~400次/min

振幅：2~10mm连续可调

钢种：IF钢，超低碳，微合金钢，低碳钢，中碳钢，包晶钢，高强度低合金钢，Trip钢

二次冷却工艺：气雾型（动态可调）动态轻压下并配备液芯预报的数学模型连续弯曲/矫直

3.5.2 达涅利在包头钢铁集团公司新建125万吨厚板坯连铸机

主要参数（见图3.5.2）：

机型：单流直弧型引锭杆上装

铸机主半径：9.5m

炉子容量：220t

中间包容量：42t

铸机流数：1

冶金长度拉坯速度：39.4m

可达：2m/min

垂直段长度：2625mm

设计产量：1525000t

铸坯宽度：1200~2300mm

铸坯厚度：200~250~300mm

图3.5.2 达涅利在包头钢铁集团公司新建125万吨厚板坯连铸机

结晶器：垂直型INMO 结晶器高度 900mm，所有结晶器均装配在线调宽装置

结晶器液位控制：塞棒和涡流液位检测控制系统

漏钢和黏结自动预报系统：结晶器完整的热电偶排列

振动：液压型

频率：25~400次/min

振幅：2~10mm连续可调

钢种：低碳钢，包晶钢，中碳钢，高碳钢，高强度低合金钢，厚板钢种

二次冷却工艺：气雾型（动态可调）动态轻压下并配备液芯预报的数学模型连续弯曲/矫直

3.5.3 达涅利在比利时CARSID新宽板坯连铸机

主要参数：

机型：弧型连铸机

主半径：10.5m

铸机流数：1

拉坯速度：1.5m/min（最大）

扇形段数量：15

铸机长度：28.4m

产量：2000000t

板坯宽度：1300~2600mm

板坯厚度：200~350mm

结晶器：垂直型INMO结晶器均装配在线调宽装置

结晶器液位控制：塞棒，滑板和涡流液位检测控制系统

漏钢及黏结自动预报系统：结晶器内完整的热电偶排列并装配有热成像系统

振动：液压型钢种

钢种：微合金钢，中碳钢，高碳钢

二次冷却工艺：气雾型（动态可调）动态轻压下并配备液芯预报的数学模型

投产时间：2010年春季

3.5.4 达涅利在阿塞洛集团双流板坯连铸机

阿塞洛集团以交钥匙方式授予达涅利公司其位于Fos sur Mer（法国南部）的双流板坯铸机（见图3.5.3和图3.5.4）完全改造项目，以完成从现在的弧型铸机（12.2m半径）至“艺术级”直弧型铸机改造。

项目目标：

提高产量至年产270万吨

改善板坯质量及扩大产品范围，从IF级到汽车用钢，API级，高碳钢和高硅钢。

改造后铸机的高产量及板坯质量将由下列方面来保证：增加的冶金长度（可允许浇铸速度达2m/min）

新的直弧型辊列设计

由下列措施保证的减少的维护时间

结晶器和扇形段的快速更换设计

完全的扇形段设计

新的引锭杆上装系统

由扇形段机械手操作的扇形段更换装置

改造后的主要技术参数：

机型：直弧型连铸机引锭杆上装及扇形段更换机械手

主半径：9.3m

炉子容量：335t

中间包容量：57t

铸机流数：2

支持长度：36.1m

垂直段长度：2680mm

产量：2700000t

板坯宽度：830~1800mm

板坯厚度：223mm

图3.5.3 达涅利在阿塞洛集团双流板坯连铸机

结晶器：垂直型INMO 结晶器高度 900mm，所有的结晶器均装配在线调宽装置

结晶器液位控制：涡流液位检测控制系统

漏钢及黏结自动预报系统：结晶器内完整的热电偶排列并装配有热成像系统

振动：液压型

频率：0~400次/min

振幅：0~16 mm连续可调。

钢种：IF（汽车用钢），低碳钢，中碳钢，包晶钢,高强度低合金钢，API，高碳钢，高硅钢

二次冷却工艺：气雾型（动态可调）动态轻压下并配备液芯预报的数学模型多点弯曲/矫直

工作范围：以交钥匙方式进行铸机整体改造，使连铸机由弧型改造为直型形

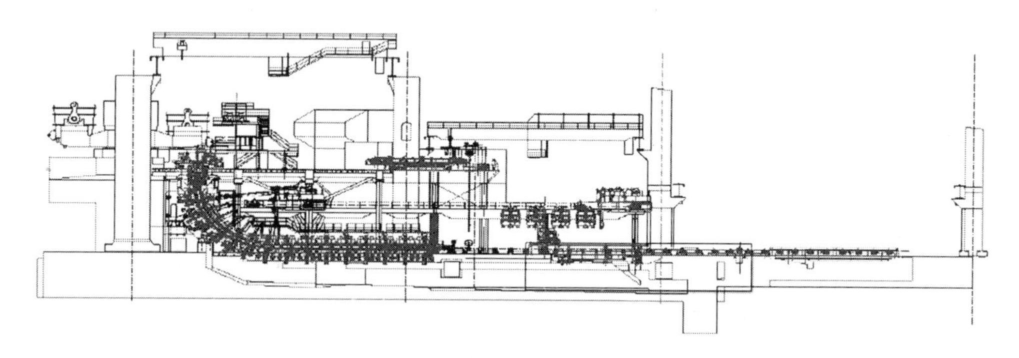

图3.5.4　达涅利在阿塞洛集团双流板坯连铸机

3.5.5　达涅利在邯郸钢铁集团公司新建520万吨双流板坯连铸机

机型：双流直弧型（见图3.5.5和图3.5.6）

图3.5.5　达涅利在邯郸钢铁集团公司新建520万吨双流板坯连铸机

铸机主半径：9.5m

炉子容量：270t

最大：300t

中间包容量：70t

铸机流数：2

冶金长度拉坯速度：39.4m

可达：2mt/min

垂直段长度：2600mm

设计产量：2600000t

铸坯宽度：900~2150mm

铸坯厚度：230~250mm

结晶器：垂直型INMO 结晶器高度 900mm，所有结晶器均装配在线调宽装置

结晶器液位控制：塞棒和涡流液位检测控制系统

漏钢和黏结自动预报系统：结晶器完整的热电偶排列

振动：液压型

频率：25~400c

振幅：2~10mm连续可调

钢种：IF，低碳钢，包晶钢，中碳钢，高碳钢，高强度低合金钢，API，Trip钢，双相钢

二次冷却工艺：气雾型（动态可调）动态轻压下并配备液芯预报的数学模型连续弯曲/矫直

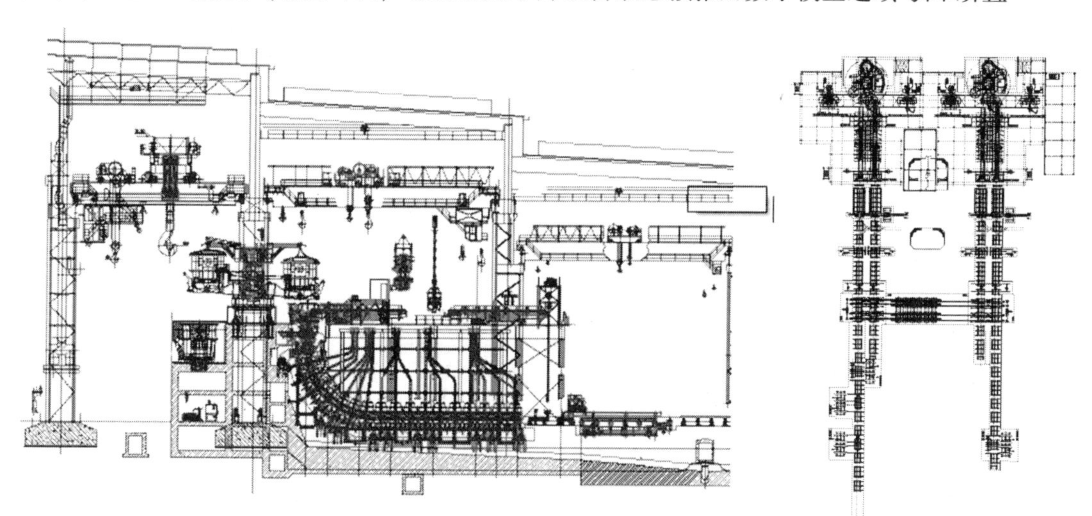

图3.5.6　达涅利在邯郸钢铁集团公司新建520万吨双流板坯连铸机

3.6 石川岛（上海）管理有限公司

3.6.1 带坯连铸机

IHI在2002年为美国Nucor开发和制造了世界第一台商用的带坯连铸机以后，2009年又为其制造了第二台，带来了连铸机的革命。让钢水通过一对冷却轧辊，可以生产小于2mm的薄钢板。与传统的连铸和轧制过程比，CO_2排放只有1/5，能耗只有1/9，具有节能环保特点。如图3.6.1所示。

图3.6.1　带坯连铸机

3.6.2 高可靠性的连铸线用数控式步进控制液压缸

简称为步进缸或数字缸（其工作原理见图3.6.2），与一般系统不同，使用大推力的步进电机和丝杠代替小推力的电磁铁，通过脉冲/数字信号来控制伺服阀，让液压推动活塞；同时通过丝杆代替传感器来进行内部的位移反馈，实现伺服控制；解决了因高温高湿多尘和电磁干扰出现的电器零飘以及传感器失灵等而造成的连铸失控和铁水报废问题。因其抗污染/NAS9级、可靠和再现性好、便于多轴同步控制，被广泛地用于日本，并且引进到宝钢。

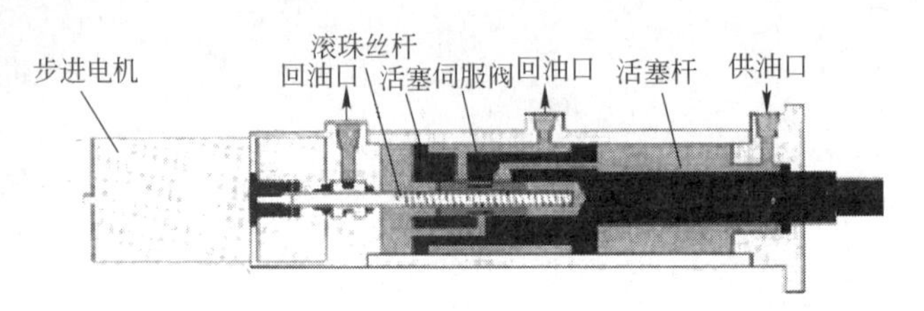

图3.6.2　IHI连铸用数控式步进控制液压缸的工作原理

3.7 中冶赛迪工程技术股份有限公司

3.7.1 板坯连铸机

3.7.1.1 CISDI板坯连铸机工艺技术装备简介

中冶赛迪工程技术股份有限公司是国内最早涉足连铸工程业务的工程公司，长期从事各种机型连铸机的研发和设计，并于2011年3月8日成功开发了世界首台420mm特厚板连铸机。

CISDI公司开发用于生产中等厚度薄板坯、常规板坯，特厚板坯，主要为热连轧机、中厚板轧机等提供坯料(其工程断面图见图3.7.1)。生产的主要钢种包括：优质碳素结构钢、低合金结构钢、汽车大梁用钢、耐候钢、管线钢、锅炉钢、压力容器钢、高强度钢、超低碳钢、硅钢、不锈钢等。

生产铸坯规格：厚度135～420mm，宽度700～2600mm，定尺长度3～10m不等

连铸机机型：全弧型、垂直弯曲型

弧形半径：R6.5～13m

工作拉坯速度：0.2～2.4m/min，不同断面、钢种对应不同拉速

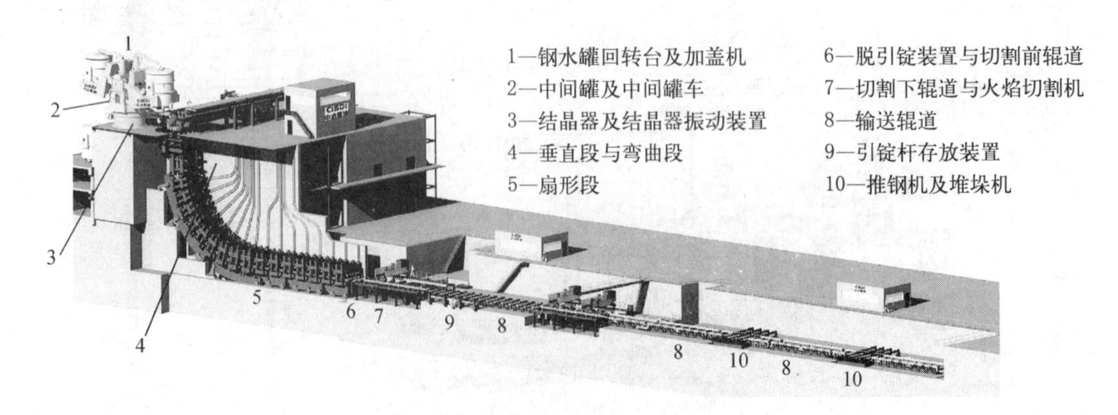

图3.7.1　CISDI典型板坯连铸工程断面

3.7.1.2 CISDI板坯连铸机主要工艺技术装备及技术特点

(1) 连铸机机头快速更换系统：结晶器、弯曲段（结晶器、垂直段）可快速更换，冷却水、气等能源介质自动接通，可减少连铸机更换断面和事故处理的停机时间，提高连铸机作业率。

(2) 结晶器液压振动技术：结晶器液压振动可以实时改变振幅和频率，也可以实现正弦和非正弦振动方式，从而优化振动工艺参数，提高铸坯质量。

(3) 结晶器电磁制动技术：通过采用结晶器电磁制动，改善高拉速下结晶器流场情况，稳定液面。特别适合中薄板坯高拉速的生产。

(4) 电磁搅拌技术：通过采用铸流电磁搅拌，改善铸坯表面质量和内部质量。特别适合高碳钢、硅钢、不锈钢等钢种的生产。

(5) 连续矫直技术：采用连续矫直技术，可大大降低铸坯矫直变形率，防止铸坯矫直裂纹的产生，提高铸坯质量。

(6) 动态二冷配水技术：采用动态二冷配水技术，使铸坯表面温度按既定目标变化，铸坯冷却均匀、表面温度变化平缓，克服铸坯表面温度剧烈波动，从而减少铸坯热应力，防止内部裂纹产生，同时改善铸坯晶体结构，为抑制铸坯中心偏析、中心疏松等内部缺陷的产生创造条件。同时采用冷却宽度调节技术，避免铸坯边部过冷，防止铸坯角裂。

(7) 动态轻压下技术：采用动态轻压下技术，可以有效降低铸坯中心偏析质量问题。这项技术特别适用于大断面铸坯生产高碳钢等钢种的生产。

3.7.1.3 CISDI板坯组合式结晶器

(1) 产品简介。

中冶赛迪工程技术股份有限公司，长期从事国内外连铸机的研发和设计。开发设计了各种形式的板坯结晶器，厚度规格从135~420mm、宽度规格从700~2600mm。

板坯结晶器是板坯连铸机的重要组成部分，是板坯连铸机的核心设备之一。板坯从结晶器开始成型，在向下运动过程中，坯壳逐渐增厚，达到一定尺寸后离开结晶器下口，走向二冷区。

伴随着板坯连铸技术进步，在结晶器上发展出了一系列新技术。中冶赛迪成功研发的技术包括结晶器智能管理系统、结晶器漏钢预报、结晶器在线热调宽等。

按其构造特点，板坯结晶器可分为直结晶器和弧形结晶器。根据支撑框架的不同，板坯结晶器又可分为整体框架式和分体式。调宽驱动分电动和液压。下面就这些结晶器作进一步介绍（见图3.7.2~图3.7.5）。

(2) 设备结构和工作原理。

1) 设备结构：

结晶器由于驱动方式不同，在调宽部分的结构有较大的区别。电动调宽结晶器的调宽部件结构较复杂，液压调宽结晶器的调宽部件则简洁得多。

电动调宽结晶器通常由内弧侧铜板及冷却水箱1、外弧侧铜板及冷却水箱2、窄边铜板及冷却水箱3、宽面

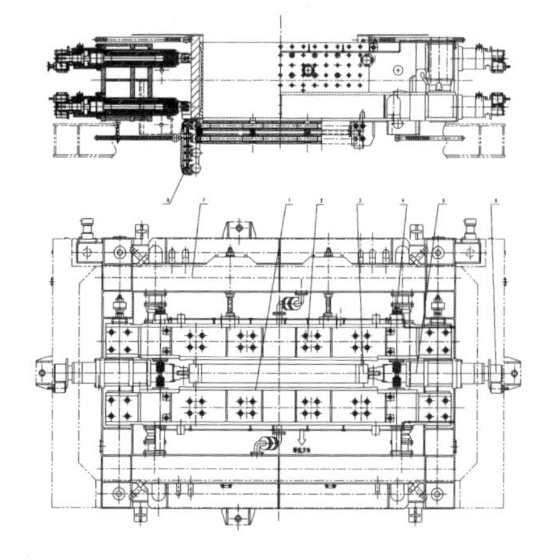

图3.7.2 整体框架式结晶器

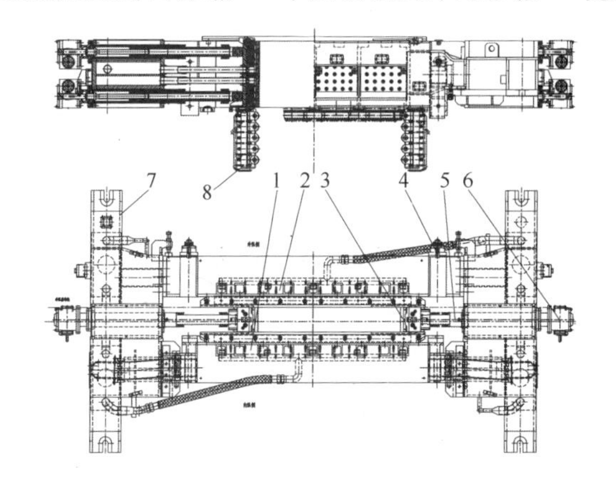

图3.7.3 分体式结晶器

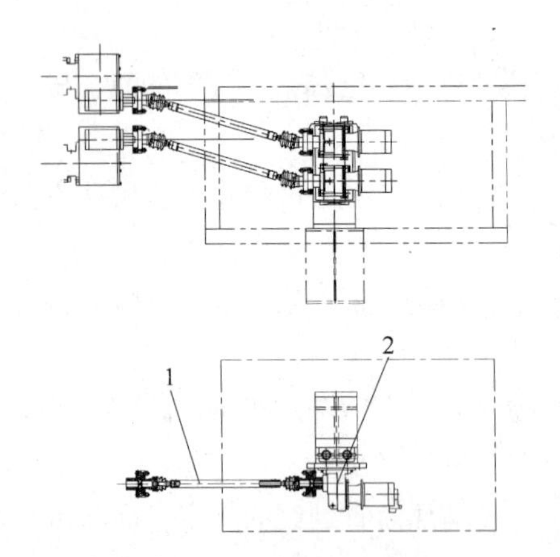

图3.7.4 电动调宽驱动装置

夹紧和厚度调整装置4、调宽装置5、调宽驱动接口6（电动调宽）、支撑结构7、宽边足辊和窄边足辊8等组成，见图3.7.2和图3.7.3。从图中可以看出，两种结晶器结构的区别在于支撑结构7不同。整体框架式的支撑结构左右两侧连接在一起，形成整体框架，内外弧水箱安装在它上面，而分体式的支撑结构左右两侧独立，由外弧水箱连接成一体。所有铜板背面布置有密集的水缝，供冷却水通过。

图3.7.4 是电动调宽驱动装置的一种典型结构，主要配置有万向联轴器1和减速电机2。

电动调宽驱动虽然较液压调宽结构复杂，但通过万向联轴器的使用，可以把减速电机布置到密闭室外，大大改善其工作环境，提高其工作稳定性，延长使用寿命。

液压调宽结晶器与电动调宽结晶器的结构基本相同，主要区别在调宽部件。液压调宽结晶器的调宽部件基本组成为伺服液压缸。如图3.7.5所示。从图中可以看出，该结构简洁，但也有其不足。液压缸工作环境恶劣，液压和电气元件需要做很周密的保护，同时液压设备和电气元件的可靠性也是需要重点考虑的因素。

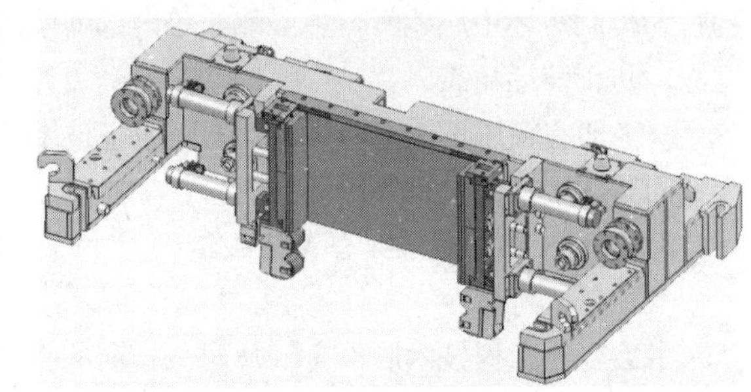

图3.7.5 液压调宽结晶器

2）工作原理：

板坯结晶器由内外弧和左右两侧铜板组成特定尺寸的矩形腔体，从中间罐流入的钢水与铜板接触后，被快速冷却，凝结成壳，随着拉坯运动，坯壳向下移动，并逐渐增厚，到出结晶器下口时，其厚度足以抵抗钢水静压力不会撕裂。

板坯结晶器通过更换不同宽度的窄面铜板来改变浇注铸坯的厚度，通过调宽机构推动，改变窄面铜板位置，可以更改浇注铸坯的宽度。

(3) 设备技术参数和技术特点。

1）设备主要技术参数（见表3.7.1）。

表3.7.1 设备主要技术参数

板坯规格/mm	宽700~2600　厚135~420
铜板尺寸/mm	高900　厚40或45
铜板材质	Cr-Zr-Cu
铜板镀层/mm	0.5~1.5
夹紧机构	碟簧夹紧，液压缸松开
调宽驱动	电动或液压
调宽方式	在线（冷）热调宽
结晶器漏钢预报	按工艺需求设置
结晶器特殊要求	按工艺要求结晶器装置，可以安装结晶器电磁搅拌及电磁制动

2）技术特点。

共同特点：

铜板表面镀有耐磨镀层，提高单次修磨通钢量；

铜板选用Cr-Zr-Cu材质，既有较好的传热性能，也有较好的力学性能；

冷却水快速接通，方便维护更换；

享有专利保护的夹紧机构，维护简便，更给浇钢过程提供安全保护，避免意外漏钢。

整体框架式：结构刚性好，维护组装方便。

分体式：结构简洁，设备质量轻。

电动调宽：减速电机布置在密闭室外，工作环境好，设备工作稳定。

液压调宽：结构简单，可以通过液压缸内置位置传感器直接了解窄面锥度的实时状况，并予以纠正。

(4) 选型原则。

整体框架式结晶器质量较重结构复杂，一般为旧连铸机使用。分体式结晶器因设备质量轻，适合各种新建连铸机使用。

调宽驱动则可根据业主的要求配置。

(5) 典型项目应用情况。

电动调宽整体式结晶器在柳钢6号板坯连铸机、天铁1号板坯连铸机、新疆八钢1~4号板坯连铸机等多台板坯连铸机上成功应用，设备运行稳定。

电动调宽分体式结晶器在重钢1号板坯连铸机、新余特厚板连铸机、燕钢2号板坯连铸机等多台板坯连铸机上成功应用，设备运行稳定。

新疆八钢1号板坯连铸机结晶器的电动热调宽和梅钢液压调宽结晶器的热调宽已经成功运用，设备运行状况良好。

3.7.1.4 CISDI结晶器振动装置

(1) CISDI结晶器液压振动装置。

1) 产品简介：

结晶器振动装置是连铸机中的一种重要设备。为了防止从中间罐流下来的钢水在结晶器内在凝固过程中与铜板发生黏结而出现粘挂拉裂或拉漏事故，振动装置带动结晶器按振动曲线周期性振动，改变钢液面与结晶器壁的相对位置以便于脱坯，同时，通过保护渣的加入，减少黏结的可能。

现有的机械振动只能实现正弦波振动，使用过程中只能调频率而无法在线调整波形和振幅，且一般振动频率不大于300次/min。

中冶赛迪工程技术股份有限公司（CISDI）液压振动装置结构分成整体框架式和两片式两种形式，可以实现在线正弦、非正弦振动，减小铸坯表面振痕深度，提高铸坯表面质量；可以减少黏钢漏钢事故的发生。

2) 设备结构和工作原理：CISDI整体式液压振动装置（专利号：L200820098279.1;ZL200820100364.7）。

整体式液压振动装置由整体框架式底座、整体框架式振动台、伺服液压缸、全方位的板簧导向机构组成，如图3.7.6（a）、(b）所示。

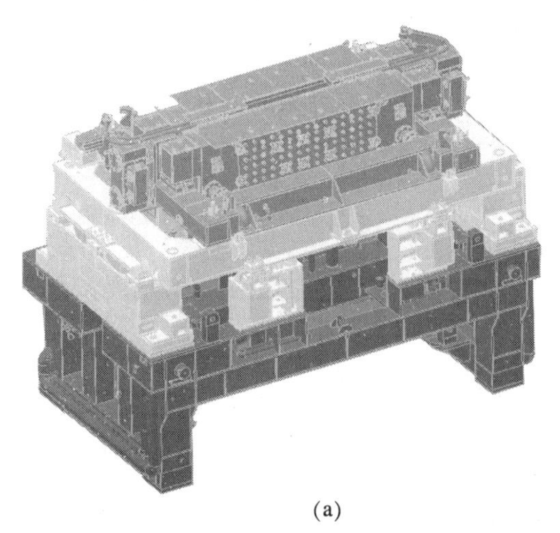

(a)

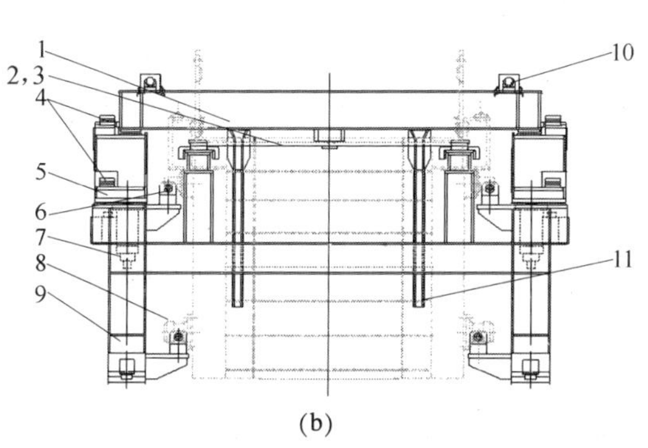

(b)

图3.7.6 整体式液压振动装置

(a) 三维图；(b) 主视图

1—振动台；2—内弧振动导向板簧；3—外弧振动导向板簧；4—左右侧振动导向板簧；5—振动底座；6—弯曲段上耳轴支撑座；7—液压缸；8—弯曲段下耳轴支撑座；9—振动支撑框架；10—结晶器定位装置；11—导轨

液压缸通过连杆驱动振动台，四周由板簧导向，以一定频率和振幅使振动台按正弦或非正弦曲线有规律地上下振动，周期性地改变钢液与结晶器壁的相对位置，防止铸坯在凝固过程中与结晶器铜板发生黏结而出现拉裂或拉漏事故，实现顺利脱坯。

结晶器、弯曲段和振动装置可以在线外组装好，对结晶器、弯曲段进行对弧，操作方便，对弧精确；可以整体吊装，集成性好，缩短对弧和线上安装时间，提高作业率。

两片式液压振动装置（专利号：ZL200820100365.1；ZL200820100364.7）两片式液压振动装置由两片振动单元组成，每片振动单元由振动底座、振动梁、伺服液压缸、板簧导向机构组成，见图3.7.7。

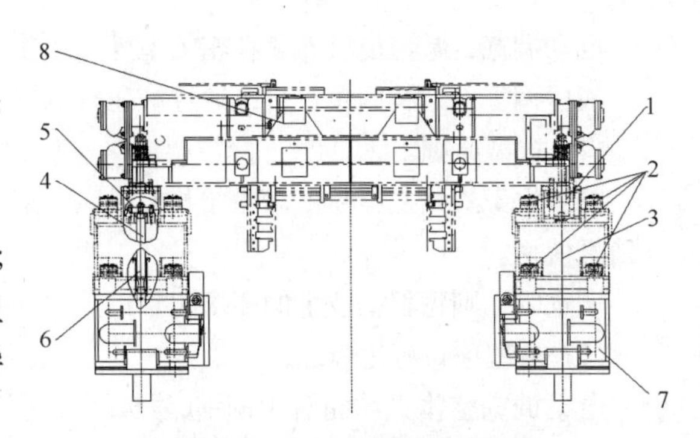

图3.7.7　两片式液压振动装置

1—振动梁；2—振动导向板簧；3—振动底座；4—顶杆；5—压盖；6—振动支撑框架；7—液压缸活塞杆头保护装置；8—结晶器

结晶器固定在两个振动体上，由两个振动体组成液压振动装置。

振动体的液压缸通过连接杆驱动振动台，导向板簧对振动梁起导向作用，振动精确平稳。

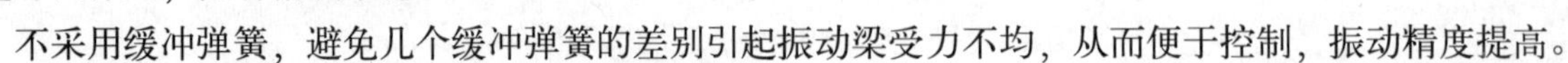

不采用缓冲弹簧，避免几个缓冲弹簧的差别引起振动梁受力不均，从而便于控制，振动精度提高。

3）设备技术参数和技术特点。

技术参数：

振动波形：正弦、非正弦、自定义波形，在线可调

偏斜率：最大40%，在线可调

振动频率：50～400次/min，在线可调

振动幅度：0～±6mm，在线可调

振动精度：X（铸流）方向：≤±0.1mm

Y（宽度）方向：≤±0.1mm

双缸同步精度：≤5%振幅

关键元件寿命

板簧：≥1年

伺服液压缸：≥2年

技术特点：

①整体式板坯振动装置。

采用了整体式快台技术。振动台采用整体框架式，刚性好，振动的同步性好；集成性好；在线外可以对弧，操作方便，对弧精确，提高作业率。

采用无间隙安装柔性顶杆技术。提高振动液压缸的寿命。

采用全方位板簧导向技术。大大提高振动精度，振动过程振动平稳，安全可靠。

采用合理有效的振动液压缸活塞杆的保护技术。保证液压缸在良好环境运行，提高液压缸工作精度和寿命。

整个装置无需润滑，清洁环保。

采用两级控制的伺服阀，先导级为射流管式结构，大大提高液压系统抗污染能力。

②两片式板坯振动装置。

采用了可以互换的相同的两片振动单元。减少备件，降低投资。

采用无间隙安装柔性顶杆技术。提高振动液压缸的寿命。

采用合理有效的振动液压缸活塞杆的保护技术。保证液压缸在良好环境运行，提高液压缸工作精度和寿命。

整个装置无需润滑，清洁环保。

采用两级控制的伺服阀，先导级为射流管式结构，大大提高液压系统抗污染能力。

③采用的理论分析方法。

整体式板坯振动和两片式板坯振动装置均进行了详细的理论分析：

模态分析和仿真，研究振动装置在X、Y、Z三个方向的固有频率。研究不同厚度的板簧对固有频率的影响；

采用有限元分析和优化设计；

不同激励和工况条件下，研究系统的动态响应和偏摆分析。

④出厂前机、电、液集成测试。

CISDI所供整体式板坯液压振动和两片式板坯液压振动装置均进行集成测试，在振动过程中，实测信号与输入信号重复性好，振动平稳可靠。

4）选取原则。

整体式板坯液压振动装置，适用于常规板坯，尤其适用于机械振动的改造工程。

两片式板坯液压振动装置，适用于中等厚度薄板坯、常规板坯和特厚板坯连铸机，设备结构极其简单，通用性强。

CISDI两种形式的结晶器液压振动也可作为机电一体品成套设计、供货。

5）典型项目应用情况。

整体式液压振动装置已成功运用在柳钢6号连铸机的机械振动改造项目上，和新疆八一钢厂1、3、4号连铸机上，运行良好。

两片式液压振动装置已经成功运用于新余钢厂420mm特厚板连铸机、新余钢厂1、2板坯连铸机、重钢集团公司环保搬迁转炉炼钢工程板坯连铸机、通钢集团吉林钢铁有限责任公司1300 板坯连铸机工程、唐山长城钢铁集团燕山钢铁有限公司板坯连铸等工程上，运行效果良好。

3.7.1.5 板坯机械振动装置

（1）产品简介。

中冶赛迪工程技术股份有限公司（CISDI）的机械振动可以实现正弦波振动，可以满足浇铸过程中结晶器内铸坯的脱坯工作，使用过程中可以调频率，振幅的调节提供离线调整偏心轴装配来进行。由于无需液压系统，投资较低。

（2）设备结构和工作原理。

图3.7.8所示为机械振动装置三维图。板坯机械振动装置由电机驱动装置、传动机构、振动底座、振动台、振动导向机构组成，见图3.7.9。

图3.7.8 机械振动装置三维图

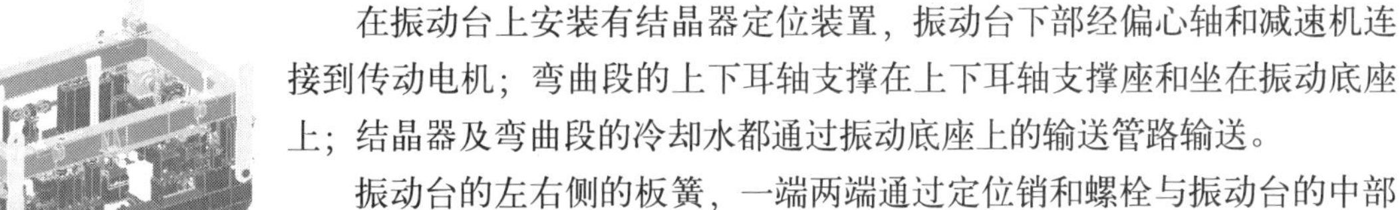

在振动台上安装有结晶器定位装置，振动台下部经偏心轴和减速机连接到传动电机；弯曲段的上下耳轴支撑在上下耳轴支撑座和坐在振动底座上；结晶器及弯曲段的冷却水都通过振动底座上的输送管路输送。

振动台的左右侧的板簧，一端两端通过定位销和螺栓与振动台的中部连接，另一端与固定的振动底座相连接，并带有张紧机构；振动台的内外弧侧的板簧也是单片较厚的板簧组成，导向板簧一端两端通过定位销和螺栓与振动台的中部连接，另一端与固定的振动底座上的水箱相连接，并带有张紧机构。当进行振动时，振动台通过内外弧和左右上下的板簧导向，振动精确平稳。

振动台四个角缓冲弹簧可以平衡振动台和结晶器的部分重量，降低负荷，减小电机的功率。

电机通过万向轴、减速机和偏心轴来驱动振动台，通过调节与偏心轴及相位板来实现振幅的调节。

结晶器、弯曲段和振动装置可以在线外组装好，对结晶器、弯曲段进行对弧，操作方便，对弧精确；可以整体

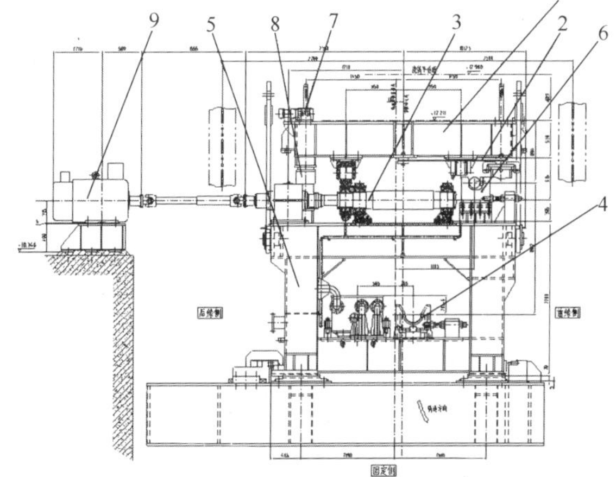

图3.7.9 机械振动装置图

1—振动台；2—振动导向板簧；3—传动偏心轴；4—缓冲弹簧；5—振动底座；6—弯曲段上耳轴支撑座；7—弯曲段下耳轴支撑座；8—结晶器定位装置；9—电机

吊装，集成性好，缩短对弧和线上安装时间，提高作业率。

(3) 设备技术参数和技术特点。

1) 技术参数。

振动波形：正弦

振动频率：50～300次/min，在线可调

振动幅度：±1.5、±2、±3、±4、±5mm

振动精度：*X*（铸流）方向：≤±0.1mm

Y（宽度）方向：≤±0.1mm

2) 技术特点。

整个装置运行可靠；

采用平衡弹簧，可以平衡振动台和结晶器的重量，减小负荷，避免电机选型过大；

振动台四周全方位导向，可以保证较高的振动精度；

结晶器、振动装置、弯曲段可以在线外组装集成、对弧，提高作业率。

(4) 选型原则。

目前板坯机械振动使用越来越少，对于装备水平不高，投资少可采用机械式振动。

(5) 典型项目应用情况。

板坯机械振动装置已经运用于天铁1号板坯、柳钢4号板坯连铸、河北敬业连铸等工程，运行效果良好。

3.7.1.6 CISDI垂直段

(1) 产品介绍（专利号：201120018374.8）。

中冶赛迪工程技术股份有限公司研发的垂直段，对于特别厚度的板坯，为了减少非金属夹杂物提高板坯质量，设置超高度垂直段。垂直段位于结晶器和弯曲段之间，将从结晶器出来的铸坯过渡到弯曲段。它的作用是：

1) 支撑并引导从结晶器内形成初期坯壳的铸坯，防止因钢水静压力引起鼓肚变形或造成漏钢事故；

2) 铸坯在垂直段中经过，过渡到弯曲段；

3) 超高垂直部分，有利于未凝固钢液中的夹杂物上浮，提高铸坯质量。

(2) 设备结构和工作原理。

1) 结构和组成。

垂直段三维效果图如图3.7.10所示，由内弧框架、外弧框架、辊子、辊缝夹紧装置、喷嘴及喷嘴支架、冷却水配管和润滑配管等组成。

2) 工作原理。

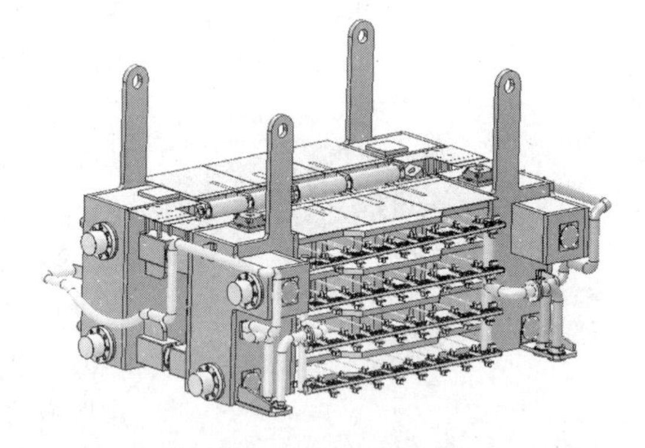

图3.7.10 垂直段三维效果图

垂直段的内外弧辊子分别固定在内外弧框架上，通过辊缝夹紧装置连接，形成一个具有特定尺寸的辊缝通道，对铸坯进行夹持和引导，防止因钢水静压力引起鼓肚变形或造成漏钢事故。辊缝调节通过调节辊缝夹紧装置内的定距块实现，满足生产不同厚度铸坯的需要。

(3) 设备技术参数和技术特点。

1) 技术参数（见表3.7.2）。

表3.7.2 技术参数

板坯宽度/mm	1600~2400
板坯厚度/mm	300~420
辊缝调节方式	定距块
辊子形式	分节辊
辊子和轴承座冷却方式	通过二次冷却水进行冷却

2）技术特点。

垂直段的内外弧框架为格栅式立板结构，辊缝夹紧装置为立柱式，侧面没有侧框架，有利于二冷蒸汽的排出，同时，结构刚性好；

耳轴支撑在振动装置底座和弯曲段上，在线安装时垂直辊子自动与弯曲段辊子和结晶器足辊自动对中；

在线安装时冷却水自动与弯曲段接通；

辊子的润滑采用特殊的辊子结构，保证各个辊子润滑点到位。

(4) 选型原则。

垂直段设备适用于特厚板连铸机。

(5) 典型项目应用情况。

垂直段设备在新余特厚板坯连铸机上成功运用，设备运行稳定。

3.7.1.7 CISDI弯曲段

(1) 产品简介。

中冶赛迪工程技术股份有限公司设计的弯曲段，位于结晶器和1号扇形段之间，将从结晶器出来的铸坯过渡到扇形段。它的作用是：

1）支撑并引导从结晶器内形成初期坯壳的铸坯，防止因钢水静压力引起鼓肚变形或造成漏钢事故；

2）铸坯在弯曲段中经过连续弯曲后，过渡到弧形扇形段；

3）弯曲段有一长段垂直部分，有利于未凝固钢液中的夹杂物上浮，提高铸坯质量。

(2) 设备结构和工作原理。

1）结构和组成。

弯曲段如图3.7.11所示，由内弧框架、外弧框架、辊子、辊缝夹紧装置、喷嘴及喷嘴支架、冷却水配管和润滑配管等组成。

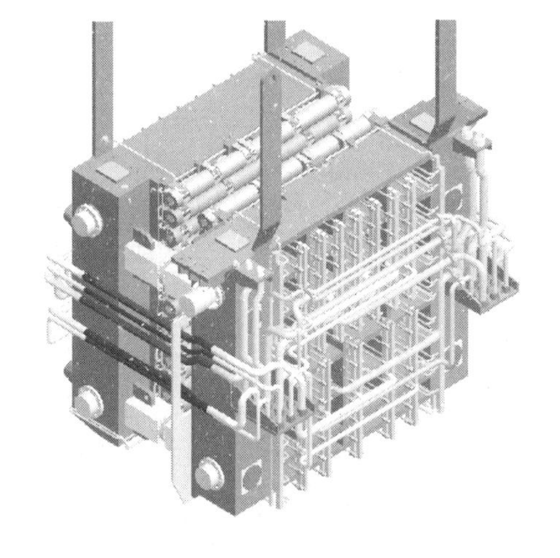

图3.7.11　弯曲段

2）工作原理。

弯曲段的内外弧辊子分别固定在内外弧框架上，通过辊缝夹紧装置连接，形成一个具有特定尺寸的辊缝通道，对铸坯进行夹持和引导，防止因钢水静压力引起鼓肚变形或造成漏钢事故。辊缝调节通过调节辊缝夹紧装置内的定距块实现，满足生产不同厚度铸坯的需要。

(3) 设备技术参数和技术特点。

1）技术参数（见表3.7.3）。

表3.7.3　技术参数

板坯宽度/mm	700~2600
板坯厚度/mm	135~420
辊缝调节方式	定距块
辊子形式	分节辊
辊子和轴承座冷却方式	通过二次冷却水进行冷却

2）技术特点。

弯曲段的内外弧框架为格栅式立板结构，辊缝夹紧装置为立柱式，侧面没有侧框架，有利于二冷蒸汽的排出，同时，结构刚性好，质量轻。辊子采用小辊径、密排的分节辊，能够有效防止由于钢水静压力引起的鼓肚变形。弯曲区的辊子采用连续弯曲方式进行布置，减小铸坯的弯曲变形率，可以降低铸坯内部裂纹的产生。

(4) 选型原则。

弯曲段设备属于通用设备，适合各种直弧形中等厚度薄板坯、常规和特厚板坯连铸机。

(5) 典型项目应用情况。

弯曲段设备在柳钢6号板坯连铸机、新余三期板坯连铸机、新余特厚板坯连铸机、重钢1号板坯连铸机等多台板坯连铸机上成功运用，设备运行稳定。

3.7.1.8 CISDI**扇形段**

(1) 产品简介。

扇形段设备是板坯连铸机的重要设备之一，位于连铸机的主机区域。它的作用是：

引导从弯曲段拉出的铸坯，并对铸坯进行继续冷却，直至完全凝固；

引导和夹持引锭杆；

进行拉坯和矫直（连续矫直）；

对铸坯实施轻压下、改善铸坯内部质量；

在扇形段上安装电磁搅拌装置，对铸坯实施电磁搅拌，提高铸坯质量。

为了提高扇形段的使用寿命，便于检修，中冶赛迪工程技术股份有限公司（CISDI）在扇形段的结构设计更加精细化、人性化。开发三铰链点式和无间隙式两种形式的扇形段。

(2) 设备结构和工作原理。

1) 结构和组成。

扇形段设备包括扇形段本体、扇形段基础框架和扇形段驱动装置。如图3.7.12所示。

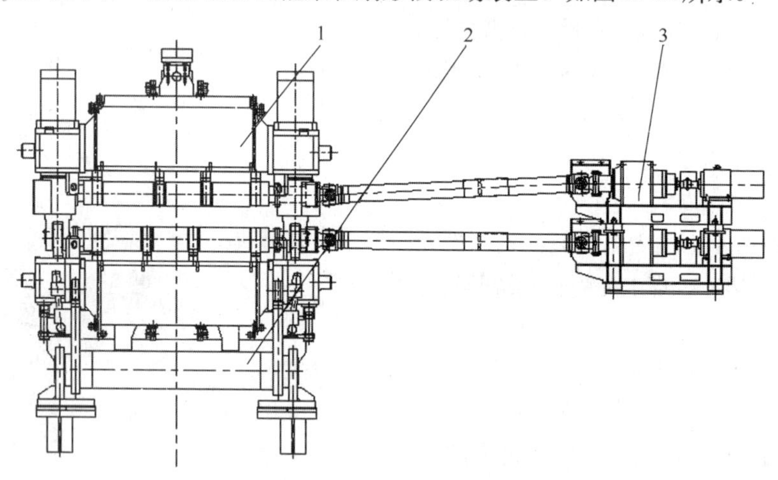

图3.7.12 扇形段设备
1—扇形段本体；2—扇形段基础框架；3—扇形段驱动装置

扇形段本体包括弧形扇形段、矫直扇形段和水平扇形段。为了减少扇形段备件和便于维护，尽可能使扇形段具有互换性。每个扇形段一般由扇形段上框架、扇形段下框架、自由辊、驱动辊、辊缝调节装置、上驱动辊升降装置、喷嘴及喷嘴支架、冷却水配管、液压配管和润滑配管、密封板等组成。电磁搅拌扇形段还包括电磁搅拌装置。

扇形段基础框架用于支撑和固定扇形段，并通过扇形段基础框架向扇形段提供设备冷却水和铸坯二次冷却水。

扇形段驱动装置有上驱动辊单独驱动，也有上下驱动辊同时驱动。扇形段驱动装置由电机、减速器、联轴器、万向联轴器和支撑框架组成，弧形扇形段驱动装置一般电机带制动器。

2) 工作原理。

扇形段内弧辊和外弧辊组成的辊缝，用来引导和夹持铸坯，防止铸坯鼓肚，同时也用来送引锭杆。扇形段辊缝通过辊缝调节装置进行调节，以适应生产不同厚度铸坯的需要。辊缝调节装置由液压缸进行驱动，液压缸带动扇形段上框架升降实现辊缝调节。扇形段辊缝可以通过调节辊缝调节装置的定距块来设定不同厚度的固定辊缝，也可以由带位移传感器的液压缸通过远程控制调整辊缝，以满足生产不同厚度铸坯的需要。

扇形段远程辊缝调节液压控制方式通常有三种：开关阀控制、比例阀控制、伺服阀控制，三种液压控制方式均能满足扇形段远程辊缝调节和扇形段轻压下功能，用户可根据连铸机特点进行选择。

扇形段上驱动辊固定在升降梁上，由1个或2个液压缸进行升降驱动。拉坯或送引锭杆时，由铸坯鼓肚力或上驱动辊升降液压缸通过上驱动辊将铸坯或引锭杆压紧，通过扇形段驱动装置进行驱动。扇形段驱动装置通过万向联轴器与驱动辊连接。

(3) 设备技术参数和技术特点。

1) 技术参数（见表3.7.4）。

表3.7.4　技术参数

板坯宽度/mm	700~2600
板坯厚度/mm	135~420
辊缝升降方式	液压
扇形段驱动辊升降方式	液压
辊缝调节方式	定距块（同时实现微调，为无级辊缝调整） 远程控制（伺服阀或开关阀控制）
辊子形式	分节辊
扇形段驱动速度/$m \cdot min^{-1}$	0.2~2.5/5
辊子数量	一般7对（其中1对为驱动辊）
辊子和轴承座冷却方式	内冷
喷嘴幅切调整方式	截断阀控制，无级调幅切

2) 技术特点。

CISDI三铰链点式扇形段（专利号：ZL200420034668.X；ZL200420034669.4；ZL200420034731.X；ZL200820098596.3），见图3.7.13。

CISDI三铰链点式扇形段如图3.7.13所示。扇形段进口侧一个铰链点，出口侧两个铰链点，构成一个三角形。在进行辊缝调节时，辊缝调节液压缸升降同步，三铰链点各点的位置不变，构成稳定的三角形，使扇形段上框架平稳进行升降，实现辊缝的调节。当液压缸的升降不同步时，通过出口侧短连杆的摆动使上框架产生一定的倾斜，防止损坏框架和辊缝调节机构，对扇形段起到保护的作用。当每个液压缸升降到位时，各铰链点的位置不再变动，又构成稳定的三角形，扇形段又处于稳定状态。

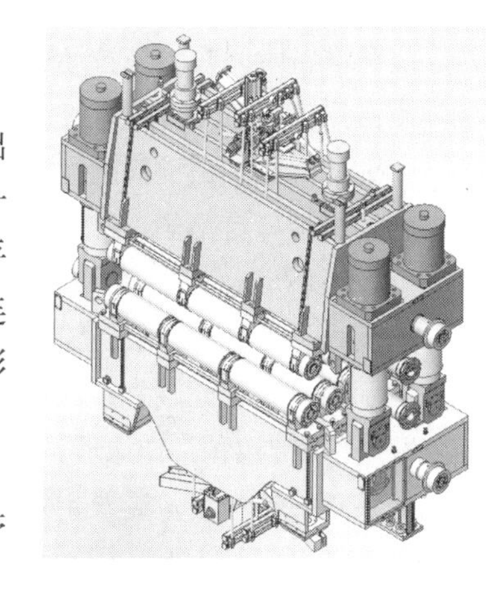

图3.7.13　三铰链点结构形式扇形段

扇形段框架采用特殊的冷却水结构，替代方管的冷却，保证在热状态管子的稳定性，从而提高了扇形段的使用寿命。

定距块设置定距块上采用无级辊缝的微调技术（CISDI专有技术），采用特殊的螺旋斜面设计，可以实现无级微调辊缝，提高了扇形段的作业率。

CISDI无间隙辊缝调节扇形段（专利号200910104134.7；ZL200420034668.X；ZL200420034669.4；ZL200420034731.X）。

CISDI无间隙辊缝调节扇形段如图3.7.14所示。辊缝调节机构通过螺纹连接，保证辊缝调节机构中没有间隙，实现辊缝的高精度调节。辊缝锥度调节通过柔性连杆的弯曲来实现。液压缸活塞杆设有导向机构，在辊缝调节过程中液压缸活塞杆不受横向力，对液压缸起保护作用。辊缝调节机构中设有上框架升降导向装置，防止上框架在升降过程中产生倾斜，同时可以对上下框架辊子的对中进行调节。

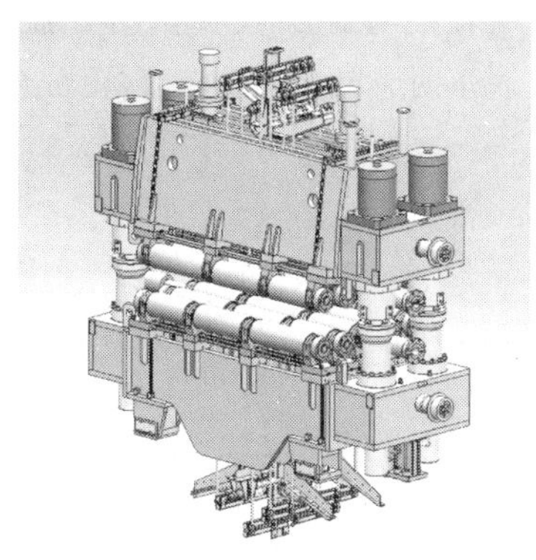

图3.7.14　无间隙辊缝调节扇形段

开发了喷淋宽度无级调幅装置，喷淋架通过液压马达和蜗轮蜗杆减速器驱动，以满足工艺需求喷淋宽度实现连续调节。

(4) 选型原则。

扇形段设备属于通用设备，适合各种中等厚度薄板坯、常规和特厚板坯连铸机。

(5) 典型项目应用情况。

CISDI三铰链点结构形式扇形段在柳钢6号板坯连铸机、新余三期板坯连铸机、新疆八钢1号、3号、4号板坯连铸机、重钢1号板坯连铸机、新余420mm特厚板等多台板坯连铸机上成功运用，设备运行稳定。

CISDI无间隙辊缝调节扇形段是中冶赛迪新开发的一种精度更高的扇形段，在宝钢3号板坯连铸机上成功使用，运行稳定，在今后板坯扇形段可以广泛使用。

3.7.1.9　**引锭杆存放装置**

板坯引锭杆存放方式分为上装式和下装式两种。

(1) 上装引锭杆存放装置（见图3.7.15）。

1) 产品简介。

引锭杆存放装置的作用是在引锭杆与铸坯脱离后，及时把引锭杆收存离开辊道，并在下一次浇铸前，把引锭杆再次送进铸机。

上装式引锭杆存放装置是为了提高连铸机作业率、缩短送引锭杆时间而发展起来的技术。

脱离了铸坯的引锭杆被提升装置提升到浇铸平台上，然后放到引锭杆车上。当需要送引锭杆时，引锭杆车把引锭杆运送到结晶器前，把引锭杆插入结晶器。

图 3.7.15　上装式引锭杆存放装置

上装式引锭杆存放装置主要有以下优点：

浇铸准备时间短，在拉坯还没有结束时就可以进行引锭杆的插入。

不占用连铸机后部辊道。

引锭杆维修、引锭头更换等工作在浇铸平台上进行，无铸坯影响，安全。

利用引锭杆自重插入结晶器，引锭杆不会跑偏。

有以下不足：

上装式引锭杆存放装置设备复杂，需要较大的浇铸平台面积，提升装置提升引锭杆时，速度要求与拉速同步，电气控制系统比较复杂。相对下装式引锭杆存放装置，投资较大。

2) 设备结构和工作原理。

上装式引锭杆存放装置主要设备组成：

引锭杆车：是上装式引锭杆存放装置最重要的设备，它由链式输送机、行走装置、对中装置等组成。链式输送机的作用是对引锭杆进行回收和插入，这两个功能分别由链条上的一个卷扬钩和一个插入钩来完成；行走装置使引锭杆车能在引锭杆卷扬装置和结晶器之间来回运动；对中装置使引锭杆对准连铸机中心线。引锭杆车还要求在引锭杆卷扬和插入时能进行定位和固定。

脱锭装置：使引锭杆和铸坯分离。采用特殊自动脱锭的引锭曲线，100%自动脱锭装置。

导向装置：防止引锭杆在垂直提升过程中产生剧烈摆动。

提升装置：由电动卷扬装置、专用吊具、防落装置等组成。卷扬装置要求在脱锭前与扇形段驱动同步，脱锭后能高速提升。防落装置能在提升装置和引锭杆车交接引锭杆发生引锭杆意外脱落时，防止引锭杆下落，避免事故发生。

3) 设备技术参数和技术特点。

技术参数：

提升驱动：电动卷扬

提升高度：按浇铸平台高度

提升速度：0~5m/min

走行速度：2~20m/min

走行行程：约20000mm

链条移送速度：0.5~5m/min

技术特点：提升装置采用高位电动卷筒形式，结构简单、设备质量轻。

引锭杆车能自动完成引锭杆提升、引锭杆输送、引锭杆存放、引锭杆对中、拆卸更换引锭头、往结晶器内装入引锭杆等多个任务，并且结构简单、操作方便。由于采用了特殊轨道，引锭杆车能实现自动定位和固定。

采用特殊自动脱锭的引锭曲线，100%自动脱锭装置。

4）选型原则。

要求连铸机有较高的作业率，投资预算许可时，选用该设备。

5）典型项目应用情况。

中冶赛迪工程技术股份有限公司设计的上装式引锭杆存放装置在重钢1号板坯连铸机工程中，应用效果良好。

(2) 下装式引锭杆存放及对中装置。

1）产品简介。

下装式引锭杆存放装置是板坯连铸机生产线上设备之一。其重要特征是在送引锭时，引锭杆从结晶器底部装入。设备布置在切割后辊道处，与铸流中心线相垂直。用于浇铸前送引锭杆入铸流线和引锭杆在线对中，以及开浇结束后引锭杆收存。

下装式引锭杆存放装置安全可靠，结构简单，输送引锭杆时定位性较好。近年来，除有特殊要求外，国内连铸机一般多采用下装式。

下装式引锭杆存放装置设备结构有多种形式。

吊架式引锭杆存放装置。这种结构用于老式的连铸机中，适宜存放大节距引锭杆。这种装置结构简单，投资少，但只能用于老式铸机中的大链节引锭杆。

单支架大臂整体回转式引锭杆存放装置。这种结构较复杂，适宜存放小节距引锭杆，能减短送引锭杆时间，较准确地将引锭杆送入结晶器中。其缺点是该装置固定于辊道浇铸线上方，影响辊道的检修和事故坯的处理。

斜桥式引锭杆存放装置。采用了类似桥式起重机的结构，将引锭杆及存放装置移出线外，克服了单支架大臂整体回转式引锭杆存放装置存在的辊道维修和事故坯处理不便，铸坯对引锭杆存放装置的烘烤问题。其缺点是输送引锭杆时定位不精确。

中冶赛迪工程技术股份有限公司设计的下装式引锭杆存放及对中装置，采用了小车横移结构，将引锭杆移出线外存放，安全可靠，结构简单，输送引锭杆时定位性较好。脱锭后的引锭杆横移存放时，不影响在线生产，提高了铸机的生产作业率，并解决了其他结构形式的下装引锭杆存放装置存在的问题。

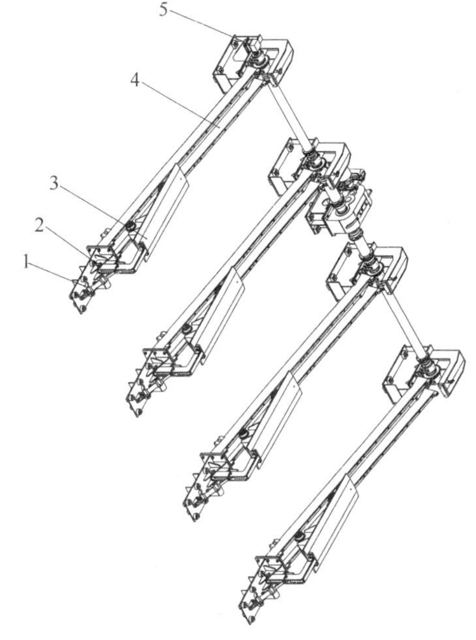

图3.7.16　下装式引锭杆存放及对中装置
1—对中装置；2—电气检测元件；3—小车装配；4—横移轨道装配；5—传动装置

2）设备结构和工作原理。

设备结构：

设备主要由对中装置、小车装配、横移轨道装配、传动装置、电气检测元件等部分组成，如图3.7.16所示。

为保证多台小车运行同步，采用联结式长轴传动，通过长轴上的链轮、链条牵引小车上、下同步运行。为确保引锭杆位置正确，在装置的上端设置了固定挡头,下端设置了液压摆臂式推头作为对中装置，引锭杆对中结束后，推头摆离辊道。

工作原理：

在准备浇铸时，传动装置通过联结轴上的链轮链条拉动移送小车顺斜度为15° ~20° 的轨道将引锭杆横移到切割后辊道上，并自动完成对中。切割后辊道起动逆向运转，将引锭杆送到扇形段中。移送小车在切割后辊道处等待接收引锭杆。

开铸后，脱离铸坯的引锭杆被快速送到切割后辊道上的设定位置，切割后辊道停止运转，引锭杆存放及对中装置传动装置启动，将处于等待位置的移送小车拉动托起引锭杆，沿轨道侧移到引锭杆存放位置停下并锁定，完成接收存放引锭杆动作。

3）设备技术参数和技术特点。

主要技术参数：

形式：侧移小车式

驱动方式：电动

对中方式：液压缸

导轨斜度：15°~20°

小车走行速度：约5m/min

技术特点：

设备占地小，投资省，重量轻，操作维护简单，工作可靠。

4）选型原则：

对开浇准备时间没有太高要求的板坯连铸机，均可选用。可作为机电一体品成套供货、设计。

5）典型项目应用情况：

中冶赛迪工程技术股份有限公司设计制造的板坯连铸机下装式引锭杆存放及对中装置，已经广泛应用于柳钢、河北敬业、燕钢、新疆八钢、吉钢、宁钢、新余钢厂等全国各大钢厂，运行状况良好。

3.7.1.10 出坯系统设备

根据连铸机的出坯节奏、下线方式（单块/多块），可以选择不同的出坯系统设备。铸坯下线设备有移钢机、推钢机/堆垛机等形式。可采用移送台车、移钢机、转盘等设备保证板坯热送。下面主要对一些典型的设备进行介绍。

（1）推钢机。

1）产品简介。

推钢机是用于连铸后部工序的一个重要设备，它是将铸坯从下线辊道推到堆垛的机械设备上，或者将卸垛机上的铸坯推到辊道上。

以前，国内设计的推钢机主要采用电动传动方式。电传动形式的缺点是结构复杂，维护困难。

随着液压式垛板台的广泛应用，中冶赛迪工程技术股份有限公司开发了与其配套的一种新型的液压驱动形式的推钢机。

2）设备结构和工作原理。

结构和组成：

如图3.7.17所示，液压推钢机主要由连杆机构、液压缸装置、导向装置及推杆推头等组成。推钢机的动作是通过液压缸驱动连杆机构来完成。

工作原理：

停位在下线辊道上的铸坯由推钢机通过过渡板推送到堆垛机上，推钢机、下线辊道及堆垛机之间的动作可连锁自动控制。当推钢机推动每块铸坯到堆垛机上后，推钢机自动返回原位。对不同的铸坯宽度，都是采用铸坯中心线与辊道中心线对齐。推钢机的工作行程由位置传感器控制。

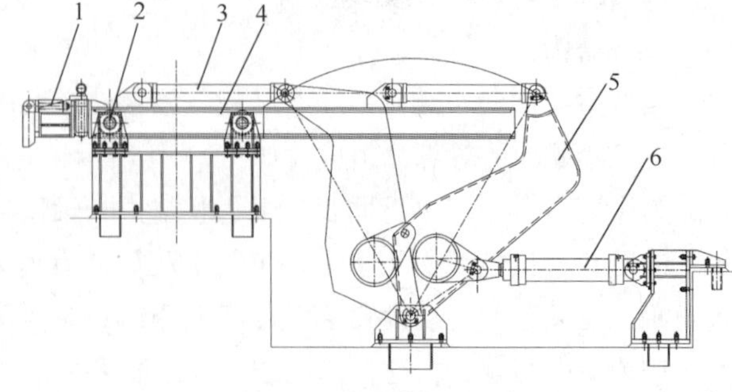

图3.7.17 结构组成
1—推头；2—导向轮；3—连杆；4—推杆；
5—摆杆；6—液压缸

3）设备技术参数和技术特点。

主要技术参数：

推头驱动：液压缸

最大推坯行程：约4500mm

推坯速度：15m/min

技术特点：

两组推杆用钢管机械连接，以实现推杆同步运行。由液压缸带动臂杆实现推杆的往复运动。每组推杆上装有上下两对导辊，保证推杆运动平稳和不产生侧向移动。

推头梁为整体焊接结构，用螺栓与两根推杆相连接。推头梁上装有3个推头，推头和推头梁为铰接。当推头后退时，若辊道上有铸坯，推头可向前抬起让过铸坯。

4）选型原则。

根据铸坯长度、宽度、厚度确定推坯力及液压缸规格。

5）典型项目应用情况。

在天铁、新余特厚板等多个钢厂使用，效果良好。

(2) 垛板台（专利号：ZL200420060729.X）。

1）产品简介。

垛板台是用于连铸后部工序的一个重要设备，它是将铸坯进行堆垛或卸垛的机械设备。

以前国内设计的垛板台主要采用电动传动方式。电传动形式的缺点是结构复杂，设备质量重，造价高，维护困难。

为了节省投资，中冶赛迪工程技术股份有限公司开发了一种新型的液压驱动形式的垛板台。

2）设备结构和工作原理。

结构和组成：

如图3.7.18所示，液压垛板台主要由堆垛架、液压缸装置、导向装置及液压缸更换装置等组成。垛板台的升降是通过液压缸直接驱动来完成。

为使液压缸安装和更换方便，专门设置了液压缸更换装置，它不仅可以将液压缸固定，还可以调节液压缸位置，使得液压缸的安装和更换非常方便。

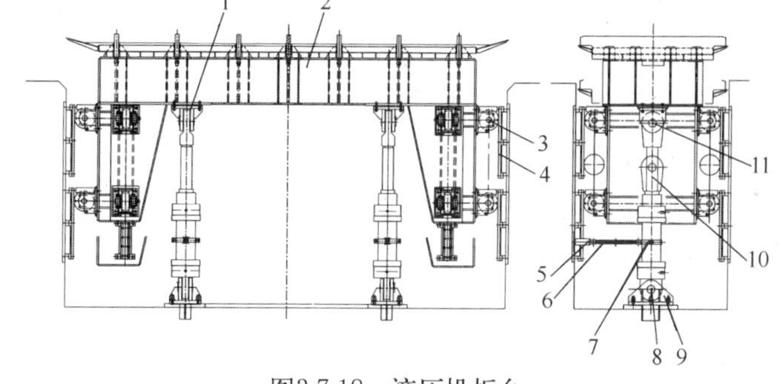

图3.7.18　液压垛板台

1—缸头支座；2—堆垛架；3—导向装置；4—导轨；5—支座；6—螺旋扣；7—卡环；8—销轴；9—缸尾支座；10—液压缸；11—销轴

工作原理：

根据工艺流程的需要，当垛板台用于上料时，其承接吊车从存放场吊来的成垛坯料，之后垛板台升降，以便推钢机将铸坯推到辊道上，将铸坯运走；当垛板台用于下料时,它用于承接推钢机推来的铸坯，并逐块堆集成垛，以便吊车吊运至存放场。

3）设备技术参数和技术特点。

主要技术参数：

升降驱动：液压缸

升降速度：40~50mm/s

工作行程：900mm

放坯冲击系数：1.5

技术特点：

液压缸两端均采用球面向心关节轴承，以保证垛板台即使在偏载情况下仍能升降自如、无卡阻。

堆垛架四面及上下均设有导向轮，确保垛板台升降时不倾斜。

垛板台的两个液压缸升降由液压系统上的同步马达同步。

升降行程由安装在液压缸上的位置传感器来控制,使垛板台可以准确地停在需要的位置。

4）选型原则。

根据铸坯长度、宽度、厚度以及堆垛的块数确定垛板台台架尺寸及液压缸规格。

5）典型项目应用情况。

在新余钢厂、天铁等多个钢厂使用，效果良好。

(3) CISDI刮刀式去毛刺机。

中冶赛迪工程技术股份有限公司设计、制造的去毛刺机主要有两种形式：

辅助推杆式去毛刺机（专利号：ZL201120023854.3）；

夹送辊式去毛刺机（专利号：ZL201020624801.2）。

1）产品简介。

去毛刺机系连铸生产线上一种用于铲除定尺板坯气割边口上的钢渣的设备。板坯在浇铸成型后，均需由火焰切割机切割成定尺板坯，然后进入输送辊道。由于切割时切口边上粘连有一条不规则的钢渣（简称钢坯毛刺），这种氧化钢渣的硬度较大，轧钢时会对轧辊造成损坏，而且会不规则地嵌入钢板中，导致钢板的表面质量不符合轧钢要求。

去毛刺机就是为了铲除钢坯毛刺而设计，它能有效地快速将钢坯毛刺刮去，以提高轧钢成品的表面质量及成品率。

中冶赛迪设计制造的去毛刺机主要有两种形式：辅助推杆式去毛刺机（专利号：ZL201120023854.3）和夹送辊式去毛刺机（专利号：ZL201020624801.2）。两种去毛刺机均采用钢坯移动、刮刀静止的方法铲除钢坯毛刺，对钢坯毛刺的铲除干净程度优于以往的锤刀去毛刺法及刮刀移动刮毛刺法，对提高轧钢成品质量有重要作用。

2）设备结构与工作原理。

辅助推杆式去毛刺机的结构与组成：

辅助推杆式去毛刺机主要由刮刀横梁、升降机构、固定导向框架、漏斗、喷淋水管、辅助推杆、光电检测开关等部分组成，如图3.7.19所示。

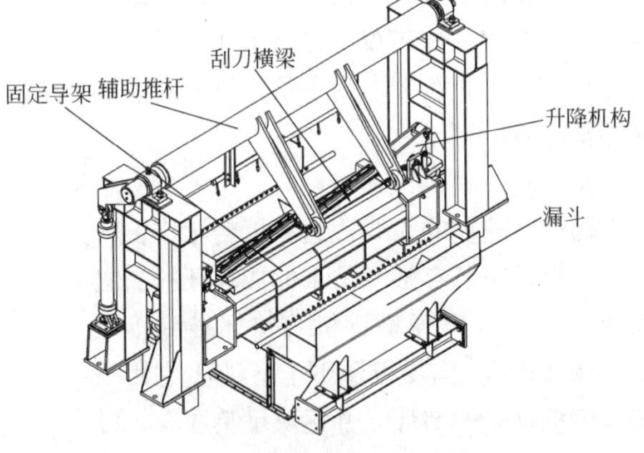

图3.7.19　辅助推杆式去毛刺机

刮刀横梁主要由刀具和横梁组成，两组由特殊材料制作的刀具与轴线成一定夹角斜向安装在横梁上，可减少去毛刺时的剪切阻力，每组刀具由三把刀组成，每把刀下面均配有碟形弹簧，以适应坯子表面不平，提高毛刺去除率，同时也能吸收一部分刀具上升时的冲击能量。

升降机构采用两个气缸通过连杆驱动刮刀横梁，使刀具上下移动。在去毛刺时，使刀具上升并以一定的压力贴住坯子下表面，保证坯子移动时去除毛刺。

固定导向框架用于刮刀横梁升降时的导向和承受去毛刺时产生的冲击力。

辅助推杆采用液压缸驱动推杆摆动，使推头推动板坯端面，防止小尺寸板坯去毛刺时在辊道上打滑。

夹送辊式去毛刺机的结构与组成：

夹送辊式去毛刺机采用两套夹送辊代替辅助推杆，其他部分与辅助推杆式去毛刺机相同，如图3.7.20所示。

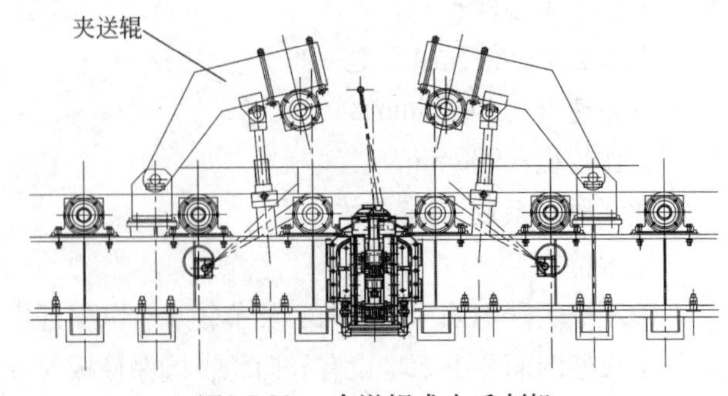

图3.7.20　夹送辊式去毛刺机

该装置的两套夹送辊布置在与去毛刺机相邻的前后辊道上方，各由两个液压缸提供夹紧动力，再由电机减速器通过万向联轴器驱动辊子旋转带动板坯运动来去毛刺。

该种形式去毛刺机特别适用于小定尺铸坯的毛刺去除，可以避免在去毛刺过程中，铸坯在辊道上打滑。

工作原理：

去毛刺机安装在辊道中间，去毛刺时，刮刀横梁上升使刀具压在板坯下表面，辊道正反转和辅助推杆前后摆动使板坯获得动力往返运动，或者由夹送辊提供动力，从而去除坯头和坯尾的毛刺；去毛刺机去毛刺期间会对毛刺喷水淬化毛刺。

3）设备技术参数和技术特点。

技术参数：

去毛刺形式：刮刀式

刀具升降传动方式：气缸

板坯移动方式：辊道、辅助推杆（辅助推杆式）

辊道、夹送辊（夹送辊式）

辅助推杆传动方式：液压缸

夹送辊传动方式：液压缸夹紧、电机驱动

去毛刺率：≥95%

技术特点：

采用刀具固定、板坯移动方式去毛刺，设备对场地要求小，可安装在较小间距的辊道间；采用组合式浮动刀具，能提高去毛刺率；采用了辅助推杆或夹送辊，可避免小定尺板坯去毛刺时在辊道上打滑。

4）选型原则。

辅助推杆式去毛刺机，设备简单，适用于各种普通规格的板坯连铸机，其中要求辊道辊间距不小于800mm，板坯温度不低于500℃。

夹送辊式去毛刺机设备相对复杂，适用于生产大量小定尺板坯的连铸机。

上述两种形式的毛刺机均可作为机电一体品成套设计、供货。

5）典型项目运用情况。

本设备已运用于重钢一号板坯连铸机、燕钢板坯连铸机、敬业板坯连铸机、八钢1号板坯连铸机，使用效果良好。

（4）横移升降台车（专利号：ZL200520009177.4）。

1）产品简介。

由于旧有厂房或新建厂房的场地的限制，炼钢、轧钢工艺的不连续性而使得炼钢、轧钢厂房分离。物流的不连通造成铸坯不能直接从连铸热送轧钢，致使能耗增加。炼钢厂铸机铸流的标高和中心往往与轧钢厂轧线的标高及中心不一致。因此，从炼钢到轧钢需要爬升斜坡及中心横移。中冶赛迪工程技术股份有限公司研发的横移升降台车可方便地将铸坯由炼钢厂的运输辊道直接送到轧钢厂的运输辊道上，连通了连铸线和轧制线，从而实现了铸坯热送。

本设备主要适用于老厂改造，和受地理位置影响连铸线与轧机线的标高相差很大的新建工程。

2）设备结构和工作原理。

结构和组成（见图3.7.21）。

本台车由传动装置及卷扬平衡系统、车体及配重车三部分组成，详见图3.7.21（a）和图3.7.21（b）。传动装置及卷扬平衡系统1中的双传动装置每套由一台变频电机、三环减速器、卷筒及控制部分组成。卷扬平衡系统由滑轮组、导向轮等组成，其功能不仅提升台车，还具有车体对中功能，消除因铸坯在台车上的不对中而产生的不平衡。车体部分2由车架及其上的单独传动辊道组成，可方便地运送铸坯上下台车。在现有技术中，载重升降台车多为双车上下行，以双车实现相互平衡，但台车不易同时实现横移；或者单车不用配重，带来很大的能耗浪费；还有一些提升装置用的配重是竖直布置，造成土建施工量加大。本台车巧妙地利用了车体下的空间将配重车2~3放置在内，既平衡了重力，节能了能量，又不需要专门为配重位置进行额外的土建挖方。

工作原理：

该设备具有辊道运输钢坯、横移升降、导向对中等功能，在台车的上下两个工位的上下游分别设有输入或输出辊道。在台车车架上设置了一组单独传动辊道，用于接受、存放、送出流线上游送来的钢坯。当确认钢坯被输入辊道送入台车上的辊道并存放到位后，牵引台车的卷扬电机起动，将台车从输入辊道位置向下斜降或向上斜升到输出辊道位置，再通过台车上的辊道将钢坯送出到输出辊道上。台车是在一个斜面轨道上运行，车架两侧设置有侧导轮，保证台车在运行过程中不跑偏。

3）设备技术参数和技术特点。

主要技术参数：

台车传动方式：卷扬牵引

台车行走速度：max 40m/min

台车卷扬驱动：VVVF控制电动

台车辊子驱动：单独传动

润滑方式：手动润滑

技术特点：

本设备车架采用了三角形构架，保证钢坯在整个运输过程中始终处于水平状态。

台车的卷扬传动采用两套传动装置，当其中一套传动装置出现事故时，可以保证钢坯物流不中断。

传动装置中的减速机采用了三环减速机，其特点是低速大扭矩，承载能力和寿命优于同级的其他减速机，在新余钢厂已正常使用十年。

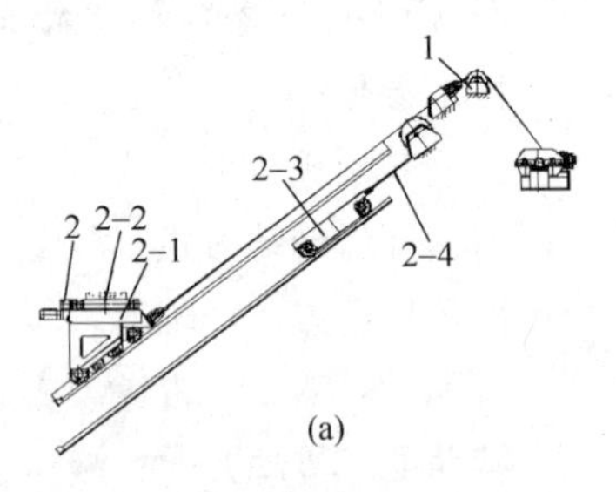

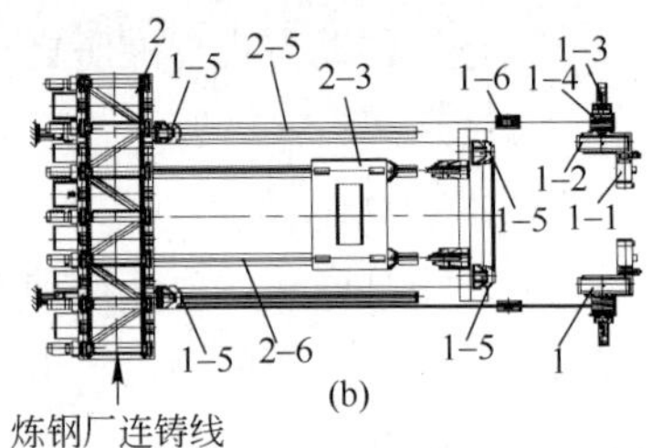

图3.7.21　横移升降台车

通过一组平衡滑轮组串联，组成一套平衡系统，同时在车体两侧设置有导向轮，防止台车在运行过程中跑偏。

台车上的辊道采用单独传动的方式，如果其中一台传动装置出故障，不会影响整个台车的工作。

另外，在台车的腹底与之相平行地布置有一台配重车，达到省力节能的效果。

4）选型原则。

从物流方向看，前、后运输设备的标高差不小于3m，横向差距不小于5m的情况下可以采用本设备。

5）典型项目应用情况。

横移升降台车成功应用于新余炼钢厂一号板坯连铸机，重钢炼钢厂一号板坯连铸机，使用情况良好。

3.7.1.11　连铸机通用设备

（1）CISDI短连杆式钢水罐回转台（专利号：02222179.4）。

1）产品简介。

钢水罐回转台设置在钢水接受跨与连铸浇钢跨之间的浇铸平台上，用于将装满钢水的钢水罐从钢水接受跨的受包位置旋转180°到连铸浇钢跨中间罐上方的浇铸位置，并支承钢水罐，同时将浇完钢水的空包回转至受包位置，实现过跨运输并连续向中间罐供给钢水，实现多炉连浇作业。

目前，国内外设计的钢水罐回转台主要分为两种结构形式，直臂式和蝶臂式回转台。

直臂式回转台无升降功能，生产操作比较困难，但结构简单，投资少，仍在以生产建筑用钢为主并采用敞开浇铸的小方圆坯连铸机上较多采用。具有升降功能的蝶臂式回转台，因能满足保护浇铸的要求，则广泛应用于板坯、大方圆坯和近终型连铸机上。蝶臂式回转台主要有叉臂式和连杆式，而连杆式又分为长连杆式和短连杆式两种结构。

中冶赛迪工程技术股份有限公司（CISDI）设计的回转台采用短连杆蝶式结构，具有正常电动回转和事故回转、升降、称量、定位锁定和钢水罐加盖等功能，能满足各种连铸机的生产要求。

2）设备结构和工作原理。

结构和组成：

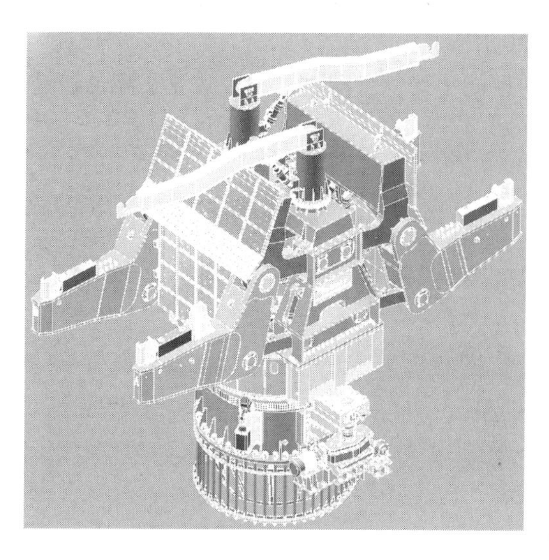

图3.7.22　CISDI回转台

如图3.7.22所示，CISDI回转台采用两上摆臂与回转支撑台平行轴系的连接结构，确保A、B两侧四连杆机构的完全独立，安装、生产、设备维护十分方便。

采用短四连杆机构，油缸设置在钢水罐支撑座的上吊耳处，使回转台各承载结构件和油缸承受的负荷大为减少（负荷减少约40%），有效地节省设备质量，提高设备运行的可靠性。

回转传动采用电机经三环减速机、与底座固接的悬臂齿轮箱驱动回转轴承上的齿轮，齿轮啮合工况得到极大的改善，主减速器不承受径向力，传动装置使用寿命长。

回转控制采用专用控制装置的绝对式编码器发出信号，配合CISDI开发的自动对中锁定机构，能承受在装载钢水罐时的横向冲击，确保回转轴承齿轮和传动装置的安全运行。

事故回转为气动或液压传动方式，锁定机构解锁、制动器松开、事故回转马达驱动回转台旋转到设定位置。

钢水罐升降采用柱塞缸驱动，当压力油进入油缸内时，油缸驱动摆臂的中心，通过平行四连杆机构，使钢水罐支承装置平行上升，当电磁阀换向后，利用设备自重使油缸内液压油回油箱，摆臂下降；在油缸上设置外控外泄液压锁，防止管路泄漏或爆管造成摆臂自动下降；采用平衡阀调速回路，减小摆臂上升、下降、接收钢水罐时造成的瞬间冲击。

设备组成如图3.7.23所示。

CISDI回转台主要由底座、外侧带大齿轮的重型耐摩擦轴承、回转支撑台、摆臂、连杆、钢水罐支座、旋转传动装置、事故驱动系统、升降驱动油缸、称量装置、锁定装置、供电滑环、旋转接头、加盖机和地脚螺栓装置等部分组成。

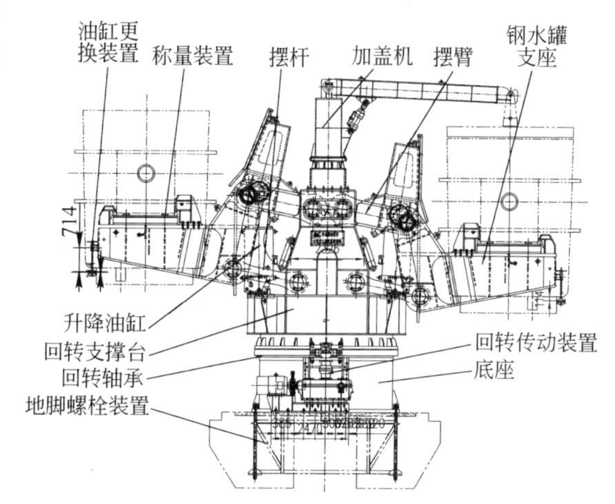

图3.7.23　CISDI回转台设备组成

此外，回转台还有液压站及液压系统配管、干油润滑站及配管、气动阀站及配管、检修走台等设备。

工作原理：

①正常工作：盛有满足连铸要求钢水的钢水罐，由钢水接受跨内的起重机运到回转台上的钢水罐支撑臂上方，待支撑臂上升至高位后，将钢水罐放到支撑臂上；然后支撑臂下降至中位后，把滑动水口液压缸安装完毕；将钢水罐提升至高位后，加盖机将罐盖旋转并下降至接受位钢水罐上；然后，锁定装置的锁紧销退出，制动器松开，电机启动驱动回转台旋转，经加速、匀速、减速、在预设位置（整个回转过程由编码器发信号控制）经动力制动、制动器抱闸后，回转台在180°正确停位。之后，制动器再次松开，摆动斜锲锁定。在装上长水口后，摆臂载着钢水罐下降到最低位，可进行浇铸。

在多炉连浇过程中，同样将另一装满钢水的钢水罐按上述步骤运到接受侧的支撑臂上，待浇铸侧钢水罐内的钢水浇完后，两侧的钢水罐随支撑臂都上升至高位后，按上述步骤回转、下降、浇铸。空罐移送至接受跨的接受位后，操作加盖机将罐盖旋转移送至待用位。通过起重机将空罐吊离回转台支撑臂并可换上一新的装满钢水的钢水罐。这样有效地提高连铸机的作业率和钢水的收得率。

②事故回转：事故回转可分为一般浇钢事故回转和停电事故回转。一般浇钢的事故回转按要求操作执行。下面主要讲一下停电事故回转。

停电时，为了把钢水罐中剩余钢液排放到事故位的事故钢水罐中，设置了气动（或液压）事故回转传动系统，该系统主要有马达和离合器。其原理（气传动系统）是：由专门设置的储气包供气，驱动气马达旋转，通过离合器带动回转台回转。为了安全生产，注意此时升降液压缸不能动作。

正常回转时用电动机械驱动，回转台可作360°回转，既能自动也能手动；自动时，加、减速及停位通过PLC系统和接近开关来完成。手动模式用于检修和维护作业。

3）设备技术参数和技术特点。

技术参数：

钢水罐容量：70～300t

钢水罐总质量（满罐钢水）：130～450t

回转半径：4500～6500mm

正常回转速度：1r/min

事故回转速度：0.5r/min

回转范围：360°（无限制）

钢水罐升降高度：600～800mm

升降速度：600～800mm/min

正常回转驱动：VVVF 电动

事故回转驱动：气动马达或液压马达

制动器：气动或液压驱动

锁紧装置：气缸或液压缸

升降液压缸：柱塞缸

加盖机：

钢包盖最大质量：约4000kg

升降驱动：液压缸

旋转驱动：带制动的变频减速电机

旋转速度：n=1r/min

润滑形式：多点干油和喷射润滑

技术特点：

通过整体设计和优化，CISDI回转台总高度比世界上其他回转台低约1.5m，降低厂房高度，投资大为减少。

采用A、B臂完全独立的设计，设备制造、安装、调试、维护十分简便，该类回转台的现场安装工期仅为国外同类的1/3。

采用短臂四连杆升降机构，受力合理、结构简化可靠、重量轻、制造维护方便、投资低。

采用渐开线齿轮回转传动，平稳性好，制造、安装、调试简便。

回转过程控制采用绝对式编码器同步监控技术，并设有远程确认和清零开关，控制元件简化，配合开发的锁紧机构，停位正确，锁定有效可靠，确保生产安全。

旋转驱动的减速器固结在回转台的底座上，使传动装置不受传动径向力，改善齿轮或销齿传动啮合的工况条件，且拉大传动装置中心与回转台中心的距离；地脚螺栓安装、维护简便。

采用液压旋转接头及电气滑环，可使回转台实现360°无限制旋转，只需安装半边溢流事故槽，减少其在浇铸平台上的占用空间。

采用空气正压冷却的无导向称量装置，称量精度高，使用寿命长。

加盖机上的钢包盖采用刚性连接，旋转时无晃动现象，提高了钢包盖耐材的使用寿命，且避免了柔性连接易出现的掉盖问题。

A、B臂均配有滑动水口油缸安装机械手，可快速安装滑动水口油缸，减少工人劳动强度。

对高温辐射源（钢水罐和中间罐），采用完全防溅、隔热设计，极大地改善设备生产使用的工况条件，确保设备使用的可靠性。

回转台设计充分考虑了生产、维护等工况，操作空间大，安装、维修十分方便(尤其是升降油缸)，可轻易到达回转台任何地方。

4）选型原则。

随着连铸产能的过饱和，尤其是低端市场，未来连铸的发展方向是满足生产优质钢和品种钢的需求，全程无氧化浇铸将为必备技术。为了操作简便，今后蝶臂式回转台将成为标准配置。

CISDI短连杆式回转台：受力合理，机构设计理想，回转台比国外同类低1.5m，抗侧向力能力较强，齿轮啮合工况好，设备安装和维护简便，回转台强度和整体刚性高。

5）典型项目应用情况。

自2001年中冶赛迪开发短连杆式钢水罐回转台后，完成了该结构形式的回转台从130~450t级的系列设计，已投产使用近40台，主要业绩有：江西新余钢厂、八一钢厂、天铁、柳钢、河北敬业、吉林通钢、苏南重工、江苏永钢、河北迁安、四川威远钢厂等工程。稳定运行10年以上，使用效果很好。由于该类回转台加工简单、安装简便、使用可靠，配套件实现全国产化，建设工期短，获得制造厂、安装单位和业主等各方人士的高度评价。

(2）中间罐车。

1）产品简介。

中间罐车的主要形式:

中间罐车作为中间罐的运输和承载设备，用在连铸机的浇铸平台上，将准备好的中间罐从准备位置运送到浇铸位置，利用微调和升降装置，使中间罐水口对准并插入结晶器进行钢水浇铸。当浇铸完成或发生事故浇铸不能继续时，中间罐车能迅速返回准备位置，进行换罐或事故处理。为了能快速更换中间罐，保证多炉连浇，通常每台连铸机配备两台中间罐车，一台浇铸，另一台进行烘烤等准备工作。

根据工艺布置及操作要求，中间罐车可采用不同的形式。按中间罐车运行轨道的布置方式，可分为门形（落地式）、半门形（高低腿式）和悬臂形三种主要形式。如图3.7.24～图3.7.26所示。

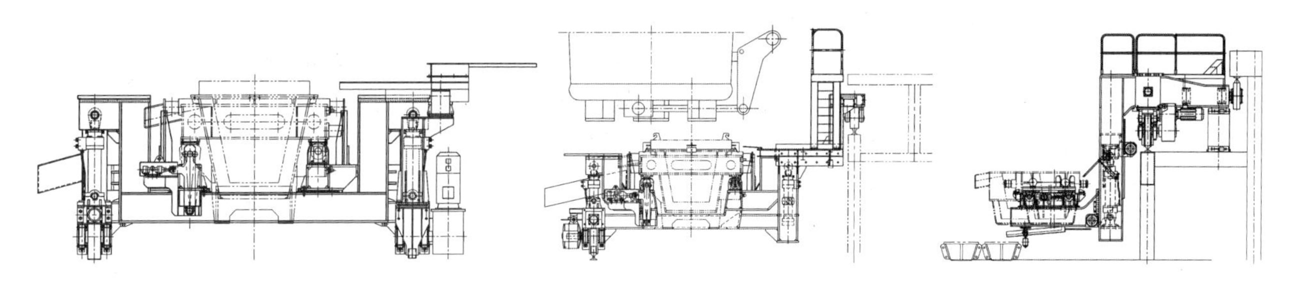

图3.7.24　落地式中间罐车　　图3.7.25　高低腿式中间罐车　　图3.7.26　悬臂式中间罐车

适用范围:

三种形式的中间罐车均可用于方、板坯连铸机。门形、半门形中间罐车由于受力较均匀，可用于承载大质量的中间罐，目前中冶赛迪设计的门形、半门形中间罐车根据工艺要求可承载达140t的中间罐。悬臂形中间罐车承载100t的中间罐。

2）设备结构和组成。

典型的中间罐车主要由车架、走行机构、横移机构、升降装置、称量装置、能源供应装置等组成。

车架用于支撑中间罐、安装各种传动装置。车架均采用钢板和型钢焊接结构，车架上还要设置操作人员观察和操作的平台和防止操作人员受热辐射和钢水喷溅的防护装置。同时还要考虑电缆、管道的布线。

中间罐车的走行机构多采用电动机驱动，少量采用液压马达驱动。采用快慢两种行走速度，快速用于运行，慢速用于启、制动和结晶器对中。采用变频调速电动机进行两种速度的转化。

中间罐车通常采用两套单独传动装置，每套传动装置均有能力驱动中间罐车，当一套装置出现故障时，另一套也能维持工作。

传动装置选择轮压大、车架刚性较强的一侧进行布置。

升降装置采用4个或两个液压缸，采用同步马达或比例阀+线性位移传感器使液压缸同步升降。

横移机构采用两个液压缸，在中间罐两端分别推动中间罐，使中间罐水口对准结晶器中心。

为了控制中间罐液面，中间罐车上设置称量装置，通过测量中间罐重量来测算中间罐内钢水的液面深度。

现代中间罐车功能多而复杂，车上除了电力电缆外，通常还有仪表电缆、液压管道、压缩空气管道、氩气管道等，所以现在都采用电缆拖链把上述管线连接到中间罐车上。

3）设备技术参数和技术特点。

技术参数：

承载能力：可达140t

运行速度：2~20m/min

升降速度：25mm/s

升降行程：400~600mm

技术特点：

中冶赛迪工程技术股份有限公司设计的中间罐车功能齐全、承载能力大，适应现代连铸机采用大容量中间罐生产的特点。可适应单流板坯（纵向、横向）连铸机、双流板坯连铸机、多流方坯（异形坯）连铸机的生产要求。在大吨位中间罐车中采用三环减速器作为走行传动机构，外形小巧。

4）选型原则。

中间罐车的选型根据工艺布置及操作要求，按照连铸机的形式，中间罐形式以及承载能力进行选择。

5）典型项目应用情况。

中间罐车已经在国内多家钢厂中用，设备运行良好。其中单流板坯的中间罐车用于新钢、八钢、柳钢等连铸机工程；双流板坯的中间罐车用于天铁、敬业、新余、吉钢等工程；多流方坯（异形坯）的中间罐车用于天铁方圆坯、敬业、四川德胜、苏南重工、唐钢异形坯、川威等工程。

3.7.2 大方坯连铸机

3.7.2.1 CISDI大方坯连铸机工艺技术装备简介

中冶赛迪工程技术股份有限公司是国内最早涉足连铸工程业务的工程公司，长期从事各种机型连铸机的研发和设计。CISDI公司设计的大方坯连铸机，用于生产大断面方坯、矩形坯，主要为大型轧机、锻机提供坯料。生产的主要钢种包括：优质碳素结构钢、低合金结构钢、合金结构钢、不锈钢等。

生产铸坯规格：厚度200~400mm

宽度：200~600mm

定尺长度：3~10m不等

连铸机机型：全弧型

基准半径：R10~17m

工作拉坯速度：0.3~1.5m/min，不同断面、钢种对应不同拉速

图3.7.27所示为CISDI某钢厂典型大方坯连铸工程实景。

图3.7.27 CISDI某钢厂典型大方坯连铸工程

3.7.2.2 CISDI大方坯连铸机主要工艺技术装备及技术特点

（1）方圆坯断面兼容：通过更换结晶器、扇形段、喷淋管、引锭头及过渡段等设备，实现方、圆坯断面切换。

（2）连铸机机头快速更换系统：结晶器、结晶器电磁搅拌器、扇形段Ⅰ、扇形段Ⅱ可快速更换（采用吊出、吊入导向系统），冷却水、气等能源介质自动接通，可减少连铸机更换断面和事故处理的停机时间，提高连铸机作业率。

（3）结晶器与扇形段Ⅰ自动对中：结晶器与扇形段Ⅰ之间采用自动对中装置，保证结晶器与扇形段Ⅰ四面夹持辊所有面的对中精度，为保证铸坯质量创造最基础的条件。

（4）结晶器液压振动技术：结晶器液压振动可以实时改变振幅和频率，也可以实现正弦和非正弦振动方

式，从而优化振动工艺参数，提高铸坯质量。

(5) 电磁搅拌技术：通过采用结晶器电磁搅拌、凝固末端电磁搅拌技术，改善铸坯表面质量和内部质量。

(6) 连续矫直技术：采用连续矫直技术，可大大降低铸坯矫直变形率，防止铸坯矫直裂纹的产生，提高铸坯质量。

(7) 动态二冷配水技术：采用动态二冷配水技术，使铸坯表面温度按既定目标变化，铸坯冷却均匀、表面温度变化平缓，克服铸坯表面温度剧烈波动，从而减少铸坯热应力，防止内部裂纹产生，同时能改善铸坯结晶组织结构，为抑制铸坯中心偏析、中心疏松等内部缺陷的产生创造条件。

(8) 动态轻压下技术：采用动态轻压下技术，可以有效降低铸坯中心偏析质量问题。这项技术特别适用于大断面铸坯生产和高碳钢、合金钢等钢种的生产。

3.7.2.3 **CISDI大方坯结晶器**

(1) 产品简介。

大方坯结晶器是大方坯连铸机关键设备件,是连铸机的心脏。它的性能对于提高连铸生产率,维持连铸过程正常生产，以及保证铸坯质量都起着至关重要的作用。

中冶赛迪工程技术股份有限公司连铸事业部，长期从事连铸机的研发和国内外工程设计。开发设计了各种形式的大方坯结晶器，厚度规格厚度200～400mm，宽度200～600mm。

按其构造特点，大方坯结晶器可分为管式结晶器和组合式结晶器。下面就这些结晶器作进一步介绍。

(2) CISDI大方坯管式结晶器。

1) 结构和组成。

大方坯管式结晶器的结构组成与小方坯管式结晶器类似，主要由框架1，铜管2，水套3，上下法兰4，液面检测装置5，电磁搅拌6等组成。不同的是，足辊及喷淋装置因为前后设备衔接的关系，布置到了扇形段上，见图3.7.28。

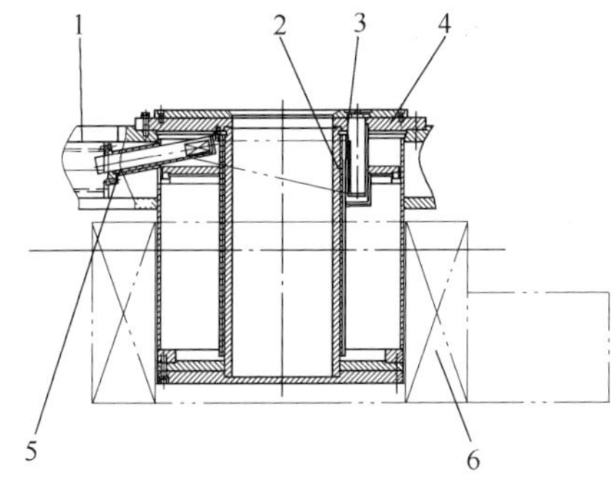

图3.7.28 CISDI大方坯管式结晶器

2) 工作原理。

浇注开始后，钢水从中间灌注入结晶器，通过结晶器铜管散热冷却，形成坯壳。到达结晶器下口时，形成均匀又有足够厚度的坯壳。液面检测装置将检测钢水在结晶器的液面波动，电磁搅拌装置的加入有利于铸坯质量的改善。

(3) CISDI大方坯组合式结晶器。

1) 结构和组成。

大方坯组合式结晶器主要由框架1，铜板2，背板3，液面检测装置4，对中装置5等组成，外置式电磁搅拌6等组成，其断面型腔由4块铜板组合而成，见图3.7.29。

2) 工作原理。

浇注开始后，钢水从中间灌注入结晶器，通过结晶器铜板散热冷却，行成坯壳。到达结晶器下口时，形成均匀又有足够厚度的坯壳。液面检测装置将检测钢水在结晶器的液面波动，电磁搅拌装置的加入有利于铸坯质量的改善。

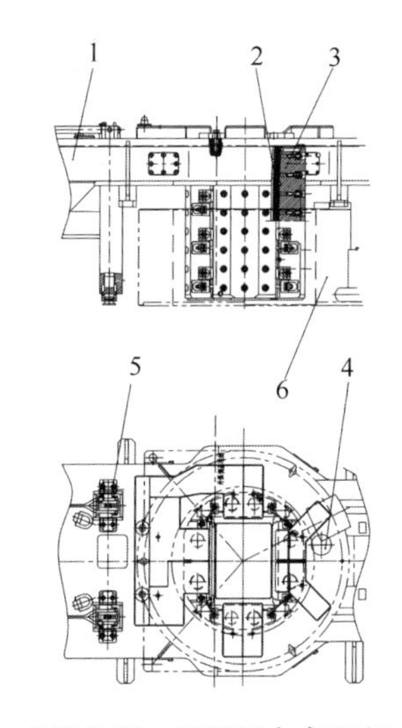

图3.7.29 CISDI大方坯组合式结晶器

3) 技术参数和技术特点。

大方坯管式结晶器的技术参数：

适合断面：大方坯

设计拉速：最高3m/min

铜管弧形半径：R=12~16m

铜管材质：银铜，脱氧磷铜

镀层：铬。

铜管高度：800~900mm

锥度：多锥度，抛物线锥度
水套材质：不锈钢
水套结构型式：整体式，剖分式
铜管安装方式：上装，下装
铜管密封型式：端部密封，侧面密封，角密封
电磁搅拌型式：外置式
技术特点：
传热性好：铜管壁薄，带来更好的传热性能，并且整个铜管后面都能通水冷却，也利于传热。
特殊处理的角部，有效减少角裂。
特殊处理的水套及法兰连接，确保水缝保持均匀，并且减少无水区，有利于冷却均匀。
结构轻巧，振动负荷低。
铜管及水套整体厚度小，便于电磁搅拌更贴近铸坯，提高电磁搅拌效果。
多种锥度设计（如多锥度、抛物线锥度）使铜管内腔能更接近铸坯凝固收缩的变化，有利于提高拉速及生产率。

大方坯组合式结晶器技术参数：
适合断面: 大方坯
设计拉速：最高3m/min
铜板弧形半径：R=12~16m
铜板材质：Cr-Zr-Cu
镀层：Ni-Fe
铜板高度：800~900mm
锥度：多锥度，抛物线锥度
背板材质：不锈钢，碳钢
电磁搅拌型式：外置式
技术特点：
铜板与背板之间为面接触，背板能够很好地支撑铜板，机械强度高。
铜板内表面能加工成各种形状，并且可修复。
更容易设置热电偶便于温度检测。
各块铜板可以单独做水路，便于监控和控制各面的水量。

4）选型原则。

大方坯结晶器，可采用管式或组合式结晶器。管式结晶器传热好于组合式，且一次采购成本低于组合式，另外能更好地解决角裂问题。但管式结晶器的机械强度低于组合式，在生产大断面或者长宽比较大的断面时铜管易变形。管式结晶器的水缝如果控制得不均匀，较组合式更容易脱坯。

5）典型项目应用情况。

中冶赛迪工程技术股份有限公司设计制造的大方坯结晶器，已应用于众多工程，且运行良好。其中：

A大方坯管式结晶器应用主要有苏南重工方圆坯连铸机，天铁方圆坯连铸机，断面规格包括250mm×360mm，250mm×460mm，320mm×410mm，320mm×460mm等；

B大方坯组合式结晶器应用主要有天铁方圆坯连铸机，断面规格包括300mm×340mm，320mm×410mm，320mm×460mm等。

3.7.2.4 CISDI大方坯液压振动装置（专利号：ZL201020675475.8）

（1）产品简介。

大方坯连铸机多采用全弧形连铸，其振动装置机械结构必须满足结晶器沿弧形曲线振动，目前仿弧振动的实现有采用连杆式，但是连杆式的机构中铰接点的轴承本身间隙及长期运动后的磨损对振动精度都有不利影响，其仿弧精度较低；由于连杆系统本身轴承的间隙和长期工作后的磨损，其振动精度不高；另外，整个连杆

型式振动装置结构复杂。

CISDI的大方坯液压振动装置由布置在内外弧的两片振动体组成，采用板簧导向、液压缸无间隙直接驱动的振动型式、液压缸缸体与振动底座之间采用法兰连接可以消除间隙。采用双油缸内外弧驱动，内外弧液压缸的运动行程不一样，以此来实现结晶器的仿弧运动，此时理论上的仿弧精度完全满足要求，可以实现正弦、非正弦振动。

(2) 设备结构和工作原理。

大方坯液压振动装置由内外弧的两片振动单元组成，每片振动单元由振动底座、振动梁、伺服液压缸、板簧导向机构组成，见图3.7.30。

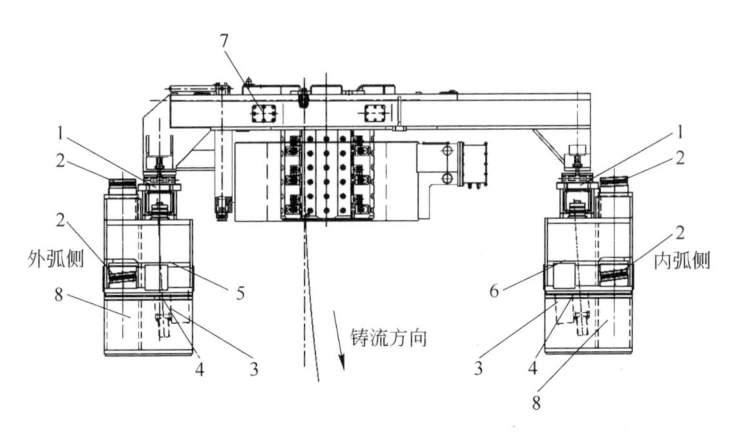

图3.7.30　大方坯液压振动装置

1—振动梁；2—振动导向板簧；3—振动底座；4—伺服缸；5—顶杆；6—伺服缸活塞杆头保护装置；7—定距块；8—支撑座

结晶器固定在两个振动体上，两个振动体分别布置在内弧和外弧，两个振动体组成结晶器仿弧振动装置。

导向板簧2布置在振动梁1外侧，导向板簧分上下两组，一共四组，每组三片叠加。

伺服缸4通过顶杆5与振动梁1无间隙连接，带动振动梁1运动。伺服缸4带位置传感器，可以调整振动梁1和结晶器的振动频率和振幅。

振动伺服缸布置在支撑座凹槽内，完全密封，并采用压缩空气保护。

(3) 设备技术参数和技术特点。

1) 技术参数。

振动波形：正弦、非正弦、自定义波形，在线可调

偏斜率：最大40%，在线可调

振动频率：50~350次/min，在线可调

振动幅度：0~±6mm，在线可调

振动精度：X（铸流）方向 ≤±0.1mm

Y（宽度）方向≤±0.1mm

双缸同步精度：≤5%振幅

关键元件寿命

板簧：≥1年

伺服液压缸：≥2年

2) 技术特点。

整个装置结构简单，制造、安装、维护简单。

采用双液压缸直接驱动振动梁和结晶器，液压缸布置在内外弧两侧。

两个液压缸的驱动方向和板簧都采用不同倾斜角度，四组板簧和液压缸共同作用产生高精度的仿弧振动。

柔性顶杆装置，保护液压缸活塞杆，提高液压缸寿命。

液压缸保护装置，保护液压缸工作环境，提高液压缸寿命。

无重力补偿用缓冲弹簧，避免制造和安装误差对振动的影响。

整个装置没有需要润滑的地方，清洁环保。

3）选型原则。

两片式内、外弧布置液压振动适用于大方坯、大圆坯和异型坯连铸机，还可根据工艺要求进行仿弧、直线运动。

4）典型项目应用情况。

中冶赛迪工程技术股份有限公司设计的大方坯液压振动装置已经运用于天铁3号方圆连铸机、苏南重工圆坯连铸工程，运行效果良好。

3.7.2.5 CISDI**扇形段**

（1）产品介绍。

扇形段用来引导和支撑从结晶器拉出的铸坯，继续进行气雾喷水冷却，使铸坯完全凝固，并对铸坯进行拉坯；同时用来引导引锭杆。

中冶赛迪工程技术股份有限公司长期从事连铸机的研发和国内外工程设计。开发设计了各种形式大方（圆）坯扇形段，模块化设计的扇形段主要特点：

扇形段主体结构由框架和辊子模块组成。

框架是主体支撑结构，辊子模块是一组辊子的装配体。

模块化设计的辊子的装配体，方便拆装、对弧操作，同时有利于保证安装精度。

扇形段根据铸机半径的不同，一般划分为3~4段，从上到下分为扇形段Ⅰ，扇形段Ⅱ，扇形段Ⅲ（Ⅳ），扇形段Ⅰ位于结晶器的下方，扇形段Ⅰ的下面为扇形段Ⅱ，扇形段Ⅲ和扇形段Ⅳ，扇形段Ⅲ或扇形段Ⅳ位于拉矫机的前面，各扇形段的作用是用于铸坯导向、铸坯二次冷却和引锭杆进出结晶器导向。同时在扇形段Ⅰ和扇形段Ⅱ上安装有喷嘴，对铸坯进行进一步的冷却。在扇形段Ⅲ（或扇形段Ⅳ）上安装有末端电磁搅拌装置，以提高铸坯的内部质量。

（2）设备结构和工作原理。

1）设备结构组成（见图3.7.31～图3.7.33）。

扇形段Ⅰ的框架为整体的焊接结构件，内通水冷却。由内、外弧辊装配、侧辊装配、框架、水配管(含气雾冷却配管及设备冷却配管)、干油润滑配管等组成。

铸坯规格厚度300~340mm，宽度到500mm范围内共用框架。

顶辊安装在扇形段Ⅰ的顶面。窄面和宽面各1组（见图3.7.32）。

扇形段Ⅱ由内、外弧辊装配、框架、水配管(含气雾冷却配管及设备冷却配管)、干油润滑配管等组成。

扇形段Ⅱ的框架为整体的焊接结构件，内通水冷却（见图3.7.33）。

扇形段Ⅲ（或扇形段Ⅳ）由外弧辊装配、框架、水配管(设备冷却配管)、干油润滑配管等组成（见图3.7.34）。

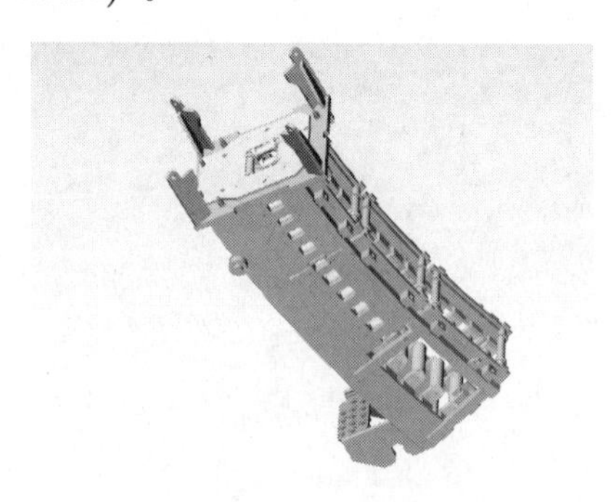

图3.7.31 扇形段Ⅰ

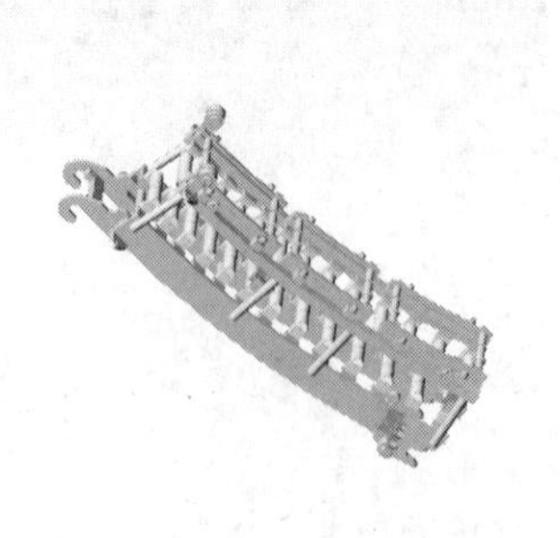

图3.7.32 扇形段Ⅱ

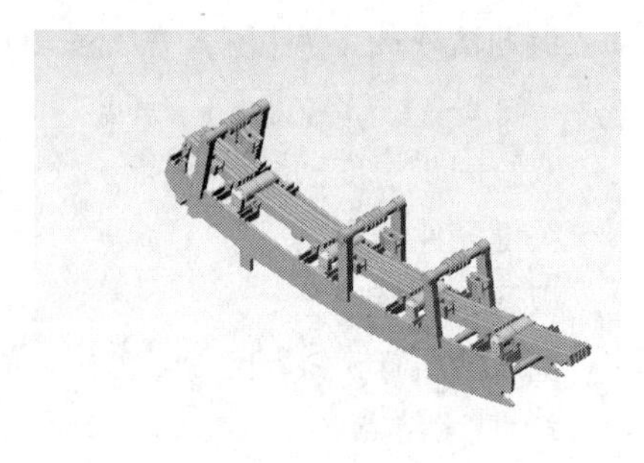

图3.7.33 扇形段Ⅲ（Ⅳ）

扇形段Ⅲ（或扇形段Ⅳ）的框架为整体的焊接结构件，内通水冷却。

对于浇注方坯和圆坯来说，扇形段Ⅲ（或扇形段Ⅳ）是通用的，不需要调整和更换。

通过调整内弧辊的位置来满足浇注方坯和圆坯的需要。

2）工作原理。

扇形段是由内弧辊和外弧辊组成的一个辊缝通道，用来引导铸坯；同时用来引导引锭杆，通过引锭杆顺利将铸坯拉出机外。

3）结构特点。

扇形段Ⅰ由内、外框架及辊子装配，左、右框架及辊子装配组成，扇形段Ⅱ由内、外框架及辊子装配，扇形段Ⅲ和扇形段Ⅳ由外框架及辊子装配组成。方坯时顶辊在扇形段Ⅰ上，结晶器上不设足辊，圆坯时结晶器上设足辊。扇形段框架通水冷却，以最大限度地减少扇形段的受热变形。

扇形段中所有辊子和轴承座内部通水冷却。

扇形段辊子装配。辊子装配主要由扇形段辊、水管、旋转接头、轴承座、轴承、密封环等组成，辊子材质42CrMo，辊子通水冷却，扇形段Ⅰ和扇形段Ⅱ辊子直径ϕ170，扇形段Ⅲ和扇形段Ⅳ辊子直径ϕ200。轴承在轴承座一侧有间隙，以适应辊子受热时的轴向膨胀。

引锭杆导向架。在扇形段Ⅲ和扇形段Ⅳ上，由于各辊子之间的间隙较大，且不在一个水平面上，为防止送引锭杆时引锭头碰撞辊子下沿，设置了引锭杆导向架。导向架为焊接结构件，布置在每两个辊子之间。

（3）设备技术参数和技术特点。

1）主要技术参数。

铸坯形状：方或圆

正常工作拉速：0.4~2.2m/min

送引锭速度：5m/min

辊子材质：42CrMo表面堆焊不锈钢

辊子冷却：中心通水冷却

2）技术特点。

扇形段所有辊子和轴承座内部通水冷却，延长使用寿命。

框架通水冷却，以最大限度地减少扇形段的受热变形。

扇形段上水盘采用快速连接方式，方便扇形段的更换和安装。

扇形段采用能快速更换的多架扇形段机构。

根据浇注钢种的需要，可以在扇形段Ⅲ上不同位置安装末端电磁搅拌装置，以提高铸坯的质量。

（4）选型原则。

扇形段设备属于通用设备，适合各种常规大方坯及大圆坯连铸机。

（5）典型项目应用情况。

整体框架结构型式扇形段在天铁3号大方圆坯连铸机、苏南重工大方圆坯连铸机，唐山中厚板异形坯连铸机等成功运用，设备运行稳定。

3.7.2.6　**CISDI牌坊式拉矫机**

（1）产品简介。

拉矫机用于将引锭杆送入结晶器下口和将铸坯拉出主机区，同时，通过多架拉矫机组合，对铸坯进行连续矫直。

拉矫机设计通常有钳式和牌坊式两种方式可以选择。钳式结构简单，设备质量轻，用于中小断面连铸机。牌坊式结构结实，用于大断面连铸机。且具有轻压下功能的拉矫机多采用牌坊式结构。

（2）设备结构和工作原理。

1）设备结构。

拉矫机主要由框架、横梁、活动梁、导向板、辊子装配、电机、减速器、联轴器、扭矩平衡体、上辊压下液压缸、润滑配管、冷却水配管以及液压和空气冷却配管等组成。见图3.7.34。

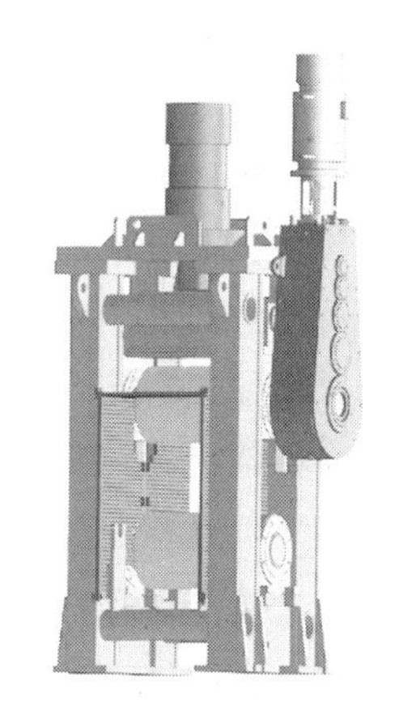

图3.7.34　CISDI牌坊式拉矫机

电机、联轴器、减速器与辊子装配连接成一驱动辊，提供送引锭和拉坯所需的驱动力，上辊压下液压缸为拉坯、矫直和轻压下提供压力。

外弧辊子装配固定在框架上，内弧辊子（上辊）固定在活动梁上，活动梁与液压缸相连，内弧辊子两端轴承座设有滑板，与框架上的导向板接触，内弧辊在液压缸的作用下，可沿着框架上下运动。

框架为钢板焊接结构、内部带有冷却水通道，因此能在高温环境下长时间工作。

拉矫机通过摆动螺栓固定在拉矫机基础框架上，方便设备快速装拆。框架上的配水支座和机外的供水管可实现自动接通。

2）工作原理。

多架拉矫机组合，其外弧辊子切线即构成所需的连续矫直曲线。内弧辊子在液压缸驱动下与引锭杆或铸坯接触，通过液压缸压力控制提供需要的压下力，进行送引锭或拉坯作业。通过液压缸位置控制可以对铸坯进行轻压下，改善铸坯内部质量。

3）结构特点。

辊子装配：辊子采用42CrMo堆焊不锈钢，耐磨耐热，使用寿命长。辊子装配的传动侧为固定侧，轴承与轴承座轴向固定，从动侧为自由侧，轴承在轴承座两侧均有间隙，以适应辊子受热时的轴向膨胀。

设备冷却：在铸坯与机架间设置水箱隔热，同时，辊子、框架、减速器、电机、油缸等零部件通水冷却，液压缸阀块通压缩空气冷却，以最大限度地减少设备受热变形，保证液压、电气元件稳定工作。

引锭杆导向架：因为各拉矫机之间的间隙较大且不在一个水平面上，为防止送引锭杆时候引锭头碰撞辊子下沿，设置了引锭杆导向架。导向架为焊接结构件，布置在每两个拉矫辊之间。

热防护：在拉矫机之间设置水箱。水箱用矩形不锈钢管和钢板组焊成门型结构，内部通水冷却,以减小铸坯的热辐射对周围设备的烘烤。

(3) 设备技术参数和技术特点。

1）主要技术参数。

铸坯形状：方或圆

正常工作拉速：0.4~2.2m/min

送引锭速度：5m/min

驱动辊数：1个每机架，上辊传动

辊子冷却：中心通水冷却

辊子材质：42CrMo表面堆焊不锈钢

上辊调节：液压缸

2）技术特点。

拉矫机驱动采用上辊传动，交流变频调速电机控制技术，可以准确地判断铸坯和引锭杆的位置；

拉矫机液压缸自带阀块，可以准确控制液压缸的参数，同时在液压缸上安装位移传感器，可以精确调整液压缸的行程，从而准确控制辊缝开口度的大小；

拉矫机采用轻压下技术，可以有效提高大方坯的内部质量；

拉矫机的辊子采用优质的合金钢并在辊面堆焊不锈钢层，增加辊子的强度，提高了辊子的使用寿命；

采用独立的机架型式，方便快速更换；

多机架组成连续矫直曲线，能有效降低铸坯的矫直变形率，从而有利于减少铸坯表面和内部裂纹缺陷；

拉矫机设有一套完整的由水冷隔热罩和防热罩（板）组成的隔热保护系统，采用全封闭式通水冷却，避免拉矫机架及传动受热。改善了拉矫机传动的工作环境，提高了机架及传动的寿命；

用于支撑和安装拉矫机的基础框架采用整体焊接件，确保拉矫机在运行过程中的支撑强度和刚度。

(4) 选型原则。

CISDI牌坊式拉矫机设备属于连铸机通用设备，适合各种常规大方坯及大圆坯连铸机。

(5) 典型项目应用情况。

整体框架结构型式拉矫机在天铁3号大方圆坯连铸机、苏南重工大方圆坯连铸机、唐山中厚板异形坯连铸机等成功运用，设备运行稳定。

3.7.2.7 **大方坯连铸引锭杆存放装置**

(1) 产品简介。

大方坯引锭杆存放装置是大方坯连铸机生产线上设备之一。布置在出坯区。用于送引锭杆入铸流线和开浇结束后引锭杆收存。该结构形式同样适用于圆坯和异型坯连铸机的引锭杆存放。

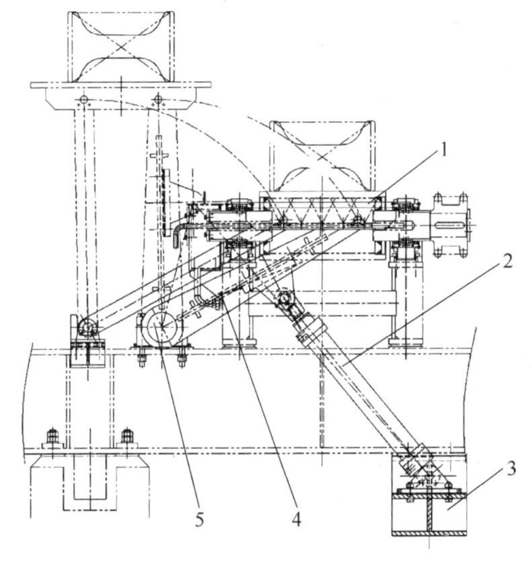

图3.7.35 大方坯引锭杆存放装置

1—托架；2—液压缸；3—支座；4—连杆；5—转轴

大方坯引锭杆存放装置有多种形式。

冷床后存放式：引锭杆运送到冷床后存放。此种型式适用于切割机到冷床间距离不足以存放引锭杆的情况。

悬挂式和卷取式：缺点是引锭杆存放于辊道浇铸线上方，铸坯对引锭杆长期烘烤和影响辊道的检修及事故坯的处理。

辊道侧存放式：结构简单，安全可靠，输送引锭杆时定位性较好，脱锭后的引锭杆侧移存放，不影响在线浇铸，提高了铸机的生产作业率。

中冶赛迪工程技术股份有限公司设计制造的大方坯引锭杆存放装置为侧存放式。

(2) 设备结构和工作原理。

侧存放式引锭杆存放装置主要由驱动装置、存放架及电气检测元件等部分组成。如图3.7.35所示。

设备布置于拉矫机之后。浇铸准备时，存放装置将引锭杆放上辊道，启动辊道将引锭杆送入拉矫机，然后由拉矫机将引锭杆送进结晶器下口。开浇后，引锭杆将已形成坯壳的铸坯从结晶器中引出。在拉矫机的脱锭辊位置，脱锭辊将铸坯和引锭杆分离，辊道启动，送引锭杆至存放位置，存放装置在液压缸驱动下侧摆，收回引锭杆，以备下一次使用。

(3) 设备技术参数。

结构形式：液压缸驱动的侧移杠杆

送引锭速度：约5m/min

布置位置：出坯区输送辊道侧

(4) 选型原则。

根据切割后辊道和引锭杆长度、宽度、厚度，决定存放装置侧移小车的个数和位置。

(5) 典型项目应用情况。

中冶赛迪工程技术股份有限公司设计制造的大方坯引锭杆存放装置，已经成功应用于唐钢异型坯、苏南重工圆坯、天铁3号方圆坯等生产线，运行情况良好。

3.7.2.8 **出坯系统设备**

各种型式的出坯系统设备：根据连铸机的出坯节奏、下线方式（冷下线或热下线）和对坯子表面摩擦的要求（允许滑行摩擦或不允许有摩擦），可以选择不同的出坯系统设备。铸坯移出设备有钩钢机、移载小车、拉钢机等型式，其中钩钢机、移载小车移送铸坯，铸坯表面不受摩擦，可以避免表面划痕。铸坯冷却、收集设备有步进梁式冷床、齿板式步进/翻转冷床、拉钢式步进冷床、滑轨式冷床、推钢式铸坯收集成组装置等型式。

下面主要对一些典型的设备进行介绍。

(1) CISDI 钩钢机。

1）产品简介及相关背景。

在连铸技术领域，由于受产量、拉速以及炼钢车间炉机匹配等诸多因素影响，方坯、圆坯以及异型坯等连铸机一般均采用多流方式进行浇铸，而轧钢车间通常只有一流辊道接收连铸机移送过来的铸坯，需将多流铸机辊道上的铸坯逐一顺序移送到与轧钢相接的热送辊道进行热送，或将铸坯移至冷床或收集台进行下线处理，现最为广泛应用的铸坯移送设备为钩钢机。

2）设备特点。

钩钢机作为广泛应用的铸坯移送设备，安全、稳定、可靠的将流线上的铸坯分流运往冷床区域或热送辊道，是实现双向出坯的连铸机关键设备，其具备如下特点：

采用厚钢板焊接的箱形结构为主体框架，设备具备较高的刚度和强度；

铸坯升降采用大功率变频电机驱动，具有较高的起吊负载能力；

采用电机为设备动力源，设备维护工作量少，稳定性高；

采用独立的电动润滑系统，在任何时候均可进行设备润滑；

钩钢机与辊道及冷床区信号联锁，可实现铸坯移送的全自动、半自动及手动等多种控制模式；

钩钢机台车的走行由激光测距仪进行连续监控，可实现在任何位置的精确停位。

3）设备组成和原理及主要技术参数。

中冶赛迪设计制造的钩钢机主要有两种形式：电机卷扬式钩钢机和齿轮齿条式钩钢机。

电机卷扬式钩钢机：

电机卷扬式钩钢机主要由桥架、钩钢台车和能源介质管线、控制元件等组成，而钩钢台车又由车架、走行装置、升降驱动装置、升降机构装配、摆臂装置、卷扬机构、平台和楼梯等组成。

走行由四套独立的二合一电机减速器采用套装的方式直接驱动，结构紧凑，传动效率高，更换维修方便，车轮采用不带侧缘的光面结构，并在其前面两侧设有开口度可调节的侧导轮，有效地控制大跨度钩钢机在走行时产生的车轮侧缘啃轨和卡阻现象发生。升降采用交流变频调速电机经联轴器和减速机连接，卷扬驱动4根独立的钢绳带动升降装置动作，钢绳一端连接在电动卷扬上，另一端连接在带过载和防松报警功能的可调专用装置上，确保4根独立的钢绳均匀受力，提高设备运行的寿命和可靠性，同时在升降梁两侧设置对称布置的可折叠的摆臂与车架固接，在保证钩钢机构装配升降的同时，避免因柔性传动在钩钢机加减速时产生的铸坯晃动现象。桥架和台车均设有隔热罩，有效地控制桥架轨道大梁和导轨受热而产生的热变形，极大地改善电传动装置（电机、减速器）工况条件，确保设备使用寿命。

某工程的电机卷扬式钩钢机如图3.7.36所示，其相关参数见表3.7.5。

表3.7.5　相关参数

结构形式	电机卷扬式钩钢机
铸坯断面/mm×mm	220×220、320×410、320×500、ϕ280
铸坯定尺/m	6~10
走行形式	电动驱动方式
工作行程/mm	约22000
轨距/mm	约13400
走行速度/m·min^{-1}	高速约60
升降形式	电动驱动方式，绳索卷扬式
升降速度/m·min^{-1}	15

齿轮齿条式钩钢机：齿轮齿条式钩钢机主要由桥架、走行装置、升降传动装置、升降机构、钩钢机构、运行轨道、能源介质管线、接近开关等组成。

走行由四套独立的二合一电机减速器采用套装的方式直接驱动，结构紧凑，传动效率高，更换维修方便，车轮采用不带侧缘的光面结构，并在其前面两侧设有开口度可调节的侧导轮，有效地控制大跨度钩钢机在走行时产生的车轮侧缘啃轨和卡阻现象发生。升降采用电动和减速器驱动齿轮箱带动两侧齿条和升降装置动作，齿条四个方向、上下八个面均设有导向装置，确保与齿轮箱的啮合，采用齿轮齿条方式升降，确保升降的同步性和稳定性。桥架和台车均设有隔热罩，有效地控制桥架轨道大梁和导轨受热而产生的热变形，极大地改善电传动装置（电机、减速器）工况条件，确保设备使用寿命。

某工程的齿轮齿条式钩钢机如图3.7.37所示，其相关参数见表3.7.6。

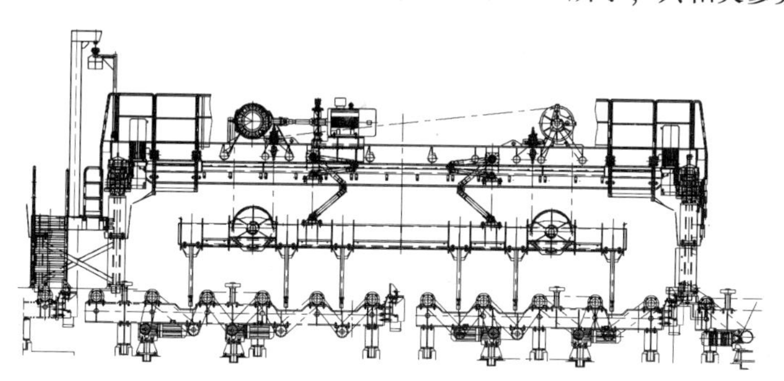

图3.7.36 电机卷扬式钩钢机

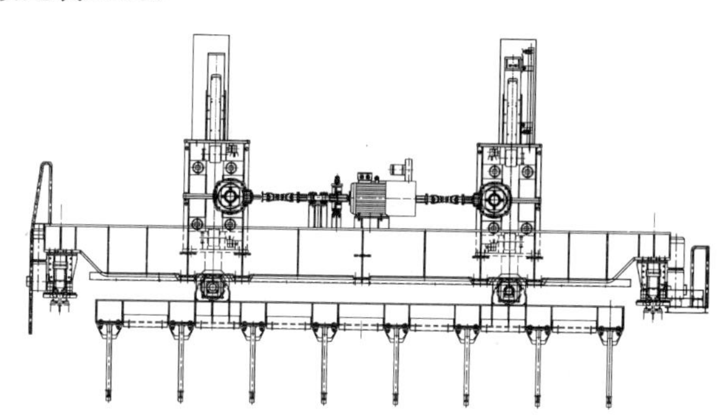

图3.7.37 齿轮齿条式钩钢机

表3.7.6 相关参数

结构形式	电机卷扬式钩钢机
铸坯断面/mm×mm	250×360、250×460、320×460、435×320、90×500、325×105
铸坯定尺/m	3.5~8
走行形式	电动驱动方式
工作行程/mm	约18000
轨距/mm	约11000
走行速度/m·min^{-1}	高速约60
升降形式	电动驱动方式，绳索卷扬式
升降速度/m·min^{-1}	15

4）选型原则。

钩钢机是连铸机出坯区中的重要设备，也是一个复杂的系统，要根据工艺设计、厂房布置、生产要求选择合适的钩钢机类型。

齿轮齿条式钩钢机由于受齿条长度影响，设备空间高度较大，而电机卷扬式钩钢机的卷扬机构布置在电机平台上，设备空间高度低，比同类的齿轮齿条升降机构低3m，但对于卷扬升降部分，钢丝绳安装时4根必需同时预紧到位。绳索使用一段时间会后有少量的变形和拉伸，使用过程中需注意观察绳索过载和防松报警，检修维护工作量较大。在厂房空间高度满足的条件下，优先考虑齿轮齿条式钩钢机。

5）应用的实例及效果。

中冶赛迪设计制造的钩钢机已运用于多个工程，且运行良好。

天铁大方圆坯连铸机，电机卷扬式，亮点：铸坯规格多，能够兼容方坯、圆坯和矩形坯。

邯郸西小屯连铸机，齿轮齿条式，亮点：能够兼容矩形坯和异形坯。

唐钢中厚板厂矩/异形坯连铸机，齿轮齿条式，亮点：铸坯规格多，长定尺单排出坯，短定尺双排出坯，并且能够兼容矩形坯和异形坯。

(2) CISDI 铸坯收集台。

1）产品简介。

中冶赛迪工程技术股份有限公司研发的CISDI铸坯收集台用于热铸坯下线。将钩钢机吊运来的坯子通过推钢机分组后用吊车下线。

2）设备结构和工作原理。

设备结构和组成：主要由铸坯滑轨台架、推钢机等组成，为防止圆坯在台架上无序滚动，台架设计成倾斜台架加挡块。见图3.7.38。

图3.7.38 CISDI 铸坯收集台

工作原理：收集台的推钢机将钩钢机吊来的方坯收集成组，达到一定数量后由车间C型钩下线。

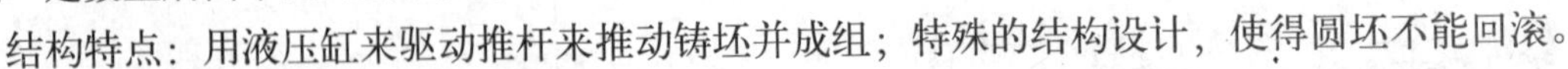

结构特点：用液压缸来驱动推杆来推动铸坯并成组；特殊的结构设计，使得圆坯不能回滚。

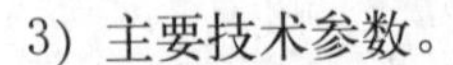

3）主要技术参数。

铸坯尺寸：320mm × 340mm；ϕ 600mm

推钢机油缸：直径：ϕ 200/ϕ 125 （两只）；行程：810mm

工作压力：20MPa

润滑方式：手动润滑

4）技术特点。

关键技术：

推杆的行程分为小行程和大行程两种，满足铸坯成组和成组推动。

液压缸的行程通过位置传感器来控制，精度高，停位准确。

创新点：

特殊的推爪结构设计，使得圆坯不能回滚。

收集台架采用斜坡设计，防止铸坯推出收集台架。

选型原则：

铸坯收集台设备属于连铸机通用设备，适合各种常规大方坯及大圆坯连铸机。

典型项目应用情况：

铸坯收集台在天铁3号大方圆坯连铸机等成功运用，设备运行稳定。

(3) CISDI 翻转冷床。

1）产品简介及相关背景。

对于生产长定尺的方坯及圆柱坯连铸机而言，由于长定尺方坯、圆坯在出坯过程中，需经辊道运输、翻转装置倾翻、移钢机推动等，极易产生弯曲变形，这样的成品铸坯不能进入下道工序，所以在连铸机出坯系统中，翻转冷床是不可缺少的设备。经过浇铸、成型、剪切而成的定尺高温铸坯，通过翻转冷床，能使其快速、均匀的冷却下来，并在冷却过程中铸坯不产生弯曲变形，并且通过齿板的相互作用，起到一定的矫直作用。实际生产实践也表明，翻转冷床的作用和效果是明显的。

图3.7.39所示为CISDI方、圆坯冷床装置实景。

图3.7.39 CISDI方、圆坯冷床装置实景

2）设备特点。

翻转冷床结构复杂、设备吨位大，承载能力强，且设备运行精度要求高。传统的冷床多采用电动集中传动，目前广泛应用的是液压式翻转冷床。液压式翻转冷床较传统结构的冷床具有如下重要特点：

冷床设备的质量小，结构紧凑，升降液压缸和平移液压缸直接和冷床的动框架相连接，不需要众多的传动机构及连接机构；

液压缸占用空间小，生产现场容易布置，且便于检修和维护；

冷床运动噪声小。冷床的动齿板由液压缸控制，运动平缓，冲击小，现场噪声小，明显改善生产环境。

3）设备组成和原理及主要技术参数。

中冶赛迪设计制造的液压式翻转冷床主要有两种形式：机械同步式液压翻转冷床和液压式同步翻转冷床。

机械同步式液压翻转冷床：

机械同步式液压翻转冷床主要由固定架、定横梁、定齿板、斜台面、移动框架、平移梁、动横梁、动齿板以及传动机构等组成。

固定架放置在土建基础上，定横梁及定齿板安装在固定架上，冷床的工作过程中，它们保持不动；斜台面放置在土建基础上，斜台面的角度选择与液压缸的选型、冷床的升降及平移行程息息相关；移动框架有上下两组轮子，下组轮子在斜台面上滑行，上组轮子顶住平移梁，动齿板、动横梁安装在平移梁上；传动机构包括升降液压缸和平移液压缸，升降液压缸带动移动框架在斜台面上滑行，实现冷床的升降功能，平移液压缸带动平移梁相对于移动框架移动，实现冷床的平移功能。

此种冷床上使用的液压缸一般不带位置传感器，其同步性能依靠传动机构的连接轴完成，液压缸的行程控制通过连接轴端布置的旋转编码器完成。

某工程的机械同步式液压翻转冷床如图3.7.40所示，其相关参数见表3.7.7。

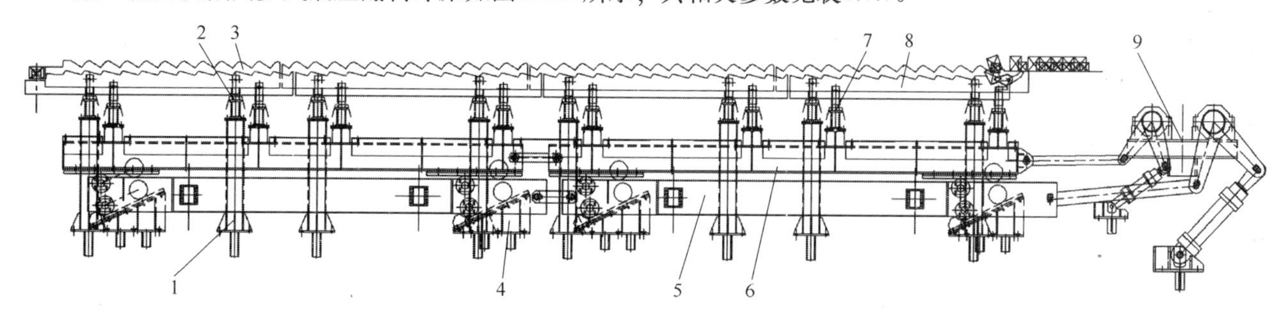

图3.7.40 机械同步式液压翻转冷床

1—固定架；2—定横梁；3—定齿板；4—斜台面；5—移动框架；6—平移梁；7—动横梁；8—动齿板；9—传动机构

表3.7.7 相关参数

冷床结构形式	机械同步式液压步进翻转冷床
铸坯断面/mm×mm	150×150、240×200
铸坯定尺/m	6、12
齿距/mm	320
存放铸坯根数	52
台面负荷/t	约195
升降液压缸/mm	ϕ280/ϕ200/650
平移液压缸/mm	ϕ125/ϕ90/550

液压同步式翻转冷床：

液压同步式翻转冷床主要由固定架、定横梁、定齿板、移动框架、动横梁、动齿板、升降液压缸以及平移液压缸等组成。

固定架放置在土建基础上，定横梁及定齿板安装在固定架上，冷床的工作过程中，它们保持不动；升降液压缸和平移液压缸一端固定在土建基础上，另一端与移动框架相连，动横梁及动齿板安装在移动框架上；随着液压缸的伸缩，冷床动齿板完成上升、前进、下降和收回的运动，通过定尺板和动齿板的齿形配合，铸坯完成步进和翻转动作。

此种冷床上使用的液压缸带有位置传感器，通过位置传感器控制冷床的升降和平移的距离。

某工程的液压同步式翻转冷床如图3.7.41所示，其相关参数见表3.7.8。

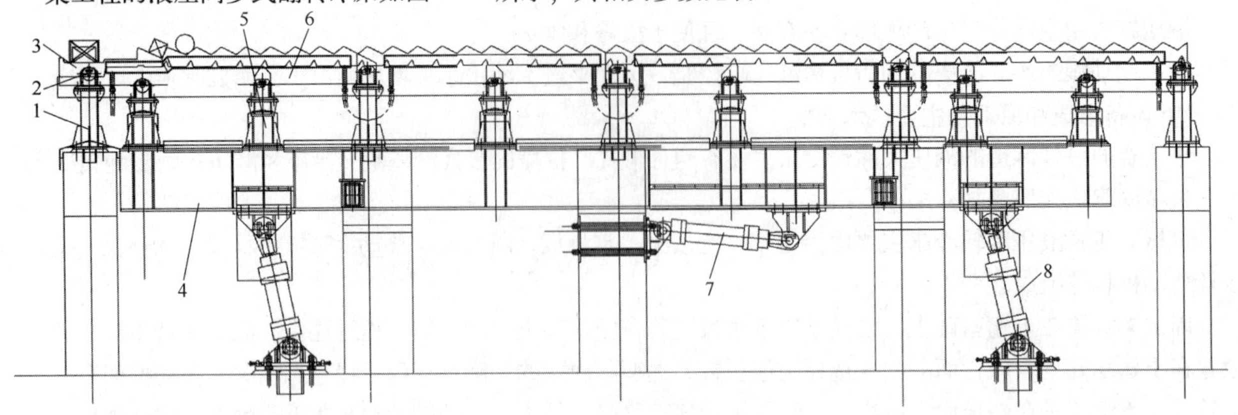

图3.7.41　液压同步式翻转冷床

1—固定架；2—定横梁；3—定齿板；4—移动框架；5—动横梁；6—动齿板；7—平移液压缸；8—升降液压缸

表3.7.8　相关参数

冷床结构形式	液压同步式步进翻转冷床
铸坯断面/mm×mm	320×410、220×220、ϕ280，预留240×240、230×350、320×450、ϕ220、ϕ450
铸坯定尺/m	4、9、12
齿距/mm	370
存放铸坯根数	23（320mm×410mm）、42（220mm×220mm）、41（ϕ280mm）
台面负荷/t	约210
升降液压缸/mm	ϕ280/ϕ200/310
平移液压缸/mm	ϕ220/ϕ160/750

4）选型原则。

冷床是连铸机出坯区中的重要设备，也是一个复杂的系统，要根据工艺设计生产要求选择合适的冷床机构，根据现在钢厂的一般生产情况，液压式翻转冷床较电动集中传动式冷床无疑具有更大优势。

机械同步式液压冷床同步性能与传动装置的连接轴息息相关，由于冷床在斜台面上运动，因此冷床的动作更加平缓和连贯。但此种结构冷床结构较液压同步式冷床复杂，且其传动结构一般布置在后端，增加了冷床的长度。根据冷床的受力特性，所选升降液压缸的尺寸较大。

液压同步式翻转冷床的结构更加精简，占用空间小，检修维护更加方便。冷床的同步依靠位移传感器控制来完成，对每一个液压缸的同步性能要求更高，因此，此种冷床对液压系统要求更高。

5）应用的实例及效果。

中冶赛迪设计制造的液压翻转冷床已运用于多个工程，且运行良好。

天铁大方圆坯连铸机，液压同步，亮点：坯子规格多，能够兼容方坯、圆坯和矩形坯。

伊钢5流方坯连铸机，机械同步，亮点：冷床存放铸坯多，机身采用两段框架串联。

永钢8流方坯连铸机，液压同步，亮点：冷床能够成组受坯，完成分坯、上坯等功能。

3.7.3　小方坯连铸机

3.7.3.1　CISDI小方坯连铸机工艺技术装备简介

中冶赛迪工程技术股份有限公司，是国内最早涉足连铸工程业务的工程公司，长期从事各种机型连铸机的研发和设计。CISDI公司设计的小方坯连铸机，生产的主要钢种：低合金结构钢、碳素结构钢、优质碳素结构钢、合金结构钢、焊条焊丝钢、冷镦钢、易切钢、弹簧钢、不锈钢、轴承钢等。

小方坯连铸机是一个广义的概念，浇铸的主流断面为120mm×120mm～200mm×200mm的小断面方坯，可以兼容浇铸小规格圆坯和小规格矩形坯，主要向线棒材轧机或中、小型型材轧机提供坯料。

图3.7.42所示为CISDI某钢厂典型小方板坯连铸工程实景。

3.7.3.2 CISDI小方坯连铸工艺主要参数

图3.7.42 CISDI某钢厂典型小方板坯连铸工程实景

(1) 浇铸断面。

1) 主流断面规格：120mm×120mm～200mm×200mm

2) 非主流断面：

方坯规格：90mm×90mm～120mm×120mm(对普通钢种并仅限敞开浇注)

圆坯规格：直径≤250mm的圆坯

矩形坯规格：厚度≤200mm宽度不大于≤300mm的矩形坯，厚者宽度取下限，中间厚度者可取宽度上限

(2) 弧形半径。

弧形半径：R6～10m

为确保刚性引锭杆的刚性和强度，铸机弧形半径不宜超过10m。

(3) 铸机流数。

根据钢水供应节奏或炉机匹配关系，可选择1～8流/台；特殊如出钢量太大的情况下可采用10流/台，但在浇铸钢种上会有所限制。

(4) 工作拉速。

工作拉坯速度：0.5～5.0m/min，不同断面、钢种对应不同拉速。

3.7.3.3 CISDI小方板连铸机主要工艺技术装备及技术特点

CISDI设计、设备成套或以总承包方式承建的小方坯连铸机可装备如下主要工艺技术：

(1) 中间罐水模研究。

小方坯连铸机流数多、铸坯断面及浇铸钢种复杂，产品层次丰富。针对具体炉机匹配关系和铸机参数进行中间罐水模分析和研究是保证多流方坯浇铸顺利的重要前提。

(2) 高效管式结晶器。

在典型钢号凝固收缩特性实测数据的基础上，结合具体铸机的工艺参数进行结晶器凝固传热有限元分析，确保铜管倒锥度与具体钢号的凝固收缩密切对应，在确保铸坯质量前提下提高铸机产能。

(3) 与铸坯测温结合进行闭环控制的二冷动态配水。

首先，基于CISDI自主实测的典型钢号高温理化性能和高温力学性能数据，针对具体钢号的凝固特性进行凝固传热有限元分析并制定水表；其次，由于二冷水量实时跟踪拉速变化的控制方式与实践中铸坯位置滞后于水量变化后的喷雾区域不符，为消除拉速变化时铸坯位置与喷雾区域间的“时差”，在自动控制上引入拉速变化趋势这个因素，实现水量变化与铸坯状态的吻合，减轻甚至消除铸坯内部热应力，优化铸坯内部质量；另外，可以装备铸坯测温装置，将测温结果纳入二冷配水实现闭环控制，确保铸坯在矫直前的整个凝固段合理冷却并按预定的矫直温度进行矫直，实现完美的铸坯内部质量。

(4) 极简式二次冷却导向装置。

顺应小断面连铸机的凝固特点和技术发展方向，将二冷段结构简化到极致，降低投资和消耗，并为操作、设备维护、故障处理创造宽敞的工作环境。

(5) 电磁搅拌技术。

采用结晶器电磁搅拌、凝固末端电磁搅拌技术，改善铸坯表面质量和内部质量。

(6) 连续矫直技术。

采用连续矫直技术，可大大降低铸坯矫直变形速率，防止铸坯矫直裂纹的产生，提高铸坯质量。

3.7.3.4 小方坯结晶器

(1) 产品简介。

小方坯结晶器是小方坯连铸机关键设备是连铸机的心脏。它的性能对于提高连铸生产率,维持连铸过程正常生产，以及保证铸坯质量都起着至关重要的作用。

(2) 小方坯结晶器设备结构和工作原理。

1) 结构和组成。

小方坯结晶器为管式结晶器，主要由框架1，铜管2，水套3，上下法兰4，足辊装配5，喷淋装置6，液面检测装置7，电磁搅拌8等组成，见图3.7.43。

2) 工作原理。

浇注开始后，钢水从中间罐注入结晶器，通过结晶器铜管散热冷却，形成坯壳。到达结晶器下口时，形成均匀又有足够厚度的坯壳。液面检测装置将检测钢水在结晶器的液面波动，电磁搅拌装置的加入有利于铸坯质量的改善。

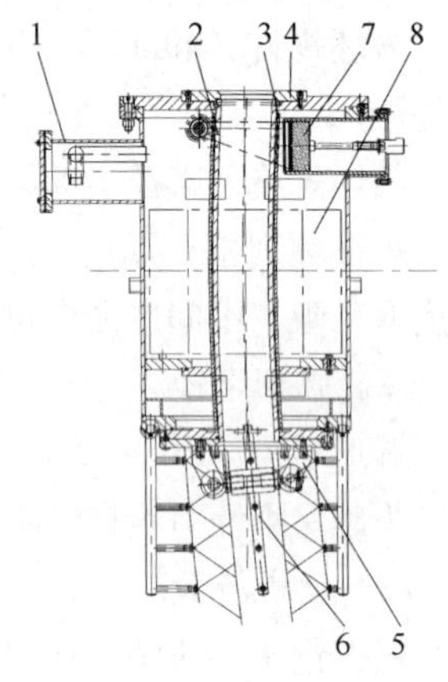

图3.7.43 小方坯结晶器的组成

(3) 技术参数和技术特点。

1) 主要技术参数：

适合断面：各种小方坯断面

设计拉速：最高4m/min

铜管弧形半径：R6~10m

铜管材质：银铜，脱氧磷铜

镀层：铬

铜管高度：850~1000mm

锥度：多锥度，抛物线锥度

水套材质：不锈钢

水套结构型式：整体式，剖分式

铜管安装方式：上装，下装

铜管密封型式：端部密封，侧面密封，角密封

电磁搅拌型式：外置式，内置式

2) 技术特点。

传热性好：铜管壁薄，带来更好的传热性能，并且整个铜管后面都能通水冷却，也利于传热。

结构轻巧，振动负荷低。

铜管及水套整体厚度小，便于电磁搅拌能够更贴近铸坯，有利于电磁搅拌效果。

多种锥度设计（如多锥度、抛物线锥度）使铜管内腔能更适应铸坯凝固收缩的变化，有利于提高拉速及生产率。

(4) 选型原则。

小方坯结晶器均为管式结晶器，选型主要确定铜管材质。铜管材质可选用银铜或脱氧磷铜，银铜传热性能更佳，但价格更贵。

(5) 典型项目应用情况。

中冶赛迪工程技术股份有限公司设计制造的小方坯结晶器已应用于众多工程，且运行良好。主要应用有：敬业5机5流小方坯，云南德钢6机6流小方坯，巴西CSN小方坯连铸机，伊钢小方坯连铸机，永钢方坯连铸机等，生产断面从150mm×150mm到220mm×220mm。

3.7.3.5 结晶器振动装置

(1) 产品简介。

结晶器振动装置是连铸机中的一种重要设备。为了防止从中间罐流下来的钢水在结晶器内在凝固过程中与铜板发生黏结而出现粘挂拉裂或拉漏事故，振动装置带动结晶器按振动曲线周期性振动，改变钢液面与结晶器壁的相对位置以便于脱坯，同时，通过保护渣的加入，减少黏结的可能。小方坯连铸机多采用全弧形连铸，其振动装置机械结构必须满足结晶器沿弧形曲线振动，目前仿弧振动的实现有采用连杆式机械驱动，机械驱动的振动装置不能实现非正弦振动。

中冶赛迪工程技术股份有限公司（CISDI）的小方坯结晶器振动装置，根据生产工艺要求可布置在内弧或者外弧，分为机械和液压两种形式。

(2) CISDI方坯结晶器振动装置形式。

1) 方坯液压振动装置（半板簧形式）。

设备结构和工作原理:

图3.7.44所示为方坯液压振动装置（半板簧形式）三维效果图。小方坯液压振动由伺服液压缸、振动台、连杆、平衡弹簧组成如图3.7.45所示。

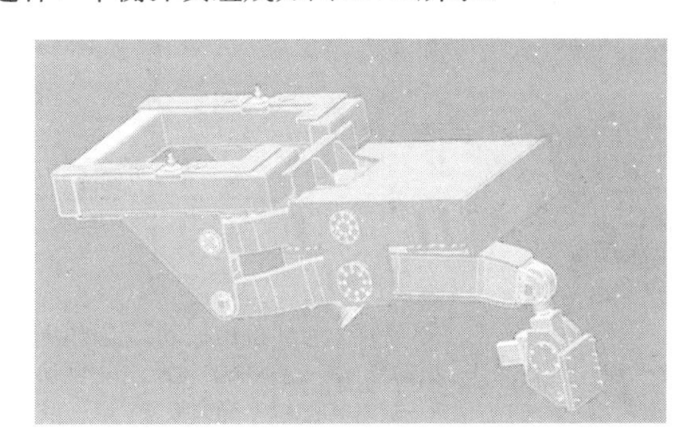

图3.7.44 方坯液压振动装置（半板簧形式）三维效果

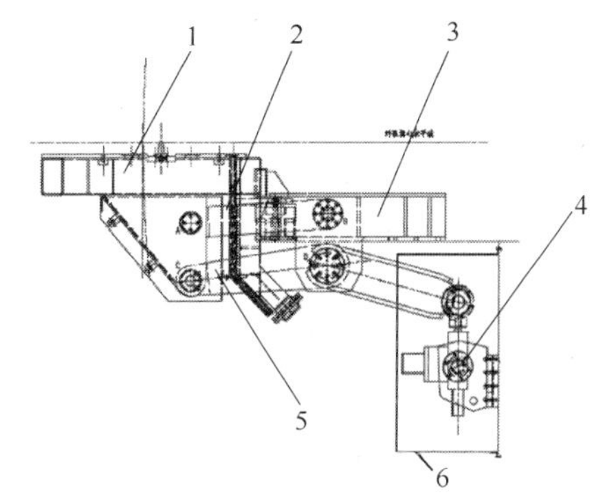

图3.7.45 方坯液压振动装置（半板簧形式）的组成
1—振动台；2—上连杆；3—固定梁；
4—伺服缸；5—下连杆；6—保护罩

结晶器固定在振动台1上，通过下连杆5和伺服缸4连接，伺服缸4布置在内弧（或外弧）；两个连杆的铰接点连线通过连铸机基本半径的圆心；伺服缸4通过下连杆5驱动振动台1和结晶器振动，振动台1和结晶器在上连杆2和下连杆5的约束下作高精度的仿弧运动。

上连杆2和振动台1连接的铰接的连接轴采用偏心轴，通过偏心轴的调节，可以补偿振动装置长期运转后产生的间隙，避免间隙对振动精度的不利影响，保证振动装置的长期精度。

在振动台1和固定梁3之间布置有缓冲弹簧，在振动过程中可以平衡一部分振动重量，降低伺服缸4的负荷，不到可以使伺服缸的型号减小，还可以提高伺服缸4的使用寿命。

伺服缸4外安装有保护罩6，将整个缸和阀块都布置在罩内，保护罩6内采用压缩空气密封保护，以提高伺服缸的寿命。

设备技术参数和技术特点:

技术参数:

振动波形：正弦、非正弦、自定义波形，在线可调

偏斜率：最大40%，在线可调

振动频率：50~300次/min，在线可调

振动幅度：0~±6mm，在线可调

振动精度：X（铸流）方向≤±0.1mm

Y（宽度）方向≤±0.1mm

关键元件寿命

伺服液压缸：≥2年

技术特点:

整个装置结构简单，制造、安装、维护简单，成本低；

采用平衡弹簧，可以平衡振动台和结晶器的质量，减小液压缸的负荷，避免单个液压缸选型过大；

液压缸保护装置，保护液压缸工作环境，提高液压缸寿命。

2) 方坯机械振动装置（半板簧形式）。

设备结构和工作原理:

图3.7.46所示为方坯半板簧机械振动装置图三维效果图。板坯机械振动装置由电机驱动装置、传动机构、

振动台、导向机构组成如图3.7.47所示。

结晶器安装在振动台1上；减速电机4通过驱动杆3、连杆6驱动振动台1；驱动杆3与减速电机4连接处有偏心套，可以调整振幅；在驱动杆3和连杆6连接处有过载保护装置2，可以防止异常情况下产生过载时对减速电机进行保护；在振动台1左右侧布置导向板簧5，对振动运动进行导向，导向板簧5一端通过定位销和螺栓与振动台1的中部连接，另一端与固定座相连接，通过导向板簧可以保证振动台1的精确仿弧运动。

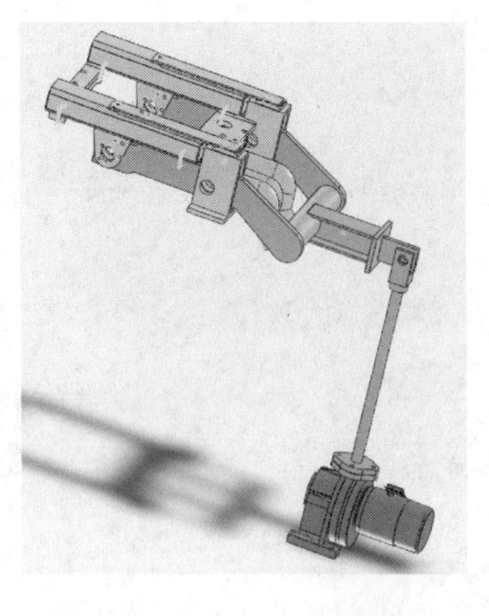
图3.7.46　方坯半板簧机械振动装置图三维效果图

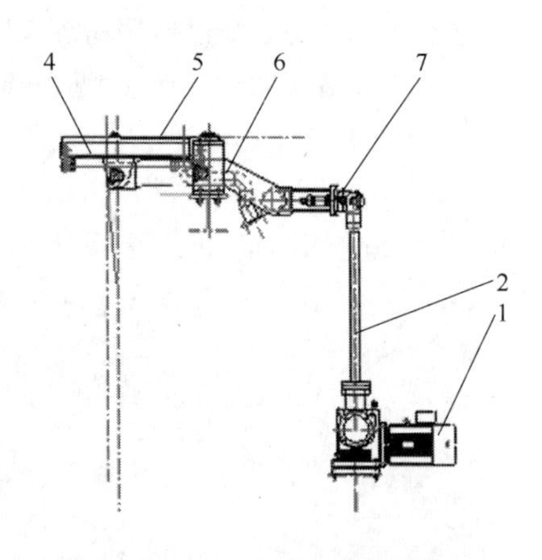

图3.7.47　方坯机械振动装置的组成
1—振动台；2—过载保护装置；3—驱动杆；4—减速电机；5—导向板簧；6—连杆

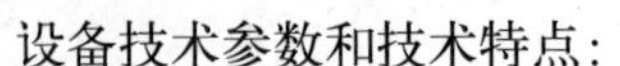
设备技术参数和技术特点：

技术参数：

振动波形：正弦

振动频率：50~300次/min，在线可调

振动幅度：±1.5mm、±2mm、±3mm、±4mm、±5mm

振动精度：*X*（铸流）方向≤±0.1mm

　　　　　Y（宽度）方向≤±0.1mm

技术特点：

整个装置运行安全可靠；

整个装置结构简单；

采用过载保护装置，在过载情况下可以对驱动装置起保护作用；

振动台上的半板簧导向形式，可以保证较高的振动精度。

3）方坯机械振动装置（全板簧形式）。

设备结构和工作原理：

图3.7.48所示为方坯全板簧机械振动装置图三维图。全板簧方坯机械振动装置由电机驱动装置、传动机构、振动台、导向机构组成，如图3.7.49所示。

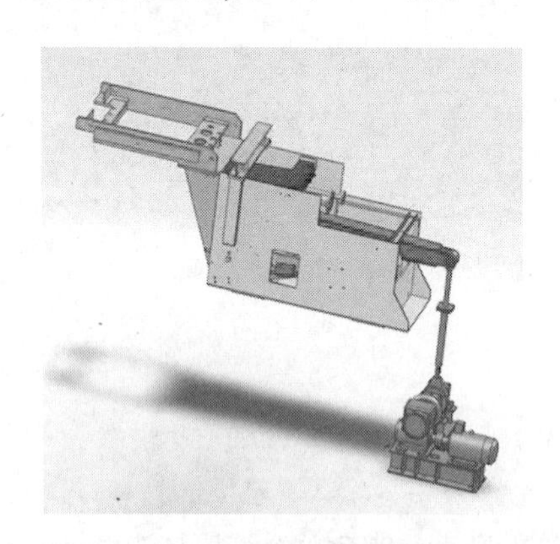
图3.7.48　方坯全板簧机械振动装置三维图

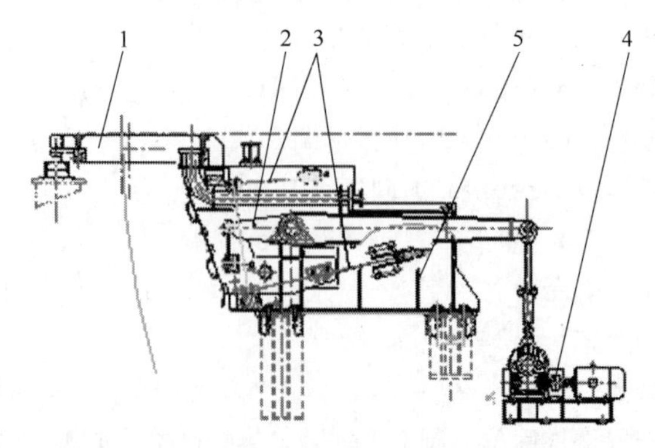

图3.7.49　方坯全板簧机械振动装置的组成
1—振动台；2—连杆；3—导向板簧；4—传动装置；5—固定底座

结晶器安装在振动台上；传动装置通过连杆驱动振动台；传动装置中有偏心轴和偏心套，可以调整振幅；传动装置中采用轮胎式联轴器，具备良好的减震缓冲功能，对减速机和电机具有保护作用；在振动台左右侧布置导向板簧，对振动运动进行导向，保证振动台做精确的仿弧运动。

设备技术参数和技术特点：

技术参数：

振动波形：正弦

振动频率：50~300次/分钟，在线可调

振动幅度：±1.5mm、±2mm、±3mm、±4mm、±5mm

振动精度：X（铸流）方向≤±0.1mm

Y（宽度）方向≤±0.1mm

技术特点：

整个装置运行安全可靠；

整个装置结构简单；

振动台上的全板簧导向形式，可以保证较高的振动精度。

选用原则：

方坯全板簧机械振动装置振动精度高，适用于各种规格小方坯连铸机。

典型项目应用情况：

小方坯液压振动装置，已经运用于新兴铸管特钢冶炼连铸工程、永钢小方坯连铸机等工程，运行效果良好。

方坯半板簧机械振动装置，已经运用于四川德胜集团钢铁有限公司德钢技改炼钢项目上，运行效果良好。

方坯全板簧机械振动装置，已经运用于伊钢炼钢连铸工程项目上，运行效果良好。

3.7.3.6　二冷导向段及喷淋装置

（1）产品简介。

小方坯连铸机浇注的铸坯断面小，凝固快。铸坯出结晶器后，坯壳厚度一般已经达到足以支撑钢水静压力的程度，小方坯不存在大方坯或者板坯那样的铸坯鼓肚现象，因此，小方坯二冷导向设备设计的比较简单。

目前，小方坯连铸机基本上都采用刚性引锭杆，由于引锭杆具有自支撑能力，故二冷导向设备结构可以大大简化。

中冶赛迪工程技术股份有限公司设计成套的二冷导向段及喷淋装置，在结晶器下约30°为一段，只有喷水管，无支撑导辊。后面至拉矫机前为二冷二、三（四）段，根据三点决定一个圆弧的理论，外弧一般设有三（四）个支撑辊，引导刚性引锭杆的走向，内弧一般设有两个导辊，用以防止脱引锭时引锭杆的上翘变形。为防止引锭杆或铸坯跑偏，在导向段上还设有侧导辊。

（2）设备结构。

二冷导向段及喷淋装置，根据铸机半径不同，有分三段的，也有四段的。每一个段均由四周设有喷嘴的带支撑的喷淋管系统构成。如图3.7.50所示。

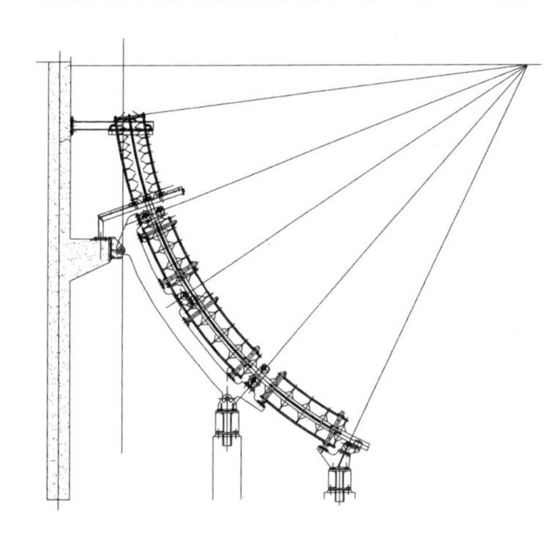

图3.7.50　二冷导向段及喷淋装置

喷淋采用全水冷却（或气水冷却），按一定的冷却强度向铸坯喷水冷却。喷淋装置随本体设备划分为多段，各段喷淋段均采用竖管，喷嘴装在排管上，喷淋管、排管和分水器材质采用不锈钢。每一段的冷却强度均不相同，喷嘴的型式和分布状况也不相同，以达到均匀冷却铸坯的目的。

二冷喷淋分水器与喷淋管可实现简易拆卸，维护方便，其进水配管可单独控制，各喷淋竖管水量不尽相同，可有效防止铸坯菱变。

二冷段Ⅰ、二冷段Ⅱ两个段之间设有挡渣板，可保护Ⅰ段以下设备不被漏钢的钢渣所损坏。

二冷段Ⅰ分水器布置在顶部，二冷段Ⅱ、Ⅲ分水器布置在底部，方便现场调节。

（3）技术特点。

采用刚性引锭杆后，二冷导向设备结构简化，但对导向辊的安装和精度要求较高，因为牵涉到设备在线弧度是否精准，以及引锭杆能否顺利进入结晶器下口。另外，由于二冷区温度较高，环境恶劣，对导向辊的轴承润滑要求也较高，由于空间受限，在线检修麻烦，故一般采用自润滑轴承。

二冷区喷淋系统设计关键在第一段，由于此处铸坯温度最高，冷却强度也最大，容易产生漏钢。第一段通常采用上下两端支撑的结构形式，上部的支撑采用悬臂托架结构，下部的支撑固定托架结构，这样，二冷一段安装牢固，当喷水时不容易晃动，从而克服铸坯冷却不均所致的菱变。

(4) 应用情况。

在韶钢小方坯、新余小方坯、攀成钢小方坯、河北敬业、四川德钢、新疆伊钢、江苏永钢以及八钢南疆、川威、巴西CSN等小方坯上面都有应用，投产后使用情况良好。

3.7.3.7 **CISDI拉矫机**

(1) 产品简介。

拉矫机是小方坯连铸机核心设备，对其要求如下：

1) 要能克服结晶器和二冷段装置对铸坯的阻力，将铸坯拉出，并能将引锭杆送入结晶器下口。

2) 拉速要可调，以满足不同铸坯断面对拉速提出的不同要求，而送引锭杆时需要有较快的速度。

3) 拉矫机上下辊之间要有足够的开口度并能调整，以便生产不同厚度的铸坯，采用刚性引锭杆时应允许引锭杆通过。

4) 上辊应有足够的压下力，以满足拉坯摩擦力和矫直铸坯的要求；压力要能调节，以适应不同断面；要防止对铸坯加压过量造成铸坯缺陷；在开浇过程中，上辊从引锭杆过渡到铸坯时，压力应迅速转变，以防将高温铸坯压变形。

中冶赛迪工程技术股份有限公司连铸事业部，长期从事连铸机的研发和国内外工程设计。开发设计了五辊连续矫直钳式拉矫机、独立机架钳式拉矫机等。

(2) 设备结构。

目前，小方坯拉矫机基本上都是钳式，即上辊能摆动压下，下辊固定。按照连续矫直理论曲线，应用得最多的是五辊连续矫直钳式拉矫机。此种结构的重量轻，调整开口度方便。根据主体结构布置形式不同，钳式拉矫机又分为整体机架式和独立机架式；根据传动机构布置方式不同，可分为远距传动拉矫机和直接传动拉矫机。整体式、独立机架式、直接传动型和远距传动型拉矫机结构型式分别见图3.7.51~图3.7.54。

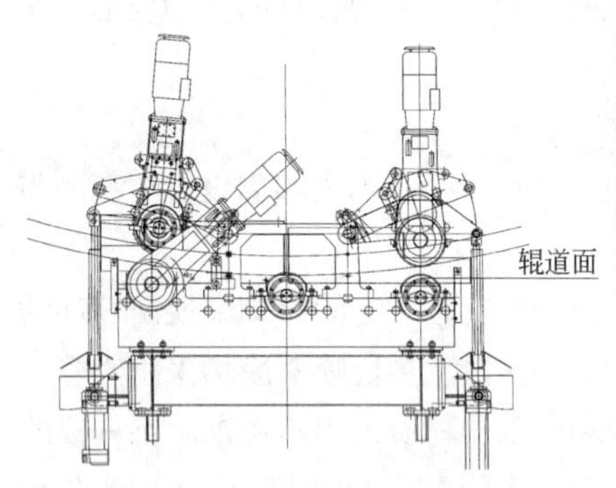

图3.7.51 整体式直接传动拉矫机

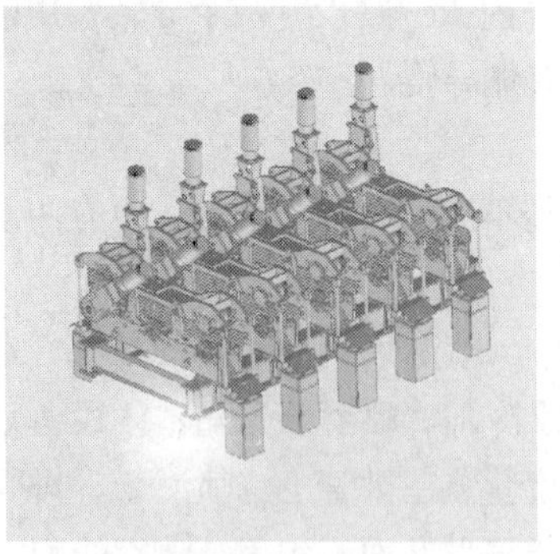
图3.7.52 整体式远距传动拉矫机

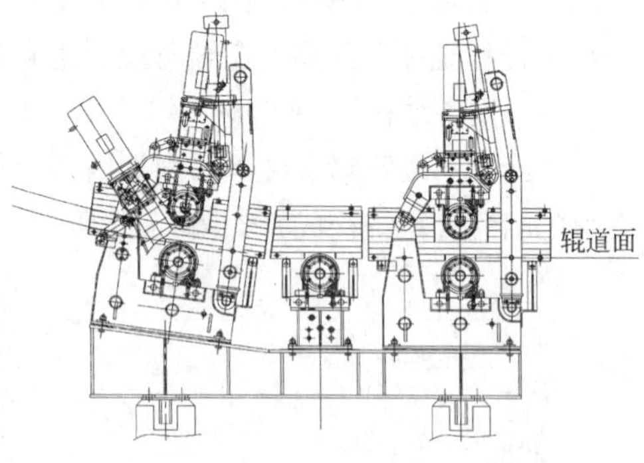

图3.7.53 独立机架式直接传动拉矫机

近年来，由于水冷电机的应用，直接传动型拉矫机应用普遍，逐步取代了远距传动型拉矫机。

典型的整体式拉矫机结构主要由机架、传动装置、压下装置、辊子、冷却及防护装置、润滑系统等构成。

机架为钢板焊接的箱型结构，是安装三个下辊和压下及脱引锭液压缸的座架；安装两个上辊的上辊架是一端铰接在机架上，另一端与压下和脱引锭液压缸通过拉杆铰接在一起，由液压缸带动上辊升降，以完成上引锭杆、拉出和矫直铸坯的任务。

转动装置的三个传动辊为单独驱动。采用水冷电机，直型硬齿面减速器，传动效率高、在线检修维护方便。

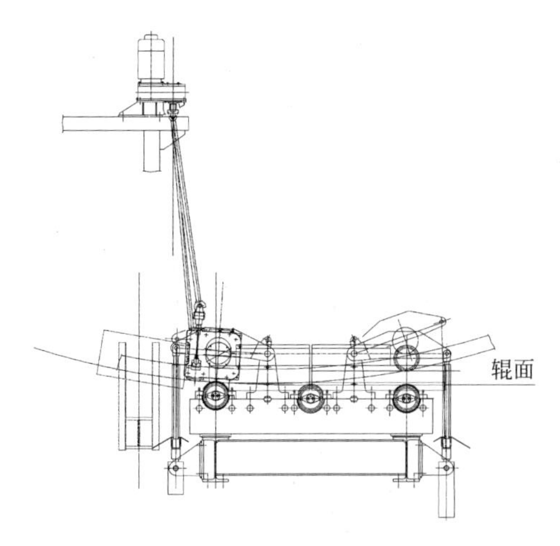

图3.7.54　整体式远距传动拉矫机

压下装置由两个铰接在机架上的上辊架、压下和脱引锭液压缸及拉杆组成。除了完成上引锭、拉出和矫直铸坯外，还可以完成脱引锭的工作。

压下装置的各个动作由液压缸来完成。液压缸跟气缸比，具有压力大体积小、行程容易控制、动作平稳等有点。根据不同的使用要求，液压缸可以上置也可以下置，液压缸上置时出力大，但液压缸的密封和管路防护比较困难。

拉矫机的辊子有传动辊和自由辊两种，辊子采用铬钼钢制造，中心通水冷却，冷却水通过旋转接头进入和排出，轴承座外设有水冷套，防止铸坯热辐射恶化润滑环境。

由于拉矫机长时间处于高温环境状态下工作，若不对拉矫机各个设备进行有效的冷却和防护，就会出现设备结构件高温蠕变、润滑条件恶化、液压缸泄漏等问题。整体机架式五辊拉矫机冷却及防护装置的特点，就是除了辊子中心通水冷却、轴承座设置水冷套外，在拉矫机范围内，沿浇注方向设置了水冷隧道，把铸坯包在水冷隧道内，以防止铸坯的热量向周围辐射。由于水冷隧道能起到很好的防护作用，对于机架、减速器、电机、液压缸等的使用寿命的提高很有裨益。

独立机架式拉矫机除了机架分段布置，可单独更换外，其结构原理大致与整体机架式拉矫机差不多。主要由驱动辊、从动辊、传动装置、机架结构、水冷（闭路循环）及润滑系统、防护板等组成。

(3) 技术特点。

1) 整体机架式五辊拉矫机具有如下特点:

采用连续矫直曲线技术，能有效提高铸坯质量;

在整个拉矫机区域内，设置水冷隧道，使铸坯在隧道内运行，提高了对铸坯热辐射的防护能力;

设置有三个传动辊（两个上辊，一个下辊），具有足够的拉坯能力，可以拉动多重断面的铸坯;

传动电机采用水冷变频电机，无需采用编码器，可简化控制系统的维护工作，提高了传动装置的使用寿命;

结构紧凑，可减小流间距;

液压缸布置在机架下方，躲开了铸坯的热辐射，避免了管路老化漏油的概率，提高了设备使用寿命;

所有部件均安装在一个基础框架上，可以方便整体更换，离线检修，提高了拉矫机的作业率及维修性能。

2) 独立机架式拉矫机:

检修拆装比整体式更为简单容易，目前很受市场青睐。

(4) 选型原则。

中冶赛迪工程技术股份有限公司设计的拉矫机设备属于连铸机通用设备，适合各种常规小方坯连铸机，可根据生产工艺和操作习惯，选用不同型式的拉矫机。

(5) 典型项目应用情况。

整体机架式5辊拉矫机在韶钢小方坯、新余小方坯、攀成钢小方坯、河北敬业、四川德钢、新疆伊钢、江苏永钢以及川威、巴西CSN等小方坯上面应用，投产后使用情况良好。

独立机架式拉矫机在八钢南疆、新兴铸管等钢厂应用，投产后使用情况良好。

3.7.3.8　引锭杆存放装置

(1) 产品简介。

小方坯引锭杆存放装置是小方坯连铸机生产线上设备之一。位于拉矫机之后，切割前辊道上方。浇铸准备时，由存放装置将引锭杆送入拉矫机，然后由拉矫机将引锭杆通过弧形导向段送进结晶器下口。开浇后，当铸坯和引锭杆脱开，存放装置收回引锭杆，以备下一次使用。

(2) 设备结构和工作原理。

小方坯引锭杆存放装置有电动型和气动型。

1）电动存放装置。

主要由传动装置、导向架、支座、隔热罩、存放挡板、电气检测元件及干油系统等组成。

传动装置为链轮驱动的摩擦轮式，如图3.7.55所示。驱动装置通过链轮组，驱动一对摩擦轮式夹送辊收存放送引锭杆。夹送辊对引锭杆的夹紧力来源于两组蝶形弹簧。

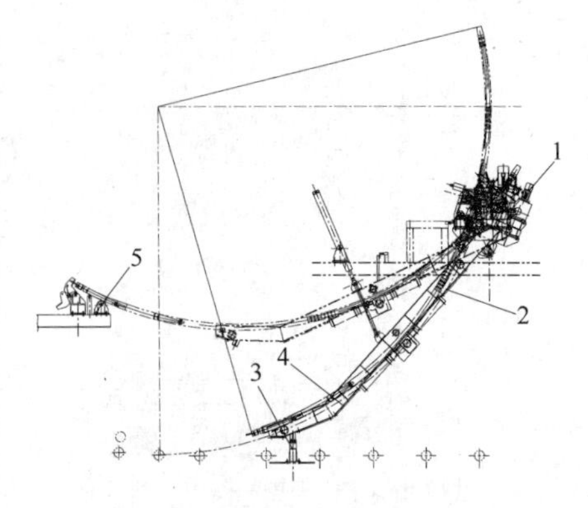

图3.7.55　链轮驱动摩擦轮式
1—传动装置；2—导向架；3—支座；4—隔热罩；5—存放挡板

在夹送辊上装有超越离合器，在引锭杆存放装置与拉矫机间送引锭杆时，可避免速度互相干扰，也可防止引锭杆下滑。通过液压缸将导向架和引锭杆一起抬起，克服了辊道维修、事故处理不便，同时避免引锭杆和存放装置在浇铸期间被铸坯烘烤。

存放装置上设有电气检测元件，用来联锁控制引锭杆各个位置的停位、送引锭杆操作以及脱坯操作等。

浇铸准备时，启动传动装置的夹送辊将引锭杆送入拉矫机。当引锭杆头部通过拉矫机1号辊，存放装置的传动装置停止，拉矫机1号上辊压下，存放传动装置与拉矫机启动，当引锭杆离开存放装置夹送辊后，存放传动装置停止运行。

浇铸开始，当拉矫机脱引锭完成后，启动引锭杆存放装置的传动装置，直至引锭杆到达停止位置，液压缸收起引锭杆，等待下次使用。

夹送引锭杆机构除摩擦轮外，还有链轮链条式。

2）气动存放装置。

主要由存放装置摆动油缸、引锭杆传送气缸、存放架、活塞杆头导轨、信号装置等组成，如图3.7.56所示。

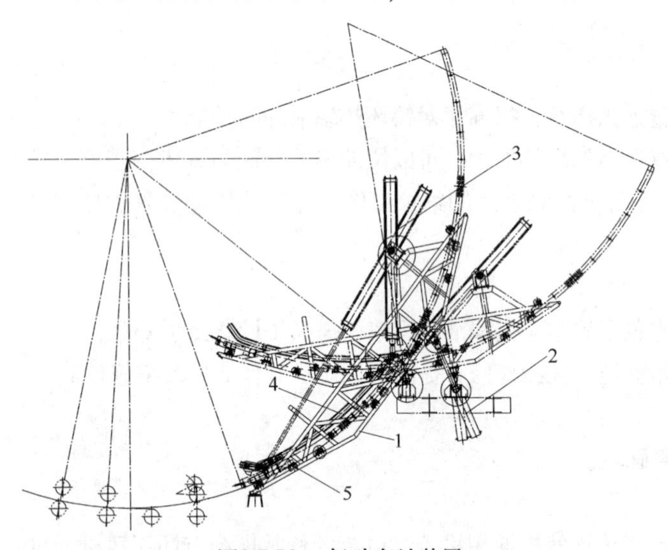

图3.7.56　气动存放装置
1—摆动油缸；2—传送气缸；3—存放架；4—杆头导轨；5—信号装置

传动采用了直线运动的气缸做驱动件，为保证刚性引锭杆走弧形轨迹，采用了引导活塞杆头的弧形导轨，迫使传动刚性引锭杆的气缸活塞杆头带动引锭杆走弧形运动。弧形导轨下端向上翘起，是为使活塞杆头与引锭杆脱离，以完成存放装置传动向拉矫机传动的转换，活塞杆头上装有挂钩，传动引锭杆时挂钩插入引锭杆上的孔中，传动到导轨上翘段，挂钩自动脱出，由拉矫机将引锭杆继续送入结晶器。浇铸开始后，引锭杆反向运动，当拉矫机脱引锭完成后，引锭杆进入存放行程，气缸开始作反向运动，活塞杆头从上翘的导轨段落下，挂钩重又插入引锭杆孔内，拉动引锭杆沿弧形导轨到达停止位置，摆动液压缸收起引锭杆，等待下次使用。该种存放装置的布置优点同电动存放装置。

气动存放装置的优点是当存放装置的传送速度和拉矫机的传送速度不同步时，气动系统可以卸载，起到超越离合器的作用。

(3) 设备技术参数。

1）电动存放装置。

形式：摩擦轮传动式或链轮链条式

驱动方式：电动

提升方式：液压

送引锭速度：约5m/min

布置位置：位于输送辊道的上方

2）气动、液压存放装置。

形式：气动传动式

驱动方式：气缸

提升方式：液压

送引锭速度：约1.0~4.0m/min

布置位置：位于输送辊道的上方

（4）选型原则。

根据铸机弧半径和厂房高度，确定定存放装置位置和型式。

（5）典型项目应用情况。

中冶赛迪工程技术股份有限公司设计的小方坯引锭杆存放装置已经广泛应用于小方坯连铸机，其中，应用电动存放装置的钢厂有永钢、成钢、威钢、巴西CSN-UPV钢厂、新钢、敬业、伊钢等，新兴铸管特钢圆坯连铸机采用了气动液压存放装置，全都运行良好。

3.7.3.9 **出坯系统设备**

为节能降耗，应优先创造条件进行铸坯热送热装，热送的首选方式是辊道热送。

根据连铸机的出坯节奏、下线方式（冷下线或热下线）和对铸坯表面摩擦的要求（允许滑行摩擦或不允许有摩擦），可以选择以下不同功能的出坯设备进行铸坯下线。铸坯下线设备有移钢机、推钢机、钩钢机等型式。出坯可采用翻钢机、分钢机、步进冷床等。

下面主要对一些典型的设备进行介绍。

（1）翻钢机。

1）产品简介。

翻钢机是小方坯连铸机出坯区较重要的设备之一，其作用主要是将铸坯从出坯辊道向上翻转到台架上，方便移钢机把铸坯从台架移走。

2）设备结构。

翻钢机的工作原理是利用液压缸驱动拨爪轴转动，拨爪轴带动一组拨爪将铸坯翻转到台架上。

设备主要由翻转滑台、拨爪机构、驱动液压缸、联轴器、水配管及控制开关等部件组成。

典型结构如图3.7.57所示。

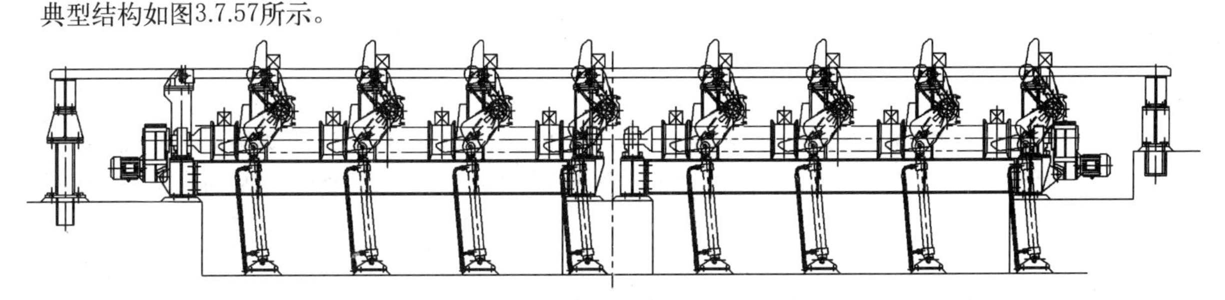

图3.7.57 翻钢机断面图

3）技术特点。

中冶赛迪工程技术股份有限公司（CISDI）设计成套的翻钢机，具有如下特点：

设备结构简单，承载能力强；

拨爪运行轨迹合理，铸坯上翻过程不冲击台架支座；

液压缸带外置式开关，便于维护检修。

4）应用情况。

CISDI设计成套的翻钢机，在韶钢小方坯、新余小方坯、攀成钢小方坯、河北敬业、四川德钢、新疆伊钢、江苏永钢以及八钢南疆、川威、巴西CSN等小方坯上面都有应用，投产后使用情况良好。

(2) 横向移钢机。

1) 产品简介。

移钢机是小方坯连铸机出坯区较重要的设备之一，其作用主要是将铸坯从出坯辊道上方的台架上横移到热送辊道的滑道上，可以实现单向或者双向移送铸坯。

2) 设备结构。

小方坯横向移钢机的典型结构见图3.7.58。

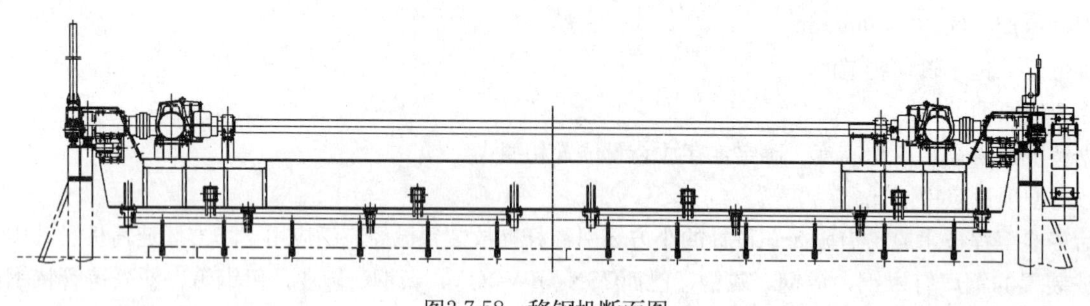

图3.7.58 移钢机断面图

移钢机的工作原理是一个两端带齿轮的移钢车在齿条滑轨上滑动，利用车行动力，通过拨爪带动铸坯在台架上平移。

移钢机主要由驱动装置、横移小车、横移导轨及相应的支架、热防护设备、配管及控制开关等部件组成。

3) 技术特点。

传统设计结构的移钢机，由于拨爪受高温烘烤，加上铸坯变形受力不均匀，导致拨爪容易变形，寿命短。

中冶赛迪工程技术股份有限公司设计成套的横向移钢机，具有如下特点：

设备结构简单，承载能力强；

无论单向、双向移钢机，拨爪不容易变形，使用寿命长。

4) 应用情况。

CISDI设计成套的横向移钢机，在韶钢小方坯、新余小方坯、攀成钢小方坯、河北敬业、四川德钢、新疆伊钢、江苏永钢以及八钢南疆、川威、巴西CSN等小方坯上面都有应用，投产后使用情况良好。

(3) 推钢机。

1) 产品简介。

推钢机是小方坯连铸机出坯区较重要的设备之一，其作用主要是将从冷床下线的铸坯成组推移到存放台架上，方便夹钳吊运。

2) 设备结构。

推钢机主要由驱动装置、传动机构、推钢小车、导轨及相应的支架底座、控制开关等部件组成。

其工作原理是通过液压缸驱动摆轴摆动，摆轴的摆杆带动推钢小车在导轨上滑行，从而将铸坯推移。

典型推钢机结构见图3.7.59。

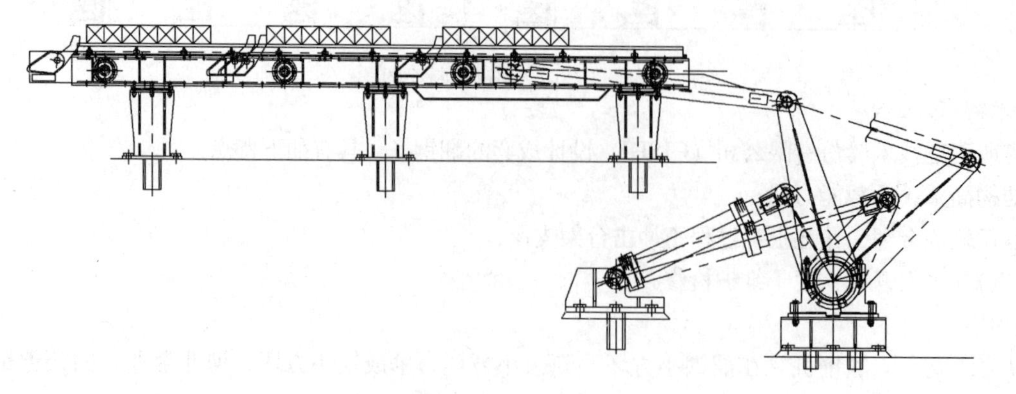

图3.7.59 推钢机断面图

3）技术特点。

中冶赛迪工程技术股份有限公司设计成套的横向移钢机，具有如下特点：

设备结构简单，承载能力强；

推钢机摆杆不容易变形，使用寿命长；

具备自动将铸坯成组堆积功能，方便夹钳起吊。

4）应用情况。

CISDI设计成套的横向移钢机，在当前国内许多钢厂都有应用，且应用效果良好。

3.7.4 异形坯连铸机

3.7.4.1 CISDI异形坯连铸机工艺技术装备简介

中冶赛迪工程技术股份有限公司（CISDI），是国内最早涉足连铸工程业务的工程公司，长期从事各种机型连铸机的研发和设计。CISDI成功开发异形坯连铸机，主要用于生产各种规格的异形坯，可以兼容生产相当断面的矩形坯，为各种型钢轧机提供坯料。图3.7.60所示为CISDI某钢厂异形坯连铸工程实景。

图3.7.60 CISDI某钢厂异形坯连铸工程实景

H型钢是一种经济断面型材，其断面模数、惯性矩及刚度等力学性能均比同规格的普通型钢高；与普通工字钢相比它同样具有截面模数大、质量轻、节省金属等优点。由于其所具备的优良性能，H型钢在国民经济建设的各个领域获得了广泛应用，如机械制造、高层建筑、厂房、桥梁、闸坝、港口建设、海洋钻井平台、大型船舶、重要抗震设施建设及隧道以及矿山等。

异形坯连铸机生产的主要钢种包括：碳素结构钢、低合金高强钢、桥梁用钢、耐候钢、钢板桩用钢等。

生产铸坯规格：435mm×320mm×90mm、500mm×325mm×105mm、446mm×260mm×85mm、450mm×350mm×90mm、750 mm×370mm×90mm，定尺长度3.5~10m不等

连铸机机型：全弧型

弧形半径：R=12m

工作拉坯速度：0.8~1.6m/min，不同断面、钢种对应不同拉速

3.7.4.2 CISDI异形坯连铸机主要工艺技术装备及技术特点

（1）异形坯可视钢种采用双水口半保护浇注、双水口全保护浇注、单水口半保护浇注和单水口全保护浇注等不同的钢水浇注模式。

（2）异形坯/矩形坯断面兼容：通过更换结晶器、扇形段、引锭头及过渡段等设备，实现异形坯、矩形坯断面切换。

（3）连铸机机头快速更换系统：结晶器、扇形段一、扇形段二可快速更换（采用吊出、吊入导向系统），冷却水、气等能源介质自动接通，可减少连铸机更换断面和事故处理的停机时间，提高连铸机作业率。

（4）结晶器液压振动技术：结晶器液压振动可以实时改变振幅和频率，也可以实现正弦和非正弦振动方式，从而优化振动工艺参数，提高铸坯质量。

（5）异形坯二冷段内弧驱水器：异形坯复杂的截面导致内弧侧容易积水，影响铸坯切割和铸坯质量。沿铸流方向扇形段2内弧侧布置内弧驱水装置，有效去除内弧侧积水。

（6）连续矫直技术：采用连续矫直技术，可大大降低铸坯矫直变形速率，防止铸坯矫直裂纹的产生，提高铸坯质量。

（7）动态二冷配水技术：采用动态二冷配水技术，使铸坯表面温度按既定目标变化，铸坯冷却均匀、表面温度变化平缓，克服铸坯表面温度剧烈波动，从而减少铸坯热应力，防止内部裂纹产生，同时能改善铸坯结晶组织结构，为抑制铸坯中心偏析、中心疏松等内部缺陷的产生创造条件。

3.7.4.3 CISDI **异形坯结晶器**

(1) 产品简介。

异形坯结晶器是异形坯连铸机与普通矩形坯连铸机的主要区别，是异形坯连铸机的核心设备之一。

中冶赛迪工程技术股份有限公司长期从事连铸机的研发和国内外工程设计。开发设计了多种规格异形坯结晶器，规格500mm×325mm×105mm 、435mm×320mm×90mm~750mm×370mm×90mm不等。

按其构造特点，异形坯结晶器可分为管式结晶器和组合式结晶器。下面就这些结晶器作进一步介绍。

(2) 异形坯结晶器设备结构。

异形坯管式结晶器的结构主要由框架、H型铜管、水套、液面检测装置等组成，H型铜管结构见图3.7.61。

异形坯组合式结晶器的结构与矩形坯组合式结晶器类似，主要由框架、铜板、背板、液面检测装置等组成。其断面型腔由4块铜板组合而成，内外弧铜板为H型的一半结构，组合式结晶器本体结构见图3.7.62。

图3.7.61 H型铜管结构

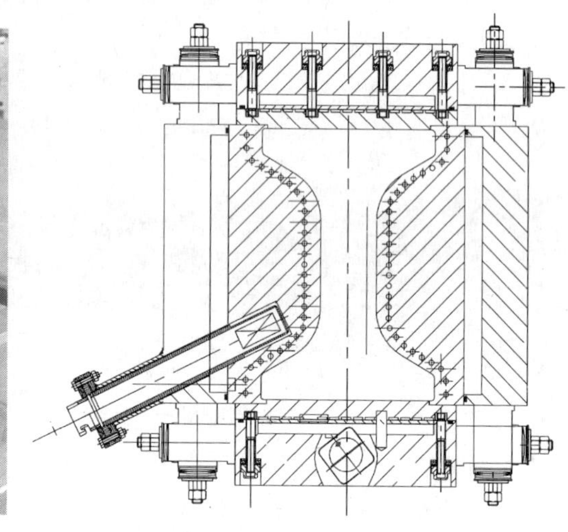

图3.7.62 组合式结晶管本体结构

铜板与背板之间为面接触，背板能够很好地支撑铜板，机械强度高。铜板内表面能加工成各种锥度，并且可修复。各块铜板可以单独做水路，便于监控和控制各面的冷却水量。

(3) 异形坯结晶器技术参数和特点。

1) 技术参数。

生产断面：H形

铜板高度：850mm

铜板材质：银铜

镀层：Cr

铜板内表面：连续锥度

2) 技术特点。

由于水箱背板的支撑，铜板的几何尺寸保持能力高；宽边采用小孔密排冷却水路，冷却效果更加均匀；针对腰部区域进行优化的锥度设计，有利于改善铸坯质量。

(4) 选型原则。

组合式结晶器的优点：铜板内表面可修复，可加工成各种几何形状，可做多种镀层（单层镀，阶梯镀层，边缘镀，复合镀层等），异形坯的腰部区域可以做出锥度。由于水箱背板的支撑，铜板的几何尺寸保持能力高，更容易设置热电偶便于温度检测，每边的水路单独可控。

组合式结晶器的缺点：角部易形成气隙，采用油润滑效果不理想，结晶器维护需要更加精细，成本高。

管式结晶器的优点：铜板壁厚薄，更好的热传导性能，角部无气隙，维护方便。可以采用保护渣或者油润滑。

缺点：修复将带来壁厚减薄，镀层只能镀铬，异形坯的腰部区域不能做出锥度。管式结晶器有尺寸限制，不能用于大断面的生产。每一种几何尺寸需要对应的模具，因此更换断面更昂贵。

(5) 典型应用实例。

唐山中厚板异形坯连铸机，生产断面435mm×320mm×90mm，500mm×325mm×105mm。

邯郸异形坯连铸机，生产断面750mm×370×90mm，450mm×350mm×90mm，446mm×260mm×85mm。

3.7.4.4 CISDI异形液压振动装置

(1) 产品简介(专利号：ZL201020675475.8)。

异形坯连铸机多采用全弧形连铸，其振动装置机械结构必须满足结晶器沿弧形曲线振动，目前仿弧振动的实现有采用连杆式，但是连杆式的机构中铰接点的轴承本身间隙及长期运动后的磨损对振动精度都有不利影响，其仿弧精度较低；其振动精度不高；另外，整个连杆型式振动装置结构复杂。

CISDI的异形坯液压振动装置由布置在内外弧的两片振动体组成，采用板簧导向、液压缸无间隙直接驱动的振动型式、液压缸缸体与振动底座之间采用法兰连接可以消除间隙。采用双油缸内外弧驱动，内外弧液压缸的运动行程不一样，以此来实现结晶器的仿弧运动，此时理论上的仿弧精度完全满足要求，可以实现正弦、非正弦振动。

(2) 设备结构和工作原理。

异形坯液压振动装置由内外弧的两片振动单元组成，每片振动单元由振动底座、振动梁、伺服液压缸、板簧导向机构组成，见图3.7.63。

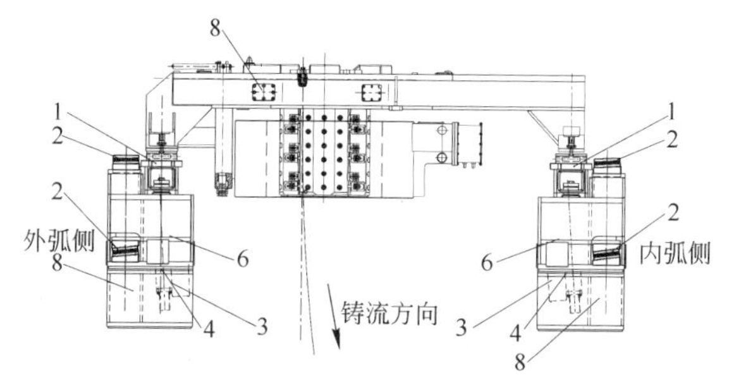

图3.7.63 异形坯液压振动装置

1—振动梁；2—振动导向板簧；3—振动底座；4—伺服缸；5—顶杆；6—伺服缸活塞杆头保护装置；7—定距块；8—支撑座

结晶器固定在两个振动体上，两个振动体分别布置在内弧和外弧，两个振动体组成结晶器仿弧振动装置。

导向板簧2布置在振动梁1外侧，导向板簧分上下两组，一共四组，每组三片叠加。

伺服缸4通过顶杆5与振动梁1无间隙连接，带动振动梁1运动。伺服缸4带位置传感器，可以调整振动梁1和结晶器的振动频率和振幅。

振动伺服缸布置在支撑座凹槽内，完全密封，并采用压缩空气保护。

(3) 设备技术参数和技术特点。

1) 技术参数。

振动波形：正弦、非正弦、自定义波形，在线可调

偏斜率：最大40%，在线可调

振动频率：50～350次/分钟，在线可调

振动幅度：0～±6mm，在线可调

振动精度：X（铸流）方向≤±0.1mm

Y（宽度）方向≤±0.1mm

双缸同步精度：≤5%振幅

关键元件寿命如下：

板簧：≥1年

伺服液压缸：≥2年

2) 技术特点。

整个装置结构简单，制造、安装、维护简单；

采用双液压缸直接驱动振动梁和结晶器，液压缸布置在内外弧两侧；

两个液压缸的驱动方向和板簧都采用不同倾斜角度，四组板簧和液压缸共同作用产生高精度的仿弧振动；

柔性顶杆装置，保护液压缸活塞杆，提高液压缸寿命；

液压缸保护装置，保护液压缸工作环境，提高液压缸寿命；

无重力补偿用缓冲弹簧，避免制造和安装误差对振动的影响。

整个装置没有需要润滑的地方，清洁环保。

3）选型原则。

两片式内、外弧布置液压振动适用于大方坯、大圆坯和异形坯连铸机，还可根据工艺要求进行仿弧、直线运动。

4）典型项目应用情况。

中冶赛迪工程技术股份有限公司设计的大方坯液压振动装置已经运用于天铁3号方圆连铸机、苏南重工圆坯连铸工程，运行效果良好。

3.7.4.5　CISDI异形坯扇形段

(1) 产品简介。

异形坯连铸机主机核心设备扇形段位于铸机的弧形导向区，当铸坯从结晶器拉出来时，坯壳较薄，中心还处于液体状态，为不致因钢水静压力发生鼓肚变形和产生其他缺陷，必须设置铸坯诱导装置扇形段。

中冶赛迪工程技术股份有限公司（CISDI）长期从事连铸机的研发和国内外工程设计。开发设计了多种规格异形坯扇形段，模块化设计的扇形段主要特点：

扇形段主体结构由框架和辊子模块组成。

框架是主体支撑结构，辊子模块是一组辊子的装配体。

模块化设计的辊子装配体，方便拆装、对弧操作，同时有利于保证安装精度。

(2) 设备结构和工作原理。

根据异形坯连铸机对扇形段设备的要求，综合考虑扇形段所处的恶劣环境，CISDI自主研发出了第一套全水冷扇形段,如图3.7.64所示。该扇形段具备强的设备自冷能力、高的辊缝保持能力以及优的设备维护功能。

随着铸坯沿着流线运动，其坯壳逐渐变厚，液芯逐渐减少，对设备的支撑和冷却功能要求也在变化，因此，异形坯连铸机扇形段通常分为3段，每段都有不同的结构特点。同时，将扇形段分为多段，减小了设备尺寸，有利于设备在线更换和维护。图3.7.65和图3.7.66分别为扇形段Ⅰ图片和扇形段Ⅱ图片。

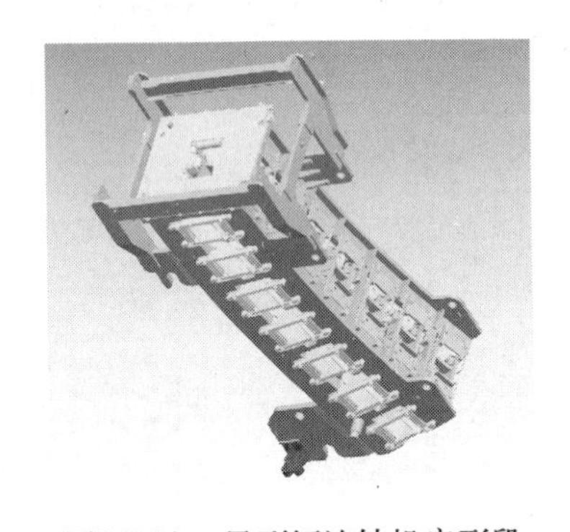

图3.7.64　异形坯连铸机扇形段

图3.7.65　扇形段Ⅰ断面

图3.7.66　扇形段Ⅱ断面

(3) 设备结构特点。

CISDI研发设计的异形坯连铸机扇形段具备如下特点：

采用密排小辊径结构，辊子刚度好，变形小，能很好地控制铸坯的鼓肚；

前端扇形段采用辊子八面支撑导向方式，且每处辊子均可独立调节，方便辊缝调节；

采用厚钢板焊接而成的全水冷箱形框架结构作为支撑框架，强度高、刚度好、负载均匀；

内外弧辊及左右侧辊支撑结构简单、紧凑，抗变形能力强，维护空间大，具备自冷功能；

辊子支撑结构采用外装的方式与支撑框架连接，结构紧凑，拆装维护方便；

采用2个辊子为一组的支撑结构，可互换，减少备件数量，增加设备操作性能；

采用结构设计合理、内冷功能强、检修更换方便的辊系结构；

辊子轴承座结构可适应温度变化；

采用多功能喷淋系统，适用多规格铸坯生产，调节支导辊材质；

设置喷射式驱水装置，有效去除异形坯内弧积水；

框架、辊子和轴承座均内部冷却水自适应无间隙顺序循环连接，设备外接软管少、结构简洁，维护方便。

(4) 主要技术参数。

设备主要技术参数见表3.7.9。

表3.7.9 技术参数

铸坯类型	异形坯
支导辊布置	外弧，内弧，两侧（不同段不同）
支导辊材质	42CrMo，表面堆焊耐热不锈钢
冷却	轴承、轴承座、辊子、框架内部通水冷却
铸坯二次冷却	气水冷却

(5) 选型原则。

异形坯扇形段既适用浇注H形坯，也能浇注大方坯。

(6) 典型项目应用情况。

异形坯扇形段在唐钢异形坯连铸机上成功应用，设备运行稳定。

3.7.4.6 CISDI牌坊式拉矫机

(1) 产品简介。

拉矫机用于将引锭杆送入结晶器下口和将铸坯拉出主机区，同时，通过多架拉矫机组合，对铸坯进行连续矫直。

拉矫机设计有钳式和牌坊式两种方式可以选择。钳式结构简单，设备质量轻，用于中小断面连铸机。牌坊式结构结实，用于大断面连铸机。具有轻压下功能的拉矫机多采用牌坊式结构。

(2) 设备结构和工作原理。

1) 设备结构。

拉矫机主要由框架、横梁、活动梁、导向板、辊子装配、电机、减速器、联轴器、扭矩平衡体、上辊压下液压缸、润滑配管、冷却水配管以及液压和空气冷却配管等组成。见图3.7.67。

电机、联轴器、减速器与辊子装配连接成一驱动辊，提供送引锭和拉坯所需的驱动力，上辊压下液压缸为拉坯、矫直和轻压下提供压力。

外弧辊子装配固定在框架上，内弧辊子（上辊）固定在活动梁上，活动梁与液压缸相连，内弧辊子两端轴承座设有滑板，与框架上的导向板接触，内弧辊在液压缸的作用下，可沿着框架上下运动。

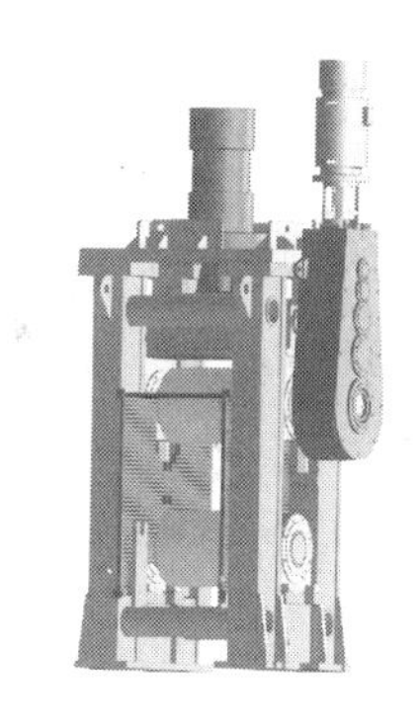

图3.7.67 拉矫机

框架为钢板焊接结构、内部带有冷却水通道，因此能在高温环境下长时间工作。

拉矫机通过摆动螺栓固定在拉矫机基础框架上，方便设备快速装拆。框架上的配水支座和机外的供水管可实现自动接通。

2) 工作原理。

多架拉矫机组合，其外弧辊子切线即构成所需的连续矫直曲线。内弧辊子在液压缸驱动下与引锭杆或铸坯接触，通过液压缸压力控制提供需要的压下力，进行送引锭或拉坯作业。通过液压缸位置控制可以对铸坯进行轻压下，改善铸坯内部质量。

3) 结构特点。

辊子装配：

辊子采用42CrMo堆焊不锈钢，耐磨耐热，使用寿命长。辊子装配的传动侧为固定侧，轴承与轴承座轴向固定，从动侧为自由侧，轴承在轴承座两侧均有间隙，以适应辊子受热时的轴向膨胀。

设备冷却：

在铸坯与机架间设置水箱隔热，同时，辊子、框架、减速器、电机、油缸等零部件通水冷却，液压缸阀块通压缩空气冷却，以最大限度地减少设备受热变形，保证液压、电气元件稳定工作。

引锭杆导向架：

因为各拉矫机之间的间隙较大且不在一个水平面上，为防止送引锭杆时候引锭头碰撞辊子下沿，设置了引锭杆导向架。导向架为焊接结构件，布置在每两个拉矫辊之间。

热防护：

在拉矫机之间设置水箱。水箱用矩形不锈钢管和钢板组焊成门型结构，内部通水冷却,以减小铸坯的热辐射对周围设备的烘烤。

(3) 设备技术参数和技术特点。

1) 主要技术参数如下：

铸坯形状：H形或方形

正常工作拉速：0.4~2.2m/min

送引锭速度：5m/min

驱动辊数：1个每机架，上辊传动

辊子冷却：中心通水冷却

辊子材质：42CrMo 表面堆焊不锈钢

上辊调节：液压缸

2) 技术特点：

拉矫机驱动采用上辊传动，交流变频调速电机控制技术，可以准确的判断铸坯和引锭杆的位置；

拉矫机液压缸自带阀块，可以准确控制液压缸的参数，同时在液压缸上安装位移传感器，可以精确调整液压缸的行程，从而准确控制辊缝开口度的大小；

拉矫机采用轻压下技术，可以有效提高大方坯的内部质量；

拉矫机的辊子采用优质的合金钢并在辊面堆焊不锈钢层，增加辊子的强度，提高了辊子的使用寿命；

采用独立的机架型式，方便快速更换。

多机架组成连续矫直曲线，能有效降低铸坯的矫直变形率，从而有利于减少铸坯表面和内部裂纹缺陷；

拉矫机设有一套完整的由水冷隔热罩和防热罩（板）组成的隔热保护系统，采用全封闭式通水冷却，避免拉矫机架及传动受热。改善了拉矫机传动的工作环境，提高了机架及传动的寿命；

用于支撑和安装拉矫机的基础框架采用整体焊接件，确保拉矫机在运行过程中的支撑强度和刚度。

(4) 选型原则。

CISDI牌坊式拉矫机设备属于连铸机通用设备，适合各种常规大方坯及大圆坯连铸机。

(5) 典型项目应用情况。

中冶赛迪工程技术股份有限公司设计的整体框架结构型式拉矫机在天铁3号大方圆坯连铸机、苏南重工大方圆坯连铸机、唐山中厚板异形坯连铸机等成功运用，设备运行稳定。

3.7.4.7 异形坯连铸引锭杆存放装置

(1) 产品简介。

异形坯引锭杆存放装置布置在出坯区，用于送引锭杆入铸流线和开浇结束后引锭杆收存。该结构形式同样适用于方坯和圆坯连铸机的引锭杆存放。

中冶赛迪工程技术股份有限公司设计制造的异形坯引锭杆存放装置为侧存放式。

辊道侧存放式：结构简单，安全可靠，输送引锭杆时定位性较好，脱锭后的引锭杆侧移存放，不影响在线浇铸，提高了铸机的生产作业率。

(2) 设备结构和工作原理。

侧存放式引锭杆存放装置主要由驱动装置、存放架及电气检测元件等部分组成。如图3.7.68所示。

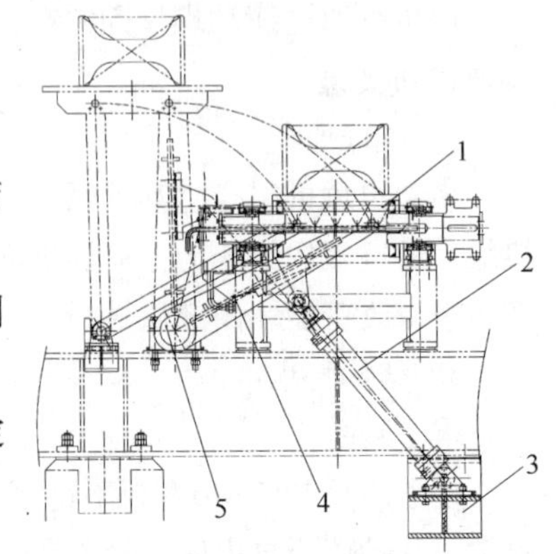

图3.7.68 异形坯引锭杆存放装置
1—托架；2—液压缸；3—支座；4—连杆；5—转轴

设备布置于拉矫机之后。浇铸准备时，存放装置将引锭杆放上辊道，启动辊道将引锭杆送入拉矫机，然后由拉矫机将引锭杆送进结晶器下口。开浇后，引锭杆将已形成坯壳的铸坯从结晶器中引出。在拉矫机的脱锭辊位置，脱锭辊将铸坯和引锭杆分离，辊道启动，送引锭杆至存放位置，存放装置在液压缸驱动下侧摆，收回引锭杆，以备下一次使用。

(3) 设备技术参数。

结构形式：液压缸驱动的侧移杠杆

送引锭速度：约5m/min

布置位置：出坯区输送辊道侧

(4) 选型原则。

根据切割后辊道和引锭杆长度、宽度、厚度，决定存放装置侧移小车的个数和位置。

(5) 典型项目应用情况。

中冶赛迪工程技术股份有限公司设计制造的大方坯引锭杆存放装置，已经成功应用于唐钢异形坯、苏南重工圆坯、天铁3号方圆坯等生产线，运行情况良好。

3.7.4.8 **出坯系统设备**

各种形式的出坯系统设备：根据连铸机的出坯节奏、下线方式（冷下线或热下线）和对坯子表面摩擦的要求（允许滑行摩擦或不允许有摩擦），可以选择不同的出坯系统设备。铸坯移出设备有钩钢机、移载小车、拉钢机等形式，其中钩钢机、移载小车移送铸坯，铸坯表面不受摩擦，可以避免表面划痕。铸坯冷却、收集设备有拉钢式步进冷床、滑轨式冷床、推钢式铸坯收集成组装置等型式。

下面主要对一些典型的设备进行介绍。

(1) 产品简介及相关背景。

在连铸技术领域，由于受产量、拉速以及炼钢车间炉机匹配等诸多因素影响，方坯、圆坯以及异形坯等连铸机一般均采用多流方式进行浇铸，而轧钢车间通常只有一流辊道接收连铸机移送过来的铸坯，需将多流铸机辊道上的铸坯逐一顺序移送到与轧钢相接的热送辊道进行热送，或将铸坯移至冷床或收集台进行下线处理，现最为广泛应用的铸坯移送设备为钩钢机。

(2) 设备特点。

钩钢机作为广泛应用的铸坯移送设备，安全、稳定、可靠的将流线上的铸坯分流运往冷床区域或热送辊道，是实现双向出坯的连铸机关键设备，其具备如下特点：

采用厚钢板焊接的箱形结构为主体框架，设备具备较高的刚度和强度；

铸坯升降采用大功率变频电机驱动，具有较高的起吊负载能力；

采用电机为设备动力源，设备维护工作量少，稳定性高；

采用独立的电动润滑系统，在任何时候均可进行设备润滑；

钩钢机与辊道及冷床区信号联锁，可实现铸坯移送的全自动、半自动及手动等多种控制模式；

钩钢机台车的走行由激光测距仪进行连续监控，可实现在任何位置的精确停位。

(3) 设备组成和原理及主要技术参数。

中冶赛迪工程技术股份有限公司设计制造的钩钢机主要有两种形式：电机卷扬式钩钢机和齿轮齿条式钩钢机。

电机卷扬式钩钢机：

电机卷扬式钩钢机主要由桥架、钩钢台车和能源介质管线、控制元件等组成，而钩钢台车又由车架、走行装置、升降驱动装置、升降机构装配、摆臂装置、卷扬机构、平台和楼梯等组成。

走行由四套独立的二合一电机减速器采用套装的方式直接驱动，结构紧凑，传动效率高，更换维修方便，车轮采用不带侧缘的光面结构，并在其前面两侧设有开口度可调节的侧导轮，有效地控制大跨度钩钢机在走行时产生的车轮侧缘啃轨和卡阻现象发生。升降采用交流变频调速电机经联轴器和减速机连接，卷扬驱动4根独立的钢绳带动升降装置动作，钢绳一端连接在电动卷扬上，另一端连接在带过载和防松报警功能的可调专用装置上，确保4根独立的钢绳均匀受力，提高设备运行的寿命和可靠性，同时在升降梁两侧设置对称布置的可折叠的摆臂与车架固接，在保证钩钢机构装配升降的同时，避免因柔性传动在钩钢机加减速时产生的铸坯晃动现象。桥架和台车均设有隔热罩，有效地控制桥架轨道大梁和导轨受热而产生的热变形，极大地改善电传动装置（电机、减速器）工况条件，确保设备使用寿命。

某工程的电机卷扬式钩钢机如图3.7.69所示，其相关参数见表3.7.10。

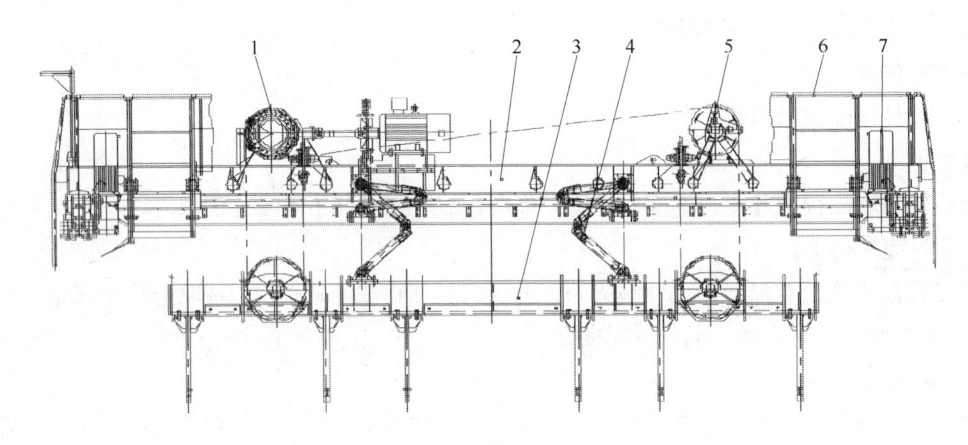

图3.7.69 电机卷扬式钩钢机

1—升降驱动装置；2—车架；3—升降机构装配；4—摆臂装置；5—卷扬机构；6—平台和楼梯；7—走行装置

表3.7.10 相关参数

结构形式	电机卷扬式钩钢机
铸坯断面/mm×mm	220×220、320×410、320×500、ϕ 280
铸坯定尺/m	6~10
走行形式	电动驱动方式
工作行程/mm	约22000
轨距/mm	约13400
走行速度/m·min^{-1}	高速约60
升降形式	电动驱动方式，绳索卷扬式
升降速度/m·min^{-1}	15

齿轮齿条式钩钢机：

齿轮齿条式钩钢机主要由桥架、走行装置、升降传动装置、升降机构、钩钢机构、运行轨道、能源介质管线、接近开关等组成。

走行由四套独立的二合一电机减速器采用套装的方式直接驱动，结构紧凑，传动效率高，更换维修方便，车轮采用不带侧缘的光面结构，并在其前面两侧设有开口度可调节的侧导轮，有效地控制大跨度钩钢机在走行时产生的车轮侧缘啃轨和卡阻现象发生。升降采用电动和减速器驱动齿轮箱带动两侧齿条和升降装置动作，齿条四个方向、上下八个面均设有导向装置，确保与齿轮箱的啮合，采用齿轮齿条方式升降，确保升降的同步性和稳定性。桥架和台车均设有隔热罩，有效地控制桥架轨道大梁和导轨受热而产生的热变形，极大地改善电传动装置（电机、减速器）工况条件，确保设备使用寿命。

某工程的齿轮齿条式钩钢机如图3.7.70所示，其相关参数见表3.7.11。

(4) 选型原则。

钩钢机是连铸机出坯区中的重要设备，也是一个复杂的系统，要根据工艺设计、厂房布置、生产要求选择合适的钩钢机类型。

齿轮齿条式钩钢机由于受齿条长度影响，设备空间高度较大，而电机卷扬式钩钢机的卷扬机构布置在电机平台上，设备空间高度低，比同类的齿轮齿条升降机构低3m，但对于卷扬升降部分，钢丝绳安装时 4 根必须同时预紧到位。绳索使用一段时间会后有少量的变形和拉伸，使用过程中需注意观察绳索过载和防松报警，检

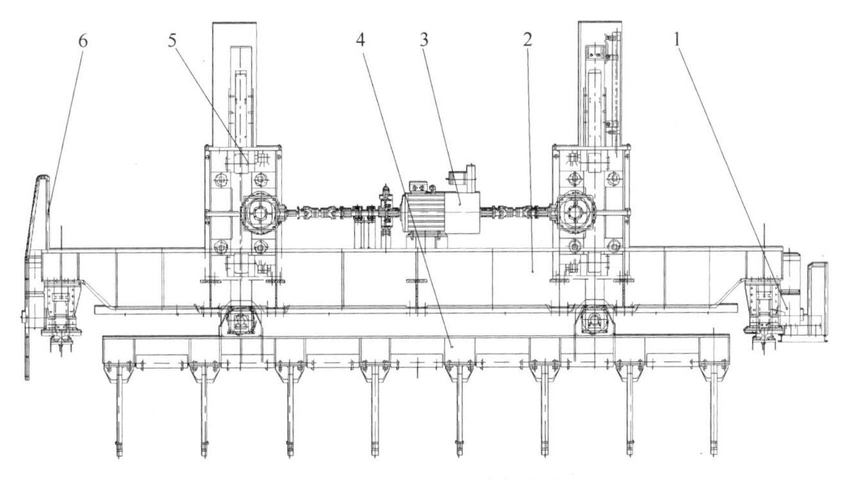

图3.7.70　齿轮齿条式钩钢机

1—走行装置；2—车架；3—升降传动装置；4—钩钢机构；5—升降机构；6—平台和楼梯

表3.7.11　相关参数

结构形式	齿轮齿条式钩钢机
铸坯断面/mm×mm	250×360、250×460、320×460、435×320×90、500×325×105
铸坯定尺/m	3.5~8
走行形式	电动驱动方式
工作行程/mm	约18000
轨　距/mm	约11000
走行速度/m·min^{-1}	高速约60
升降形式	电动驱动方式，齿轮齿条式
升降速度/m·min^{-1}	15

修维护工作量较大。在厂房空间高度满足的条件下，优先考虑齿轮齿条式钩钢机。

(5) 应用的实例及效果。

中冶赛迪工程技术股份有限公司设计制造的钩钢机已运用于多个工程，且运行良好。

天铁大方圆坯连铸机，电机卷扬式，亮点：铸坯规格多，能够兼容方坯、圆坯和矩形坯。

邯郸西小屯连铸机，齿轮齿条式，亮点：能够兼容矩形坯和异形坯。

唐钢中厚板厂矩/异形坯连铸机，齿轮齿条式，亮点：铸坯规格多，长定尺单排出坯，短定尺双排出坯，并且能够兼容矩形坯和异形坯。

3.7.5　CISDI圆坯连铸机

3.7.5.1　CISDI圆坯连铸机工艺技术装备简介

中冶赛迪工程技术股份有限公司，是国内最早涉足连铸工程业务的工程公司，长期从事各种机型连铸机的研发和设计。

CISDI公司设计的圆坯连铸机，用于生产各种断面圆坯，主要为大型棒材轧机、无缝钢管轧机、锻机等提供坯料。生产的主要钢种包括：优质碳素结构钢、管坯钢、低合金结构钢、合金结构钢、不锈钢等。

生产铸坯规格：断面直径ϕ200~800mm，定尺长度3~10m不等

连铸机机型：全弧型

基本半径：R=10~17m

图3.7.71所示为CISDI某钢厂典型大方、圆坯连铸工程实景。工作拉坯速度：0.2~2.0m/min，不同断面、钢种对应不同拉速。

图3.7.71　CISDI某钢厂典型大方、圆坯连铸工程实景

3.7.5.2　CISDI 坯连铸机主要工艺技术装备及技术特点

(1) 方圆坯断面兼容：通过更换结晶器、扇形段、喷淋管、引锭头及过渡段等设备，实现方、圆坯断面切换。

(2) 连铸机机头快速更换系统：结晶器、结晶器电磁搅拌器、扇形段一、扇形段二可快速更换（采用吊出、吊入导向系统），冷却水、气等能源介质自动接通，可减少连铸机更换断面和事故处理的停机时间，提高连铸机作业率。

(3) 结晶器与扇形段一自动对中：结晶器与扇形段一之间采用自动对中装置，保证结晶器与扇形段一四面夹持辊所有面的对中精度，为保证铸坯质量创造最基础的条件。

(4) 结晶器液压振动技术：结晶器液压振动可以实时改变振幅和频率，也可以实现正弦和非正弦振动方式，从而优化振动工艺参数，提高铸坯质量。

(5) 电磁搅拌技术：通过采用结晶器电磁搅拌、凝固末端电磁搅拌技术，改善铸坯表面质量和内部质量。

(6) 连续矫直技术：采用连续矫直技术，可大大降低铸坯矫直变形速率，防止铸坯矫直裂纹的产生，提高铸坯质量。

(7) 动态二冷配水技术：采用动态二冷配水技术，使铸坯表面温度按既定目标变化，铸坯冷却均匀、表面温度变化平缓，克服铸坯表面温度剧烈波动，从而减少铸坯热应力，防止内部裂纹产生，同时能改善铸坯结晶组织结构，为抑制铸坯中心偏析、中心疏松等内部缺陷的产生创造条件。

3.7.5.3　CISDI圆坯结晶器

(1) 产品简介。

圆坯结晶器是圆坯连铸机关键设备，是圆坯连铸机的心脏。它的性能对于提高连铸生产率，维持连铸过程正常生产，以及保证铸坯质量都起着至关重要的作用。

中冶赛迪工程技术股份有限公司长期从事连铸机的研发和国内外工程设计。开发设计了多种规格圆坯结晶器，规格ϕ 175~600mm。

(2) 设备结构和工作原理。

1) 结构和组成。

圆坯结晶器为管式结晶器，主要由框架1，铜管2，水套3，上下法兰4，足辊装配5，喷淋装置6，液面检测装置7，电磁搅拌8等组成，见图3.7.72。

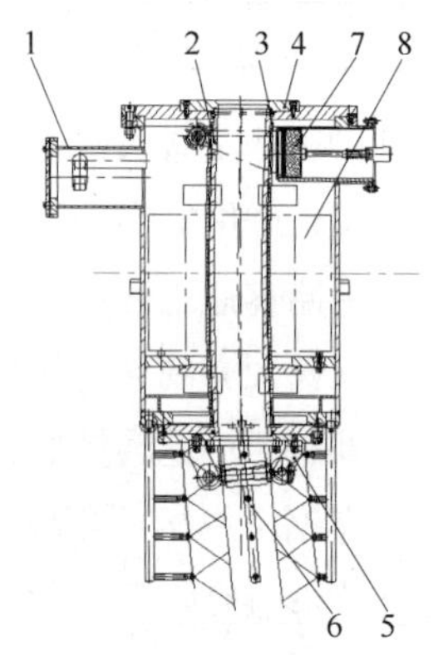

图3.7.72　圆坯结晶器

2) 工作原理。

浇注开始后，钢水从中间罐注入结晶器，通过结晶器铜管散热冷却，形成坯壳。到达结晶器下口时，形成均匀又有足够厚度的坯壳。液面检测装置将检测钢水在结晶器的液面波动，电磁搅拌装置的加入有利于铸坯质量的改善。

(3) 技术参数和技术特点。

1) 主要技术参数。

适合断面: 各种圆坯断面

设计拉速：最高3m/min

铜管弧形半径：R=9~16m

铜管材质：银铜，脱氧磷铜

镀层：铬

铜管高度：800~900mm

锥度：多锥度，抛物线锥度

水套材质：不锈钢

水套结构型式：整体式，剖分式

铜管安装方式：上装，下装

铜管密封型式：端部密封，侧面密封，角密封

电磁搅拌型式：外置式，内置式

2）技术特点。

传热性好：铜管壁薄，带来更好的传热性能，并且整个铜管后面都能通水冷却，也利于传热。

结构轻巧，振动负荷低。

铜管及水套整体厚度小，便于电磁搅拌能够更贴近铸坯，有利于电磁搅拌效果。

多种锥度设计（如多锥度、抛物线锥度）使铜管内腔能更适应铸坯凝固收缩的变化，有利于提高拉速及生产率。

(4) 选型原则。

圆坯结晶器均为管式结晶器，选型主要确定铜管材质。铜管材质可选用银铜或脱氧磷铜，银铜传热性能更佳，但价格更贵。

(5) 典型项目应用情况。

中冶赛迪设计制造的各种规格圆坯结晶器已应用于众多工程，且运行良好。主要应用有苏南重工方圆坯连铸机、天铁方圆坯连铸机、新兴铸管圆坯连铸机等，断面规格包括ϕ175mm、ϕ180mm、ϕ200mm、ϕ280mm、ϕ500mm、ϕ600mm等。

3.8 西安新达炉业工程有限责任公司

3.8.1 VD/VOD小吨位环保型钢包精炼炉

3.8.1.1 设备用途

小吨位环保型VD型钢包精炼炉可对钢水进行真空脱气处理及真空下合金成分微调及搅拌。VOD型钢包精炼炉是在真空条件下吹氧、脱碳、真空脱气、合金成分微调，主要用于精炼超低碳不锈钢、合金钢和电工纯铁等见图3.8.1。

图3.8.1 VD/VOD小吨位环保型钢包精炼炉

3.8.1.2 主要形式

小吨位环保型VD/VOD型钢包精炼炉可采用单独工位，也可采用双工位，炉体为高架或地坑式布置、也可采用钢包车载式；炉盖的移动方式采用旋开式。

3.8.1.3 设备组成

钢水包,真空装置及炉盖；

包盖提升机构钢包座；

氧枪机构、真空加料装置；

测温取样和观察系统；

氧气系统、氩气系统；

冷却水系统；

真空泵系统及除尘系统等组成。

VD/VOD型钢包精炼炉基本技术参数见表3.8.1。

表 3.8.1　VD/VOD型钢包精炼炉基本技术参数

额定容量	钢包壳	真空泵抽气能力	工作真空度	真空罐体尺寸Vessel
3	1500	50	67	钢包自抽式（无罐体）
6	1590	70		
10	1995	100		
15	2200	130		
20	2400	150		ϕ3800×4100
25	2600	180		ϕ4000×4600
30	2700	200		ϕ4200×5175
40	2900	250		ϕ4800×5300
50	3000	280		ϕ5300×5400
60	3150	360		ϕ5300×5500
70	3200	380		ϕ5400×5600
80	3300	380		ϕ5500×5700
90	3400	380		ϕ5600×5800
100	3500	400		ϕ5600×5800
120	3600	420		ϕ6200×6400
150	3900	450		ϕ6300×6600

3.8.2　矿热炉

3.8.2.1　**设备用途**

矿热炉又称为“埋弧炉”，主要用于铁合金、工业硅、电石、钛渣、刚玉、镁砂、冰铜、黄磷、磷化硼、锌、电熔耐火材料等金属或非金属材料的冶炼生产见图3.8.2。

其中铁合金矿热炉中包括：硅铁、锰铁、硅锰、硅钙、硅铬、铬铁、镍铁等，并可配套生产铁合金精炼炉设备。

3.8.2.2　**设备组成**

炉壳；

电炉变压器；

高压电器控制系统；

低压电器控制系。

图3.8.2　矿热炉

3.8.2.3　**水冷系统**

电极把持器及升降装置；

短网；

烧穿器；

PLC控制及工控机控制；

排烟装置。

3.8.2.4　**矿热炉技术参数**

矿热炉技术参数见表3.8.2。

表3.8.2　矿热炉技术参数

型　号	冶炼品种	变压器额定容量	炉膛直径	炉膛高度	变压器二次侧电压	电极直径	冶炼电耗
HI - 1800	Si	1800	2800	1500	76~92	400	13000
HM - 1800	Mn3-5	1800	3600	1400	78~99	550	3400
HS - 1800	MnSi	1800	3400	1400	78~99	530	4500
HK - 1800	Si75	1800	2900	1350	76~92	520	9000
HR - 1800	CrSi	1800	3000	1350	78~99	480	5200
HG - 1800	Cr4-5	1800	3000	1350	78~99	480	3500
HC - 1800	CaSi	1800	3000	1500	76~96	500	13000

续表3.8.2

型号	冶炼品种	变压器额定容量	炉膛直径	炉膛高度	变压器二次侧电压	电极直径	冶炼电耗
HD - 1800	CaC	1800	3000	1350	78~99	500	3000
HI - 3000	Si	3000	3100	1700	76~116	450	13000
HM - 3000	Mn3-5	3000	4200	1800	84~112	650	3400
HS - 3000	MnSi	3000	4000	1700	84~112	630	3500
HK - 3000	Si75	3000	3600	1600	84~112	600	8800
HR - 3000	CrSi	3000	3600	1800	84~112	580	5200
HC - 3000	Casi	3000	3600	1800	84~112	580	13000
HD - 3000	CaC	3000	3800	1700	84~112	600	3000
HI - 6000	Si	6000	4600	1900	104~132	500	13000
HM - 6000	Mn3-5	6000	5300	2100	104~132	820	3350
HS - 6000	MnSi	6000	5100	2100	104~132	800	4450
HK - 6000	Si75	6000	4700	1900	104~132	780	8800
HR - 6000	CrSi	6000	4700	1900	104~132	740	5200
HG - 6000	Cr4-5	6000	4800	1900	104~132	740	3500
HD - 6000	CaC	6000	4800	1900	104~132	760	3000
HM - 9000	Mn3-5	9000	6200	2400	101~143	950	3200
HS - 9000	MnSi	9000	6000	2300	101~143	920	4500
HK - 9000	Si75	9000	5100	2000	101~143	900	8700
HR - 9000	CrSi	9000	5100	2000	101~143	880	5100
HG - 9000	Cr4-5	9000	5300	2000	101~143	880	3400
HD - 9000	CaC	9000	5600	2000	101~143	900	2900
HM-12500	Mn3-5	12500	7100	2800	109~158	1100	
HS -12500	MnSi	12500	7000	2700	109~158	1070	
HK-12500	Si75	12500	5800	2400	109~158	1030	
HR-12500	CrSi	12500	5800	2200	109~158	1000	
HG-12500	Cr4-5	12500	5800	2400	109~158	1000	
HM-20000	Mn3-5	20000	9100	3650	118~193	1350	
HS-20000	MnSi	20000	8700	3500	118~193	1300	
HK-20000	Si75	20000	6800	2500	124~172	1200	
HR-20000	CrSi	20000	6500	2350	124~172	1150	
HG-20000	Cr4-5	20000	6800	2700	124~172	1150	
HM-25000	Mn3-5	25000	9700	3900	139~229	1450	
HS-25000	MnSi	25000	9200	3800	139~229	1400	
HK-25000	Si75	25000	7200	2600	139~229	1270	
HR-25000	CrSi	25000	6900	2550	139~229	1220	
HG-25000	Cr4-5	25000	6000	2450	139~229	1220	
HM-33000	Mn3-5	33000	10700	4500	151~241	1600	
HS-33000	MnSi	33000	10400	4350	151~241	1550	
HK-33000	Si75	33000	7100	2950	151~241	1400	
HR-33000	CrSi	33000	7400	2850	151~241	1350	
HM-45000	Mn3-5	45000	11700	4500	175~265	1750	
HS-45000	MnSi	45000	10400	4800	175~265	1700	
HK-45000	Si75	45000	8800	3250	175~265	1550	
HR-45000	CrSi	45000	8500	3200	175~265	1500	

3.8.3 电熔耐火材料炉

3.8.3.1 主要用途

电渣重熔炉是生产各种不锈钢，耐蚀热钢，耐腐钢，工具钢，高速钢、模具钢、轧辊钢、轴承钢、电热合金、高温合金，精密合金等高级材料的重熔和再精炼设备，也是各种高级铸件、特殊铸件的熔铸设备。

本公司可生产0.2~50t电渣重熔炉系列，分为单立柱、双立柱、单相、多相、固定式、抽锭式、非真空、真空电渣炉等多种形式炉型，尤其在双极串联和抽锭式、自动化电渣控制技术以及真空电渣炉方面，拥有先进技术的优势。如图3.8.3所示。

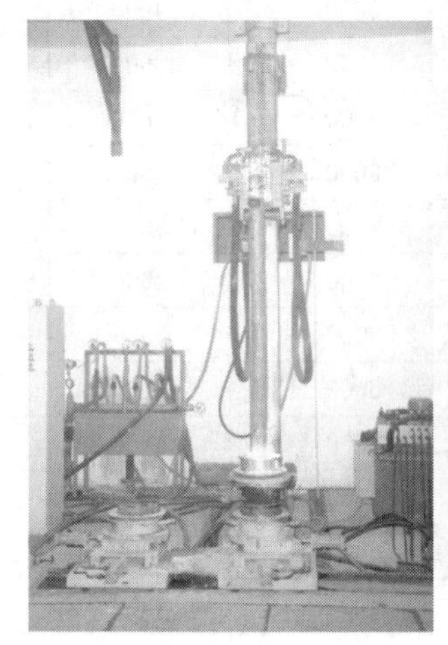

图3.8.3 电熔耐火材料炉

3.8.3.2 设备组成

变压器

液压系统

二次低压电器控制系统

冷却水系统

立柱及电极升降装置

结晶器

底水箱

底水箱移动小车

3.8.3.3 电渣重熔炉技术参数

电渣重熔炉技术参数见表3.8.3。

表3.8.3 电渣重熔炉技术参数

项 目	吨位/t								
	0.5	1	2	3	5	10	15	20	30
变压器/kV·A	500	750	1250	1600	2000	2700	3000	3500	4200
调压方式	无载电动	无载电动	无载电动	有载无级（磁调压）	有载无级（磁调压）	有载无级（磁调压）	有载无级（磁调压）	有载无级（磁调压）	有载无级（磁调压）
二次电压/V	65，62，59，54，50五档	68，65，62，59，54五档	75, 72, 68, 65, 62, 59, 54	35~80	40~85	45~95	50~100	50~105	55~110
电流/kA	7.692	11.03	16.67	20.00	23.52	28.42	30	33	38
传动方式	丝杠或液压	丝杠或液压	滚珠丝杠	滚珠丝杠	滚珠丝杠	滚珠丝杠	丝杠或液压	丝杠或液压	丝杠或液压
支臂快速/mm·min^{-1}	1800	2000	2500	2500	3000	3000	3000	3000	3000
支臂慢速/mm·min^{-1}	0~50	0~50	0~50	0~70	0~100	0~100	0~100	0~100	0~100
立柱数量	1	1	1或2	1或2	1或2	1或2	2	2	2
电极行程/mm	3000	3500	4000	4200	4500	4500	4500	4500	5000
电极尺寸/mm×mm	φ200×2050	φ260×2600	φ375×2450	φ430×2580	φ580×2427	φ760×4600	φ780×3000	φ800×4000	φ850×3390
结晶器/mm	φ280×1300	φ360×1800	φ480×1800	φ590×2000	φ700×2100	φ960×2400	φ980×2200	φ1000×3300	φ1250×3200
控制方式	手动或自动	自动PLC+液晶触摸屏	自动PLC+液晶触摸屏	自动PLC+液晶触摸屏	自动PLC+工控或同左	自动PLC+工控	自动PLC+PC	自动PLC+PC	自动PLC+PC
平均熔化率/kg·h^{-1}	250	330	400	450	600	850	900	1000	1200
单锭生产周期/h	3	4	6.5	8.0	10	14	16	20	25
月产量/t	100	150	185	225	300	430	640	720	800
电耗/kW·h·t^{-1}	1500	1450	1400	1350	1350	1350	1300	1300	1300

3.9 西安桃园冶金设备工程公司

3.9.1 电熔耐火材料炉

3.9.1.1 **主要用途**

适用于白刚玉、棕刚玉、致密刚玉、锆刚玉等，镁砂、铝镁尖晶石、氧化锆、氧化铝、铝酸钙、铝铬、莫来石等磨料和耐火材料的冶炼。如图3.9.1所示。

图3.9.1 电熔耐火材料炉

3.9.1.2 **成套范围**

电炉变压器、高压电气控制系统、短网低压电气控制系统、炉体及其倾动装置炉盖及旋转装置、液压系统、水冷系统计算机控制等。

3.9.1.3 **主要技术参数**

主要技术参数见表3.9.1。

表3.9.1 主要技术参数

型号	变压器容量/kV·A	二次电压/kV	电极直径/mm	电极分布圆直径/mm	炉壳外径/mm	炉壳高度/mm	冷却水耗量/$m^3 \cdot h^{-1}$
HY-500	500	160~210	150	480	1500	1250	30
HY-1250	1250	170~250	200	680	2400	1500	40
HY-1500	1500	170~300	200	700	2400	1800	80
HY-3000	3000	170~380	300	1000	3400	2200	100
HY-5500	5500	170~380	350	1250	4500	3000	130
HY-9000	9000	170~380	500	1850	6000	4000	180

3.9.2 废渣金属回收电弧炉

3.9.2.1 **主要用途**

用于熔炼物化电镀泥、紫杂铜、废线路板和分离非金属后的冶炼，回收铜、银等金属。

成套范围：630~10000kV·A

电炉变压器、高压电气控制系统、短网、低压电气控制系统、立柱电极升降及夹紧装置、水冷炉盖、气动装置、冷却水系统、加料装置、排烟除尘管道等。

3.9.2.2 **废渣金属回收电弧炉最新技术特点**

可处理电镀废渣和废旧电子器件，并回收有用金属，是减少污染和再生资源利用的一项环境保护工程，我公司采用先进的电热冶炼新技术，自主研发的该设备高效节能，回收量高。该项目得到了广大用户当地政府的大力支持和补贴。如图3.9.2所示。

图3.9.2 西安新达炉业样板项目

3.9.3 HX炼钢电弧炉（EAF）

HX炼钢电弧炉用于炼钢短流程冶炼工艺，使用100%废钢或废钢+铁水(生铁)，或废钢+海绵铁（DRI）作原料炼钢。按炉子配备的功率分为普通功率、高功率、超高功率电弧炉。现代炼钢电弧炉广泛采用了水冷炉盖、水冷炉壁、导电横臂、偏心底（EBT）出钢等新技术；采用综合能源利用技术，配置炉门碳氧枪和炉壁集束氧枪，对熔池中逸出的CO进行二次燃烧，充分利用烟气中的化学能降低电耗和营造泡沫渣效果好；采用高阻抗技术，提高二次电压，实现长弧冶炼，电弧相对稳定，对电网的冲击减小，短网系统电流较小，能耗和电极消耗减少，提高电功率的有效输入。

图3.9.3 HX炼钢电弧炉

各种形式都有其自己的特点，我们可以根据用户需求进行选型和设计，结构可繁可简，配置可高可低。如图3.9.3所示。

HX炼钢电弧炉主要技术参数见表3.9.2。

表3.9.2　HX炼钢电弧炉主要技术参数

序号	额定容量	炉壳内径	变压器额定容量/kV·A	变压器一次电压/kV	变压器二次电压/kV	二次额定电流/A	石墨电极直径/mm	炉体质量（含炉衬吊重）/t
1	5	ϕ3200	3.2	10（6）	240~121	7.7	ϕ300（HP）	约27
			4.0	10（6）	240~138	9.6	ϕ300（HP）	
2	10	ϕ3500	5.5	10（6）	260~139	12.2	ϕ350（HP）	约37
			6.3	10	260~139	14.0	ϕ350（HP）	
			8.0	10（35）	260~139	24.0	ϕ350（UHP）	
3	15	ϕ3800	8.0	10（35）	260~139	24.0	ϕ350（UHP）	约50
			9.0	10（35）	300~140	17.3	ϕ350（HP）	
			12.5	35	314~160	30.3	ϕ400（HP）	
4	20	ϕ4000	9.0	10（35）	300~140	17.3	ϕ350（HP）	约65
			12.5	35	314~160	30.3	ϕ400（HP）	
			16	35	353~190	33.0	ϕ400（UHP）	
5	30	ϕ4300	16	35	353~190	33.0	ϕ400（UHP）	约85
			25	35	436~224	33.0	ϕ450（UHP）	
			31.5	35	473~281	42.7	ϕ450（UHP）	
6	40	ϕ4600	25	35	436~224	33.0	ϕ450（UHP）	约105
			35	35	490~280	50.5	ϕ500（UHP）	
			40	35	547~330	51.3	ϕ500（UHP）	
7	50	ϕ5200	35	35	490~280	50.5	ϕ500（UHP）	约120
			40	35	547~330	51.3	ϕ500（UHP）	
			45	35	580~360	53.0	ϕ500（UHP）	
8	60	ϕ5400	35	35	490~280	50.5	ϕ500（UHP）	约135
			40	35	547~320	51.3	ϕ500（UHP）	
			50	35	610~380	54.5	ϕ500（UHP）	
9	70	ϕ5600	35	35	490~280	50.5	ϕ500（UHP）	约150
			40	35	547~320	51.3	ϕ500（UHP）	
			55	35	630~400	59.9	ϕ600（UHP）	
10	80	ϕ5800	40	35	547~320	51.3	ϕ500（UHP）	约165
			50	35	610~380	54.5	ϕ500（UHP）	
			63	35	673~410	62.98	ϕ600（UHP）	
11	90	ϕ6000	50	35	610~380	54.5	ϕ500（UHP）	约185
			63	35	673~410	62.98	ϕ600（UHP）	
			90	35	840~500	75.3	ϕ600（UHP）	
12	100	ϕ6200	55	35	630~400	59.9	ϕ600（UHP）	约200
			70	35	710~480	69.7	ϕ600（UHP）	
			100	35	910~540	77.5	ϕ600（UHP）	
13	120	ϕ6600	70	35	710~480	69.7	ϕ600（UHP）	约220
			90	35	840~500	75.31	ϕ600（UHP）	
			110	35	980~580	79.39	ϕ600（UHP）	

高阻抗炼钢电弧炉变压器主要技术参数见表3.9.3。

表3.9.3 高阻抗炼钢电弧炉变压器的主要技术参数

变压器额定容量/kV·A	变压器一次电压/kV	变压器二次电压/kV	二次额定电流/A	电抗器容量/kV·A
25	35	600~470~300	31.6	4500~5400
30	35	625~495~325	34.99	4800~6000
35	35	670~570~370	35.45	5600~6400
40	35	695~595~395	38.82	6400~7500
45	35	760~630~430	41.24	7200~9000
50	35	820~670~455	43.09	8000~10000
60	35	880~730~480	47.45	9600~12000
75	35	950~800~530	54.13	12000~15000
90	35	1020~850~610	61.13	14400~16200
100	35	1080~880~630	65.61	16000~20000
110	35	1200~990~640	64.15	17600~22000

3.9.4 LF钢包精炼炉

LF钢包精炼炉用于取代初炼炉（电炉或转炉）进行还原期操作，同时对初炼钢水进行升温、脱氧、脱硫、脱气、合金化、吹氩搅拌等二次精炼；可以实现钢水温度精确控制，化学成分的调整及精确控制，加渣料造碱性渣对钢水进行脱硫、均匀钢水成分和温度，通过氩气搅拌（配合渣精炼）及喂丝改变夹杂物形态、去除夹杂、提高钢水的纯净度和质量；缓冲、调节炼钢与连铸的节奏，以利于连续生产。

图3.9.4 LF钢包精炼炉

其结构型式分为加热桥架、独立机架（第四立柱）、横臂旋转及钢包回转台双工位等型式，供用户选择使用。

LF钢包精炼炉成套设备包括（见图3.9.4）：精炼钢包、钢包运输车及拖缆、水冷炉盖及排烟集尘装置、炉盖提升机构、铜钢复合导电横臂及电极升降装置、二次短网、液压系统、水冷系统、吹氩系统、钢包炉变压器、高压系统、低压电控及PLC自动控制系统等组成。

LF钢包精炼炉主要技术参数见表3.9.4。

表3.9.4 LF钢包精炼炉主要技术参数

序号	额定容量/t	变压器额定容量/kV·A	变压器一次电压/kV	二次电压/kV	二次额定电流/A	石墨电极直径/mm	钢水升温速度/℃·s^{-1}
1	15	2.5	35（10、6）	195~131	约9.02	φ250（HP）	≥4.0
2	20	4.0	35（10、6）	195~145	约13.4	φ300（HP）	≥4.0
3	30	5.5	35（10、6）	215~189~150	约16.8	φ300（HP）	≥4.5
4	40	7	35（10、6）	225~199~160	约20.31	φ350（HP）	≥4.5

续表3.9.4

序号	额定容量/t	变压器额定容量/kV·A	变压器一次电压/kV	二次电压/V	二次额定电流/A	石墨电极直径/mm	钢水升温速度/℃·s[-1]
5	50	9	35（10）	240~226~165	约22.99	φ350(HP)	≥4.5
6	60	10	35（10）	270~245~180	约23.57	φ350(HP)	≥4.5
7	70	12.5	35	290~265~200	约27.23	φ400(HP)	≥4.5
8	80	15	35	310~280~190	约30.93	φ400(UHP)	≥5.0
9	90	18	35	335~295~235	约35.23	φ400(UHP)	≥5.0
10	100	20	35	355~315~235	约36.66	φ450(UHP)	≥5.0
11	120	22	35	395~335~195	约37.9	φ450(UHP)	≥5.0
12	150	26	35	420~385~275	约38.99	φ450(UHP)	≥5.0
13	160	28	35	435~400~290	约40.4	φ450(UHP)	≥5.0
14	180	32	35	450~420~310	约43.99	φ500(UHP)	≥5.0
15	200	35	35	460~430~340	约47.00	φ500(UHP)	≥5.0
16	230	38	35	493~460~361	约47.69	φ500(UHP)	≥5.0
17	250	40	35	513~480~381	约50.2	φ550(UHP)	≥5.0
18	300	45	35	553~510~390	约50.9	φ550(UHP)	≥5.0

3.10 石川岛（上海）管理有限公司

3.10.1 电弧炉

近年的电弧炉业绩见表3.10.1。

表3.10.1 近年的电弧炉业绩

交流电弧炉			直流电弧炉		
容量/t	客户	用途	容量/t	客户	用途
100	JSW	特殊钢	100	MITSUBISHISTEEL	特殊钢
100	KOBELCO	铸钢70t	KOTOBUKI	STEEL	普通碳钢
100	JFE	不锈钢			
140	SANYO特钢	特殊钢	竖式直流电弧炉		
100	NISSHIN STEEL	不锈钢	容量/t	客户	用途
80	HYUNDAI STEEL	普通碳钢	140	TOKYO STEEL	普通碳钢
60	KONG WON STEEL	普通碳钢	70	TOKYO STEEL	普通泰克

3.10.2 再加热炉

从1965年以来，IHI为JFE、Hyundai、神户以及住友金属，提供了43套再加热炉。并且，从1983年开始，采用TMCP板。

3.10.3 热处理炉

从1958年起，为日本JFE、巴西COSIPA和USIMINAS、韩国等钢厂的板材淬火正火回火，提供了25辊（13明火+12辐射管）炉底型板热处理炉。如图3.10.1、图3.10.2所示。

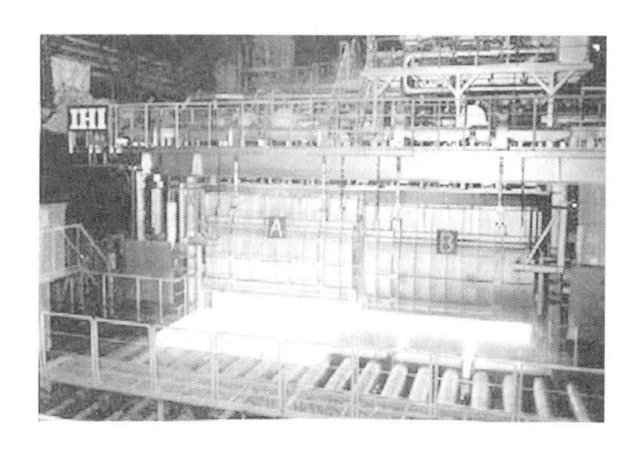

图3.10.1　再加热炉

图3.10.2　热处理炉

3.11　江西剑光节能科技有限公司

3.11.1　高效节能炼钢连铸火焰切割装置

“高效节能炼钢连铸火焰切割装置”是江西剑光节能科技有限公司（上海剑光环保科技有限公司）自主研发，并获得国家5项专利（其中3项发明专利，2项实用新型专利）。该装置由专利产品割枪、割嘴和专用控制器件电磁阀、减压阀等组成(见图3.11.1)。该装置对炼钢企业原有的连铸火焰切割装置进行结构创新和工艺创新，从而大幅降低切割中的燃气消耗，大幅减少钢材的切割损耗，达到显著提高炼钢企业经济效益的目的。

3.11.1.1　***产品结构***

该装置由输气系统、控制系统和切割系统组成，如图3.11.1所示。输气系统根据炼钢企业的实际情况，在已有的基础上按照连铸火焰切割要求和燃气安全管理规范进行改造，以满足燃气安全稳定畅通输送，尽可能地减少投资；在燃气介质箱与汇流排之间安装稳压系统，以有效解决液体完全气化和燃气压力稳定。控制系统以PLC为控制核心，按规定的工作节拍开启和关闭燃气阀和氧气阀，最大限度地节省燃气和氧气，从而降低切割成本。切割系统是节能降耗的关键，也是本公司的核心技术；该系统以“节能连铸割嘴”、“炼钢连铸割枪”等专利产品为核心构建成新型连铸火焰节能切割系统。

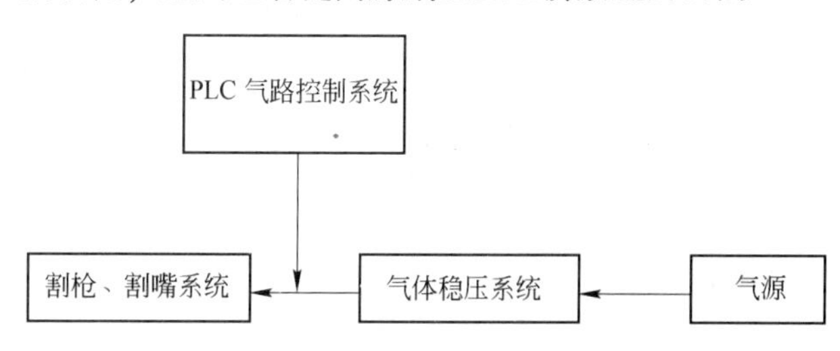

图3.11.1　炼钢连铸火焰切割装置结构原理

3.11.1.2　***性能特点***

“炼钢连铸火焰切割高效节能装置”适用于使用液化气、丙烷气、天然气、煤气和氢气等气体作燃气的连铸切割环境；既可用于方坯、圆坯切割，也可用于宽厚板坯切割（见图3.11.2、图3.11.3）。主要性能特点：

图3.11.2　应用高效节能连铸切割装置的连铸坯切割现场

图3.11.3　切割断面平整光洁

（1）切割割缝：120~300mm厚度连铸坯割缝2.0~3.5mm；300~400mm厚度连铸坯割缝3.5~5mm；500~600mm大圆坯割缝5~6mm。

燃气消耗：比传统切割方式下降50%~90%。

氧气消耗：比传统切割方式下降30%~50%。

污染排放：二氧化碳排放比传统切割方式降低50%以上。噪声低于85dB。

切割质量：切割断面光洁，上缘不塌边，下缘不易挂渣，成材率高。

（2）切割安全：不爆鸣、不回火，使用安全。

（3）切割成本：吨钢切割成本下降到0.50元，使用寿命是传统产品的3倍以上；节省维护员工75%以上。

3.11.1.3 **工作原理**

混合气体通过割嘴出口端锥体凹槽的后缩收敛结构，使气体加速，使喷出的火焰束高度集中。

割嘴中的气体通道采用环形多孔分布，燃气和低压氧在混合管内预混合，再进入混合室混合。在出口段通过环布的凹槽，使混合气体产生层流输出。

割枪体内部采用二次变通径气体压缩（压缩比达2：1）技术，使气体得到压缩并加速，高压氧的供给压力相应减少。

将内部强制冷却技术用于割枪中，减少气体流经高温金属表面时会产生黏滞现象。

割枪的分气座设计有密封台阶和密封凸形环，分别与割嘴的高压氧圆台环、燃气圆台环和预热氧圆台环配合，形成线面接触密封方式，大大改善了密封性能和对割嘴的冷却，提高了割嘴的使用寿命。

燃气介质箱与汇流排之间加入燃气稳压装置，采用气化集流的方式以解决传统供气系统边气化边供气带来的气体压力的波动，保证了供气的稳定。

PLC气路控制系统按照设定的工作程序和参数对切割设备气路进行控制，确保燃气和氧气气路在“开启”与“关闭”的指令控制下准确开启闭合，实现燃气和氧气气路开、闭自动化，在切割回程中自动关闭燃气和氧气气路，从而最大限度地节约燃气和氧气。

3.11.1.4 **主要参数**

（1）系统压力参数：高效节能炼钢连铸火焰切割装置压力参数为：燃气总管压力：0.05MPa；分管压力：0.013MPa；预热氧压力：0.2MPa；切割氧压力：0.5~0.7MPa。

（2）部分连铸割嘴性能参数见表3.11.1。

表3.11.1 部分连铸割嘴性能参数

割嘴规格号	割嘴颈部直径/mm	切割厚度/mm	切割速度铸坯拉速/mm·min^{-1}	气体工作压力/MPa			割缝/mm
				氧气	煤气	液化气	
0	1.6	60~150	600~同步	0.5	0.13	0.02	2.0
1	1.8	100~180	500~同步	0.5	0.13	0.02	2.5
2	2.0	150~220	400~同步	0.7	0.15	0.022	3.0
3	2.2	180~240	350~同步	0.7	0.16	0.024	3.5

（3）割嘴的基本参数见表3.11.2。

表3.11.2 割嘴的基本参数

型号	编号	孔径/mm	预热氧气工作压力/MPa	切割氧气工作压力/MPa	燃气工作压力/MPa	焰芯长度/mm	切割钢坯厚度/mm
G02	1	1.6	0.15	0.5	0.015	≥16	≥150
	2	1.8	0.2	0.6	0.02	≥18	≥180
	3	2.2	0.2	0.7	0.025	≥22	≥220
	4	2.4	0.2	0.8	0.03	≥24	≥240
	5	2.6	0.2	0.9	0.04	≥26	≥280

3.11.1.5 选型原则、方法

根据不同的连铸坯规格、不同的切割燃气选用不同规格的连铸火焰切割高效节能装置。该装置中的主要设备割枪割嘴是公司的专利产品，这些产品已经系列化。公司可以根据用户的实际情况对所需产品的类型和规格提出建议，也可以为用户安装调试该装置。主要产品如图3.11.4~图3.11.6所示。

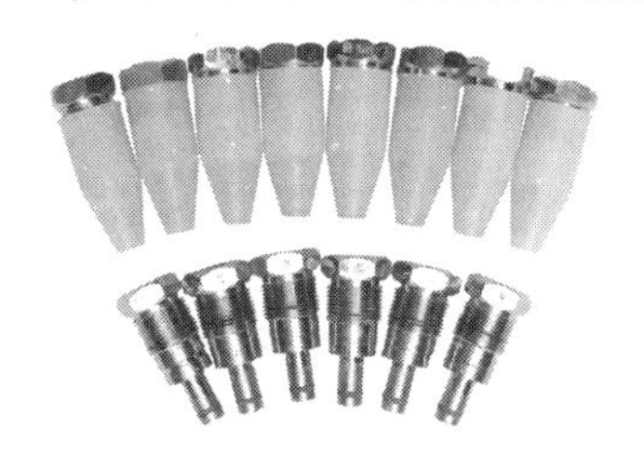

图3.11.4 切割大厚度板坯的割嘴专利系列产品

图3.11.5 切割普通连铸坯的割嘴专利系列产品

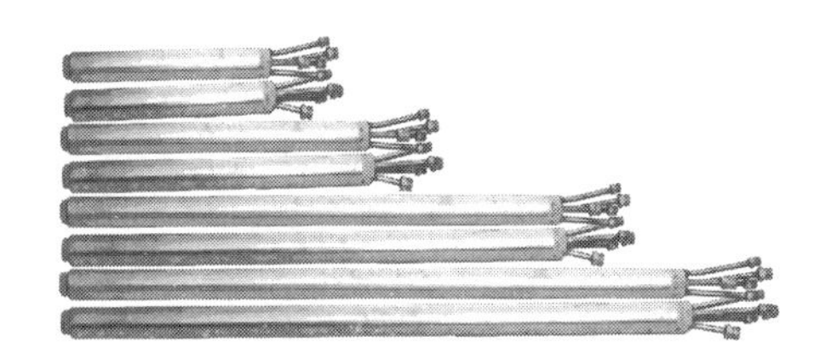

图3.11.6 连铸割枪专利系列产品

3.11.1.6 应用效果对比

（1）火焰对比：使用高效节能炼钢连铸火焰切割装置后连铸坯切割时割嘴喷出的火焰比未使用该装置时的火焰要锋利得多。如图3.11.7所示，前一流为技改后的火焰，第三流为未技改的火焰。

（2）割缝对比：使用高效节能炼钢连铸火焰切割装置后连铸坯切割的割缝比未使用该装置时的割缝明显小很多。如图3.11.8中(a)为未使用节能切割装置的割缝，(b)为使用了节能切割装置的割缝。

图3.11.7 使用高效节能炼钢连铸火焰切割装置前后对比

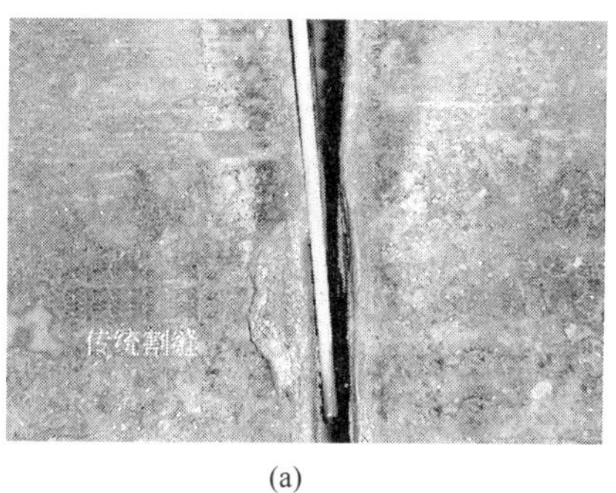

(a)

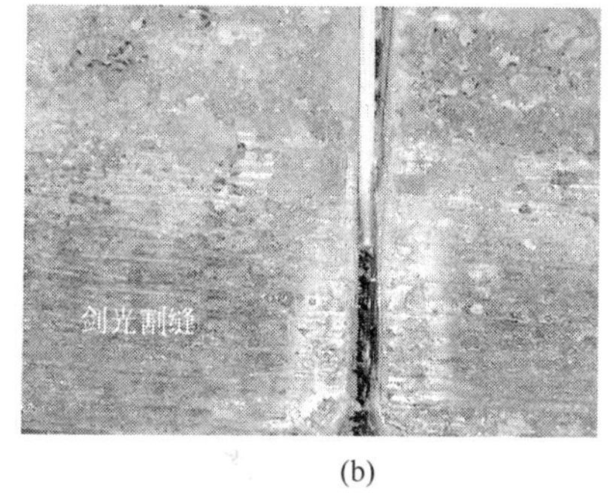

(b)

图3.11.8 技改前的割缝(a)和使用了节能切割装置技改后的割缝(b)

3.11.1.7 典型应用案例

高效节能炼钢连铸火焰切割装置先进实用，节能降耗效果显著，其切割钢渣明显减小（见图3.11.9），得到用户的高度评价和行业的广泛认可。该装置的应用遍布全国16个省市，截至2012年2月，共为40个炼钢企业

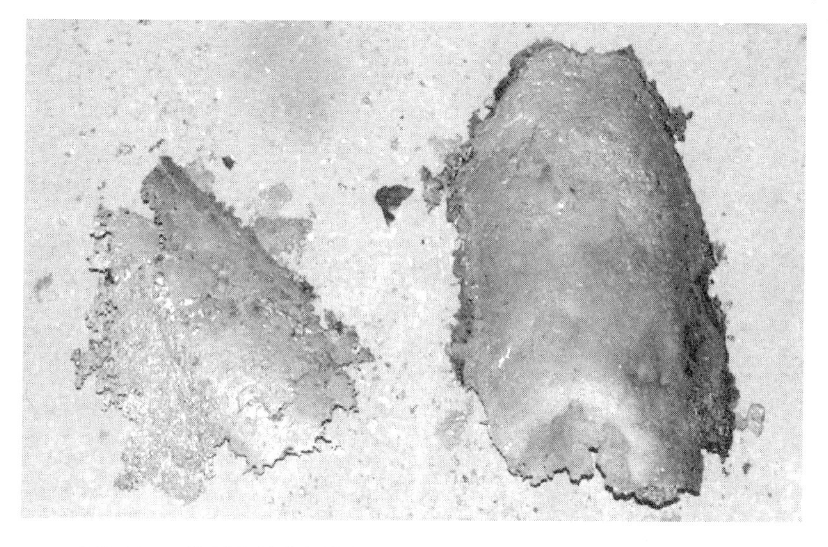

图3.11.9 使用高效节能炼钢连铸火焰切割装置后切割钢渣明显减小

的连铸切割实施了技术改造，技改产能达8970万吨，每年为炼钢企业节省燃气1.34亿元，减少割损1.79亿元，合计为炼钢企业增效3.13亿元。首钢、济钢、杭钢、沙钢、包钢和江苏永钢、宝通钢铁、山东青钢、江西南钢等钢企成为该技术的坚实用户。沙钢集团连铸火焰切割节能技改后方坯切割节省天然气66.7%，宽厚板切割节省天然气60%；永钢切割技改后节省液化气90.0%，割缝从10mm下降到3mm。

3.11.1.8　**优越性分析**

该装置具有先进性。高效节能炼钢连铸火焰切割装置是公司在长期的研发与推广应用中形成的具有自主知识产权的技术产品。系统的关键指标和整体性能处于国内领先水平。虽然国内也有厂家围绕连铸割嘴、割枪开发出一些新产品，但在节能降耗性能上尚无法与公司的专利产品相比。公司的连铸切割节能技术产品在国内同行业中享有较高的知名度，技术上的优势是公认的。

该装置运行具有稳定性。该装置各系统能够长时间连续稳定运行，故障率低。

该装置具有易维护性。该节能切割装置的控制程序和参数容易调整，切割设备容易维护和更新。

该装置具有实用性。高效节能炼钢连铸火焰切割装置是针对炼钢企业连铸坯切割中存在的问题而开发，并且技术产品规格齐全，能够适应使用燃气不同、切割铸坯规格不同的炼钢企业火焰切割节能技改需要。同时技改时间短，仅在连铸机正常停机维护的时间内就可完成，不需要专门停产进行技改，因此具有很强的实用性。

该装置具有经济性。一是对炼钢企业落后的切割系统进行技改时，尽量利用炼钢企业现有的条件，最大限度减少企业的技改投资。二是该装置运行成本低廉：切割工具成本下降，设备使用寿命延长，维护管理人员大为减少。

3.11.1.9　**鉴定情况**

2009年6月6日，江西省科技厅组织国内有关专家在南昌对“炼钢连铸火焰切割高效节能技术”项目进行了科技成果鉴定，一致认为该技术“居国内领先水平”。

2009年1月23日，江西省劳动卫生职业病防治研究所对炼钢连铸火焰切割高效节能装置的噪声和CO_2进行了对比检测，结论为“差别有显著性意义”。

3.11.1.10　**获奖情况**

2008年5月高效节能炼钢连铸火焰切割装置在第5届APEC中小企业技术交流暨展览会优秀成果评选中获得金奖。2010年4月和2011年6月，“剑光节能”连续2年被中国知识产权研究会评选为“知识产权自主创新十大品牌”。在第13届科博会上荣获“节能中国贡献奖”称号。

3.12　中冶焊接科技有限公司

3.12.1　连铸坯火焰切割成套技术

(1) 氢氧火焰切割成套技术。

利用YJ系列水电解氢氧发生器（专利号：ZL201120019433.3、ZL201120019456.4、ZL201120019457.9）现场制取氢气和氧气取代化石类燃气，用于连铸坯火焰切割，至今已应用于近600流连铸坯火焰切割，取得了较好的经济和社会效益。利用氢氧气切割连铸坯：

1) 高效。利用氢氧气切割连铸坯，其使用费用为化石类燃气的1/2，采用连铸坯氢氧断火切割技术可再降低50%以上。

2) 安全。氢氧发生器使用气体压力低，不属于压力容器，管理要求低；气体随产随用，避免了在运输、存储中存在的安全和问题。

3) 节能。生产氢氧气只需消耗电和普通水，成本低廉，150mm×150mm方坯吨钢切割成本0.59元。

4) 环保。氢氧气燃烧后产物为水，无毒、无味、无烟，不会危害操作人员身体健康，是真正的绿色燃气。

(2) 连铸坯切割设备成套技术。

连铸坯切割设备由切割机本体、电控系统、能介控制系统等组成，具有切割精度高、操作简单、运行可靠、维护方便等特点。主要切割机型有被动式切割机、主动式切割机、板坯切割机，适用于不同断面的方坯、矩形坯、圆坯、异型坯、板坯的连铸在线及离线的火焰切割。

3.13 极东贸易（上海）有限公司

3.13.1 引进火焰清理机的必要性说明

3.13.1.1 使用火焰清理机的背景

(1) 火焰清理工艺。

为了除去钢铸坯表面缺陷，火焰清理是利用氧气–燃气的热化学氧化反应产生的反应对表面缺陷进行处理的一种方法。

(预热)

$C_3H_4+5O_2 \longrightarrow 3CO_2+4H_2O$

(清理)

$Fe+1/2O_2 \longrightarrow FeO+64.0kcal$

$2Fe+3/2O_2 \longrightarrow Fe_2O_3+195.2kcal$

$3Fe+2O_2 \longrightarrow Fe_3O_4+266.9kcal$

图3.13.1为熔融池的形成图。

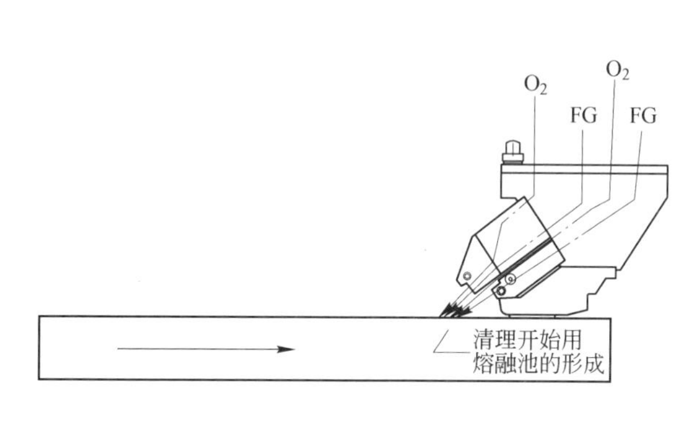

图3.13.1 熔融池的形成

(2) 开发理由及主要目的。

满足表面质量的要求；

降低运行成本；

改善劳动环境；

提高产量；

避免人工清理产生的个体差异；

克服其他表面清理作业的能力限制；

满足最终用户的产品质量要求。

(3) 与其他清理作业相比的特征。

最经济的清理方法；

容易确认钢铸坯表层下的缺陷；

减少或消除二次清理；

快速的清理方法，最大程度减少热损失；

保证最终产品的质量要求；

清除表面层形成的脱炭层。

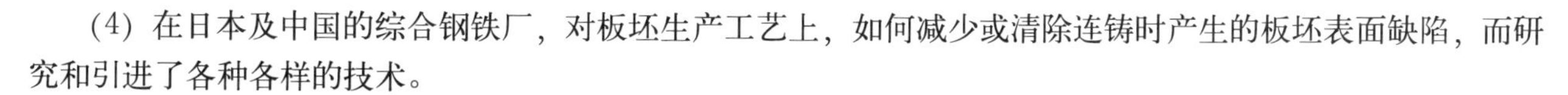

(4) 在日本及中国的综合钢铁厂，对板坯生产工艺上，如何减少或清除连铸时产生的板坯表面缺陷，而研究和引进了各种各样的技术。

譬如：

1) 对于薄板、厚板加工用的中碳钢板坯表面的纵向裂纹(初期凝固层的不均一)问题：

保护渣改善、电磁搅拌。

对于厚板加工用的中碳钢、合金钢的角部裂纹（振荡部分的晶体脆化）问题：

低阴极带状化、连铸、冷却水喷淋宽度。

对于薄板加工用N添加AlK钢＆含有Nb钢的晶体裂纹(由于张力的晶体裂纹)：

强制连铸冷却＆连铸缓冷却。

对于薄板加工用IF钢、马口铁表面的残存的如：无规则裂纹、保护渣、气孔等引起的壳体层的改善手段：

电磁搅拌、电磁制动。

上述技术的引入虽然使大幅度减少表面缺陷，提高质量成为了可能，但是，随着对表面缺陷的要求日趋严格，薄板系列上对晶体裂纹、纵向裂纹的判定及检查精度的保证方面，仍存在着需要改善的方面；同时，高质量马口铁或IF钢外板在热轧过程中仍存在轻微的缺陷问题，因此，依然对清理质量及清理后的质量改善提出了要求。此外，日本汽车制造商所采用的汽车钢板中，对焊接性、耐腐蚀性、表面性状、涂装性及涂装膜厚等方面，均有GA(Galvannealed Iron)规格提高的要求。

在连铸技术提高的同时，以引领世界火焰清理技术的美国L-TEC公司为代表，在提高清理质量方面为日本的主要钢铁企业提供了技术支持，开发了各种新的清理技术，使超高规格钢材的表面清理成为可能。

通过从火焰清理机排放出均一的流体，确保获得良好的清理表面及实现凹凸的最小化；

板坯角部深清；

从板坯头部，接近头部位置开始清理的烧嘴；

根据钢种、铸坯温度、清理深度、缺陷位置等信息，实现流体压力的无级控制；

根据钢种、铸坯的宽度，采用可以自动调节高度的高压水枪装置，使溶渣的粒化达到最佳效果；

采用各种内置型检测装置，对清理铸坯的信息进行管理；

研究最高效率的火焰清理相关工艺设备的布置方案。

新开发平滑性烧嘴使用前后的比较如图3.13.2所示。

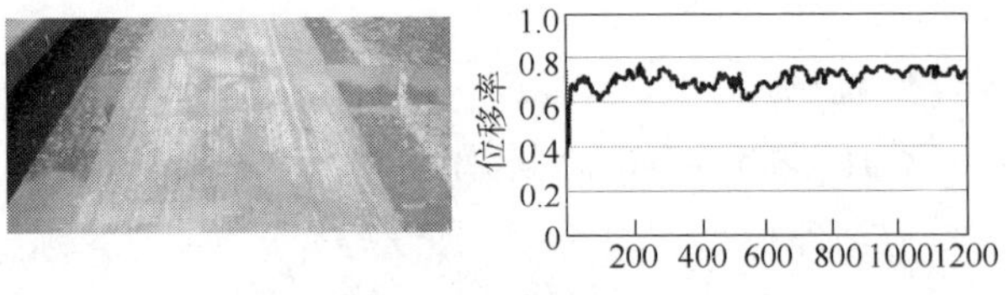

(a)

(b)

图3.13.2　工艺设备的布置方案
(a) 传统；(b) 改进后

综上所述，对于高规格马口铁材及IF钢外板等的表面质量改善提供了质量保证，如果未清理材料的热轧卷缺陷的发生率为100%的话，清理后的缺陷发生率可以大幅度的降至5%左右，效果非常显著。

3.13.1.2　火焰清理机的使用状况

火焰清理机的使用状况见表3.13.1。

(1) 具有代表性的清理钢种。

极低碳钢	低碳钢	中碳钢	高碳钢	高张力钢
(C <0.01)	(C 0.03/0.07)	(C 0.10/0.18)	(C > 0.30)	(C 0.10 /0.18)
微少合金				
65%~100%	10%~20%	15%~30%	15%~30%	50%~100%

表3.13.1　使用状况

钢种/牌号	A公司	B公司	C公司	D公司	E公司
结构用碳钢 SPHC SPHD SPHE Q195~Q275	0				
结构钢SS330~SS540，SM400~SM570，Q345~Q460 Q215，Q235，10~50，15Mn~65Mn	0	0		0	
汽车用结构钢 SAPH310~SAPH440，08TiL，10TiL	0	0	0	0	0
锅炉及压力容器用SB410，SB49，20G，16MnG，16MnR，15MnVR，DL570D，E，DL610D，E	0	0			0
造船板A、B、D、E，A32~A40、D32~D40	0	0			
圆筒容器用 HP295、HP345，Q295GNH，295GNHL	0	0			
高耐候性钢 SPA-H	0		0	0	
高张力钢 DP(σ_b>600MPa)、TRIP(σ_b=800~1000MPa)、MP、微合金钢等	0		0	0	0
商业级(CQ)	0				0
弹簧钢(DQ)	0			0	0
深冲钢(DDQ)	0		0	0	0
超深冲钢 & +深冲钢EDDQ、SEDDQ、IF	0	0	0	0	0

续表3.13.1

钢种/牌号	A公司	B公司	C公司	D公司	E公司
高抗张力钢 HSS-CQ、HSS-DQ、HSS-DDQ、HSS-BH DP、TRIP、HSLA	0		0	0	0
集装箱板 SPA-H、SMA570C	0				
无取向硅钢方（中·低级） 35W230~35W440、50W400~50W、1300、65W600~65W1600	0	0		0	
取向硅钢 27QG100~27QG110、30QG 110~30QG110、35QG125~35QG135、27Q120~27Q140、30Q130~30Q150、35Q135~35Q165 HIB、CGO	0	0		0	0
镀锌板08，Q215，Q235，10，20	0	0	0		0
焊接管线钢X42~X80	0	0	0		0

总之，下述用途的钢材需要进行清理。

1）汽车板；

2）家电板；

3）极低碳 IF钢；

4）饮料罐用板材（D & I 及 DDQ 材）；

5）其他钛平衡材；

6）铸造开始·结束时的铸坯；

7）室外使用的钢材；

8）API产品（管线、海洋上等使用的钢材）；

9）SBQ级；

10）高硅导电带材。

（2）主要综合钢厂板坯用火焰清理机的引进业绩。

（日本）粗钢产量（2011年） 10760万吨

新日铁	君津工厂	1台
新日铁	名古屋工厂	3台
新日铁	八幡工厂	1台
新日铁	大分工厂	3台
住友金属	鹿岛工厂	2台
住友金属	和歌山工厂	2台
JFE Steel	东日本钢厂	1台
JFE Steel	西日本钢厂	4台
神户制钢	加古川工厂	1台
日新制钢	某工厂	3台
合计	18台	

（韩国）粗钢产量（2011年） 6850万吨

浦项钢厂	光阳工厂	3台
浦项钢厂	浦项工厂	1台
现代钢铁	唐津工厂	3台
合计	7台	

(中国台湾) 粗钢产量（2010年） 1980万吨

中国钢铁	高雄工厂	3台
中龙钢铁	台中工厂	1台
合计	4台	
(中国) 粗钢产量 (2011年)		69550万吨
宝钢集团	上海宝山	3台
首钢集团	迁安工厂	1台
首钢集团	京唐工厂	1台
邯钢集团	邯宝钢铁	1台
马鞍山钢铁	4号钢轧	1台
合计	7台	

由于各个钢厂的产品不同，粗钢生产时需要火焰清理的比率也不一样，从亚洲地区的业绩来看，为了实现提高产品附加值的目标，各个钢厂对火焰清理工艺的重要性均予以高度的评价和认可。

3.13.1.3 火焰清理的运行成本

对于火焰清理成本问题，由于火焰清理机的操作条件（铸坯尺寸、温度、钢种、清理深度）、氧气、燃气、水、电等能源介质的成本、清理量、操作维护保养所需人工费等成本不同的缘故，火焰清理成本也相应发生变化，以平均板坯尺寸、冷坯、清理深度为3mm情况下进行4面同时清理时，吨钢的清理成本约为2美元。

3.13.1.4 通过火焰清理后可以获得的益处

（1）下述所示金额为大概两年前日本国内某企业的产品销售（钢材销售部销售价）价格。在薄板、汽车板、出口冷轧薄板的销售价格方面，正品与次品（等外品）的价格差异为20~25千日元/吨，火焰清理后成材率由原来98%左右得到了大幅度的提高（同时，熔渣成分为氧化铁，可以再次返回高炉、转炉被使用）。

一般情况下，板坯的吨钢火焰清理成本在上述第3项中已经说明过约为2美金，火焰清理后的钢材可以获得更高的销售价格，也可以获得更高的销售利润。

2009年业绩	（千日元/吨）	
1）薄板	一等品	等外品
冷轧薄板	84.2	60.7
熔融AS	88.1	60.7
2）汽车板	一等品	
冷轧薄板	83.1	
熔融AS	94.2	
3）出口产品	一等品	
冷轧薄板	83.1	
熔融AS	94.2	

不增加（譬如：切边）生产工艺，降低产品等级销售的情况下，价格上的最大差异为27.4千日元/吨。

3.13.1.5 火焰清理机的市场趋势

（1）在目前的工厂运行中，对公司内的产品不良率发生原因的调查、最终产品制造后（或中间过程中）的不良率（成材率）的改善等可以带来多大的利润方面需要进行分析和研究。必须认识到火焰清理机既是作一种为提高产品成材率的重要工具的同时，也是高牌号钢生产中仅通过电磁搅拌、电磁制动等炼钢技术的改善而无法解决问题及满足最终用户要求规格产品的生产中不可缺少的一种重要工艺设备。

（2）上述第4项中所示，火焰清理机对减少低规格产品及提高高附加值产品的生产；短时间回收火焰清理机投资成本；保证提高企业利润等方面均可做出贡献。

（3）同时，在质量保证方面和各生产工艺的监测管理方面均不失为一种有效的手段。火焰清理机与其后布置的缺陷监测设备组合后，在可以确保产品质量和清理精度的同时，也可推进HCR化，降低总生产运行成本。

3.14 上海新中冶金设备有限公司

3.14.1 火焰切割机

3.14.1.1 板坯火切机

产品规格型号

Bga系列：螺旋顶同步

Bgb系列：气缸同步

Bgt系列：二次切割

产品说明：

适用于各种规格板坯

多次获国家级新产品奖

3.14.1.2 方坯火切机

产品规格型号

Fgr系列：气缸返回

Fga系列：单电机传动

Fgb系列：双电机传动

产品说明：

无动力型及其改进型

3.14.1.3 圆坯火切机

产品规格型号

Fgb系列：双电机传动

产品说明：

割枪可作曲线运动切

3.14.1.4 钢包烘烤

产品规格型号

立式

卧式

3.14.1.5 中间包烘烤

产品规格型号

电液推杆式

卷扬式

3.14.1.6 中间包水口烘烤

产品规格型号

自燃式

鼓风助燃式

负压抽风式

3.14.1.7 智能数控切割机

产品规格型号

ZNG系列

产品说明：

板厚：50~300mm；板宽：单排最大5500mm；双排最大3900mm

3.14.1.8 铸坯喷号机

产品规格型号

PHJ系列

3.14.1.9 **方圆坯连铸机**

产品规格型号

机型：弧形、刚性引锭杆和柔性引锭杆

半径系列：R4.5m、R5.25m、R6m、R7m、R8m、R9m、R10.3m、R10.5m、R11m、R12m、R13m、R14m、R16m、R16.5m

流数系列：2、3、4、5、6、8、10、12

铸坯断面：

方坯：100mm×100mm~200mm×200mm

大方坯：200mm×200mm~300mm×300mm

矩形坯：140mm×200mm~400mm×500mm

圆坯：ϕ110~800mm

3.14.1.10 **宽厚板坯火焰切割机**

在国内300mm×2000 mm以上宽厚板坯火焰切割机市场上，上海新中的宽厚板火切机已经牢牢占据了龙头位置，至今已向国内各用户累计提供了近60台套不同规格的宽厚板坯一次/二次火焰切割机。

主要技术特点：

(1) 整体式水冷车体，防热效果佳。

(2) 优异的冷却水循环系统设计，高压自动溢流泄压，断流自动报警。

(3) 采用双行程气缸压紧方式，预压紧稳定，同步运行可靠。

(4) 配置内镀层快速割嘴，割速快，割缝窄，寿命长。

(5) 采用电视摄像定尺系统，精度高，故障率低。

3.14.1.11 **大圆坯火焰切割机**

在国内ϕ500mm以上大圆坯火焰切割机市场上，上海新中的大圆坯火切机更是一枝独秀，至今已向国内各用户累计提供了近50台套切割断面在ϕ500mm以上大圆坯火焰切割机。

其中为中信泰富集团江阴兴澄特钢大圆坯连铸机配套提供YG型大圆坯火焰切割机是目前世界上切割最大直径连铸坯（ϕ1000mm）的大圆坯火切机。

主要技术特点：

(1) 组合式水冷车体，防热效果好。

(2) 优异的冷却水循环系统设计，高压自动溢流泄压，断流自动报警。

(3) 采用双传动双变频方式控制，可以实现不同直径断面的上圆弧轨迹。

(4) 配置专用大圆坯割嘴，风线长，穿透力强，断面平整。

(5) 切割程序多样化，既可上圆弧轨迹切割大圆坯，又能直线运行切割大方坯和矩形坯。

3.15 北京中冶设备研究设计总院有限公司

3.15.1 新型150t转炉设备

3.15.1.1 **产品说明**

转炉设备主要包括：转炉炉体（包括：炉壳、水冷炉口、炉体防护裙板）、转炉托圈及托圈防护板、水汽旋转接头及炉体配管、炉体三点球面支撑装置、耳轴轴承和轴承座及支撑装置、耳轴轴承座润滑系统、轴承座基础埋件及地脚螺栓、炉腹射流冷却装置、炉体水气配管、扭力杆平衡装置、倾动机构事故止动装置、事故止动装置及扭力杆平衡装置的基础埋件和地脚螺栓、倾动装置、倾动机构事故驱动装置、转炉砌砖图等。

公司在转炉设计中采用了多项新技术以优化设计方案：包括优化设备结构，减轻设备质量，降低运动冲击，提高运行可靠性与安全性。采用计算机模拟仿真计算和有限元分析方法，采用悬挂式四点啮合柔性传动的倾动装置、焊接整体托圈、整体炉壳、三点支撑的连接方式以及完善的强迫冷却措施等先进技术。能够将转炉炉壳的使用寿命由10~15年提高到15~20年，使用寿命提高30%~50%。与国内外现状比较：国内先进水平。该技术拥有发明专利两项。

3.15.1.2 **技术参数**

技术参数见表3.15.1。

表3.15.1 技术参数

序 号	名 称	单 位	指 标	备 注
1	转炉公称容量	t	150	
2	熔池深度	mm	1484	
3	熔池直径	mm	ϕ 5082	
4	熔池直径/熔池深度		3.425	
5	熔池表面积	m^2	20.284	
6	单位熔池表面积	m^2/t	0.135	
7	炉口直径	mm	ϕ 2900	
8	炉口直径/炉膛直径		0.541	
9	转炉有效内高	mm	8314	
10	转炉有效内高/炉膛直径		1.561	
11	转炉总高	mm	9460	
12	炉壳外径	mm	7140	
13	转炉总高/炉壳直径		1.325	
14	出钢口直径	mm	160	
15	出钢口与水平夹角	(°)	6	
16	出钢量	t	平均150	

3.15.1.3 **技术优势**

公司研发的新型转炉炉体设备具有以下优势：

(1) 炉壳采用含有微量元素Nb、Ti的NR400ZL材料，提高炉壳的强度、塑性、韧性。

(2) 炉壳出钢口为向上6°倾角，增强钢水搅拌能力；可拆出钢口结构，便于维护。

(3) 采用全悬挂式倾动装置，占地小，降低现场安装工作量与难度，托圈的变形对传动部件的啮合不产生影响。倾动机构事故止动装置为弹性止动座形式。

(4) 采用等应力扭力杆装置，使内部应力均匀，避免疲劳失效。防扭座采用卡套式结构可有效防止垫板在摇炉时脱落。

(5) 托圈为组合式焊接结构，强度高结构简化，质量和成本低，便于多路冷却水和底吹气管路的设置。

(6) 炉腹射流式冷却装置采用高压、小流量压缩空气强制冷却，冷却效率提高50%。

(7) 冷却水旋转接头采用了气封水的无外泄结构。

(8) 快卸式弧形挡渣裙板。

(9) 采用计算机三维有限元仿真优化技术，设备重量轻，降低设备成本。

3.15.1.4 **应用情况**

此设备已成功应用于上海梅山钢铁股份有限公司150t转炉设计上，设备运行良好。

现场照片及优化结构见图3.15.1和图3.15.2。

图3.15.1 150t转炉实物图

图3.15.2 150t转炉三维效果图

3.15.2 钢渣处理装置

3.15.2.1 产品说明

公司依据国内转炉设备及炉渣的情况，开发出高炉炉渣处理和转炉钢渣处理的新装置。炉渣处理装置包含新型粒化轮、给料机、二次水淬渣池、供水管路、循环水池、回水管路、提升脱水器、胶带机、集气装置、渣罐倾翻机、熔渣溜槽等设备。炉渣处理装置是环保、节能产品。其装置布置见图3.15.3。

3.15.2.2 技术参数

设备主要技术参数：

每炉渣量：17~20t

转炉倒渣时间：1min

出渣温度：1500~1600℃

渣罐容量：11m^3

渣罐车行走时间：1~1.5min

粒化放渣速度：1.5~3t/min

一罐渣放渣时间：4~8min

循环水量：600t/h

蒸汽发生量：2793m^3 /min

每吨渣耗水量：0.4~0.5t

成品渣粒度：≤10.0mm

成品渣含水：≤8%

成品渣堆比重：1.6t/ m^3

熔渣粒化率（按生产节奏和渣况）：70%～90%

粒化处理周期：12.0min

倒渣粒化时间：8min

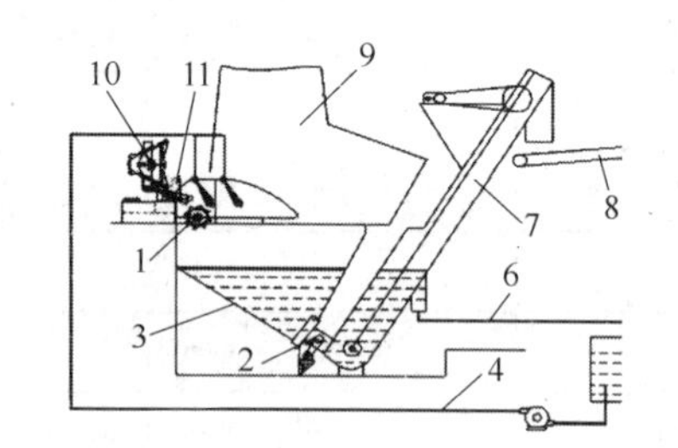

图3.15.3 钢渣处理装置结构布置

1—粒化轮；2—给料机；3—二次水淬渣池；4—供水管路；5—循环水池；6—回水管路；7—提升脱水器；8—胶带机；9—集气装置；10—渣罐倾翻机；11—熔渣溜槽

钢渣粒化处理试验相关指标见表3.15.2。

表3.15.2 钢渣粒化处理试验相关指标

成 分	CaO	SiO_2	Al_2O_3	FeO	ΣFe	R
含量/%	40.59	11.10	3.01	20.97	23.75	3.2~3.5
粒度 φ/mm	<5	5~2	2~1	1~0.5	<0.5	合计
粒度/目	<3.5	3.5~7	7~16	16~24	>32	
质量/g	72.7	216.0	88.7	49.4	15.0	441.8
所占比例/%	16.5	48.9	20.1	11.2	3.4	100

3.15.2.3 技术优势

研发的高炉渣粒化装置，占地少、投资小，二次水淬渣池和提升脱水器的结合避免了在结构和脱水方式上的不足，保证了成品渣质量，降低了渣水比，实现了污水无外排。粒化器本身合理地改变了图拉法的水冷方式，实现粒化轮齿单齿快速更换，能够有效地提高粒化轮寿命，保证了生产的正常进行。对A、B 类渣温>1500℃，属于正常渣，可实现粒化率90%以上，当采用两套以上粒化装置时（能够互为备用）可以实现100%；C类渣温≤1400℃，粒化率70%～80%；D类渣，温度低黏度大，粒化率60%~70%。

主要技术特点如下：

适应性强，适用于细、棉、浮等性质的高炉渣，不受渣碱度的影响；

每分钟处理转炉钢渣达8t，安全可靠；钢渣水淬率可达90%以上；

钢渣分离度好，磁选提取率可达98%以上；

装置布置紧凑，主体设备结构简单，占地面积小；

钢渣粒化设备速度可调，粒化周期可控范围大，粒化时间在5～15min；

粒化后的钢渣粒度均匀，粒度小于5mm的比例达95%以上；

节水、节电，吨渣耗水量0.457t，吨渣耗电1.5kW·h；

钢渣运输距离短，温降小，流动性好；

操作过程既可采用自动，也可以采用手动，全过程采用计算机画面监视；

处理过程产生的含尘蒸汽外排含尘量小于国家100mg/m^{3}的标准。

采用的主要创新技术：

多流道自助循环粒化轮；

快速更换熔渣溜槽的倾翻车；

钢格板拦渣装置，防爆炸；

简单，易维护钢渣渣池装置；

压缩气体扰动悬浮技术、烟筒内水蒸气喷淋冷却技术；

重抛式卸料技术、水润滑技术、灌流水冷技术。

核心知识产权见表3.15.3。

表3.15.3　核心知识产权

序　号	专 利 名 称	专利号或授权号	专利类型
1	新型钢渣粒化装置	200920171253. X	实用新型
2	一种多流道自助循环粒化轮	200820132300. 5	实用新型
3	一种可快速更换熔渣溜槽的倾翻车	200820207910. 7	实用新型
4	钢渣粒化淬渣池的钢格板拦渣装置	200920175374. 1	实用新型
5	一种钢渣粒化的渣池装置	200920175373. 7	实用新型
6	液体中颗粒状物料的打捞设备及方法	200910169662. 0	发明

3.15.2.4　***应用情况***

应用情况见表3.15.4。

表3.15.4　应用情况

序　号	用户名称	数　量	设备主要参数	投产日期
1	安阳钢铁公司	1套	2000立方米高炉渣粒化	2003. 10
2	本钢板材股份有限公司	4套	100吨转炉钢渣粒化	2005. 7
3	南京钢铁公司	2套	120吨转炉钢渣粒化	2010. 12

设备应用现场见图3.15.4。

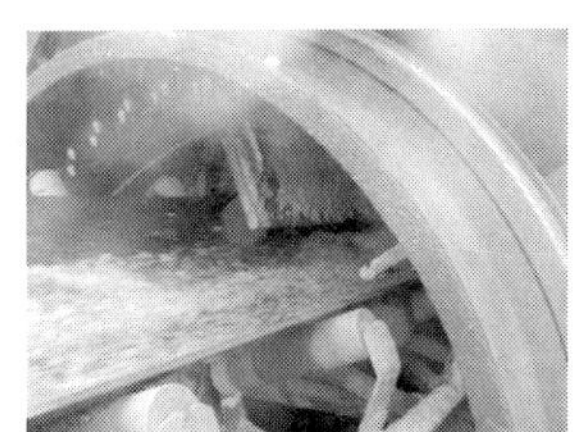

图3.15.4　设备现场应用

3.15.3 铁水预脱硫站

3.15.3.1 **产品说明**

公司开发出单喷颗粒镁铁水预脱硫站、复合喷吹铁水预脱硫站、搅拌法（KR）铁水预脱硫站系列产品。

单喷颗粒镁铁水预脱硫站是采用气力输送的方法，将脱硫剂颗粒镁喷入铁水中，并依靠输送介质的搅拌作用，加强铁水与脱硫剂的混合反应，达到铁水脱硫的目的。

复合喷吹铁水预脱硫站是将镁粉和石灰粉在管路输送中混合，然后经过喷枪喷入到铁水中，在气体的搅拌作用下，铁水与脱硫剂发生反应，达到脱硫目的。

搅拌法铁水预脱硫站采用“十字形”搅拌头使铁水搅动，然后将脱硫剂加入铁水中，使铁水在机械搅拌的作用下，获得良好的动力学条件并与脱硫剂充分地混合、反应，从而达到铁水脱硫的目的。

复合喷吹铁水预脱硫站和单喷颗粒镁铁水预处理站的设备基本相同，脱硫站主要系统和设备如下：

(1) 高位储镁仓装置及其附件。

(2) 喷吹罐装置及其附件。

(3) 带气化室的专用喷枪及耐磨损软管。

(4) 喷枪升降装置。

(5) 喷枪在线维修用内面清理机、喷补机；离线维修用燃气烘烤器、保温罩。

(6) 喷枪夹钳装置。

(7) 测温枪、取样枪装置。

(8) 自动控制及专家系统。

(9) 监测、计量、报警系统。

(10) 集尘系统—脱硫站内的烟气集尘罩及烟道。

(11) 喷枪库及离线维修用枪架。

(12) 能源（电、氮气、燃气、压缩空气）介质供给管路阀门系统。

(13) 各设施检修、维护用钢架平台、人梯等。

(14) 脱硫、扒渣平台（钢筋混凝土结构）。

(15) 脱硫操作室（需方提供）。

(16) 快速硫分析室、配电室、休息室。

(17) 铁水罐、渣罐（需方提供）。

(18) 液压铁水罐倾翻车、渣罐车。

(19) 液压扒渣机。

搅拌法铁水预脱硫站的主要系统和设备：

脱硫剂制备系统；脱硫剂计量及输送系统；铁水计量、运送及定位系统；测温取样系统；铁水脱硫搅拌系统；搅拌装置升降系统；铁水罐倾翻装置；铁水前、后扒渣；出渣运送系统；通风除尘系统；电气及控制系统；厂房及基础；公用辅助设施系统；化验系统；消防器材。具体如图3.15.5所示。

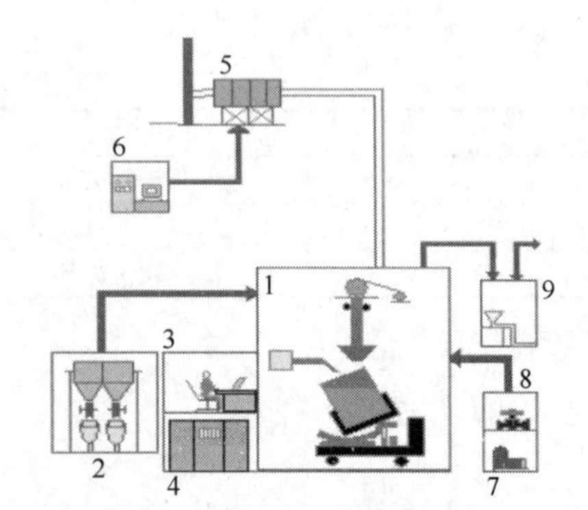

图3.15.5 KR脱硫车间组成

1—KR搅拌脱硫及扒渣站；2—脱硫剂储存及输送站；3—脱硫及扒渣操作室；4—脱硫及扒渣电气室；5—除尘系统；6—除尘操作室及电气室；7—液压站；8—阀门室；9—风动送样间

3.15.3.2 **技术参数**

单喷颗粒镁铁水预脱硫站的主要技术参数见表3.15.5。

复合喷吹铁水预处理站的主要技术参数见表3.15.6。

搅拌法铁水预处理脱硫站主要技术参数见表3.15.7。

根据企业不同情况，复合喷吹铁水预处理站可以确保达到三种水平的脱硫效果：

终点硫分别是≤0.010%，0.005%，0.002%。

确保在80炉次的热试车中，达到上述指标的炉次占处理总炉次≥90%，在≤10%的炉次中铁水硫含量超标分别≤0.003%~0.002%，这等同于目前国际通用水平。

表3.15.5 单喷颗粒镁铁水预脱硫站的主要技术参数

项　目	单 位	数 值
脱硫平均周期	分钟/包	≤28
每天最大脱硫包数	包/每工位	40
年处理能力/（套）	万吨/每工位	100
喷枪使用寿命	炉（次）	>100
钙基脱硫剂耗量	kg/t铁	-5
铁损耗	kg/t铁	-3.6
铁水温降	℃/min	≤2

表3.15.6 复合喷吹铁水预处理站的主要技术参数

项　目	单 位	数 值
供粉速度：可分为二挡：喷镁、喷钙系	kg/min	1~16　20~90
粉料粒度	mm	0.1~1.6
载气流量	m^3/h	~300
载气压力	MPa	0.4~0.7
载气种类	氩气、天然气、氮气、空气	
喷吹时间	min	4~15
粉剂单耗： CaO, CaC_2, CaF_2 Mg系（镁剂＋钙系） Mg粒	脱硫效率 kg/t　50%~80% kg/t　约90% kg/t	8~12 ~3＋~1 0.18~1.0
铁水温降	℃	10~50
喷枪形式	带气化室的喷枪或倒Y形喷枪	
计量检测	自动计量检测信号、反馈、报警	
控制形式	PLC程控加手动电控	

表3.15.7 搅拌法铁水预处理脱硫站主要技术参数

序 号	项目名称	单 位	数 值
1	脱硫工艺		搅拌法
2	脱硫剂	氧化钙为基的混合物组成	一般为90%的CaO+10%的CaF_2 粒度：0.1~1mm ≥90% 容重：~$1t/m^3$
3	脱硫平均周期	min	28
4	处理前铁水温度要求	℃	≥1250
5	处理过程温降	℃	0~20
6	脱硫目标值	%	≤0.015（命中率：>90~95） 最低≤0.002
7	脱硫剂消耗	kg/t铁水	6~12
8	耐火材料	kg/t铁水	0.065
9	氮气	Nm^3/t铁水	1.7
10	水	m^3/t铁水	0.05
11	电	kW·h/t铁水	1.6
12	测温取样探头	个/罐	2
13	正常情况下搅拌头使用寿命保证值	罐	>350

搅拌法铁水预处理脱硫站达到的效果见表3.15.8。

表3.15.8 搅拌法铁水预处理脱硫站达到的效果

原始硫/%	最终硫/%	温降/%	降0.001%脱硫剂耗量/kg·t^{-1}	搅拌时间/min
≤0.035	≤0.01	≤36	0.27	8
	≤0.005	≤38	0.28	10
	≤0.002	≤40	0.30	12
0.036～0.05	≤0.01	≤39	0.21	9
	≤0.005	≤41	0.22	11
	≤0.002	≤43	0.23	13
0.051～0.070	≤0.01	≤41	0.19	11
	≤0.005	≤43	0.20	12
	≤0.002	≤45	0.21	14

注：上表数值等同于目前国际通用水平。

3.15.3.3 技术优势

单喷颗粒镁铁水预脱硫和复合喷吹铁水预脱硫站：

(1) 高精度的喷吹系统——具有精确度量和输送脱硫剂的喷粉系统。

该技术改变过去载气压差法输送粉料不够均匀有脉冲现象的缺点，采用稳定精确的容积式送料方式。对送料量采用精度高的电子秤连续测量的方法获得信号并反馈到供料控制系统加以调节，可以获得连续稳定的喷料量，其调节精度可以达到±0.3kg/min，达到目前世界上喷料量控制的先进水平。从而可杜绝铁水喷溅，确保喷吹脱硫成功。同时降低脱硫剂消耗，提高脱硫效率，提高喷吹效益。这种高精度喷吹系统对喷吹价格比较贵的钝化镁粒或镁粉脱硫剂尤为必要。

(2) 高精度的脱硫剂喷吹量自动控制模型——专家系统。

自动控制模型主要是依据铁水质量、初始硫、目标硫含量，参考铁水温度、带渣量、渣的成分等通过PLC中设置的专家系统软件，比较精确地自动计算出本炉次需要喷入的脱硫剂量，确定喷粉速度和喷吹时间，建立起高精度的控制模型，从而保证高的脱硫命中率，较精确的脱硫剂量，提高脱硫剂的利用率，降低成本，提高经济效益。同时采用WINCC或国内组态软件，对系统实行计算机操作和翻屏监控。

(3) 科学合理的工艺技术软件。

从理论和实践两个方面确定合乎企业实际的工艺技术，包括：喷吹工艺、操作工艺、设备的与工艺有关的技术参数等。这就为在硬件的基础上确保铁水预处理成功作出了最重要的保证。

(4) 喷纯镁专用的带气化室喷枪。

为了加速颗粒镁的气化，促进镁的脱硫反应，提高镁的利用率和脱硫率，喷镁喷枪一般应当使用带气化室的喷枪，这也是喷镁的关键技术。我院可以通过技术合作向用户提供质量优良的气化室喷枪或者其制造技术。根据铁水罐等实际情况也可向企业提供倒Y形喷枪。

(5) 七项专有先进实用技术。

1) 不论铁水罐内铁水面高低，确保测温枪、取样枪进入铁水深度为设定值的设备；

2) 喷枪触罐底结的铁渣凸包瞬间能自动停枪、再升枪到定高、再自动喷吹的设备；

3) 气化室喷枪在线维修长寿设备；

4) 喷枪、测温取样枪枪位检测显示设备；

5) 事故停电提喷粉枪装置；

6) 瞬时显示喷粉质量流量表设备；

7) 高效扒渣机。

(6) 石灰粉喷吹罐调节给料速度快，调节给料量精度高（±0.3%），能实现石灰的稳定喷吹。石灰喷吹罐同时具有流态化装置，其作用主要是防止石灰粉起拱，增加其流动性。

镁粉喷吹罐：该套装置的供料精度2%，供料调节精度±0.3%，都达到同类设备国际先进水平。完全可以用我们的装备替代进口。

(7) 具有特殊结构的喷粉枪，再加上喷枪维修技术，有效地减少甚至杜绝喷枪堵枪并且大幅度提高喷枪寿命。对生产顺行和降低成本具有重要作用。

供粉系统的控制系统具有当镁粉和石灰粉的喷吹罐中存料少于设定值时自动从储仓向喷吹罐给料的功能。

搅拌法铁水预处理脱硫站：

(1) 搅拌头的几何参数进行了优化，搅拌效果更强烈、更有效、有效使用周期更长，从而减少搅拌时间和铁水的温降。

(2) 搅拌头和下轴承座之间增设了防辐射装置，降低了主轴承的温度，从而延长了主轴承的使用寿命。

(3) 活动导轨盖板由倾翻方式改为平移方式，降低了设备的总高度。

(4) 每炉搅拌时间从平均 8min 减少到平均5min 。

(5) 铁水温降从平均30℃减少到平均15℃。

(6) 最小设备高度缩小2m，对老厂房的适应性更强。

(7) 主轴承的寿命更长。

3.15.3.4 应用情况

应用情况见表3.15.9。

表3.15.9 应用情况

序号	项目名称	使用单位	数量/套	年处理量/万吨	铁水罐容量/t	投产日期	初始硫/%	目标硫/%	脱硫剂
1	铁水罐喷纯镁脱硫站	南钢集团炼钢厂	2	60	80	2002.11	0.10~0.04	≤0.015 ≤0.010	颗粒镁
2	铁水罐喷纯镁脱硫站	宁波建龙钢铁集团公司	2	262	185	2005.5	0.08~0.04	≤0.010 ≤0.005	颗粒镁
3	铁水罐喷纯镁脱硫站	莱钢集团炼钢厂	3	110	100	2004.2	0.10~0.05	≤0.010 ≤0.005	颗粒镁
4	铁水罐喷纯镁脱硫站	马钢集团炼钢厂	2	175	115~130	2004.5 2007.12	0.03~0.035	≤0.010 ≤0.005	颗粒镁
5	铁水罐喷纯镁脱硫站	首秦金属材料有限公司	3	98	100	2005.3 2005.9 2008.1.11	0.03~0.06	≤0.005 ≤0.010	颗粒镁
6	铁水罐喷纯镁脱硫站	天津荣程新利钢铁公司	1	150	100	2005.4	0.02~0.07	≤0.010 ≤0.005	颗粒镁
7	铁水罐喷纯镁脱硫站	介休市义安实业有限公司	1	80	75	2005.5	0.08~0.03	≤0.010 ≤0.005	颗粒镁
8	铁水罐喷纯镁脱硫站	首钢三炼钢	1	100	80	2004.7	约0.07	≤0.010 ≤0.005	颗粒镁
9	铁水罐喷纯镁脱硫站	唐山国丰钢铁有限公司	2	110	80	2005.3	0.08~0.04	≤0.005	颗粒镁
10	铁水罐喷纯镁脱硫站	宣化钢铁公司炼钢厂	1	100	80	2004.11	0.03~0.035	≤0.010 ≤0.005	颗粒镁
11	铁水罐喷纯镁脱硫站	承德钢铁有限公司	1	150	90	2005.5	约0.07	≤0.010	颗粒镁
12	铁水喷镁脱硫项目总承包	韶钢松山股份有限公司	2	280	120	2005.1	0.03~0.065	≤0.015 ≤0.005	颗粒镁
13	铁水罐喷纯镁脱硫站	唐山建龙实业有限公司	1	120		2005.5	约0.070	≤0.015 ≤0.005	颗粒镁
14	铁水罐喷纯镁脱硫站	莱芜钢铁股份有限公司	2		65	2005.4	0.1~0.05	≤0.010 ≤0.005	颗粒镁

续表3.15.9

序号	项目名称	使用单位	数量/套	年处理量/万吨	铁水罐容量/t	投产日期	初始硫/%	目标硫/%	脱硫剂
15	铁水罐喷纯镁脱硫站	河北津西钢铁股份有限公司	1	120	100	2004.11	0.1~0.04	≤0.010 ≤0.005	颗粒镁
	铁水喷镁脱硫项目总承包		1	100	100	2007.11.30	0.03~0.10	≤0.010	颗粒镁
16	铁水罐喷纯镁脱硫罐	莱钢集团泰东实业有限公司	4		60	2005.1~6	0.1~0.05	≤0.010 ≤0.005	颗粒镁
17	铁水罐喷纯镁脱硫站	湖南华菱涟源钢铁有限公司	1	130	100	2006.5.20	0.1~0.05	≤0.010 ≤0.005	颗粒镁
18	铁水喷镁脱硫项目总承包	酒钢集团榆中钢铁有限公司	2	100	50	2006.11	约0.070	≤0.010 ≤0.005	颗粒镁
19	铁水喷镁脱硫项目总承包	南京钢铁股份有限公司	1	>120	125	2007.2.15	0.40~0.8	≤0.010 ≤0.002	颗粒镁
20	铁水罐喷纯镁脱硫站	水钢	1	100	80	2006.7.31	0.03~0.05	≤0.005	颗粒镁
21	铁水罐喷纯镁脱硫站	淄博宏达	1	80	70	2006.9.15	0.02~0.2	≤0.015 ≤0.03	颗粒镁
22	铁水罐喷纯镁脱硫站	云南省玉溪市大营街实业有限公司	1	72	60	2007.3.31		≤0.010 ≤0.015	颗粒镁
23	铁水喷镁脱硫项目总承包	萍乡安源钢铁有限责任公司	1	60	60	2007.4.30	0.03~0.11	≤0.010 ≤0.015	颗粒镁
24	铁水喷镁脱硫项目总承包	河北普阳钢铁有限公司	1	156	150	2007.12.15	0.04~0.065	≤0.010 ≤0.005	颗粒镁
			2	62	50				
25	铁水喷镁脱硫项目总承包	承德新新钒钛股份有限公司	2	400	150	2007.12.23	0.03~0.065	≤0.010 ≤0.005	颗粒镁
			2	200	75	2007.8.31	0.03~0.08		
26	铁水喷镁脱硫项目总承包	河北敬业中厚板有限公司	1			2007.12.31			颗粒镁
27	铁水喷镁脱硫装置	鞍钢凌钢朝阳钢铁项目	2	120	120	2008.3.1	≤0.035	0.010~0.002	颗粒镁
28	铁水喷镁脱硫装置	山东石横特钢集团有限公司	1		65	2008.1.25			颗粒镁
29	复合喷吹铁水预处理脱硫装置	迁安轧一钢铁集团有限公司	1	158	160	2008.4.25	0.03~0.070	≤0.010 ≤0.005	石灰粉 颗粒镁
30	铁水喷镁脱硫装置	凌源钢铁股份有限公司	1	160	100	2008.9.20	≤0.07	≤0.010 ≤0.005	颗粒镁
31	复合喷吹铁水预处理脱硫项目总承包	玉溪新兴钢铁有限公司	2	72	70	2008.8.30	0.035~0.11	≤0.02	石灰粉 颗粒镁

应用技术现场设备如图15.3.6所示。

复合喷吹铁水预脱硫站

搅拌法（KR）铁水预脱硫站

图3.15.6　铁水预脱硫站实物

3.15.4　转炉湿法煤气除尘回收装置

3.15.4.1　***产品说明***

转炉烟气净化系统包含的设备为汽化冷却烟道、冷却洗涤塔、上行式环缝文氏管、旋流板脱水器、鼓风机等。转炉产生的烟气经汽化冷却烟道进入冷却洗涤塔进行降温和粗除尘，然后从冷却洗涤塔的下部出口出来，进入环缝文氏管的下部入口，经过环缝文氏管的精除尘后，从环缝文氏管的上部出口进入烟道和旋流式脱水器，最后经风机进入后续煤气回收系统，如图3.15.7所示。

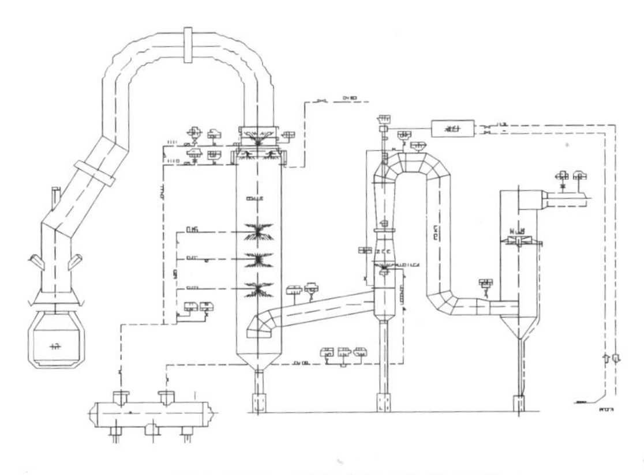

图3.15.7　转炉烟气净化系统

3.15.4.2　***技术参数***

以150t转炉为例，主要设计参数如下：

转炉公称容积：150t

转炉平均铁水装入量：165t

转炉最大铁水装入量：178t

转炉冶炼周期：30~38min

转炉冶炼吹氧时间：约15min

最大降碳速度：0.4%/min

铁水含碳量：4.2%

钢水含碳量：0.05%

出炉口后最大炉气量（标态）：100000m^3/h

出炉口后最大烟气量（标态）：112000m^3/h

炉气温度：

　回收期：1200~1450℃

　燃烧期：约1550℃

原始炉气成分：CO 90%，CO 26%，N 23.5%，O 20.5%

烟尘成分：FeO、Fe_2O_3、Fe_3O_4，约70%，其他30%

烟尘粒度：

　回收期：10~40μm

　燃烧期：<10μm

汽化冷却烟道出口烟气温度：1000℃

空气燃烧系数：α＝0.08

设备性能指标：

(1) 冷却洗涤塔：洗涤塔结构压力损失极低，在0.5kPa以下；除尘效率达到90%以上。

(2) 上行式环缝文氏管：除尘效率在99%以上。

(3) 旋流叶轮脱水器：脱水效率在90%以上。

(4) 炉口微差压装置及液压伺服控制系统：适应恶劣环境条件，能够长期稳定工作。

3.15.4.3 **技术优势**

转炉湿法煤气除尘回收装置与传统OG净化系统和日本第五代“OG”除尘系统相比，主要技术优势：

(1) 烟气净化系统工艺采用喷淋冷却塔加上行式环缝文氏管作粗除尘和精除尘设备，脱水采用旋流板式脱水器，整个除尘系统的设备组成少、构造更简易紧凑、占地面积小，设备维修保养简单、脱水效果好。

(2) 冷却洗涤塔内设有多层喷嘴和喷枪，喷嘴采用一种双流体节能型防堵塞雾化喷嘴。冷却洗涤塔的喷水量自动控制。

(3) 环缝文氏管采用单一给水喷头，喷头布置在重砣下方的烟道中心，减小气流的阻力损失，使水雾均匀、稳定，有利于水、气的结合。

(4) 环缝文氏管烟气流动方向为上行式，多余的机械水不易被气流带走，有利于环缝喉口有效发挥作用，对整个除尘系统有利。

(5) 所需静压差少，系统阻力损失小，新除尘系统所需风机升压为25kPa，老系统所需风机升压为28kPa。

(6) 循环水用量减少，新除尘系统除尘用水量为450～550m^3/h，老系统用水量为600～700m^3/h。

(7) 实现炉口微差压的精确控制，提高回收煤气的品质和煤气的回收量，节约能源、保护环境，而且可以提高经济效益，降低转炉炼钢成本。

(8) 烟尘的附着堆积少，除尘效率高。

3.15.4.4 **应用情况**

本套装置在国丰1~3号65t转炉、唐钢二钢轧厂2号、4号50t转炉推广使用，经初步核算，年节电费用约42.6万元，节能效果明显。改造前烟囱冒黄烟，改造后烟囱冒白烟，出口含尘浓度（标态）在50mg/m^{3}左右，大大改善了钢厂周边环境，为唐山地区建设绿色钢厂做出了贡献。

3.15.5 扒渣机系列

3.15.5.1 **产品说明**

扒渣机是铁水预处理和炉外精炼必不可少的装备，主要用于铁(钢)水罐扒渣。为了提高铁水预脱硫的扒渣效率，防止产生回硫现象，我公司研制的扒渣机包括气动扒渣机和液压扒渣机两种，液压扒渣机又分为小车式液压扒渣机和伸缩臂式液压扒渣机。

3.15.5.2 **产品构成**

气动扒渣机为小车式结构，主要包括小车行走装置、扒渣臂上下摆动装置、扒渣板位置微调装置、扒渣臂夹紧装置和扒渣臂旋转装置、行程开关移动装置等。

伸缩臂式液压扒渣机由伸缩、倾动、回转三大机构组成，伸缩机构主要由大臂、伸缩杆和液压驱动机构组成。回转机构主要由底座、回转盘和液压驱动机构组成，大臂可在+8°/-30°范围内转动。倾动机构是一个连接伸缩机构和回转机构之间的机构，使大臂在水平+3°/-6.5°范围内倾动，即可以调整扒渣角度，也可以利用液压缸的动力作为破渣力。全部采用液压驱动。操作灵活方便，结构紧凑，占地面积小，扒渣行程大，速度快，力量大。

3.15.5.3 **技术参数**

气动扒渣机的主要技术性能为：

(1) 适用铁水罐容量150t。

(2) 扒渣机小车行走装置。

最大行程：6000mm；运行速度：0.5~1.5m/s（可调）；汽缸：ϕ250mm×3020mm。

(3) 扒渣臂升降装置 。

扒渣板升降行程：900mm；汽缸：ϕ350mm×120mm；扒渣板初始位置调整范围：±500mm。

(4) 扒渣臂旋转装置。

旋转角度：±12.5°；汽缸：ϕ150mm×80mm；油缸：ϕ100mm×180mm；

(5) 扒渣臂夹紧装置。

汽缸：ϕ200mm×50mm。

(6) 汽缸对气源的要求。

压力：0.55~0.7MPa；流量：14m^3/min。

(7) 扒渣机行程开关移动装置。

行程开关移动行程：1000mm。

(8) 垂直打渣力：max 1200kg。

(9) 水平扒渣力：max 1000kg。

(10) 电源。

主回路：交流380V，50Hz，3相

操作回路：直流24V

电磁阀回路：交流220V，50Hz，单相

伸缩臂式液压扒渣机的主要技术参数：

(1) 扒渣行程：最大7m。

(2) 水平回转角：+8°/-30°。

(3) 最大扒渣速度：1.5m/s。

(4) 回转速度：1.02r/min。

(5) 最大扒渣力：1500kgf。

(6) 最大破渣力：1500kgf。

(7) 倾角：+3°/-6.5°。

(8) 铁包最大铁水量：210t。

小车式液压扒渣机的主要技术参数：

(1) 适用铁水罐容量150t。

(2) 扒渣机小车行走装置。

最大行程：6000mm；最大扒渣速度：1.5m/s。

(3) 扒渣臂升降装置。

扒渣板升降行程：900mm。

(4) 扒渣臂旋转装置。

旋转角度：±12.5°；回转速度：1.02r/min。

(5) 垂直打渣力：max 1500kg。

(6) 水平扒渣力：max 1500kg。

3.15.5.4 技术优势

公司在液压扒渣机的基础上，研制了三爪式扒渣机和带吹气装置的扒渣机，这两种扒渣机主要是对扒渣臂做了改进，前者将原来的单爪扒渣头设计成三个可以展开和合拢的扒渣头，根据铁包大小可扩大扒渣头的扒渣面积，提高扒渣效率。后者是在扒渣头上增加吹气装置，主要针对脱硫镁渣比较稀，在扒渣后期通过吹气将分散的镁渣集中起来，以提高扒渣效率。这两种扒渣机均申请了国家专利，专利号分别为ZL200720154988.2和ZL200720173996.1。这两种形式的高效扒渣机，具有如下特点：

扒渣次数大大缩短，仅为现有的近1/5；

扒渣时间大大缩短，仅为现有的约1/3；

扒渣率稳定在90%，对冶炼洁净钢和降低冶炼洁净钢成本、提高钢水质量十分有利；

由于扒渣时间大为缩短，铁水温降显著降低，减少了温度损失，从而降低了铁水处理成本，减少了能源消耗；

由于扒渣时间大为缩短，有利于缩短炼钢生产周期，减少各种消耗，增加钢产量，增加经济效益；

由于扒渣次数大为减少，扒渣带铁量显然会大大减少，减少扒渣铁损实际就是增加了钢产量，为企业带来经济效益。

3.15.5.5 **应用情况**

公司开发系列扒渣机，与铁水预处理站配套，广泛应用于宝钢、武钢、济钢、燕山钢铁、承德建龙、南钢、河北新金轧材、马鞍山钢铁股份公司、玉溪钢铁等30多家钢铁企业的铁水脱硫工程上，使用效果良好。

设备应用现场如图3.15.8所示。

图3.15.8 扒渣机

3.15.6 钢包/铁包烘烤器设备

3.15.6.1 **产品说明**

公司拥有系列钢包烘烤器、铁水包烘烤器、连铸中间包烘烤器等，包含立式翻转、立式曲臂、垂直升降、卧式等不同的机械结构形式；可提供适用柴油、天然气、焦炉煤气、转炉煤气、高炉煤气等各种不同的燃料的燃烧系统；燃烧系统根据用户的要求，可以有自身预热式、高速烧嘴、燃油雾化、蓄热式等各种类型；控制分为全自动控制升温曲线、手动调节、半自动控制等。能满足用户的各种需要。公司自主研制的新型蓄热式烧嘴比传统的由两个烧嘴组成的蓄热式单元相比具有明显的优势。

3.15.6.2 **产品技术特点**

HBQ系列烘烤器技术特点：

(1) 采用高速烧嘴、自身预热烧嘴和蓄热式烧嘴。

(2) 采用富氧燃烧技术，解决了低热值燃料在高温快速烘烤工艺的应用，扩大了低热值燃料的应用范围，降低了企业能耗指标。

(3) 具有完善的控制系统；具有自动点火、火焰监测功能，具有各种连锁保护功能，具有燃料压力低和熄火的自动报警和自动切断燃料供应功能，具有温度和空燃比的程序控制功能。

(4) 具有完善的机械结构。

新型蓄热式烧嘴技术特点（见表3.15.10）：

(1) 烧嘴将两个蓄热室巧妙地合成一体，结构紧凑，质量轻。

(2) 烧嘴采用蜂窝陶瓷作为蓄热体，单位体积换热面积大，质量轻。换向时间设计为30s。

(3) 烧嘴砖的特殊结构，确保烧嘴在工作过程中煤气不换向，可省掉煤气换向阀。烧嘴的火焰特征与普通烧嘴相同。高温预热空气与煤气在烧嘴砖内混合燃烧，燃烧充分，出口速度达到60m/s以上，火焰刚性强，避免了传统蓄热式烧嘴空煤气在中间包内混合燃烧，可能因混合不好引起的不完全燃烧（特别是低温段）。

(4) 换向阀可安装在距离中间包盖较远的地方，远离高温，增加换向阀的寿命。同时也避免了传统蓄热式烧嘴由于煤气换向引起的煤气浪费。

(5) 由于烧嘴的火焰特征与普通烧嘴相同，特别是用在中间包烘烤上，在烘烤过程中几个烧嘴均连续工作，与几个烧嘴分组工作相比烘烤温度更均匀，效果更好。同时由于烧嘴的出口速度高（满负荷时大于60m/s），所以火焰刚性强，能确保火焰达到中间包底部，从而缩小了包口与包底的温差。

(6) 为了保证烧嘴能力减小后，煤气出口速度和火焰长度变化不大，我们采用具有大、中火能力的煤气喷枪，喷枪具有两个煤气入口，当一个入口通煤气时，烧嘴处于小火状态，当两个入口都通煤气时，烧嘴处于大火状态。同时，对钢包干燥装置，在低温段我们采用大空气过剩系数，确保混合气体和火焰的出口速度。上述措施也都保证了包口与包底的温度均匀性。

(7) 烧嘴设有点火烧嘴，可以实现自动点火和火焰检测。

(8) 由于高温预热空气的高速引射作用，使20%的烟气回流到高温预热空气中，使预热空气的含氧量降低（含氧量降低到16%~18%），实现贫氧燃烧，降低NO_x的生成量。同时使火焰的高温区分散，火焰长度加长。

表3.15.10　不同烧嘴性能对比

烧嘴类型	技术特点	适用范围
高速烧嘴	烧嘴设计出口速度约100m/s左右。加强了包内的对流换热和温度均匀性，提高了烘烤效率和烘烤质量	特别适用于包深较大的大中型钢包的烘烤
自身预热烧嘴	实现了烧嘴和换热器的有机结合。燃烧产生的烟气进入烧嘴内部的换热器，与参与燃烧的助燃空气进行热交换，将助燃空气预热到300℃左右（炉温1200℃时），而经过热交换后的低温烟气则进入喷射式烟囱，排出烧嘴。具有回收烟气余热的作用，热效率高，节能效果好	大能力的自身预热烧嘴的结构比较大，主要适用于燃烧能力较小的小型烘烤器上
蓄热式烧嘴	最大限度回收烟气余热，排放烟气温度≤200℃；将助燃空气预热到900℃左右，降低燃耗40%左右；可形成与传统火焰完全不同的火焰，在包内形成均匀的温度场，提高烘烤质量，延长钢包使用寿命；烘烤速度快	应用广泛，特别适用于在线升温速度要求高的场合

3.15.6.3　***应用情况***

公司研制的烘烤器已应用到首钢、武钢、广州珠钢、唐钢、承钢、沙钢、宝钢等多家企业，见表3.15.11，应用效果显著。尤其是采用蓄热技术的烘烤器，虽然蓄热式烧嘴和蓄热体以及控制系统，换向装置的一次性投资比传统烧嘴多20万元左右。但按照钢包规格不同，燃耗降低综合计算，每年节能效益至少50万元以上。另外从降低出钢温度，提高炉龄等计算，效益将十分可观。如图3.15.9~图3.15.16所示。

表3.15.11　烘烤器产品

<table>
<tr><th>序号</th><th>产品名称</th><th>用户</th><th>产品简要说明</th><th>序号</th><th>产品名称</th><th>用户</th><th colspan="2">产品简要说明</th></tr>
<tr><td>1</td><td>90t离线立式钢包干燥器</td><td rowspan="2">首钢特钢</td><td>液压驱动包盖开启，手动控制操作。自身预热型烧嘴</td><td>17</td><td>100t离线立式钢包干燥器</td><td rowspan="3">武钢一炼钢</td><td>室温至800℃/24h</td><td rowspan="3">电动卷扬机提升包盖开启。手动控制。高速烧嘴</td></tr>
<tr><td>2</td><td>90t在线悬吊直升式烘烤器</td><td>液压提升包盖直升直降，手动控制操作。自身预热型烧嘴
600~1100℃/2h</td><td>18</td><td>100t立式铁包烘烤器</td><td>600~1100℃/50min</td></tr>
<tr><td>3</td><td>275t离线钢包烘烤器</td><td>武钢</td><td>电动卷扬机提升包盖，手动控制操作。可实现远程操作。高速烧嘴
0~900℃/24h</td><td>19</td><td>100t立式铁包烘烤器</td><td>0~1100℃/24h</td></tr>
</table>

续表3.15.11

序号	产品名称	用户	产品简要说明	
4	300t在线钢包烘烤器	宝钢二炼铁	800~1200℃/15min	自动点火，火焰监测。可预设99条升温曲线，自动控制空燃比和流量，自动切断煤气及安全保护功能。电动缸驱动。采用智能化仪表。并采用集中监视系统进行数据采集和管理。气体混合喷射式烧嘴
5	300t离线干燥/烘烤器		干燥时0~800℃ 80℃/1h 烘烤时 700~1200℃/1h	
6	300t铁水包烘烤器		自动点火，火焰监测。自动控制空燃比和流量，自动切断煤气及各种安全保护功能。气体混合喷射式烧嘴	
7	90t在线悬吊直升式烘烤器	阿钢公司	电动卷扬机提升包盖，手动控制操作。自身预热型烧嘴 700~1000℃/1.5h	
8	90t在线悬吊直升式烘烤器			
9	100t离线立式钢包干燥器	长城钢铁公司	室温至800℃/24h	液压驱动包盖开启。手动控制。自动点火，火焰监测，自动报警及联锁保护。高速烧嘴
10	100t在线立式钢包烘烤器		1000~1200℃/50min	
11	100t卧式钢包烘烤器		1000~1200℃/50min 高速烧嘴，电机减速机驱动小车。手动控制，自动点火，火焰监测	
12	100t离线立式钢包烘烤器	广州珠钢	0~700℃/24h预设7条供油曲线，自动控制燃油流量	高效节能燃油烧嘴，液压驱动包盖开启。予设空燃比，采用变频控制方式自动调节风量手动调节油量。自动点火，火焰监测，自动报警及联锁保护
13	150t在线立式钢包烘烤器		700~1200℃/30min	
14	100t卧式钢包烘烤器		700~1200℃/30min	电机减速机驱动小车，烧嘴、控制同上
15	100t在线立式钢包烘烤器	武钢一炼钢	800~1100℃/30min	电动卷扬机提升包盖开启。手动控制。高速烧嘴
16	100t离线立式钢包烘烤器		0~1100℃/2.5h	

序号	产品名称	用户	产品简要说明	
20	160t在线钢包烘烤器	唐钢一炼钢	800~1200℃/20~25min 高速烧嘴，桥架固定式。自动点火，火焰监测，自动报警连锁保护。采用富氧燃烧技术，火焰明亮，刚性强。成功实现了低热值燃料用于在线钢包的高温快速烘烤	
21	30t在线立式钢包烘烤器	本溪钢铁公司	800~1100℃/30min 高速烧嘴，电动卷扬机提升包盖开启。自动点火，火焰监测，自动报警及连锁保护，手动控制	
22	100t立式在线钢包烘烤器	江苏沙景钢厂	600~1200℃/30min	自动点火，火焰监测。压力、温度测量显示，PLC设定曲线，富氧燃烧技术。自动调节流量和空燃比
23	100t立式离线钢包烘烤器		室温至1200℃/12h	
24	100t卧式钢包烘烤器		600~1200℃/1h	
25	中间包烘烤器燃烧器	唐钢		
26	300t立式周转钢包烘烤	武钢三炼	室温至1000℃/3~4h 电动卷扬机提升包盖开启	
27	4流连铸中间包在线烘烤器	酒泉钢厂	室温至1100℃/1h 下水口 室温至700℃/45min 电动推杆驱动	
28	4流连铸中间包在线烘烤器	承德钢厂	室温至1100℃/90min 电动推杆驱动	
29	5流连铸中间包在线烘烤器	江苏沙钢	室温至1200℃/1h 液压缸驱动 温度显示、压力显示、自动报警、切断，连锁保护	
30	永新中间包烘烤器	江苏永新	室温至1200℃/1h 液压缸驱动 温度显示、压力显示、自动报警、切断，连锁保护	
31	沙钢二期中间包烘烤器	江苏沙钢	室温至1200℃/1h 液压缸驱动 温度显示、压力显示、自动报警、切断，连锁保护	
32	沙钢二期在线100t烘烤器		600~1200℃/30min	自动点火，火焰监测，压力，温度测量显示

图3.15.9 宝钢300t钢包烘烤器

图3.15.10 宝钢300t铁水包烘烤器

图3.15.11 武钢100t立式在线烘烤器

图3.15.12 天钢100t钢包干燥烘烤装置

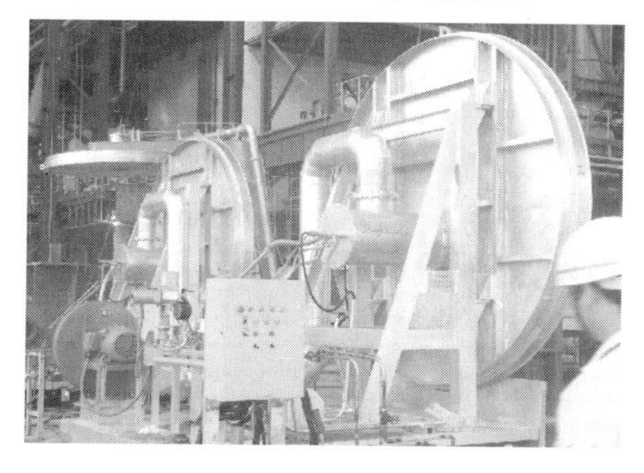

图3.15.13 珠钢150t卧式钢包烘烤器

图3.15.14 天钢100t蓄热式钢包烘烤器

图3.15.15 直升直降式，适用于在线烘烤

图3.15.16 宝钢二炼钢300t钢包烘烤器

3.15.7 锥形氧枪

3.15.7.1 产品说明

氧枪是转炉炼钢中的关键工艺设备之一，氧枪的性能直接影响到钢的产量、质量、品种，原燃料消耗及成本等主要技术经济指标。传统氧枪具有“黏枪”问题。公司研制的锥形氧枪是一种全新的氧枪，其下部枪身呈锥形，上粗下细。提枪后，经过循环水冷却的钢渣与枪体，产生间隙，钢渣局部会有裂纹出现，当再次吹炼时，黏在锥度段的钢渣因突然受热膨胀，加之液体钢渣循环冲刷，使钢渣与枪体分离，形成局部或全部脱落。

枪身锥管采用特殊工艺一次成型，无需焊接，既节省材料，又避免了焊缝开焊的问题。

3.15.7.2 产品技术特点

(1) 缩短处理黏枪的时间，降低人工强度，提高枪龄。采用锥形氧枪后，处理黏枪时间由原来的20min降低到5min，只在生产空闲时间处理即可，不影响生产，提高了生产效率；锥形氧枪由于无需人工强制清理黏渣，枪体损毁较小，枪龄得以提高，氧枪更换频率降低，生产成本降低。

(2) 提高炼钢效率，提高氧枪寿命，降低成本。锥形氧枪彻底解决了炼钢生产中黏枪这一重大难题，可提高炼钢效率3%以上，同时使氧枪的使用寿命提高4倍以上，大幅降低了炼钢成本，也减轻了工人繁重而危险的体力劳动。

3.15.7.3 应用情况

自2012年至今，已连续为包钢炼钢厂提供了30余台（套）锥形氧枪及配件，使用效果良好，炼钢厂得以降本增效，获得了业主的一致好评。

根据经验，锥形氧枪在60t以上转炉上应用时，降本增效效果明显。据最新统计，截至2012年底，河北省60t以上转炉有170座，产能19440万吨，占全省转炉炼钢设备总能力的66.8%，因此具有良好的应用推广前景。

产生的经济效益以150t转炉为例，锥形氧枪与直体氧枪的技术经济指标对比见表3.15.12。

表3.15.12 锥形氧枪与直体氧枪技术经济指标对比

项 目	锥形氧枪	直体氧枪	锥枪/直枪节省资金/万元
氧枪价格/万元·支$^{-1}$	17.8	12.7	12.7×1.5−17.8=1.25
枪体使用寿命/炉	1000	300	3.3倍
氧枪喷头利用率/%	100	75	0.85万元/支×25支=21.25
更换氧枪氧头/万元·(次·年)$^{-1}$	45次	60次	1万元/次×15次=15
氧枪清渣工年工资/万元·(人·炉·年)$^{-1}$	无	8人	4.8万元/（人·炉·年）×8人=38.4
换枪清渣次数/次·(炉·年)$^{-1}$	无	30	0.3万元/次×30次/（炉·年）=9
炉料损失/t·(炉·年)$^{-1}$	无	0.58t/(炉·天)×25炉/天×300天/年=4350t/(炉·年)	0.18万元/t×4350t=783
安全事故	无	烫伤、砸伤	
转炉作业率/%	87	82	
节约资金/万元·(炉·年)$^{-1}$	867.9	无	867.9
年增产量/万吨·(炉·年)$^{-1}$	150t/天/炉×300天/年=4.5	无	0.2万元/t×45000t=9000万元

3.15.8 双向倾翻钢包自动加取盖装置

3.15.8.1 产品说明

双向倾翻自动加取盖装置其主要设备构成为两侧带挂钩的钢包盖（一侧为固定挂钩，一侧为铰接的可拆卸的活动挂钩）、钢包上的铰接座及插齿取盖装置组成，其加取盖原理是钢包上的铰接座推动钢包盖上的挂钩使钢包盖的销轴组在插齿的组合斜面上进行平面运动，带动钢包盖进行平移俯仰运动，实现自动加取盖操作。

带盖钢包可向两侧倾翻，满足钢包带盖热修及带盖翻渣的工艺需求。机构简单可靠，结实耐用。

3.15.8.2 **产品结构**

双向倾翻钢包自动加取盖装置其结构如图3.15.17所示，可实现的功能如下：

(1) 钢包台车载着带盖钢包的台车开向转炉或精炼处理工位，经过插齿装置取下钢包盖。

(2) 钢包台车载着取下钢包盖的钢包继续沿原运行方向开向转炉或精炼工位进行接收钢水或精炼操作。

(3) 钢包台车载着接收完钢水或精炼完毕的钢包折返经过插齿装置戴上钢包盖。

(4) 带盖钢包进行连铸操作，操作完毕后进行戴盖翻渣、戴盖热修。

(5) 插齿装置可为固定插齿也可为可升降插齿，可升降插齿可以提升避让戴盖或不戴盖的钢包。

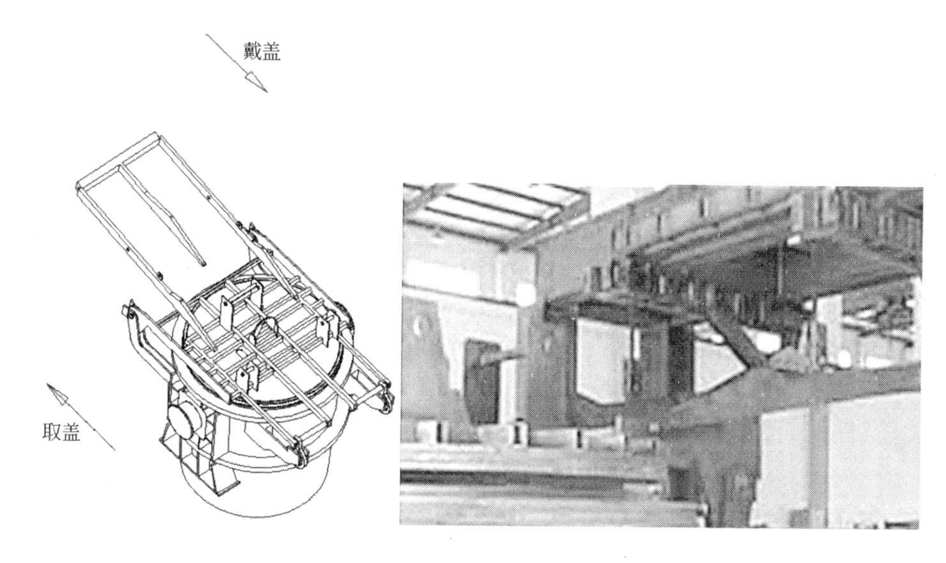

图3.15.17 钢包自动加取盖装置

3.15.8.3 **设备技术优势**

现有类似技术有的带盖钢包只能向一侧倾翻；有的带盖钢包可向两侧倾翻却不适用于插齿取盖装置；有的带盖钢包可向两侧倾翻，且适用于插齿取盖装置，但其采用的固定式挂钩需要增加额外的固定机构，结构复杂。

本产品适用于插齿取盖装置；带盖钢包可向两侧倾翻，满足钢包带盖热修及带盖翻渣的工艺需求；钢包盖挂钩机构简单可靠，结实耐用。

3.15.8.4 **应用情况**

炼钢车间钢包加盖系统于2012年应用在永昌钢铁有限公司，其应用效果如下：

(1) 可最多降低转炉出钢温度10℃，可节省能源介质消耗费用，节能减排。

(2) 替代保温剂投入。

(3) 连铸大包回转台保温盖可取消。

(4) 使得钢包耐材的使用寿命更加稳定。

3.15.9 干式机械泵真空系统

3.15.9.1 **产品说明**

干式机械泵真空系统是由罗茨泵作为机械增压泵与初级泵串联而成。罗茨泵是一种外压缩、双转子容积式真空泵，转子与转子、转子与泵腔壁无接触，故可实现高速运转，且不必润滑，以实现无油抽气过程。螺杆泵属于内压缩、容积式真空泵，工作时分为吸气、压缩、排气三个过程。

干式机械泵真空系统节能、环保、安全、操作简单，国外VD/VOD真空系统中干式机械真空泵的应用比较普遍，近年来国内VD/RH真空系统中已有部分干式机械泵替代了传统的蒸汽喷射泵。

“钢水真空循环脱气工艺干式（机械）真空系统应用技术”已进入《国家重点节能技术推广目录（第五批）》，享受国家节能补贴。

3.15.9.2　**应用情况**

该设备主要应用于炼钢精炼VD、VOD及RH工艺所必需的真空系统中，适合于蒸汽泵真空系统的升级改造以及精炼真空系统的新建。

目前此设备于2013年已应用在江阴兴澄特种钢铁有限公司，与蒸汽泵真空系统相比，干式机械泵真空系统具有以下优点：

(1) 结构简单，占地面积小。

(2) 耗水少，无需水处理设施。

(3) 无高压蒸汽以及锅炉系统等危险源。

(4) 从大气压到工艺真空，性能曲线平滑、连续可控，且在67Pa附近抽速稳定。

(5) 运行成本较低，节能效果显著。

以40t VD真空系统为例，干式机械泵真空系统如图3.15.18所示，其运行总费用为1.26元/t，仅为蒸汽泵真空系统的5%。

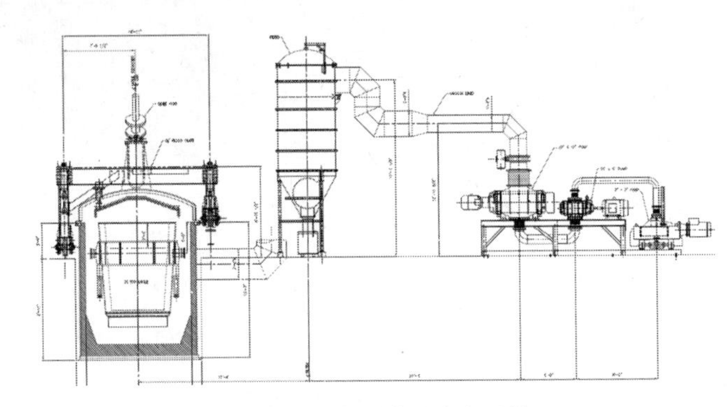

图3.15.18　干式机械泵真空系统

3.15.10　RH精炼炉插入管自动喷涂机

3.15.10.1　**产品说明**

RH精炼炉插入管自动喷涂机能同时喷涂一根插入管的内表面及另一根插入管的外表面，也能单独喷涂。用以修补插入管内外表面耐火衬的侵蚀、破损等缺陷，从而延长其使用寿命，节约维修时间，提高生产效率，给企业带来巨大经济效益。本机主要由喷涂系统，执行机构，驱动系统，控制系统，位置检测系统等组成。在手动电控或PLC程控下自动完成喷涂作业。

本机是国家“八五”重点科技攻关项目中的子专题，已通过国家冶金工业局级鉴定，连同主项目获冶金科技进步一等奖。

3.15.10.2　**主要性能参数**

喷补机喷补能力：15～40kg/min

空气压力：≥0.35MPa

空气耗量：4.5～5.0m^3/min

混合水压力：≥0.2MPa

台车走行距离：30m（最大）

喷补机外形尺寸（长×宽×高）：3900mm×3800mm×5700mm（可变）

3.15.10.3　**本机设备性能特点**

根据用户要求，本机可以设置或不设置走行台车。该台车在钢包车运输线上行走。两台喷料机同时分别向外喷枪、内喷枪输送喷涂料。根据用户要求，可以手动电控或者通过PLC程控操纵内外喷枪及其机械手完成对插入管的喷涂作业。本机可同时分别喷涂A管的内表面和B管的外表面，完成后两支喷枪旋转180°交换位置，再同时分别喷涂A管的外表面和B管的内表面，大大提高了工作效率。

3.15.10.4　**应用情况**

设备应用现场如图3.15.19所示。

图3.15.19　RH精炼炉插入管自动喷涂机

3.15.11　YZRG−Ⅱ型高炉遥控自动热喷补装置

3.15.11.1　**产品说明**

本装置用于对高炉在不熄火状态下，降料面覆盖保护层后喷气水机器人入炉，实施高压水清理或高压风带水清理松浮物。然后喷浆机器人进入炉内，人在炉外遥控自动喷补，从而恢复炉内衬原形；促进生产顺行和高炉长寿，节省维修时间，增加产量，提高经济技术指标，可以给企业带来几千万到几十亿元巨大的经济社会效益。

本机主要由高压水泵，喷气水机器人，自动称量的喷料机，喷浆机器人，耐磨耐高温输料胶管，混合水系统，风冷系统，工业视屏显示系统，多个PLC编程自动控制系统等组成。

3.15.11.2　**主要性能参数**

喷涂能力（可以增加）：10t/h

连续喷涂能力：＞600t

用气量：≥9m^3/min

清理用高压水量：50L/min（最大，双喷嘴）

工业电视摄像遥控：炉外显示操作

适应高炉容积：300～4500m^3

工作气压：0.6～1.0MPa

清理用高压水压力：30～50MPa

机器人进炉时炉温：＜300℃

喷涂层最大厚度：500mm

电子秤作业：喷料量自动计量显示

3.15.11.3　**本机设备性能特点**

本机能用水压50MPa、水量25L/min的超高压水清理内衬松浮物，或用0.8MPa的风，极少量水的风带水清理：两台密闭罐式喷料机在PLC程控下自动切换，工作时对环境无污染，自动称量系统可随时显示两台喷料机内残料量。混合水系统能恒压供水，实现水料充分混合和水量调节。对内衬局部损坏严重之处PLC可炉外遥控监视喷浆机器人局部自动反复喷补。对机器人的有效风冷可使设备在小于300℃的高温下进炉作业，实现了热态喷补。机器人电动四点吊挂式进出炉大大缩短了工程时间。

本装置是“八五”、“九五”国家重点科技项目（攻关）计划中的子专题，已通过国家冶金工业局鉴定，连同主项目获国家冶金工业局冶金科技进步一等奖。

本装置能够满足连续大量喷浆的场所或者须远距离（几十到几百米）或人难以到达的区域实施喷涂（浆），因此它有广阔的市场。

3.15.12 DJR1-5型中间包喷涂机器人

3.15.12.1 产品说明

DJR1-5型中间包喷涂机器人用于对各类连铸中间包及其复杂表面在最高达400℃的热状态下进行喷涂，造衬或喷补。本机具有喷涂层质量好，生产率高，降低工人劳动强度，改善工作环境，提高寿命，降低成本，增加企业经济效益的显著作用。本机主要由喷涂系统，执行机构，驱动系统，控制系统，位置检测及报警系统，操作室等组成。在手动电控或PLC程控下自动完成喷涂作业。

3.15.12.2 主要性能参数

喷涂能力：0~70kg/min

料罐容积：1.1~1.5m^3

工作气压：≥0.35MPa

用气量：≥4m^3/min

混合水压力：≥0.1MPa

混合水流量：≥30L/min

水质：工业用净环水

料粒度：≤5mm

3.15.12.3 本机设备性能特点

本机是具有5个自由度的直角坐标式喷涂（浆）机器人。两套PLC系统分别控制喷涂喷枪系统的料、水、风按确定的参数和时间自动开始及停止喷涂；另一套则控制和操纵喷嘴按程序设定的轨迹自动完成全行程；在遇到故障或温度，压力，水量等参数超常时自动声光报警并指示故障位置。

本机特殊的喷枪可以保证高水平的喷涂质量。

本机连同主项目获国家冶金工业局冶金科技进步二等奖。

3.15.12.4 应用情况

设备实物如图3.15.20所示。

图3.15.20 DJR1-5型中间包喷涂机器人

4 轧钢设备

4.1 太原馨泓机电设备有限公司

4.1.1 钢管轧机设备

4.1.1.1 环形加热炉

可生产中径为7m、8m、13.5m、15m、18m、21m等多种系列的煤气（或天然气）环形加热炉。其中21m环形加热炉拥有两项国家专利，与其他炉型相比，环形炉具有占地少、低耗能和适应性强的特点，特别适合大型无缝钢管生产的需求。

环形加热炉采用蓄热式燃烧技术，属不稳态传热，利用蓄热体作载体，交替地被废气热量加热，再将蓄热体蓄存的热量加热空气或煤气，使空气或煤气获得高温预热，达到废热回收的功能，而且蓄热式烧嘴具有燃烧稳定，被加热体受热均匀的特点。该技术用在加热炉上可以节能，节能效果达30%以上，减少了烟气的排放，符合环保要求。

通过先进、可靠的全自动热工控制系统测量和控制炉子的热工过程，可根据不同工况准备匹配炉子供热量，保证坯料按最佳的工艺曲线加热和保温。热工测量控制系统的主要功能包括：4个区域的炉温自动控制和空燃比调节，炉压自动控制、各段炉温和燃料消耗记录、预热器自动保护以及焦炉煤气、空气管路故障自动应付，事故状态焦炉煤气自动安全切断功能等。

4.1.1.2 穿孔机

穿孔机根据主机结构的不同又大体分为两种，立式穿孔机与卧式穿孔机。

（1）立式穿孔机。

结构特点：主机座中，轧辊上下布置，导板左右布置，轧辊可以由机架上方吊出，左右导板可以旋转90°，旋转到机架的外侧。这种穿孔机可以实现轧辊与导板的快速更换、轧辊喂入角的快速调整、轧辊中心与导板中心根据工艺要求随便调整等优点。

（2）卧式穿孔机。

结构特点：主机座中，轧辊左右布置，导板上下布置，轧辊可以由机架上方吊出。这种穿孔机重量低，投资小，可以使用户节约大量的成本。

公司生产穿孔机主要是锥型辊（菌式）穿孔机，该穿孔机的结构特点：穿孔机由主机架装配、轧辊装置、导板装置、转鼓装置、调角装置、入口导套、轧辊主传动、前台、后台一段和后台二段等组成。前台设有受料槽和推钢装置，后台有顶杆支持与定心装置。这种穿孔机的轧辊表面速度和金属在穿孔过程中增加的流动速度相一致，从而可以减少作用在毛管上的切应力，具有能耗小、毛管内外表面光洁、壁厚均匀、轧制效率高，可轧制各种合金和难变形钢等优点。

4.1.1.3 轧管机

轧管机主要分为Assel三辊轧管机和Accu-Roll两辊轧管机

（1）Assel三辊轧管机。

公司生产从ϕ60mm至ϕ325mm的多种系列新型Assel三辊轧管机，该机组拥有两项国家专利，主传动系统拥有自主知识产权，其主要特点：

1）由于省去了导盘（导板）装置，因而摩擦阻力减少，能量消耗随之降低。

2）调整方便、灵活，在同一台设备上不需要更换轧辊就能生产出各种不同规格的钢管，工具消耗少。

3）变形过程中管材所处的应力状态好。三向压应力状态有利于金属塑性变形，轧制精度高，钢管内、外表面质量好，壁厚均匀。

4）适于生产低塑性变形金属、高合金钢及其他合金管材。

5）适于生产高精度及机械加工毛坯等中壁、特厚壁钢管如轴承钢管、机械工业结构钢管等

（2）Accu-Roll两辊轧管机。

公司可生产从ϕ60mm至ϕ325mm的多种系列Accu-Roll轧管机，其主要特点：

1）轧辊为锥型辊，辊面圆周速度和沿轧制线方向的分速度，从入口到出口呈单调增大，有利于轧件的延伸变形。

2）辊身采用较长的均整轧段，重轧系数较高。可以较好地减轻穿孔毛管带来的螺旋道状况，极大地改善了荒管的壁厚不均，可获得较高的壁厚精度，故称“精密轧机管”。

3）由于采用了限动芯棒技术，使产品规格范围和钢管长度大大增加。限动速度的控制，可使芯棒工作段磨损均匀，寿命提高，同时改善了钢管的尺寸精度。

4）导盘可作三向调整。沿轧制线上下调整，可改变导盘喉距和变形区椭圆度。沿轧制线左右调整，可根据轧制规格来控制变形区的封闭性。沿轧制线前后调整，可实现轧件的最佳支撑和牵拽作用。导盘的三向调整性为工艺参数的优化提供了很好的条件。

5）通过辊型设计和参数调整，轧机可实现减径、定径和扩径轧制。

6）轧辊、导盘为赶流电机传动，转速调整灵活可靠。轧辊辗轧角均可较大范围无级调整，对于实现工艺设想极为有利。

4.1.1.4 顶管机

为解决热轧生产高性能薄壁无缝钢管及石油用管的市场需求，公司自主研发了114CPE、140CPE、168CPE及180CPE等多系列的顶管机组。

顶管机主要有以下几个优点：

(1) 生产的钢管机械性能好，可以实现多倍尺钢管生产，生产节奏快，可以和连轧媲美。

(2) 适于生产薄壁管，生产薄壁管是顶管机与连轧管机竞争的基础，同时也是它优于其他无缝钢管生产方法的地方。

(3) 技术复杂性较低；技术复杂性较低意味着电气和电子设备的费用少，同时对操作和维修人员的技术水平要求也低。

(4) 投产达产时间较短，并且作业率高。

(5) 建设投资费用较少。

(6) 对原料管坯形状的要求比较灵活。

在未来的几年内，顶管机组将成为与连轧机组并列的生产无缝钢管的主要设备，市场前景非常可观。

4.1.1.5 减径机

减径机是指无缝管生产线中位于穿孔机、轧管机之后用于对钢管进行进一步轧制、延伸、精整的关键设备。张力减径工艺过程是在并排布置的一系列轧辊机架中对荒管进行连续轧制的过程，在这一过程中，采用适当的孔型系列，使荒管的外径得以连续的减缩。与此同时，凭借机架系列中轧辊转速比例的调节，可以取得预定的直径和壁厚的变化。

减径机的分类：

根据机架之间张力系数的大小分为强张力减径机与微张力减径机两种

(1) 微张力减径机。

微张力减径机是指轧辊机架数目较少（小于或等于14架），在各轧辊机架间建立较小张力系数的减径机。

(2) 强张力减径机。

强张力减径机是指轧辊机架数目较多（一般大于14架），能够在各轧辊机架间建立比较大的张力系数（一般大于0.75）的减径机；无缝钢管生产线减径机轧辊机架数目越多，其前面的穿孔机、轧管机需要备用的工具就越少，可以用较少的荒管规格生产出不同规格的成品管。

4.1.1.6 旋转式飞锯

公司自主研发设计了高速旋转式热飞锯，该设备是一种在线定尺锯切设备，锯片每旋转360°完成一次锯切，可以将线速度高达5m/s的线棒材或管材进行任意长度的定尺锯切，锯片在做圆周运动的同时，锯片切削点的瞬时速度与被切料走钢速度始终保持一致，不仅提高了生产效率，大大缩小了场地面积，而且节省了设备投资和维修费用，可以给每根被切料自行限定切头、切尾的长度，提高了成材率。

旋转式飞锯与强张力减径机相配合可以使用在焊管无缝化机组、连轧管机组、CPE顶管机组等生产线中，采用大直径母管生产小直径（ϕ32~114mm）的钢管，一套该机组可生产年产量超过15万吨的小直径钢管。

4.1.1.7 冷床

冷床形式主要有三种，链式冷床、步进式冷床及辊式冷床。

其中辊式冷床主要是针对中小直径钢管设计的一种冷床，通过该冷床冷却以后的钢管直线度非常好，普通钢管可以省去矫直工序，同时该冷床的冷却节奏非常快，可以达到20支/min，这是其他冷床所达不到的。

4.1.1.8 矫直机

矫直机为6辊矫直机，规格系列主要有：ϕ76机组、ϕ114机组、ϕ140机组、ϕ180机组、ϕ219机组、ϕ273机组、ϕ325机组。

该矫直机主要组成结构：机架装置、上3辊与下3辊对称布置、上辊调整装置、下辊调整装置、主机底座、出入口辊道及出入口导套。矫直机主要是用来消除轧制、运送、冷却和热处理过程中的钢管产生的纵向弯曲、扭曲及减少钢管的椭圆度。用弹-塑性纵向弯曲与拉伸来纠正钢管的纵向弯曲。

4.1.1.9 工厂设计

公司可承揽整条热轧无缝钢管生产线的工厂设计，主要设计内容如下：

（1）总图运输设计。

厂区总平面布置、竖向布置、工厂排水、运输设计等。

（2）轧钢工艺设计。

产品大纲的确定及金属平衡表的确定、生产工艺流程、工作制度、主要设备主参数选择及其负荷平衡、车间机械设备、配电设备、所有流体设备平面布置、起重运输设计、全线轧制表设计、工艺工具及工具间设计。

（3）供配电系统设计。

1）高压配电室、低压配电室、各工艺设备电磁站、车间电缆沟的设计；

2）照明、防雷、接地、全厂动力（电力）箱设计。

（4）给排水系统设计。

平流池或旋流井、中心泵站、过滤间、除油器、冷却塔、给排水沟及管路系统设计。

（5）设备基础设计。

厂房外30m范围内、厂房内全部设备基础设计。

（6）工厂范围内公辅设施设计。

办公设施布置设计、生活设施布置设计、照明设施设计、安全设施设计、参观设施设计、煤气站布置设计、穿压站设计、环形炉爆炸试验方案设计、通讯及工业电视监控系统的设计。

（7）生产调度指挥系统及设施设计。

（8）设备设计。

甲方采购设备以外的设备设计。

（9）提供施工组织方案。

监督并配合甲方协调工程进度及质量。

4.2 达涅利冶金设备（北京）有限公司

4.2.1 轧机

4.2.1.1 达涅利在江阴兴澄特殊钢有限公司承建的4300厚板轧机

宽厚板轧机（见图4.2.1）建设项目——年生产能力1650000t宽厚板（每年用坯料：钢锭200000t＋板坯

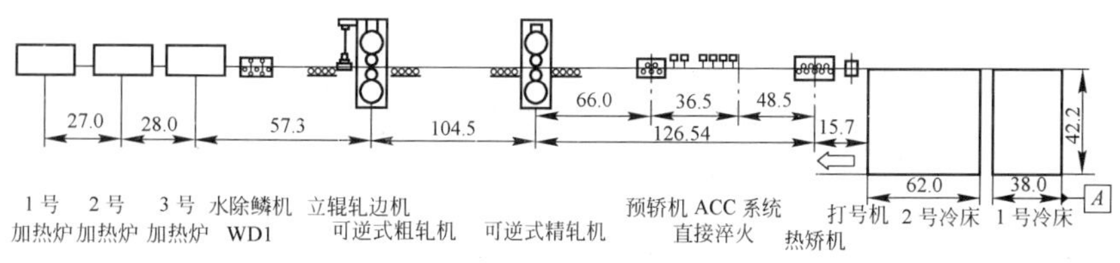

图4.2.1 达涅利在江阴兴澄特殊钢有限公司承建的4300厚板轧机

1450000t）。设备参数、轧制规格见表4.2.1和表4.2.2。

表4.2.1　设备参数

设备名称	工作辊		支撑辊		电机参数			齿轮速	最大辊径辊速		轧制力最大/kW
	最大辊径/mm	辊身长度/mm	最大辊径/mm	辊身长度/mm	功率/kW	额定转速/$r \cdot min^{-1}$	最大转速/$r \cdot min^{-1}$	/$r \cdot min^{-1}$	额定速度/$m \cdot s^{-1}$	最大速度/$m \cdot s^{-1}$	
E1立辊轧边机	1200	1200	—	—	2×1600	150	450	5.00	1.88	5.65	7140
RR1可逆式粗轧机	1250	4300	2200	4300	2×7000	35	80	1.00	2.29	5.24	90000
RF1可逆式精轧机	1150	4600	220	4300	2×9000	50	120	1.00	3.20	7.6	90000
预矫直机	315	4300	315	4400	2×750	600	1800	6.81	1.45	4.36	33650
热矫直机	315	4300	315	4400	2×750	550	1350	8.59	1.06	2.59	33650
冷矫直机	220	4300	220	4400	2×600	600	1200	8.17	0.85	1.69	28000

表4.2.2　轧制规格

产　品　规　格		
板坯／钢锭厚度	120~300／1000	mm
板坯／钢锭宽度	1200~2600／2600	mm
板坯／钢锭长度	1500~4100／4100	mm
板坯／钢锭重量	1.68~33.5	t
成品宽厚板		
厚度	6~300	mm
宽度	900~4100	mm
长度	3~25	m

图4.2.2和图4.2.3为车间布置。

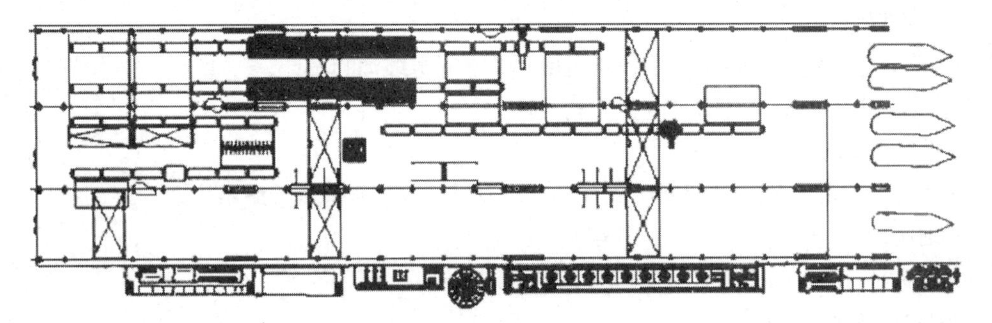

图4.2.2　车间布置（一）

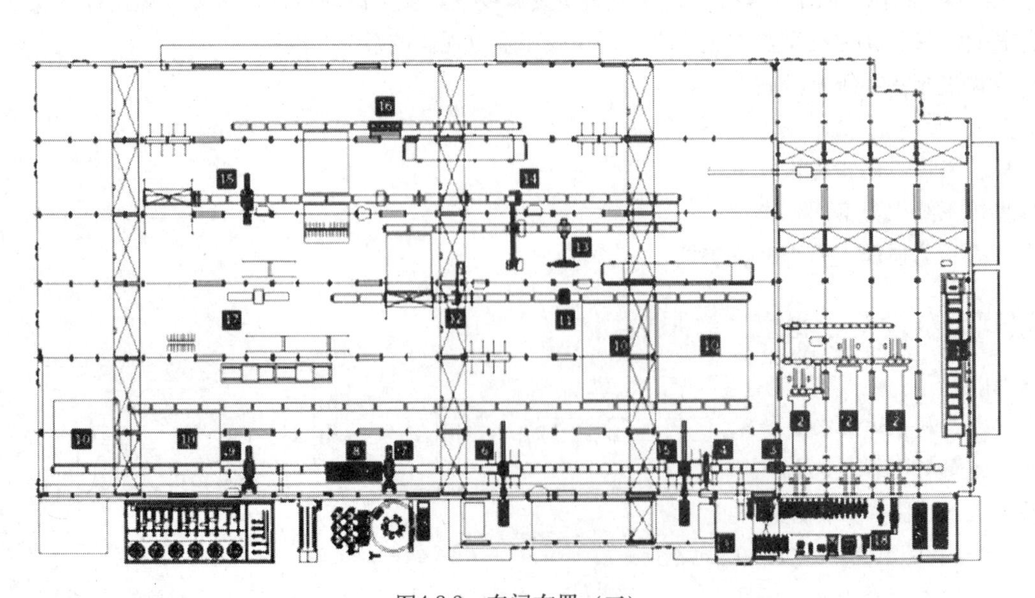

图4.2.3　车间布置（二）

生产钢种包括：

碳钢、普通钢结构用高强度低合金钢、建筑用高强度低合金钢、耐腐蚀高强度低合金钢、桥梁建设用高强度低合金钢、海洋平台建设用高强度低合金钢、管线钢（Up to API X120）、海军舰艇用钢、模具钢、压力容器钢和锅炉板钢。图4.2.4所示为X70至X120管线钢内部显微组织。

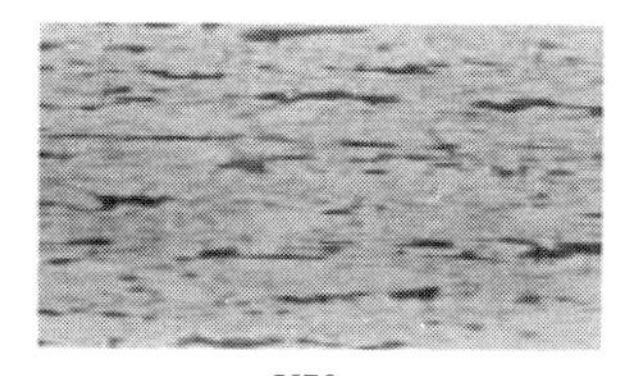

X70
>细晶粒铁素体组织（约 5μm）
>减少的珠光体组织

X80
>混合铁素体 / 球状贝氏体组织
>岛状 MA 组织

X100
>完全球状贝氏体组织
>岛状 MA 组织

X120
>下贝氏体组织
>渗碳体组织

图4.2.4 X70至X120管线钢内部显微组织

4.2.1.2 水除鳞机

主要技术特点：

(1) 支撑结构跨过除鳞台架，支撑喷射梁；

(2) 采用高压水喷嘴；

(3) 挡水装置安装在顶部机架上，可将飞溅的除鳞水挡回后落入排水槽内；

(4) 进口和出口链条可将氧化铁皮打碎后，使其脱落；

(5) 上喷淋架垂直调整装置可适应所有不同的铸坯厚度。

主要技术参数：

(1) 喷嘴压力：210bar

(2) 喷淋架数量：2 上 / 2 下

(3) 上喷淋架可实现电动调节（见图4.2.5）

图4.2.5 水除鳞机

4.2.1.3 立辊轧边机

主要技术特点：

(1) 采用下驱动方式；

(2) 采用电动压下丝杠和液压油缸联合实现轧辊开度调节；

(3) 配备有后拉油缸；

(4) 轧边立辊垂直安装在轧机牌坊内，轧辊带有槽形辊面；

(5) 通过HAWC可实现液压辊缝自动调节。

主要技术参数：

(1) 侧压力：7000kN

(2) 工作辊辊径：1200mm

(3) 工作辊辊身长度：1200mm

(4) 驱动电机：2×1600kW（见图4.2.6）

图4.2.6 立辊轧边机

4.2.1.4 粗轧机

主要技术特点：

(1) 4辊粗轧机；

(2) 配备有工作辊液压弯辊装置；

(3) HAGC液压油缸安装在轧机下窗口内；

(4) 负荷传感器安装在压下丝杠下表面和上支撑辊轴承座之间；

(5) 具有上支撑辊平衡功能。

主要技术参数：

(1) 轧制力：90000kN

(2) 工作辊辊径：1250mm

(3) 工作辊辊身长度：4300mm

(4) 支撑辊辊径：2200mm

(5) 支撑辊辊身长度：4300mm

(6) 驱动电机：2×7000kW（见图4.2.7）

图4.2.7　粗轧机

4.2.1.5　精轧机

主要技术特点：

(1) 4辊精轧机；

(2) 配备有工作辊液压弯辊和串辊装置；

(3) HAGC液压油缸安装在轧机下窗口内；

(4) 安装在牌坊上部的压下丝杠可协助实现轧辊辊缝调节和轧辊辊径补偿；

(5) 具有上支撑辊平衡功能。

主要技术参数：

(1) 轧制分离力：90000kN

(2) 工作辊辊径：1210mm

(3) 工作辊辊身长度：4600mm

(4) 支撑辊辊径：2200mm

(5) 支撑辊辊身长度：4300mm

(6) 驱动电机：2×9000kW（见图4.2.8）

图4.2.8　精轧机

4.2.1.6　预矫直机

主要技术特点：

(1) 矫直辊布置在上、下两个辊盒内；

(2) 组合驱动方式（小齿轮+齿轮减速箱）；

(3) 上辊盒可左右倾斜和前后倾动；

(4) 上辊盒被锁紧在矫直机牌坊上；

(5) 所有的矫直辊均通过传动轴实现单独驱动。

主要技术参数：

(1) 轧制分离力：37000kN

(2) 钢板厚度：5~100mm

(3) 钢板宽度：900~4200mm

(4) 钢板长度：5000~52000mm

(5) 矫直机工作辊数量：9

(6) 上辊/下辊：4/5

(7) 辊径：315mm

(8) 辊距：330mm

(9) 支撑辊数量：48

(10) 驱动电机：2×750kW（见图4.2.9）

图4.2.9　预矫直机

4.2.1.7　直接淬火

主要技术特点：

(1) 配备全自动压力水冷却系统；

(2) 上、下冷却喷淋架由压力为5bar的直接冷却循环水系统供水；

(3) 冷却段由上下冷却喷头和侧喷头组成。

主要技术参数：

(1) 钢板厚度：5~150mm

(2) 钢板宽度：900~4200mm

(3) 钢板长度：5000~52000mm

(4) 喷淋架数量：8上 / 8 下

(5) 冷却水总流量：6080m^3/h（见图4.2.10）

图4.2.10 直接淬火

4.2.1.8 ACC层流冷却

主要技术特点：

(1) 全自动层流钢板冷却系统，采用数学模型自动设定和调节；

(2) 水冷系统可将钢板温度降至目标值；

(3) 上、下冷却区分别由比例调节阀控制，由冷却水流量计进行流量检测；

(4) 可有效提高热机轧制钢板材料力学性能。

主要技术参数：

(1) 钢板厚度：5~150mm

(2) 钢板宽度：900~4200mm

(3) 钢板长度：5000~52000mm

(4) 喷淋架数量：上16 / 下32

(5) 冷却水总流量：11200m^3/h（见图4.2.11）

图4.2.11 ACC层流冷却

4.2.1.9 热矫直机

主要技术特点：

(1) 钢板厚度：5~100mm

(2) 钢板宽度：900~4200mm

(3) 矫直力：37000kN

(4) 矫直机工作辊数量：9

(5) 上辊 / 下辊：4/5

(6) 辊径：315mm

(7) 辊距：330mm

(8) 支撑辊数量：48

(9) 辊径：315mm

(10) 电机：2×750 kW（见图4.2.12）

图4.2.12 热矫直机

4.2.1.10 QT板温矫直机

主要技术特点：

(1) 钢板厚度：6~60mm

(2) 钢板宽度：900~4200mm

(3) 轧制分离力：37000kN

(4) 矫直机工作辊数量：9

(5) 上辊 / 下辊：4/5

(6) 辊径：315mm

(7) 辊距：330mm

(8) 支撑辊数量：48

(9) 辊径：315mm

(10) 电机功率：2×400kW（见图4.2.13）

图4.2.13 QT板温矫直机

4.3 山东省冶金设计院股份有限公司

4.3.1 全自动短应力线轧机清洗机

本产品适用于短应力线轧机的清洗，主要部件包括：卷扬机、承载小车、升降机、清洗间、轧机旋转机构、高压喷头、加热器、清洗泵、附属设施。工作时由卷扬机将承载下线轧机的小车牵引至封闭的清洗间，小车升降机构将轧机升起吊挂，撤离承载小车后启动控制系统进行清洗，清洗过程中轧机吊挂机构可实现轧机360°旋转。该产品在生产中实际应用的效果较好。

订货需提供具体的轧机型号、外形尺寸、质量。

4.3.2 螺纹钢生产线强化收集系统

4.3.2.1 **设备组成**

强化收集系统主要由移钢小车、三段链式运输机、固定料槽、振动装置、拍齐装置、平托装置、成型辊道、打捆机工作辊道、打捆机、运输辊道、成捆材称重台架、成捆收集台架、短尺剔出升降装置、短尺剔出辊道、短尺收集装置、改尺升降挡板、改尺冷剪、自动计数和分钢装置等组成。

4.3.2.2 **性能特点**

(1) 机械设备强化和优化。

1) 优化升降装置结构，提高移钢效率。

2) 强化链条结构，提高输送能力。

3) 对成型辊道进行改造，立辊和挡板一体化设计。

4) 提高打捆辊道速度。

(2) 自动计数和分钢系统。

1) 采用高科技图像处理技术，自动计数、定支，准确率可达0.2‰。

2) 工作效率高，可以提高横移链的速度。

3) 采用自动分钢分捆，降低劳动强度。

(3) 在线改制技术。

1) 在短尺收集辊道处增加改尺冷剪，对短尺材进行在线改尺。

2) 设置改尺升降挡板，可以实现多定尺剪切。

4.3.2.3 **主要参数**

(1) 三段链式运输机。

链条间距：1200mm

总移钢距离：16.25~19.25m

(2) 振动装置。

振动装置振幅：约52mm

振动装置频率：约154次/min

(3) 拍齐装置。

拍击力：8042N(压力0.4MPa)

拍钢频率：30次/min

(4) 平托装置。

工作周期：8.4s

平移距离：1030mm

(5) 成型辊道。

辊子尺寸：ϕ240mm×400mm

辊子线速度：约1.23m/s

(6) 打捆机。

捆扎时间：单道次≤10s

控制形式：自动和手动，捆扎机可单动、联动

(7) 成捆收集台架

摆臂间距：1500mm

(8) 短尺剔出辊道

辊子尺寸：ϕ188mm×1200mm

辊子线速度：约1.8m/s

4.3.2.4 **选型原则**

该收集系统主要用于ϕ10~40mm直条螺纹钢生产线，采用一套收集系统即可满足年产量70万~100万吨的能力。

4.3.2.5 **特色及设备**

220kV及以下变电站规划设计

大型工业项目区域供电结构规划和设计

燃煤燃气发电和余热回收电厂项目规划设计

电网电能质量咨询、评估及相关产品成套

电气节能技术研发和设备成套

智能电网、智能变电站综合管理系统设计与成套

SVG高、低压有源滤波及动态无功补偿系统成套

暂态量小电流接地选线系统成套

智能节电及保护系统成套

高低压配电设备成套

大型电动机启动设备成套

高炉炉顶控制系统集成及三电系统成套

高炉热风炉传动控制系统及三电系统成套

高炉煤气净化控制系统及三电系统成套

转炉控制系统集成及三电系统成套

各类静电除尘器、布袋除尘器、旋风除尘器控制系统集成

连铸机控制系统集成及三电系统成套

电弧炉本体控制和智能电极调节系统集成与成套

轧线（棒材、线材、型材、板材、带材）传动与控制系统集成与及三电系统成套绿色智能照明控制系统设计及设备成套

大型公用建筑智能配电系统设计及设备成套（见图4.3.1、图4.3.2）

图4.3.1 精炼炉SVC系统

图4.3.2 EMC能源管理系统

4.4 北京斯蒂尔罗林科技发展有限公司

4.4.1 SR12/20-1450mm单机架可逆式冷轧机组（中国发明专利号：200810215583.4）

4.4.1.1 技术背景

近年来，随着技术的不断进步，各行各业对冷轧宽带钢的品种和规格要求日趋多样化，质量要求也越来越高，冷轧宽带钢出现了越来越薄的需求趋势，薄规格碳素钢、不锈钢、硅钢带的需求量不断增加。越来越多中小型钢铁企业希望涉足不锈钢、硅钢带的生产。另外，不同钢种产品的市场波动较大，以普碳钢、不锈钢、电工钢、合金钢四大类产品为主的市场供需情况多变，单一的传统机型已经无法适应目前的市场局面。针对目前这种现状，这些中小规模的企业迫切希望获得一种既经济又高效的新机型，既能够很好地适应小批量、多品种、高效益的市场需求，同时又能够减少设备投资成本，取得最高产能。因此，本公司推出了“新型12/20辊系可换式冷轧机组”（见图4.4.1）。

4.4.1.2 机组参数

轧机形式：12/20辊全液压单机架可逆冷轧机组

适用钢种：不锈钢、无取向硅钢、取向硅钢、合金钢、碳钢

工作辊：　ϕ (70~80) mm×1450mm　　(20辊)

　　　　　ϕ (140~150) mm×1450mm　(12辊)

坯料宽度：700~1270mm

坯料厚度：＜3.5mm

轧制速度：＜600m/min　　(20辊)

　　　　　＜800m/min　　(12辊)

卷取张力：≤500kN

轧制压力：＜10000kN

成品厚度：0.10~0.5mm

生产能力：10万~18万吨/年

4.4.1.3 结构特点

该轧机12辊采用1-2-3集束式塔形辊系布置，20辊采用1-2-3-4集束式塔形辊系布置，剖分式辊箱、整体机架设计，具有背衬轴承分段调节、窜辊、快速换辊、连续轧制线调整等功能。

4.4.1.4 选型原则

12/20辊轧机辊系可实现互换。

主轧材料：利用12辊系可轧制普碳钢、低牌号电工钢带等多种带材，和4、6辊单机架可逆式冷轧机组产能相当；

利用20辊系可轧制200、300系不锈钢、中高牌号电工钢、合金钢等难变形带材。

优势：节省投资，减少车间占地面积，降低生产成本，适应多品种、小批量、高效益的市场需求。

4.4.1.5 应用实例

该SR12/20-1450mm单机架可逆式冷轧机组已分别在广东和四川投产，目前两台轧机均稳定运行，其产品厚差小、板形平整、表面光洁，完全适应了市场小批量、多品种、高产能的需求。

图4.4.1　SR12/20-1450mm单机可逆式冷轧机组

4.4.2 SR12-1450mm双机架可逆式冷轧机组

4.4.2.1 **技术背景**

建设传统的冷连轧机组以其产能高为典型特征，但缺点是不能灵活地组织生产。单机可逆式冷轧机组生产灵活性大但其产能低，生产成本高。因此，为了折衷二者的弱点，双机架可逆式冷轧机组在20世纪末应运而生。目前世界上大多是4、6辊双机可逆的形式。与4、6辊轧机相比，多辊轧机具有诸多优点，因而多辊双机架可逆式轧机会更显出其特有的优势。因此，公司开发研制了据我们所知世界上第一套12辊双机架可逆式冷轧机。

4.4.2.2 **机组参数**

轧机形式：12辊全液压双机架可逆冷轧机组

适用钢种：碳钢、低合金钢、钛合金、电工钢等

工 作 辊：ϕ (140~150) mm×1450mm

坯料宽度：700~1270mm

坯料厚度：<3.5mm

轧制速度：<800m/min

卷取张力：≤300kN

轧制压力：<10000kN

成品厚度：0.15~0.5mm

生产能力：15万~30万吨/年

4.4.2.3 **轧机特点**

轧机采用1-2-3集束式塔形辊系、剖分式辊箱、整体机架设计，具有背衬轴承分段调节、窜辊、快速换辊、连续轧制线调整等功能。采用当今先进的质量流结合监控的控制策略，有效地保证了产品的厚度精度。

采用两台相同的SR12辊轧机进行连续式可逆轧制，既保持了单机可逆式轧机的灵动性，又有效地提高了产量、节省能耗、减小了占地面积。

图4.4.2 SR12-1400mm双机架可逆式冷轧机组

4.4.2.4 **配置水平**

主轧机和左、右卷取机均选用全数字直流调速系统或交流变频调速系统；

轧机采用全液压压下厚度自动控制系统（AGC），系统具有厚度预控、监控、秒流量控制功能；

轧机自动化系统采用国际先进的PLC控制器，完成整个轧机的工艺操作控制；

集成了工艺润滑加轴承润滑的乳化液润滑系统（已获中国发明专利）。

4.4.2.5 **应用情况**

目前该双机可逆式冷轧机已经在国内四家企业应用，轧机运行稳定，产品质量良好（见图4.4.2、图4.4.3）。

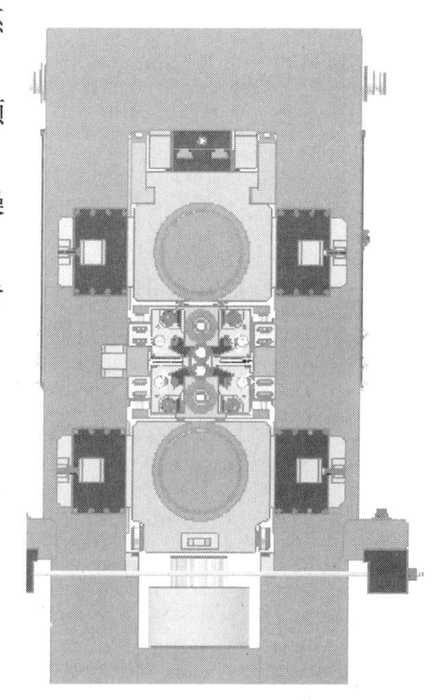

图4.4.3 SR18-1450mm双机架可逆式冷轧机组

4.4.3 SR18-1450mm单机架可逆式冷轧机组

4.4.3.1 **机组参数**

轧机形式：18辊全液压单机架可逆冷轧机组

适用钢种：200、300系不锈钢

工 作 辊：ϕ (130~180) mm×1450mm

坯料宽度：700~1270mm

坯料厚度：<4.0mm

轧制速度：<300m/min

卷取张力：≤500kN

轧制压力：<25000kN

成品厚度：0.8~1.0mm

4.4.3.2 轧机特点

SR18辊轧机是一种带工作辊侧支撑的直列6辊轧机，由于增加侧支撑，可以增大工作辊的横向刚度，因而工作辊直径可以做小，有利于减小轧制力，增大压下量。

该轧机主要用于热酸洗退火前的粗轧和不锈钢冷轧开坯，对于厚料轧延能力强，轧制效率高，产量大，辊系稳定速度快，且可操控性强。

4.4.4 SR20二十辊单机架可逆式冷轧机组（中国发明专利号：200810215582.X）

4.4.4.1 机组参数

（1）SR20-1450mm机组（见图4.4.4）。

轧机形式：20辊全液压单机架可逆冷轧机组

适用钢种：不锈钢、无取向硅钢、取向硅钢、合金钢

工 作 辊：ϕ(70~80) mm×1450mm

坯料宽度：700~1270mm

坯料厚度：<3.5mm

轧制速度：<600m/min

卷取张力：≤500kN

轧制压力：<10000kN

成品厚度：0.15~0.5mm

图4.4.4 SR20-1450mm单机可逆式冷轧机组

（2）SR20-1150mm机组。

轧机形式：20辊全液压单机架可逆冷轧机组

适用钢种：不锈钢、无取向硅钢、取向硅钢、合金钢

工 作 辊：ϕ(60~70) mm×1150mm

坯料宽度：650~1050mm

坯料厚度：<3.5mm

轧制速度：<540m/min

卷取张力：≤450kN

轧制压力：<9000kN

成品厚度：0.10~0.5mm

（3）SR20-900mm机组。

轧机形式：20辊全液压可逆式冷轧机组

适用钢种：不锈钢、无取向硅钢、取向硅钢、合金钢

工 作 辊：ϕ(55~65) mm×900mm

坯料宽度：550~750 mm

坯料厚度：<3.0mm

轧制速度：<480m/min

卷取张力：300kN

轧制压力：<7500kN

成品厚度：0.08~0.5mm

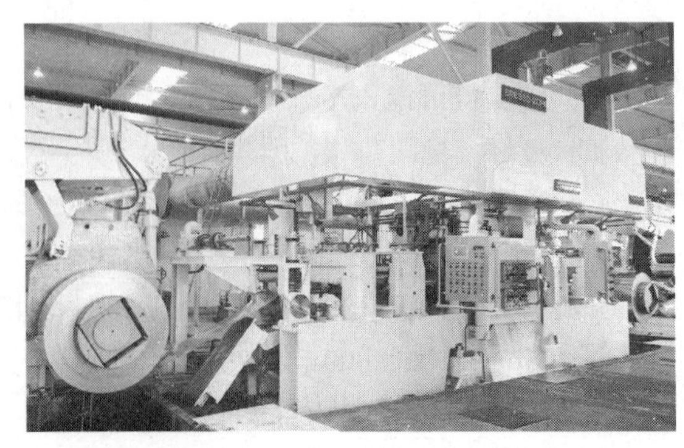

图4.4.5 SR20-550mm单机可逆式冷轧机组

（4）SR20-550mm机组（见图4.4.5）。

轧机形式：20辊全液压可逆式冷轧机组

适用钢种：合金钢、不锈钢、铍铜等精密带材

工 作 辊：ϕ (45~55) mm×550mm

坯料宽度：300~450mm

坯料厚度：<2.0mm

轧制速度：<420m/min

卷取张力：150kN

轧制压力：<1500kN

成品厚度：0.03~0.5mm

图4.4.6　201不锈钢成品

4.4.4.2　**轧机特点**

SR20辊可逆式冷轧机采用1-2-3-4集束式塔形辊系、剖分式辊箱、整体机架设计，具有背衬轴承分段调节、窜辊、快速换辊、连续轧制线调整等功能。采用当今先进的质量流结合监控的控制策略，有效地保证了产品的厚度精度。

4.4.4.3　**应用情况**

已经成功应用于200、300系不锈钢、中高牌号无取向电工钢、铍青铜等难变形材料的稳定生产（见图4.4.6、图4.4.7）。

图4.4.7　30.03mm×450mm的铁青铜带成品卷

4.5　江阴兴澄特种钢铁有限公司

4.5.1　轧钢设备万能轧机

机型：万能轧机（见图4.5.1）

产地：德国SKET公司

4.5.1.1　**主要参数**

(1) 长×宽×高：9600mm×2920mm×3270mm

(2) 水平轧辊允许辊径：max：ϕ 1050　min：ϕ 860

(3) 立轧辊允许辊径：max：ϕ 660　min：ϕ 600

(4) 最大轧制力矩（水平）：（两辊）420kN·m

(5) 短时过载能力：100%

(6) 电机功率：1200kW，700V，1820A

(7) 电机转速：400~1000r/min

(8) 传动比：依轧机所在线上的位置不同而不同

4.5.1.2　**选用原则**

生产型钢的生产线。

结构特点：

(1) 结构较复杂。

(2) 使用范围宽。

(3) 装配的要求高。

(4) 在线固定采用弹簧压紧（液压松开）。

(5) 轧辊平衡采用橡胶平衡。

(6) 辊缝调整采用液压油马达，蜗轮螺杆、丝杠丝母形式。

4.5.1.3　**使用情况**

(1) 投产使用十多年，没有发现什么问题，设计选用的安全系数较高，适用性强。

(2) 既可以当万能轧机也可以当普通二辊轧机使用，灵活性高。

(3) 轧辊平衡用的橡胶弹簧的厂家选择很重要，选用的质量不好，会造成较大的轧辊弹跳量，影响生产产

品的质量。

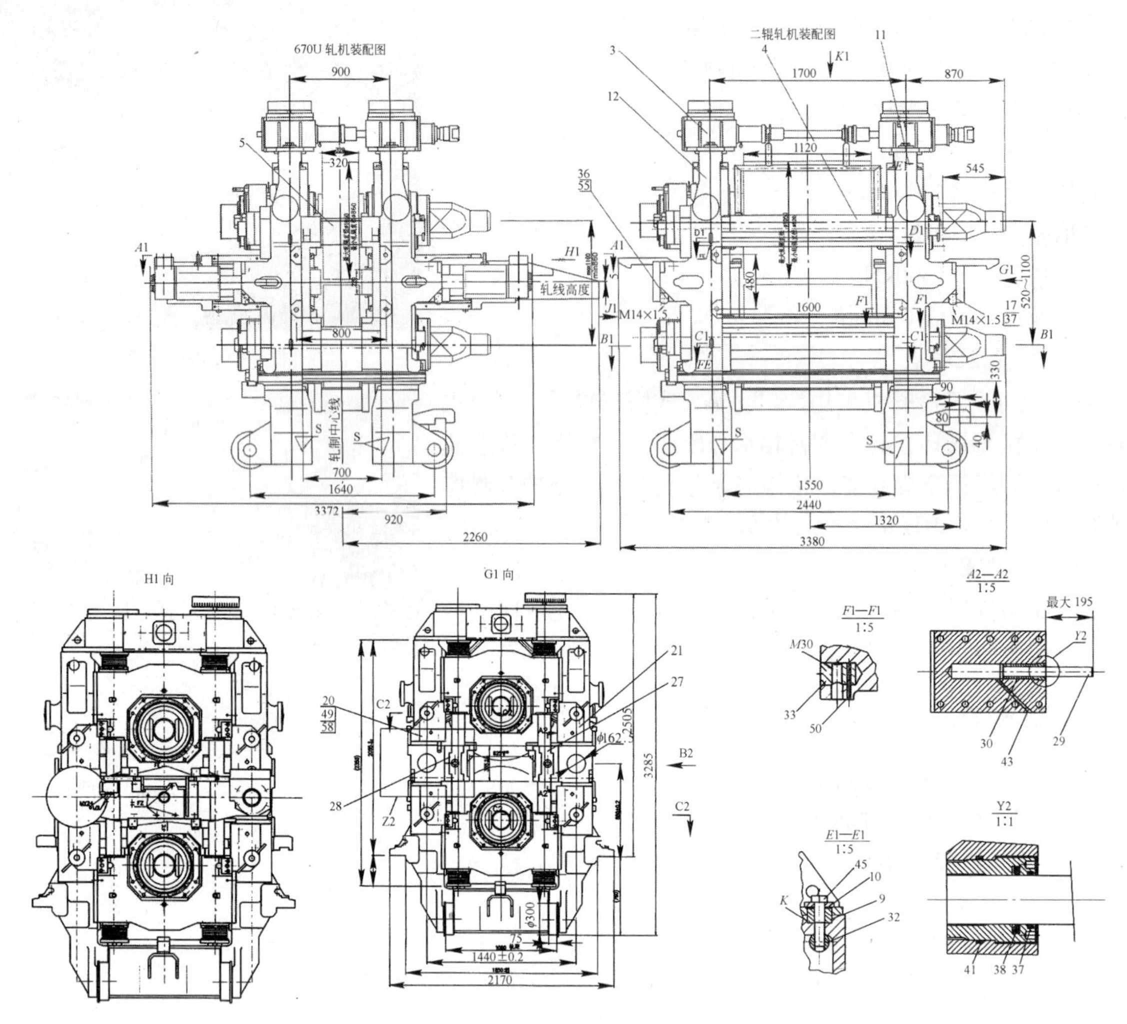

图4.5.1　万能轧机

4.6　厦门正黎明冶金机械有限公司

4.6.1　轧钢设备万能轧机

图4.6.1　黎明公司万能轧机

机型：C型钢成型机（见图4.6.1、图4.6.2）

产地：厦门正黎明冶金机械有限公司

主要参数:

长×宽×高：10000mm×1750mm×1600mm

工作高度：900mm

成型规格：C80×40×15~C300×80×20

板料宽度：172~482mm

液压功率：45kW

成型速度：25m/min

产品范围：

可生产各种规格C型檩条，实现无级调整

结构特点：

（1）结构紧凑。

（2）装配精确。

(3) 轧辊耐磨性能好，使用寿命长。

(4) 移动采用线性导轨导向精确。

(5) 调整换型精度高。

使用情况：

(1) 设计选用的安全系数高，适用性强。

(2) 可实现无级换型，生产多种规格的产品。

(3) 生产速度快，实现高效率的生产。

(4) 操作简易、方便。

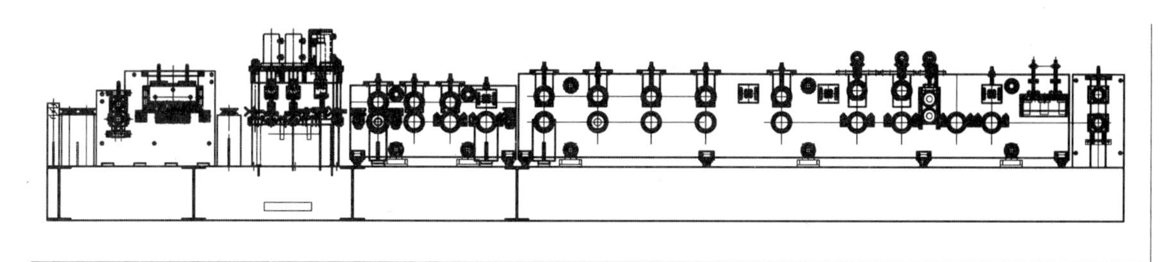

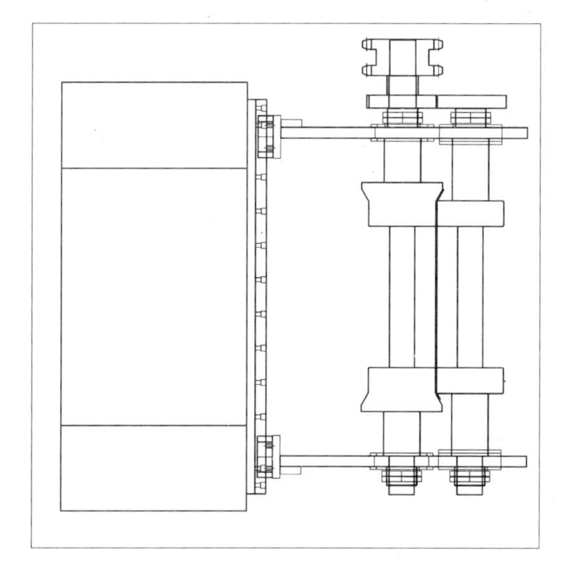

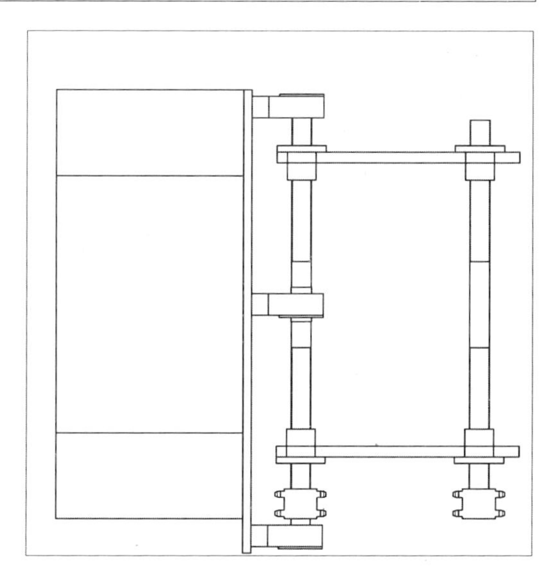

图4.6.2 C型钢成型机

4.7 中冶南方工程技术有限公司

4.7.1 9辊矫直机

4.7.1.1 概述

随着人们对热轧中厚板产品质量要求的不断提高，引起了对矫直机设备的不断开发，使其具备更宽的可矫直范围，更优的板形平直度，而且尽量降低钢板的内部应力（见图4.7.1~图4.7.3）。

4.7.1.2 设备主要组成

底板、下部框架、中间框架、预应力机架、上横梁、活动横梁、入口导板、出口导板、上矫直辊箱、下矫直辊箱、HGC系统、传动电机、传动接轴、换辊装置、万向传动轴夹紧装置、辅助设备。

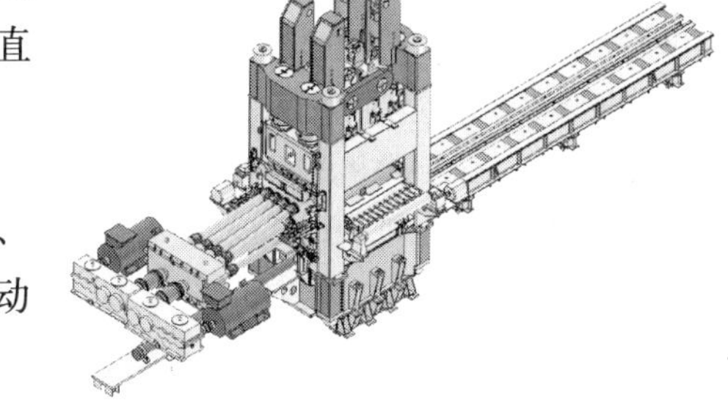

图4.7.1 9辊矫直机

4.7.1.3 关键设备介绍

(1) 预应力机架。

为了能够生产出更为平直的钢板，要求矫直机机架必须要具备高的刚度和小的弹性变形。这一高刚度要求可通过预应力机架形式实现，其机架刚度可以达到约10000kN/mm。

(2) 上矫直辊弯辊。

为消除钢板的双边浪、中间浪等不良板形，上矫直辊盒可以通过弯辊装置，根据钢板的实际板形，进行预设弯辊，还可以根据矫直的质量进行调整。

(3) 矫直辊内部通水冷却。

热板矫直机的矫直辊内部和上活动横梁采用通水冷却，取消了外部喷水冷却的传统冷却方式。这种冷却方式不但避免了矫直辊的过热，而且提高了钢板的矫直质量，减少了对矫直辊和支撑辊的磨损。

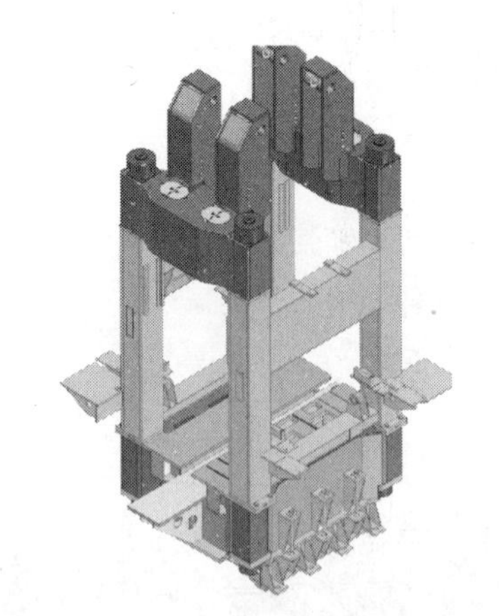

图4.7.2 矫直机的预应力机架结构

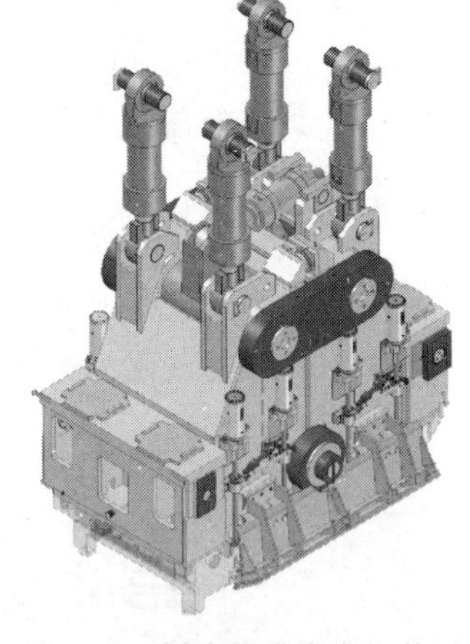

图4.7.3 矫直辊盒和弯辊装置

4.7.1.4 **设备应用及发展趋势**

(1) 用数字控制系统精确调整上矫直辊位置，并借助自动测厚仪自动控制矫直辊负荷和在线过程计算机进行全自动操作。

(2) 高刚度矫直机机座，可满足大矫直力条件下的使用，变形小，精度高。

(3) 为了提高矫直效果，矫直机出口处的上(或下辊)可以单独调整，且在矫直过程也可以进行调整。

(4) 上矫直辊可以横向倾动，能分别调整各段支撑辊，以改变矫直辊的挠曲，消除钢板的单侧或者双侧边浪。

(5) 下矫直辊可以沿矫直方向倾斜以调整矫直辊负荷。

(6) 装备液压安全装置和快速松开装置以便在设备过载、卡钢和停电时快速松开矫直辊。

(7) 上、下矫直辊和支撑辊分别装在各自的框架上，框架及其辊子可以侧向移动进行快速换辊，实现辊系的线外整备(即拥有两套以上的辊系装备供给一套矫直机使用)。

(8) 矫直机入口处装有水或压力空气，以清除残留的氧化铁皮。

(9) 在矫直辊入口处安装一弯头压直机，消除头部钢板的上翘。

(10) 为了避免矫直辊辊面的滑伤，辊面应具有一定的硬度。对四重辊式矫直机必须保证工作辊和支撑辊的辊面硬度有一个差值。

4.7.2 1250mm双机架平整机

4.7.2.1 **双机架平整机介绍**

双机架平整机组是由两个六辊或四辊机架串联而成，通过对经过退火后的冷轧钢卷进行二次轧制或平整，使带钢达到目标厚度和目标性能，主要用来生产冷轧板和镀锡原板（见图4.7.4）。

4.7.2.2 **工艺技术**

双机架平整机组生产的镀锡原板产品，通常是0.6mm以下的薄规格，产品等级有T1~T5，由于带钢较薄，且硬度较高，所以需要采用非可逆式双机架平整机进行平整，通过每个机架给定相应的伸长率，使带钢达到目标总伸长率，实现消除屈服平台、提高表面硬度及表面光洁度的目的。

1250双机架平整机的主要技术参数如下：

机组形式：双机架UCM六辊平整机

轧制压力：No.1机架 max 15MN；No.2机架 max 15MN

工作辊尺寸：ϕ410/ϕ460mm×1250mm

中间辊尺寸：ϕ490/ϕ440mm×1250mm

支撑辊尺寸：ϕ1150/ϕ1050mm×1200mm

开卷张力：max 25kN

卷取张力：max 32kN

机组速度：max 1500m/min

产品规格：

冷轧产品为：

产品等级：CQ、DQ、DDQ、HSS

带钢宽度：750~1100mm

带钢厚度：0.25~1.0mm

镀锡原板产品为：

钢种：MR、D、L

产品等级：T2.5、T3、T4、T5

带钢宽度：750~1050mm

带钢厚度：0.18~0.55mm

多数双机架平整机组除具有平整功能外，还具有二次冷轧功能，用于生产DR材，通常在1号机架最大有约30%的压下率，根据生产的需要，可实现多个功能的轧制模式，见表4.7.1。

表4.7.1 双机架平整机组的轧制模式

轧制模式	1号机架	2号机架
平整模式	干平整	干平整
平整模式	湿平整	湿平整
二次冷轧模式	二次冷轧（大辊径/小辊径）	湿平整
二次冷轧模式	二次冷轧（大辊径/小辊径）	干平整

双机架平整技术经过多年的发展已经比较成熟，在国内外已有多家钢铁企业采用了这一技术，国内的双机架平整机组的应用情况见表4.7.2。

表4.7.2 国内的双机架平整机组

应用单位	机组形式	设计单位	备 注
武钢第一冷轧厂	双机架四辊平整机组	西马克	引进
宝钢益昌薄板厂	1220双机架六辊平整机组	三菱日立	引进
宝钢益昌薄板厂	1220双机架六辊平整机组	中冶南方	国产第一套
河北钢铁集团衡水薄板厂	1250双机架六辊平整机组	中国一重	
河北迁安思文科德薄板科技有限公司	1450双机架六辊平整机组	中冶南方	
首钢京唐第三冷轧厂	双机架四辊平整机组	西马克	引进

中冶南方2009年在宝钢成功开发了国产化第一套双机架平整机组，投产后各项技术指标达到国际先进水平。

4.7.2.3 **设备结构**

双机架平整机组主要由以下设备组成（见图4.7.4）：

(1) 入口钢卷运输系统。

(2) 钢卷准备站。

(3) 机组入口设备。

(4) 1号UCM六辊轧机。

(5) 机架间设备。

(6) 2号UCM六辊平整机。

(7) 机组出口设备。

(8) 出口钢卷运输系统。

(9) 辅助系统。

图4.7.4 双机架平整机组

图4.7.5所示为双机架平整机组设备断面图。

4.7.2.4 发展趋势

双机架平整机组是镀锡原板生产的重要机组，也是生产高端镀锡原板的必备机组。随着中国钢铁产能过剩情况的加剧，产业结构调整的深入，镀锡板这一高附加值产品被企业越来越重视，目前国内仅有宝钢等少数几家企业能生产，所以在不久的将来，双机架平整技术将会更广泛地应用，随着生产经验的积累和技术开发的深入，双机架平整机组的各种轧制模式的应用也会更加成熟。

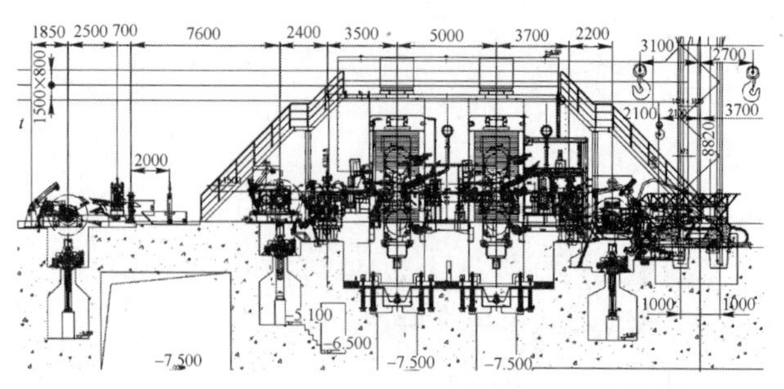

图4.7.5　双机架平整机组设备断面

4.7.3 1950mm单机架汽车板平整机组

4.7.3.1 汽车板平整机简介

1950mm单机架汽车板平整机处于退火工艺段之后，用于汽车板、家电板的平整处理，主要用于消除带钢屈服平台、降低屈服强度、改善带钢板形、改善带钢表面质量、给带钢一定的粗糙度，便于后工序的深冲加工处理，平整机是汽车板工艺处理的后续工序，直接影响最终的产品质量。

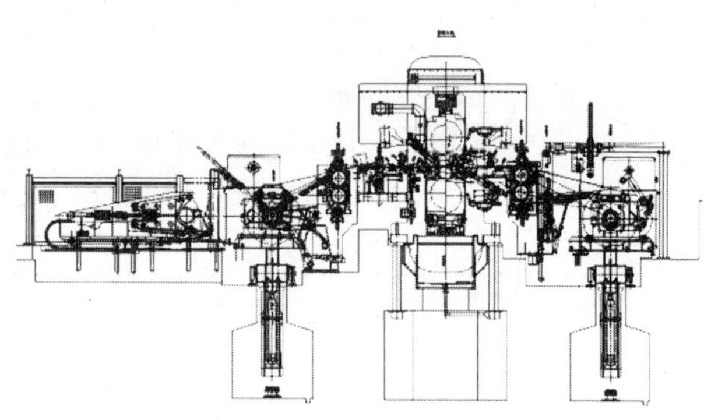
图4.7.6　1950mm汽车板平整机剖面

如图4.7.6所示，汽车板平整机主要包括：开卷机，防撕裂辊，入口液压剪，入口张力辊，入口测张辊，入口压辊，防皱辊，工作辊，支撑辊，防颤辊，出口压辊，出口测张辊，出口液压剪，带钢稳定辊，出口张力辊，卷取机，开卷机压辊等设备。

4.7.3.2 主要产品及性能参数

(1) 主要产品。

主要产品为汽车板，参考规格如下：

钢种：CQ、DQ、DDQ、EDDQ、SEDDQ、HSS

厚度：0.2~2.5mm

宽度：1000~1800mm

卷重：max 30t

钢卷外径：1000~2000mm

钢卷内径：610mm

强度级别：σ_s：max 650MPa；σ_b：max 780MPa

伸长率范围：0.3% ~3.0%

年产量：60万吨

(2) 机组主要参数。

机组速度：max.1000m/min

开卷机：开卷机卷筒直径：ϕ 620/ϕ 550mm (胀/缩)

卷取机：卷取机卷筒直径：ϕ 610/ϕ 585mm (胀/缩)

预开卷：具备所有规格带头处理功能

轧辊：四辊平整机

工作辊尺寸：ϕ 480/ϕ 430mm×1950mm

支撑辊尺寸：ϕ 1200/ϕ 1100mm×1920mm

压下系统：全液压压下

最大轧制压力：12000kN

最大轧制力矩：40.93kN·m

工作辊正/负弯辊力(单辊单侧)：+500/-450kN

支撑辊平衡力：600kN

张力设置：机架前后配置S辊

开卷张力：7.5~70kN

卷取张力：9.0~90kN

（3）平直度改善指标（见表4.7.3）。

表4.7.3 平直度改善指标

成品\来料	12	15	20	30	40	50	60	80
0.45×1200mm	10	11	15	22	26	29	34	42
0.70×1300mm	9	10	13	19	23	25	30	37
1.25×1500mm	8	9	11	16	19	21	25	32
2.00×1500mm	8	8	10	14	17	19	21	24

注：测量单位：平直度偏差IU单位。

表4.7.4为伸长率控制精度。

表4.7.4 伸长率控制精度

伸长率设定值/%	恒速伸长率公差/%	加减速伸长率公差/%
0.3~1.5	±0.05	±0.2
1.5~3.0	±0.1	±0.2

4.7.3.3 **汽车板平整机应用**

汽车板要求良好的深冲性能，所以对产品的粗糙度、平直度、伸长率和板面清洁度都有较高要求。中冶南方汽车板平整机国内首次实现带钢粗糙度在线监测功能；采用新型伺服控制系统，配置高精度压力传感器实现液压压上及弯辊的精确控制；机架出、入口同时配置高精度编码器和激光测速仪保证速度测量精度；以节能减排为开发思想的新型平整液应用系统和吹扫系统（中冶南方清洁轧制技术）有效减少平整液用量，减少平整液残留，提高板面清洁度；具备小轧制力轧制功能，稳定控制软带钢伸长率。该汽车板平整机组处于世界先进水平。

目前该机组运用在首钢冷轧厂罩式退火线上，机组性能良好，运行状态稳定。

4.7.4 1500mm不锈钢平整机

4.7.4.1 **概述**

平整是冷轧不锈钢精整的第一道工序，也是冷轧的最后一道工序，其对最终产品的质量起到关键性影响。平整的主要目的在于：（1）改善带钢力学性能，保证产品的成形加工性；（2）改善板形，得到平直的钢板；（3）根据用户的使用要求，加工光面或麻面板，并改善表面质量。出于不锈钢产品的特殊要求，不锈钢平整设备多选用大辊径二辊平整机，并配备专门的带钢清洁装置和轧辊清洁装置（见图4.7.7）。

图4.7.7 不锈钢平整机

4.7.4.2 **机组机械设备主要组成**

（1）机架入口设备。

钢卷鞍座、打捆机、钢卷车、套筒处理装置、钢卷测量装置、开卷机、卸卷推板、上开卷压辊、开卷机外支撑、下开卷压辊、双卷纸机、开卷器、转向辊、夹送辊、带钢清理装置、防皱辊、穿带导板台。

（2）机架本体设备。

机架、液压压上系统、轧制线调整装置、工作辊、弯辊系统、轧辊锁紧装置、接轴托架、轧辊保护装置、轧辊清理装置、快速换辊装置、传动系统、机架配管。

(3) 机架出口设备。

穿带导板台、防皱辊、液压剪、侧导辊、转向夹送辊、摆动导板台、卷取机、卸卷推板、卷取机外支撑、跟随辊、皮带助卷器、垫纸机、套筒处理装置、钢卷车、钢卷鞍座、打捆装置。

(4) 辅助设备。

辅助液压系统、伺服液压系统、干油润滑系统、稀油润滑系统、气动系统、除尘通风系统、排废系统。

4.7.4.3 关键设备介绍

(1) 带钢表面清洁技术。

带钢表面清洁是生产高品质表面质量不锈钢产品的基础。不锈钢卷平整前道工序、车间环境难免会给带钢表面带来灰尘、碎屑等杂物。这些杂质如果不经清理，随着带钢进入轧辊进行平整，就会在带钢表面和轧辊表面留下印痕，造成带钢表面质量的下降和轧辊表面光洁度的下降。为了清理带钢的表面附带的杂物，在机组的入口必须配备带钢清理设备，在带钢与轧辊接触前对带钢进行清理（见图4.7.8、图4.7.9）。

图4.7.8 带钢清理装置之一粘辊

图4.7.9 轧辊清理装置

(2) 轧辊在线抛光装置。

轧辊在线抛光装置的作用是在平整作业时，该装置能够连续的对轧辊表面进行抛光，以保持轧辊表面的光洁度。轧辊的表面光洁度是控制不锈钢带钢表面质量的关键，只有高光洁度的轧辊表面，才能生产出高品质的不锈钢。因此，为轧辊配备该装置显得尤为重要。在线抛光装置一般由擦拭带、横梁、导杆、抽风管等组成，并在工作状态下可以沿辊身往复移动。

4.7.4.4 设备应用及发展趋势

不锈钢二辊平整机在近年来新建的不锈钢生产线上被广泛采用，成为生产高品质不锈钢的必备设备。在实际生产中有两种布置方式，其一就是离线布置形式，布置在光亮退后线或/和冷退火酸洗线之后，另一种方式是在线布置形式，布置在冷退火酸洗线的出口。其主要目的都是为了提高带钢的表面质量、改善板形、获得一定的伸长率。

长期以来，该设备多为国外厂商进口，造价不菲。2008年中冶南方轧机事业部为满足国内新建不锈钢生产线的需求，开发不锈钢平整机组。该机组采用了轧辊在线抛光、轧辊正负弯辊、轧辊保护、带钢清洁、垫纸展平、断纸保护、转向辊清洁保护等多种专项技术，并成功应用于宝钢特殊钢分公司不锈钢和特殊钢的生产。该机组的成功投产打破了国外公司在我国不锈钢生产领域平整机组的长期垄断，大幅度地降低了工程建设投资，经国内专家组鉴定，该机组达到了国际先进水平。

4.7.5 单机架可逆轧机

单机架可逆轧机是一种适用于中、小型冷轧厂的较为经济的机组，具有设备简单、操作方便、生产灵活、工程投资省、维护费用低、建设周期短等特点。目前六辊单机架可逆轧机广泛应用，它是在四辊单机架可逆轧机的基础上增加了一对中间辊，由于轧机刚度增强，使工作辊直径减小，降低轧制力和力矩，减小轧辊弹性压扁，有利于实施大压下量轧制和轧制较薄的带钢，同时由于增加了轧辊窜动功能，再配以轧辊弯辊，能有效消除带钢边部减薄，提高了轧机板形调节能力（见图4.7.10）。

4.7.5.1 单机架可逆轧机机型及技术参数

中冶南方工程技术有限公司推出了1250、1450、1700系列单机架可逆轧机机组，具有液压压上、工作辊正负弯辊、中间辊正弯辊、中间辊串辊、工作辊分段冷却等控制功能，并根据产品的工艺要求配置测压仪、SONY磁尺、板形仪、直接测张、激光测速、X射线测厚、交流调速等硬件设备，能够实现轧制带钢的前馈/反馈控制、秒流量自动控制、板形闭环控制，具有较强的轧制带钢厚度、板形控制能力，满足高品质冷轧板的轧制要求。其主要技术参数见表4.7.5。

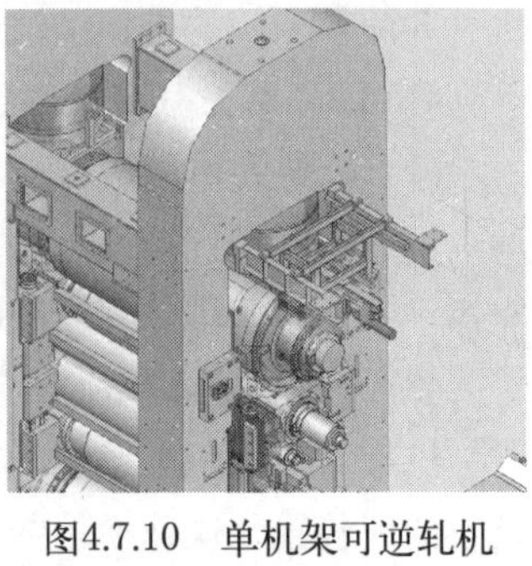

图4.7.10 单机架可逆轧机

表4.7.5 单机架可逆轧机主要技术参数

主要参数	1250系列	1450系列	1700系列
产品钢种	极薄板、普碳钢、高强钢、中高牌号无取向硅钢等	极薄板、普碳钢、中低牌号无取向硅钢等	普碳钢、中低牌号无取向硅钢等
产品厚度	<0.15~2.0mm	0.15~2.0mm	0.18~2.0mm
产品宽度	max 1100mm	max 1300mm	max 1650mm
工作辊尺寸	φ290/φ250×1250mm	φ385/φ340×1450mm	φ425/φ385×1700mm
中间辊尺寸	φ490/φ440×1250mm	φ440/φ390×1475mm	φ490/φ440×1700mm
支撑辊尺寸	φ1250/φ1100×1200mm	φ1250/φ1100×1450mm	φ1300/φ1150×1700mm
轧制压力	max 15000kN	max 18000kN	max 20000kN
机组速度	max 1250m/min	max 1250m/min	max 1250m/min
穿带速度	30m/min	30m/min	30m/min

4.7.5.2 **单机架可逆轧机设备组成**

单机架（见图4.7.11）可逆轧机由入口设备、机架本体设备、出口设备、换辊设备、主传动系统、辅助系统等部分组成，主要设备有开卷机、入口卷取机、轧辊装配、工作辊弯辊装置、中间辊弯辊及串辊装置、出口卷取机等。

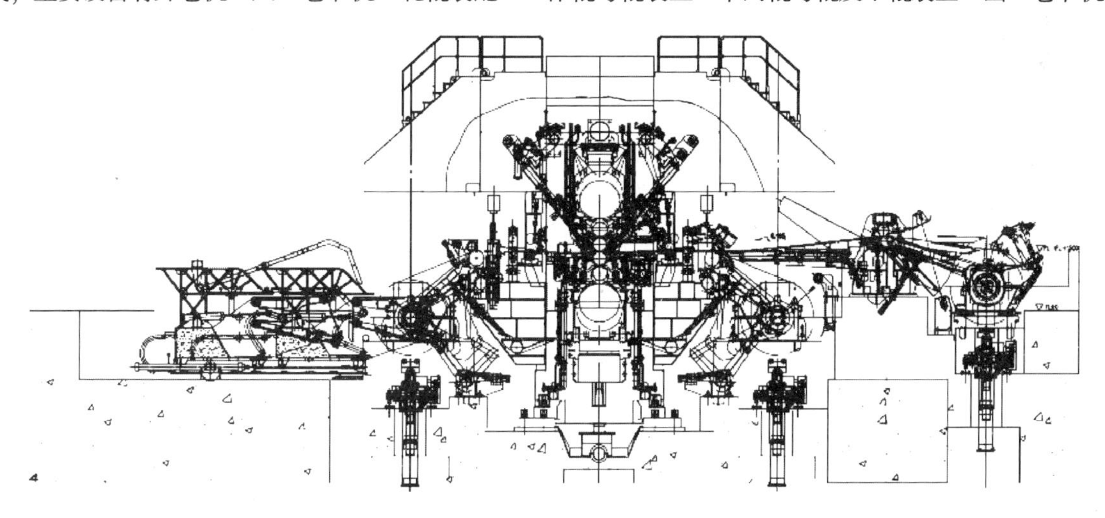

图4.7.11 单机架可逆轧机主视图

(1) 开卷机。

开卷机由卷筒、机体、压辊、底座等部分组成，齿轮采用硬齿面齿轮，箱体为焊接件。卷筒安装在机体上，电机通过传动接轴和机体内的齿轮装置驱动卷筒。卷筒为四棱锥式，由旋转液压缸驱动胀缩。开卷机底座上装有CPC液压缸，推动机体和卷筒在底座上浮动，进行CPC对中。开卷机的齿轮和滚动轴承采用稀油循环润滑。压辊安装在机体上，穿带时压下辅助穿带。

(2) 入口和出口卷取机。

卷取机由卷筒、机体、底座、传动装置、卸卷推板、外支撑等部分组成，齿轮采用硬齿面齿轮，箱体为焊接件。四棱锥式卷筒安装在机体上，卷筒上带有液压钳口；卷筒的胀缩和钳口的夹紧均由液压缸驱动。电机通过接轴和机体内的齿轮装置驱动卷筒，机体内的齿轮和滚动轴承采用稀油循环润滑。卸卷推板安装在机体上部，由液压缸驱动，用于事故状态下辅助卸卷。

(3) 轧辊装配。

工作辊和中间辊材料为合金锻钢，轴承采用四列圆锥滚子轴承。工作辊和中间辊轴承座为铸钢件，带有端盖、定距环及密封件，下轴承座两侧带有换辊用的滚轮。

支撑辊由合金锻钢精细磨削而成。采用四列圆柱滚子轴承，在支撑辊的操作侧另装有一个止推轴承。支撑辊轴承座为铸钢件，轴承座的两侧带有耐磨铜衬。下支撑辊轴座上带有辊轮，用于支撑辊换辊。

(4) 工作辊弯辊装置。

工作辊弯辊装置包括：固定块、弯辊缸块、耐磨衬板、联结件等。弯辊缸的活塞杆、密封件等组件安装在固定缸块中。弯辊缸为低摩擦缸，进口密封件，响应快。缸块通过螺栓等联结件固定安装在机架窗口中部的立柱上，固定块上装有耐磨衬板。

(5) 中间辊弯辊及串辊装置。

中间辊弯辊及串辊装置由弯辊缸块、导槽、联结横梁、串辊缸、中间辊夹持机构、串辊缸托架、位移传感器等部分组成。

上下中间辊的弯辊缸安装在中间辊弯辊缸块中，操作侧和传动侧的弯辊缸块之间有联结横梁连接。缸块配有滑板，可在导槽中滑动。串辊缸托架安装在穿带侧的机架上；串辊装置配有中间辊锁定机构，串辊时锁定液压缸动作，串辊缸驱动中间辊随串辊装置一起串动。串辊装置配位置检测传感器，可以根据轧制工艺参数，自动设定串辊量。串辊缸为低摩擦缸，进口密封件，定位精度高。

4.7.5.3 单机架可逆轧机专有技术

中冶南方工程技术有限公司单机架可逆轧机具有以下主要技术特点：

(1) 高精度厚度控制技术。

采用独特的变增益伺服控制系统，提高压下伺服系统的分辨率和灵敏度，完成轧制力的快速跟随和准确控制，从而实现产品厚度精度和性能的稳定控制。

(2) 板形控制核心技术。

改变以往带钢轧制负荷分配的不合理，根据带钢Z向流动特性，合理进行轧制负荷分配，优化单机架轧机板形控制。图4.7.12所示为常规轧制力控制系统与变增益伺服系统的控制腔压力曲线。

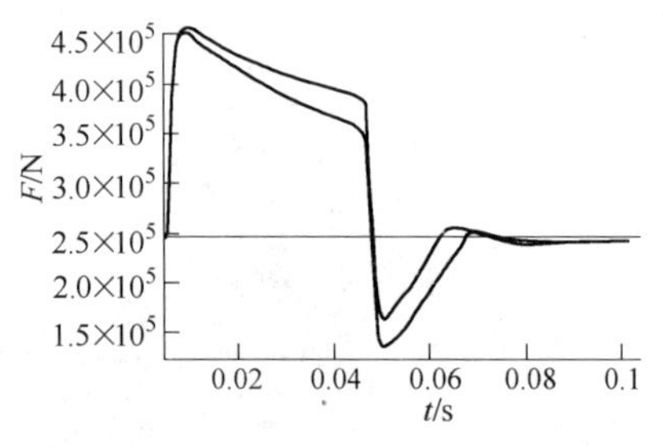

图4.7.12 常规轧制力控制系统与变增益伺服系统的控制腔压力曲线

图4.7.13 低消耗轧制技术

(3) 清洁轧制和轧制降耗技术。

公司完全自主开发的专利技术，通过防缠导板、封闭罩等的设计，采用隔断、导流乳化液的方式代替传统大流量压缩空气吹扫，在保证板面清洁的同时，又降低了轧制电耗、油耗、辊耗等生产消耗，提升客户的生产成本竞争力（见图4.7.13）。

4.7.5.4 单机架可逆轧机应用实例

2009年投产的莱钢单机架可逆轧机，运行效果良好，其产品厚度精度和板形精度均达到或超过国际先进水平，而低消耗轧制技术的应用则大大降低了吨钢消耗，提升了业主产品的市场竞争力。详见表4.7.6、图4.7.14。

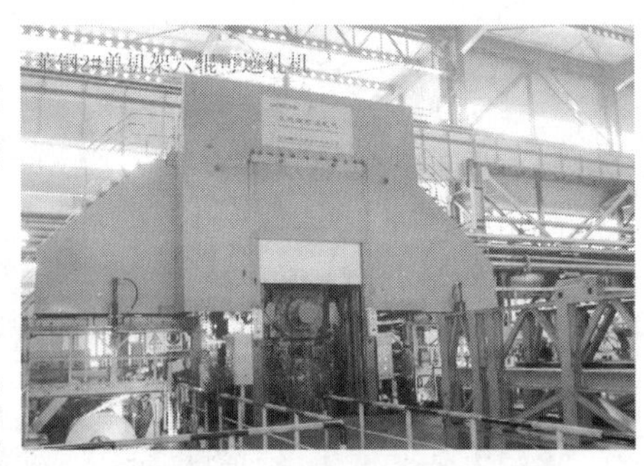

图4.7.14 莱钢单机架可逆轧机

表4.7.6 莱钢单机架轧机性能指标与同类技术的比较

项 目	中冶南方	国际水平	国内水平
厚度精度（成品厚度0.18mm）/μm	±3	±4	宽带钢不能轧制
厚度精度（成品厚度0.35mm）/μm	±3.4	±4	±5
板形精度	7I	7I	9I
吨钢辊耗/kg·t^{-1}	0.7	0.8	0.9
吨钢油耗/kg·km^{-1}	0.68	0.7	0.8

4.7.5.5 单机架可逆轧机发展趋势分析

在市场竞争日益激烈的今天，对轧制设备的发展提出了新的要求，单机架可逆轧机将向两个方向发展：

一是产品极薄化、高强化，占据高端产品市场。世界上先进的轧制技术供货商不断进行极薄板和高强钢的轧制设备研发，以期用单机架六辊可逆轧机生产一部分森吉米尔轧机的高附加值产品，同时降低设备投资。

二是提高冷轧带钢的厚度精度、板形、表面质量等产品指标，并降低轧制消耗，用高品质、低价格的产品抢占市场。这就对单机架轧机提出了更高的要求，一方面要提高产品的轧制控制能力，另一方面要减少乳化液的残留并降低压缩空气等能源介质的消耗。

4.7.6 冷热兼容平整机组

4.7.6.1 机组简介

在冷轧厂设置冷热兼容平整机可以增加产品品种，充分利用设备能力，有效提高企业竞争力。

冷热兼容平整机工艺及成套设备，由中冶南方工程技术有限公司自主研发出的新平整工艺和成套设备，已在武钢集团鄂钢冷轧薄板厂、吉林通化钢铁公司、山东莱芜钢铁公司等地成功投入生产。

其产品冷轧平整主要为普通碳素钢、优质碳素钢、高强钢等；平整机热轧酸洗产品主要应用于汽车、空调压缩机、机械五金件领域，主要解决热轧板的平直度以及表面质量问题，同时需要消除部分产品由于冶炼以及热轧卷取温度控制不当而传递到冷轧的横折缺陷，而借助平整机组是可以实现上述功能的。

4.7.6.2 工艺目标及原料、成品状况

冷轧平整生产的主要目的是消除材料屈服平台，改善带钢机械性能，提高表面质量和平直度。热轧平整的主要工艺目标是改善热轧板的板形和表面质量。

从来料状态上看。冷轧板退火板平直度优于热轧酸洗板，板面相对较为清洁。经前工序罩式退火炉后，残余应力水平相对较低。但在边部和带钢中部存在不同程度的粘接。热轧酸洗板平直度较差，虽不存在粘接问题，但由于在酸洗机组须经拉矫机机械破鳞，因此残余应力水平较高。对强度级别较高的热轧酸洗板，由于氧化铁皮不易清除，容易在平整过程造成二次压入，影响产品质量。从产品角度看，冷轧平整机更关注于成品的力学性能以及表面粗糙度状况，而热轧酸洗板更关注产品的平直度以及表面质量。冷热兼容平整机应充分考虑上述工艺目标、原料及成品状况。

4.7.6.3 技术特点

冷热兼容平整机的技术特点是既可平整冷轧退火卷，又可平整热轧酸洗卷。为实现上述目的，新开发的冷热兼容平整机与传统的冷轧平整机在工艺线路、机组配置、自动控制、轧制模式等方面均有较大的改进。

(1) 工艺线路。

冷热兼容平整机的产品有两种物流路线：第一种是传统的工艺路线，热轧带钢经酸洗后进行冷轧，冷轧后的冷硬卷经脱脂机组脱脂，再送到罩式退火，退火后的退火卷送到平整机，平整后的钢卷才能达到商品卷的技术标准。第二种是热轧卷经酸洗后直接进冷热兼容平整机，直接生产出达到一定技术标准的热轧酸洗平整卷。

(2) 机组配置。

为适应新的工艺线路的要求，冷热兼容平整机的机组布置上需满足两种物流线路的上料要求。

入口段布置有立卷翻卷机、卧卷步进梁、过跨车、钢卷准备站、卸尾卷装置、上卷车等设备。此方案将传统冷轧卷生产的卧卷上料翻卷机与热轧酸洗生产的卧卷上料步进梁结合在一起，使机组同时满足两种工艺路线的上料要求。

出口段布置有卸卷车、分切剪、打捆机、称重装置、出口步进梁等设备，还可选装测厚仪或涂油机，既可为下步工序提供原料卷，也可满足直接出商品卷。

中间段是工艺段，设备包括：开卷机、双功能工艺辊、张力辊、液压剪、防皱辊、防颤辊、平整机、湿平整系统、压缩空气吹扫系统、卷取机、皮带助卷器等设备，工艺段设备直接关系到冷热兼容平整工艺的实现。

(3) 工艺设备。

1) 针对来料差异的双作用工艺辊。

双作用工艺辊是冷热兼容平整机的关键工艺设备，采用比例控制系统，具备两种工作模式：模式A和模式

B。模式A为冷轧板工作模式，模式B为热轧酸洗板工作模式。双功能工艺辊的加入，使在同一机组上完成冷轧、热轧来料的开卷成为可能。

由于热轧带钢和冷轧带钢的原料条件不同，冷轧平整的前工序为罩式退火炉，带钢主要缺陷主要在退火时产生。其中代表性缺陷是表面粘接。主要原因是：当罩式退火炉内的钢卷开始冷却时，钢卷外层快速冷却、收缩，而内层冷却缓慢，温度却超过600℃，在钢卷内就产生很高的径向压力，数小时的高温高压作用下钢卷层间产生黏结。

在黏接情况发生时，带钢与钢卷之间产生很高的开卷阻力，造成开卷机速度及力矩振动，卷取机的速度和力矩的稳定性远高于开卷机，此时，在带钢表面可能出现撕裂或折裂现象。为了避免出现撕裂问题，同时减小开卷机工作过程中的速度和力矩波动，将双功能工艺辊置于A模式，控制带钢的开卷角度，使粘接钢卷发生撕裂的可能性大大降低。

热轧酸洗板成品产生缺陷的原因主要来自于冶炼成分控制和热轧卷取温度的控制，对部分产品而言，在开卷时会产生由于柯氏气团而产生的吕德丝带缺陷，将双功能工艺辊切入B模式，通过使带钢产生0.7%~1.5%的冷变形量，使位错摆脱柯氏气团的钉扎作用，以消除上屈服极限，达到避免缺陷产生的目的。

2）冷热兼容平整机的控制模式。

冷热兼容平整机具备三种控制模式：模式1：伸长率、张力控制模式；模式2：伸长率。轧制力控制模式；模式3：轧制力、张力控制模式。针对不同的产品需求，选取其中的一种模式进行控制，以达到优化质量的目的。

如前所述，冷轧平整机的主要工艺目的是改善产品的机械性能，而机械性能的好坏直接取决于机组的伸长率控制水平。因此，冷轧产品通常采用模式1或模式2进行控制，以延伸率恒定作为首先控制目标，再根据厚薄不同。材质不同的产品，对轧制力和张力的不同敏感程度，选择伸长率、张力控制模式或伸长率。轧制力控制模式。而热轧板平整的主要目的是改善产品的平直度，因此，我们选择模式3：轧制力、张力控制模式进行控制。

3）提高热轧产品质量的备选工艺设备——六辊矫直机。

某些热轧产品，需要进行一定的冲压加工，高端的热轧酸洗板除对产品的平直度提出较高要求外，还要求尽可能低的残余应力水平。而热轧酸洗板在酸洗过程中，为了尽可能去除氧化铁皮，进行了拉矫加工，而此后又不可能像冷轧板那样进行退火处理，因此，在平整加工时，需对机组的张力水平进行严格控制，无疑，这增加了改善热轧酸洗产品平直度的技术难度。

为解决上述矛盾，采取了增设自由设定辊缝的六辊矫直机的工艺策略。在矫直过程中，板材从矫直机通过时，在上、下工作辊的作用下，钢板受到弯曲，其实质是以中性面为界，下半部受拉伸（压缩），上半部受压缩（拉伸）。如果其应力超过了屈服限，就有了充分的弹性和塑性变形。当外力消除后，钢板保持残留的弯曲度。反之，如钢板有原始弯曲度，则在反向的弯曲变形后，原始曲线率降低或消除。实际上钢板的原始曲率是复杂的，各个断面的曲率并不相同，所以钢板必须在很多辊子之间逐渐消除曲率不等的原始曲率，使钢材产生反复多次的塑性弯曲和弹性弯曲，从而改变板材的原始曲率半径，实现板材平直。增设了六辊矫直机的冷热兼容平整机，可以生产高质量要求的热轧酸洗板。

4）清洁平整技术。

双作用清洁技术：如前所述，热轧酸洗板经常带有氧化铁皮，造成氧化铁皮的二次压入，严重制约热轧酸洗板的表面质量。传统的除尘又因大功率的风机以及高噪声使人望而生怯。为此，采取了双作用清洁技术，采用吹–吸相结合的方式，借助合理的气流方向，达到了产品高清洁、环境无污染的双重的清洁平整的目的。

轧辊清洁技术：传统的轧辊清洁，一般采用刷辊或类似技术，不仅增加了辊耗，而且根本无法达到清洁的目的。因此，目前各厂都将复杂、昂贵的轧辊清洁装置闲置，同样采用双作用清洁技术，使这一问题得到了有效的解决。

4.7.7 热轧矫直平整机组

4.7.7.1 机组简介

热轧矫直平整机组用于对热轧成品卷进行矫直、平整、重卷、分卷等作业，提高产品质量，改善热轧产品性能，属于热轧精整车间的重要机组之一。

4.7.7.2 设备组成及主要参数

热轧矫直平整机组是重要的热轧精整设备，机组处理后的热轧精整卷质量和性能均有较大提高，目前最常用的热轧矫直平整机组为六辊矫直机+四辊平整机的型式，如图4.7.15所示，热轧矫直平整机组主要包括：开卷机1、入口转向夹送辊2、六辊矫直机3、四辊平整机4、分切剪5、出口转向夹送辊6、带钢7、卷取机8等。

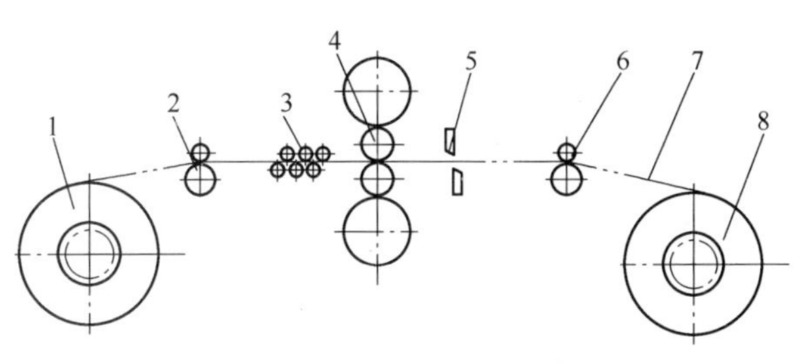

图4.7.15 热轧矫直平整机组简图

中冶南方工程技术有限公司推出了1500、1700、2250系列热轧矫直平整机组，机组设备具有设备结构紧凑，机组成材率高，生产安全可靠，机组利用率高；交直交变频电机传动，系统高效平稳；机组自动控制，设备动作精准；设备安装维护简便等特点。其主要参数见表4.7.7。

表4.7.7 热轧矫直平整机组主要参数

主 要 参 数	1500系列	1700系列	2250系列
带钢厚度	1.2~12.7mm(平整1.2~6.5mm)	0.8~12.7mm(平整0.8~6.5mm)	1.2~12.7mm(平整1.2~6.5mm)
带钢宽度	800~1350mm	800~1600mm	800~2130mm
带钢强度(σ_b)	max 1200MPa	max 1200MPa	max 1200MPa
机组速度	max 600m/min	max 600m/min	max 600m/min
卷取单位张力	11MPa	11MPa	11MPa
最大轧制力	max 12000kN	max 15000kN	max 17000kN
机组年产量	60万吨	80万吨	100万吨

4.7.7.3 主要指标介绍

热轧矫直平整机组能够有效改善热轧钢卷的平直度，通过对带钢伸长率的精确控制保证热轧产品的力学性能。表4.7.8为平直度改善指标，伸长率控制指标见表4.7.9。

表4.7.8 平直度改善指标

	平直度(IU)							
来料带钢平直度	15	20	30	40	50	60	80	100
成品带钢平直度	10	12	18	22	24	29	36	42

表4.7.9 伸长率控制指标

伸长率设定值/%	恒速伸长率偏差/%	加减速伸长率偏差/%
Max.3	±0.1	±0.2

4.7.7.4 热轧矫直平整机组专有技术

中冶南方工程技术有限公司推出的热轧矫直平整机组采用了氧化铁皮处理技术、残余应力降低技术、带钢机械性能稳定控制技术等三项专有技术，在热轧带钢特别是热轧高强钢精整领域具有领先优势（见图4.7.16）。

图4.7.16 采用中冶南方专有技术的热轧矫直平整机组

氧化铁皮处理技术：针对热轧带钢精整作业过程中氧化铁皮粉尘导致的带钢表面质量缺陷和环境污染以及设备的高损耗(轧辊磨损，轴承损伤等)等问题，采用主动气流场吹吸除尘的方式将破裂后的氧化铁皮去除带钢表面，提高带钢表面质量，改善机组作业环境，降低设备损耗。

残余应力降低技术：针对热轧高强钢残余应力过高导致后工序加工中存在质量缺陷的问题，采用自主研发的矫直平整工艺(Leveler and Temper passing Process)充分降低残余应力,采用新工艺后带钢残余应力降低明显。

带钢机械性能稳定控制技术：针对平整机普通伺服液压系统轧制力控制精度和轧制力控制稳定性差的缺点，采用自主双伺服变增益技术控制轧制力，通过轧制力的稳定精确控制提高带钢机械性能稳定性，提高热轧产品的性能。

4.7.7.5 热轧矫直平整机组发展趋势

随着下游用户对热轧产品质量的要求越来越高，同时下游用户为降低成本而越来越多的采用热轧钢板代替冷轧钢板或采用高强钢代替普通强度热轧钢板，热轧矫直平整机组的作用越来越重要。热轧矫直平整机组以较低的生产成本获得较大的市场效益，新建的热轧厂大部分配置或预留热轧矫直平整机组，部分未配置矫直平整机组的老热轧厂为了提高产品竞争力也纷纷规划新增热轧矫直平整机组。

4.8 鞍钢重型机械有限责任公司

4.8.1 中厚板机械式高位取钢机的研制

4.8.1.1 产品介绍

目前，全国40余家中（厚）板生产线上，板坯加热主要采用三段连续式加热炉，当需要板坯出炉时，在炉后推钢机的作用下，使板坯沿着炉内滑道向出口方向移动，利用板坯自重沿着加热炉出口与炉前辊道之间的倾斜表面滑到辊道上，由于落差大，经常产生板坯表面划伤，导致钢板表面产生翘皮和撞击疤痕现象，出钢的同时伴随着较大的冲击和噪声，造成炉前辊道和缓冲器的寿命下降甚至损坏。板坯经过粗轧机和精轧机轧制后，板坯表面出现质量缺陷，多家用户提出质量异议，并要求退货和索赔，影响了中板厂的销售和企业形象，造成了较大的经济损失。

随着板坯自重的增加，表面划伤和撞击疤痕现象日益严重。如何能够改变滑坡式这种传统的出钢方式，便成为解决板坯表面质量缺陷和提高辊道、缓冲器等设备寿命的难题。

鞍钢重型机械设计研究院为鞍钢中厚板厂自主设计并制造三台机械式高位取钢机来与其加热炉配套。

4.8.1.2 设备结构及主要技术参数

(1) 设备结构。

中厚板机械式高位取钢机主要由取钢装置、支撑梁、走行装置和升降装置等构成。如图4.8.1所示。

图4.8.1 机械式高位取钢机结构简图

1—取钢装置；2—支撑梁；3—升降装置；4—走行装置；5—辊道

取钢装置主要由两组取钢爪构成，两组取钢爪交替工作，以便适应生产节奏，该取钢爪采用耐热铸钢，能够适应加热炉内的高温环境。

支撑梁中的立柱、横梁主要由H型钢结构构成。

走行装置是由车体上的四个被动轮支撑在走行轨道上。其传动系统由电动机、减速机、齿轮构成。当电动机旋转时，带动减速机和齿轮旋转，齿轮与横梁上的齿条啮合带动车体走行。走行装置只在相对固定的方向上前后移动，避免了现有取钢机横向移动对位不准确的问题目前国内的取钢机升降动作是由液压缸完成的。而本次设计的升降装置中的传动系统由电动机、减速机和齿轮构成。当电动机旋转时，带动减速机和齿轮，齿轮与垂直于横梁的齿条座上的齿条啮合，实现取钢爪的升降运动。升降装置中的传动系统均放置在走行装置的车体上。取钢爪可以将板坯从加热炉内直接取出平稳的放置于炉前辊道上，不仅解决了板坯出炉时的划伤，又避免了辊道撞伤，而且占地面积少。取钢爪的水平运动由走行装置完成、竖直方向运动由升降装置完成。两套装置均采用机械式，此种结构不会出现高温带来的安全隐患。

(2) 原理。

坯料加热后到炉门固定位置，提升装置启动，提升取钢爪到指定高度后，走行装置启动，将取钢爪移动到钢坯下方停止，提升装置二次提升，将坯料从炉中滑轨上取下停止，走行装置反向运动，取钢爪退出炉门，后退到辊道上方停止，提升装置再次下降，将坯料平稳的放置于辊道上，辊道转动，将坯料运送到下一工序，至此一个周期结束。等待下一次工序行程。

(3) 技术参数。

1) 板坯规格:

板坯厚度：150~230mm

板坯宽度：1200~1650mm

板坯长度：1500~2300mm

2) 板坯质量：2120~6852kg（最大坯料单重：10000kg）

3) 取料温度：1100~1200℃

4) 取料周期：35~40s

5) 干油润滑系统工作压力：6.3MPa

4.8.1.3 技术特点

(1) 关键技术。

1) 走行装置和升降装置的运动和定位是采用交流异步电动机，通过程序设定满足两套装置准确定位的工艺要求。

2) PLC接收到信号后，经过计算后，控制两套装置的传动系统工作，使取钢爪按照所需的速度进行运动和准确定位。

3) 取钢爪的动作，按照PLC的逻辑程序自动完成取钢爪前进定位、托起板坯、取钢爪后退至原位、板坯下降至辊道下方，板坯运走，取钢爪回到原位，完成一个工作循环。

4) 走行装置和升降装置的驱动采用齿轮与齿条啮合，保证了其受力合理、不会倾翻和防尘的作用。

(2) 创新点 。

1) 走行装置和升降装置驱动系统均采用机械传动，结构简单，安全可靠，造价低。温度变化对其的影响很小，不会出现因温度过高而带来的安全隐患，在高温恶劣环境中工作的性能比液压式取钢机更有优势，也解决了以往液压式升降装置中漏油的现象。

2) 升降机构采用齿轮与齿条啮合，导向轮作导轨，滑板在其内上下运动，带动取钢爪上下运动。

3) 将板坯直接从炉内取出平稳的放置于辊道上，避免板坯的划伤、碰伤。有效减少精整线修磨工作量，使中板产能得以充分释放。

4) 可避免辊道和缓冲器的撞伤，减少辊道的更换、检修次数。

5) 增强了加热炉密封性，减少热量散失，节能效果明显。

4.8.1.4 选型原则

取钢机型式：高位取钢机

应用地点：板坯加热炉前

取料能力（板坯质量）：2120~6852kg（最大坯料单重：10000kg）

取料温度：1100~1200℃

取料周期：35~40s

干油润滑系统工作压力：6.3MPa

4.8.1.5 *在项目中应用情况*

机械式高位取钢机的研制改善板坯质量效果显著，克服了以往的液压式取钢机的部分缺陷，性能平稳。自投产以来，运行效果良好，受到了客户的一致好评。具有很好的推广价值。

4.9 中冶赛迪工程技术股份有限公司

4.9.1 LZW型拉矫破鳞机

4.9.1.1 *产品简介*

北京太富力传动机器有限责任公司研发的LZW型拉矫破鳞机布置在酸轧机组线酸洗工艺段入口处，用于将经过的热轧带钢产生弹塑性拉伸变形，以去除或疏松带钢表面的氧化铁皮，降低酸液的消耗量及提高机组速度，并改善热轧板形以利于随后的冷连轧机的轧制。

4.9.1.2 *设备结构、工作原理及主要技术参数*

（1）设备结构。

LZW型拉矫破鳞机主要由入口张力辊组、弯曲矫直机本体、出口张力辊组、张力辊驱动装置等部分构成。其中，只有入口、出口张力辊是驱动的，弯曲矫直工作辊均为被动辊，这种型式不仅简化了机组的结构，还可保证弯曲矫直工作辊与带钢同步运行，避免带钢表面滑伤。

入口张力辊组位于拉矫破鳞机本体前，由两个张力辊、缓冲压辊和框式机架组成，其作用是使经过的带钢产生张力。其中，每个张力辊表面衬有聚氨酯胶，辊轴两端的轴承座通过螺栓固接在框式机架上，框式机架通过地脚螺栓固定在基础上，在每个张力辊的上方或下方，各设置了一个ϕ255×800外表面衬聚氨酯的缓冲压辊，用于将新带钢穿绕在张力辊外表上或者在入口及出口带钢失张时，压住带钢。缓冲压辊运动的执行是通过液压缸来实现的。

拉矫破鳞机本体位于入口张力辊组和出口张力辊组之间，由框式焊接机架、弯曲工作辊组和矫直工作辊组等组成。其中，每个弯曲工作辊组和矫直工作辊组均由一根工作辊和两排支撑辊组组成，并均被安装在各自的辊子组装箱上。其中，位于带钢运行线之下的下辊子组装箱直接支撑在框式焊接机架的支座内，并被准确地导向对中，既可以整体更换，也可以单独更换辊子。位于带钢运行线之上的两个上部辊子组装箱通过各自的定位液压缸（液压缸自身被铰接在框式机架的上部）被牢固地吊装着，且两个上部辊子组装箱之间又通过铰接方式来连接在一起，这样可保证辊子间的间隙发生变化时，弯曲辊间的距离几乎没变化。框式机架底座两端分别与入口和出口张力辊组的机架通过螺栓连接固定。

出口张力辊组位于拉矫破鳞机本体后，设备结构组成和作用类同于入口张力辊组。

张力辊驱动装置位于带钢运行线的传动一侧，主要由一台主电动机、一台伸长率用电机、两台差动调速用电机、四台主减速器、三台差动调速用减速器、一套集中稀油润滑站、齿轮联轴器及底座等组成。其中，主电动机通过齿轮联轴器与四台主减速器相连，伸长率电机通过2号差动调速减速器与2号主减速器的差动入口端相联，两台差动调速电机分别通过差动调速减速器与各自的主减速器的差动入口端相连。四台主减速器与三台差动调速减速器统一由一套集中稀油润滑站提供循环润滑。位于出口张力辊组中的3号张力辊受力最大，并作为基准辊，直接由3号主减速器带动，无需再带差动调速机构。

（2）工作原理。

LZW型拉矫破鳞机主要依靠弯曲矫直工作辊前后两侧入口、出口的S形张力辊组的速度差，使带钢承受一定的拉伸应力，同时通过弯曲矫直工作辊的作用，使带钢受到弯曲应力，在拉、弯组合应力的共同作用下，使带钢产生弹塑性变形，使得附着于带钢表面的氧化铁皮中的较疏松的组织脱落、较致密的组织产生裂隙，带钢内的应力也得以消除，并去除带钢的三维缺陷，板形得到改善。

（3）主要技术参数。

带钢厚度：1.8~5.0mm

带钢宽度：700~1280mm

带钢σ_s：max 500MPa

最大伸长率：3%

最大张力：360kN

运行最大速度：200m/min

张力辊直径：1250mm

辊身长度：1700mm

主传动电机：

标称功率：630kW

额定转速：980r/min

4.9.1.3 技术特点

（1）张力辊驱动装置采用集中驱动式，即所有张力辊由一台主电动机驱动，并设置一台伸长率用电动机和两台差动调速用电动机，分别用于弯曲矫直工作辊前后带钢伸长率的调整及入口、出口张力辊组内辊子间速度的微调，以消除带钢在张力辊上的打滑。这种驱动方式与每个张力辊单独由一台电动机驱动方式相比，可节省能源70%左右。

（2）在2号及3号张力辊（即与弯曲矫直工作辊入口、出口直接相连张力辊）的非传动侧轴端头各安装了一个高精度的光电传感编码器，通过编码器的计数采样，经PLC控制指令，实时获得两个编码器的脉冲数量，由此来调整伸长率电动机的转速，实现伸长率闭环伺服控制。

（3）上弯曲矫直辊组装箱的液压缸内设置有位移传感器，可实时监测到上弯曲矫直工作辊与下工作辊之间的缝隙和压下切入量，保证了带钢在过焊缝时，焊缝处不进行弯曲矫直。

（4）在拉矫破鳞机（见图4.9.1）本体的操作侧边有一操作平台，平台上设置有机旁操作台，并与主控室互动，方便了对弯曲矫直工作辊工作情况的监控。

图4.9.1 拉矫破鳞机

4.9.1.4 应用的实例及效果

LZW360-200拉矫破鳞机已经应用于唐山丰南冷轧镀锌有限公司的1450mm冷轧工程酸洗轧机联合机组线上，且运行良好。

4.9.2 高架式出钢机

4.9.2.1 产品介绍

北京太富力传动机器有限责任公司研发的高架式出钢机用于方、扁坯从加热炉出钢。由出钢机的出钢臂伸进炉内抬起钢坯，水平退出，然后放到辊道上，避免了钢坯自行滑下与辊道的冲撞造成的表面划伤以及对辊道等的损坏。还可用于老厂改造，当加热炉和轧制线无法衔接且距离远时，可由出钢机将钢坯取出送到辊道上。

4.9.2.2 设备结构

高架式出钢机由大车行走、出钢机构、轨道走台及机上配管几部分组成。大车行走由变频电机、制动器、专用立式减速器、车轮及齿轮齿条副等组成。电机通过减速器两侧输出轴连接的刚性过度轴上的齿轮齿条带动车轮在轨道上行走，车架两侧有侧轮定位导向。立式减速器上自带润滑油泵。出钢机构由四条出钢臂、两根液压缸和与落脚在车架上的铰轴支座组成。液压缸伸出时推动出钢臂绕铰轴支座旋转，抬起出钢臂；反之，液压缸收缩时则下降出钢臂。轨道走台上铺有轨道及齿条，并有楼梯、走台、栏杆等便于维护检修。图4.9.2所示为高架式出钢机简图。

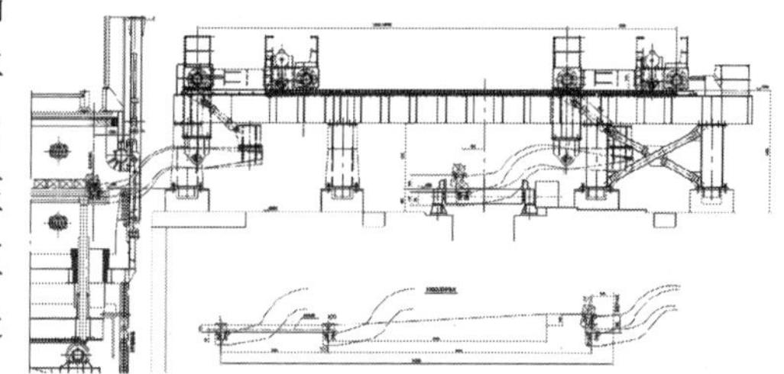

图4.9.2 高架式出钢机简图

4.9.2.3 出钢机操作动作

开启出料炉门后，出钢机大车(平移)由初始位置(1位)前进到达坯料取料位置后控制原件开关发出指令大车（平移行程3900mm）降速并准确停位(2位)，延时后出钢机升降液压缸驱动托臂上升，中控制原件开关发出升降油缸指令信号将坯料准确停在距固定梁上方150mm处(3位)，延时后平移电机驱动大车(平移)后退到指定位置后(4位,后退3900mm)控制原件开关发出指令升降油缸上升信号，此时升降油缸与大车(平移)同时动作，待走到指定位置后控制原件开关发出指令升降油缸停止(双开关)，大车(平移)继续后退到指定位置时控制原件开关(双开关)发出指令大车降速直到停在指定位置 (5位，工作行程13550mm)；延时后升降油缸驱动托臂下降(下降约600mm)将坯料准确地放置在轧线辊道上(6位，距辊道中心靠加热炉端8000mm)，下降停位用双开关发出信号准确停位；经轧线辊道将方坯运走后并发出信号，出钢机托臂上升(上升约600)后，控制原件开关(双开关)发出指令升降缸停止(7位)；延时后大车(平移)前进1650mm时，控制原件开关发出指令升降油缸下降信号，此时升降油缸与大车(平移)同时动作到指定位置后控制原件开关发出指令大车(平移)降速停位(8位)；延时后升降油缸继续下降,控制原件开关(双开关)发出指令升降油缸停在9位等待下一次出钢周期(出钢周期约100s)。

4.9.2.4　**技术参数**

钢坯厚度：320mm

宽度：425mm

长度：3400~9000mm

最大质量：9550kg/块

取料温度：1100~1200℃

水平移动行程：13550mm

升降行程：600mm

升降速度：约60mm/s(max)

行走速度：0.5m/s (前进) ，0.8m/s (后退)

电机功率：45kW

图4.9.3　高架式出钢机

4.9.2.5　**特点及应用实例**

该高架式出钢机设备紧凑轻巧，运行平稳可靠（实现轻取轻放），对出炉其他设备无冲击，对加热坯无划伤变形，满足推钢式加热炉出钢落差大、空间小的要求；由于采用高架型式，可使本设备在运行过程中，最大限度地避免炉热的辐射；设备可操作空间大，维护方便，控制简单，使用寿命长。2007年应用于宝钢条钢厂，自投产以来，运行效果良好（见图4.9.3）。

4.9.3　无机架钢坯热剪机

4.9.3.1　**无机架钢坯热剪机研发背景**

钢坯剪机一般具有两个平行配置的刀片，用来剪切方形和矩形钢坯，在轧制生产线中是剪切轧件头、尾和定尺长度的在线设备，也用于线外剪切热态或冷态料坯。迄今为止，这种钢坯剪机按结构和剪切方式大致分为：

图4.9.4　无机架钢坯热剪机

开口上切式：机架呈开口C型，下刀座固定，上刀座由单曲柄及连杆传动向下剪切，机架承受剪切力并为上刀座运动导向，机构简单但钢坯切口品质较差，多应用于小型剪机（见图4.9.4）。

开口下切式：机架亦呈开口C型，由曲柄及多连杆传动，上刀座下降受阻后，下刀座上升剪切，诸如典型的六连杆机构，由其中一拉杆承受大部分剪切力以减轻机架承载，机架仍须承受多节点支撑及刀座导向载荷，但钢坯切口品质较好，多应用于大、中型剪机。

闭口下切式：剪切方式与开口下切式近似，其机架呈闭口门型，诸如具代表性的浮动偏心轴连杆机构，此外与前两种带飞轮传动工作制不同，而由一台或两台电动机不带飞轮按间歇启动工作制运行，多应用于大型剪机。

目前，国内大吨位热剪断机一般用六连杆、浮动偏心轴两种结构形式。其结构复杂、制造成本高、维护困难，切口质量跟不上现代钢铁产品发展的需要。因此，北京太富力传动机器有限责任公司研发出一种新型无机架钢坯热剪机。

4.9.3.2　**无机架钢坯热剪机应用范围**

该系列钢坯热剪切机适用于机械工程技术领域大、中型轧钢厂对矩形钢坯在线或离线作热剪切用，也可以用作冷剪切设备，主要用于对钢坯切头、分段和切尾。

4.9.3.3 无机架钢坯热剪机主要构成

主体设备由电动机、传动带与带轮、气动离合制动器、飞轮组成传动机构，上刀座及连杆、下刀座及连杆组成的剪切机构两大部件构成。

传动机构和剪切机构分别位于生产线的传动侧和操作侧，剪切机构的上刀座及连杆、下刀座及连杆分别与双曲柄主轴相连，双曲柄主轴轴伸与传动机构减速箱的输出轴相配并整体吊挂。

该剪机取消了传统意义上的机架，使整机简巧可靠，制造、操作、拆装和维护都简便。

4.9.3.4 无机架钢坯热剪机工作原理特点

(1) 剪切系统模块化设计，整体悬挂于减速箱低速轴上，便于检修和维护。

(2) 上、下剪刃装置均悬挂在曲轴上，使剪切力成为设备内力。

(3) 上、下剪刃同时动作，避免钢坯对辊道的下压，并提高了钢坯剪口质量。

4.9.3.5 无机架钢坯热剪机结构特点

(1) 属于上下切式热剪切机。

(2) 减速箱采用边缘分流技术，承载能力强，闭式循环油润滑，无开式齿轮。

(3) 运用气动离合制动器+飞轮输入的领先技术，代替牙嵌离合器结构，设备分离、接合动作可靠、流畅。

(4) 曲柄处采用滚动轴承替代滑动轴承支撑，提高传动效率，显著降低了主轴所需转矩，减小了装机功率。

(5) 设备无传统机架，由闭环短应力线系统构成剪切机构，提高了剪切装置强度、刚度。

4.9.3.6 无机架钢坯热剪机产品优势

经过工业运行指标考核证明，与传统剪切机相比具有下列优势：

(1) 设备质量轻，装机功率低，传动效率高，外形尺寸小。

(2) 钢坯切口质量好，利于轧制，提高成材率。

(3) 设备性能稳定、低维护，运行可靠。

4.9.3.7 无机架钢坯热剪机规格及参数

无机架钢坯热剪机规格及参数见表4.9.1。

表4.9.1 无机架钢坯热剪机规格及参数

参 数	热剪机规格		
	300t	600t	900t
最大剪切力/kN	3000	6000	9000
理论剪切次料/次·min^{-1}	15	15	13
刀刃长度/mm	420	420	500
刀刃开口度/mm	220	280	340
重合度/mm	10	10	10
钢坯温度/℃	约900		
钢种	合金钢、碳素钢、弹簧钢、高档管坯钢、汽车及机械用钢等		
最大钢坯断面尺寸/mm×mm	160×160	220×220	280×280
电机功率/kW	110~132	160~200	220~250

4.9.3.8 无机架钢坯热剪机应用实例及效果

该系列钢坯热剪机已应用于国内钢铁企业，运行效果良好（见图4.9.5、图4.9.6）。

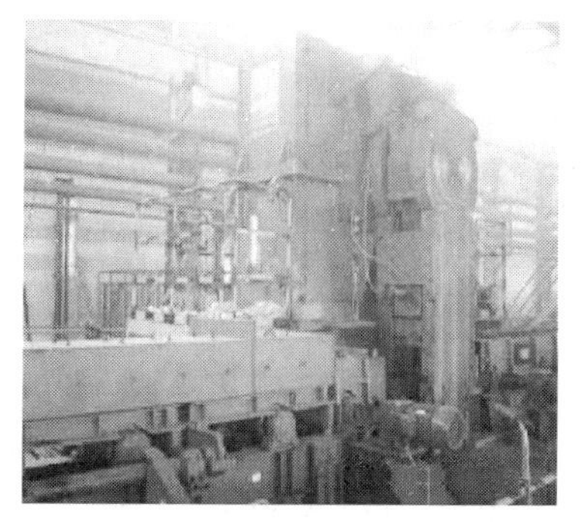

图4.9.5 无机架钢坯热剪机在钢厂生产线上

图4.9.6 热剪机剪切钢坯切口

4.9.4 卷取机组

4.9.4.1 设备简介

地下卷取机组作为热轧带钢生产线上的三大主体设备之一，布置在主轧线的尾部，用于对待卷的带钢运输、对中、卷取、卸卷、运卷和废料收集。卷取成形的钢卷，方便包装、贮存和运输，可作为后续精整、冷轧工序的原料或商品卷进行销售。

(1) 设备开发背景。

随着市场需求的变化，热轧带钢生产新的发展趋势是各大钢铁厂对生产的高强度钢（抗拉强度在1000MPa及以上）强烈需求。热轧高强度钢（抗拉强度在1000MPa及以上）有两类产品：一类是以X100、X120为代表的厚带钢在500~700℃范围卷取生产（屈服强度升高显著）；一类是以DP、TRIP和TWIP为代表的薄带钢（厚度10mm以下）在200~400℃范围卷取生产。高强度钢的生产，给卷取机组的卷取能力提出了更高的要求。为此，中冶赛迪工程技术股份有限公司（CISDI）开发了强力型地下卷取机组，并成功通过攀西2050mm热轧工程实践验证，卷取出合格目标钢卷。

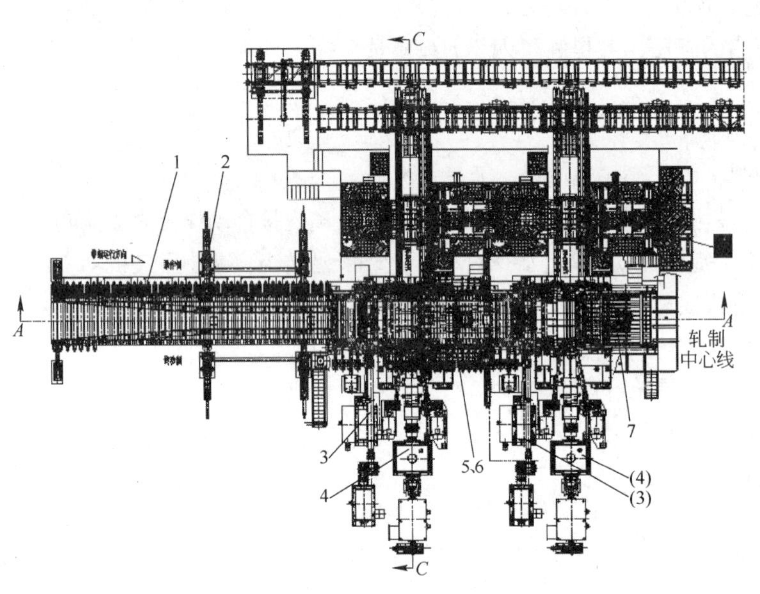

图4.9.7 卷取机组设备组成平面图

1，5—卷取机入口辊道；2，6—卷取机入口侧导板；3—卷取机入口夹送辊；4—卷取机；7—废料收集装置

(2) 设备主要组成及特点。

CISDI开发的强力型地下卷取机组主要由强力封闭式机架夹送辊装置和具有换挡功能的强力卷取机两大核心设备，以及入口运输辊道、侧导板、卸卷和运卷小车等设备组成，其布置及外形详见图4.9.7和图4.9.8。具有以下特点：

1) 卷取能力处于世界先进水平。

卷取强度高（可卷X100、X120等钢种）

卷取宽度宽（根据需要可达2150mm以上）

卷取厚度厚（可达25.4mm）

卷取温度低（可达200℃）

卷取速度快（可达22m/s）

卷取机功率大（卷筒电机功率根据需要确定，CISDI有使用实际的已达1600kW，为目前国内建成项目最大）。

2) 采用了CISDI专利技术的全新强力封闭式机架夹送辊装置。

本专利技术集成了传统牌坊式夹送辊装置和上夹送辊可倾翻调整的开放式机架夹送辊装置的优点，提高了夹送辊的夹送能力和稳定

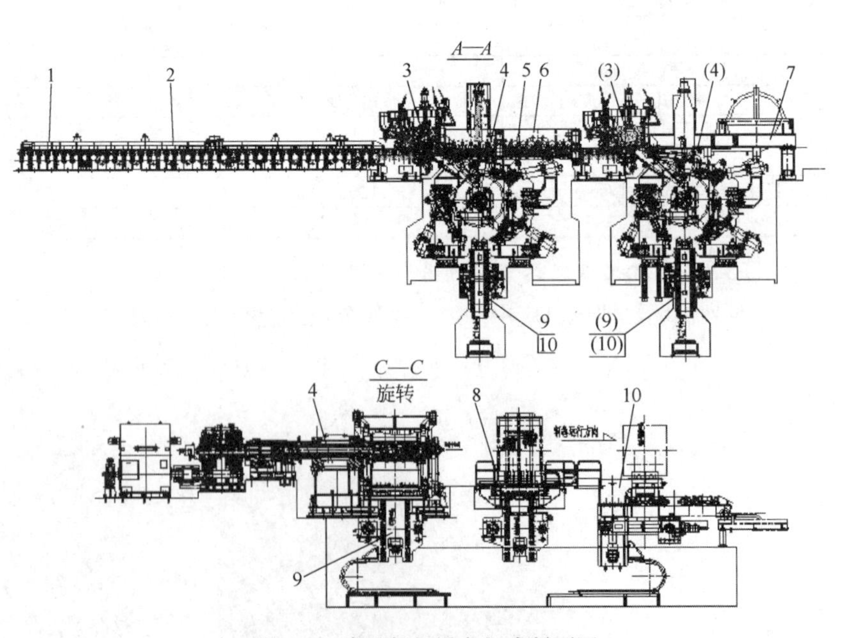

图4.9.8 卷取机组设备组成断面图

1，5—卷取机入口辊道；2，6—卷取机入口侧导板；3—卷取机入口夹送辊；4—卷取机；7—废料收集装置；8—打捆站；9—卸卷小车；10—运卷小车

性，消除了夹送辊装置与卷取机之间的直接影响，与卷取机之间的相互位置关系布置更灵活，能更好地适应不同的轧钢工艺要求。

3）采用全新夹送辊出口活门装置和控制技术（CISDI专利技术）。

4）采用具有高速、低速换挡功能和AJC踏步功能的强力卷取机。

5）入口侧导板采用液压伺服控制，可保证带钢卷取的对中和塔形控制。

6）入口运输辊道内冷辊采用了CISDI专利技术的新型防水装置。

(3) 设备适用范围。

本设备适用于金属带材的卷取成卷，尤其是热轧带钢生产线成品带钢的卷取成卷。

4.9.4.2 设备结构和工作原理

卷取机组的设备较多，现就主要两大核心设备的结构和工作原理简要介绍如下。

(1) 强力封闭式机架夹送辊装置。

1）设备结构及组成。

夹送辊装置由夹送辊本体、压紧装置、出口活门、传动装置和机体配管等组成。上夹送辊与下夹送辊呈偏心布置，位于封闭式机架内，上辊装配在辊缝调整液压缸和平衡缸的共同作用下在机架内上下运动。在机架入口端装有压紧装置，防止带尾和设备受到损伤。设备结构及外形详见图4.9.9。

上夹送辊为焊接空心辊，下辊为实心锻钢件，辊子表面堆焊硬质合金。

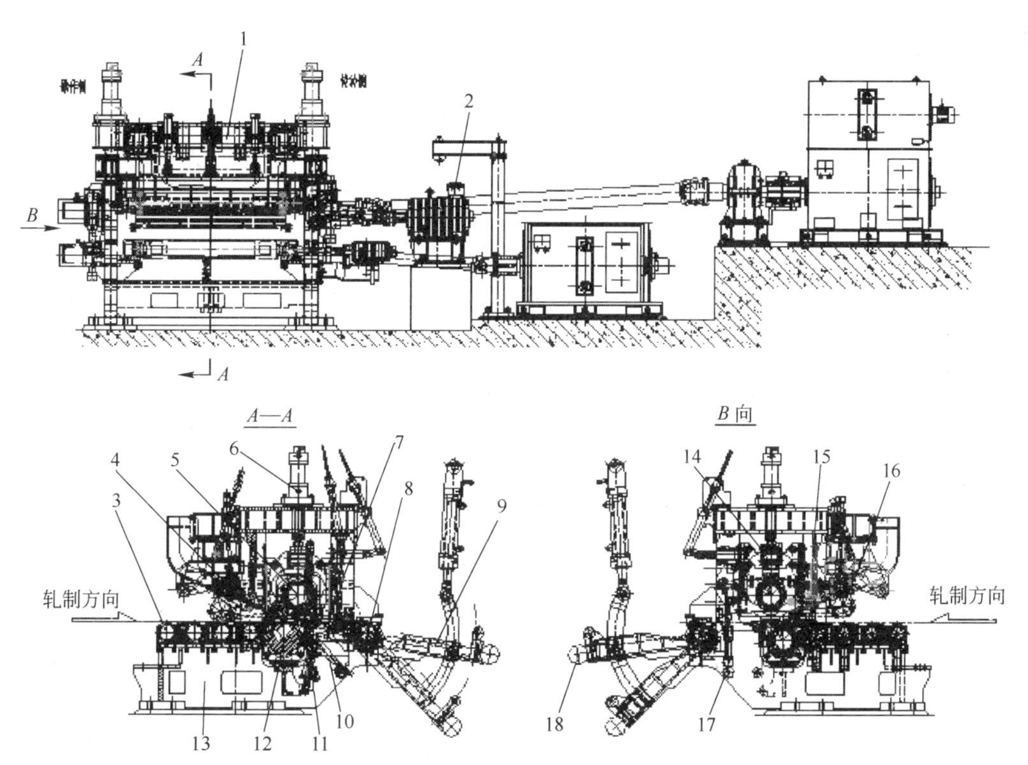

图4.9.9 夹送辊装置

1—机架装配；2—传动装置；3—机架辊装配；4—压紧装置；5—上夹送辊装配；6—上辊辊缝调整液压缸；7—出口上活门；8—出口活门辊；9—出口导板；10—出口下活门；11—千斤顶；12—下夹送辊装配；13—机架；14—球面垫；15—入口导板；16—压紧辊；17—上辊平衡液压缸；18—防冲撞辊

2）工作原理。

当带钢进入夹送辊时，上辊快速压住带钢，并对带钢头部进行第一次弯曲。带钢头部在出口活门和导板的引导下，进入卷取机。

上、下辊的辊缝调整：在机架传动侧和操作侧各装有上辊辊缝调整液压缸，同步驱动传动侧和操作侧的上辊轴承座上、下运动实现辊缝调整。

夹送辊装置可以实现快速更换夹送辊辊子。

出口活门装置工作：当本台卷取机工作时，液压缸驱动出口上活门上升，出口导板下降，与出口下活门共同形成封闭通道，引导带钢进入卷取机。当本台卷取机卷完带钢后，液压缸驱动出口上活门下降，封住带钢进入本台卷取机的通道，防止带钢进入卷取机；同时，作为活动导板与出口活门辊一起，引导带钢进入下台卷取机入口辊道或带钢拦截装置。出口上活门能灵活适应对厚、薄带钢生产工艺的要求。

(2) 强力卷取机。

1) 设备结构及组成。

强力卷取机为三助卷辊式并具有AJC自动踏步功能的全液压地下卷取机。主要由机架装配、No.1～No.3助卷臂装配、外支撑、主传动箱、传动装置和卷筒装配等组成。设备结构及外形详见图4.9.10。

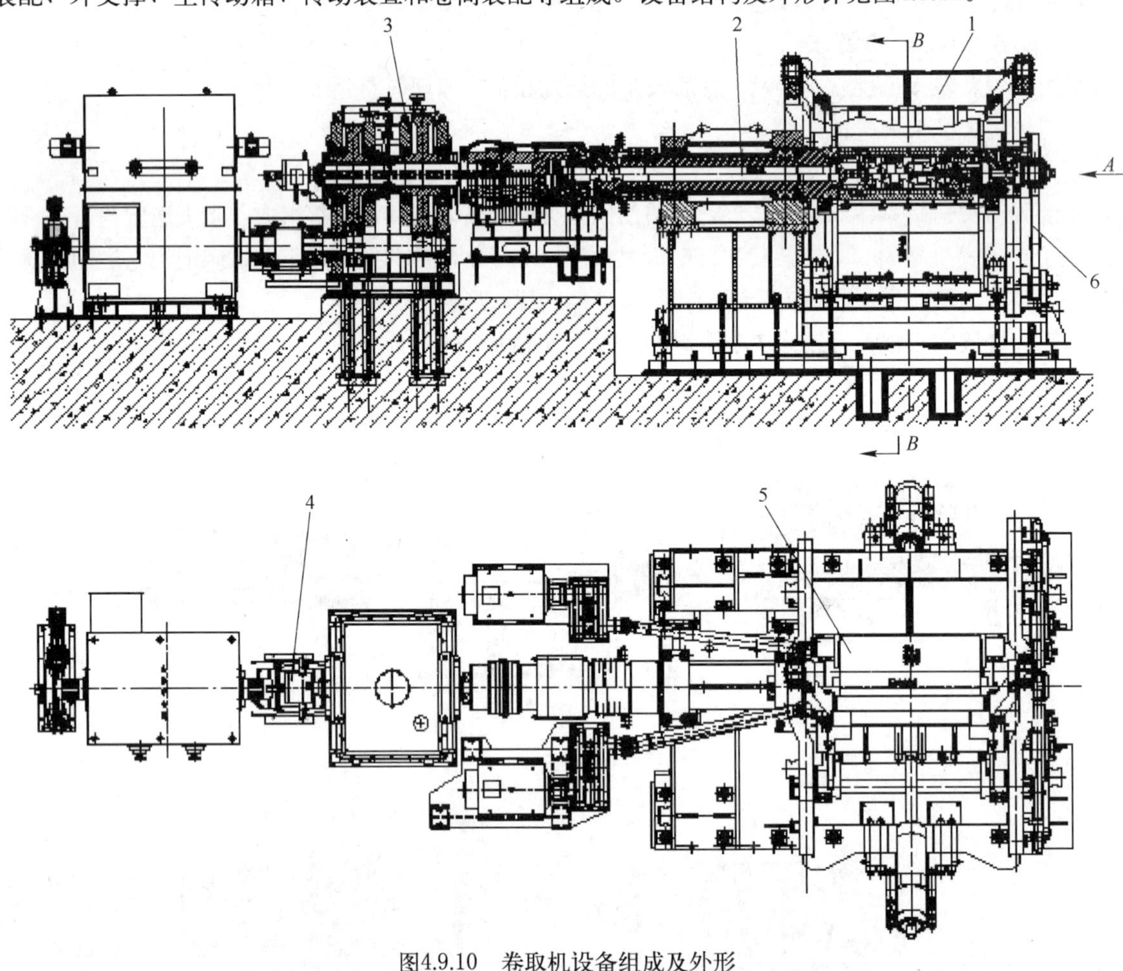

图4.9.10　卷取机设备组成及外形

1—机架装配；2—卷筒装配；3—主传动箱；4—传动装置；5—No.1～No.3助卷辊装配；6—外支撑装配

机架装配由卷取机机架、No.1~No.3助卷辊液压缸支座、箱体、箱盖、底板和高强度联接螺栓等组成。机架为固定整体式机架，安装在入口侧和出口侧底板上并直接通过地脚螺栓固定在基础上。支撑卷筒的箱体通过高强度联接螺栓与机架把合固定，卷筒安装到位后安装箱盖并用高强度联接螺栓与箱体把合固定。

No.1~No.3助卷臂装配分别由助卷臂、液压缸、弧形导板和助卷辊等组成，每个助卷辊分别由一个AJC液压缸（带有内置式位移传感器）驱动，采用液压伺服控制助卷辊辊缝的调节。

外支撑由支撑臂、连杆、偏心轴、铜套、锁定板和液压缸等组成。支撑臂和连杆等组成四杆机构，液压缸驱动连杆带动支撑臂摆动，实现对卷筒支撑的抱合与打开。

卷筒装配由空心轴、扇形板、芯轴、柱塞、连杆、前后端滚动轴承、胀缩液压缸和轴承衬套等组成。胀缩液压缸安装在卷筒的尾部。

主传动箱为液压缸驱动拨叉换挡的双速比减速机，卷筒电机通过鼓形齿联轴器与齿轮轴连接，动力通过齿轮轴上的齿轮与大齿轮啮合传递到输出轴上。

传动装置由卷筒电机、助卷辊电机、助卷辊齿轮箱、鼓形齿联轴器、万向接轴、卷筒旋转接头和电机底座等组成。卷筒电机通过主传动箱驱动卷筒旋转。助卷辊电机通过助卷辊齿轮箱带动万向接轴驱动助卷辊旋转。

2）工作原理。

当带钢通过夹送辊到达No.1助卷辊时，No.1助卷辊快速压住带钢，并对带钢头部进行第二次弯曲。带钢头部在弧形导板的引导下，分别到达No.2和No.3助卷辊。当带钢头部再次到达No.1助卷辊前，No.1助卷辊快速回退让过带钢头部后又迅速压住带钢；No.2、No.3助卷辊重复No.1助卷辊动作，三个助卷辊完成踏步动作。在卷筒转动头部几圈后，卷取张力已经形成，进入正常卷取阶段。当带尾到达夹送辊前时，由带尾跟踪系统和计算机准确定位系统将带尾准确停在No.1助卷辊和卸卷小车的辊子之间，外支撑打开，No.1和No.3助卷辊同时打开；待卷筒收缩到正常缩径后，卸卷小车开始卸卷。当卸卷小车将钢卷运出卷取机后，卷取机复原，准备下一次卷取。

卷取机的换挡，在停机状态下进行。

4.9.4.3 主要设备技术参数和技术特点

（1）卷取机基本参数。

带钢厚度：1.2~25.4mm

带钢宽度：650~2100mm

卷取钢卷质量：max 45.4t

单位宽度卷重：max 24kg/mm

卷取带钢温度：500~800℃，200℃（厚度≤6.0mm）

卷取速度：max 22m/s

卷取钢卷直径：max 2150mm

卷取极限规格：20mm×2100mm（X100）、25.4mm×2100mm（碳钢）

卷取钢种：碳素结构钢、优质碳素结构钢、低合金结构钢、高耐候结构钢（集装箱板）、高层建筑结构用钢、汽车板、管线钢（X100、X120）、锅炉及压力容器用钢（Q370R等）、桥梁船体用结构钢、超低碳钢（IF）、热轧双相钢（DP、MP、MS）等。

（2）夹送辊装置主要参数。

型式：强力封闭式机架、全液压压下辊缝调节

夹送辊最大开口度：200mm（最小辊时210mm）

上夹送辊规格：ϕ900/ϕ880mmϕL mm（L按需要确定）

下夹送辊规格：ϕ500/ϕ480mmϕL mm（L按需要确定）

上/下夹送辊电机：参数按需要确定

（3）卷取机主要参数。

型式：全液压三助卷辊地下式卷取机、带自动踏步控制（AJC）

助卷辊规格：ϕ380mm，3根（L按需要确定）

卷筒型式：无级胀缩、柱塞连杆式（带四扇形块）

卷筒直径：最大ϕ770mm，最小ϕ727mm

卷筒电机：1台，参数按需要确定

助卷辊电机：3台

（4）主要技术特点。

4.9.4.4 设备选型原则

（1）卷取对象：金属带材。

（2）卷取规格：厚度1.0~25.4mm，宽度650~2100(特殊要求可达2500)mm。

（3）卷取温度：200~800℃。

（4）卷取速度：max 22m/s。

（5）成卷直径：max ϕ2150mm。

（6）卷取单卷质量：max 45.4t。

(7) 卷取带材强度：$\sigma_b \leq 1200MPa$。

4.9.4.5 设备典型应用项目情况

CISDI开发的强力型地下卷取机组已在攀钢西昌公司热轧厂2050mm生产线应用，自投产以来，运行效果良好，受到用户好评。

攀西2050mm热轧工程由CISDI总承包建设，于2011年12月建成投产。该项目一期年产热轧钢卷373.3万吨，最终年产量为500万吨。主要生产以高强度、高性能、高附加值的品种为主导产品，如汽车用板、高等级管线钢(X100、X120)、高强度机械用钢、船体用结构钢等，为国内产品强度等级最高（$\sigma_b \leq 1200MPa$，$\sigma_s \leq 850MPa$）的热轧带钢轧机（见图4.9.11、图4.9.12）。

图4.9.11 攀西2050mm热轧卷取机组

图4.9.12 攀西2050mm热轧卷取机组卷取成品钢卷

4.9.5 热轧带钢生产线粗轧除鳞机

4.9.5.1 设备简介

粗轧除鳞机布置在热连轧生产线的入口，位于加热炉出口辊道与热连轧生产线的交界处。除鳞机采用高压水破除板坯表面的氧化铁皮，从而提高成品带钢的表面质量。

(1) 主要解决的技术问题。

板坯经加热炉加热后会生成表面氧化铁皮（连铸连轧时，板坯运输期间也会有表面氧化铁皮），通过除鳞机可以清除该氧化铁皮，提高板坯轧制质量。

(2) 适用范围。

该设备广泛运用在热轧带钢和连铸连轧生产线中，显著改善了成品带钢的表面质量，是热轧带钢生和连铸连轧产线必备的设备。

4.9.5.2 设备结构和工作原理

(1) 结构和组成。

粗轧除鳞机由除鳞辊道、高压水除鳞装置组成，见图4.9.13。

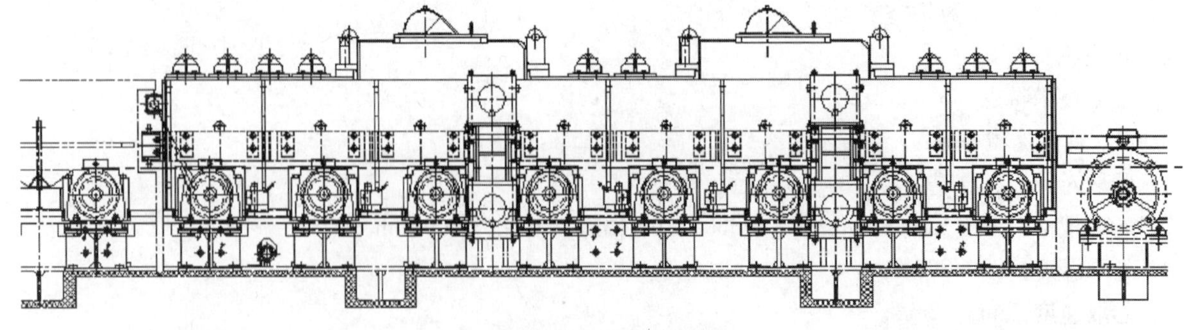

图4.9.13 粗轧除鳞机

除鳞辊道由单独传动的辊子及辊道架组成。辊子为实心锻钢辊，由滚动轴承支撑，轴承座放置在除鳞箱体的外侧，安装在辊道架上。辊道架为焊接钢结构，锚固在基础上。

高压水除鳞装置由入口侧罩、出口侧罩、中罩和上罩构成一个基本封闭的除鳞箱体。在箱体内上下各装有两排除鳞集管，前后两排集管可单独启用，也可同时启用。

除鳞机的入口侧罩、出口侧罩与中间罩的结合面用螺栓紧固，上罩与中间罩以及整个除鳞箱与除鳞辊道架通过销柱与楔紧固。上排集管根据除鳞板坯厚度不同高度可上下调整。下集管固定在除鳞辊道架上。高压水通过分配管分别进入上下除鳞集管的。

(2) 工作原理。

主要原理是高压水除鳞的冷却效应、破裂效应、蒸汽效应和冲刷效应。利用高压水喷出时产生的强大的冲击力和冲刷力、基体材料和氧化铁皮层冷却收缩率不同而产生的剪切力、水渗入基体材料和氧化铁皮之间产生的蒸汽膨胀爆裂，使板坯表面的氧化铁皮破裂成小碎片并从基体表面迅速剥落。

4.9.5.3 设备技术参数和技术特点

(1) 技术参数。

1) 板坯规格:

板坯厚度: 150~230mm

板坯宽度: 900~2150mm

板坯长度: 4800~12000mm

板坯质量: max 40t

板坯温度: 1100~1250℃

2) 辊道参数:

辊道速度: ±1.5~2m/s

3) 高压水参数:

喷水压力: 15~20MPa

(2) 技术特点。

采用分罩式结构，可以方便、快捷、迅速更换除鳞集管。

入口侧罩和出口侧罩上均装有链条装置，结合上罩、中间罩挡住高压水和氧化铁皮，避免高压水四处飞溅，同时可以方便清除剥落的氧化铁皮。

上除鳞箱盖设置有收集水槽，有效减少高压水对箱体的冲击、避免水流的相互干扰影响除鳞效果、减少流向加热炉的水量。

在除鳞机的入口侧增设反喷喷嘴，避免高压水冲向加热炉。

除鳞集管采用预先低压供水的方式，可消除除鳞时由于突然输入高压水而产生的冲击现象，并可延长高压水除鳞装置设备的使用寿命。

4.9.5.4 选型原则

根据板坯厚度和宽度进行选型设计，可依据高压水系统的水压限制进行设计调整。

4.9.5.5 典型项目应用情况

中冶赛迪工程技术股份有限公司设计的粗轧除鳞机已成功应用于太钢1549热轧、攀西2050热轧、梅钢1780热轧生产线上，运行效果良好。

4.9.6 热轧带钢生产线带附着立辊的四辊可逆粗轧机

4.9.6.1 设备简介

粗轧机布置在热连轧生产线的入口。立辊轧机用于控制带钢宽度和形状，同时将坯子的边部由铸态组织变为轧态组织。四辊可逆粗轧机用于将连铸坯往复轧制到所要求的中间坯厚度。

(1) 主要解决的技术问题。

用于在热状态下，将加热后的板坯轧制成规定的几何形状。并保证一定的尺寸精度和力学性能。

(2) 适用范围。

中冶赛迪工程技术股份有限公司可为热连轧带钢生产线、连铸连轧生产线进行设计。

4.9.6.2　**设备结构和工作原理**

(1) 结构和组成。

带附着立辊的四辊可逆粗轧机由立辊轧机和四辊可逆粗轧机组成。

1) 立辊轧机。

立辊轧机由主传动装置、侧压装置、轧辊装配、机架装配、接轴提升装置、机架辊、平台及机上配管等组成。

立辊轧机主传动采用立式电机上传动型式（电机下置式），减速机放置在轧机机顶平台，通过采用十字轴式万向联轴器传动立辊。

立辊的侧压装置位于立辊轧机操作侧和传动侧，分别采用长行程液压缸压下结构。每侧侧压传动是由放置在牌坊上的两只AWC液压缸带动辊子装配在牌坊内运动。每侧侧压设有一只平衡缸。

立辊为槽形辊，轧辊轴承采用圆锥滚子轴承。

在更换立辊时，通过接轴提升装置的液压缸提升主传动轴，实现传动轴与立辊的脱离。

机架辊设置在立辊前后，由电机通过万向轴传动。

2) 四辊可逆粗轧机。

粗轧机由轧机机架装配、轧辊装配、轧机压下系统、轧辊平衡装置、轧线高度调整装置、轧机导卫、冷却与除鳞装置、机架辊装配、轧机主传动、轧机换辊装置、平台及机上配管等组成（见图4.9.14）。

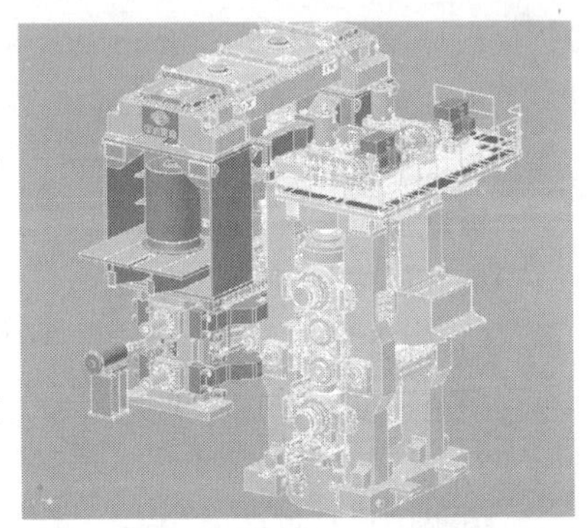

图4.9.14　带立辊四辊可逆式粗轧机

轧机机架采用两片封闭窗口式牌坊，并通过底座及上横梁连接。

四辊可逆粗轧机的辊系由一对工作辊和一对支撑辊组成。工作辊采用轧机专用四列圆锥滚子轴承，辅以双列推力圆锥滚子轴承，实现轧辊支撑，承受轴向力并确保轴向定位。支撑辊采用单止推或双止推油膜轴承，油膜轴承润滑站采用恒温控制。操作侧轴承座均设置有轴向挡板，防止轧辊轴向窜动。

轧机压下系统由电动压下和液压AGC压下组成。电动压下传动装置安装在轧机顶部平台上，通过电磁离合器相连。液压AGC油缸布置在压下螺丝头部和上工作辊轴承座之间，AGC 缸和压下螺丝之间的连接是采用球面垫加止推轴承。

支撑辊上平衡装置由平衡液压缸、支架、平衡梁等部件组成，用以平衡上支撑辊及压下丝杠等部件的重量，消除电动压下系统与上轧辊轴承座接触面间间隙。工作辊平衡装置中有4个平衡块，分别为传动侧入口、操作侧入口，传动侧出口和操作侧出口平衡块。每个平衡块中都有1个或2个活塞缸，每个缸的头部都有一个自位块，分别与上工作辊轴承座和下工作辊轴承座接触，实现工作辊平衡。

轧制线高度调整位于机架下部，在下支撑辊轴承座与测压仪之间。用于调整轧线标高和更换支承辊，可使轧线标高保持在一定的范围里。

除鳞导卫装置是由入口，出口导卫板和除鳞，冷却集水管组成的紧凑集装装置。入口、出口导卫板分别装在两片机架中间的导向滑座上，工作时随轧辊开口度变化而做升降运动（见图4.9.15）。

图4.9.15　攀西2050热轧粗轧除鳞机

机架辊设置在轧机前后，由电机通过万向轴传动。

轧机主传动位于轧机传动侧，主电机到轧机工作辊之间。两台交流主电机分别通过上、下两根万向传动轴直接驱动上、下工作辊。用于向粗轧机提供轧制力矩。

主传动布置为上电机在前、下电机在后，下电机设有中间轴。主传动装置主要由万向传动接轴、接轴平衡装置、准确停车装置等组成。万向接轴平衡装置采用液压缸杠杆式，接轴平衡液压缸用于平衡上、下接轴的重量。轧机工作时，为保持平衡力恒定，接轴平衡液压缸两端油腔均与蓄能器相通，蓄能器的压力始终与平衡缸保持恒定，平衡液压缸处于随动状态。换辊时，平衡液压缸与蓄能器断开。驱动接轴上、下移动，待轴向、径向位置调整结束时，液压锁锁死油路保持平衡装置固定不动。为使万向接轴套筒扁头与轧辊扁头保持一致，平直对中，便于新轧辊装入，在轧机驱动侧设置了接轴准确停车装置。接轴定位装置只在换辊时工作，轧钢时接轴定位装置复位，万向接轴扁头组件的质量由其液压平衡装置和轧辊轴承支撑。

工作辊换辊装置为电动推拉+液压侧移的快速换辊机构。换工作辊时，由电动小车将旧辊拉出轧机，经液压侧移后再将新辊推入轧机。电动小车可将旧工作辊拉入磨辊间，也可将磨削好、装配好的新辊从磨辊间推到轧机窗口前的等待换辊位置。

换支撑辊时，首先要将工作辊换辊装置的侧移台架吊开。下支撑辊由换辊推拉液压缸将旧辊拉出，在下支撑辊轴承座上放置好换上支撑辊的架子，将下支撑辊和架子一同推入机架内，然后将上支撑辊放在架子上，再由换辊推拉液压缸将上下支撑辊连同之间的架子一并拉出，分别用车间行车吊走。新辊由车间行车吊到支撑辊换辊支架上，再由液压缸推入轧机。

(2) 工作原理。

用于在热状态下，将加热后的板坯轧制若干道次，通过轧辊传递的强大压力，经往复轧制，使金属材料变形，得到所需要的材料的形状。同时在轧制过程中消除板坯内部残余应力及应力集中，使力学性能均匀，微观排列规则。

4.9.6.3 设备技术参数和技术特点

(1) 技术参数。

1) 板坯规格。

板坯厚度：150~230mm

板坯宽度：900~2150mm

板坯长度：4800~12000mm

板坯质量：max 40t

板坯温度：1100~1250℃

2) 轧机参数。

牌坊材质：ZG270-500

轧制力：max 55000kN

轧制速度：max 6.5m/s

(2) 技术特点。

立辊轧机配置有液压宽度自动控制（AWC）功能和短行程（SSC）自动控制功能。宽度自动控制（AWC）的功能是提高中间坯在全长上宽度精度。短行程控制（SSC）的功能是减少头部和尾部超宽，同时减少尾部鱼尾形的产生。

粗轧机的压下装置设自动位置控制APC，可实现轧制状态下调辊缝和轧辊回松。其中，电动压下传动用于轧辊辊缝预设定，液压AGC用于辊缝调零、轧辊压靠和卡钢时的回松。

粗轧机的工作辊换辊装置为电动推拉+液压侧移的快速换辊机构。

4.9.6.4 选型原则

根据板坯厚度和宽度进行选型设计，根据产品大纲要求的轧后产品的规定几何形状确定轧制力和辊系配置。

4.9.7 热轧带钢生产线转鼓式飞剪

4.9.7.1 设备简介

飞剪是热轧带钢生产线上很重要的设备，布置在精轧机组前，用于剪切粗轧后带坯的头部和尾部的低温及不规则部分（见图4.9.16）。

在轧钢工艺过程中采用飞剪，有利于带坯在精轧机的咬入；减少带坯对轧辊的冲击；防止轧制过程中的卡钢事故；使成品钢卷尾部平齐，易于卷取及捆扎；提高成品带钢的头尾质量。

(1) 主要解决的技术问题。

对粗轧后的板坯头尾进行剪切，使经过剪切的带坯头尾形状符合要求。

图4.9.16　转鼓式飞剪

采用锁紧液压缸将剪刃固定在转鼓上，剪刃锁紧打开方便快捷，缩短剪刃更换时间，可实现在线的快速更换，提高了生产率。

剪切的带头自动跟踪系统，可以对剪切位置准确定位，实现最优化剪切。

(2) 适用范围。

该设备广泛运用在热轧带钢和连铸连轧生产线中，保证成品带钢的带头带尾的质量，是热轧带钢和连铸连轧生产线必备的设备。

4.9.7.2　**设备结构和工作原理**

(1) 结构和组成。

中冶赛迪工程技术股份有限公司研发的转鼓式飞剪由主传动装置、机架、上下转鼓与分配齿轮、同步齿轮、剪刃锁紧系统、废料收集等组成。

主传动装置由主电机、联轴器、减速机和制动器等部件组成。由一台交流电机驱动，通过一台封闭式两级减速机减速，减速机低速轴通过鼓形齿联轴器带动下转鼓转动。减速机箱体、箱盖均采用焊接结构。

两片机架由上横梁、下横梁支撑，上下横梁通过预应力螺栓联结而成。

上下转鼓是由锻钢制成，上下转鼓的两端由装在机架轴孔中的滚动轴承支撑。主传动带动下转鼓通过传动侧的分配齿轮和操作侧的同步齿轮带动上、下转鼓做相对运动；齿轮均为斜齿，其材质为锻钢，硬齿面；齿轮与转鼓为无键连接。上下转鼓共有两对刀片，切头为弧形刀片，切尾为直刀片。每个刀片均有锁紧缸锁紧刀片。

上、下剪刃之间的侧隙和重叠量（包括重磨后）可通过转鼓上的垫片调整。

剪刃锁紧系统主要由锁紧缸、卡紧块、刀片、衬板、剪刃调整垫及垫片组成。在转鼓上开有通油孔，换剪刃时将快速接头接到转鼓操作侧，开启地面液压泵给锁紧缸加压使液压缸动作，压紧弹簧顶开带有斜度的卡紧环，使剪刃松动，用专用工具吊出剪刃后将调整好的剪刃及垫板换上，装好卡紧块，液压缸卸荷，由弹簧力拉紧卡紧块紧固剪刃。

为便于钢板顺利进入飞剪，在其入口端设计有导向辊。导向辊两端用调心轴承支撑。

被剪切下来的料头、料尾掉到溜槽上，通过溜槽滑入料斗。料斗有两个，放置在溜槽出口的两侧，溜槽出口处设有拨料板，由液压缸驱动可正反向转动，正反向的极限位置分别使溜槽与两个料斗相衔接。当一个料斗装满后，拨料板转动一定角度与另外一个空料斗相接即可。

减速器采用稀油循环润滑。主、副齿轮采用油池润滑。

(2) 工作原理。

转鼓式飞剪的剪切机构由装着刀片的两个相对转动的转鼓组成。在每个转鼓上装有两把弧形刀片，分别用于切头和切尾。

当轧件需要剪切时，飞剪主电机通过减速机后，带动主动转鼓旋转，并通过同步齿轮带动被动转鼓相对转动，驱动安装在转鼓上的剪刃完成剪切。

4.9.7.3 设备技术参数和技术特点

(1) 技术参数。

型式：转鼓式飞剪

工作方式：间歇启动式

剪切最大断面：50mm × 2150mm

剪切温度：900~1100℃

材料剪切强度：max 130MPa

剪切力：11000kN

剪切速度(中间坯运行速度)：0.3~1.5m/s

剪切带钢头尾长度：max 500mm

(2) 技术特点。

1) 安装在上下转鼓上的两把刀片分别用于切头和切尾，刀片的形状可根据轧制要求设定。

2) 剪刃通过锁紧液压缸固定在转鼓上，剪刃锁紧打开方便快捷，缩短剪刃更换时间，可实现在线的快速更换，提高了生产率。

3) 被动转鼓上的同步齿轮采用主副齿结构，减少和消除冲击负荷。

4) 采用惯性剪切，节省能量。

4.9.7.4 选型原则

根据剪切要求及带坯规格进行选型设计。

4.9.8 热轧带钢生产线曲柄式飞剪

4.9.8.1 设备简介

(1) 主要解决的技术问题。

对粗轧后的板坯头尾进行剪切，使经过剪切的带坯头尾形状符合要求；剪切能力强，解决了高强钢粗轧后的板坯头尾剪切问题；剪切的带头自动跟踪系统，可以对剪切位置准确定位，实现最优化剪切；剪刃更换方便，解决了剪刃易于维护问题。

(2) 适用范围。

该设备广泛运用在热轧带钢生产线中，特别适用于高强钢、大宽度、大厚度的带坯剪切，是现代热轧带钢生产线上必备的设备。国内新上的2050mm级及以上热轧机飞剪机几乎都是曲柄式飞剪。

4.9.8.2 设备结构和工作原理

(1) 结构和组成。

该设备主要由电机、传动装置、飞剪本体、废料收集装置、剪刃更换装置等部分组成。其中，飞剪本体由机架本体、剪切机构、剪刃间隙调整装置、飞剪内辊道等组成，如图4.9.17所示。

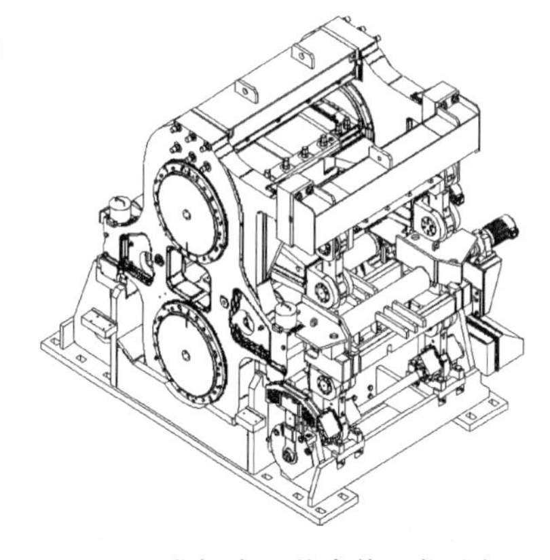

图4.9.17　曲柄式飞剪本体三维线框图

1) 传动装置。

两台交流电机通过齿式联轴器、减速机、齿式连接轴、曲柄轴和制动器来驱动剪刃装置。

减速机为具有两个输入轴和两个输出轴的圆柱齿轮减速机。减速机的两个高速轴小齿轮分别驱动上下大齿轮来带动上下曲轴转动，上、下大齿轮为同步齿轮。在两个高速轴上分别装有可离合飞轮，在低速重载剪切时通过气动离合器使飞轮与齿轮轴连接，提高剪切惯性力矩。

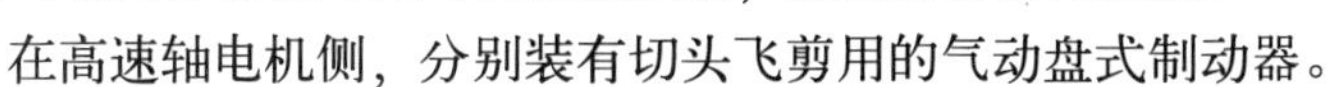

在高速轴电机侧，分别装有切头飞剪用的气动盘式制动器。

2) 机架本体。

机架本体由底座和左、右两片机架及上横梁组成。

底座为框形焊接结构，用来安装带有曲柄轴的飞剪机架、剪刀座和剪刃，带有预制的横梁结构和内部废钢溜槽，安装在基础上。

左、右两片机架为闭式设计，用于安装带有剪刀座和剪刃的曲柄轴，分别嵌入底座并用预应力螺栓固定在底座上并通过上部横梁相连接。

3）剪切机构。

剪切机构由上刀座、下刀座、剪刃、摆杆机构等组成。上刀座、机架、摆杆组成上剪切机构的四连杆机构。下刀座、底座、摆杆组成下剪切机构的四连杆机构。

上、下刀座分别装在上、下曲柄轴上。上、下剪刃分别装在上、下刀座上的刀架上。上、下剪刃为弧形剪刃，也可上剪刃为人字形，下剪刃为平剪刃。

上、下摆杆一端与上、下刀座铰接，另一端铰接在机架及底座上。下摆杆固定铰点位置可做微量调节，由剪刃间隙调整装置来完成。

4）飞剪内辊道。

为便于中间坯顺利通过飞剪，在飞剪入口侧与出口侧分别设置单独传动辊道，辊道的万向接轴延伸至飞剪后，以避免除鳞水的影响。

5）剪刃间隙调整装置。

飞剪下摆杆的支点轴为偏心轴。液压马达通过涡轮减速机带动偏心轴的传动侧轴头，摆杆的固定铰点位置便改变，剪刃间隙则随之改变。在偏心轴的另一端，设有剪刃间隙指示盘和固定偏心位置的多孔板。

6）废料收集装置。

两个废料斗布置在一台废料车上，废料车在轨道上通过液压缸移动，方便将装满废料的料斗吊出。废料斗放置在溜槽出口的两侧，溜槽出口处设有由液压缸驱动拨料板，以转换两个料斗的接料。

7）剪刃更换装置。

安装在飞剪的操作侧更换平台上，用于两剪刃的机械更换，并带有相应的剪刃保持架。平台上装有可伸入机架内的剪刃更换托架。更换托架由液压马达驱动，通过减速机带动链条驱动车轮实现移动。

(2) 工作原理。

如图4.9.18、图4.9.19所示，曲柄式飞剪的剪切机构由上刀座、下刀座、剪刃、摆杆机构等组成。上刀座、机架、摆杆组成上剪切机构的四连杆机构。下刀座、底座、摆杆组成下剪切机构的四连杆机构。

当轧件需要剪切时，飞剪主电机通过减速机后，带动上下曲轴旋转，通过四连杆机构，驱动安装在刀架上的剪刃完成剪切。

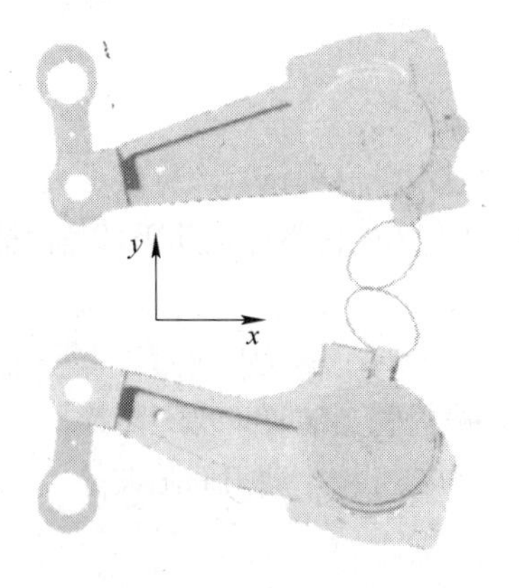

图4.9.18　剪切机构

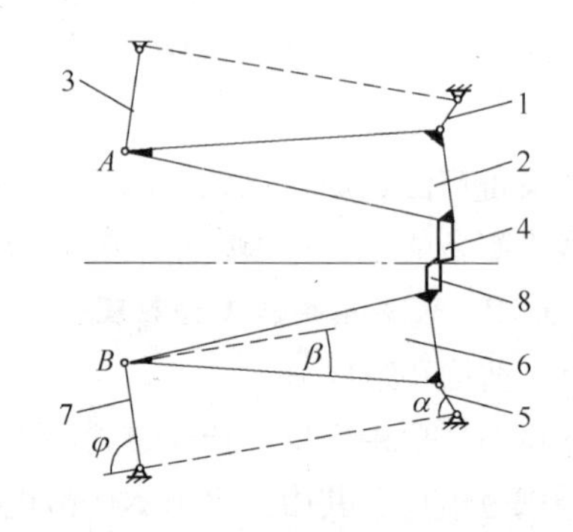

图4.9.19　剪切机构简图

1—上曲柄；2—上刀座(即上连杆)；3—上摇杆；4—上剪刃；5—下曲柄；6—下刀座(即下连杆)；7—下摇杆；8—下剪刃

4.9.8.3　设备技术参数和技术特点

(1) 技术参数。

工作方式：间歇启动式

剪切温度：≥900℃

剪切典型钢种：碳钢（Q195）、低合金结构钢（Q345）、管线钢（X100）

典型钢种剪切断面：max 60mm × 1900mm

剪切力：max 12000kN

剪切速度：0.3~2.0m/s

(2) 技术特点。

剪切质量好：在剪切区剪刃几乎是垂直进入带坯，剪切过程中剪刃间隙变化很小，剪切断面平整；

剪切能力高：人字形的上剪刃可有效地减少剪切力，提高剪切能力；

安全可靠：曲柄式飞剪机架采用整体式铸件结构，避免了铸焊结构存在的固有问题，承载能力更高；

成材率高：剪前辅以优化剪切系统，有效控制头尾长度；

自动化程度高：剪刃间隙模型可根据板厚、来料速度的不同自动设定并驱动相关装置完成剪刃间隙的调整；

换刀时间短：专有的换刀装置保证换刀时间不大于30min。

4.9.8.4 **选型原则**

在剪切大宽度、大厚度的高强钢时应优先选择曲柄式结构的飞剪，然后根据剪切工艺要求及带坯规格进行设备具体参数选择。

4.9.8.5 **典型项目应用情况**

见图4.19.20为中冶赛迪工程技术股份有限公司为攀西2050热轧生产线上设计的曲柄式飞剪图片。

图4.19.20 攀西2050热轧生产线曲柄式飞剪

4.9.9 热轧带钢生产线精轧机组

4.9.9.1 **设备简介**

中冶赛迪工程技术股份有限公司设计的精轧机组为7机架串联4辊轧机，轧机间距为6000mm。

每个机架的工作辊都靠一个普通的交流主电机、中间传动轴、减速机、主轴传动。

主减速机（F1~F4）和分配箱（F1~F7）配有诊断用的温度检测器和振动传感器。

为了板型控制和轧制高质量的带钢，F1~F4机架将装备马达驱动的无间隙交叉系统；并且装有负弯和正弯系统。

出于同样的目的，F5~F7上也装有负弯系统。F5~F7支撑辊轴承座设计时预留了工作辊正弯功能。F5、F6、F7机架安装有工作辊串辊系统（WRS），有利于延长轧制计划。

F5、F6、F7预留了有利轧机稳定性的无间隙功能，在轧机牌坊上预留了安装无间隙的孔和仿造油缸的块。

所有机架上都配备电液伺服阀控制AGC油缸的辊缝设定和自动轧制。

为了补偿换辊时工作辊的不同辊径，阶梯垫板被安装在上支撑辊和AGC油缸之间。

更换支撑辊时，不同支撑辊的辊径补偿量将由软垫板形式安装在上支撑辊轴承座上。

为了使机架平稳穿带至层冷辊道，阶梯垫板型轧制线标高调整装置安装在每个机架上，以满足不同系列的辊径需求。

由于结合了F1~F7轧制线标高调整功能和F2~F6入口导板调高功能，轧制线标高控制在以下3个方式下变得更加灵活可操作：直线型、向下倾斜、向上倾斜，并能适应带钢的尺寸和规格。

在废钢时，下辊将通过轧制线调整装置被放低，避免和废钢接触，同样的上辊将通过AGC油缸被回拉。

入口侧导板安装在F2~F7机架前，而出口切水板被安装在所有机架上，以上有利于带钢的对中和机架间穿带。

液压活套框架位于每个机架间，以补偿不同的张力和稳定速度。

1~3号活套将装有一个压力转换器以控制张力，4~6号活套将装有两个压力传感器和一个压力转换器以控制张力和操作控制。

侧移式自动换辊系统将被安装在轧机的操作侧以便于快速更换工作辊。马达驱动换辊小车将设置在机架的操作侧，以便于从轧机中装入和推出工作辊，并在磨辊车间和轧钢车间之间运输工作辊。

液压油缸驱动的支撑辊换辊平台（只能人工搬运）主要用于支撑辊的更换。

轧制油系统安装在F1~F7入口侧，目的为降低辊耗、电耗和改善辊面缺陷。

(1) 主要解决的技术问题。

通过设置轧辊辊型及工作辊弯窜装置、轧辊冷却，解决带钢的板形控制。

利用液压压下装置（AGC），解决带钢的厚度控制。

采用液压活套的张力控制，消除连轧各机架的动态速度变化的干扰，保持轧制过程无张力，保证轧件精度。

工作辊快速换辊装置，可保证7机架同时快速更换。

(2) 适用范围。

该设备广泛运用在热轧带钢和连铸连轧生产线中，保证成品带钢的带头带尾的质量，是热轧带钢和连铸连轧生产线必备的设备。

4.9.9.2 设备结构和工作原理

(1) 结构和组成。

每架精轧机均为四辊不可逆全液压轧机，带有工作辊弯辊、窜辊，辊缝自动调节装置（AGC系统）。轧机出口设置有液压活套，用于保证带钢在轧制过程中张力恒定，并保证各机架的连续轧制。轧机主电机为交流电动机，通过减速机、联轴器、齿轮机座和主接轴驱动工作辊转动。工作辊快速换辊侧移装置与现有侧移装置合为一个整体，能够满足7个机架同时更换，支撑辊换辊为每个机架单独更换（见图4.9.21）。

轧机本体主要包括：机架装置、支撑辊锁紧装置、上支撑辊平衡装置、上阶梯垫装置、工作辊提升轨道、支撑辊装配、工作辊装配、工作辊弯窜辊装置、下阶梯垫及换辊滑台、液压压下装置（AGC）、控制元件支架以及平台、梯子和机上配管等。

1) 机架装置。

机架装置主要由两片封闭式牌坊、上下横梁、底板、滑板等组成。机架放于底板上，通过地脚螺栓安装于基础上。牌坊和底板采用铸钢件，牌坊窗口中装有滑板。

2) 支撑辊锁紧装置。

支撑辊锁紧装置安装于操作侧牌坊，液压驱动，轴向固定支撑辊装配。

3) 上支撑辊平衡装置。

上支撑辊平衡装置安装在机架上部的横梁上。其作用为平衡上支撑辊的重量，消除AGC液压缸、上阶梯垫和上支撑辊轴承座之间的间隙，保证轧制平稳，减少冲击。上支撑辊轴承座通过一只柱塞液压缸、扁担梁、拉杆、平衡梁悬挂。

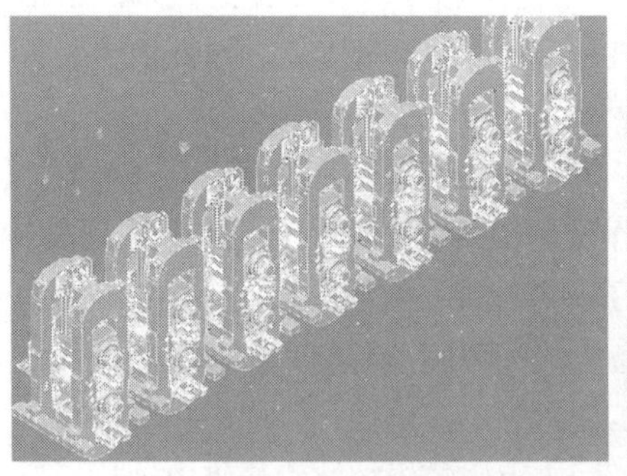

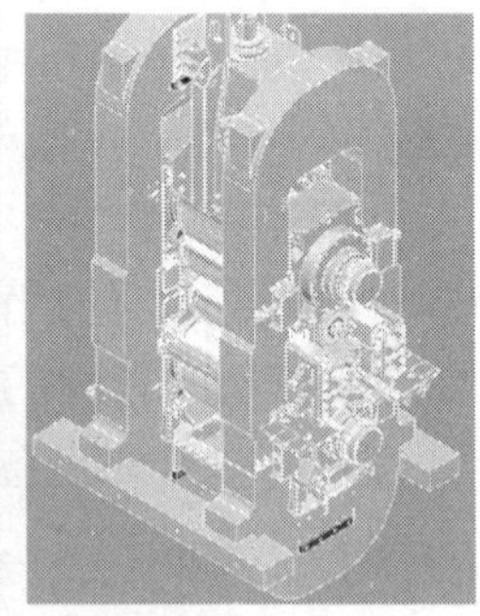

图4.9.21 热轧带钢生产线精轧机组（一）

4) 上阶梯垫装置。

上阶梯垫装置安装在机架窗口顶部和AGC液压缸之间，用于补偿工作辊磨损后的位置变化，减少AGC缸的行程。上阶梯垫是通过一只带位置传感器的液压缸驱动实现高度的调节。

5) 工作辊提升轨道。

工作辊提升轨道安装在机架中部，下工作辊轴承座下面，用于快速更换工作辊。换辊轨道是通过固定在牌坊上的4只液压缸抬升，使其轨道面与机外换辊轨道平齐。

6) 支撑辊装配。

支撑辊装配安装在牌坊窗口内。分为上支撑辊装配、下支撑辊装配。其作用是支撑工作辊并承受轧制力。

支撑辊装配主要由支撑辊、油膜轴承、轴承座、滑板等组成。支撑辊轴承座采用铸钢，支撑辊采用合金锻钢。支撑辊轴承采用无键型单止推油膜轴承。

7）工作辊装配。

工作辊装配安装在牌坊窗口内。分为上工作辊装配、下工作辊装配。工作辊装配主要由工作辊、滚子轴承、轴承座、端盖、夹钳、滑板等组成。工作辊轴承采用四列圆锥滚子轴承，在操作侧设有承受轴向力的双列圆锥滚子轴承。工作辊轴承座采用合金铸钢，工作辊采用高铬铸铁。

8）工作辊窜辊和弯辊装置。

工作辊窜辊和弯辊装置安装在轧机内侧中部。

弯辊缸对工作辊进行正弯辊，控制带钢平直度和凸度。

工作辊窜辊缸使工作辊轴向移动以提高工作辊的利用率，减少磨削次数。

每个机架有四个弯辊块，通过螺栓、键固定在牌坊上。操作侧弯辊块上带有工作辊窜辊液压缸，工作辊锁紧液压缸也安装在操作侧弯辊块内，用于工作辊轴向锁紧。

9）下阶梯垫及换辊滑台。

下阶梯垫及换辊滑台安装在机架窗口下部。用于调整轧线标高和更换支撑辊。标高调整分为若干级，任何尺寸的轧辊均可使轧线标高保持在一定的范围内，有一级空位用于换支撑辊。通过抬升液压缸将下支撑辊抬起，由阶梯垫调整液压缸将阶梯垫换到所需的位置。整个装置为一个集成滑台，更换支撑辊时滑台和支撑辊装配由支撑辊换辊液压缸一起拉出。

下阶梯垫及换辊滑台由阶梯垫、框架、连接架、滑台、测压头、液压缸、防水罩、衬板等组成。支撑辊的升降、阶梯垫的移动均由液压缸控制。

10）液压压下装置（AGC液压缸）。

AGC液压缸安装在牌坊窗口上部上阶梯垫装置和上支撑辊轴承座之间，用于调整辊缝，在线控制带钢厚度。

液压自动厚度控制系统（HAGC）是用于保持和控制轧制产品在轧制中的厚度。

11）精轧机主传动装置。

精轧机的主传动装置是由主传动电机通过鼓形齿联轴器、减速机、鼓形齿中间联轴器、人字齿轮机座和鼓形齿式主传动接轴组成。

与工作辊相接的鼓形齿式主传动接轴具有适应工作辊轴向窜辊的功能，允许轴向移动。

主传动装置在鼓形齿主传动接轴一端设置有轧辊旋转停位的检测元件，以满足快速换辊准确停车的要求。

12） 精轧机工作辊换辊装置。

包括横移列车和工作辊换辊小车、换辊轨道等。

换辊前，换辊小车预先将新工作辊从磨辊间推到换辊侧移平台，液压缸推动侧移装置侧移，小车前进到轧机前准备换辊。

换工作辊时，换辊小车后退将旧工作辊从轧机拖出到侧移装置。液压缸推动侧移装置侧移，将新工作辊对准轧机。小车前进推动工作辊进入轧机完成换辊。

换辊完成后，小车后退到侧移装置外，液压缸再次推动侧移装置侧移，换辊小车将旧工作辊拖回磨辊间。

13）精轧机支撑辊换辊装置。

支撑辊换辊系统为全液压的换辊机构。

换支撑辊时，首先要将旧工作辊拉出机架运走，并将工作辊换辊装置的横移台架吊开，让出轧机操作侧中间位置，然后由支撑辊换辊推拉缸通过支撑辊换辊滑台拉出下支撑辊，放上上支撑辊托架，再用支撑辊换辊推拉缸将下支撑辊及上支撑辊托架推入轧机，将上支撑辊放在上支撑辊托架上，最后由支撑辊换辊推拉缸将上下支撑辊同时拉出轧机，然后用跨间吊车将支撑辊吊到电动过跨平车送进磨辊间。装新辊过程与此相反。

14）精轧机支撑辊换辊装置。

活套装置由活套辊、活套臂及液压缸组成。活套辊为钢制空心辊，内部通水冷却。

活套装置由1只液压缸驱动活套架，使活套辊绕着活套架的转轴旋转。活套架通过检测角度位置和压力来进行控制。活套辊安装于活套架上，活套辊为被动辊。转动活套架改变活套辊的角度位置，控制带钢的套量。

15）精轧机入口和出口导板装置。

精轧机导板装置主要包括入口导卫板、出口导卫板、导卫支架等。

精轧机入口处安装导卫板。入口导卫板分为上、下导卫，通过销轴装于两牌坊之间并分别由气缸驱动摆动控制，工作时用气缸拉动使导卫贴在工作辊面上。在换辊时后退，保证工作辊换出。

精轧机后有一组出口导卫。出口下导卫装于一液压缸驱动的车架上。轧钢时，液压缸驱动车架使导卫靠近轧机；换辊时，液压缸驱动车架使导卫远离轧机。

出口上导卫板通过一只气缸控制。轧钢时导卫板紧贴工作辊面，刮除辊面的氧化铁皮同时防止冷却水落于带钢上；换辊时打开，脱离轧辊，保证换辊进行。

出口下导卫板靠自重贴于工作辊面，刮除辊面的氧化铁皮。换辊时由液压缸移出，脱离轧辊，保证换辊进行。

16）精轧机弯辊、窜辊装置。

工作辊窜辊和弯辊系统安装在牌坊内侧中部，每个机架有四个弯辊块，每个弯辊块由固定块和移动块构成。固定块通过螺栓斜键固定在牌坊上。移动块装在固定块上，移动块上的弯辊缸用于工作辊的弯辊和平衡；锁紧液压缸用于工作辊轴向锁紧；连接缸用于将轴承座与移动块连为一体。移动块上的弯辊缸随工作辊轴承座一起移动，保持弯辊力作用在工作辊轴承的中心位置不变。窜辊缸安装在换辊侧牌坊外侧与移动块相连。

17）精轧机轧制线标高调整装置。

标高调整分为若干级，任何尺寸的轧辊均可使轧线标高保持在一规定的范围内变化。有一级空位用于换支撑辊。通过抬升液压缸将下支撑辊抬起，由阶梯垫调整液压缸将阶梯垫换到所需的位置。整个装置为一个集成滑台，更换支撑辊时滑台和支撑辊装配由支撑辊换辊液压缸一起拉出。它是由垫块、垫架、连接架、滑台、测压仪、液压缸、防水罩、衬板等组成。支撑辊的升降、垫块的移动均由液压缸控制。在滑架中装有测压仪。

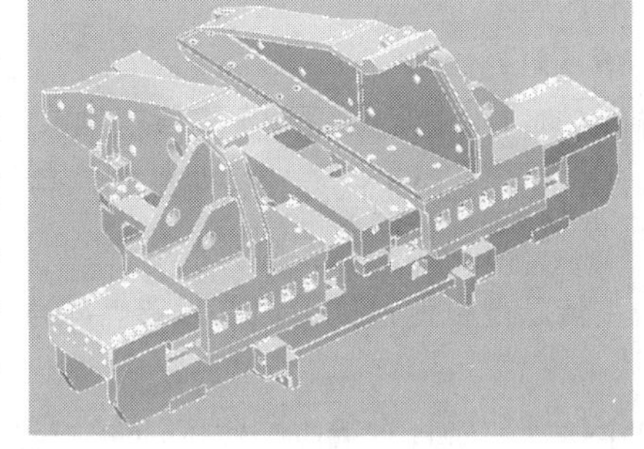

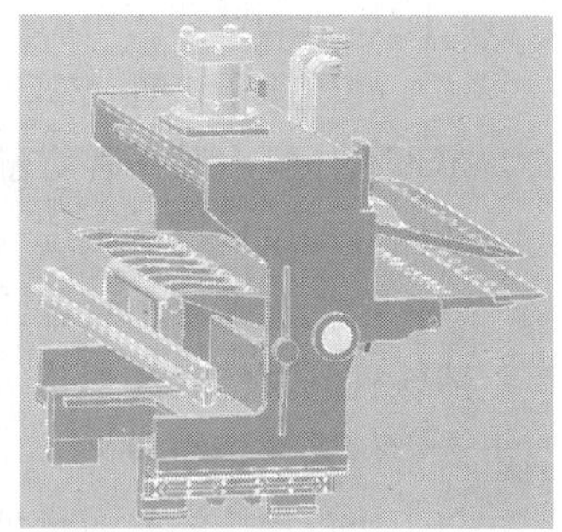

图4.9.22　热轧带钢生产线精轧机组（二）

（2）工作原理。

用于在热状态下，将粗轧后的中间坯经7机架精轧机连续不可逆轧制，通过轧辊传递的强大压力，经往复轧制，使金属材料变形，得到所需要的成品，并保证成品的形状精度和力学性能（见图4.9.22、图4.9.23）。

图4.9.23　热轧带钢生产线精轧机组（三）

4.9.9.3　设备技术参数和技术特点

（1）技术参数。

中间坯厚度：30~70mm

生产带钢厚度：1.27~25.4mm

带钢宽度：700~2100mm

轧制力：max 40000kN

主电机功率：max 10000kW

弯辊力：1500kN/轴承座

窜辊量：±150mm

（2）技术特点。

液压厚度自动控制系统可实现轧制状态下调整辊缝和轧辊回松，系统稳定、可靠，实现了AGC系统全过程自动控制，提高了控制精度，产品质量明显提高。

工作辊窜辊同弯辊功能相联系，改善热带钢轧机对板形的控制能力。工作辊弯辊通过向工作辊辊颈施加液压弯辊力，瞬时改变轧辊的有效凸度，以此调节有效辊缝，达到控制板形的目的，是提高热轧带钢尺寸精度的重要手段。工作辊窜辊可以改善轧辊磨损形状，控制边部减薄；改善轧辊磨损，允许自由轧制；提高热装比例，提高单位轧制量；使用锥形工作辊，实现超平材轧制；均匀工作辊热膨胀，实现轧制取向硅钢不减产。

为了减少张力变化引起的精轧机组的轧件尺寸波动，在精轧机架间设置的液压活套，是用于检测和调节相邻机架速度关系，从而实现无张力控制的设备。通过活套调节，可以消除连轧各机架的动态速度变化的干扰、保证轧件精度，使轧件在轧制过程中形成自由的弧形，保持轧制过程无张力。

工作辊快速换辊装置具有设备结构简单紧凑、维护工作量小，换辊时间短的优点（见图4.9.22、图4.9.23）。

4.9.9.4　**选型原则**

根据产品大纲进行选型设计。

4.9.10　热轧带钢生产线层流冷却

4.9.10.1　**设备简介**

层流冷却装置是热轧带钢生产的关键设备，它的作用是为了获得合适的带钢卷取温度和控制带钢最终的机械性能。层流冷却的能力、冷却强度、冷却速度、终冷温度的控制精度都直接影响到最终产品的质量和性能。

(1) 主要解决的技术问题。

为了控制带钢的冶金特性，层流冷却装置能根据带钢厚度、温度、钢种及轧制速度等工艺参数，控制喷水组数、调节水量，将带钢由终轧温度冷却至所要求的卷取温度。

(2) 适用范围。

该设备广泛运用在热轧带钢和连铸连轧生产线中。

4.9.10.2　**设备结构和工作原理**

(1) 结构和组成。

1) 层流冷却（见图4.9.24）。

层流冷却装置为机旁高位水箱式。

冷却区总计4段15组，其中分为8组加强型冷却（共两段）、5组普通冷却和2组精调冷却。每组冷却段的上集管设有一个翻转液压缸，可以将设置于辊道上方的上集管向上方摆动打开，让出辊道上方的空间，方便辊道检修和处理废钢；下集管安装在辊道架上（见图4.9.25）。

图4.9.24　层流冷却设备外观

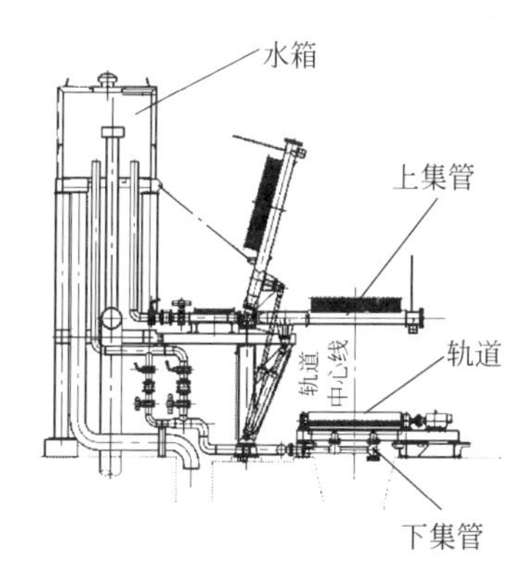

图4.9.25　层流冷却集管布置

加强型冷却段每组有16根上集管（每根集管由1个气动蝶阀控制），有16根下集管（每2根集管由2个气动蝶阀控制）；普通冷却段每组有8根上集管（每根集管由1个气动蝶阀控制），有16根下集管（每2根集管由1个气动蝶阀控制）；精调冷却段每组有16根上集管（每根集管由1个气动蝶阀控制），有16根下集管（每根集管由1个气动蝶阀控制）。加强型冷却段和普通冷却段每根上集管有两排鹅颈管，精调冷却段每根上集管有一排鹅颈管。

层流冷却水的每根上集管、下集管还设有一个手动调节阀，用于维护检修时开闭。层流冷却段设置有流量计，用于监控流量大小。

在层流冷却的入口、出口和冷却集管每组之间，设有侧喷水扫水喷嘴。

2）机旁高位水箱。

水箱位于轧线传动侧（热输出辊道非电机侧），层流冷却旁边，用于向层流冷却系统提供冷却用水。

将层流冷却用水通过管道输送到层流冷却的机旁水箱中储存，在层流冷却需要用水时，通过输出管道向层流冷却系统提供因高度差而产生一定压力的冷却用水。多余水直接溢流到层流冷却铁皮沟。

高位水箱内设有水位和水温检测仪表，向控制系统提供准确的冷却水数据。

水箱内侧涂有耐腐蚀的涂料。

(2) 工作原理。

带钢层流冷却装置的基本工作原理是使带钢表面覆盖一层最佳厚度的水量，利用热交换原理使带钢冷却到卷取温度。采用的方式是使低压力、大流量的冷却水平稳地流向带钢表面，冲破带钢表面的蒸汽膜随后紧贴带钢表面而不飞溅。这些柱状水流接触带钢表面后有一定的方向性，当冷却水吸收一定热量随钢板前进一段距离后，侧喷嘴喷出的压力使冷却水不断更新，从而带走了大量的热量。下部冷却是采用喷射式的形式并与上部冷却相对应同步进行。

4.9.10.3 设备技术参数和技术特点

(1) 技术参数。

冷却有效宽度：max 2150mm

冷却有效长度：约102.6m

冷却系统总水量：max 约16000m^3/h

供水方式（压力调节）：机旁高位水箱

冷却水温度：≤38℃

冷却后带钢温度：200~800℃

层流冷却水压：约0.07MPa

层流冷却区段集管组数：15组

加强型冷却段：8组（No.1~No.3、No.9~No.13）

普通冷却段：5组（No.4~No.8）

精调冷却段：2组（No.14~No.15）

每组集管数量：

加强型冷却段：上集管：16根，下集管：16根

普通冷却段：上集管：8根，下集管：16根

精调冷却段：上集管：16根，下集管：16根

每组气动控制蝶阀数量：

加强型冷却段：上集管：16只，下集管：16只

普通冷却段：上集管：8只，下集管：8只

精调冷却段：上集管：16只，下集管：16只

水侧喷数量：16组

侧喷水压：1.0MPa

(2) 技术特点。

由于分散布置的冷却集管不像水幕冷却那样冲击区集中，因此不易发生钢板表面的过度冷却，使板厚方向的冷却比较均匀。

可以采用连续通过冷却和同时冷却两种方式，同时冷却方式的采用对于提高钢板纵向冷却的均匀性。

设置机旁水箱，流量调整范围宽，水流的稳定性好，降低对供水系统的要求。

冷却能力的调节灵活，可以灵活选用开闭集管数、调整集管水流量等手段，提高终冷温度的控制精度。

设备制造工艺简单，维修简单。

4.9.10.4 选型原则

根据产品大纲要求进行选型设计。

4.9.10.5 **典型项目应用情况**

目前中冶赛迪工程技术股份有限公司已为攀西2050热轧、梅钢1780热轧生产线设计了该设备，运行效果良好。

4.9.11 热轧平整机组

4.9.11.1 **机组简介**

本机组是热轧带钢轧制工艺后配套的精整工序之一，主要作用是提升热轧成品表面质量、板形质量及消除低碳钢等需深加工产品的吕德斯皱纹曲线。主要设备包括开卷机、直头机、平整机、切分剪及卷取机等。其主线设备配置见图4.9.26。

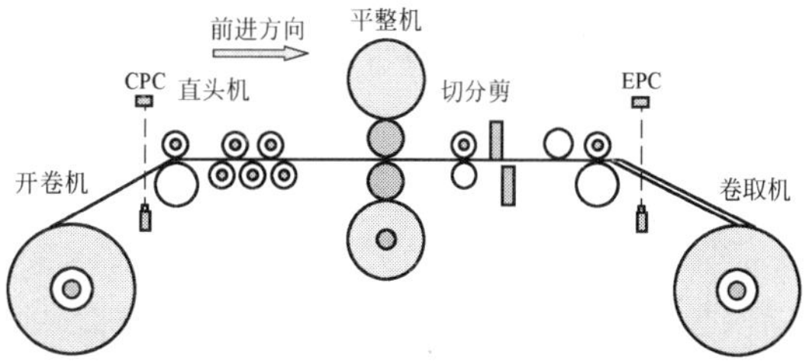

图4.9.26 热轧平整机组主线设备配置图

(1) 主要解决的技术问题。

中冶赛迪工程技术股份有限公司（CISDI）拥有的热轧平整机组技术系20世纪80年代从国外引进，历经引进、消化吸收、国产应用及研发创新。至今解决的主要技术问题有：

1) 先进、适用及优化的工艺技术方案及设备选型；

2) 一种新型平整机设备技术；

3) 平整机压下/延伸/弯辊/窜辊控制技术；

4) 开卷/卷取张力及速度控制技术；

5) 一种新型切分剪设备技术；

6) 对中/对边卷形提高质量控制技术；

(2) 适用范围。

适用于宽带钢热轧车间成品的精整处理，满足用户对集装箱板、气瓶板等高附加值商品卷产品以及下步需镀锌、镀锡等薄规格热轧带钢的平整需求。同时对用户要求的高表面质量和板形质量的产品进行平整。

4.9.11.2 **机组主要设备结构组成和工作原理**

(1) 开卷机。

结构组成：开卷机为四斜楔液压胀缩、悬臂卷筒式结构，由卷筒、活动机架、CPC对中控制装置、传动装置、交流变频电动机、活动支撑、固定底座、压辊等组成，见图4.9.27。

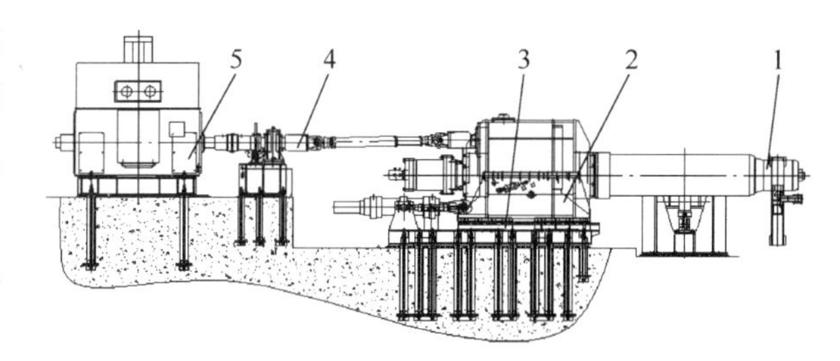

图4.9.27 开卷机
1—卷筒；2—活动机架；3—CPC对中控制装置；
4—传动装置；5—交流变频电动机

传动减速机齿轮为硬齿面，根据机组速度和带钢规格，可设计成一挡或两挡速比。

工作原理：开卷机的胀缩卷筒接受运送来的钢卷，卷筒在胀缩缸的操纵下胀开，钢卷被胀紧；活动支撑住卷筒后，卷筒旋转，即可进行开卷，同时提供生产中所需要的后张力。生产过程中，CPC对中控制装置可使钢卷中心线与机组中心线的偏差在允许范围内。

(2) 五辊矫直机。

结构组成：五辊矫直机由机架、矫直辊、压下装置、同步装置、传动装置、电机和换辊装置七个部分组成（见图4.9.28）。机架分左右两片，由结构钢焊接制造；带定位止口配合的上盖通过螺栓与机架相连接，构成一个承载框架；左右机架通过上横梁用螺栓连接。矫直辊呈上二下三布置，用合金钢制作，具有淬硬并磨光的表面。

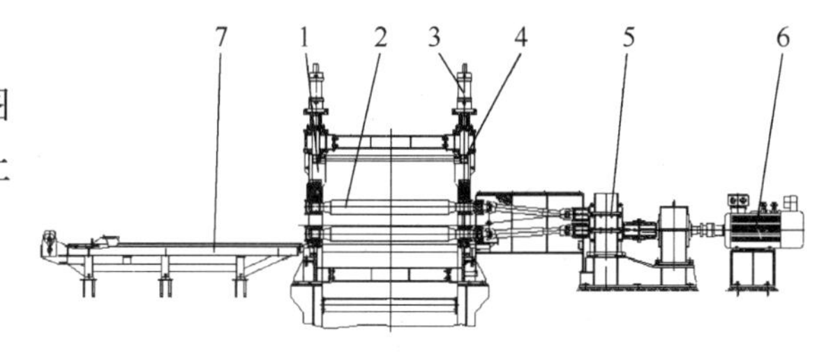

图4.9.28 五辊矫直机
1—机架；2—矫直辊；3—压下装置；4—同步装置；
5—传动装置；6—电机；7—换辊装置

工作原理：五辊矫直机呈上二下三布置的五个矫直辊对带钢进行破鳞和粗矫。根据带钢的品种和规格由压下装置带位移传感器的液压缸设置辊缝，通过带钢的弹塑性变形达到对带钢进行破鳞和粗矫的目的。

(3) 平整机。

机型：传动下支撑辊的四辊平整机，具备弯辊亦具备窜辊功能。

平整机由牌坊、工作辊正负弯辊（可带窜辊）装置、液压压下装置、轧线标高调整机构、工作辊换辊装置、支撑辊组、工作辊组、防震辊、支撑辊擦拭及除尘装置、轧辊传动装置、支撑辊换辊装置组成，见图4.9.29。

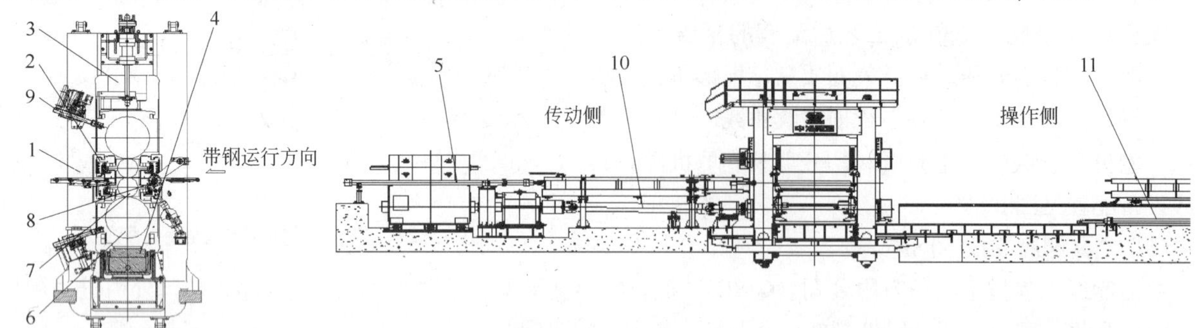

图4.9.29　平整机

1—平整机牌坊；2—工作辊正负弯辊及窜辊装置；3—液压压下装置；4—轧线标高调整机构；5—工作辊换辊装置；6—支撑辊组；7—工作辊组；8—防震辊；9—支撑辊擦拭及除尘装置；10—轧辊传动装置；11—支撑辊换辊装置

平整的主要目的是改善钢板的板形和消除局部的厚度超差，从而使钢板具有良好的板形和较好的表面质量；另外，采用不大的压下量还能消除屈服平台，改善钢板的深冲性能。

平整机的两片牌坊为封闭式的铸钢结构，牌坊立柱四表面均经过机加工。牌坊上装有钢质耐磨衬板，以方便将轧辊推出、推入牌坊。带有液压锁紧装置，用于轴向锁定支撑辊轴承座。

带窜辊的工作辊正负弯辊装置由固定和移动两部分组成，固定部分通过螺栓连接在牌坊上，移动部分由窜辊液压缸操作在固定部分上移动。

液压压下装置由两个伺服液压缸（内置式位移传感器）、两个MOOG伺服阀、蓄能器组、连接管件等组成。伺服液压缸运行阻力小、耐磨损和使用寿命长。

轧线标高调整机构布置在平整机牌坊下部，在下支撑辊和下工作辊辊径减小的情况下，保持轧制线标高恒定。轧线标高调整机构有两种形式：一种是液压马达传动滚珠丝杆，带动斜楔水平移动，放置在斜楔上的下支撑辊轴承座上下运动来达到调整下工作辊轧线标高的目的；另一种是液压缸直接驱动斜楔水平移动，放置在斜楔上的下支撑辊轴承座上下运动来达到调整下工作辊轧线标高的目的。

用于更换工作辊的换辊框架位于轧机传动侧，换辊小车位于轧机操作侧。即使带钢在轧机里面时，也能将整套旧工作辊推出、新工作辊推入机架。待换工作辊吊放在传动侧的换辊框架上存放，换辊时，将准备好的工作辊用液压缸从传动侧推入机架内，与此同时把被换掉的辊子推出机架，推到操作侧的换辊小车上，由小车把换下来的辊子运送到吊车起吊点。

支撑辊换辊装置布置在轧机传动侧，用于推出和拉入成套支撑辊。

平整机支撑辊采用锻钢或复合铸钢制成，支撑辊轴承采用轧机专用轴承组合，用油气润滑方式润滑。

平整机工作辊采用合金锻钢制成，四列圆锥滚子轴承组成四个工作辊辊颈的支撑。辊子设计考虑磨削定位台阶，可以带箱磨削。工作辊轴承亦采用油气润滑方式。

CISDI的平整机传动下支撑辊，由交流调速电动机通过鼓形齿联轴器、减速机、万向接轴驱动。本平整机入口设置防震辊（或称防皱辊），还设置有支撑辊擦拭及除尘装置，安装在平整机牌坊出口侧上下支撑辊处，用于清洁上下支撑辊，并将其表面的粉尘收集和抽走。

(4) 液压剪切分剪。

结构组成：液压切分剪由机架、上刀座、下刀座、剪刃间隙调整装置、板尾夹送辊五部分组成，见图4.9.30。

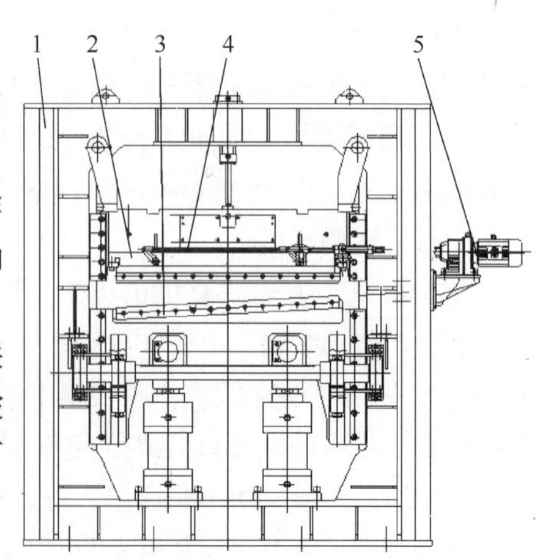

图4.9.30　液压切分剪

1—机架；2—上刀座；3—下刀座；4—剪刃间隙调整装置；5—板尾夹送辊

机架由结构钢焊接制作，为封闭式框架结构。配有手动锁定装置，可将下刀架锁定在上位，以方便检修更换剪切缸。

工作原理：液压剪用于对平整分卷后的带钢进行切分、切试样和切头/尾。上剪刃固定在上刀座内，刀座无负荷情况下由一个液压缸提升，在剪切位置用两个液压缸锁紧；下剪刃倾斜安装在下刀座上，两个液压缸推升下刀座完成剪切动作，剪切后失去动力的板尾由板尾夹送辊送入料筐中。剪刃间隙调整通过一个液压缸驱动两个摆臂摆动,再带动丝杆螺母调整刀座位置来实现。

(5) 夹送张力装置。

结构组成：该设备由机架、压头装置、张力装置、夹送预弯装置、穿带装置、传动装置、换辊装置七部分组成。张力装置由一个上张力辊及两个下张力辊组成。

整个装置由一台电机通过减速机和万向接轴传动两个下张力辊和一个上夹送辊，用于穿带，见图4.9.31。

工作原理：夹送张力装置设置在卷取机入口侧，穿带时将带钢送入卷取机并对带钢头尾进行预弯，在机组进行分卷或重卷生产工艺时形成必要的卷取张力。穿带时由油缸驱动的上张力辊抬起，穿带完成后，上张力辊压下，利用带钢的弹塑性变形产生张力，张力可通过调节张力辊的压下位置而改变。

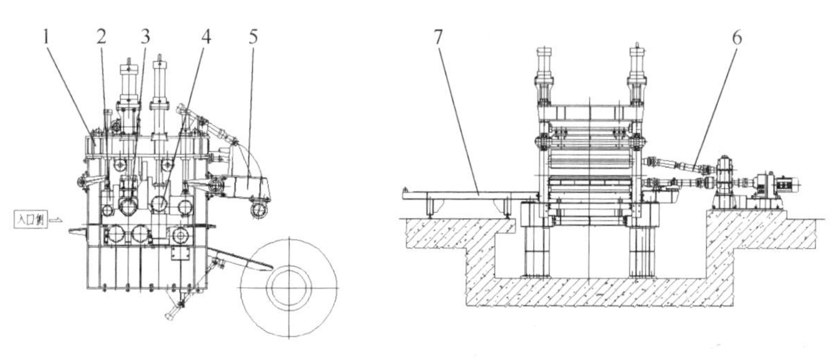

图4.9.31　夹送张力装置
1—机架；2—压头装置；3—张力装置；4—夹送预弯装置；5—穿带装置；6—传动装置；7—换辊装置

(6) 卷取机。

结构组成：由卷筒，活动机架，EPC边部对齐控制装置，传动装置，交流变频电动机，卷筒悬臂端活动支撑及固定底座、卸卷机构八个部分组成，见图4.9.32。

卷筒为液压胀缩式，以便卸卷。胀缩式卷筒的结构为四斜楔液压扩张式结构，由一台液压缸驱动。

传动减速机齿轮为硬齿面，根据机组速度和带钢规格，可设计成一挡或两挡速比。

工作原理：卷取机是把带钢卷取成带钢卷，并在卷取时给带钢施加足够的卷取张力。卷筒芯轴使四个斜楔做轴向移动，四块扇形板产生径向位移，而使卷筒胀径，其中一个扇形板带有钳口。穿带时，带头进入钳口，通过扇形块扩张压住带头并依靠钳口舌板夹紧带钢。卸卷时卷筒收缩，液压缸操纵卸卷机构，带动卸料板将卷好的带钢推出卷筒，完成卸料操作。

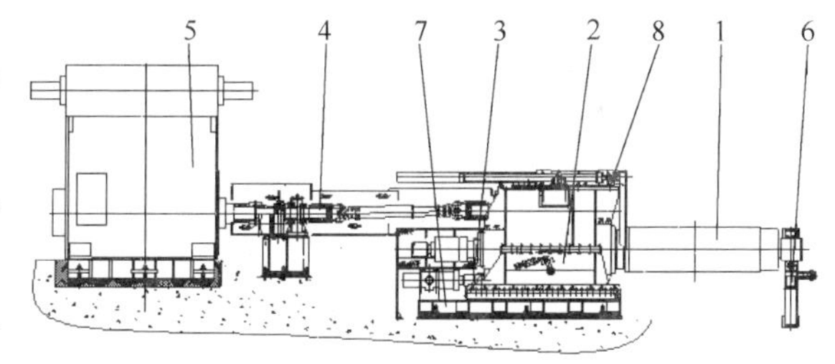

图4.9.32　卷取机
1—卷筒；2—活动机架；3—EPC边部对齐控制装置；4—传动装置；5—交流电动机；6—卷筒悬臂端活动支撑；7—固定底座；8—卸卷机构

生产过程中，EPC边部对齐控制装置在线检测带钢实际边部与理论边部的偏差，并驱动活动机架移动，使钢卷实际边部与理论边部的偏差在允许范围内。

4.9.11.3　机组参数和技术特点

(1) 机组技术参数。

热轧平整机组根据其生产特点和适用范围，其技术参数主要如下：

带钢厚度：1.0~6.5mm

带钢宽度：max 2100mm

带钢屈服强度：max 1200MPa

开卷张力：max 100kN

卷取张力：max 160kN

轧机压力：max 19000kN

弯辊力：max 700kN(单侧)

生产速度：max 600m/min

(2) 机组技术特点。

1) 布置紧凑、产出高效；

2) 离线准备站配置，切除不规则带钢头部，提高机组效率；

3) 宽、高自动对中系统提高上卷对中质量和效率；

4) CPC/EPC配置提高成品卷形质量；

5) 下支撑辊传动及工作辊推入－推出换辊式平整机配置，大大减少换辊时间；

6) 平整机配置了液压压下、工作辊正/负弯辊、工作辊窜辊及上支撑辊平衡系统；

7) 机组采用全交流传动；

8) 机组设置基础自动化控制系统，完成机组设备的顺序控制、平整机位置控制、恒轧制力控制、弯辊控制和机组张力控制、恒延伸率控制。

4.9.11.4 选型原则

根据用户产品品种、产能等需求，合理选定机组速度、主要设备力能参数，以达到性价比最佳化。

4.9.11.5 典型项目应用情况

机组技术至20世纪末消化、移植并创新以来，至今由国内完全自主承担建设的机组达20余条，其中由CISDI设备成套或工程总包机组目前已有宝钢1880、本钢2300等11条机组，均生产稳定、产品质量良好，效果深得用户肯定（见图4.9.33、图4.9.34）。

图4.9.33 宝钢1880平整机组

图4.9.34 本钢2300平整机组

4.9.12 热轧分卷机组

4.9.12.1 机组简介

本机组是热轧带钢轧制工艺后配套的精整工序之一，主要作用是满足小卷用户需求、修复热轧成品卷形、提升热轧商品卷卷形质量以及满足部分产品表面检查及取样的功能。主要设备包括开卷机、直头机、切分剪、张力装置及卷取机等。其主线设备配置图见图4.9.35。

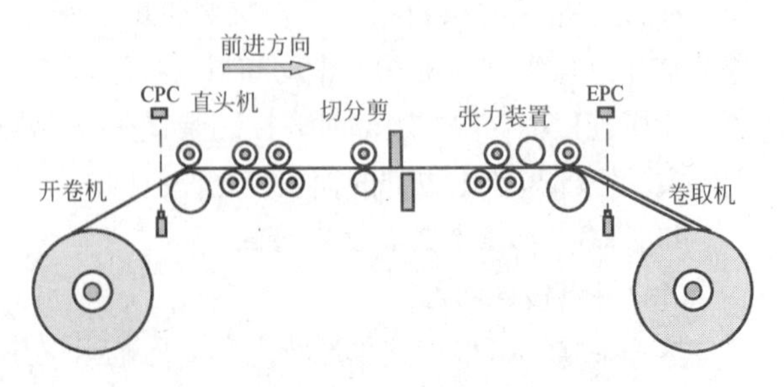

图4.9.35 热轧分卷机组主线设备配置图

(1) 主要解决的技术问题。

中冶赛迪工程技术股份有限公司（CISDI）拥有的热轧分卷机组技术于20世纪80年代从国外引进，历经引进、消化吸收、国产应用及研发创新。至今解决的主要技术问题有：

1) 先进、适用及优化的工艺技术方案及设备选型；

2) 高/低速两挡速比控制技术；

3) 张力装置增张控制技术；

4) 开卷/卷取张力及速度控制技术；

5) 一种新型切分剪设备技术；

6) 对中/对边卷形提高质量控制技术。

(2) 适用范围。

适用于宽带钢热轧车间成品的精整处理，满足下游用户小卷需求，生产厂发货配重、热轧成品卷形质量提高以及部分带钢产品表面质量检查和取样等功能需求。

4.9.12.2 **主要设备结构组成和工作原理**

(1) 开卷机。

结构组成：开卷机为四斜楔液压胀缩、悬臂卷筒式结构，由卷筒、活动机架、CPC对中控制装置、传动装置、交流变频电动机、活动支撑、固定底座、压辊等组成，见图4.9.36。

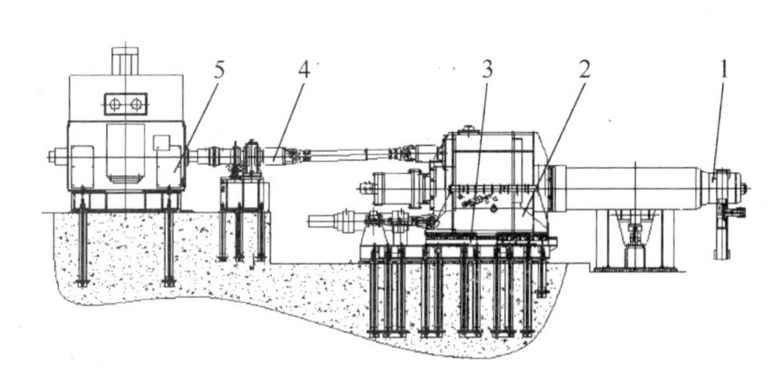

图4.9.36 开卷机

1—卷筒；2—活动机架；3—CPC对中控制装置；4—传动装置；5—交流变频电动机

传动减速机齿轮为硬齿面，根据机组速度和带钢规格，可设计成一挡或两挡速比。

工作原理：开卷机的胀缩卷筒接受运送来的钢卷，卷筒在胀缩缸的操纵下胀开，钢卷被胀紧；活动支撑住卷筒后，卷筒旋转，即可进行开卷，同时提供生产中所需要的后张力。生产过程中，CPC对中控制装置可使钢卷中心线与机组中心线的偏差在允许范围内。

(2) 五辊矫直机。

结构组成：五辊矫直机由机架、矫直辊、压下装置、同步装置、传动装置、电机和换辊装置七个部分组成（见图4.9.37）。机架分左右两片，由结构钢焊接制造；带定位止口配合的上盖通过螺栓与机架相连接，构成一个承载框架；左右机架通过上横梁用螺栓连接。矫直辊呈上二下三布置，用合金钢制作，具有淬硬并磨光的表面。

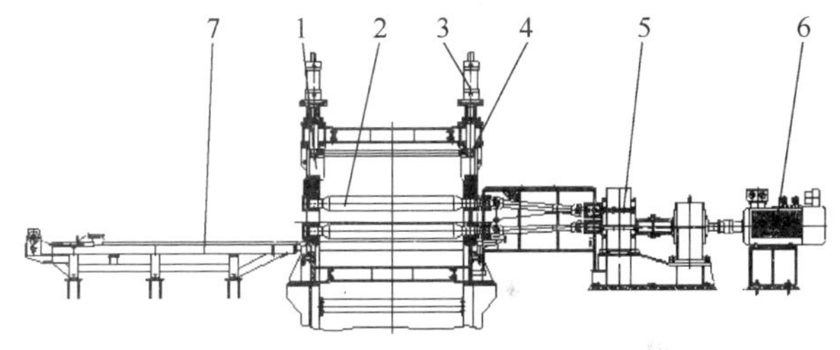

图4.9.37 五辊矫直机

1—机架；2—矫直辊；3—压下装置；4—同步装置；5—传动装置；6—电机；7—换辊装置

工作原理：五辊矫直机呈上二下三布置的五个矫直辊对带钢进行破鳞和粗矫。根据带钢的品种和规格由压下装置带位移传感器的液压缸设置辊缝，通过带钢的弹塑性变形达到对带钢进行破鳞和粗矫的目的。

(3) 液压切分剪。

结构组成：液压切分剪由机架、上刀座、下刀座、剪刃间隙调整装置、板尾夹送辊五部分组成，见图4.9.38。

机架由结构钢焊接制作，为封闭式框架结构。配有手动锁定装置，可将下刀架锁定在上位，以方便检修更换剪切缸。

工作原理：液压剪用于对平整分卷后的带钢进行切分、切试样和切头/尾。上剪刃固定在上刀座内，刀座无负荷情况下由一个液压缸提升，在剪切位置用两个液压缸锁紧；下剪刃倾斜安装在下刀座上，两个液压缸推升下刀座完成剪切动作，剪切后失去动力的板尾由板尾夹送辊送入料筐中。剪刃间隙调整通过一个液压缸驱动两个摆臂摆动,再带动丝杆螺母调整刀座位置来实现。

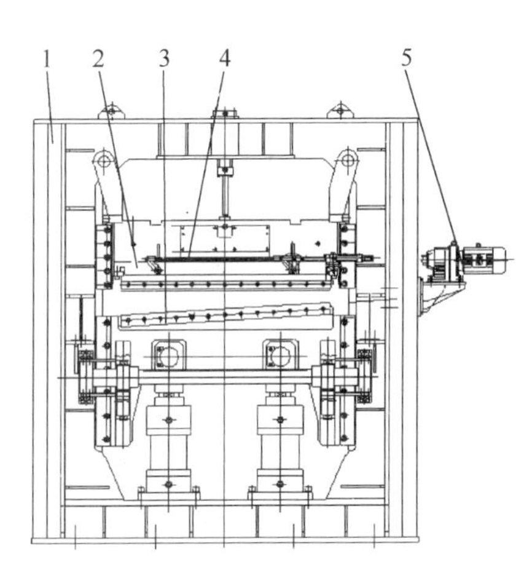

图4.9.38 液压切分剪

1—机架；2—上刀座；3—下刀座；4—剪刃间隙调整装置；5—板尾夹送辊

(4) 夹送张力装置。

结构组成：该设备由机架、压头装置、张力装置、夹送预弯装置、穿带装置、传动装置、换辊装置七部分组成。张力装置由一个上张力辊及两个下张力辊组成，见图4.9.39。

整个装置由一台电机通过减速机和万向接轴传动两个下张力辊和一个上夹送辊，用于穿带。

机架由结构钢焊接制作，为封闭式框架结构。配有手动锁定装置，可将下刀架锁定在上位，以方便检修更换剪切缸。

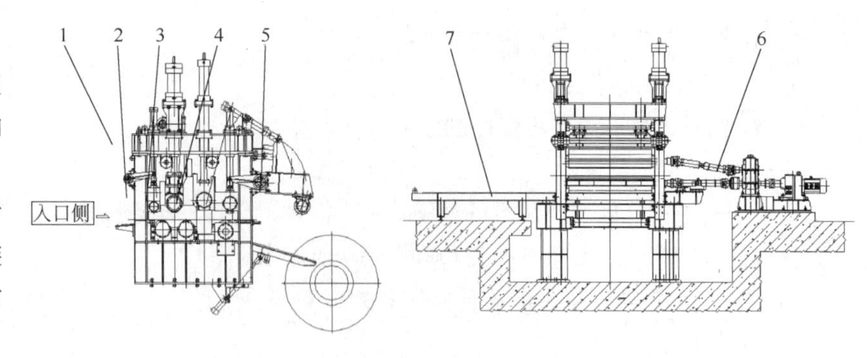

图4.9.39　夹送张力装置
1—机架；2—压头装置；3—张力装置；4—夹送预弯装置；5—穿带装置；6—传动装置；7—换辊装置

工作原理：液压剪用于对平整分卷后的带钢进行切分、切试样和切头/尾。上剪刃固定在上刀座内，刀座无负荷情况下由一个液压缸提升，在剪切位置用两个液压缸锁紧；下剪刃倾斜安装在下刀座上，两个液压缸推升下刀座完成剪切动作，剪切后失去动力的板尾由板尾夹送辊送入料筐中。剪刃间隙调整通过一个液压缸驱动两个摆臂摆动,再带动丝杆螺母调整刀座位置来实现。

(5) 夹送张力装置。

结构组成：该设备由机架、压头装置、张力装置、夹送预弯装置、穿带装置、传动装置、换辊装置七部分组成。张力装置由一个上张力辊及两个下张力辊组成，见图4.9.39。

整个装置由一台电机通过减速机和万向接轴传动两个下张力辊和一个上夹送辊，用于穿带。

工作原理：卷取机是把带钢卷取成带钢卷，并在卷取时给带钢施加足够的卷取张力。卷筒芯轴使四个斜楔做轴向移动，四块扇形板产生径向位移，而使卷筒胀径，其中一个扇形板带有钳口。穿带时，带头进入钳口，通过扇形块扩张压住带头并依靠钳口舌板夹紧带钢。卸卷时卷筒收缩，液压缸操纵卸卷机构，带动卸料板将卷好的带钢推出卷筒，完成卸料操作。

生产过程中，EPC边部对齐控制装置在线检测带钢实际边部与理论边部的偏差，并驱动活动机架移动，使钢卷实际边部与理论边部的偏差在允许范围内。

4.9.12.3　机组技术参数和技术特点

(1) 机组技术参数。

热轧分卷机组根据其生产特点和适用范围，其技术参数主要如下：

带钢厚度：1.0~12.7mm

带钢宽度：max 2100mm

带钢屈服强度：max 1000MPa

开卷张力：max 200kN

卷取张力：max 320kN

剪切力：max 1500kN

生产速度：max 600m/min

(2) 机组技术特点。

1) 布置紧凑、产出高效；

2) 离线准备站配置，切除不规则带钢头部，提高机组效率；

3) 宽、高自动对中系统提高上卷对中质量和效率；

4) CPC/EPC配置提高成品卷形质量；

5) 增张设备配置及其控制，降低松卷来料开卷层差和提高成品卷取稳定性和卷形质量；

6) 机组采用全交流传动；

7) 机组设置基础自动化控制系统，完成机组设备的顺序控制、张力控制和速度控制。

4.9.12.4　选型原则

(1) 持成熟、可靠、适用、先进的原则选用机组工艺、技术和设备。

(2) 根据机组消化创新应用效果，应坚持国家冶金行业“以产顶进”建设方针，节能节水、降低消耗、降低成本、增强产品竞争力。

(3) 根据用户产品品种、产能等需求，合理选定机组速度、主要设备力能参数，以达到性价比最佳化。

4.9.12.5 **典型项目运用情况**

机组技术至20世纪末消化、移植并创新以来，至今由国内完全自主承担建设的机组达20余条。由CISDI设备成套或工程总包的珠钢1500机组目前已有11条，均生产稳定、产品质量良好，效果深得用户肯定（见图4.9.40）。

图4.9.40 珠钢1500分卷机组

4.9.13 热轧横切机组

4.9.13.1 **机组简介**

本机组是热轧带钢轧制工艺后配套的精整工序之一，主要作用是满足用户对热轧带钢产品中以钢板订单代替钢卷订单用量激增的需求，同时为热轧带钢进一步热处理提供开平剪切的原料钢板。主要设备包括开卷机、矫直机、切头剪、切边剪、碎边剪、飞剪及垛板机等。其主线设备配置图如图4.9.41所示。

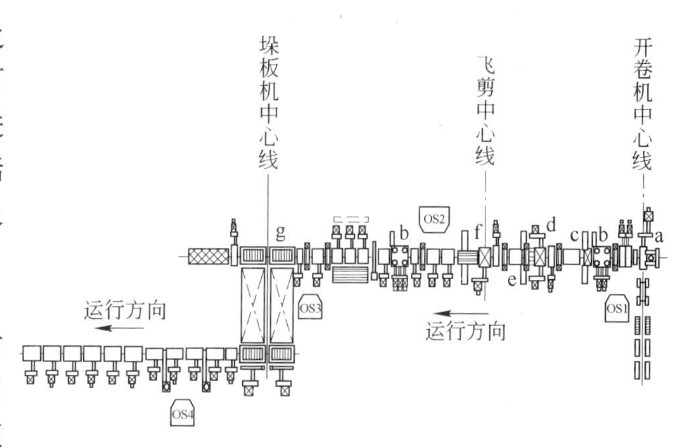

图4.9.41 热轧横切机组布置示意图

a—开卷机；b—矫直机；c—切头剪；d—切边剪；e—碎边剪；f—飞剪；g—垛板机

(1) 主要解决的技术问题。

中冶赛迪工程技术股份有限公司（CISDI）拥有的热轧带钢横切机组技术于20世纪80年代从国外引进，历经引进、消化吸收、国产应用及研发创新。至今解决的主要技术问题有：

1) 先进、适用及优化的工艺技术方案及设备选型；

2) 矫直机板形控制技术；

3) 强力开卷机设备技术；

4) 切边设备及其切边精度控制技术；

5) 飞剪设备及其定尺控制技术；

6) 垛板设备及其垛板质量控制技术。

(2) 适用范围。

适用于宽带钢热轧车间成品的精整处理，满足用户对热轧带钢产品中以钢板订单代替钢卷订单用量激增的需求。同时为热轧带钢进一步热处理提供开平剪切的原料钢板。

4.9.13.2 **主要设备结构组成和工作原理**

(1) 粗矫直机。

结构组成：本矫直机具有CISDI专利技术，为7辊全液压矫直机，由传动装置、矫直机本体、换辊装置三大部分组成。如图4.9.42所示。

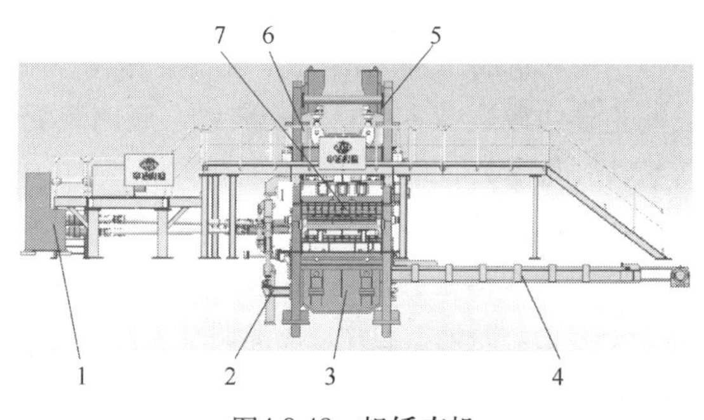

图4.9.42 粗矫直机

1—传动装置；2—接轴夹紧装置；3—机架；4—换辊装置；5—平衡装置；6—压下装置；7—辊系

主传动装置由主电机、联轴器、减速箱、万向接轴等组成。

矫直机本体由机架、平衡装置、压下装置、上/下受力架、上/下辊盒装配、接轴夹紧装置、上辊盒卡紧装置、弯辊装置等组成。

换辊装置位于操作侧矫直机旁，该装置用于整个矫直辊盒或下辊盒的推入和移出。矫直机下辊盒下面装有滚轮，机架内装有轨道抬升装置。

工作原理：粗矫直机用于对钢板进行粗矫直，以消减钢板横向与纵向的弯曲变形及内应力，为后续工位提供较高质量的带钢。工作时根据接收到的板带信息，包括矫直板带厚度、宽度和温度等，计算模型给出辊缝、单辊调整量、辊系倾斜量、弯辊量、速度等参数设定值。随后压下装置在主压下液压缸的驱动下及弯辊装置在弯辊缸的作用下实现辊系相应的调整和压下，板带自动咬入，完成板的矫直。换辊时，由辊道抬升装置抬起下辊盒，滚轮在底座和换辊装置上滚动，实现上、下辊盒的快速换辊。

设有弯辊装置，以补偿矫直变形，提高矫直效果。

(2) 切边剪。

结构组成：切边剪的结构形式为主动式圆盘剪，沿生产线两侧对称布置，两侧结构相同。主要由传动装置、剪切装置、机架横移装置、剪刃间隙调整装置、废边导料器、托辊装置、压辊装置及压边装置等组成，见图4.9.43。

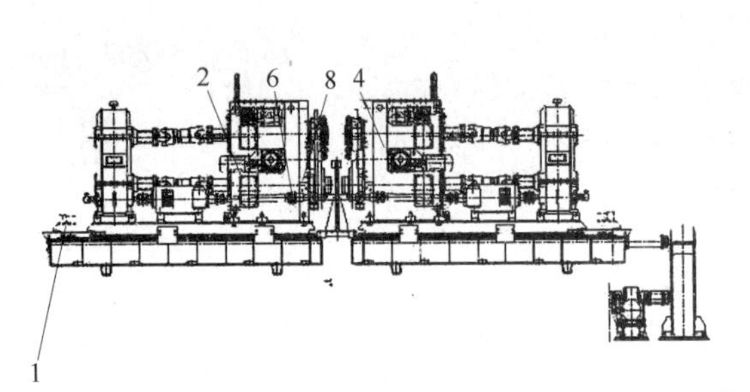

图4.9.43　切边剪

1—传动装置；2—剪切装置；3—机架横移装置；4—间隙调整装置；
5—废边导料器；6—托辊装置；7—压辊装置；8—压边装置

传动装置由电机、减速分配箱组成。两电机之间有同步轴连接以保证机械同步。

剪切装置是圆盘剪的核心部分，主要由刀盘、刀盘轴、偏心套、刀盘锁紧装置、机架等组成。机架安装在滑座上，可以在底座上滑动，以适应不同板宽的要求。

切边剪与碎边剪共用一套横移装置。横移装置由电机驱动，通过减速机、联轴器驱动丝杠，实现刀盘开口度的调整。剪刃间隙调整装置用来调整刀盘的侧向间隙及重叠量。

切边圆盘剪剪切下的废边将通过废边导料器导入碎边剪。

在机架的中间，安装有一托辊和压辊。托辊用于支撑带钢，压辊装置用于压紧带钢中部，防止剪切过程中带钢发生弯曲。

在左、右机架上分别安装有一套压边装置，用于压紧带钢边部，防止剪切过程中带钢发生弯曲。

工作原理：切边剪用于对带钢的边部进行剪切，并消除带钢的边部缺陷，获得高质量的产品。切边圆盘剪由上下错位的两片圆形刀片组合而成，调整好间隙和重叠量，当带钢通过两刀片之间时，刀片给带钢施以一定的剪切力，使带钢与刀片接触区域产生变形，随着咬入深度的增加，带钢的变形量也随之增加，当变形量达到一定程度时受压的部分就从原板上断裂，剪切完成。剪切下的废边通过废边导料器导入碎边剪。

(3) 碎边剪。

结构和组成：为双滚筒式，沿生产线两侧对称布置，两侧结构相同。

主要由碎边剪本体、传动装置、底座装配和碎边溜槽等组成，见图4.9.44。

传动装置由电机、减速机、联轴器构成，两侧转向相反。

碎边剪本体是碎边剪的核心部分，主要由机架、上刀轴、下刀轴、刀盘、刀片、侧隙调整装置等构成。

工作原理：碎边剪位于切边剪之后，用于碎断切边剪剪下的废边，以利于废边收集和回收。传动装置带动上刀轴，通过齿轮副传动带动下刀轴一起转动。装在刀轴上的

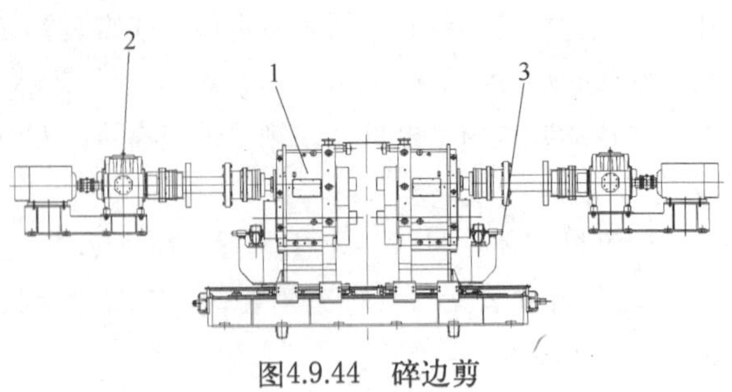

图4.9.44　碎边剪

1—碎边剪本体；2—传动装置；3—底座装配

刀盘有上下配对的刀片，刀片逐渐切入废边带钢，直至断裂，完成碎边。剪后的碎边由废料溜槽导入废料筐。

(4) 飞剪。

结构组成：结构形式为滑座式飞剪。主要由飞剪本体、传动装置、测量辊装配、剪刃更换装置及废料溜槽组成，见图4.9.45。

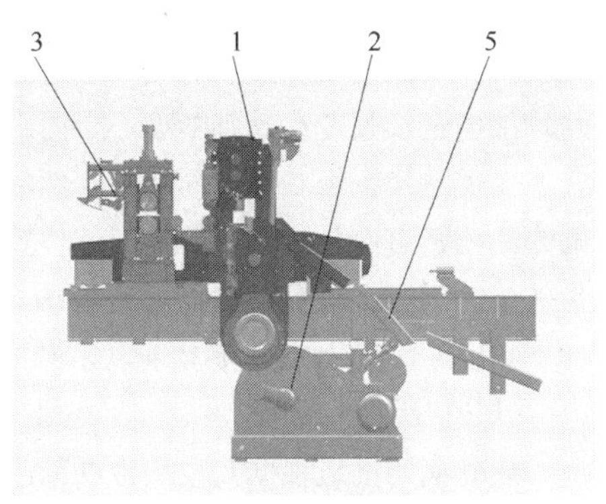

图4.9.45　飞剪
1—飞剪本体；2—传动装置；3—测量辊装配；4—剪刃更换装置（未示出）；5—废料溜槽

飞剪本体包括框架、剪刃间隙调整装置、尾板夹送装置和托辊装置等。

传动装置包括剪切传动和飞剪本体移动传动两部分。剪切传动是由电机通过皮带轮、离合器、万向接轴将动力传输给飞剪本体的小齿轮轴，通过齿轮啮合，再带动曲轴，进而推动下刀架上下运动进行剪切。剪切完毕后，离合器脱开，制动器制动，等待下一次剪切。由安装在曲轴上的高精度编码器控制剪刃停止位置，保证剪切精度。

飞剪本体移动的作用是使其达到带钢速度，与带钢相对静止，再进行剪切。剪切电机经减速后通过齿轮、齿条啮合，驱动飞剪本体前后移动。

测量辊装配装在飞剪前夹送辊上，测量辊为惰辊，装有高精度编码器。

剪刃更换装置上装有减小摩擦并起导向作用的滚轮，卷扬机带动钢索拉动上下刀座实现换刀。

工作原理：本飞剪为下切式电动飞剪，对运动带钢进行连续定尺剪切（亦可采用停剪，进行取样及切废）。剪切时，飞剪本体随运行中轧件一起移动，在轧件运动过程中，由上下剪刃相对运动而将轧件切断。

(5) 精矫直机。

结构组成：

本矫直机具有CISDI专利技术，为11辊全液压矫直机，由传动装置、矫直机本体、换辊装置三大部分组成。如图4.9.46所示。

主传动装置由主电机、联轴器、减速箱、万向接轴等组成。

矫直机本体由机架、平衡装置、压下装置、上/下受力架、上/下辊盒装配、接轴夹紧装置、上辊盒卡紧装置、弯辊装置等组成。

换辊装置位于操作侧矫直机旁，该装置用于整个矫直辊盒或下辊盒的推入和移出。矫直机下辊盒下面装有滚轮，机架内装有轨道抬升装置。

机架为焊接钢结构，固定在基础上，用于支撑其他装置。

摆动辊道安装在垛板机两侧的辊道梁上，可沿宽度方向移动。每侧4根，每根辊道可单独摆动，也可一起摆动，用来堆放不同长度的钢板。

宽度调整装置安装在垛板机操作侧，分两组，每组各有一个电机，经联轴器、连接轴、锥齿轮箱、万向接轴和丝杠构成。电机经锥齿轮箱带动丝杠转动，从而带动摆动辊道梁沿宽度方向移动。

长度调节装置由两个活动挡板装置和两个固定挡板布置组成。移动挡板布置在垛板机中间，根据钢板长度通过电机单独调整。电机带动长度调节轴，通过调节轴带动活动挡板装置移动；两个固定的挡板布置在每组垛板机入口侧的下方。活动挡板与固定挡板配合实现板垛对齐。垛板机见图4.9.47。

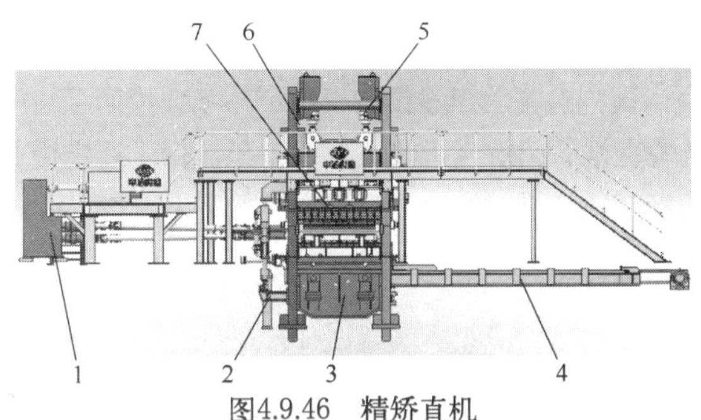

图4.9.46　精矫直机
1—传动装置；2—接轴夹紧装置；3—机架；4—换辊装置；5—平衡装置；6—压下装置；7—辊系

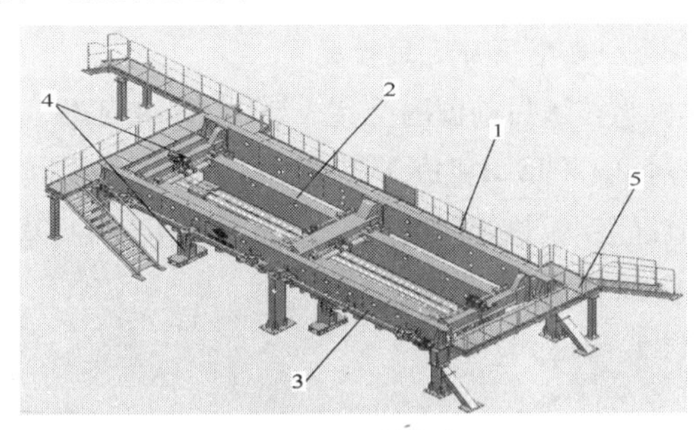

图4.9.47　垛板机
1—机架；2—摆动辊道；3—宽度调整装置；4—长度调节装置；5—检查台

工作原理：

垛板机用于堆垛合格钢板，便于后续的打捆、存放和运输。精矫后的定尺钢板，由对中装置对中，再进入垛板机。垛板机根据钢板宽度，通过宽度调整装置自动将摆动梁送至工作位置，摆动辊道摆动升起接收钢板，同时根据定尺长度自动判断哪一个活动挡板工作，由长度调整装置驱动其到工作位置。活动挡板与固定挡板配合，实现定尺钢板长度方向对齐；然后摆动辊道摆下，钢板从辊子上垂直落下，落至下方升降台上。摆动梁两侧的侧挡板可有效限制下落钢板的位置。摆动辊道在接收下一张钢板时，一侧的摆动辊道上的对齐块敲打上一张堆放的钢板，以另一侧挡板为基准，使之更加整齐。

4.9.13.3 **机组技术参数和技术特点**

(1) 机组技术参数。

热轧横切机组根据其生产特点和适用范围，其技术参数主要如下：

带钢厚度：6.0~25.4mm

带钢宽度：max 2100mm

带钢屈服强度：max 1000MPa

开卷张力：max 200kN

矫直力：粗矫 max 14000kN

精矫 max 24000kN

切头剪剪切力：max 3100kN

飞剪剪切力：max 5300kN

生产速度：max 40m/min

(2) 机组技术特点。

1) 布置紧凑、产出高效；

2) 入口区上料设备具备宽高对中功能。

3) 开卷机辅助配置CPC对中装置。

4) 全液压矫直机配置具有水平、倾斜、弯辊等矫直辊辊缝的调整机构。

5) 圆盘剪及碎边剪剪切灵活、可靠。

6) 飞剪具备良好的自动调整剪切长度的功能，且剪切精度高以及具备易于操作的刀刃间隙调整机构。

7) 全线采用交流传动，主传动全数字交流变频调速。

8) 采用两级自动化系统，完成机组设备的顺序控制、速度控制、开卷机张力控制、矫直机压下控制及全线物料跟踪控制等。

4.9.13.4 **选型原则**

(1) 坚持成熟、可靠、适用、先进的原则选用机组工艺、技术和设备。

(2) 根据机组消化创新应用效果，应坚持国家冶金行业“以产顶进”建设方针，节能节水、降低消耗、降低成本、增强产品竞争力。

(3) 根据用户产品品种、产能等需求，合理选定机组速度、主要设备力能参数，以达到性价比最佳化。

4.9.13.5 **典型项目运用情况**

该类机组技术目前国内已完成消化、移植工作，完全由国内自主承担建设的机组还不多，投产项目中主要以外商业绩居多。CISDI完成了该类项目研发工作，其中粗矫直机、精矫直机等主要设备已应用于辽宁衡业高科新材股份高性能钢板热处理机组等工程。攀钢（西昌基地）2050热轧横切机组项目已完成整个机组基本设计。

4.9.14 中厚板冷矫直机

4.9.14.1 **机组简介**

(1) 设备功能。

用于对钢板进行矫直，以消减钢板横向与纵向的弯曲变形及内应力，获得高质量的成品。

(2) 适用范围。

应用于中厚板生产线，通常布置在定尺剪之后或冷床后。

4.9.14.2 设备结构和工作原理

(1) 结构和组成。

具有中冶赛迪工程技术股份有限公司（CISDI）专利技术的中厚板冷矫直机由传动装置、矫直机本体、换辊装置三大部分组成，见图4.9.48。

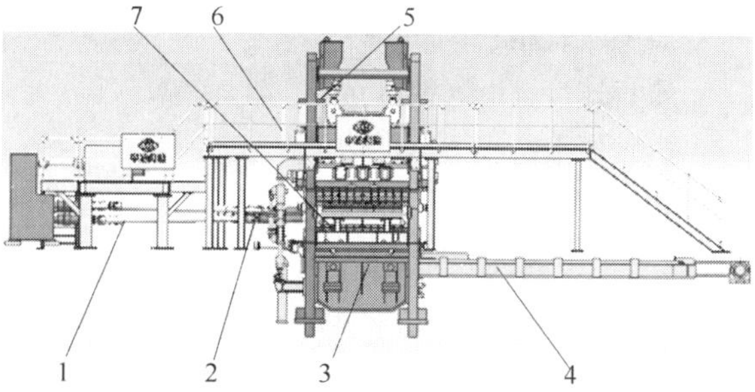

主传动装置由主电机、联轴器、减速箱、万向接轴等组成。十字型万向接轴的一端与矫直辊传动端相连，另一端与减分速箱相连。

矫直机本体由机架、平衡装置、压下装置、上/下受力架、上/下辊盒装配、接轴夹紧装置、上辊盒卡紧装置、弯辊装置等组成。

图4.9.48 中厚板冷矫直机
1—传动装置；2—接轴夹紧装置；3—机架；4—换辊装置；5—平衡装置；6—压下装置；7—辊系装配

机架：整体框架组合焊接结构。

平衡装置：固定在机架上部的两个平衡液压缸，使上辊盒和上受力架跟随压下缸一同上下移动，消除间隙并减少冲击。

压下装置：上辊盒与上受力架固定在一起，由四个带位移传感器的液压缸驱动上受力架，带动上辊盒上下移动，实现辊缝调整。

上、下辊盒装配：主要由矫直辊、支撑辊、辊盒、轨道抬升装置等组成。每根矫直辊上（下）面均设有两列支撑辊，支撑辊呈交错形式布置。

在工作时，液压卡紧装置使上辊盒与上受力架紧紧连成一体，而下辊盒坐在下受力架上，矫直力通过辊座、受力架、压下缸传递到机架上。下辊盒下面装有滚轮，换辊时，由辊道抬升装置抬起下辊盒，滚轮在底座和换辊装置上滚动，以实现上、下辊盒的快速换辊。

轨道抬升装置：由四个轨道抬升缸组成，装在底座上。矫直机工作时，抬升缸处于最低位置；换辊时，抬升缸升起，此时轨道上表面与底座轨道平齐，可顺利地实现更换。

接轴夹紧装置：由托架、电机、螺旋千斤顶、同步轴、液压缸等组成。它能保证在换辊时，旧矫直辊抽出后，所有的万向接轴得到固定，并保证新辊推入时，顺利地整体插入万向接轴。

上辊盒卡紧装置：由液压缸、拉杆、摆动液压缸等组成。通过液压卡紧装置的开闭和卡紧松开，即可完成上受力架和上辊盒的快速卡紧或分离。

设有弯辊装置，以补偿矫直变形，提高矫直效果。

换辊装置位于操作侧矫直机旁，该装置用于整个矫直辊盒或下辊盒的推入和移出。

(2) 工作原理。

根据接收到的钢板信息，包括矫直钢板的厚度、宽度和温度等，计算模型给出辊缝、单辊调整量、辊系倾斜量、弯辊量、速度等参数设定值。随后压下装置在主压下液压缸的驱动下及弯辊装置在弯辊缸的作用下实现辊系相应的调整和压下，钢板自动咬入，完成钢板的矫直。

4.9.14.3 主要技术参数

(1) 技术参数。

形式：四重9辊全液压式

矫直辊数：9根

上矫直辊数：4根

下矫直辊数：5根

矫直板带厚度：5~25 (35) mm

矫直板带宽度：1500~3650mm

矫直板带长度：2500~18000mm

钢板屈服强度：max 1200MPa

矫直力：max 25000kN

矫直辊直径：ϕ 220mm

矫直辊长度：3800mm

矫直辊辊距：250mm

矫直速度：max 60m/min

(2) 技术特点。

1) 采用液压AGC缸伺服控制，位置控制精度高，辊缝控制精确灵活，矫直质量高；

2) 采用弯辊缸伺服控制，补偿辊缝控制，改善矫直效果；

3) 采用前后倾、左右倾、边辊调整功能，对钢板缺陷进行矫直；

4) 采用高刚度设计，矫直能力强，矫直钢板厚度范围大；

5) 采用牌坊式机架设计，结构紧凑，重量轻，设备精度高，运输安装方便；

6) 具备快速换辊功能；

7) 设置安全自动保护控制和压力监控功能，并随时监控整个矫直过程。

4.9.14.4 选型原则

矫直板带厚度：5~25（35）mm

矫直板带宽度：1500~3650mm

钢板屈服强度：max 1200MPa

矫直速度：max 60m/min

矫直温度：<150℃

若上述选型板带规格发生变化，则CISDI矫直机设备技术参数将根据需要相应改变。

4.9.14.5 典型项目应用情况

已应用于辽宁衡业高科新材高性能钢板热处理机组等工程，生产效果良好。

4.9.15 中厚板热矫直机

4.9.15.1 机组简介

(1) 设备功能。

用于对钢板进行矫直，以消减钢板横向与纵向的弯曲变形及内应力，获得高质量的成品。

(2) 适用范围。

应用于中厚板生产线，一般位于加速冷却装置之后，冷床之前。

4.9.15.2 设备结构和工作原理

(1) 结构和组成。

具有中冶赛迪工程技术股份有限公司（CISDI）专利技术的中厚板热矫直机由传动装置、矫直机本体、换辊装置三大部分组成。如图4.9.49所示。

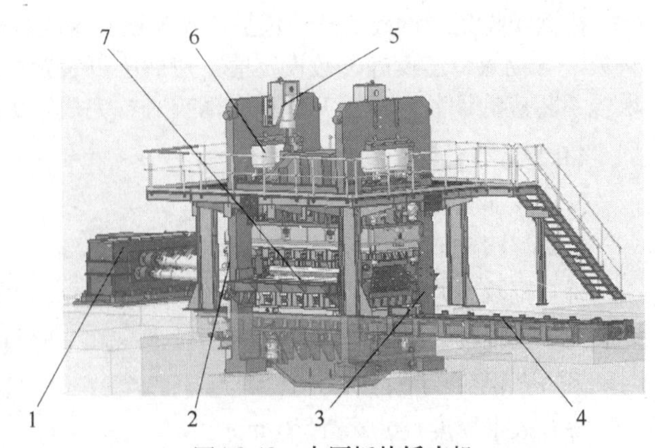

图4.9.49 中厚板热矫直机
1—传动装置；2—接轴夹紧装置；3—机架；4—换辊装置；5—平衡装置；6—压下装置；7—辊系装配

主传动装置由主电机、联轴器、减速箱、万向接轴等组成。十字型万向接轴的一端与矫直辊传动端相连，另一端与减分速箱相连。

矫直机本体由机架、平衡装置、压下装置、上/下受力架、上/下辊盒装配、接轴夹紧装置、上辊盒卡紧装置、弯辊装置等组成。

机架：整体框架组合焊接结构。

平衡装置：固定在机架上部的两个平衡液压缸，使上辊盒和上受力架跟随压下缸一同上下移动，消除间隙并减少冲击。

压下装置：上辊盒与上受力架固定在一起，由四个带位移传感器的液压缸驱动上受力架，带动上辊盒上下移动，实现辊缝调整。

上、下辊盒装配：主要由矫直辊、支撑辊、辊盒、轨道抬升装置等组成。每根矫直辊上（下）面均设有两列支撑辊，支撑辊呈交错形式布置。

在工作时，液压卡紧装置使上辊盒与上受力架紧紧连成一体，而下辊盒坐在下受力架上，矫直力通过辊座、受力架、压下缸传递到机架上。下辊盒下面装有滚轮，换辊时，由辊道抬升装置抬起下辊盒，滚轮在底座和换辊装置上滚动，以实现上、下辊盒的快速换辊。

轨道抬升装置：由四个轨道抬升缸组成，装在底座上。矫直机工作时，抬升缸处于最低位置；换辊时，抬升缸升起，此时轨道上表面与底座轨道平齐，可顺利地实现更换。

接轴夹紧装置：由托架、电机、螺旋千斤顶、同步轴、液压缸等组成。它能保证在换辊时，旧矫直辊抽出后，所有的万向接轴得到固定，并保证新辊推入时，顺利地整体插入万向接轴。

上辊盒卡紧装置：由液压缸、拉杆、摆动液压缸等组成。通过液压卡紧装置的开闭和卡紧松开，即可完成上受力架和上辊盒的快速卡紧或分离。

设有弯辊装置，以补偿矫直变形，提高矫直效果。

换辊装置位于操作侧矫直机旁，该装置用于整个矫直辊盒或下辊盒的推入和移出。

(2) 工作原理。

根据接收到的钢板信息，包括矫直钢板的厚度、宽度和温度等，计算模型给出辊缝、单辊调整量、辊系倾斜量、弯辊量、速度等参数设定值。随后压下装置在主压下液压缸的驱动下及弯辊装置在弯辊缸的作用下实现辊系相应的调整和压下，钢板自动咬入，完成钢板的矫直。

4.9.15.3 主要技术参数

(1) 技术参数。

形式：四重9辊全液压式

矫直辊数：9根

上矫直辊数：4根

下矫直辊数：5根

矫直板带厚度：6~60mm

矫直板带宽度：1500~3650mm

矫直板带长度：6000~50000mm

钢板屈服强度：max 800MPa

矫直力：max 24000kN

矫直辊直径：ϕ 280mm

矫直辊长度：3800mm

矫直辊辊距：300mm

矫直速度：max 150m/min

(2) 技术特点。

1) 采用液压AGC缸伺服控制，位置控制精度高，辊缝控制精确灵活，矫直质量高；

2) 采用弯辊缸伺服控制，补偿辊缝控制，改善矫直效果；

3) 采用前后倾、左右倾、边辊调整功能，对钢板缺陷进行矫直；

4) 采用高刚度设计，矫直能力强，矫直钢板厚度范围大；

5) 采用牌坊式机架设计，结构紧凑，重量轻，设备精度高，运输安装方便；

6) 具备快速换辊功能；

7) 设置安全自动保护控制和压力监控功能，并随时监控整个矫直过程。

4.9.15.4 **选型原则**

矫直板带厚度：6~60mm

矫直板带宽度：1500~3650mm

钢板屈服强度：max 800MPa

矫直速度：max 150m/min

矫直温度：450~1000℃

若上述选型板带规格发生变化，则CISDI矫直机设备技术参数将根据需要相应改变。

4.9.15.5 **典型项目应用情况**

已应用于辽宁衡业高科新材高性能钢板热处理机组等工程。

4.9.16 六辊矫直机

4.9.16.1 **设备简介**

六辊矫直机（见图4.9.50），矫直辊系(2-2-2)是钢管精整中常用的矫直设备，上、下矫直辊的轴线与矫直机中心线成交叉角布置。矫直辊外形断面为双曲线凹形辊，辊子外形和尺寸都为相同的长辊，它们都为主动辊。

图4.9.50 六辊矫直机结构

（1）主要解决的技术问题。

中冶赛迪工程技术股份有限公司通过模拟钢管矫直的变形过程，确定矫直机的力能参数，优化设计矫直机的结构和矫直辊的凹形外形尺寸；矫直机机架为预应力机架。

（2）矫直精度。

矫直后直线度精度可达：

管身：1/1500 管端：1/1000 全长：0.05% 椭圆度：0.3%

4.9.16.2 **设备结构和工作原理**

（1）结构和组成。

由矫直辊、矫直辊升降和平衡装置、矫直辊倾角调整装置、机架和矫直辊传动装置等组成（见图4.9.51）。

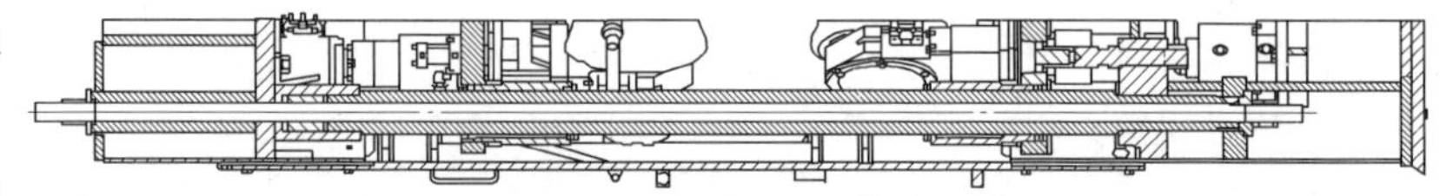

图4.9.51 预应力拉杆结构

矫直辊：矫直辊和轴承座固定在回转圆盘上。下面三个矫直辊两端辊的回转圆盘固定在下机架的横梁上，它们两个矫直辊的辊面高度不调整。下辊的中间和上面三个矫直辊辊面高度可调整，适应不同钢管尺寸和纵向弯曲度的大小调整，它们的回转盘都由滑动轴承安装在机架的连接套筒上，限制了矫直辊的平面转动和移动，轴承两端安装有密封圈，保证良好的润滑和减轻磨损。

矫直辊升降：所有上矫直辊和下矫直中间辊的升降都是可以单独调整的。由电动机经蜗轮减速机，带动螺杆在横梁中固定的螺母旋转，完成回转圆盘和矫直辊的上下移动，由编码器检测和控制。上矫直辊在螺杆与回转圆盘之间用液压柱塞缸连接，作为矫直力的过载保护和上矫直辊的快开。

平衡装置：用液压平衡上矫直辊装配的重力，消除压下系统和螺纹副的间隙，保证矫直曲线的准确和防止冲击造成机械设备的损害。

矫直辊倾角调整装置：所有矫直辊在工作时都应调整成同一倾斜角度，用带线性传感器的液压缸直接驱动回转转盘运转，调整矫直辊倾角，提高了调整精度。

机架：由上、下横梁、连接套和预应力拉杆等组成，预应力拉杆结构图见图4.9.51。上、下横梁通过多根受预应力压力套和拉力杆串联，通过液压螺母施加预应力和固定，形成一个预应力机架。

矫直辊传动装置：两个主传动装置倾斜矫直线30°布置。一个装置驱动上三辊，另外一个驱动下三辊。它们分别由主电机、带分配齿轮的减速箱及万向联轴器等组成。在矫直辊与万向联轴器之间用过载保护联轴器连接。

公辅系统：矫直机各点为干油润滑，主减速机为油浴润滑。

（2）工作原理。

利用上、下矫直辊之间形成的压力和倾斜矫直辊的转动，钢管以螺旋运动的方式运行，钢管在径向和轴向都产生一定量的塑性变形。径向是通过调节矫直辊的压力，对钢管压扁量的改变，实现钢管的矫圆，轴向是通过调节中间辊的高度形成纵向由小到大、再由大到小的弯曲绕度，实现钢管的矫直。长矫直辊与钢管接触线必然较长，一旦压弯，接触线两端受力会向两侧扩展并使中间受力减小，甚至变成无压力区而形成为等弯矩区，为矫直创造了必要的条件，使它们有一定的接触长度和较大的包角，保证矫直和运转的稳定性。

4.9.16.3 设备技术参数和技术特点

（1）技术参数。

矫直辊长度：460mm

矫直辊中心距：900mm

矫直辊中间辊径：320mm

矫直辊头部尺寸：380mm

最大矫直速度：1.4m/s

电动机功率：2×150kW

（2）技术特点。

采用编码器和线性传感器检测和控制矫直机的辊缝、各辊的倾角和部分矫直辊辊面高度，适应钢管外径的尺寸变化，使钢管通过准确的弯曲曲线，为提高矫直质量提供了可靠的保证。矫直机机架为预应力机架，提高了机架的刚度，稳定性能好，保证辊缝大小，使钢管矫直精度和表面质量有较大的提高。六个矫直辊都为主动辊和成对压辊，使钢管的咬入容易、扩大了钢管外径和薄壁管的产品范围。

在上矫直辊与升降螺杆之间用液压柱塞缸连接，液压系统设置压力过载卸压，防止矫直辊辊缝设定值的错误而造成的设备损伤。另外还能够使上矫直辊快开，有利于钢管的咬入和防止小规格的钢管甩尾损伤。

上下各矫直辊倾斜角度的调整精度提高，保证了各矫直辊与钢管良好的接触和速度的一致，避免钢管表面的磨损，提高了矫直质量。

在主传动中用过载保护联轴器连接，防止过载造成重要的减速机和电动机的损坏。

4.9.16.4 选型原则

适用冷、热钢管的矫直，根据生产的钢管产品规格选型，钢管的外径为ϕ60~245mm，壁厚为3.5~30mm，材料屈服强度<1250MPa。

4.9.17 Assel轧机

4.9.17.1 设备简介及适用范围

Assel轧机又称三辊轧管机，是一种具有高轧制精度的无缝钢管斜轧延伸机，其显著特点是：产品精度高（尤其是壁厚精度），工模具较少，生产灵活性大，能生产特厚壁管和高合金管，且投资相对较少。Assel轧机适用于生产中厚壁和厚壁轴承管、石油用管（石油套管、钻铤、钻杆、接箍管等）、高压锅炉管和机械用管等。

早期的Assel轧机，只能生产径厚比（*D/s*）为4~11的钢管，当生产壁厚更薄的钢管时，轧制荒管的尾部易形成“尾三角”。为解决上述问题，中冶赛迪工程技术股份有限公司设计的Assel轧机采用三辊单独传动、轧辊液压快开形式，生产钢管的*D/s* 值可达25。

4.9.17.2 设备结构和工作原理

（1）结构和组成。

Assel轧机包括轧机主机座和轧机主传动两部分（见图4.9.52）。

轧机主机座主要由开式机架、轧辊装配、轧辊箱、转鼓及其调整锁紧装置、压下及平衡装置、机架开闭及接送装置构成（见图4.9.53）。轧机主传动由电机、减速机、联轴器及传动底座构成。

1）开式机架。

机架为中间剖分式，分为上、下两个机架，在上下机架间设置了十字键以增加刚度。两个机架间有一个固

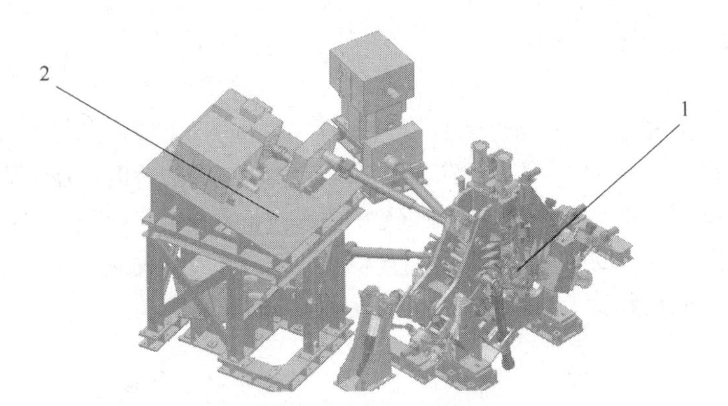

图4.9.52 Assel轧机
1—轧机主机座；2—轧机主传动

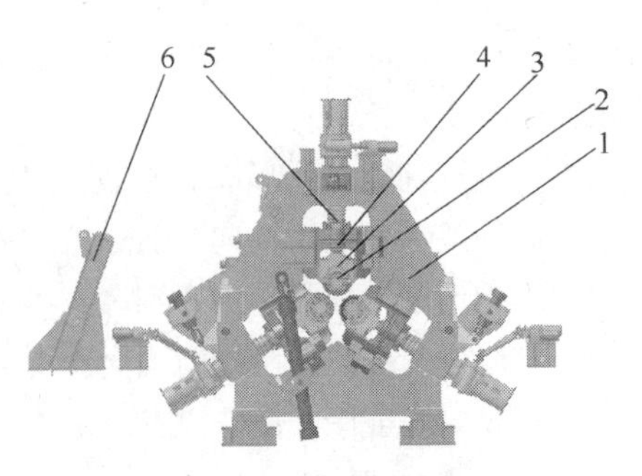

图4.9.53 轧机主机座
1—开式机架；2—轧辊转配；3—轧辊箱；
4—转鼓及其调整锁紧装置；
5—压下及平衡装置；6—机架开闭及接送装置

定连接的回转轴，通过液压缸驱动，上机架可以方便地打开。在轧机的两侧各有两个由液压缸驱动的机架锁紧装置。

2）轧辊装配。

轧辊装配由轧辊、轴承、轴承座、轧辊轴、密封件等组成。轴承配置为四列圆柱滚子轴承，辅以两列圆锥滚子轴承及双向圆锥滚子轴承。在靠近轧辊侧的轴承座上，设计了迷宫密封和两级径向骨架油封，阻止外界的杂质进入到轴承座内部。

3）轧辊箱。

轧辊装配通过卡槽固定在轧辊箱中，再通过螺栓和压板压紧，可实现轧辊装配的快速更换。轧辊箱和压下及平衡装置、转鼓等都有连接，以实现轧辊的压下、辗轧角和送进角的调整。

4）转鼓及其调整锁紧装置。

转鼓的作用是实现轧辊的送进角度的调整，其本体是鼓形的铸钢件，四周有滑板，顶部有和压下装置相连的跷杆。

转鼓通过齿轮减速电机带动螺旋升降机调整角度，调整好后，转鼓锁紧液压缸动作，将其锁紧。

5）压下及平衡装置。

每个轧辊都有一套压下及平衡装置，采用齿轮减速电机带动蜗杆蜗轮减速机，驱动压下螺杆，实现机械压下。在出口侧的轧辊箱和压下螺杆之间，安装有短行程的快开液压缸，实现快开轧制；平衡缸的作用是消除压下的系统间隙。

6）机架开闭及接送装置。

机架开闭装置采用液压缸驱动，液压缸的中间铰轴和下机架相连，缸头和上机架相连。机架接送装置安装在轧机主机座的侧面，用于承接打开的上机架。

(2) 工作原理。

Assel轧机是一种采用长芯棒轧制的三辊斜轧机，3个轧辊围绕轧制中心线成120°对称布置，与长芯棒共同构成半封闭孔型。

当压下及平衡装置的两个压下电机同步动作时，可以实现轧辊的压下，形成孔喉；当两个电机异步动作时，可以实现辗轧角的调整。在钢管的尾端到达轧辊前，出口侧的快开液压缸快速打开，使孔喉增大，留下钢管的尾端不经过轧制，防止“尾三角”的发生。

4.9.17.3 **设备技术参数和技术特点**

(1) 技术参数。

该Assel轧机可生产成品钢管外径ϕ89~219mm、壁厚5.5~55mm的热轧无缝钢管。其主要技术性能参数见表4.9.2。

(2) 技术特点。

该Assel轧机具有以下技术特点:

1）采用斜轧方式轧制力小，轧辊磨损少；

表4.9.2　主要技术性能参数

最大轧辊直径/mm	ϕ530
最小轧辊直径/mm	ϕ450
轧辊辊身长度/mm	470
最大轧制力/kN	900（单辊）
最大轧制力矩/kN·m	90（单辊）
辗轧角/（°）	0~6
送进角/（°）	5~12
电机额定转速/r·min^{-1}	1000/1500
减速机速比	i=5

2）通过轧辊的压下调整，不用采取大规模的工具更换，就能生产出多种规格的钢管；

3）采用轧辊液压快开结构，可避免“尾三角”的发生，减少金属损耗；

4）采用开式机架，换辊操作方便。

4.9.17.4　**选型原则**

Assel轧机在产品定位为中小批量、多品种、中壁厚的高附加值热轧无缝钢管以及生产高合金管和轴承管方面，具有独特优势。

4.9.18　顶管机组

4.9.18.1　**顶管机简介**

顶管法是德国发明家艾尔哈德（Ehrhardt）在19世纪末发明的一种热轧无缝钢管生产工艺，至今已经有将近110年的历史。在过去一个世纪，世界各地的冶金工程师们在这一领域的做了广泛的实践及技术进步，使得这一工艺至今依然有着旺盛的生命力。目前用顶管法生产无缝钢管通常分三步工序，即“穿孔”+“顶管延伸”+“定径”。

其中，顶管延伸工序是主要的变形工序，顶管机组则是完成这一工序的设备，同其他的热轧无缝钢管生产设备相比，它有着自己的独到之处。

4.9.18.2　**工作原理及设备结构**

（1）工作原理。

顶管的过程就使用大齿条推动芯棒和毛管通过一系列的带有被动轧辊的模座，将毛管减径减壁，对毛管进行延伸；然后将芯棒抽出。

一个典型的顶管工序流程见图4.9.54。

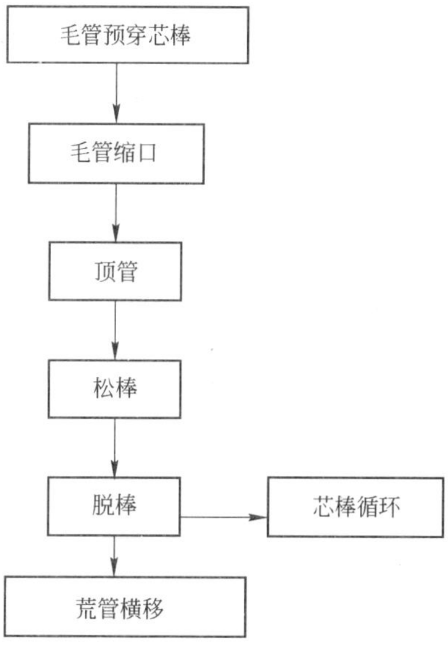

图4.9.54　顶管机工作流程

（2）设备结构。

顶管机组主要设备组成如下：

1）芯棒预穿装置。

芯棒预装置布置在顶管机组的入口侧，采用夹送辊将芯棒穿入毛管后，再用缓冲定位推头完成毛管和芯棒头部的相对定位，便于后续缩口机完成缩口工序。

2）缩口机。

缩口机布置在芯棒预穿线的末端，利用液压缸驱动钳口对预穿了芯棒的毛管的头部进行挤压，使毛管的头部包紧在芯棒头部的台阶上，以承受顶管轧制时的顶推力。

3）顶管机前台。

顶管机前台布置在顶管机组的入口侧，由毛管受料机构和数组对中机构组成。对中机构用于对毛管和芯棒进行导向及对中，以保证在顶管的过程中，毛管和芯棒的中心线和轧制中心线吻合，确保顶管的精度和稳定性。

4）顶床。

顶床用于安放辊模，由两侧带有卡槽的卡板和底座组成。在卡板上加工有等间距布置的一系列矩形卡槽。辊模通过凸沿插入卡槽中。辊模在顶床上的具体配置数量，位置以及相互间的间距根据孔型的需要进行调整。

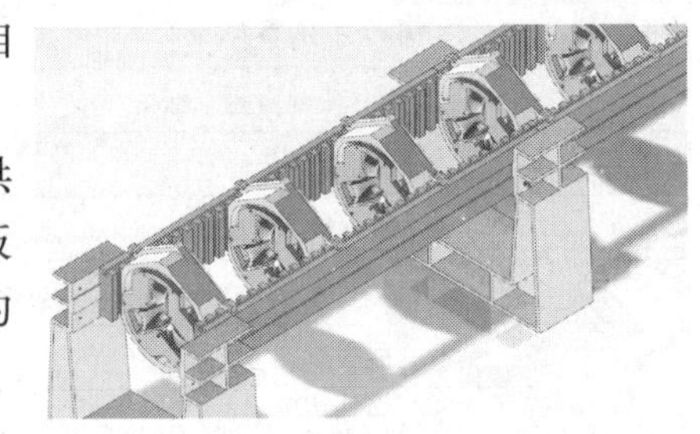
图4.9.55　顶床及配置的辊模示意图

顶床在生产的过程中会承受较大的顶推力，并受到荒管的高温烘烤，它需要足够的强度及刚度，保证设备工作稳定，因此，顶床的卡板一般都采用高强度的轧制或锻造的板材为基体来加工，并且要求较高的加工精度，确保一系列的辊模安装好后的孔型中心位于同一轧制线上。顶床及配置的辊模示意图见图4.9.55。

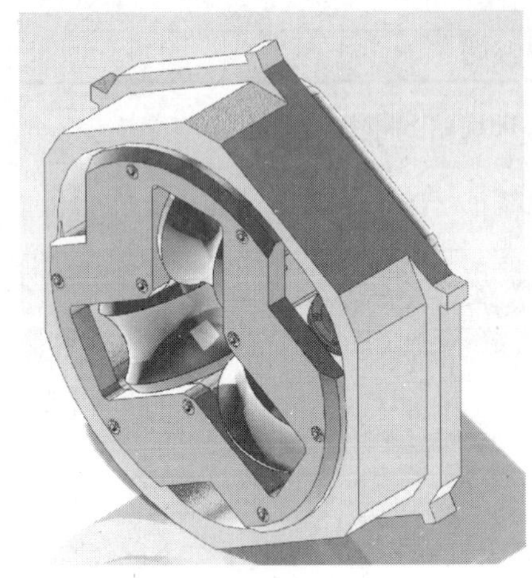
图4.9.56　固定辊模示意图

5）辊模。

顶管机的辊模在顶管中的作用是构成孔型及承受顶管轧制力，一般采用三辊式结构，由三个被动的轧辊形成了一个近似圆形的孔型。辊模有固定辊模和可调辊模两种，固定辊模主要由铸钢模座、轧辊、辊轴、轴承、轴承座组成。可调辊模比固定辊模多一套楔形的调整机构，可以在较小的范围内调整孔型的名义尺寸。固定辊模示意图见图4.9.56。

6）顶推齿条。

顶推齿条机构由齿条、齿条跑床、齿条传动机构、安全扣瓦等组成，是顶管机的关键部件之一，它的作用是推动已经预穿了芯棒的毛管以一定的速度通过一系列模座，完成顶制过程。齿条长度通常约35~45m，分成数段加工，通过箍紧环红装拼接；为了提高承载能力，齿形通常采用人字齿。

7）松棒机及脱棒机。

完成顶制后的荒管由辊道运输到松棒机处，通过松棒机的双曲面辊的碾压，使荒管和芯棒间形成间隙，然后由脱棒机将芯棒抽出。

4.9.18.3　设备参数及技术特点

（1）技术参数。

最大顶管速度：6m/s

生产节奏：max 180支/h

最大可顶制的荒管长度：20m

（2）技术特点。

用顶管机生产热轧无缝钢管，在以下几个方面具备比较显著的优势：

1）可以生产薄壁管（最大径厚比达40：1）；

2）荒管的内外表面质量好，可以和连轧的效果相媲美；

3）顶管机的对毛管的延伸能力强，延伸系数可以达到10左右；

4）设备及土建投资相对较低；

5）穿孔及顶管设备的装机容量相对较低；

6）生产工艺的复杂程度相对较低，便于生产组织及工人快速掌握。

4.9.18.4　选型原则

顶管机适用于生产成品外径不大于177.8mm的中等壁厚及薄壁钢管，机组年产量为10万~20万吨之间。

顶管机的机型选型应根据需要生产的钢管的外径大小来进行选择。

4.9.18.5　典型项目应用情况

中冶赛迪工程技术股份有限公司参与了国内的仅有的3条顶管生产线的建设或改造，在这方面具有丰富可靠的实践经验。如：汉口轧钢厂2001年投产的1套顶管机组，可生产的成品钢管的外径为ϕ21.3~114mm，壁厚2.2~12.5mm；品种涵盖了石油油管、套管，锅炉管，结构管等十几个品种。目前设备运行良好，生产顺畅。

4.9.19 吹吸灰装置

4.9.19.1 产品介绍

热轧钢管在轧制过程中，其内外表面在高温下被氧化形成一层氧化铁皮，钢管外表面的氧化铁皮在运输过程中会自己掉落，而钢管内表面的氧化铁皮却形成残渣留在钢管内部，给后续的精整工序带来不良影响。因此，清理钢管内部的氧化铁皮是一道重要的先行工序，而其清理的干净程度直接影响着后续工序及产品质量。中冶赛迪工程技术股份有限公司研发了一种钢管内表面吹吸灰装置，对钢管的一端进行吹气，另外一端同时吸气，它可实现根据钢管规格自动调节，效率高，可彻底清除钢管内部的氧化铁皮。

4.9.19.2 设备结构和工作原理

(1) 设备组成。

该吹吸灰装置主要由移动吹灰装置和固定吸灰装置组成。如图4.9.57所示。移动吹灰装置主要由支架、轨梁、行走小车和摆臂装配组成，轨梁由支架支撑，轨梁上装有齿条，行走小车上的齿轮与齿条配合。摆臂安装在行走小车上，摆臂上装有吹灰管，吹灰管与压缩空气源相连，由阀门控制气源的开闭。

摆臂装配由液压缸驱动，其上所装吹灰管可随摆臂升起或放下。摆臂装配通过螺栓连接在行走小车上，随小车行走。行走小车由带编码器的电机驱动，其行走位置由钢管长度规格确定，该位置通过编码器测定。

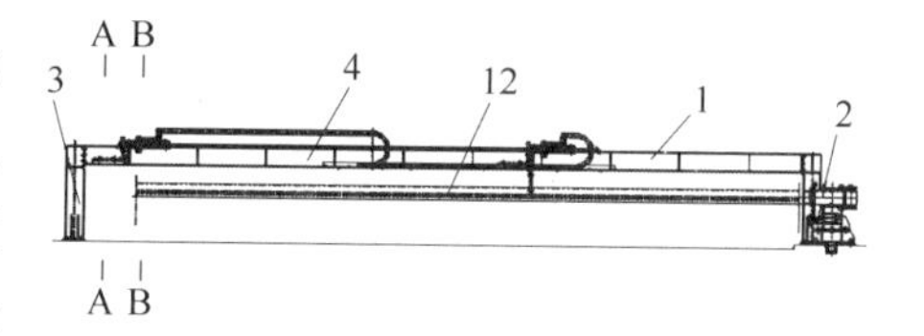

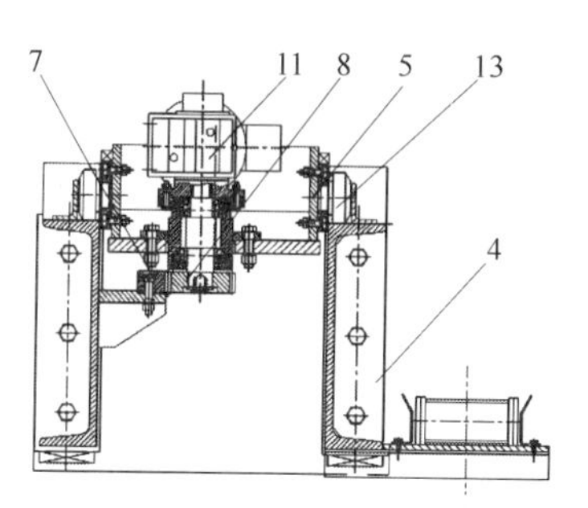

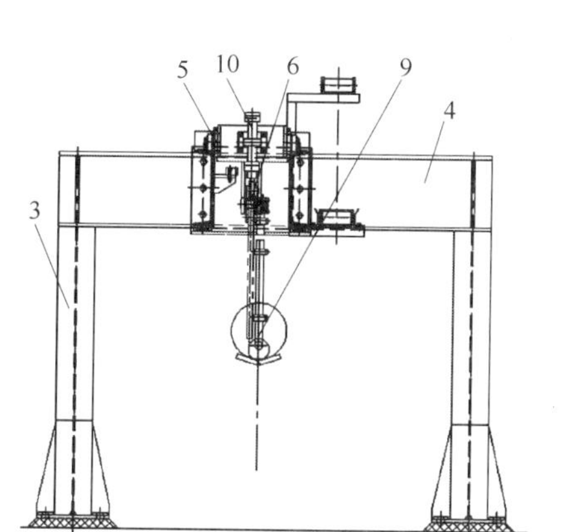

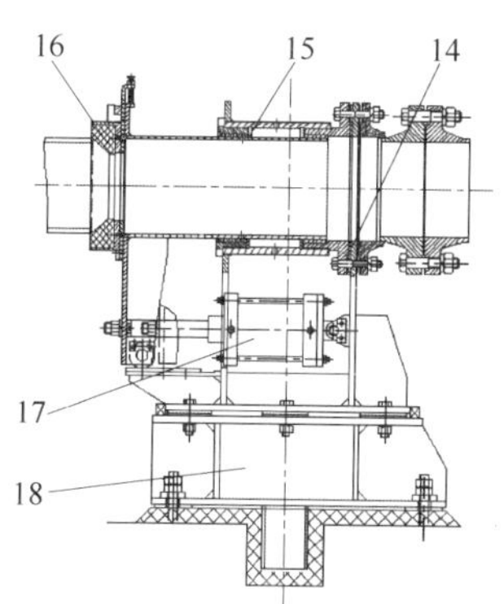

图4.9.57 钢管吹吸灰装置

1—移动吹灰装置；2—固定吸灰装置；3—吹灰支架；4—轨梁；5—行走小车；6—摆臂装配；7—齿条；8—齿轮；9—吹灰管；10—液压缸；11—电机；12—钢管；13—辊轮；14—固定套管；15—活动套管；16—吸灰头；17—汽缸；18—吸灰支架

行走小车底部有4个辊轮，分别放在两侧的轨梁上，起行走支撑作用。轨梁通过螺栓联接在支架上，齿条用螺栓固定在轨梁内侧面。

固定吸灰装置由固定套管、活动套管、吸灰头、汽缸、支架及抽风系统组成。固定套管、气缸分别固定在支架上，固定套管的一端与真空负压系统相连，活动套管一端插入固定套管，另一端与吸灰头相连。

(2) 工作原理。

当检测到钢管被运输到吹吸灰工位时，固定吸灰装置的汽缸推动活动套管，使吸灰头紧紧扣在钢管的一端，同时，已经根据钢管规格精确定位的移动吹灰装置的摆臂动作，将吹灰管扣在钢管的另一端。吹灰头与吸灰头通过无缝钢管形成封闭空间，又吹又吸，可完全清除钢管内表面氧化铁皮，且铁皮残渣不会外泄，含尘气体通过抽风系统，再经除尘装置净化后排出。经过设定时间后，吹灰头与吸灰头分别动作，与钢管分离，钢管被运输到下一个工位，同时下一根钢管又重复上述动作。

4.9.19.3 设备技术特点

(1) 固定吸灰装置吸灰头可以根据不同钢管管径大小快速更换，适用范围广。

(2) 移动吹灰装置行走小车采用齿轮齿条传动方式，通过电机编码器控制，可以根据钢管长度规格不同快速精确确定其移动至的位置。

(3) 吹灰头和吸灰头与钢管形成封闭空间，同时吹吸，可以彻底清除钢管内表面氧化铁皮，且铁皮残渣不会外泄。

4.9.19.4 **典型项目应用情况**

中冶赛迪工程技术股份有限公司自主设计研发的吹吸灰装置在安徽天大ϕ273mm石油专用管、江苏锡钢ϕ258mm热连轧总包、衡阳ϕ180mm石油管、宝鸡石油专用管等工程中均已投产使用， 不仅能彻底的清除钢管内表面氧化铁皮，为后续精整工序做好准备，而且它利用空气作为介质，能耗低，节能环保。

4.9.20 二辊立式斜轧穿孔机

4.9.20.1 **产品介绍**

在无缝钢管生产中,穿孔工序的作用是将实心的管坯穿成空心的毛管。穿孔作为金属变形的第一道工序，穿出的管子叫做毛管。如果在毛管上存在一些缺陷，经过后面的工序也很难消除或减轻。在现代钢管生产中穿孔工序起着重要作用。

斜轧穿孔技术的历史悠久，经过100多年的不断改进，发展为轧辊上下布置，采用由两个同向的截锥体构成的锥形轧辊，被称作“锥形辊穿孔机”。经过生产大量的生产实践和研究，中冶赛迪工程技术股份有限公司确定了碾轧角固定、送进角可调的工艺，成为能够穿制高合金钢和连铸坯的新型锥形辊穿孔机。

(1) 二辊斜轧穿孔机机组。

典型的二辊立式斜轧穿孔机组包括前台推坯机、穿孔机主机、后台抱辊装置和顶杆装置，见图4.9.58。

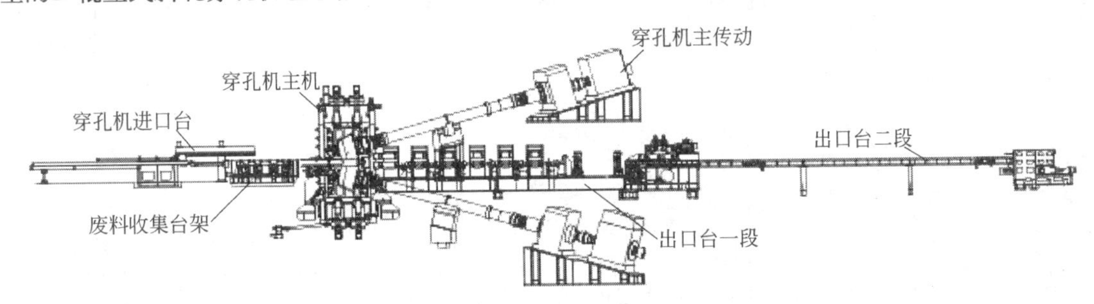

图4.9.58 典型二辊立式斜轧穿孔机机组

(2) 二辊立式穿孔机。

二辊立式斜轧穿孔机的两个轧辊的轴线既倾斜又交叉，能够通过较大的喂入角和碾轧角实现穿孔，见图4.9.59。

4.9.20.2 **二辊立式斜轧穿孔机结构和工作原理**

(1) 结构和组成。

二辊立式斜轧穿孔机由工作机座和主传动两大部分组成（见图4.9.60）。

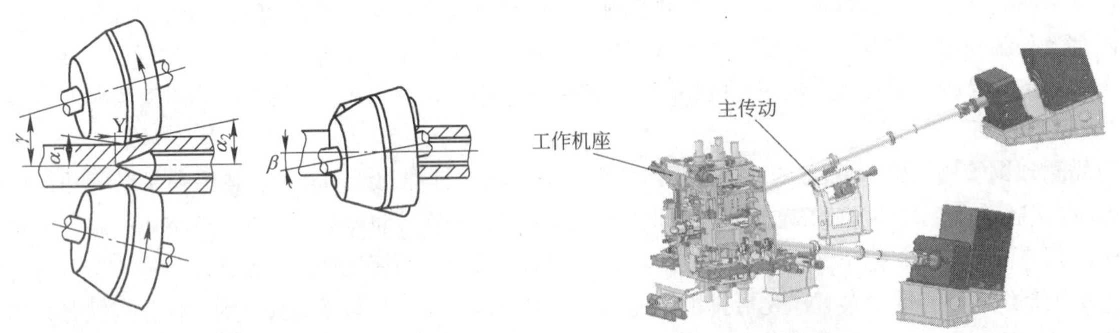

图4.9.59 锥形辊穿孔机工作示意图

γ—碾轧角；β—送进角；α_1—入口锥角；α_2—出口锥角

图4.9.60 二辊立式斜轧穿孔机三维模型

工作机座主要由整体机架，可移动机架盖、轧辊装配、上下转鼓及其调整锁紧装置、压下及平衡装置、压上装置及左右导板装置、入口导套装置等组成。（见图4.9.61）

穿孔机的传动装置在轧机出口侧，上下轧辊单独传动，分别由主电机、减速器、万向接轴以及上下接轴托架组成。

1）整体机架和可移动机架盖。

机架为整体机架，采用铸钢整体铸造。上机架盖为可移动式横梁，由液压缸锁定在主机架上。机架盖可以在液压缸驱动下横向开闭，方便更换轧辊和转鼓装置。

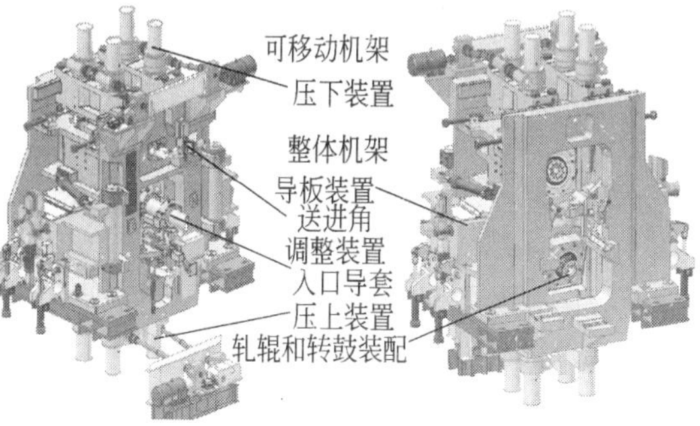

2）轧辊装配。

轧辊装配由轧辊、轴承、轴承座、轧辊轴、密封系统组成。轴承配置为入口侧两套双列圆柱滚子轴承和出口侧两列圆锥滚子轴承。轴承座上设计了迷宫密封和两级径向骨架油封，阻止外界的杂质进入到轴承座内部。轧辊与轧辊轴采用过盈连接，轧辊报废后，轧辊轴可以拆下重复使用。

图4.9.61　工作机座装配

3）转鼓及其调整锁紧装置。

转鼓的作用是实现轧制工艺参数中轧辊的送进角度的调整。转鼓的本体是鼓形的铸钢件，四周有滑板，顶部有和压下装置相连的杠杆。转鼓安装在轧机的机架之中，可以在机架中转动。轧辊装配安装在转鼓内随转鼓转动，轧制力作用在轧辊上并通过转鼓及压下压上装置最终传递到机架上。

送进角的调整由安装在机架上的一个拨叉机构使转鼓装置在机架内转动来实现的，通过编码器控制能实现送进角精确调整。

转鼓的锁紧装置为两个单作用油缸，锁紧依靠液压加压，活塞杆顶出，松开依靠碟形弹簧复位。

4）压下压上及平衡装置。

压下压上装置的主要作用在于调节上下轧辊的高度方向上的位置，从而调整辊喉的大小。压下系统安装在作为机架盖的上横梁上，压上系统安装在主机架下部，都是采用齿轮减速电机带动蜗杆蜗轮减速机，驱动压下螺杆，实现机械压下压上。

上轧辊压下装置设有平衡缸的作用是消除压下的系统间隙。下轧辊压上装置采用液压缸将下转鼓锁紧在机架上。

5）导板装置。

导板装置位于工作机座两侧，水平布置，可以通过油缸驱动转出机架，根据轧制管坯规格变化以及导板磨损修磨需要更换端头的导板。导板起到了限制轧制过程中毛管横向变形，控制毛管的扩径量的作用。

(2) 二辊立式斜轧穿孔机工作原理。

斜轧穿孔时，轧辊轴线和轧制线在轧制面上投影成一定角度，轧辊的轴线彼此不平行也不互相垂直，轧辊转动方向相同，轧件在加工时产生转动，而且是一边转动一边前进，做螺旋运动。二辊斜轧穿孔就是由两个相对轧制线倾斜布置的主动轧辊、两个固定不动的导板和一个位于中间的顶头构成了一个“环形封闭孔型”，见图4.9.62。

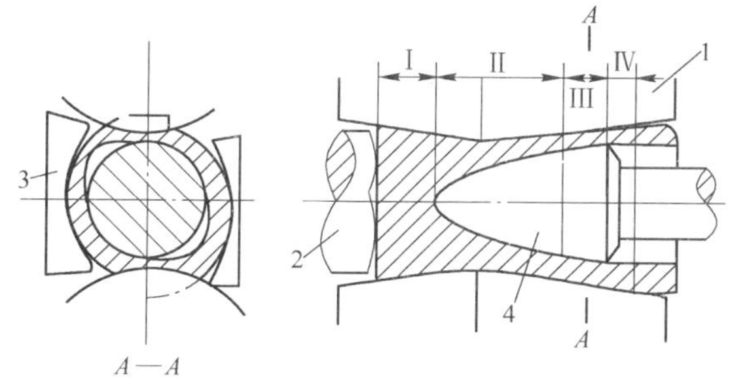

图4.9.62　二辊斜轧穿孔机变形图

1—轧辊；2—管坯；3—导板；4—顶头

4.9.20.3　设备技术参数和技术特点

(1) 主要技术参数。

穿孔机型式：二辊立式斜轧（菌式）

轧辊形式：锥形辊

横向变形控制：导板

送进角：6°~15°（无级可调）

碾轧角：15°

(2) 技术特点。

1）采用锥形辊轧辊，穿孔效率和产品质量高。

2）送进角可调，生产钢管的品种规格范围大。

3）工作机座主机架采用整体铸造形式，提高机架的强度和刚度。

4）导板装置可以通过油缸驱动转出机架，导板更换方便。

5）入口导套采用了油缸驱动的更换方式，能够快速安装拆卸，操作方便，节省更换时间。

6）轧辊轴可以重复使用。

7）采用可移动上横梁，换辊操作方便。

4.9.20.4　**选型原则**

二辊立式斜轧锥形辊穿孔机的穿孔效率及产品精度高，适于连铸坯穿孔，产品质量改善明显，可穿轧品种范围广。生产钢管品种有石油钻杆、石油管接箍料、流体输送管、高压锅炉管等。带导板装置的锥形辊穿孔机由于其工艺成熟性和经济性将是市场主要的需求，在中小规格无缝钢管机组中选用，优势明显。在一些大规格如ϕ720皮尔格机组等或是轧制品种要求范围较小的无缝钢管生产线中，可以选择二辊卧式斜轧穿孔机，取消转鼓装置，降低投资规模。

4.9.21　钢管淬火装置

4.9.21.1　**钢管淬火装置简介**

在钢管的生产工艺中，高钢级的专用管材产品，如石油管（油管、套管、钻杆）、管线管，气瓶管、液压支柱管等，为使钢材获得理想的力学性能，大部分都需要进行淬火+回火的热处理。

钢管淬火装置是钢管热处理生产线的重要设备之一，用于对加热后的钢管进行快速淬火冷却，以获得淬火马氏体组织，提高钢材的强度。被淬火的钢管可以是无缝钢管，也可以是焊管。

4.9.21.2　**设备结构及工作原理**

(1) 设备结构。

钢管淬火装置为机电液成套一体品，主要组成如下：

1）机械设备（见图4.9.63）。

中冶赛迪工程技术股份有限公司（CISDI）淬火装置机械设备全貌示意图，从入口到出口的设备分别是：

入口惠斯顿移钢机、旋转托辊、压辊、内喷装置、外淋集管、外淋挡水门、门形大机架、拨出台架、步进运输机、空水吹气装置。

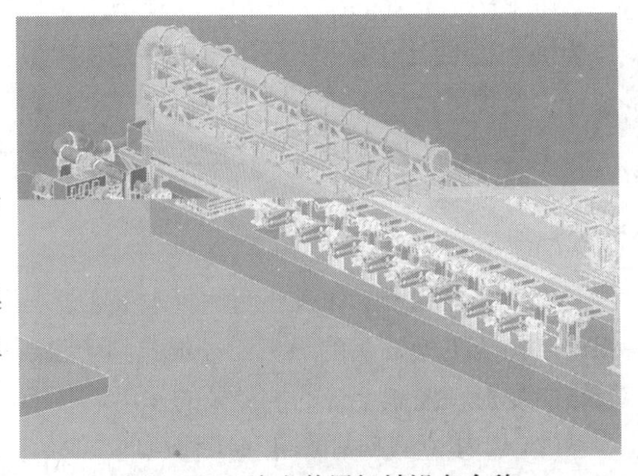

图4.9.63　淬火装置机械设备全貌

2）液压设备。

由液压泵站，阀台，配管组成。

3）电气设备。

由传动及控制用的电气柜，箱，操作台，HMI，检测元件，仪表等组成。

4）水循环系统。

(2) 工作原理介绍。

以目前最常见的“外淋+旋转+内喷”的钢管淬火工艺方式为例，一个典型的生产过程如下：

输送辊道将加热后的钢管运送到淬火装置入口并停位，入口惠斯顿移钢机将钢管移送到旋转托辊的支撑轮上，钢管慢速旋转，安装在门形大机架上的压辊压紧钢管，旋转托辊带动钢管快速旋转。机架上的外淋水挡水板打开，外淋集管向钢管外表面均匀喷水，与此同时，在钢管对齐端的内喷装置的锥形喷嘴向钢管内部喷射高速轴流水，这样钢管内外表面均得到了淬火处理。冷却后的钢管通过翻料钩拨到斜台架上，然后由步进运输机将钢管送到空水台架上进行空水，经过空水装置排完管内积水后，送入回火炉进行回火处理。

4.9.21.3　**设备参数及技术特点**

(1) 技术参数。

淬火的钢管规格：

外径：ϕ48~508mm

壁厚：2.87~60mm

长度：4~14.63m

淬火的钢管品种：

石油油管、石油套管、石油钻杆、管线管、气瓶管、液压支柱管、机械加工用特殊合金钢管。

(2) 技术特点。

1) 采用目前最先进的“外淋+旋转+内喷”的方式，通过外淋水量、旋转速度、内喷射流速度和水量等参数匹配，取得最佳的淬火效果，保证管材在长度方向和圆周方向获取均匀的组织和性能。

主要生产性能可达到国际先进水平，钢管淬火后关键指标如下：

钢管弯曲度：≤0.2%L

椭圆度：在来料钢管椭圆度基础上增加不超过2%

长度方向的硬度差：＜2HRC

2) 高可靠度的机械设备。CISDI的淬火装置，通过多年的实践，设备结构型式在安全可靠性方面都经过了工程应用的考验，并且在维护走台的设置方面充分听取了一线工人的建议，为生产带来方便。

3) 经济合理的水循环系统设计，节约用水及能耗。CISDI的设计将淬火间隙的内喷和外淋水通过管道或水沟收集，接至蓄水池直接使用，可降低水处理的能耗。

4.9.21.4 **选型原则**

钢管淬火装置的选型应根据钢管的尺寸规格，钢种特性等来综合考虑，确定水量需求及设备的选型。

4.9.21.5 **典型项目应用情况**

CISDI为国内众多知名钢管生产厂家提供过不同大小规格的淬火装置设备，在这方面具有丰富可靠的实践经验。2011年CISDI为华菱锡钢提供的1套淬火装置，可实现钢管外径ϕ 114~298.5mm的钢管的淬火处理，品种涵盖了石油油管、套管、接箍料等。目前设备运行良好，生产顺畅。

4.9.22 钢管冷床

4.9.22.1 **冷床简介**

冷床是钢管生产工艺过程中不可缺少的重要设备，它的作用是使钢管在冷床上作横向移动，在移动过程中逐渐冷却下来，同时要能够保证钢管在横移过程中均匀冷却，不产生弯曲、扭转或表面擦伤。现阶段常见冷床的形式有链式冷床、齿条式冷床、螺旋式冷床、步进式冷床。尤其是步进式冷床作为新一代冷床被采用以来，由于其运行平稳、冷却均匀，冷却后钢管表面质量好等优点，使其得到了广泛应用。

4.9.22.2 **设备结构和工作原理**

(1) 设备结构。

冷床沿宽度方向分为4部分，共用1套提升和1套平移装置。冷床本体主要由1个焊接钢结构的活动框架、1个焊接钢结构的固定框架、活动梁的升降装置、移送装置等组成。运动框架、固定框架分别固定有齿条。冷床的结构简图如图4.9.64所示。

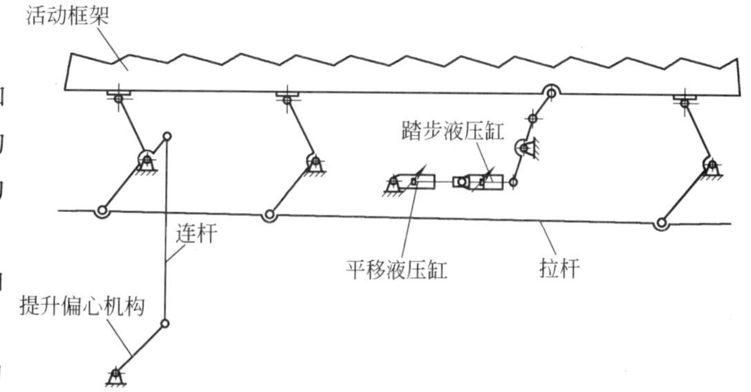

图4.9.64 冷床结构示意图

台升降驱动电机串联工作，通过联轴器驱动4台减速器，4台减速器的8根出轴带动偏心轴转动，通过连杆和拉杆使步进框架上、下运动，从而带动步进梁运动。因为偏心轴带动的摆杆和活动框架是滚动接触，这样就可以保证活动梁在提升驱动过程中只有升降运动，而无平移运动。

冷床的平移由液压缸完成，平移驱动装置共有2套，每1套有2个液压缸串联起来，平移液压缸只能沿导向水平伸缩，踏步液压缸可以绕尾部耳轴转动。当需要步进时，踏步液压缸长度（最短）保持不变，平移液压缸由初始长度（最长）回缩，带动摆臂驱动活动梁向前平移，结合动梁的升降，完成步进动作。当需要踏步时，平移液压缸长度（最长）保持不变，踏步液压缸伸出，带动摆臂驱动活动梁回退。结合动梁的升降，完成踏步动作。

(2) 工作原理。

钢管在步进梁的齿条和固定梁的齿条上通过对电气设备的控制将有两种动作方式，如图4.9.65所示。

步进时，钢管前进移动距离为95+149+106=350，正好向前步进一个齿距；踏步时，钢管前进距离为95+(-155)+60=0，钢管在同一个齿内踏步，没有前进。从图中可以知道，不论采用哪一种工艺方法，钢管在冷床上将不断地旋转，以获得良好的矫直度。

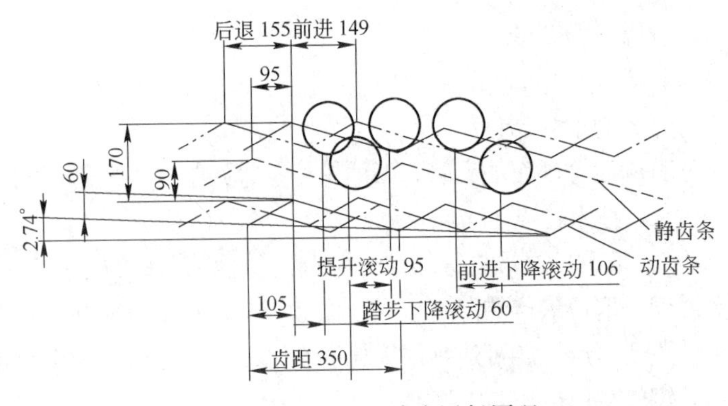

图4.9.65 冷床运行原理

4.9.22.3 **技术参数和技术特点**

(1) 技术参数。

冷床形式：步进式

冷床齿距：约350mm

步进周期：约18s

倾斜角度：2.74°

动齿条升降高度：170mm

动齿条平移距离：149mm（步进）、155mm（踏步）

(2) 技术特点。

1) 动齿条升降机构是一个平行四连杆机构，水平移动机构是一个摆杆滑块机构，它们相互配合的合成平面运动形成了冷床的步进和踏步动作。

2) 冷床的负载均由升降机构来承担，拉杆的拉力比较大，对联结拉杆的销轴的剪力较大，为减少起动时的惯性量，保护销轴，用增加平衡块的方法抵消部分负载力矩。

4.9.22.4 **步进式冷床选型原则**

除上述步进式冷床结构形式外，在传动方式上有更多的选择，上述步进式冷床升降和平移动作分开实现，这样在设备结构设计上可以根据不同钢管规格较方便的设计齿形和齿距，适用范围较大，缺点是机械和控制系统复杂，增大投资；还有一种步进式冷床工作原理比较简单，仅有一套电机驱动装置，也是利用偏心机构原理，它的动齿条运行轨迹是一个半径为偏心轮偏心距大小的圆，通过动齿条和静齿条的错开布置实现钢管的步进，该种冷床电气控制更加方便，投资较小，但受偏心距的大小限制，齿距不会很大，齿形设计较复杂，通常适用于小规格钢管的车间。

4.9.22.5 **典型项目应用情况**

中冶赛迪工程技术股份有限公司自主设计研发的步进式冷床在衡阳二连轧、安徽天大ϕ273mm石油专用管、江苏锡钢ϕ258热连轧总包等工程中均已投产使用，单一驱动式的步进式冷床也在宝鸡石油管热张减线EP项目中安装调试，通过试车。冷床都运行平稳，冷却后的钢管表面质量、性能均达到国家标准。

4.9.23 ACC装置

4.9.23.1 **设备简介**

中冶赛迪工程技术股份有限公司设计的ACC装置设置在精轧机输出辊道后，与精轧机呈远距离（脱开）布置，用来加速冷却（ACC）钢板或对钢板进行直接淬火（DQ）处理（见图4.9.66）。

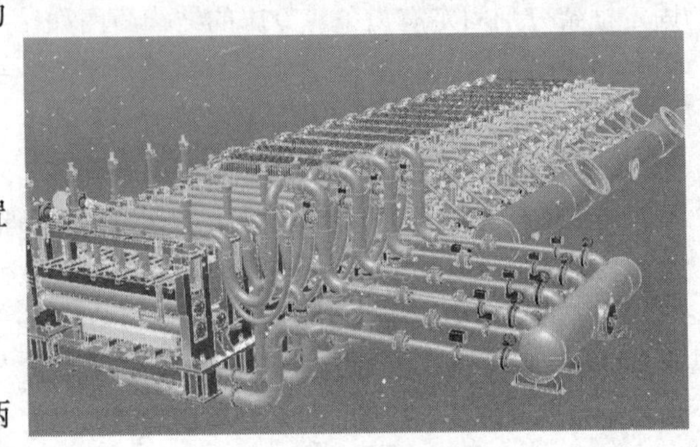
图4.9.66 ACC装置

为了具有更广的应用范围，本装置沿长度方向分为两段：第一段是喷射冷却系统，第二段是U形管层流冷却系统，两个系统的组合可实现更宽的冷却范围，其中，层流冷却段具备连续冷却和摆动冷却两种模式。对于一些特殊等级的钢需要更高的冷却速率时，两个部分同时使用。

本装置采用全自动操作模式，数学模型根据钢板数据计算控制参数。最大冷却速率可达55K/s。

本装置在辊道两侧安装有侧喷，保证后续冷却效率。

对于不需冷却的钢板通过时，本装置不会将水滴到钢板上，并能防止设备被烤坏。

本装置解决了常规层流冷却强度不够的问题，适用于中厚板产品轧制生产中的冷却及热处理工艺。

4.9.23.2 **设备结构和工作原理**

第一段（喷射冷却系统见图4.9.67）。

第一段冷却装置由上集管、下集管、夹送辊和机架等组成。上/下集管为带喷嘴的高密喷射集管，上集管高度可调，上下夹送辊单独传动。本装置可实现宽度方向的水凸度控制。

第二段（U形管层流冷却系统见图4.9.68）。

第二段冷却装置由上集管、下集管、边部遮挡、侧喷和机架组成。上集管采用U形管型式，上/下集管为高密层流集管，上/下集管分别固定安装在机架上。边部遮挡为链式小车结构，安装在机架上，用于遮挡上集管流出的多余冷却水，防止钢板边部过冷，遮挡宽度可调。

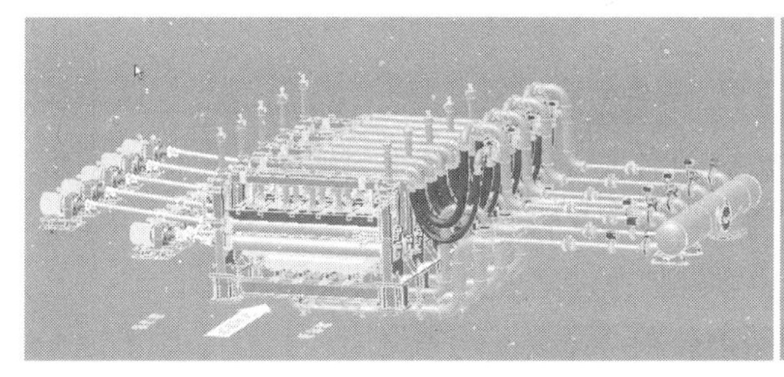

图4.9.67 喷射冷却系统

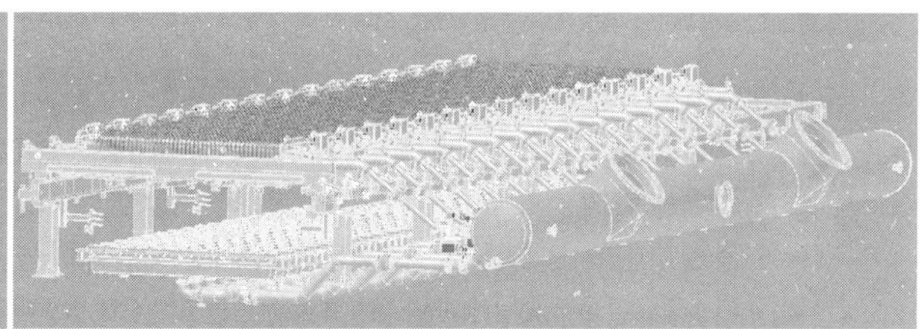

图4.9.68 U形管层流冷却系统

4.9.23.3 **主要技术参数**

机械设备宽度：max 约15000mm 钢板通过时速度：max 2.5m/s 钢板冷却时速度：min 2.5m/s

喷射冷却系统（第一段） 冷却系统长度：约6.4m

集管数量：

上4（双集管）/下4（双集管）

夹送辊数量：5上辊+5下辊 U形管层流冷却系统（第二段） 冷却系统长度：约24m

集管数量：

上15（双集管）/下30

4.9.23.4 **选型原则**

加速冷却的钢板尺寸

厚度：10~100mm 宽度：1150~5300mm 长度：max 52000mm DQ的板厚：≤30mm

通过钢板尺寸：

厚度：5~250mm 宽度：1500~5300mm 长度：max 52000mm 冷却宽度：max 5300mm

4.9.24 切头分段剪

4.9.24.1 **设备简介**

切头分段剪是下切全液压式铡刀剪，用于对钢板进行切头、分段（定尺），适用于中厚板生产线中的钢板切头和分段。

4.9.24.2 **设备结构和工作原理**

本剪机主要由机架、上刀台驱动装置、钢板压紧装置、刀架间隙调整装置、上夹送辊升降装置、上刀架装配、上夹送辊装配、下夹送辊装配、刀架夹紧装置、下刀架装配、下夹送辊支承装置、测量辊装配、夹送辊换辊装置、摆动辊道、废料输出装置、机上配管、控制开关、机上平台等组成。如图4.9.69所示。

机架为剪机的主要受力件，由左右牌坊、上横梁、下刀架组成，其中下刀架为铸焊件，其余为焊接件。横

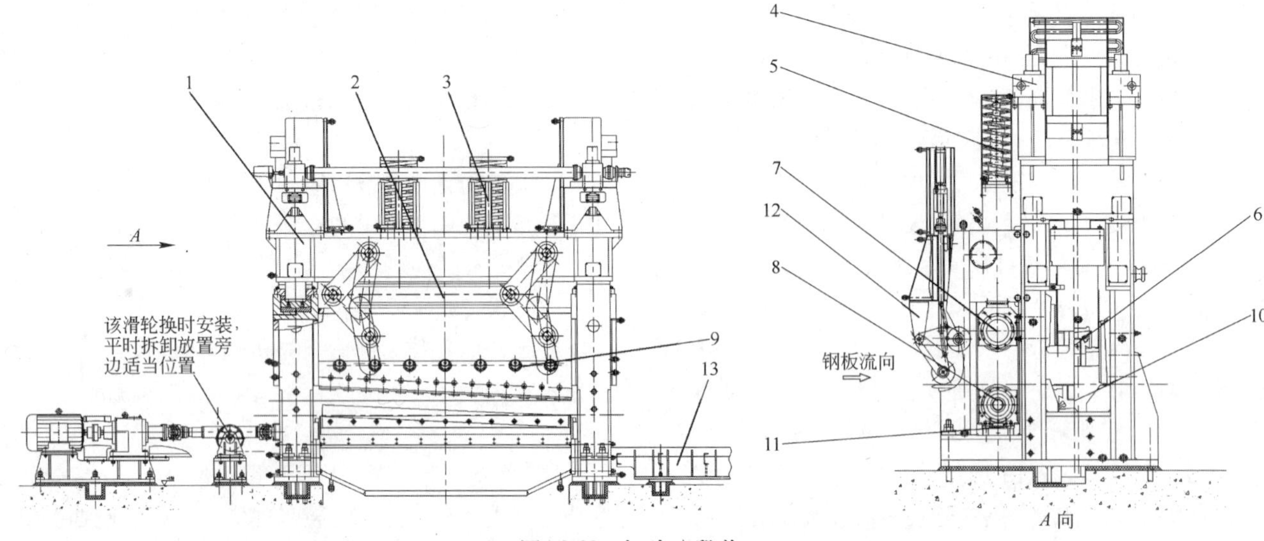

图4.9.69　切头分段剪

1—机架；2—上刀台驱动装置；3—钢板压紧装置；4—刀架间隙调整装置；5—上夹辊升降装置；6—上刀架装配；7—上夹辊装配；8—下夹辊装配；9—刀架夹紧装置；10—下刀架装配；11—下夹送辊支撑装置；12—测量辊装配；13—夹送辊换辊装置

梁上安装有主剪切缸，机架内设有上刀架滑动腔体。

上刀台驱动装置主要由主剪切缸、上刀台、同步机构等组成。两台主剪切缸推动上刀架作垂直剪切运动。上刀台采用铸焊件结构。上刀台与机架间设有同步机构，保证两台主剪切缸同步压下。

钢板压紧装置主要由压紧缸、横梁、压板组成，压紧缸与横梁安装在机架上，横梁起导向作用。

刀架间隙调整装置主要由液压马达、螺旋升降机构、调整斜楔装置、弹簧机构等组成。上刀台夹持在弹簧机构和调整斜楔之间，当液压马达转动螺旋升降机构带动调整斜楔上下运动时，上刀台就左右运动，从而达到刀片间隙调整的目的。

上夹送辊升降装置由液压缸带动齿轴上下运行，从而可升降上夹送辊。

上刀架装配主要由上刀架、刀片和定距块组成。

上夹送辊装配主要由辊身、轴承座、轴承等组成。下夹送辊装配主要由电机、减速机、联轴器、万向联轴器、辊身、轴承座、轴承等组成。

刀架夹紧装置主要由压头、弹簧缸等组成。其目的是将刀架夹持在刀台上，靠弹簧加紧液压松开。

下刀架装配主要由下刀架、刀片和定距块组成。

下夹送辊支撑装置主要由活塞座、顶盖、活塞、碟簧等组成。下夹送辊就坐在顶盖上，下夹送辊支撑装置主要作用是缓冲减振。

测量辊装配主要由汽缸、支架、摆臂、辊子、万向接轴、编码器组成。测量辊为被动辊。

夹送辊换辊装置主要由滑轮底座、滑轮装配、导轨座组成。

摆动辊道由辊子装配、摆动辊道架以及传动部分组成。辊道架一端与固定在基础上的支架铰接，另一端与悬挂在上刀架上的拉杆铰接。当上刀架剪切时，摆动辊道靠近上刀架一侧随上刀架一起下降做下摆运动，剪切完毕随上刀架抬起到水平位置。

废料输出装置由一个卷扬机构和一个料斗组成。

4.9.24.3　主要技术参数

型式：≤460t下切式全液压剪

上剪刃倾斜度：2.5°

剪刃开口度：max 240mm

4.9.24.4　选型原则

剪切钢板厚度：max 30mm（≤150℃）

剪切钢板厚度：max 40mm（≥450℃）

剪切钢板宽度：max 5300mm

4.9.24.5 **典型项目应用情况**

中冶赛迪工程技术股份有限公司的切头分段剪已应用于韶钢3500、湘钢3800等中厚板轧机工程中，工作稳定，效果良好。

4.9.25 三辊侧向换辊式连轧管机

4.9.25.1 **设备简介**

轧管机的主要作用就是将穿孔后的空心毛管减壁、延伸，使其壁厚接近或等于成品尺寸，并消除壁厚不均匀度，提高荒管的内外表面质量，控制荒管外径和真圆度。可以说轧管机的选型及其与穿孔工序之间变形量的合理匹配，是决定机组产品质量、产量和技术经济指标好坏的关键。因此在无缝钢管的生产中，轧管机具有举足轻重的作用。

三辊连轧管机以其优质、高产、高效率、低消耗等特点，成为世界无缝钢管主要生产企业的首选机型。而三辊连轧管工艺技术，以其在均匀变形、变形应力，轧机结构、轧机刚性、负荷分配及轧辊受力等方面的优势，使其在轧制产品规格范围、径壁比(*D/S*)、裂孔和拉凹缺陷、壁厚精度、成材率、工具消耗、高合金难变形材料轧制等方面具有二辊连轧管机无可匹敌的优势，配合芯棒循环等相关配套技术，其产能得到大大提高，成为当今世界最先进的连轧管机型。为了进一步提高钢管质量、减少切头损失，现代化的三辊连轧管机上还配备有新型的电液伺服液压压下装置，它的主要功能用于在轧管过程中补偿轧制机架变形、控制实际轧制压力等。

最新型的三辊连轧机还采用侧向换辊方式更换机架。这种轧机结构既保留了轴向换辊轧机变形小、受力均匀的特点，又使轧辊机架更换简便并可单机架进行更换，易于对机架和轧辊的检查以及设备维护。

4.9.25.2 **设备结构和工作原理**

(1) 结构特点。

由中冶赛迪工程技术股份有限公司（CISDI）开发的三辊连轧管机主要由传动装置、传动及检修平台、连轧管机本体、侧向换辊装置等四部分结构组成，如图4.9.70所示。

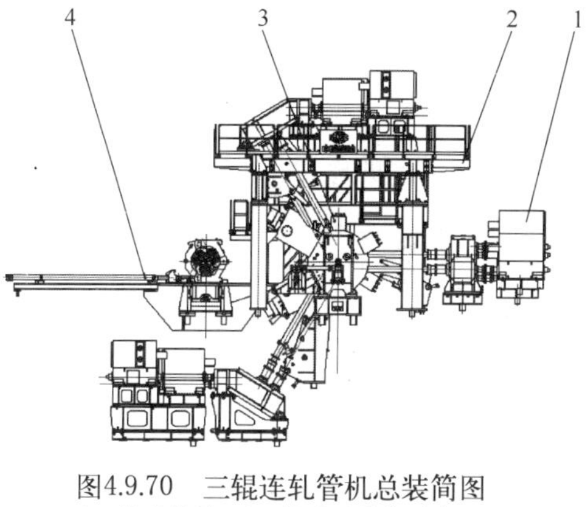

图4.9.70 三辊连轧管机总装简图
1—传动装置；2—传动及检修平台；3—轧管机本体；4—侧向换辊装置

轧管机传动装置为连轧管机的驱动部分。主要用于驱动轧辊转动来对毛管进行高效率的轧制。毛管在被轧制的过程中，变形量较大，金属流动剧烈，且在轧制过程中还伴随着轧制冲击和设备振动。因此，连轧管机驱动部分的设计，既要满足毛管在被轧制过程中对动力的需求，而且要考虑到设备投资和总装机容量的大小。CISDI在设计轧机驱动装置的过程中，充分利用驱动装置的潜在能力，从而在一定程度上降低了轧机的总装机容量和投资规模。

轧管机传动及检修平台部分的设计。一方面为轧管机驱动装置的上传动部分提供支撑，另外一方面，通过合理的三层立体式平台设计，为检修轧机各个部分（特别是轧机主机中设备布置密集的部位）提供了方便的检修操作平台。良好的设备维护，也为CISDI设计的轧管机长期进行高效、精密的服役打下了坚实的基础。

轧管机本体为三辊连轧管机的核心部分。该部分集成了轧机的绝大部分精密设备，诸如轧制机架、轧制孔型精确控制装置、轧机冷却系统等。其中固定液压压下和摆动液压压下用于精确动态控制轧制的孔型，均匀分布在轧制机架的六边形框架周围。出于机架更换的需要，机架一边的压下机构设计成可以打开的摆动液压压下方式。在需要更换机架时，通过摆动机构将压下缸摆动让开，为机架的更换提供空间。正常工作时，通过锁紧机构将压下缸和主机座锁紧，连为一体，确保相关结构的受力、变形、振动等指标符合要求。

图4.9.71所示为连轧管机主机座的局部布置图，其中的主机座为连轧机主机中受力最为恶劣的部件，该部分结构一方面要承受较大的轧制力和限动力，另外一方面其相关指标的设计还影响着轧制孔型的精度等，设计难度大。CISDI利用多年积累下来的研发经验，充分利用CAE分析的特长，对连轧机主机各个部分进行了详实的分析和研究。来自生产一线的生产数据也不断修正CAE模型，从而确保了连轧机核心部分的强度、刚度、振

动等各项指标符合轧制精度和服役寿命等的严苛要求。

图4.9.72所示为三辊连轧管机中的轧制机架，主要用于为轧辊提供支撑和定位。其中轧机辊缝的控制机构、轧辊的润滑、轧辊的支撑结构等均集成在轧制机架里面。CISDI设计的三辊轧制机架，孔型成型机构经过虚拟仿真优化，使得孔型调整更为合理，而且能够适应更广规格外径和壁厚的轧制范围；机架中经过特殊设计的快开机构，使得在发生轧制事故时，可以非常方便地打开轧辊支撑大摆臂，为处理事故和检修提供了方便的操作空间。

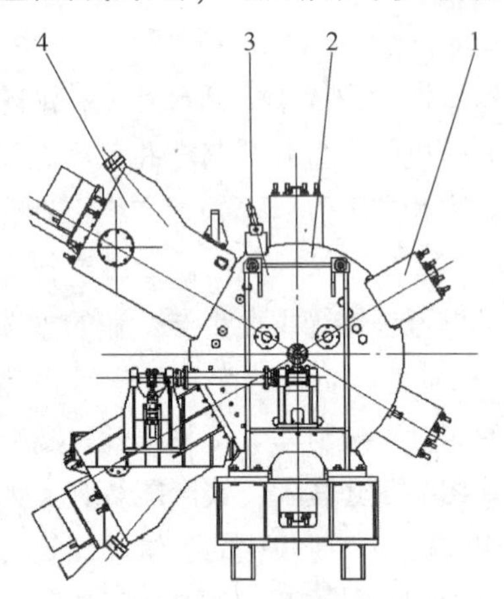

图4.9.71　三辊连轧管机主机座布置图

1—固定液压压下；2—主机座；3—机架锁紧机构；4—摆动液压压下

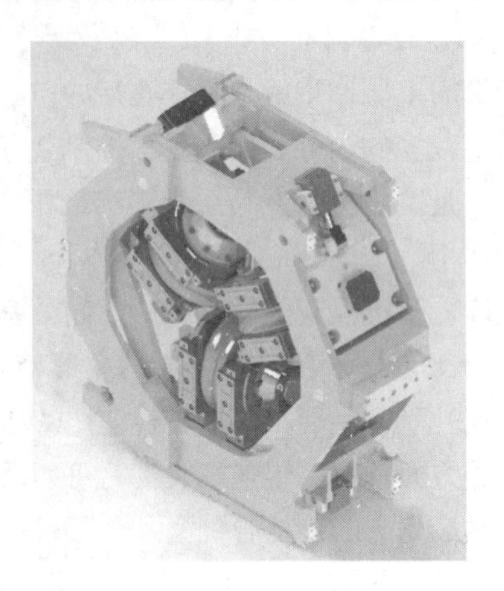

图4.9.72　轧制机架三维轴测图

换辊装置主要用于对轧制机架进行更换和检修。CISDI设计的轧管机换辊装置，布置形式采取侧向布置，各机架独立换辊的方式，具有自动化程度高，轧制机架更换速度快，换辊和检修灵活的特点。

(2) 工作原理。

连轧工艺经过多个阶段的发展，已经有近百年的历史，轧管工艺已经非常成熟。现阶段已经发展到液压伺服系统调整辊缝的限动芯棒轧制阶段，CISDI开发的三辊连轧管机立足技术最前沿，通过消化吸收再创新，具备了和国外同类设备同等水平的技术竞争力。

首先，穿孔后的毛管被运输到轧制线上，芯棒在限动装置的带动下插入到待轧制的毛管内。此时，主传动啮合，轧辊被主传动驱动着进行匀速转动；各组轧辊在压下缸的控制下，形成设定的孔型，轧制准备工作就绪。接着，毛管在夹送辊的驱动下，开始进入轧机本体，并依次通过轧机各个机架孔型，并在轧机主传动的带动下，毛管被不断轧制，以达到设定的尺寸和精度要求。毛管被轧制完成后，轧机出口处布置的脱管机继续带动荒管前行，芯棒在限动装置的带动下回退，单次轧制过程结束。

图4.9.73　三辊连轧管机三维模型

图4.9.73所示为CISDI开发的三辊连轧管机的三维模型图。

4.9.25.3　技术参数和技术特点

(1) 技术参数见表4.9.3。

表4.9.3　连轧管机设备性能参数

项　目	φ76	φ180	φ258
最大轧制力/t	130	300	350
最大轧制力矩/kN·m	48	110	171
装机容量/kW	1650	9600	13200
机架数量/个	3	6	6

(2) 技术特点。

在消化吸收国外同类连轧管机的过程中，CISDI也进行了大量的创新性的工作，使得该连轧管机在具备基本相同的产品精度的同时，也具备了一些不同的特点，使其能更好地适应钢管生产企业对于连轧管机的要求。

1）轧制机架采用三辊式布置结构，相比于二辊轧机，具有轧制精度高，轧制产品范围广，芯棒消耗低，金属收得率高等特点。

2）换辊装置采取侧向换辊的方式，具有换辊速度快，换辊灵活，并且侧向换辊的布置方式，使得轧机开放性更高，从而提高了轧机检修的便利性。

3）多层次立体检修平台，大大方便了轧机的检修和维护。

4）轧制工艺上采取短流程的方式，一方面取消了传统三辊连轧管工艺中的脱管机设备，另外一方面通过合理的变形分配，减少了参与轧制的机架数。这些新工艺的尝试，为降低轧机设备投资提供了可能。

5）经过特殊设计的轧制机架，在摆动液压压下摆开后，能方便地将机架中的轧辊支撑摆臂打开，从而为在不拆卸设备的情况下，接近轧制中心区域提供了便利。此项设计可以大大方便处理轧制事故，以及设备的在线检修等工作的展开。

4.9.25.4　**典型项目应用情况**

目前国内三辊连轧机几乎全部引进自SMS-Meer或Danieli，价格很高。CISDI开发的侧向换辊式三辊连轧管机，不但在大部分技术指标上可以接近或者达到国外三辊连轧管机的水平，而且在价格方面有较好的优势。目前已经有两套由CISDI设计制造的三辊连轧管机投入钢管生产企业使用。

4.9.26　热轧带钢生产线精轧除鳞机

4.9.26.1　**设备简介**

精轧除鳞机布置在热连轧生产线的中段，位于飞剪之后、精轧机组之前。除鳞机采用高压水破除中间坯表面的二次氧化铁皮，提高成品带钢的表面质量。

（1）主要解决的技术问题。

板坯经粗轧的轧制过程中，表面会生成二次氧化铁皮，通过除鳞机可以清除该氧化铁皮，提高带钢表面质量。

设置前后夹送辊，起挡水作用。当精轧机出现事故时，可由入口夹送辊配合将带钢从精轧机组中拉出。

（2）适用范围。

该设备广泛运用在热轧带钢和连铸连轧生产线中，显著改善了成品带钢的表面质量，是热轧带钢生和连铸连轧产线必备的设备。

4.9.26.2　**设备结构和工作原理**

（1）结构和组成。

除鳞装置由机架、前后夹送辊装置、除鳞辊道、除鳞集管、箱盖、收集水槽等组成，见图4.9.74。

除鳞集管分为上下两排。除鳞上集管封闭在箱盖下部，除鳞下集管安装在机座内，两对除鳞集管与除鳞系统管路连接。除鳞集管上安装了带整流子高压扁平喷嘴，本体为不锈钢，集管为厚壁碳钢管；为了将中间坯上表面的除鳞水和氧化铁皮收集并导入铁皮沟，两个收集水槽置于除鳞箱的上方。收集水槽在中间坯后退时采用液压缸驱动抬起。

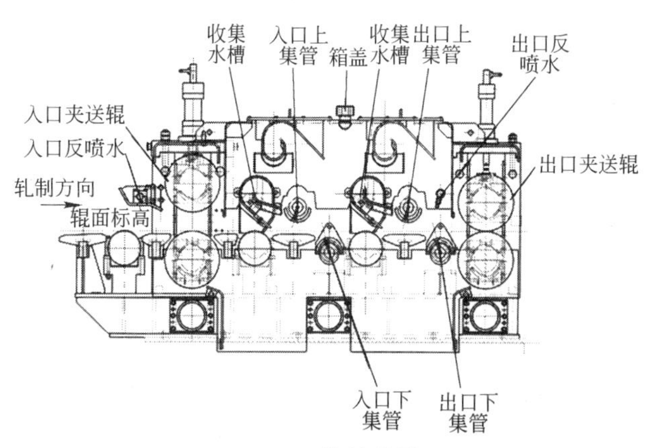

图4.9.74　除鳞装置

除鳞箱入口出口上夹送辊可由液压缸抬升，正常工作时，入口出口夹送辊起阻水作用；出现事故时，利用入口夹送辊压紧中间坯，将中间坯拉出精轧机。

上夹送辊、除鳞辊道和下夹送辊为实心锻钢辊，上夹送辊为惰辊，除鳞辊道和下夹送辊通过电机减速器和联轴器单独传动。在辊颈轴承座之间安装了迷宫式密封，以防止氧化铁皮和水进入轴承座内。

（2）工作原理。

主要原理是高压水除鳞的冷却效应、破裂效应、蒸汽效应和冲刷效应。利用高压水喷出时产生的强大的冲击力和冲刷力、基体材料和氧化铁皮层冷却收缩率不同而产生的剪切力、水渗入基体材料和氧化铁皮之间产生的蒸汽膨胀爆裂，使板坯表面的氧化铁皮破裂成小碎片并从基体表面迅速剥落。

4.9.26.3　设备技术参数和技术特点

(1) 技术参数。

1) 中间坯规格：

中间坯厚度：30~70mm　　　中间坯宽度：900~2150mm

中间坯质量：max 40t　　　　中间坯温度：约900℃

2) 辊道参数：

辊道速度：0~2.5m/s　　入口夹送辊：2根，600mm　　出口夹送辊：2根，600mm

箱体辊道：3根，360mm

3) 高压水参数：

喷水压力：15~20MPa

(2) 技术特点。

采用分罩式结构，可以方便、快捷、迅速更换除鳞集管。

除鳞箱入口和出口设置夹送辊，可以阻挡高压水和氧化铁皮，避免高压水四处飞溅，同时可以辅助穿带和事故倒钢。

上除鳞箱盖设置有收集水槽，有效减少高压水对箱体的冲击、避免水流的相互干扰影响除鳞效果。

在除鳞机的入口侧增设反喷喷嘴，减少高压水冲出的影响。

除鳞集管采用预先低压供水的方式，可消除除鳞时由于突然输入高压水而产生的冲击现象，并可延长高压水除鳞装置设备的使用寿命。

4.9.26.4　选型原则

根据中间坯厚度和宽度进行选型设计，可依据高压水系统的水压水量条件进行设计调整。

4.9.26.5　典型项目应用情况

中冶赛迪工程技术股份有限公司的精轧除鳞机已成功应用于宝钢1580热轧、太钢1549热轧、攀西2050热轧生产线上，运行效果良好（见图4.9.75）。

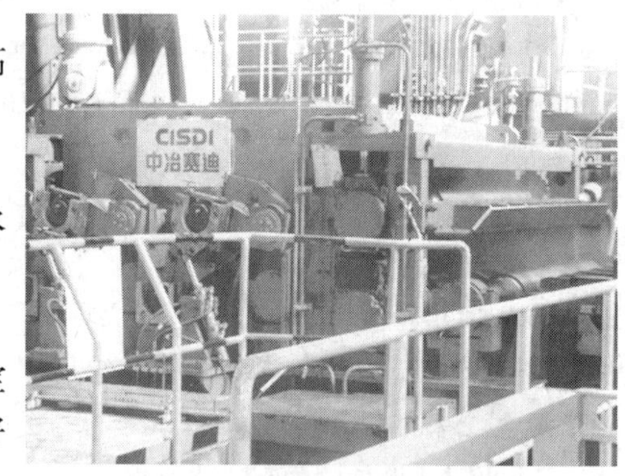

图4.9.75　攀西2050热轧精除鳞机

4.9.27　微张力减径机

4.9.27.1　设备简介

微张减机是无缝钢管生产线中的精轧设备，是扩大产品规格范围，提高轧管机产量和保证最终产品质量的一种理想的生产设备。

在无缝钢管生产线中，微张力定减径过程是对空心体不带芯棒的连轧过程，用于将热轧过程中的荒管进行进一步轧制。目的是在较小的总减径率和小的单机减径率的条件下，将钢管轧成具有要求尺寸精度和椭圆度的成品。

由于钢管的延伸和壁厚变化与钢管在不同机架中的速度关系非常密切，因此微张减机的工作原理就是通过利用轧辊速率差来调整张力、控制钢管的壁厚变化。

三辊式微张减机是目前世界上最先进和高效的机型，它工艺成熟，是当今钢管生产线的首选机型。

4.9.27.2　设备结构和工作原理

(1) 结构和组成。

三辊式张减机按其传动型式可以分为单独传动和集中差速传动。中冶赛迪工程技术股份有限公司（CISDI）分别开发了这两种微张减机。

如图4.9.76和图4.9.77所示，微张力减径机主要由主传动系统、主机座、轧辊机架以及机架更换装置组成。其中主传动系统由主电机、主减速器和联轴器组成，电机到减速器间联轴器上设置有安全保护装置；主机座包括入出口导套、机架牌坊、自动联轴器以及快速水接头装置；轧辊机架为内传动型式，由锥齿轮、轴承、轴、轧辊和牌坊组成；机架更换装置由更换小车、推拉装置和小车传动装置组成（见图4.9.78）。

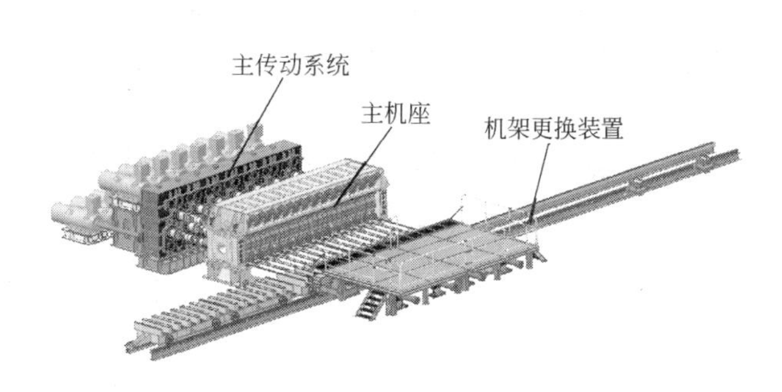

图4.9.76　十四机架单独传动式微张减机

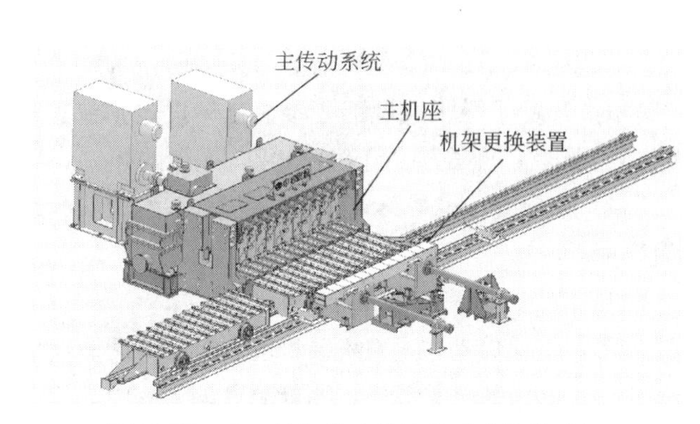

图4.9.77　十二机架集中差速传动式微张减机

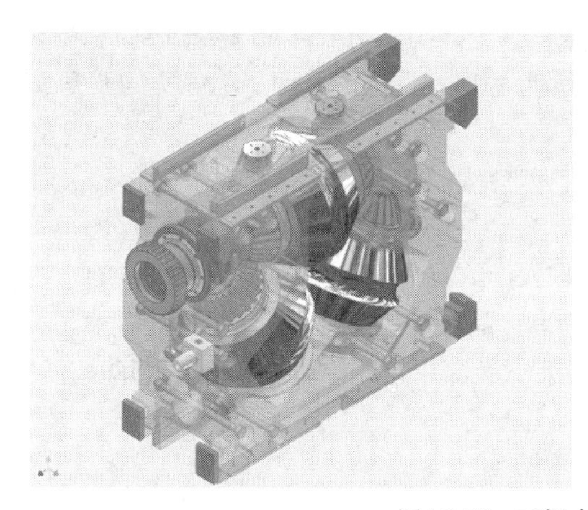

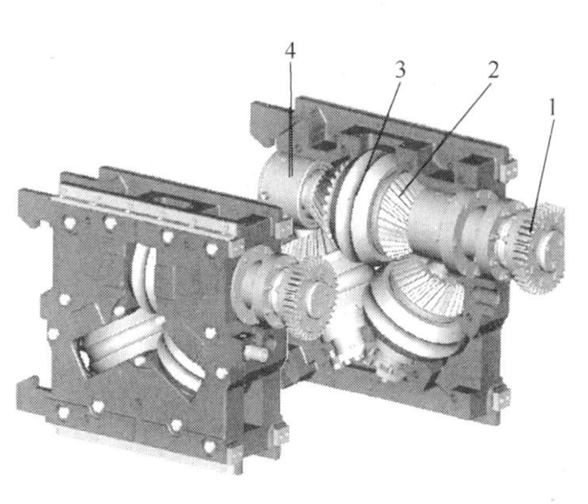

图4.9.78　三辊内传动轧辊机架
1—鼓形齿接手；2—锥齿轮；3—轧辊；4—轴承座及轴承

(2) 工作原理。

主机座设备坚固、稳定可靠，设备刚性好，抗咬钢冲击力强。主机座中设置有自动联轴器和快速水接头，当轧辊机架推进主机座时，齿接手会自动插入主机座的自动联轴器中，自动联轴器一端连接传动系统，另一端可自动与推进来的轧辊机架连接，从而传递动力。同时轧辊机架的水接头也会自动插入主机座的水冷快速接头中。轧辊机架到位后，用压紧缸锁紧。

轧辊机架是使钢管变形的精轧机架，是微张力减径机的核心部件。如图4.9.78所示，轧辊机架为三辊内传动型式，工作时，装在主动轧辊轴上的鼓形齿接手与传动系统的自动联轴器相连，并通过伞齿轮将轧制力矩传递到另外两个轧辊上。

4.9.27.3　**技术参数和技术特点**

(1) 技术参数（见表4.9.4）。

表4.9.4　技术参数

项　目	76机组	114机组	159机组	219机组	273机组	340机组
轧辊直径/mm	ϕ275	ϕ355	ϕ380	ϕ550	ϕ600	ϕ670
轧辊宽度/mm	130	130	160	270	330	350
机架间距/mm	260	325	360	510	550	650
轧制力/kN	73	120	200	560	600	710
轧制力矩/kN·m	6.5	11	23	40	65	75

(2) 技术特点。

CISDI集工艺、设备、自动化为一体，并借助三维设计、CAE分析、动力学振动模态分析等辅助手段，对各种类型和规格的微张减机进行优化设计，已形成系列化产品。

1) 主机座采用分体式结构，设备刚性好，抗咬钢冲击性能好，并且重量轻，运输及安装方便。

2）内传动轧辊机架结构紧凑，刚性好，传动可靠。设计了方便的轧辊辊缝、轴承游隙、齿侧间隙等调整方案。

3）开发了微张减机工艺参数自动设定系统，可将轧制过程所需要的设定数据发送到基础自动化控制系统，实现设定的张力控制策略和平均壁厚的控制。

4）孔型设计也是CISDI的技术优势，它以实际生产经验数据和CAE分析为基础，兼顾了产品尺寸精度和轧辊寿命。

4.9.27.4　**选型原则**

集中差速传动方式整机装机电容量小，调速灵活方便，速度刚性好，张力稳定性好，电气控制简单，投资较少。但其设备结构复杂，不能单独调节其中的一个或几个机架的转速；设备投资高，设备要求加工精度和装配精度高；而单独传动方式结构简单、设备维修较方便；调速范围广、适应于各种钢管产品的调速需要；容易获得大的轧制功率；转动惯量较小，提高了调速系统的灵敏度，减小了动态速降恢复的时间，但其整机装机电容量大，电气控制复杂，维护检修要求高，在咬钢和抛钢时瞬时速降大，从而引起张力的波动，造成壁厚不均、切头、切尾损失增加。

在选择微张减机传动形式时应综合考虑各种因素，合理选择。

4.9.27.5　**典型项目应用情况**

CISDI设计的微张力减径机已经有6套投产使用，近期投产的有华菱锡钢ϕ258连轧机组的十四机架单独传动微张减机。投产以来，一直运行良好，生产节奏、能力和产品质量完全达到或超过设计要求。2012年即将要投产的有江苏诚德ϕ76连轧机组十二机架微张减机，传动形式为集中差速传动。2010年CISDI为沙特460机组设计了三辊外传动的轧辊机架，并将于2012年投产使用。

4.9.28　小车+销齿式运输系统

4.9.28.1　**设备简介**

近年来随着热轧带钢生产技术的快速发展，热轧带钢生产线卷取机后的钢卷运输系也得到了前所未有的发展。由传统的“步进梁＋链式运输机”发展到“托盘＋辊道式”运输系统，在此基础上中冶赛迪工程技术股份有限公司研发了特有的“小车+销齿式运输系统”，见图4.9.79。

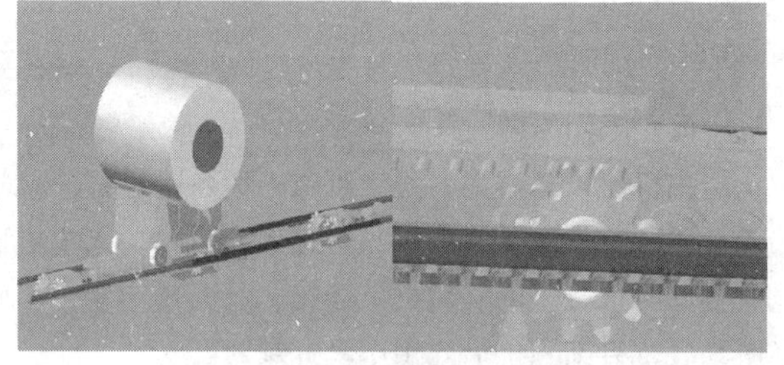

图4.9.79　小车+销齿式运输系统

小车+销齿式运输系统的优点:

(1) 设备质量较轻、互换性强、布置方式灵活。

(2) 钢卷停位精度高。

(3) 维护工作量小。

(4) 适用范围广。

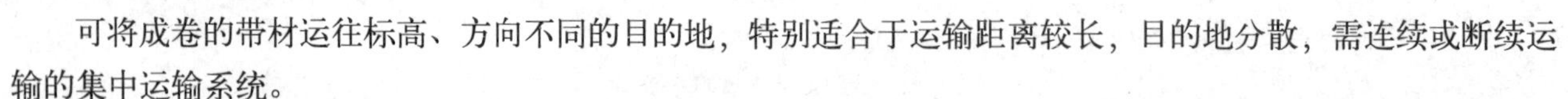

可将成卷的带材运往标高、方向不同的目的地，特别适合于运输距离较长，目的地分散，需连续或断续运输的集中运输系统。

4.9.28.2　**设备结构和工作原理**

(1) 结构和组成。

该运输系统由带载托卷小车运输线以及空载托卷小车返回线组成，见图4.9.80和图4.9.81。返回线可与运输线呈上下布置或相同标高并排布置；带载托卷小车运输线以及空载托卷小车返回线有以下主体设备：轨道、销轮传动组件、空载托卷小车、带载托卷小车、横移或提升装置组成，根据需要还可在运输或返回线上增加提升、旋转、称重等设备以满足不同运输目的地标高、成卷带材头部朝向等的要求。

(2) 工作原理。

需运输的成卷带材，放置在由鞍座、车轮、销齿条等组成的托卷小车上，托卷小车通过车轮支撑在轨道上，由齿轮马达驱动的销齿轮与安装在托卷小车上的销齿条啮合，驱动小车运行，根据运输距离和托卷小车上销齿条的长度布置适当个数的销齿轮传动组件，保证托卷小车的销齿条至少可与一个销齿轮啮合，一系列的销齿传动组件逐步将托卷小车运往目的地。当成卷带材在目的地卸卷后，空载小车通过横移或提升装置送到空载

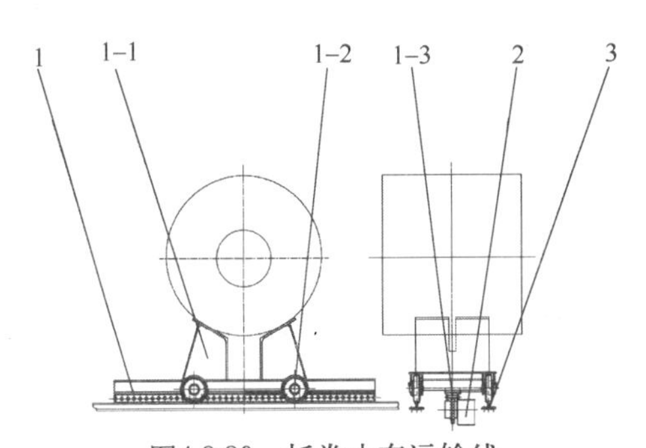

图4.9.80　托卷小车运输线

1—托卷小车；1-1—托卷小车安座；1-2—托卷小车车轮；
1-3—托卷小车销齿；2—销轮传动组件；3—轨道

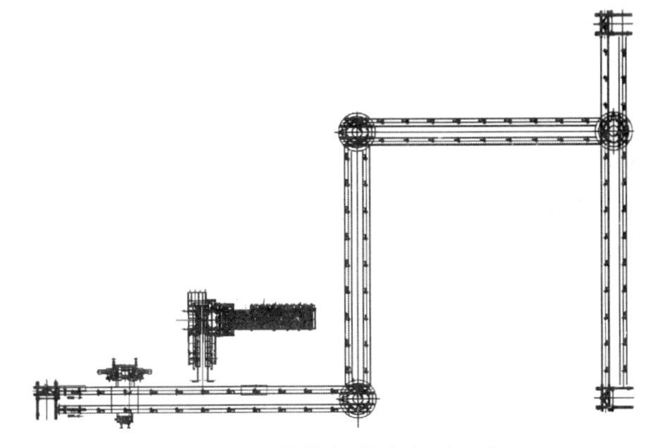

图4.9.81　空载托卷小车返回线

小车返回线上，空载小车返回线空载托卷小车的运行原理与运输线相同。将小车轨道和销齿传动组件安装在提升、旋转、称重装置上，则可实现成卷带材的提升、旋转、称重的需求。

4.9.28.3　**技术参数和技术特点**

1）技术参数。

1）带卷重量：max 43t；

2）钢卷宽度：max 2130mm；

3）托卷小车运行速度：max 0.5m/s；

4）钢卷旋转角度：±90°，180°，也可根据需要而定；

5）钢卷提升高度：根据需要而定。

(2) 技术特点。

1）特别适合于运输距离长，目的地分散场合；

2）相对于辊道托盘式小车系统，本设备简单，质量轻，安装维护方便。

4.9.28.4　**选型原则**

(1) 运输钢卷的最大质量43t；

(2) 运行速度：max 0.5m/s；

(3) 根据钢卷需要运输的距离及节奏选择需要的托卷小车数量；

(4) 根据钢卷运输走向平面布置及运输需要的提升情况确定悬转装置和横移装置数量、位置、悬转装置旋转角度、横移装置横移距离及提升装置数量、位置、升降高度。

4.9.29　BDCD开坯轧机系列

4.9.29.1　**设备简介**

中冶赛迪工程技术股份有限公司（CISDI）研发的BDCD（Breakdown Mill of CISDI）开坯轧机，采用滚动轴承轧辊辊系和液压防轧卡技术，是国内新型的开坯轧机。BDCD开坯轧机结合先进可靠的自动化控制系统，可根据轧制规程表的设定完成调整操作，实现了全自动轧钢，提供机电液成套技术（见图4.9.82）。

(1) 主要解决的技术问题。

开坯轧机是用来将钢锭或大型断面的连铸钢坯初步轧制成一定形状、尺寸、组织和性能的中间坯，供下游轧机进行进一步地轧制到成品棒材或型钢。

(2) 适用范围。

随着连铸技术的迅猛发展，以解决坯料形状和断面问题为主要目的的初轧开坯工艺逐步淡出钢铁行业，目前我国除抚顺、本溪和长钢等少数特钢厂还在使用初轧机外，其余绝大部分初轧厂都

图4.9.82　开坯轧机

已淘汰关闭。

生产优特钢线棒材一般需要较大的压缩比和高质量的连铸坯，大断面连铸坯在满足压缩比要求的同时，可减少连铸坯内的夹杂、改善连铸坯内部结晶形态，对提高连铸坯质量起到较为明显的作用。大断面连铸坯促使了开坯机的再次复苏，从2000年左右开始，许多钢铁企业新建或改造采用二辊可逆式开坯机+连轧机组的半连轧模式来生产大中型棒材和优质小方坯等，也有少数企业为生产高附加值棒线材用优质小方坯而专门新建了开坯轧机。

以型钢生产为主的企业，由于型钢断面比较复杂，品种规格较多，一两种连铸坯很难适应这种要求，因而需要开坯机，利用其变换品种规格比较灵活的优点，为多品种型钢厂供坯，同时争取一火成材，以适应市场需要。

4.9.29.2 设备结构和工作原理

开坯轧机机组由开坯轧机、开坯轧机前后工作辊道、开坯轧机前后推床翻钢机等设备组成，开坯轧机机列见图4.9.83、换辊装置见图4.9.84。

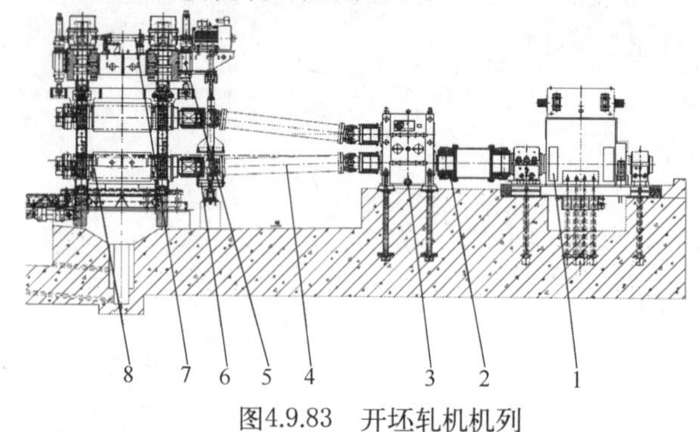

图4.9.83 开坯轧机机列

1—主电机；2—主电机联轴器；3—齿轮座；4—轧机接轴；5—上辊平衡装置；6—接轴托架；7—电动压下装置；8—轧辊辊系

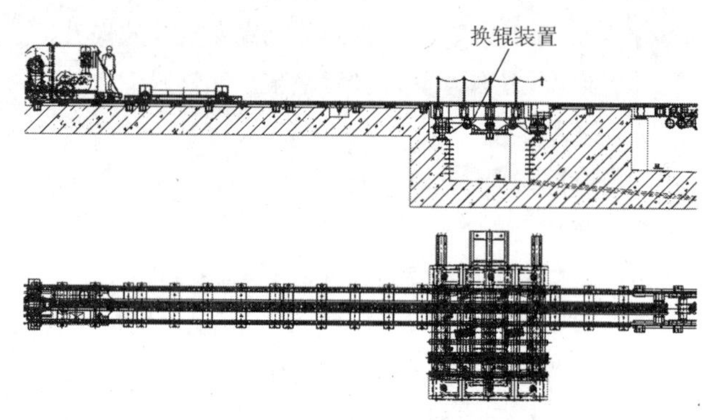

图4.9.84 换辊装置

(1) 开坯轧机结构和组成。

形式：水平二辊闭口牌坊可逆轧机，滚动轴承轧辊辊系。

设备组成：轧机装配、主传动、换辊装置等。

结构特点：

1) 轧机装配由轧辊辊系、换辊底车及下辊标高调整、电动压下装置及防轧卡缸、上辊平衡装置，上下轧辊轴向锁紧装置、下辊轴向调整装置、轧机机架和机架底座、轧机机上配管和轧机平台、地脚螺栓、接轴托架等组成。

①轧辊辊系由上下轧辊、上下辊轴承及轴承座装配、支撑销、上辊横梁、干油润滑配管等组成。导卫横梁另项提供。

辊系采用四列圆锥滚子轴承，配以大锥角的推力轴承，分别承受径向轧制力和轴向力。四列圆锥滚子轴承主要承受径向负荷，双向推力滚子轴承承受轴向载荷。滚动轴承的刚性大，摩擦系数小，降低了电机能耗，提高了轧件精度。

轧辊轴承座采用合金铸钢，轴承采用干油集中润滑。轧辊采用合金锻钢，并喷水冷却，通过安装在机架上的喷水集管冷却下轧辊。安装在平衡梁上的喷水集管冷却上辊。

下辊采用装配在换辊底车上的垫板组调整辊面标高，以适应新旧辊子直径，在轧制过程中下辊辊面标高恒定。上辊采用电动压下装置和液压平衡装置快速调整辊缝，并采用液压平衡装置平衡上辊辊系重量，消除上辊与压下装置、压下丝杆与螺母之间的间隙，防止轧制时的冲击和辊缝变动。

轧机导卫梁固定在轧辊轴承座上，随轧辊辊系一起装入/移出轧机内。

②换辊底车用于安放上下轧辊辊系的总成，无驱动装置，并随轧辊辊系一起装配到轧机中。换辊底车包括用于下辊辊面标高调整的垫板组。

③电动压下装置由电机、联轴器、蜗轮蜗杆减速机、带制动器和离合器的同步轴、压下丝杆与螺母、防轧

卡液压缸、球面臼、编码器等组成。电动压下装置采用全自动控制，由液压平衡装置配合快速调整辊缝，精确定位。一台变频电机通过两台蜗轮蜗杆减速机驱动两个压下丝杆，压下丝杆通过防轧卡缸与球面臼压紧上轧辊的传动和操作侧，以调节上轧辊位置。两蜗杆间的离合器采用液压缸驱动，以实现压下丝杆同时运动或单独运动，以保证轧辊的水平。制动器采用电力失效保护制动器，用于压下系统的锁位。

压下装置内配置防轧卡液压缸，当轧件阻塞时，可通过防轧卡液压缸消除卡紧力，以快速处理轧卡事故。

压下电机内置增量编码器，检测压下速度；压下传动机构末端设置绝对值编码器，检测压下行程。

④上辊平衡装置采用带传感器的液压缸驱动可悬挂上辊辊系的横梁，与电动压下装置同步升降运动。

⑤上下轧辊轴向锁紧装置。轧钢的时候，为防止轧辊窜动，液压缸驱动的锁紧装置通过止推轴承座将上下轧辊均锁紧在轧机牌坊上。

⑥下辊轴向调整装置。当上下轧辊孔槽错位时，下轧辊配置了液压缸通过斜楔机构驱动止推轴承座进行轴向调整，以便上下轧辊的孔槽对准。

⑦轧机牌坊为铸钢结构的闭口式机架，具有较高强度和刚度，稳定性好，安全可靠。轧机底板共2件，采用锻钢结构。

⑧轧机机上配管和轧机平台。轧机机上配管包括液压、稀油润滑、干油配管、冷却水、压缩空气等的配管，交接点在传动侧牌坊的下部。高压如液压和干油的钢管材质采用不锈钢。轧机平台用于放置机顶液压阀台和检修电动压下装置，设置斜梯以便行走。

⑨接轴托架由上下接轴的托座、带传感器的液压缸、导向杆及框架等组成。接轴托架安装在轧机传动侧紧靠轧机牌坊，用于轧辊换辊时候，支撑万向联轴器的端部。上下轧辊接轴托架的升降分别靠各自的液压缸驱动。

2）主传动装置主要由主电机、主电机联轴器、齿轮座、万向接轴等部件组成。

3）粗轧机采用快速换辊装置。换辊装置包括一个用于新辊的换辊底车、换辊推拉液压缸及液压缸驱动的横移平台、轨道等。

换辊推拉液压缸及小车安装在轧机操作侧，移动换辊底车时即将轧辊辊系拉出或推入轧机中。换辊横移平台由钢结构构成，横移由液压驱动。

轨道安装在轧机操作侧的地基上，端部安装在轧机牌坊上，与轧机内滑道连通，以便换辊底车从轧机内开出。

换辊时，换辊推拉液压缸将换辊底车及辊系推出至横移机架上，然后横移液压缸工作，实现横移平台横移，将新辊系对准轧制线。最后由推拉液压缸推入到位。

(2) 开坯轧机前后工作辊道。

形式：单独传动。

设备组成：辊子装配、辊道底座、万向联轴器等，如图4.9.85所示。

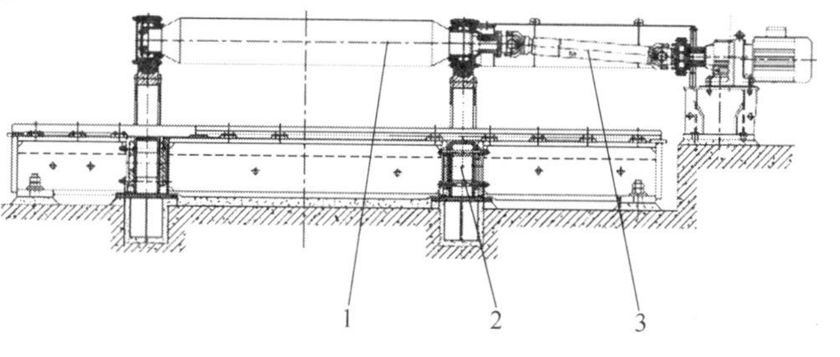

图4.9.85　工作辊道
1—辊子装配；2—辊道底座；3—万向联轴器

结构特点：每根辊子由一个齿轮减速电机单独传动，交流变频调速。采用具有过载能力大，机械特性硬和调速范围广等特性的辊道专用电机驱动。电机减速机直联传动，结构紧凑，占用空间小。辊子采用锻钢实心辊。辊道两侧由推钢机形成导向。辊子通过万向联轴器和梅花联轴器缓冲连接齿轮减速电机。

(3) 开坯轧机前后推床翻钢机。

形式：齿轮齿条式推床，带翻钢机，如图4.9.86所示。

设备组成：两台推床，一台翻钢机。

结构特点：推床布置在辊道的两侧，而驱动装置均布置在传动侧。每一个推床均由齿轮齿条经过电机驱动，并由电气保证两侧推床的开口度，以便

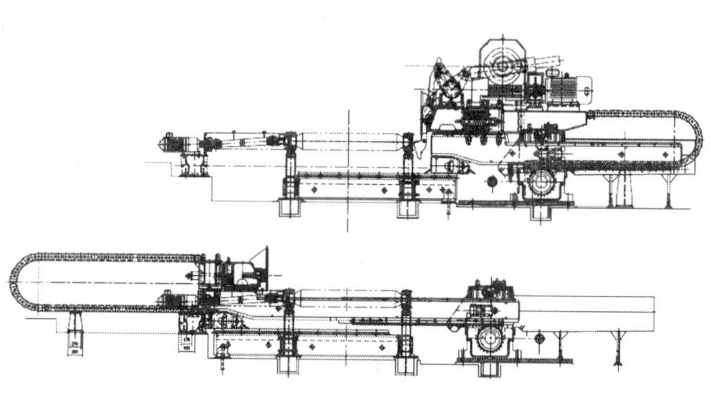
图4.9.86　推床翻钢机

和轧机孔槽对正，通过编码器来检测和控制推床的速度和位置。两侧推床在使坯料对中的同时，还可以实现钢坯矫直的功能。翻钢机装配在传动侧的推床上，通过电机和曲柄连杆机构将钢坯翻转90°，其翻转角度也由编码器来控制和显示。推床齿轮齿条采用油浴润滑。

4.9.29.3 设备技术参数和技术特点

(1) 技术参数（见表4.9.5）。

表4.9.5 BDCD开坯轧机技术参数

规格参数	BDCD950	BDCD1000	BDCD1100	BDCD1350	BDCD1500
最大轧制力/kN	8000	10000	12000	15000	18000
轧辊直径/mm	750~950	850~1000	900~1100	950~1350	1000~1500
辊身长度/mm	1800~2300	2300~2500	2300~2600	2300~2600	2400~2800
轧制速度/m·s^{-1}	0~5	0~5	0~5	0~5	0~5
轴向调整/mm	±5	±5	±5	±5	±5
压下速度/m·s^{-1}	0~65	0~65	0~65	0~65	0~65
传动比	1:1	1:1	1:1	1:1	1:1
齿轮座中心距/mm	850	900	950	1100	1300

参数表中的速比是采用人字齿轮座的传动比，可以根据需要选用带速比的减速机并搭配高速主电机。

(2) 技术特点。

这种新型的开坯机，借助开坯机前推床翻钢机和开坯机后推床翻钢机，完成翻、移钢动作并对准相应轧槽，进入轧机，对轧件进行往复多孔型、多道次可逆轧制，为后续轧机提供合格钢坯。采用大断面连铸坯经专业化新型开坯生产线生产优质轧制中间坯，能明显提高线棒材产品的压缩比和改善碳偏析，以满足制品行业对优特钢棒线材产品质量的需求。该生产线采用我国自主集成的新型开坯轧线成套技术，生产效率高、劳动环境好，具有良好的推广使用价值。可成为提高制品用棒线材原料品质的有力手段之一，对于进一步提高我国优特钢线棒材产品档次，提高线棒材深加工比和优化产业结构具有较为重要的实际意义。

4.9.29.4 选型原则

根据生产线的产品类型和产品定位，合理选择开坯机，通过需要开坯的连铸坯断面尺寸和轧制规程计算轧制力，进一步可以确定开坯机的规格和架次。

4.9.29.5 典型项目应用情况

(1) 开坯生产线。

邢台钢铁有限责任公司为提高现有产品质量、提升产品档次和优化产品结构，分别于2007年和2011年建立了两条方坯生产线，分别为邢钢精品钢生产线改造工程轧钢项目、邢钢不锈钢新产品技术改造开坯工程，这两个工程是在连铸坯大规模取代模铸后，国内以连铸坯为原料的第一条专为提高线棒材产品质量而建设的开坯生产线，采用了CISDI专有的新型开坯轧机。该生产线主要为该企业现有高线提供优质轧制小方坯，钢种主要为高级冷镦钢、钢帘线、预应力钢丝钢绞线、高级弹簧钢、轴承钢、齿轮钢等，最终的线材产品定位于高端、精品线材市场。该生产线的建成为邢台钢铁有限责任公司生产出高级别制品用线材盘卷提供了良好的原料条件。

(2) 开坯机+连轧机组。

从2000年左右开始，许多钢铁企业新建或改造采用二辊可逆式开坯机+连轧机组的半连轧模式来生产大中型棒材和优质小方坯等，如大连特钢、南钢中型厂和江阴兴澄等。

由CISDI总承包建设的南钢中型厂技改工程项目是南京钢铁联合有限公司实现产品升级换代的项目。该工程是在南钢原有落后的生产线基础上，通过厂房的改造，新、旧设备的整合，自动化控制系统的更换和工艺的调整，从而形成年产80万吨优质合金钢棒材半连轧生产线。工程于2007年7月31日开工，在边生产，边施工中，于2008年6月28日正式投入使用，生产优特钢棒材（见图4.9.87、图4.9.88）。

图4.9.87 邢钢精品钢生产线改造工程轧钢项目　图4.9.88 邢钢不锈钢线材新产品技术改造开坯工程

（3）开坯机+型钢轧机。

宿迁南钢金鑫轧钢生产线主要产品为大型L型钢、船用球扁钢、电力用大型角钢、不等边角钢等。该生产线通过增设开坯机，扩大了型钢生产的产品范围，提高了产品产量。

邯钢大型型钢生产线的开坯轧机机组也是由CISDI设备成套，该生产线采用开坯机和万能轧机组合，能够产品范围广，产量大，能灵活的生产钢轨、H型钢、船用型钢等产品。

（4）现有生产线改造。

由于开坯机成套技术的诸多优点，采用CISDI自主集成的新型开坯轧线成套技术，生产效率高、劳动环境好，能够提高优特钢线棒材产品档次，提高线棒材深加工比，具有良好的推广使用价值，对于落后的生产线改造有很大的吸引力（见图4.9.89~图4.9.91）。

图4.9.89 南钢中型厂技改工程

图4.9.90 宿迁南钢金鑫轧钢项目

图4.9.91 邯钢大型型钢项目

4.9.30 NHCD短应力线轧机系列

4.9.30.1 设备简介

中冶赛迪工程技术股份有限公司（CISDI）研发的NHCD（None House Mill of CISDI）短应力线轧机已有15个规格，形成系列化。短应力线轧机是现代棒线材轧钢线上的核心设备，自其问世以来，其结构在不断衍变，具有刚度高、轴承和轴承座受力好、对称调整、换辊快速等特点。

（1）主要解决的技术问题。

目前市场上短应力线轧机普遍存在轴向易窜动、导卫稳定性差、轧机规格不齐全和立式轧机提升困难等问题，特别是无法满足大规格合金钢棒材的生产，从而阻碍了该技术的进一步推广应用。CISDI开发出了具有自主知识产权的短应力线轧机，其规格齐全、整体刚度高、换辊高效快速、轴向固定装置以及轧机平衡装置性能先进、可操作性强等优点，大大缩短了设备的安装调试以及维护时间，提高了生产效率。

(2) 适用范围。

短应力线轧机在中小型棒材生产线中可作为粗中精全线轧机，在优特钢大棒材生产线中可作为开坯轧机之后的中精轧机机组，在高速线材生产线中可作为粗中轧机和预精轧机前两架，是长材连续轧制生产线上的核心设备。

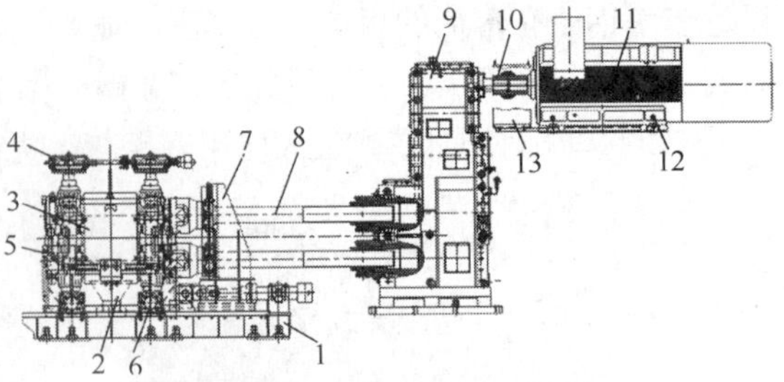

图4.9.92　水平轧机机列

1—轧机底座；2—轧机滑座；3—轧辊辊系；4—辊缝调节装置；5—导卫梁；6—轧机锁紧缸；7—接轴托架；8—轧机接轴；9—联合齿轮箱；10—主电机联轴器；11—主电机；12—主电机底座；13—主电机联轴器保护罩

4.9.30.2　设备主要结构

短应力线轧机的主要结构是：(1) 主电机。根据工艺需要，可选择交流电机亦可选择直流电机；(2) 联合齿轮箱。有立式和卧式两种结构形式；(3) 轧机接轴。可配置长伸缩鼓形齿式联轴器或者十字轴式万向接轴；(4) 轧机装配。有水平轧机装配，如图4.9.92所示。立式轧机装配，如图4.9.93所示如平立可转换轧机，如图4.9.94所示等三种形式。轧机装配由轧机本体、轧机底座、接轴托架和换辊小车（立式轧机装配）组成；轧机本体由轧机机芯、轧机滑座和导卫梁组成；轧机机芯由轧辊、轴承座装配、拉杆系、辊缝调节装置等组成。

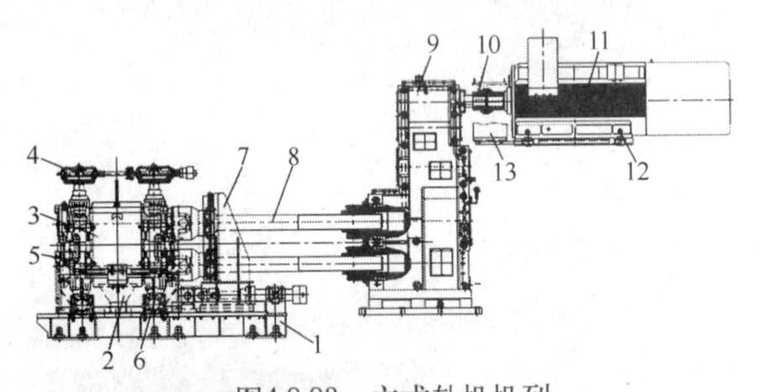

图4.9.93　立式轧机机列

1—轧机底座；2—轧机滑座；3—轧辊辊系；4—辊缝调节装置；5—导卫梁；6—轧机锁紧缸；7—接轴托架；8—轧机接轴；9—联合齿轮箱；10—主电机联轴器；11—主电机；12—主电机底座；13—主电机联轴器保护罩

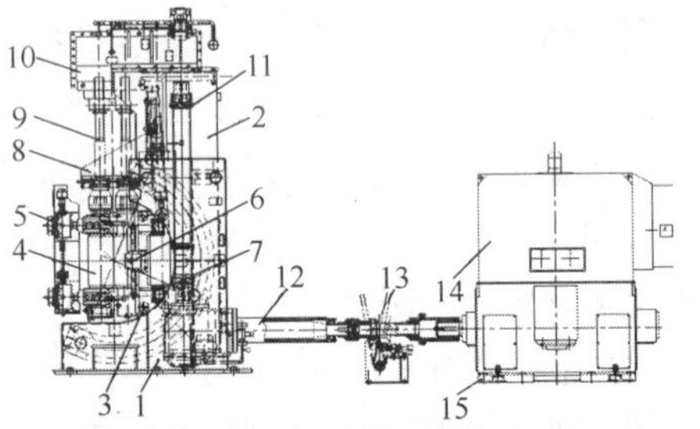

图4.9.94　平立可转换轧机机列

1—轧机C形框架；2—轧机旋转底座；3—轧机滑座；4—轧辊辊系；5—辊缝调节装置；6—导卫梁；7—轧机锁紧缸；8—接轴托架；9—轧机接轴；10—联合齿轮箱；11—中间传动轴器；12—锥齿轮箱；12—离合器；14—主电机；15—主电机底座

4.9.30.3　设备技术参数和技术特点

(1) 技术参数。

CISDI已成功开发出了NHCD1000至NHCD330共15个规格型号的短应力线轧机，不仅满足普通线棒材生产，而且满足大棒材合金钢生产，其主要参数见表4.9.6。

表4.9.6　NHCD短应力线轧机主要参数

规格参数	最大辊径/mm	最小辊径/mm	辊身长度/mm	轴向调整量/mm	轧机横移/mm
NHCD1000	1000	850	1350	±5	±500
NHCD900	900	750	1200	±5	±400
NHCD850	850	750	1100	±5	±350
NHCD800	800	700	1000	±5	±300
NHCD750	750	650	900	±3	±300
NHCD700	700	600	850	±3	±300
NHCD650	650	560	800	±3	±280
NHCD610	610	520	750	±3	±280
NHCD560	560	480	750	±3	±280
NHCD510	510	430	700	±3	±280
NHCD480	480	420	700	±3	±280
NHCD450	450	390	700	±3	±280
NHCD420	420	360	650	±3	±280
NHCD380	380	330	650	±3	±280
NHCD330	330	280	500	±3	±225

(2) 技术特点。

在短应力线轧机的众多型式中，CISDI致力于自主创新和特色发展，形成具有多项专利技术的高强度、高刚度、高精度的短应力线轧机技术，见图4.9.95。

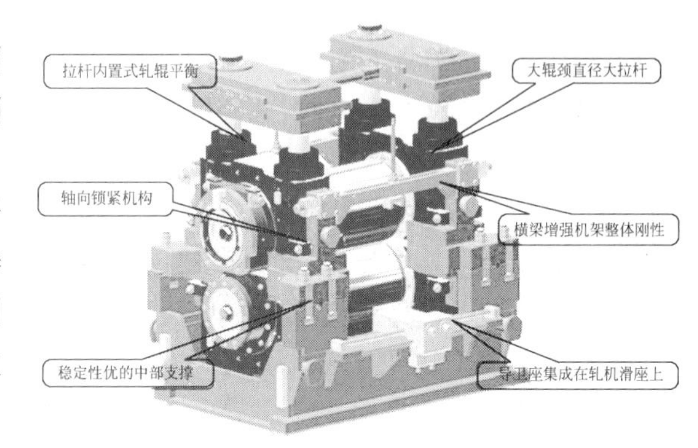

图4.9.95 NHCD短应力线轧机特点

1）大型化。CISDI开发的短应力线轧机以大规格居多，从NHCD950至NHCD750有4个规格，用于轧制大棒材，亦用于中小型优特钢棒材的开坯。轧机规格最大达到ϕ1000mm /850mm×1350mm，可满足ϕ300mm的圆钢生产，填补国内大型短应力线轧机空白。

2）加强型。为满足合金钢和不锈钢生产，CISDI开发的短应力线轧机采用了大辊颈直径的轧辊和大断面的拉杆，以及中部支撑拉杆座和拉杆内置碟形弹簧等创新结构，轧辊轴承座、拉杆支座、轧机滑座和接轴托架等重要零部件，都采用重型结构，提高了轧机稳定性，保持平衡力恒定，以承受较大的轧制力和轧制力矩，满足优特钢轧制。

3）防轴向窜动。针对短应力线轧机容易轴向窜动的弊病，经过大量研究和实验，开发了独具特色的高刚度轴向调整和固定装置，不仅可灵活实现轴向调整，还可有效防止轴向窜动。轧辊轴承座U形臂直接锁紧在拉杆支座上防止轧辊轴向窜动，避免拉杆承受横向力。同规格轧机轴向窜动量优于引进机芯。

4）可靠的立式轧机提升设计。为了解决大型立式轧机提升时的倾斜和锁紧问题，开发了蜗轮蜗杆和特殊布置液压缸两种型式的提升机构，针对大轧机，采用中部悬挂蜗杆蜗轮提升，对中小型轧机，采用液压缸斜拉，在改进型锁紧装置的配合下，可顺利而可靠地完成立式轧机的提升及锁紧。

5）高刚度导卫座。优化了轧机底座结构，将轧机滑座与导卫座做成一个整体部件，提高了导卫的稳定性，提高了产品的轧制精度。

6）便于操作的立式轧机端面定位装置。换辊定位销安置于换辊小车上，立式轧机本体端面设置定位板，销孔置于轧机体外，提高了设备操作性，降低了故障率。

7）优化的轧机接轴托架。接轴通过支撑耳轴安装在托架的耳轴座内，接轴托架通过链条杠杆机构对接轴重量自平衡。同时对于立式轧机还有另一种备选方案：取消了传统立式轧机接轴与接轴托架间的支撑耳轴及轴承，改用支撑销与接轴上的环形槽相配合的方式来支撑接轴，提高了接轴的设备维护性，降低了设备成本。

8）机旁快速换辊。为提高生产率，可在机旁快速换辊，即在机旁设置轧机抽出装置和横移装置，在很短的时间内将新旧轧机本体快速更换。缩短停机时间以提高产量。

9）减定径生产技术。在机械用钢棒材生产线，常常采用减定径技术生产高尺寸精度和高形状精度的产品，为此，在短应力线轧机成功应用的基础上，开发出ϕ380mm /330mm×650mm规格的减径机和ϕ380mm /330mm×400mm的定径机，配合轧机前后水冷段控温控轧，可满足中小规格的高精度机械用钢棒材生产。

4.9.30.4 典型项目运用情况

图4.9.96、图4.9.97所示为典型项目运用情况。

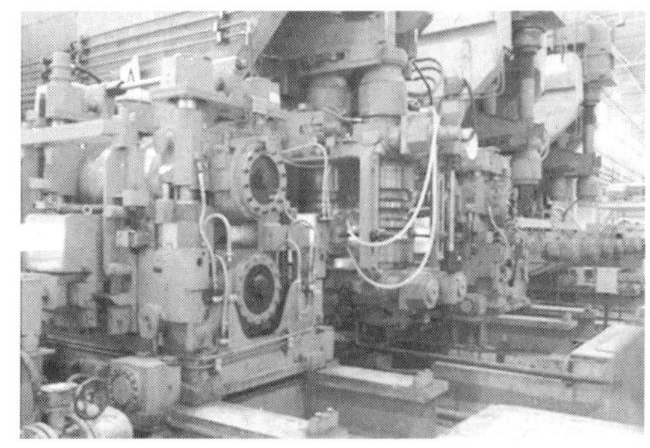

图4.9.96 现场（一）

图4.9.97 现场（二）

CISDI研发团队针对短应力线轧机不断优化改进，技术更加成熟，产品特点和优势也更加明显，在国际和国内都得到用户的好评，通过生产实践证明，该系列短应力线轧机运行情况良好，完全满足工艺和生产要求，取得了令人满意的效果。同时，CISDI研发的系列短应力线轧机具有较高的性价比，给企业以低成本投入、高产品质量和高竞争力的优势，为企业和社会创造了更大的经济价值和社会效益。

NHCD短应力线轧机已经成功于南钢中型厂、攀长钢异地改造、威钢高强度抗震钢筋生产线和德钢技改轧钢等工程，运行效果良好。另外处于建设中的项目，巴西CSN公司UPV钢厂长材项目，汉中高线总包项目，云南德胜淘汰落后、调整搬迁、节能减排轧钢项目，巴西CSN公司Itaguai炼钢长材EP等。

4.9.31 HSCD牌坊轧机系列

4.9.31.1 设备简介

中冶赛迪工程技术股份有限公司（CISDI）研发的HSCD（House Mill of CISDI）牌坊轧机已有6个规格。辊缝调节装置内置于利用轧制厚板整体切割而成的牌坊窗口内，形成高刚度线棒材牌坊轧机。

CISDI作为客户首选的国际工程技术服务商，一向致力于冶金设备的开发与应用，特别是在轧钢车间起着举足轻重作用的牌坊轧机。近年来，根据轧钢产品的不断升级，CISDI开发出大中型牌坊轧机。

（1）主要解决的技术问题。

国内棒线材及型材轧钢车间使用的牌坊轧机规格小、精度低、弹跳大、稳定性差、寿命短，在一定程度上制约了棒线材及型材产品的规格和性能。市场迫切需要对现有牌坊轧机升级改造，对大规格的牌坊轧机提出了迫切需求。CISDI经过长期经验积累、潜心研究论证，成功开发出了国内最大的用于棒线材及型材轧钢车间牌坊连轧机HSCD900，并成功投产。

（2）适用范围。

牌坊轧机在中小型棒材生产线中可作为粗中轧机，在优特钢大棒材生产线中可作为开坯轧机之后的中精轧机机组，在高速线材生产线中可作为粗中轧机和预精轧机前两架，是长材连续轧制生产线上的核心设备。

4.9.31.2 设备结构和工作原理

（1）结构和组成。

牌坊轧机主要组成：轧机本体、换辊装置、接轴托架、接轴、联合齿轮箱和轧机底座等组成。有水平轧机（见图4.9.98）装配和立式轧机（见图4.9.99）装配两种形式。

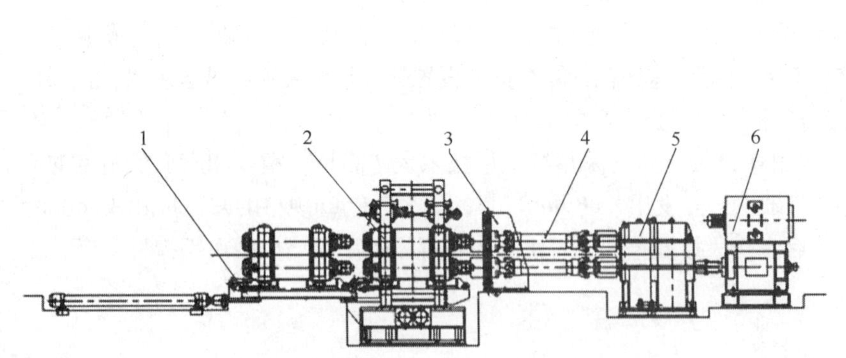

图4.9.98 水平轧机机列
1—换辊装置；2—轧机本体；3—接轴托架；4—接轴；5—联合齿轮箱；6—主电机

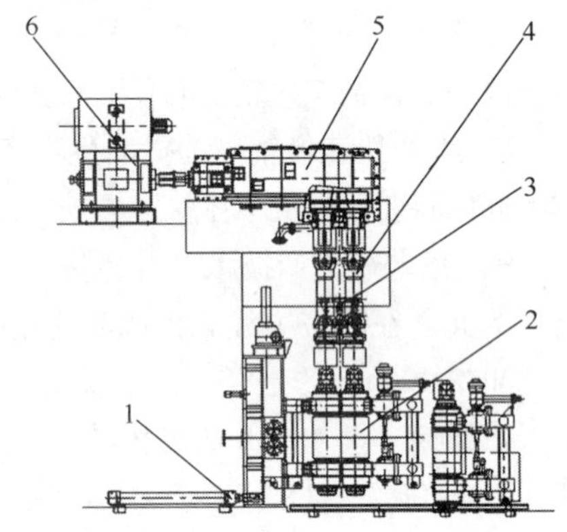

图4.9.99 立式轧机机列
1—换辊装置；2—轧机本体；3—接轴托架；4—接轴；5—联合齿轮箱；6—主电机

（2）工作原理。

轧辊采用合金球墨铸铁，辊系由工作辊、轴承座、轴承组成。由于轧辊轴承工作压力大，工作环境恶劣，精度要求高，刚度要大，运转速度差别大，主要承受径向负荷，利用双列角接触轴承承受轴向载荷。利用柱面垫改善了轧辊轴承受力情况，使轧辊轴承各列滚动体受力均匀。提高轧辊轴承的使用寿命。滚到轴承摩擦系数小，降低了电机能耗，使用和维护方便。多孔槽轧制为节省轧辊金属消耗，节约生产成本和延长轧辊使用时间而不需要更换轧辊。

轧辊平衡为了消除上下轴承座及拉杆螺纹之间的间隙，采用弹性胶体平衡，具有结构紧凑、操作简便、生产中不用调整和维修等优点。

轧机压下即轧辊辊缝调节，采用液压马达通过蜗轮蜗杆箱驱动压下丝杆实现，也可在操作侧人工手动调节。两蜗轮蜗杆箱之间可离合，即可实现轧辊两侧单独调整。

轧机牌坊采用轧制厚钢板，通过横梁焊接为一个整体机架。压下丝母可置于牌坊出口内，避免了在牌坊窗口上部梁上开口，保证了轧机的高刚度。

轧机横移即轧辊更换孔槽，与换辊采用同一液压缸驱动轧机机架。此液压缸也将完成轧辊和接轴的离合动作，以便进行换辊。

轧机锁紧装置采用液压和碟簧组合锁紧，液压缸回松方式，将轧机本体锁紧在轧机底座上。轧机正常工作时，压紧弹簧将机芯锁紧在轧机轨座上。当轧机需要更换孔型和横移时，锁紧缸活塞方向压紧弹簧使锁紧舌缩回，以便轧机移动。

换辊采用液压缸，即在操作侧的地坑中安装有液压缸，缸头装配有固定钩，可自动钩住轧辊底车前段活动钩将轧辊拖出。

同规格的轧机本体除轧辊需按照道次需要开孔槽不同外，零部件完全相同，具有互换性，减少备品备件。

4.9.31.3 设备技术参数和技术特点

(1) 技术参数。

主要技术参数见表4.9.7。

表4.9.7 HSCD牌坊轧机主要参数

轧机型号	最大辊径/mm	最小辊径/mm	辊身长/mm	轴向调整量/mm	轧机横移/mm
HSCD900	900	800	1200	±5	±400
HSCD800	800	700	1000	±5	±350
HSCD720	700	620	900	±5	±350
HSCD600	600	520	800	±5	±280
HSCD480	480	420	700	±3	±260
HSCD380	380	320	650	±3	±235

(2) 技术特点。

在众多的牌坊轧机中，CISDI牌坊轧机研究团队，通过数值仿真结合工程应用，对牌坊轧机的关键技术全面系统的研究，成果显著。

1) 规格齐全：CISDI开发的牌坊轧机规格齐全，从HSCD900至HSCD380共有6个规格，用于轧制大棒材，亦用于中小型优特钢棒材的开坯。轧机规格最大达到ϕ900/800mm×1200mm，满足国内大型牌坊连轧机的需求。

2) 加强型：为满足合金钢和不锈钢生产，CISDI开发的牌坊轧机采用了大辊颈直径的轧辊和大截面的牌坊，以承受较大的轧制力和轧制力矩，满足优特钢轧制。

3) 辊系调整：针对大规格轧机，尤其是立式轧机的轴向力大的特点，对大规格轧机选用四列圆柱轴承与大锥角调心轴承组合，提高轴承寿命。

4) 接轴托架优化：能够实现自动调整接轴高低位的接轴托架。

5) 可靠的立式轧机提升设计：为了解决大型立式轧机提升时的倾斜问题，开发出了具备反倾翻力的助推机构，可顺利而可靠地完成立式轧机的提升。

6) 可靠的轧机锁紧装置：采用液压和碟簧组合的锁紧方式，既解决了单纯碟簧锁紧力不足和液压锁紧不安全的问题，安全可靠的实现轧机的锁紧。

4.9.31.4 典型项目应用情况

HSCD牌坊轧机已经成功应用于北满特钢连轧升级改造项目和大连金牛初轧厂改造工程，运行良好（见图4.9.100）。

图4.9.100 现场

4.9.32 UMCD万能轧机系列

4.9.32.1 **设备简介**

中冶赛迪工程技术股份有限公司（CISDI）研发的UMCD（Universal Mill of CISDI）万能轧机已有3个规格。采用牌坊轧机的结构形式，具有高强度高刚度的特点，主要用于大型型钢轧制生产线。

万能轧机主要用来轧制各类型钢，例如：H型钢、钢轨、工字钢、槽钢、钢板桩、U型钢、L型钢、不等边角钢等各种类型的型钢，因其适用于多品种钢材轧制，故而得名万能轧机。随着大中型型钢车间的建设项目越来越多，迫切需要轧制精度高、轧制力矩大、效率高、故障率低的万能轧机，然而国内对于万能轧机的研究起步晚，装备技术落后，明显不能够满足现代化型钢车间建设的需要。对比中国近几年的出口可以看出，我国出口的产品主要在低端产品，利润薄、污染重；而对于高端产品又无能力生产。

UMCD万能轧机实现全部国产化，可降低项目投资。轧机具有造价低、结构紧凑、高强度和高刚度等优点。采用滚动轴承组合的轧辊辊系，精度高、承载能力强、寿命长、安装维护方便。

主要解决的技术问题：

传统的型钢生产是在二辊或三辊式轧机的闭口孔型中进行轧制，长期以来无法解决产量低、成材率低和产品质量差等问题。尤其是在钢轨的生产线中，由于旧有的二辊或三辊式轧机采用孔型法轧制，由于轨头轨底加工不充分，钢轨表面缺陷（如裂纹和结疤）都集中在重要的轨头和轨底，孔型法轧制钢轨，由于轧件在轨形孔中的不对称变形及成品孔中轨头偏重造成的出口扭转，使轨底和腹部不对称（下腹低）。由于钢轨各部分变形力和轧制速度的差异及轧件各部分“脱槽”不同时等原因，难以消除断面不对称。

万能轧机能够灵活地适应市场的需求变化，提高企业的经济效益。万能轧机最早只用来轧制H型钢，后来通过技术的逐渐成熟，万能轧机广泛用于多种型钢的生产，尤其能够采用对称压缩的万能法轧制钢轨，使轨头轨底得到良好的加工变形，最终轧成成品钢轨。

4.9.32.2 **设备结构和结构特点**

（1）结构和组成。

形式：紧凑式万能轧机，见图4.9.101和图4.9.102。

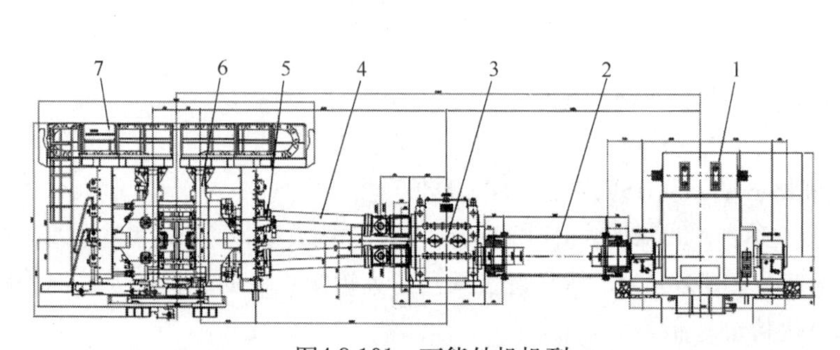

图4.9.101 万能轧机机列

1—主电机；2—主电机联轴器；3—齿轮座；4—轧机接轴；5—接轴托架；6—轧机本体；7—机顶平台和配管

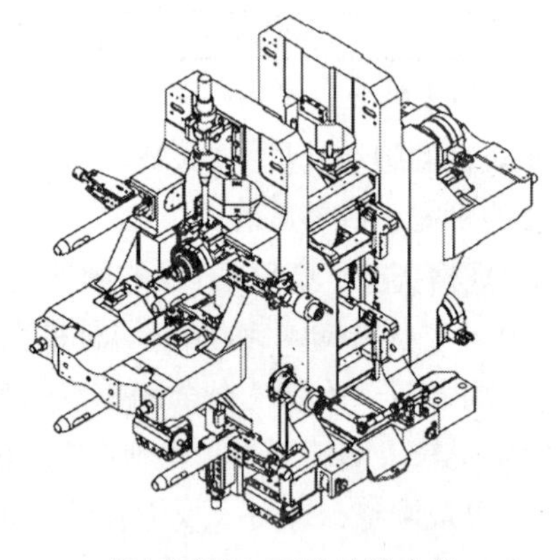

图4.9.102 万能轧机本体

设备组成：轧机装配、主传动、换辊装置等。

（2）结构特点。

1）轧机装配由轧辊辊系、换辊底车、水平辊压上压下装置、立辊压上压下装置及上辊平衡装置、立辊平衡装置等，上下轧辊轴向锁紧装置、上辊轴向调整装置、轧机机架和机架底座、轧机机上配管和轧机平台、地脚螺栓、接轴托架等组成。

①轧辊辊系包括水平辊辊系和立辊辊系，分别由上下轧辊、上下辊轴承及轴承座装配、支撑销等组成。立辊辊系和水平辊辊系不同的是没有支撑销，在换辊状态时支撑了换辊底车上。

水平辊辊系采用四列圆柱滚子轴承，配以大锥角的推力轴承，分别承受径向轧制力和轴向力。四列圆锥滚子轴承主要承受径向负荷，双向推力滚子轴承承受轴向载荷。滚动轴承的刚性大，摩擦系数小，降低了电机能耗，提高了轧件精度。

立辊辊系采用双列圆锥滚子轴承承受轧件腿部的变形抗力，立辊安装在立辊箱体中，立辊箱体可在万能轧机支架组成的滑道内前后滑动。

②换辊底车用于安放上下轧辊辊系、立辊辊系和导卫的总成，无驱动装置，并随轧辊辊系一起装配到轧机中。

③水平辊压上、压下采用液压缸调整水平辊辊缝，通过液压缸内置的位移传感器反馈位置，采用液压AGC技术。立辊辊系由立辊侧压装置上的液压缸来实现。通过液压缸内置的位移传感器反馈位置，采用液压AGC技术。

④上辊平衡装置采用带传感器的液压缸驱动可悬挂上辊辊系的横梁，与上水平辊压下装置同步升降运动。

⑤上下轧辊轴向锁紧装置。轧钢的时候，为防止轧辊窜动，液压缸驱动的锁紧装置通过止推轴承座将上下轧辊均锁紧在轧机牌坊上。

⑥上辊轴向调整装置。当上下轧辊孔槽错位时，下轧辊配置了液压缸通过斜楔机构驱动止推轴承座进行轴向调整，以便上下轧辊的孔槽对准。

⑦水平辊轧机牌坊为铸钢结构的闭口式机架，具有较高强度和刚度，稳定性好，安全可靠。

⑧轧机机上配管和轧机平台。轧机机上配管包括液压、稀油润滑、干油配管、冷却水、压缩空气等的配管，交接点在传动侧牌坊的下部。

⑨接轴托架由上下接轴的托座、带传感器的液压缸、导向杆及框架等组成。接轴托架安装在轧机传动侧紧靠轧机牌坊，用于轧辊换辊时候，支撑万向联轴器的端部。上下轧辊接轴托架的升降分别靠各自的液压缸驱动。

2）主传动装置主要由主电机、主电机联轴器、齿轮座、万向接轴等部件组成。

3）万能轧机采用快速换辊装置。换辊装置包括换辊推拉液压缸及液压缸驱动的横移平台、轨道等。

换辊推拉液压缸及小车安装在轧机操作侧，移动换辊底车时即将轧辊辊系拉出或推入轧机中。换辊横移平台由钢结构构成，横移由液压驱动。

轨道安装在轧机操作侧的地基上，端部安装在轧机牌坊上，与轧机内滑道联通，以便换辊底车从轧机内开出。

换辊时，换辊推拉液压缸操作侧牌坊、换辊底车及轧辊辊系推出至横移机架上，传动侧牌坊固定不动，轧辊辊系推出至横移机架上后，操作侧牌坊与轧辊辊系之间连接的液压缸打开，释放轧辊辊系在横移机架上，操作侧牌坊进一步后移。然后横移液压缸工作，实现横移平台横移，将新辊系对准轧制线。最后由推拉液压缸推入到位。

4.9.32.3 设备技术参数和技术特点

(1) 技术参数。

表4.9.8为UMCD万能轧机主要参数。

表4.9.8 主要技术参数

规格参数	UMCD600	UMCD800	UMCD1000
水平辊轧制力/kN	6000	8000	10000
立辊轧制力/kN	2500	4000	6000
轧辊直径/mm	990~1200	1100~1300	1300~1400
辊身长度/mm	600	800	1000
轧制速度/m·s^{-1}	0~6	0~6	0~6
轴向调整/mm	±5	±5	±5
水平辊调整速度/mm·s^{-1}	0~4	0~4	0~4
立辊调整速度/mm·s^{-1}	0~8	0~8	0~8
传动比	1:1	1:1	1:1
齿轮座中心距/mm	850	900	1000

参数表中的速比是采用人字齿轮座的传动比，可以根据需要选用带速比的减速机并搭配高速主电机。

(2) 技术特点。

UMCD万能轧机实现了高刚度、紧凑式万能轧机的国产化；改变了以往辊缝调整采用电—液及电动压下、压上的模式，采用纯液压压下、压上；采用超高刚度和紧凑式结构进行万能轧机的设计；轧机的控制采用AGC“自动辊缝控制”技术；轧机牌坊采用液压拉杆式连接，并可进行预压紧，牌坊可移动，轧制采用快速换辊技术，能够实现20min内换辊。

4.9.32.4 **选型原则**

根据生产线的产品类型和产品定位，合理选择万能轧机，通过需要轧制规程计算轧制力，进一步可以确定万能轧机的规格和配置。

4.9.33 SFMCD型钢精轧机

4.9.33.1 **设备简介**

中冶赛迪工程技术股份有限公司（CISDI）设计的SFMCD（Section Finishing Mill of CISDI）大型钢精轧机用于大型型钢生产线的最终道次的轧制。轧机型式为滚动轴承轧辊辊系的闭口牌坊的二辊水平轧机，目前设计有三种规格。用于轧制大规格的L型钢、球扁钢、不等边角钢的成品机架轧制。轧机的刚度高，轧制力矩大，轧制成品精度高。操作简单，运行可靠，故障率低，便于维护，经济适用。

4.9.33.2 **设备的组成及结构特点**

（1）设备的组成。

型钢精轧机机列主要包括主电机、主联轴器、减速机、万向接轴、接轴托架、轧机本体、换辊装置等，其布置方式如图4.9.103~图4.9.105所示。

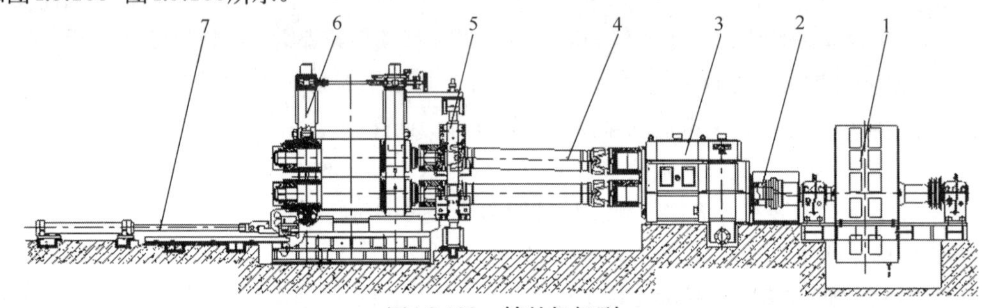

图4.9.103 精轧机机列

1—主电机；2—主联轴器；3—减速机；4—轧机接轴；5—接轴托架；6—轧机本体；7—换辊装置

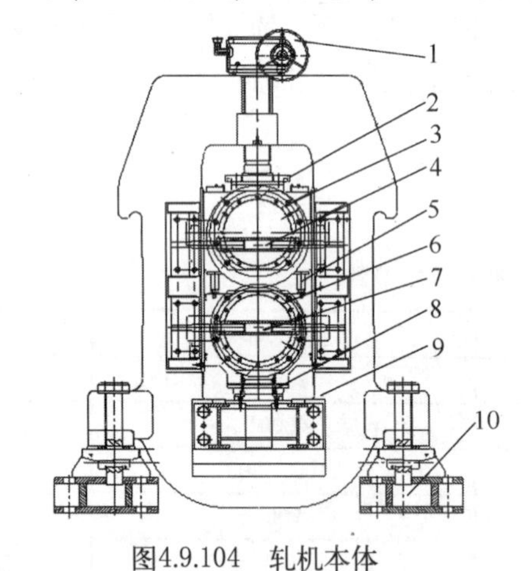

图4.9.104 轧机本体

1—压下装置；2—防轧卡装置；3—上轧辊；4—上轧辊锁紧及轴向调整装置；5，6—下轧辊；7—下轧辊锁紧及轴向调整装置；8—下轧辊标高调整；9—机架；10—底座

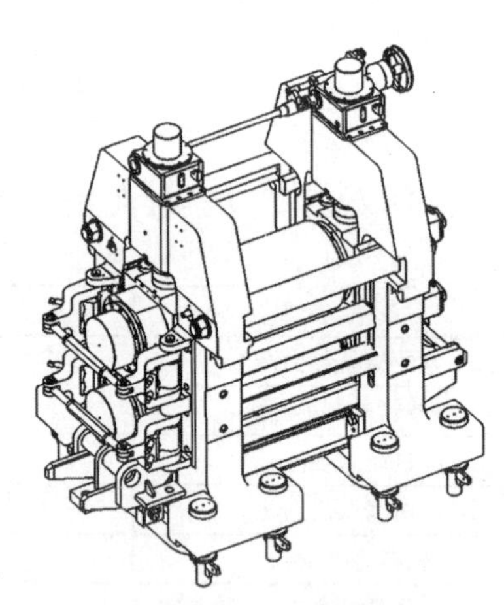

图4.9.105 轧机本体

（2）典型结构及特点。

1）轧辊辊系采用滚动轴承，能承受较大轧制力，能适应精度要求高、刚性要求大、运转速度差别大等工作要求。四列圆柱滚子轴承主要承受径向负荷，双向推力滚子轴承承受轴向载荷。滚动轴承的刚性大，摩擦系数小，降低了电机能耗，提高了轧件精度。

2）轧机机架为铸钢结构的闭口式机架，具有较高强度和刚度，稳定性好，安全可靠。底座为焊接结构，制造简单可靠，强度易保证。

3）采用液压柱塞缸形式上轧辊平衡装置，用于保证上轧辊轴承座紧贴压下丝杆端部并消除压下系统内部螺纹之间的间隙，该平衡装置结构简单、操作简便。

4）压下装置采用液压马达驱动，配合液压平衡装置快速实现精确的辊缝调整。同时还设有人工手动调节装置，灵活、可靠。

5）设有防轧卡处理装置，装配在压下装置丝杆底部和轧辊轴承座顶部之间。取出该防轧卡装置，即可消除卡紧力，快速处理轧件阻塞事故，尽快恢复生产。结构简单，操作容易。

6）下轧辊标高调整采用垫板调整辊面标高，以适应新旧辊子直径的变化。

7）上下轧辊锁紧及轴向调整装置采用人工调节、机械锁紧的方式，上下轧辊均能实现轴向调整、结构简单，经济实用、易于调整和维护。

8）接轴托架采用液压缸驱动，并在液压缸内设有位置控制的位移传感器。当需要更换轧辊时，接轴托架能分别托住轧机上下接轴，并独立调整和控制轧机接轴的高度，实现接轴头部扁头在高度方向较为精确的位置控制，以保证轧辊推入时，可快速、准确对准，缩短换辊时间。

9）轧机接轴采用十字轴式万向联轴器，具有传动效率高、传递扭矩大、传递平稳、噪音低、使用寿命长、允许倾角大等优点。

10）换辊采用上下轧辊一起更换的方式，实现快速换辊。换辊液压缸安装在轧机旁，通过液压缸驱动，将旧辊系拉出轧机，在机旁吊装，并将新的辊系吊放在换辊底车上，由液压缸推入轧机。再用吊车将旧辊系吊入轧辊间。该换辊装置结构简单、操作简便，易于维护。如果需要新旧轧辊在机旁横移，或直接把旧轧辊拉入轧辊间，则也可采用液压横移加电动小车移送的方式实现。

4.9.33.3 **设备技术参数和技术特点**

（1）技术参数。

主要技术参数见表4.9.9。

表4.9.9 型钢精轧机主要参数

规格参数	最大辊径/mm	最小辊径/mm	辊身长/mm	轴向调整量/mm
SFMCD850	930	800	1400	±10
SFMCD750	840	710	1300	±8
SFMCD650	750	610	1200	±6

（2）技术特点。

SFMCD型钢精轧机用于型钢生产最终道次的轧制，保证成品的精度。采用滚动轴承轧辊辊系，并采用大锥角推力轴承承受轴向力，取代传统的胶木瓦型钢精轧机，具有较高的轧制精度和使用寿命，采用闭口牌坊的轧机结构形式，具有高强度高刚度的特点。

轧机的上下轧辊均能进行轴向调整，能实现快速辊缝调节，快速处理轧卡事故，快速换辊。能轧制大规格型钢，轧制成品的精度高，质量好。

该轧机操作简单，运行可靠，故障率低，便于维护，经济适用。

4.9.33.4 **典型项目应用情况**

本公司设计的SFMCD750大型型钢精轧机已用于宿迁南钢金鑫大型生产线，2009年8月投产，已生产两年多的时间，运行效果良好，轧制的成品精度高、质量好。

4.9.34 FSHCD飞剪机系列

4.9.34.1 **设备简介**

中冶赛迪工程技术股份有限公司（CISDI）研发的FSHCD（Flying Shear of CISDI）飞剪机有启停制曲柄式、回转式和曲柄回转组合式等多种形式，是剪切机的一种，用于线棒材连续生产线。

（1）主要解决的技术问题。

飞剪被广泛用于对半成品坯料进行切头、切尾、定尺剪切或事故碎断，以便进行下一步加工处理。

（2）适用范围。

在棒线材生产线上，飞剪主要有曲柄式、回转式、组合式三种。曲柄式飞剪在剪切时剪刃与轧件基本垂直，无附加挤压力，剪切质量高，剪切断面大。但是受结构限制，曲柄回转半径小，剪切速度不高。因此，曲柄式飞剪适合剪切断面大速度低的轧件。

回转式飞剪结构简单，回转半径大，剪切速度高。但剪切时剪刃与轧件不垂直，剪刃对轧件有一个附加挤压力。若轧件断面越大，附加挤压力越大，不仅剪切质量不好，剪刃也容易损坏。因此，回转式飞剪适合剪切断面小而速度高的轧件。

组合飞剪将上述两种飞剪的性能有机结合在一起，通过更换剪切机构，既能剪切低速大断面的轧件，又能剪切高速小断面的轧件，兼顾了上述两种飞剪的优点。

4.9.34.2　**飞剪组成和工作原理**

(1) 曲柄飞剪。

1) 结构和组成。

曲柄飞剪一般由剪刃、曲柄刀架机构、齿轮箱、飞轮、电机等构成，见图4.9.106。

2) 工作原理。

飞剪由电动机驱动，启停工作制；飞剪齿轮箱的双输出轴为曲轴，分别带动上下曲柄刀架机构运动。曲轴作圆周运动，带动剪刃作平动，剪刃在剪切期间基本与轧件垂直，并与轧件速度相匹配，在轧件运动中将其剪断；接近开关安装在曲轴上，用来对飞剪进行零位校正，以控制飞剪能正常工作。电动机带相对编码器，用于速度的反馈及控制。在电动机和剪机本体之间装有飞轮，以满足剪切不同的轧件断面和轧件速度的需要。

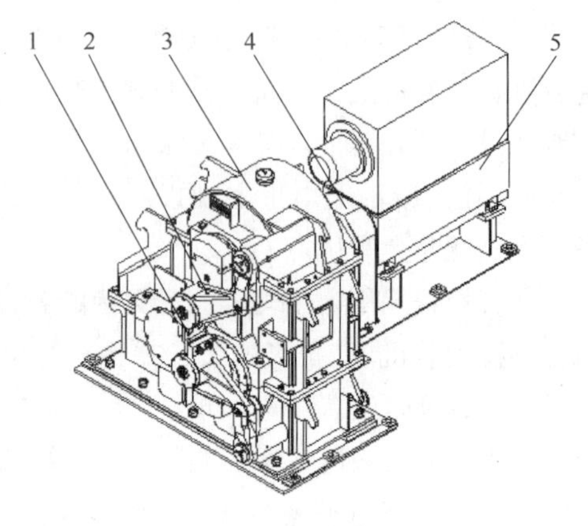

图4.9.106　曲柄飞剪
1—剪刃；2—曲柄刀架机构；3—齿轮箱；4—飞轮；5—电机

(2) 回转飞剪。

1) 结构和组成。

回转飞剪一般由剪刃、刀盘、齿轮箱、飞轮、电机等构成，见图4.9.107。

2) 工作原理。

电机为启停工作制，直接驱动飞剪齿轮箱本体；齿轮箱的双输出轴分别装配上下刀盘，每个刀盘上装有单个或多个剪刃。剪刃作圆周运动，剪刃在剪切期间其水平速度与轧件速度基本一致，在轧件运动中将其剪断。在电动机和剪机本体之间装有飞轮，以满足剪切不同的轧件断面和轧件速度的需要。

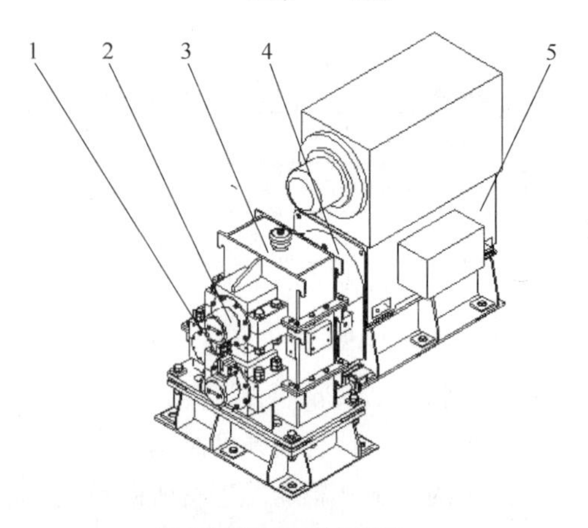

图4.9.107　回转飞剪
1—剪刃；2—刀盘；3—齿轮箱；4—飞轮；5—电机

(3) 组合飞剪。

1) 结构和组成。

曲柄飞剪一般由曲柄剪刃、回转剪刃、曲柄刀架机构、刀盘、齿轮箱、飞轮、电机等构成，见图4.9.108。

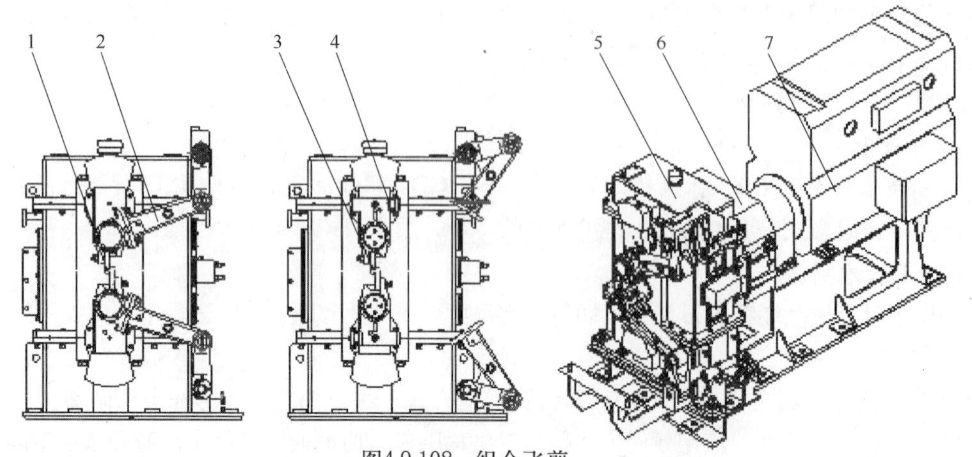

图4.9.108　组合飞剪
1—曲柄剪刃；2—曲柄刀架机构；3—回转剪刃；4—刀盘；5—齿轮箱；6—飞轮；7—电机

2）工作原理：

组合式飞剪有两种工作模式。如果剪切低速大断面的轧件就采用曲柄工作方式；如果剪切高速小断面的轧件就采用回转工作方式。将曲柄刀架机构拆开旁置，脱离输出轴，再将刀盘与齿轮箱输出轴固定，很快就将曲柄工作方式转化成回转工作方式。

4.9.34.3 **设备技术参数和技术特点**

（1）技术参数。

主要技术参数见表4.9.10。

表4.9.10 FSHCD飞剪技术参数表

规格参数	飞剪分类		
	曲柄式	回转式	组合式
剪切钢种	合金钢、弹簧钢、轴承钢、普碳钢、螺纹钢等		
剪切温度/℃	850	850	500
轧件最高速度/m·s^{-1}	2.0	9.0	18.0
最大剪切断面/mm	ϕ130	ϕ60	ϕ80
最大剪切力/kN	1350	410	700
剪切精度/mm	±30	±50	±90
剪体齿轮箱形式	龙门式/悬臂式	悬臂式	悬臂式
主电机	直流/交流	直流/交流	直流/交流

（2）技术特点。

1）剪切轧件断面大，剪切速度高，满足绝大部分棒线车间工艺要求。

2）飞剪可直流驱动，也可交流驱动，给用户以多种选择。

3）飞剪规格已成系列，剪切主轴中心距从500mm到1800mm，齿轮模数从10mm到20mm，最大剪切力可达1350 kN，用户可根据实际的需要选择合适的飞剪。

4）飞剪齿轮箱自带二级减速，无减速机，飞剪机列更加紧凑。

5）飞剪采用模块化设计，同时参考工程飞剪库，因此新飞剪的设计周期较短且质量可靠，能满足较高的工程进度要求。

4.9.34.4 **选型原则**

在飞剪选型前，首先要清楚剪切钢种、剪切断面、剪切速度、剪切温度、飞剪工作制度、剪切功能、两根轧件头尾的最小间隔时间、切头切尾长度、定尺（倍尺）长度及偏差、切废长度等工艺参数。

在明确了这些工艺参数之后，就可以大概选出飞剪的形式，曲柄飞剪、回转飞剪或者组合飞剪。

当飞剪形式选定后，就可以根据具体的断面大小，速度范围进一步核算并确定该类型飞剪的规格（比如中心距，齿轮模数）及电机参数，从而选出合适的飞剪。

4.9.34.5 **典型项目应用情况**

FSHCD飞剪系列中的曲柄飞剪、回转飞剪及组合飞剪在攀长钢、南钢中型、涟钢、德钢、威钢、邯钢、汉钢等多个工程中应用且运行良好。

其中，邯钢小棒生产线中的飞剪实现了全线交流，同时粗轧飞剪剪切断面达到ϕ115mm，速度范围0.38~1.0m/s；二中轧飞剪剪切断面ϕ44mm，速度达到9.0m/s；精轧飞剪剪切断面ϕ78mm，速度范围达到1.35~15.4m/s。德钢的倍尺飞剪轧件断面达到ϕ60mm，速度范围达到2.95~18.0m/s。

4.9.35 SRSCD线材减定径机

4.9.35.1 **设备简介**

中冶赛迪工程技术股份有限公司（CISDI）研发的SRSCD（Separated drive Reducing & Sizing Mill）线材减定径机组由4架45°顶交悬臂式高速高精度轧机组成，用于高线精轧机后，提高线材的生产轧制速度和轧制成品精度。

现代高速线材生产技术正沿着增加轧机小时产量、提高轧机利用系数、无扭/微张力组合以及提高产品尺寸精度、表面质量和组织性能的方向快速发展。兼具高速轧制、控温轧制、精密轧制、整机快换等先进技术特点的线材减定径机组，引领高速线材生产技术的发展方向，并已成为优质高线生产领域的核心工艺装备。

适用范围：

采用减定径机组结合前后闭环水冷系统可实现线材的低温高速控温轧制。将传统的10机架精轧机组改为8机架，由于4机架减定径机组分担了部分延伸，使8机架精轧机组的轧制速度大为降低，相应减少了高速区线材形变带来的急剧温升，使轧件温度得到了控制。经水冷后，进入4机架减定径机组的总延伸相对较小，即使轧制速度很高，温升仍然较小，这使终轧温度得到了控制，实现了低温高速控温轧制，确保了产品的力学性能。

4.9.35.2 **设备结构和工作原理**

(1) 结构和组成。

SRSCD线材减定径机组主要由4架悬臂式轧机组成，采用V形布置，前两架为减径机，后两架为定径机，可获得高尺寸精度的产品。减定径机由1台交流电机通过1套组合齿轮箱驱动2架228mm减径机和2架156mm定径机组成。组合齿轮箱设有数个离合器，轧制不同规格产品时，变换各个离合器位置可组合出满足不同工艺要求的速比，再通过设定合理的辊缝，可保证减定径机组内为微张力轧制，从而得到高尺寸精度的产品。减径机最大轧制力为330kN，定径机最大轧制力为130kN，最大设计速度为140m/s，保证轧制速度为110m/s。为保证轧制精度，定径机设有辊轴轴向调整机构和液压平衡装置，可在线调整轧制线。见图4.9.109和图4.9.110。

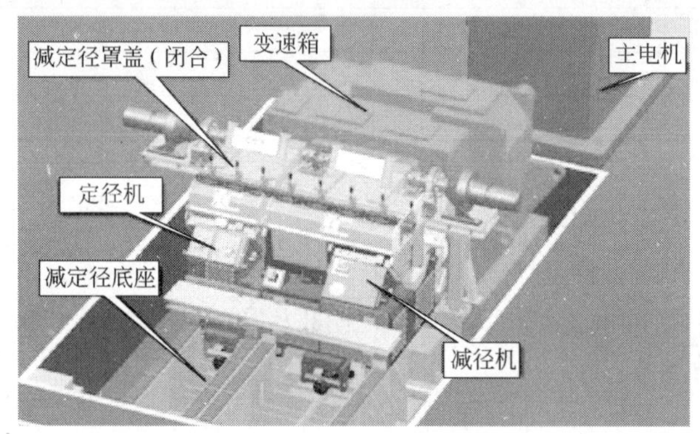

图4.9.109 SRSCD高速线材减定径机组

图4.9.110 减定径机组变速箱

(2) 工作原理。

减径机和定径机之间存在连轧关系，为了适应减定径变形量的变化，机架间速比必须调整。对此CISDI的线材减定径机组采用减径机和定径机4个机架由主电机集中传动，机架间用离合器变换传动的方式调整速比，并设定合理的辊缝，保证减定径机组内为微张力轧制，并解决轧机快速咬入过程中的动态速降问题。

减定径机组换辊时，先将装有辊箱的锥齿轮箱通过液压驱动移出轧制线，到达离线位置，辊箱采用锥套将辊环压紧在轧辊轴上，辊环的拆卸采用专用的液压拆装工具完成，辊环较小，手工操作即可完成辊环的拆装，换辊方便，如图4.9.111所示。

减定径机组在轧机处于离线位置时，减定径罩盖打开，在底座上设置单独的空过导槽的方式实现轧机的空过，如图4.9.112所示。

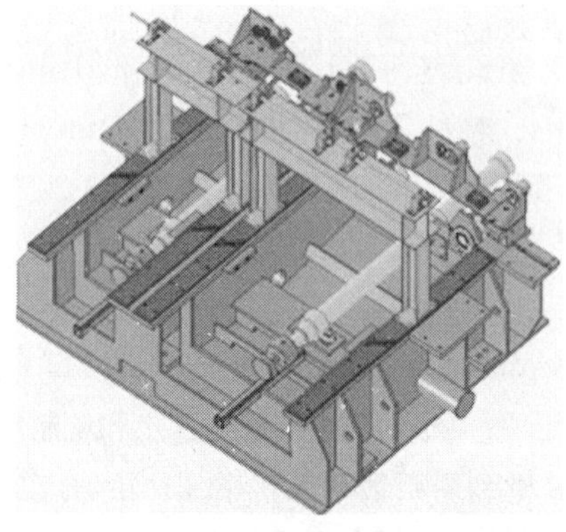
图4.9.111 减定径机组离线空过状态

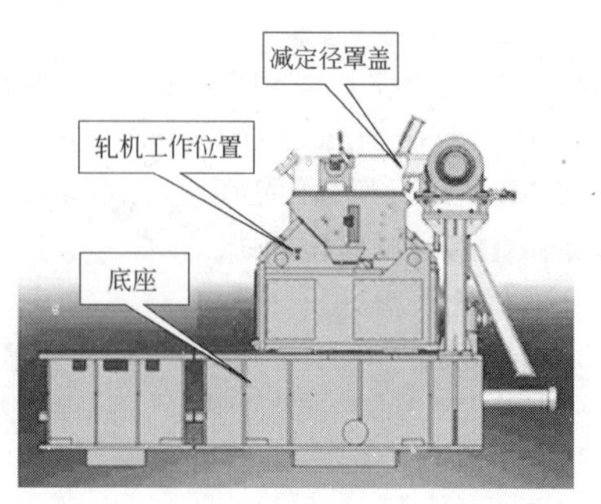

图4.9.112 减定径机组在线位置

4.9.35.3 **设备技术参数和技术特点**

(1) 技术参数。

1) 轧机型式：V形

2) 机架数量：2架减径机+2架定径机

3) 减径机辊环直径：2×ϕ228mm /205mm

定径机辊环直径：2×ϕ156mm /142mm

4) 辊环宽度： 72~70mm

5) 减径机轧辊中心距： 234mm /205mm

定径机轧辊中心距： 158.5mm /142mm

6) 机架间距：820~967~154mm

7) 许用轧制力：330~130kN

8) 产品范围：5~26mm

(2) 技术特点。

1) 高速度。

采用减定径技术可显著提高小规格产品的终轧速度，进而提高小规格产品的机时产量。

2) 高刚度。

采用重载V形辊箱轧制单元，在需用轧制力范围内具有高的轧机刚度。

3) 高精度。

采用定径机实现精密轧制，使线材产品的尺寸公差控制在±0.1mm以内，椭圆度为尺寸总偏差的60%，这对于下游的金属制品深加工和标准件生产用户极为有利。

4) 灵活的速比配置。

线材减定径机组变速箱采用主电机集中传动，通过离合器变换传动的方式调整速比，可用速比有数十种，孔型设计更为灵活。

5) 振动及温度检测系统。

减定径机组设置有振动机温度监测及检测系统，实时采集、分析关键部位的振动信号及温度信号，监测其幅值是否超过报警极限，实时进行信号监测，确保设备安全运行。

6) 高刚度传动控制。

线材减定径机组变速箱采用主电机集体传动，通过变速箱即可输出四个不同的转速，带动两架减径机和两架定径机，并满足减机与定机的孔型设计需要。机架间靠机械刚度实现四机架间的速度级联，易于控制调试，机架间距短，连轧速度高。

4.9.35.4 **选型原则**

采用减定径技术生产优质线材，可降低精轧的轧制速度，可降低高速区线材形变带来的急速温升，再通过精轧机和减定径轧机之间的水箱进行冷却，减定径轧机进行750~800℃的低温轧制，实现了低温高速温控轧制，进而达到细化晶粒的效果，从而可确保产品尤其是高碳优质线材的质量。

目前国内线材品种构成仍以普通线材生产与消费为主，诸多高速线材生产线尚未采用减定径机技术，产品质量与日本等世界钢铁强国相比还有较大差距。为提高线材产品品质，增强市场竞争力，采用减定径机技术进行控温轧制和精密轧制将是今后的重点发展方向。

4.9.36 RSSCD辊式型钢矫直机系列

4.9.36.1 **设备简介**

中冶赛迪工程技术股份有限公司（CISDI）研发的RSSCD（Roller Section Straightener of CISDI）矫直机有悬臂式和龙门式两种型式多个规格，主要用于大型型钢生产线。

工字钢、槽钢、角钢、H型钢、钢轨等型材在轧制及冷却过程中，因外力作用、温度变化等而发生弯曲或扭曲变形，把这些弯曲或扭曲变形由曲变直的机械设备即称之为型钢矫直机。

4.9.36.2　**设备结构和工作原理**

辊式型钢矫直机在机架结构上基本分为两大类：一是悬臂结构（见图4.9.113），轴承装在矫直辊的一侧，形成悬臂梁受力状态；二是简支结构（见图4.9.114），辊子轴承装在矫直辊两侧，形成简支梁受力状态。

如图4.9.113所示，悬臂式型钢矫直机由机架（又称牌坊）、传动系统、上矫直辊系（带轴向调整机构）、下矫直辊系（带轴向调整机构）、出入口导卫、换辊装置、辊环装配、升降装置、锁紧机构、氧化铁皮收集装置和接辊托架等构成（未标序号者均没有在图中标出）。传动系统、上矫直辊系、下矫直辊系和出入口导卫安装在机架上，下矫直辊系可通过升降装置的作用在垂直方向上沿着机架上的滑槽上下移动，以实现辊缝调节功能（说明：有的矫直机通过驱动上矫直辊系、有的矫直机通过驱动下矫直辊系实现矫直功能，当通过驱动上矫直辊系实现矫直功能时，辊缝调节通过调整下矫直辊系实现，当通过驱动下矫直辊系实现矫直功能时，辊缝调节通过调整上矫直辊系实现；还有的矫直机同时驱动上、下矫直辊系，辊缝调节通过调整上矫直辊系或者下矫直辊系实现），辊环装配通过锁紧机构锁固在上、下矫直辊系的辊轴上。工作时，由电机通过减速机带动上矫直辊系或者下矫直辊系转动，实现矫直功能。当需要更换矫直辊时，首先将锁紧机构的锁紧力释放，通过换辊装置把辊环装配取下，将其放到接辊托架上，然后把事先预备好的一组新辊环装配由快速换辊装置安装在上矫直辊系和下矫直辊系上，用锁紧机构将其锁紧，实现快速换辊功能。

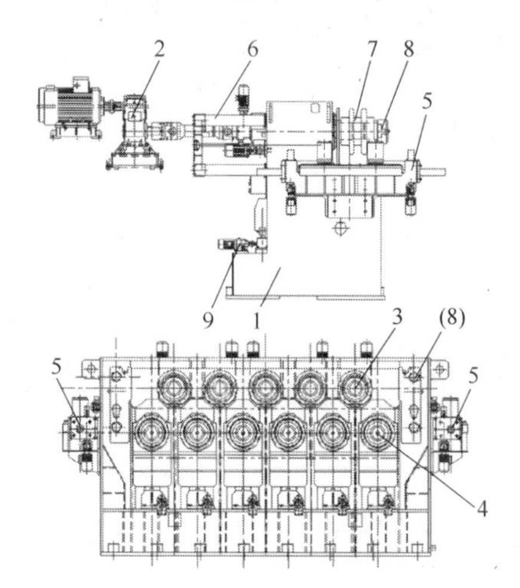

图4.9.113　悬臂式矫直机示意图
1—机架；2—传动系统；3—上矫直辊系；4—下矫直辊系；
5—出入口导卫；6—换辊装置；7—辊环装配；
8—锁紧机构；9—升降装置

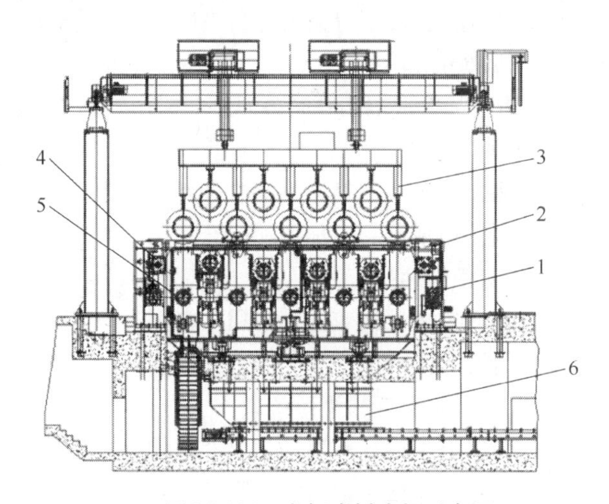

图4.9.114　龙门式矫直机示意图
1—入口导卫；2—机架；3—换辊装置；4—出口导卫；
5—矫直辊系；6—氧化铁皮收集装置

如图4.9.114所示，龙门式型钢矫直机由机架（由固定机架、活动机架和底座构成）、矫直辊系（包括固定矫直辊系和移动矫直辊系，带轴向调整机构）、换辊装置、出入口导卫、机架移出装置、压下机构、平衡装置、传动系统、锁紧机构和接辊托架等构成（未标序号者均没有在图中标出）。通常，固定矫直辊系安装在机架上，下矫直辊系安装在轴承座内，可通过压下机构的作用在垂直方向上沿着机架上的滑槽上下移动，以实现辊缝调节功能。固定机架固定在连接底座上，活动机架可通过活动机架移动装置的作用实现水平方向移动功能。工作时，由传动系统的电机通过减速机带动固定矫直辊系转动，实现矫直功能。当需要更换辊环时，换辊装置的换辊机械手移动到矫直机之中拾起所有辊环；然后，释放锁紧装置的锁紧力，用机架移出装置把活动机架移开；之后，换辊机械手将矫直辊环从矫直辊轴上移出，并将其放到接辊托架上，待换辊机械手再把新的矫直辊环拾起并装上矫直辊轴后，机架移出装置把活动机架移到原位，用锁紧装置把固定机架和活动机架锁紧，实现辊环更换功能。

如图4.9.115所示，立式矫直机属于悬臂式矫直机范畴，是矫直辊向上的悬臂式矫直机，在矫直钢轨时设置在悬臂式矫直机或者龙门式矫直机后面，用于矫直钢轨的腹板，以保证钢轨的矫直精度。立式矫直机主要由机架、传动系统、固定辊系、移动辊系、辊环装配、整体行走台架等组成，各部件的功能与悬臂式型钢矫直机类似。

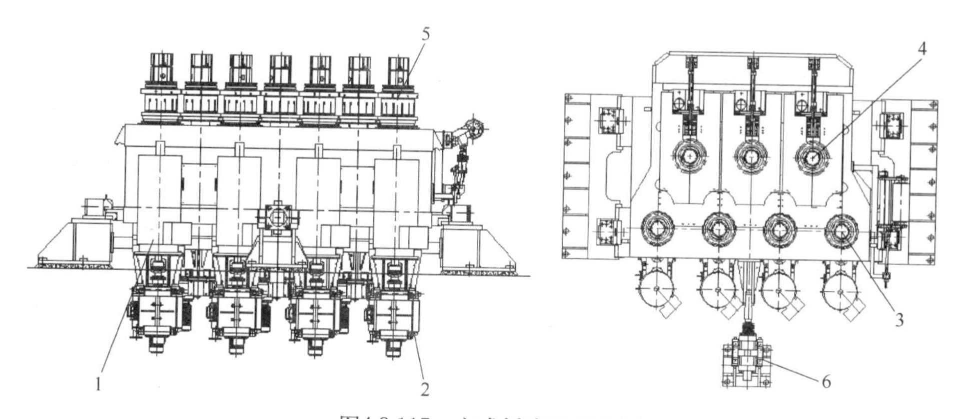

图4.9.115 立式矫直机示意图

1—机架；2—传动系统；3—固定辊系；4—移动辊系；5—辊环装配；6—整体行走台架

4.9.36.3 设备技术参数和技术特点

技术参数：

主要技术参数见表4.9.11。

表4.9.11 RSSCD辊式型钢矫直机技术参数

规格参数	矫直机分类		
	悬臂式	龙门式	立式
矫直产品	H型钢、钢轨、工字钢、槽钢、角钢、球扁钢、L型钢等		钢轨
矫直辊辊距/mm	675、890、1000	1600、2000	1100、1300
矫直轴辊数	8～13	8～13	7、8
最大矫直力/t	200	300	170
辊缝调节距离/mm	max ±200	max ±200	max ±200
辊缝调节速度/mm·s^{-1}	约1.2	约1.2	约1.2
轴向调整范围/mm	约±30	约±30	约±30
轴向调节速度/mm·s^{-1}	约0.4	约0.4	约0.4
矫直速度/m·s^{-1}	0.1～1.5/3.5	0.1～1.5/3.5	0.1～1.5/3.5
矫直温度/°C	60以下	60以下	60以下
矫直辊更换时间/min	约30	约20	约30

注：不同矫直机所矫直产品的范围有所不同。

CISDI已掌握辊式型钢矫直机设计的关键技术，表现如下：

（1）技术完善：根据客户提供的原始资料，通过理论计算和实际经验确定技术参数，能够提供典型产品的压下规程，能够提供完整的设备及相关辊环设计。

（2）产品系列化：CISDI已开发出辊距675mm、890mm、1000mm三个规格悬臂式型钢矫直机，正在开发辊距1600mm、2000mm龙门式型钢矫直机及辊距1100mm、1300mm立式矫直机。

（3）产品多样化：CISDI除了拥有普通形式的悬臂式、龙门式、立式矫直机以外，正在全力研发可同时矫直多根型材的多根矫直机及辊距可调式型钢矫直机。

4.9.36.4 选型原则

（1）形式选择。

悬臂式矫直机换辊容易，操作方便，调整灵活，但刚度稍差，矫直精度不易保证。龙门式（又称之为双支撑或龙门式）矫直机机架刚性好，质量轻，精度高。2000年以前，悬臂式矫直机凭借换辊方便、快速的优势，得到了较为广泛的应用。然而，随着龙门式矫直机整体快速换辊技术的出现，加之其机架刚度大、矫直时矫直辊轴不易变形、矫直精度更高的优点，龙门式矫直机日益得到重视，在工程上的实际应用越来越多。

（2）辊距选择。

矫直机的辊距可在一定范围内选取。辊距过大，轧件塑性变形程度不足，不能保证矫直质量，同时轧件可能打滑，满足不了咬入条件，较大的辊距适用于较大规格、强度较高、原始曲率梯度小的型钢矫直；辊距过小，由于矫直力过大可能造成轧件与辊面快速磨损或辊子和接轴等零件的破坏，较小的辊距适用于较小规格、强度较低、原始曲率梯度大的型钢矫直。

4.9.37 BCBCD棒材冷床系列

4.9.37.1 设备简介

中冶赛迪工程技术股份有限公司（CISDI）设计的BCBCD（Bar Cooling Bed of CISDI）棒材冷床为步进齿条式冷床，主要用于ϕ10~60mm圆钢和带肋钢筋等小型棒材的冷却，并带有矫直功能。用于小型棒材生产线，承接倍尺飞剪剪切后的倍尺轧件，由冷床入口辊道中的快速上钢装置输送轧件到冷床上，轧件在冷床本体上横向移动，同时矫直轧件并保证均匀冷却，冷床出口辊道中的下钢装置将轧件收集成组并送往冷床出口辊道上，最后成排轧件被送至冷剪剪切成品定尺。

(1) 主要解决的技术问题。

1) 入口辊道加速段容易磨损，辊子表面磨损成凹槽后升降裙板在低位接钢时易擦挂。

2) 矫直磨损严重，备件费用高，更换劳动强度大。

3) 对齐辊道V形槽，对齐效果差，多切分轧制螺纹钢问题最为突出，可能发生弯钢或无法对齐。

(2) 适用范围。

小型棒材冷床在小型连轧生产中广泛应用，适用于ϕ10mm及以上，终轧速度小于18.0m/s，温降约600℃的棒材及小型型钢。

4.9.37.2 设备结构和工作原理

(1) 结构和组成。

冷床区设备通常包含冷床入口辊道、上钢装置、冷床本体、下钢装置、冷床出口辊道，如图4.9.116和图4.9.117所示。

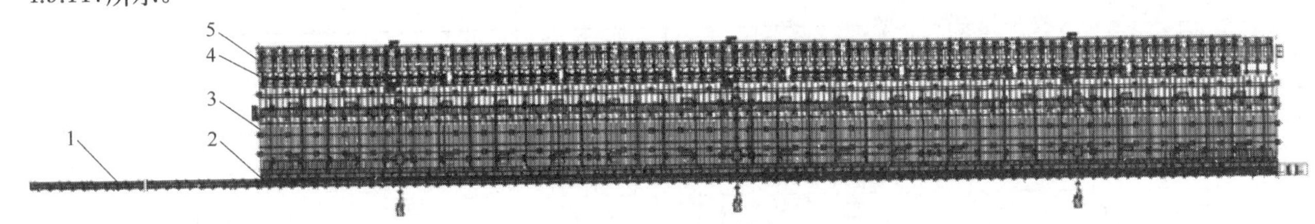

图4.9.116 冷床区设备

1—冷床入口辊道；2—上钢装置；3—冷床本体；4—下钢装置；5—冷床出口辊道

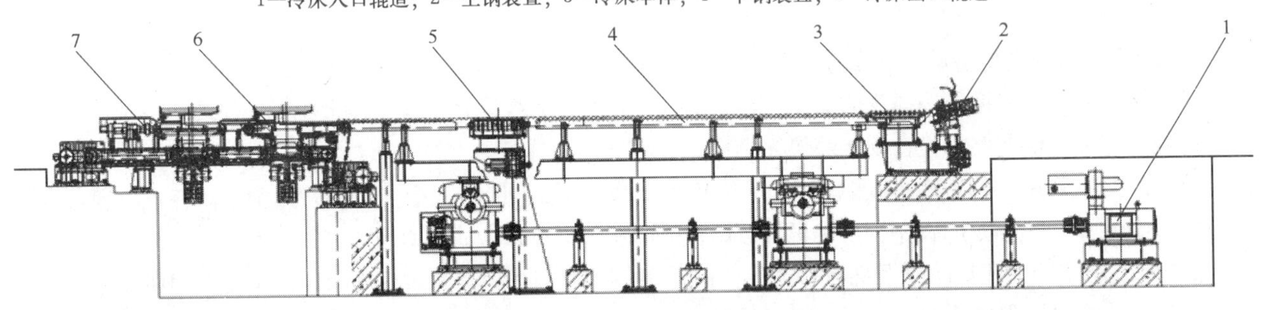

图4.9.117 冷床区设备

1—冷床主电机；2—冷床入口辊道；3—矫直板；4—冷床本体；5—对齐辊道；6—下钢装置；7—冷床出口辊道

冷床入口辊道，包含一条倾斜12°布置的单独传动变速辊道、一条有多个液压缸驱动的制动裙板和矫直板组成。辊道电机为交流变频电机。上钢装置由液压缸推动曲柄连杆使长轴旋转带动制动裙板升降。液压缸通过三位双电磁铁电磁换向阀可准确控制制动裙板的高位、低位及中位。冷床本体，主传动采用交/直流电机通过两台蜗轮蜗杆减速机是两根低速轴同步旋转，电机采用启停制，恒力矩，速度可调。装在轴上的偏心轮组托起动齿量框架作圆周运动，偏心轮每转一周动齿完成一次步进送料。靠近冷床出料端设置变频电机驱动的齐头辊道，辊子为带槽辊。下钢装置采用步进链收集动齿输送过来的轧件，液压升降的链传动运输小车成排输出方式。步进链可根据轧件规格预先设定步长和根数，使轧件按一定数量等距排列，然后升降平移小车运到冷床出口辊道。

(2) 工作原理。

棒材经倍尺飞剪剪切成倍尺长度，进入冷床入口辊道加速拉开与后面一根棒材的距离，裙板降至低位棒材卸入制动裙板，裙板升至中位开始减速制动同时将后面一根运行中的棒材挡在辊道上，棒材制动后裙板升至高位将其抛入矫直板中，冷床主电机驱动偏心轮旋转带动动齿圆周运动一次，完成一次步进送料，如此反复步进直至棒材进入步进链，棒材在步进链上成排后，通过升降平移小车运到出口辊道送往冷剪剪切。

4.9.37.3 设备技术参数和技术特点

(1) 技术参数。

主要技术参数见表4.9.12。

表4.9.12 BCBCD棒材冷床技术参数

规格参数/m×m	78×8.5	90×9.5	108×10.0	120×12.5	120×12.5
速度范围/m·s^{-1}	3.5~18	2~23	2~23	2~23	2~23
棒材规格/mm	10~32	16~80	16~80	16~80	20~90
入口辊道规格/mm×mm	190×170	188×155	188×155	188×155	188×155
入口辊道电机功率/kW	2.2	2.2	2.2	2.2	3
齿距/mm	80	80	100	110	120
偏心距/mm	40	40	50	55	60
冷床主电机功率/kW	1×110	2×55	2×75	3×75	2×160
对齐辊道电机功率/kW	0.75	1.1	1.1	1.1	1.5
聚集链电机功率/kW	11	15	15	15	15
取料小车电机功率/kW	5.5	7.5	7.5	7.5	7.5
出口辊道规格/mm×mm	190×800	190×900	240×1000	240×1200	240×1300
出口辊道电机功率/kW	2.2	2.2	2.2	2.2	2.2

其中齿距、偏心距、冷床规格和配套辊道规格均可根据工艺需求进行设计。

(2) 技术特点。

1) 入口辊子镶嵌耐磨环，提高使用寿命。

2) 矫直板第一颗齿采用单独耐磨材料，大大降低备件消耗。

3) 对齐辊道齿形由V形槽改为平底槽，更有利于切分轧制时多线的对齐。

4) 对齐辊道电机由侧壁改为水平安装，操作维修更方便快捷。

5) 出口辊子带法兰盘，防止钢材运输过程中出现卡钢。

4.9.37.4 选型原则

根据棒材产品规格（ϕ 10mm及以上）和冷却要求，确定冷床步距和规格及配套辊道规格。

4.9.37.5 典型项目应用情况

BCBCD棒材冷床已经成功应用于马来西亚棒材、攀长钢棒材、四川德钢棒材、威钢新区棒材等工程，运行效果良好（见图4.9.118）。

图4.9.118 现场

4.9.38 SCBCD型钢冷床系列

4.9.38.1 设备简介

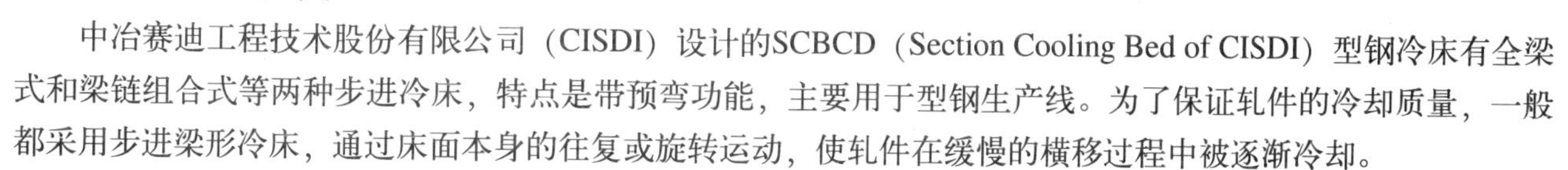

中冶赛迪工程技术股份有限公司（CISDI）设计的SCBCD（Section Cooling Bed of CISDI）型钢冷床有全梁式和梁链组合式等两种步进冷床，特点是带预弯功能，主要用于型钢生产线。为了保证轧件的冷却质量，一般都采用步进梁形冷床，通过床面本身的往复或旋转运动，使轧件在缓慢的横移过程中被逐渐冷却。

(1) 主要解决的技术问题。

特别针对左右不对称断面型钢在冷却时，由于轧件不同部位的温度变化速率不同，造成轧件在冷却时产生侧弯，随着不对称程度的加大，轧件侧弯程度增大。当侧弯达到一定程度时，将影响轧件的输送、冷却及其后的精整作业，甚至停产。采用新型的冷床设计，适应L型钢、球扁钢等不对称断面型钢的长尺冷却要求。

(2) 适用范围。

SCBCD冷床为长定尺冷床，宽度达100m以上，长度超过40m，对型钢重轨进行冷却，同时包括预弯，翻钢，出口自动取料等配套技术，并配套全长淬火工艺输入输出设施和通风冷却系统，是一个不仅满足H型钢和重轨生产，而且满足船用型钢生产的综合性冷床技术。能够实现重轨的长尺冷却、长尺预弯，并能配合淬火装置实现在线全长淬火等技术。

4.9.38.2　**设备结构和工作原理**

(1) 结构和组成。

冷床区设备由冷床入口辊道、入口预弯横移小车、入口翻钢机、冷床本体、出口翻钢机、出口链式横移小车冷床出口辊道，冷床通风冷却系统等组成，如图4.9.119和图4.9.120所示。

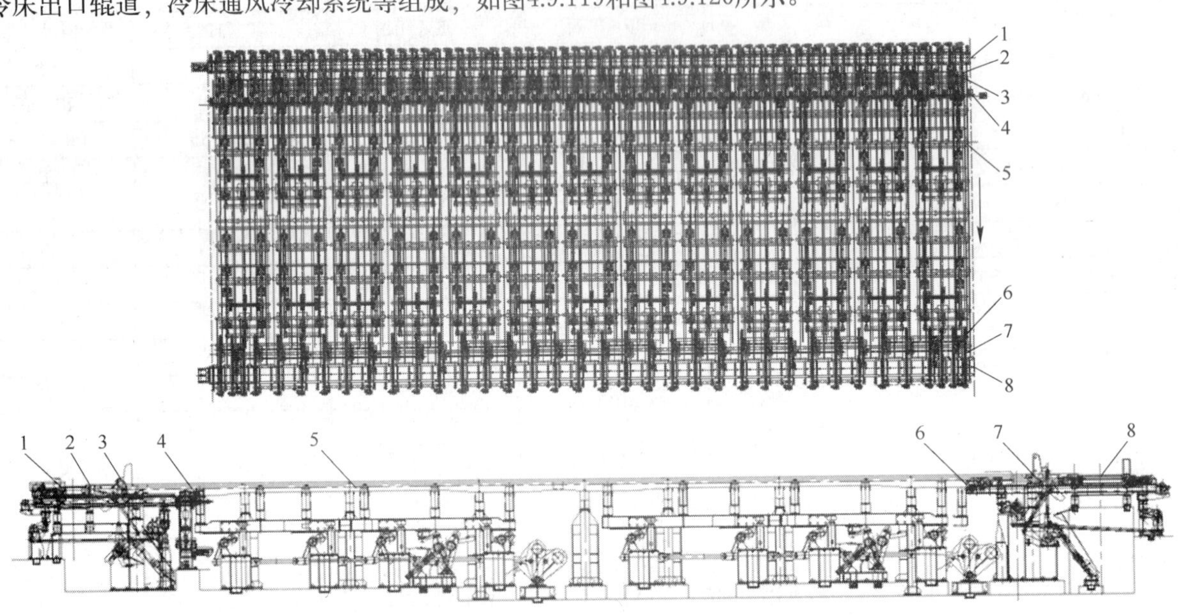

图4.9.119　全梁式型钢冷床区设备

1—冷床入口辊道；2—入口预弯横移小车；3—冷床入口翻钢机；4—余热淬火返回升降辊道；5—步进梁式冷床；6—出口链式横移小车；7—冷床出口翻钢机；8—冷床出口辊道

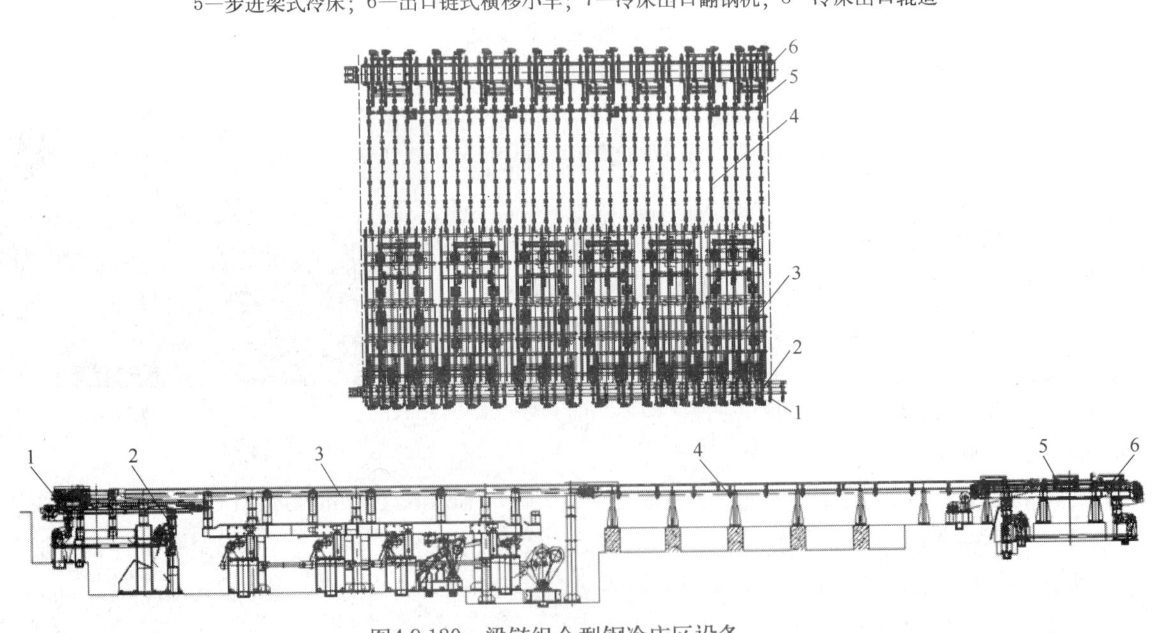

图4.9.120　梁链组合型钢冷床区设备

1—入口辊道；2—预弯装置；3—梁式冷床；4—链式冷床；5—取料装置；6—出口辊道

冷床入口、出口辊道承担轧件的运输。

入口预弯横移小车通过液压升降和电动小车横移使型钢离开冷床输入辊道并输送到冷床上，可在横移过程中根据不同规格型钢对应的弯曲曲线横移一定的行程，实现对型钢的预弯。

入口翻钢机通过液压驱动连杆机构对于在上冷床前需要翻转的某些型钢如H型钢、工字钢等进行翻转。

冷床本体的动梁和静梁均采用16Mn扁钢制造，采用液压缸升降和平移，平移步距可调。轧件在动、静梁上交替形成步进运动，逐渐冷却，并向冷床出口方向输送。冷床步进通过液压缸分组驱动，同步性通过液压控制实现。

出口翻钢机通过液压驱动连杆机构对于在上冷床前进行过翻转的型钢再次进行翻转。

出口链式横移小车采用电动横移，液压升降的方式，每组小车单独可调。将型钢从步进梁式冷床输送到冷床输出辊道上。在取钢过程时可根据型钢各点在冷床不同的停靠位置实现准确停位取钢。

冷床液压系统采用了先进的设计理念、成熟稳定的控制技术，配合编码器、位移传感器等实现了冷床的自动化控制。

钢轨全长淬火工艺是提高钢轨强度和韧性的主要途径之一。此大型型钢重轨冷床为此设计了配套设施。

配套了通风冷却系统，提高了冷床的冷却效率从而缩小冷床面积，节省厂房等建设投资。

(2) 工作原理。

轧件进入并静置于冷床入口辊道，通过预弯装置将轧件弯曲成预定的曲线放置在步进梁式冷床，由液压驱动步进周期动作，而后进入电机驱动的步进链式冷床，运行到冷床本体末端，输出装置升降机构升起运送小车托起轧件离开输送链，通过小车驱动机构控制小车的行程，按照预定的行程进行运动，将轧件放置在冷床出口辊道上。

4.9.38.3 设备技术参数和技术特点

(1) 技术参数。

主要技术参数见表4.9.13。

表4.9.13 SCBCD型钢冷床技术参数表

规格参数	结构形式	
	全梁式	梁链组合式
冷床规格/m×m	104×41	51.8×39
速度范围/m·s^{-1}	~3	~3
入口辊道规格/mm×mm	310×1000	295×1000
入口辊道电机功率/kW	5.5	4
步距/mm	800	800
链式冷床电机功率/kW	—	11
取料小车电机功率/kW	3	3
出口辊道规格/mm×mm	310×1800	295×1800
出口辊道电机功率/kW	5.5	4

(2) 技术特点。

1) 预弯装置，在轧件弯曲前将轧件反弯曲到一定程度，轧件冷却后恢复到正常状态。

2) 在不对称轧件两侧增加冷却风量控制装置，在轧件运行到冷床上预定位置时，通过适当的风机风量的分配使轧机在冷却时各部位冷却速度一致，使轧件两侧不产生温度应力，从而不产生侧弯。

3) 增加轧件卡槽，使每个轧件在特定的槽内限制侧弯产生。

4.9.38.4 选型原则

根据冷却轧件的工艺需要，针对型钢重轨等轧件在冷却过程中的变形，可以通过冷床预弯技术控制出冷床轧件的弯曲度，避免因弯曲度过大而导致轧件在冷床本体上的物流不畅、从冷床输出的物流不畅、冷床输出辊道过宽、轧件矫直咬入不畅等问题，满足型钢、重轨的长尺冷却、长尺矫直，并能显著提高轧件成材率的需要。

4.9.38.5 典型项目应用情况

如图4.9.121所示，SCBCD型钢棒材冷床已经成功应用于攀钢

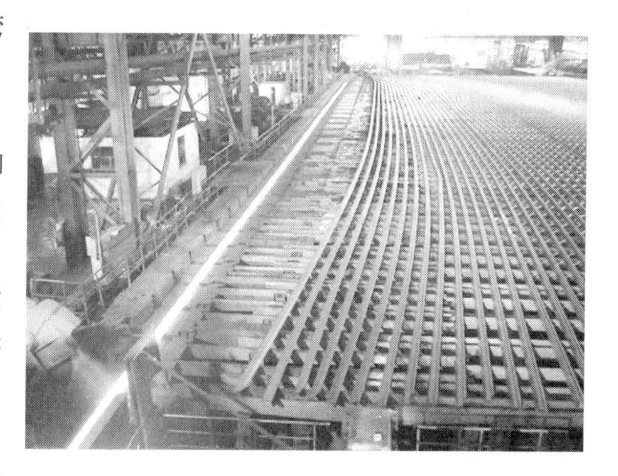

图4.9.121 现场

轨梁厂、武钢重轨生产线和无锡金鑫轧钢工程等，运行效果良好。

4.9.39 开卷机（酸轧机组、连续酸洗机组和推拉式酸洗机组等）

4.9.39.1 设备简介

(1) 产品介绍。

开卷机是酸轧机组、连续酸洗机组和推拉式酸洗机组入口段的重要设备，通常开卷机具有如下功能:

1) 钢卷装在卷筒上，卷筒胀开将钢卷内径撑紧，穿带时，卷筒旋转将钢卷头部低速送进，产生恒定的开卷张力，以防止带钢在运行过程中跑偏;

2) 在紧急停车时，开卷机能迅速制动，防止在开卷机与后续设备之间出现带材堆积而损伤带材及设备。

开卷机按支撑钢卷的方式可分为悬臂式、双圆柱头式和双锥头式三种。双圆柱头式和双锥头式开卷机多用于热轧钢卷的开卷，悬臂式开卷机多用于冷轧钢卷的开卷。

(2) 适用范围。

该类型开卷机适用于原料为热轧钢卷的酸轧机组、连续酸洗机组和推拉式酸洗机组，与其他设备一起共同构成机组的入口段。

4.9.39.2 设备结构和工作原理

(1) 总体结构。

如图4.9.122所示为唐山丰南1450mm冷轧薄卷板工程酸洗轧机联合机组中的开卷机，主要由卷筒、传动系统、压辊、对中装置和外支撑等部分组成。图4.9.123所示为开卷机三维模型。

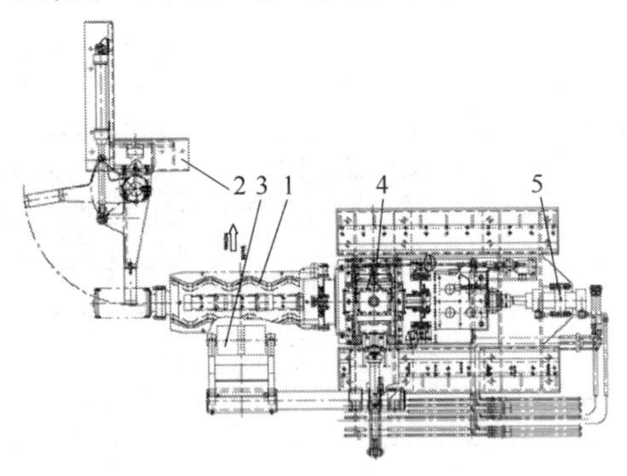

图4.9.122 开卷机设备组成
1—卷筒；2—外支撑；3—压辊；4—传动系统；5—对中装置

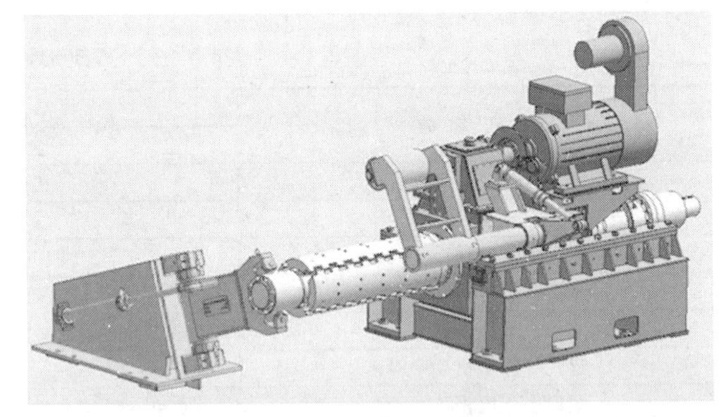
图4.9.123 开卷机三维模型

(2) 卷筒。

卷筒是开卷机的重要部件，具有多种结构形式，需根据产品特点、工艺条件和机组要求合理选择所需卷筒的结构形式。典型的卷筒结构如图4.9.124所示，主要由棱锥轴、扇形板、拉杆和带旋转接头的胀缩缸等组成。工作时通过胀缩油缸的拉动使棱锥轴前后运动，利用棱锥轴和扇形板的斜面互相配合以达到胀和缩的目的。此四棱锥式卷筒的优点是四棱锥轴为整体铸件(或锻件)，其强度刚性比较大，可以承受较大的钢卷张力和重力;结构简单，其头部容易连接外支撑;润滑方便，配合面防尘效果好。

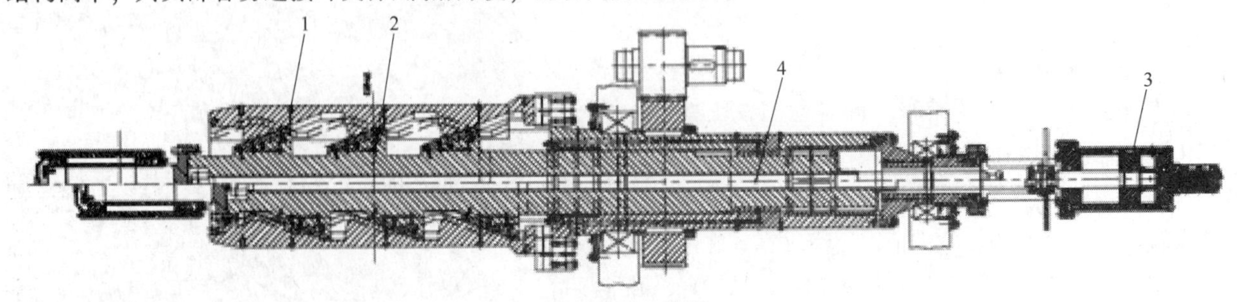

图4.9.124 卷筒
1—扇形板；2—棱锥轴；3—胀缩缸；4—拉杆

(3) 外支撑。

为了减小悬臂式卷筒的轴向弯曲，减少卷筒挠曲变形，在卷筒外端增设活动外支撑装置，当上卷小车将钢卷上到卷筒上后，外支撑投入，开卷机卷筒胀开，进入工作状态。

(4) 压辊。

开卷机上设置压辊的目的是压紧带材，增加制动力矩，有利于正常开卷。当上卷小车将钢卷上到开卷机卷筒后，压辊压住钢卷，并与卷筒一起使钢卷旋转，配合开卷器将带头刮出并送入夹送辊。完成穿带后，压辊抬至最高位，机组进入正常工作状态。

(5) 传动系统。

开卷机采用电机驱动，电机通过联轴器连接到减速机的输入轴上。通过减速机箱内的齿轮传动装置将扭矩传递至卷筒。齿轮采用硬齿面，减速机箱体为密闭式焊接箱体，采用稀油循环润滑。

(6) 对中装置。

将开卷机的卷筒、整个减速箱体以及传动电机、稀油润滑管路均安放在一个固定底座上，并能够整体在固定底座的滑轨上沿横向移动，其横向移动是靠位于固定底座上的横移液压缸来实现。

4.9.39.3 主要技术参数

开卷速度：max 500m/min

开卷张力：max 31.2kN

4.9.39.4 选型原则

该类型开卷机主要用于酸轧机组、连续酸洗机组和推拉式酸洗机组入口段开卷，相关参数如下：

原料类型：热轧钢卷

带钢厚度：1.8~5.0mm

带钢宽度：700~1280mm

钢卷内径：ϕ762mm

钢卷外径：ϕ1000~2050mm

卷重：max 26 t

4.9.39.5 典型项目应用情况

中冶赛迪工程技术股份有限公司设计的该类型开卷机已成功应用于唐山丰南1450mm冷轧薄卷板工程酸洗轧机联合机组和攀钢冷轧酸洗轧机联合机组、攀钢冷轧厂热轧酸洗板生产线，经生产实践证明，设备运行稳定、可靠（见图4.9.125）。

图4.9.125　唐山丰南1450mm冷轧薄卷板工程酸轧机组开卷机

4.9.40 开卷机（全连续冷轧机组、单机架可逆式冷轧机组等）

4.9.40.1 设备简介

(1) 产品介绍。

开卷机是全连续冷轧机组和单机架可逆式冷轧机组入口段的重要设备，通常开卷机具有如下功能：

1) 钢卷装在卷筒上，卷筒胀开将钢卷内径撑紧，穿带时，卷筒旋转将钢卷头部低速送进，产生恒定的开卷张力，以防止带钢在运行过程中跑偏。

2) 在紧急停车时，开卷机能迅速制动，防止在开卷机与后续设备之间出现带材堆积而损伤带材及设备。

开卷机按支撑钢卷的方式可分为悬臂式、双圆柱头式和双锥头式三种。双圆柱头式和双锥头式开卷机多用于热轧钢卷的开卷，悬臂式开卷机多用于冷轧钢卷的开卷。

(2) 适用范围。

该类型开卷机适用于原料为酸洗卷的全连续冷轧机组和单机架可逆式冷轧机组，与其他设备一起共同构成机组的入口段。

4.9.40.2 设备结构和工作原理

(1) 总体结构。

如图4.9.126所示为森特单机架可逆式冷轧机组中的开卷机，主要由卷筒、传动系统、压辊、对中装置和外支撑等部分组成。

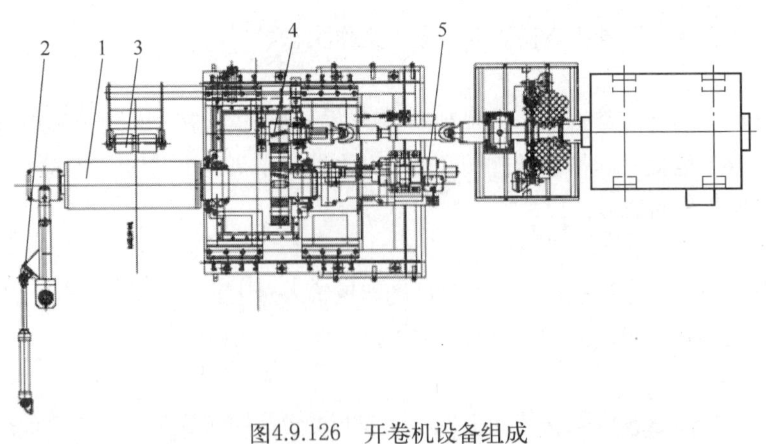

图4.9.126　开卷机设备组成

1—卷筒；2—外支撑；3—压辊；4—传动系统；5—对中装置

(2) 卷筒。

卷筒是开卷机的重要部件，具有多种结构形式，需根据产品特点、工艺条件和机组要求合理选择所需卷筒的结构形式。典型的卷筒结构如图4.9.127所示，主要由空心主轴、斜楔轴套、扇形板、拉杆和带旋转接头的胀缩缸等组成。卷筒的胀缩是由胀缩缸驱动拉杆，带动斜楔轴套移动，斜楔轴套与扇形板配合实现卷筒胀缩。

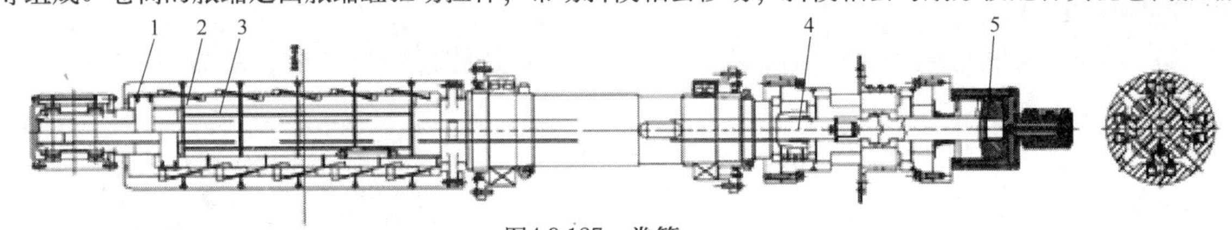

图4.9.127　卷筒

1—扇形板；2—斜楔轴套；3—空心主轴；4—拉杆；5—胀缩缸

(3) 外支撑。

为了减小悬臂式卷筒的轴向弯曲，减少卷筒挠曲变形，在卷筒外端增设活动外支撑装置，当上卷小车将钢卷上到卷筒上后，外支撑投入，开卷机卷筒胀开，进入工作状态。

(4) 压辊。

开卷机上设置压辊的目的是压紧带材，增加制动力矩，有利于正常开卷。当上卷小车将钢卷上到开卷机卷筒后，压辊压住钢卷，并与卷筒一起使钢卷旋转，配合开卷器将带头刮出并送入夹送辊。完成穿带后，压辊抬至最高位，机组进入正常工作状态。

(5) 传动系统。

开卷机采用电机驱动，电机通过连轴器连接到减速机的输入轴上。通过减速机箱内的齿轮传动装置将扭矩传递至卷筒。齿轮采用硬齿面，减速机箱体为密闭式焊接箱体，采用稀油循环润滑。

(6) 对中装置。

将开卷机的卷筒、减速箱体安放在带衬板的底座上，传动电机、制动器独立安装在固定底座上，通过联轴器连接到齿轮箱。CPC液压缸安装在底座上与齿轮箱连接，根据传感器检测带钢的跑偏情况，移动带卷筒的齿轮箱，以确保带材中心线对中轧制中心线。

4.9.40.3　**主要技术参数**

开卷速度：max 400m/min

开卷张力：max 70kN

4.9.40.4　**选型原则**

该类型开卷机主要用于全连续冷轧机组和单机架可逆式冷轧机组入口段开卷，相关参数如下：

原料类型：酸洗卷

带钢厚度：1.4~4.0mm

带钢宽度：800~1250mm

钢卷内径：ϕ 610mm

钢卷外径：ϕ 900~2000mm

卷重：max 25t

4.9.40.5 **典型项目应用情况**

中冶赛迪工程技术股份有限公司设计的该类型开卷机已成功应用于攀成钢单机架可逆式冷轧机组、浙江协和1450mm五机架冷连轧机组、山东新青路可逆式冷轧机组和森特单机架可逆式冷轧机组，经生产实践证明，设备运行稳定、可靠（见图4.9.128）。

图4.9.128　攀成钢单机架可逆式冷轧机组开卷机

4.9.41　开卷机（连续镀锌机组、连续退火机组、连续彩色涂层机组、重卷检查机组等）

4.9.41.1 **设备简介**

（1）产品介绍。

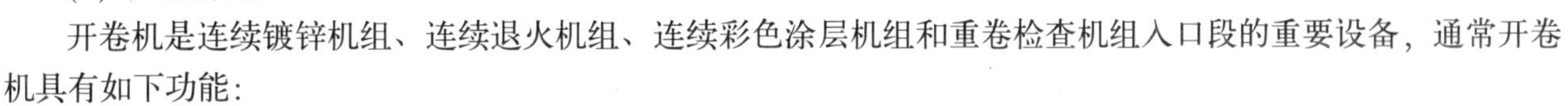

开卷机是连续镀锌机组、连续退火机组、连续彩色涂层机组和重卷检查机组入口段的重要设备，通常开卷机具有如下功能：

1）钢卷装在卷筒上，卷筒胀开将钢卷内径撑紧，穿带时，卷筒旋转将钢卷头部低速送进，产生恒定的开卷张力，以防止带钢在运行过程中跑偏。

2）在紧急停车时，开卷机能迅速制动，防止在开卷机与后续设备之间出现带材堆积而损伤带材及设备。

开卷机按支撑钢卷的方式可分为悬臂式、双圆柱头式和双锥头式三种。双圆柱头式和双锥头式开卷机多用于热轧钢卷的开卷，悬臂式开卷机多用于冷轧钢卷的开卷。

（2）适用范围。

该类型开卷机适用于原料为冷轧钢卷的连续镀锌机组、连续退火机组、连续彩色涂层机组和重卷检查机组，与其他设备一起共同构成机组的入口段。

4.9.41.2 **设备结构和工作原理**

（1）总体结构。

如图4.9.129所示为唐山丰南1450mm冷轧薄卷板工程镀锌机组中的开卷机，主要由卷筒、传动系统、压辊、对中装置和外支撑等部分组成。图4.9.130所示为开卷机三维模型。

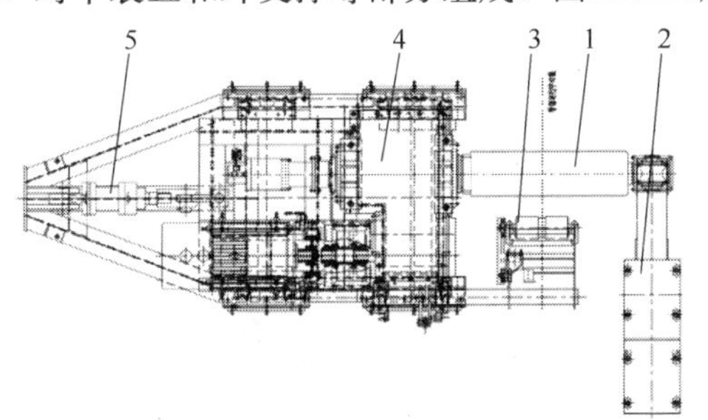

图4.9.129　开卷机设备组成

1—卷筒；2—外支撑；3—压辊；4—传动系统；5—对中装置

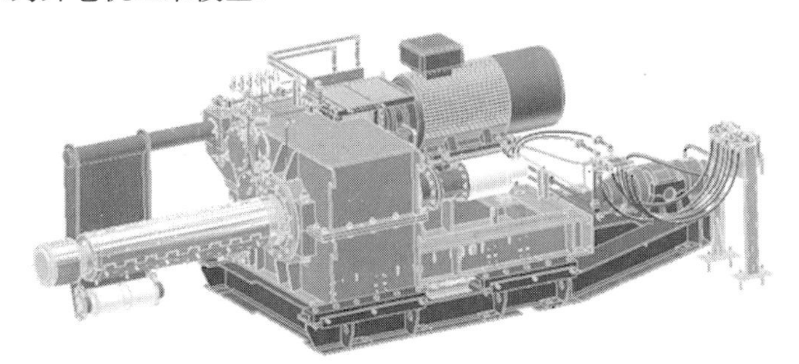

图4.9.130　开卷机三维模型

（2）卷筒。

卷筒是开卷机的重要部件，具有多种结构形式，需根据产品特点、工艺条件和机组要求合理选择所需卷筒的结构型式。典型的卷筒结构如图4.9.131所示，主要由空心主轴、斜楔轴套、扇形板、拉杆和带旋转接头的胀缩缸等组成。卷筒的胀缩是由胀缩缸驱动拉杆，带动斜楔轴套移动，斜楔轴套与扇形板配合实现卷筒胀缩。

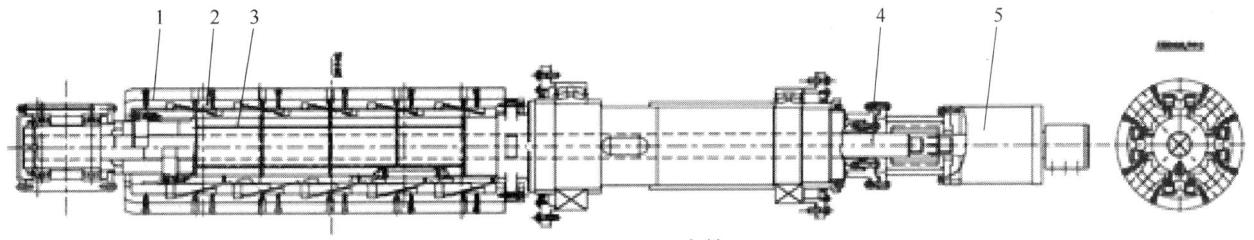

图4.9.131　卷筒

1—扇形板；2—斜楔轴套；3—空心主轴；4—拉杆；5—胀缩缸

(3) 外支撑。

为了减小悬臂式卷筒的轴向弯曲，减少卷筒挠曲变形，在卷筒外端增设活动外支撑装置，当上卷小车将钢卷上到卷筒上后，外支撑投入，开卷机卷筒胀开，进入工作状态。

(4) 压辊。

开卷机上设置压辊的目的是压紧带材，增加制动力矩，有利于正常开卷。当上卷小车将钢卷上到开卷机卷筒后，压辊压住钢卷，并与卷筒一起使钢卷旋转，配合开卷器将带头刮出并送入夹送辊。完成穿带后，压辊抬至最高位，机组进入正常工作状态。

(5) 传动系统。

开卷机采用电机驱动，电机通过联轴器连接到减速机的输入轴上。通过减速机箱内的齿轮传动装置将扭矩传递至卷筒。齿轮采用硬齿面，减速机箱体为密闭式焊接箱体，采用稀油循环润滑。

(6) 对中装置。

将开卷机的卷筒、整个减速箱体以及传动电机、稀油润滑管路均安放在一个固定底座上，并能够整体在固定底座的滑轨上沿横向移动，其横向移动是靠位于固定底座上的横移液压缸来实现。

4.9.41.3 **主要技术参数**

开卷速度：max 270m/min

开卷张力：max 28.2kN

4.9.41.4 **选型原则**

该类型开卷机主要用于连续镀锌机组、连续退火机组、连续彩色涂层机组和重卷检查机组入口段开卷，相关参数如下：

原料类型：冷轧钢卷

带钢厚度：0.2～1.2mm

带钢宽度：700～1250mm

钢卷内径：ϕ 508mm / ϕ 610mm

钢卷外径：max ϕ 2050mm

卷重：max 26t

4.9.41.5 **典型项目应用情况**

中冶赛迪工程技术股份有限公司设计的该类型开卷机已成功应用于攀钢No.2、No.3、No.4热镀锌铝机组、唐山丰南1450mm冷轧薄卷板工程连续热镀锌机组和连续退火机组、安阳连续热镀锌机组、天津新宇25万吨连续热镀铝锌机组、江苏克罗德15万吨和25万吨带钢连续热镀锌铝机组、宁波中盟15万吨连续热镀锌铝机组、广东华冠25万吨连续热镀铝锌机组、江苏大江20万吨带钢连续热镀锌铝机组、昆钢彩色涂层机组、攀钢重卷和八钢重卷等机组，经生产实践证明，设备运行稳定、可靠（见图4.9.132）。

图4.9.132 唐山丰南1450mm冷轧薄卷板工程镀锌机组开卷机现场

4.9.42 活套（酸轧机组、连续酸洗机组、连续冷轧机组等）

4.9.42.1 **设备简介**

(1) 产品介绍。

活套是带钢连续处理机组中的重要设备之一。活套用于储存带钢，通过活套的“充套”和“放套”动作的交替运行，保证冷轧连续生产机组的连续生产，提高生产效率。

(2) 适用范围。

该类型活套适用于各类板带冷轧连续生产机组如：酸轧联合机组、连续酸洗机组、连续冷轧机组等。

4.9.42.2 **设备结构和工作原理**

活套的形式主要分为两种：水平活套和立式活套。在酸轧联机、全连续冷轧及连续酸洗机组中一般采用水平活套。以酸轧联合机组的活套系统为例，其设备结构和组成、工作原理详述如下。

(1) 结构和组成。

水平活套设备主要由活套主传动装置、转向滑轮组、活套车、活套门、底部支撑托辊、活套轨道、钢绳牵引装置、活套车换辊小车组成。如图4.9.133所示。

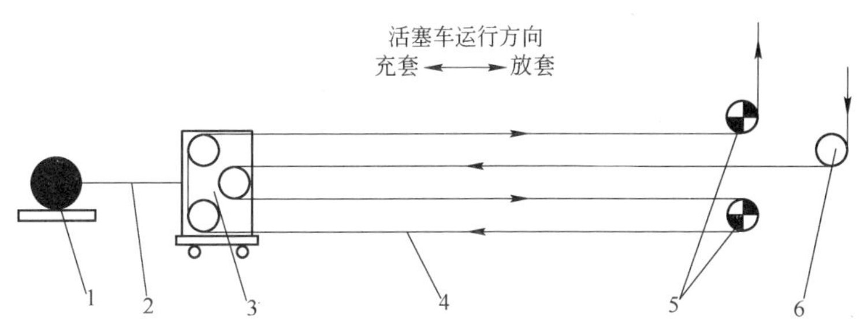

图4.9.133　活套工作原理

1—活套主传动装置；2—钢丝绳；3—活套车；4—带钢；5—纠偏辊；6—转向辊

活套主传动装置用于产生牵引活套车运行的动力，保证带钢张力。电机通过减速机、卷筒、钢丝绳等机构，拖动活套车运行，完成充放套功能。

转向滑轮组用以对活套主传动装置中放出的钢丝绳进行转向。

活套车设有活套辊和支撑辊用于带钢转向和保持各层带钢的间距，小车由钢丝绳与活套主传动装置的卷筒连接。小车上部设有2个曲线导轨，与活套门开闭机构配合，实现活套门的开闭。

活套门用于托住活套内带钢，减少因带钢自重下垂引起的额外张力损失。每套活套门由摆动臂和托辊组成。摆动臂设有自锁装置。

底部支撑托辊用于支撑底部带钢，由托辊和支架组成。

活套轨道用于支撑活套车运行，在轨道两端设有缓冲器用于吸收事故状态时活套车的冲击能量。

钢绳牵引装置由减速电机和卷扬机组成，用于设备安装时钢绳的牵引安装，调试时活套车的牵引，穿带时穿引带的牵引。

活套车换辊小车用于检修期间活套门的托辊等零部件的拆装检修。

(2) 工作原理。

活套在带钢张力和活套主传动装置的牵引力双重作用下，通过活套小车的往返运动，实现活套的充套和放套。

由于各个机组有不同的工艺要求，这就需要我们根据具体的情况进行活套设备的配置及对活套区域内的设备进行不同布置。表4.9.14列出了几种典型水平活套的技术参数及技术特点。

表4.9.14　几种典型水平活套的技术参数及技术特点

代表工程 主要参数	唐山丰南1450mm冷轧薄卷板工程酸洗轧机联合机组			攀钢冷轧酸轧联机活套	浙江协和1450mm五机架冷连轧机组活套
	酸洗入口活套	酸洗出口活套	联机活套		
带钢厚度/mm	1.8~5.0	1.8~5.0	1.8~5.0	2.0~5.0	2.0~5.0
带钢宽度/mm	800~1280	800~1280	800~1280	750~1150	720~1250
带钢层数	4	2	2	6	6
活套最大套量/m	466.2	234	273	504	600
活套车最大充套速度/m·min^{-1}	94.5	105	150	50	50
技术特点	(1) 活套主传动装置卷筒中心线与机组中心线重合，即传动装置处于机组内； (2) 活套主传动设有钢丝绳布线装置； (3) 主传动装置拖动两台活套车同时完成充放套； (4) 套量跟踪系统采用卷筒轴上的编码器进行跟踪； (5) 活套门安装在活套钢结构上	(1) 活套主传动装置卷筒中心线与机组中心线重合，即传动装置处于机组内； (2) 活套主传动设有钢丝绳布线装置； (3) 主传动装置拖动一台活套车完成充放套； (4) 套量跟踪系统采用卷筒轴上的编码器进行跟踪； (5) 活套门安装在活套钢结构上		(1) 活套主传动装置放在机组传动侧； (2) 主传动装置拖动一台6层活套车完成充放套； (3) 套量跟踪系统采用激光测距仪进行跟踪； (4) 活套门安装在土建基础上，设有5层托辊，随活套门摆动	(1) 活套主传动装置放在机组传动侧； (2) 主传动装置拖动一台6层活套车完成充放套； (3) 套量跟踪系统采用卷筒轴上的编码器进行跟踪； (4) 活套门安装在土建基础上，设有5层托辊，随活套门摆动

续表4.9.14

代表工程 主要参数	攀钢冷轧厂新建热轧酸洗板生产线		攀钢成都板材酸洗搬迁		辽宁衡业热处理线机组	西南铝气垫炉配套
	入口活套	出口活套	入口活套	出口活套	活套	入口水平活套
带钢厚度/mm	1.5~5.0	1.5~5.0	1.5~5.0	1.5~5.0	4.0~10.0	0.8~6.0
带钢宽度/mm	720~1300	720~1300	720~1300	720~1300	1500~1800	1000~2400
带钢层数	4	2	4	2	2	2
活套最大套量/m	306.2	155	392.2	198	100	106.54
活套车最大充套速度/m·min^{-1}	50	95	50	95	10	13.5
技术特点	同唐山丰南1450mm冷轧薄卷板工程酸洗轧机联合机组-酸洗入口活套	同唐山丰南1450mm冷轧薄卷板工程酸洗轧机联合机组-酸洗出口活套	同唐山丰南1450mm冷轧薄卷板工程酸洗轧机联合机组-酸洗入口活套	同唐山丰南1450mm冷轧薄卷板工程酸洗轧机联合机组-酸洗出口活套	（1）活套主传动装置卷筒中心线与机组中心线重合，即传动装置处于机组内； （2）主传动装置拖动一台2层活套车完成充放套； （3）套量跟踪系统采用卷筒轴上的编码器进行跟踪； （4）带钢支撑不再采用摆动式的活套门，而是采用带钢支撑小车托起带钢，支撑小车随活套车运动	（1）活套主传动装置放在机组传动侧； （2）主传动装置拖动一台2层活套车完成充放套，设有钢丝绳布线装置； （3）套量跟踪系统采用卷筒轴上的编码器进行跟踪； （4）活套门安装在活套钢结构上，活套门的开闭通过接近开关控制

4.9.42.3 **选型原则**

活套的作用是储存带钢，保证处理线的连续生产，选型时具体设备参数请参照表4.9.14中设备技术参数及技术特点进行选择。

4.9.42.4 **典型项目应用情况**

中冶赛迪工程技术股份有限公司设计的活套已经成功应用于唐山丰南1450mm冷轧工程酸洗轧机联合机组、攀钢冷轧酸轧联机、浙江协和1450mm五机架冷连轧机组活套（见图4.9.134、图4.9.135）、攀钢冷轧厂新建热轧酸洗板生产线、攀钢成都板材酸洗搬迁、辽宁衡业热处理线机组和西南铝气垫炉配套工程。自投产以来，运行情况良好，受到客户好评。

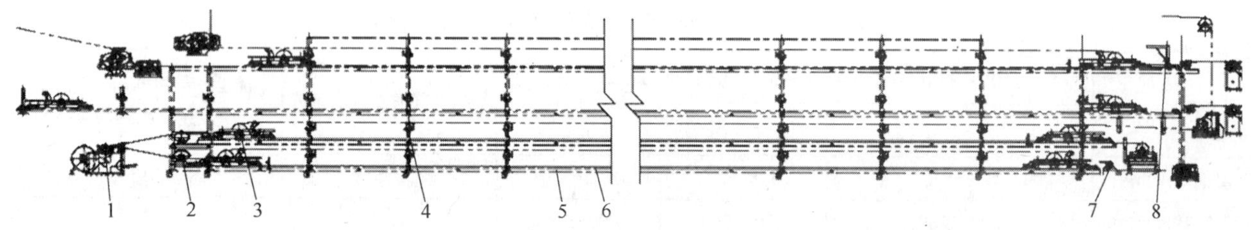

图4.9.134 唐山丰南1450mm冷轧薄卷板工程酸洗轧机联合机组活套

1—活套主传动装置；2—转向滑轮组；3—活套车；4—活套门；5—底部支撑托辊；6—活套轨道；7—钢绳牵引装置，8—活套车换辊小车

4.9.43 活套（连续镀锌机组、连续退火机组、连续彩色涂层机组、重卷检查机组等）

4.9.43.1 **设备简介**

（1）产品介绍。

活套是带钢连续处理机组中一种钢带储存和释放装置，分卧式活套和立式活套两种，主要用于缓冲、匹配机组各段速度，保证冷轧连续生产机组的连续生产，提高生产效率。

图4.9.135 唐山丰南1450mm冷轧薄卷板工程酸洗轧机联合机组活套

其中水平活套结构高度较低，长度较长，在布置时，常将入口水平活套放在卧式炉下方或地下室内，将出口段水平活套放置于出口段设备下方的地下室内或架在设备上方的钢结构平台上。适用于机组速度相对不高，活套量少的机组。而立式活套长度较短，但高度较高，需要较高的厂房。多用于现代化的大型镀铝锌机组，常跟立式炉搭配使用，可满足机组速度高、活套量大的机

组连续生产需求。

(2) 适用范围。

该类型活套设备主要适用于连续镀锌机组、连续退火机组、连续彩色涂层机组、重卷检查机组等机组。

4.9.43.2 **设备结构和工作原理**

(1) 设备结构和组成。

卧式活套主要是由可以往复移动的活套车、托辊车、水平轨道、纠偏装置、卷扬和传动装置构成。根据活套储存钢带的多少和空间尺寸大小，水平活套一般可设计为2~8层，多数为4~6层。由于水平活套内钢带的自由状态较长，为避免钢带跑偏，设置有纠偏装置，如图4.9.136所示。

立式活套主要是由活套钢结构、活套车、固定辊、滑轮组、纠偏装置、换辊装置、配重装置、卷扬和传动装置构成，如图4.9.137所示。为防止活套内断带引起的钢带脱落堆积并能满足一些紧急停车的工况要求，在固定辊设置有带钢制动装置。

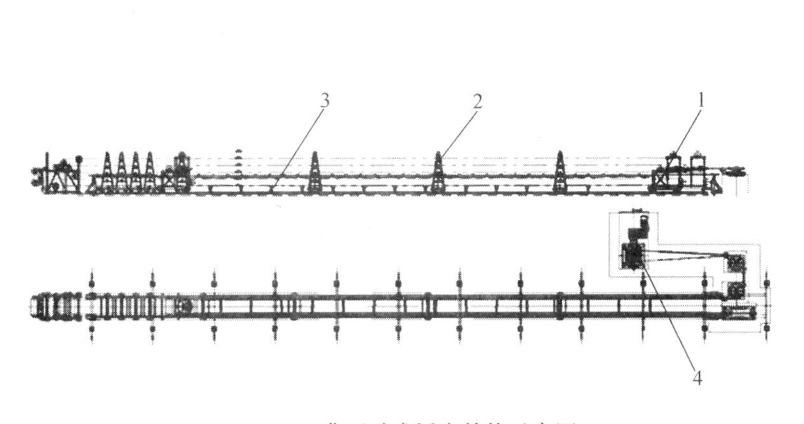

图4.9.136 典型卧式活套结构示意图
1—活套车；2—托辊车；3—水平轨道；
4—纠偏装置；5—卷扬和传动装置

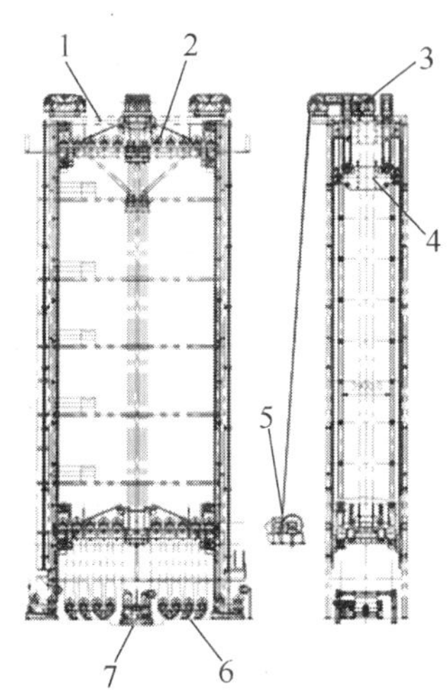

图4.9.137 典型立式活套结构示意图
1—活套钢结构；2—活套车；3—滑轮组；4—配重装置；
5—卷扬和传动装置；6—固定辊；7—纠偏装置

(2) 工作原理。

为保证机组生产的连续性，活套会根据实际工况适时充套或放套。在此过程中，不论水平活套和立式活套都是通过恒张力控制和活套车位置控制来实现适时充、放套的功能。

入口活套在正常生产时处于满套状态。当入口段设备停车时（如：焊机焊接），活套以工艺速度向活套内送带，活套充套。

出口活套在正常生产时处于空套状态，当出口段设备停车时（如：分切带钢、表面检查），工艺段以正常工艺速度向活套送带，活套进行充套。当出口段设备启动后，出口段以高于工艺段速度从活套中拉带，活套放套。

4.9.43.3 **设备技术参数和技术特点**

该类型典型活套主要技术参数见表4.9.15、技术特点见表4.9.16。

表4.9.15 典型活套技术参数

参数指标		卧式活套	立式活套
带钢参数	带钢厚度/mm	0.2~10.0	
	带钢宽度/mm	700~1800	700~1400
设备参数	最大套量/m	max 480	max 600
	最大充套速度/m·min^{-1}	max 270	max 270
	活套车最大速度/m·min^{-1}	max 10	max 13.5

表4.9.16　典型活套技术特点

代表工程	主要参数	带钢厚度/mm	带钢宽度/mm	最大套量/m	活套车最大充套速度/m·min^{-1}	技术特点
攀钢冷轧No. 2、No. 3、No. 4镀锌机组	入口立式活套	0. 25~2. 0	720~1250	400	12. 7	（1）固定辊设置在活套顶部，移动活套车设置在下部，便于活套车检修； （2）活套卷扬装置布置在地面传动侧，检修方便； （3）升降采用定、动轮和两根不同旋向的钢丝绳牵引活套车升降； （4）移动活套车与配重之间通过同步机构相连，克服了由于入口和出口张力不同产生的不平衡
	出口立式活套	0. 25~2. 0	720~1250	400	12. 7	同攀钢No. 2、3、4冷轧热镀锌机组入口立式活套
唐山丰南冷轧镀锌一期工程连续热镀锌机组、连续退火机组	入口立式活套	0. 2~1. 2	700~1250	440	11. 5	固定辊设置在活套装置底部，活套车在固定辊之上，便于穿带、检修
	出口立式活套	0. 2~1. 2	700~1250	300	11. 5	同唐山丰南冷轧热镀锌机组入口立式活套
安阳钢铁连续热镀锌机组	入口立式活套	0. 25~2. 0	800~1400	480		（1）采用动滑轮组，降低减速机减速比； （2）由于套量大，除活套入口、出口外另在活套中间设置一套纠偏装置
	出口立式活套	0. 25~2. 0	800~1400	400		同安阳钢铁连续热镀锌机组入口立式活套
广东华冠钢铁25万吨连续镀铝锌机组	入口水平活套	0. 2~1. 5	750~1250	480	21. 67	托辊车置于悬空轨道上，托辊在轨面上下均有分布，增加了活套层数并能保证托辊车能更稳定的引导和支撑活套内钢带
	出口水平活套	0. 2~1. 5	750~1250	480	21. 67	同广东华冠钢铁25万吨连续镀铝锌机组入口水平活套

4.9.43.4　**选型原则**

该类型活套设备适用于连续镀锌机组、连续退火机组、连续彩色涂层机组、重卷检查机组等，设备选型时要根据工艺技术要求、机组长度和高度要求等因素，参照表4.9.15和表4.9.16进行选型。

4.9.43.5　**典型项目应用情况**

中冶赛迪工程技术股份有限公司设计的该类型活套活套设备已经成功应用于十余个工程项目，并均运转良好。其中，典型的工程项目列举如下：

（1）攀钢冷轧No.2、No.3、No.4镀锌机组工程。

（2）宁波中盟钢铁有限公司15万吨连续热镀锌铝机组工程（见图4.9.138）。

（3）江苏克罗德科技有限公司125万吨连续热镀锌/镀铝锌机组工程。

（4）天津新宇彩板有限公司25万吨连续热镀铝锌机组工程（见图4.9.139）。

（5）唐山丰南冷轧镀锌一期工程连续热镀锌机组、连续退火机组工程（见图4.9.140）。

（6）广东华冠钢铁25万吨连续镀铝锌机组工程。

图4.9.138　宁波中盟15万吨连续热镀锌铝机组活套

图4.9.139　天津新宇彩板有限公司25万吨连续热镀铝锌机组活套

图4.9.140　唐山丰南冷轧镀锌一期工程连续热镀锌机组活套

4.9.44 拉伸弯曲矫直机（连退、镀锌、镀锡、重卷等机组）

4.9.44.1 设备简介

(1) 产品介绍。

冷轧、后处理板带在轧制过程中，由于受到各种因素的综合影响，其形状往往会产生各种弯曲，如边浪、中浪及镰刀弯等。为了消除这些缺陷，获得平直的板带，必须用矫直机对带钢进行矫直。

拉伸弯曲矫直机(以下简称拉矫机)是矫直机中的其中一种，它是在拉伸矫直机和辊式矫直机的基础上发展起来的，相比较于上述两者，拉矫机结构紧凑、质量轻、操作简单、检修方便，同时能耗较小，因此成为目前冷轧、后处理带钢矫直最常用的方法。

拉矫机广泛应用于镀锌、连退、重卷等连续生产线，其主要功能有以下方面：1) 通过对带钢进行拉矫以后，可以有效地消除冷轧板带的边浪、中浪等浪形及C形弯曲、L形弯曲等，进而改善带钢的平直度；2) 通过对带钢的拉伸与弯曲作用，使带钢在后续变形时减轻或消除屈服平台，从而产生均匀的变形，提高带钢的加工性能。

(2) 适用范围。

此类型拉矫机一般用在连续作业生产线上，如连退、镀锌、镀锡、重卷等机组，可以矫正各种冷轧、后处理带钢，包括高强度带钢和极薄带钢。

4.9.44.2 设备结构和工作原理

(1) 组成和结构。

目前应用最广的拉矫机主要有两种结构：两弯一矫拉矫机和两弯两矫拉矫机。其中两弯一矫拉矫机主要由机架、转向辊组、两组上弯曲辊组、两组下弯曲辊组、一组下矫直辊组、辊缝调节装置、快开装置、换辊装置等组成。而两弯两矫拉矫机比两弯一矫拉矫机多一组矫直辊组。图4.9.141所示为中冶赛迪工程技术股份有限公司设计的两弯两矫拉矫机结构图和三维模型。

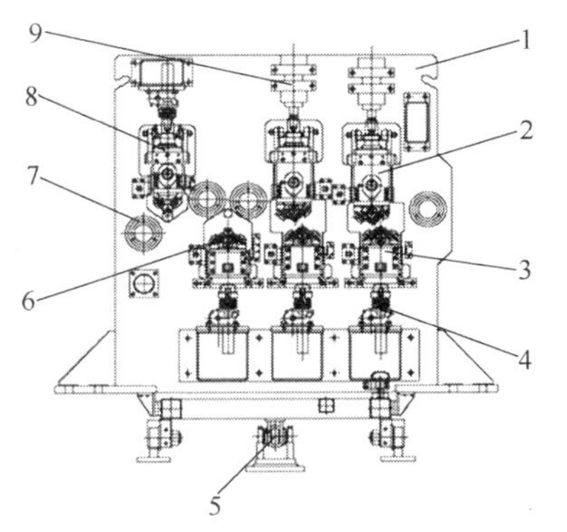

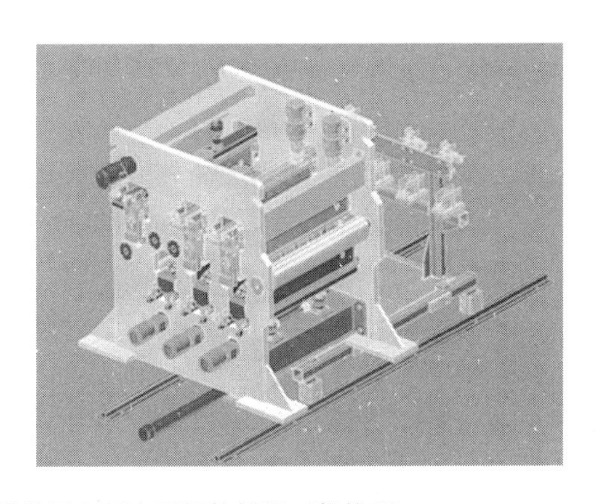

图4.9.141 两弯两矫拉矫机结构图和两弯两矫拉矫机三维模型

1—机架；2—上弯曲辊组；3—下弯曲辊组；4—辊缝调节装置；5—换辊装置；6—下矫直辊组；7—转向辊组；8—上矫直辊组；9—快开装置

机架主要由操作侧牌坊、传动侧牌坊、下连接梁、下轨道、上连接梁、上轨道等组成，主要作用是用来安装支撑弯曲辊组、矫直辊组、转向辊组、快开装置、辊缝调节装置以及快开装置等零部件。

弯曲辊组主要由滚轮、弯曲辊框架、工作辊组、中间辊组以及支撑辊组等组成，主要作用是使带钢在辊子上弯曲，从而对矫直效果起到很大的促进作用。

矫直辊组主要由滚轮、矫直辊框架、工作辊组、中间辊组以及支撑辊组等组成，其主要作用是消除带钢经过弯曲辊组后的L形弯曲和C形弯曲。

辊缝调节装置主要由电机、传动轴、联轴器和螺旋升降机组成，电机驱动螺旋升降机分别调整弯曲辊组和矫直辊组的压入量，满足不同产品规格带钢的延伸率和板形效果要求。

快开装置主要由液压缸和轨道板组成，当焊缝经过拉矫机时，液压缸缩回，轨道板上升，提起弯曲辊组和矫直辊组，避免焊缝划伤辊子。

换辊装置主要由换辊支架、锁紧装置、换辊液压缸等组成，换辊时弯曲辊组和矫直辊组位于换辊位置，换辊车运行到合适位置然后将弯曲辊组和矫直辊组单个、多个(全部)拉出。

(2) 工作原理。

拉矫机的工作原理为：当带钢在小直径辊子上弯曲时，同时施加以张力，由于弯曲和变形的同时存在，使得带钢在远低于材料屈服极限的张力下，带材纤维层产生塑性延伸，变形后原来长纤维和短纤维长度基本趋于一致，达到改善板形的目的。

4.9.44.3 设备技术参数和技术特点

(1) 技术参数。

带钢厚度：0.25~2.5mm

带钢宽度：700~1250mm

机组最大速度：250m/min

延伸率：max 2%

矫直段张力：max 200kN

屈服强度：≤500MPa

(2) 技术特点。

1) 机架刚性好，工作平稳可靠，设备精度高。

2) 安装、调试、维护方便。

3) 配备两对弯曲辊盒，可以同时使用，也可以一用一备。

4) 拉矫机的上弯曲辊组在过焊缝时可以快速打开，焊缝过后可以快速压下。矫直辊与转向辊配合工作可以矫正带钢横弯(两弯一矫拉矫机)或者横弯和纵弯(两弯两矫拉矫机)。

5) 换辊小车采用油缸驱动，一次可以拉出一个或多个（全部）辊盒。上辊盒可以在换辊小车上翻转，方便换辊。

4.9.44.4 选型原则

此类型拉矫机适用于冷轧后处理连续作业生产线上，如连退、镀锌、镀锡、重卷等机组，选型时请参照（1）技术参数。

4.9.44.5 典型项目应用情况

中冶赛迪工程技术股份有限公司设计的该类型拉矫机已经成功应用于以下工程：

(1) 唐山丰南冷轧镀锌一期工程连续热镀锌机组、连续退火机组工程（见图4.9.142）。

图4.9.142 唐山丰南冷轧镀锌一期工程连续热镀锌机组拉矫机

(2) 唐山丰南冷轧镀锌二期工程连续镀锌/退火两用机组工程。

(3) 江苏大江金属材料有限公司20万吨带钢连续热镀锌铝机组工程。

(4) 宁波中盟钢铁有限公司15万吨连续热镀锌铝机组工程。

(5) 江苏克罗德科技有限公司15万吨连续热镀锌/镀铝锌机组工程。

(6) 江苏克罗德科技有限公司25万吨连续热镀锌/镀铝锌机组工程。

(7) 天津新宇彩板有限公司25万吨连续热镀铝锌机组工程。

(8) 河北霸州京华金属制品有限公司25万吨连续热镀铝锌机组工程。

(9) 广东华冠钢铁有限公司25万吨连续镀铝锌机组工程。

4.9.45 漂洗槽（酸轧机组、连续酸洗机组）

4.9.45.1 设备简介

(1) 产品介绍。

带钢酸洗后表面上残存的残液，在酸槽出口处被挤干后，带钢表面仍留有较高含量的游离酸和较少的铁离子。这些残留的酸液，将会造成带钢酸洗后的氧化锈蚀，因此必须冲洗带钢表面上的残酸，使残留在带钢表面的酸液得到稀释，这就是漂洗工艺。

中冶赛迪工程技术股份有限公司开发的新型漂洗槽采用串列式漂洗工艺，有漂洗效果好、经济节能的特点。

(2) 适用范围。

该漂洗槽适用于酸洗轧机联合机组、连续酸洗机组的酸洗工艺段，与其他设备组成的各类酸洗、冷轧机组，被广泛应用于生产各类碳素结构钢、优质碳素结构钢、低合金结构钢等酸洗、冷轧板带产品。

4.9.45.2　**设备结构和工作原理**

(1) 设备结构。

该漂洗槽为4~5级串列漂洗，梯级布置，主要由槽盖、槽体、挤干辊、漂洗水喷射梁、蒸汽喷嘴、骑墙石、槽盖开闭装置等组成，如图4.9.143所示。

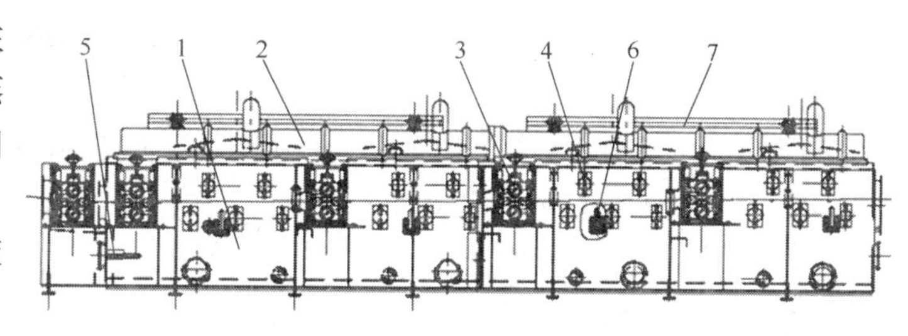

图4.9.143　漂洗槽

1—槽体；2—槽盖；3—挤干辊；4—漂洗水喷射梁；5—蒸汽喷嘴；6—骑墙石；7—槽盖开闭装置

槽盖为玻璃钢结构，槽盖的开闭提升由液压缸控制；

槽体由钢结构壳体、耐酸砖衬层、衬胶及耐酸胶泥等构成；

挤干辊由轴承支撑并安装在槽体两侧，挤干辊表面衬有软、硬两种橡胶，上挤干辊由隔膜气缸开闭。

(2) 工作原理。

漂洗过程通常采用反向流动法，及漂洗水的方向与带钢的运动方向相反，如图4.9.144所示。n为漂洗段的数量；C_1、C_2、…、C_{n-1}、C_n为漂洗槽中Cl^-的浓度；F_1、F_2、…、F_{n-1}、F_n为各段之间漂洗水的流量；q_1、q_2、…、q_{n-1}、q_n为带钢表面液体的带出量。

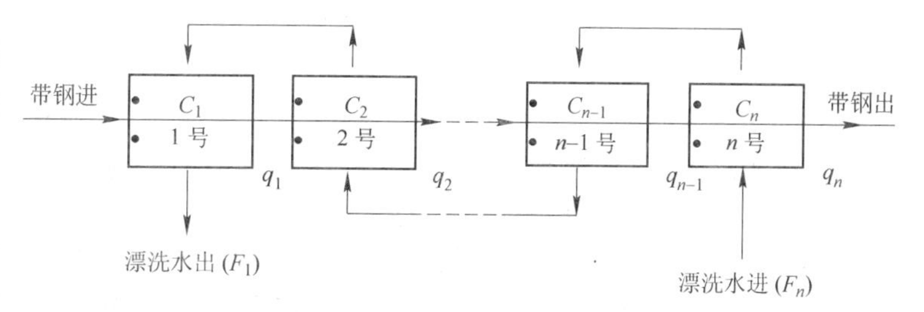

图4.9.144　漂洗工艺原理图

“带出量”是漂洗过程中的一个重要概念，它的大小取决于：

1) 带钢的厚度、宽度和板形；

2) 带钢的速度；

3) 挤干辊的数量、挤干辊衬胶的弹性和挤干辊两侧气缸的压力。

带出量越小漂洗效果越好。

该漂洗槽设有喷射清洗，每级漂洗槽设置5个喷射梁用于喷射漂洗水，在漂洗槽的下方侧壁上设置循环水口用于将漂洗槽底部的水经循环泵作用重新进入喷射梁内，设置排水口用于将漂洗槽内的水全部排出；另外在第一级漂洗槽上设有溢流口用于当漂洗水液面高于一定高度时溢流出漂洗槽，在最后一级漂洗槽侧壁上还设有注水口（补水口）用于漂洗槽大量注水时使用或漂洗槽内液体浓度达到一定值时用于向最后一级漂洗槽内补水，并逐级流至第一级漂洗槽。

槽间挤干辊装于两级漂洗槽之间，用于挤去带钢表面水分；出口挤干辊设在漂洗槽出口处，用于挤干带钢出漂洗酸槽时表面残留水分。蒸汽喷嘴用于加热漂洗槽内漂洗水。骑墙石用于支撑漂洗槽内的带钢。

4.9.45.3　**设备技术参数和技术特点**

(1) 主要技术参数。

漂洗槽的主要技术参数如下：

结构形式：串列式

级数：4~5级

长度：3000mm×4=12000mm

内宽：1940mm

(2) 技术特点。

该漂洗槽采用串列式漂洗，主要优点有：

1) 漂洗效率高；

2）漂洗水循环利用，消耗量少；

3）操作环境良好。

4.9.45.4　**选型原则**

该漂洗槽适宜连续生产线的酸洗工艺段中对酸洗后的带钢进行漂洗，机组主要参数如下：

原料：热轧钢卷

原料钢种：碳素结构钢、优质碳素结构钢、低合金结构钢

机组工艺段速度：max 200m/min

带钢厚度：1.8~5.0mm

带钢宽度：700~1280mm

4.9.45.5　**典型项目应用情况**

中冶赛迪工程技术股份有限公司设计的该类型漂洗槽已成功应用于唐山丰南1450mm冷轧薄卷板工程酸轧联合机组。机组自2009年投产至今，设备运行状况良好，漂洗质量良好（见图4.9.145）。

图4.9.145　唐山丰南1450mm冷轧薄卷板工程酸轧联合机组漂洗槽

4.9.46　酸洗槽（酸轧机组、连续酸洗机组）

4.9.46.1　**设备简介**

（1）产品介绍。

酸洗是带钢生产过程中必不可少的一道程序，它主要是通过酸洗液与带钢表面发生化学反应和物理冲击使得氧化铁皮从钢板表面脱落，形成较为理想的表面。酸洗槽用于加热带钢、清除带钢表面氧化铁皮，以保证洁净的带钢表面，酸洗槽是决定酸洗机组生产能力的关键性设备。

中冶赛迪工程技术有限公司开发的新型酸洗槽采用盐酸浅槽紊流式酸洗工艺，具有酸洗效果好，经济节能的特点。

（2）适用范围。

该酸洗槽适用于酸洗轧机联合机组、连续酸洗机组的酸洗工艺段，与其他设备组成的各类酸洗、冷轧机组，被广泛应用于生产各类碳素结构钢、优质碳素结构钢、低合金结构钢等酸洗、冷轧板带产品。

4.9.46.2　**设备结构和工作原理**

（1）设备结构和组成。

该酸洗槽采用盐酸浅槽紊流酸洗，分为No.1、No.2、No.3酸洗槽，每段酸洗槽主要由槽盖、槽盖开闭装置、槽体、挤干辊、导向辊、排气管和配管系统等组成，如图4.9.146所示。

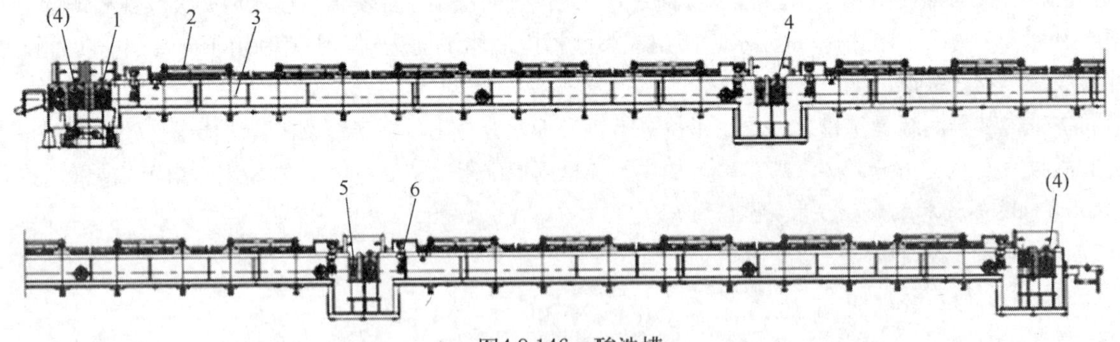

图4.9.146　酸洗槽

1—槽盖；2—槽盖开闭装置；3—槽体；4—挤干辊；5—导向辊；6—排气管

槽盖有内盖和外盖两层，其中内盖为玻璃钢结构，外盖为焊接钢结构，槽盖的开闭升降由液压缸驱动。槽体由衬胶及衬砖构成，在酸槽的入口和出口分别设置1个喷射梁用于喷酸，在酸槽的内壁两侧分别设置2组喷管用于喷酸，在槽底设有回酸口用于酸液回流，酸槽侧壁设有5根喷水管用于喷水冲刷酸槽侧壁，酸槽内部还设有5个压辊。

挤干辊分为三种：入口挤干辊、槽间挤干辊与出口纠偏挤干辊。挤干辊由轴承支撑并安装在槽体两侧，挤

干辊表面衬有软、硬两种橡胶，上挤干辊由隔膜气缸开闭。槽间的挤干辊手动换辊。

导向辊上辊由螺母配合螺杆锁死，下辊固定，设有弹簧用于辅助打开上辊。辊子表面衬耐酸橡胶。

(2) 工作原理。

热轧带钢表面氧化铁皮通常是三层结构：外层为Fe_2O_3，中层为Fe_3O_4，内层为FeO。带钢表面氧化铁皮由于具有多孔和开裂的性质，加上机械破碎而造成裂缝，因而盐酸溶液能较快地溶蚀各种氧化铁皮，酸洗反应可以从外层往内层进行。盐酸酸洗以化学腐蚀溶解作用为主，对金属基体的侵蚀甚弱。

整个机组设置酸槽三个，结构相同。沿带钢运行方向每个酸槽内盐酸浓度依次升高、槽内的酸液温度依次下降。槽体用于承载盐酸并保证在其内部运行的带钢完成清洗的化学反应，槽体自身应有足够的强度，槽体内侧的衬砖直接接触盐酸，除要保证不被腐蚀外还要承受内部带钢突然断带对其的冲击，槽底设有条状安山岩用于支撑运行中的带钢并保证其表面不被划伤和不与槽底接触，酸槽外盖两侧采用条形水封、槽体上的排气管用于抽出酸槽内的酸雾，与车间抽酸雾管连接处采用环形水封以保证酸槽工作时酸雾不泄漏。酸槽内部的布置形式保证了带钢上下表面的流场强度基本相当，以使带钢上下表面清洗强度一致（见图4.9.147、图4.9.148）。

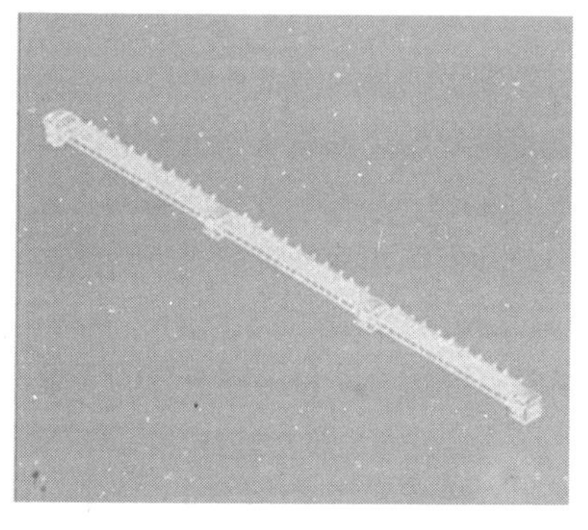

图4.9.147 酸洗槽整体三维模型

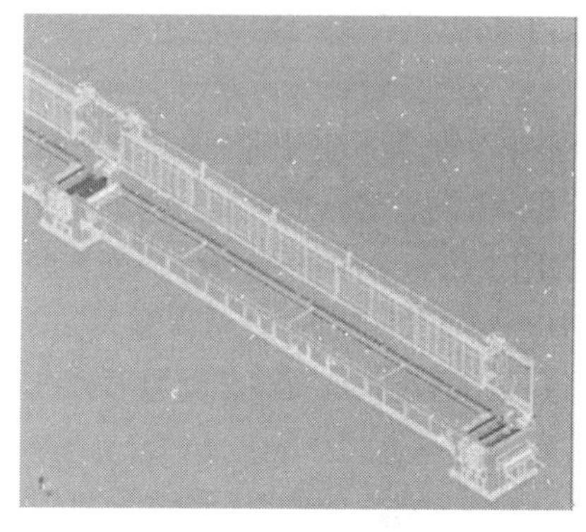

图4.9.148 酸洗槽三维模型

入口挤干辊用于导带时挤干带钢表面残留酸液，防止酸液被带出酸槽；槽间挤干辊装于两酸槽之间，用于挤去带钢表面酸液防止各酸槽酸液浓度混合；出口纠偏挤干辊带有纠偏功能，用于纠正带钢在酸槽中的跑偏，并挤干带钢出酸槽时表面残留酸液。

4.9.46.3 设备技术参数和技术特点

(1) 主要技术参数。

酸洗槽的主要技术参数如下：

结构形式：紊流酸洗

槽子数量：3个

槽子长度：3×25.6m

槽子内宽：1790mm

槽内酸液深度：约270mm

(2) 技术特点。

该酸洗槽主要有如下技术要点：

1) 由于酸槽结构的改进及增加酸液循环次数，使带钢在酸洗过程中，酸液产生紊流或喷流，提高了酸洗（去氧化铁皮）速度，缩短了酸洗时间，相应可减少酸槽总长度。

2) 酸槽中酸液深度浅，易于实现酸液循环，保持酸槽中设定的酸液浓度值。

3) 每段酸槽均设有酸液加热循环系统，系统之间设有梯流，以实现酸液循环，补充热量，保持设定的酸液浓度和温度。

4) 酸槽盖设有内外两层盖，以减少酸液蒸发，节约能量。

4.9.46.4 选型原则

该酸洗槽适宜连续生产线中对热轧带钢板进行酸洗，机组主要参数如下：

原料：热轧钢卷

原料钢种：碳素结构钢、优质碳素结构钢、低合金结构钢

机组工艺段速度：max 200m/min

带钢厚度：1.8~5.0mm

带钢宽度：700~1280mm

4.9.46.5　**典型项目应用情况**

中冶赛迪工程技术股份有限公司设计的该类型酸洗槽已成功应用于唐山丰南1450mm冷轧薄卷板工程酸轧联合机组。该机组自2009年投产至今，设备运行状况良好，酸洗质量良好（见图4.9.149）。

图4.9.149　唐山丰南1450mm冷轧薄卷板工程酸轧联合机组酸洗槽

4.9.47　圆盘剪（酸轧机组、连续式酸洗机组等）

4.9.47.1　**设备简介**

(1) 产品介绍。

在冷轧带钢生产线中，对于酸洗后的钢板需经过圆盘剪进行边部剪切，以满足成品带钢的宽度要求，同时去除带钢边部不规则的毛边和缺陷，获得良好的边部质量，是整个冷轧生产线中非常关键的设备。生产实践证明，带钢边部质量将对后续工序产生较大影响，并影响最终产品的质量。在剪切过程中，上、下刀盘在摩擦力的作用下，以相等于板带前进速度的线速度做圆周运动，形成一对无端点的剪刃，实现对带钢边部的无动力剪切。圆盘剪可以通过刀盘侧间隙调整装置和重叠量调整装置对刀盘进行调节，以适应不同规格带钢的剪切需要，并通过宽度调整装置对刀架进行调整，以适应来料带钢宽度的要求。

(2) 适用范围。

该型圆盘剪适用于酸洗轧机联合机组、连续式酸洗机组等，用于纵向剪切带钢边部。

4.9.47.2　**设备结构和工作原理**

(1) 设备结构和组成。

圆盘剪主要结构组成如图4.9.150所示。其中左、右刀架均由两套剪切装置组成。刀架回转装置共两套，通过液压马达驱动齿圈使左、右刀架实现180°旋转；开口度调整装置通过电机传动左、右滚珠丝杠，驱动左、右刀架移动实现开口度的调节，调整完毕后左、右刀架由两组液压螺母进行锁紧固定；底座用于支撑左、右刀架、刀架回转装置和开口度调整装置。

剪切装置是整个圆盘剪设备的核心，主要由侧间隙调整装置、重叠量调整装置、上刀套、上刀轴装配、下刀套、下刀轴装配和刀架组成，圆盘剪剪切装置结构如图4.9.151所示。

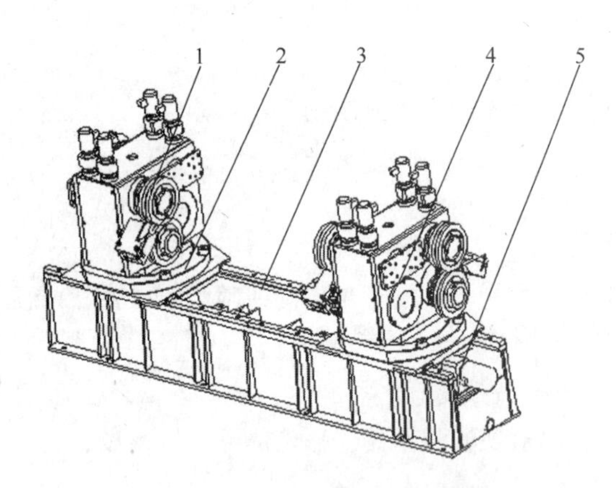

图4.9.150　圆盘剪三维模型

1—左刀架；2—刀架回转装置；3—底座；4—右刀架；5—开口度调整装置

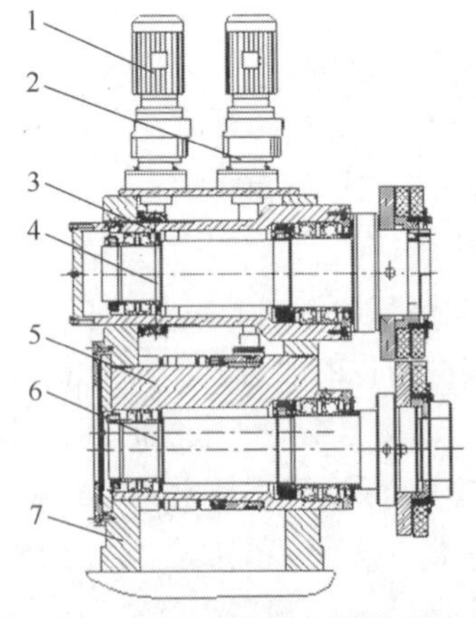

图4.9.151　圆盘剪剪切装置结构示意图

1—侧间隙调整装置；2—重叠量调整装置；3—上刀套；4—上刀轴装配；5—下刀套；6—下刀轴装配；7—刀架

刀架为焊接钢结构加工件，上刀轴装配和下刀轴装配分别通过上刀套和下刀套安装在刀架内。刀盘安装在刀轴的端部，通过液压螺母进行锁紧定位，刀盘采用合金工具钢。

侧间隙调整装置包括齿轮电机，联轴器，蜗轮蜗杆机构，螺纹机构。其工作原理为：齿轮电机通过传动蜗轮蜗杆、螺纹副机构，驱动上刀套的移动，从而实现对刀盘侧间隙的调整。

重叠量调整装置包括齿轮电机，联轴器，蜗轮蜗杆机构，下刀套。齿轮电机通过蜗轮蜗杆和偏心套机构，驱动下刀套的旋转升降，从而对刀盘重叠量进行调整。

圆盘剪开口度调整装置主要由齿轮电机、底座、左丝杠、左螺母、轴承座、联轴器、右丝杠、右螺母等组成。齿轮电机通过滚珠丝杠，驱动左、右刀架移动，实现开口度调整。

(2) 工作原理。

带钢在张力的拖拽下通过剪刃时，由于剪刃重叠量的存在，上剪刃给带钢施加一定的剪切力，使带钢与刀片接触区域产生变形，随着咬入深度的增加，受压的部分就从原板上断裂，从而达到剪切的目的。

4.9.47.3 设备技术参数和技术特点

(1) 主要技术参数。

刀盘直径：ϕ440mm

刀盘厚度：40mm

开口度：600~2200mm

(2) 技术特点。

1) 采用双刀头回转圆盘剪，可以在生产线上实现刀盘的快速回转和更换，大大减小了机组的停机时间；

2) 采用电机驱动滚珠丝杠进行开口度调整，并配以编码器检测，调节精度高；

3) 采用液压螺母对圆盘剪左、右刀架进行锁紧固定，剪切过程中无晃动，稳定性高；

4) 通过圆盘剪的前、后设备对带钢提供的张力差，实现无动力剪切，无需提供额外动力。

5) 采用蜗轮蜗杆机构实现刀盘侧间隙和重叠量的调整，操作方便、可靠。

4.9.47.4 选型原则

结构形式：双塔式拉剪

带板厚度：1.5~6mm

带板宽度：700 ~1300mm

剪切速度：max 200m/min

切边量：5~30mm

4.9.47.5 典型项目应用情况

中冶赛迪工程技术股份有限公司设计的该类型圆盘剪已成功应用于唐山丰南1450mm冷轧工程酸轧机组和攀钢冷轧厂热轧酸洗板生产线。经生产实践证明，圆盘剪设备运行状况稳定、剪切质量良好（见图4.9.152、图4.9.153）。

图4.9.152 唐山丰南1450mm冷轧工程酸轧机组圆盘剪

图4.9.153 攀钢冷轧厂热轧酸洗板生产线圆盘剪

4.9.48 圆盘剪（连续退火机组、重卷检查机组等）

4.9.48.1 设备简介

(1) 产品介绍。

圆盘剪是整个冷轧生产线中非常关键的设备，用于切除带钢边部，使带钢宽度达到产品的目标要求，同时去除带钢边部的不规则毛边和缺陷，从而获得良好的边部质量。生产实践证明，带钢边部质量将对后续工序产生较大影响，并影响最终产品的质量。

(2) 适用范围。

该型圆盘剪适用于冷轧连续退火机组、重卷检查机组等，用于纵向剪切带钢边部，带钢材质可为碳素结构钢、优质碳素结构钢、低合金结构钢等。

4.9.48.2 设备结构和工作原理

(1) 结构和组成。

由刀箱、剪刃重合度调节装置、剪刃侧间隙调节装置、开口度调节装置、转塔、托架、溜槽及液压配管等组成。如图4.9.154所示。

1）刀箱主要由焊接箱体、刀轴、偏心套、刀盘、轴承等组成。刀箱配置了锁紧机构，用以锁紧偏心套和刀轴，以保证剪切的稳定性。刀箱共四个，左右各两个。

2）重合度调节装置由减速电机、联轴器、蜗杆蜗轮等组成，通过减速电机驱动下偏心套转动，以调节剪刃的重合度。

3）侧间隙调节装置由减速电机、螺旋升降机、斜楔等组成，通过减速电机驱动上偏心套及上刀轴轴向移动，调节剪刃的侧间隙。

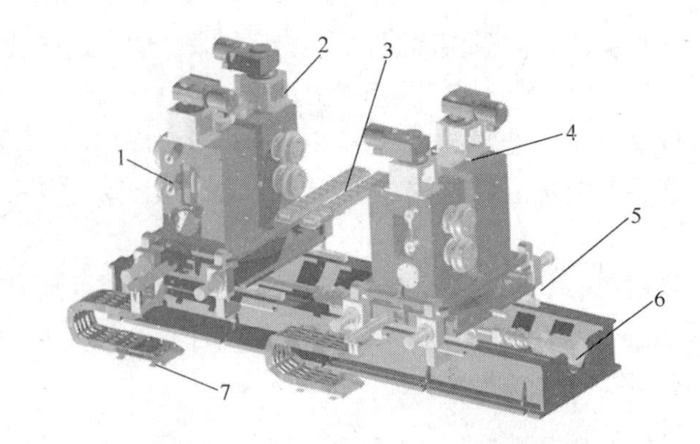

图4.9.154　圆盘剪结构三维模型

1—刀箱；2—重合度调节装置；3—托架；4—侧间隙调节装置；5—转塔；6—开口度调节装置；7—拖链及液压配管

4）转塔由焊接底座、液压马达、回转支撑等组成，通过液压马达驱动刀箱完成±180°的回转，同时在底座四角上各设置了一个锁紧液压缸以锁紧刀箱，保证剪切稳定性。

5）开口度调节装置焊接底座、减速电机、联轴器、直线导轨等组成，通过减速电机驱动滚珠丝杠带动刀箱在直线导轨上移动，实现剪切开口度的调节。

(2）工作原理。

带钢在前张力的拖拽下通过上、下剪刃之间时，由于剪刃重叠量的存在，上剪刃给带钢施加一定的剪切力，使带钢与刀片接触区域产生变形，随着咬入深度的增加，带钢的变形量也随之增加，当变形量达到一定程度时，受压的部分就从原板上断裂，从而达到剪切的目的。

重合度调节通过电机经蜗轮蜗杆驱动偏心套转动实现；侧间隙调节通过电机经螺旋升降机、斜楔驱动偏心套和刀轴轴向移动实现；刀盘开口度调节通过减速电机经滚珠丝杠驱动刀箱移动实现。通过对剪切重合度、侧间隙和开口度的调节，依靠带钢张力的牵引，实现不同规格带钢的剪切。

4.9.48.3　设备技术参数和技术特点

(1）主要技术参数。

刀盘直径：ϕ300mm/ϕ280mm

刀盘厚度：20mm

开口度：650~1500mm

(2）技术特点。

1）双塔回转圆盘剪，可在线实现刀盘的快速回转和更换，大大提高生产效率；

2）通过圆盘剪的前、后设备对带钢提供的张力差，实现无动力剪切，无需提供额外动力；

3）侧间隙调节装置设置了弹簧和碟簧平衡装置，消除了机械间隙，保证了侧间隙的稳定性；

4）偏心套、转塔均设置了锁紧装置，保证了剪切的稳定性；

5）采用电机驱动滚珠丝杠及精密直线导轨副调节开口度，减小摩擦力，提高导向精度，保证剪切精度；

6）轴承采用稀油循环润滑，操作维护更加可靠、方便。

4.9.48.4　选型原则

结构形式：双塔式拉剪

带板厚度：0.2～1.2mm

带板宽度：650～1500mm

剪切速度：max 300m/min

切边量：5～20mm

4.9.48.5　典型项目应用情况

中冶赛迪工程技术股份有限公司设计的圆盘剪已经成功应用于唐山丰南冷轧镀锌一期工程连续退火机组工程。该机组自2009年投产以来，圆盘剪设备运行状况和剪切质量良好，受到客户好评（见图4.9.155）。

4.9.49　废边卷取机（连续退火机组、重卷检查机组等）

4.9.49.1　**设备简介**

(1) 产品介绍。

废边卷取机为圆盘剪配套设备，对称布置于圆盘剪后的两侧，将圆盘剪切掉的废边卷取成卷，并将其卸入废料收集箱中，方便收集废边，提高劳动生产率，增加操作安全性，有利于生产线的顺畅运行。

(2) 适用范围。

本废边卷取机作为圆盘剪配套设备，适用于连续退火机组、重卷检查机组等。

图4.9.155　唐山丰南冷轧镀锌一期工程连续退火机组工程圆盘剪

4.9.49.2　**设备结构和工作原理**

(1) 结构和组成。

废边卷取机主要由卷轴移动与传动装置、机架装配、排线装置、固定底座等组成。如图4.9.156和图4.9.157所示。

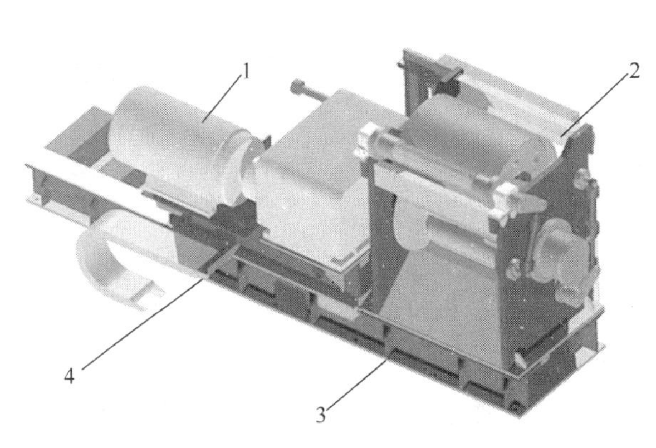

图4.9.156　废边卷取机结构三维模型一
1—移动与传动装置；2—机架装配；3—固定底座；4—拖链

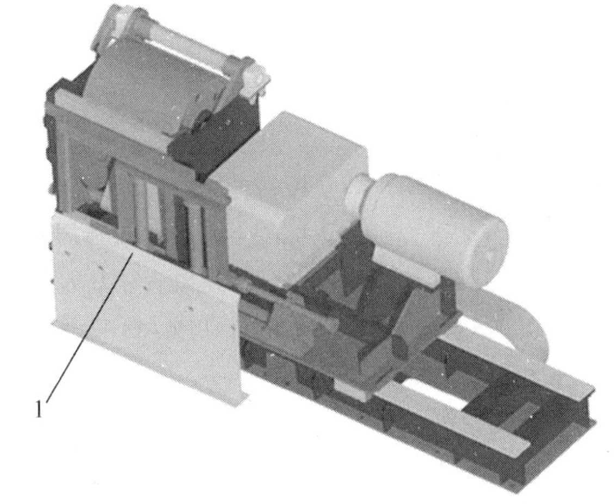

图4.9.157　废边卷取机结构三维模型二
1—排线装置

1) 移动与传动装置由交流变频电机、制动器、装有卷轴的卧式减速器、移动底座等组成。

2) 机架装配固定在大底座上，由压辊、推料板、卷轴支撑、机架、活动及固定挡板等组成，设置压辊的目的是为了将废卷卷紧、卷实，压辊的摆动由液压缸驱动。

3) 排线装置固定在机架上，由排线液压缸、排线辊、导轨等组成，用于将废边均匀地缠绕在卷轴上。

(2) 工作原理。

圆盘剪剪切的废边经溜槽进入废边卷取机，穿带时由人工辅助将其缠绕在卷轴上。液压缸驱动排线辊往复移动使废边均匀地卷在卷轴上，液压缸驱动压辊将废卷卷紧、卷实。卷取完毕后，液压缸推动卷轴移出工作位置，废卷脱落，由推料板推入废料收集箱中。

4.9.49.3　**设备技术参数和技术特点**

(1) 技术参数。

废边卷尺寸：max ϕ700mm×900mm

卷轴横移行程：1300mm

(2) 技术特点。

1) 设置排线装置将废边均匀地卷取在卷轴上；

2) 设置压辊将废卷卷紧、卷实；

3) 设置横移脱卷及推板机构，可自动将卷好的废卷推入废料箱，方便卸料，提高劳动生产率，有利于生产线的顺畅运行。

4.9.49.4 **选型原则**

应用场合：圆盘剪配套设备

废边厚度：0.2~1.2mm

废边宽度：5~20mm

废边卷质量：260kg

卷取速度：max 300m/min

4.9.49.5 **典型项目应用情况**

中冶赛迪工程技术股份有限公司设计的该类型废边卷取机已经成功应用于以下工程：

(1) 唐山丰南冷轧镀锌一期工程连续退火机组工程。

(2) 唐山丰南冷轧镀锌二期工程连续镀锌/退火两用机组工程（见图4.9.158、图4.9.159）。

(3) 新疆八一钢厂重卷机组。

(4) 攀钢钒冷轧厂1号重卷生产线易地改造工程。

图4.9.158 唐山丰南冷轧镀锌一期工程连续退火机组工程废边卷取机

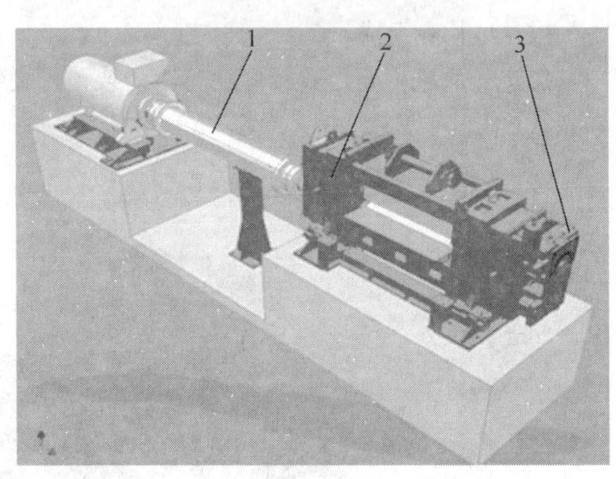

图4.9.159 滚筒式飞剪三维模型
1—传动装置；2—飞剪本体；3—剪刃间隙调节装置

4.9.50 滚筒式飞剪（酸轧机组、全连续冷轧机组）

4.9.50.1 **设备简介**

(1) 产品介绍。

滚筒式飞剪应用于各类板带连续冷轧机组出口，实现动态分卷。在剪切过程中，飞剪的上下滚筒做圆周运动，安装在滚筒内的剪刃随滚筒旋转做剪切运动，切断带钢。飞剪可通过调整装置进行剪刃侧间隙的自动或人工调节，以适应不同规格带钢的剪切需要。

(2) 适用范围。

该型滚筒式飞剪适用于酸洗轧机联合组、全连续冷轧机组，用于动态分切带钢，也可用于带钢头尾剪切、按设定卷重分卷、按设定长度切定尺以及事故剪切。

4.9.50.2 **设备结构和工作原理**

(1) 设备结构和组成。

滚筒式飞剪，主要由飞剪本体、传动装置、剪刃间隙调节装置、润滑系统等组成。

飞剪本体结构如图4.9.160所示，主要由机架，带剪刃的上下滚筒装配等组成。机架为钢结构加工件，滚筒通过圆柱滚子轴承安装在机架内，上下滚筒两端即传动侧和操作侧各设有一对斜齿轮相互啮合，齿轮为同步齿轮，以确保上下滚筒转速严格一致。剪刃安装在滚筒内，经过特殊的热处理工艺制成，综合机械性能高。滚筒操作侧装有止推轴承用于轴向固定滚筒，并承受轴向载荷（见图4.9.161、图4.9.162）。

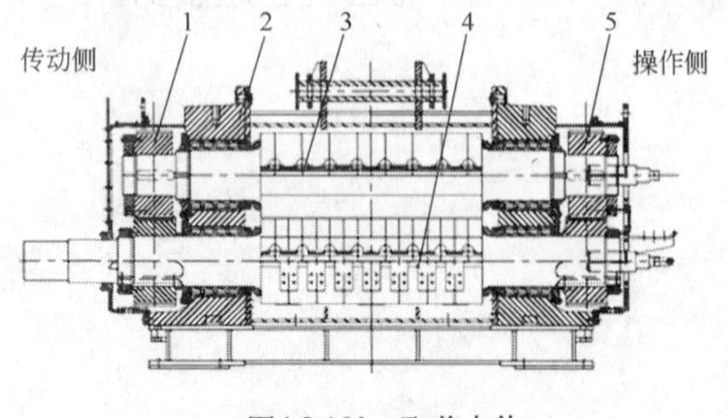

图4.9.160 飞剪本体
1—传动侧齿轮副；2—机架；3—上滚筒；4—下滚筒；5—操作侧齿轮副

图4.9.161 飞剪本体三维模型

图4.9.162 剪刃间隙调节装置

传动装置包括电机，制动器，齿式联轴器，电机通过齿式联轴器直接传动下滚筒，由上下滚筒两端相互啮合的斜齿轮将下滚筒的扭矩传递给上滚筒，以实现上下滚筒为同步转动。

剪刃间隙调节装置安装在飞剪上滚筒的操作侧，如图4.9.163所示，剪刃间隙可以通过电动和手动两种方式进行调节。电动或人工转动一套蜗轮蜗杆装置，传动上滚筒螺旋机构，使上滚筒轴向移动，而下滚筒固定，上滚筒在轴向移动的同时发生圆周转动，进而实现剪刃侧间隙的调整。

飞剪润滑采用稀油润滑，润滑油流量可通过流量计实时观测和调节，流量计位于滚筒式飞剪的操作侧。

(2) 工作原理。

滚筒式飞剪的工作过程概括为启动→加速→剪切→停止→返回起始位，如图4.9.163所示。

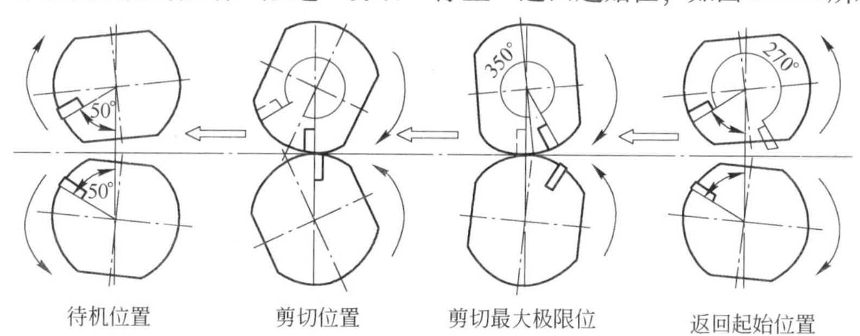

图4.9.163　滚筒式飞剪工作过程

待机位置：在此位置上剪刃与飞剪中心线成一定角度，以利于机组穿带或正常运行时带钢的顺利通过。

剪切位置：当飞剪接收到剪切指令，电机启动，以上滚筒为例，上滚筒开始顺时针加速旋转，滚筒由待机位置运行至剪切位置，飞剪剪断带钢。

剪切最大极限位置：剪切完毕后，电机减速在剪切最大极限位置前停止。

返回起始位置：电机由剪切最大极限位置开始反转，运行至起始位置，即待机位置。至此，滚筒飞剪完成一个工作周期。

4.9.50.3　设备技术参数

(1) 技术参数。

滚筒式飞剪的主要技术参数如下：

剪切带钢规格(断面：厚度×宽度)：max 2mm×1250mm

带钢屈服强度：max 1200MPa

剪切速度：max 250m/min

(2) 技术特点。

滚筒式飞剪主要有如下技术特点：

1) 剪切速度高、体积较小、旋转平衡性好，生产效率高；

2) 剪刃间隙通过电动和手动两种方式调节，调节方式灵活可靠；

3) 剪切断面平整，成品质量好。

4.9.50.4　选型原则

该滚筒式飞剪适用于酸轧或连轧机组中对带钢进行动态分切、切头尾以及事故时切断带钢，可参见“(1) 技术参数”进行选型。

4.9.50.5　典型项目应用情况

中冶赛迪工程技术股份有限公司设计的该类型滚筒式飞剪已经成功应用于唐山丰南1450mm冷轧薄卷板工程酸轧联合机组和浙江协和1450mm五机架冷连轧机组。其中唐山丰南项目自2009年投产至今，设备运行状况良好（见图4.9.164）。浙江协和项目飞剪即将投入安装调试。

图4.9.164　唐山丰南1450mm冷轧薄卷板工程酸轧联合机组滚筒式飞剪

4.9.51 滚筒式飞剪（连续镀锌机组、连续退火机组、连续彩色涂层机组、重卷检查机组等）

4.9.51.1 设备简介

(1) 产品介绍。

滚筒式飞剪应用于连续镀锌机组、连续退火机组、连续彩色涂层机组、重卷检查机组出口，可实现切焊缝、取样、切废是机组的关键设备。在剪切过程中，飞剪的上下滚筒做圆周运动，安装在滚筒内的剪刃随着滚筒的旋转做剪切运动，切断带钢。飞剪可通过调整装置进行剪刃侧间隙的自动或人工调节，以适应不同规格带钢的剪切需要。

(2) 适用范围。

该型滚筒式飞剪适用于镀锌机组、连续退火机组、连续彩涂机组、重卷检查机组中切焊缝、取样、切废；切焊缝时，根据焊缝检测仪装置提供的启动信号，进行剪切；取样模式时，由程序自动控制剪切长度；切废时，采用人工手动操作；飞剪传动装置对飞剪进行加速，当加速到与机组速度同步时，完成剪切动作。剪切完成之后，飞剪返回到待机位。

4.9.51.2 设备结构和工作原理

(1) 设备结构和组成。

滚筒式飞剪，主要由飞剪本体、传动装置、剪刃间隙调节装置、润滑系统等组成。如图4.9.165所示。

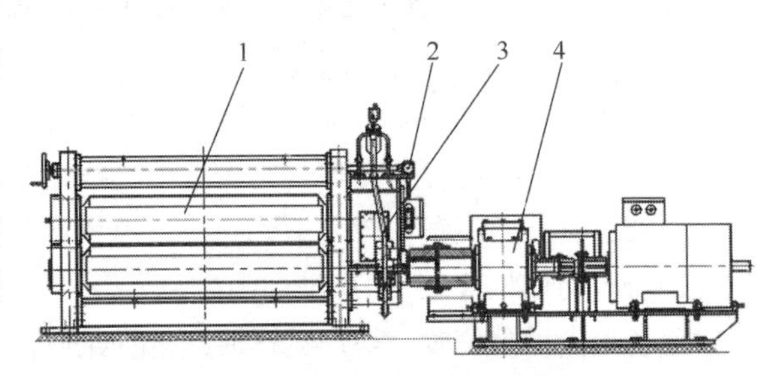

图4.9.165 滚筒式飞剪
1—飞剪本体；2—剪刃间隙调节装置；
3—润滑系统；4—传动装置

滚筒飞剪由安装在机座上的两牌坊、上、下刀座转鼓及传动装置等构成，牌坊之间用横梁连接，刀座转鼓轴承安装在牌坊内，上、下转鼓通过斜齿轮同步传动。上、下刀片侧隙调整装置位于操作侧，由手柄、连接轴、锥齿轮、蜗杆、带螺纹齿轮等构成。

通过调整刀片下方的调整垫片来调整上、下刀片的重叠量。

通过手柄驱动蜗杆蜗轮，蜗轮再驱动带螺纹齿轮推动安装在上刀座转鼓的斜齿轮轴向移动和转动，进行刀片侧隙的调整。

齿轮箱自带强制稀油系统，其余位置为手动干油润滑。

(2) 工作原理。

滚筒式飞剪的工作过程概括为启动→加速→剪切→停止→返回起始位，如图4.9.166所示。

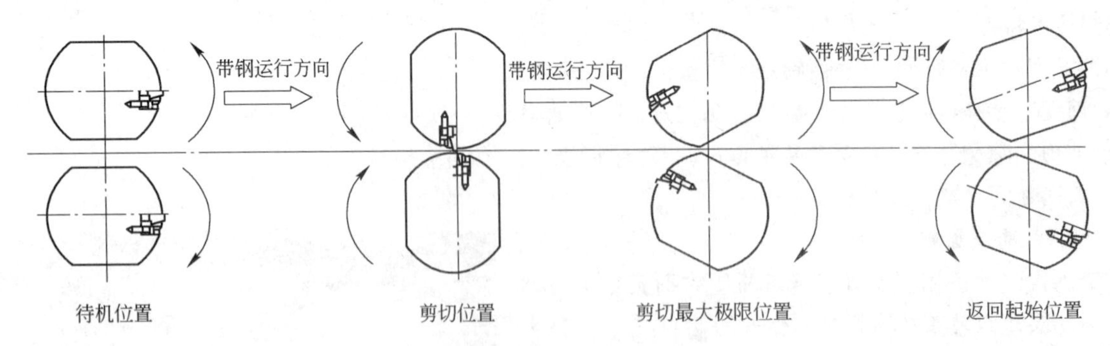

图4.9.166 滚筒式飞剪工作过程

待机位置：在此位置上剪刃与飞剪中心线成一定角度，以利于机组穿带或正常运行时带钢的顺利通过。

剪切位置：当飞剪接收到剪切指令，电机启动，以上滚筒为例，上滚筒开始顺时针加速旋转，滚筒由待机位置运行至剪切位置，飞剪剪断带钢。在剪切位置上下滚筒剪刃平行。

剪切最大极限位置：剪切完毕后，电机减速运行至剪切最大极限位置，停止。

返回起始位置：电机由剪切最大极限位置开始反转，运行至起始位置，即待机位置。至此，滚筒飞剪完成一个工作周期。

4.9.51.3 **设备技术参数和技术特点**

(1) 主要技术参数。

滚筒式飞剪的主要技术参数如下:

运行速度: 100m/min(仅在分卷和切废时)

50m/min (取样时)

带钢厚度: 0.25~2.0mm

带钢最大宽度: 1400mm

最大剪切强度: 500MPa

(2) 技术特点。

设备主要有如下技术特点:

1) 滚筒式飞剪剪切速度高、体积较小、旋转平衡性好，适用范围广，可以按照设定卷重在不停机的情况下进行分卷，适用于全连续生产线，生产效率高。

2) 剪刃间隙可通过手动方式调节，调节方式灵活可靠。

3) 剪刃沿滚筒螺旋表面倾斜布置，相当于斜剪刃，剪切过程中逐渐进入剪切，冲击力小，剪切断面平整，成品质量好。

4.9.51.4 **选型原则**

该滚筒式飞剪可实现切焊缝、取样、切废，选型时具体设备参数可参见 (1) 主要技术参数。

4.9.51.5 **典型项目应用情况**

中冶赛迪工程技术股份有限公司设计的该类型滚筒式飞剪已经成功应用于攀钢No.2、No.3、No.4热镀锌铝机组和安阳镀锌机组，设备运行状况良好（见图4.9.167）。

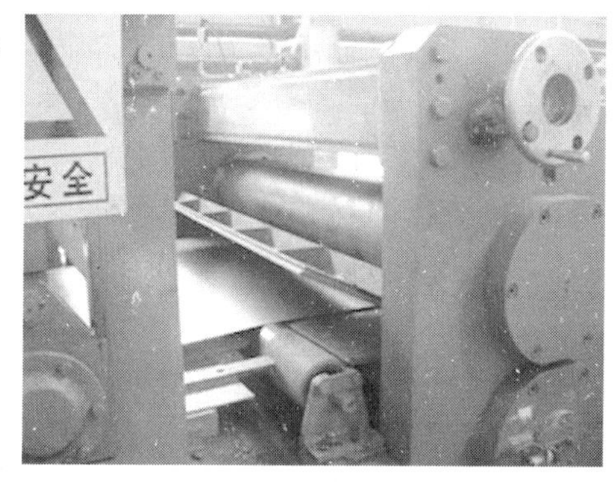

图4.9.167 攀钢3号热镀锌铝机组滚筒式飞剪

4.9.52 双卷筒卷取机(酸轧机组、全连续冷轧机组)

4.9.52.1 **设备简介**

(1) 产品介绍。

双卷筒卷取机被广泛应用于各类板带连续冷轧机组，作为出口段核心设备用于将成品带钢卷取成钢卷。双卷筒卷取机属于大型高速回转类机器，其内部驱动系统相当复杂(传动级数多，传动轴长，构造复杂)，是一种技术含量高的、先进的冶金机械设备。

(2) 适用范围。

双卷筒卷取机适用于酸洗轧机联合机组、全连续冷轧机组等各类板带连续冷轧机组出口段。

4.9.52.2 **设备结构和工作原理**

(1) 设备结构和组成。

双卷筒卷取机主要由初级减速机、次级减速机、转鼓支撑、夹紧、锁紧和传动装置、卷筒、卷筒主传动装置、开关布置、机体配管等组成，如图4.9.168所示。

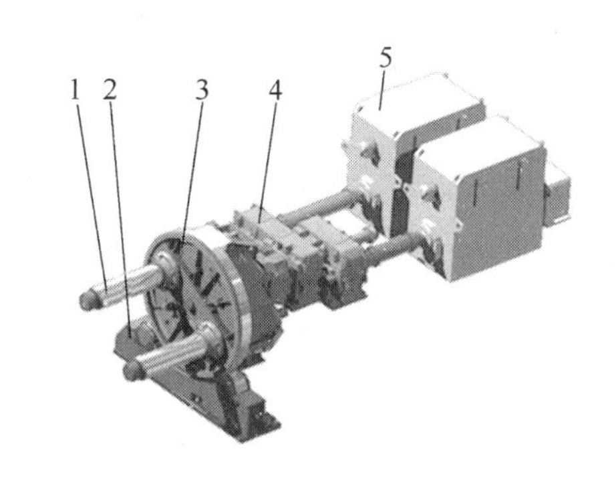

图4.9.168 双卷筒卷取机三维模型

1—卷筒；2—转鼓支撑、夹紧、锁紧和传动装置；3—次级减速机；4—初级减速机；5—卷筒主传动装置

1) 主传动系统（初级减速机、次级减速机）。

①初级减速机。

初级减速机作为卷筒传动的初级减速，主要由箱体和齿轮传动装置等组成，两套独立的齿轮传动装置共用一个箱体，每套齿轮传动均为二级齿轮传动。减速机齿轮采用硬齿面齿轮，齿轮和轴承采用集中稀油润滑。

②次级减速机。

次级减速机作为卷筒传动的次级减速，主要由箱体（转鼓）、齿轮传动装置和回转大齿圈等组成。转鼓通过轴承与初级减速机箱体连接，两套独立的齿轮传动装置安装在转鼓内，齿轮采用硬齿面齿轮。

2）转鼓支撑、夹紧、锁紧和传动装置。

转鼓支撑、夹紧、锁紧和传动装置如图4.9.169所示。该装置位于转鼓下方，用于支撑转鼓和转鼓旋转。转鼓支撑装置的2个支撑滚轮用于支撑转鼓，两套夹紧装置用于实现转鼓不同工作位置的定位和夹紧。转鼓传动装置由电机、减速机、联轴器、齿轮装置组成。

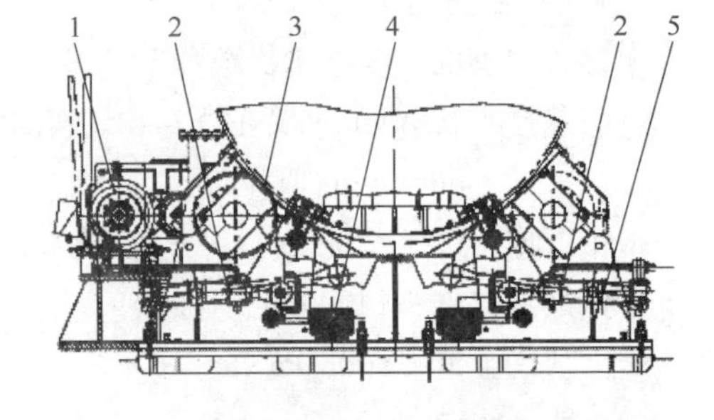

图4.9.169 转鼓支撑、夹紧、锁紧和传动装置
1—转鼓传动装置；2—夹紧液压缸；3—转鼓支撑轮；4—锁紧装置；5—转鼓支撑框架

3）卷筒。

卷筒为四斜楔扇形板式悬臂卷筒，安装在转鼓(次级减速机)上。卷筒由卷筒体装配和锥套装配组成。卷筒体主要包含主轴、扇形板、拉杆、斜楔等部分；锥套装配主要由锥套、轴承、齿轮、带旋转接头的胀缩缸等组成。整个卷取机配有两套完整的卷筒，两套卷筒可以互换。

4）卷筒传动装置。

卷取机配有两套独立传动装置，分别对两根卷筒进行传动，传动装置由主传动电机和安全联轴器及其保护罩组成。

(2）工作原理。

图4.9.170所示为双卷筒卷取机传动系统原理图，每个卷筒通过单独的电机驱动，电机通过初级减速机的齿轮传动将运动传递给空心轴，花键轴通过次级减速机的齿轮将运动传递给卷筒。

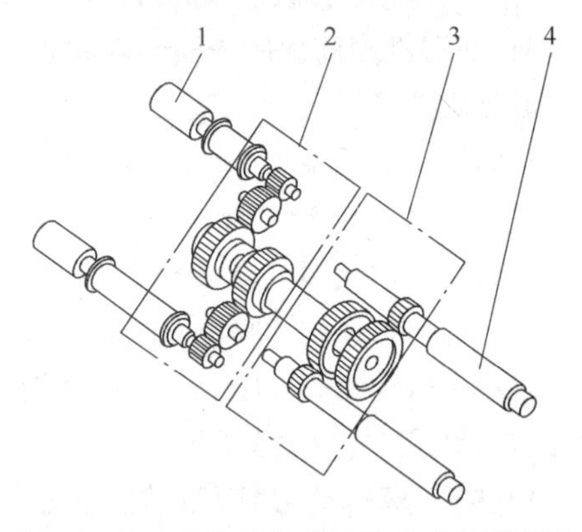

图4.9.170 双卷筒卷取机传动系统原理图
1—电机；2—初级减速机；3—次级减速机；4—卷筒

4.9.52.3 设备技术参数

(1）技术参数。

双卷筒卷取机的主要技术参数如下：

卷取速度：max 1300m/min

卷取张力：max 10t

(2）技术特点。

双卷筒卷取机具有以下技术特点：

1）卷取效率高，连续性好。

2）设备结构紧凑，可大大缩短卷取机与轧机的距离，能够快速建立张力，延长稳定轧制时间，提高成材率。

3）由一台双卷筒卷取机取代两台卷取机，减少出口设备数量，故障点大大减少。

4）更适宜卷取薄卷。

4.9.52.4 选型原则

该双卷筒卷取机适用于酸轧机组、全连续冷轧机组，适用来料参数为：

带钢厚度：0.2~ 2.0mm

带钢宽度：700~ 1250mm

钢卷内径：ϕ 508mm/ ϕ 610mm

钢卷外径：max ϕ 2050mm

卷重：max 28 t

4.9.52.5 典型项目应用情况

中冶赛迪工程技术股份有限公司设计的双卷筒卷取机已经成功应用于唐山丰南1450mm冷轧薄卷板工程酸轧联合机组和浙江协和1450mm五机架冷连轧机组。其中唐山丰南1450mm冷轧薄卷板工程酸轧联合机组自2009年投产至今，双卷筒卷取机设备运行状况良好（见图4.9.171）。浙江协和项目双卷筒卷取机即将进入安装和调试。

图4.9.171 唐山丰南1450mm冷轧薄卷板工程酸轧联合机组双卷筒卷取机

4.9.53 卷取机（单机架可逆式冷轧机组）

4.9.53.1 设备简介

(1) 产品介绍。

卷取机是带材生产线上的主要设备之一，广泛应用于带钢生产行业中。单机架可逆式冷轧机组中的张力卷取机，具有卷取张力大，卷取速度较高的特点。该类机组的卷取机分为入口卷取机和出口卷取机。中冶赛迪工程技术股份有限公司针对不同的卷取工艺要求开发了适用于各类单机架可逆式冷轧机组的卷取机。

(2) 适用范围。

此类型卷取机适用于单机架可逆式冷轧机组。

4.9.53.2 设备结构和工作原理

(1) 总体结构。

此类型卷取机主要由卷筒、减速器、传动装置、推卷装置、压辊装置以及外支撑等组成，其主要结构和布置如图4.9.172所示。

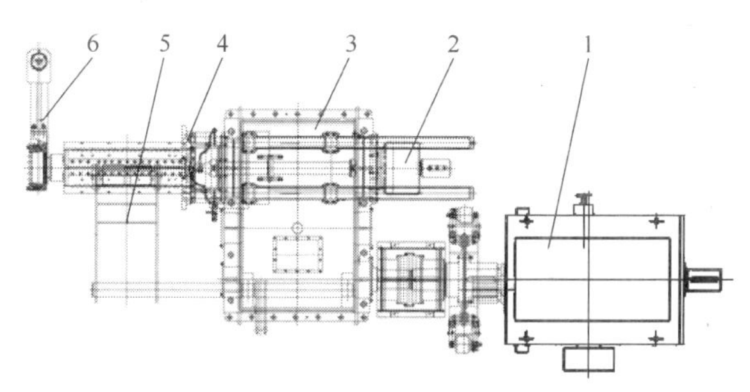

图4.9.172 卷取机结构示意图
1—传动装置；2—卷筒；3—减速器；4—推卷装置；5—压辊装置；6—外支撑

(2) 卷筒。

卷筒是卷取机的核心部分，用来承受卷取张力和钢卷自重。由于单机架可逆式冷轧机组卷取张力较大，钢卷自重较重，原料厚度也较厚，因此一般采用倒四棱锥带液压钳口式卷筒或者四斜楔带机械钳口式卷筒。

1) 倒四棱锥带液压钳口式卷筒。

其主要由棱锥主轴、扇形板、钳口斜楔和钳口压板等组成，如图4.9.173所示。工作时胀缩液压缸拉动棱锥主轴往后运动，利用棱锥主轴和扇形板的斜面机构实现胀开；夹紧带头时，钳口液压缸推动钳口斜楔往前运动，利用钳口斜楔和钳口压板的斜面机构夹紧带头。由于棱锥主轴和扇形板等为整体锻件，刚性好，而且端部容易连接活动外支撑，因此可以满足大张力和较大卷重的要求。

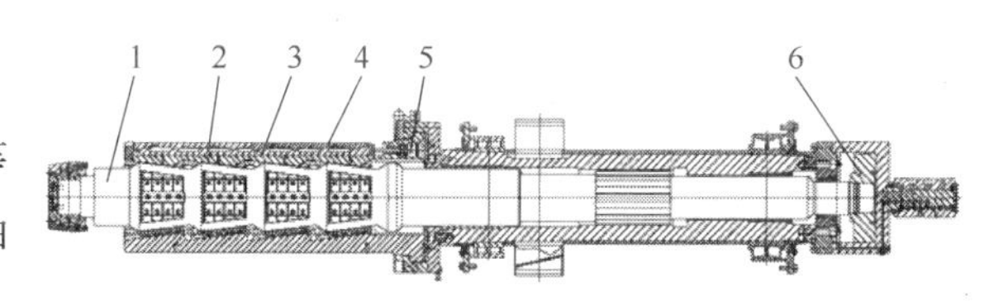

图4.9.173 倒四棱锥卷筒结构示意图
1—棱锥主轴；2—扇形板；3—钳口斜楔；4—钳口压板；5—钳口液压缸；6—胀缩液压缸

2) 四斜楔带机械钳口式卷筒。

其主要零件为径向斜楔、轴向斜楔、主轴、拉杆、扇形板、弹簧组件和钳口板等，如图4.9.174所示。工作时胀缩液压缸拉动拉杆向后运动，带动轴向斜楔在主轴滑道内向后运动，利用径向斜楔和轴向斜楔之间的斜面运动实现扇形板胀开和钳口夹紧。卷筒主轴为整体结构，刚性好，可以满足较大张力和较大卷重卷取要求。

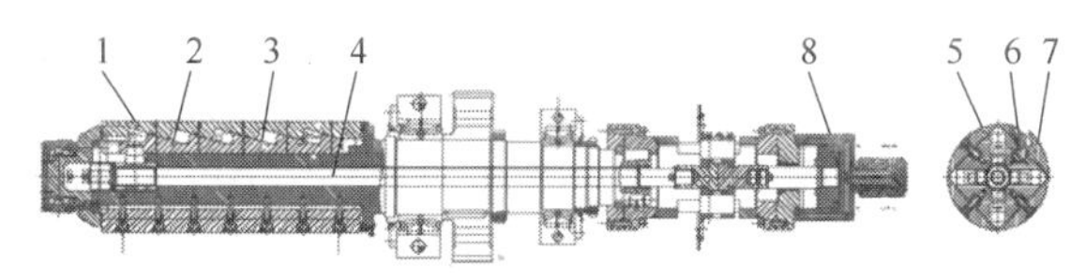

图4.9.174 四斜楔卷筒结构示意图
1—径向斜楔；2—轴向斜楔；3—主轴；4—拉杆；5—扇形板；6—弹簧组件；7—钳口板；8—胀缩液压缸

(3) 减速器。

减速器是卷取机实现动力传输的主要部件，针对不同的工艺要求，中冶赛迪工程技术股份有限公司开发了单减速比减速器和双减速比减速器。

1）双减速比减速器。

单机架可逆式冷轧机组中，在第一道次轧制时，带钢厚度较厚，卷取张力大，卷取速度低，随着轧制道次的增加，带钢厚度逐渐变薄，卷取张力也逐渐变小，而卷取速度则逐渐升高，因此采用换挡双减速可以更好适应可逆式冷轧机组的卷取工艺，降低电机功率。减速器结构如图4.9.175所示。

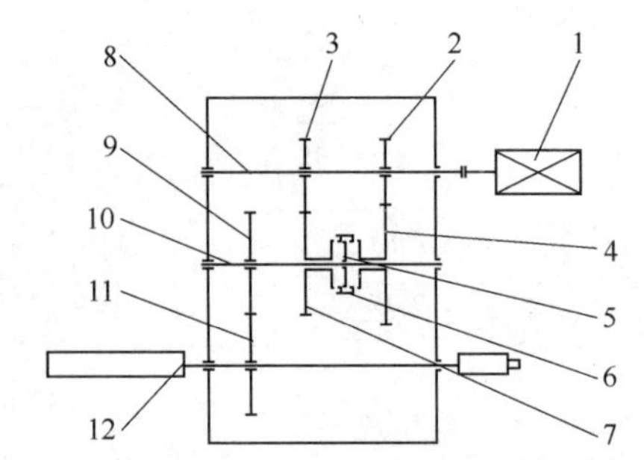

图4.9.175　双减速比减速器示意图

1—电机；2—齿轮1；3—齿轮2；4—双联齿轮1；5—外齿轮；6—内齿轮；7—双联齿轮2；8—输入轴；9—齿轮3；10—中间轴；11—卷筒轴齿轮；12—卷筒轴

高速挡传动：电机带动输入轴，齿轮2和双联齿轮2的大齿轮啮合，拨叉机构处在内齿轮和双联齿轮2的小齿轮啮合位，由此传动中间轴，然后通过齿轮3和卷筒轴齿轮的啮合，将动力传动到卷筒轴上。

低速挡传动：电机带动输入轴，齿轮1和双联齿轮1的大齿轮啮合，拨叉机构处在内齿轮和双联齿轮1的小齿轮啮合位，由此传动中间轴，然后通过齿轮3和卷筒轴齿轮的啮合，将动力传动到卷筒轴上。

2）单减速比减速器。

针对轧制过程中张力和速度变化较小的单机架可逆式冷轧机组开发了单减速比减速器，节约设备成本。传递原理为：电机通过联轴器传动高速轴通过齿轮装置将动力传送到卷筒上。

(4) 传动装置。

传动装置是卷取机动力的来源，通过联轴器和减速器将动力传递给卷筒，传动电机必须满足机组运行的张力和速度要求，同时要具有较好的经济性。

(5) 推卷装置。

推卷装置是辅助将卷取完成的钢卷从卷筒上卸下，由液压缸驱动沿着两根导向柱进行做伸缩运动。

(6) 压辊装置。

压辊装置用于在卷取结束时压住带尾，防止带尾松开造成散卷，由液压缸、摆臂和压辊组成。

(7) 外支撑。

外支撑是在卷取过程中，支撑住卷筒的悬臂外端，以减小钢卷重力和张力作用引起的卷筒的挠曲变形，由液压缸、摆臂和支撑套组成。

4.9.53.3　设备技术参数和特点

(1) 技术参数。

主要技术参数见表4.9.17。

表4.9.17　卷取机技术参数

项　目	单减速比卷取机	双减速比卷取机
卷取速度/$m \cdot min^{-1}$	1200	1050
带钢卷取张力/kN	137（卷取速度v≤800m/min）	170（卷取速度v≤640m/min）
	90（800m/min＜卷取速度v≤1200m/min）	103（640m/min＜卷取速度v≤1050m/min）

(2) 技术特点。

1）卷筒主轴为整体结构，而且带有外支撑，刚性好，满足大卷取张力和较大卷重要求。

2）不同的减速箱设计形式，满足不同的卷取工艺要求。

3）卷取机设置有压辊和推卷装置，方便卷取和卸卷。

4.9.53.4　选型原则

(1) 单减速比式卷取机。

带钢厚度：0.2~2.0mm

带钢宽度：700~1250mm

钢卷内径：508mm/ ϕ 610mm

钢卷外径：max ϕ 2000mm

卷重：max 25t

(2) 双减速比式卷取机。

带钢厚度：0.2~1.2mm

带钢宽度：700~1250mm

钢卷内径： ϕ 508mm/ ϕ 610mm

钢卷外径：max ϕ 2000mm

卷重：max 25t

4.9.53.5 **典型项目应用情况**

中冶赛迪工程技术股份有限公司设计的此类型卷取机已经成功应用于攀成钢1450mm单机架可逆式冷轧机组、山东新青路1450mm单机架可逆式冷轧机组和森特克罗德1450mm单机架可逆式冷轧机组，经生产实践证明，卷取机满足机组工艺要求，运行情况良好（见图4.9.176）。

图4.9.176 攀成钢1450mm单机架可逆式冷轧机组卷取机

4.9.54 卷取机（连续镀锌机组、连续退火机组、连续彩色涂层机组和重卷检查机组等）

4.9.54.1 **设备简介**

(1) 产品介绍。

卷取机是连续镀锌机组、连续退火机组、连续彩色涂层机组和重卷检查机组出口段的重要设备，通常卷取机具有如下功能：

1）与其他设备建立张力，实现稳定卷取；

2）用来将带钢卷取成卷，以便生产、运输和贮存。

基于冷带钢卷取具有卷取张力大、卷取速度高、带钢表面质量要求高、钢卷的卷取质量要好等工艺特点，要求卷取机具有以下特点：

1）强度、刚度高，以实现大张力卷取；

2）卷筒胀开后的圆柱度好，以防止压伤内层带钢，特别是薄带钢。

(2) 适用范围。

该类型卷取机适用于原料为冷轧钢卷的连续镀锌机组、连续退火机组、连续彩色涂层机组和重卷检查机组，位于机组出口段，与其他设备配合，将带钢卷取为成品钢卷。

4.9.54.2 **设备结构和工作原理**

(1) 总体结构。

如图4.9.177所示为唐山丰南1450mm冷轧薄卷板工程镀锌机组中的卷取机，主要由卷筒、传动系统、压辊、皮带助卷器、横移液压缸和外支撑等部分组成（见图4.9.178）。

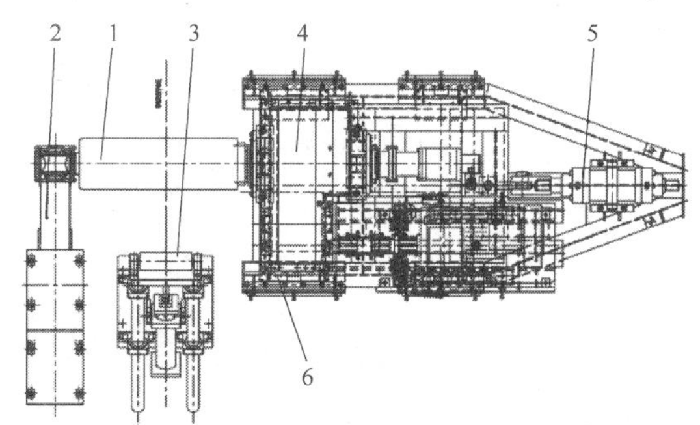

图4.9.177 卷取机设备组成

1—卷筒；2—外支撑；3—压辊；4—传动系统；5—横移液压缸；6—皮带助卷器

图4.9.178 卷取机三维模型

(2) 卷筒。

卷筒是卷取机的重要部件，具有多种结构形式，需根据产品特点、工艺条件和机组要求合理选择所需卷筒的结构形式。典型的卷筒结构如图4.9.179所示，主要由空心主轴、斜楔轴套、扇形板、拉杆和带旋转接头的胀缩缸等组成。卷筒的胀缩是由胀缩缸驱动拉杆，带动斜楔轴套移动，斜楔轴套与扇形板配合实现卷筒胀缩。

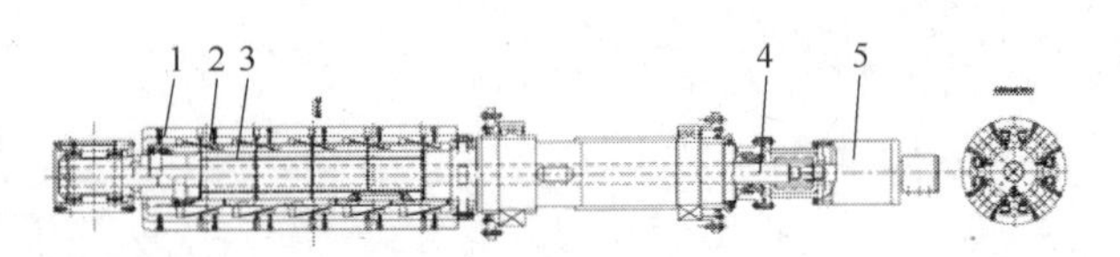

图4.9.179 卷筒
1—扇形板；2—斜楔轴套；3—空心主轴；4—拉杆；5—胀缩缸

(3) 外支撑。

在卷取机运行时，支撑卷取机卷筒外端，使卷取机卷筒轴在卷取时具有足够的刚度，同时也可以克服张力和卷重对卷筒轴的影响。

(4) 压辊。

在卷取机卷取快完毕时，压住带钢尾部，防止钢卷出现松卷。

(5) 传动系统。

卷取机采用电机驱动，电机通过联轴器连接到减速机的输入轴上。通过减速机箱内的齿轮传动装置将扭矩传递至卷筒。齿轮采用硬齿面，减速机箱体为密闭式焊接箱体，采用稀油循环润滑。

(6) 皮带助卷器。

辅助卷取机进行带钢头几圈的卷取，能适应卷取机的上、下两种卷取方式，主要由主轴、主液压缸、摆动框架、上下摆臂、上下臂摆动液压缸、皮带张紧液压缸等组成，如图4.9.180所示。摆动框架由主轴支撑，主轴通过支架安装在卷取机减速机箱体上。摆动框架由液压缸驱动。上、下摆臂通过液压缸驱动，使皮带打开或包紧在卷取机的卷筒上。助卷器使用环形皮带，皮带通过液压缸带动皮带张紧臂进行张紧。

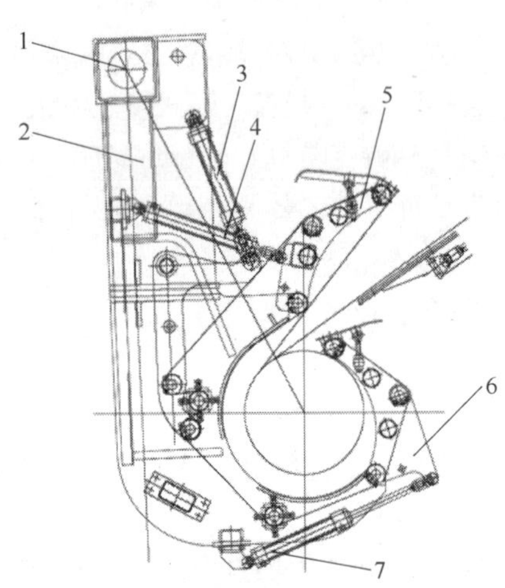

图4.9.180 皮带助卷器上卷取状态
1—主轴；2—摆动框架；3—皮带张紧液压缸；4—上臂摆动液压缸；5—上摆臂；6—下摆臂；7—下臂摆动液压缸

4.9.54.3 主要技术参数

卷取速度：max 270m/min

卷取张力：max 33 kN

4.9.54.4 选型原则

该类型卷取机主要用于连续镀锌机组、连续退火机组、连续彩色涂层机组和重卷检查机组出口卷取，相关参数如下：

带钢厚度：0.2～1.2mm

带钢宽度：700～1250mm

钢卷内径：ϕ508mm/ϕ610mm

钢卷外径：max ϕ2050mm

卷重：max 26t

4.9.54.5 典型项目应用情况

中冶赛迪工程技术股份有限公司设计的该类型卷取机已成功应用于攀钢No.2、No.3、No.4热镀锌铝机组、唐山丰南1450mm冷轧薄卷板工程镀锌机组和连退机组（见图4.9.181）、安阳连续热镀锌机组、天津新宇25万吨连续热镀铝锌机组、江苏克罗德15万吨和25万吨带钢连续热镀锌铝机组、宁波中盟15万吨连续热镀锌铝机组、广东华冠25万吨连续热镀铝锌机组、江苏大江20万吨带钢连续热镀锌铝机组、昆钢彩色涂层机组、攀钢重卷和八钢重卷等机组，经生产实践证明，卷取机满足机组工艺要求，运行情况良好。

图4.9.181 唐山丰南1450mm冷轧薄卷板工程镀锌机组和连退机组卷取机

4.9.55 清洗段设备（连续镀锌机组、连续退火机组和脱脂机组等）

4.9.55.1 设备简介

(1) 产品介绍。

冷轧带钢表面一般都附着有轧制油、机油、铁粉和灰尘等污物，这些杂质不但会影响到连续生产的顺利进行，还会降低最终产品的性能、质量，甚至提高废品率。因此在进行镀锌或退火前需要对原料带钢进行清洗脱脂处理，以去除这些杂质。

(2) 适用范围。

该类型清洗段设备适用于各种连续镀锌机组、连续退火机组和脱脂机组等。

4.9.55.2 设备结构和工作原理

清洗段设备一般配置为：热碱浸洗/喷洗装置+热碱刷洗装置+电解清洗装置+热水刷洗装置+热水漂洗装置+热风烘干装置。

(1) 结构和组成。

1) 热碱浸洗/喷洗装置。

根据碱液（脱脂剂）对带钢浸润的作用方式不同该装置分为，热碱浸洗装置、热碱喷洗装置。热碱浸洗装置又分为卧式（V形）浸洗装置和立式（U形）浸洗装置。

卧式（V形）热碱浸洗装置：

如图4.9.182所示，卧式（V形）碱液浸洗装置主要由槽体、槽盖、入口密封辊、出口挤干辊、沉没辊和传动装置等组成。

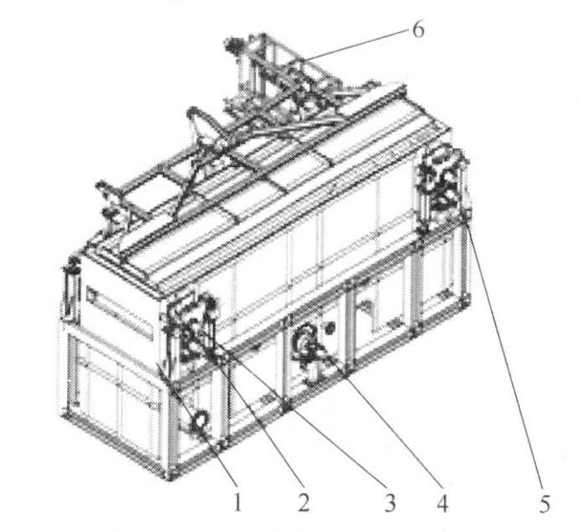

图4.9.182 卧式热碱浸洗装置
1—槽体；2—槽盖；3—入口密封辊；4—沉没辊；
5—出口挤干辊；6—传动装置

立式（U形）热碱浸洗装置：

如图4.9.183所示，立式（U形）碱液浸洗装置主要由槽体、槽盖、转向辊、挤干辊、沉没辊和传动装置等组成。

热碱喷洗装置：

如图4.9.184所示，热碱喷洗装置主要由槽体、入口密封辊、喷射梁、出口挤干辊和传动装置等组成。

2) 碱液刷洗装置。

如图4.9.185所示，碱液刷洗装置主要由槽体、槽盖、刷辊、支撑辊、喷射梁、挤干辊和传动装置等组成。

3) 电解清洗装置。

电解清洗装置按结构形式分为卧式和立式（U形），根据电极板布置形式不同卧式电解装置又有水平型和V形两种。

V形卧式电解装置：

如图4.9.186所示，该设备由槽体、槽盖，入口挤干辊、沉没辊、出口挤干辊、电解装置和传动装置组成。槽体内衬绝缘橡胶，电解装置由两对电极板组成，沿着带钢运行方向呈V形布置。

水平型卧式电解装置：

如图4.9.187所示，该设备由槽体、槽盖，入口挤干辊、沉降辊、出口挤干辊、电解装置和传动装置组成。槽体内衬绝缘橡胶，电解装置由两对电极板组成，沿着带钢运行方向呈水平布置。

立式电解装置：

如图4.9.188所示，立式电解装置主要由槽体、槽盖、转向辊、挤干辊、电解装置、沉没辊和传动装置等组成。槽体内衬绝缘橡胶，电解装置由两对电极板组成，沿着带钢运行方向呈U形布置。

4) 热水刷洗装置。

热水刷洗装置的结构与热碱刷洗装置基本一致。不同之处是由于清洗介质不是碱液而是热水，为免设备锈蚀，槽体和槽盖采用不锈钢材质。

5) 热水漂洗装置。

该装置典型的型式为热水喷淋三级漂洗加边部吹扫。如图4.9.189所示，该装置主要由槽体、槽盖、挤干辊、低压水喷射系统、高压水喷射系统、边部吹扫装置和传动装置等组成。其中，槽体和槽盖为不锈钢焊接结构件。

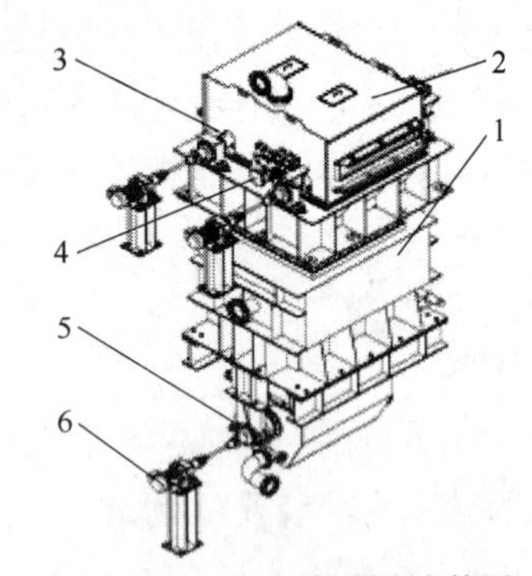

图4.9.183　立式热碱浸洗装置
1—槽体；2—槽盖；3—转向辊；4—挤干辊；5—沉没辊；6—传动装置

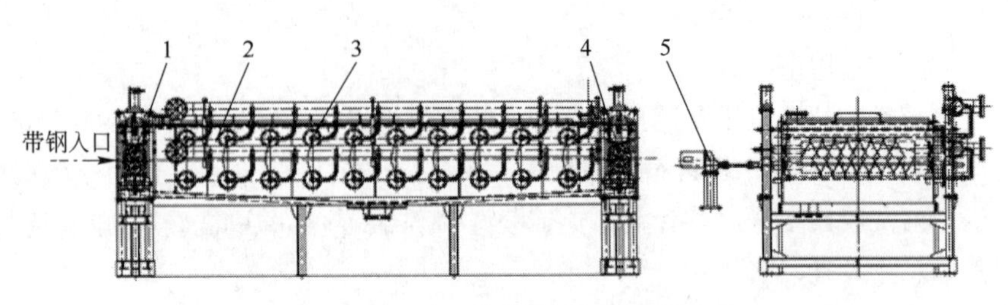

图4.9.184　卧式热碱浸洗装置
1—入口密封辊；2—槽体；3—喷射梁；4—出口挤干辊；5—传动装置

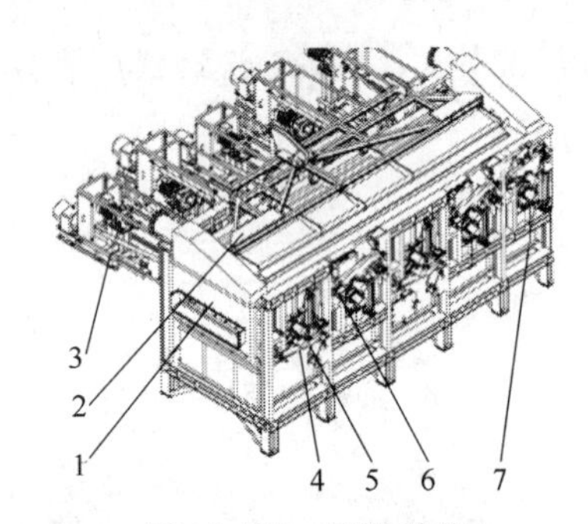

图4.9.185　刷洗装置
1—槽体；2—槽盖；3—传动装置；4—刷辊；5—支撑辊；6—喷射梁；7—挤干辊

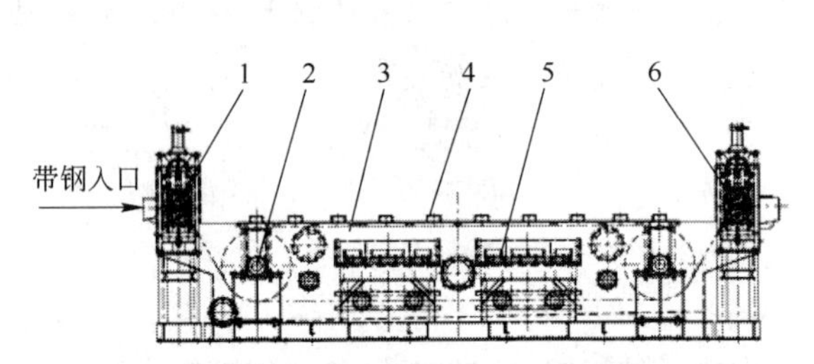

图4.9.186　V形卧式电解装置
1—入口挤干辊；2—沉降辊；3—槽体；4—槽盖；5—电解装置；6—出口挤干辊

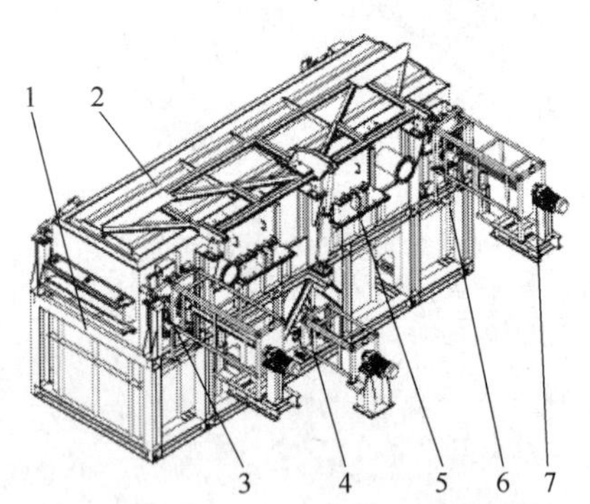

图4.9.187　水平型卧式电解装置
1—槽体；2—槽盖；3—出口挤干辊；4—沉没辊；5—电解装置；6—入口挤干辊；7—传动装置

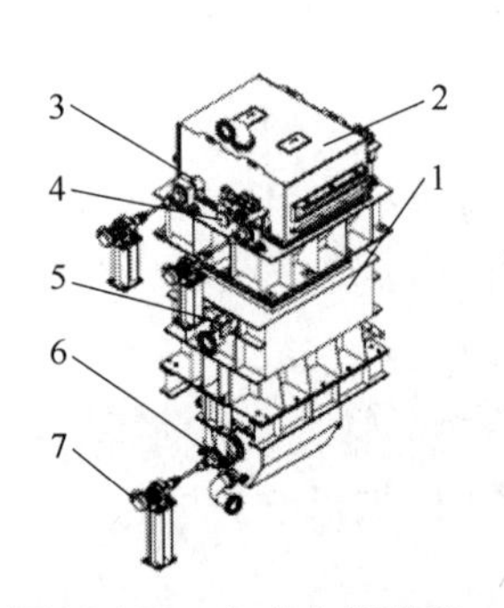

图4.9.188　立式电解装置
1—槽体；2—槽盖；3—转向辊；4—挤干辊；5—电解装置；6—沉没辊；7—传动装置

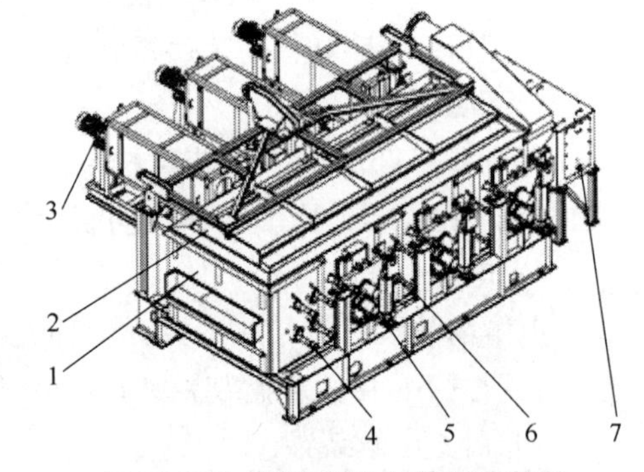

图4.9.189　带边部吹扫的漂洗装置
1—槽体；2—槽盖；3—传动装置；4—低压水喷射系统；5—挤干辊；6—高压水喷射系统；7—边部吹扫装置

6）热风烘干装置。

热风烘干装置由烘干箱、热风管和热源装置等组成。热源装置提供热风，经由热风管导入烘干箱，通过烘干箱中的喷箱将高温高压气体喷到带钢上，使带钢表面水分蒸发。

(2）工作原理。

1）热碱浸洗/喷洗装置。

带钢进入热碱浸洗/喷洗装置，70~80℃的热碱液通过浸没或喷淋方式作用到带钢上，碱液中的脱脂剂通过皂化作用、乳化作用和分散作用来去除带钢表面的油脂和杂质。

2）碱液刷洗装置。

碱液刷洗装置内布置有数组刷辊，喷射梁向带钢表面喷射碱液的同时刷辊对带钢上下表面进行刷洗，通过毛刷对带钢表面的机械作用和碱液的乳化作用达到去除油脂和杂质的目的。

3）电解清洗装置。

在电解装置中，通过向带钢两侧的极板施加电场，使带钢极化感应带电，在带钢表面产生氢气和氧气微小气泡，从而把带钢表面凹坑中的污染物去除。

4）热水刷洗装置。

热水刷洗装置内布置有数组刷辊，喷射梁向带钢表面喷射清水的同时刷辊对带钢上下表面进行刷洗，通过机械作用达到净化带钢的目的。

5）热水漂洗装置。

热水漂洗装置分为2~3级，每级之间用挤干辊隔断，通过高压水逐级清洗，达到彻底净化带钢表面的目的。

6）热风烘干装置。

热风烘干装置中喷箱向带钢表面喷射高温气体，烘干带钢表面。

4.9.55.3 设备技术参数和技术特点

由于各个机组有不同的工艺要求，这就需要根据具体的情况进行清洗段设备的配置。表4.9.18列出了几种典型工程清洗段的设备配置、技术参数及技术特点。

表4.9.18 几种典型工程清洗段设备配置、技术参数及技术特点

<table>
<tr><th>典型工程
技术参数</th><th>攀钢冷轧厂No. 2、No. 3、No. 4连续镀锌机组，唐山丰南冷轧镀锌有限公司连续热镀锌机组</th><th>唐山丰南冷轧镀锌有限公司连续退火机组</th><th>安钢连续热镀锌机组</th><th>天津新宇彩板有限公司连续镀铝锌机组，河北霸州京华公司连续镀铝锌机组</th><th>宁波中盟钢板有限公司连续镀铝锌机组，江苏克罗德科技有限公司15万吨连续镀锌机组</th><th>广东华冠钢板有限公司连续镀铝锌机组，江苏克罗德科技有限公司25万吨连续镀锌机组</th><th>江苏大江金属材料有限公司连续镀锌机组</th></tr>
<tr><td>带钢宽度/mm</td><td colspan="2">700～1250</td><td>800～1400</td><td colspan="3">800～1250</td><td>900～1250</td></tr>
<tr><td>带钢厚度/mm</td><td colspan="3">0.25～2</td><td colspan="2">0.20～1.5</td><td colspan="2">0.20～1.2</td></tr>
<tr><td>清洗段速度/m・min⁻¹</td><td>max. 200</td><td>max. 230</td><td>max. 200</td><td>max. 210</td><td>max. 160</td><td colspan="2">max. 240</td></tr>
<tr><td colspan="8">设备配置和技术特点</td></tr>
<tr><td>热碱浸洗装置</td><td colspan="3">V形槽浸洗，2组挤干辊，1个沉没辊</td><td colspan="3">水平卧式喷洗，10对喷射梁，2组挤干辊</td><td>立式槽浸洗，2个转向辊，1个沉没辊，1个挤干辊</td></tr>
<tr><td>热碱刷洗装置</td><td colspan="3">卧式，4组刷辊，4组喷射梁，1组挤干辊</td><td>卧式，6组刷辊，8个喷射梁，1组挤干辊</td><td colspan="2">卧式，4组刷辊，6个喷射梁，1组挤干辊</td><td>卧式，6组刷辊，8个喷射梁，1组挤干辊</td></tr>
<tr><td>电解清洗装置</td><td colspan="4">V形槽，2组挤干辊，1个沉没辊，2对电极板，内衬绝缘层</td><td>水平槽，2组挤干辊，2个转向辊，2对电极板，内衬绝缘层</td><td>无电解装置</td><td>立式槽，2个转向辊，沉没辊和挤干辊各1个，2对电极板，内衬绝缘层</td></tr>
<tr><td>热水刷洗装置</td><td colspan="3">卧式，4组刷辊，4组喷射梁，1组挤干辊</td><td colspan="4">卧式，2组刷辊，4个喷射梁，1组挤干辊</td></tr>
<tr><td>热水漂洗装置</td><td colspan="3">卧式3级漂洗，3组挤干辊，1套边部吹扫装置</td><td colspan="4">卧式2级漂洗，3组挤干辊2</td></tr>
<tr><td>热风烘干装置</td><td colspan="3">烘干装置，带入出口托辊</td><td colspan="4">烘干装置</td></tr>
</table>

4.9.55.4 选型原则

清洗段设备的主要作用是将带钢表面的油脂等杂质清除到符合产品要求的程度。设备选型时要根据具体工艺技术要求、机组长度和高度要求等因素，参照表4.9.18设备配置和技术参数及技术特点进行选择。

4.9.55.5 典型项目应用情况

此类型清洗段设备已经成功应用于以下工程：

（1）攀钢冷轧No.2、No.3镀锌机组工程；

（2）攀成钢冷轧No.4镀锌机组工程；

(3) 唐山丰南冷轧镀锌一期工程连续热镀锌机组工程（见图4.9.190）；

(4) 唐山丰南冷轧镀锌一期工程连续退火机组工程；

(5) 唐山丰南冷轧镀锌二期工程连续镀锌/退火两用机组工程；

(6) 江苏大江金属材料有限公司20万吨带钢连续热镀锌铝机组工程（见图4.9.191）；

(7) 宁波中盟钢铁有限公司15万吨连续热镀锌铝机组工程；

(8) 江苏克罗德科技有限公司15万吨连续热镀锌/镀铝锌机组工程；

(9) 江苏克罗德科技有限公司25万吨连续热镀锌/镀铝锌机组工程；

(10) 天津新宇彩板有限公司25万吨连续热镀铝锌机组工程；

(11) 河北霸州京华金属制品有限公司25万吨连续热镀铝锌机组工程；

(12) 安阳钢铁股份有限公司1450mm冷轧工程连续热镀锌机组（在建）。

图4.9.190 唐山丰南冷轧一期连续热镀锌机组清洗段

图4.9.191 江苏大江连续热镀锌机组清洗段

4.9.56 辊涂机（连续镀锌机组）

4.9.56.1 设备简介

(1) 产品介绍。

镀锌钢板广泛应用于建筑、家电和汽车等领域，随着用户对镀锌板表面质量要求越来越高，镀后涂层作为镀锌板表面后处理的重要工序，对镀锌板表面质量和用户使用影响极大。为了提高镀锌钢板的耐蚀、耐指纹等综合性能，一般先采用铬酸盐对其钝化，再在其转化膜上涂敷耐指纹材料。辊涂机作为钝化处理的重要设备，直接影响着钝化膜的质量，如膜层的均匀性、膜重等。由于立式辊涂的涂敷效果较卧式辊涂、卧式喷淋等方式在膜层均匀性、膜层厚度控制、膜层耐蚀性、成本等方面有明显优势，现代辊涂机的布置形势以立式为主。中冶赛迪工程技术股份有限公司设计的辊涂机为两辊立式辊涂机，既可以顺涂，也可以逆涂，具有涂敷辊和带钢压力控制、包角控制，粘料辊与涂敷辊压力控制、焊缝快开等功能。

(2) 适用范围。

此辊涂机适用于连续镀锌(镀铝锌)机组对带钢表面进行辊涂钝化处理。

4.9.56.2 设备结构和工作原理

辊涂机主要由机架装置，左、右涂敷辊，左、右粘料辊，接液盘，快开机构，传动装置等组成，结构示意如图4.9.192所示。其工作原理为：将钝化液加入接液盘中，粘料辊转动时汲取接液盘中的钝化液，并随着辊子的转动将钝化液转移到涂敷辊上，再由涂敷辊将钝化液涂敷于带钢表面。

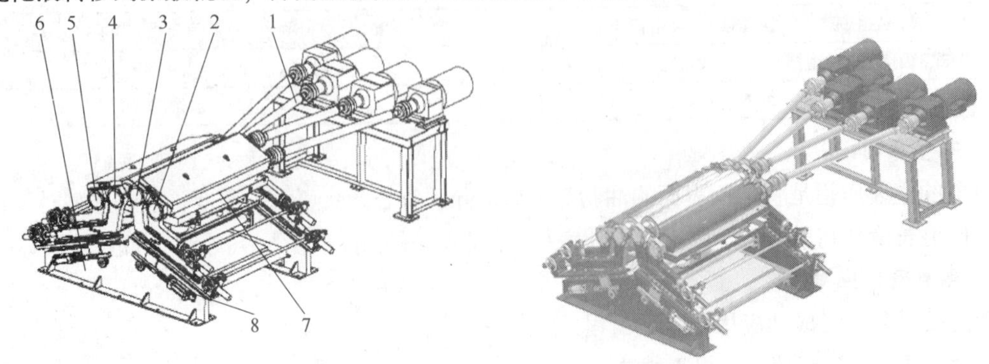

图4.9.192 设备结构及三维模型

1—传动装置；2—右粘料辊；3—右涂敷辊；4—左涂敷辊；5—左粘料辊；6—机架；7—接液盘；8—快开机构

机架装置用于安装、固定和支撑辊涂机的各功能部件，为辊涂机提供一个稳定的钢结构支撑，为焊接钢结构。

左、右涂敷辊装置和运行的带钢接触，用于将钝化液均匀地涂抹到带钢表面上。涂敷辊表面衬聚氨酯橡胶，由变频齿轮电机驱动，控制辊子运行速度和带钢运行速度的比值。左、右涂敷辊分别安装固定在两个直线导轨副上，可以通过手轮-螺旋升降机调节涂敷辊相对于带钢运行线的位置，实现带钢和涂敷辊之间的接触压力和包角控制，涂敷辊和带钢之间的接触压力设置有压力传感器进行监测。

左、右粘料辊装置用于从接液盘中粘取钝化液。粘料辊为钢辊，由变频齿轮马达驱动，控制辊子运行速度和带钢运行速度的比值。左、右粘料辊分别安装固定在两个直线导轨副上，可以通过手轮-螺旋升降机调节粘料辊相对于涂敷辊的位置，实现粘料辊和涂敷辊之间的接触压力控制。

接液盘用于存储钝化液，其高度位置由气缸调节；接液盘两侧设有滑轮装置，在检修时可以从侧面抽出接液盘，工作时由锁紧销锁紧在工作位置。

快开装置安装在机架两侧，当焊缝通过辊涂机时，由液压缸驱动，使左、右涂敷，左、右粘料辊迅速往两侧打开，避免焊缝划伤辊子。

传动装置由变频齿轮电机、万向联轴器和底座组成，用于驱动左、右涂敷辊和左、右粘料辊，每根辊子都由单独的齿轮电机驱动。

4.9.56.3　**设备技术参数和技术特点**

(1) 技术参数。

涂敷辊直径：ϕ 330mm

粘料辊直径：ϕ 297mm

(2) 技术特点。

1) 左、右涂敷辊，左、右粘料辊分别由变频齿轮电机单独驱动，可以分别单独控制粘料辊汲取钝化液的量和涂敷辊涂敷在带钢表面的钝化液的量。

2) 粘料辊和涂敷辊，涂敷辊和带钢之间的接触压力可调并且可以进行监测，可以很好地控制钝化膜层的厚度和均匀性。

3) 斜面滑动结构有效地降低了摩擦力对带钢和涂敷辊接触压力调节的影响。

4) 机构刚性好，工作稳定，控制精度高。

4.9.56.4　**选型原则**

带钢厚度：0.25~2.0mm

带钢宽度：700~1400mm

机组最大运行速度：200m/min

钝化膜质量：

轻钝化：(10~15) ± 5mg/m^2

中钝化：(15~30) ± 7mg/m^2

重钝化：(30~50) ± 8mg/m^2

4.9.56.5　**典型项目应用情况**

中冶赛迪工程技术股份有限公司设计的该类型辊涂机已经成功应用于唐山丰南1450mm冷轧工程镀锌机组，经生产实践证明，产品质量稳定，设备运行情况良好（见图4.9.193）。

图4.9.193　唐山丰南1450mm冷轧工程镀锌机组辊涂机

4.9.57　1420mm单机架四辊可逆式冷轧机

4.9.57.1　**设备简介**

(1) 产品介绍。

中冶赛迪工程技术股份有限公司自主设计完成的1420mm单机架四辊可逆式冷轧机，具有全数字交流（直流）调速、可控硅供电、机组PLC控制、全液压AGC压下、AGC自动控制、工作辊正负弯辊、工作辊轧辊分段冷却相配合、轧辊轴承采用油气润滑、工作辊快速换辊等功能。通过以上功能和综合控制手段可获得良好的产品厚度精度和板形质量。

(2) 适用范围。

该本单机架四辊可逆式冷轧机为可逆式单机架冷轧机组中核心设备，与其他设备组成的可逆式冷轧机组主要用于生产各类碳素结构钢、优质碳素结构钢、低合金结构钢、电工钢等冷轧板带产品。该类型机组投资低，生产组织灵活，特别适合多钢种、多规格、小规模板带产品的轧制。

4.9.57.2 **设备结构和工作原理**

(1) 设备组成。

该单机架四辊可逆式冷轧机主要由主传动装置、轧机机架装配、轧辊辊系、AGC液压缸、弯辊装置、轧线高度调整装置、换辊装置、入出口乳化液冷却及空气吹扫装置等组成，轧机主要设备组成如图4.9.194所示。

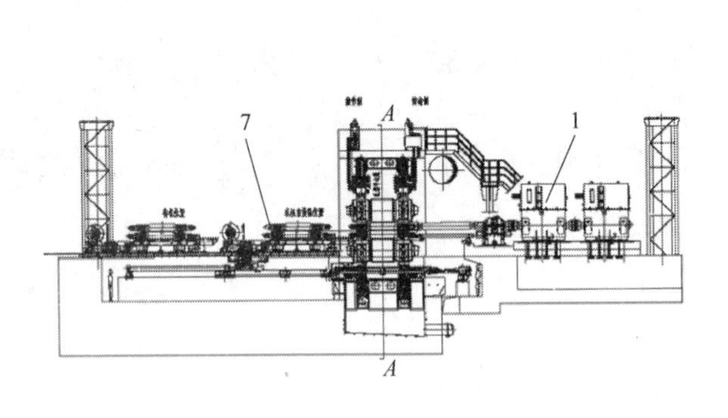

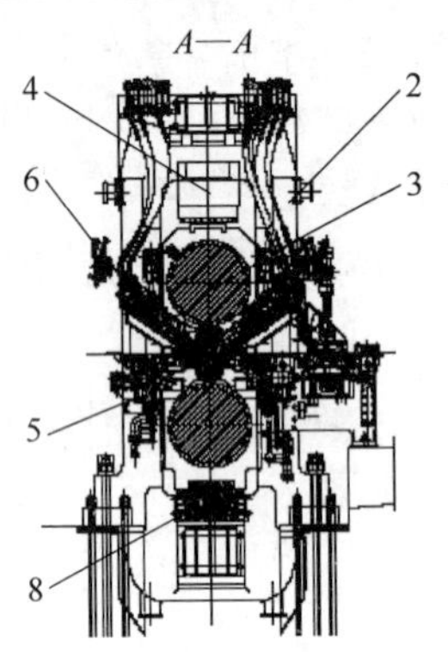

图4.9.194 单机架四辊可逆式冷轧机

1—主传动装置；2—轧机机架装配；3—轧辊辊系；4—AGC液压缸；5—弯辊装置；6—轧线高度调整装置；7—换辊装置；8—入出口乳化液冷却及空气吹扫装置

(2) 设备结构及工作原理。

1) 主传动装置。

轧机主传动装置由主电机、联轴器、减速机、主传动轴、接轴托架等组成，设备组成如图4.9.195所示。

其工作原理为：主电机通过联轴器将扭矩传递到减速机输入轴，经减速、分配、传递到减速机上下输出轴，再经主传动轴传递到工作辊。换辊时，接轴托架抬升以支撑万向联轴器。

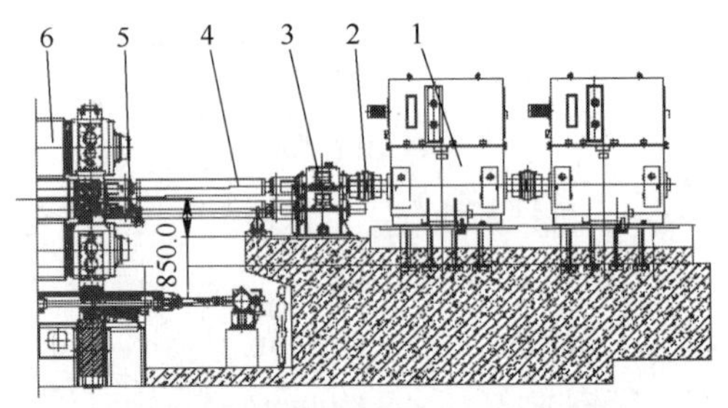

图4.9.195 主传动装置设备组成

1—主电机；2—联轴器；3—减速机；4—主传动轴；5—接轴托架；6—轧辊

2) 轧机机架装配。

轧机机架装配用于承受轧制力和安装轧机其他设备。轧机机架装配主要由轧机传动侧和操作侧牌坊、上横梁、工作辊机内换辊轨道、下横梁、底板及地脚螺栓等组成。牌坊为门形闭式整体铸件。两片牌坊由上横梁、支撑辊机内换辊轨道、下横梁连接，通过底板和地脚螺栓安装在土建基础上，机内换轨轨道用来辅助更换轧辊。

3) 轧辊辊系。

轧辊辊系位于机架窗口内，用于轧制带钢。辊系由工作辊、支撑辊及轴承座装配组成。

工作辊、支撑辊及轴承座装配由辊子和轴承座装配两部分组成。辊子均为合金锻钢，工作辊轴承座的形状和结构适应于弯辊装置和轴承座的快速拆装，辊颈径向轴承采用四列圆锥滚子轴承，下工作辊轴承座配备有滚轮，可在机内轨道上滚动，用于快速换辊。

支撑辊辊颈径向轴承为四列圆柱滚子轴承，设置止推轴承以承受轧辊轴向力和轧辊轴向定位，下支撑辊轴承座配备有滚轮，用于换辊。

轧辊轴承座均采用油气润滑。

4) AGC液压缸。

AGC压下装置固定在轧机牌坊窗口顶部，机架配备2个AGC液压缸，用于提供轧制压力，动态控制轧辊辊缝和轧制力，AGC液压缸配备有位置传感器和压力传感器。

5）弯辊装置。

弯辊装置用于轧辊平衡。弯辊装置由工作辊正、负弯辊和上支撑辊平衡装置组成。各弯辊平衡装置主要由凸块、活塞杆、端盖、透盖、衬板、密封装置等组成。

6）轧线高度调整装置。

轧线调整装置用于补偿辊系直径变化，保持轧制标高恒定。由传动装置和顶升装置组成，由交流电机通过万向联轴器驱动的螺旋丝杠构完成升降以维持恒定的轧制线，设备组成，见图4.9.196和图4.9.197。

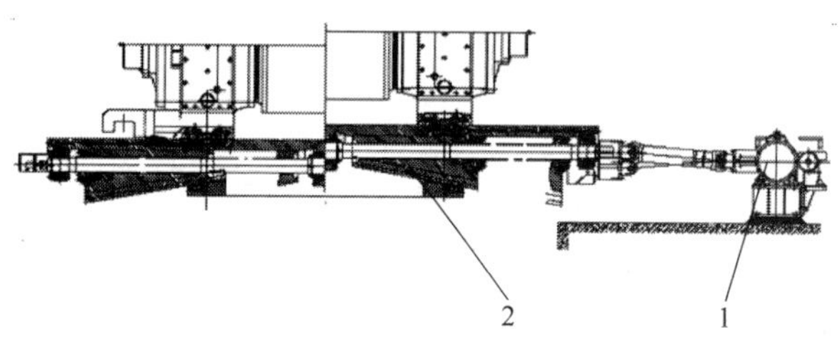

图4.9.196　轧线高度调整装置设备组成
1—传动装置；2—顶升装置

7）换辊装置。

换辊装置包括工作辊换辊装置及支撑辊换辊装置。

工作辊换辊装置主要由推出液压缸装配、主体车装配、侧移车装配、锁紧装置、轨道装配等组成。

工作辊换辊过程为：工作辊新辊由吊车放置于侧移车的新辊位中，起动主体车前进至换辊位，主车锁紧，换辊液压缸将机架内的旧辊推出至侧移车旧辊位，启动侧移车将新旧轧辊换位，换辊液压缸将新工作辊推入机架内，主体小车退回，吊车将旧辊吊出。

支撑辊换辊装置主要由换辊液压缸、换辊支架、轨道等组成。

支撑辊换辊过程为：首先移出机架内的工作辊，换辊小车将下支撑辊拉出机架，吊放换辊支架至下支撑辊轴承座上，启动换辊小车将下支撑辊和支架推入机架，将上支撑辊落放至换辊支架上，将上下支撑辊和支架拉出机架，待换上新辊后，再推入机架内。

图4.9.197　山东新青路钢板有限公司1420 mm单机架四辊可逆式冷轧机

8）入、出口乳化液冷却及空气吹扫装置。

位于轧机操作侧与传动侧两牌坊之间，分为入口乳化液冷却及空气吹扫装置和出口乳化液冷却及空气吹扫装置，均包括乳化液喷射冷却和空气吹扫两部分，乳化液喷射冷却装置主要由喷射梁、集管等组成。工作辊喷嘴系统采用分段冷却控制方式，可对工作辊分段精细冷却，以矫正复杂板形偏差。空气吹扫系统主要设置在带钢上、下方，防止乳化液由带材带出轧机外，以有效地清洁带钢表面。

4.9.57.3　设备技术参数和技术特点

（1）主要技术参数。

轧制力（有效）： max 20000kN

工作辊辊径：ϕ400mm/ϕ450mm

支撑辊辊径：ϕ1220mm/ϕ1350mm

工作辊弯辊：-400~+400kN/轴承座

轧制速度：max 1200m/min

（2）技术特点。

该可逆式冷轧机具有以下技术特点：

1）轧机采用全液压AGC压下装置，AGC自动控制，动态控制轧辊辊缝和轧制力，能保证高的产品厚度精度。

2）轧机具有高的板形控制能力，产品板形质量好。

3）轧机能高速、稳定地轧制板带产品，轧机出口最高速度达到1200m/min。

4）轧辊轴承座采用油气润滑，可有效地防止乳化液进入轴承座，使用成本也更为经济。

5）工作辊快速换辊，可提高轧机生产效率。

4.9.57.4　选型原则

（1）原料。

原料为热轧酸洗钢卷。

1）原料规格：

带钢厚度：1.5~5.0mm

带钢宽度：800~1250mm

2）原料钢种：

碳素结构钢、优质碳素结构钢、低合金结构钢、无取向中低牌号电工钢。

(2) 产品。

带钢厚度：0.25~1.6mm

带钢宽度：800~1250mm

4.9.57.5 **典型项目应用情况**

中冶赛迪工程技术股份有限公司设计的单机架四辊可逆式冷轧机已应用于山东新青路钢板有限公司1420mm单机架可逆式冷轧机组，该机组预计2012年6月投产。

4.9.58 1450mm单机架六辊可逆式冷轧机

4.9.58.1 **设备简介**

(1) 产品介绍。

中冶赛迪工程技术股份有限公司开发的新型1450mm单机架六辊可逆式冷轧机具有全液压AGC系统、工作辊正负弯辊系统、中间辊正弯辊系统、中间辊轴移系统、轧辊倾斜控制、工艺润滑分段冷却等功能。通过以上先进的综合控制手段，可获得优良的带钢板形，能够满足高质量冷轧板市场的需要。

(2) 适用范围。

单机架可逆式冷轧机组特别适合多钢种、多规格、小规模产品轧制，具有投资低，灵活，不存在带钢焊接和动态变规格等优点，是冷轧领域不可缺少的一种生产模式。

单机架六辊可逆式冷连轧机作为单机架可逆式冷轧机组的核心设备，其板形控制能力优于四辊机型，被广泛应用于生产各类碳素结构钢、优质碳素结构钢、低合金结构钢、电工钢等冷轧板带产品。

4.9.58.2 **设备结构和工作原理**

(1) 设备组成。

单机架六辊可逆式轧机主要由轧机机架装配、轧辊辊系、AGC液压缸、轧辊弯辊平衡装置、中间辊轴移装置、轧线调整装置、轧辊轴向锁紧装置、入出口工艺润滑装置、换辊装置和轧机主传动装置等组成。轧机主要设备组成如图4.9.198所示。

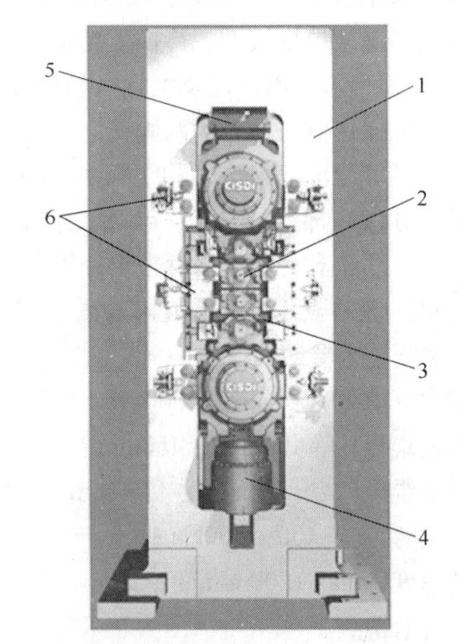

图4.9.198 轧机主要设备组成

1—轧机机架装配；2—轧辊辊系；3—轧辊弯辊平衡装置；4—AGC液压缸；5—轧线调整装置；6—轧辊轴向锁紧装置

(2) 设备结构及工作原理。

1）轧机机架装配。

轧机机架装配用于承受轧制力和安装轧机其他设备。轧机机架装配主要由轧机传动侧和操作侧牌坊、上横梁、支撑辊机内换辊轨道（下横梁）、底板及地脚螺栓等组成。牌坊为门形闭式整体铸件。两片牌坊由上横梁和支撑辊机内换辊轨道（下横梁）连接，通过底板和地脚螺栓安装在土建基础上。

2）轧辊辊系。

轧辊辊系位于机架窗口内，用于轧制带钢。辊系由工作辊及轴承座装配，中间辊及轴承座装配和支撑辊及轴承座装配组成。

工作辊、中间辊、支撑辊及轴承座装配由辊子和轴承座装配两部分组成。辊子均为合金锻钢，工作辊和中间辊轴承座的形状和结构适应于工作辊正负弯辊、中间辊正弯辊和轴承座的快速拆装。辊颈径向轴承采用四列圆锥滚子轴承。轴承座两侧设置有滚轮，操作侧轴承座设置换辊抓钩以实现快速换辊。

支撑辊轴承座装配辊颈径向轴承为四列圆柱滚子轴承，操作侧设置止推轴承以承受轧辊轴向力和轧辊轴向定位。下支撑辊轴承座底部设置滚轮，操作侧轴承座装有换辊抓钩以实现支撑辊换辊。

轧辊轴承座均采用油气润滑。

3）AGC液压缸。

AGC液压缸用于提供轧制压力，动态控制轧辊辊缝和轧制力，具有恒辊缝位置控制、恒压力控制以及倾斜调整控制功能。液压伺服控制阀直接安装在液压缸油口上以减少控制响应时间，AGC液压缸装有内置式高精度位置传感器以精确检测AGC缸活塞杆的位置，并能有效防止乳化液的侵蚀。

4）轧辊弯辊平衡装置。

轧辊弯辊平衡装置用于轧辊平衡、工作辊和中间辊弯辊。弯辊平衡装置主要由上支撑辊平衡装置，上下中间辊弯辊装置和上下工作辊弯辊装置和机内换辊轨道等组成。每套弯辊平衡装置主要由凸块和集成在凸块内的液压缸装置等组成。

轧辊弯辊装置工作原理见图4.9.199。

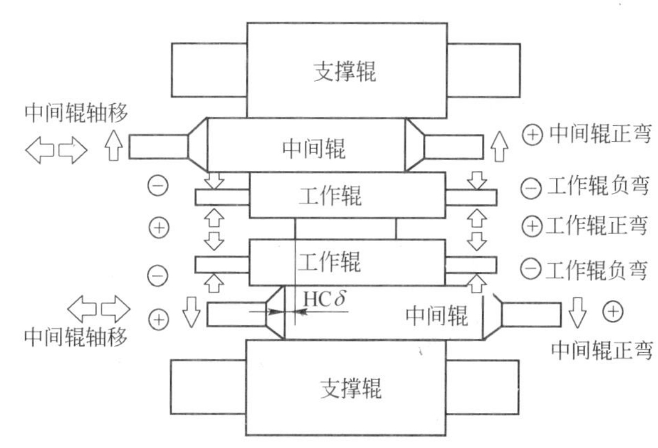

图4.9.199　轧辊弯辊装置工作原理

5）中间辊轴移装置。

中间辊轴移装置用于中间辊轴向移动。设备主要由液压缸支架、液压缸、连接件等组成。

4个轴移液压缸安装在支架上，分别作用于上下中间辊传动侧凸块，驱动中间辊实现轴移功能。

6）轧线调整装置。

轧线调整装置用于补偿辊系直径变化，保持轧制标高恒定。设备主要由阶梯块调整装置、斜楔调整装置、连接杆、液压缸等组成。

轧制线调整装置采用阶梯块加斜楔式调整机构。阶梯块为粗调整，斜楔为精调整，两种调整方式组合使用可实现辊径变化和辊系分离全范围连续无级调节。斜楔调整和阶梯块调整采用液压缸驱动。

7）轧辊轴向锁紧装置。

轧辊轴向锁紧装置用于工作辊和支撑辊在轧机机架内的轴向锁紧。设备由上、下支撑辊轴向锁紧装置和工作辊轴向锁紧装置组成。每套锁紧装置主要由锁紧板、液压缸和支架等组成。

8）入出口工艺润滑装置。

轧机入出口工艺润滑装置主要包括乳化液喷射冷却和空气吹扫两部分，设置在机架的入口和出口。乳化液喷射冷却装置主要由喷射梁、集管等组成，用于在轧制过程中向轧辊、辊缝和带钢喷射乳化液，对轧辊和带钢起润滑和冷却作用。工作辊喷嘴系统采用分段冷却控制方式，可对工作辊分段精细冷却，以矫正复杂板形偏差。空气吹扫系统主要设置在带钢上下的六个位置，防止乳化液由带材带出轧机外，以有效的清洁带钢表面。

9）工作辊及中间辊换辊装置（见图4.9.200）。

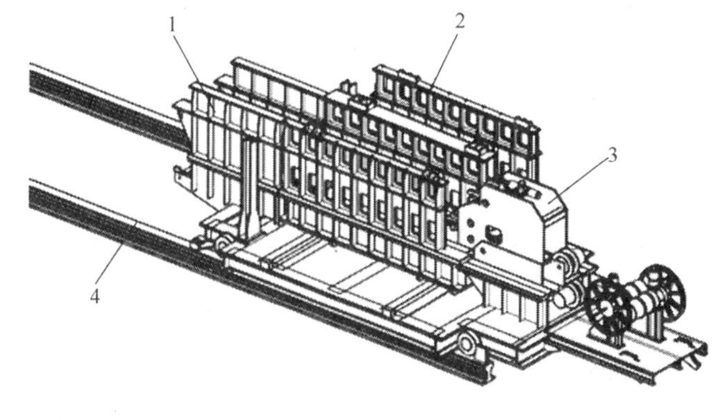

图4.9.200　工作辊及中间辊换辊装置三维模型
1—主车；2—侧移车；3—拖出车；4—轨道

工作辊及中间辊换辊装置用于轧机工作辊和中间辊快速换辊，主要由主车、侧移车、拖出车、主车锁紧装置以及轨道等组成。

主车前部为轨道连接装置，中部为横移车安装位置，后部为拖出车等待位置以及操作区。主车由1台齿轮电机驱动。

侧移车位于主车中部，车上设置有两组辊位，一组用于存放新辊，另一组用于存放拖出的旧辊。侧移车由1台齿轮电机驱动。

拖出车可在主车和侧移车的轨道上前后移动，拖出车装有电动抓钩，可根据需要单独或同时拖出或推入工作辊和中间辊。拖出车由1台齿轮电机驱动。

换辊装置可实现机架内有带钢、快速、全自动换辊。

10）支撑辊换辊装置。

支撑辊换辊装置用于轧机支撑辊换辊，设备主要由换辊液压缸、抓钩小车、换辊托架和操作侧盖板和轨道等组成。

11）轧机主传动装置。

轧机主传动装置由主电机、安全联轴器、齿轮箱、万向联轴器、接轴托架等组成。

4.9.58.3 设备技术参数和技术特点

(1) 主要技术参数。

轧制力（有效）：max 20000kN

工作辊辊径：ϕ 340mm/ϕ 385mm

中间辊辊径：ϕ 390mm/ϕ 440mm

支撑辊辊径：ϕ 1050mm/ϕ 1200mm

工作辊弯辊：-350~+500kN/轴承座

中间辊弯辊力：0~+550kN/轴承座

轧制速度：max 1200m/min

(2) 技术特点。

该型可逆式冷轧机具有以下技术特点：

1）轧机采用全液压AGC推上装置，能保证高的产品厚度精度。

2）轧机具有高的板形控制能力和轧机横向刚度，产品板形质量好。

3）轧机能高速、稳定地轧制板带产品，轧机出口最高速度达到1200m/min。

4）AGC液压缸伺服阀直接连接在液压缸油口上，减小了响应滞后，具有良好的动态性能；同时能实现预压靠控制，辊缝能同步和倾斜控制、恒压力控制、前馈AGC、后馈AGC、张力AGC、秒流量AGC等。

5）轧辊轴承座采用油气润滑，可有效地防止乳化液进入轴承座，使用成本经济。

6）全电动式工作辊、中间辊换辊装置和支撑辊换辊装置的移动式操作侧平台，设备简单可靠，维护成本低。

4.9.58.4 选型原则

(1) 原料。

原料为热轧酸洗钢卷。

1）原料规格：

带钢厚度：1.6~5.0mm

带钢宽度：700~1250mm

2）原料钢种：

碳素结构钢、优质碳素结构钢、低合金结构钢、无取向中低牌号电工钢。

(2) 产品。

带钢厚度：0.2~2.0mm

带钢宽度：700~1250mm

成品量：200000t/a

4.9.58.5 典型项目应用情况

中冶赛迪工程技术股份有限公司设计的可逆式冷轧机已成功应用于攀枝花钢铁(集团)公司攀成钢冷轧工程单机架可逆式冷轧机组（2006年投产）和森特集团江苏克罗德科技有限公司1450mm单机架可逆式冷轧机组（2012年投产）。经生产实践证明，轧机在高速轧制时稳定性好，产品厚度精度高，板形质量好（见图4.9.201）。

图4.9.201　攀成钢冷轧工程单机架可逆式冷轧机组

4.9.59　1450mm五机架六辊冷连轧机

4.9.59.1　设备简介

(1) 产品介绍。

中冶赛迪工程技术股份有限公司开发的新型1450mm 五机架六辊冷连轧机具有全液压AGC、工作辊正负弯辊、中间辊正弯辊、中间辊轴移、轧辊倾斜、末机架工作辊分段冷却等功能，并通过综合控制手段达到优化的辊缝设定，保证轧机高横向刚度，获得良好的产品厚度精度和板形质量。轧机能稳定、高速、大压下量地轧制各类冷轧板带产品。

(2) 适用范围。

冷连轧机是各类冷连轧机组的核心设备，与其他设备组成的大型冷连轧机组（如：酸洗轧机联合机组、全连续冷连轧机组等）被广泛应用于生产各类碳素结构钢、优质碳素结构钢、低合金结构钢、中低牌号无取向电工钢等冷轧板带产品。

4.9.59.2　设备结构和工作原理

(1) 设备组成。

该冷连轧机由5套轧机装配和机架间设备组成，每套轧机装配主要由轧机机架装配、轧辊辊系、AGC液压缸、轧辊弯辊平衡装置、中间辊轴移装置、轧线调整装置、轧辊轴向锁紧装置、轧机导板及乳化液喷射冷却装置、换辊装置和轧机主传动装置等组成。轧机单个机架主要设备组成如图4.9.202所示。

(2) 设备结构及工作原理。

1) 轧机机架装配。

轧机机架装配用于承受轧制力和安装轧机其他设备。轧机机架装配主要由轧机传动侧和操作侧牌坊、上横梁、支撑辊机内换辊轨道（下横梁）、底板及地脚螺栓等组成。牌坊为门形闭式整体铸件。两片牌坊由上横梁和支撑辊机内换辊轨道（下横梁）连接，通过底板和地脚螺栓安装在土建基础上（见图4.9.203）。

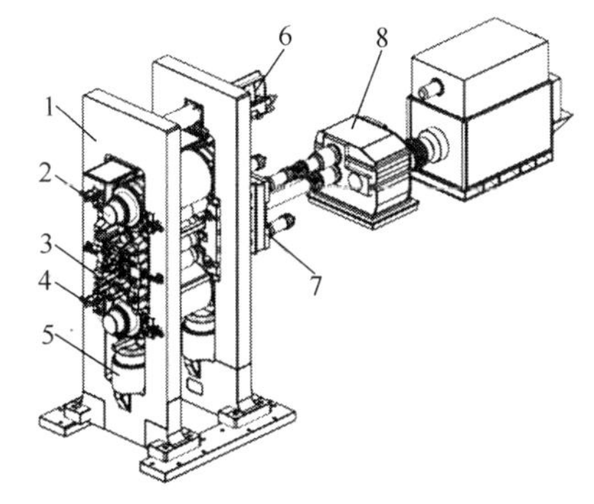

图4.9.202　轧机单个机架主要设备组成
1—轧机机架装配；2—轧辊辊系；3—轧辊弯辊平衡装置；
4—轧辊轴向锁紧装置；5—AGC液压缸；6—轧线调整装置；
7—中间辊轴移装置；8—轧机主传动装置

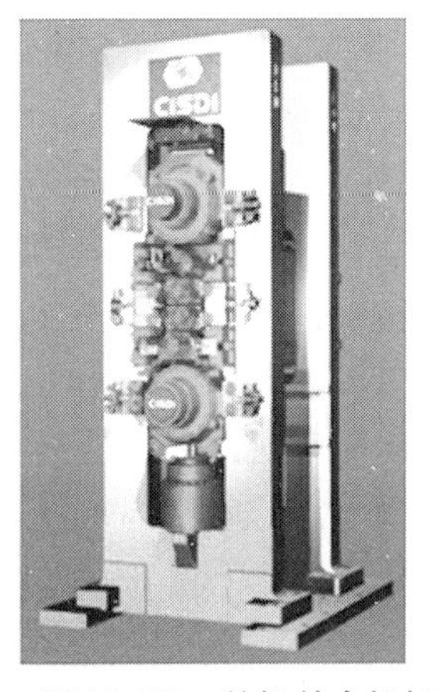

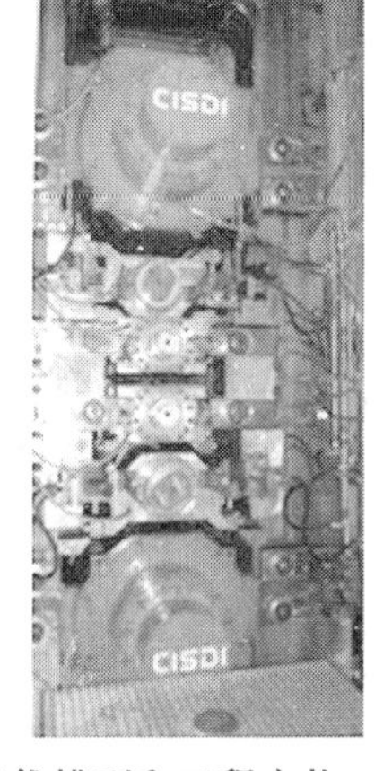

图4.9.203　轧机单个机架三维模型和工程实物

2) 轧辊辊系。

轧辊辊系位于机架窗口内，用于轧制带钢。辊系由工作辊及轴承座装配，中间辊及轴承座装配和支撑辊及轴承座装配组成。

工作辊、中间辊、支撑辊及轴承座装配由辊子和轴承座装配两部分组成。辊子均为合金锻钢，工作辊和中间辊轴承座的形状和结构适应于工作辊正负弯辊、中间辊正弯辊和轴承座的快速拆装。辊颈径向轴承采用四列圆锥滚子轴承。轴承座两侧设置有滚轮，操作侧轴承座设置换辊抓钩以实现快速换辊。

支撑辊轴承座装配辊颈径向轴承为四列圆柱滚子轴承，设置止推轴承以承受轧辊轴向力和轧辊轴向定位。下支撑辊轴承座底部设置滚轮，操作侧轴承座装有换辊抓钩以实现支撑辊换辊。

轧辊轴承座均采用油气润滑。

3）AGC液压缸。

AGC液压缸用于提供轧制压力，动态控制轧辊辊缝和轧制力，具有恒辊缝位置控制、恒压力控制以及倾斜调整控制功能。液压伺服控制阀直接安装在液压缸油口上以减少控制响应时间，AGC液压缸装有内置式高精度位置传感器以精确检测AGC缸活塞杆的位置，并能有效防止乳化液的侵蚀。

4）轧辊弯辊平衡装置。

轧辊弯辊平衡装置用于轧辊平衡、工作辊和中间辊弯辊。弯辊平衡装置主要由上支撑辊平衡装置，上下中间辊弯辊装置和上下工作辊弯辊装置和机内换辊轨道等组成。每套弯辊平衡装置主要由凸块和集成在凸块内的液压缸装置等组成。

轧辊弯辊装置工作原理如图4.9.204所示。

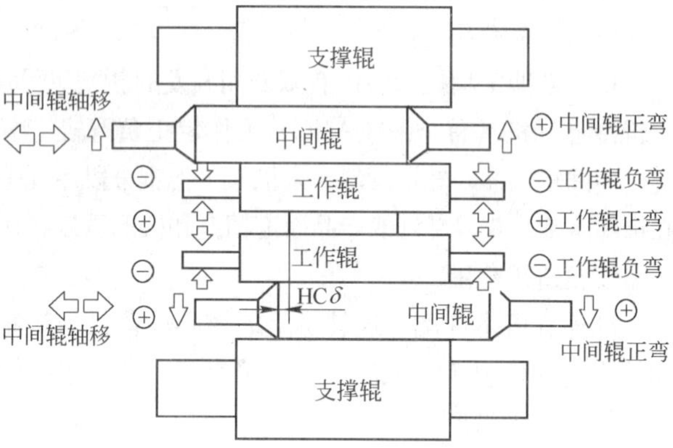

图4.9.204　轧辊弯辊装置工作原理

5）中间辊轴移装置。

中间辊轴移装置用于中间辊轴向移动。设备主要由液压缸支架、液压缸、连接件等组成。

4个轴移液压缸安装在支架上，分别作用于上下中间辊传动侧凸块，驱动中间辊实现轴移功能。

6）轧线调整装置。

轧线调整装置用于补偿辊系直径变化，保持轧制标高恒定。设备主要由阶梯块调整装置、斜楔调整装置、连接杆、液压缸等组成。

轧制线调整装置采用阶梯块加斜楔式调整机构。阶梯块为粗调整，斜楔为精调整，两种调整方式组合使用可实现辊径变化和辊系分离全范围的连续无级调节。斜楔调整和阶梯块调整采用液压缸驱动。

7）轧辊轴向锁紧装置。

轧辊轴向锁紧装置用于工作辊和支撑辊在轧机机架内的轴向锁紧。设备由上、下支撑辊轴向锁紧装置和工作辊轴向锁紧装置组成。每套锁紧装置主要由锁紧板、液压缸和支架等组成。

8）轧机导板及乳化液喷射冷却装置。

轧机导板装置用于支撑带钢、保护设备、防止缠辊，设置在每个机架的入口和出口。乳化液喷射冷却装置主要由喷射梁、集管等组成，用于在轧制过程中向轧辊、辊缝和带钢喷射乳化液，对轧辊和带钢起润滑和冷却作用。末机架工作辊分段冷却装置与板形辊配合可对工作辊进行分段精细冷却，控制轧辊热凸度，以矫正复杂板形偏差。

9）工作辊及中间辊换辊装置。

工作辊及中间辊换辊装置用于轧机工作辊和中间辊快速换辊，主要由主车、侧移车、拖出车、主车锁紧装置以及轨道等组成。设备组成如图4.9.205所示。

图4.9.205　工作辊及中间辊换辊装置
1—主车；2—侧移车；3—拖出车；4—轨道

主车前部为轨道连接装置，中部为横移车安装位置，后部为拖出车等待位置以及操作区。主车由1台齿轮电机驱动。

侧移车位于主车中部，车上设置有两组辊位，一组用于存放新辊，另一组用于存放拖出的旧辊。侧移车由1台齿轮电机驱动。

拖出车可在主车和侧移车的轨道上前后移动，拖出车装有电动抓钩，可根据需要单独或同时拖出或推入工作辊和中间辊。拖出车由1台齿轮电机驱动。

换辊装置可实现机架内有带钢、快速、全自动换辊。

10）支撑辊换辊装置。

支撑辊换辊装置用于轧机支撑辊换辊，设备主要由换辊液压缸、抓钩小车、换辊托架和操作侧盖板和轨道等组成。

11）轧机主传动装置。

轧机主传动装置由主电机、安全联轴器、齿轮箱、万向联轴器、接轴托架等组成。

12）机架间设备。

机架间设备主要由测张辊和阻水辊、机架间导板台、测厚仪和测速仪支架、机架间吹扫装置等组成。

4.9.59.3 设备技术参数和技术特点

（1）主要技术参数。

轧制力（有效）：max 18000kN/机架

工作辊辊径：ϕ 385mm/ϕ 425mm

中间辊辊径：ϕ 440mm/ϕ 490mm

支撑辊辊径：ϕ 1150mm/ϕ 1300mm

工作辊弯辊力：-240~+480kN/轴承座

中间辊弯辊力：0~+500kN/轴承座

轧制速度：max 1250m/min

（2）技术特点。

该冷连轧机具有以下技术特点：

1）轧机能保证高的产品厚度精度；

2）轧机具有高的板形控制能力和轧机横向刚度，产品板形质量好；

3）轧机能高速、稳定地轧制板带产品，C5机架出口最高速度达到1250m/min；

4）AGC液压缸伺服阀直接连接在液压缸油口上，减小了响应滞后，具有良好的动态性能；同时拥有成熟完善的AGC缸液压测试和分析手段，在设计和制造厂检验时即可预知AGC缸性能；

5）轧辊轴承座采用油气润滑，可有效地防止乳化液进入轴承座，运行成本经济；

6）全电动式工作辊、中间辊换辊装置和支撑辊换辊装置的移动式操作侧平台，设备简单可靠，维护量少。

4.9.59.4 选型原则

（1）原料。

原料为热轧酸洗钢卷。

1）原料规格。

带钢厚度：2.0~5.0mm

带钢宽度：700~1250mm

2）原料钢种：

碳素结构钢、优质碳素结构钢、低合金结构钢、无取向中低牌号电工钢。

（2）产品。

带钢厚度：0.2~2.0mm

带钢宽度：700~1250mm

成品量：1200000t/a

4.9.59.5 典型项目应用情况

中冶赛迪工程技术股份有限公司设计的冷连轧机已成功应用于唐山丰南1450mm冷轧薄卷板工程酸轧联合

机组和浙江协和1450mm五机架冷连轧机组。其中唐山丰南1450mm冷轧薄卷板工程酸轧联合机组自2009年投产至今，设备运行情况良好，经生产实践证明，轧机在高速轧制时稳定性好、成才率高、产品厚度精度高，板形和表面质量好。2011年，该冷连轧机整体技术已通过重庆市科委鉴定，达到同类机组的国际先进水平（见图4.9.206、图4.9.207）。

图4.9.206　唐山丰南1450mm冷轧薄卷板工程冷连轧机

图4.9.207　唐山丰南1450mm冷轧薄卷板工程冷轧成品钢卷

4.9.60　平整机（连续退火机组）

4.9.60.1　设备简介

（1）产品介绍。

平整机位于连续退火机组退火炉后，是机组的重要设备。平整机的平整方式为干湿平整两种方式，湿平整通过在入口侧喷射脱盐水对轧辊和带钢表面进行清洁，同时改善了轧辊的摩擦状态，有效提高产品的表面质量和轧辊的使用寿命。

平整机在连退生产线上的主要作用如下：

1）提高带钢表面质量，或根据需要生产抛光带钢或麻面带钢；

2）提高和改善带钢力学性能；

3）消除屈服平台；

4）提高带钢的平直度和厚度精度。

该平整机为四辊平整机，具有全液压AGC、工作辊正负弯辊、干/湿平整、在线工作辊快速换辊等功能，产品可获得良好的板形和表面质量。

（2）适用范围。

本平整机适用于连续退火机组，通过对带钢表面进行平整处理，配合后续的挤干和烘干装置，最终形成外观和力学性能符合后续使用或加工要求的产品。

4.9.60.2　设备结构和工作原理

（1）设备结构和组成。

如图4.9.208、图4.9.209所示，为平整机典型设备组成，依次为工作辊换辊装置、支撑辊换辊装置、机架装配、支撑辊及轴承座装配、工作辊及轴承座装配、压下装置、推上装置、主传动装置，此外还包括弯辊装置、

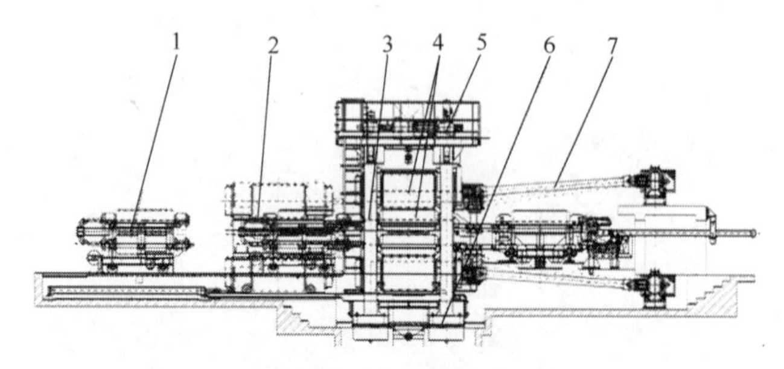

图4.9.208　平整机设备组成

1—工作辊换辊装置；2—支撑辊换辊装置；3—机架装配；4—轧辊装配；5— 压下装置；6—推上装置；7—主传动装置

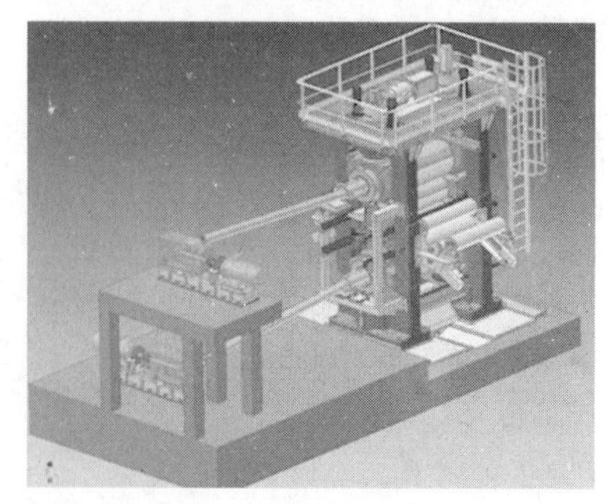
图4.9.209　平整机本体三维模型

辅助辊装置(测张辊、转向辊和防皱辊)、平整机锁紧装置、万向接轴拖架、走台装配、轧辊擦拭装置、平整机上配管及湿平整和空气吹扫装置等。

(2) 设备结构和工作原理。

1) 机架装配。

机架装配包括牌坊和机内轨道装配、万向接轴托架。牌坊是整个平整机的关键支撑和受力结构，机架上的换辊轨道包括工作辊和支撑辊换辊轨道。万向接轴托架位于平整机的传动侧，用于在支撑辊换辊过程中，支撑主传动万向接轴。

2) 压下装置。

压下装置位于平整机牌坊窗口上部，用于补偿辊径变化，保持轧制线标高恒定。

如图4.9.210所示。电机通过联轴器、蜗轮蜗杆减速机驱动压下丝杆来调整轧线高度。电动压下能够提供较大的压下力、压下速度快、结构简单、易于维护。

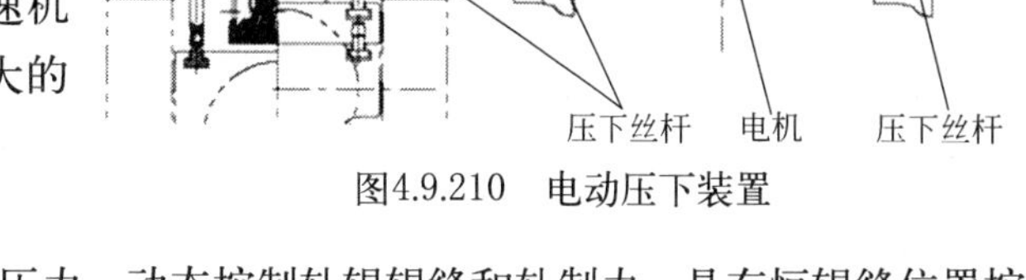

图4.9.210 电动压下装置

3) 推上装置。

推上装置位于平整机牌坊窗口底部，用于提供轧制压力，动态控制轧辊辊缝和轧制力，具有恒辊缝位置控制、恒压力控制以及倾斜调整控制功能。设备主要由AGC液压缸、位置传感器及压力传感器和伺服系统等组成。

4) 工作辊及轴承座装配。

设备主要由工作辊辊子和轴承座装配两部分组成。辊子材质为高铬锻钢；轴承座为合金铸钢件，特殊设计的形状和结构适应于工作辊正负弯辊和轴承座的快速拆装。辊颈径向轴承为四列圆锥滚子轴承。工作辊设计有两种辊径以满足不同品种带钢的加工要求。

5) 支撑辊及轴承座装配。

设备主要由支撑辊辊子和轴承座装配两部分组成。支撑辊辊子材质为复合合金铸铁；轴承座为合金铸钢件，轴承座两侧耐磨面装有铜衬板。辊颈径向轴承为四列圆柱滚子轴承。下支撑辊轴承座底部设置有滚轮，操作侧轴承座装有换辊抓钩以实现支撑辊换辊功能。

6) 平整机弯辊装置。

平整机弯辊装置用于调节工作辊凸度以获得良好板形。平整机的弯辊装置包括工作辊的正弯、负弯。弯辊装置主要由弯辊块、活塞杆、端盖、密封装置等组成。

7) 主传动装置。

主传动采用变频调速电机传动上、下支撑辊的方式，为平整机提供动力。电机通过带制动盘的齿式联轴器与减速机相连，再通过万向接轴传动支撑辊，制动盘的一侧安装有气动盘式制动器。

8) 换辊装置。

工作辊换辊装置：

工作辊换辊装置用于在线快速更换工作辊。

换辊过程为：新辊组位于平整机的传动侧横移车轨道上，等待换辊。侧移液压缸将新辊组横移，再由换辊液压缸，通过抓钩机构推入机架内，同时旧工作辊组被新工作辊组推出平整机的操作侧外，接辊车在操作侧接住旧辊组。

支撑辊换辊装置：

支撑辊换辊装置主要由换辊液压缸、换辊座和轨道组成，能够实现在线快速更换支撑辊。

换辊过程为：换辊液压缸先将下支撑辊拉出平整机机架，然后在其上面放置一个换辊座，再将下支撑辊和换辊座一起推入机架内，随后上支撑辊落在换辊座上，由换辊液压缸一起被拉出机架外。

9) 辅助辊装置。

平整机辅助辊由测张辊、转向辊、防皱辊和钢结构支架等组成。如图4.9.211所示。

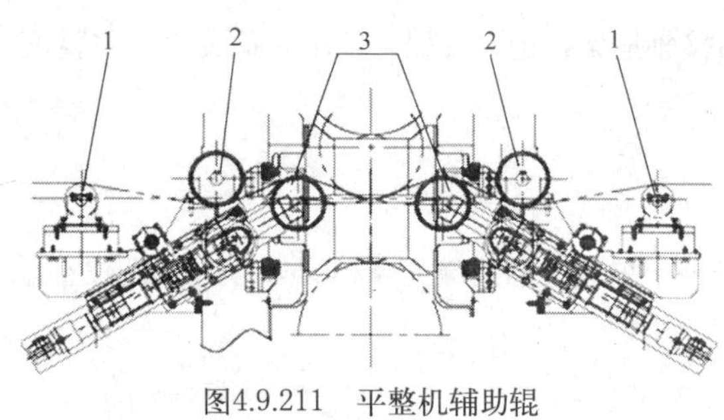

图4.9.211　平整机辅助辊
1—测张辊；2—转向辊；3—防皱辊

测张辊位于机架入、出口侧，带钢的下方，张力计安装在测张辊轴承座正下方，用于测量平整时带钢的张力值，达到对带钢张力进行监控的目的。转向辊对工作辊前、后的带钢进行转向，位于机架入、出口侧，带钢的上方。防皱辊位于机架入、出口侧，带钢的下方，由液压缸推动，在齿轮齿条同步机构作用下升起，使带钢对上工作辊形成一定包角，以达到稳定平整作用。

10）平整机锁紧装置。

平整机轴承座锁紧装置安装在平整机的操作侧的牌坊上，分别用于上下支撑辊轴承座的轴向锁紧、上下工作辊轴承座的轴向锁紧以及换辊车的锁紧。锁紧均由液压缸驱动，锁紧缸推动锁紧板，使其插入到轴承座侧面或相应结构的凹槽里。

11）轧辊擦拭装置。

平整机轧辊擦拭装置，通过汽缸驱动擦头运动去除支撑辊上黏附的杂质。位于机架出口侧，根据需要对平整机出口侧上、下工作辊和支撑辊进行擦拭。

平整机轧辊擦拭装置如图4.9.212所示。上支撑辊的擦拭装置安装在活动支架上，由一个安装在固定支架上的汽缸驱动，汽缸两侧设有导向装置，为擦头移近和远离支撑辊提供导向。

下部工作辊和支撑辊的擦拭装置工作方式同理。

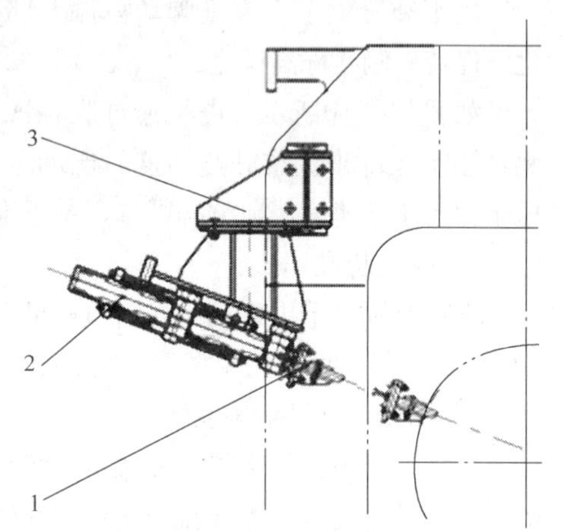

图4.9.212　平整机轧辊擦拭装置(气动)
1—擦头；2—汽缸；3—拉梁

4.9.60.3　**设备技术参数和技术特点**

(1) 技术参数。

某一连退机组的平整机的主要技术参数见表4.9.19。

表4.9.19　平整机技术参数

项　目	单　位	数　值
带钢厚度	mm	0.2~1.2
带钢宽度	mm	700~1250
轧制力	t	800
工作辊辊径/长度	mm	ϕ400~360/1500
支撑辊辊径/长度	mm	ϕ750~700/1500
弯辊力(单侧)	t	45

(2) 技术特点。

该平整机具有以下技术特点：

1）采用全液压AGC和工作辊正负弯辊，能保证产品厚度精度和板形质量。

2）工作辊在线快速换辊，能提高机组运行效率。

3）工作辊采用双辊径以满足不同品种带钢的加工要求。

4）配置轧辊擦拭装置，可极大地减少操作和维护工作量。

4.9.60.4　**选型原则**

该平整机适用于连退机组，选型时请参照表4.9.19技术参数。

4.9.60.5　**典型项目应用情况**

中冶赛迪工程技术股份有限公司设计的平整机已经成功应用于唐山丰南1450mm冷轧薄卷板工程连续退火

机组。该机组自2009年投产至今，平整机设备运行状况良好，完全能满足生产使用要求（见图4.9.213）。

图4.9.213　唐山丰南1450mm冷轧薄卷板工程连续退火机组平整机

4.9.61　光整机（连续镀锌机组）

4.9.61.1　设备简介

（1）产品介绍。

光整机用于连续镀锌机组工艺段之后，是连续镀锌机组的重要设备。光整机的光整方式为干、湿光整两种方式，湿光整通过在入口侧喷射脱盐水对轧辊和带钢表面进行清洁，同时改善了轧辊的摩擦状态，有效提高产品的表面质量和轧辊的使用寿命。

光整机在镀锌生产线上的主要作用如下：

1）提高带钢的平直度和厚度精度；

2）提高带钢表面质量；

3）消除屈服平台，预防滑移线的形成；

4）降低带钢屈服强度。

该型光整机为四辊光整机，具有全液压AGC、工作辊正负弯辊、干/湿光整、在线工作辊快速换辊等功能。通过综合控制手段，产品可获得良好的板形和表面质量。

（2）适用范围。

该光整机适用于连续镀锌机组，通过对带钢表面进行光整处理，配合后续的挤干和烘干装置，最终形成外观和机械性能符合后续使用或加工要求的产品。

4.9.61.2　设备结构和工作原理

（1）设备组成。

如图4.9.214、图4.9.215所示，为四辊光整机典型设备组成，依次为工作辊换辊装置、支撑辊换辊装置、机架装配、支撑辊及轴承座装配、工作辊及轴承座装配、轧线调整装置、推上装置、主传动装置，此外还包括弯辊平衡装置、辅助辊装置(测张辊、转向辊和防皱辊)、轴承座锁紧装置、湿光整系统、气动系统等。其中换辊装置，轧线调整装置，推上装置各有几种不同的结构形式，下面分别加以介绍。

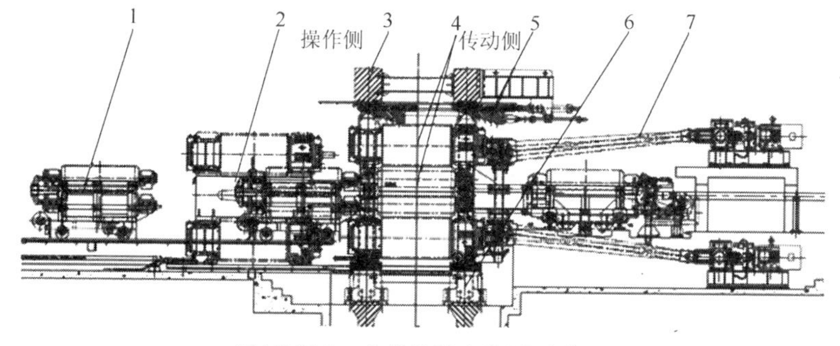

图4.9.214　光整机设备组成示意图

1—工作辊换辊装置；2—支撑辊换辊装置；3—机架装配；4—轧辊装配；5—轧线调整装置；6—推上装置；7—主传动装置

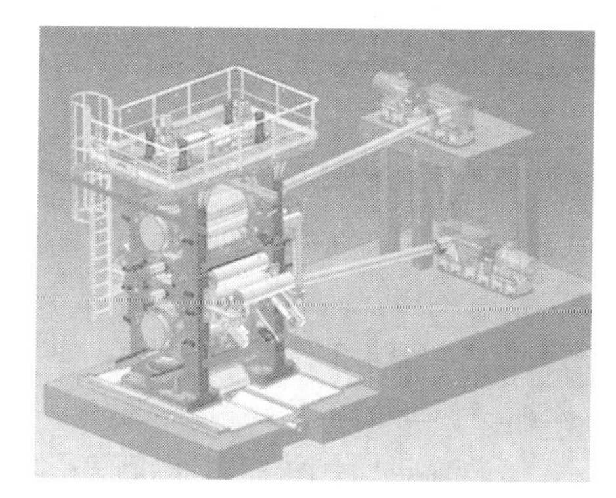

图4.9.215　光整机本体三维模型

（2）设备结构和工作原理。

1）机架装配。

机架装配包括牌坊和机内轨道装配、万向接轴托架。牌坊是整个光整机的关键支撑和受力结构，机架上的换辊轨道包括工作辊和支撑辊换辊轨道。万向接轴托架位于光整机的传动侧，用于在支撑辊换辊过程中，支撑主传动万向接轴。

2）轧线高度调整装置及其工作原理。

轧线高度调整装置位于光整机牌坊窗口上部，用于补偿辊径变化，保持轧制线标高恒定。中冶赛迪工程技术股份有限公司设计的轧线调整装置有几种典型的结构形式。

①阶梯垫和斜楔形式。

阶梯垫斜楔式轧线调整装置三维模型如图4.9.216所示。主要由阶梯垫调整装置、斜楔调整装置、连接杆、液压缸和防尘罩等组成。

阶梯垫加斜楔式调整的轧线调整装置机构中，阶梯垫为初调节或预调整，斜楔调整为微调整或精调，两种调整方式组合使用可实现所有辊子直径变化和产生换辊间隙时全行程的连续调节。斜楔调整和阶梯调整机构均采用液压缸移动。

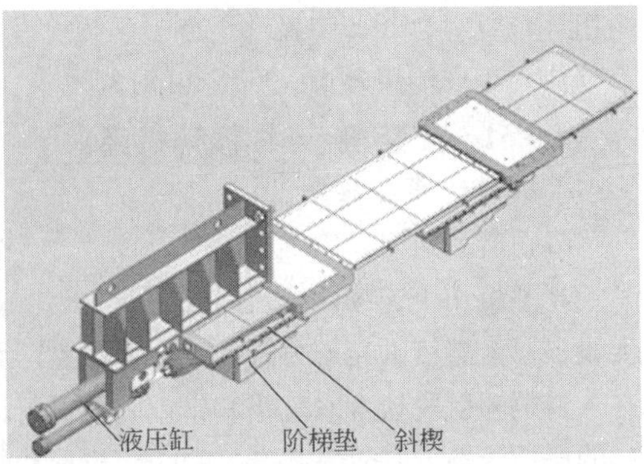

液压缸　阶梯垫　斜楔

图4.9.216　阶梯垫斜楔式轧线调整装置三维模型

②电动压下轧线调整结构。

电动压下是一种比较传统的调节轧制线高度的结构。如图4.9.217所示。电机通过联轴器、蜗轮蜗杆减速机驱动压下丝杆来调整轧线高度。

③电动加斜楔结构。

图4.9.218为电动加斜楔轧线调整装置。调整原理为，前后两件斜楔彼此相连，电机驱动螺旋升级机使斜楔同时做水平运动，斜楔在滑槽内滑动，底座固定在牌坊上，因此斜楔的水平运动转化为竖直方向的上下运动，实现轧线的高度调整。

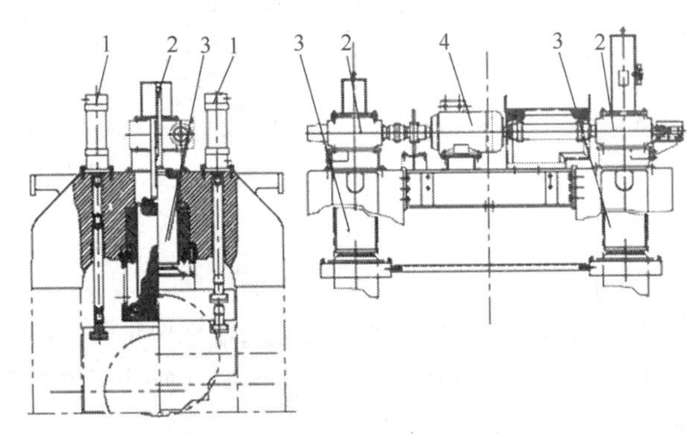

图4.9.217　电动压下轧线调整装置

1—上支撑辊平衡缸；2—蜗轮蜗杆减速机；3—压下丝杆；4—电机

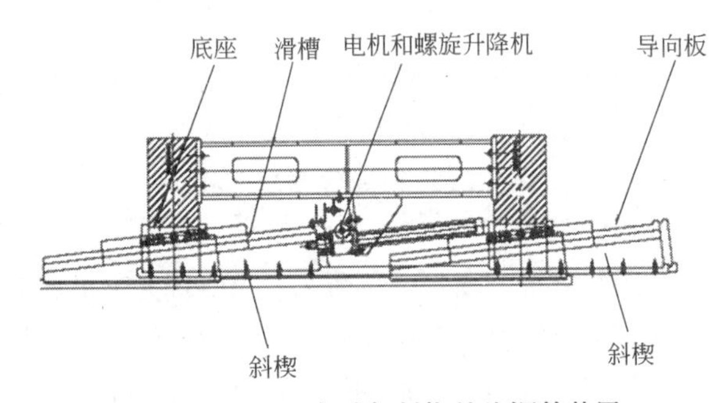

图4.9.218　电动加斜楔轧线调整装置

3）推上装置。

推上装置位于光整机牌坊窗口底部，用于提供轧制压力，动态控制轧辊辊缝和轧制力，具有恒辊缝位置控制、恒压力控制以及倾斜调整控制功能。设备主要由AGC液压缸、位置传感器及压力传感器和伺服系统等组成。推上装置有两种典型的结构形式。

4）工作辊及轴承座装配。

设备主要由工作辊辊子和轴承座装配两部分组成。辊子材质为高铬锻钢，辊子易于磨削；轴承座为合金铸钢件，特殊设计的形状和结构适应于工作辊正负弯辊和轴承座的快速拆装。辊颈径向轴承为四列圆锥滚子轴承。工作辊设计有两种辊径以满足不同品种带钢的加工要求。

5）支撑辊及轴承座装配。

设备主要由支撑辊辊子和轴承座装配两部分组成。支撑辊辊子材质为复合合金铸铁；轴承座为合金铸钢件。辊颈径向轴承为四列圆柱滚子轴承。下支撑辊轴承座底部设置有滚轮，操作侧轴承座装有换辊抓钩以实现支撑辊换辊功能。

6）光整机弯辊平衡装置。

①弯辊装置。

光整机弯辊装置用于调节工作辊凸度以获得良好板形。光整机的弯辊装置包括工作辊的正弯、负弯。弯辊装置主要由弯辊块、活塞杆、端盖、密封装置等组成。

②上支撑辊平衡装置。

上支撑辊平衡装置用于平衡上支撑辊以消除机械间隙和换辊时升降上支撑辊，根据平衡力的方式分为两种结构：上推式和上拉式。

上拉式结构由安装在牌坊上窗口的两个平衡缸(两个牌坊共四个)提供拉力，液压缸下部装有杆头，嵌入上支撑辊平衡缸的T形槽中，液压缸提供支撑辊及轴承座的平衡力。

7）主传动装置。

主传动采用变频调速电机传动上、下支撑辊的方式，为光整机提供动力。电机通过带制动盘的齿式联轴器与减速机相连，再通过万向接轴传动支撑辊，制动盘的一侧安装有气动盘式制动器。

8）换辊装置及工作原理。

①工作辊换辊装置。

工作辊换辊装置用于在线快速更换工作辊。

换辊过程为：新辊组位于光整机的传动侧横移车轨道上，等待换辊。侧移液压缸将新辊组横移，再由换辊液压缸，通过抓钩机构推入机架内，同时旧工作辊组被新工作辊组推出光整机的操作侧外，接辊车在操作侧接住旧辊组。

②支撑辊换辊装置。

支撑辊换辊装置主要由换辊液压缸、换辊座和轨道组成，能够实现在线更换支撑辊。

换辊过程为：换辊液压缸先将下支撑辊拉出光整机机架，然后在其上面放置一个换辊座，再将下支撑辊和换辊座一起推入机架内，随后上支撑辊落在换辊座上，由换辊液压缸一起被拉出机架外。

9）辅助辊装置。

光整机辅助辊由测张辊、转向辊、防皱辊和钢结构支架等组成。如图4.9.219所示。

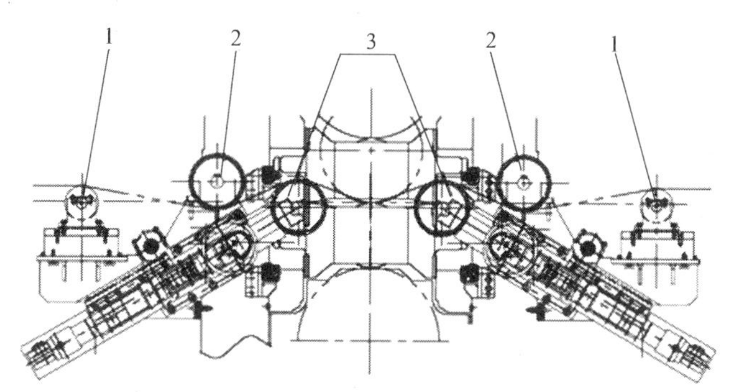

图4.9.219　光整机辅助辊

1—测张辊；2—转向辊；3—防皱辊

测张辊位于机架入、出口侧，带钢的下方，张力计安装在测张辊轴承座正下方，用于测量光整时带钢的张力值，达到对带钢张力进行监控的目的。转向辊对工作辊前、后的带钢进行转向，位于机架入、出口侧，带钢的上方。防皱辊位于机架入、出口侧，带钢的下方，由液压缸推动，在齿轮齿条同步机构作用下升起，使带钢对上工作辊形成一定包角，以达到稳定光整作用。

10）光整机锁紧装置。

光整机轴承座锁紧装置安装在光整机的操作侧的牌坊上，分别用于上下支撑辊轴承座的轴向锁紧、上下工作辊轴承座的轴向锁紧以及换辊车的锁紧。锁紧均由液压缸驱动，锁紧缸推动锁紧板，使其插入到轴承座侧面或相应结构的凹槽里。

11）轧辊清洗装置。

光整机轧辊清洗装置，通过喷射高压水去除工作辊和支撑辊上黏附的锌粒及杂质。位于机架出口侧，根据需要对光整机出口侧上、下工作辊和支撑辊进行清洗。

4.9.61.3　设备技术参数和技术特点

(1) 技术参数。

表4.9.20中列出了3个不同配置的镀锌机组的光整机的主要技术参数。

表4.9.20 光整机技术参数

项　目	单　位	1450mm镀锌机组1	1450mm镀锌机组2	1550mm镀锌机组
带钢厚度	mm	0.25~2.0	0.2~1.2	0.25~2.0
带钢宽度	mm	700~1250	700~1250	800~1400
轧制力	t	1000	600	800
工作辊辊径/长度	mm	φ600~φ650/1720	φ360~φ400/1685	φ400~φ450/1870; φ500~φ550/1870
支撑辊辊径/长度	mm	φ910~φ1000/1560	φ700~φ750/1580	φ910~φ1000/1710
弯辊平衡力(单侧)	t	45	45	45

(2) 技术特点。

该光整机具有以下技术特点：

1) 采用全液压AGC和工作辊正负弯辊，能保证产品厚度精度和板形质量。

2) 工作辊在线快速换辊，能提高机组运行效率。

3) 工作辊采用双辊径以满足不同品种带钢的加工要求。

4) 配置自动轧辊清洗装置，可极大地减少操作和维护工作量。

4.9.61.4 选型原则

该光整机适用于连续镀锌机组，选型时请参照表4.9.20。

4.9.61.5 典型项目应用情况

中冶赛迪工程技术股份有限公司设计的光整机已经成功应用于以下工程：

(1) 攀钢冷轧No.2、No.3镀锌机组工程；

(2) 攀成钢冷轧No.4镀锌机组工程；

(3) 唐山丰南冷轧镀锌一期工程连续热镀锌工程；

(4) 唐山丰南冷轧镀锌二期工程连续镀锌/退火两用机组工程；

(5) 江苏大江金属材料有限公司20万吨带钢连续热镀锌铝机组工程；

(6) 宁波中盟钢铁有限公司15万吨连续热镀锌铝机组工程；

(7) 江苏克罗德科技有限公司15万吨连续热镀锌/镀铝锌机组工程；

(8) 江苏克罗德科技有限公司25万吨连续热镀锌/镀铝锌机组工程；

(9) 天津新宇彩板有限公司25万吨连续热镀铝锌机组工程；

(10) 河北霸州京华金属制品有限公司25万吨连续热镀铝锌机组工程；

(11) 广东华冠钢铁有限公司25万吨连续镀铝锌机组工程；

(12) 安阳1550连续热镀锌机组工程。

所有镀锌机组光整机设备运行状况良好，完全能满足生产使用要求（见图4.9.220）。

图4.9.220 唐山丰南冷轧镀锌一期工程连续热镀锌工程光整机

4.10 太原重工股份有限公司

4.10.1 无缝钢管轧机

4.10.1.1 热轧无缝钢管生产设备

太原重工股份有限公司（TYHI）是全球最大的钢管设备生产基地，向国外客户提供了大量的钢管成套设备和钢管厂工程总包服务，设计制造了当今世界上最大的ϕ2000热轧穿孔机，并自主开发了国内首台套具有自主知识产权TZϕ180三辊连轧管机组等成套设备，技术性能达到了世界先进水平。

TYHI通过自主研制开发先后完成的以 ASSEL热轧无缝钢管生产线成套设备、Accu-Roll热轧无缝钢管生产线成套设备、 连轧管机组成套设备生产线、大口径无缝钢管生产成套设备等四大类典型产品为主的无缝钢管生产成套设备已成为系列产品，设备机型和参数已覆盖了不同用户的多种选择。可生产直径为ϕ48.3~1200mm，壁厚为4.83~120mm的各种钢级的无缝钢管,基本涵盖了我国的油井管、管线管、能源用管、高压锅炉管、核电用管的使用范围，使得我国的油井管在品种、规格、数量、质量等方面几乎赶超国外同类产品，能源用管、高压锅炉管和核电用管的国产化率逐步提高，实现国产化。太重的无缝管设备有力地支撑了我国无缝钢管生产，为我国国民经济建设提供了有力的保障。

4.10.1.2 斜轧穿孔机

(1) 设备简介。

穿孔机基本有六种机型：曼式二辊（斯蒂佛尔）、三辊式、狄塞尔、推轧穿孔、水压机穿孔、锥形穿孔机。经过多年的应用与相关配套技术的进步，当今市场上应用最广泛的为二辊锥形穿孔机。

二辊锥形穿孔机是轧件在两个相对于轧制线倾斜放置的主动轧辊、两个固定不动的导板（或导盘）和一个位于中间的随动顶头（轴向定位）组成的一个“环闭封闭孔型”内进行的轧制。它是钢管生产线的主要变形设备之一，其结构的合理性直接关系到成品管产量、 壁厚精度等级及产品的成材率。

TYHI从20世纪50年代开始研究钢管设备， 1992年成功自行设计出国内第一台TZCϕ200穿孔机，迈开了穿孔机完全国产设计制造的第一步。

(2) 设备结构组成。

锥形穿孔机分为立式和卧式两种，根据不同的使用要求选取不同的结构形式。

1) 立式锥形穿孔机。

立式锥形穿孔机属二辊斜轧穿孔机，其轧辊呈锥形，入口端直径小，出口端直径大，轧辊上下布置，可配置导盘也可以配置导板，机架采用整体铸造机架，刚性好、结构稳定。轧机有辗轧角和送进角，其中辗轧角对于一台设备而言是固定的，立式布置为10°~15°，送进角一般为6°~15°。辗轧角大，延伸大，断面缩减率大，内孔缺陷少，可穿出薄壁毛管，延伸系数可达6，不过实际使用一般小于4，可穿出14000mm长的毛管。扩径量可达30%，主要取决于孔型设计。另轧辊出口端直径大，圆周速度逐渐增大，表面切应力小，表面缺陷少，壁厚均匀，可穿合金钢、不锈钢。二辊锥形穿孔机可穿出Dmax为2000mm毛管D/S比可达30。目前被公认是最有效的穿孔工艺之一。

立式锥形穿孔机主要由穿孔机前台、穿孔机工作机座、主传动、穿孔机出口台一段、穿孔机后二段台五部分组成。

穿孔机前台一般由受料槽、液压推坯装置等设备组成，用来输送并准确地将管坯喂入穿孔机轧辊间轧制。

穿孔机工作机座由机座、轧辊装配、上下转鼓装置、左右导板（导盘）装置、压上调整装置、压下调整装置、上下送进角调整装置、上下轧辊平衡装置、入口导套等组成。工作机座是使管坯产生塑形变形，并承受全部轧制力的主要设备。

主传动主要由主电机、万向联轴器、接轴托架、减速机及底座等组成。穿孔机主传动的功能是驱动穿孔机轧辊实现管坯的咬入和穿孔，该系统具有支撑、伸缩万向节轴的功能，可实现快速换辊，提高生产率。

穿孔机出口台一段主要由三辊导向装置1、三辊导向装置2、输送辊道、底座、脱管装置、拨料装置等组成。穿孔机出口台一段与穿孔机出口台二段配合，一起完成穿孔过程，其中三辊导向装置1安装在穿孔机工作机座内，能准确地控制穿孔中心线，从而保证毛管壁厚精度，轧制完成后将毛管引出轧辊，送往轧管机。

穿孔机出口台二段主要由机座装置、闭锁装置、顶杆止推小车、导轨装置、钢丝绳装配、传动装置等组成。出口台二段和出口台一段组合在一起，共同配合穿孔机完成管坯的穿孔，穿孔时，它使顶头、顶杆牢固地位于轧制位置，顶头位置可以根据工艺要求轴向调整，由闭锁装置双向锁紧。

2）卧式锥形穿孔机。

卧式锥形穿孔机属二辊斜轧穿孔机，穿孔机主机结构型式为卧式，轧辊采用锥形辊形式水平布置，导板（导盘）上下布置，主传动布置在出口侧，能够满足圆坯、多边形圆锭和空心坯的穿孔要求。

卧式锥形穿孔机主要由穿孔机前台、穿孔机工作机座、主传动、穿孔机出口台一段、穿孔机后二段台五部分组成。其中穿孔机进口台、主传动、穿孔机出口台一段和穿孔机出口台二段结构都与立式锥形穿孔机类似，主要区别就是穿孔机工作机座。

卧式穿孔机工作机座主要由机架装配、左右轧辊装配、左右轧辊箱、左右侧压进机构、上下导板装置、入口导套装置等组成。其机架为开式结构，配有液压锁紧系统及上盖横移机构，两套轧辊装配沿固定送进角布置，轧辊装配靠左右轧辊箱支撑和定位，出口侧传动。大口径穿孔机由于轧辊规格比较大，轧辊装配及轧辊箱重量较大，不适合采用立式结构，而采用分体机架解决了这问题。

(3) 设备技术特点及创新。

立式锥形辊穿孔机主机座采用立式整体铸造结构，刚性好。上下锥形轧辊分别安装于上下转鼓内，使喂入角在8°~15°范围内无极可调，增大了穿孔机的穿孔工艺灵活性。转鼓、导板由螺旋丝杆调整压下量，液压缸锁紧，调整均由计算机自动进行，有利于穿制壁厚精度很高的毛管。

卧式锥形穿孔机，由于生产毛管规格较大，采用开式机架，配液压锁紧及上盖横移机构，可生产较大规格的毛管，采用锥形辊轧辊，使穿孔工艺更为灵活。出口台一段三辊导向装置和输送辊用于在轧制过程中对顶杆和毛管的支撑、对中作用。出口台二段由顶杆止推小车、止推小车传动装置、闭锁装置，顶杆止推小车跑床等组成，用于穿孔轧制时固定止推小车和穿孔轧制完成时使小车快速运动。进口台采用液压缸推坯，可实现快速推入、慢速咬入、快速返回功能，提高轧制节奏。进口台导槽高度可调，与入口导套配合使用，能提高管坯在咬入时的对中，提高毛管壁厚精度。

(4) 选型原则。

TYHI承担的国内热轧无缝钢管项目，除个别生产线根据业主需要采其他机型外，新建生产线均推荐采用锥形穿孔机技术。

经过长期研究和工程实践，锥形穿孔机以形成公称ϕ89mm、ϕ108mm、ϕ159mm、ϕ219mm、ϕ250mm、ϕ340mm、ϕ460mm、ϕ508mm、ϕ630mm、ϕ720mm、ϕ1000mm、ϕ1200mm和ϕ2000mm系列，供钢铁企业按需选用。公称ϕ508及以上的穿孔机，HYTI推荐采用卧式锥形穿孔机。中信部已批准由我公司起草锥形穿孔机国家标准,该标准基本编制完毕,等待最后定稿发行。

(5) 典型项目应用情况。

自1992年为南通特钢设计制造了第一台完全国产化的TZC200立式锥形穿孔机以来，先后为国内外用户提供各种规格的锥形穿孔机（见表4.10.1，图4.10.1、图4.10.2）。

图4.10.1　立式锥形穿孔机

图4.10.2　卧式锥形穿孔机

表4.10.1　典型项目应用情况

序号	机组工称规格/mm	毛管外径×壁厚×长度/mm×mm×mm	使用厂家
1	φ250	φ(241～338)×(12～54)×(4500～11000)	无锡华菱
2	φ250	φ(241～338)×(12～54)×(4500～11000)	安徽天大
3	φ340	φ(216～386)×(19～69)×max 10000	聊城中钢联
4	φ219	φ(150～220)×(13～50)×(3500～7500)	南通特钢
5	φ108	φ(93～155)×(11.5～30)×max 6500	衡阳钢管
6	φ159	φ(95～163)×(9～30)×max 7500	安徽天大
7	φ89	φ(68～118)×(5～32)×(2300～5000)	常熟华新
8	φ159	φ(132～240)×(8～40)×(2500～7500)	常熟华新
9	φ219	φ(139～229)×(11～25)×max 10000	鞍钢
10	φ89	φ(65～140)×(5～15)×(2000～5500)	太钢不锈
11	φ159	φ(150～250)× (7～40)×(4000～8000)	太钢不锈
12	φ219	φ(130～240)×(8～52)×max 9500	南通海隆
13	φ219	φ(115～245)×(12～52)×max 8500	衡阳钢管
14	φ250	φ(182～302)×(15～75)×max 10000	湖北新冶钢
15	φ250	φ(105～273)×(10～48)×max 10000	河北新兴铸管
16	φ250	φ(198～305)×(8～35)×max 8500	黑龙江建龙
17	φ250	φ(167～346)×(8～52)×max 8500	聊城海鑫达
18	φ159	φ220×(14～33)×max 10000	江阴华润
19	φ159	φ230×(16～36)×max 10000	黑龙江建龙
20	φ159	φ235× (13～31)×max 11000	衡阳钢管
21	φ159	φ(139～222)×(9～35)×max 10000	韩国日进钢铁
22	φ159	φ(139～222)×(9～35)×max 10000	印度Rashmi
23	φ340	φ(195～370)×(12～40)×max 10000	印尼ARTAS
24	φ2000	φ(210～2000)×max 150×max 8000	江苏承德钢管
25	φ508	φ(390～718.1)×(20～130)×max 8000	攀成钢
26	φ630	φ(440～1000)×(20～130)×max 8000	四川三洲
27	φ720	φ(300～1200)×(30～150)×max 11500	扬州龙川
28	φ720	φ(400～900)×(30～204)×max 11500	衡阳华菱
29	φ1000	φ(300～1200)×(30～150)×max 12500	中兴装备
30	φ1200	φ(300～1200)×(50～220)×max 6000	浙江金盾

4.10.1.3　**轧管机**

(1) 设备简介。

轧管机是热轧无缝钢管生产的主要变形工序，其作用是使毛管壁厚接近或达到成品管的壁厚，消除毛管在穿孔过程中产生的纵向壁厚不均，提高荒管内外表面质量，控制荒管外径和真圆度。主要的轧管方法有皮尔格轧机、自动轧管机、连轧管机、狄舍尔轧机、Assel轧机、Accu-Roll轧机、均整机、顶管机、挤压机等，TYHI经过长期的集成创新，充分消化吸收先进的技术和自动控制技术，现已可以生产各类型轧机，满足不同用户需求。

(2) 设备结构组成及技术特点。

1) 皮尔格周期轧管机。

皮尔格周期轧管机是一种最早的轧管工艺，是曼氏兄弟再1894年发明的，是二辊不可逆轧机属纵轧工艺。二个轧管反向旋转，轧辊上下布置，其上加工有变截面的轧槽，上下一对轧槽形成孔。带芯棒的轧件（毛管）在变截面的轧槽中进行轧制。

皮尔格轧机轧制过程是分段对毛管进行轧制，轧制时轧件与芯棒向送进方向后退，待轧辊旋转到空轧区时轧件由回转送进装置转90°向前送进一段（除后退的一段外再送进一段），轧辊每旋转一周上述过程 重复一次，在轧制过程中荒管逐段向前送进，经过不断的进进退退，一段一段的轧成荒管，最后轧不完的管子称为皮尔格头需切掉。

轧辊的轧槽分为锻轧段（压下）、精轧带（等直径段，直径为荒管外径）、轧出带（孔型渐开）、空轧带（不接触管子，在这一段毛管转90°送进）。

皮尔格轧机主要由喂料器、皮尔格主机、主传动、喂送机构、芯棒预穿装置、芯棒循环冷却润滑、轧机后台及出口辊道、毛管横移小车等设备组成。

喂料器用来给轧管机喂料，它放置在喂送机构的滑台之上，与喂送机构共同完成送料的任务。

喂料器主要由芯棒连接头、机体、活塞 、回转螺杆、制动套、制动装置、调节阀及尾部旋转装置等零部件组成。芯棒连接头用来连接芯棒和活塞，喂料器的前端有导槽，设有芯棒卡头的锁紧装置，在机体的中部用密封分隔成液压室和空气室，在尾部设有制动装置和尾部旋转装置，旋转装置可以补偿毛管旋转的角度。

皮尔格轧管机主机主要由主机架、轧辊装配、压下及平衡装置、入出口导套、锁紧装置、推拉换辊装置组成。皮尔格主机座是使毛管产生塑形变形，并承受全部轧制力的主要设备。

主传动由主电机、减速机、分齿箱、万向接轴、接轴支撑装置、接轴对中装置组成。主传动的功能是驱动轧辊实现毛管的轧制。

喂送机构主要由滑台装置,喂料油缸,机械送进机构等部件组成。轧管时按工艺确定的参数,将喂料器向前推进,轧制完了后再将喂料器返回到原始位置待轧。

芯棒预穿装置主要由毛管芯棒升降受料台、定位小车、预穿小车、芯棒托辊、芯棒石墨润滑系统组成。冷却后的芯棒用夹钳车运送到预穿工位，润滑后芯棒在这里完成预穿，芯棒的中心不可调，前面的毛管设有高度调整装置。穿完毛管后用机械手送到轧制线上进行轧制。

轧机出口台及辊道主要由升降辊道、摆动导槽、固定导槽组成。用于将皮尔格轧制完成后的荒管运送到热锯前进行锯切。轧制时，辊道下降；运输时，辊道上升。

毛管横移小车主要由行走小车、夹钳装置、夹钳升降装置和气动制动系统等组成。横移小车从穿孔机后辊道上将毛管横移到预穿工位。在预穿工位，芯棒插入毛管，并预打头，然后横移小车再将毛管和芯棒一起从预穿工位横移轧管机前受料台，同时芯棒尾部卡入喂料器。毛管和芯棒一起由轧管机喂料器送入轧机进行轧制。横移小车将上一次轧制用过的芯棒从轧管机前台芯棒剔出工位横移到芯棒冷却水槽中，然后将芯棒冷却水槽中已冷却的芯棒取出并横移到预穿工位。重复上一周期循环动作。

皮尔格轧管机优点是延伸系数大一般为8～15，现在可轧制出ϕ720mm的荒管，长度最大可达45000mm，而且该机型轧机投资较少，不过就是生产力低，适合轧制大中直径的厚壁管、合金管。

2）连轧管机。

连轧管机是一种高效率轧管机主要有二辊全浮芯棒连轧机、限动芯棒二辊连轧机、限动三辊连轧管机组。连轧管机是将穿孔后的毛管套在长芯棒上，经过多机架顺次排列且相邻机架辊缝互错一定角度的连续轧管机轧成荒管的一套设备。其中最新的连轧管机是三辊限动连轧管机。其特点是三个轧辊单独传动，每个轧辊上有液压小舱实现轧辊单独调整，机座为隧道式，形状是一个圆桶体框架结构，个轧辊机架安装在桶体内，由液压缸锁紧固定。桶体分三段，用大型螺栓连接成为一个刚性很高的机座。所有的液压系统电气传动装置等都布置在框架上。轧辊机架为圆形，每个机架内装有三个互成120°的轧辊，分别由液压缸进行位置控制、设置孔型。其核心是采用了液压小舱技术，可精确控制辊缝。用液压缸调整没有死区，没有摩擦力影响，反应频率高，准确性高，可实现荒管头尾轧薄功能。 桶式结构刚度好，芯棒对中性好，轧制时噪音小。

三辊限动芯棒连轧管机主要由三辊式空心减径机、三辊式轧辊机架、隧道机架、芯棒支撑架、轧辊更换装置、主传动装置等设备组成。其功能是完成毛管到荒管的轧制变形。

空心坯减径机架由两半铸造机体组成，位于三辊限动芯棒连轧管机第一个机架前端，用于规圆毛管外径和减小毛管和芯棒间的间隙。

轧辊机架，每个机架安装有三个独立的液压小舱，分别对应每一轧辊。液压小舱的零位调整，通过校准工具模拟轴承座完成。

隧道机架采用焊接结构，其作用是支持轧辊机架、芯棒支撑架及控制和辅助设施，承受轧制力。

芯棒支撑机架装有由液压控制的自对中轧辊。芯棒支撑装置在芯棒插入和返回期间用来支撑芯棒。支撑装置配有3个由液压缸操纵的自定心辊子。当空心毛管接近芯棒支撑装置时，辊子自动张开，让空心毛管通过。当空心毛管通过该机架后，辊子自动闭合在芯棒上。

轧辊更换装置操作就是快速地将轧辊从机座中推出。它们沿着轧辊的轴线到达轧机的出口，有一组新的轧辊将它们替代。

主传动装置通过万向接轴传递从齿轮箱到轧辊的扭矩。每一接轴处均有一个液压缸控制接轴的连接和断开。倾斜接轴还设有接轴支撑装置。

该中轧机沿径向的线性孔型调节是其最大的特点，轧辊径向直接压下，而不是摆动压下，这使孔型调节更简单更直接，对壁厚精度影响更小。

3）Assel 轧管机。

Assel轧机属于长芯棒三辊斜轧机，是将毛管套在长芯棒上，在三个轧辊间进行轧制。Assel轧机主要由轧管机入口台、轧管机主机座、主传动装置、轧管机出口台一段、轧管机出口台二段等设备组成。

轧管机入口台一段由抱辊装置、升降辊道拨入装置组成，抱辊有三个位置，分别为抱毛管、抱芯棒及进料位。其功能就是辅助轧管机轧制，保证芯棒稳定可靠。

轧管机主机座主要由机架装置、转鼓装置、轧辊装配、压下平衡装置、轧辊调整机构等组成。其主要功能是将穿孔后的毛管轧制成荒管。三辊轧管机由三个主动轧辊和一根芯棒组成环形封闭孔型，三个轧辊“120°”布置在以轧制线为中心的等边三角形的顶点。轧辊压下采用机械压下，同时采用轧辊快开机构，消除薄壁荒管“尾三角”现象。轧辊为单独传动，每个轧辊均有1组电机减速机通过万向接轴来传动。换辊采用轧机牌坊上盖用液压缸打开。该结构形式的优点：设备的结构先进，功能齐全，调整方便，自动化程度较高，机架为固定开式结构，强度、刚度高，可以方便地实现轧辊的快速打开，也可方便地实现轧辊的快速更换，灵活性强，不需要做备用机架。

轧管机主传动是轧管机主机工作的动力设备，主要由主电机、减速机、万向接轴及底座等组成，其功能是驱动轧管机轧辊实现毛管的咬入和轧制，轧管机主传动顺着管子前进方向分为上主传动、下左主传动和下右主传动三部分，分别驱动三个轧辊轧管机出口台一段由导向辊及支撑辊组成，其功能是辅助轧管机工作，使轧制过程稳定并将轧制后的荒管运输到与轧制线重合的输出辊道上。

轧管机出口台二段由摆动辊道和传动辊道组成。其功能是将轧管机出口台一段运来的荒管传送到后续区域。

三辊轧管机的优点是无导板，减小了摩擦，三个辊拽入力大，有利于咬入，能精确对中，导入毛管送三向压应力有利于变形，可轧制合金管，改变轧辊间距和芯棒直径可灵活改变产品规格，产品内外表面质量好，壁厚均匀，尺寸精度高，可快速更换规格，不必换辊。

4）Accu-Roll 轧管机。

Accu-Roll轧机属于二辊斜轧机组，主要用于将来自穿孔机的毛管在完成穿棒后将毛管咬入轧管机主机座进行轧制，从而轧出合格的荒管。根据轧制工艺的不同，轧管机主机座需承受轧制力。

Accu-Roll轧管机主要由入口台、主机座、主传动、出口台等设备组成。

入口台主要由设备组成为三辊导向装置、输出辊道、拨料装置、挡板装置及连接底座等。其功能是避免轧制时毛管及芯棒出现较大甩动。

轧管机主机座为空心毛管到荒管这一变形过程的主变形设备。

轧管机主机座的布置形式为左右轧辊布置,出口侧单独传动，上下导盘布置，单独传动。其设备组成为机架装置、上下导盘装置、转鼓装配、入口侧定心装置、出口导套、转鼓锁紧、移出导轨及主轴托架及送进角调整机构等。转鼓装置安装于机架内，并通过机架上的转鼓锁紧缸实现转鼓的锁紧与打开。其作用为：转鼓为轧辊装配及轧辊箱的支撑设备，轧制过程中将轧制力传递到压下丝杆上；用于实现送进角的调整，由电机通过蜗轮减速机构驱动，带动轧辊箱及轧辊绕机架中心线回转，从而实现工艺设定的送进角。

轧辊箱为安装轧辊的专用设备，可随转鼓一道旋转。工作时将轧辊装配固定于轧辊箱内，换辊时将轧辊装配从轧辊箱中抽出。

轧辊为由毛管到荒管轧制过程的主变形工具，通过特定的轧辊辊型实现荒管变形所需的孔型。通过主传动设备驱动旋转，将荒管咬入轧制，完成变形过程。

主传动由主电机、主减速机、万向接轴、联轴器及底座等设备组成。它是轧管机主机工作的动力设备，由主电机通过减速机、万向接轴直接传动两个轧辊，实现钢管的轧制过程。

出口台由导向装置、输出辊道、台架及连接底座等设备组成。其作用是配合轧管机轧制，避免轧制过程中荒管出现较大甩动，并将轧制好的荒管送往下个工位。

该机型的优点是轧出荒管表面质量好，尺寸精度高，可生产的品种多，如油井管、锅炉管、轴承管等。

其缺点是斜轧速度低，产量低，导盘环材料要求高。

5）顶管机。

顶管机是一种经典工艺，用顶推的方法通过环模、芯棒、连续延伸毛管，属纵轧。1899年法国人艾哈德（Ehrhardt）发明，并建了第一台顶管机，顶管工实际上是椭辊连轧，以顶管机作为延伸工艺，然后经缩口设备毛管缩口后进入顶管机。所以称之为CPE（Cross Piercing Elongation）。其基本特点是将带杯底的空心管坯套在一根长芯棒上，顶入一系列孔型直径逐渐减小的辊模进行延伸轧制，主要是减壁变形。

顶管机主要由芯棒台架及拨料装置、前台及推杆装置、传动系统等组成，辊模有14～20个，大多数是三辊式，一台顶管机上有固定模和更换模（变规格），辊模安装在床身上，类似张减机。

前台及推杆装置由推杆装置导槽、导向杆组成。推杆和芯棒以相当大的推力传送给毛管，推杆装置在导槽内滑动，导向件由三个扇形块构成，上面的扇形块由液压缸翻起，下面的扇形块作出一个开口，以使推杆及支撑通过。当工作芯棒的直径变化较大时，导槽必须更换。

辊模架及后台其中辊模架为三辊模架，孔型由互为120°布置的三个辊子构成，辊子被动，辊模架嵌入底座中，孔型错位60°，后3~4个辊子可以往后调整。

传动系统由两台主电机布置在齿条一侧，传动齿辊直接装在输出轴上，齿条在辊子上传动，辊子装在滑板上。

推杆由齿轮齿条推动（在两侧），推杆推着带有芯棒的毛管（前端有缩口），推入一连串的辊模，直到管尾，出了最后一架辊模，推杆与芯棒脱开，退回前台，带芯棒的荒管进入下一工序。

顶管机的优点是设备结构简单，产品质量高、电控系统简单，工艺成熟，能生产小直径的薄壁管。顶管机组属于纵轧机型，相比于斜轧机组来说变形更加均匀，钢管表面更光滑、平整。

顶管方法的特点决定产品质量高，即用一根传动的芯棒通过不传动的辊模进行顶管延伸可以得到较好的钢管质量，因为此时不可能出现不连续的金属流动，因而不会引起表面缺陷。目前以开发完成114顶管机组开发。

(3) 选型原则。

TYHI自20世纪60年代研制开发轧机以来，已具备了各种轧机的设计制造能力，先后为国内外厂家提供了大量先进的产品设备。选择机型要根据生产钢管的产品规格及产量、土地情况、钢管市场定位、资金运作情况等等诸多因素。对设备而言：

皮尔格轧管机投资较少，不过就是生产力低，适合轧制大中直径的厚壁管、合金管，其产品主要是核电用管、高压锅炉管、能源用管，替代进口。

连轧管机属纵轧机组，采用连续的三辊液压压下轧辊机架，配以芯棒循环限动系统，可以高效、高质量地生产精密钢管，适用于大规模、高精度的钢管生产，是当今最高水平的轧管机组。

Assel轧管机属斜轧机组，适于生产中、厚壁高精度钢管，可生产各种合金管、轴承钢及碳管，产品结构合理。现代Assel机组配备全新液压快开装置，有效解决了尾三角问题，提高产品成材率。对Assel机组设备结构的多项改进，大大节约了换规格时间，便于用户组织生产小批量多规格订单。结合限动芯棒技术，产品质量可得到进一步提高。

A-R轧管机该机组属斜轧机组，Accu-Roll轧管机增大了轧辊的辗轧角，加长了辊身长度，采用上下导盘，提高了钢管的壁厚精度以及轧制速度和生产能力。适合中薄壁钢管小批量、多规格的钢管生产。广泛地应用于油井管和精密钢管生产。

(4) 典型项目应用情况（见表4.10.2，图4.10.3~图4.10.6）。

表4.10.2 典型项目应用情况

序号	规格名称	荒管外径×壁厚×长度/mm×mm×mm	使用单位
1	φ720皮尔格轧管机	φ(250～735)×(15～120)×max 9500	扬州龙川钢管有限公司
2	φ720皮尔格轧管机	φ(333～816)×(10000～20000)	南通特种钢厂
3	φ180三辊连轧管	φ142/φ192×(4.46～24.68)×(11238～29000)	印度拉西米
4	φ180三辊连轧管	φ142/φ192×(4.46～24.68)×(11238～29000)	韩国日进制钢公司
5	φ180三辊连轧管	φ142/φ192×(4.46～24.68)×(11238～29000)	林州凤宝管业有限公司
6	φ180三辊连轧管	φ142/φ192×(4.46～24.68)×(11238～29000)	山东墨龙石油机械股份有限公司
7	φ180连轧管机组	φ150×21×(7.3～26)	南通特种钢厂
8	φ273Assel轧管机组	φ(93～282)×(5～30)×max 13000	山东海鑫达石油机械有限公司
9	325Assel机组	φ(175～350)×(5.8～35)×max 13500	印尼ARTAS能源油气有限公司
10	φ273Assel轧管机组	φ(93～282)×(5～30)×max 13000	湖北新冶钢
11	φ325Assel轧管机组成	φ(93～282)×(5～30)×max 13000	山东聊城中钢联特种钢管制造有限公司
12	φ219Assel轧管机	φ(80～228)×(6～50)×max 13000	衡阳华菱钢管有限公司
13	φ159Assel轧管机组	φ(80～167)×(8～30)×max 13000	安徽天大企业集团无缝钢管厂
14	φ108Assel轧管机组	φ(73～133)×(9～25)×(4500～10000)	衡阳钢管厂
15	φ159Assel轧管机组	φ91×(2.5～3.5)×7000	大冶钢厂
16	φ273Accu-Roll轧管机组成套设备	φ(186～292)×(5.7～28)×max 13000	黑龙江建龙钢铁有限公司
17	φ50A-R轧管机组	φ(35～45)×(2～4)×(800～1700)	衡阳钢管厂

图4.10.3 皮尔格轧管机

图4.10.4 连轧管机

图4.10.5 轧管机

图4.10.6 Accu-Roll轧管机

4.10.1.4 定减径机

(1) 设备简介。

定减径是热轧无缝钢管生产三大变形工序中的最后一道工序，属精轧机组，主要作用是达到成品管热尺寸的要求（外径、真圆度），轧制过程是荒管空心连轧的过程。按其功能又可分为定径机、减径机、微张力减径机机、张力减径机。

1) 定径机。

定径机用于在较小范围的减径率下得到合乎尺寸要求、表面光洁的成品管。及家属较少，一般是5~14架，总减径率，并且用三辊的较多，机架由圆形有方形，传动方式有内、有外，定径机绝大多数是纵轧。

2) 减径机。

减径机就是多机架空心毛管连轧管机，一般为9~24架，总减径率为40%~50%，除有定径作用外，还有减径功能，以得到较小口径的管子。结构与定径机一样，只是机架数增多。轧制过程中机架间无张力遵循秒流量相等的原理。减径后的钢管直径减小，壁厚增厚，横截面上壁厚不均，有内方。

3) 微张力减径机。

微张力减径机机架间的张力系数小于0.5，基本是等壁减径，总减径率35%左右，单架减径3.5%左右。

4）张力减径机。

张力减径机与减径机一样是多机架空心连轧管机，钢管在轧制过程中不但受到径向压缩，同时还受纵向拉伸，既存在张力，在张力作用下钢管在减径的同时还能减壁，进一步扩大了产品规格范围。机架数一般为14~24加，多的可达28~30架，数量由减径量决定。开始2~5机架称张力升起机架，中间是工作几架，后2~5机架是成品机架，减径量小。

最初2架减径量小，有利于圆整直径不圆的毛管，建立张力，两架之间后面的一个机架的秒流量比前一个机架大0.3%~0.5%。

（2）设备结构组成及技术特点。

定减径机由机座、轧辊装配、换辊小车、推拉装置、主传动等设备组成，有二辊式和三辊式，机架安装在机座上由液压缸压紧，机架上有导轨。机架由分成两片铸钢件组成，左右两片完全对称，由十多条螺栓连接紧固，机架有圆形有方形，现在大部分为方形，辊数大都为三辊式。轧辊传动方式有内传动和外传动（三辊式），外传动只传动一个轧辊，其他二辊是由装在机架内部的两对伞齿轮传动的，外传动有利于缩小机架间距，减少切头损失，机架间距C=0.9~0.95D（D为理论直径），结构简单，易装拆，维护，节约了大量齿轮，零件尺寸可相对大些，强度刚度好，缺点是C型机座结构比较复杂，设备较重。目前三辊式采用较多（见图4.10.7）。

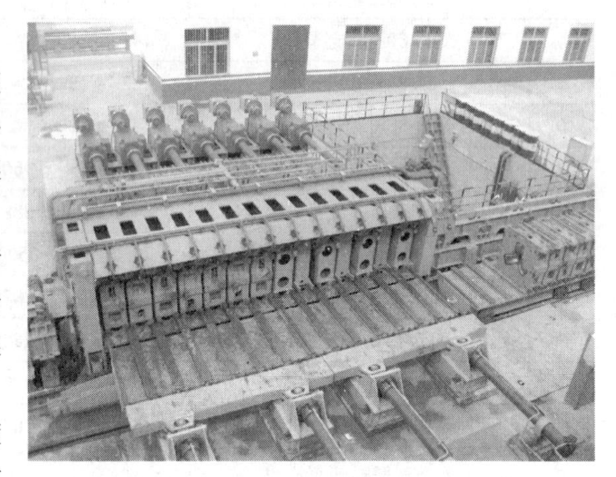

图4.10.7　定减径机

一套张力减径机中有工作机架、输送机架、导向机架，输送机架为焊接结构，只有下辊，不需减径的管子通过张减机如工具接头料，导向机架为焊接结构，中间是导向管，根据不同规格可更换导向管，用于减径量小，不需要全部工作机架的产品。

张减机的传动。张减机传动系统分为五类，液压差动调速系统、直流电机单独传动系统、双电机机械式几种变速传动系统、串列式几种变速传动系统、混合传动。

液压差动调速系统：20世纪60年代曼内斯曼公司用一台电机通过齿轮机座，以固定速比传动各机架为基本速度，每个机架用一台液压马达差动调试。我所60年代设计的第一台16机架108张减机就是这种形式，现今已不用。

直流电机单独传动系统：每个机架都有一套独立的主传动电机，有单独调速系统，宝钢140机组二十八架张减机就是这种传动系统。该传动机构简单可靠，调速范围大，能满足多种规格的产品，调速灵活、快捷、易于实现CEC控制，缺点是总功率大，电气设备复杂，维修复杂，设备投资大。电机有短期的动态降。

双电机机械式集中变速传动系统：原是KOCKS公司的专利，由两台电机传动，主电机可以是交流也可以是直流，但叠加电机必须是直流，主电机通过一组齿轮系列配以基本速比形成基本速度。叠加电机通过另一组齿轮系列，按附加速度要求配置速比，使附加速度可在一定范围内无级调速，通过差动机构将这两个速度叠加到轧辊上。常州102车间二十二架张减机就是这种传动系统。

串列式集中变速传动系统属于分组传动：有三电机传动，四电机传动、六电机传动，三电机的都是直流电机，附加电机为两个，是KOCKS公司发展了的技术，将附加速度分成两组或三组，使其更利于速度控制，实现CEC、WTC等控制，减少切头量，（控制前约占10%，控制后约为5%），其中一个附加电机能使入口侧机架的速度在短时间内快速上升。四电机传动相当于二套双电机传动的合并，衡阳89机组的二十四机架张减机就是这种类型，天津168机组二十四架张减机采用六电机传动。

混合传动是茵西推出的新方案，是两个独立的传动机构，入口侧一组用双电机传动系统，出口侧一组用电机单独传动系统，包钢180机组二十四机架张减机采用这种形式，前12架用双电机传动，后12架用电机单独传动。

（3）选型原则。

TYHI经过长期研究开发和实践检验，定减径机机型已形成标准：DJ-100、DJ-140、DJ-150、DJ-180、

DJ-200、DJ-219、DJ-250、DJ-325、DJ-340、DJ-600、DJ-800系列，供钢铁企业按需选用。

（4）典型项目应用情况。

自1963年TYHI设计第一台16机架张力减径机开始陆续国内外用户设计制造了大量产品（见表4.10.3）。中信部已批准由我公司起草钢管定减径机国家标准,该标准基本编制完毕,等待最后定稿发行。

表4.10.3 典型项目应用情况

序 号	名 称	规格及型号(轧辊名义直径)/mm	用 户
1	十二机架定径机	DJ-325（ϕ670）	印尼阿塔斯
2	二十四机架减径机	DJ-150（ϕ380）	印度拉西米
3	二十四机架减径机	DJ-150（ϕ380）	韩国日进制钢
4	三机架三辊定径机	DJ-150（ϕ380）	新兴铸管股份有限公司
5	十机架定径机	DJ-250（ϕ600）	印度USTPL
6	十四机架三辊定径机	DJ-150（ϕ380）	新兴铸管股份有限公司
7	八机架定径机	DJ-150（ϕ380）	威海市宝隆石油专材有限公司
8	十机架微张力减径机	DJ-250（ϕ600）	山东海鑫达石油机械有限公司
9	七架定径机	DJ-600（ϕ1150）	中兴能源装备股份有限公司
10	二十四机架减径机	DJ-150（ϕ380）	山东墨龙石油机械股份有限公司
11	十四机架定径机	DJ-250（ϕ600）	安徽天大石油管材股份有限公司
12	三辊五机架定径机	DJ-600（ϕ1150）	衡阳华菱钢管有限公司
13	十四机架微张力减径机组	DJ-250（ϕ600）	黑龙江建龙钢铁有限公司
14	十二机架定径机	DJ-250（ϕ600）	湖北新冶钢
15	三辊五机架定径机	DJ-800（ϕ1300）	浙江金盾压力容器有限公司
16	三辊五机架定径机	DJ-800（ϕ1300）	江苏诚德钢管股份有限公司
17	十二机架定径机	DJ-325（ϕ670）	山东聊城中钢联特种钢管制造有限公司
18	十二机架定径机	DJ-100（ϕ275）	衡阳华菱钢管有限公司
19	三辊五机架定径机	DJ-800（ϕ1300）	四川三洲特种钢管有限公司
20	三辊五机架定径机	DJ-250（ϕ600）	攀钢集团成都钢钒有限公司
21	十二机架定径机	DJ-325（ϕ670）	攀钢集团成都钢钒有限公司
22	三机架定径机	DJ-219（ϕ550）	包钢连轧管厂
23	三机架定径机	DJ-219（ϕ550）	通钢集团磐石无缝厂
24	十四机架定径机	DJ-150（ϕ380）	鞍钢无缝厂
25	三机架定径机	DJ-219（ϕ550）	天津钢管公司
26	十机架减径机	DJ-200（ϕ450）	南通特钢
27	TZ355十二机架微张力减径机Ⅱ型	DJ-140（ϕ355）	上海钢管厂
28	十二机架二辊减径机组	DJ-200（ϕ450）	大冶钢厂
29	衡阳微张减方机架	DJ-140（ϕ355）	衡阳钢管厂
30	TZ355十二机架微张力减径机组	DJ-140（ϕ355）	鞍钢无缝厂
31	宝钢张减机方机架	DJ-200（ϕ450）	上海宝钢
32	成都216车间定径机	DJ-219（ϕ550）	成都无缝钢管厂

4.10.1.5 **矫直机**

（1）设备简介。

矫直机采用上下辊全驱动的立式斜辊矫直机。矫直辊具有液压安全保护功能，可有效地保护设备。具备矫直辊对中检查和轴向调整功能，便于安装、调试和换辊时中心线的检查。出口辊道要求能从矫直机接收已矫直的钢管，并在钢管通过矫直机时，能对已矫直部分进行支撑。矫直完毕后能通过升降辊道快速地把钢管送离出矫直机组区域。

（2）设备结构组成。

矫直机入口台由入口导槽和入口导卫组成。入口导槽由主动辊道和导槽组成，调速电机驱动的辊道位于导槽下半壳中间，辊道辊子型式为V形，其辊道安装在起升横梁上。在矫直机第一对辊咬入钢管时，辊道同步下降，防止被甩动的钢管打击。导槽内部衬有耐磨衬套。本导槽能进行端向进料。入口导卫位于矫直机之前，其作用是安全地将待矫钢管引入矫直机的第一对辊子。

矫直机主机主要由上辊调整装置、上工作辊辊系、下工作辊辊系、下辊调整装置、机架装配、主传动系统和换辊机构组成。

上辊压下装置主要由减速电机、平衡锁紧缸、压下丝杠、升降横梁、转盘、调角装置等组成。高度调整机构是由减速电机传动压下丝杠，从而传动压下螺母带动升降横梁、转盘和上工作辊上下调整；调角机构是由带内制动电机通过蜗轮升降机驱动转盘，从而带动工作辊转动到所需的工作角度；在压下丝杆两侧设有平衡锁紧缸，其在消除压下螺丝和压下螺母间的间隙的同时又对转盘进行锁紧，保证工作辊的工作角度。

上工作辊装配和下工作辊装配主要由工作辊、轴、轴承、轴承座等组成。它们成对安装，辊子全驱动；工作辊装置与转盘之间用螺栓连接，这样可以保证在工作辊磨损后方便的换辊；该装置中间轴两端加工有中心孔，可以保证在辊子重磨时不必对该装配件进行拆卸。工作辊采用双包络线辊形，这一种辊形曲线能覆盖全部的产品规格，保证与产品大纲范围内的各种规格的钢管有良好的接触，有效接触长度不小于80%，对于不同管径的钢管，可通过改变工作辊的倾斜角来实现，工作辊中心可轴向调整。

下辊高度调整装置主要由转盘、中辊高度调整机构、锁紧机构、调角机构组成。其中入口和出口辊的高度固定，不可垂直调整。而中间辊可通过减速电机带动斜齿蜗轮减速器传动，从而带动丝杆传动丝母，使和丝母连接的工作辊装配在垂直方向上运动；调角机构是由电机通过蜗轮升降机驱动转盘，从而带动工作辊转动到所需的工作辊工作角度。在调角完成后，锁紧机构可以把转盘可靠的锁紧以保证工作角度不变。

机架主要由立柱、上横梁、下横梁组成。上下横梁用立柱连成一个整体，在装配时，使用液压拉伸器对立柱施加预紧力，这样可以保证机架的整体刚性，从而保证矫直精度。

主传动系统由驱动电机、联合减速机、万向接轴、联轴器和底座等组成。三个上工作辊和三个下工作辊分别由两套电机和减速机驱动。工作辊和减速机之间由万向接轴联接。万向接轴采用长度可伸缩的万向接轴，这样可保证工作辊在不同高度，不同转角的情况下有良好的传动性能。

换辊机构主要由轨道、丝杆丝母及马达等组成。它容易、可靠和安全地将上下辊更换。换辊时，将轨道通过销轴固定在横梁上对应的换辊位置，马达驱动丝杠转动，从而驱动丝母前移，与工作辊连接后反向开动，将工作辊拖出。准备好新工作辊后，再将其推入，实现对辊更换。

矫直机出口台分由辊道和导槽组成，辊道安装在升降横梁上，由液压缸驱动实现辊子的上升和下降。辊道辊子型式为V形，V形辊面槽底标高与矫直机适应。钢管矫直完成后通过辊道输送到导槽尾部，然后辊道下降。

(3) 设备技术特点及创新。

矫直辊具有液压安全保护功能，可有效地保护设备。具备矫直辊对中检查和轴向调整功能，便于安装、调试和换辊时中心线的检查。

(4) 选型原则。

TYHI经过长期研究开发和实践检验，矫直机机型以形成公称ϕ89mm、ϕ108mm、ϕ159mm、ϕ219mm、ϕ250mm、ϕ340mm、ϕ460mm、ϕ508mm、ϕ630mm、ϕ720mm、Φ1020mm系列，供钢铁企业按需选用。

(5) 典型项目应用情况。

自1960年开始，先后为国内外用户提供各种规格的钢管矫直机（见表4.10.4、图4.10.8）。满足不同用户的各种需求。

图4.10.8　矫直机

表4.10.4　典型项目应用情况

序号	矫直机名称	矫直钢管规格/mm	用　户
1	钢管矫直机	φ480～1020	河北华洋钢管有限公司
2	钢管矫直机	φ140～340	印尼阿塔斯
3	钢管矫直机	φ244.48～457	包头钢铁（集团）有限责任公司
4	钢管矫直机	φ73～200	宝山钢铁股份有限公司
5	钢管矫直机	φ60～180	山东墨龙石油机械股份有限公司
6	钢管矫直机	φ273～60	泰州诚德钢管公司
7	六辊钢管矫直机	φ48.3～194.5	攀钢集团成都钢铁有限责任公司
8	六辊钢管矫直机	φ273～630	四川三洲特种钢管有限公司
9	钢管矫直机	φ114～273.1	中冶赛迪工程技术股份有限公司
10	钢管矫直机	φ73～245	衡阳华菱连轧管有限公司
11	钢管矫直机	φ273～630	四川三洲特种钢管有限公司
12	钢管矫直机	φ60.3～219	安徽天大企业特种钢管有限公司
13	钢管矫直机	φ114～273.1	包钢(集团)公司无缝钢管厂
14	钢管矫直机	φ133～376	衡阳华菱连轧管有限公司
15	二号钢管矫直机	φ133～365	衡阳华菱连轧管有限公司
16	钢管矫直机	φ219～340	攀钢集团成都钢管厂
17	钢管矫直机	φ8～114	杭　钢
18	六辊钢管矫直机	φ51～140	天长钢管厂
19	钢管矫直机	φ45～133	太重科技产业有限公司
20	钢管矫直机	φ60～133	太重科技产业有限公司
21	六辊钢管矫直机	φ45～133	衡阳钢管厂
22	六辊钢管矫直机	φ60～133	衡阳钢管厂
23	十七精辊密钢管矫直机	φ20～80	衡阳钢管厂
24	六辊钢管矫直机	φ140～426	成都钢管厂
25	七辊管（棒）矫直机	φ20～75	江西信江铜制品 厂
26	六辊钢管矫直机	φ15～50	设计完成未投料
27	六辊钢管矫直机	φ20～114	设计完成未投料
28	芯棒矫直机	φ60～150(圆钢)	西宁钢厂
29	六辊钢管矫直机	φ20～159	北满钢厂
30	六辊钢管矫直机	φ20～159	江都钢管厂
31	棒材矫直机	φ57～108	衡阳钢管厂
32	六辊钢管矫直机	φ20～159	衡阳钢管厂
33	六辊钢管矫直机	φ400～650	南通特钢
34	九辊棒材矫直机	φ30～70	中原特钢
35	七辊钢管矫直机	φ30～80	长治钢厂
36	芯棒矫直机	φ65～180(圆钢)	上海宝钢
37	加厚管矫直机	φ60～160	上海宝钢
38	六辊钢管矫直机	φ20～159	上海宝钢
39	七辊钢管矫直机	φ60～180	洛阳轴承厂
40	七辊钢管矫直机	φ60～180	长城钢厂
41	七辊钢管矫直机	φ60～180	成都钢管厂
42	七辊钢管矫直机	φ30～80	上钢三厂
43	七辊钢管矫直机	φ40～240	北京特钢
43	七辊钢管矫直机	φ108～340	成都钢管厂
44	七辊钢管矫直机	φ114～340	包钢无缝厂
45	七辊钢管矫直机	φ60～273	成都钢管厂
46	七辊钢管矫直机	φ40～240	成都钢管厂
47	六辊钢管矫直机	φ114～426	成都钢管厂
48	七辊钢管矫直机	φ60～240	成都钢管厂

4.11　鞍钢重型机械有限公司

4.11.1　ϕ1500大型开坯轧机

ϕ1500大型开坯轧机是目前国内最大的高刚度、大开口度型钢轧机，装机水平达到现代二辊可逆轧机先进水准。该设备结合板带轧机的成熟技术，融汇多方现场经验，反复优化，校核完善，实现了“自动化程度高、设备先进、经济可靠”的设计要求。

4.11.1.1　轧机机组组成

ϕ1500大型开坯轧机为大开口度、闭式机架、二辊可逆式初轧机，可轧制方坯和圆坯。轧机机组主要由机前工作辊道、机前推床与翻钢机、轧机本体、主机列传动、换辊装置、机后推床、机后工作辊道7部分组成。整套设备多处采用液压传动，自动化程度高，技术先进。

机前推床与翻钢机位于轧机入口侧工作辊道面上，沿辊道横向移动对准轧辊孔型。翻钢机位于机前推床上，将轧件翻转90°，并配合轧机多道次往复轧制。

轧机本体、主机列传动、换辊装置构成轧机主机列（见图4.11.1），共同实现将钢坯或钢锭往复多道次轧制，最终获得ϕ300~660mm规格的圆断面。

机后推床位于轧机出口侧工作辊道面上，结构、传动、控制、润滑等同机前推床。

机前、机后工作辊道布置在轧机进、出口侧，用于输送轧件，并配合轧机可逆轧制。

4.11.1.2　轧机本体组成及其典型结构

ϕ1500大型开坯轧机本体主要由轧机机架装配、压下装置、轧辊辊系、上轧辊平衡装置、轧辊轴向锁紧及调整装置等部分组成。

（1）轧辊辊系。

轧辊辊系（见图4.11.2）主要由带孔型轧辊、轧辊主轴承、轴承座、密封件等部件组成。

辊系采用轧机专用四列圆柱滚子轴承，辅以双列推力圆锥滚子轴承及深沟球轴承，实现轧辊支撑，承受轴向力并确保轴向定位。铸钢轴承座两侧镶铜滑板，便于辊系出、入轧机机架窗口。操作侧轴承座带凸缘，防止轧辊轴向窜动。

（2）压下装置。

压下装置主要由直流电动机、环面蜗轮蜗杆减速机、联轴器-离合器、制动联轴器、压下指示装置、压下丝杠、压下丝母、液压防卡钢回松缸等部件组成（见图4.11.3）。

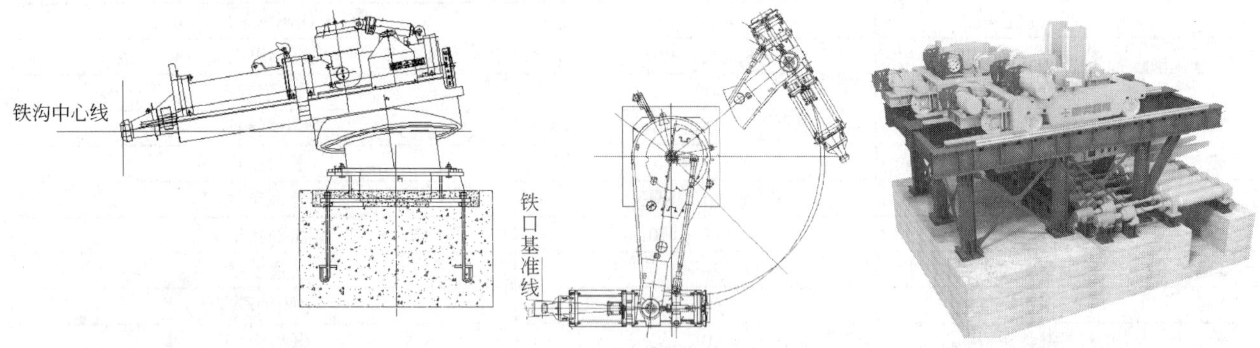

图4.11.1　轧机主机列　　图4.11.2　轧机辊系　　图4.11.3　压下装置

两台直流电动机经联轴器-离合器、制动联轴器与两台组合式环面蜗轮蜗杆减速机相连，驱动压下丝杠上、下运动，实现开口度调整。压下丝杠带花键；压下丝母用压板固定在机架窗口上部阶梯孔内。压力传感器装于压下丝母上，可测量轧制时的轧制力。

由于轧钢生产时常出现“卡钢”、“坐辊”或“压下丝杠无法退回”等故障，利用板带轧机相对值AGC法的成熟技术，通过采取轧制压力信号间接测量坯料厚度，改变轧机机械辊缝，自动控制辊缝下极限值恒定，有效防范“卡钢”现象。

联轴器-离合器可确保两台压下电机机械同步，实现轧辊调至水平。

压下指示装置采用机械/数显双系统显示压下行程。换辊后或机械指针显示不正确时，可通过调零电机驱动指针归零。

(3) 上轧辊平衡装置。

上轧辊平衡装置（见图4.11.4）主要由平衡液压缸、支架、平衡梁等部件组成，用以平衡上轧辊辊系及压下丝杠等部件重量，消除电动压下系统与上轧辊轴承座接触面间隙。支架安装在两机架外侧，平衡液压缸装于支架上。液压缸耳环与平衡梁相连，将上辊辊系抬起。平衡梁内、外侧分别设有定位块，与液压防卡钢回松缸和机架滑板定位。轧机检修及维护状态时，人工锁住平衡梁。

(4) 轧辊轴向锁紧及调整装置。

轧辊轴向锁紧与调整装置（见图4.11.5）主要由锁紧液压缸、上辊轴承座锁紧板、调整斜楔、下辊轴承座锁紧板、轴向调整液压缸、蜗轮蜗杆升降机、电机减速机等部件组成。

轧机只对下轧辊进行轴向调整，完成轧辊的孔型对齐。

轧机轴向锁紧装置设置在轧机操作侧，由锁紧液压缸驱动轴承座锁紧板斜向移动，完成轴承座轴向压紧、松开动作。轴向调整时，导向柱沿导向槽移动；换辊时，导向柱带动调整下斜楔随下轴承座锁紧板一起斜向移动，松开轧辊轴承座凸缘。

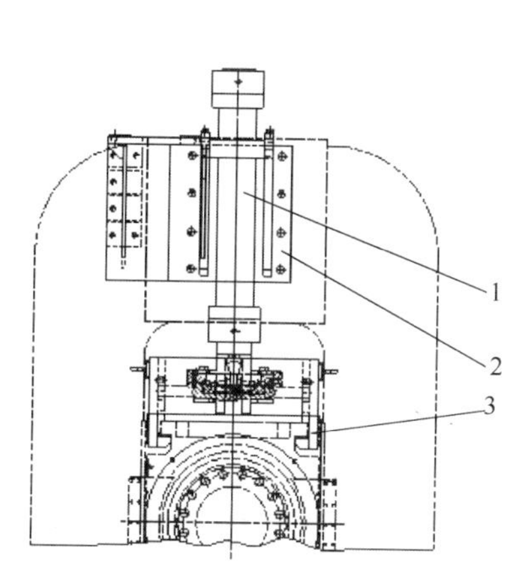

图4.11.4　上轧辊平衡装置
1—平衡液压缸；2—支架；3—平衡梁

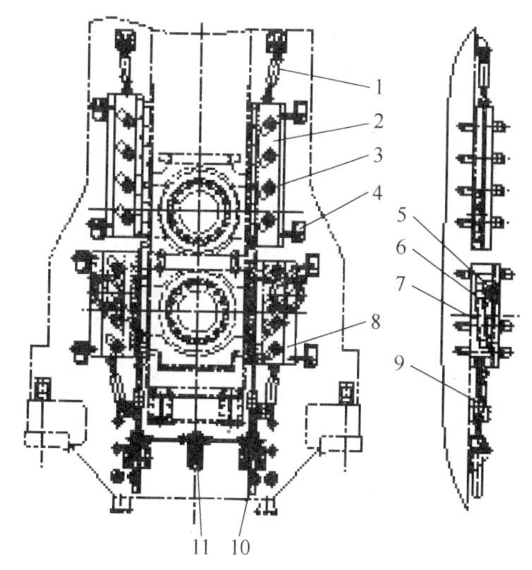

图4.11.5　轧辊轴向锁紧及调整装置

4.11.1.3　轧机主机列传动组成及结构特点

(1) 主机列传动组成。

轧机主机列主要由主电机、万向接轴、接轴定位装置、接轴平衡装置四部分组成。主电机经十字轴式万向接轴直接传动轧辊。其间辅以接轴平衡装置及接轴定位装置，用于平衡接轴重量并实现换辊时轧辊传动侧万向接轴套筒的定位。

(2) 接轴定位装置。

为使万向接轴套筒扁头与轧辊扁头保持一致，平直对中，便于新轧辊装入，在轧机驱动侧设置了接轴定位装置，由齿轮电机驱动蜗轮蜗杆升降机，带动托架上、下移动，实施定位。接轴定位装置只在换辊时工作，轧钢时，接轴定位装置复位，万向接轴扁头组件的重量由其液压平衡装置和轧辊轴承支撑。

(3) 接轴平衡装置。

万向接轴平衡装置采用液压缸杠杆式。接轴平衡液压缸用于平衡上、下接轴的重量。轧机工作时，为保持平衡力恒定，接轴平衡液压缸两端油腔均与蓄能器相通，蓄能器的压力始终与平衡缸保持恒定，平衡液压缸处于随动状态。换辊时，平衡液压缸与蓄能器断开。驱动接轴上、下移动，待轴向、径向位置调整结束时，液压锁锁死油路，保持平衡装置固定不动。

4.11.1.4　换辊装置典型结构

换辊装置布置（见图4.11.6）在轧机操作侧，用于快速更换轧机轧辊。该装置主要由下轧辊径向在线调整机构、升降机构、走行机构、横移机构等部件组成。各部分均为液压缸驱动。

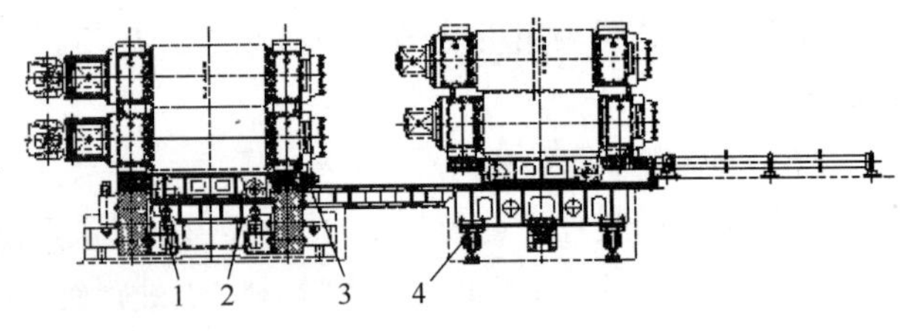

图4.11.6 换辊装置

下轧辊径向在线调整机构坐落在换辊台车中，可将下轧辊抬起。下轧辊轴承座与换辊台车垫板间添加/抽出调整垫板，实现下轧辊辊面标高在线调整。

升降机构位于轧机机架下横梁上，配有升降液压缸。换辊时，打开轧辊轴向锁紧装置，升降装置顶起换辊台车，脱离机架下垫板。随后，接轴定位装置将万向接轴托起，接轴平衡处于换辊状态。

走行机构由走行液压缸、换辊台车、轨道架、换辊轨道等部件组成。走行液压缸驱动换辊台车将旧辊系从轧机机架中拉出至横移位置。

横移机构采用液压缸推—拉式结构。装有新辊系的换辊台车对准换辊轨道，旧辊系台车移至第三工位，即：“三工位换辊”。

该机组2009年初开始研发，历经1年半的设计、制造、安装、调试，于2010年8月正式投产，目前已稳定运行了7个月。实践证明，ϕ1500型钢轧机是目前国内规格最大、技术最先进的型钢轧机，其设计在借鉴国内外先进机型的基础上有多项创新，满足了先进性、适用性、可靠性、经济性等要求，为国内大型型钢轧机的设计提供了样板和参考（见图4.11.7）。

图4.11.7 1500型钢轧机

4.11.2 板坯表面清理机（去毛刺机）

4.11.2.1 项目主要解决的技术问题

中板厂生此案的特点是坯料小，规格多，轧机周期短，坯料温度高，运行速度快，改课题解决以下技术难点：

（1）去毛刺机形式的确定。目前国内外用于连铸生产线上的去毛刺机大体分为三种类型：滚锤式毛刺机，圆盘式去毛刺机，刮板式去毛刺机，经过分析筛选，决定采用刮板式去毛刺机，由于中板厂的坯料重量小，无法克服去毛刺力，该设备设置了压下辊，舍得工作辊与压下辊在工作时产生的夹送力大于去毛刺阻力，保证去毛刺效果。

（2）为了保证加热后的坯料到轧机时需要的温度，要求一块坯料去毛刺时间控制在20秒以内。我们设计的设备各种动作时间总和完全控制在这个范围内。

（3）坯料温度高，一般从加热炉出来的温度为1100~1200℃。而连铸生产线去毛刺的温度在600~700℃，因此要求去毛刺机的部件要耐高温或采用隔热和水冷等措施。动作频繁的部件保证良好的润滑。其中刮刀材质为H13，工作辊和压下辊选用15CrMo，6个气缸在内侧加隔热挡板。密封圈均采用氟橡胶。水冷主要集中在工作辊和刀具梁上，对动作频繁的压下辊轴承座侧面和刀具梁滑板侧面均采用自润滑导板，保证在高温下动作自如。

（4）去毛刺机采用PLC自动控制，以保证设备安全运行。根据去毛刺机工艺要求，需要与除鳞辊道速度匹配，去毛刺机辊道电机均采用变频调速。

（5）为保证坯料在去毛刺过程不偏离辊道，在去毛刺机内和前后辊道两侧加导卫挡板。

（6）该设备是在线设备，要求运行可靠，出现事故检修方便快捷，其中压下辊和刀具梁采用无螺栓连接，可整体更换，不影响生产。

（7）解决熔渣的收集和清理问题，在去毛刺机下部加斜溜槽在地坑内加收集箱定期清理。

4.11.2.2 **设备结构及主要参数**

(1) 设备结构。

去毛刺机有机架、传动系统、1号、2号夹送辊及升降机构、刀具梁及升降机构、侧挡板和熔渣收集装置组成。

由于坯料规格下，尺寸不统一，该设备采用刮板式去毛刺机形式，其四块刮刀双刃布置成M形，抗冲击型和刮削效果好。

夹送辊上的升降，刀具梁的升级均采用气缸驱动，前后夹送辊的下辊采用单电机传动。

去毛刺机采用框架式结构，夹送辊均为实心辊，考虑拆装方便，下辊轴承座采用非螺栓连接结构，当辊道出现问题是，上辊和气缸一起拆下，再将下辊和轴承一起拆解，装上新辊，整个拆装过程控制在一个小时以内。

(2) 主要技术参数 (见表4.11.1) 。

表4.11.1 主要技术参数

去毛刺速度/m·s^{-1}	0.715
坯料夹送力/kN	12000
电 机	YGa200L2-10, 9.5kW, n=502r/min
减速机	XW-8-1/17
压辊升降气缸	QGBZ200-130-MF1
刀具梁升级气缸	QGBZ160-60-MF1
辊道速度/m·s^{-1}	0.715
气动压力/MPa	0.4~0.6

4.11.2.3 **实施效果**

中板线去毛刺机经过一年的研制，在中厚板厂中板线已经过近10年的使用运行，证明该设备设计思想和技术措施是符合生产实际需要的，主要技术性能指标均已达到设计要求，去毛刺效果达到98%以上。中板产品质量明显提要，成材率上升，轧辊使用寿命延长，非计划换辊时间减少1/3。熔渣集中收集，减轻工人的劳动强度。综合经济效益十分可观。

4.11.3 2500轧机的研制

4.11.3.1 **产品介绍**

中厚板生产的发展历史至今大约有200年。1995年，全球中厚板年产量约为9000万吨左右，占世界钢材总产量的13.8%左右。我国中厚板产品近些年来也有所发展，1990年全国中厚板的总产量以达674万吨，约占全国钢材总产量的14%左右。我国现有和在建的宽度在1250mm以上的带钢热连轧机组共计46套 。

我国第一套中板轧机是1936年鞍钢中板的2300mm三辊劳特式轧机。1958年鞍钢建成了2800/1700mm半连续式轧机。随着高质量、多品种的产品的需要以及节能高

效的生产的需要，更先进的轧机应运而生。轧机规格尺寸不断增大、性能不断提高、主电机功率大大加大、轧制速度提高、产品质量提高、品种增多。到2005年，我国已拥有27套中厚板轧机。16套轧机配备了AGC（自动厚度控制）、5套实现了区域计算机控制。测压、测厚、测宽、测长、测板形、表面质量检查及测平直度等仪表都在逐步完善中。我国的中厚板轧机的水平与国际接近，稍有差距，急待赶上。

当代新型中厚板轧机的大型化、强固化以及产量高、质量好都要求轧机设计更精更准。

中厚板产品的技术要求一般如下:

(1) 尺寸精度: 宽度、长度为正差；厚度为负差。

(2) 板形: 四边平直、无波浪翘曲，板形与厚度的精确度直接关联。

(3) 表面质量: 平整度和粗糙度。

(4) 表面缺陷: 表面裂纹、结巴、拉裂、折叠、重皮、氧化铁皮等。

(5) 性能: 力学性能、工艺性能、特殊物理性能和化学性能。如: 冷弯性能、焊接性能、冲击韧性、高温性能、耐酸耐碱耐腐蚀性能等。

满足高产品要求的轧机必须是高质量的。轧机的精确设计是要在合理设计轧机机架的基础上。

该轧机设计原则是使产品符合技术要求，并设计周期短、精确率高。

4.11.3.2 设备结构及主要技术参数

(1) 设备结构。

轧机主机列见图4.11.8，由三个基本部分组成：原动机(主电机)、传动机构、执行机构(工作机座)。该2500轧机为四辊可逆轧机，作为精轧机座，轧成品钢板。

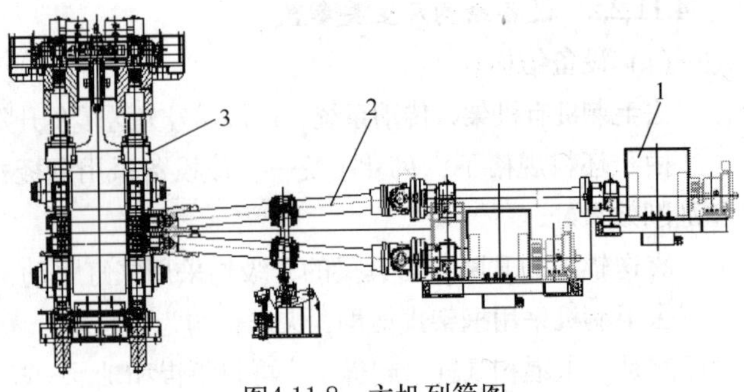

图4.11.8 主机列简图

1—原动机（主电机）；2—传动机构；3—执行机构（工作机座）

两个主电机（功率4000kW，转速0~±50/120r/min）通过十字万向接轴直接传动两工两个主电机（功率4000kW，转速0~±50/120r/min）通过万向接轴直接传动两工作辊。直接传动的好处是启制动时间短、作业率高。

十字万向接轴的优点是可实现较大倾角（最大可达15°，梅花接轴最大倾角为2°和弧齿接轴的最大倾角为3°），该十字万向接轴最大倾角为5°，可满足工作上下移动的工作范围。十字万向接轴与滑块式万向接轴相比有以下优点：十字万向接轴采用滚动轴承，不易磨损，减少了铜的消耗。因滚动轴承间隙小，工作平稳，润滑条件好，传动效率高。带滚动轴承的十字万向接轴的密闭性好，润滑可靠。十字万向接轴叉头与接轴一端用花键联接，另一端则用键联接，所以接轴由于采用了半联轴节和滚动轴承，拆卸比较容易。

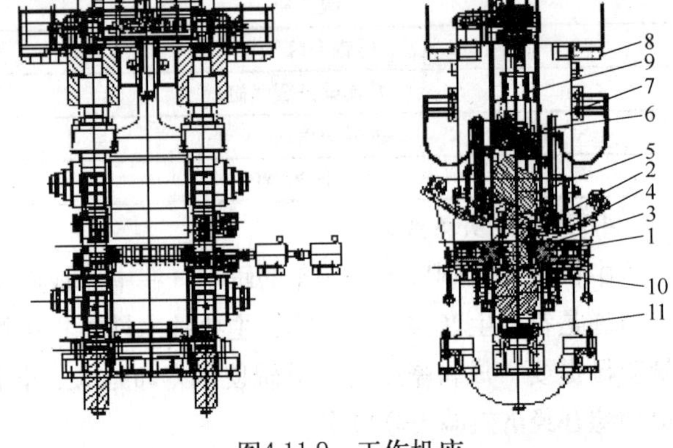

图4.11.9 工作机座

1—机架辊；2—工作辊平衡装置；3—工作辊装配；4—除鳞导卫；5—支撑辊装配；6—平衡系统；7—机架装配；8—轧辊平台；9—压下系统；10—下工作辊滑辊；11—支撑辊滑座

接轴长度在水平线上的投影，随其倾角的变化而不同。接轴铰链中的一个轴固定在主动轴上，而连接轧辊的另一个轴则是不固定的，即是轴向游动的。

工作机座由轧辊和轧辊轴承、支撑辊平衡装置、工作辊平衡装置、压下装置、除鳞导位、机架装配等部分组成。见图4.11.9。

轧辊是由一对工作辊和一对支撑辊组成。工作辊直径ϕ800~850mm，支撑辊直径ϕ1400~1500mm。

支撑辊的油膜轴承润滑站采用恒温控制，保证油温在(40±2)℃，站内设备及管路采用不锈钢材质。工作辊采用四列圆锥滚子轴承。

支撑辊平衡装置由横梁、入口侧平衡钩、出口侧平衡钩和平衡柱塞液压缸等件组成，用来平衡上支撑辊压下螺丝，平衡缸柱塞等升降件的重量，消除其间隙。

工作辊平衡装置中有4个平衡块，分别为传动侧入口、操作侧入口，传动侧出口和操作侧出口平衡块。每个平衡块中都有两个活塞缸：ϕ180/ϕ150×265位于上部；ϕ180/ϕ150×95 位于下部；工作压力12/20MPa。每个缸的头部都有一个自位块，分别与上工作辊轴承座和下工作辊轴承座接触，实现工作辊平衡。

压下系统有两套，分别为高速电动机械压下和低速高精度的液压。机械压下装置由两台200kW、转速594r/min的交流变频电机通过总速比为16.58的圆柱齿轮和蜗轮减速机转动压下螺丝来进行在空载情况下调整各道次的辊缝。压下电机制动带液压推杆的盘式制动器。AGC 缸和压下螺丝之间的连接是采用球面垫加止推轴承。压下速度为20~40mm/s，压下螺丝为锯齿形，外径580mm，螺距40mm，压下中心距3500mm，开口度250mm。低速高精度的压下系统是在带负荷情况下调整辊缝，实现厚度自动控制（AGC）。AGC的功能是在轧制的过程中，根据压力的变化自动调节辊缝，可消除坯料在加热过程中由于炉筋水管产生的温差而造成的成品厚度公差，提高成品率。该轧机的液压AGC的特点是响应速度快、压下精度高，在轧制负荷很大的情况下也能进行压下。

除鳞导卫装置是由入口，出口导卫板和除鳞，冷却集水管组成的紧凑集装装置。入口、出口导卫板分别装在两片机架中间的导向滑座上，由支撑辊平衡吊梁与上部提升架，通过销轴铰链连接，工作时随轧辊开口度变化而做升降运动。

机架窗口高7325mm、宽1540（传动侧）、1550（操作侧）。机架刚度大，可提高轧件的压下量，提高产量，轧出的钢板沿宽度厚度差小，平直度好。刚度用刚性模数（轧制力/机架变形量）表示，一般为1000~1200t/mm。刚性指标取决于轧机立柱断面（此轧机断面为7800cm^2）。刚性由下列几部分组成：机架弹性变形，压下螺母压缩量，压下螺丝、上下轴承箱、垫片压缩量，轧辊辊颈挠度和轧辊压缩量。

接轴卡紧装置有入口侧液压缸和出口侧液压缸各两台，规格为ϕ140/ϕ90×400、压力12MPa，当接轴处于换辊状态，换辊前四台液压缸分别推动出口、入口侧的上、下卡头，将接轴卡紧，保持换辊状态不变。

提升轨道装置是为换辊工作而设置的。六条轨道分别把在入口侧、出口侧轨道梁上，轨道梁固定在四个活动套上，四个ϕ130/ϕ100×75液压缸使其升降，以使从轧制状态，提升到换辊高度。

在轧机入口和出口各设置了3根机架辊。机架辊主要由电机、辊子传动及辊子装配组成，辊子为锻钢花辊。机架辊靠近轧辊侧为惰辊，其余辊子单独传动。机架辊的轴承座为一体，主动辊的传动端辊颈内嵌入鼓形齿内套，与带鼓形齿的传动轴、电机相接而传动。机架辊轴承选用双列重型调心滚子轴承，可承受冲击载荷。轴承座上设置了多道迷宫式密封，挡水和氧化铁皮。

下工作辊清辊器（此装置在设计阶段确定是否设置）是用酚醛布板制成的刮板清辊的，刮板和弹簧、弹簧套等组成刮水板装配件，刮水板装配件通过刮板支架和支座固定在下工作辊轴承座上，实现清辊。

该轧机的配备基本上数国内一流水平，图4.11.10所示为其三维效果图。

(2) 原理。

按2500mm中厚板生产线工艺流程的总体要求，在线布置一台2500mm四辊可逆轧机，用于在热状态下，将加热后的板坯轧制若干道次，轧制成为成品，使其达到规定的厚度值。

该轧机的工艺布置简图如图4.11.11所示，其中的序号3即为此次要设计的四辊可逆轧机。

原料通过序号1的加热炉加热后，经过序号2的高压水除鳞装置去除表面氧化铁皮厚，即通过该轧机进行若干次往复轧制。

轧后钢板经轧后快速冷却装置4后，通过矫直机5矫直，然后经冷床6冷却，经圆盘剪8切边，经滚切式定尺剪10横切。

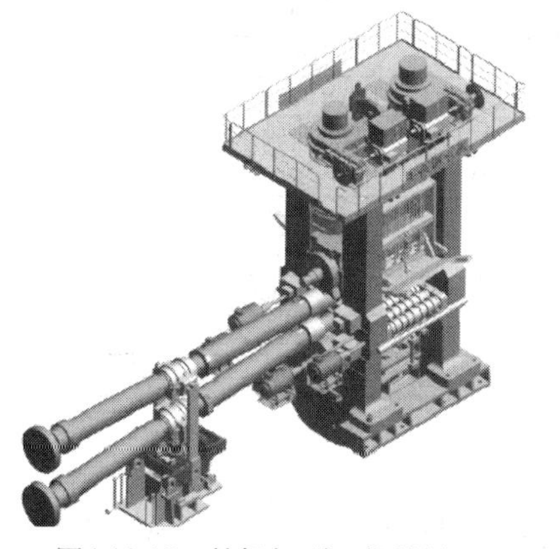

图4.11.10 轧机机列三维效果图

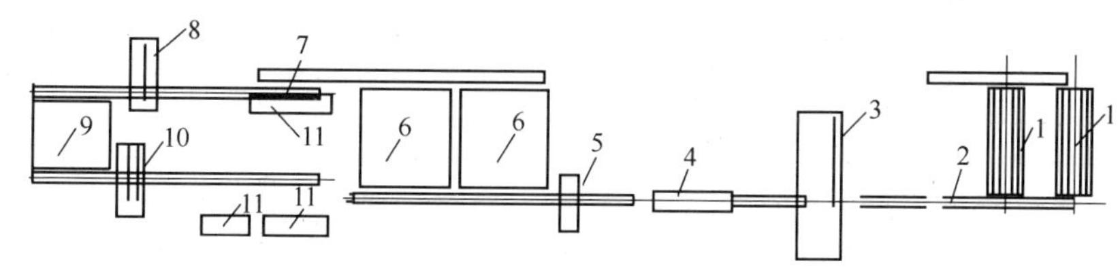

图4.11.11 2500轧机工艺布置图
1—加热炉；2—高压水除鳞装置；3—四辊可逆轧机；4—轧后快速冷却装置；5—矫直机；6—冷床；7—翻板机；8—圆盘剪；9—横移台架；10—滚切式定尺剪；11—垛板机（磁力吊车）

(3) 技术参数。

该轧机工作机座的技术参数见表4.11.2。

表4.11.2 天铁2500中板轧机的技术参数

名　称	单　位	数　值
最大轧制力	kN	40000
最大轧制力矩	kN·m	2×1910
切断轧制力矩	kN·m	2×2101
轧制速度	m/s	0～±5.34
轧辊最大开口度	mm	250
工作辊直径×辊身长	mm	ϕ850/ϕ800×2500
工作辊材质	mm	高铬镍钼无限冷硬铸铁
支撑辊直径×辊身长	mm	ϕ1500/ϕ1400×2400

续表4.11.2

名　称	单 位	数 值
支撑辊材质	mm/s	70Cr3Mo
压下螺丝直径×螺距	kW	S580×40
压下速度	r/min	0～20/40
压下电机功率	kW	132
压下电机转速	r/min	500
主传动电机功率	mm	2×4000
主传动电机转速	MPa	0～±50/120
上工作辊平衡缸缸径/杆径	mm	φ180/φ150
上工作辊平衡缸工作压力	MPa	12
下工作辊平衡缸缸径/杆径	mm	φ180/φ150
下工作辊平衡缸工作压力	MPa	12
上支撑辊平衡缸缸径	mm	φ330
上支撑辊平衡缸工作压力	MPa	12/20
液压AGC缸缸径/杆径×行程	mm/s	φ1050/φ960×25
液压AGC缸工作压力	mm	30
液压AGC缸速度	mm	5
轴端挡板锁紧缸缸径/杆径×行程	MPa	φ80/φ45×80
导卫提升液压缸缸径/杆径×行程	mm	φ140/φ90×400
导卫提升液压缸工作压力	MPa	12
换辊提升液压缸缸径/杆径×行程	mm	φ130/φ100×75
换辊提升液压缸工作压力	MPa	12
接轴夹紧液压缸缸径/杆径×行程	t/mm	φ120/φ60×150
接轴夹紧液压缸工作压力	MPa	12
牌坊材质		ZG270-500
轧机刚度	t/mm	700
机架辊数量及型式		2×1 单传动型＋1被动辊（前后各3辊）
机架辊规格尺寸	mm	φ540/φ400×2000（花辊）
机架辊电机功率	kW	55
机架辊电机转速	r/min	260
机前、后高压水除鳞工作压力	MPa	18～20
工作辊轴承规格尺寸	mm	φ520 / φ720×520四列圆锥滚子轴承
支撑辊轴承		ZYC1065-75WJ油膜轴承+圆锥滚子轴承
十字头万向接轴传递扭矩	kN·m/根	1910
十字头万向接轴切断扭矩	kN·m/根	2101
十字头万向接轴最大回转直径	mm	φ780
下接轴平衡缸缸径×行程	mm	φ180×70
上接轴平衡缸缸径×行程	mm	φ180×220
平衡缸工作压力	MPa	12

4.11.3.3 技术特点

(1) 关键技术。

1) 压下系统设自动位置控制APC，可实现轧制状态下调辊缝和轧辊回松。许多设备预留下压式自动厚度控制AGC。目前许多轧机都有两套压下系统，高速电动机械压下装置和低速高精度的压下系统，低速高精度的压下系统是在带负荷情况下调整辊缝，实现厚度自动控制（AGC）。AGC的功能是在轧制的过程中，根据压力的变化自动调节辊缝，可消除坯料在加热过程中由于炉筋水管产生的温差而造成的成品厚度公差，提高成品率。液压AGC的特点是响应速度快、压下精度高，在轧制负荷很大的情况下也能进行压下。恒辊缝是由位置自动控制APC（Automatic Position Control）通过位置传感器能测量的表象辊缝恒定来实现的。由AGC功能实现的恒厚度是“恒辊缝”。

2) 采用大断面、高刚度、优化设计的牌坊（机架），牌坊的强度和刚度不断提高，结构日趋合理。

3) 轧机前后的导卫板与除鳞集管、轧辊冷却水管安装一体随上辊系上下移动，换辊时不必拆除水管。

4) 四辊轧机的轧辊轴承具有重载、高温的特性，它要求所用轴承能承受较大负荷、良好的润滑和冷却，摩擦系数小、刚性好。支承辊的油膜轴承润滑站采用恒温控制，保证油温在（40±2）℃，站内设备及管路采用不锈钢材质。

(2) 创新点。

1) 对机架进行了三维有限元数值计算分析，优化机架结构和尺寸，具有重要的理论研究意义和很高的生产应用价值。

2) 建立了机架的有限元分析模型，通过计算获得了最大轧制载荷下机架的应力应变分布情况，准确地找到危险部位并确定了危险的原因；对危险部位结构尺寸进行了修改并重新进行有限元分析，结果表明有效地改善了应力集中状况；利用有限元分析结果计算了轧机刚度，计算和生产运营结果都表明很好地满足了生产要求。课题研究成果能够有效地提升生产线技术水平和产品质量，对相近种类轧机的优化设计也有很好的借鉴推广作用。

4.11.3.4 选型原则

1) 产品规格。

厚度：6~40 (50) mm；

宽度：1200~2200mm（切边后）；

长度：4000~16000mm。

2) 产品品种（见表4.11.3）。

表4.11.3 按产品品种分配的总产量计划

产品名称	代表钢种	执行标准	产量/万吨	比例/%
碳素结构钢	Q215~Q275	GB/T 700	13.5	27
优质碳素结构钢	20~45, 15Mn	GB/T 711	12.5	25
低合金结构钢	Q295~Q345	GB/T1591	7.5	15
船体用结构钢	A、B、D、A32~36	GB 712	2.5	5
压力容器板	20R、16MnR、15MnVR	GB 6654	5	10
锅炉板	20g、16Mng	GB 713	5	10
汽车大梁用钢板	310L~510L	GB 3273	2.5	5
桥梁板	Q235q、Q345q	GB/T 714	1.5	3
合　计			50	100

3) 原料。

类型：连铸板坯；

厚度：160~230mm；

宽度：1000~1600mm；

长度：1500~2200mm，三排装料；

最大板坯重量：6.3t；

连铸板坯技术要求执行YB/T 2011－2004标准。

4) 生产规模：50万吨/年。

4.11.3.5 在项目中应用情况

天铁2500轧机经安装调试后，通过试车，现已经投产使用。天铁2500轧机热负荷试车现场照片。该照片为轧机的背面，即出料端。通红的坯料经过轧机，运行在机后辊道上。

天铁2500轧机的投产使用，用实践证明了该轧机机架设计的合理性。投产以来生产出的钢板尺寸精度99%达到要求，板形好（每米长度的不平度不大于7mm,钢板的镰刀弯每米不大于3mm），表面质量、性能都达到国家标准（见图4.11.12）。

图4.11.12 天铁2500轧机热负荷试车现场

4.11.4 高铬复合铸铁轧辊

高铬复合铸铁轧辊是目前国内广泛应用于热连轧前架的工作辊。其组织特点是高硬度的20%~30%M7C3型碳化物均匀分布在强韧性兼备的回火马氏体的基体上，使其具有高的耐磨性与耐热疲劳性。

化学成分（质量分数）　(%)

w(C)	w(Si)	w(Mn)	w(P)	w(S)	w(Ni)	w(Cr)	w(Mo)	w(V)
2.6~3.2	0.4~1.2	0.3~1.2	≤0.10	≤0.05	1.0~2.0	18~22	1.0~3.0	≤0.5

物理性能

辊身硬度	辊身硬度	抗拉强度	辊身表面硬度不均匀度	工作层厚度差
60~90	35~45	≥400	<3	<10

产品用途:

热轧带钢轧机精轧前架工作辊；中板轧机工作辊；炉卷轧机工作辊；高速线材轧机预、精轧工作辊；平整机工作辊等（见图4.11.13）。

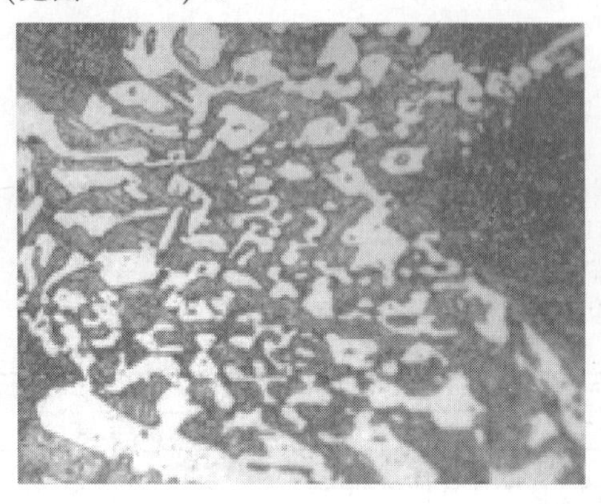

500 ×，工作层

100×，工作层

图4.11.13 金相组织（一）

4.11.5 高速钢轧辊

高速钢轧辊的显微组织是在硬度很高的马氏体基体上镶嵌有极细小弥散硬度极高的MC、M6C等型碳化物。马氏体基体内含有大量合金元素，热稳定性高，MC、M6C等型碳化物具有很好的常温及高温显微硬度。高速钢轧辊具有很高的耐磨性、高温红硬性及抗热疲劳性能（见图4.11.14）。

化学成分（质量分数） (%)

w(C)	*w*(Si)	*w*(Mn)	*w*(P)	*w*(S)	*w*(Ni)	*w*(Cr)	*w*(Mo)	*w*(V)
1.5~2.2	0.3~1.0	0.4~1.2	≤0.03	≤0.03	0.3~1.5	3.0~9.0	2.0~8.0	2.0~9.0

物理性能

辊身硬度	辊身硬度	抗拉强度	辊身表面硬度不均匀度	工作层厚度差
70~95	30~45	≥400	<3	<10

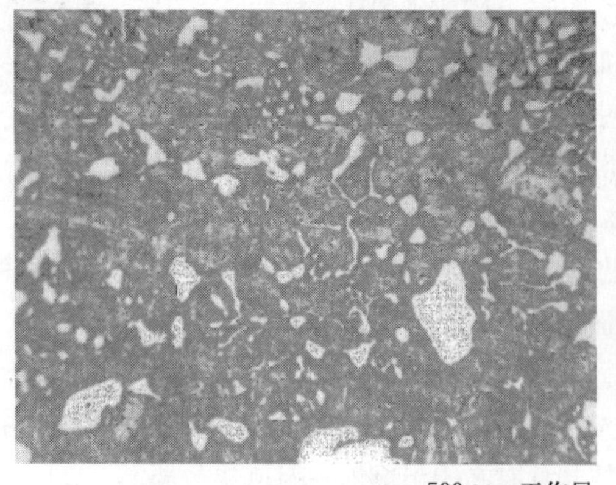

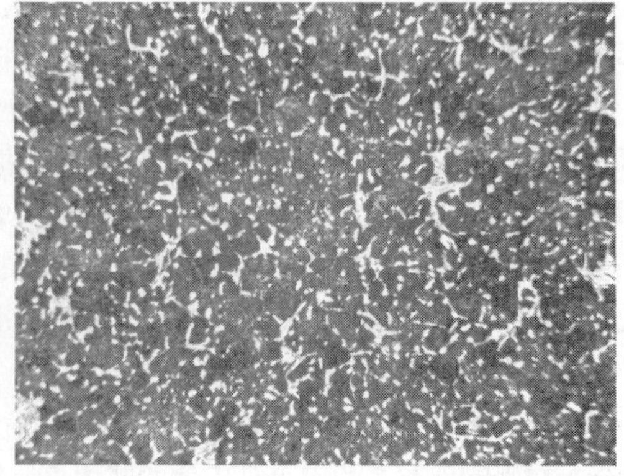

500 ×，工作层

100 ×，工作层

图4.11.14 金相组织（二）

用途:

热轧带钢精轧工作辊、棒材精轧辊；型钢万能轧机；高速线材预精机。

4.12 广东冠邦科技有限公司

4.12.1 广东冠邦科技有限公司产品介绍

360°矫直行星铣皮机组拥有一项发明专利和四项实用新型专利，铣削过程中无振动，成品管坯圆度好，表面质量高，铣刀径向无级可调，提高工作效率，减少铣刀种类和库存量，降低了生产成本（见图4.12.1）。

图4.12.1 矫直行星铣皮机组

图4.12.2 三辊行星轧机

三辊行星轧机达到了当代国际先进水平，拥有四项实用新型专利，可用于冷轧紫铜、热轧黄铜和黑色金属材料的开坯轧制。行星轧制方法在一个道次上可完成90%以上的截面变形量。如三辊行星轧机轧制连铸铜管时的变形系数可达15以上，铸造结构可以得到实质性改变。国内外销售40余台（套），单机设计产能可达年产2万吨，上料系统实现一键上料操作，回退速度可达60m/min。缩短上料等待的时间，提高轧机工作效率，出料系统配置了自动剪切和四工位收卷装置，有效减少人工成本以及拉拔工序的等待时间。润滑系统采用数字化自动控制，采用双级螺杆泵、双级过滤。电控系统实现控制系统的一体化，使操作更加人性化（见图4.12.2）。

高速凸轮式联合拉拔机组具有多项专利技术，采用机电液一体化设计，通过人机交互式操作，实现生产自动化，系列化产品已广泛应用于金属管、棒（线）材的生产。优化的凸轮曲线实现了高速拉拔，智能的钳口控制系统实现稳定拉拔小车钳口自动开合准确、灵敏、可靠。拉拔速度可达120m/min，操作更加人性化（见图4.12.3）。

图4.12.3 高速凸轮式联合拉拔机组

图4.12.4 精整复绕机组

精整复绕机组用于将成盘散装的管材经过开卷、矫直、清洗、烘干、测长后缠绕成整齐的盘管，是盘管生产中不可缺少的精整设备，通过交流驱动、变频调速实现开卷、矫直和缠绕的速度同步，以满足整机的速度配比同步并可无极调速的要求；采用张力控制，通过液压张紧、抽芯装置，对管材表面起到保护作用；采用计算机监控，实现发生故障自动报警、无料自动停机，保证大盘重铜管可以高速可靠地精整、复绕（见图4.12.4）。

改生产线机组采用全数字直流调速装置和全液压压下AGC系统；具有压下调偏、工作辊液压弯辊等板形调整手段及工作辊快速换辊功能；电气控制采用两级计算机控制，实现工艺操作、带材厚度、辊缝、速度、张力以及液压润滑系统控制的自动化；设有完整的故障诊断、故障报警以及操作、监控显示系统，轧制过程动态画面显示（见图4.12.5）。

图4.12.5 改生产线机组

4.13 山东省四方技术开发有限公司

4.13.1 钢管及冷弯型钢用高铬合金轧辊和矫直辊的应用

4.13.1.1 高铬合金轧辊和矫直辊材质的确定

高铬合金材料是目前国内外使用最广泛的金属耐磨材料之一，国外在20世纪30年代就有将高铬合金应用于型钢、带钢轧辊研究及推广的报导，并有不少成功的实例。我国起步较晚，近20年才开始将高铬合金应用于钢管及冷弯型钢用轧辊、矫直辊的研制及推广工作。尤以山东省四方技术开发有限公司在这方面取得了较大成功，研制出新型高档次的适用于国际先进水平的钢管及冷弯型钢生产线用高铬合金轧辊、矫直辊，并进行了大量国内外的推广应用。

任何材料都不是万能的，通常所说好的材料都有特定的工作环境和工艺技术要求，关键在于是否适合使用的工作环境。材料的耐磨性不仅取决于材料的组织和力学性能，还与磨损条件有着极大的关系。对于相同成分、组织和力学性能的高铬材料，在不同的磨损环境中所表现出的耐磨性会产生较大差异。不同的工作环境应当使用不同材质的轧辊和矫直辊。不同轧机，工作环境不同，轧辊的材质就应当不同；相同轧机，精轧机和粗轧机工作环境也有不同，精轧机前段、后段工作环境还有所不同。一种新材料工模具的研究开发，都要使其符合该种工模具的工作环境和工艺技术的要求，使其尽可能地达到理想状态。同时必须考虑到的另一个重要因素是使用者的价格承受能力，如果过分追求材料的高性能而制作成本太高，往往会被市场冷落。诸如近年来相继问世的高速工具钢轧辊、硬质合金轧辊等，作为轧辊新材料的研究应用也不乏成功的报导，应该说它们的耐磨性能均优于高铬合金，但它们的制作成本高、工艺难度大，使用者的价格承受能力差。

ERW焊接钢管及冷弯型钢轧辊、钢管矫直辊除了有它特定的工作环境和工艺技术要求外，另一个有别于板带、型钢轧辊的显著特点是规格品种繁多，而同规格品种轧辊的需求量很少，这也是在新材料的选择尤其是制作工艺的确定时必须予以充分考虑的。

山东省四方技术开发有限公司通过研究轧辊使用环境的差异性，研发出了不同化学成分、不同热处理工艺的高铬合金系列新材料。系列高铬合金碳化物是M7C3和少量M23C6型，而不是M3C型，这种碳化物的硬度高（显微硬度可达1800Hm），并呈不连续的条、块状、颗粒状和菊花状，基体为奥氏体或马氏体，硬度和韧性结合较好，宏观硬度可达HRC50～65，在使用中表现出良好的耐磨性能，做到了不求“最贵”，但求“最对”。根据轧辊需求的多样性，研发多样性的、系列的、特殊的铸造工艺、热处理工艺及加工艺，较好地解决了高铬合金铸造难度较大及加工性能较差的问题，形成了产业化生产的能力。

近20年来的实践证明，新型高铬合金辊的性能完全可以达到、优于国外先进锻钢辊的水平且具有良好的性价比，已成为目前国内钢管矫直辊的首选材质，在国内大型ERW焊接钢管及冷弯型钢轧辊材质选定及ERW焊接钢管轧辊出口方面也得到了认可。

4.13.1.2　高铬合金轧辊和矫直辊的研制及应用

国外很早就将高铬材料应用于轧辊。1932年以来，美国已研制成功直径为ϕ560mm的高铬轧辊，用于热轧型钢的精轧机架，获得了很好的使用效果。60年代中期，美国和德国的轧辊制造者，从充分发挥高铬材料抗磨性出发，同时注意到这一材质的轧辊在热带钢连轧机精轧前段机组上使用时具有消除“流星斑”和“斑带”缺陷的优点，研究出了高铬复合轧辊用于热轧带钢连轧机组粗轧和精轧前段工作辊、中厚板粗轧和精轧工作辊及小型型钢和棒材轧机精轧辊。1975年以后德国又相继开发了应用于冷连轧的高铬复合轧辊。日本对高铬轧辊的研究，虽然起步比较晚但推广应用很快，到1985年在热连轧机组精轧前段机架已有70%的轧机用高铬材料轧辊代替合金半钢轧辊，在五机架连轧机的前机架轧机上也用高铬材料轧辊代替了锻钢轧辊。

高铬材料在轧辊和矫直辊上的应用，80年代以前我国研究较少。我国1991年才将应用于热轧板带的高铬铸铁轧辊纳入《铸铁轧辊》国家标准（GB/T 1504—1991）。

1989年山东省冶金研究所（现山东省冶金科学研究院）最早立研究课题，开始将高铬材料应用于钢管和型钢矫直辊和轧辊。1990～1997年通过了山东省冶金工业总公司、山东省科委、国家冶金部三次科技成果技术鉴定，获山东省科技进步二等奖，国家授权发明和实用新型两项专利。为此原国家冶金部科技司于1996年5月20～22日在济南召开专题推广会向全国推广。1999年，在科技体制改革和科研院所改制的浪潮中，该课题的主要发明人与其他相关科研人员一起创办了山东省四方技术开发有限公司，对自己完成的科研成果——高铬合金轧辊、高铬合金矫直辊进行了再创新、再完善、再推广，实现了科技成果的产业化，并于2003年通过了山东省经贸委的新产品新技术鉴定验收，形成了多项新的专利，使高铬合金轧辊、高铬合金矫直辊得到了广泛的推广应用。

国内最早在ERW焊管机组上应用高铬合金矫直辊和轧辊的是山东张店钢铁厂，1991～1992年期间该厂在ϕ76ERW焊管机组上应用了山东省冶金研究所研制的高铬焊接挤压辊和成型辊、高铬矫直辊，取得了很好的效果。高铬挤压辊的使用寿命是原3Cr2W8V挤压辊的3倍，高铬成型辊的使用寿命是原Cr12成型辊的2倍。高铬矫直辊使用寿命是原QT60-2矫直辊的25倍，是原45#钢矫直辊的10倍。随后1993～1994年期间上海劳动钢管厂焊管机组也应用了高铬成型辊和高铬矫直辊，使用寿命分别是GCr15成型辊的3倍以上，是GCr15矫直辊的6倍。1995～1996年期间高铬挤压辊和高铬成型辊应用于江西洪都钢厂ϕ76、ϕ50、ϕ45、ϕ32焊管机组，平均使用寿命是3Cr2W8V挤压辊的3倍以上，是GCr15成型辊的2倍以上。

在此期间高铬矫直辊在无缝钢管机组也得到了推广应用。宝钢集团鲁宝钢管厂1992年6月至1994年6月经两年高铬矫直辊的应用，使用寿命是9Cr2MoV矫直辊的2倍。宝钢集团钢管分公司1995年应用高铬矫直辊，使用寿命是9Cr2Mo矫直辊的2倍，达到德国进口X165CrMoV12矫直辊的水平。1995年安阳钢铁公司钢管分公司应用高铬矫直辊，使用寿命是9CrSi矫直辊的3.3倍。

山东省四方技术开发有限公司成立以后，大大加快了系列高铬合金辊的研发、生产和推广应用的进程。首先是国内第一、世界前三名的无缝钢管专业厂——天津钢管公司的矫直机全部采用了山东四方的高铬辊。而后，包括上海宝钢在内的国内80%以上的无缝钢管机组的矫直辊几乎都是采用了山东四方高铬辊，新上矫直机投标书矫直辊材质一栏也摒弃了传统的合金锻钢而改为“铸造高铬合金”新材质，可以说在国内国产铸造高铬矫直辊完全替代了国外合金锻钢矫直辊。2011年宝钢引进美国某著名品牌矫直机，原配套矫直辊开裂。索赔时，宝钢指定采用山东四方公司的高铬合金矫直辊，外方经实地考察，予以认可并订货。

近几年ERW直缝焊管和冷弯型钢大规模的发展，尤其是12in焊管和300mm方矩管以上的机组，特别是24in焊管和500mm方矩管等大型机组发展迅速。国内从美国、德国、日本等国引进了多套机组，原轧辊材质设计，美国是D2、H13，德国是X155CrVMo12，日本是SKD11、SKD61。目前，这些也正在逐渐被国产高铬辊所替代。

2005年宝钢集团上海钢铁工艺技术研究所(现上海冶金建筑设计研究院)投产了一条国内最大的排辊成型500mm方矩管生产线，轧辊采用GCr15材质，使用较短时间轧辊表面即损坏。当换上山东四方公司高铬辊后，由于高铬辊良好的抗磨性能，使用相同时间不仅轧辊表面不损坏反而越磨越光亮，有效地保证了产品的表面质量，到目前为止仍在使用中。这说明GCr15淬透性差、淬硬层薄、不耐磨，尤其是大型轧辊表现得更为突出。随后，上海中油天宝、山东胜利油田、天津大港等焊管厂也采用了山东四方高铬辊，完全达到随机带来的进口轧辊水平（见图4.13.1~图4.13.3）。

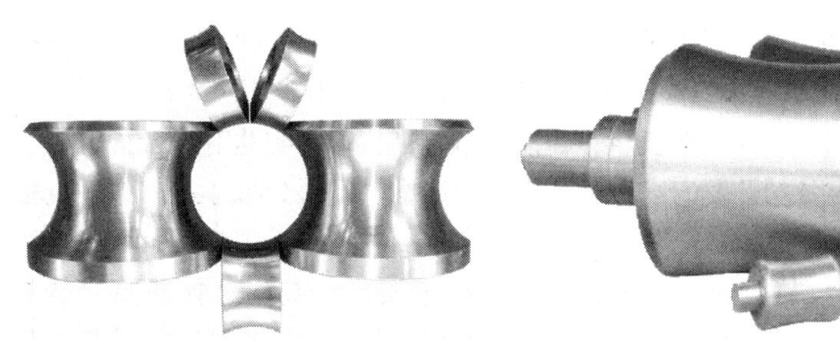

图4.13.1　ERW焊管轧辊挤压辊组合　　图4.13.2　钢管轧机用高铬合金矫直辊

图4.13.3　以铸代锻高铬合金轧辊小到几十公斤大至10余吨

目前，山东四方高铬辊产品已出口到美国、德国、韩国、印度、泰国、以色列、南非、阿曼、乌克兰、白俄罗斯等国家，出口比例已达30%。

使用高档次的轧辊不仅仅是个轧辊使用寿命的问题，而且关系到钢管的表面质量，尤其是对于高钢级、高壁厚的产品更为突出。有人认为，钢管生产品种规格多、批量小，用不着寿命高、档次高的轧辊，普通低档次的轧辊就行。这一点，单从产品的数量规格上讲似乎可以理解，但从产品的质量上却是讲不通的。用户无论需要大量还是少量的钢管，都不愿意接受表面质量不好的产品，这就是为什么国外先进机组不使用低档次轧辊的道理。实际上，选用高档次的轧辊比使用价格低、材质差的轧辊更经济。四方公司提出“高铬辊不仅使用寿命高，而且使您的产品表面更光亮”的理念，正被越来越多的使用者所接受。

4.13.1.3　国内外轧辊选材对比

(1) 焊管及冷弯型钢轧辊。

进入21世纪后，以西气东输工程为标志的天然气管线和以西南成品油工程为标志的成品油管线建设推进了我国冶金行业和钢管行业的新发展，一大批大、中口径ERW焊管机组相继建成。但是这些机组轧辊消耗的补充一度成为问题焦点。一种方法是直接采用国外进口的轧辊，主要是美国的D2（成型辊、定径辊）、H13（挤压辊）；德国的X155CrVMo121（成型辊、定径辊）；日本的SKD11（成型辊、定径辊）、SKD61（挤压辊）。问题是价格贵，交货周期长。一种方法是降低轧辊档次，采用GCr15、9CrMo、86CrMoV7锻造辊替代。

GCr15制造成型辊和定径辊，价格低、易选购、好锻造，适合制造小型轧辊。但是它的抗热裂性和抗剥落性差，轧辊孔型表面容易产生裂纹和点蚀。特别是在制造大轧辊时，除了上述问题外，其淬透性和耐磨性也很差，甚至不如合金球铁。

目前国外主要选用以D2、SKD11、H13、SKD61为代表的模具钢，采用锻造、热处理工艺制作ERW焊管及冷弯型钢轧辊。其特点是材质纯净度极高，一般需经过电炉冶炼、ASEA-SKF炉外精炼、真空脱气，采用先进的锻造工艺，独特控制的热处理工艺，因而钢质纯净，非金属夹杂少，显微组织精细和均匀。这样的生产工艺目前国内较难实现，因此在国内单纯模仿国外进行生产是很难取得成功的。

（2）矫直辊。

矫直辊与钢管直接接触，在压应力的作用下，承受滚动加滑动的摩擦，在热矫时还要承受激冷激热的影响。根据其受力状况，孔型磨损是矫直辊失效的主要原因，另外还有辊面开裂、剥落等原因。国外合金锻钢矫直辊的材质为美国D2、日本SKD11、德国X165CrMoV12、X155CrVMo121。20世纪80年代后国内无缝钢管厂基本都采用合金锻钢制作矫直辊，主要材质为9CrSi、9Cr2、9Cr2MoV。这几种材质与国外材质比较，其耐磨性和淬透性还有很大的差距。

80年代末和90年代初，随着上海宝钢和天津钢管公司等不少厂家相继引进了国外先进的钢管机组。这些机组的轧制节奏加快，矫直速度增加，国产的老材质矫直辊远远不能适应生产的要求，于是引进了一批德国X165CrMoV12、X155CrVMo121材质的矫直辊，虽然耐磨性能提高，但也存在辊面开裂，孔型表面硬度有落差等问题。从而促进了山东四方公司开发的高铬矫直辊的迅速推广，既代替了进口的矫直辊，又代替了国产老材质矫直辊。

高铬矫直辊之所以能够代替国内原一般锻钢材质矫直辊，一是耐磨性能高，是相同宏观硬度9CrSi、9Cr2Mo锻钢矫直辊的3~5倍，是针状贝氏体球铁的2～3倍；二是工作层硬度无落差，无论是经过淬、回火处理，还是铸态，工作层硬度都无落差，解决了由于一般锻钢辊表里硬度落差大，使用寿命越来越低的问题。

高铬矫直辊之所以能够代替国内高档次Cr12MoV锻钢矫直辊和国外D2（美国）、X165CrMoV12、X155CrVo121（法国）、SKD11（日本）高档次锻钢矫直辊，是因为：

1）高铬矫直辊的机械性能为 σ_b=500～600MPa、σ_{bb}=600～800MPa、α_k=7～15J/cm^2，完全可以满足钢管矫直辊的工况条件，不会发生断裂等问题。

2）上述几个高档次材质，基本属于冷作模具钢，它们并不适合用于激冷激热的工作环境。如国内引进的X165CrMoV12和X155CrVMo121矫直辊应用于钢管热矫直时也曾出现脱轴，表面裂纹，整个辊子开裂等问题，也存在工作层磨损后硬度降低的问题。

3）由于矫直辊规格多，批量少，很难形成模锻，多采用自由锻。毛坯加工量大，材料利用率低，仅50%左右。如长度在1000mm以上的大矫直辊，沿长度方向锻出ϕ200～300mm的孔就很难。

4）上述国外高档材质的矫直辊，首先需要高纯净级的钢水做成钢锭然后锻造，再经粗加工、热处理、精加工才能出成品。在国内这种高纯净度的高质量钢锭或锻坯就很难买到。

4.13.1.4 结语

山东四方公司坚持“不在模仿，重在创新”的理念，结合国情，采用特殊的铸造、热处理工艺制作特定高铬合金新材料轧辊，满足了国际先进水平的无缝钢管和大型ERW焊管及冷弯型钢生产线的要求。

近20年来的实践证明，研制开发的新型高铬合金辊的性能完全可以达到、优于国外先进锻钢辊的水平且具有良好的性价比，已成为目前国内钢管矫直辊的首选材质，在国内大型ERW焊接钢管及冷弯型钢轧辊材质选定及ERW焊接钢管轧辊出口方面也得到了全面推广，因此选定高铬合金新材料制作ERW焊接钢管及冷弯型钢轧辊、钢管矫直辊是适合的。

4.14 北京中冶设备研究设计总院有限公司

4.14.1 飞剪机

飞剪机是钢材轧制过程中主要的辅助设备之一，它主要作用是对轧制中的钢材进行切头、切尾、定尺以及发生故障时的轧件碎断等功能。

4.14.1.1 离合器式飞剪机

A 产品说明

该飞剪机是利用气动离合器、制动器，实现剪切功能的连续—起停工作制飞剪。该飞剪机采用直流调速系统，PLC控制，工作安全可靠。

B 产品构成及特点

该飞剪机主要由电机、飞轮、离合器、制动器、飞剪本体(含减速机)、检测控制系统等部分组成。

此种飞剪机的优点是电机功率较小，能耗小，价格便宜。但定尺精度较差，高速剪切时制动角较大，剪切时加速不够，速度波动较大，零位不准，一般定尺误差±100~200mm。成材率和定尺率较低，故障率较高，不适用于高速生产。

4.14.1.2 带反爬复位型离合器式飞剪机

A 产品说明

该飞剪机是利用气动离合器、制动器，实现剪切功能的连续—起停工作制飞剪。该飞剪机采用直流数字调速系统，PLC控制，工作安全可靠。

B 产品构成及特点

该飞剪机主要由电机、飞轮、离合器、制动器、减速机、飞剪本体、皮带传动、反爬减速机传动、链传动、反爬离合器和检测控制系统等部分组成。

该飞剪机为了充分发挥离合器式飞剪机和电机启停式飞剪机各自的优点，实现小功率，低能耗剪切，定尺精度较高，速度波动较小，零位准，一般定尺误差±30～50mm。成材率和定尺率较高，适用于高速生产，价格便宜，但由于气动系统故障率较高，维护成本较大，目前作为过渡技术产品在使用，逐步被更先进的电机起停式飞剪所取代。

4.14.1.3 SFJ-10（18）可变连杆电机起停式飞剪机

A 产品说明

该飞剪为组合式飞剪。曲柄连杆剪切机构用于剪切大断面较低线速度的轧件；回转式剪切机构用于剪切较小断面速度较高的轧件。这样使电机总能在接近额定转速下工作，最大限度的发挥电机的驱动能力。此种飞剪机的优点是定尺精度较高，高速剪切时，加速角大，速度波动较小，零位准，一般定尺误差±20~40mm。成材率和定尺率较高，故障率小，适用于高速生产。

B 产品构成及特点

该飞剪机主要由电机、飞剪本体(含减速机)、检测控制系统等部分组成。该飞剪机采用直流数字调速系统，PLC控制，工作安全可靠。

其特点主要有：

(1) 组合式剪切机构，结构简单，适用坯料的尺寸范围宽，速度范围大，最大限度的发挥电机的驱动性能。

(2) 采用小齿侧间隙传动，减小了剪切冲击力，保证剪切小规格轧件时的剪刃侧隙最小，改善飞剪的齿轮受力状况和减小剪臂的水平受力。

(3) 控制系统采用了高速计数器中断方式、高速计数器直接输出方式与DP网传输并存方式，避免了由于PLC扫描周期和DP网传输时间造成的长度误差。

(4) 采用特殊的抗干扰信号控制技术，使飞剪定位更加准确。

C 技术参数

SFJ-10可变连杆电机起停式飞剪机的主要技术参数见表4.14.1。

表4.14.1　SFJ-10可变连杆电机起停式飞剪机技术参数

减 速 比	回转式飞剪线速度/m·s^{-1}	连杆式飞剪线速度/m·s^{-1}
2	13.1	6.55
5	5.24	2.62

(1) 剪切速度组合表：2.5~10m/s

当剪切断面为ϕ 12~27mm，速度v为5~10m/s的轧材时，要将连杆卸下，装上销轴用回转式剪切机构剪切轧件。当剪切断面为ϕ 27~50mm，速度v为2.5~5m/s的轧材时，装上连杆,卸下销轴，用曲柄连杆剪切机构剪切轧件。当剪切速度为6~13m/s时，变速箱减速比为2。当剪切速度为2.5~5m/s时，变速箱减速比为5。

(2) 剪切力（max）：300kN

剪切轧件断面：ϕ 12~27mm（剪切速度5~13m/s）

ϕ 28~50mm（剪切速度2.5~5m/s）

剪切材料：低碳钢、低合金钢、合金钢和轴承钢

剪切温度：750℃

定尺范围：任意可调

分段剪切精度：20~50mm

最短剪切周期：2s

(3) 飞剪本体拖动电机型号：ZFQZ-355-42

功率：355kW

转速：500r/min

电压：DC440V

(4) 飞剪总速比：$i=2$和5两档

(5) 润滑油压力：0.2～0.4MPa

(6) 供油量：100L/min

(7) 设备外形尺寸（长×宽×高）：约6917×1800×2420

(8) 设备总质量：16575kg（不含飞剪电机质量3720kg）

SFJ-18可变连杆电机起停式飞剪机的主要技术参数见表4.14.2。

表4.14.2　SFJ-18可变连杆电机起停式飞剪机的主要技术参数

减 速 比	回转式飞剪线速度/m·s^{-1}	连杆式飞剪线速度/m·s^{-1}
2	18	8
5	8	3

(1) 剪切速度组合表：3~18 m/s

当剪切断面为ϕ 12~27mm，速度v为8~18m/s的轧材时，要将连杆卸下，装上销轴用回转式剪切机构剪切轧件。当剪切断面为ϕ 27~50mm，速度v为3~8m/s的轧材时，装上连杆,卸下销轴，用曲柄连杆剪切机构剪切轧件。当剪切速度为8~18m/s时，变速箱减速比为2 。当剪切速度为3~8m/s时，变速箱减速比为5。

(2) 剪切力（max）：300 kN

剪切轧件断面：ϕ 12~27mm（剪切速度8~18m/s）

ϕ 28~50mm（剪切速度3~8m/s）

剪切材料：低碳钢、低合金钢、合金钢和轴承钢

剪切温度：750℃

定尺范围：任意可调

分段剪切精度：20~50mm

最短剪切周期：2s

(3) 飞剪本体拖动电机型号：ZFQZ-355-42

功率：355kW

转速：500r/min

电压：DC440V

(4) 飞剪总速比：$i=2$和5两挡

(5) 润滑油压力：0.2~0.4MPa

(6) 供油量：100L/min

(7) 设备外形尺寸（长×宽×高）：约6917×1800×2420mm

(8) 设备总质量：16575 kg（不含飞剪电机重量3720kg）

4.14.1.4 FL-135启停式高速大断面热飞剪机

A 产品说明

该飞剪机由三部分组成，剪切机构、飞剪本体和动力系统。动力系统为直流电机直接驱动，带有联轴器、飞轮等；飞剪本体为焊接箱体框架结构，箱内带有传动轴和齿轮，分两级传动，类似一个减速机；采用优化后的剪切机构结构尺寸，能够充分体现出飞剪剪切质量的优秀品质，另外综合考虑合理配置、确定机构尺寸、速比、飞轮矩、精选电机。整个飞剪由零位开关和编码器控制，随时起停满足各种剪切要求。整个飞剪采用焊接式结构，分别组装为一体，安装在一个大底座上。本机可以自动、手动两种控制方式，操作极为简便，由程序连锁实现全轧线的自动化操作。本机为启停间断工作制，不剪切时剪刃打开，停在某一待切位置上，不会影响轧机正常轧制；剪切时启动飞剪，剪刃旋转闭合实现剪切。事故状态下，人工手动操纵碎断剪切，保证轧线设备不致损坏。刀片采用防撞副刀刃，确保了剪切的安全性。为了便于操作和安全，配备了换刀刃专用的换刀工具、吊装橡胶皮带。

B 技术参数

剪切轧材断面：120mm× 120mm（最大断面14400mm^2）

剪切速度：0.75~1.5m/s

最大剪切力：1350kN

剪切轧材温度：≥950℃

剪切时间：约0.092s

剪切轧材材质：高碳钢,冷镦钢,弹簧钢,轴承钢,不锈钢等

曲柄半径：220mm

刀片长度：230mm

剪机第一中心距速比：A=775mm　i=3.086956　71/23　m=16

剪机第二中心距速比：A=775mm　i=3.16667　57/18　m=20

同步齿轮中心距速比：A=1180mm　i=1　57/57　m=20

传动总速比：i =9.775

电机型号：ZFQZ-400-42　额定电压DC440V

电机性能：N=550 kW　n=730~1200r/min

编码器型号：EC120R60-H6PR-1024

飞轮力矩（不含电机）：GD2 =16000 N · m^2

飞剪工作方式：启、停工作制，正反向运转

电机过载倍数：K=3（max）

零位接近开关型号：Bi10-M30-AP6X

剪切速度可调。

C 技术特点

由于没有另设减速机，减速齿轮放在剪机本体内，结构更加紧凑。剪切时的稳定性得到了提高；

加强了设备与基础的连接，剪机本体和动力系统用螺栓固定在大底座上。因为大底座设有防滑筋预埋在基础里，更有利保证了飞剪的整体强度和稳定性，安装精度更易保证，对飞剪的运转有利；

剪切机构刀体连接关键部位比较易出问题，采用了挡圈，污水更不容易进去，提高了轴套其他零件的使用寿命；

高精度、高速度、高效率，剪切断面大，通过优化系统设计，力学性能优越，使飞剪在较为理想的状态下工作，能力得到充分利用，工作投入快，剪切灵活；

安装调整十分容易，每个运动位置都由接近开关或编码器来控制，保证动作准确无误；

上下曲轴装配中，在曲柄轴上增加了平衡重平衡，减少离心力、GD2及震动，增加了对飞剪的稳定性，对飞剪剪切更有利；

优化减速比，减速机中轮齿采用奇数，使齿轮受力、磨损均匀。

4.14.2 冷剪机

主要技术参数：

剪切力：1500~5000kN

控制方式：150~300t采用气动离合器、制动器控制；400~500t采用机械离合器、制动器控制

剪刃长度：500~1200mm

上剪刃行程：100~200mm

剪刃重合度：5mm

理论剪切次数：15~30次/min

4.14.3 热锯机

4.14.3.1 产品说明

热锯机轧钢生产线使用较多的设备之一，一般安装在轧机后面，在高温状态下锯切各种型钢轧件。可用于单根或整束轧件的切头切尾、定尺或取样，是生产线上的关键设备及重要工序。重轨及大H型钢的生产更需要高性能的热锯切设备。

锯切进给液压缸采用比例控制，可根据不同品种、不同规格实现不同的锯切速度；锯切设备采用一体化结构设计，设备比较紧凑；工件夹紧液压缸采用比例控制，可以实现不同的夹紧力；设备运行采用PLC控制；热锯机主轴支撑采用新型专利技术(一种新型轴承座调整支撑装置)。适于多品种、多规格钢材锯切的机电液一体化的紧凑式锯机结构，配套综合可靠性设计，增加锯切过程的稳定、可靠性，具有投资少、占地小、施工周期短等特点。

采用信息网络控制技术与机电液一体化结构集成，实现与生产线"无缝"连接、与旧锯机"插拔式"更换。同时研发多品种多规格自动锯切的控制程序软件(软件著作权登记号:2008SR34339)，建立良好的人机界面，实时监控运行状态和优化锯切参数，缩短锯切时间和操作响应时间。

采用机电液一体化自动锯切负荷综合控制，减少或避免过负荷停机、稳定锯切过程，改善锯切质量、延长锯片寿命、降低锯切噪声。

4.14.3.2 技术参数

锯片直径：1800mm

锯片圆周速度：92m/s

进给速度：13.5~270mm/s

横移速度：32mm/s

锯切行程：1500mm　　行程精度：±5mm

夹持行程：500（1000）mm　行程精度：±5mm

冷却水压力：>0.5~3.0MPa

锯切材质：普碳钢，优碳钢，低合金钢，U71Mn，PD1，PD2等

锯切能力：

钢材温度≥750℃时：75kg/m重轨，600mm×600mm H型钢，600mm×254mm工字钢

钢材温度≥850℃时：200mm方钢，ϕ200圆钢

4.14.3.3　**技术特点**

（1）锯切：用电液控制液压缸直接驱动，实现速度、压力、位置自动控制；

（2）增加轧件夹持机构，减少轧件振动；

（3）锯切采用优化定尺；

（4）监控系统应用MES(制造执行系统)技术。

与国外技术的区别主要体现在：

（1）锯片电机：用SMC技术、增加温度和电流监控，国外用高压电机启动；

（2）滚轮式滑座的滑动部分应用爆炸复合材料技术；

（3）增设夹持和进给位置控制的极限位置保护，国外未用；

（4）用机电液一体化结构。

4.14.4　板带连续电镀锌机组

4.14.4.1　**产品说明**

北京中冶设备研究设计总院有限公司自主开发了以新型电镀槽为核心的连续电镀锌机组，并已运行，生产的产品质量与国内最先进的宝钢电镀锌机组媲美。该机组打破了国内电镀锌技术和设备依靠进口的格局。

4.14.4.2　**技术参数**

年产量：15万~18万吨

产品种类：磷化板、耐指纹板、无处理板、钝化板

产品规格：钢板厚度：0.25~1.5mm

钢板宽度：900~1300mm

钢卷外径：max ϕ 2000mm

钢卷内径：ϕ 508/ϕ 610mm

产品卷重：4000~15000kg

原料：冷轧带钢

镀锌层重量：双面镀，每面20~50g/m^2

产品满足Q/BQB 430-2003（宝钢）标准要求

后处理方式：磷化，钝化，涂油，耐指纹

电镀锌电流总容量：189kA

机组速度：工艺段：最大100m/min

入口段和出口段：最大140m/min

穿带速度：30m/min

入口和出口活套存储量：最大有效存储量200m

4.14.4.3　**技术优势和特点**

我公司开发的新型电镀槽与宝钢引进的日本LCC-H槽都是水平式镀槽，性能对比如下：

（1）LCC-H 电镀槽经常发生带钢与阳极的短路烧伤问题，新型电镀槽解决了此问题，工作可靠性提高。

（2）新型电镀槽的带钢对中偏差和带钢运行空间高度均显著小于LCC-H 电镀槽，因而工作稳定性好，工作电压与电流波动极小，镀液流场稳定，从而有利于提高镀层质量，保证产品质量。

（3）在带钢上下表面镀层重量设定值相等时，新型槽的上下表面镀层重量差小于LCC-H 电镀槽。新型槽带钢镀层横向均匀度优于LCC-H槽。

（4）在电流密度相等的条件下，新型电镀槽与LCC-H 电镀槽的电压接近相等。故两者的电耗水平相当。在当今世界上的水平式镀槽中，两者的电耗水平均具有国际先进水平。

（5）新型槽增加位置传感器实现边缘罩对带钢的准确自动跟踪，减少边缘增厚，提高电镀质量。

（6）新型槽的设备结构比LCC-H 槽简单，操作更加方便。与日本进口的电镀锌生产线比较，价格低廉。

（7）新型电镀槽采用训练样本数据采集、建立神经网络、网络程序建立仿真方法。

(8) 采用了镀液集中加热和冷却、末端镀槽出口处采用喷淋保湿技术，提高了镀层质量。

(9) 研制了高性能导电辊及其精确定位技术和阳极板制造新技术。

电镀锌机组的技术特点如下：

(1) 采用我公司自主知识产权的新型电镀锌槽，镀槽内建立了以镀槽中部静压腔为核心的静压夹持带钢系统和抗带钢歪斜静压系统，因而当带钢进入镀槽时可以消除带钢下垂度，显著减少带钢歪斜度并消除部分板型偏差，其结果是显著减少了槽内带钢的对中偏差和带钢运行空间高度；镀槽中部实现了镀液的双向水平喷射，提高了排气能力。

(2) 采用的电解清洗槽和酸洗槽是我公司独创的新机型，具有效率高、设备紧凑的特点。

(3) 采用的我公司自主研发的导电辊和阳极板，确保镀锌质量。

(4) 特殊的工艺技术与措施。在吸取我国引进电镀锌生产线生产经验的基础上，在生产线设计中采取了镀液集中加热和集中冷却、末端镀槽电流为前部镀槽的一半、取消末端镀槽出口端导电辊等主要措施。采用了末端镀槽出口处的喷淋保湿技术创立了导电辊精确定位技术和一项阳极板制造新技术。

4.14.4.4 **应用情况**

该机组已应用于山东平度电镀锌生产线和邯钢彩涂线改电镀锌生产线，如图4.14.1所示。

图4.14.1 连续电镀锌机组

4.14.5 球体转动接头

4.14.5.1 **产品说明**

球体转动接头是加热炉上端做周期性矩形运动的上管路与下端固定不动的下管路连接起来的关键部件。在有一定压力、温度的汽、水混合流动介质条件下，保证实现加热炉活动装置同步、安全、平稳连续运动。该产品的使用范围如下：

(1) 用于输送蒸汽、热水、并具有一定压力、温度、低速旋转的活动关节处；

(2) 用于输送蒸汽、热水等具有季节温度变化的管道上做热胀冷缩的补偿。

4.14.5.2 **技术参数**

工作温度：$T \leqslant 300$℃

工作压力：$P\leqslant 1.6$MPa；$P\leqslant 2.5$MPa；$P\leqslant 4.0$MPa

实验压力：$P\leqslant 2.4$MPa；$P\leqslant 3.75$MPa；$P\leqslant 6.0$MPa

球轴摆动最大角度：$A\leqslant 24^\circ$

规格：DN80、DN100、DN125、DN150等

4.14.5.3 **技术优势**

(1) 可绕球轴线旋转360°，也可摆角±12°再绕轴线转动；

(2) 转动零活，密封性能好，安全平稳、无卡阻现象；

(3) 能满足在温度300℃、压力4.0MPa以下长期运行的步进梁式加热炉汽化冷却系统周期性运动的要求；

(4) 结构合理，维修简便，价格低廉，是理想的进口替代产品；

(5) 用于输送蒸汽、热水、并具有一定压力、温度、低速旋转的活动关节处；

(6) 用于输送蒸汽、热水等具有季节温度变化的管道上做热胀冷缩的补偿。

4.14.5.4 **应用情况**

该产品已在鞍钢、济钢、宝钢、舞阳钢厂、安钢、本钢、南钢、宝钢浦钢、首钢、唐钢、包钢等得到应用，市场占有率超过80%，如图4.14.2所示。

图4.14.2　球体转动接头

4.14.6　长材冷床

4.14.6.1　中小型长材冷床

A　产品说明

主要由输入装置、冷床本体及输出装置三部分组成。

输入装置位于倍尺飞剪后，用来将倍尺后的轧件送上冷床。主要有带角度的圆柱辊道和卸料裙板组合，分钢器和落料溜槽组合，由分钢器、落料溜槽和加速辊道、卸料拨料机的组合等几种方式。

步进式冷床本体主要由稳定矫直板，动、静台面组成。动台面的传动一般分为交流电机传动和直流电机传动两种。交流传动部件有电机、皮带、离合器、制动器、减速器和长轴；直流传动部件有电机、制动器、减速器和长轴。

输出装置由设在静齿条尾部的编组链条、移钢机和输出辊道组成。编组链条的宽度由后部定尺冷剪的能力决定。轧件被动齿条移动到编组链条上的轧件集聚到一定的数量时，移钢机的托料架升起，将成组的轧件送到输出辊道上输送到定尺冷剪处。

B　技术参数

棒材 ϕ10~ϕ50　轧件速度：＜20m/s　　冷床尺寸：12m×10.5m

型钢 25~160　　轧件速度：＜12m/s　　冷床尺寸：5m×5.4m

C　技术优势

落料槽采用无动力设计、简单可靠，克服了小规格轧件在高速轨道上发飘的输送难题；

分钢器和落料溜槽组合，使得设备易维护、减轻了1/3质量造价降低2/3；

分钢器、落料溜槽和加速辊道、卸料拨料机的组合，满足了末架精轧机的轧制速度的要求；

冷床本体的减速器采用平面二次包络蜗轮副，结构尺寸减小；台架结构尽量多地采用热轧H型钢作横梁或立柱，强度和刚性好且自重小；

移钢机多采用液压驱动升降、电机驱动移钢的结构形式，在冷剪的产量较小时也采用气缸驱动的结构，前者结构紧凑、移动行程大、承载较大；后者驱动气缸较多、移动行程小、承载较小但设备投资和运行费用低。

D　应用情况

本设备已应用于山东日照钢铁公司、攀枝花钢铁公司等，见图4.14.3。

图4.14.3　中小型长材冷床

4.14.6.2　大棒材冷床

A　产品说明

热轧大棒材冷床位于热轧、小型车间主轧线上，用于棒材经精轧机轧制后，由倍尺飞剪进行分段，也可通过横移台架输送到热剪辊道上，经定尺热锯锯切后，再通过辊道输送到冷床输入辊道上，对轧件进行冷却处理。该冷床为电动步进启停式结构，间断工作制，也可连续工作制。冷床共分三部分组成，冷床输入装置、冷床本体和冷床输出装置。

冷床输入装置为升降横移小车焊接结构，有横移小车、输入辊道、拨钢机组成。冷床本体为焊接框架结构，有横梁、纵梁、冷床主传动、平衡重、齿条等组成。为步进式冷床，起到运送、冷却棒材的作用。分大冷床（主冷床）和小冷床（副冷床），以提高生产率。冷床输出装置由编组链、横移小车、冷床输出辊道等组成。

B　技术参数

棒材：ϕ50~ϕ120　轧件速度：＜20m/s　　冷床尺寸：12m×34.3m

C　技术优势

用于热轧、小型车间主轧线上对轧材进行冷却处理。还起到某些矫直作用；

为焊接结构，电动机驱动方式。结构小巧灵活，工作可靠耐用，维修操作方便。全自动化操作，不会出现任何人为的失控；

可以采用启停间断工作制，也可连续工作制，只有当需要步进时才启动，平时停下等待移钢指令；

冷床输入装置横移小车驱动装置，传动电机固定在活动架上，只需一条链，使传动更为简便，大大简化了结构，使结构更加紧凑，减轻了质量；

加强了设备与基础的连接，更有利保证了冷床整体的强度和稳定性；

在冷床输入装置横移小车活动架上，两端采用了车挡，保证在电控失灵时，不会发生事故，使小车工作更加安全可靠；

结构紧凑、合理、高效率，冷却棒材断面大，通过优化设计，力学性能优越，使冷床在较为理想的状态下工作，能力得到充分利用；

安装调整十分容易，每个运动位置都由光电开关或编码器来控制，保证动作准确无误；

冷却钢材可连续在冷床1和冷床2中交替或并列进行，避免了冷却钢材运行时间不够的问题。给生产带来了效率的提高；

冷床输入装置和冷床输出装置都采用了升降横移小车，使棒料在运行中更加稳定、可靠。

D　应用情况

产品已应用于唐山国丰钢铁公司、承德盛丰钢铁公司等，见图4.15.4。

图4.14.4　大棒材冷床

4.14.7　板带精整系列设备

4.14.7.1　板带横切机组

A　产品说明

横切机组是将带钢通过矫直后定尺横剪的方式把带钢加工成客户需要尺寸的专用剪切设备。主要设备由开卷机、夹送与矫直机、定尺装置、飞剪、集料等构成，中间辅以运料、缓冲、引导、输送、出料等装置。整个生产线自动送料，自动开卷，自动穿带，自动剪切，自动堆垛。

B　技术参数

技术参数见表4.14.3。

表4.14.3　技术参数

剪切长度/mm	线速度/m·min^{-1}
200~300	16.7~36.1
300~400	36.1~65.5
450以上	70

机组产能：21.69万吨/年

生产线速度：穿带速度20m/min、工作速度70m/min、加减速时间10s

材质：冷轧、电镀锌、彩镀、镀锡、不锈钢、铜板、锌铁合金涂镀板、锌镍合金涂镀板、硅钢、耐指纹

钢卷外径：ϕ 700~1600mm

钢卷内径：ϕ 508mm及 ϕ 610mm（使用橡胶衬套）

质量：8000kg

剪切定尺带钢规格见表4.14.4。

表4.14.4 剪切定尺带钢规格

项　目	横切机组
带钢厚度/mm	0.25~2.5(SUS 0.25~1.5)
带钢宽度/mm	80~800
带钢长度/mm	200~2500
板垛重量/mm	max 4t
板垛高度/mm	max 650mm

带钢定尺长度偏差≤±0.2mm（加减速时，公差≤±0.3mm，但在每个加减速度过程不超过5张长度公差＞±0.2mm，公差≤±0.3mm，其余公差≤±0.2mm）。

成品对角线偏差：<0.3mm。平直度：矫平效果改善50%。

垛板精度：层间偏差：宽向<0.2mm，长度<0.5mm；

整垛偏差：当垛高300mm时，允许偏差1.0mm。

带钢剪切毛刺向上，小于带钢厚度的5%。

C 技术优势

本横切机组生产线在设计及制作上都注意到对板面的保护，镀铬辊、聚氨酯辊、集料气垫等都会对带钢表面起到很好的保护作用；

本机组的送料、矫直、剪切、集料等在工作时是自动协调的，不会对带钢产生拉伸动作；

本横切机组生产线采用触摸屏控制技术，通过人工输入所开带钢的尺寸、张数可自动计算。此外，触摸屏还具有进料速度设定，自动与手动互换设定，进料值设定，进料数设定，自动起动按钮，自动停止按钮，计数器清零，进料按钮，退料按钮，剪刀升起，剪刀下降，异常报警等功能。

4.14.7.2 板带纵切机组

A 产品说明

该机组主要用于将成卷的钢带分切成用户需要宽度钢带条，该机组主要由备料台、上料小车、开卷机、导板台、卷料开卷直头夹送装置、液压切头剪及废料箱、入口活套、分条机和废边卷取机、出口活套与升降式传送平台、卷带分隔盘、张力装置、液压尾剪、成品卷取机、成品小车和卸料十字臂等设备组成。

B 技术参数

机组生产能力：50000吨/年

原料规格：

材料品种：冷轧、电镀锌、热镀锌、热轧酸洗

卷料厚度：最小0.5 ~最大3.5mm

卷料宽度：最小200 ~最大1650mm

卷料重量：最大22000kg

卷料内径：ϕ 508/ϕ 610mm

卷料外径：max ϕ 2000mm　min ϕ 800mm

抗拉强度：板厚≤2mm：最大780MPa；　板厚＞2mm：最大590MPa

屈服强度：板厚≤2mm：最大590MPa；　板厚＞2mm：最大480MPa

成品规格：

成品宽度：最小25~最大1650mm

加工条数：max 28条（板厚0.8mm，材料抗拉强度780MPa，屈服强度590MPa）

max 5条(板厚=3.5mm，材料抗拉强度590MPa，屈服强度420MPa)

最小切边量:能满足板厚0.5mm时单边边丝2mm正常生产

成品最大卷重：22000kg

剪切速度：

机组速度：最大200m/min，可以分段设计

穿带速度：0~20m/min，速度可调

剪切精度：

宽度公差：±0.05mm（厚度1.2mm以下，成品宽度300mm以下）

镰刀弯：≤1mm/2m

边部毛刺：≤0.04mm(板厚1.0mm以下)，其他≤0.06mm

卷取错层：≤±1mm

卷取塔形：≤±2mm（开始5层不算，最大外径时）

板材表面质量：

要求加工成品后不增加任何加工缺陷；要求表面清洁、无颗粒污物；要求达到DIN标准汽车用O5板的板面要求；要求有上下表面检查工位，能检出原料和成品双面缺陷。

4.14.7.3 **板带重卷机组**

A 产品说明

板带重卷机组主要用于对带钢表面质量缺陷进行人工分析检查。若发现带钢表面质量缺陷，可停机在检查台上进行质量缺陷分析。将带钢表面质量缺陷的数量、位置和等级人工操作记录在计算机中并可打印或以其他方式输出。板带重卷机组主要由入口钢卷鞍座、钢卷测量装置（支架）、入口钢卷小车、开卷机、入口转向夹送辊、No.1 CPC装置（支架）、测厚仪装置（支架）、入口剪、侧导装置、张力辊及纠偏辊、No.2 CPC装置（纠偏辊底座）、圆盘剪、圆盘剪入出口夹送辊、废边卷取机、检查站、出口剪、出口取样导板台、EPC装置（支架）、出口转向夹送辊、卷取机、皮带助卷器、出口钢卷小车、出口钢卷鞍座、出口步进梁、钢卷称重装置、气动系统、润滑系统、液压系统等设备组成。

B 技术参数

机组处理量：23.88万吨/年

工作时间：6592h/a

带钢等级：

材料：B50A470-B65A1600电工钢

厚度：（0.35mm）0.5mm；0.65mm

宽度：入口800~1300mm，出口780～1300mm

带钢强度：σ_s≤460MPa，σ_b≤600MPa

机组速度：max 600m/min

穿带速度：30m/min

加/减速率：40m/min/s（0.667m/s^2）

快速停车速率：60m/min/s（1m/s^2）

机组单位张力：15N/mm^2

钢卷质量：

入口：max 26.5t

出口：max 10.0t，平均4.42t

单位卷重 max 23kg/mm，Ave 18kg/mm

钢卷外形尺寸：

	入口	出口
内径：	ϕ 508mm	ϕ 508mm
外径：	max ϕ 2050mm	max ϕ 1550mm
	min ϕ 700mm	min ϕ 510mm

C 技术优势

开卷机上卷、卷取机下卷过程自动完成；

机组配置开卷机CPC、卷取机EPC自动边部对齐装置，以便带钢穿带、运行及卷取过程有效对中；

开卷机和卷取机卷筒设置橡胶套，卷取机采用皮带助卷，可以有效防止带钢折印和划伤；

采用了具有自动功能的高精度圆盘剪(厚度0.35mm/0.5mm/0.65mm)和半自动的废边卷取机，能够保证机组的连续运行。可以提高剪边质量和减少了许多因规格变化而带来的麻烦；

出口剪能够自动分卷剪切，废板剪切和取样剪切操作。由此保证的废板剪切和取样的分选操作的可靠性；

在检查段设置有水平检查站，由人工对带钢上、下表面进行目测检查；

在出口横切剪后设置了取样导板，取样长度、张数可预先设定等；

对机组实施封闭,改善局部生产环境；

机组生产区域设置安全围栏，各通道均设有电子门锁或光栅，其信号与机组生产操作联锁。

4.14.7.4 圆盘剪

A 产品说明

圆盘剪主要用于冷轧酸洗机组、重卷机组、纵切机组、横切机组中对带钢边部的剪切。该项技术可达到国内同类产品先进水平，可以替代进口同类设备，可提高冷轧带钢质量、增加效益。我院从2003年开始圆盘剪的研发，摸索了大量的设计与加工的关键技术，如偏心的高精度加工，2005年进一步解决了边部毛刺、来板波浪和快速换刀的问题。结构形式分为单刀头和双刀头两种，双刀头可以实现在线快速更换刀盘，提高了作业效率。

B 技术参数

板厚：1.5~4.0mm；板宽：650~1080mm；速度：180m/min

主要性能指标：

提高剪边精度，毛刺不大于0.1mm；

显示设备运行参数；

消除板带进圆盘剪前的波浪变形；

快速换刀（5~6min），提高生产效率。

张紧力达到实际生产要求。

C 技术优势

入口压辊装置用于减少板行波浪；

采用箱形刀架结构，采用偏心套重合度调整机构；

采用快速换刀机构—刀盘组件，采用液压螺母锁紧机构；

刀盘重合度、侧向间隙、刀架开度采用伺服电机自动调整；

设备调整参数通过编码器、码盘实现数字显示。

4.14.7.5 废边卷取机

A 产品说明

废边卷取机是冷轧机组的配套关键设备，安装在圆盘剪后方，其作用是实现机组对带钢剪出的废边进行收集，满足机组的生产能力。废边卷取机由溜槽、抓料装置、卷取装置、剪切装置、卸料装置、储料装置等组成。

圆盘剪剪切后的废边，经溜槽自由滑落至溜槽底部；抓料装置将溜槽底部的废边丝抓取至卷取工位，开始卷取；卷取完成后，剪切装置落下，剪断靠近废卷的边丝，之后废卷由卸料装置运输至临时储料装置，等待下一步处理。

废边卷取机设备在工作过程中，可以实现全程自动化操作，既保障了高速机组的生产连续性，又减少了人员干预，保障了人员安全。

B　技术参数

原材料条件

钢种：CQ，DQ，DDQ，EDDQ，SEDDQ，CQ-HSS，DQ-HSS，DDQ-HSS，BH-HSS，DP

带钢强度

抗拉强度：240~910MPa

屈服强度：120~670MPa

带钢规格：

带钢厚度：0.3~2.3mm

带钢宽度：900~2030mm

机组速度：

机组工作制度：三班连续工作制，废边卷取机的生产节奏同主线。

C　应用情况

该设备已在宝钢等各大钢厂应用十余年，运行稳定，情况良好，如图4.14.5所示。

图4.14.5 废边卷取机

4.14.7.6　三重辊式矫平机

A　产品说明

三重辊式矫平机是带有中间辊的辊式薄钢板矫平机，主要用于钢厂精整线横剪机组、纵切机组冷轧普碳钢薄板的板形矫平，该设备将国产原有辊系的结构二重辊形式，参照国际先进水平的先进形式进行修改，将辊系结构形式改为三重辊形式，优化了精整线横剪、纵切机组生产工艺，消除板面压痕和钢板表面擦伤，保证05板和高级家电板开发成功，技术水平达到了国际先进水平。

三重辊式矫平机主要包括以下主要装置和系统：(1) 左右机架装置；(2) 工作辊装置；(3) 中间辊；(4) 上支撑辊装置；(5) 下支撑辊装置；(6) 压下装置；(7) 摆动机构；(8) 万向传动轴；(9) 齿轮分配箱；(10) 主传动装置；(11) 稀油润滑系统；(12) 干油润滑系统；(13) 夹送给料装置；(14) 电气控制系统。

B　技术参数

矫平线速度：0～110m/min；　　工作辊：$D=\phi$ 38mm，L=1200mm

工作辊数量：上辊 10个，下辊 11个　　中间辊：直径ϕ 27mm，长度1120mm

中间辊数量：上辊11 个，下辊12 个　　支撑辊：直径ϕ 39mm，长度 80mm

支撑辊数量：上支撑辊 5排 50+10个　　下支撑辊 5排 55+10个

主电动机参数：交流变频电动机 N =75kW (带测速电机及编码器)

压下调整电机：交流电机 N=2.2kW

摆动调整电机：交流电机 N=1.5kW

下支撑辊调整电机:交流电机 N=0.37kW

夹送辊驱动电机交流变频电动机 N=30kW (带测速电机及编码器)

夹送辊压下电机:交流电机 N=0.55kW

润滑油泵电机:交流电机 N=1.5kW，N =2.2kW

C 技术优势

矫平机倾斜装置是通过齿轮电机带动一个在本体安装的偏心装置，从而带动横轭前后摆动，横轭的支撑点通过一个连接杆安装在机架上，这样上矫平辊就可以根据需要进行倾斜调整，通过电机后的码盘进行记数，就可以在操作屏幕上读出倾斜角度;

三重辊替代二重辊。为增大工作辊的支撑刚度，在支撑辊和工作辊中间增加了一些中间辊。考虑到工作辊上会粘上钢板表面的污物，在中间辊上车出对称的左右旋螺纹，以利于污物排出。中间辊的增加使得在矫直辊的头尾必须安装偏心支撑辊，偏心支撑辊可以在一定偏心量下调节，以适应工作辊、中间辊和支撑辊的磨损和磨削;

采用压下数码显示使调整压下快速精确。采用球笼含油传动轴，提高了使用寿命。采用了精度低噪声减速分配齿轮箱;

矫平机采用大变形矫平方法，带材在矫平机内经过几次剧烈的反弯，消除原始曲率的不平度，形成单值曲率，然后，按照单值曲率进行矫平;

矫平机的支撑辊两边进行了圆弧倒角，以免对工作辊造成损伤;

在支承辊内有轴向推力轴承和滚针轴承，使支撑辊可以不受轴向力和压力。工作辊60GrMoV，材质具有良好的工艺性能，其淬透性好，过热敏感性小，回火稳定性高，经过适当的热处理后，有良好的综合力学性能，静强度和疲劳强度都相当好;

工作辊、中间辊、支撑辊、表面进行镀铬，提高了使用寿命;

能够快速更换辊盒，这一特点大大节约了换辊时间，提高了机组作业率;

矫平精度高，有效地解决了冷轧薄板波浪弯、瓢曲等问题，带材表面无划伤;

设备结构紧凑、合理，操作简单，动力消耗小;

产品废品率低，生产效率高。

4.14.8 棒材精整设备

4.14.8.1 棒材自动夹紧成形装置

A 产品说明

棒材自动夹紧成形装置是专为棒材捆扎包装配套的专用设备。其目的是通过该夹紧装置将一捆松散多根棒材夹紧成形（即：圆形），然后人工用钢带或自动捆扎机进行捆扎，通过夹紧后捆扎出的棒材：捆型紧、形状圆、不松散，在吊装、运输过程中、不散捆、不断带、不丢失棒材。它主要由；成形支架、连接抱臂、主抱臂、限位抱臂、抱臂、连接杆、油缸组成。将棒材收集在成形支架的梯形槽内：连接抱臂、主抱臂、限位抱臂、抱臂在一台油缸的驱动下，连接抱臂完成梯形槽内360°的左下方1/4角度的夹紧成形；主抱臂完成梯形槽内360°的左上方1/4角度的夹紧成形；限位抱臂完成梯形槽内360°的右下方1/4角度的夹紧成形；抱臂完成梯形槽内360°的右上方1/4角度的夹紧成形。通过这种结构解决了棒材捆形夹不紧、松散的问题。由于棒材在梯形槽内同时受到360°的四个不同区域（90°为一个区域）内的夹紧力夹紧，非常有效地解决了棒材捆扎包装时夹紧力不够的问题，从而保证了棒材捆形紧、不松散、吊装、运输时不散捆。该装置的夹紧成形范围 ϕ (180~500) mm，之间可任意用。

B 技术参数

夹紧直径：BJ-ⅡA 型 ϕ (250~500) mm

BJ-ⅡB型 ϕ (180~300) mm

夹紧力：≥8t

工作时间：≤10s

工作压力：9MPa

C 技术优势

在国内外其他厂家生产的同类产品中，都没有此项技术，采用的全是两包臂或三包臂机构的夹紧装置，通过两包臂或三包臂机构的夹紧捆扎包装的棒材捆形松散；

通过应用四包臂连杆机构技术，能够保证捆扎的棒材：捆形紧、形状圆、不松散、紧凑，在吊装、运输过程中、不松散、不断带、不丢失棒材，避免厂家与客户的经济损失；

该四包臂连杆机构的夹紧成形装置，在线免维护，降低运行成本；

该夹紧成形装置能够为用户每年节约捆丝70~150t，按年产60万~120万吨棒材计算。目前已有40多条棒材连轧生产线，近200多台在线应用；

该棒材捆扎自动夹紧成形装置获实用新型专利；

经过用户应用：认为无论从性能、结构、夹紧力度、成形圆度都具有国内外一流水平。

4.14.8.2　KYSY-500×6×型液压棒材捆扎机

A　产品说明

KYSY-500×6×型液压棒材捆扎机设计先进，结构合理，制造精度达到设计要求，使用性能满足棒材捆扎需要，是目前棒材捆扎机理想的配套设备，可以在棒材连续生产线后部使用，也可以单机、多机离线使用，还可以同齐头集料装置组成捆扎机组。

B　技术参数

捆包对象：棒材(或钢管)ϕ8~50mm

捆包直径：ϕ200~500mm

捆包钢丝：ϕ5.5mm

捆扎时间：≤30s/道（根据包大小）

捆扎力：3000N

成型力：25000N

送丝速度：700mm/s

纵向速度：200mm/s

横向速度：＜350mm/s

操作方式：手动、自动

C　技术优势

KYSY-500×6×型捆扎机的电控系统采用可编程控制机，实现了全过程自动化，也可以手动及远控操作。设有自动检查处理故障功能。为了防止误操作而导致发生机械事故，采用了判断有无料的装置，可保证操作安全。在自动控制程序上增加了反送调整功能使扭结成功率超过了国外同类型捆扎机，性能先进。

本机的特色是由成型臂及导槽同位，一次性地实现了棒材预收紧及捆扎操作。提高了捆扎质量，整机使用灵活方便。为钢材包装标准化创造了条件。

4.14.9　条钢精整线

4.14.9.1　方坯精整线

A　产品说明

方坯精整生产线的作用是用于对连铸方坯进行抛丸、探伤、修磨等一系列处理和检查，给后续的轧制工序提供合格坯料，保证产品的质量。方坯精整生产线分为精整线主线和带锯机辅线两部分。

方坯精整主线主要由抛丸机、超声波探伤机、磁粉探伤机、砂轮修磨机等工艺设备，以及与之配套的入口升降辊道、固定挡板、入口升降辊道、入口过跨运输机、抛丸机入口V形辊道（含钢坯测弯装置）、固定挡板、抛丸机前上料台架、抛丸机出口V形辊道、钢坯冲洗装置、超声波探伤机出口辊道、磁粉探伤机前过渡台架、合格品出料台架、磁粉探伤机入口辊道、磁粉探伤机出口辊道、磁粉探伤机出口过渡台架、1号修磨机上料V形辊道、1号修磨机出料V形辊道、修磨机上料台架、修磨机下料台架、中间拨钢机、过跨链式运输机、安全设施、干油润滑系统、液压系统、气动系统等设备组成。

方坯精整带锯机辅线主要由入口液压推钢式上料台架、入口辊道间液压升降台架、入口辊道、带锯床、出口辊道、出口液压推钢式卸料台架、料头收集装置、液压系统、干油润滑系统、电气检测元件等设备组成。

B　技术参数

方坯精整主线的主要技术参数：

坯料断面尺寸：160mm×160mm~280mm×280mm

坯料长度：3500~10000mm

钢种：轴承钢、合金结构钢、非调质钢、硼钢、弹簧钢

设备处理能力：≥ 57t/h

辊道速度：最大15m/min，其中抛丸：0~10m/min、磁探：0~10m/min、修磨：0~15m/min

方坯精整带锯机辅线的主要技术参数：

钢坯温度：≤200℃

进/出料辊道速度：0~8m/min

坯料断面尺寸：160mm×160mm~280mm×280mm

坯料长度：3500~10000mm

钢种：轴承钢、合金结构钢、非调质钢、硼钢、弹簧钢

设备处理能力：≥57t/h

C　技术优势

抛丸处理技术：设置抛丸机，除去钢坯表面氧化铁皮，为探伤做准备。抛丸机采用4个喷头，带清洗烘干功能，确保探伤精度。抛丸机抛射过程和钢坯运送过程由PLC控制。抛丸机除鳞率可达到97%。

探伤技术：设置超声波探伤装置和磁粉探伤装置，对钢坯进行探伤处理。超声探伤装置带有PC机，可自动进行数据处理和信号处理，自动完成探伤和标记过程，自动将数据传送到管理计算机。磁粉探伤装置由喷淋装置、一次磁化装置、二次磁化装置、DC去磁装置、AC去磁装置及磁粉液循环装置等组成，为机电一体产品，PLC单独控制。为了将钢坯的剩磁退净，退磁装置设置了直流去磁和交流去磁两个装置。

修磨精整技术：设置砂轮修磨机，对钢坯进行修磨精整。砂轮修磨机为小车式，可完成点磨、角磨、剥皮等功能。采用摄像头加显示器的辅助手段，即采用CCD技术进行补充修磨。整个修磨过程由PLC控制。砂轮机砂轮片速度控制采用光电管测砂轮片直径，自动调整砂轮片转速，保持其线速度恒定，砂轮机采用恒功率磨削，伺服系统闭环控制。

喷印机根据精整线管理计算机传出的信息进行喷印。喷印机本身的动作与上下设备联锁控制。

自动化控制技术：生产线采用L1和L2两级控制系统。计划输入及初始数据处理；全线自动顺序控制，自动联锁；全线画面式集中操作、画面式监控，状态显示和故障处理；数据收集、处理和数据传送；钢坯全线自动跟踪。

D　应用情况

方坯精整线已在宝钢得到应用。

4.14.9.2　圆坯精整线

A　产品说明

圆坯精整生产线的作用是对圆钢坯进行车削剥皮、探伤、修磨等处理，为后续的轧钢工序提供合格的圆坯。圆坯精整生产线共分为三部分：冷床卸料辊道及台架、车削剥皮机及其前后辅助设备、圆钢精整线主线设备。

冷床卸料辊道及台架设备主要由活动（升降）挡板、冷床输出辊道、卸钢装置、存放台架及干油润滑系统等组成。

车削剥皮机及其前后辅助设备的作用是为车削剥皮机做来料的存放、上料、喂料和出料工作，并实现剥皮后管坯需再进行后续处理的管坯拨向右侧,并过跨至抛丸机（原有设备）；不需再进行后续处理的管坯拨向左侧出料台架,并等待磁盘吊吊离。主要由上料台架、车削剥皮机入口辊道、车削剥皮机、车削剥皮机出口辊道、左右侧出料台架、抛丸机入口前辊道、干油润滑系统、液压系统、电气检测系统等设备组成。

圆钢精整线主线设备的主要功能包括：对圆坯进行倒角、剥皮、探伤、修磨等处理，为后续轧钢工序提供合格的圆坯；将合格圆坯经双向拨料机拨入合格品收集台后，由行车吊离机组；将不合格圆坯经双向拨料机拨入磁探前过度台架后，由上料机拨入（单根）磁探前辊道进行粉探伤检测表面缺陷，经磁粉探伤后辊道和出料拨料机拨入修磨前台架，等待对缺陷进行修磨。圆钢精整线主线设备包括倒角机、砂轮剥皮机、超声波探伤机、磁粉探伤机、砂轮修磨机等工艺主设备及与其配套的超声波探伤机出口辊道、超声波探伤机出口合格品出料台架、磁粉探伤机前过渡台架、磁粉探伤机入口辊道、磁粉探伤机出口辊道、设备上的安全设施、干油润滑系统（含电动干油站）、液压系统（含液压站）、干油润滑系统等设备。

B　技术参数

冷床卸料辊道及台架的主要技术参数：

钢坯温度：≤500℃

辊道速度：0~2.5m/s

坯料断面尺寸：圆钢ϕ70~180mm、管坯ϕ175~250mm

坯料长度：4000~10000mm

设备处理能力：≥33根/h，按代表规格ϕ110mm×10000mm圆坯计算

车削剥皮机及其前后辅助设备的主要技术参数：

钢坯温度：≤100℃

设备处理能力：≥26根/h（按代表规格ϕ110mm×10000mm圆坯计算）

坯料断面尺寸：圆钢ϕ70~180mm、管坯ϕ175~200mm

坯料长度：4000~10000mm

上料台架最大存料质量：70t、圆钢输送线速：0~9m/min

车削剥皮机输送辊道最大输送料重：≤4000kg、圆钢输送线速：0~9m/min

左出料台架最大存料质量：70t

右出料台架最大存料质量：100t

抛丸机入口前辊道输送线速：0~15m/min、最大输送料重：≤4000kg

圆钢精整线主线设备的主要技术参数：

坯料断面尺寸：ϕ70~180mm

坯料长度：4000~10000mm

钢种：20CrMnTiH、20CrMnMo、48MnV、40CrNiMo、42CrMo

设备处理能力：≥55根/h，按代表规格ϕ90mm×10000mm圆钢计算

辊道速度：最大30m/min

C　技术优势

带联动变角的夹紧输送辊装置。根据圆坯外圆直径的变化和缺陷的分布，在输送中是圆坯实现螺旋运动，无级变速、变角来达到可变螺距和自身的转速。并在输送中保持一定的夹紧力，保证修磨机在工作进给时的稳定。入口和出口的联动变角输送辊道。保证长圆坯在其圆柱面上任意点的修磨能够实现连续或停顿。

直流调速的修磨主机。与夹紧输送辊装置、入口和出口输送辊道的联动变角关系控制，方便寻找和处理缺陷并实现连续生产。修磨机主轴在正立面的±30°、前后摆动±5°的运动复合。砂轮最大和最小使用极限的补给行程。修磨机主轴通过伞齿轮传动，比目前国产的皮带传动提高了传动精度；切削效率高且稳定；液压伺服系统控制修磨压力，消除因压力过大而将导致的砂轮爆裂。

D　应用情况

圆坯精整线已在宝钢得到应用。

4.14.10　宽度可调式热轧带钢高效层流冷却装置

4.14.10.1　*产品说明*

传统的层流冷却系统的冷却宽度是不可调的，当改变带钢的宽度规格时，会发生由于宽度方向上冷却强度

不均而引起的温差，造成带钢的板形质量问题。针对该问题，公司从层流冷却的数学模型出发，通过建立选定钢种的热轧后层流冷却过程数学模型，研究带钢宽度方向的性能均匀性，并建立层流冷却二级过程机模型系统，最终实现控制冷却模型的在线应用；结合分布式计算机控制系统，建立层流冷却过程的一级计算机系统，完成层流冷却的基础自动化控制；针对带钢宽度方向性能不一致的问题，设计并开发出宽度可调的高效层流冷却设备，最终实现对带钢组织性能的控制。我院研制的新型层流冷却系统主要应用于热轧精轧末架机架出口至卷取机间，主要功能一是将精轧后的钢板冷却至卷曲温度；二是根据工艺的要求对层流冷却水流宽度进行调整，以改善带钢边部性能，缩短带钢宽度方向上的温差，改善带钢的板形质量。

层冷设备的功能主要包括冷却策略的制定、冷却规程的预计算、修正计算和自学习计算；根据上述轧线的层流冷却工艺布置来设计带钢层冷过程控制模型。通过实验测试钢种的*CCT*曲线、金相组织和力学性能等，制定出它们的高效层流冷却工艺；利用有限元法分析不同厚度钢板在宽度方向的温度分布，确定合理的边部遮挡工艺。

4.14.10.2 产品结构

高效层流冷却装置主要组成由：上喷冷却设备和下管喷冷却设备。主要由冷却水输送管道、冷却集管和宽度调节设备组成。

上喷冷却设备：两侧电机驱动传动系统动作，动力经减速机作用及万向轴传动最终输出动力带动丝杆转动，丝杆经连接板带动活塞及力矩平衡杆沿集管中心方向来回运动，两侧活塞内端面的距离即为冷却水的宽度。

下喷冷却设备：电机驱动链轮转动，带动同组12根管道链轮同时转动，同时遮挡板沿直线运动，两侧遮挡板内边距距离即为层流冷却水的宽度；单根管道链轮处安装有扭矩限制器，确保单根管道出现故障时，动力仍可传输到下一链轮。

4.14.10.3 技术参数

可设计冷却水宽度：450~2250mm

冷却水压力：0.7bar

宽度调节方式：活塞式、柱塞式边部遮挡方式

宽度调节精度控制在±5mm

边部与宽度方向的冷却温度差异由60~80℃缩短到40~60℃

4.14.10.4 应用情况

设备可应用于现场控制的热轧带钢高效层流冷却二级过程机模型的设定系统；可以按照不同钢种提供不同的层流冷却工艺。根据不同工艺需求，增加宽度调节装置，以减小带钢宽度方向上的温差，从而提高钢板边部性能。该系统还配备了适用于现场控制的热轧带钢高效层流冷却基础自动化控制系统，该系统采用分布式计算机控制，具有易于操作的HMI界面。

设备已于2008年应用在宝山钢铁股份公司，运行稳定，经济效益显著。技术成果鉴定水平达国际先进水平。

其主要经济效益体现在两方面，一方面是投资成本、水电资源的节省费用。另一方面是改善产品质量及提高产品合格率所产生的附加经济效益。本项目的技术具有能够降低热轧厂成本、拓宽产品生产范围和提高产品质量等优点，可以为公司带来可观的经济效益。

设备现场应用见图4.14.6。

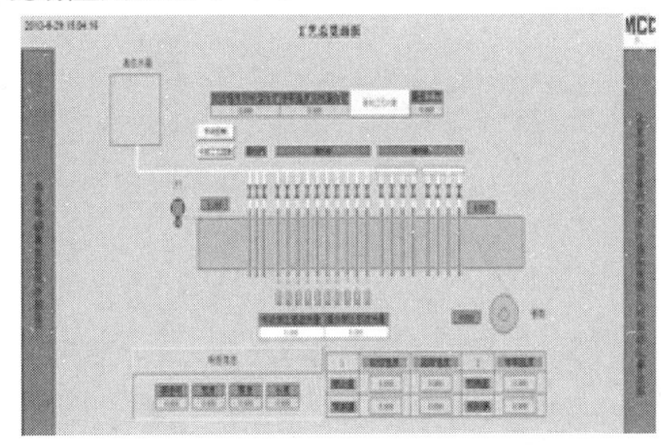

图4.14.6 宽度可调式热轧带钢高效层流冷却装置

4.14.11 多辊轧机

4.14.11.1 六辊轧机

A 产品说明

六辊轧机是一种高性能板形控制轧机，具有很好的刚度稳定性，可以减小带钢边部减薄和边裂；有很好的板形控制性，轧机设有液压弯辊装置，配合中间辊横向移动可显著增加板形调节能力。由于六辊轧机具有这些板形调节和改善带钢横向厚差的独特优点，所以其在高质量带钢生产中得到了广泛的应用。

B 技术参数

轧制压力：15000kN

工作辊：ϕ385/ϕ340mm×1420mm

中间辊：ϕ440/ ϕ390mm×1410mm

支撑辊：ϕ1200/ϕ1050mm×1420mm

中间辊移动距离：350mm

开口度：15mm

最大力矩：97kN · m

工作辊弯辊力：+400kN/-200kN(单侧)

中间辊弯辊力：+450kN（单侧）

主传动电机：2×2000kW

C 技术特点

全液压AGC控制，实现了工作辊正负弯辊及中间辊正弯辊且中间辊横移，对控制板形具有重要意义。

采用张力测量控制系统，实现了机架间张力控制；开卷张力和卷取张力控制；张力补偿控制。

采用板形测量控制系统，对带钢板形进行实时测量和在线控制起到了十分重要的作用。

全液压压下，液压AGC控制；轧制线调整通过斜楔+阶梯垫调整，液压缸推动；工作辊正负弯辊、中间辊正弯。中间辊横移；支撑辊换辊有小车拉出，工作辊、中间辊换辊采用侧移小车实现快速换辊。

4.14.11.2 12辊单机架、双机架可逆式冷轧机

A 产品说明

12辊冷轧机轧辊采用3层对称塔形结构布置，轧制时具有非常稳定的双向侧支撑，因而，工作辊直径可以做得很小，辊身做得长，这样轧制压力小非常有利于轧制宽幅薄带产品。

12辊双机架可逆式冷轧机在不经中间退火的情况下，经3或4次(即6或8道次)轧制，将（3~2.75）mm×1250mm之坯料轧制成（0.25~0.2）mm×1250mm的成品镀锌基板。其厚度公差为±0.003mm，且板形良好。其轧程总压缩率为92%左右，产品宽厚比达6250。因此，可以说这套12辊双机架可逆式冷轧机是一种全新的高效节能型轧机。

B 技术参数

12辊单机可逆式轧机主要技术参数为：

轧制速度：600m/min

轧制压力：10000kN

带钢张力：20~250kN

坯料尺寸：(1.2~3.0) mm×(800~1270) mm

成品尺寸：(0.15~0.25) mm×(800~1270) mm

工作辊尺寸：ϕ120mm×1450mm

中间辊尺寸：ϕ210mm×1450mm

支撑辊尺寸：ϕ(300~520) mm×1400mm

单机产量：10万~15 万吨/年

C 技术特点

12辊轧机是一种新型多辊冷轧机，它吸收了20辊轧机及四辊轧机的优点：

采用不同于传统多辊冷轧机的2大1小背衬轴承。这样可以使内外侧轴承受力的大小与轴承直径大小相当，接近于等寿命。

采用了与传统四、六辊轧机类似的窗口式机架和压下方式，但该机架为整体机架，压下装置位于上辊箱的辊身外边缘处。这样既不同于传统四、六辊轧机压下装置位于辊颈处，又增加了辊系的横向刚度。可以实现大压下量、少道次、高速度轧制。

上下辊箱分开，并各为整体辊箱，上辊箱在压下调整过程中可以倾斜。这样既保证了整体辊箱刚度，又可以类似四、六辊轧机压下方式。

具有液压压下、中间辊弯辊、自动换辊等功能，同时在厚度控制和板型控制等方面更有优越性。

轧机采用我院具有独立知识产权的“一种背衬轴承错位布置的多辊轧机”实用新型专利。对背衬轴承采取“错位”布置，消除了多辊轧机所特有的“辊印”缺陷。可以轧出没有传统多辊轧机“轧材辊印”的平整带材。

4.14.11.3 **18辊轧机**

A 产品说明

该轧机可用于单、双机架的可逆式机组中，也可用于酸洗/冷轧联合机组（CDCM线）中（用3台18辊轧机代替5台6辊轧机）。18辊轧机具有像多辊轧机类似的小工作辊辊径，和多点支撑用于辊形的调节功能，适合轧制难变形的金属以及大压下量的轧制。

B 技术参数

800mm机型的技术参数如下：

工作辊直径：ϕ45 mm

中间辊直径：ϕ100 mm

支承辊直径：ϕ280 mm

第一层支持辊直径：ϕ46mm

背衬轴承辊直径：ϕ40mm

辊面宽度：300mm

轧制材料：炭钢、炭结、弹簧等

轧材规格：

坯料厚度×宽度：0.6mm×（120~200）mm

成品最小厚度×宽度：0.05mm×（120~200）mm(实际达0.03mm×200mm)

轧制力：＜800kN

张力范围：1000~10000N

轧制速度：1.38 m/s（最大）

1400mm机型的技术参数如下：

轧制力：15000kN

工作辊直径：150mm

中间辊直径：440mm

支撑辊直径：1150mm

中间辊移动距离：±300mm

带材的厚度偏差达到1/4DIN标准要求。板型控制达到10~15I的水平。

带材成品精度达到：

纵向厚度偏差：稳速段≤0.50±0.005mm

横向断面差：板厚≤0.5mm时，断面三点差＜0.004mm，板厚＞0.8mm时，断面三点差＜0.01mm

C 技术特点

具有侧向支撑的小直径工作辊，可大大缩短变形区的长度，增加单位压力，采用大张力，可提高道次压下量（达60%），减小轧制力，因此轧机能耗低。

由于工作辊直径的弹性压偏小。可减少中间退火次数。可用较少的道次轧制难变形的金属及合金。

辊型控制机构，使得在轧制过程中控制轧辊和支撑辊的辊型。

具有类似HC轧机高性能辊型凸度控制（中间辊可轴向移动）。这种轧机的辊缝是刚性的。其基本出发点是通过改善或消除四辊轧机中工作辊与支撑辊之间有害的接触部分，来提高辊缝刚度的。

为了对带材横断面进行微调，18辊轧机装有侧支撑辊的调整机构。在侧支撑辊的鞍座上设有液压缸，一方面可对小直径工作辊起水平支撑作用；另一方面也可在水平方向上控制小直径工作辊的弯曲变形。通过多段组合式侧弯辊的支撑辊组成的水平辊弯曲装置，使小直径工作辊产生水平弯曲。侧弯力由多个液压缸分别供给，可得到不同的弯辊制度。以便配合垂直弯辊装置对板形进行控制。

采用液压AGC厚度控制系统。

采用多辊轧机的背衬轴承尺寸结构。

采用了与传统四、六辊轧机类似的窗口机架和压下方式，该机架为整体机架，压下装置位于上辊箱辊身长度外边缘处。可增加辊系的横向刚度。可以实现大压下量、少道次。道次压下率可达60%。

上下辊箱分开，各为整体辊箱，上辊箱在压下调整过程中可以倾斜，使辊箱加工容易，并增大了轧辊开口度，工作辊直径可以根据轧材的不同而大范围调整，整体辊箱更换迅速，提高作业率。

轧机设置了中间辊弯辊装置，可以用于辊型调节。

4.14.11.4　22辊冷轧机

A　产品说明

22辊冷轧机，可用于各种微米级极薄金属带材的生产，尤其适用于难变形金属极薄带材的生产。

22辊冷轧机辊系排列由2 个小直径工作辊、4个第一层支撑辊、6个第二层支撑辊、4个第3层支撑辊、2个大支撑辊和4个位于第二层支撑辊两侧的背衬轴承辊组成。整个辊系安装在整体式机架内。每个背衬轴承辊由至少3个背衬轴承、一个鞍座和一根心轴构成。由机架的窗口定位。大支撑辊采用普通轧机的支撑辊，并作为传动辊。

当工作辊的直径为2mm时，可轧制出最小厚度仅为0.001mm的各种极薄金属带材。

B　技术优点

该设备具有的优点是在保证小直径工作辊和辊系刚度，满足生产微米级金属极薄带材需要的前提下，简化了辊系结构，因此结构简单，制造方便，造价较低，两个大支撑辊作为传动辊使该轧机的传动设备得到了简化。

4.14.11.5　22/26辊可逆式冷轧机

A　产品说明

这种22/26辊轧机简单、实用，既可制作新轧机，也可收旧4辊轧机改造成。与30辊、36辊轧机相比，简化了辊系，降低了制造难度，降低了造价，这是一种性能价格比较优越的新型多辊轧机。

B　技术参数

轧制速度：20m/min

轧制压力：60kN

带钢张力：20~200N

坯料尺寸：0.02mm×45mm

成品尺寸：0.001mm×45mm 工作辊尺寸：ϕ (2~3.5) mm× (60~65) mm

背衬轴承直径：ϕ 26mm

大支撑辊尺寸：ϕ 65mm×65mm

C　技术特点

该轧机结构紧凑，辊系简单，具有特色。采用窗口式整体机架，刚性好，制造精度高，操作简便。轧机具有多辊系可更换的特点，既可制作新轧机，也可用于四辊轧机改造。

4.14.11.6 30辊冷轧机

A 产品说明

30辊冷轧机轧辊采用5层对称塔形结构布置，轧制时具有非常稳定的双向侧支撑，因而，工作辊直径可以做得很小，这样轧制压力非常小有利于轧制极薄带产品。

B 技术参数

轧制材料：金属及合金

轧制速度：0.3~10m/min

轧制压力：30kN（约60kN）

带钢张力：20~200N（3~200N）

坯料尺寸：0.02mm×40mm

成品尺寸：0.001mm×40mm

工作辊尺寸：ϕ（2~3.5）mm×（60~65）mm

背衬轴承直径：ϕ26mm

C 技术优势

与国外同类轧机相比，本机结构设计合理，辊系参数优越，外层背衬轴承直径比大，工作辊直径小，其可轧成品厚度小而宽度大，电控系统简单可靠，张力精度高。

4.14.11.7 4/18辊单机架可逆式冷轧机

A 产品说明

该设备可根据产品作4辊、18辊的机型转换。

B 技术参数

轧制速度：1.5~3.0m/s

轧制压力：1500kN

带钢张力：2~25kN

坯料尺寸：（2.0~6.0）mm×（150~320）mm

成品尺寸：（0.1~1.0）mm×（150~320）mm

4/18辊工作辊尺寸：ϕ160/ϕ50mm×500mm

18辊中间辊尺寸：ϕ110mm×500mm

支撑辊尺寸：ϕ400mm×400mm

C 技术优势

该设备与传统20辊轧机比较，具有结构简单紧凑，辊系排列新型，设备制造容易的优点，同时可用于4辊轧机改造。

4.14.11.8 8/16/32辊单机架集成式冷轧机

A 产品说明

该设备可根据产品作8辊、16辊、32辊的机型转换，传动机构不变，其辊系排列顺序为：1-2-3-4-3-1-2（32辊），1-2-3-2（16辊），1-1-2（8辊）。

B 技术参数

轧制材料：各种金属及其合金；坯料厚度：0.06mm（最大）

成品厚度：0.0015mm（最小）；成品宽度：50mm（最大）

轧制压力：80kN；带钢张力：2.5~250N

轧制速度：2~20m/min

工作辊直径：2~3 mm(32辊)、8~10mm（16辊）、20~29.2mm（8辊）

（最大）轧制压力：80 kN；坯料尺寸：约0.06mm×50mm

成品尺寸：0.0015mm×50mm；大支撑辊尺寸：ϕ65mm×60mm

C 技术优势

该设备与传统30辊轧机比较，具有结构简单紧凑，辊系排列新型，设备制造容易的优点。该设备轧出产品：0.0015×50 钛箔，0.002×50 铜箔，0.005×50 钼、铝箔，0.006×50 钽箔。

4.14.12 热轧–取样机组

4.14.12.1 产品说明

为使热轧带钢的性能得到保证，对热轧后的钢板取样进行理化实验，取样机即是对钢卷头部进行切割取样的设备。取样机组可检测的主要钢种有：碳素结构钢、优质碳素结构钢、低合金结构钢、高耐候性结构钢、焊接结构用耐候钢、桥梁用结构钢、汽车大梁用钢、高强度结构钢热处理和控轧钢板和钢带、IF钢、双相（DP）及多相钢（MP）、相变诱导塑性钢（TRIP）等。

钢板取样机组包括压辊装置、升降鞍座、地辊装置、小车装置、铲刀装置、夹板装置、切割装置、轨道和托连装置、手动打捆机、废料收集装置、称量装置、液压系统、气动系统和电控系统等组成。

4.14.12.2 技术参数

生产标准：热轧产品按GB、DIN/EN、JIS标准组织生产

带钢厚度：6.0~25mm

取样宽度：750~2130mm

取样长度：max 1000 mm

min 350mm

取样方式：火焰切割或摆臂式剪刀剪切

4.14.12.3 技术优势

取样小车通过4个夹轨器，可以牢固地固定在运动轨道上。当打开18mm以上钢板时，还可以通过地辊钢结构两侧的2个液压缸顶住小车，从而增加取样小车的稳定性，并且增加厚钢板开卷时的开卷力。

液压缸通过驱动安装于取样小车上的铲刀装置，使其绕固定轴转动，贴近钢卷表面，并插入钢带头部，地辊旋转，钢带头部沿铲刀的圆弧面往下走，从而使钢卷打开。

采用专门为钢板切边和取样而设计的气体切割装置，该装置配有自动调节切割距离装置，可以自动调整不同钢板厚度和平整度的钢卷的切割，使切口表面光洁，达到统一的切口表面质量。

针对厚度小于12.5mm、钢板强度级别1000MPa的钢板，进行摆臂式上下剪刀剪切。

自动控制技术。钢板取样过程实现全部自动控制，控制水平高。

4.14.12.4 应用情况

该产品已应用于宝钢2050热轧、宝钢三热轧、首钢迁钢热轧、首钢京唐热轧、邯郸邯宝热轧等钢厂，如图4.14.7所示。

图4.14.7 热轧–取样机组

4.14.13 SY 型短应力线轧机

4.14.13.1 **产品说明**

该系列产品可作为连轧机组中的粗轧、中轧、精轧机架，广泛用于棒、线、型钢、窄带生产线。其采用无牌坊、拉杆连接式短应力线结构，由辊系、压下装置及轧机底座等部件组成，如图4.14.8所示。

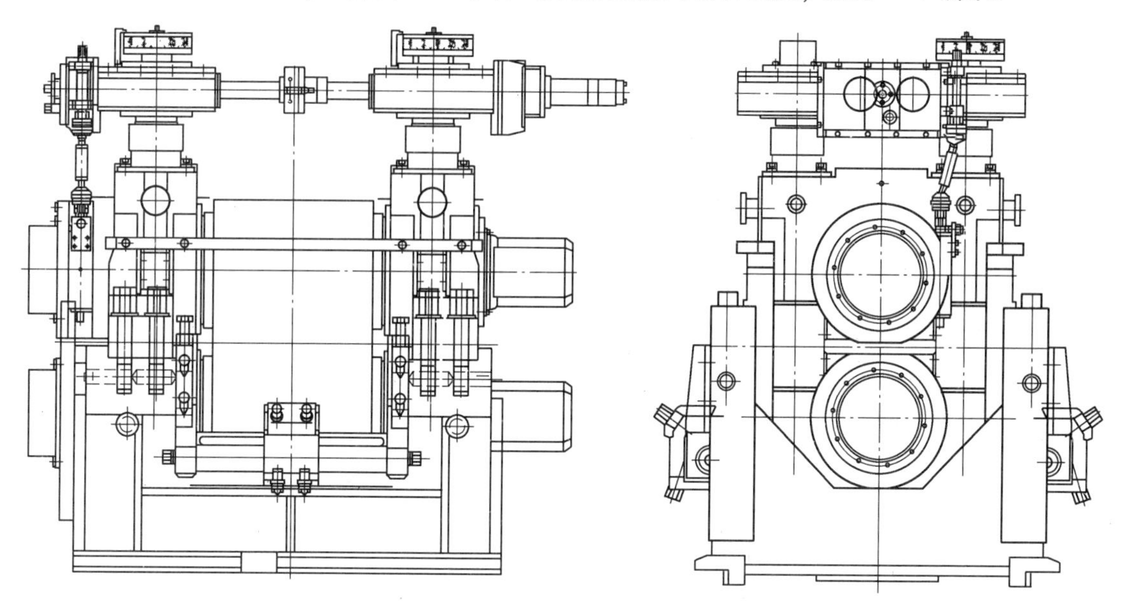

图4.14.8 SY 型短应力线轧机机型

4.14.13.2 **技术参数**

SY型系列的高刚度轧机，轧辊直径覆盖 ϕ 250~850mm，相邻规格、型式包括平辊、立辊及平立可换轧机，最大出口速度为18m/s，基本参数见表4.14.5。

表4.14.5 SY型系列轧机的技术参数

轧机主型号	轧辊辊颈直径/mm	最大轧制力(单边)/kN	最大轧制力矩(单辊)/kN·m	轧辊轴向调整量/mm	轧辊径向调整量/mm	轧辊辊身长度/mm	轧机质量(×10³)/kg	轧机底座质量(×10³)/kg
SY-250	150	350	16	±3.0	约60	450~550	1.8~2.0	1.2~1.5
SY-280	160	400	20	±3.0	约70	450~550	2.8~3.0	1.3~1.7
SY-300	180	500	30	±3.0	约70	450~600	3.5~3.7	1.9~2.3
SY-320	190	550	45	±3.0	约90	450~600	3.8~4.1	2.2~2.6
SY-350	200	800	55	±3.0	约90	500~650	5.8~6.1	2.5~3.0
SY-400	230	1000	75	±4.0	约100	500~750	7.0~7.5	2.8~3.2
SY-450	260	1200	85	±4.0	约100	500~800	7.8~8.2	3.0~3.5
SY-500	280	1400	100	±4.0	约120	700~900	10.8~11.5	3.5~4.0
SY-550	300	1900	200	±4.0	约120	700~900	11.7~12.5	3.8~4.2
SY-600	320	2000	220	±4.0	约120	700~900	13.1~14.0	4.2~5.0
SY-650	330	2200	250	±4.0	约120	700~900	16.0~17.0	4.5~5.2
SY-750	340	2500	350	±4.0	约130	800~1000	21.7~22.5	5.0~6.0
SY-850	360	3000	500	±4.0	约160	800~1000	25~27	6.2~7.0

注：轧机质量与轧辊辊身长度、最大轧辊直径有关；轧机底座质量与轧辊辊身长度有关；表中数据仅供参考。

4.14.13.3　**技术特点**

(1) 轧机刚度高，稳定性好，不需经常调整，成品可达到国标高精度。机架是全悬挂式，由中部的四个支撑座将辊系固定在箱形底座上，支撑座上的上下导向槽起着轧辊的轴向固定和径向调整的导向作用，同时承受轧辊轴向的轧制力。支撑座上的上下导向槽不承受径向轧制力，导向槽的导向面镶有衬板，可调整轴承座与导向槽之间的间隙，使轴承座轴向定位。

四个带左、右螺纹的立柱通过立柱支撑套由支撑座将整个轧机本体的质量传递到箱形底座上，立柱支撑套保证立柱转动自如，因此立柱是很稳定的。轧制力由轧辊、四列圆柱滚子轴承、通过轴承座经左、右旋向的压下螺母传给立柱，形成应力线回路。箱形底座敞口很大，便于装拆接轴，而且由于辊系轴向固定是两侧同时受力，因而稳定性好。

(2) 轧辊轴承轴向间隙小，轧机轴向刚度高。轧辊的轴向固定采用的是双向推力圆锥滚子轴承，它的轴向间隙可以预先调到要求的数值(0.05~0.10mm)，加上支撑座的导向槽良好的刚性，可以有效控制轴向间隙，这样就使轧机轴向刚度大于其他短应力线轧机。

(3) 轧辊开口度对称调整，轧制中心线高度不变。

(4) 采用卡销式轴向固定方式，自位性能好，轴承使用寿命长。

(5) 整机架更换轧机，换辊快，减少在线停机时间，提高轧机作业率。

(6) 密封性好。

(7) 压下装置可两侧同时调整或单侧单调，配有有手动和液压马达两种调整机构。液压马达可实现大辊缝调整，省时、省力；手动可在线微调。调整方便，结构较同类轧机简化。

(8) 轧机根据用户要求，有液压压下（带有手动微调）、液压平衡和手动调整（线外预装用电动）、弹簧平衡两种型式供用户选择，并可根据具体要求进行设计以满足用户需求。

(9) 立辊轧机采用上传动方式，万向接轴不伸缩，利用穿在减速机齿轮座中的花键轴实现轧机升降，从而降低高度。具有稳定性好、换辊快、较一般立辊轧机高度低的特点。

(10) 设备紧凑，质量轻。

4.14.13.4　**应用情况**

该系列产品已在天津荣程、新疆八钢、南昌长力得到应用，见图4.14.9。

图4.14.9　SY型系列高刚度轧机

4.14.14　紧凑式连轧机组

4.14.14.1　**产品说明**

紧凑式连轧机组为4架SY型高刚度（无牌坊）轧机组成，立—平—立—平布置。

该机型属于典型的短流程轧钢工艺，设备紧凑，轧机之间间距仅为900~1000mm；可实施推力轧制、大压下量高效轧制工艺；无扭转、微张力连续轧制；轧线设备排列短，厂房占地少，投资小。

4.14.14.2　**技术参数**

轧辊直径：ϕ440~560mm

轧机中心距：900mm

最大轧制力：1800kN

钢坯入口端面：120~150mm^2

钢坯出口端面：50~65mm^2

总延伸率：＞5

设备总重：185 t

4.14.14.3　**技术特点**

(1) 轧机间距小，由前一机架轧机将轧件推入后一架轧机内实现强迫咬入，从而进行打压下轧制。

(2) 机组由4~6架轧机采用平—立交替方式布置。

(3) 辊身短，每个轧辊辊身仅开一个孔型或为单道次平辊轧制。

(4) 在同等条件下与普通两辊轧机相比可减少1~2架轧机。

(5) 机架为短应力线结构或悬臂辊结构。

(6) 紧凑式连轧机各机架单独传动，传动控制精度高，特性硬。

(7) 轧制过程无扭无活套，自动化程度高。

5 其他设备

5.1 铁姆肯（中国）投资有限公司

5.1.1 轴承

5.1.1.1 用于连铸机的TIMKEN®ADAPT™轴承

TIMKEN®ADAPT™轴承的全新设计融合了传统圆柱滚子轴承与调心滚子轴承的特点，具有独特的轴承外圈滚道、修形滚子以及圆柱形内圈设计。满滚子设计可最大化轴承的承载能力。

(1) 带保持架的满滚子设计能够避免轴承在操作过程中出现滚子散落，从而使安装更加简便。

(2) 同时具备最大偏心与轴向浮动能力，提供最佳性能。

(3) 独特的内部几何形状设计，能够优化接触应力分布以及滚子的稳定性，提高轴承的设计寿命。

(4) ISO标准的尺寸设计可与CARB以及其他调心滚子轴承互换。

(5) 较高的静态径向承载力可最大化轴承的可靠性。

用于连铸机轴承的主要技术参数见表5.1.1。

表5.1.1 用于连铸机轴承的主要技术参数

铁姆肯公司型号	d	D	C	DUR外圈滚道与滚子组合后内径	C_o	F	r①	d	D_s	C	质量
	内径	外径	宽度		静态额定载荷	浮动量	倒角半径	轴肩尺寸	轴承挡肩尺寸	保持架间隙	
	mm	mm	mm	mm	KN	mm	mm	mm(最大)	mm(最小)	mm(最小)	kg
TA4020V	100	150	50	112.8	580	6.0	1.3	110.0	139.5	3.5	3.0
TA4022V	110	170	60	125.4	810	6.0	1.8	123.5	157.0	4.0	4.9
TA4024V	120	180	60	135.5	880	6.0	1.8	133.5	167.0	4.0	5.4
TA4026V	130	200	69	147.8	1140	6.0	1.8	146.0	185.0	4.5	7.8
TA4028V	140	210	69	158.0	1220	6.0	1.8	156.0	195.0	4.0	8.4
TA4030V	150	225	75	169.3	1430	6.4	1.9	167.0	209.0	4.0	10.4
TA4032V	160	240	80	180.6	1680	6.0	1.9	178.5	223.0	5.2	12.9
TA4034V	170	260	90	193.4	1980	7.4	1.9	191.5	240.5	4.8	17.3

①轴与轴承座挡肩倒角半径不大于表中所给的最大值，避免轴承安装干涉。

5.1.1.2 用于长材轧机的Timken®四列圆柱滚子轴承

Timken新型四列圆柱滚子轴承性能卓越，能帮助轧机操作者实现长期稳定运行。经过内部几何修形优化设计的RYL系列轴承，降低了在安装过程中轴承损伤的风险，从而有效延长轴承的使用寿命。

(1) 耐久性：机加工钢保持架能减少磨损，表面渗碳的滚道和滚子能有效地对抗冲击载荷和疲劳碎裂的影响。

(2) 改进安装：减小的滚子下沉量和内圈大倒角，使得安装更简便，并降低了换辊操作中损伤轴承的风险。

(3) 优异性能：高精度获得高品质的产品。

用于长材轧机四列圆柱滚子轴承主要技术参数见表5.1.2。

表5.1.2 用于长材轧机四列圆柱滚子轴承主要技术参数

d (内径)	D (外径)	B (宽度)	DUR(滚子下直径)	质量	铁姆肯公司装配组件	内圈组件	外圈组件	其他同类产品型号参考		
mm	mm	mm	mm	kg				SKF	FAG	NSK
145.0	225.000	156.000	169	23.0	145RYL1452	145ARVSL1452	169RYSL1452	313924	538522	145RV2210
160.0	230.000	130.000	180	16.8	160RYL1468	160ARVSL1468	180RYSL1468	314190	502894	N/A
160.0	230.000	168.000	179	23.1	160RYL1467	160ARVSL1467	179RYSL1467	315189	510150	N/A
165.1	225.425	168.000	181	19.6	165RYL1451	165ARVSL1451	181RYSL1451	315642	529468	N/A
180.0	260.000	168.000	202	29.7	180RYL1527	180ARVSL1527	202RYSL1527	313812	507536	180RV2601
200.0	270.000	170.000	222	27.9	200RYL1544	200ARVSL1544	222RYSL1544	314553	522742	N/A
200.0	280.000	170.000	222	32.4	200RYL1566	200ARVSL1566	222RYSL1566	314385	507344	200RV2802

续表5.1.2

d（内径）	D（外径）	B（宽度）	UDR（滚子下直径）	质量	铁姆肯公司装配组件	内圈组件	外圈组件	其他同类产品型号参考		
mm	mm	mm	mm	kg				SKF	FAG	NSK
200.0	280.000	200.00	222	39.0	200RYL1567	200ARVSL1567	222RYSL1567	313893	508726	200RV2802
200.0	290.000	192.00	226	41.8	200RYL1585	200ARVSL1585	222RYSL1585	313811	512580	200RV2900
220.0	310.000	192.000	246	45.1	220RYL1621	220ARVSL1621	246RYSL1621	313839	507333	N/A
230.0	330.000	206.000	260	58.3	230RYL1667	230ARVSL1667	260RYSL1667	313824	508727	230RV3301
260.0	370.000	220.000	292	107.6	260RYL1744	292ARVSL1744	292RYSL1744	313823	507336	260RV3701
280.0	390.000	220.000	312	81.9	280RYL1783	312ARVSL1783	312RYSL1783	313822	507339	280RV3901
280.0	390.000	275.000	308	100.7	280RYL1782	308ARVSL1782	308RYSL1782	314719	527104	280RV3903
300.0	420.000	300.000	332	131.9	300RYL1845	332ARVSL1845	332RYSL1845	314484	524289	300RV4221
340.0	480.000	350.000	378	201.3	340RYL1963	378ARVSL1963	378RYSL1963	314485	527634	340RV4801

Timken®是铁姆肯公司的注册商标。本页中数据已尽量做到准确全面，但对于任何错误、遗漏或失准的信息，铁姆肯公司不承担责任。本页提及的其他品牌产品是其各自公司的注册商标的产品。

5.2 大连国威轴承股份有限公司

5.2.1 轴承

5.2.1.1 YWY热、冷轧轧机辊颈轴承（见图5.2.1~图5.2.4）

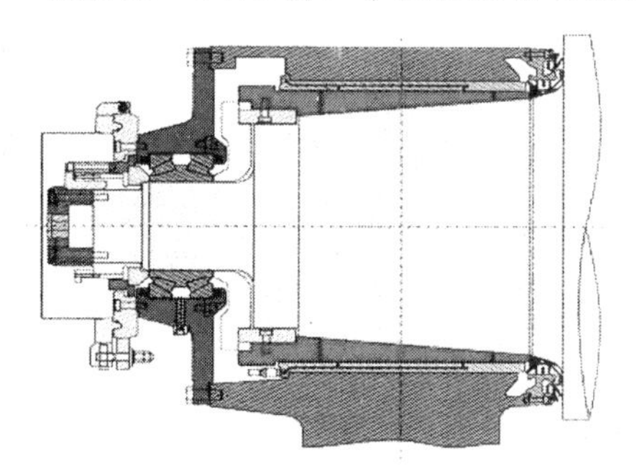

图5.2.1 油膜轴承大锥角双列圆锥滚子轴承

图5.2.2 四列（密封）圆柱滚子轴承

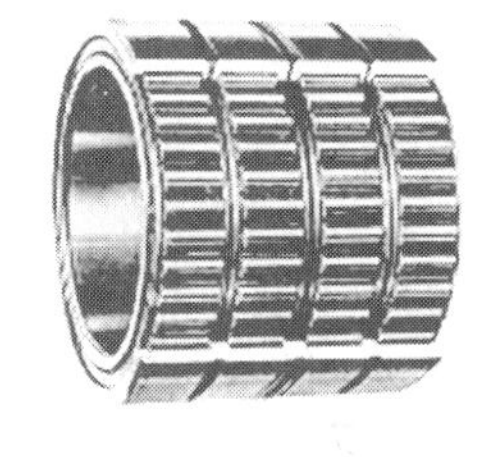

图5.2.3 四列（精密P5~P4）圆锥滚子轴承

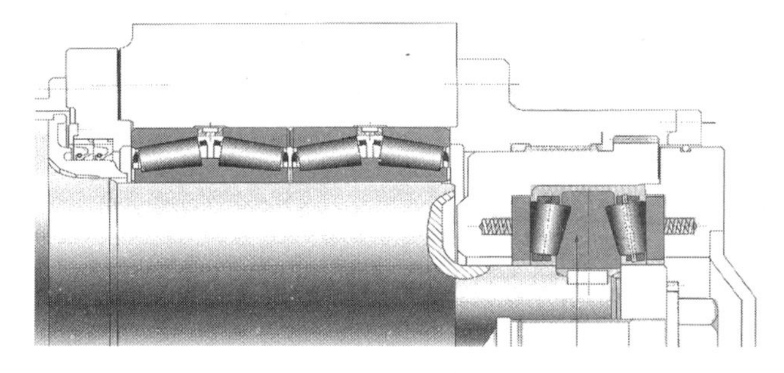

图5.2.4 轧钢机用四列圆锥轴承及双向推力圆锥滚子轴承

适用设备：1580、1780、2050、2150等各种热连轧机、平整机。

1420、1700、1850、2030等各种冷连轧机、平整机。

全尺寸系列油膜轴承配套的大锥角双列圆锥滚子轴承（见图5.2.5）；

轴承安装部位：工作辊、支撑辊、中间辊辊颈部位，油膜轴承的止推部位。

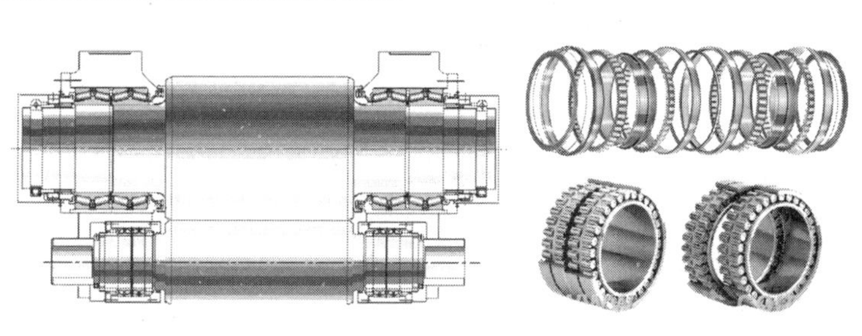

图5.2.5 大锥角双列圆锥滚子轴承

轴承结构形式：四列圆锥滚子轴承、密封型四列圆锥滚子轴承、双向推力圆锥滚子轴承、四列圆柱滚子轴承、高精度四列圆柱滚子轴承、大锥角双列圆锥滚子轴承。

典型系列及尺寸范围：

双向推力圆锥滚子轴承：829000型 d=100~D=900mm

双列圆锥滚子轴承：TDO、TDI型 d=100~D=1960mm

四列圆锥滚子轴承：TQO型 d=100~D=1960mm

双列圆柱滚子轴承：NN、NNU型 d=100~D=1600mm

四列圆柱滚子轴承：FC、FCD、FCDP型 d=100~D=1600mm

使用实绩：西门子摩根、日照钢铁、宝钢、中铁、迁钢、广州联众、本钢、酒泉钢铁等钢铁企业

5.2.1.2 YWY **多辊冷轧轧机背衬轴承**（**见图**5.2.6**和图**5.2.7）

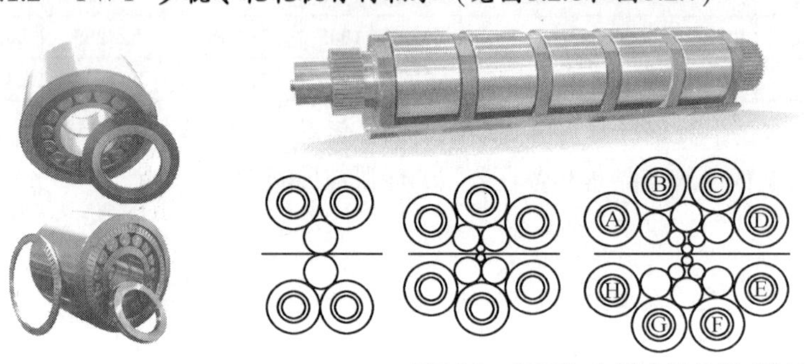

图5.2.6 YWY 多辊冷轧轧机背衬轴承

适用设备：六辊、八辊、十二辊、二十辊等多辊冷轧机。

轴承安装部位：支撑辊。

轴承结构形式：高精度（P5~P4）双列短圆柱滚子轴承、高精度（P5~P4）三列短圆柱滚子轴承。

典型系列及尺寸范围：

双列短圆柱滚子轴承：NNBP，NNU2P型

d=90~D=500mm

三列短圆柱滚子轴承：NNTP，NNTB型

d=90~D=500mm

使用实绩：太钢、鞍钢等钢铁企业；

图5.2.7 YWY 背衬轴承装配现场

轴承修复：YWY在生产制造背衬轴承的同时，还可以对循环使用后的背衬轴承进行修复或配置相关轴承零部件工作，满足客户对轴承的使用要求，降低生产成本。

5.2.1.3 YWY **型钢轧机设备轴承**（**见图**5.2.8**和图**5.2.9）

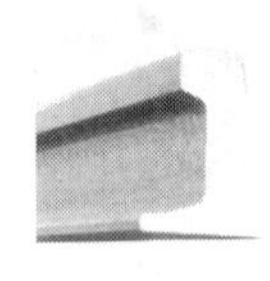
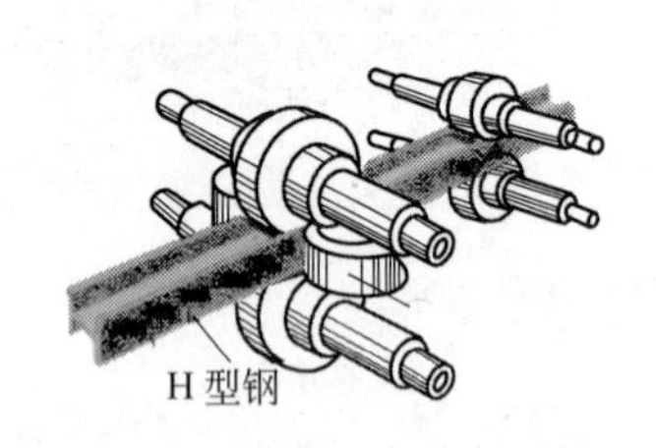

图5.2.8 YWY 型钢轧机设备轴承

图5.2.9 冶矿轴承

适用设备：各类小、中、大型钢轧机；

轴承安装部位：轧机水平辊、立辊辊，型钢矫直机矫直辊的辊颈部位；

轴承结构形式：双列（密封）、四列（密封）圆锥滚子轴承；四列圆柱滚子轴承；

典型系列及尺寸范围：

双列圆锥滚子轴承：TDO、TDI型　d=100~D=1960mm

四列圆锥滚子轴承：TQI型　d=100~D=1960mm

四列圆柱滚子轴承：FC、FCD、FCDP型　d=100~D=1600mm

使用实绩：莱钢、马钢、日照钢铁等钢铁企业的H型钢轧机；

5.2.1.4　YWY 高线、棒材轧机轴承（见图5.2.10~图5.2.15）

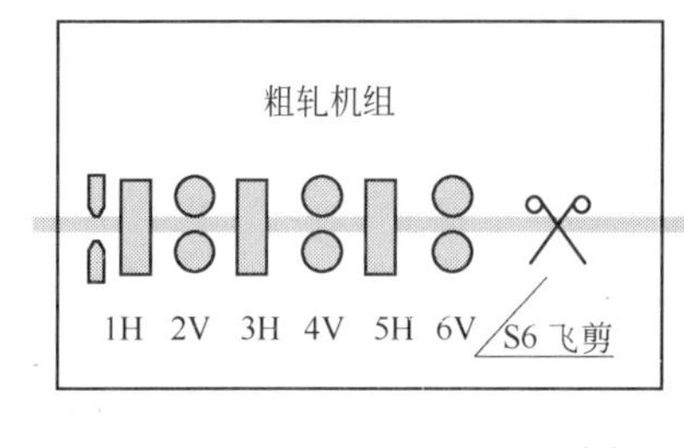

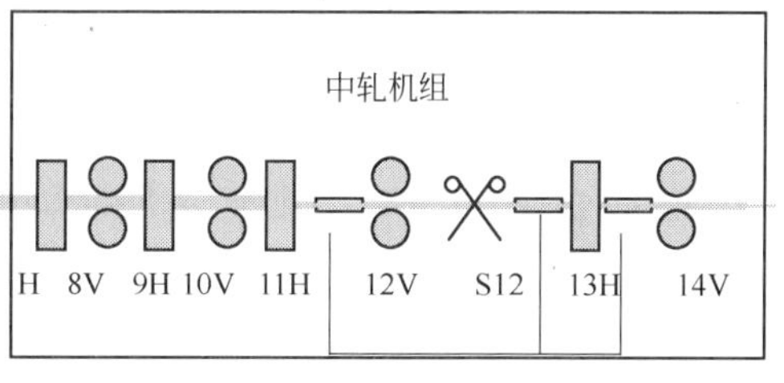

图5.2.10　H垂直轧机

预精轧机组

1# 侧活套

图5.2.11　V水平轧机

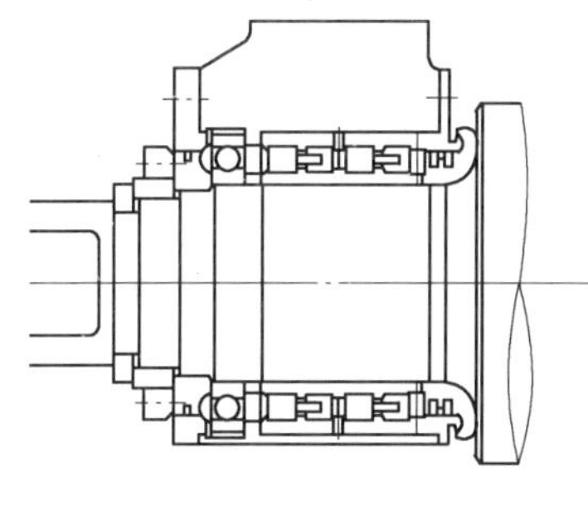

图5.2.12　四列圆柱（圆锥）滚子轴承

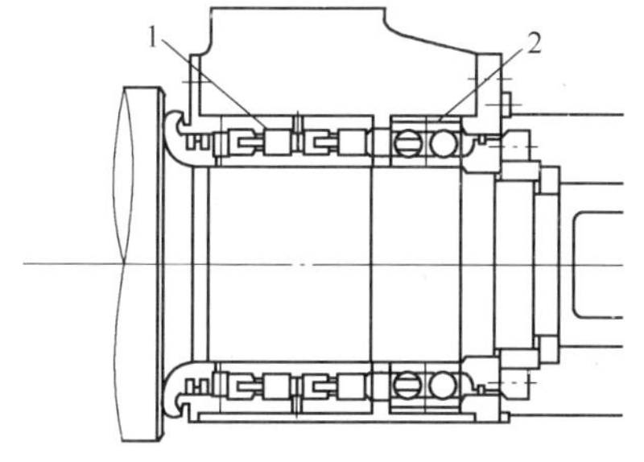

图5.2.13　深沟球轴承

适用设备：高线及棒材轧机的初轧机、中轧机及预精轧机

轴承安装部位：V水平轧辊、H垂直轧辊的辊颈部位

轴承结构形式：四列圆柱滚子轴承、四列圆锥滚子轴承、深沟球轴承、角接触球轴承

典型系列及尺寸范围：

四列圆柱滚子轴承：FC、FCD、FCDP型　d=100~D=1600mm

四列圆锥滚子轴承：TQO型　d=100~D=1960mm

单、双列角接触轴承：QJ、QJF型　d=100~D=1600mm

使用实绩：中冶京诚瑞信、北台、西林钢铁、攀钢、中铁等

图5.2.14　YWY 角接触球轴承类型

5.2.1.5　YWY 无缝钢管轧机轴承

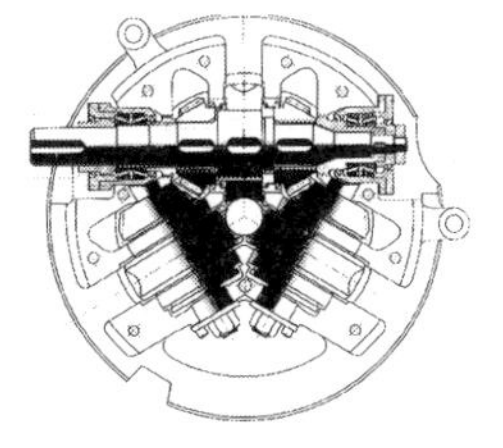

钢管定径机

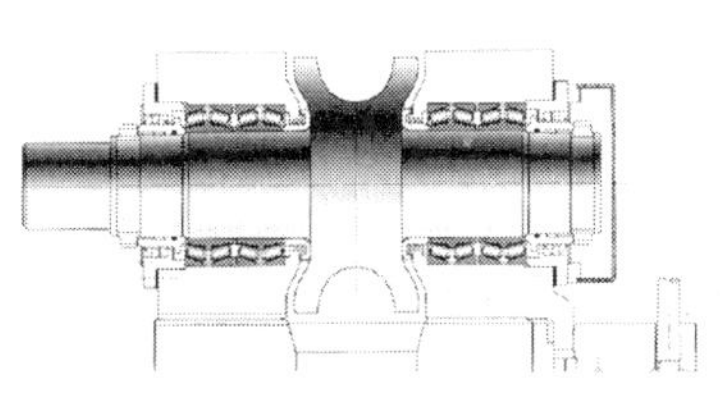

钢管轧机

适用设备：无缝钢管轧机、定径机等设备

轴承安装部位：轧机辊颈部位

轴承结构形式：四列圆柱滚子轴承、四列圆锥滚子轴承、双向推力圆锥滚子轴承

典型系列及尺寸范围：

图5.2.15　YWY四列圆锥滚子轴承

四列圆柱滚子轴承：FC、FCD、FCDP型 d=100~D=1600mm；
TQO型 d=100~D=1960mm
双向推力圆锥滚子轴承：829000型 d=100~D=900mm
使用实绩：鞍钢、无锡瑞尔等

5.2.1.6 YWY 冶金减速机设备轴承

适用设备：各类冶金机械减速机（见图5.2.16）
轴承安装部位：输入与输出轴、高速、中间轴及低速轴
轴承结构形式：双列球面滚子轴承、双列圆柱滚子轴承、向心球轴承等
典型系列及尺寸范围：双列球面滚子轴承：CA型、CC型 d=80~D=2000mm
使用实绩：莱钢、涟钢、太重、德阳二重、重庆齿轮箱、攀钢等

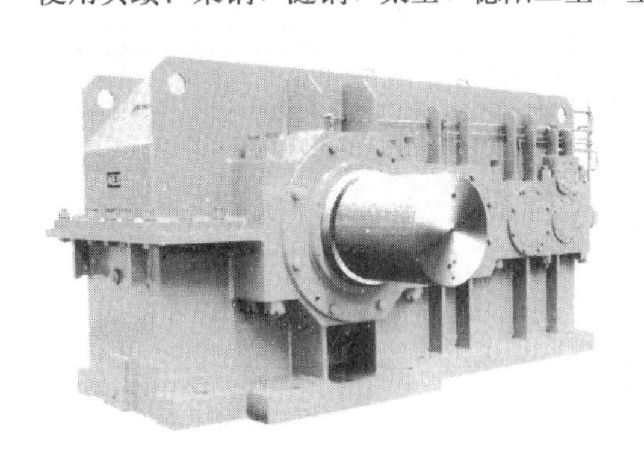

图5.2.16 YWY典型减速机轴承

5.2.1.7 YWY 冶金设备剖分轴承

典型轴承类型：单列短圆柱滚子轴承（见图5.2.17）
使用条件：安装系统对轴系有特殊安装要求，转速不高
使用部位：冶金设备后需工艺的板坯、钢管冷床驱动辊道支撑部位
典型系列及尺寸范围：SRB型 d=80~d=320mm
使用实绩：宝钢、沙钢等

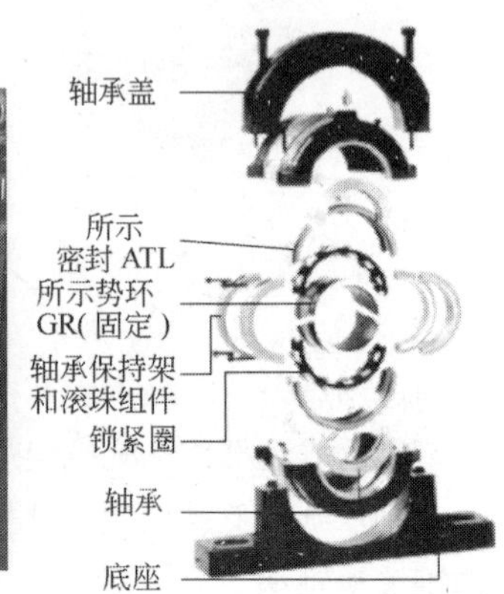

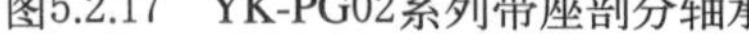
图5.2.17 YK-PG02系列带座剖分轴承

5.2.1.8　YWY **连铸设备轴承**

适用设备：各类中、宽、厚板坯连铸机；

轴承安装部位：扇形（弯曲）段和水平段的上下辊驱动和非驱动侧支撑和辊颈部位，水平输送辊辊颈部位。

轴承结构形式（见图5.2.18、图5.2.19）：

固定侧：双列球面滚子轴承、密封型双列球面滚子轴承；

中间侧：内冷却剖分式带座轴承（替代进口、自主创新）；

自由侧：CARB轴承（替代进口）；

RUB轴承（替代进口）大游隙双列球面滚子轴承（见图5.2.23）。

典型系列及尺寸范围：

双列(大游隙)球面滚子轴承：CA型、CC型 d=80~D=2000mm

内冷却剖分式带座轴承：PCR型 d=100~d=300mm

RUB轴承：　RUB型 d=80~D=400mm

CARB轴承：CARB型 d=80~D=1750mm

使用实绩：宝钢、莱钢、武钢、鞍钢、涟钢、河北敬业、华菱、邯钢、赛迪重工、济钢、中钢等企业的各类中、宽、厚板坯连铸机；

一体式连铸辊、一体式多分节辊、一体式芯轴套筒辊、分体式多分节辊结构的都可以根据具体辊子结构选用：双列（大游隙）球面滚子轴承、内冷却剖分式带座轴承RUB轴承及CARB轴承。

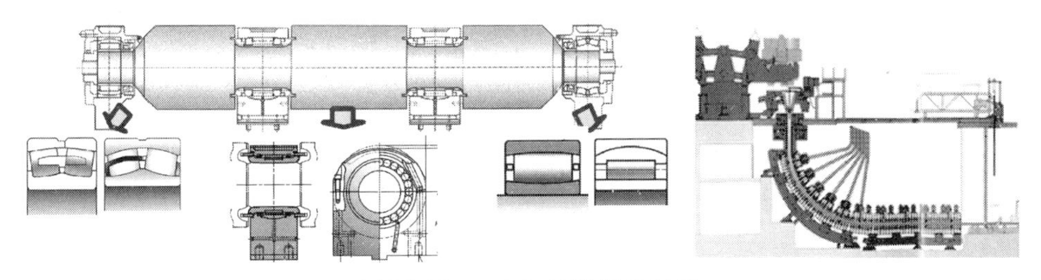

图5.2.18　YWY 连铸设备轴承

固定侧

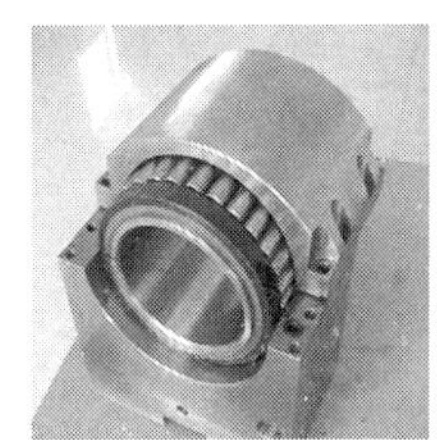

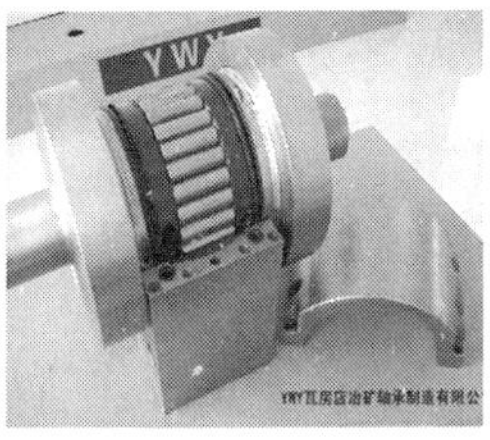

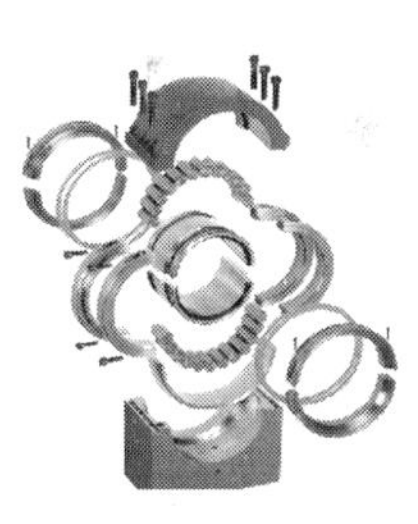

中间侧

自由侧

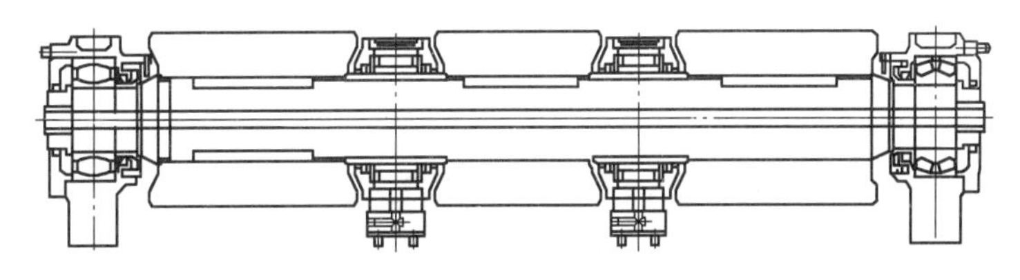

RUB轴承

图5.2.19　YWY专用铸机轴承

5.2.1.9　YWY 冶金设备输送辊道轴承

适用设备：几乎普及所有冶金通用设备，特别适合各类热轧、连铸机的输送辊道部位，如图5.2.20~图5.2.22所示。

典型轴承类型：双列球面调心滚子轴承；

使用条件：安装系统轴系同心度（对中度）不太高，承受大的径向和轴向联合载荷的部位；

典型系列及尺寸范围：CA型、CC型　*d*=80~*D*=2000mm；

使用实绩：首钢、武钢、中冶赛迪等。

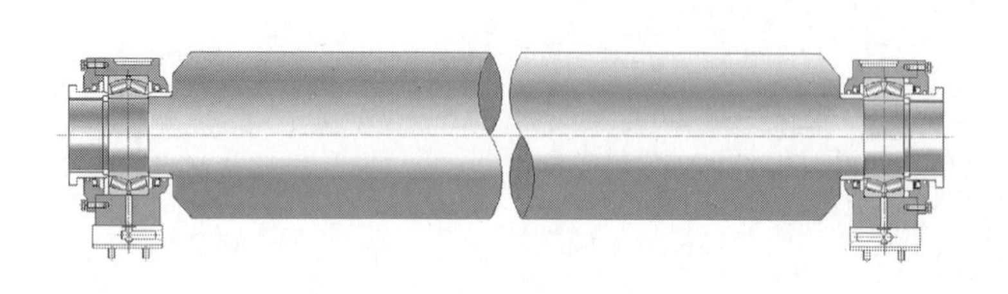

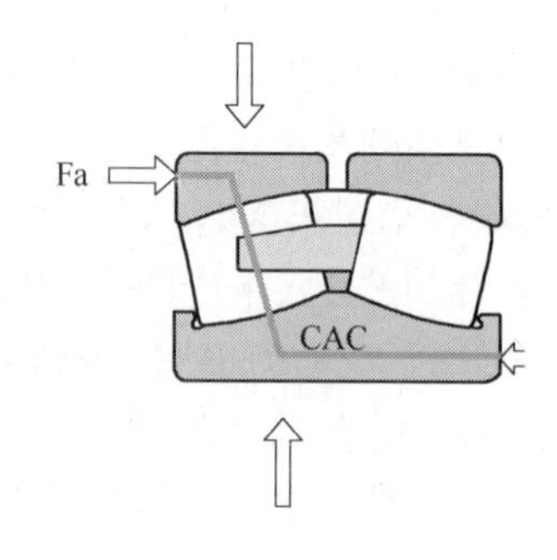

图5.2.20　YWY 冶金设备输送辊道轴承

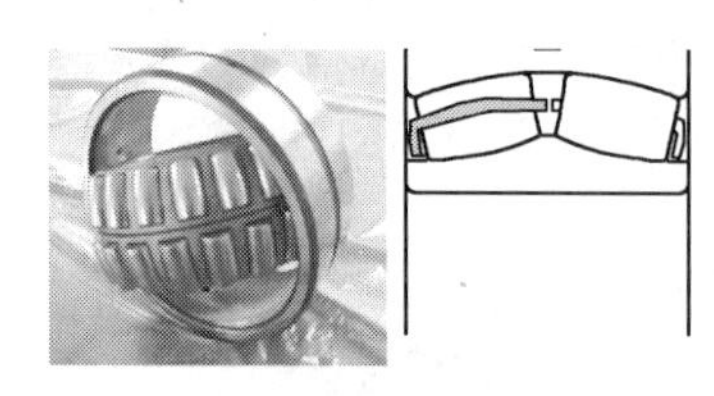

图5.2.21　CC型结构

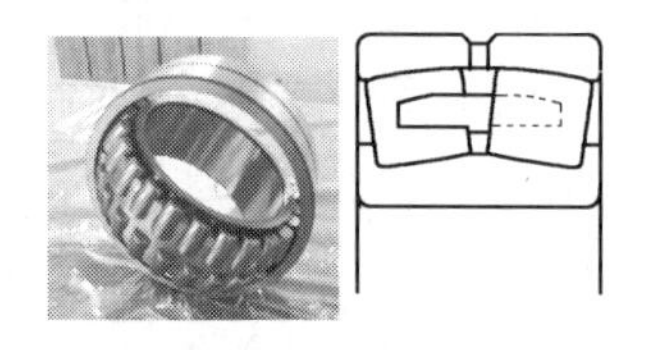

图5.2.22　CA型结构

5.2.1.10　YWY 冶金起重机设备轴承

适用设备：各类冶金设备用小、中、大型起重机；

轴承安装部位：动滑轮、静滑轮部位；

轴承结构形式：双列（密封）圆柱滚子轴承；

典型系列及尺寸范围：

SL04型　*d*=70~*D*=900mm

使用实绩：1200t、4000t、7500t浮吊动滑轮、静滑轮部位；

起重机滑轮轴承是YWY与著名的振华重工（原振华港机）在开发国内大型起重机滑轮轴承的过程中双双联合，共同探讨研究设备与轴承的性能要求，2005年共创满足大型起重机滑轮使用要求的ZPMC－YWY轴承品牌，大量替代进口轴承，同时也为冶金设备起重机械国产化作出了贡献（见图5.2.23、图5.2.24）。

5.2.1.11　YWY 转炉耳轴轴承

适用设备：约300t转炉；

轴承安装部位：转炉耳轴固定侧和驱动侧；

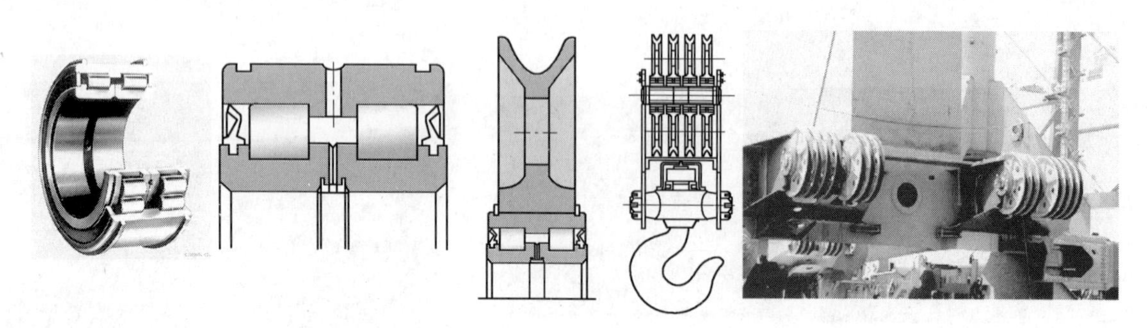

图5.2.23　YWY 冶金起重机设备轴承

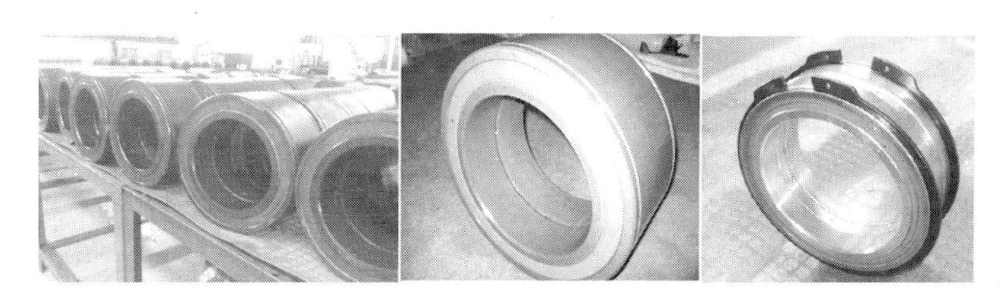

图5.2.24　YWY起重机滑轮轴承装配现场

轴承结构形式：整体式双列球面滚子轴承、剖分式双列球面滚子轴承。

典型系列及尺寸范围：

整体式双列球面滚子轴承：CA型　*d*=80~*D*=2000mm；

剖分式双列球面滚子轴承：CAD型　*d*=400~*D*=2000mm；

使用实绩：武钢、济钢、凌钢等，特大型300t转炉耳轴轴承外径：1850mm，自重：4539kg，已出口到英国康立斯公司（见图5.2.25）。

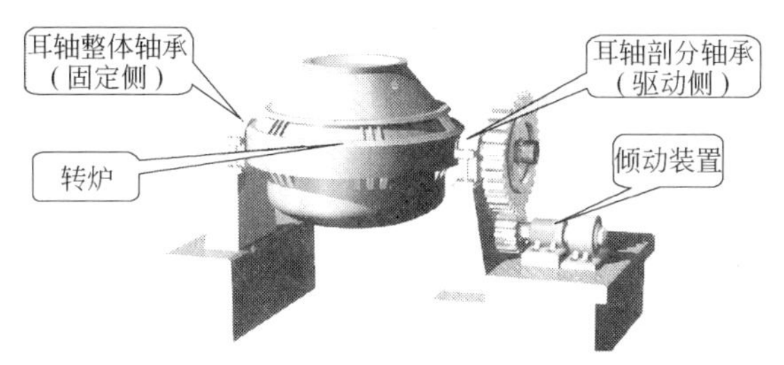

图5.2.25　YWY转炉耳轴轴承装配现场

5.2.1.12　YWY 冶金环保、节能型轴承

典型轴承类型（见图5.2.26）：

密封型球面滚子轴承、密封型双列短圆柱滚子轴承、密封型四列圆锥滚子轴承。

使用条件：环境污染大、轴承因污染使用寿命短，润滑困难。

使用部位：连铸机、起重机、热轧机等轴承工作部位。

典型系列及尺寸范围：

密封型球面滚子轴承：CA-2RS型CA、CC型　*d*=80~*D*=580mm；

密封型双列短圆柱滚子轴承：SL04型　*d*=70~*D*=900mm；

密封型四列圆锥滚子轴承：TQOS型　*d*=100~*D*=1960mm；

使用实绩：日照、本钢、首钢迁钢、振华重工、沧州中铁等。

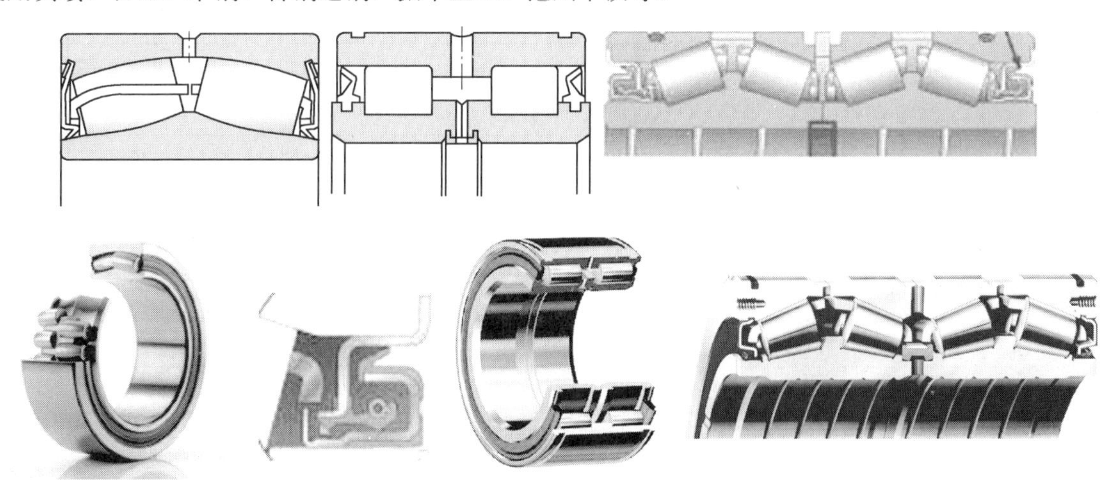

图5.2.26　YWY典型冶金轴承密封结构

5.3 武汉南星冶金设备备件有限公司

5.3.1 IB轴承

5.3.1.1 IB轴承简介

SL-IB轴承为现代化装备。

最突出的特点:

突破油膜润滑极限，在许多场合帮助您实现无需加油的自润滑。

最显著的特征:

在七种滑动运动下不易形成油膜的状态下实现理想的自润滑。

最佳的适应能力:

在高温、低温、污染腐蚀的恶劣环境下的自润滑。

最经济的生产效能:

摩耗低、磨损慢，高性能、高寿命的自润滑。

摇摆、往复、间歇、频繁起动，止推、缓慢及重载低速的滑动。

SL-IB应用场合:

本系列产品在下列场合充分发挥其性能;

任何避免加油的场合（高负荷、低转速而油膜难以构成的场合）;

慢速、微量滑动而油膜难以构成的场合;

摇摆、往复、间歇、频繁起动，止推等运动而油膜难以形成的场合;

避免污染而杜绝加油的场合;

长时间处于污染状况，而润滑油容易老化，失效的场合;

室外作用环境恶劣注油润滑失效的场合;

高空悬臂加油不便，加油无法保持而难以形成润滑的场合;

封闭性机构不易给油的场合;

高温或低温状态下润滑油，脂效力难以发挥的场合;

水中或化学腐蚀性液体中难以形成润滑的场合。

5.3.1.2 SL-IB轴承的牌号、性能及适用条件

自润滑镶嵌轴承物理力学性能见表5.3.1。

表5.3.1 自润滑镶嵌轴承物理力学性能

项　目	单　位	IB62	IB63	IB94	IB1283	IBGT	IBpb
密　度	g/cm^3	8.2	8.7	7.6	7.53	7.2	
热膨胀系数	10^{-5}/℃	1.6~2.0	1.6~1.8	1.8	1.8	1.0~1.2	
热传导率	cal/(s·℃·cm)	0.09~0.13	0.11~0.15			0.1~0.13	
抗拉强度	MPa	700	200	540	650	150	
冲击韧性值	J/cm^2	40~50	10~25	40	27	2~4	
硬度HB	N/mm^2	1665	637	1078	1560	1420	
延伸率	%	>7	>10	15	20	6	
摩擦系数μ	—	常温0.04、高温0.10					
镶嵌覆盖面积	%	20~35					
摩擦系数测定在M200试验机上进行。对偶件45号钢HRC40~45							

自润滑镶嵌轴承技术规范及适用条件见表5.3.2。

表5.3.2 自润滑镶嵌轴承技术规范及适用条件

规范 / 系列类别	技术规范					环境			运作规范							
	给油条件	P MPa	V m/min	P，V MPa，m/min	T ℃	大气中	水中	海水中	回转	摇摆	往复	间歇	中负荷	高负荷	低速	中速
IB62	不给油	25	15	100	-40~250	0	0	0	0	0	0	0	0	0	0	×
	不给油	50	15	200	常温	0	0	0	0	0	0	0	0	0	0	0
	定期给油	25	50	150	250	0	0	0	0	0	0	0	0	0	0	0
IB63	不给油	15	25	80	-40~250	0	×	×	0	0	×	0	0	×	0	0
	定期给油	15	150	100	250	0	×	×	0	0	×	0	0	×	0	0
IB94	不给油	30	25	150	-40~250	0	0	0	0	0	0	0	0	0	0	0
	定期给油	50	50	200	250	0	0	0	0	0	0	0	0	0	0	0
IB1283	不给油	50	25	200	-40~250	0	0	0	0	0	0	0	0	0	0	0
	定期给油	50	150	300	250	0	0	0	0	0	0	0	0	0	0	0
IBGT	不给油	5	15	50	-40~250	0	×	×	0	0	0	×	0	×	0	0
	定期给油	10	100	80	250	0	×	×	0	0	0	×	0	×	0	0
IBPb	不给油	10	150	60	-40~250	0	×	×	0	0	0	×	0	×	0	0
	定期给油	15	150	100	-40~250	0	×	×	0	0	0	×	0	×	0	0

5.3.1.3 SL-IB**轴承设计简介**

轴承设计是机械运动不可缺少的重要因素，然而是在何处，安装何种轴承必须进行科学的考虑。

本简介仅就SL-IB轴承与一般滑动轴承，以及滚动轴承进行比较以期对于SL-IB轴承妥当使用提供帮助，若有难理解处，比如特殊设计（特别要求的产品），“苛刻条件，特别环境”等情况时，请与本公司联系。

本公司除生产标准件外，还可定做特别要求的产品，欢迎垂询。

SL-IB轴承与一般滑动轴承、滚动轴承应用对比见表5.3.3。

表5.3.3 SL-IB轴承与一般滑动轴承、滚动轴承应用对比

设立条件	特 征	SL-IB轴承	一般滑动轴承	滚动轴承
使用条件	价格 批量性 互换性	稍贵 有利（单件小批） 一般有利	较滚动轴承便宜 一般不利 一般有利	— 规格品有利 有利
给油条件	给油	无供油条件使用	一定要供油	依条件而论
环境条件	耐负荷性	高负荷有利	一般有利	一般有利
	速度特性	低速、中速	一般中速	中速、高速
	振动负荷	有利	一般有利	不利
	冲击负荷	有利	一般有利	不利
	摩擦系数	较滚动轴承高 较滑动轴承低	起动时高	较滑动轴承低
环境条件	耐热性 耐水性 耐蚀性 异物侵入性 噪声 摇摆运动 往复运动 间歇运动	任意选定大 有利 有利 有利 有利 非常有利 有利 有利	+150为止 除非特别一般不利 按类别选择 比较有利 有利 有利 不利 不利	不能在高温下使用 不密封则不能使用 不利 不利 不利 不利 一般不可 有利
尺寸条件	尺寸形状精度	无特别 比较的良好	无特别 比较的良好	形状一定良好

5.3.1.4 **自润滑镶嵌轴承（IB轴承）和一般滑动轴承**

一般滑动轴承需供给润滑油，需要流体压力、空间、黏度的实现条件，原则上只适用于流体润滑。

而IB轴承无论是具备流体润滑的情况下，还是在边界润滑，干摩擦状态都能够发挥一般滑动轴承所不具备的功能，即具有自润滑性，且性能优良。

IB轴承和一般滑动轴承，在流体润滑和边界润滑状态虽有许多共同点，但一般情况下，IB轴承与一般滑动轴承相比优点是，在无供油条件下仍可使用。是具有"耐烧焦性，耐摩耗性"的轴承。

一般滑动的轴承在以下情况会产生烧焦现象：

由于高负荷、低速运转、摇动运动、往复运动、断续运动、异物混入等而造成油膜破裂的情况下；

在高温和低温情况下；

由于供油系统不完备而造成原来的流体润滑不能正常工作的情况下；

在以上这样苛刻条件下，IB轴承能够在以往那些必须供油才能工作的滑动轴承所不能及的环境下进行工作。

5.3.1.5 **自润滑镶嵌型轴承（IB轴承）和滚动轴承**

IB轴承与滚动轴承在使用范围、特点上各不相同，在微小摇动运动、断续运动、振动负重的情况下，滚动轴承的缺点易于显现，而IB轴承在一般情况下，都能正常工作。

IB轴承与主要通过供油工作的滚动轴承不同，在无油条件下仍可使用。

如果机械设备设计选用滚动轴承不能满足使用要求，可按照IB轴承的特性取而代之，如果采用的轴承座不可更改或需要保留，本公司可以在不改变轴承座的情况下用IB轴承满意替代，只需在滚动轴承型号前面加上IB两个字母即可，例如："IB3514"，就是按照3514滚子轴承装配尺寸加工成的3514金属基镶嵌型调心关节轴承。

5.3.1.6 **IB轴承设计说明**

自润滑镶嵌型轴承（IB轴承）（以下简称轴承）的设计主要是针对机械运动中，摇摆、往复、间歇、频繁起动，微动、止推、重载低速等七种运动状态。本轴承适用于高温辐射、化学腐蚀、环境污染、润滑失效等多种工况条件。本轴承特别适用于克服润滑不能形成，异物混入而导致油膜破裂的场合，腐蚀性气氛环境条件不许可加油，水中（或腐蚀性液体）加油失效等。相对于普通滑动轴承传统润滑方式而言，本轴承具有经济、耐用、高效能、长寿命等显著特性。

5.3.1.7 **轴承*PV*值**

（1）*PV*值计算。

轴承使用负载条件确定于比表面负载P和允许速度V的乘积PV值来选择。

轴承的动力损失用μ、P、V表示，它将转变成摩擦热，单位时间，单位面积所产生的摩擦热量Q由公式给出：

$Q=\mu/j\times10^2$ （J (cm^2·min)）

j=摩擦热功当量（≈1）

μ=摩擦系数

一般就摩擦系灵敏为定值，因此轴承产生产摩擦热与PV值成正比，这个摩擦热就是设计选择轴承材料的重要依据。

轴承的运动方式，使用环境、润滑方式、轴承的材质及表面状况等对PV值的选定有较大影响。允许最大PV值是在轴承设计时允许的单位面积内，负载与速度乘积的最大值：在这个值以下，使用较安全（见图5.3.1）。PV值应按IB轴承性能表使用。

极限PV值：

极限PV值在轴承设计中，其对轴承的影响取决于轴承投影单位面积的承载负荷与速度乘积最大值，如图5.3.1所示。

PV值计算公式：

P=承载负荷（N）/轴承投影面积(cm^2)×10^{-2}(MPa)

V=轴承沿运动方向单位时间运动的距离（m/min）

回转运动的场合：

$$V(\mathrm{m/min})=\pi dn/10^3$$

$$P(\mathrm{MPa})=W/Ld$$

$$PV(\mathrm{MPa\cdot m/min})=\pi Wn/L$$

式中　W——垂直负荷，N；

n——转速，m/min；

d——内径，mm；

L——宽度，mm。

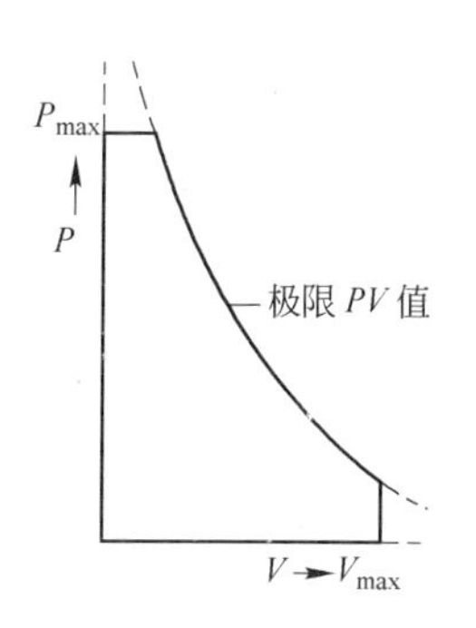

图5.3.1　极限PV值

（2）影响PV值的因素。

1）轴承负载。

通常轴承负荷是轴承所承受的最大压力除以支撑面积，对于圆柱形或球面轴承来说，支撑面积是轴承与轴接触部分的投影面积。

2）滑动速度。

轴承的寿命，主要是由摩擦面上的磨损量决定的，当负荷不变时，摩擦面上的温度受滑动速度的影响。

轴承在PV值相同时使用，速度越大，表面温度越容易上升，但在高速使用时，如果给予充分的润滑，增大冷却效果，适当以液体润滑，也能使摩擦系数保持在较低值获得高的耐磨损性和耐热咬合性。

3）运动间隔。

轴承的运转包括间歇运动和连续运动两种形式，对一般轴承而言，间歇运动与连续运动比较，间歇运动有停止时间，易使摩擦热得到散发，可在PV值较高的情况下使用。另一方面，频繁的间歇运动，由于润滑不良，也可导致磨损增大，发生与轴的咬合与黏着。

在间歇运动时，由于负载增大，加剧摩擦与磨损，在设计时，必须选择较高性能的轴承材料。

自润滑镶嵌型轴承因有固体润滑剂覆膜保持在摩擦面上，具有较好的抗负载能力，能在重负载的简易运动情况下发挥优良的性能。

4）滑动方向。

在径向轴颈轴承连续以一个方向运动的情况下，很容易实现液体润滑状态，也很少发生问题，在推力运动情况下，一般很难得到良好的润滑状态。如处于频繁的间歇运动、摇摆运动、往复运动等场合，使用条件更加严格。

在这些场合，性能表中所列的允许的最大PV值是径向轴颈轴承运动时的值，但在滑动方向是推力运动情况下，允许的最大PV值是径向的1/2，摇动运动时还要低。

5）特殊运动方式。

对于摇动方式，由于局部负载的产生，容易发生疲劳磨损或使摩擦粉末长期停留在摩擦面上，所以，使滑动轴承处在更加苛刻的条件下进行工作，在润滑方面具有大的破断强度的固体润滑剂覆膜的本轴承较适用这种情况，并能获得良好的润滑效果。对于微小的摇动运动及往复运动，从宏观上看，只有振动而无滑动，此时易发生异常的现象——摩擦腐蚀。其产生的原因是由于磨损而形成的细小粉末，在摩擦面上氧化，这些氧化的粉末随轴微量滑动，加速了轴承磨损，本轴承因产生固体润滑覆膜，有利于防止磨损粉末的氧化。对于这些运动方式，选定材料时，PV值应大些为宜。

6）使用温度。

轴承的使用温度是决定轴承的寿命的重要因素。对于主要考虑环境温度的场合，轴承在运动时产生的摩擦就显得不那么重要；因此，在设计时一般不予考虑。在高温条件下选用轴承，应适当降低PV值，使高温低速运动时能充分发挥固体润滑剂的功能。

7）耐蚀性。

在水中，海水中或化学腐蚀性液体、气体中使用本轴承必须考虑轴承材料的耐蚀性，在这种场合，一般选用优良的耐蚀性基体材料，并适当降低PV值使用。

5.3.1.8 **轴承尺寸及与配合选定**

(1) 轴承内径和宽度的确定。

轴承内径由选用的轴的直径来确定。

轴承宽度则由满足轴承总载荷除以允许负荷内径来确定。

$$P_{允} \geqslant p/d \cdot L_{允}$$

则宽度

$$L \geqslant p/d \cdot P_{允}$$

式中 L——宽度，mm；

d——内径，mm；

P——承载负荷，MPa；

$P_{允}$——允许负荷，MPa。

轴承内径d和轴承宽度L的比，从它对油膜厚度，偏载冷却能力、刚性等的影响，L/d之值与轴承的运转性能有很大的相关性。

从公式可以看出，增大轴承宽度，可提高承载负荷，降低轴承比表面负荷对轴承满足承载负荷是有利的。

但是增加宽度L到一定程度，也会使抗偏载能力和冷却效果降低，反而过早地损伤轴承，所以L/d之比大到一定程度，仍然不能满足比表面负荷$P_{允}$的条件下，可选择允许负荷稍高的基体材料，或者在允许的设计范围之内调整轴径，从而增大轴承内径d达到降低轴承宽度L。

为此，L/d按下列规范取值：

一般L/d取 0.5~1.5。

高温、调整、高负荷$L/d \leqslant 1$

高偏载$L/d \leqslant 0.5 \sim 0.7$。

当轴承设计L/d选定大于1.5可采取如图削除中间接触面的方法（见图5.3.2和表5.3.4），减少轴承与轴的接触面积，以减少摩擦的接触面积来改善散热效果。

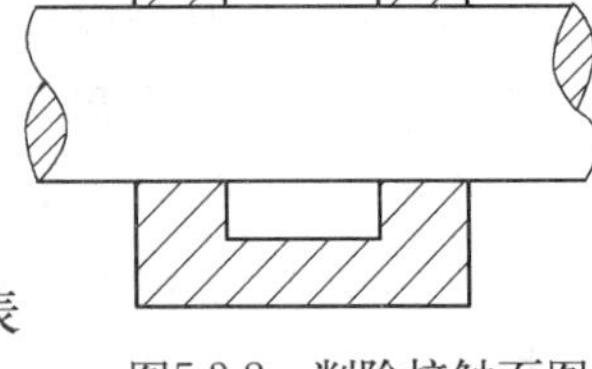

图5.3.2 削除接触面图

表5.3.4 L/d对轴承运转性能的影响对比

L/d对轴承运转性能的影响对比		
对比条件	短轴承（$L/d<1$）	长轴承（$L/d>1$）
油膜厚度	小	大
冷却能力	大	小
承载能力	小	大
对偏载的适用性	好	差
轴承刚性	差	好
对振动的衰减能力	小	大
间 隙	小	大

(2) 轴承的厚度。

轴承从热膨胀、热传递和机械强度等方面来看，只要满足机械加工（工艺规范）所必要的厚度即可，一般来讲，对轴承厚度制约不多，与滚动轴承相比，本轴承的厚度要薄得多（注：某些不改变原设计的总体结构的状况下，比照采用原滚动轴承度也无妨碍）。对于含油轴承，由于含油轴承与轴承的体积成正比例，所以不供油使用时，厚度稍取大些为宜。图5.3.3所示为轴承厚度t与内径d图。

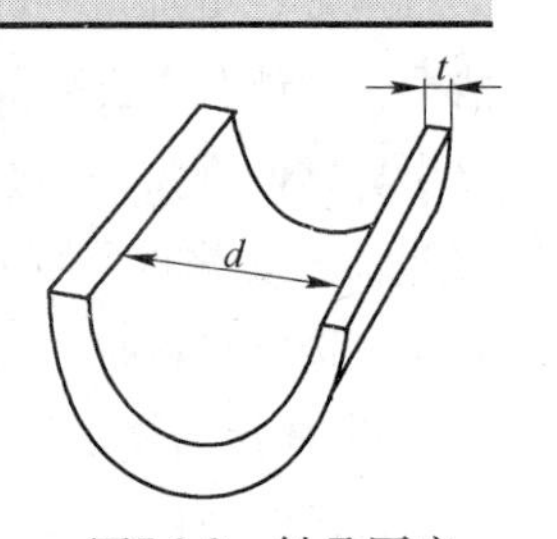

图5.3.3 轴承厚度t与内径d图

轴承厚度计算如下：

IB轴承厚度计算式：

$$轴承厚度t=(0.05\sim0.07)\,d+(2\sim5)\,\text{mm}$$

式中，t为轴承厚度；d为轴承内径，见表5.3.5。

表5.3.5　轴承内径　(mm)

轴　径	≤18	≤30	≤50	≤80	≤120	≤150	315
厚　度	3	3~4	4~6	6~10	10~14	14~18	18~25

(3) 轴承配合间隙。

轴承工作间隙C和轴承直径D的比率C/D称为轴承间隙比，与下述因素相关（见表5.3.6）。

表5.3.6　影响因素

影 响 因 素	内径收缩变化
外径愈大	绝对收缩量大（不同尺寸）
壁愈大	相对收缩量小（相同尺寸）
外径过盈量大	内径收缩大（相同尺寸）
轴、孔相向运动	应增大工作间隙

注：1.本设计表采用的轴承与轴承座可供选择的配合有H7/r7；H7/m7。轴承与轴可选择的配合有F7/e7；F7/d7（分别为轻负荷、重负荷基本尺寸范围在轴径ϕ 120mm以内）。若采用其他配合时，过盈量和间隙只需按表中给出的范围来确定即可。当孔与轴发生相对运动时间隙应再放大(50~150) mm×0.001mm。

2.高温用轴承设计间隙的修正。

设计间隙修定的说明。

当环境温度在100℃以上的高温场合，必须考虑轴的热膨胀量对配合间隙的影响，在按常温设计轴承的同时，内孔的尺寸公差要加算热膨胀量，其调整量按下式计算：

$$热膨胀量=轴的热膨胀系数(\alpha)\times轴径(d)\times(环境温度-室温)\ (\Delta t)$$

$$普钢\alpha=1.12\times10^{-5}\,℃$$

(4) 油孔和油槽。

关于供油的油孔和油槽，可以按一般滑动轴承的设计考虑。

轴承的磨损粉末（磨屑）往往积蓄在固体润滑剂芯棒的端部，常妨碍固体润滑剂向摩擦面供给，这种现象尤其产生在推力轴颈轴承上，在这种情况下，若在摩擦面上设置适当的沟槽，设法将磨屑排除在摩擦面以外，有利于降低轴承磨损率，延长轴承的使用寿命。

(5) 轴承固体润滑剂的排列和轴承端部的倒角。

轴承镶嵌固体润滑剂的面积一般约占摩擦面积的20%~35%，要求均匀排布，重叠覆盖以利于轴承在运转时润滑膜覆盖在整个滑动面上。

轴承的边缘部位是固体润滑剂不能覆盖的部位，因此会产生与金属的接触。为了不使其烧伤必须加大倒角（见图5.3.4)，以便倒角面接触到镶有固体润滑剂的部位，特别是在不供油时更须如此，倒角尺寸一般按如下范围确定：

$d\leq50$mm　C取值为2~4mm

$d\leq120$mm　C取值为4~6mm

$d\leq250$mm　C取值为6~8mm

$d\leq500$mm　C取值为8~10mm

$d\leq600$mm　C取值为10~15mm

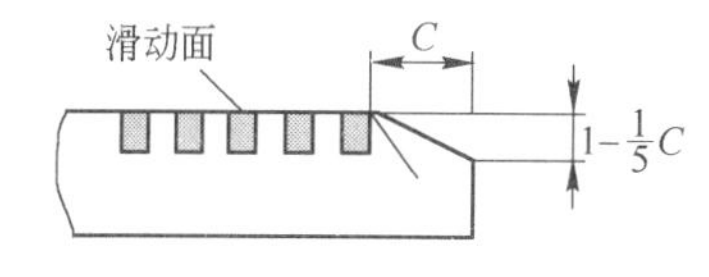

图5.3.4　轴承倒角示意图

就滑动轴承而言，正常使用状态下，轴承寿命取决于内径磨损量。在给定使用条件下，磨损量主要取决于润滑状态、干摩擦、边界摩擦或流体摩擦状态磨损量有较大差别。

5.3.1.9　IB轴承寿命

包括IB轴承在内的滑动轴承的寿命，除去突然烧焦的情况外，一般由轴承内径的磨耗决定。所有滑动轴承的磨耗是，在干摩擦状态边界摩擦状态或流体摩擦状态下有很大不同。

而且，一般滑动轴承由于润滑不足，异物混入等情况，磨耗量会急剧变化，但IB轴承通常稳定。由于工况环境的显著差异，一般很难用磨耗计算进行磨耗量预测。理想状态下的寿命仅提供参考。

磨耗计算式如下所示：

$$W=KPVT \text{ (mm)}$$

式中 K——比磨耗量，mm；

W——磨耗量，mm；

V——滑动速度，m/min；

P——单位面积承载负荷，MPa；

T——摩擦时间，h。

若知比磨耗量K的数值，摩擦时间内的轴承的磨耗量可按算式确定。但是以上算式只在不考虑速度及负重的影响，运动方向的不同，润滑油的种类，对偶件材料表面的粗糙程度，异物混入等带来的影响下适用。因此使用时，请只作为一般标准考虑。

IB轴承和一般滑动轴承，由于轴颈中的给油条件不同，轴承的润滑状态发生变化，由此变化求得的比磨耗量数值K通过实验结果列入表5.3.7。

表5.3.7　比磨耗量数值K

润滑状态	一般滑动轴承K	IB轴承K
无润滑，断油状态	$1\times10^{-3}\sim1\times10^{-5}$	1×10^{-7}（低速、中速、重载）
低速造成的边界润滑状态	$1\times10^{-5}\sim1\times10^{-7}$	$1\times10^{-7}\sim1\times10^{-8}$
通过润滑脂供油较好状态	$1\times10^{-8}\sim1\times10^{-9}$	$1\times10^{-7}\sim1\times10^{-8}$
流体润滑状态	$1\times10^{-8}\sim1\times10^{-10}$	$1\times10^{-8}\sim1\times10^{-10}$

在PV值允许的范围内，本公司制造的IB轴承，不会像一般滑动的轴承那样，在一般供油条件下，由于断油，润滑不足，异物混入，水中腐蚀性气液体中，高、低温等而产生异常现象，也不会比磨耗量数值K急速上升，也不会因此产生急剧的烧焦现象等，因此，在这个意义上讲IB轴承是一种安全性较好的轴承。

5.3.1.10　**轴承牌号及分类**

轴承牌号由轴承材质，轴承型号，固体润滑剂类型三个部分组成各部分之间用短“-”隔开。

轴承型号尺寸列表。

固体润滑剂类型分为五类：

(1) L1 C、PTFE类适用于-40~250℃，中高负荷，常规耐蚀；

(2) L2 非PTFE类适用于250~400℃；

(3) L3 适用于水、海水中；

(4) L4 无机类适用于腐蚀性液体中；

(5) L5 无机类适用于400~600℃。

图5.3.5所示为轴承牌号标注示例。

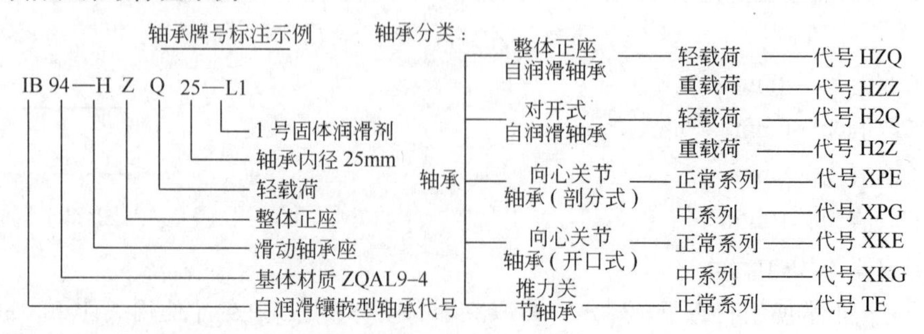

图5.3.5　轴承牌号标注示例

整体有衬镶嵌型正滑动轴承（见图5.3.6）。

适于环境温度为-50~100℃的工作条件或常温~200℃。

标记示例见图5.3.7。

d=30mm的整体有衬镶嵌型正滑动轴承座：

1894HZQ030轴承座JB/T2560。

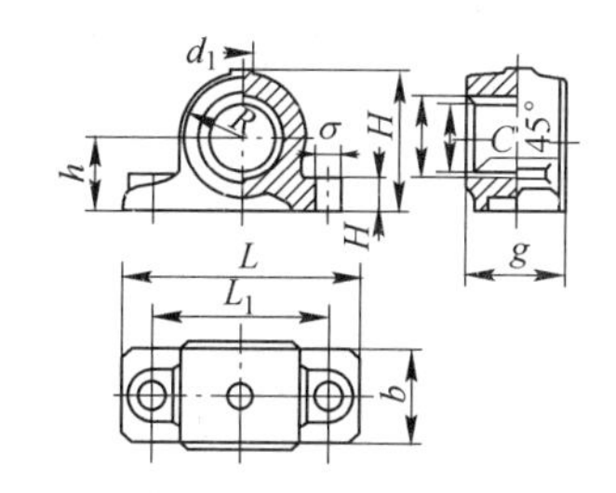

图5.3.6　整体有衬镶嵌型正滑动轴承

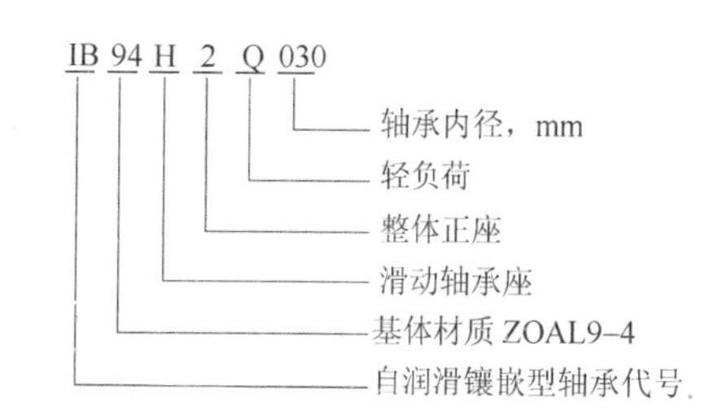

图5.3.7　标记示例图

整体有衬镶嵌型正滑动轴承主要参数见表5.3.8。

表5.3.8　整体有衬镶嵌型正滑动轴承主要参数

型号	d(HB)	D	R	B	b	L	L_1	H	h(h12)	H_1	D_1	D_2	C	质量/kg
HZ020	20	28	26	30	25	105	80	50	30	14	12			0.6
HZ025	25	32	30	40	35	125	95	60	36	16	14.5		1.5	0.9
HZ230	30	38	30	50	40	150	110	70	35	20	18.5			1.7
HZ035	35	45	38	55	45	160	120	84	42	20	18.5	M10×1		1.9
HZ040	40	50	40	60	50	165	125	88	45	20	18.5			2.4
HZ045	45	55	45	70	60	185	140	90	50	25	24		2	3.6
HZ050	50	60	45	75	65	185	140	100	50	25	24			3.8
HZ060	60	70	55	80	70	225	170	120	60	30	28			6.5
HZ070	70	85	65	100	80	245	190	140	70	30	28		2.5	9.0
HZ060	80	95	70	100	80	255	200	155	80	30	28			10.0
HZ090	90	105	75	120	90	285	220	165	85	40	35			13.2
HZ100	100	115	85	120	90	305	240	180	90	40	35	M14×1.5		15.5
HZ110	110	125	90	140	100	315	250	190	95	40	35		3	21.0
HZ120	120	135	100	150	110	370	290	210	105	45	42			27.0
HZ140	140	160	115	170	130	400	320	240	120	45	42			38.0

注：1. 轴承座壳体和轴套可单独订货，但在订货时必须说明。

2. 技术条件应符合JB/T 2564—91的规定。

整体轻载轴承尺寸见图5.3.8，轴承型号参数见表5.3.9，表5.3.10为重载轴承型号参数。

形式		d(H11)	d_1	l_2b	l_1	C	C_1±0.5	r	h	h_1	L
2型	1型	16	12	30		70	20	18	9	40	自行考虑
		18									
		20	12	35	50	70	20	20	10	42	
		22									
		25	14	40	60	80	24	24	10	50	
		28									
		30	14	50	75	90	26	26	10	54	
		32									
		36	14	60	90	100	28	28	12	68	
		38									

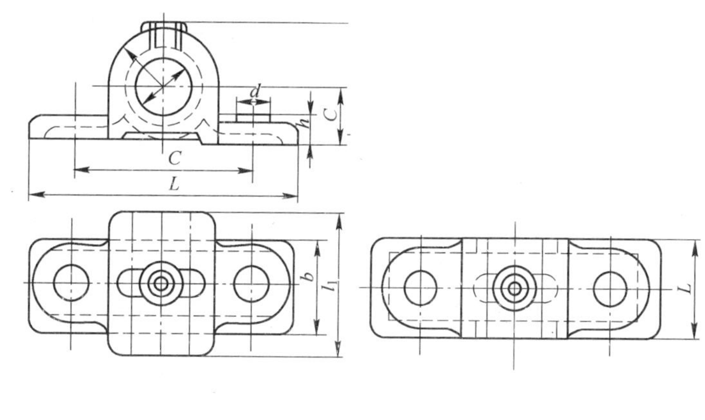

图5.3.8　整体轻载轴承尺寸

表5.3.9　轴承型号参数（常温、载荷在10MPa以下）　（上、下偏差单位：0.001mm）

轴承型号		Q20	Q25	Q30	Q35	Q40	Q45	Q50	Q60	Q70	Q80	Q90	Q100	Q110	Q120	Q140
d	mm	20	25	30	35	40	45	50	60	70	80	90	100	110	120	140
	上偏差+	105	105	105	114	114	114	114	190	190	190	242	242	242	242	308
	下偏差+	72	72	72	105	105	105	105	144	144	144	188	188	188	188	245
基准轴*h7*	上偏差+	0	0	0	0	0	0	0	0	0	0	0	0	0	0	0
	下偏差+	21	21	21	25	25	25	25	30	30	30	35	35	35	35	40
D	mm	28	32	38	15	50	55	60	70	85	95	105	115	125	135	160
	上偏差+	19	19	59	59	59	73	73	73	89	89	89	89	108	108	108
	下偏差+	28	28	34	34	34	41	41	41	51	51	51	51	63	63	63
基准孔*H7*		21	21	25	25	25	30	30	30	35	35	35	35	40	40	40
		0	0	0	0	0	0	0	0	0	0	0	0	0	0	0

表5.3.10　重载轴承型号（常温至200℃、载荷在10MPa以下）　（上、下偏差单位：0.001mm）

轴承型号		Z20	Z25	Z30	Z40	Z45	Z50	Z60	Z70	Z80	Z90	Z100	Z110	Z120	Z140
d	mm	20	25	30	40	45	50	60	70	90	90	100	110	120	140
	上偏差+	155	155	155	216	216	216	300	300	396	396	396	396	396	510
	下偏差+	122	122	122	177	177	177	254	254	342	342	342	342	342	447
基准轴*h7*	上偏差+	0	0	0	0	0	0	0	0	0	0	0	0	0	0
	下偏差+	21	21	21	25	25	25	30	30	35	35	35	35	35	40
D	mm	28	32	38	50	55	60	70	85	105	105	115	125	135	160
	上偏差+	49	49	59	59	73	73	73	89	89	89	89	108	108	108
	下偏差+	28	28	34	34	41	41	41	51	51	51	51	63	63	63
基准孔*H7*		21	21	25	25	30	30	30	35	35	35	35	40	40	40
		0	0	0	0	0	0	0	0	0	0	0	0	0	0

图5.3.9所示为轴承标记示例。

适于环境温度为20~100℃的工作条件。

标记示例：

d=50mm的对开式二螺柱正滑动轴承座：

H2050承座JB/T2561

对开式二螺柱正滑动轴承主要参数见表5.3.11。

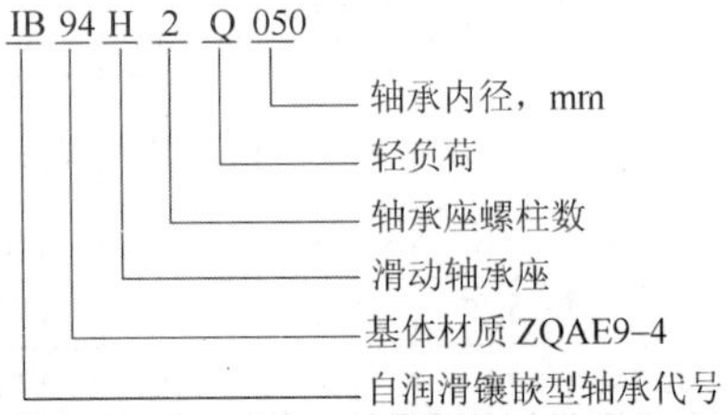

IB 94 H 2 Q 050

轴承内径，mm

轻负荷

轴承座螺柱数

滑动轴承座

基体材质 ZQAE9-4

自润滑镶嵌型轴承代号

图5.3.9　标记示例

表5.3.11　对开式二螺柱正滑动轴承主要参数　（单位：mm）

型号	*d*(H8)	*D*	*D*1	*B*	*b*	*H*	*h*(*h*12)	*H*1	*L*	*L*1	*L*2	*L*3	*d*1	*d*2	*f*	质量/kg
H2030	30	38	48	34	22	70	35	15	140	85	115	60	10	M10×1	1.5	0.8
H2035	35	45	55	45	28	87	42	18	165	100	135	75	12			1.2
H2040	40	50	60	50	35	90	45	20	170	110	140	80	14.5			1.8
H2045	45	55	65	55	40	100	50	20	175	110	145	85	14.5			2.3
H2050	50	60	70	60	40	105	50	25	200	120	160	90	18.5			2.9
H2060	60	70	80	70	50	125	60	25	240	140	190	100	24	M14×1.5	2.5	4.6
H2070	70	85	95	80	60	140	70	30	260	160	210	120	24			7.0
H2080	80	95	110	95	70	160	80	35	290	180	240	140	28			10.5
H2090	90	105	120	105	80	170	85	35	300	190	250	150	28		3	12.5
H2100	100	115	130	115	90	185	90	40	340	210	280	160	35			17.5
H2110	110	125	140	125	100	190	95	40	350	220	290	170	35			19.58
H2120	120	135	150	140	110	205	105	45	370	240	310	190	35			25.0
H2140	140	160	175	160	120	230	120	50	390	260	330	210	35		4	33.5
H2160	160	180	200	180	140	250	130	50	410	280	350	230	35			45.5

对开式轻载轴承尺寸见表5.3.12。

表5.3.12 对开式轻载轴承尺寸（常温、载荷在10MPa以下） （上、下偏差单位：0.001mm）

轴承型号	d			基准轴h7		D			基准孔H7	
	mm	上偏差+	下偏差+	上偏差+	下偏差−	mm	上偏差+	下偏差+	上偏差+	下偏差+
Q30	30	105	72	0	21	38	59	34	25	0
Q35	35	144	105	0	25	45	59	34	25	0
Q40	40	144	105	0	25	50	59	34	25	0
Q45	45	144	105	0	25	50	73	41	30	0
Q50	50	144	105	0	25	60	73	41	30	0
Q60	60	190	144	0	30	70	73	41	30	0
Q70	70	190	144	0	30	85	89	51	35	0
Q80	80	190	144	0	30	95	89	51	35	0
Q90	90	242	188	0	35	105	89	51	35	0
Q100	100	242	188	0	35	115	89	51	35	0
Q110	110	242	188	0	35	125	108	63	40	0
Q120	120	242	188	0	35	140	108	63	40	0
140	140	308	245	0	40	165	108	63	40	0
160	160	308	245	0	40	185	130	77	46	0

对开式重载轴承尺寸见表5.3.13。

表5.3.13 对开式重载轴承尺寸（常温、载荷在10MPa以下） （上、下偏差单位：0.001mm）

轴承型号	d			基准轴h7		D			基准孔H7	
	mm	上偏差+	下偏差+	上偏差+	下偏差−	mm	上偏差+	下偏差+	上偏差+	下偏差+
Q30	30	155	122	0	21	38	59	34	25	0
Q35	35	216	177	0	25	45	59	34	25	0
Q40	40	216	177	0	25	50	59	34	25	0
Q45	45	216	177	0	25	55	73	41	30	0
Q50	50	216	177	0	25	60	73	41	30	0
Q60	60	300	254	0	30	70	73	41	30	0
Q70	70	300	254	0	30	85	89	51	35	0
Q80	80	200	254	0	30	95	89	51	35	0
Q90	90	200	254	0	35	105	89	51	35	0
Q100	100	396	342	0	35	115	89	51	35	0
Q110	110	396	342	0	35	125	108	63	40	0
Q120	120	396	342	0	35	140	108	60	40	0
140	140	510	447	0	40	165	108	63	40	0
160	160	510	440	0	40	185	130	77	46	0

5.3.1.11 自润滑镶嵌型向心关节轴承（剖分式）

(1) 结构型式（如图5.3.10所示）。

(2) 符号。

d——公称内径；

D——公称外径；

B——内圈公称宽度；

C——外圈公称宽度；

SDi——内、外圈公称球径；

$L\times L$——卡圈装配槽长×高；

α——允许倾斜角；

b_1——内圈倒角；

b_2——外圈倒角。

(3) 标识示例（见图5.3.11）。

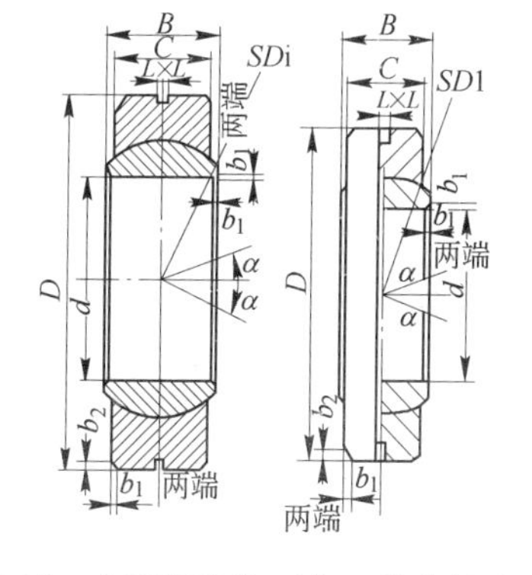

图5.3.10 自润滑镶嵌型向心关节轴承

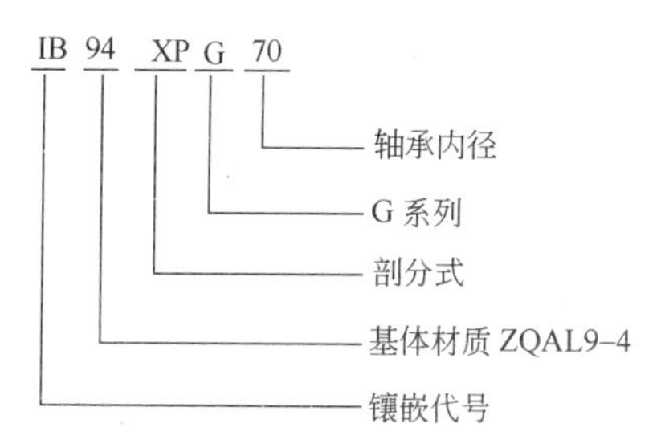

图5.3.11 标记示例

5.3.1.12 **自润滑镶嵌型向心关节轴承（开口式）**

（1）结构型式（如图5.3.12所示）。

（2）符号。

d——公称内径；

D——公称外径；

B——内圈公称宽度；

C——外圈公称宽度；

*SD*i——内、外圈公称球径；

L×*L*——卡圈装配槽长×高；

α——允许倾斜角；

b_1——内圈倒角；

b_2——外圈倒角。

（3）标识示例（见图5.3.13）。

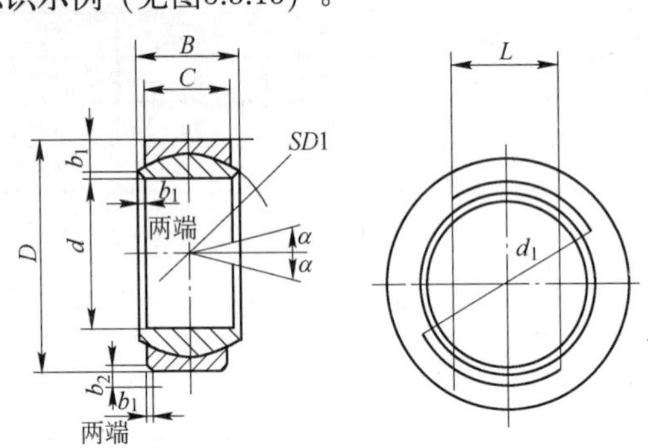

图5.3.12 结构型式

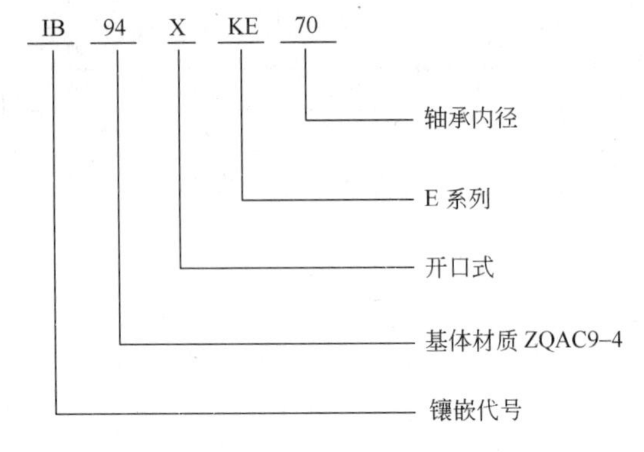

图5.3.13 标记示例

剖分式正常系列向心关节轴承尺寸见表5.3.14；剖分式中系列向心关节轴承尺寸见表5.3.15。

表5.3.14 剖分式正常系列向心关节轴承尺寸 （偏差单位：0.001mm）

轴承型号	*d*	*D*	*B*		*C*		*SD*1	*L*×*L*	d_1	b_1	b_2	h_1	r_1	*α*
	mm	mm	mm	偏差	mm	偏差	mm	mm		min	min			
XPE50	50	75	35	0~120	28	0~300	66	4×4		0.6				7
XPE55	55	85	40	0~150	32	0~400	74			1.0				6
XPE60	60	90	44		36		90							
XPE70	70	105	49		40		92							
XPE80	80	120	55		45		105							5
XPE90	90	130	60	0~200	50	0~500	118							5
XPE100	100	150	70		55		130							7
XPE110	110	160					140							6
XPE120	120	180	85		70		160							7
XPE140	140	210	90	0~250		0~600	180							8
XPE160	160	230	105		80		200	6×6		1.1	1.1			6
XPE180	180	260				0~700	225							7
XPE200	200	290	130	0~300	100		250							8
XPE220	220	320	135			0~800	275							
XPE240	240	340	140				305							
XPE260	260	370	150	0~350	110		325							7
XPE280	280	400	155		120		345							6
XPE300	300	430	165			0~900	370							7

表5.3.15　剖分式中系列向心关节轴承尺寸　　(偏差单位：0.001mm)

轴承型号	d	D	B		C		$SD1$	$L\times L$	d_1	b_1	b_2	h_1	r_1	α
	mm	mm	mm	偏差	mm	偏差	mm	mm		min	min			
XPE50	50	90	56	0~120	36	0~400	80	4×4		0.6	1.0			17
XPE60	60	105	63	0~150	40	•	92			1.0	1.0			17
XPE70	70	120	70	•	45	•	105			1.0	1.0			16
XPE80	80	130	75	•	50	0~500	115			1.0	1.0			14
XPE90	90	150	85	0~200	55	•	130			1.0	1.0			15
XPE100	100	160	85	•	55	•	140			1.0	1.0			14
XPE110	110	180	100	•	70	•	160			1.0	1.0			12
XPE120	120	210	115	•	70	0~600	180			1.0	1.0			1
XPE140	140	230	130	0~250	80	•	200	6×6		1.1	1.0			16
XPE160	160	260	135	•	80	0~700	225			1.1	1.1			16
XPE180	180	290	155	•	100	•	250			1.1	1.1			14
XPE200	200	320	160	0~300	100	0~800	375			1.1	1.1			15
XPE220	220	340	175	•	100	•	300			1.1	1.1			16
XPE240	240	370	190	•	110	•	325			1.1	1.1			15
XPE280	280	430	210	•	120	0~900	375			1.1	1.1			15

开口式向心关节轴承尺寸见表5.3.16和表5.3.17。

表5.3.16　XKE开口式向心关节轴承尺寸　　(偏差单位：0.001mm)

E（正常）系列														
	尺					寸								
轴承型号	d	D	B		C		$SD1$	L	mm	偏差	h_1	r_1	α
	mm	mm	mm	偏差	mm	偏差	mm						
XKE30	30	47	22	0~120	18	0~240	40	23	40	+1000	0.6	0.6	6
XKE35	35	55	25		20	0~240	47	26	47			1.0	
XKE40	40	62	28		22		53	29	53				7
XKE45	45	68	32		25		60	33	60	+1200			
XKE50	50	75	35		28		66	36	66				6
XKE55	55	85	40	0~150	32	0~300	74	41	74				
XKE60	60	90	44		36		80	45	80		1.0		
XKE70	70	105	49		40		92	50	92	+1400			
XKE80	80	120	55		45		105	56	105				
XKE90	90	130	60	0~200	50	0~400	115	62	115				
XKE100	100	150	70		55		130	75	130	1600			5
XKE110	110	160	70		55	0~400	140	75	104				7
XKE120	120	180	85		70		160	87	160				6
XKE140	140	210	90	0~250	70	0~500	180	92	180				7
XKE160	160	230	105		80		200	107	200	+1850			8
XKE180	180	260	105		80		225	107	225		1.1	1.1	6
XKE200	200	290	130	0~300	100	0~600	250	132	250				7
XKE220	220	320	135		100		275	137	275	+2100			8
XKE240	240	340	140		100		305	142	305				
XKE260	260	370	150	0~350	110	0~700	325	152	325	+2300			7
XKE280	280	400	155		120		345	157	345				6
XKE300	300	430	160		120		370	167	370				7

表5.3.17　XKG开口式向心关节轴承尺寸　(偏差单位：0.001mm)

G(中)系列													
	尺						寸						α
轴承型号	d mm	D mm	B mm	B 偏差	C mm	C 偏差	$SD1$ mm	L	mm	偏差	h_1	r_1	
XKG30	30	55	32		20	0~300	47	33	47	+1000		1.0	17
XKG35	35	62	35	0~120	22		53	36	53		0.8		16
XKG40	40	68	40		25	0~300	60	41	60	+2000			17
XKG45	45	75	43		28		66	44	66				15
XKG50	50	90	56		36		80	57	80				17
XKG60	60	105	63		40	0~400	92	64	92		1.0		16
XKG70	70	120	70		45		105	71	105	+1400			14
XKG80	80	130	75	0~150	50	0~500	115	76	115			1.0	15
XKG90	90	150	85		55		130	87	130	+1600			14
XKG100	100	160	85		55	0~500	140	87	140				12
XKG110	110	180	100		70		160	102	160	+1600	1.0		16
XKG120	120	210	115	0~200	70		180	117	180				
XKG140	140	230	130		80	0~600	200	132	200	+1850			16
XKG160	160	260	135	0~250	80	0~700	225	137	225			1.1	14
XKG180	180	290	155		100		250	157	250	+1850			15
XKG200	200	320	165	0~250	100		275	167	275	+2100	1.1		16
XKG220	220	340	175	0~300	100	0~800	300	177	300			1.1	
XKG240	240	370	190	0~350	110		325	192	325	+2300			15
XKG260	260	400	205		120		355	207	355				
XKG280	280	430	210	0~350	120	0~900	375	212	375	+2300			15

5.3.1.13　**自润滑推力关节轴承**

(1) 结构型式（如图5.3.14所示）。

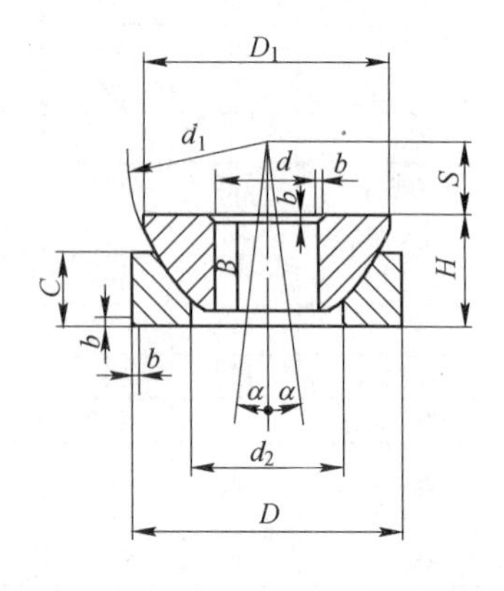

图5.3.14　自润滑推力关节轴承

(2) 符号。

d——轴承公称内径；

d_2——座圈公称内径；

D——座圈公称外径；

D_1——轴承（内）公称外径；

B——轴承（内）公称宽度；

C——座圈公称宽度；

H——轴承公称高度；

d_1——公称球面直径；

S——球面中心距轴圈后端面的距离；

α——允许倾斜角度。

(3) 标识示例（见图5.3.15）。

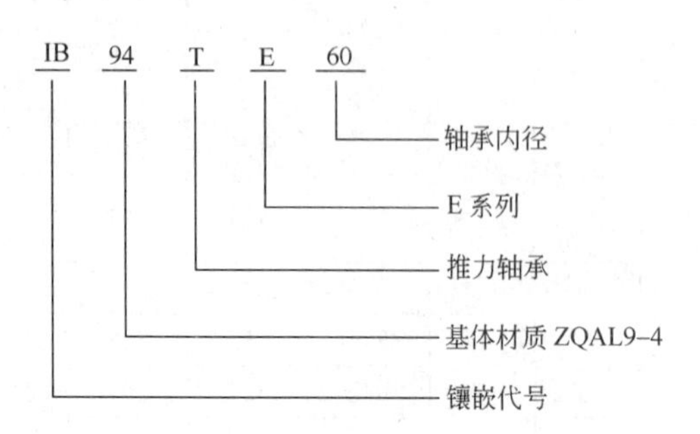

图5.3.15　标记示例

正常系列推力关节轴承尺寸见表5.3.18；轴承内圈与轴颈的配合见表5.3.19，表5.3.20为轴承外圈与外壳的配合。

表5.3.18　正常系列推力关节轴承尺寸　　(单位：0.001mm)

轴承型号	E(正常)系列														
	尺							寸							
	d	D	H		B		C	d H8/f7		d2 H10		D1	S	r/min	α
	mm	mm	mm		mm			mm		mm		mm			
TE50	50	130	42.5	0~500	33.0	0~120	30.5	139	+630	70.0	+1200	120	30.0	1.0	7
TE60	60	150	45.0	0~500	37.0	0~150	34.0	160	-43/-83	84.0	+1400	140	35.0	1.0	8
TE70	70	160	50.0	0~500	42.0	0~150	36.5	176		94.5	153	153	35.0	1.0	8
TE80	80	18	50.0	0~500	43.5	0~150	38.0	197	+720	107.5	172	172	42.5	1.0	8
TE100	100	210	59.0	0~600	51.0	0~200	46.0	222		127.0	198	198	45.0	1.1	8
TE120	120	230	64.0	0~600	53.5	0~200	50.0	250	-50/-96	145.0	220	220	52.5	1.1	6

注：轴承须选择表5.3.19、表5.3.20中所列的配合。

表5.3.19　轴承内圈与轴颈的配合

轴 承 类 型	工作条件	配合（轴颈直径极限偏差代号）
向心关节轴承	一般负荷	m6、j5、j6、h6、h7
	重负荷	m6
推力关节轴承	各种负荷	n6

注：采用h配合时，轴须淬硬。

表5.3.20　轴承外圈与外壳的配合

轴 承 类 型	工作条件	配合（外壳孔极限偏差代号）
向心关节轴承	轻负荷	H6、H7
	重负荷、变动负荷	M7
	轻合金	N7
推力关节轴承	纯轴向负荷	H11
	联合负荷	J6、J7

注：对配合有特殊要求的部件应征求本主管部门的意见。

5.3.1.14 耐磨滑板

(1) IB耐磨滑板 (SWPE) (FWPE) 。

标记示例如图5.3.16所示。

(2) IB耐磨滑板 (SWPE) (FWPE) 。

标记示例如图5.3.17所示。

(3) IB耐磨滑板 (SWPE) (FWPE) 。

标记示例如图5.3.18所示。

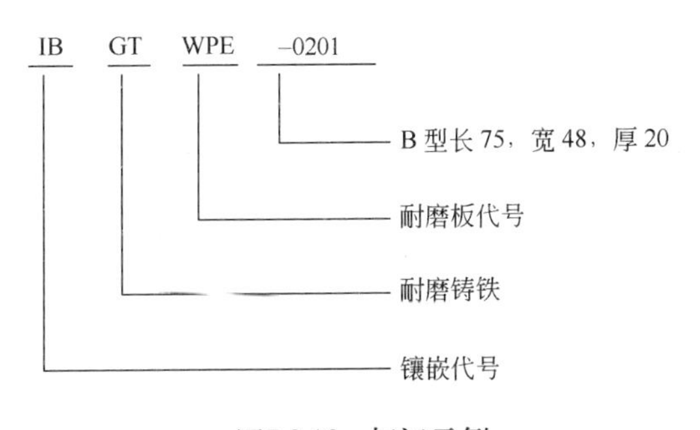

图5.3.16　标记示例

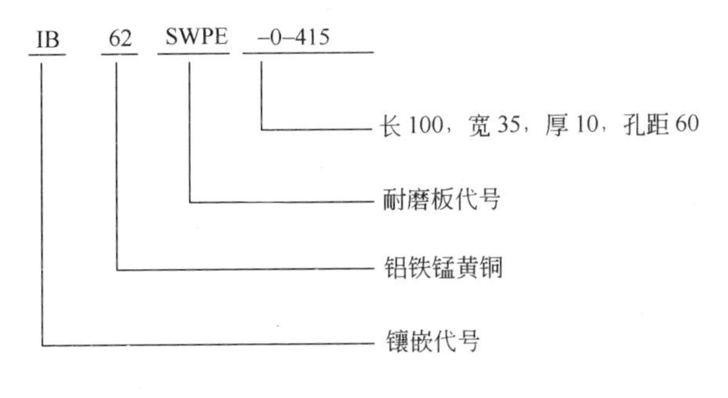

图5.3.17　标记示例

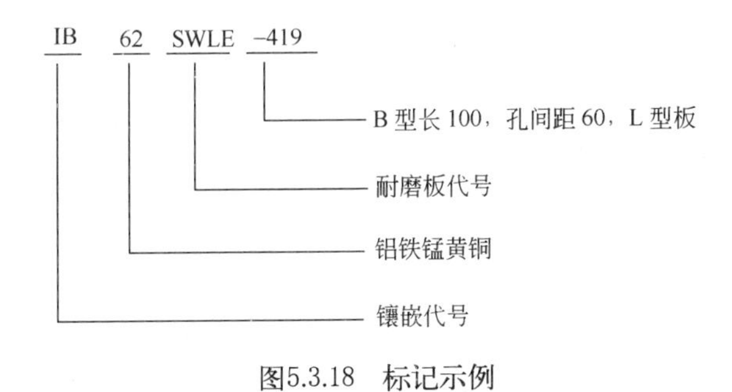

图5.3.18　标记示例

（4）IB耐磨滑板 (SWPE) IBGT (SWPE) IB62 (见图5.3.19和表5.3.21) 。

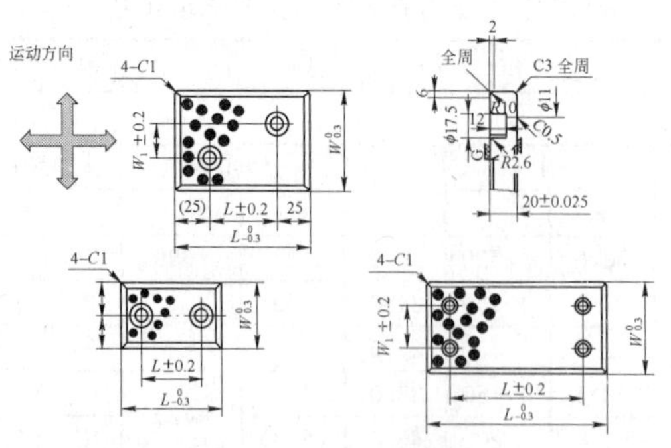

图5.3.19　IB耐磨滑板

表5.3.21　主要参数　(mm)

宽度W	长度L						安装孔间距		形状
	75	100	125	150	200	250	W1	1	
	PWPE, SWPE								
48	-0201							45	B
		-0202						50	
			-0203					75	
				-0204				100	
75	-0205						25	25	A
		-0206					25	50	
			-0207					75	B
				-0208				100	
					-0209			150	
100		-0210					50	50	C
			-0211				50	75	
				-0212			50	100	
					-0213		50	150	
						-0214	50	200	
125				-0215			50	100	C
					-0216		50	150	
						-0217	50	200	
150				-0218			100	100	C
					-0219		100	150	
						-0220	100	200	

（5）IB耐磨滑板 LP (SWPE) (IB62) (FWPE) (IBGT) (见图5.3.20和表5.3.22) 。

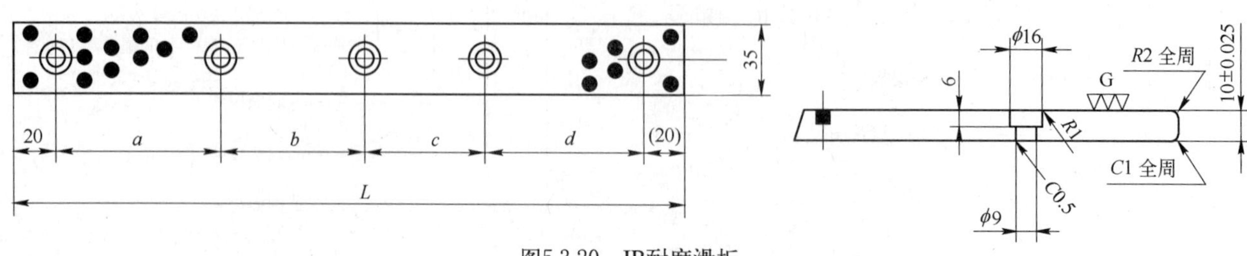

图5.3.20　IB耐磨滑板

表5.3.22　主要参数

产品编号	长	安装孔间距	安装螺钉	数　量
	L	*abcd*	M8平头小螺丝	
SWPE-0-415	100	60	M8平头小螺丝	2
SWPE-0-416	150	55　55	M8平头小螺丝	3
SWPE-0-517 FWPE	200	55　50　55	M8平头小螺丝	4
SWPE-0-518 FWPE	250	70　70　70	M8平头小螺丝	4
SWPE-0-523 FWPE	300	65　65　65　65	M8平头小螺丝	5
SWPE-0-524 PWPE	350	80　75　75　80	M8平头小螺丝	5

注：FWPE 为订做产品。

(6）IB 耐磨滑板（见图5.3.21和表5.3.23）。

L板 (SWLE) IB62　(FWLE) IBGT

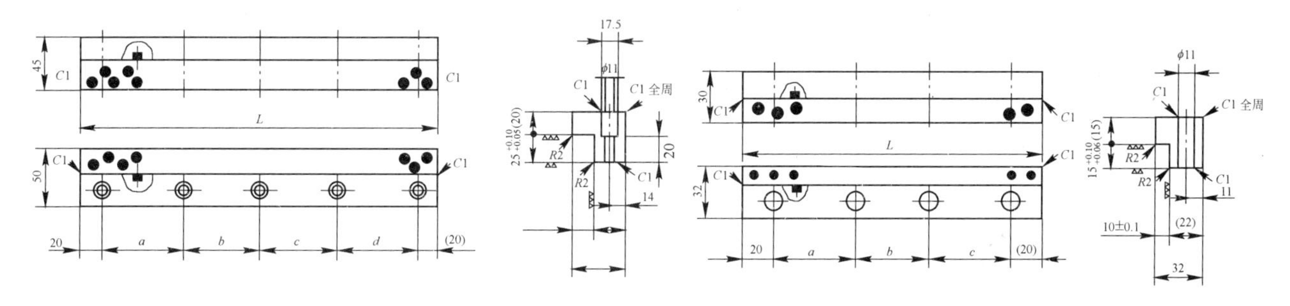

图5.3.21　IB 耐磨滑板L板

表5.3.23　IB 耐磨滑板产品是IB62（SWLE）和IBGT（FWLE）　(mm)

产品编号	类型	长度	安装孔距				安装螺柱	
		L	*a*	*b*	*c*	*d*	螺栓直径	数量
SWLE-419 FWLE	B型	100	60				M10	2
SWLE-420 FWLE	B型	150	55	55			M10	3
SWLE-421 FWLE	B型	200	55	50	55		M10	4
SWLE-422 FWLE	B型	250	70	70	70		M10	4
SWLE-519 FWLE ★	A型	200	55	50	55		M10	4

续表5.3.23

产品编号	类型	长度	安装孔距				安装螺柱	
		L	a	b	c	d	螺栓直径	数量
SWLE-520 FWLE ★	A型	250	70	70	70		M10	4
SWLE-521 FWLE ★	A型	300	65	65	65	65	M10	5
SWLE-522 FWLE ★	A型	350	80	75	75	80	M10	5

5.3.1.15 **轴衬**

(1) 标记示例。

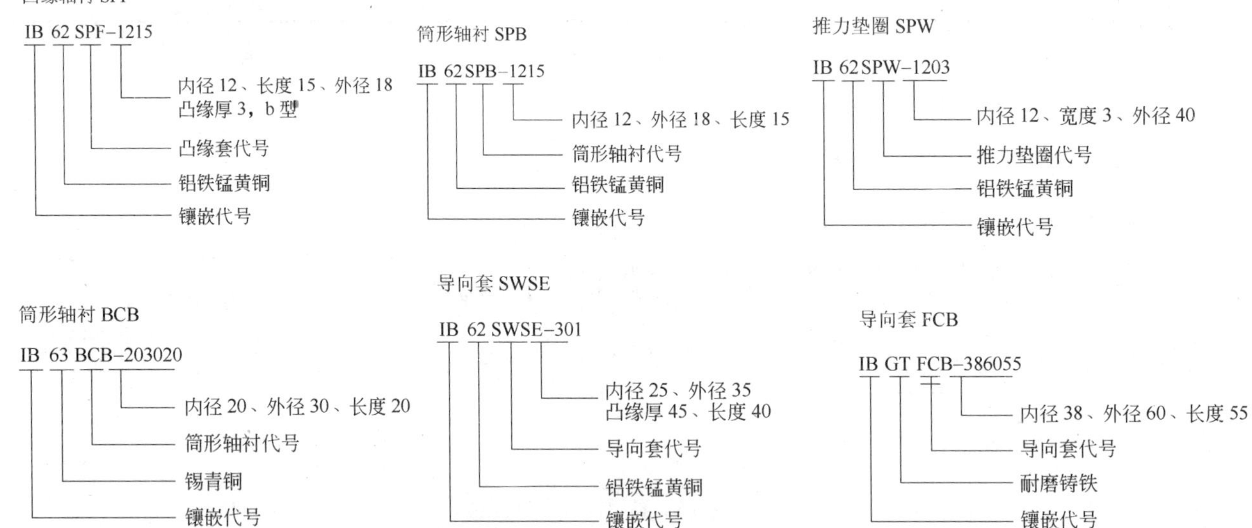

(2) IB62 凸缘轴衬SPF。

1) 回转（摇动）往返运动用。

使用须知:

IB62凸缘轴衬SPF具有回转、摇动、连动与往返运动两种功能。

凸缘部由于没有润滑剂，避免在海水中使用。

内径31.22mm、63mm是油压汽缸中间的枢轴轴衬。

2) 轴承尺寸见表5.3.24~表5.3.26。

表5.3.24 轴承尺寸1

轴径	尺寸L/mm							公差0~0. 3				
	内径		外径		凸缘			15	20	30	35	40
	ϕd	公差	ϕD	公差	F	厚度	公差	SPF	SPF	SPF	SPF	SPF
12	12	+0. 050 +0. 032	18	+0. 034 +0. 023	25	3	0~0. 1	-1215	-1220			
13	13	+0. 050 +0. 032	19	+0. 041 +0. 028	26	3	0~0. 1	-1315	-1320			
15	15	+0. 050 +0. 032	21	+0. 041 +0. 028	28	3	0~0. 1	-1515	-1520			
16	16	+0. 050 +0. 032	22	+0. 041 +0. 028	29	35	0~0. 1	-1615	-1420			

续表5.3.24

轴径	尺寸L/mm							公差0~0.3				
	内径		外径		凸缘			15	20	30	35	40
	ϕd	公差	ϕD	公差	F	厚度	公差	SPF	SPF	SPF	SPF	SPF
20	20	+0.061 +0.040	30	+0.041 +0.028	40	5	0~0.1		-2020	-2030		
25	25	+0.061 +0.040	35	+0.050 +0.034	45	5	0~0.1		-2520	-2530		
30	30	+0.061 +0.040	40	+0.050 +0.034	50	5	0~0.1			-3030		-3040
31.5	31.5	+0.075 +0.050	40	+0.050 +0.034	50	5	0~0.1				-3135	
35	35	+0.075 +0.050	45	+0.050 +0.034	60	5	0~0.1			-3530		-3540
40	40	+0.075 +0.050	50	+0.050 +0.034	65	5	0~0.1			-4030		-4040
45	45	+0.075 +0.050	55	+0.060 +0.041	70	5	0~0.1					-4540
50	50	+0.075 +0.050	60	+0.060 +0.041	75	5	0~0.1					-5040
55	55	+0.090 +0.060	65	+0.060 +0.041	80	5	0~0.1					-5540
60	60	+0.090 +0.060	75	+0.062 +0.043	90	7.5	0~0.1					
63	63	+0.090 +0.060	75	+0.062 +0.043	85	7.5	0~0.1					
70	70	+0.090 +0.060	85	+0.073 +0.051	105	7.5	0~0.1					
80	80	+0.090 +0.060	100	+0.073 +0.051	120	10	0~0.1					
90	90	+0.107 +0.072	110	+0.074 +0.054	130	10	0~0.1					
100	100	+0.107 +0.072	120	+0.076 +0.054	150	10	0~0.1					
120	120	+0.107 +0.072	140	+0.088 +0.063	170	10	0~0.1					

d8——一般用(高负荷)　截面R

e7——一般用(低负荷)　ϕd=至16　R0.3

f7——高精度　ϕd=至55　R0.3

ϕd——起于60　ϕd=起于60 R1

产品请按产品编号:

例: SPF-1215（内径×长度）进行标示。

运动方向

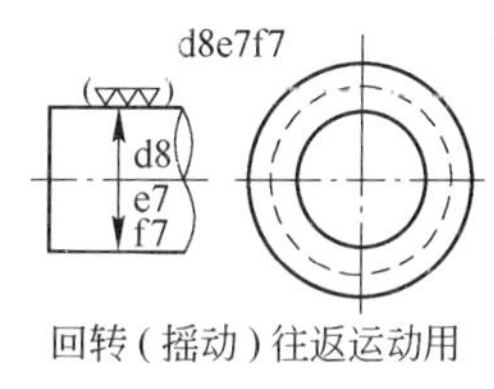

回转（摇动）往返运动用

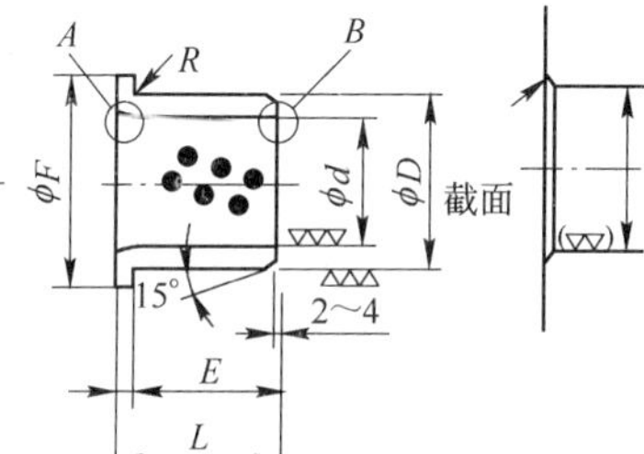

表5.3.25　轴承尺寸2　(mm)

公差0~0.3					B部	轴径
50	60	67.5	80	100		
SPF	SPF	SPF	SPF	SPF	b	
					b	12
					b	13
					b	15
					★	16

续表5.3.25

公差0~0. 3					B部	轴径
50	60	67. 5	80	100		
					★	20
					a	25
					a	30
					a	31. 5
					a	35
					a	40
	-4560				a	45
	-5560				a	50
	-5560				a	50
			-6080		a	60
		-6367			a	63
-7050			-7080		a	70
	-8060		-8080		a	80
			-9080		a	90
			-10080	-100100	a	100
			-1250	-120100	a	120

表5.3.26 轴承尺寸3

轴径区分	尺寸/mm				公差0~0. 3							
	内径		外径		15	16	20	25	30	35	40	50
	φd	公差	*φD*	公差	SPB	SPB	SPB	SPB	SPB	SPB	SPB	SPB
12	12	+0. 034 +0. 016	18	+0. 018 +0. 007		-121816	-121820	-121825	-121830			
13	13	+0. 034 +0. 016	19	+0. 021 +0. 008	-131915		-131920					
15	15	+0. 034 +0. 016	21	+0. 021 +0. 008	-152115		-152120	-152125				
16	16	+0. 034 +0. 016	22	+0. 021 +0. 008		-162216	-162220	-162225	-162230	-162235	-162240	
18	18	+0. 041 +0. 020	24	+0. 021 +0. 008	-182415		-182420	-182425	-182430			
20	20	+0. 041 +0. 020	28	+0. 021 +0. 008		-202816	-202620	-202625	-202830	-202835	-202840	
	20	+0. 041 +0. 020	30	+0. 021 +0. 008			-203020	-203025	-203030	-203035	-203040	
25	25	+0. 041 +0. 020	33	+0. 025 +0. 009		-253316	-253320	-253325	-253330	-253335	-253340	-253350
	25	+0. 041 +0. 020	35	+0. 025 +0. 009			-253520	-253525	-253530	-253535	-253540	-253550
30	30	+0. 041 +0. 020	38	+0. 025 +0. 009			-303820	-303825	-303830	-303835	-303840	-303850
	30	+0. 041 +0. 020	40	+0. 025 +0. 009			-304020	-3040258	-304030	-304035	-304040	-304050
31. 5	31. 5	+0. 050 +0. 025	40	+0. 025 +0. 009					-314030		-314040	
35	35	+0. 050 +0. 025	44	+0. 025 +0. 009					-354430	-354435	-354440	-354450
	35	+0. 050 +0. 025	45	+0. 025 +0. 009			-354520	-354525	-354530	-354535	-354540	-354550

轴径区分	尺寸/mm				公差0~0.3							
	内径		外径		15	16	20	25	30	35	40	50
	φd	公差	φD	公差	SPB	SPB	SPB	SPB	SPB	SPB	SPB	SPB
40	40	+0.050 +0.025	50	+0.025 +0.009			-405020	-405025	-405030	-405035	-405040	-405050
	40	+0.050 +0.025	55	+0.030 +0.011					-405530	-405535	-405540	-405550
45	45	+0.050 +0.025	55	+0.030 +0.011					-455530	-455535	-455540	-455550
	45	+0.050 +0.025	56	+0.030 +0.011					-455630	-455635	-455640	-455650
	45	+0.050 +0.025	60	+0.030 +0.011					-456030	-456035	-456040	-456050
50	50	+0.050 +0.025	60	+0.030 +0.011					-506030	-506035	-506040	-506050
	50	+0.050 +0.025	62	+0.030 +0.011					-506230	-506235	-506040	-506250
	50	+0.050 +0.025	65	+0.030 +0.011					-506530		-506240	-506550
55	55	+0.060 +0.030	70	+0.030 +0.011							-506540	-557050
60	60	+0.060 +0.030	74	+0.030 +0.011					-607430	-607435	-607440	-607450
	60	+0.060 +0.030	75	+0.030 +0.011							-607540	-607550
63	63	+0.060 +0.030	75	+0.030 +0.011								
65	65	+0.060 +0.030	80	+0.030 +0.011								-658050
70	70	+0.060 +0.030	85	+0.035 +0.013						-708535	-708540	-708550
	70	+0.060 +0.030	90	+0.035 +0.013								-709050
75	75	+0.060 +0.030	90	+0.035 +0.013								
	75	+0.060 +0.030	95	+0.035 +0.013								
80	80	+0.060 +0.030	96	+0.035 +0.013							-809640	-809650
	80	+0.060 +0.030	100	+0.035 +0.013								-8010050
90	90	+0.071 +0.036	110	+0.035 +0.013								
100	100	+0.071 +0.036	120	+0.035 +0.013								
120	120	+0.071 +0.036	140	+0.040 +0.015								

(3) IB62筒形轴衬（SPB）(轴承尺寸见表5.3.27)。

回转筒（摇动）、往返运动用。

使用须知:

IB62轴衬（SPB）具有回转、摇摆运动与往返复运动两种功能。

推力负荷重时，可与IB62垫圈（SPW）组合使用。
请避免在海水中使用。
内径为31.5mm、63mm的是油压汽缸中间的枢轴衬。
*d*8——一般用（高负荷）；
*e*7——一般用（轻负荷）；
*f*7—— 高精度用。
产品请按产品编号：
例：SPB-121816（内径×外径×长度）标示。
轴承尺寸见表5.3.27。

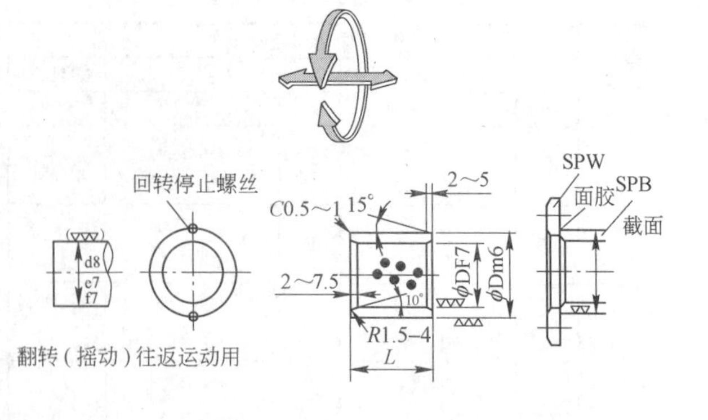

表5.3.27　轴承尺寸　(mm)

公差0~0.3					内径	外径	适用垫圈SPW
60	70	80	100	120			
SPB	SPB	SPB	SPB	SPB			
					12	18	-1203
					13	19	-1303
					15	21	-1503
					16	22	-1603
					18	24	-1803
					20	28	-2005
					20	30	-2005
					25	33	-2050
					25	35	-2050
-303860					30	38	-3005
-304060					30	40	-3005
					31.5	40	—
-354460					35	44	-3505
-354560					35	45	-3505
-405060					40	50	-4007
-405560					40	55	-4007
-455560					45	55	-4507
-455660					45	56	-4507
-456060					45	60	-4507
-506060					50	60	-5008
-506260	-506270				50	62	-5008
-506560	-506570				50	65	-5008
-557060	-557070				55	70	-5508
-607460	-607470	-607480			60	74	-6008
-607560	-607570	-607580			60	75	-6008
-637560	-637580				63	75	—
-658060	-658070	-658080			65	80	-6508
-708560	-708570	-708580	-7085100		70	85	-7010
-709060	-709070	-709080			70	90	-7010
-759060	-759070	-759080	-7590100		75	90	-7510
-759560	-759570	-759580	-7595100		75	95	-7510
-809660	-809670	-809680	-8096100	-8096120	80	96	-8010
-8010060	-8010070	-8010080	-80100100		80	100	-8010
		-9011080	-90110100		90	110	-9010
-10012060	-10012070	-10012080	-100120100	-100120120	100	120	-10010
			-120140100	-120140120	120	140	-12010

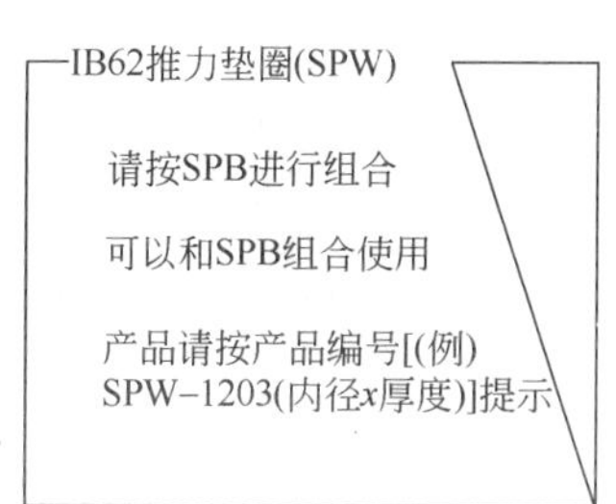

IB62推力垫圈(SPW)
请按SPB进行组合
可以和SPB组合使用
产品请按产品编号[(例)
SPW-1203(内径x厚度)]提示

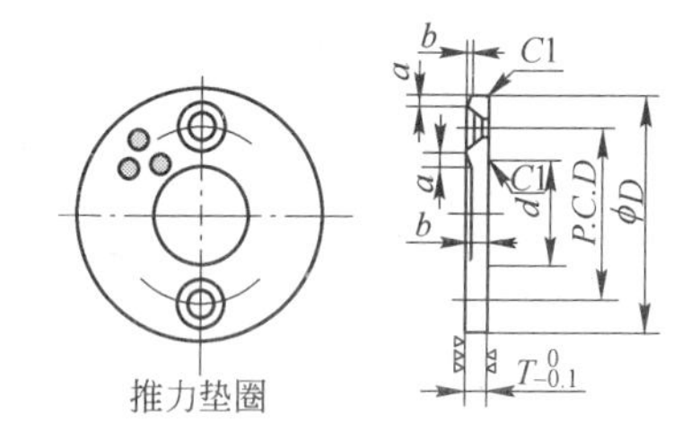

推力垫圈尺寸见表5.3.28。

表5.3.28 推力垫圈尺寸 (mm)

尺寸/mm			厚度T		公差0~0.1		安装孔			截面	
内径	外径	3	5	7	8	10					
φd	φD	SPW	SPW	SPW	SPW	SPW	P.C.D	个数	平头螺丝	a	b
12.2	40	-1203					28	2	M3	2	0.4
12.2	40	-1203N								2	0.4
13.2	40	-1303					28	2	M3	2	0.4
15.2	50	-1503					35	2	M3	2	0.4
16.2	50	-1603					35	2	•	22	0.4
16.2	50	-160N								2	0.4
18.2	50	-1803					35	2	M3	2.5	0.4
20.2	50		-2005				35	2	M5	2.5	0.4
25.2	55		-2505				40	2	•	2.5	0.4
30.2	60		-3005				45	22	•	2.5	0.4
35.2	70		-3505				50	2	•	3	0.5
40.2	80			-4007			60	2	M6	3	0.5
45.2	90			-4507			70	2	•	4	0.6
50.3	100				-5008		75	4	•	4	0.6
55.3	110				-5508		85	4	•	5	0.8
60.3	120				-6008		90	4	M8	5	0.8
65.3	125				-6508		95	4	•	5	0.8
70.3	130					-7010	100	4	•	5	0.8
75.3	140					-7510	110	4	•	5	0.8
80.3	150					-8010	120	4	•	5	0.8
90..5	170					-9010	140	4	M10	5	0.8
100.5	190					-10010	160	4	•	5	0.8
120.5	200					-12010	175	4	•	5	0.8

(4) IB63筒形轴衬（BCB）。

IB63轴衬（轴衬尺寸见表5.3.29）。

使用须知:

IB63推压（BCB）的设计仅用于回转、摇动运动。若擦去涂于内径面上的润滑剂，可影响其使用性能。

产品请按编号:

例：GCB-203020(内径×外径×长度)进行标示。

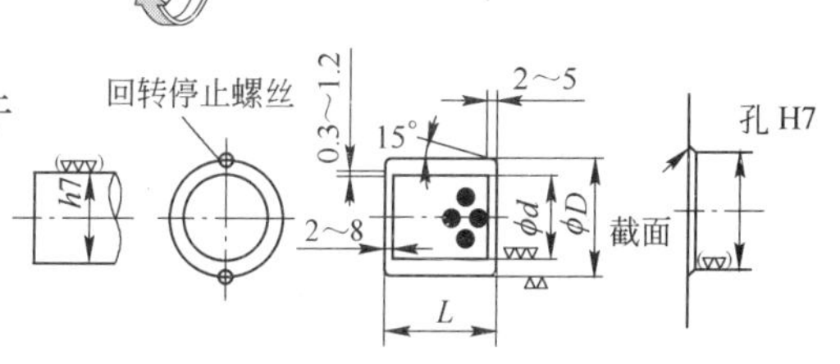

表5.3.29 IB63轴衬尺寸

80	100	120	内 径	外 径
BCB	BCB	BCB		
			20	30
			25	35
			30	40
			30	42
			32	42
			32	45
			35	45
			35	48
			40	50
			40	55
			45	55
			45	60
			50	60
			50	65
			55	70
			55	75
-607580			60	75
-608080			60	80
-658080			65	80
-658580			65	85
-708580			70	85
-709080			70	90
-759080			75	90
-759580			75	95
-809580	-8095100		80	95
-8010080	-80100100		80	100
-8010080	-85100100		85	100
-8010080	-85105100		85	105
-9011080	-90110100		90	110
-9011580	-90115100		90	115
-9511580	-95115100		95	115
-9512080	-95120100		95	120
-10012080	-100120100	-100120120	100	120
-10012580	-100125100	-100125120	100	125

5.3.1.16 导向套

(1) IB导向套 (SWSE) IB62 (导向套尺寸见表5.3.30)。

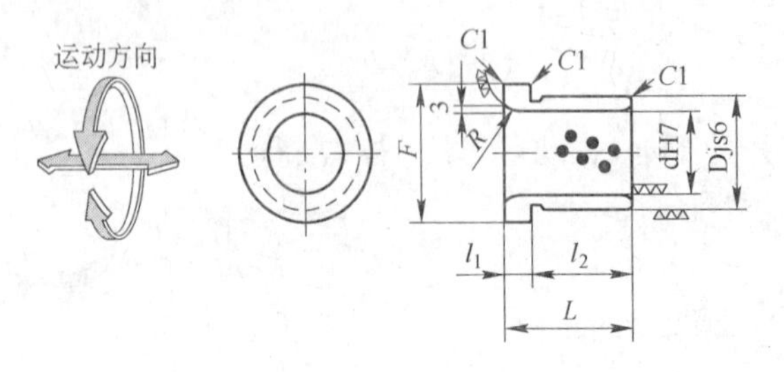

表5.3.30　IB导向套（SWSE）IB62尺寸　　(mm)

产品编号	内径	外　径		长　度			R
	φd	φD	φF	L	l_1	l_2	
SWSE-301	25	35	45	40	7	33	10
SWSE-302	30	40	50	50	10	40	20
SWSE-303	40	55	55	65	70	60	20
SWSE-304	50	65	75	80	10	70	20
SWSE-305	60	75	85	80	10	70	20
SWSE-306	65	80	90	80	10	70	20
SWSE-307	65	80	90	120	10	110	20
SWSE-308	80	100	100	100	10	90	20
SWSE-309	80	100	100	140	10	130	20
SWSE-310	100	120	130	100	10	90	20
SWSE-311	100	120	130	140	10	130	20

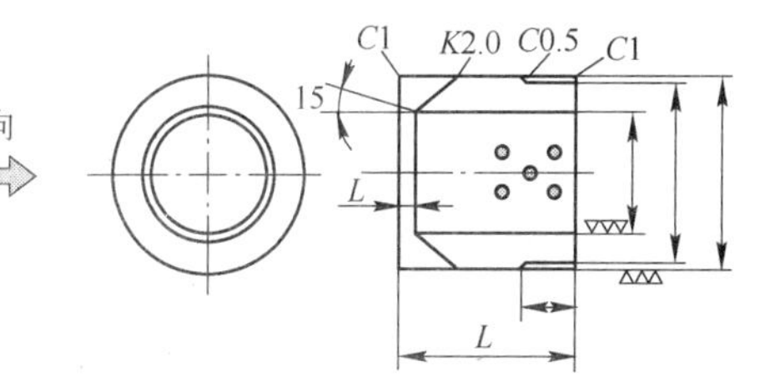

（2）IB导向套（FCB）（导向套尺寸见表5.3.31和右图）运动方向。

往返运动用。

IB导向套（FCB）尺寸1见表5.3.31、IB导向套（FCB）尺寸2见表5.3.32。

表5.3.31　IB导向套（FCB）尺寸1　　(mm)

产品编号	内　径		外　径	长　度		
	φdH7		φDjs6	L	l	
FCB-386055	38	+0.0250	60±0.0095	55	15	5
FCB-507575	50	..	75 •	75	15	10
FCB-608590	60	+0.0300	85±0.011	90	20	10
FCB-80100120	80	..	110 •	120	25	10
FCB-100130150	100	+0.0350	130±0.0125	150	25	10
FCB-120150180	120	..	150 •	180	25	10

表5.3.32　IB导向套（FCB）尺寸2　　(mm)

轴径区分	内　径		外　径		20	25	30	40	50	60
	φd	公差	φD	公差	BCB	BCB	BCB	BCB	BCB	BCB
20	20	+0.105　+0.072	30	+0.049　+0.028	-203020	-203025	-203030			
25	25	+0.105　+0.072	35	+0.059　+0.034	-253520		-253530	-233540		
30	30	+0.105　+0.072	40	+0.059　+0.034		-304025	-304030	-304040		
	30	+0.105　+0.072	42	+0.059　+0.034		-304225	-304230	-304240		
32	32	+0.144　+0.105	42	+0.059　+0.034			-324230	-324240		
	32	+0.144　+0.105	45	+0.059　+0.034			-324530	-324240		
35	35	+0.144　+0.105	45	+0.059　+0.034			-354530	-324240	-354550	
	35	+0.144　+0.105	48	+0.059　+0.034			-354830	-324240	-354850	
40	40	+0.144　+0.105	50	+0.059　+0.034			-405030	-324240	-405050	
	40	+0.144　+0.105	55	+0.071　+0.041			-405530	-324240	-405550	
45	45	+0.144　+0.105	55	+0.071　+0.041				-324240	-455550	
	45	+0.144　+0.105	60	+0.071　+0.041				-324240	-456050	

续表5.3.32

轴径区分	内　径		外　径		20	25	30	40	50	60
	ϕd	公差	ϕD	公差	BCB	BCB	BCB	BCB	BCB	BCB
50	50	+0.144　+0.105	60	+0.071　+0.041				-324240	-506050	-506060
	50	+0.144　+0.105	65	+0.071　+0.041				-324240	-506550	-506560
55	55	+0.190　+0.144	70	+0.073　+0.043					-557050	-557060
	55	+0.190　+0.144	75	+0.073　+0.043					-557550	-557560
60	60	+0.190　+0.144	75	+0.073　+0.043					-607550	-607560
	60	+0.190　+0.144	80	+0.073　+0.043					-608050	-608060
65	65	+0.190　+0.144	80	+0.073　+0.043						-658060
	65	+0.190　+0.144	85	+0.086　+0.051						-658560
70	70	+0.190　+0.144	85	+0.086　+0.051						-708560
	70	+0.190　+0.144	90	+0.086　+0.051						-709060
75	75	+0.190　+0.144	90	+0.086　+0.051						-759060
	75	+0.190　+0.144	95	+0.086　+0.051						-759560
80	80	+0.190　+0.144	95	+0.086　+0.051						-809560
	80	+0.190　+0.144	100	+0.086　+0.051						-8010060
85	85	+0.242　+0.188	100	+0.086　+0.051						
	85	+0.242　+0.188	105	+0.089　+0.054						
90	90	+0.242　+0.188	110	+0.089　+0.054						
	90	+0.242　+0.188	115	+0.089　+0.054						
95	95	+0.242　+0.188	115	+0.089　+0.054						
	95	+0.242　+0.188	120	+0.089　+0.054						
100	100	+0.242　+0.188	120	+0.089　+0.054						
	100	+0.242　+0.188	125	+0.103　+0.063						

5.4　宁波东力传动设备股份有限公司

5.4.1　宁波东力模块化减速电机

5.4.1.1　使用系数选择

（1）决定使用系数的因素。

选用减速器要考虑一定的使用系数用f_B来表示，使用系数f_B由每天的运行时间和起停频率所决定，根据惯量加速系数确定的三种负载类型也要考虑，可以从图5.4.1中读取驱动方案的使用系数，从图5.4.1中确定的使用系数一定要小于或等于从选型表中所给定的使用系数。

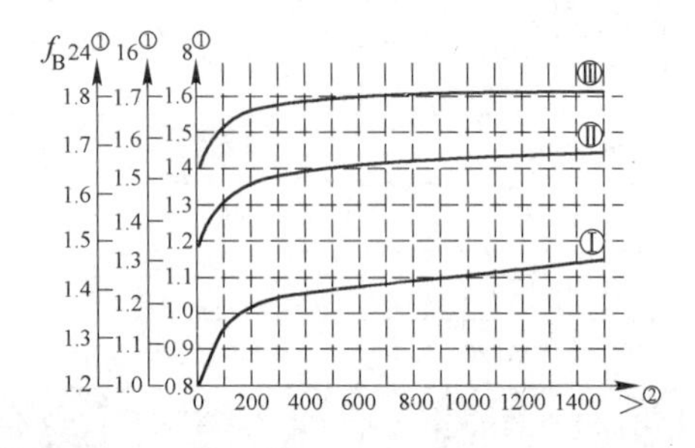

图5.4.1　使用系数f_B（每小时起停次数）
①运行小时/天；②起停次数，包括所有的起停和制动过程，包括从低到高，从高到低变换过程

（2）负载类型。

三种负载类型：

1）均匀载荷，允用的惯性加速系数≤0.2；

2）中等冲击载荷，允用的惯性加速系数≤3；

3）强冲击载荷，允用的惯性加速系数≤10。

（3）惯性加速系数。

惯性加速系数的计算方式：

$$惯性加速系数=\frac{所有外部转动惯量}{电动机的转动惯量}$$

所有的外部转动惯量是指被驱动装置加上减速器相对于电机转速的转动惯量，折算公式如下：

$$J_x=J\cdot(n/n_M)^2$$

式中　J_x——相对于电机轴的外部转动惯量；

J——相对于减速电机输出轴的外部转动惯量；

n——减速机的输出转速；

n_M——电机转速。

电机的转动惯量是指电机转动惯量，若配有制动器和高惯量飞轮(Z风扇)则要相应增加所配部件的转动惯量。

(4) 使用系数f_B。

使用系数 f_B=1时，驱动设备在疲劳强度范围内能提供相当高的工作安全性和可靠性(除斜齿轮蜗轮蜗杆减速机的蜗轮之外)。

(5) 斜齿轮蜗杆减速电机。

在斜齿轮蜗杆减速电机中，除了已有图5.4.1中的使用系数f_B外还有两个使用系数f_{B1}、f_{B2}要考虑：

f_{B1}——环境温度使用系数；

f_{B2}——负载持续系数。

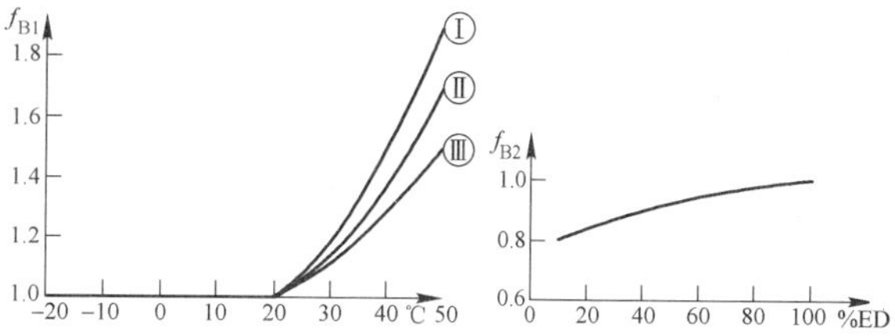

$$ED(\%)=\frac{负载持续时间(分钟/小时)}{60}\times 100$$

图5.4.2 附加使用系数f_{B1}和f_{B2}

附加的使用系数f_{B1}、f_{B2}可通过图5.4.2确定，确定f_{B1}时用和确定f_{B2}同样的方法考虑负载类型。

斜齿轮蜗轮蜗杆减速电机总的使用系数f_{Btot}按下式计算：

$$f_{Btot}=f_B \cdot f_B l \cdot f_{B2}$$

5.4.1.2 **齿轮箱选择**

$$M_a \cdot f_B \leqslant M_{amax}$$

式中 M_a——额定转矩；

M_{amax}——最大转矩。

5.4.1.3 **现场应用**

(1) 沙钢5000mm宽厚板生产线（一期、二期）均采用东力模块化减速电机3562台。

(2) 河北敬业3800mm中厚板输送辊道采用东力模块化减速电机DLR系列（见图5.4.3、图5.4.4）。

图5.4.3 沙钢5000mm宽厚板生产线

图5.4.4 敬业3800mm中厚板输送辊道

5.4.2 DLHB模块化高精减速器

5.4.2.1 **恒定功率**

(1) 确定齿轮箱类型和规格。

1) 确定传动比：$i_s=\frac{n_1}{n_2}$

2) 确定齿轮箱额定功率：$P_{2N}\geqslant P_2\times f_1\times f_2\times f_A$

如果不满足下列条件：

$$P_2\geqslant 30\%\times P_{2N}$$

3) 校核最大扭矩，例如峰值工作扭矩，起动扭矩或制动扭矩：$P_{2N}\geqslant\frac{T_A\times n_1}{9550}\times f_3$

4) 校核输出轴上允许附加作用力；

5) 校核实际传动比。

(2) 确定供油方式（见表5.4.1）。

表5.4.1 供油方式

	卧式安装	立式安装
确定供油方式	（1）飞溅润滑； （2）浸油润滑，所有需润滑的零部件均浸在油中； （3）强制润滑（敬请垂询）	（1）浸油润滑； （2）采用法兰泵或电动泵进行强制润滑，优选供油方式和选择标准

(3) 确定所需热容量P_G。

1）如满足以下条件，则齿轮箱可不带辅助冷却装置：$f_6 \times f_7 \times P_2 \leqslant P_{GA} \times f_4 \times f_8 = P_G$

2）如满足以下条件，则齿轮箱带冷却风扇可满足要求：$f_6 \times f_7 \times P_2 \leqslant P_{GB} \times f_4 \times f_8 = P_G$

3）如满足以下条件，则齿轮箱带冷却盘管可满足要求：$f_6 \times f_7 \times P_2 \leqslant P_{GC} \times f_5 \times f_8 = P_G$

4）如满足以下条件，则齿轮箱带冷却盘管和风扇可满足要求：$f_6 \times f_7 \times P_2 \leqslant P_{GD} \times f_5 \times f_8 = P_G$

5）如需要较高的热容量，则可按用户要求提供外部润滑油冷却装置进行冷却。

f_1——工作机系数；

f_2——原动机系数；

f_3——峰值扭矩系数；

f_4, f_5——环境温度系数；

f_6——负荷利用率系数；

f_7——公称功率利用率系数；

f_8——齿轮箱供油系数；

P_{GA}——齿轮箱的基础热容量，不带辅助冷却装置；

P_{GB}——齿轮箱的基础热容量，带冷却风扇；

P_{GC}——齿轮箱的基础热容量，带内置式冷却盘管；

P_{GD}——齿轮箱的基础热容量，同时带内置式冷却盘管和冷却风扇；

P_2——工作机的额定功率；

T_A——输入轴最大扭矩，例如峰值工作扭矩，起动扭矩或制动扭矩，N·m。

5.4.2.2 **可变功率**

在以恒定转速和可变功率运行的工作机上，其齿轮箱是根据当量功率配置的。因此在一个工作周期中，其不同阶段Ⅰ，Ⅱ，…，n需要的功率分别为$P_Ⅰ$，$P_Ⅱ$，…，P_n，这些功率分量与各自的时间分量：$X_Ⅰ, X_Ⅱ, \cdots, X_n$相对应。根据这些数据按下列公式计算当量功率$P_{2äq}$：

$$P_{2äq} = \sqrt[6.6]{P_Ⅰ^{6.6} \times \frac{X_Ⅰ}{100} + P_Ⅱ^{6.6} \times \frac{X_Ⅱ}{100} + \cdots + P_n^{6.6} \times \frac{X_n}{100}}$$

然后按照第1.1 … 1.5项和第3项确定齿轮箱规格，需满足：$P_{2N} \geqslant P_{2äq} \times f_1 \times f_2 \times f_A$

然后，在P_{2N}确定后，按照以下条件检验各个时间分量及其相对应的功率分量：

(1) 各个功率分量$P_Ⅰ, P_Ⅱ, \cdots, P_n$应大于$0.4 \times P_{2N}$。

(2) 各个功率分量$P_Ⅰ, P_Ⅱ, ..., P_n$不能超过$1.4 \times P_{2N}$。

(3) 功率分量$P_Ⅰ, P_Ⅱ, \cdots, P_n$中大于P_{2N}的分量所对应的时间分量$X_Ⅰ, X_Ⅱ, \cdots, X_n$总和不超过10%。

如果以上三个条件中的任何一项不满足，则必须重新计算$P_{2äq}$。

特别应加以注意的是在计算$P_{2äq}$时没有计入的短时峰值功率不能大于$P_{max} = 2 \times P_{2N}$。

在以可变扭矩和恒定转速运行的情况下，齿轮箱应按当量扭矩计算。

对某些特定的应用，按有限寿命选择的齿轮箱就足以满足应用了，如偶尔动作（闸门锁定机构）或慢速输出（$n_2 < 4\text{min}^{-1}$）。

$P_{2äq}$——当量功率，kW。

$P_{\mathrm{I}}, P_{\mathrm{II}}, P_n$——与载荷谱对应的功率分量，kW；

$X_{\mathrm{I}}, X_{\mathrm{II}}, X_n$——与载荷谱对应的时间分量，%。

示例载荷谱见图5.4.5。

5.4.2.3 **现场应用**

衡阳华菱圆坯连铸机采用东力模块化高精减速机（见图5.4.6）。

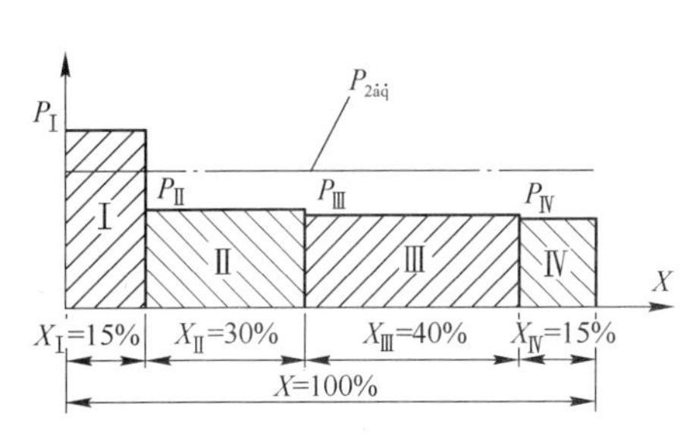

图5.4.5 示例载荷谱

图5.4.6 衡阳华菱圆坯连铸机

5.4.3 DLP行星齿轮减速器

5.4.3.1 **恒定功率**

(1) 确定齿轮箱的类型和规格。

1) 计算传动比：$i_s=\dfrac{n_1}{n_2}$

2) 确定齿轮箱额定功率：$P_N \geqslant P_C=P_2 \times f_1 \times f_2 \times f_A$

3) 检验是否满足下列条件：$P_N \geqslant 30\% \times P_A$

如果不满足下列条件$P_N \geqslant P_A=\dfrac{T_A \times n_1}{9550} \times f_3$请与我们联系。

4) 校核最大扭矩，例如峰值工作扭矩、起动扭矩和制动扭矩，根据i_N和P_N在额定功率表中确定齿轮箱的规格和传动级数。

5) 校核实际传动比i是否适合。

(2) 确定齿轮箱载荷利用率和所需的热功率。

1) 用于热功率计算的齿轮箱载荷利用率：载荷利用率(%)$=P_2/P_N \times 100$

根据载荷利用率查得系数f_{14}。

2) 齿轮箱不带辅助冷却装置可以满足要求，如果：$P_2 \leqslant P_G=P_{G1} \times f_4 \times f_{14}$

3) 为了达到较高的热功率，需要通过冷却器或水-油冷却器进行冷却。

f_1——工作机系数；

f_2——原动机系数；

f_3——峰值扭矩系数；

f_4——环境温度系数；

f_{14}——载荷利用率系数；

f_A——可靠度系数；

P_2——工作机功率，kW；

P_C——所需功率，kW；

P_A——起动功率，kW；

T_A——输入轴最大扭矩，例如峰值工作扭矩，启动扭矩或制动扭矩，N·m。

5.4.3.2 **变功率**

在以恒定转速和可变功率运行的工作机上，其齿轮箱是根据当量功率配置的。因此在一个工作周期中：

$$P_{2äq}=\sqrt[6.6]{P_{\mathrm{I}}^{6.6}\times\frac{X_{\mathrm{I}}}{100}+P_{\mathrm{II}}^{6.6}\times\frac{X_{\mathrm{II}}}{100}+\cdots+P_{n}^{6.6}\times\frac{X_{n}}{100}}$$

其不同阶段Ⅰ，Ⅱ，…，n需要的功率分别为P_{I}，P_{II}，…，P_n，这些功率分量与各自的时间分量：X_{I}，X_{II}，…，X_n相对应。根据这些数据按下列公式计算当量功率$P_{2äq}$：

然后按照第1.1…1.5项和第2.2…2.3项确定齿轮箱规格，需满足：$P_N \geqslant P_C=P_{2äq}\times f_1\times f_2\times f_A$

然后，在P_N确定后，按照以下条件检验各个时间分量及其相应的功率分量：

(1) 各个功率分量P_{I}，P_{II}，…，P_n应大于$0.4\times P_N$；

(2) 各个功率分量P_{I}，P_{II}，…，P_n不能超过$1.4\times P_N$；

(3) 功率分量P_{I}，P_{II}，…，P_n中大于P_N的分量所对应的时间分量X_{I}，X_{II}，…，X_n总和不超过10%。

如果以上三个条件中的任何一项不满足，则必须重新计算$P_{2äq}$和P_C；

特别应加以注意的是在计算$P_{2äq}$时没有计入的短时峰值功率不能大于$P_{max}=2\times P_N$；

在以可变扭矩和恒定转速运行的情况下。齿轮箱应按当量扭矩计算。

对某些特定应用，按有限寿命选择的齿轮箱就足以满足应用了，如果偶尔动作（闸门锁定机构）或慢速输出($n_2<4\mathrm{min}^{-1}$)等。

示例载荷谱见图5.4.7。

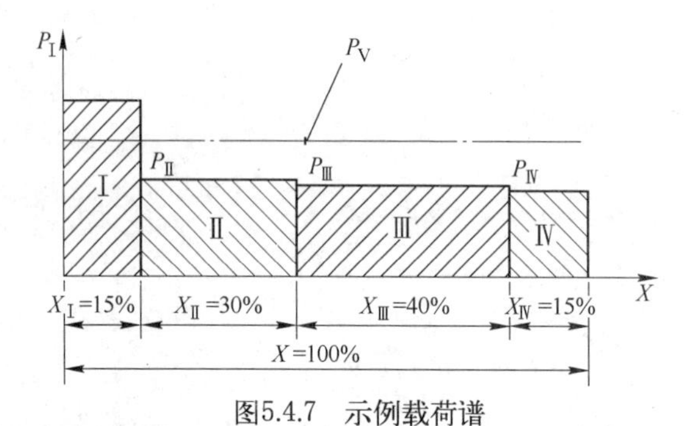

图5.4.7 示例载荷谱

5.4.3.3 **现场应用**

天津大无缝出口基地钢管热处理线四级行星（见图5.4.8）。

图5.4.8 天津大无缝出口基地钢管热处理线

5.5 镭目科技有限责任公司

公司已为全世界300多家钢厂提供了解决方案、产品和服务，目前，镭目公司的产品已远销欧洲、亚洲、美洲等海外市场，其中，钢水液面控制系统已销售2000多流，非正弦振动系统已销售300多流，大包下渣检测系统已销售了50多套。国内客户主要有宝钢、武钢、鞍钢、首钢、包钢、沙钢、唐钢、本钢、湘钢、涟钢等260家钢铁企业。国外客户有印度JSPL、TATA、LLOYDS、ISMT、AARTI、MUKAND、韩国POSCO、巴西CSN-UPV、墨西哥TERNIUM、沙特KISHCO、土耳其TOSYALI等钢铁公司。

5.5.1 镭目智能解决方案

5.5.1.1 改善铸坯表面质量

连铸坯内部缺陷有中间裂纹、角部裂纹、中心线裂纹、疏松、缩孔、偏析，铸坯内部质量取决于带液芯的铸坯在二冷区的凝固过程；连铸坯表面缺陷有纵裂纹、横裂纹、网状裂纹、皮下针孔和宏观夹杂，表面质量主要取决于钢水在结晶器的凝固过程。镭目公司通过对冶金技术和测控技术研究，开发了以下改善铸坯质量的智能化技术，如图5.5.1~图5.5.4所示。

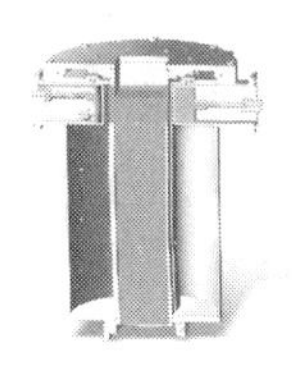
图5.5.1 钢水液面控制系统

图5.5.2 塞棒数控系统

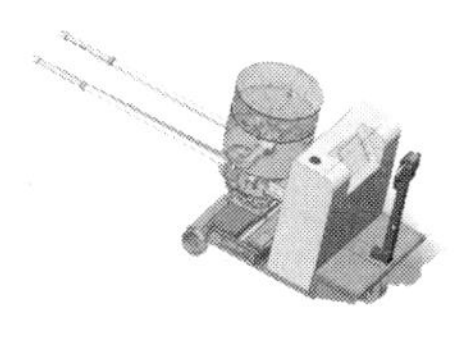
图5.5.3 自动加渣系统

图5.5.4 电动缸非正弦振动控制系统

5.5.1.2 改善铸坯内部质量

连铸坯内部缺陷有中间裂纹、角部裂纹、中心线裂纹、疏松、缩孔、偏析，铸坯内部质量取决于带液芯的铸坯在二冷区的凝固过程；连铸坯表面缺陷有纵裂纹、横裂纹、网状裂纹、皮下针孔和宏观夹杂，表面质量主要取决于钢水在结晶器的凝固过程。镭目公司通过对冶金技术和测控技术研究，开发了以下改善铸坯质量的智能化技术，如图5.5.5~图5.5.8所示。

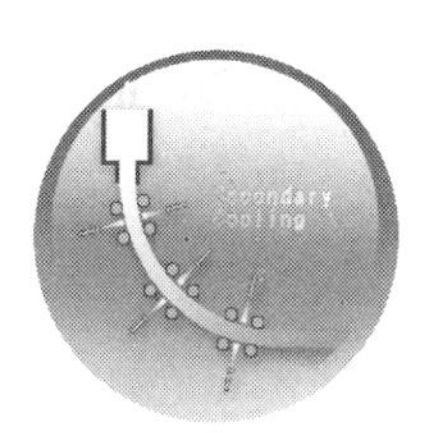
图5.5.5 动态二冷配水控制

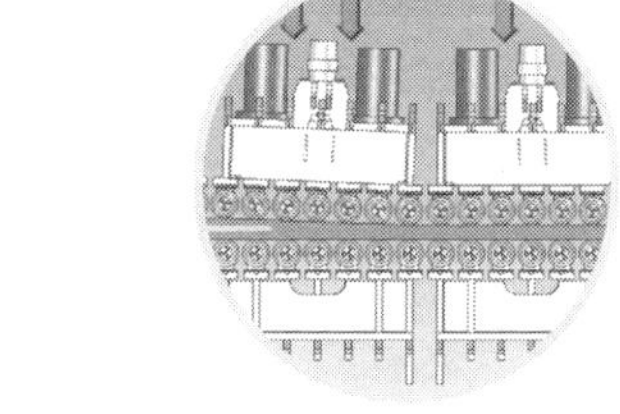
图5.5.6 动态轻压下

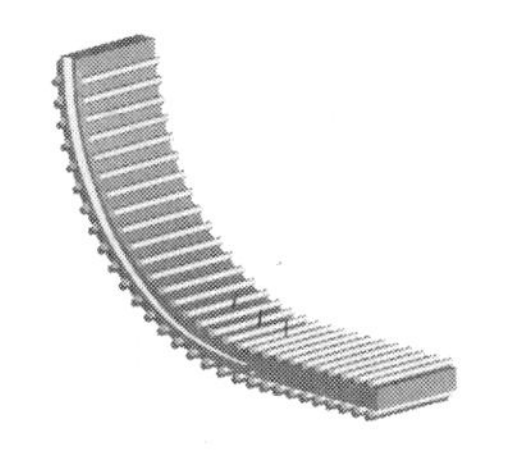
图5.5.7 射钉实验

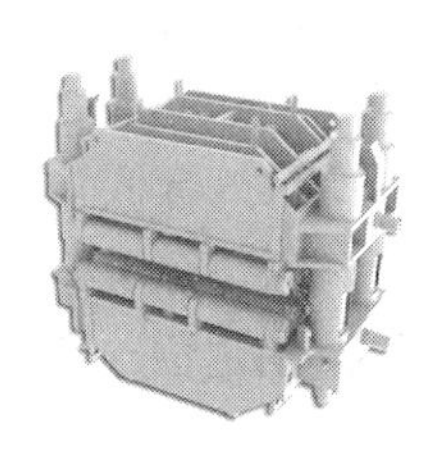
图5.5.8 电磁超声波法在线测量

5.5.1.3 提高钢水纯净度

连铸坯洁净度是一个系统工程。在连铸过程中，要得到洁净的连铸坯，其任务是：炉外精炼获得的“干净”钢水，在连铸过程中不再污染；连铸过程中应创造条件在中间包和结晶器中使夹杂物进一步上浮去除。连铸过程钢水再污染，主要决定于钢水二次氧化、钢水与环境（空气、渣、包衬）相互作用、钢水流动的稳定性、钢渣乳化卷渣。洁净钢技术是普遍的、涉及所有钢种的、满足不同层次产品加工和使用要求的技术。为了在连铸过程更好地控制钢洁净度，镭目公司研发和应用了以下智能化测控技术，如图5.5.9~图5.5.13所示。

图5.5.9 大包下渣检测(电磁式)

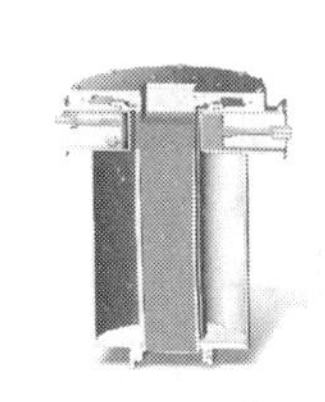
图5.5.10 大包下渣检测(多维式)

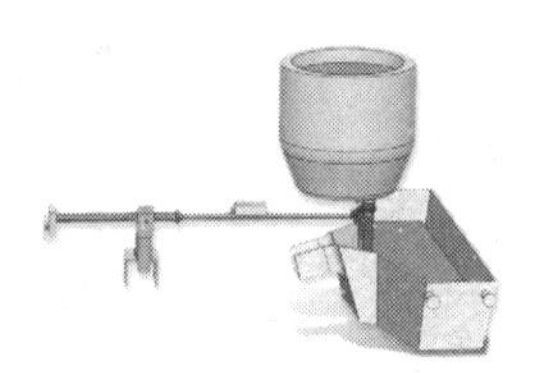
图5.5.11 大包下渣检测(振动式)

图5.5.12 气动档渣技术

图5.5.13 转炉(电炉)下渣检测

5.5.1.4 生产过程保障

为了提高铸机作业率，达到长时间的无故障在线作业，保障连铸连轧生产过程的顺利进行，提高生产过程控制的自动化水平，如防漏钢、自动调节辊缝、在线调宽调锥、自动标识等。镭目公司研发和应用了以下智能化测控技术，如图5.5.14~图5.5.18所示。

图5.5.14　红外定尺

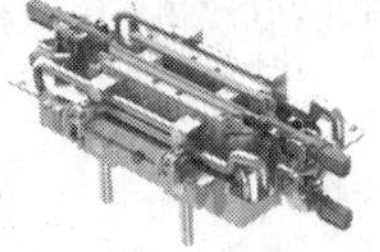

图5.5.15　结晶器在线调宽调锥系统

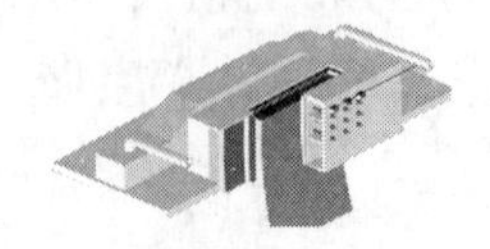

图5.5.16　结晶器漏钢预报系统

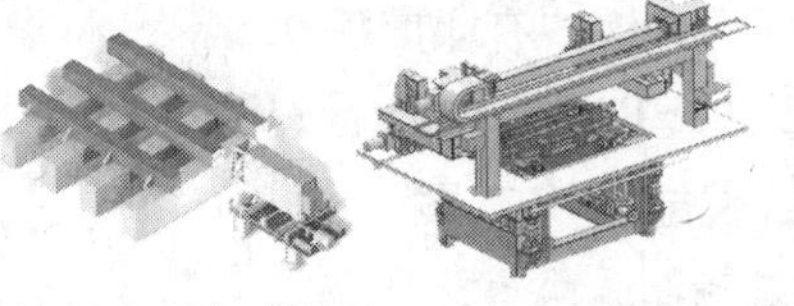

图5.5.17　自动标识系统

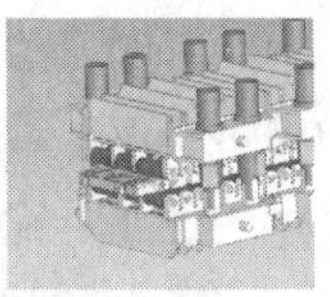

图5.5.18　结晶器振动测试系统

5.6　昆山华得宝检测技术设备有限公司

5.6.1　H2003–Ⅱ轧辊涡流自动检测系统

适用范围（H2003-Ⅱ轧辊涡流自动检测系统）：自动检测轧辊表层的裂纹、软点、剩磁状况（见图5.6.1~图5.6.6）。

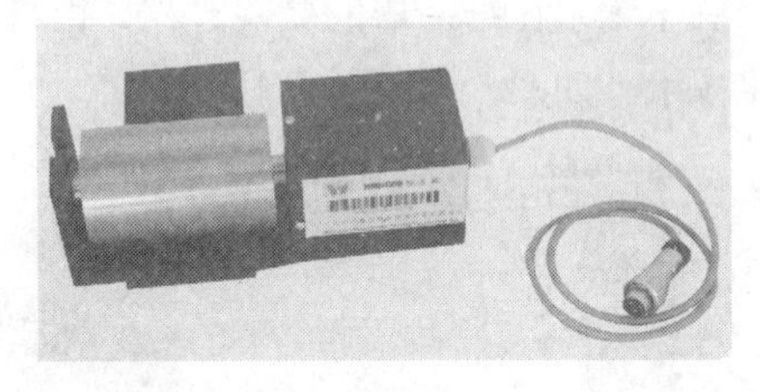

图5.6.1　H2003-Ⅱ轧辊涡流自动检测系统模拟

5.6.1.1　**可检轧辊规格**

（1）轧辊直径有效范围：直径60~2500mm。

（2）轧辊材质：除高速钢外（高速钢可检测，但信噪比较差，测量精度受到影响，检测结果仅供参考）所有材质。

（3）轧辊凸度（直径最大变化量）：无限制。

（4）轧辊工作面长度（mm）：无限制。

（5）轧辊表面线速度：0.5~1.8m/s。

图5.6.2　H2003-Ⅱ轧辊涡流自动检测系统大探头

5.6.1.2　**检测技术参数**（H2003-Ⅱ**轧辊涡流自动检测系统**）

（1）探伤覆盖率达到100%。

（2）探伤灵敏度：

裂纹：0.10mm（深度）×3.0 mm（长度）缺陷可检。

软点：硬度降低4Hs(D)、面积为大于10mm^2 可检。

剩磁：大于等于20×10^{-4} 特斯拉可检。

图5.6.3　H2003-Ⅱ轧辊涡流自动检测系统消磁

（3）缺陷定位：将轧辊表面分为320 个区（纵向分40 个区，周向分8 个区），缺陷按区定位；

（4）间隙：探头与轧辊表面的间隙保持为1.25±0.1mm。

功能特点（H2003-Ⅱ轧辊涡流自动检测系统）：

（1）设备可以同时检测轧辊表面的裂纹、软点（擦/划伤），硬度变化和剩磁。

（2）可按边磨边探/和磨后探伤的两种模式进行检测(其中边磨边探功能需要磨床配合实现）。

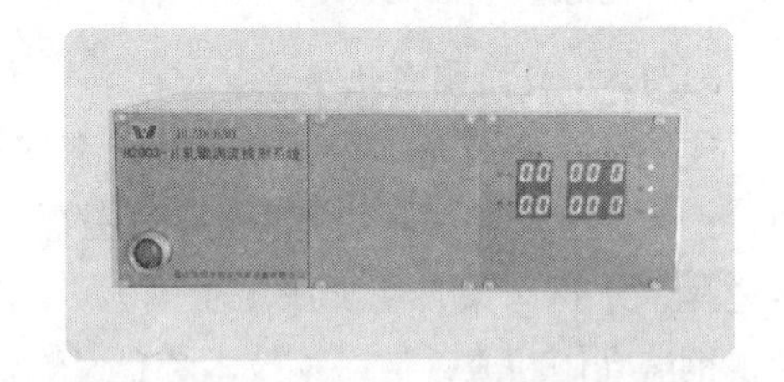

图5.6.4　H2003-Ⅱ轧辊涡流自动检测系统下位机

（3）设备可自动适应于不同的轧辊转速，保证轧辊表面缺陷性质的准确判别。

（4）可指示当前探伤覆盖率(单向一次)亦可提供累加覆盖率。

（5）根据当前轧辊转速提示覆盖率达100%的头架(拖板)速度。

（6）探头间隙自动跟踪及补偿，适应各类曲线表面轧辊的探伤。

（7）具备周/轴向分区坐标生成的功能满足与磨床不同类型的整合。

（8）可对缺陷以表格方式和图形(柱图)方式进行显示和打印导出，满足数据上传的管理。

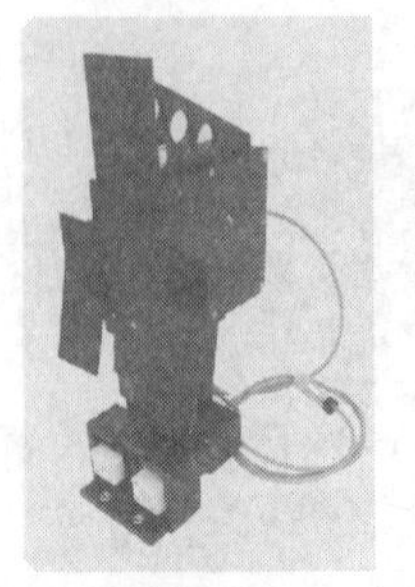

图5.6.5　H2003-Ⅱ轧辊涡流自动检测系统小探头

图5.6.6　H2003-Ⅱ轧辊涡流自动检测系统机柜

(9) 按用户要求对轧辊缺陷进行统计和管理，存储不少于50万组轧辊的检测数据。

(10) 设备配置消磁器，可对轧辊表面进行消磁处理。

5.7 中冶赛迪工程技术股份有限公司

5.7.1 冷轧带钢表面质量检测仪

5.7.1.1 检测仪简介及相关背景

冷轧带钢表面质量检测仪是一种冷轧生产中的表面质量检测设备，利用工业相机，对带钢的表面进行图像采集，将采集到的视频进行处理和分析，对于带钢缺陷进行报警。

该设备可以检测高速带钢的各种缺陷。

该产品适用于酸洗、轧钢、镀锌线上的质量检测。

5.7.1.2 设备结构和工作原理

(1) 设备结构。

中冶赛迪电气技术有限公司开发的冷轧带钢表面质量检测仪由以下几部分组成（见图5.7.1）。

工业相机和定焦镜头；

光源和光源控制器；

机架；

服务器；

磁盘阵列；

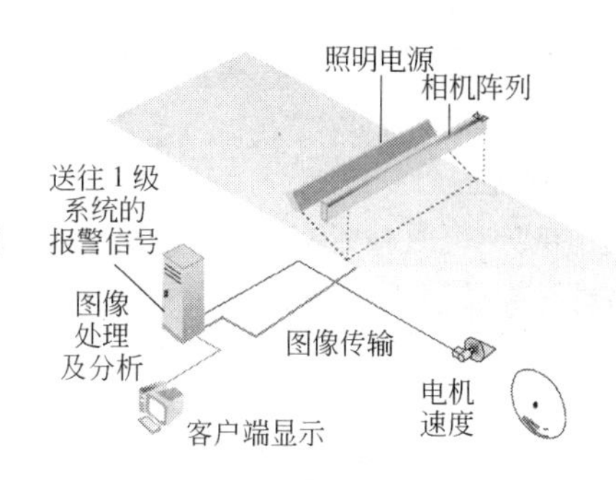

图5.7.1 表面检测仪工作原理

(2) 工作原理。

机架、光源和光源控制器布置在带钢附近，保证机架上的相机可以采集到清晰的带钢视频，采集到的视频输入计算机，由软件完成图像处理、特征提取、模式识别功能，得到带钢缺陷的种类和位置信息，计算机根据缺陷类型进行报警，同时视频和缺陷记录保存在磁盘阵列的数据库里。

5.7.1.3 设备的技术参数和技术特点

(1) 技术参数。

带钢宽度：500~1800mm；

带钢速度：0~1200m /min；

工作温度：-10~50℃；

分辨率(横向分辨率×纵向分辨率): 0.5mm×0.5mm；

缺陷大小(长×宽)：1.5mm×1.5mm；

缺陷检测率：90%；

缺陷识别率：85%。

(2) 检测仪的特点。

可以长时间稳定的进行带钢缺陷检测；

对于低速和高速带钢都可以进行在线缺陷识别及显示；

分辨率高，可以识别用眼很难识别的缺陷，缺陷的大小；

可以根据用户需求进行缺陷的报表；

可以进行对带钢视频进行一周的保存。

5.7.1.4 选型原则

根据工作环境、带钢的宽度、最高运行速度和所需检测的带钢缺陷大小进行相机选型；再根据相机的类型进行镜头选型及机架设计。如果缺陷的大小为$w \times wH \geqslant \frac{3000v}{w}$ $wH \geqslant \frac{3W_1}{w}$ (mm)，带钢宽度为W_1 (mm)，运行速度为v (m/s)，则采用单个线扫描相机的分辨率wH和扫描频率H应满足：

$$放大倍数=\frac{3\times 相机的像素分辨率(mm)}{缺陷分辨率(mm)}$$

$$焦距=\frac{工作距离(mm)\times 放大倍数}{1+放大倍数}$$

根据相机像素分辨率和所需最小缺陷的大小来选择镜头的焦距。

光源选择要保证可以带钢可以反射光进入相机后可以得到清晰的图像。如果不考虑带钢的真实颜色特征，建议采用红外光源，这样采集的图像可以更好的避免外界光源的干扰。

5.7.1.5　**项目应用情况**

酸洗表面质量检测仪在2012年唐山丰南1450酸轧联机上使用。

5.7.2　高速数据采集分析仪CHPDA

5.7.2.1　**设备简介**

(1) 概述。

中冶赛迪电气技术有限公司开发的CHPDA（高速数据采集分析仪）是用来对过程数据进行高速采样、存贮、分析的系统，能够通过多种形式采集来自不同信号源的数据，采样点数可灵活配置。

(2) 主要解决的技术问题。

对生产现场的实时数据进行高速采样，并提供如下分析功能，绘图模式的选择：基于时间的X轴、普通图形、2D图形、3D图形；统计功能：计算选定区间最大值、最小值、瞬时值、平均值、控制颜色、视图导航等；信号间的算术运算：加、减、乘、除、平方、开方及四则运算等；各种滤波器：低通、高通、带通、带阻；快速傅里叶变换等。

(3) 适用范围。

高炉数据采集及分析。

加热炉数据采集及分析。

炼钢数据采集及分析。

连铸数据采集及分析。

轧钢数据采集及分析。

石化等领域对实时性要求较高的数据采集。

5.7.2.2　**设备结构和工作原理**

(1) 结构和组成。

本系统主要由数据采集服务器和数据采集和分析软件组成，网络配置如图5.7.2所示。

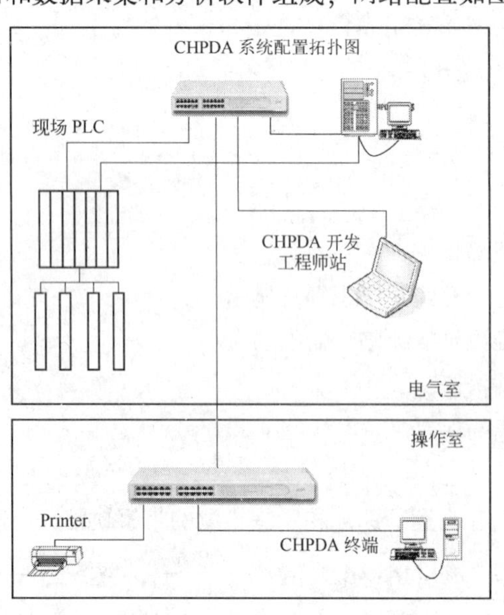

图5.7.2　高速数据采集分析系统

(2) 工作原理。

数据采集服务器通过网络或硬件接线的方式把需要采集的信号值压缩存贮在服务器中，可离线打开数据文件进行数据分析。

5.7.2.3 设备技术参数和技术特点

(1) 技术参数。

支持主流PLC系统，采样周期可到2ms，采集点数从256点到无限点。

(2) 技术特点。

1) 各种数据的采集。

采集来自基础自动化系统的信号，并对采集到的信号进行压缩储存。

2) 趋势图的绘制。

对于采集到的信号，以趋势图的方式进行呈现。

3) 采集数据的高速压缩与解压。

对采集到的海量数据进行高效实时的压缩与解压，以节约存储空间。

4) 对数据波形进行滤波。

对采集到的信号可以进行数据滤波以满足用户的分析需求。

5) 3D绘图显示。

用趋势图进行3D呈现。

6) 信号的逻辑运算。

对单路或多路数据进行数学运算和组合。

7) 性能指标。

采集方式：现场总线、以太网、PLC嵌入式采集、数模直接采集等。

系统连接的点数：256点～无限点。

系统采样周期可到2ms。

8) 分析软件运行界面。

图5.7.3~图5.7.5分别为分析软件主界面、虚拟信号定义界面、2D分析界面。

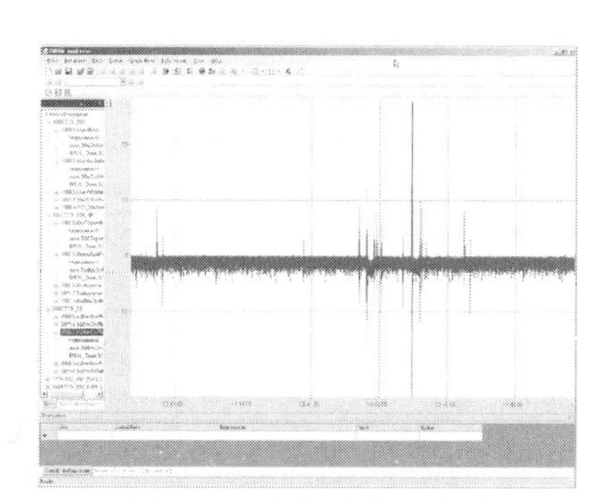

图5.7.3　分析软件主界面

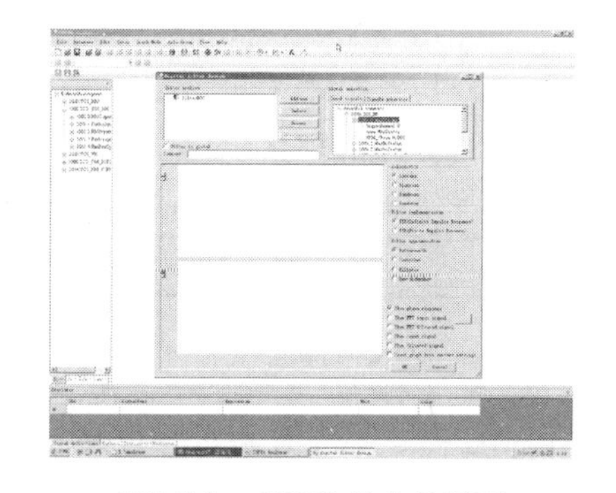

图5.7.4　虚拟信号定义界面

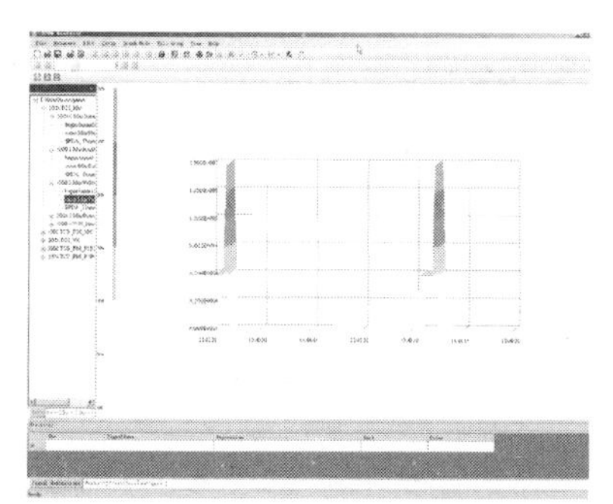

图5.7.5　2D分析界面

5.7.2.4 选型原则

依据PLC的类型、采样周期、采样点数选择。

5.7.2.5 典型项目应用情况

本系统在国内得到广泛应用，图5.7.6所示为新余特厚板坯连铸结晶器液压振动实时高速数据采集系统的振动曲线，采样周期为2ms，根据曲线可以指导调整控制系统参数、判断系统的工作状态、判别故障原因。

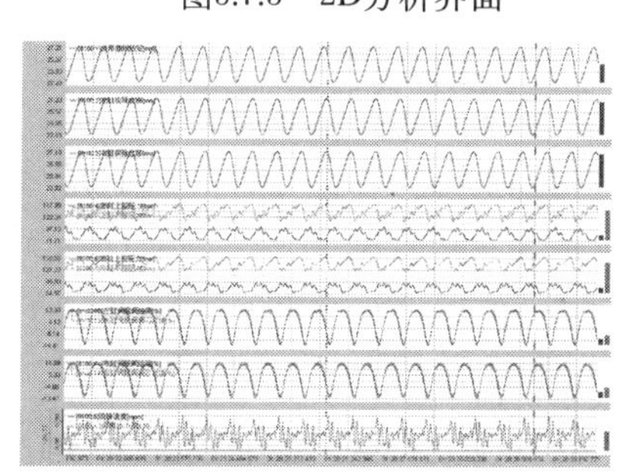

图5.7.6　某板坯连铸结晶器液压振动曲线

5.7.3 工业炉

工业炉在工业原材料的冶炼、加工或成品的制造过程中，为实现预期的物理变化或化学变化所需要的加热装置，称为工业炉。本篇主要论述在钢铁轧制、锻造和成品热处理的工业生产中，利用燃料燃烧产生的热量，或者将电能转化成热量对工件或物料进行加热的工业炉。

5.7.3.1 工业炉分类

工业炉的分类方法有很多，常用的分类方法有按供热方式、工作制度、温度制度、生产用途和炉型结构特点等。重庆赛迪工业炉有限公司能够为客户提供钢铁轧制、锻造和成品热处理的各类加热炉和热处理炉，其中常见的炉型见表5.7.1。

表5.7.1 常用炉型分类

炉　型	炉温/℃	结构特点	生产用途
宽厚板步进梁式加热炉	1300	常采用双步进	宽厚板坯加热
中厚板步进梁式加热炉	1300	常采用双步进	中厚板坯加热
热连轧板坯步进梁式加热炉	1300	端进端出步进梁式	板坯加热
炉卷板坯步进梁式加热炉	1300	端进端出步进梁式	板坯加热
高温硅钢步进梁式加热炉	1430	端进端出步进梁式	高温硅钢板坯加热
大方坯步进梁式加热炉	1300	端进端出步进梁式	大方坯、矩形坯的加热
大圆坯步进梁式加热炉	1300	端进端出步进梁式	大圆坯的加热
异型坯步进梁式加热炉	1300	端进端出步进梁式	异型坯的加热
小方坯步进梁式加热炉	1250	辊道侧进侧出步进梁式	小方坯加热
蓄热式加热炉	1300	采用蓄热式燃烧技术加热	各种坯料加热
车底式加热炉	1300	台车装出料	板坯、钢锭等加热
车底式热处理炉	1100	台车装出料	各种工件热处理
芯棒预热炉	420	台车装出料	芯棒预热、脱氢和退火加热
环形加热炉	1300	转动炉底	管坯加热
再加热炉	1000	辊道侧进侧出，齿形步进梁	钢管再加热
淬火炉	1050	辊道侧进侧出，齿形步进梁	钢管淬火及正火加热
回火炉	850	辊道侧进侧出，齿形步进梁	钢管回火加热
辊底式热处理炉	1250	辊道输送装出料	厚板、钢管、线材正火、回火、退火加热
连续退火炉	1000	辊道张力输送装出料	带钢退火加热、快速冷却
镀锌退火炉	1000	辊道张力输送装出料	带钢镀锌前退火加热、快速冷却
罩式炉	950	行车输运堆垛式装出料	钢卷、线材盘卷退火加热

5.7.3.2 常用炉型介绍

(1) 板坯步进梁式加热炉。

板坯步进梁式加热炉按照加热板坯规格(宽度)分为宽厚板加热炉、中厚板加热炉、普通热连轧加热炉等；生产高温硅钢的热连轧加热炉，称为高温硅钢加热炉；为炉卷轧机配套的步进梁式加热炉称为炉卷板坯步进梁式加热炉等。

板坯步进梁式加热炉是重庆赛迪工业炉有限公司的拳头产品，业绩众多，拥有宝钢三热轧加热炉、宝钢宽厚板加热炉、武钢三热轧加热炉、本钢三热轧加热炉等在行业内具有代表性的典型业绩，并在高温硅钢加热炉上拥有垄断业绩。主要业绩见表5.7.2。

表5.7.2 板坯步进梁式加热炉业绩

序号	用　户	座数×产量/万吨·年$^{-1}$	投产时间/年
一	中、宽厚板步进梁式加热炉Heavy Plate Mill WBF	2×265	
1	宝钢5000mm宽厚板轧机工程加热炉(双步进)	2×245	2005

续表5.7.2

序号	用　户	座数×产量/万吨·年$^{-1}$	投产时间/年
2	沙钢集团5000 mm宽厚板轧机工程加热炉(双步进)	2×150	2006
3	华菱集团湘钢3800mm宽厚板二号生产线加热炉	2×100	2008
4	首钢集团水钢3500mm中厚板加热炉	110	2009
5	武钢轧板厂2号加热炉(双步进)	2×85	2002
	武钢轧板厂3号，4号加热炉(蓄热式、双步进)	85	3号：2010　4号：2011
6	武钢中厚板分厂4号加热炉(双蓄热)	150	2009
7	南钢中板厂1号炉异地改步进炉(脉冲)	55	2010
8	宝钢集团八钢中板厂3号加热炉	2×210	2011
9	宝钢集团宁钢4300mm宽厚板加热炉		
二	热连轧步进梁式加热炉		
1	宝钢1580mm热轧厂1号～2号加热炉	2×270	1996
2	宝钢1580mm热轧厂3号加热炉(硅钢)	1×270	1999
3	宝钢1880mm热轧带钢工程1号加热炉(硅钢)	1×250	2007
4	宝钢1880mm热轧带钢工程2号～4号加热炉(蓄热式)	3×250	2007
5	宝钢集团上海一钢1780mm不锈钢热轧1号～3号加热炉	3×300	2003，2004
6	宝钢集团梅钢1422mm热轧2号加热炉	1×280	2002
7	宝钢集团梅钢1422mm热轧3号加热炉(蓄热式)	1×280	2007
8	宝钢集团梅钢1780mm热轧1号～3号加热炉	3×330	2012
9	宝钢集团八钢1750mm热轧1号，2号加热炉	2×300	1号：2006　2号：2007
10	武钢一热轧1700mm热轧1号～2号加热炉改造	2×270	2009
11	武钢一热轧1700mm热轧3号～4号加热炉改造(硅钢)	2×270	2009
12	武钢1580mm热轧1号加热炉(蓄热式)	1×270	2007
13	武钢1580mm热轧2号～3号加热炉(硅钢)	2×270	2007
14	武钢1580mm热轧4号加热炉	1×270	2009
15	太钢2250mm热轧1号～3号加热炉(脉冲控制)	3×260	2006
16	太钢2250mm热轧4号加热炉(蓄热式)	1×260	2007
17	本钢1700mm热轧3号～5号加热炉	3×250	3号：2009　4号：2000　5号：2005
18	本钢2300mm热轧1号～4号加热炉(蓄热式)	4×300	2008
19	鞍钢1780mm热轧4号加热炉(硅钢)	1×250	2008
20	安钢1780mm热轧1号～3号加热炉	3×270	1号，2号：2007　3号：2008
21	攀钢1450热轧新1号，2号加热炉	2×265	2号：2002　1号：2003
22	河北钢铁集团承钢1780mm热轧1号～3号加热炉(双蓄热)	3×300	1号，2号：2008　3号：2010
23	山东钢铁集团日钢2150mm热轧1号～3号加热炉(双蓄热)	3×320	1号，2号：2008　3号：2010
24	唐山港陆1500mm热轧1号，2号加热炉(双蓄热)	2×280	2011
25	新余1580mm热轧1号，2号加热炉	2×285	2008
26	重钢1780mm热轧1号～3号加热炉(蓄热式)	3×270	1号，2号：2010　3号：2011
27	首钢通钢集团吉林钢铁公司1450mm热轧1号～3号加热炉	3×280	1号，2号：2011　3号：2012
28	华菱集团涟钢2250mm热轧2号，3号加热炉(蓄热式)	2×390	3号：2009　2号：2010
29	福欣特殊钢1780mm热轧1号,2号加热炉(脉冲)	2×262	2012
30	西南不锈钢公司1450mm热轧2号加热炉	1×170	2012
31	河北集团燕钢1780mm热轧2号加热炉(双蓄热)	1×300	2012
32	西班牙Brava钢铁有限公司250t/h加热炉	1×250	
三	炉卷轧机配套步进梁式加热炉Steckel Mill WBF		
1	酒钢炉卷轧机加热炉	1×200	2003
2	安阳炉卷轧机1号加热炉	1×300	2005
3	安阳炉卷轧机2号加热炉	1×160	2009
4	泰山钢铁炉卷轧机1号，2号加热炉	2×200	1号：2008
5	伊朗USI炉卷轧机加热炉	1×250	2号：2012

1）工艺流程。

步进梁式加热炉被加热板坯，从炼钢的连铸机或板坯库经辊道输送到炉前，按预定的计划分别进行冷装(CCR)、热装(HCR)或直接热装(DHCR)。

连铸板坯按轧制计划直接从连铸输送辊道，经板坯库上料辊道后，送入加热炉装炉辊道，或者从板坯库吊到板坯上料辊道上，并按布料图进行定位，同时相对应的工艺参数由轧线计算机送往加热炉计算机，用于加热炉控制系统。板坯定位完成，装钢机前移，将板坯推正后，装钢机回位；在确定炉内有空位后，装料炉门打开，装钢机开始动作，抬升前移，将板坯托起送入炉内。

装入炉内的板坯通过步进梁的运动从入炉端运送到出炉端。步进梁的运动周期是一个矩形运动轨迹。步进梁运动由水平运动和垂直运动组成。

板坯到达出料端时，被出料激光检测装置检测到后，步进梁继续向前走完最后一个步矩后停止，此时板坯被加热到轧制要求温度，在接到轧线要钢信号后，出料炉门打开，出钢机开始动作，从板坯下位运行进入炉内，根据板坯位置定位，托起板坯出炉，将板坯托放在出料辊道上，出料炉门关闭。板坯由出料辊道送至高压水除鳞装置去除板坯上下表面的氧化铁皮，然后进入轧机进行轧制。

典型的热连轧板加区(板坯库和加热炉区域)平面布置见图5.7.7。

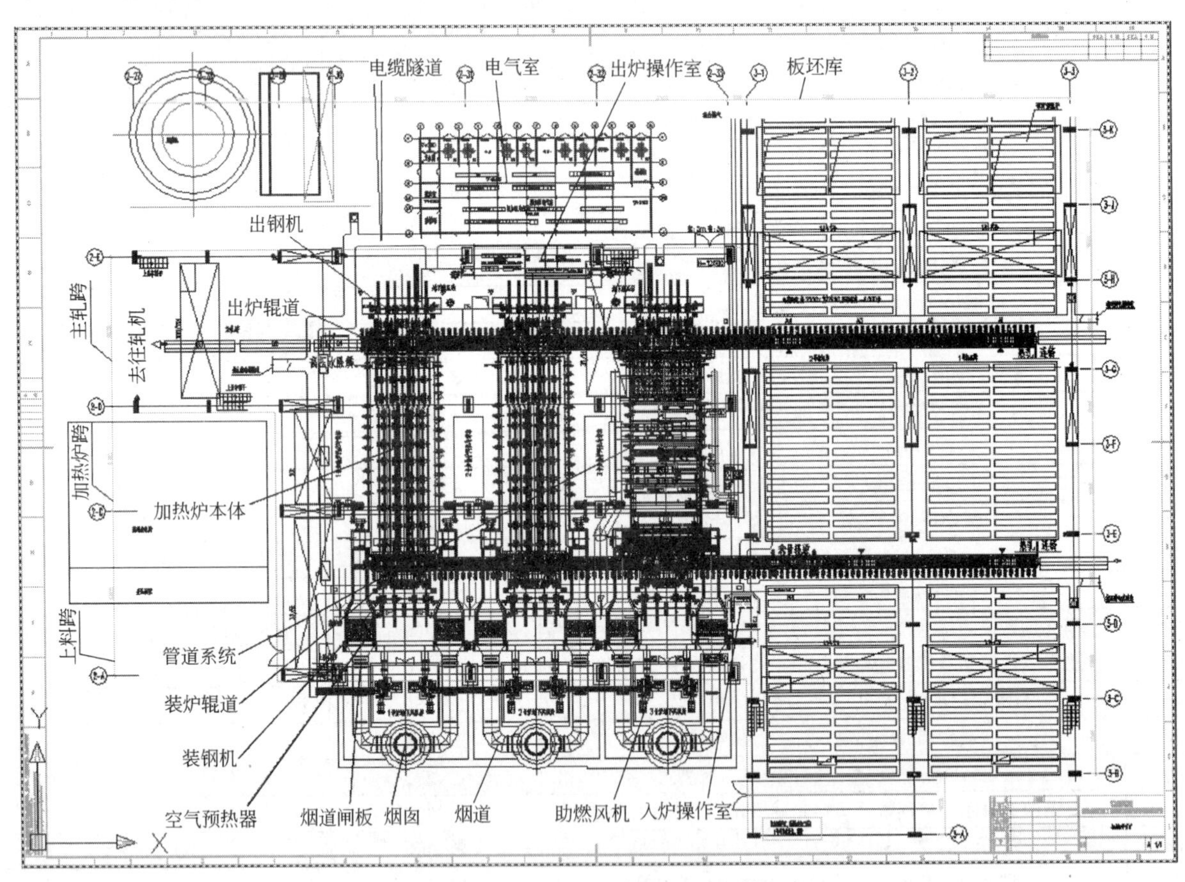

图5.7.7 热连轧板加区平面布置

2）宽、中厚板步进梁式加热炉的工程特点。

为了使加热炉的操作更灵活，适应坯料规格(主要是长度和厚度)的频繁变化和冷热坯装炉切换，最大限度地发挥加热炉效率，宽、中厚板步进梁式加热炉常装备两套独立运行的步进机械(简称双步进)：炉宽方向，步进框架(平移框架和升降框架)分为左右两套，分别由两套步进机械单独传动，可以同时运行（见图5.7.8）。

图5.7.8 板坯步进梁式加热炉

宽、中厚板轧机生产的产品规格复杂且繁多，因此，在步进梁式加热炉采用双排布料时，要求分品种并集中批量轧制。不同厚度的坯料装在同一排时，应保持厚度之差在30~50mm以内。双排料各具有单独传动的步进机械，根据不同厚度坯料的加热速度将坯料从装料端输送到出料端，图5.7.7为宽厚板步进梁式加热炉断面图。

采用多区供热的箱形结构，各供热段用隔墙适当分隔，能独立地进行流量调节和温度控制，以便分区控制各段温度，适应热坯加热和冷热坯混装时的加热要求。多区分段控制也能很好地适应低温加热与控制轧制，同时适应加热炉产量的变化。

采用高背化的耐热垫块和千鸟型布置方式，以减少板坯加热下部黑印。垫块按预热段、加热段、均热段的温度分布情况选用不同的材质和高度。

3）热连轧、炉卷板坯步进梁式加热炉的工程特点。

普通热连轧、炉卷板坯步进梁式加热炉是数量最多的板坯步进梁式加热炉，这类加热炉加热的板坯规格变化不大，生产连续性强，产量大。由于双排布料少，步进框架只设1套，不分左右，由1套步进机械传动。

为了达到节能降耗的目的，普遍采用热装(HCR)和直接热装(DHCR)。

采用多区供热的箱型结构，在各段之间设有底部隔墙，炉顶设置压下或水冷隔墙，对炉内烟气进行扼流，以改善炉内传热和温度分区控制。

炉内水梁在合适位置采用错开布置技术，最大限度减轻板坯下部与支承梁接触处产生的黑印。

耐热垫块采用千鸟型布置方式，以减少板坯加热下部黑印。垫块按预热段、加热段、均热段的温度分布情况选用不同的材质和高度（见图5.7.9、图5.7.10）。

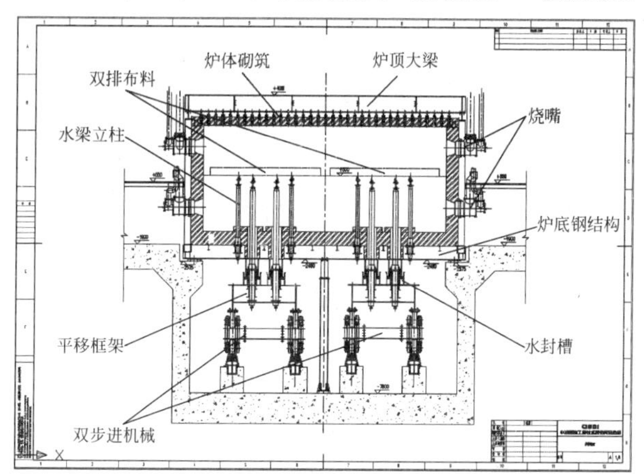

图5.7.9 宽厚板步进梁式加热炉断面

图5.7.10 板坯步进梁式加热炉出料端外观

4）高温硅钢步进梁式加热炉的工程特点。

高温硅钢步进梁式加热炉是热连轧加热炉中为生产高温硅钢而特殊设计的，取向硅钢要求出炉温度高，钢坯需要加热到约1400℃。基于此，加热炉需要采取如下措施满足取向硅钢加热的要求。

在加热炉水梁布置、垫块形式等方面均采取了特殊设计，保证板坯悬臂小，垫块压痕小，适应硅钢的加热。

加热炉耐火炉衬的设计既能保证机械强度又能达到良好的绝热性能，还要有良好的抗渣性能。

采用液态出渣系统，保证在线最大限度地出渣，使硅钢连续生产周期较长，确保完成硅钢生产任务。

步进框架动作轻缓，对钢坯实现轻抬、轻放，防止钢坯表面产生划痕。

(2) 大方坯、大圆坯、异型坯步进梁式加热炉。

大方坯、大圆坯、异型坯步进梁式加热炉是指为了满足大方坯、矩形坯、大圆坯以及其他异型坯料的加热而特殊设计的步进梁式加热炉。其产品主要是特钢方坯、大型棒材、管坯以及各种型钢等。

近年来，重庆赛迪工业炉有限公司加大了对大方坯、大圆坯、异型坯步进梁式加热炉的市场开拓力度，凭借多年来的技术积累，在宝钢、武钢等在国内颇具影响的客户上取得了业绩突破，见表5.7.3。

表5.7.3 异型坯加热炉业绩

序号	用　户	座数×产量/万吨·年$^{-1}$	投产时间/年
1	宝钢条钢厂初轧大方坯加热炉（蓄热式）	1×240	2007
2	大连金牛初轧厂型材加热炉（蓄热式）	1×60	2005
3	武钢集团鄂钢大棒加热炉（蓄热式）	1×180	2011
4	宝钢集团韶钢优质棒材工程合金钢大棒加热炉	1×150	2012
5	宝钢集团韶钢优质棒材工程合金钢中棒加热炉	1×160	2012

1）工艺流程。

大方坯、大圆坯、异型坯步进梁式加热炉，采用装钢机端部装钢，出钢机端部出钢。进入炉内加热的坯料，由上料辊道经称重、测长、核对后，不合格的坯料被剔除，合格坯料被输送到加热炉装料辊道上按布料图要求完成定位，等待入炉，装炉信号到达，且装料端固定梁上有空位时，装料炉门打开，装钢机上升托起辊道上的坯料前进入炉，下降将坯料置于炉内固定梁上后，退回至起始位置，装料炉门关闭，完成一次装钢动作。

坯料在炉内的运动是通过步进梁的矩形运动，从装料端一步一步地输送到炉子的出料端，坯料在炉内前进的过程中，经过加热、均热，达到要求的加热温度，当安装在出料端的炉内激光检测器，检测到到达的坯料时，步进梁停止运动，将加热好的坯料置于出料端固定梁上等待出钢，加热炉接到轧线要钢信号后，出料炉门打开，出钢机进入炉内，上升并托起已加热好的坯料出炉。

2）大方坯、大圆坯、异型坯步进梁式加热炉的工程特点。

大方坯、大圆坯、异型坯步进梁式加热炉与板坯步进梁式加热炉的不同主要体现在装出钢机和水梁垫块的形式上。对大方坯、矩形坯来说主要是加热炉要满足坯料负荷大，加热时间长的要求；对加热大圆坯的步进梁式加热炉（见图5.7.11）来说，除了要满足坯料负荷大，加热时间长的要求，如何防止圆坯在步进梁上的滚动也很重要，其装出钢机、辊道的设计都必须考虑防止圆坯滚动的措施。

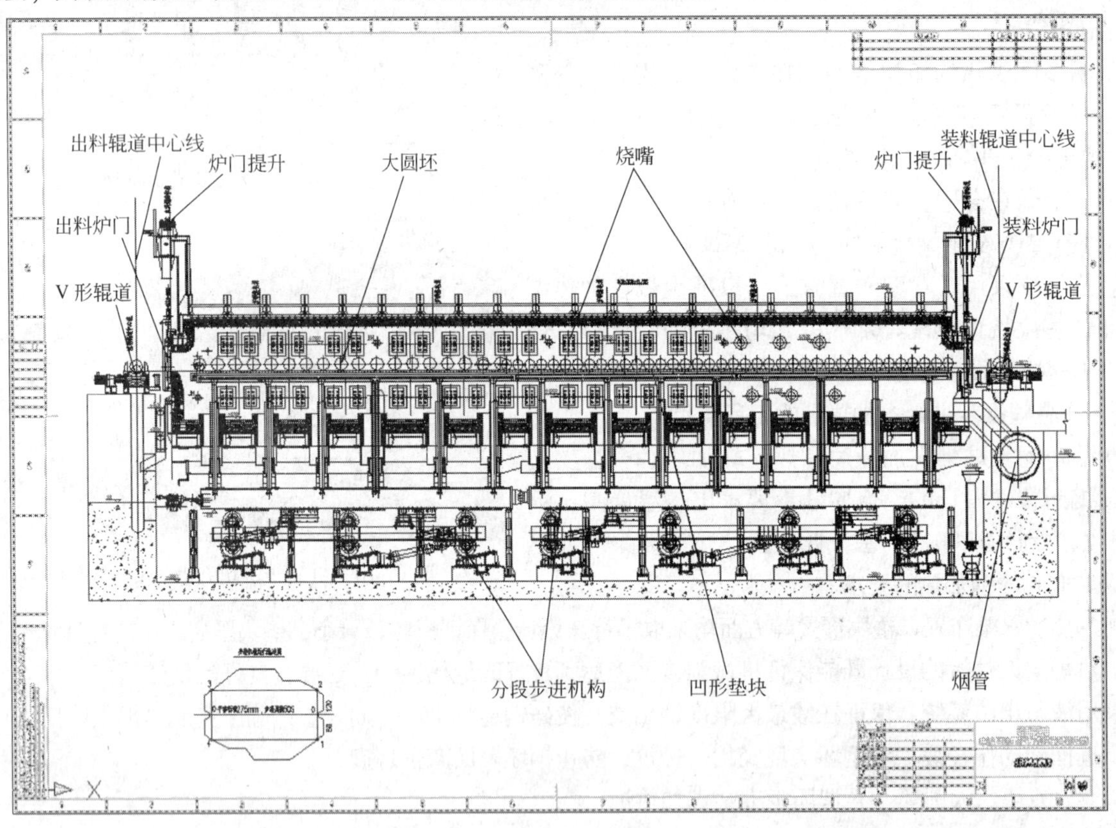

图5.7.11　大圆坯步进梁式加热炉

(3) 小方坯步进梁式加热炉。

小方坯步进梁式加热炉（见图5.7.12）是指为线棒材轧机配套，以满足其小方坯加热而设计的步进梁式加热炉。其产品主要是各种小规格的线棒材等。

重庆赛迪工业炉有限公司在线棒材加热炉领域也有众多业绩，尤其是在高端产品市场上具有较大优势。主要业绩见表5.7.4。

表5.7.4　小方坯加热炉业绩

序号	用　户	座数×产量/万吨·年$^{-1}$	投产时间/年
1	宝钢高线加热炉	1×130	1999
2	重钢高线加热炉	1×75	2000
3	安阳钢铁高线加热炉	1×140	2001

续表5.7.4

序号	用　　户	座数×产量/万吨·年$^{-1}$	投产时间/年
4	攀长钢线棒材加热炉	1×120	2008
5	河北钢铁集团邯钢70万吨高线加热炉(脉冲)	1×150	2010
6	河北集团邯钢80万吨棒材加热炉(脉冲)	1×170	2010
7	巴西CSN公司长材加热炉	1×120	
8	巴西CSN新长材加热炉	1×120	
9	永钢螺纹钢加热炉(双蓄热)	1×150	2011
10	河北钢铁集团九江450万吨/a线材加热炉(双蓄热)	4×200	2011
11	汉中钢铁公司高速线材生产线加热炉(双蓄热)	1×200，1×120	2012
12	江苏镔鑫特钢棒材加热炉(双蓄热)	1×170	2012
13	威钢钒资源综合项目高线加热炉(双蓄热)	1×150	2012
14	威钢钒资源综合项目小棒加热炉(双蓄热)	1×185	2012
15	威钢钒资源综合项目中棒加热炉(双蓄热)	1×185	2012

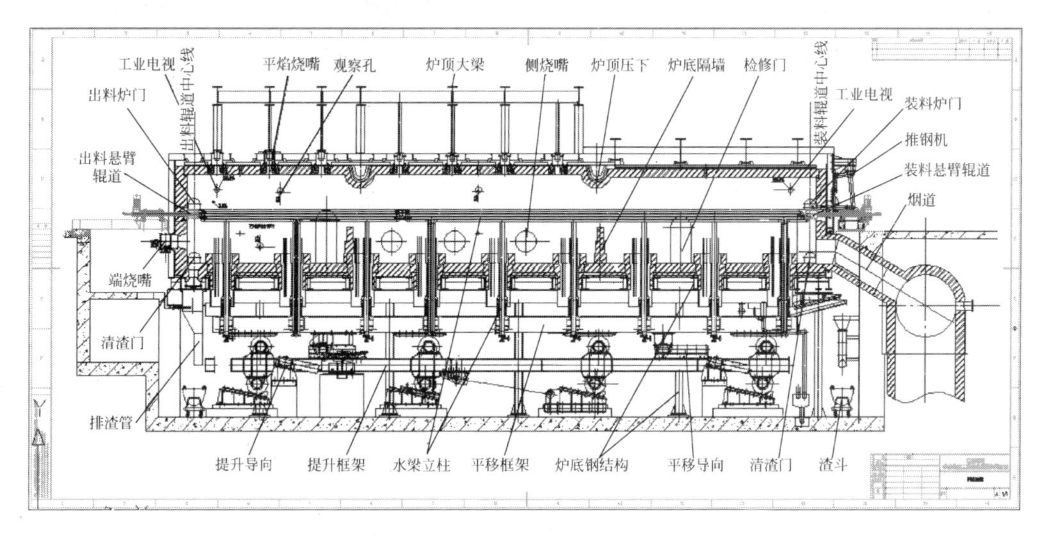

图5.7.12　小方坯步进梁式加热炉

1）工艺流程。

钢坯在炉外辊道上完成测长后，允许装入信号到达，加热炉装料炉门打开，炉外升降挡板下降，炉内装料辊道、炉外装料辊道同时加速转动，钢坯以最高速度向加热炉内输送，按照布料图的要求，将钢坯停在指定位置。装料定位推钢机将钢坯推正。

钢坯在炉内是通过步进梁的矩形运动，一步步从炉尾传输至炉头并获得满足要求的加热效果，最后被轻放到出料辊道上。

按生产指令，当轧线给出要钢信号时,出料炉门打开，开始出料过程。当钢坯尾部通过炉外检测器时，给出出料完毕信号，出料炉门关闭。

2）工程特点。

线棒材轧机通常选用步进梁式加热炉加热小方坯。这种炉型具有钢坯加热均匀，加热时间短，氧化少，脱碳量低，可以根据不同钢种灵活地改变加热制度的特点。

出炉辊道下部采用干出渣方式，改善劳动环境、减轻劳动强度。

小行程定位推钢机，定位准确，设备质量轻，占地少。

(4）蓄热式加热炉。

采用蓄热式供热方式的加热炉称为蓄热式加热炉。常见的炉型有双蓄热加热炉、单蓄热加热炉和组合蓄热式加热炉。

蓄热式加热炉可用于板坯、方坯、异型坯等各种坯料的加热。

1）蓄热式燃烧技术功能描述。

蓄热式燃烧技术是一种较为有效的烟气余热回收技术，它可以将空气或燃气预热到1000℃的水平，而排出烟气温度低于150℃，从而最大限度地回收燃烧加热装置所排出的烟气中的显热，降低排烟热损失，提高燃烧加热装置的热效率。蓄热式燃烧技术原理见图5.7.13。

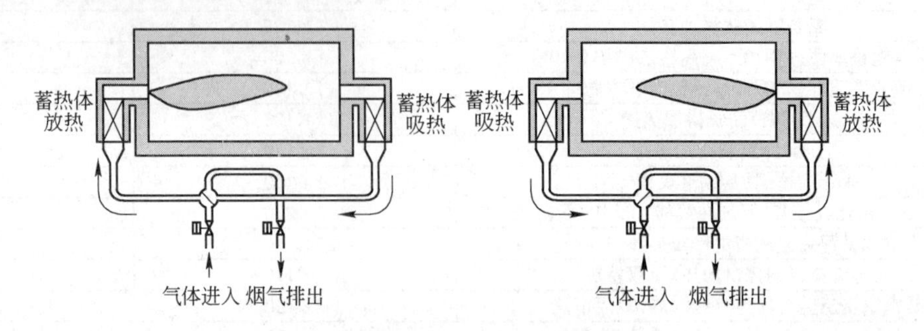

图5.7.13　蓄热式燃烧技术原理

蓄热式燃烧技术使用成对的蓄热体交替切换工作于吸热和放热状态来回收烟气中的余热。在图5.7.13中，左图的工作状态是左侧蓄热体放热，加热流经左侧蓄热体的气体，右侧蓄热体吸热，回收流经右侧蓄热体的烟气中的显热。右图是整个系统换向后的工作状态。这时，右侧的蓄热体工作在放热状态，加热流经它的气体，左侧蓄热体工作在吸热状态，吸收烟气中的显热。通过不断地切换工作状态，左右两侧的蓄热体可以把烟气中的显热传递给空气或燃气，降低排烟热损失，提高热利用率。

可见，蓄热燃烧的蓄热室必须是成对的，其中一个用来加热空气或燃气，而另一个被烟气加热。经过一个周期后，加热空气或燃气的蓄热室降温，而被烟气加热的蓄热室却升高温度，这样，通过换向阀，使两个蓄热室作用交换，这时原来是排烟口的，现在变成了烧嘴，而原来是烧嘴的，现在变成了排烟口。

高温空气燃烧技术具有以下主要特点：

采用高温空气烟气余热回收装置，交替切换空气与烟气，使之流经蓄热体，能够最大程度回收高温烟气的显热，实现极限余热回收；

将燃烧空气预热到1000℃以上的温度水平，形成与传统火焰迥然不同的新型火焰类型，创造出炉内优良的均匀温度场分布；

通过组织贫氧状态下的燃烧，避免了通常情况下，高温热力氮氧化物(NO_x)的大量生成。

2）双蓄热加热炉的工程特点。

为了提高理论燃烧温度，满足坯料加热要求，当加热炉采用低热值的高炉煤气作燃料时，需要采用双蓄热的燃烧方式，以同时提高空气、煤气的预热温度，实现高温弥散燃烧。双蓄热小方坯步进梁式加热炉见图5.7.14。

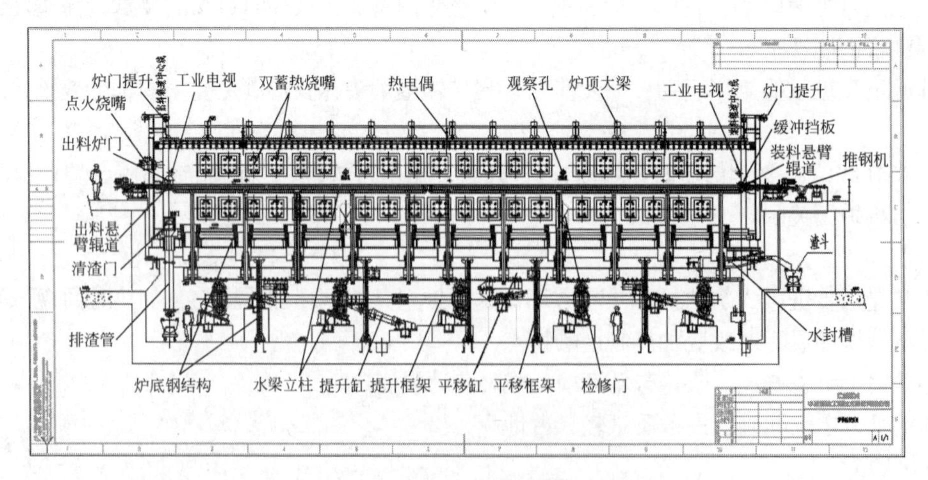

图5.7.14　双蓄热小方坯步进梁式加热炉

采用高炉煤气作燃料的加热炉，使用双蓄热的燃烧方式，可将全部烟气用于预热空气和煤气，不仅可以极限回收烟气余热，使排烟温度低于150℃，提高热效率；还可以不设热回收段和常规烟道，所有烟气通过双蓄热烧嘴和相应的排烟管道排出。

双蓄热燃烧技术很好地解决了低热值高炉煤气的回收利用问题，节约了燃料开支；也为只有高炉煤气的企业解决燃料来源问题提供了行之有效的解决方案。

3）单蓄热加热炉的工程特点。

对于中等热值的混合煤气、发生炉煤气、转炉煤气，采用空气单蓄热，即可将理论燃烧温度提高到满足工艺要求的水平。由于预热空气的烟气仅占全部烟气的一部分，余下的烟气需要走常规烟道排出，设计常将经蓄热式烧嘴排出的低温烟气在常规烟道内与炉尾排出的高温烟气混合成中温烟气后排出。空气单蓄热式加热炉见图5.7.15。

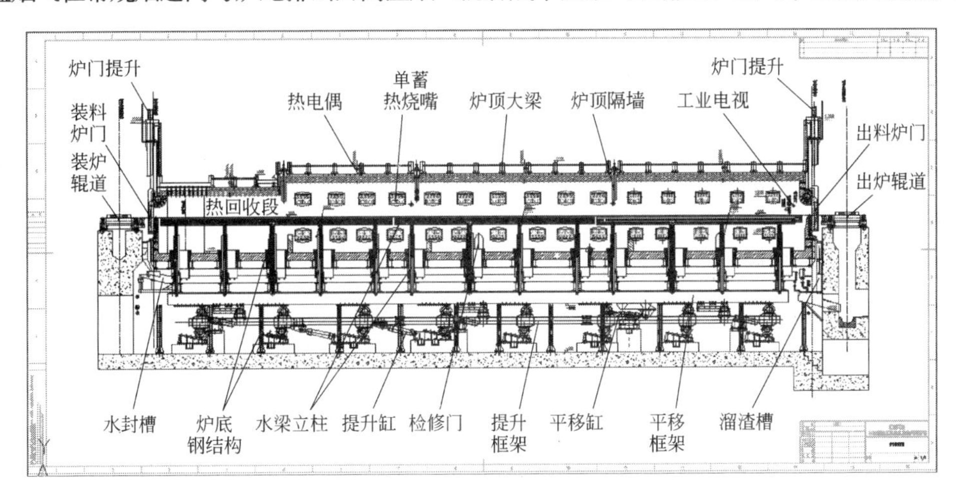

图5.7.15　空气单蓄热式加热炉

4）组合蓄热式加热炉的工程特点。

仅部分采用蓄热式燃烧技术供热的加热炉称为组合蓄热式加热炉（见图5.7.16）。这种加热炉兼顾蓄热式和常规供热的优点，具有节能、操控性好、坯料加热质量均匀等优点，从而在大型板坯步进梁式加热炉上得到了较广泛的应用，成为大型板坯步进梁式加热炉采用蓄热式燃烧技术的主力炉型。

组合蓄热式加热炉设置有常规烟道，便于加热炉炉压调节。

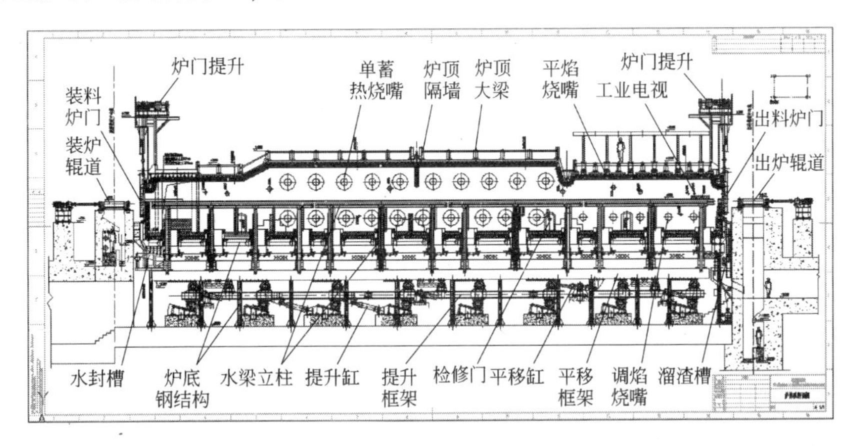

图5.7.16　组合蓄热式加热炉

（5）车底式加热炉和热处理炉。

车底式炉按照热工制度分为车底式加热炉和车底式热处理炉（见图5.7.17）。车底式加热炉常用于钢锭(或钢坯)锻前或轧前加热，炉温可达1300℃；车底式热处理炉常用于工件热处理加热，炉温可达1100℃。

1）工艺流程。

车底式炉的炉底为一可移动台车，台车上设置有布料垫铁，加热前，台车在炉外装料；装料完毕后由牵引机构将台车牵引入炉；关闭炉门及车边密封系统后开始加热；加热完毕后打开炉门及车边密封系统，由牵引机构将台车牵引出炉卸料。

2）技术特点。

车底式炉属于间断式变温炉，炉膛不分区段，炉温按规定的加热曲线随时间变化。

车底式炉炉内温度位差不大，加热速度慢。

炉子通常是变温间断操作，炉体蓄热损失大；台车出炉时热损失大，因而造成车底式炉热效率不高。车底式热处理炉采用了全纤维炉衬和热工自动控制技术后，其热效率有显著提升。

(6) 芯棒预热炉。

芯棒预热炉（见图5.7.18）属于车底式周期炉，靠台车进行装出炉，用于芯棒的预热、脱氢和退火处理。

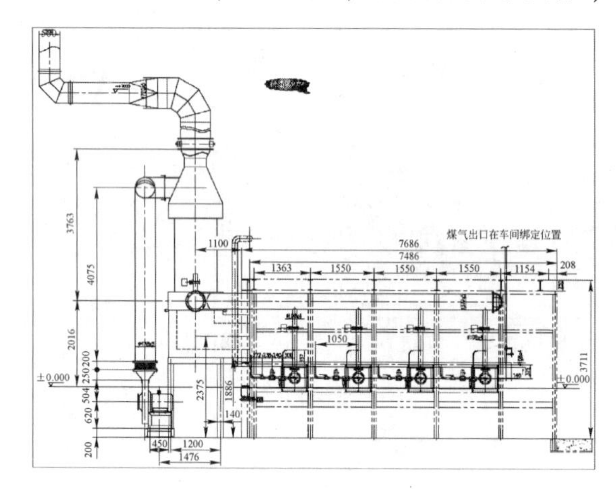

图5.7.17　全纤维数字脉冲车底式炉

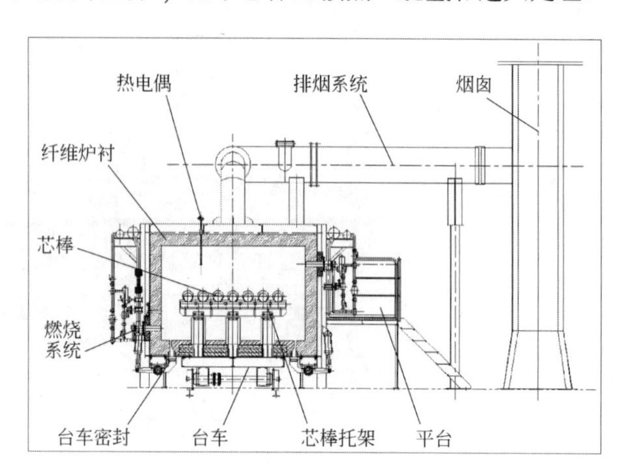

图5.7.18　芯棒预热炉

1) 工艺流程。

打开炉门，将炉底台车运行至炉外，芯棒通过车间吊具吊至台车料架上；装料完毕后，台车运行至炉内，关闭炉门开始加热，加热完成后打开炉门，炉底台车运行至炉外，加热完成的芯棒再吊至车间使用点。

2) 技术特点。

根据芯棒的用途和热处理要求，芯棒预热炉能够满足芯棒100℃的预热，200℃的脱氢和400℃的退火等工艺要求。

芯棒预热炉燃烧方式多采用脉冲燃烧，控温精度高，加热质量好，适合低负荷、低温加热。

(7) 环形加热炉QWE789456Q。

环形加热炉（见图5.7.19~图5.7.21）属于连续式炉，由环形炉膛和回转炉底构成，借助回转炉底的旋转，将炉底上的坯料在炉内由装料口输送至出料口，并完成加热过程。环形加热炉坯料入炉温度通常为常温，出炉温度范围大致在1200~1300℃。

重庆赛迪工业炉有限公司在环形加热炉领域也有众多业绩，并率先在环形炉上采用了双蓄热燃烧技术。主要业绩见表5.7.5。

表5.7.5　环型加热炉业绩

序号	用　户	座数×产量/万吨·年$^{-1}$	投产时间/年
1	宝钢140环形加热炉改造	1×180	2008
2	攀成钢ϕ340连轧管机组环形炉	1×200	2005
3	攀成钢ϕ177精密连轧管机组环形炉(蓄热式)	1×150	2007
4	华菱集团衡阳钢管ϕ720连轧管机组环形炉	1×85	2009
5	华菱集团衡阳钢管ϕ89连轧管环形炉	1×72	2007
6	华菱集团衡阳钢管ϕ180连轧管环形炉(蓄热式)	1×160	2011
7	宝钢钢管公司鲁宝搬迁和产品结构调整工程环形加热炉	1×250	2009
8	华菱集团锡钢ϕ258热连轧工程环形加热炉	1×240	2011
9	黑龙江建龙180连轧管环形炉	1×164	2010
10	江阴华润ϕ140无缝钢管工程环形炉	1×150	2011

1) 工艺流程。

坯料首先送到炉前装料辊道上，在装料辊道上停止定位，等待装炉。接到装料信号后，装料炉门打开，装钢机将装料辊道上的坯料送到炉内指定位置，然后装料机回到装料起始位置，装料炉门关闭，回转炉底按要求转动，并将已加热好的管坯输送到出料炉门位置。接到轧线要钢信号后，出料炉门打开，出钢机将坯料取出并放到出料辊道/台架上，送往轧线轧制，完成坯料的装炉、加热、出炉过程，图5.7.19所示为环形加热炉平面布置图。

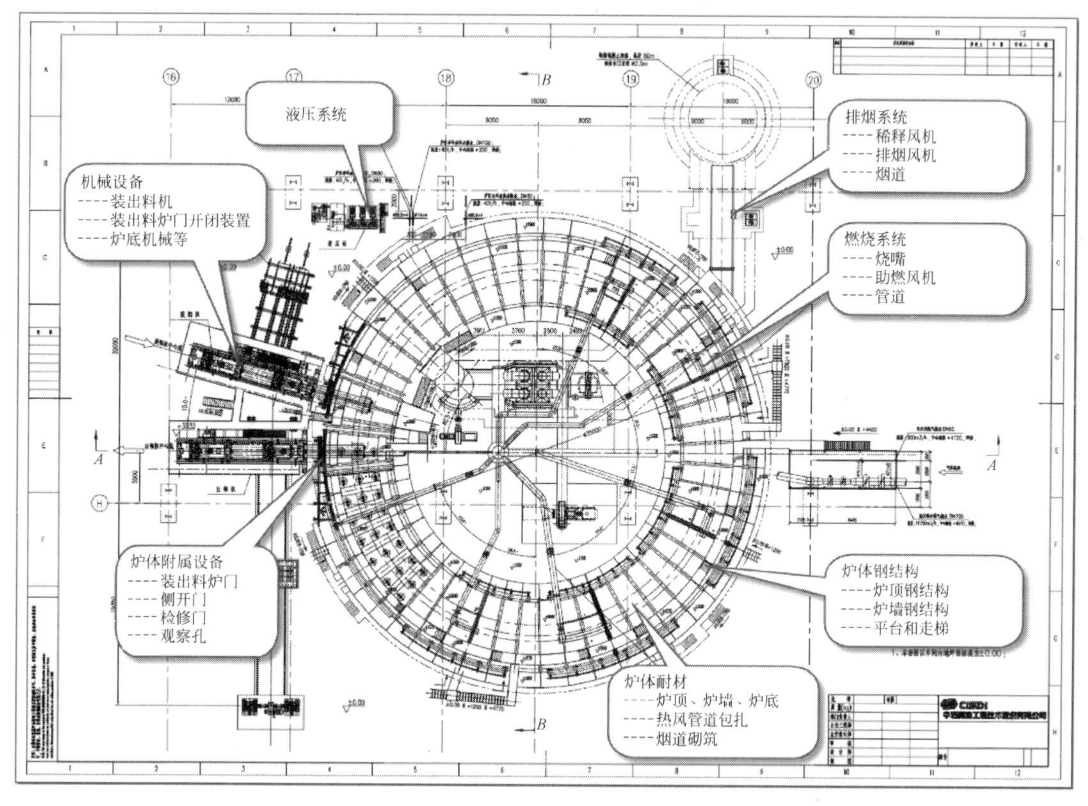

图5.7.19 环形加热炉平面布置

2）技术特点。

环形加热炉（见图5.7.19~图5.7.23）常用于无缝钢管热轧生产线管坯穿孔前的加热，坯料规格范围ϕ100~1000mm；也可作为车轮、轮毂坯的加热和热处理，针对无法在其他炉型中加热的异型坯和钢锭也可使用环形加热炉加热。

环形加热炉可以通过调整装料间隔来改变炉内的布料情况，从而改变加热制度，在实际生产中有较大的灵活性，可满足坯料品种多，加热制度较复杂的情况，特别是针对合金钢的加热尤为突出。

环形加热炉由于间隔布料和回转炉底的作用，坯料在炉内三面加热，加热速度快，可减少坯料的氧化铁皮。同时坯料随炉底一起转动，没有相对运动，氧化铁皮不易掉落。

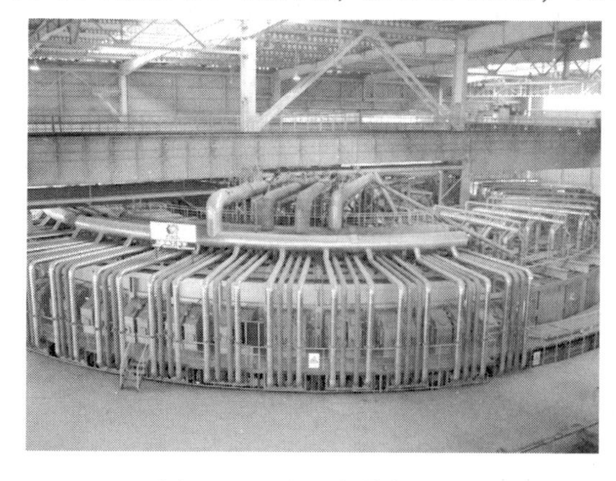

图5.7.20 环形加热炉工程

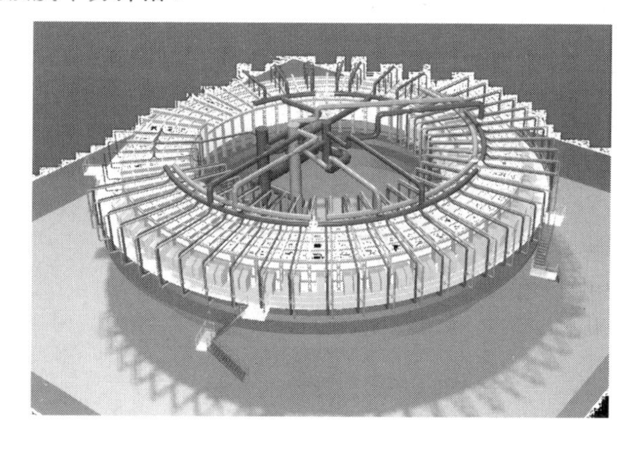

图5.7.21 环形加热炉三维图

(8) 再加热炉。

步进梁式再加热炉属于连续加热炉，靠炉底步进梁的运动将坯料从装料端输送至出料端。主要用在无缝钢管热轧生产线钢管的加热，从连轧机出来的钢管由于温降，需要在进入定径机前靠步进式再加热炉进行加热。通常钢管入炉温度在500℃左右，出炉温度约1000℃。再加热炉工程见图5.7.22，炉体见图5.7.23。

重庆赛迪工业炉有限公司再加热炉的主要业绩见表5.7.6。

表5.7.6　再加热炉业绩

序号	用　　户	座数×产量/万吨·年$^{-1}$	投产时间/年
1	华菱集团衡阳钢管φ89连轧管再加热炉	1×72	2007
2	华菱集团锡钢φ258热连轧工程再加热炉	1×240	2011
3	黑龙江建龙180连轧管再加热炉	1×164	2010
4	江阴华润φ140无缝钢管工程再加热炉	1×150	2011

1）工艺流程。

钢管送至炉外装料辊道上，待允许进入信号到达后，装料炉门打开，炉外和炉内辊道同时转动将钢管送入炉内装料辊道上，装料门关闭。步进机械自动完成一个正循环，钢管在炉内经步进梁的周期动作，一步步地被送到出料位，其间经过预热、加热、均热，达到加热要求，等待出钢。当轧线要钢信号到达，将加热好的钢管送至出料辊道上，出料炉门打开，炉内出钢悬臂辊与炉外辊道以相同速度运转送出，等待钢管出完，出料炉门关闭。

图5.7.22　再加热炉工程

2）技术特点。

根据钢管长度通常较大的特点，步进梁式再加热炉采用侧进侧出的结构形式，减少装出料时的热量损失。

步进梁采用无水冷耐热钢结构，避免水冷带走热量，梁上设齿槽，保证钢管在炉内按滚动方式前进，减少钢管变形和提高加热质量。

(9）淬火炉、回火炉。

步进梁式钢管淬火炉主要用于钢管淬火及正火热处理加热，炉温可达1050℃。回火炉主要用于钢管回火热处理加热，炉温可达850℃。步进梁式钢管淬火炉、回火炉采用悬臂辊道侧进侧出的装出料方式；钢管在炉内运动采用齿形步进梁系统。按照供热方式的不同，回火炉可分为两种炉型：

常规加热式钢管回火炉：烧嘴布置在炉壳上，烧嘴燃烧产生的高温烟气直接进入炉膛内加热钢管。

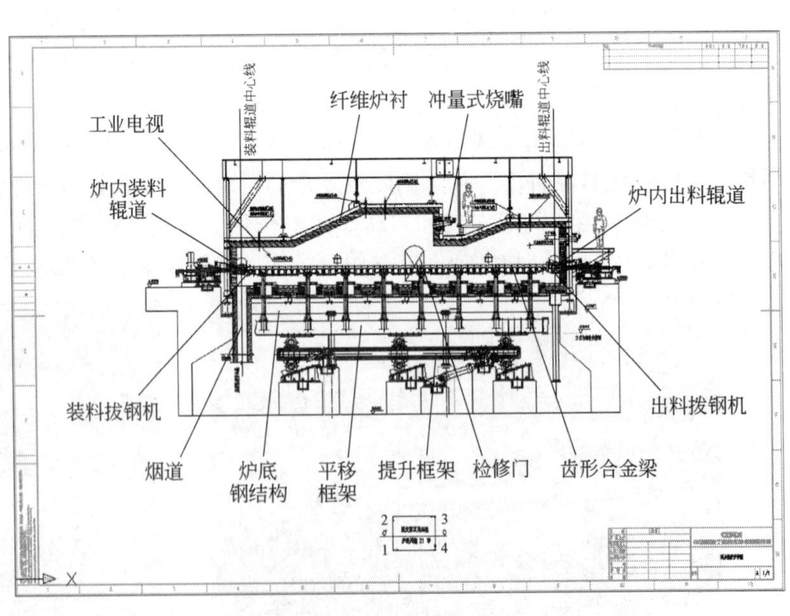

图5.7.23　再加热炉炉体

炉气循环式钢管回火炉：烧嘴布置在独立的燃烧室内，燃烧产生的高温烟气先进入混合管；高温循环风机将炉膛内的烟气也引入混合管；燃烧高温烟气和炉内回流的烟气在混合管内混合均匀后再供入炉膛加热钢管。

钢管在炉外装料辊道上测长、定位并等待入炉，当入炉信号到达，装料辊道向炉内输送钢管，由金属检测器和编码器配合将钢管按照布料要求停放在指定位置，完成一次钢管装炉。

钢管在炉内的运动是由齿形步进梁的矩形运动，一步一步从装料端输送到出料端，钢管在炉内运动过程中按照工艺要求进行加热和均热，到达出料端时达到热处理工艺要求的出炉温度。

当出钢信号到达，齿形步进梁将完成加热的钢管送到炉内出料辊道上，出料辊道将钢管快速送出炉外。

重庆赛迪工业炉有限公司钢管热处理炉的主要业绩见表5.7.7。

表5.7.7 钢管热处理炉业绩

序号	用　　户	座数×产量/万吨·年$^{-1}$	投产时间/年
1	宝钢新建油套管热处理线直缝焊管(ERW)淬火炉	1×26	2005
2	宝钢新建油套管热处理线直缝焊管(ERW)回火炉	1×26	2005
3	华菱集团衡阳钢管石油管2号热处理线淬火炉	1×28	2007
4	华菱集团衡阳钢管石油管2号热处理线回火炉	1×28	2007
5	宝钢钢管鲁宝搬迁和产品结构优化工程热处理线淬火炉	1×70	2009
6	宝钢钢管鲁宝搬迁和产品结构优化工程热处理线回火炉	1×70	2009
7	宝钢钢管厂新增油套管热处理生产线淬火炉	1×45	2010
8	宝钢钢管厂新增油套管热处理生产线回火炉	1×45	2010
9	宝钢钢管事业部精整区4号辊底式光亮退火炉	1×70000t/a	2011
10	宝鸡钢管石油专用管热处理生产线淬火炉	1×50	2011
11	宝鸡钢管石油专用管热处理生产线回火炉	1×50	2011
12	华菱集团衡阳钢管ϕ89连轧管淬火炉	1×19	2001
13	华菱集团衡阳钢管ϕ89连轧管回火炉	1×19	2001
14	江阴华润ϕ140无缝钢管淬火炉	1×35	2011
15	江阴华润ϕ140无缝钢管回火炉	1×35	2011
16	西安石油专用管公司石油专用管淬火炉	1×50	2012
17	西安石油专用管公司 石油专用管回火炉	1×50	2012
18	华菱集团锡钢ϕ258mm无缝钢管2号热处理线淬火炉	1×60	2011
19	华菱集团锡钢ϕ258mm无缝钢管2号热处理线回火炉	1×60	2011
20	华菱集团锡钢ϕ258mm无缝钢管1号热处理线淬火炉	1×40	2012
21	华菱集团锡钢ϕ258mm无缝钢管1号热处理线回火炉	1×40	2012

(10) 辊底式热处理炉。

辊底炉按照加热制度分为无氧化加热辊底炉和明火加热辊底炉。无氧化加热辊底炉用于厚板、钢管、线材等保护气氛下的正火、回火、淬火前加热、退火处理，炉温可达1000℃；明火加热辊底炉用于对氧化及表面质量要求不高的正火、回火、淬火前加热处理，炉温最高可达1250℃（见图5.7.24~图5.7.26）。

重庆赛迪工业炉有限公司辊底式热处理炉的主要业绩见表5.7.8。

图5.7.24 钢管热处理炉工程

表5.7.8 辊底式热处理炉业绩

序号	用　　户	座数×产量/万吨·年$^{-1}$	投产时间/年
1	武钢轧板厂1号常化炉	1×50	2009
2	韶钢宽板厂钢板热处理辊底式炉（辐射管加热）	1×45	2008
3	新疆八钢中厚板热处理辊底式炉	1×57	2010
4	宝钢罗泾4200mm厚板厂3号热处理炉（辐射管加热）	1×50	2012

1) 工艺流程。

原料通过上料设备放到装料辊道上，在入炉辊道上对钢板进行入炉前的准备。当检测到热处理炉内有足够的装料空间，同时满足与前一块钢板尾部之间的间隔距离要求时，根据入炉信号，开启炉门，炉外装料辊道和炉内装料区域辊道同速运行，钢板快速入炉；当炉内原料的尾部离开设置在出料炉口外侧的检测器后，关闭炉门，同时炉内辊道降速按照工艺速度运行。

2）技术特点。

辊底炉炉体结构严密，炉压控制精确，炉内钢板的氧化和脱碳少，钢板的表面质量好；采用轻型炉衬结构，炉体具有很高的保温性能和很低的热惰性，炉温调节灵活，对热处理工艺变换响应迅速。

图5.7.25　辊底炉工程

辊底炉通常采用数字化脉冲控制技术，实现弹性分区以适应不同热处理制度，满足多品种温度制度调整的灵活性。炉内原料全程跟踪，炉底辊动态分组，最大限度利用炉内加热空间；采用自身预热式(或蓄热式)高速燃气脉冲烧嘴，节约燃料消耗，烧嘴自身排烟。

(11) 冷轧带钢连续退火炉。

冷轧带钢连续退火炉（见图5.7.26、图5.7.27），按钢带在退火炉中输送方式可分为立式炉和卧式炉两类。卧式炉因场地限制产量不高，国内新建机组较少采用。立式炉产量高，适用于不同钢种产品的生产。连续退火炉主要由预热段、辐射管加热段、辐射管均热段、缓冷段、快冷段、过时效段、终冷段等炉段组成，氮气、氢气按所需比例进入炉内防止带钢氧化。

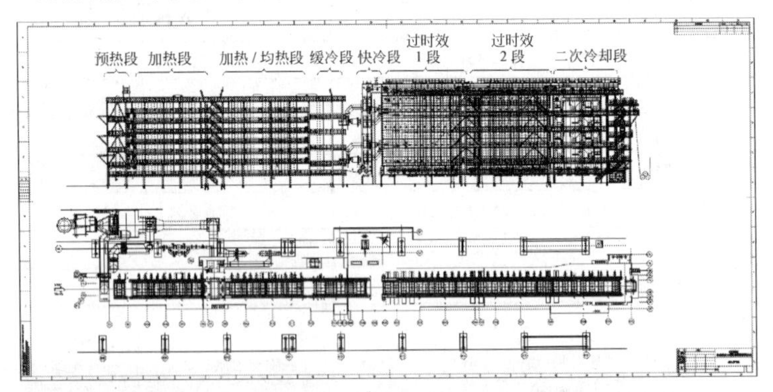

图5.7.26　连续退火炉布置图

图5.7.27　连续退火炉布置图

重庆赛迪工业炉有限公司冷轧带钢连续退火炉的主要业绩见表5.7.9。

表5.7.9　冷轧带钢连续退火炉业绩

序号	用　　户	炉子类型	处理钢种	板带规格/mm×mm	年处理量/t	投产时间/年
1	攀钢冷轧1号镀锌改连退机组退火炉	卧式	CQ，DQ	(0.25～1.5)×(920～1120)	150000　120000	2006
2	唐山丰南1450mm冷轧一期连续退火炉	立式	CQ，DQ，DDQ	(0.2～1.2)×(700～1250)	300000　500000	2008
3	唐山丰南1450mm冷轧二期连续退火炉	立式	CQ，DQ，DDQ	(0.8～2.5)×(700～1250)	A：300000　G：200000	2009

(12) 冷轧带钢镀锌退火炉。

冷轧带钢镀锌退火炉同连续退火炉类似，也分为立式炉和卧式炉两类。镀锌退火炉主要由预热段、辐射管加热段、辐射管均热段、缓冷段、快冷段、均衡及出口段等炉段组成，氮气、氢气按所需比例进入炉内防止带钢氧化（见图5.7.28）。

重庆赛迪工业炉有限公司冷轧带钢镀锌退火炉的主要业绩见表5.7.10。

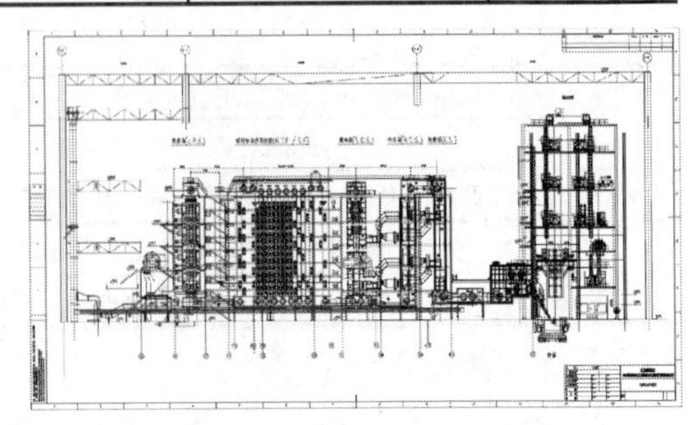

图5.7.28　镀锌退火炉布置图

表5.7.10 冷轧带钢镀锌退火炉业绩

序号	用户名称	炉子类型	处理钢种	板带规格/mm×mm	年处理量/t	投产时间/年
1	攀钢冷轧1号热镀锌机组连续退火炉	卧式	CQ，DQ	(0.25~1.5)×(920~1120)	150000	1997
2	攀钢冷轧2号热镀锌铝机组连续退火炉	立式	CQ，DQ，DDQ，EDDQ，FH	(0.25~2.0)×(720~1250)	317200	2004
3	攀钢冷轧3号热镀锌机组连续退火炉	立式	CQ，DQ，DDQ，EDDQ，FH	(0.3~2.0)×(720~1250)	313550	2005
4	攀成钢冷轧镀锌板立式退火炉	立式	CQ，DQ，DDQ，EDDQ，FH	(0.3~2.0)×(720~1250)	313550	2006
5	江苏克罗德15万吨连续热镀锌/镀铝锌机组卧式退火炉	卧式	CQ，DQ，DDQ	(0.2~1.2)×(700~1250)	150000	2008
6	江苏克罗德25万吨连续热镀锌/镀铝锌机组卧式退火炉	卧式	CQ，DQ，HSLA	(0.5~3.0)×(700~1250)	250000	2008
7	唐山丰南1450mm冷轧一期镀锌退火炉	立式	CQ，DQ，DDQ	(0.2~1.2)×(700~1250)	300000	2008
8	唐山丰南1450mm冷轧二期镀锌退火炉	立式	CQ，DQ，DDQ	(0.8~2.5)×(700~1250)	500000 A：300000 G：200000	2008
9	酒钢碳钢冷轧1号，2号镀锌机组立式退火炉	立式	CQ，DQ，FH，HSS	(0.3~0.25)×(830~1680)	400000	2009
10	安阳热镀锌机组立式退火炉	立式	CQ，DQ，FH，HSS	(0.35~2.5)×(700~1250)	430000	2009

(13) 罩式炉。

罩式炉是周期式退火热处理设备，按照装料方式分为紧卷罩式炉和松卷罩式炉，堆垛方式有单垛、多垛形式，可对冷热轧钢卷、线材盘卷进行退火热处理。罩式炉由炉台、内罩、加热罩、冷却罩、阀台等设备组成。

用行车将热处理原料堆垛至炉台上，然后依次扣上内罩、加热罩，带有保护气氛的罩式炉同时进行内罩吹扫、试压，联通能源介质后，进行加热罩点火，对原料按工艺升温曲线加热，加热完成后用行车移走加热罩，扣上冷却罩对原料进行冷却，待冷却到规定出料温度后，移走冷却罩、内罩，完成退火热处理（见图5.7.29）。

图5.7.29 罩式炉总貌

5.7.3.3 **燃烧装置**

除少量工业炉使用电加热外，大多数都采用燃料燃烧方式为工业炉提供热量。这种以燃料燃烧方式为工业炉提供热量的装置称为烧嘴。常以燃料种类、火焰特性等进行分类。在轧钢、锻造和热处理炉上常用的烧嘴有平焰烧嘴、低氮氧化物(NO_x)调焰烧嘴、辐射管以及各种蓄热式烧嘴等。

依托强大的研发团队，重庆赛迪工业炉有限公司可为客户提供各种类型的燃烧装置。

(1) 平焰烧嘴。

平焰烧嘴是利用旋转空气的离心作用和附壁效应使火焰贴附于炉壁，形成以烧嘴出口中心为圆心向四周展开的圆盘状火焰。加热炉采用平焰烧嘴，可以提高炉壁的辐射传热能力，使炉膛各处温度均匀，降低炉膛高度，改善炉压分布，缩小炉膛空闲区，减少炉墙散热面积，因而节约燃料（见图5.7.30）。

平焰烧嘴适用于天然气、焦炉煤气、发生炉煤气、混合煤气等气体燃料。

(2) 低氮氧化物(NO_x)调焰烧嘴。

低NO_x调焰烧嘴燃烧的空气有中心空气和主空气（见图5.7.31）。

中心空气的作用是在烧嘴小能力工作时确保火焰仍有一定刚度和长度。

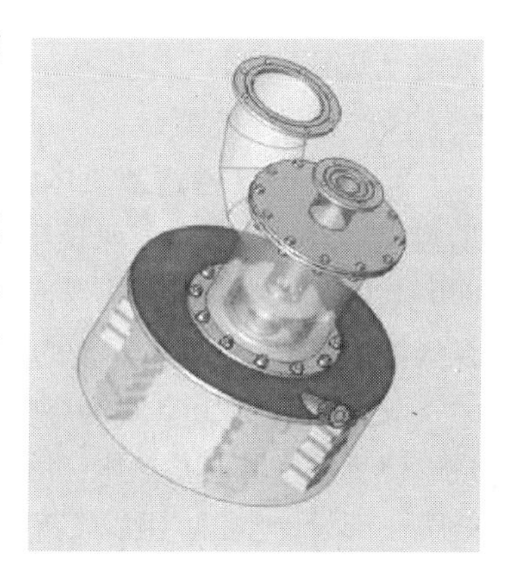

图5.7.30 平焰烧嘴外形图

主空气分两次供入，一次空气离煤气通道较近，成旋转气流喷出，二次空气离煤气通道较远与煤气流成平行气流喷出，低NO_x烧嘴采用二次燃烧和加强烟气循环的方式来降低NO_x生成量。一、二次空气与煤气的这种混合特点除降低NO_x外，还使得烧嘴火焰拉长，沿火焰长度方向温度均匀；通过调节一次空气和二次空气的配比，还可调整火焰长度。

该烧嘴适用于天然气、焦炉煤气、发生炉煤气、混合煤气等各种气体燃料。

(3) 辐射管加热装置。

辐射管加热装置（见图5.7.32）为间接加热装置。燃气在套管内燃烧，受热的套管表面以热辐射为主的形式把热量传递到被加热物体，加热均匀，燃烧产物不与被加热物体接触，不造成燃烧气氛污染而影响产品质量，炉内气氛稳定易控。

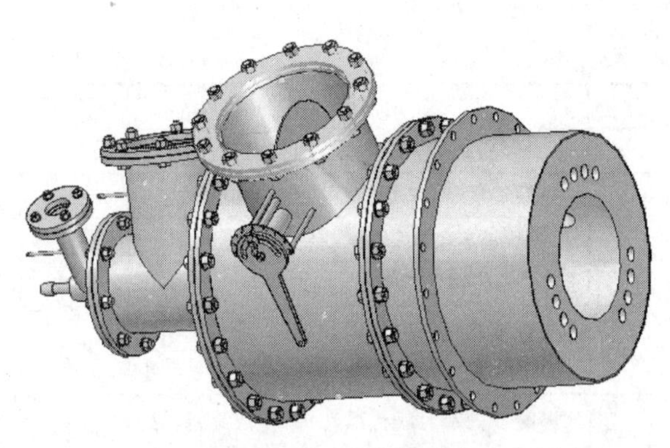

图5.7.31　低NO_x调焰烧嘴外形

本烧嘴适用于产品质量要求高，热处理温度为600~1100℃的场合。

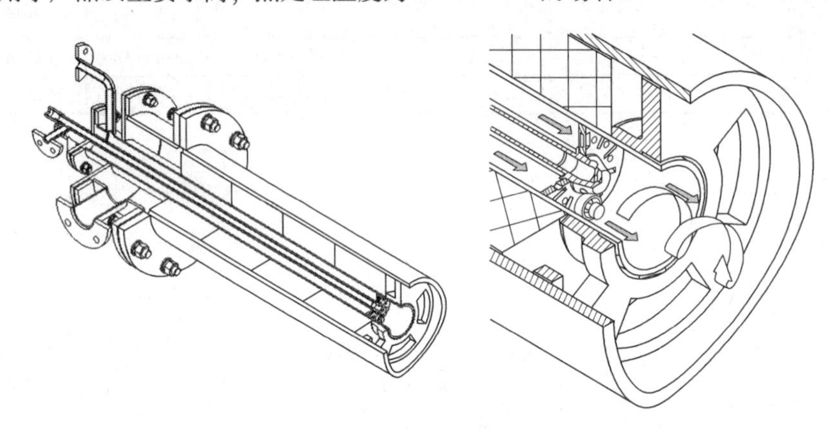

图5.7.32　辐射管加热装置结构示意图

(4) 单蓄热烧嘴。

单蓄热烧嘴通过蓄热体将烟气热量传递给助燃空气，获得800～1000℃的空气预热温度，从而获得较高的热利用率，节能效果明显。

单蓄热烧嘴由空气蓄热箱体、空气喷口、煤气喷口、空气及空烟管道接口、煤气管道接口组成。烧嘴内安装有蓄热体，用于存储交换热量。烧嘴头部设计喷孔，组织气流形成火焰（见图5.7.33）。

图5.7.33　单蓄热烧嘴工作原理图

(5) 双蓄热烧嘴。

双蓄热烧嘴通过蓄热体将烟气热量传递给助燃空气和煤气，实现极限余热回收，获得800~1000℃的空煤气预热温度，从而使得低热值煤气能应用于较高加热温度的工业炉窑上。

双蓄热烧嘴由空气侧烧嘴、煤气侧烧嘴组成。烧嘴内安装有蓄热体，用于存储交换热量。烧嘴头部设计喷孔，组织气流形成火焰。

双蓄热烧嘴工作原理与单蓄热烧嘴相同，区别只是其煤气也参与蓄热换向过程（见图5.7.34）。

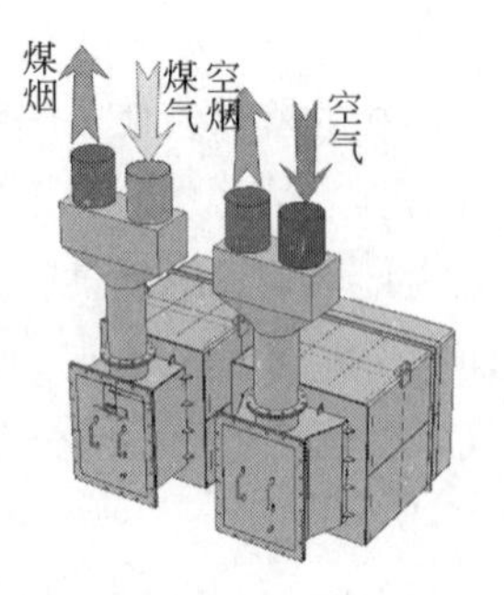

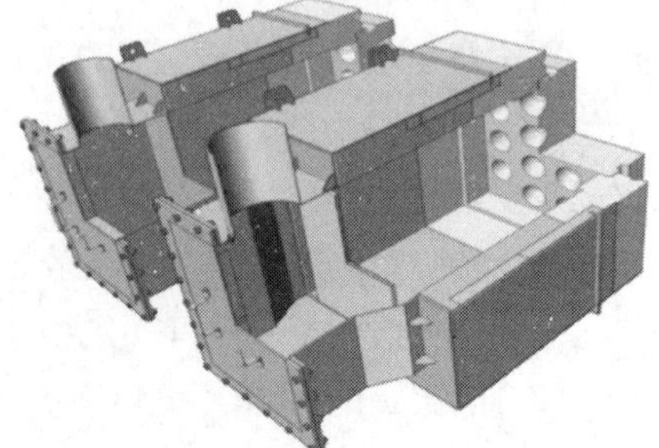

图5.7.34　双蓄热烧嘴结构和工作原理图

5.7.3.4　烟气余热回收装置

工业炉是工业生产中的主要耗能设备，其节能减排的意义越来越引起人们的重视。烟气余热回收是工业炉节能减排的重要途径，重庆赛迪工业炉有限公司依托强大的研发团队，可为客户提供各种类型的烟气余热回收装置。常见的有预热器和余热锅炉，均已在各类加热炉上得到广泛应用。

(1) 预热器。

利用工业炉排放的烟气余热对助燃空气和气体燃料进行加热的装置称为预热器。采用预热器回收烟气余热以预热空气和煤气，可以提高理论燃烧温度，保证必需的炉温以加快升温速度并能显著节约燃料（见图5.7.35）。

按预热器热交换特性通常分为间壁式、蓄热式和热管式三类；按预热器材质分为金属质和陶瓷质两种；按主要传热方式则分为对流式和辐射式两类。在轧钢加热炉上最常见的是带插入件的金属管式预热器。其主要技术特点有：

采用螺旋插入件增加管内传热系数；

在预热器高温侧管子底部设预压缩波纹补偿器，用以吸收管道的热胀冷缩，防止高温变形；

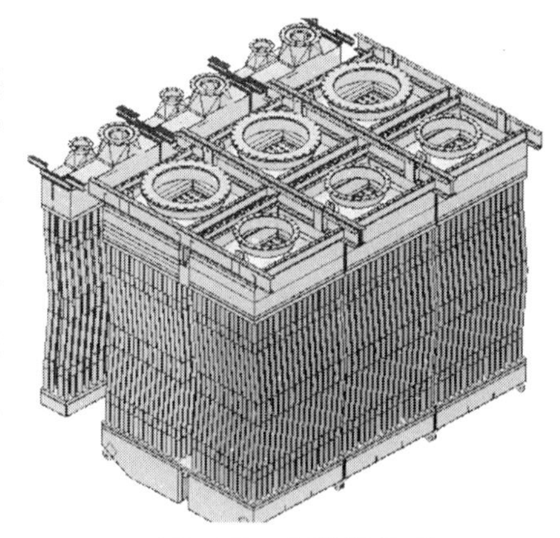

图5.7.35　预热器外形

在低温入口段管子内加套管并取消螺旋插入件，有效提高低温管子管壁温度，达到防止低温硫腐蚀的目的。

(2) 余热锅炉。

烟道式余热锅炉主要用来回收加热炉烟道内中低温烟气余热，降低加热炉排烟温度，产生蒸汽或热水（见图5.7.36）。

余热锅炉主要由过热器、蒸发器、省煤器等组成。

余热锅炉出口烟气温度可降至100℃。

图5.7.36　烟道式余热锅炉全貌

按照循环方式可分为自然循环余热锅炉、强制循环余热锅炉和自然循环+强制循环余热锅炉。

5.7.3.5　加热炉机械设备

加热炉机械设备是加热炉主要的动作部件，功能包括坯料运送，炉门启闭等。常见的有装出钢机、炉门提升、炉底机械等。加热炉机械设备是加热炉重要的组成部分。

(1) 步进炉装钢机。

步进炉装钢机布置在炉子进料端，用于将辊道上已定好位的坯料送入炉内加热（见图5.7.37）。

1）设备结构。

装钢机主要由装料杆、平移传动装置、升降装置及料杆保护罩等部件组成。

2）工作原理。

装钢机根据坯料的需要一般设置2~6根装料杆，由装料杆带动坯料做平移和升降运动。装料杆平移传动为电动式。平移传动装置主要由电机、减速机、平移传动轴和齿轮机座及齿轮齿条副组成。装料杆的升降通常由液压缸驱动。升降装置包含连杆机构，抬升轴及托轮组件。装钢机的每根装料杆上设有一个高于辊面的推头，用于坯料推正。

图5.7.37　装钢机示意图

(2) 步进炉出钢机。

步进炉出钢机布置在炉子出料端正前方，用于将炉内已加热好的坯料平稳地托出炉外，并放置于出炉辊道上（见图5.7.38）。

1）设备结构。

出钢机主要由出料杆、平移传动装置、升降装置及料杆保护罩等部件组成。

2）工作原理。

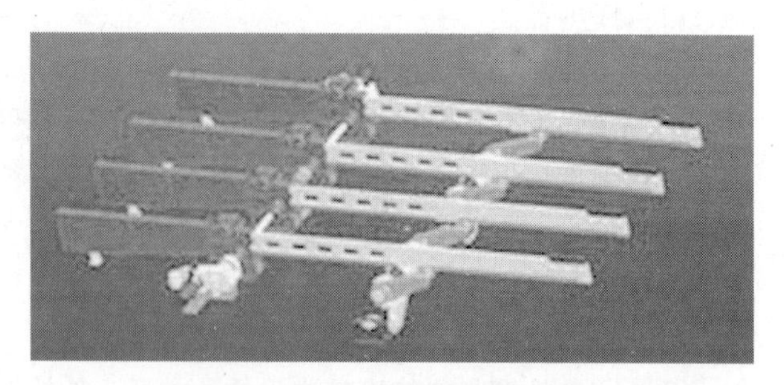

图5.7.38　步进炉出钢机示意图

出钢机根据坯料的需要一般设置2~6根出料杆，由出料杆带动坯料做平移和升降运动。出料杆平移传动为电动式。平移传动装置主要由电机、减速机、平移传动轴和齿轮机座及齿轮齿条副组成。出料杆的升降通常由液压缸驱动。升降装置包含连杆机构，抬升轴及托轮组件。

（3）步进炉炉底机械。

1）设备结构。

步进炉炉底机械用于支撑加热炉内的活动水梁以及炉内的坯料，并使坯料在炉内沿炉长方向作步进运动。

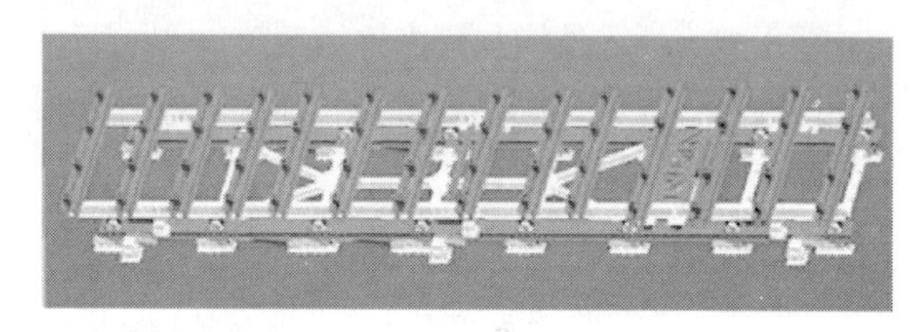

图5.7.39　步进炉炉底机械示意图

炉底机械通常为滚轮斜台面型式，采用液压传动。

炉底机械由两层框架、支撑两层框架的滚轮组、平移动作定心装置、提升动作定心装置、斜台面以及提升传动机构、平移传动机构组成（见图5.7.39）。

2）工作原理。

炉底机械支撑炉内坯料以矩形轨迹运行，即分别进行上升、前进、下降、后退的连贯动作，从而实现将坯料由装料端沿炉长方向输送到出料端。每一个步进周期动作是炉内活动梁在抬升过程中从固定梁上接受坯料使其下底面高于固定梁顶面，然后活动梁托着坯料前进一个步距，接着活动梁在下降过程中将坯料放置于固定梁上，最后活动梁低位退回到初始位置。

（4）炉门提升装置。

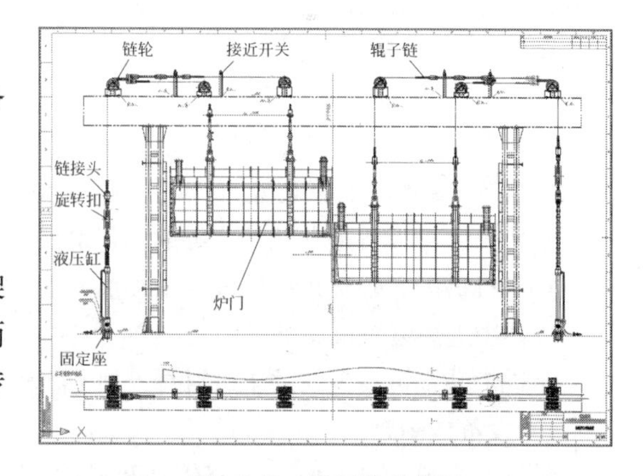

图5.7.40　炉门提升装置

炉门提升装置按传动型式分类，常见的有电动提升装置、液压提升装置和气动提升装置等。由于液压提升装置具有设备重量轻，提升能力大，可共用加热炉液压站而无需单独建站，投资省等优势，应用范围越来越广。

步进炉装出料炉门液压提升装置见图5.7.40。

装出料炉门液压提升装置安装在炉子装出料端的炉门框架顶部及两侧，用于提升和下降炉门。左右两扇炉门分别各用两根链条直接吊挂在两个链轮上，由安装在框架两侧的液压缸传动链条实现炉门的提升和下降。

炉门液压提升装置由液压缸、重载传动滚子链、轴承座、链轮、主令控制器及焊接底座等组成。

液压缸拉动实现炉门的提升和下降。炉门升降分下位、中位、减速位及高位四个位置进行控制（见图5.7.40~图5.7.44）。

（5）环形炉炉底机械。

环形炉炉底机械是驱动环形加热炉炉盘的机械设备。用于将环形炉内的钢坯由入炉端输送到出炉端。

环形炉的炉底机械主要由上部钢结构装配、下部钢结构装配、定心辊装置、托辊装置、驱动装置几部分组成。上、下部钢结构装配联结后组成一环状的马鞍形结构。马鞍的上部内外环侧面与炉墙上的水封槽可组成水冷密封槽，防止热量向下辐射，以保护下面的炉底驱动装置和托辊、定心辊装置。

环形炉底的转动是通过销齿轮传动来实现的。环形炉外侧布置有电机或者液压马达，通过减速机驱动销齿轮，再拨动炉盘下部钢结构外环的销齿圈带动整个炉盘旋转。

（6）环形加热炉装/出钢机。

环形加热炉装钢机将炉前上料辊道的钢坯送到环形炉内进行加热；出钢机则将炉内加热好的钢坯运送到炉外。环形加热炉装/出钢机适用于圆形或异性钢坯的抓取和移送。

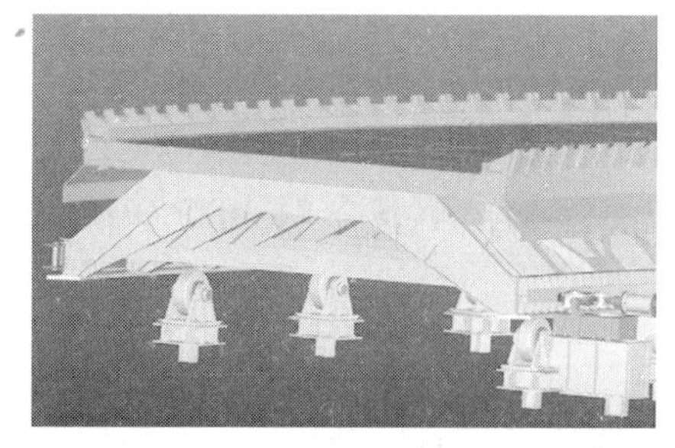

图5.7.41　环形炉炉底机械结构示意图

图5.7.42　环形炉托辊装置

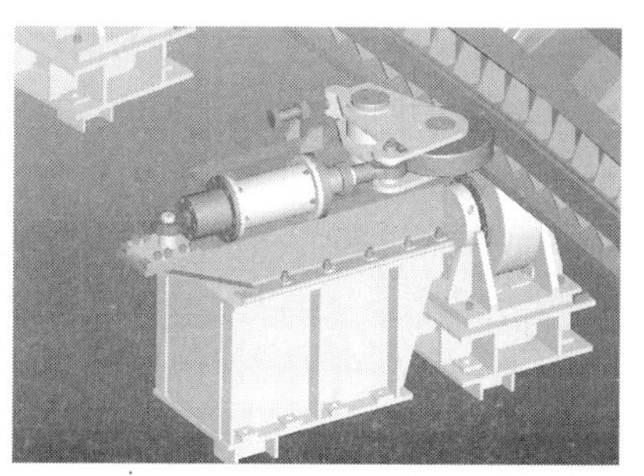

图5.7.43　环形炉定心辊装置

环形加热炉装/出钢机主要由行走小车、夹钳机构、机架和介质拖链、手摇卷筒等组成。小车走行机构包括钢结构、交流变频减速电机输出轴端的齿轮、夹钳的开闭装置、钳杆升降装置；夹钳机构包括一对前端带夹钳的钳杆、吊装支架、一对扇形齿轮；机架为门式钢结构支架，其上设有小车走行的轨道、防翘轮辊道、齿条和介质拖链。

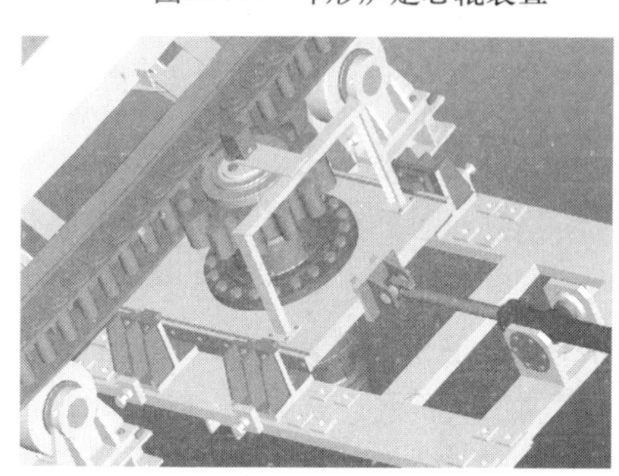

图5.7.44　环形炉驱动装置

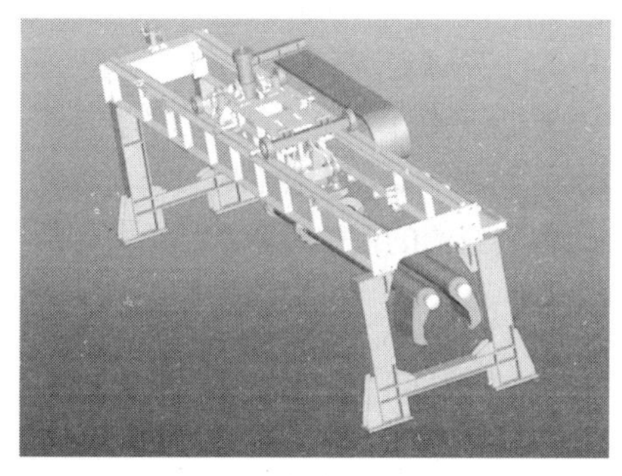

图5.7.45　环形炉装/出钢机示意图

5.7.3.6　汽化冷却系统

汽化冷却系统用于加热炉水梁立柱的冷却，具有节约净环水，延长水梁立柱使用寿命，回收蒸汽，提高钢料质量等优点，目前已成为最常见的水梁立柱冷却方式（见图5.7.45）。

重庆赛迪工业炉有限公司在加热炉汽化冷却系统上拥有多项专利或专有技术，其设计的加热炉汽化冷却系统已广泛应用在本公司设计的各类加热炉上。

典型的步进梁式加热炉汽化冷却系统如图5.7.46所示。

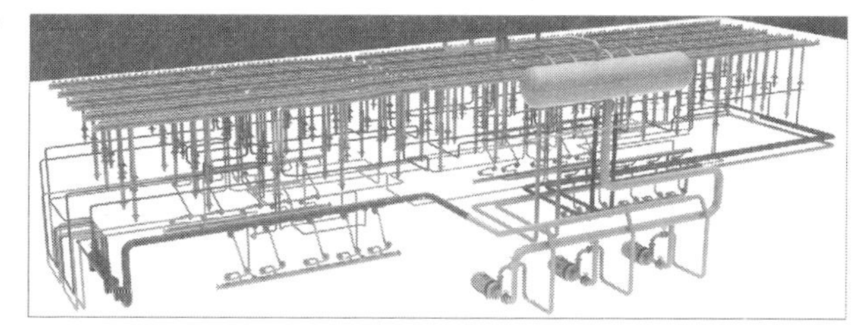

图5.7.46　步进梁式加热炉汽化冷却系统

加热炉汽化冷却装置主要由水循环系统和辅助系统组成，其中核心设备为：推钢炉上用的异型支架管（见图5.7.47），步进炉上用的步进装置（见图5.7.48）。

汽化冷却系统通常有自然循环和强制循环两种型式。

自然循环系统的原理是依靠下降管和上升管内工质(水和汽水混合物)的重度差形成驱动力，克服循环回路的阻力，从而形成定向的自然循环流动。

强制循环系统的原理是依靠外部动力设备如循环水泵提供的驱动力来克服循环回路的阻力，从而形成定向的循环流动。

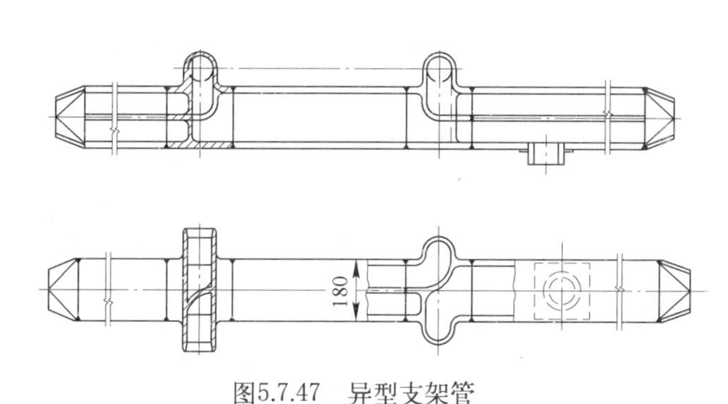

图5.7.47　异型支架管

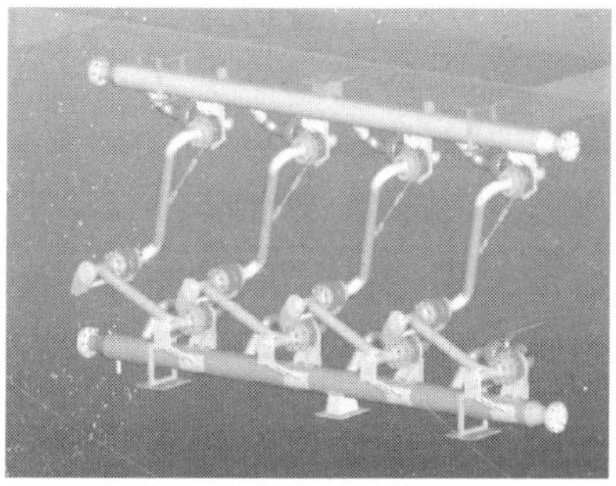

图5.7.48　步进装置

5.7.4 新型球体转动接头

5.7.4.1 产品说明

球体转动接头属液体介质固定管道与旋转、往复运动或摆（转）动某角度的设备或管道相连接，以及吸收热力管道的热位移的技术领域，它既保证连续不断向运转的设备、管道传输流体，又防止液体介质泄漏。

中冶赛迪工程技术股份有限公司（CISDI）开发的新型球体转动接头主要用于步进梁式加热炉（或电炉）汽化冷却装置中步进装置的和转炉活动烟罩的柔性升降装置以及热力管道中补偿大热膨胀位移的场合（见图5.7.49）。

5.7.4.2 设备结构及主要技术参数

(1) 设备结构。

球体转动接头主要由：球壳、主密封、压紧螺母、次密封、压环、转动球体、止退销、法兰等组成。

(2) 原理。

针对步进梁式加热炉（或电炉）的运动冷却构件（活动梁）和转炉活动烟罩的升降装置等工作特性——周期性往复运动，因此设计出适用于这种工况下的设备：步进装置或柔性升降装置，而这些运动装置的关键部件就是——球体转动接头。

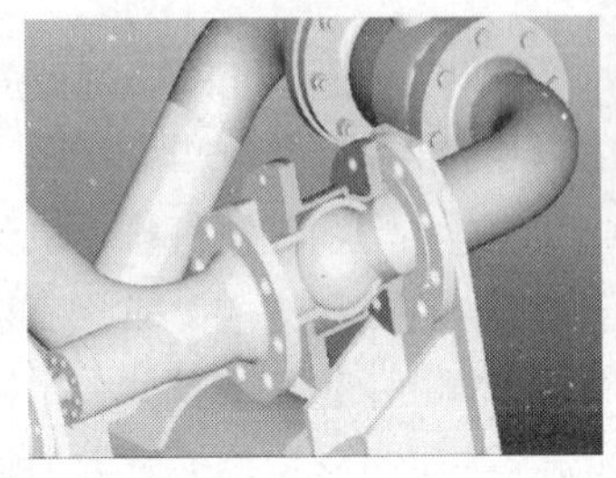
(a)

(b)

图5.7.49 球形转动接头
(a) 工作原理图；(b) 单个转动接头

针对上述活动步进在长期运行后可能出现的球体转动接头泄漏问题，本产品采用了一种均衡受力的密封形式，使用密封圈与球体接触面受力更加均匀；其球体表面采用特殊耐磨材料，增强了球体表面的硬度，提高抗磨能力；其球体密封圈采用的是新型专用组合材料，减少摩擦力，可保证球体密封圈的使用寿命。

(3) 技术参数指标。

工作压力：≤6.4MPa

工作温度：≤300℃

公称直径：DN250、DN200、DN150、
DN125、DN100、DN80

工作介质：水、汽水混合物、蒸汽

球体偏转角度：±15°

转动次数：≥210万次

5.7.4.3 关键技术或技术特点

(1) 独有的创新结构，既能使球体转动接头体积更小、质量更轻，又有利于调节密封间隙和预紧力更方便，受力更均匀。

(2) 专用简单的密封压盖，使密封圈压紧更均匀，密封效果更好，操作维护方便。

(3) 高性能的组合式密封材料，确保使用摩擦力更小、转动力矩小，球体、密封圈的使用寿命更长。

5.7.4.4 应用的实例及效果

以本产品为关键部件的加热炉步进装置、转炉活动烟罩等设备，自2003年以来，分别在宝钢、太钢、武钢、本钢、攀钢、新疆八钢、梅钢、新余钢厂、酒钢、昆钢等用户的几十座加热炉、转炉工程中予以应用，效果明显（见图5.7.50、图5.7.51）。

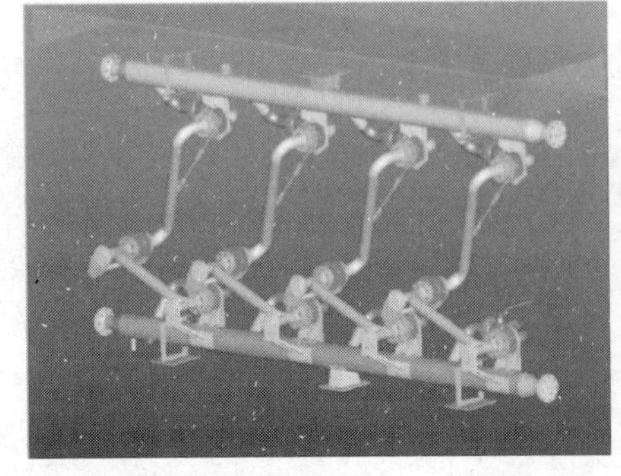
图5.7.50 新型球形转动接头在加热炉步进装置中的工作原理图

图5.7.51 太钢2250热轧加热炉步进装置

5.8 北京欧洛普过滤技术开发公司

5.8.1 LF、TLF、ELF Series等系列过滤器

5.8.1.1 *产品简介及用途*

ALF、TLF、ELF Series等系列过滤器，可广泛应用于石油、冶金、机械化工等行业，可用于液压、润滑系统过滤。

其过滤器使用的滤芯材质根据应用的不同场合及介质，可采用聚丙烯超长纤维滤材或折叠不锈钢丝网，其滤材居国内领先地位。聚丙烯超长纤维滤材具有精度高、通油能力强、原始压力损失小、纳污量大、性能稳定、对工作环境要求低，抗冲击性强，不会造成附加污染。

折叠不锈钢丝网滤芯具有：网孔形状稳定，空隙尺寸均匀，过滤精度高；流体渗透性好，流通能力大，阻损小；孔道光滑简单，特别易于清洗再生；性能稳定可靠，适用于连续操作过程；强度高、刚性大、材质范围宽、耐高温、抗腐蚀。

过滤装置直接安装于吸、回油管路中，亦可装设在主液压系统之外，组成单独的外循环过滤系统或润滑系统。

技术性能参数见表5.8.1、ELF系列主要参数见表5.8.2、TLF主要参数见表5.8.3。

表5.8.1 技术性能参数

技术性能参数		
1	公称流量	300~33000L/min
2	额定压力	1.6MPa
3	过滤精度	根据工况确定
4	工作温度	0~60℃
5	适合介质	液压油、润滑油
6	压差发讯器	发讯压力 0.30MPa
		工作电力 AC 220V0.2A
		DC 24V2A
7	滤罐进、出油口管径	见型号说明
8	进出口距离	见外形尺寸图
9	滤芯型号	见滤芯样本

型号说明见图5.8.1、图5.8.2。

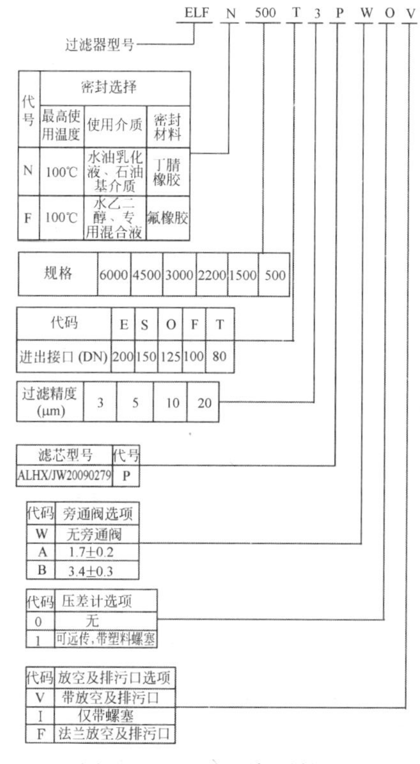

图5.8.1 ELF系列型号说明

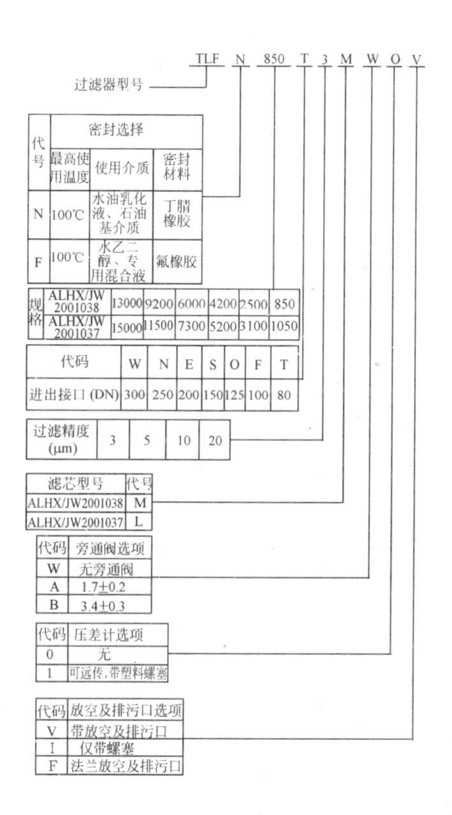

图5.8.2 TLE型号说明

外形尺寸图见图5.8.3、图5.8.4。

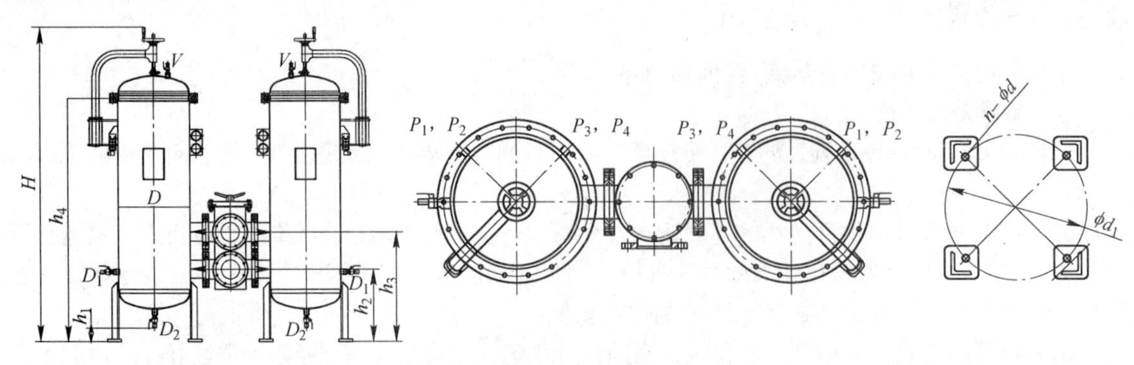

图5.8.3　外形尺寸图

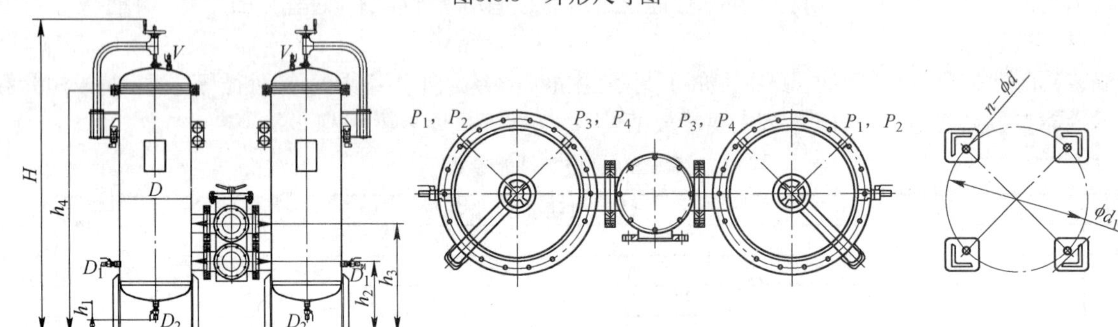

图5.8.4　TLF系列外形尺寸

表5.8.2　ELF系列主要参数

规格	滤芯支数	D	进出口DN	h_1	h_2	h_3	h_4	H	d_1	$n-\phi d$
500	1	219	50/80	60	350	580	1535	1670	174	3-φ20
1500	3	273	80/100	70	370	620	1563	1714	226	3-φ20
2200	5	377	125150	80	460	780	1670	1842	310	3-φ24
3000	7	412	125/150	100	475	815	1714	2198	385	4-φ24
4500	11	512	150/200	110	520	870	1768	2259	473	4-φ24
6000	15	616	150/200	120	560	960	1828	2375	572	4-φ24

表5.8.3　TLF主要参数

规格	滤芯支数	D	进出口DN	h_1	h_2	h_3	h_4	H	d_1	$n-\phi d$
850/1050	1	219	80/100	60	350	580	1079/1515	1211/1647	174	3-φ20
2500/3150	3	412	125	70	450	700	1214/1650	1698/2134	385	3-φ20
4200/5200	5	462	150	80	470	750	1234/1670	1733/2169	422	3-φ24
6000/7300	7	562	150/200	100	540	890	1345/1741	1877/2273	521	4-φ24
9200/11500	11	716	200/250	110	630	980	1431/1867	2005/2441	677	4-φ24
13000/15000	15	816	250/300	120	680	1030	1495/1935	2142/2539	776	4-φ24

5.8.1.2 **过滤器压降设计计算**

条件：

油液密度：0.9

油液黏度：30CST

推荐初始压降值最大0.5bar，对于其他密度黏度油液，其总成压降计算公式：

$$P_{总}=P_{滤壳}+P_{滤芯}=滤壳\times P_{所用介质密度}/0.9+P_{30滤壳}\times 所用介质黏度/30$$

所用介质密度：0.9

选型方法：

(1) 确定以下参数：

最大工作流量Q，最高工作压力P，油液可达到的最大黏度v，油液密度p，需要达到的过滤精度，连接方式，通径DN，目标压降P（推荐≤0.5bar）。

(2) 计算滤壳实际压降值：根据Q和通经DN，查滤壳压降曲线，得出滤壳压降$P_{0.9}$。

用公式$P_0v=P_{0.9}\times p/0.9$计算得出滤壳实际压降。

(3) 确定过滤器，滤芯长度代号：

用公式$P_{芯}=P_{0.9}\times p/0.9$计算滤芯允许压降。

用公式$P_{30}\leqslant P_{芯}\times 30/v\times 1.9/p$计算所需滤芯标准压降最大值。

(4) 确定过滤器其他辅助特性。

压差报警装置形式，报警压差，材质，密封类型，是否旁通等。

(5) 按照订货说明确定过滤器型号。

5.8.1.3 **过滤器的特点**

ALF series系列新型大流量过滤器是ALF系列中的新一代产品，该站对整体结构进行了重新设计和调整，在保持原产品基本特点的基础上，改善了整体强度和布局，而且还增加了多种功能，大大提高了产品的使用安全性和实用性。

新增特点如下：

(1) 过滤器采用侧进侧出理想的在线安装方式，便于系统并联使用及安装。通过管道中的压力将过滤液体介质压入过滤器内，要过滤的液体介质经由折叠不锈钢滤芯过滤，产生理想的固液分离达到液体介质被过滤的，不同的过滤精度，取决于不同的精度的过滤滤芯。

(2) 由于液体介质进入过滤器后经防冲板折流，从过滤器顶端流入，使得液体可均匀分布在各滤芯的表面，且滤芯不受任何侧向冲击，令整个层面中的流体分布基本恒定一致，紊流的负面影响小，过滤效果好。并能承受极高的过滤压力和水锤式的压力冲击。

(3) 过滤器的排气阀，集中式双压力表设计（进口压力表，出压力表）使操作和过滤过程得到监视。

(4) 独特的滤芯座设计，使过滤器的纳污量提高。

(5) 采用内部罐体表面特氟龙的工艺使过滤器表面更光滑，抗腐蚀性能更好，清洗过滤器内外部更加容易。

(6) 罐体外表面采用喷塑新工艺，涂层均匀密实牢固，外表美观大方，增强了抗腐蚀性能，提高使用寿命。

(7) 开启罐盖采用吊臂形式，更换滤芯更加方便快捷。

(8) 罐体主体法兰及进出口法兰连接采用O形圈密封，密封性能更加可靠安全。

(9) 该过滤器采用压力平衡阀及切换阀装置。压力平衡阀采用法兰式球阀操作方便，互换性强，在打开放气阀之前，先打开压力平衡阀，使工作滤罐和备用滤罐的压力均衡，以方便转动切换手柄。

5.8.1.4 **工作原理**

该过滤器由两只单筒过滤器，两只单向阀，换向阀，发讯器等组成，它可在系统在不停机状况下更换滤芯，适用于连续工作的中低压液压系统。

当其中一只过滤筒的滤芯在工作过程中堵塞到压差发讯器规定的压力值时，发讯器动作，它可按上电源指示器的提示人们应更换此滤芯。更换滤芯时，只要旋转换向阀手柄到另一位置，备用的过滤筒开始工作，旋开已堵塞的过滤筒放油螺塞放完油后，再旋开外壳，即可更换滤芯。注：(1) 堵塞后应及时更换滤芯，以免由于滤芯压差继续上升导致滤芯破损，造成再次污染系统。(2) 换向阀手柄必须到位，需更换滤芯侧过滤筒，允许少量内泄漏。(3) 换向后已堵塞的滤芯应及时更换机关报滤芯已备下次使用。

5.8.2 ADF、TDF、EDF Series等系列过滤器

5.8.2.1 产品简介及用途

ADF、TDF、EDF Series等系列过滤器，可广泛应用于石油、冶金、机械化工等行业，可用于液压、润滑系统过滤。

其过滤器使用的滤芯材质根据应用的不同场合及介质，可采用聚丙烯超长纤维滤材或折叠不锈钢丝网，其滤材居国内领先地位。聚丙烯超长纤维滤材具有精度高、通油能力强、原始压力损失小、纳污量大、性能稳定、对工作环境要求低，抗冲击性强，不会造成附加污染。

折叠不锈钢丝网滤芯具有：网孔形状稳定，空隙尺寸均匀，过滤精度高；流体渗透性好，流通能力大，阻损小；孔道光滑简单，特别易于清洗再生；性能稳定可靠，适用于连续操作过程；强度高、刚性大、材质范围宽、耐高温、抗腐蚀。

过滤装置直接安装于吸、回油管路中，亦可装设在主液压系统之外，组成单独的外循环过滤系统或润滑系统。

技术性能参数见表5.8.4。

表5.8.4 技术性能参数

技术性能参数		
1	公称流量	300~33000L/min
2	额定压力	1.6MPa
3	过滤精度	根据工况确定
4	工作温度	0~60℃
5	适合介质	液压油、润滑油
6	压差发讯器	发讯压力 0.30MPa
		工作电力 AC 220V，0.2A
		DC 24V，2A
7	滤罐进、出油口管径	见型号说明
8	进出口距离	见外形尺寸图
9	滤芯型号	见滤芯样本

外形尺寸图见图5.8.5。

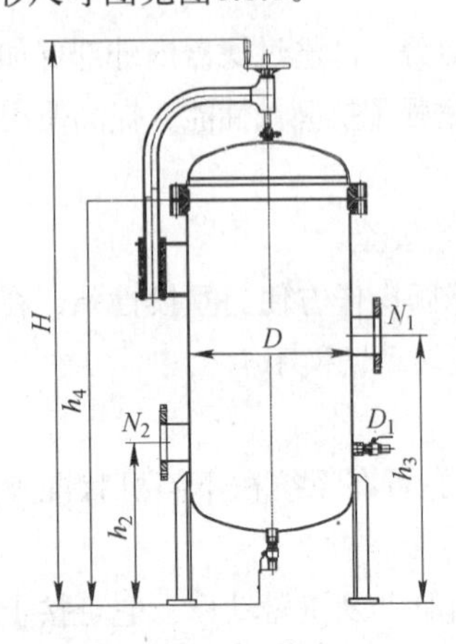

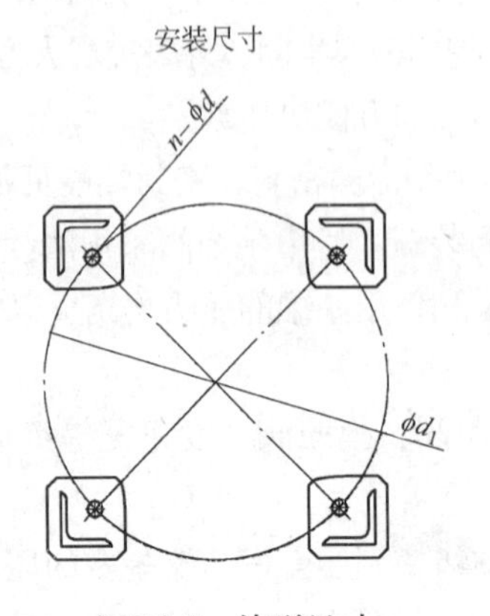

b
P_3，P_4
P_3，P_4

图5.8.5 外形尺寸

型号说明见图5.8.6。

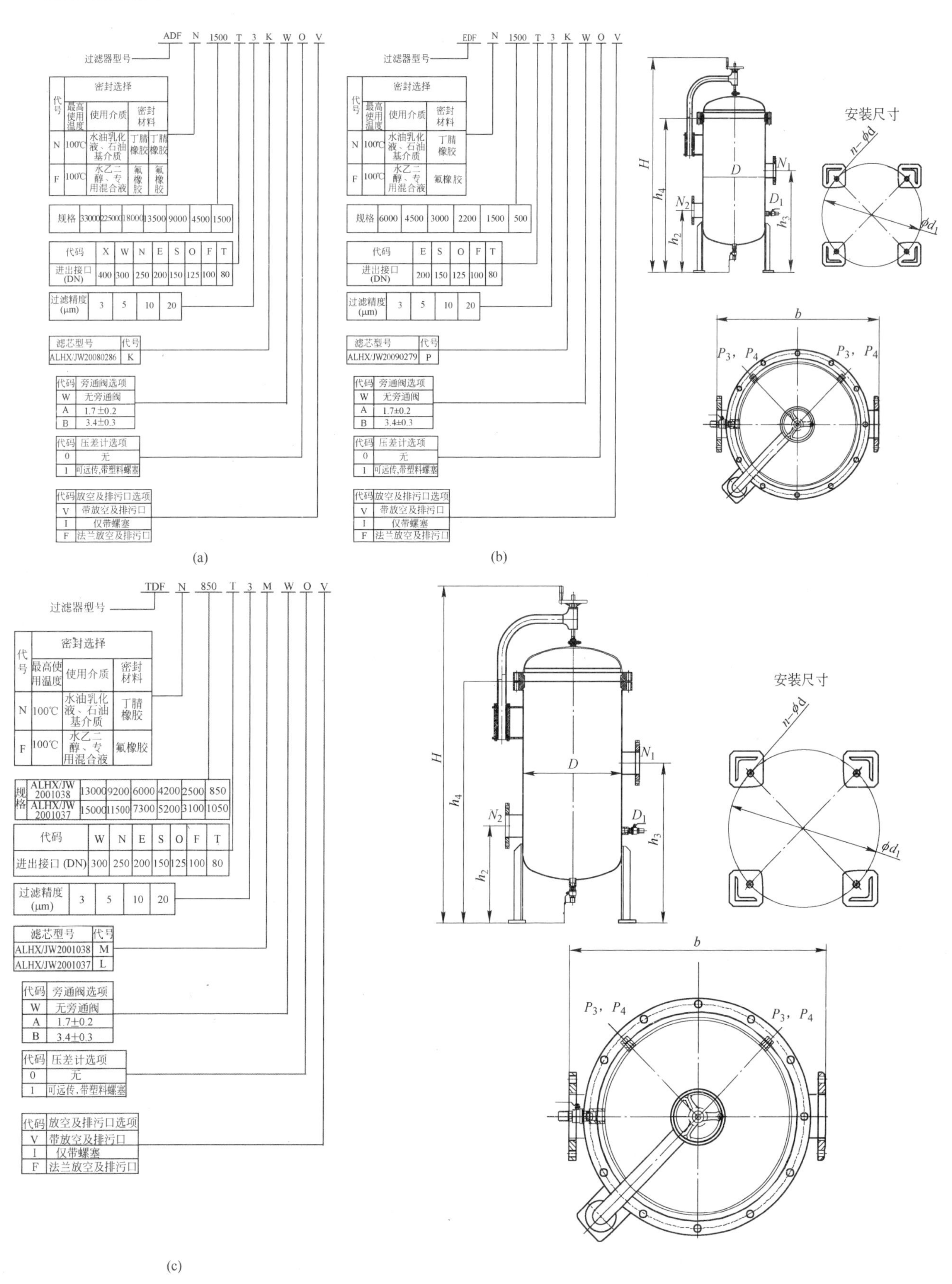

图5.8.6 型号说明

(a) ADF系列；(b) EDF系列；(c) TDF系列

ADF系列、FDF系列、TDF系列主要技术参数见表5.8.5～表5.8.7。

表5.8.5　ADF系列主要技术参数

规格	滤芯支数	D	进出口DN	h_1	h_2	h_3	h_4	H	b	d_1	$n-\phi d$
1500	1	219	100/125	60	350	580	1339	1459	403	174	3-ϕ20
4500	3	462	150	70	450	700	1470	1946	580	385	3-ϕ20
9000	6	562	200/250	80	540	750	1577	2109	650	422	3-ϕ24
13500	9	716	250/300	100	630	890	1667	2241	765	521	4-ϕ24
18000	12	816	300/350	110	650	980	1687	2291	910	677	4-ϕ24
22500	15	920	350	120	680	1030	1717	2364	1121	776	4-ϕ24
33000	22	1020	400	120	700	1050	1737	2437	1121	776	4-ϕ24

表5.8.6　FDF系列主要技术参数

规格	滤芯支数	D	进出口DN	h_1	h_2	h_3	h_4	H	b	d_1	$n-\phi d$
850/1050	1	219	80/100	60	350	580	1079/1515	1211/1647	403	174	3-ϕ20
2500/3150	3	412	125	70	450	700	1214/1650	1698/2134	580	385	3-ϕ20
4200/5200	5	462	150	80	470	750	1234/1670	1733/2169	650	422	3-ϕ24
6000/7300	7	562	150/200	100	540	890	1345/1741	1877/2273	765	521	4-ϕ24
9200/11500	11	716	200/250	110	630	980	1431/1867	2005/2441	910	677	4-ϕ24
13000/15000	15	816	250/300	120	680	1030	1495/1935	2142/2539	1121	776	4-ϕ24

表5.8.7　TDF系列主要技术参数

规格	滤芯支数	D	进出口DN	h_1	h_2	h_3	h_4	H	b	d_1	$n-\phi d$
500	1	219	50/80	60	350	580	1535	1670	403	174	3-ϕ20
1500	3	273	80/100	70	370	620	1563	1714	453	226	3-ϕ20
2200	5	377	125/150	80	460	780	1670	1842	562	310	3-ϕ24
3000	7	412	125/150	100	475	815	1714	2198	600	385	4-ϕ24
4500	11	512	150/200	110	520	870	1768	2259	700	473	4-ϕ24
6000	15	616	150/200	120	560	960	1828	2375	800	572	4-ϕ24

5.8.2.2　过滤器压降设计计算

条件：

油液密度：0.9

油液黏度：30CST

推荐初始压降值最大0.5bar，对于其他密度黏度油液，其总成压降计算公式：

$$P_{总}=P_{滤壳}+P_{滤芯}=滤壳\times P_{所用介质密度}/0.9+P_{30滤壳}\times 所用介质黏度/30$$

所用介质密度：0.9

选型方法：

（1）确定以下参数：

最大工作流量Q，最高工作压力P，油液可达到的最大黏度v，油液密度p，需要达到的过滤精度，连接方式，通径DN，目标压降P（推荐≤0.5bar）。

(2) 计算滤壳实际压降值：根据Q和通经DN，查滤壳压降曲线，得出滤壳压降$P_{0.9}$。

用公式$P_0 v = P_{0.9} \times p/0.9$ 计算得出滤壳实际压降。

(3) 确定过滤器，滤芯长度代号：

用公式$P_{芯} = P_{0.9} \times p/0.9$ 计算滤芯允许压降。

用公式$P_{30} \leqslant P_{芯} \times 30/v \times 1.9/p$计算所需滤芯标准压降最大值。

(4) 确定过滤器其他辅助特性。

压差报警装置形式，报警压差，材质，密封类型，是否旁通等。

(5) 按照订货说明确定过滤器型号。

5.8.2.3 过滤器的特点

图5.8.7是壳体和滤芯压降曲线图。

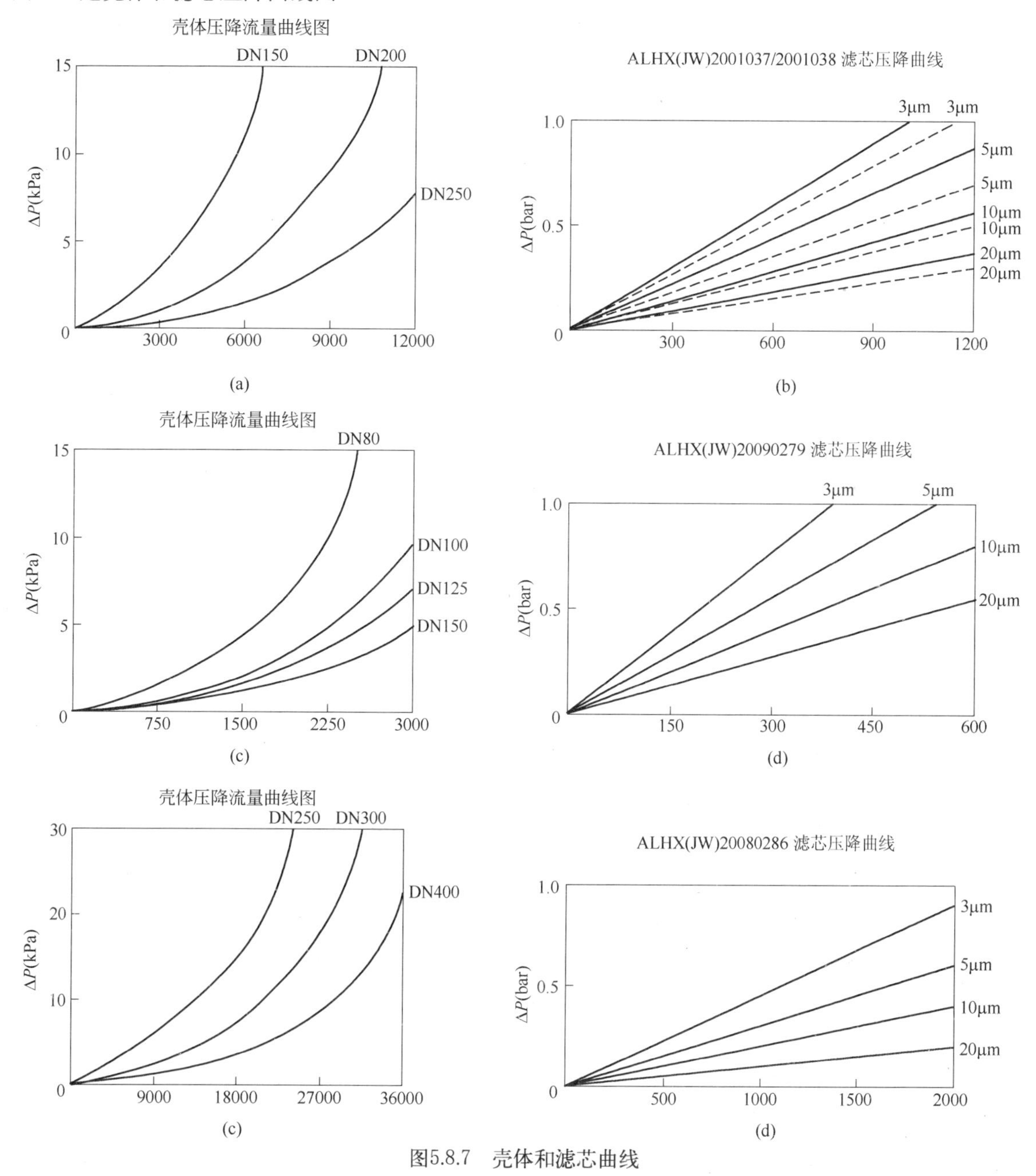

图5.8.7 壳体和滤芯曲线

ALF series系列新型大流量过滤器是ALF系列中的新一代产品，该站对整体结构进行了重新设计和调整，在保持原产品基本特点的基础上，改善了整体强度和布局，而且还增加了多种功能，大大提高了产品的使用安全性和实用性。

新增特点如下：

(1) 过滤器采用侧进侧出理想的在线安装方式，便于系统并联使用及安装。通过管道中的压力将过滤液体介质压入过滤器内，要过滤的液体介质经由折叠不锈钢滤芯过滤，产生理想的固液分离达到液体介质被过滤的，不同的过滤精度，取决于不同的精度的过滤滤芯。

(2) 由于液体介质进入过滤器后经防冲板折流，从过滤器顶端流入，使得液体可均匀分布在各滤芯的表面，且滤芯不受任何侧向冲击，令整个层面中的流体分布基本恒定一致，紊流的负面影响小，过滤效果好。并能承受极高的过滤压力和水锤式的压力冲击。

(3) 过滤器的排气阀，集中式双压力表设计（进口压力表，出压力表）使操作和过滤过程得到监视。

(4) 独特的滤芯座设计，使过滤器的纳污量提高。

(5) 采用内部罐体表面特氟龙的工艺使过滤器表面更光滑，抗腐蚀性能更好，清洗过滤器内外部更加容易。

(6) 罐体外表面采用喷塑新工艺，涂层均匀密实牢固，外表美观大方，增强了抗腐蚀性能，提高使用寿命。

(7) 开启罐盖采用吊臂形式，更换滤芯更加方便快捷。

(8) 罐体主体法兰及进出口法兰连接采用O形圈密封，密封性能更加可靠安全。

5.8.2.4　**工作原理**

当液压系统工作时，油液中的污染物在循环中不断被滤芯拦截，使过滤器的进油口压力逐渐增大到发讯器的调定值0.25MPa时，发讯器工作，并以开关形式接通指示灯或接到主控制室，提示人们应随时注意观察或换滤芯；当压力值大到发讯器的调定值0.35MPa发讯器工作，切断与液压系统相关的控制电路。此时必须及时更换滤芯，确保液压系统正常运行。

5.9　北京捷瑞特弹性阻尼体技术研究中心

5.9.1　管道阻尼器

5.9.1.1　**产品概述**

管道用双向弹性阻尼体减震阻尼器是本中心2003年推出的专利产品，是高分子材料科学与机械科学有机结合的优秀工业产品。它能有效地削减各种频率、振幅的振动，同时能迅速吸收激扰型冲击能量，对管道或相应设备、设施起到良好的保护作用。

中心研制生产的弹性阻尼体材料是一种半流体高分子化合物，具备以下高性能化学特征：

(1) 高黏性，黏度可达10000000~20000000cSt，最高分子量可达100 万；

(2) 强压缩性；

(3) 良好的化学惰性和抗老化性能；

(4) 优异的热稳定性（-70~400℃）。

以上优越的特性使弹性阻尼体材料能够完全取代矿物油而成为高端缓冲器的理想介质见表5.9.1。

表5.9.1　高端缓冲器的理想介质

性 能	弹性阻尼体	矿物油
黏性吸能率	95%	70%
高温性能（400℃）	分子结构稳定，物理化学特征基本不变	黏度下降50% 以上，部分化学结构破坏
可压缩性（250MPa 压力）	具备15%~20% 的弹性势能空间	不可被压缩
疲劳特性（108000 次振动）	黎度下降2%	黎度下降70% 以上

以弹性阻尼体为介质的减震阻尼器具备了明显优于以普通矿物油为介质的液压减震器的性能。

(1) 速度响应范围宽，动态响应时间短。

(2) 抗震材料的抗老化能力以及热稳定性强。

(3) 吸能比大，效率高，能在极小的位移内获得高效减震效果。

(4) 在管道热胀冷缩过程中可以起到吸能作用，而不对管道产生附加力。

(5) 对激扰型能量突变和低幅高频与高幅低频的振动都能有效控制，有效降低普通振动引起的关键连接部位的间隙变化，补偿管夹刚性下降造成的管道破坏，将小级次破坏控制在很小的范围内，并有效避免由于设备老化造成公差堆积而产生的大级次破坏。

(6) 特殊的抗地震的能力。

(7) 巨大的分子量和极高的分子黏度，使密封较液压油更可靠，不易泄漏。密封采用特殊材料，有效保证了材料互不干涉下的长寿命。

5.9.1.2 ***产品应用***

管道系统中使用减震阻尼器（见图5.9.1）能改善管道结构在风和地震中的动力响应，可以保护管道或设备在多种工况下免受破坏，能有效提高管道结构或设备的抗风和抗振的可靠度，避免财产损失和人员伤亡，具有良好的综合经济效益。

(1) 在以下工况中，减震阻尼器将对设备提供良好的保护：

1) 水锤、汽锤；

2) 汽、水流动引起的高频振动；

3) 安全阀排汽；

4) 主汽门快速关闭；

5) 锅炉爆炸；

6) 破管；

7) 地震；

8) 风载；

9) 外来缓释型压力使管道产生的宽幅振动；

10) 外来飞行物的冲击等。

(2) 减震阻尼器可以保护的对象：

1) 管道系统；

2) 主泵；

3) 重要的阀；

4) 重要的压力容器；

5) 汽轮机。

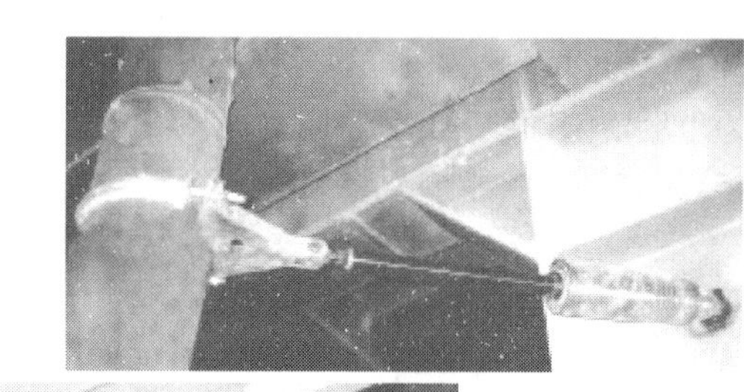

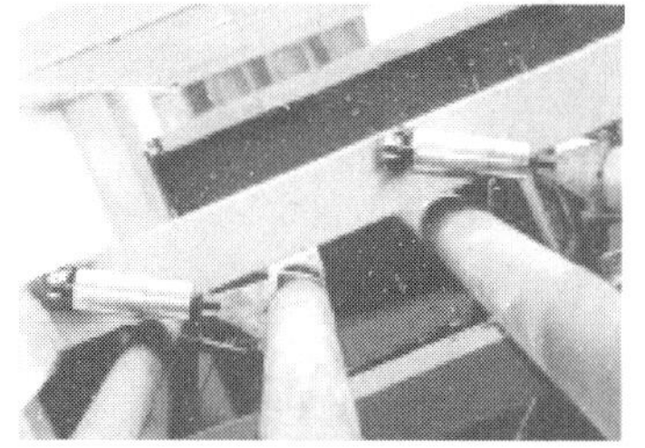

图5.9.1 管道阻尼器

5.9.1.3 ***工作原理***

管道用双向弹性阻尼体减震阻尼器分为抗振动型阻尼器（GD型）与抗安全阀排汽型阻尼器（GDF型）两种。

抗振动型阻尼器工作原理（见图5.9.2）：

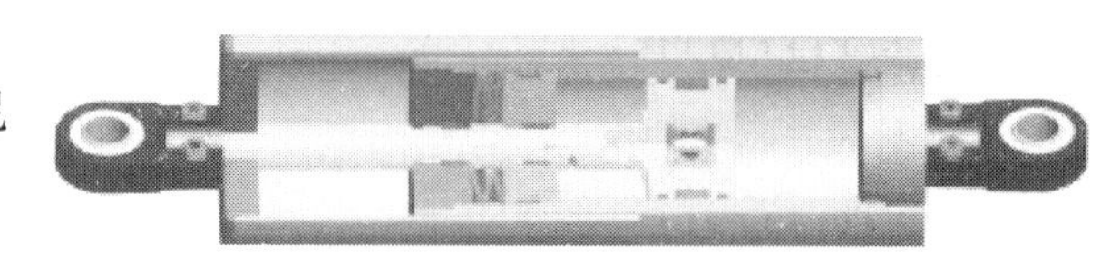

图5.9.2 减震阻尼器的工作原理示意图（抗振动型）

(1) 当管道产生非破坏性缓慢位移时（如热胀冷缩），阻尼器输出很小的阻尼力，约为额定载荷的1%～2%，以保证管道的柔性空间。

(2) 当管道受到破坏性冲击（如水锤、汽锤、地震等）产生快速位移并达到一定速度时，阻尼器的速度阀关闭，阻尼器活塞的运动速度骤降，阻尼力迅速增大至额定载荷。特殊结构的活塞及精巧设计的阻尼腔结构与高黏性阻尼介质瞬间产生极大的摩擦力使冲击动能迅速转化为热能释放，使管道位移有效减小，保护其不会因突发冲击而破坏。

(3) 由于弹性阻尼材料具备可压缩性，并具有强黏弹性的特征，在极小的位移内即可产生等同于大功率弹簧产生的弹性势能，因此对于普通液压阻尼器无法解决的风载等高幅低频振动以及外部干扰引起的高频低幅振动，均可起到明显的减振作用，具备弹簧拉杆和液压阻尼器共同使用所产生的双重效果。减振有效频幅范围为0.5～35Hz（详见实验报告）。

抗安全阀排汽反力型阻尼器工作原理：

由于该应用的特殊性，要求在安全阀排汽时阻尼器能够迅速达到刚性构件的效果，排汽结束后管道能自由回复到原位置。因此阻尼器腔内的阻尼体材料被完全预压缩，分子黏度极高，并设有单向阀机构。当安全阀排汽时，阻尼器的单向阀迅速关闭，其阻尼力迅速增加到额定载荷，阻尼器活塞的运动速度迅速降为零，产生等效于刚性机构的连接效果，保护管道免受破坏。安全阀排汽结束后，在管道弹性回复力的作用下阻尼器反向运动，单向阀开启，此时阻尼器反力很小，使管道能迅速复位。

抗振动型和抗安全阀排汽反力型阻尼器的特征曲线见图5.9.3~图5.9.5。

图中，$V_{闭}$为速度阀的闭锁速度；$V_{闭后}$为速度阀闭锁后活塞的运动速度；F_n为阻尼器额定载荷；S_b为阻尼器在拉、压双向达到额定载荷时的最大位移，根据行程不同，$S_b \leqslant 6\sim10$mm；S_a为阻尼器允许的最大空程，$S_a \leqslant 0.3$mm；F_1为阻尼器闭锁前低速行走阻力。

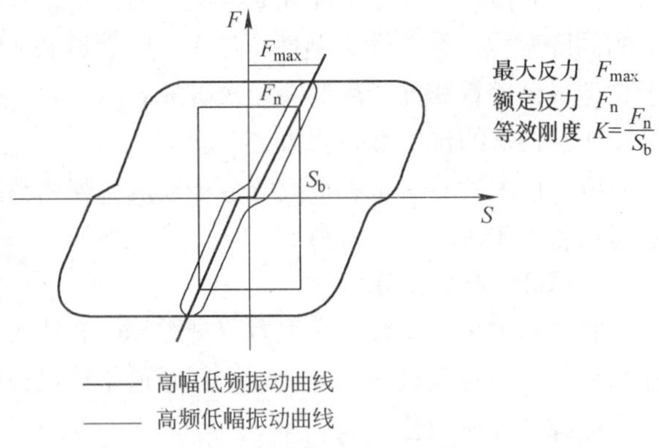

图5.9.3　抗振动型阻尼器特性曲线

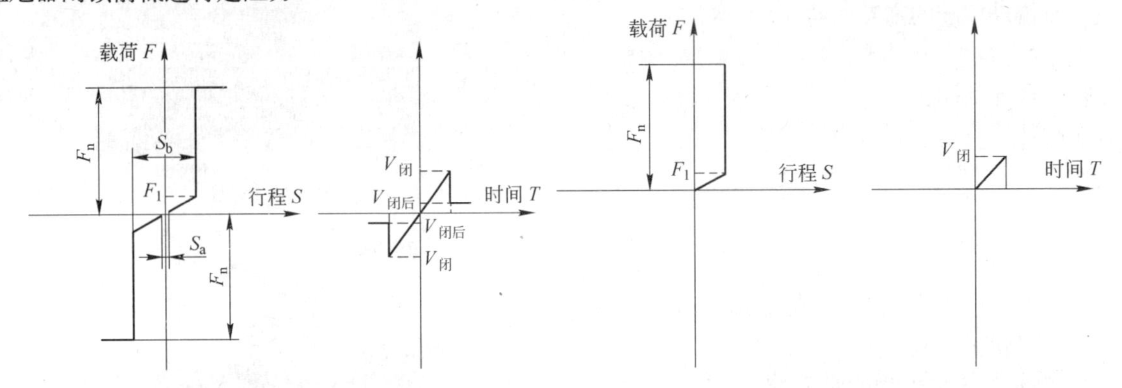

图5.9.4　抗震动型阻尼器曲线　　图5.9.5　抗安全阀排汽反力型阻尼器曲线

5.9.1.4　***产品设计选型方法***：

为方便用户正确选用我中心产品，可按以下步骤进行设计选型；或将减震阻尼器的有关参数：热位移量、工作载荷、温度、管径、安装尺寸等信息提供给我中心，我们将为您免费设计安装图及阻尼器选型。

(1) 额定载荷的选择。

阻尼器安装部位的载荷为动载荷而非静载荷，选型时应使计算出的动载荷小于产品选型表中的额定载荷；

当阻尼器用于控制管道的轴向振动时，一般考虑沿管道轴向平行安装两台阻尼器，因无法保证两台阻尼器在工作状态下能同步响应，故单台阻尼器的载荷应按该吊点工作载荷的80% 选用。

(2) 行程的选择。

管道阻尼器的行程应大于管夹安装点相对于生根部位的热位移量（冷态到热态的位移量加上其他不规则位移），且单边应至少留有10mm 余量。

(3) 与管道连接形式的选择。

1) 销连接：适用于可以将销座组件焊接在被保护的管道或设备上；

2) 管夹连接：适用于可安装限位管夹的管道。

(4) 功能选择。

1) 若是用于承受管道的冲击振动（水锤、汽锤、风载、地震等），选用抗振动型（GD型）阻尼器；

2) 若是用于承受安全阀排汽反力等单方向的冲击力，选用抗安全阀排汽反力型（GDF型）阻尼器。

(5) 管夹材料的选择。根据管道传输介质的工作温度确定管夹材料。

(6) 加长杆型号的选择（加长杆的管道阻尼器安装示意图见图5.9.6）。

加长杆适用于连接距离较大的场合，加长杆W的计算如下：

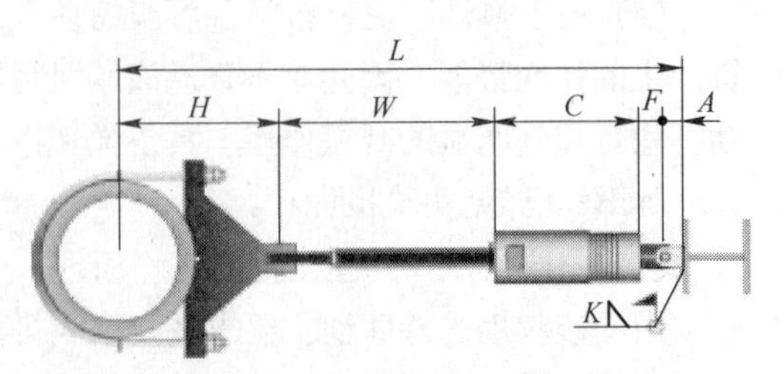

图5.9.6　带加长杆的管道阻尼器安装示意图

(1) 若头部尾部均为销连接，则加长杆长度$W=L-F-2A-C$中值±(热位移量/2)

(2) 若头部为管夹，尾部为销连接，则加长杆长度$W=L-F-A-H-C$中值±(热位移量/2)

注：1. 当阻尼器受拉时，热位移量取“+”；当阻尼器受压时，热位移量取“-”。

2. 对于需用管夹安装的情况，我们将根据阻尼器的选型及实际工况专门设计合适尺寸与材料的管夹。

选型示例：JRH-GD1-A(J)表示为抗振动用管道阻尼器系列1 中序号为A 的阻尼器。查表5.9.2，其外径为59mm，行程100mm，额定载荷3kN，其安装方式为双端铰接。

抗振动阻尼器选型见表5.9.2和表5.9.3，管道阻尼器外形尺寸见图5.9.7。

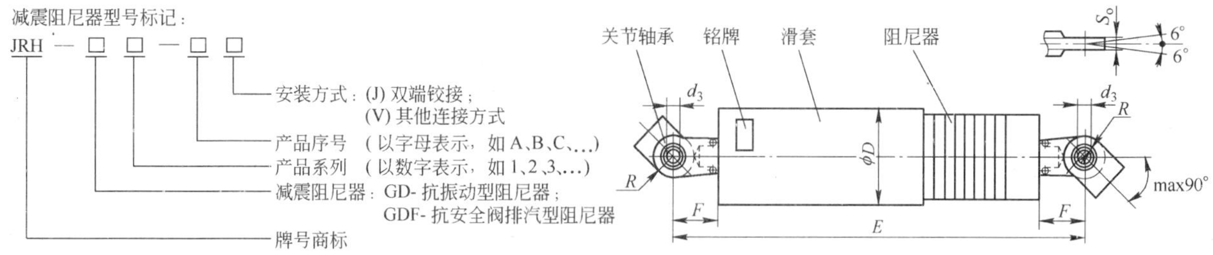

图5.9.7 管道阻尼器外形尺寸

表5.9.2 抗振动型阻尼器选型（一）

额定载荷/kN	最大载荷/kN	行程/mm	产品型号	E_{min}/mm	E_{max}/mm	ϕD/mm	d_3/mm	R/mm	SG/mm	F/mm	质量/kg	缓冲容量/kJ	高频载荷/kN
3	4	100	JRH-GD1-A	250	350	59	12	16	12	38	2.4	0.3	6.5
8	10.6	100	JRH-GD1-B	325	425	75	16	20	16	44	5.4	0.8	17.4
		200	JRH-GD2-A	460	660	75	16	20	16	44	7.1	1.6	15.7
18	23.9	150	JRH-GD1-C	395	545	90	20	23.5	20	52	10.4	2.7	40
		300	JRH-GD2-B	585	885	90	20	23.5	20	52	15	5.4	35
46	61	150	JRH-GD1-D	445	595	135	25	29	25	65	25	6.9	100
		300	JRH-GD2-C	595	895	135	25	29	25	65	36	13.8	91
100	141	150	JRH-GD1-E	535	685	175	60	44.5	40	97	46	15	215
		300	JRH-GD2-D	685	985	175	40	44.5	40	97	64	30	195
		500	JRH-GD3-A	895	1395	175	40	44.5	40	97	78	50	364
200	267	150	JRH-GD1-F	615	765	210	50	54	50	120	76	30	430
		300	JRH-GD2-E	770	1070	210	50	54	50	120	97	60	395
		500	JRH-GD3-B	975	1475	210	50	54	50	120	110	100	681
350	472	150	JRH-GD1-G	730	880	280	70	77.5	70	160	152	52.5	760
		300	JRH-GD2-F	880	1180	280	70	77.5	70	160	183	105	692
		500	JRH-GD3-C	1090	1590	280	70	77.5	70	160	201.5	175	1342
550	735	150	JRH-GD1-H	760	910	310	80	84	80	180	210	82.5	1200
		300	JRH-GD2-G	910	1210	310	80	84	80	180	249	165	1085
		500	JRH-GD3-D	1120	1620	310	80	84	80	180	262	225	2013

表5.9.3 抗振动型阻尼器选型（二）

额定载荷/kN	最大载荷/kN	行程/mm	产品型号	E_{min}/mm	E_{max}/mm	ϕD/mm	d_3/mm	R/mm	SG/mm	F/mm	质量/kg	缓冲容量/kJ	高频载荷/kN
30	42	150	JRH-GD1-I	420	570	115	20	23.5	20	52	18.5	4.5	75
		300	JRH-GD2-H	570	870	115	20	23.5	20	52	24	9	71
62	80	150	JRH-GD1-J	485	635	145	32	35	32	80	32	9.3	143
		300	JRH-GD2-I	650	950	145	32	35	32	80	45	18.6	135
		500	JRH-GD3-E	845	1345	145	32	35	32	80	55	31	186
83	112	150	RH-GD1-K	545	695	160	40	44.5	40	97	40	12.5	180
		300	JRH-GD2-J	695	995	160	40	44.5	40	97	52	24.9	154
		500	JRH-GD3-F	935	1435	160	40	44.5	40	97	62	41.5	267
150	204	150	JRH-GD1-L	640	790	195	50	54	50	120	61	22.5	372
		300	JRH-GD2-K	790	1090	195	50	54	50	120	80	45	338
		500	JRH-GD3-G	1000	150	195	50	54	50	120	88	75	507
270	360	150	JRH-GD1-M	755	905	250	70	77.5	70	160	120	40.5	270
		300	JRH-GD2-L	905	1205	250	70	77.5	70	160	145	81	246
		500	JRH-GD3-H	1115	1615	250	70	77.5	70	160	156	135	310

抗安全阀排汽反力型阻尼选型表见表5.9.4和表5.9.5。

表5.9.4　抗安全阀排汽反力型阻尼器选型（一）

额定载荷/kN	最大载荷/kN	行程/mm	产品型号	E_{min}/mm	E_{max}/mm	ϕD/mm	d_3/mm	R/mm	SG/mm	F/mm	质量/kg	缓冲容量/kJ
3	4	100	JRH-GDF1-A	250	350	59	12	16	12	38	2.4	0.3
8	10.6	100	JRH-GDF1-B	325	425	75	16	20	16	44	5.4	0.8
		200	JRH-GDF2-A	460	660	75	16	20	16	44	7.1	1.6
18	23.9	150	JRH-GDF1-C	395	545	90	20	23.5	20	52	10.4	2.7
		300	JRH-GDF2-B	585	885	90	20	23.5	20	52	15	5.4
46	61	150	JRH-GDF1-D	445	595	135	25	29	25	65	25	6.9
		300	JRH-GDF2-C	595	895	135	25	29	25	65	36	13.8
100	141	150	JRH-GDF1-E	535	685	175	40	44.5	40	97	46	15
		300	JRH-GDF2-D	685	985	175	40	44.5	40	97	64	30
		500	JRH-GDF3-A	895	1395	175	40	44.5	40	97	78	50
200	267	150	JRH-GDF1-F	615	765	210	50	54	50	120	76	30
		300	JRH-GDF2-E	770	1070	210	50	54	50	120	97	60
		500	JRH-GDF3-B	975	1475	210	50	54	50	120	110	100
350	472	150	JRH-GDF1-G	730	880	280	70	77.5	70	160	152	52.5
		300	JRH-GDF2-F	880	1180	280	70	77.5	70	160	183	105
		500	JRH-GDF3-C	1090	1590	280	70	77.5	70	160	201.5	175
550	7.5	150	JRH-GDF1-H	760	910	310	80	84	80	180	210	82.5
		300	JRH-GDF2-G	910	1210	310	80	84	80	180	249	165
		500	JRH-GDF3-D	1120	1620	310	80	84	80	180	262	225

表5.9.5　抗安全阀排汽反力型阻尼器选型（二）

额定载荷/kN	最大载荷/kN	行程/mm	产品型号	E_{min}/mm	E_{max}/mm	ϕD/mm	d_3/mm	R/mm	SG/mm	F/mm	质量/kg	缓冲容量/kJ
30	42	150	JRH-GDF1-I	420	570	115	20	23.5	20	52	18.5	4.5
		300	JRH-GDF2-H	570	870	115	20	23.5	20	52	24	9
62	80	150	JRH-GDF1-J	485	635	145	32	35	32	80	32	9.3
		300	JRH-GDF2-I	650	950	145	32	35	32	80	45	18.6
		500	JRH-GDF3-E	845	1345	145	32	35	32	80	55	31
83	112	150	JRH-GDF1-K	545	695	160	40	44.5	40	97	40	12.5
		300	JRH-GDF2-J	695	995	160	40	44.5	40	97	52	24.9
		500	JRH-GDF3-F	935	1435	160	40	44.5	40	97	62	41.5
150	204	150	JRH-GDF1-L	640	790	195	50	54	50	120	61	22.5
		300	JRH-GDF2-K	790	1090	195	50	54	50	120	80	45
		500	JRH-GDF3-G	1000	1500	195	50	54	50	120	88	75
270	360	150	JRH-GDF1-M	755	905	250	70	77.5	70	160	120	40.5
		300	JRH-GDF2-L	905	1205	250	70	77.5	70	160	145	81
		500	JRH-GDF3-H	1115	1615	250	70	77.5	70	160	156	135

销座型号标记，管道阻尼器销座选型标记见图5.9.8，其选型表见表5.9.6。减震阻尼器销座外形尺寸图见图5.9.9。

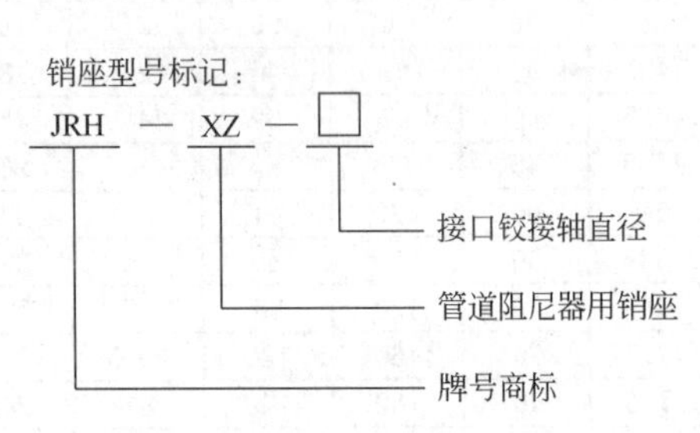

图5.9.8　管道阻尼器销座选型标记

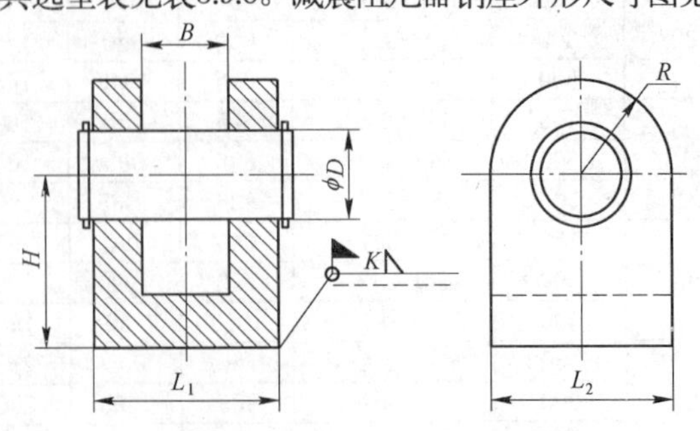

图5.9.9　减震阻尼器销座外形尺寸

表5.9.6　管道阻尼器销座选型

销座型号	额定载荷/kN	L_1/mm	L_2/mm	ϕD/mm	B/mm	H/mm	R/mm	K			质量/kg
								0°≤α≤15°	15°≤α≤30°	30°≤α≤45°	
JRH-XZ-12	3	30	28	12	13	30	14	3	3	3	0.2
JRH-XZ-16	8	34	36	16	17	34	18	3	4	5	0.3
JRH-XZ-20	18	45	44	20	21	45	22	5	7	8	0.5
JRH-XZ-25	46	55	54	25	26	50	27	7	10	11	1.0
JRH-XZ-32	62	65	64	32	33	60	32	8	12	13	2.1
JRH-XZ-40	100	80	90	40	42	75	45	10	12	15	3.7
JRH-XZ-50	200	100	100	50	51	90	50	15	18	21	7.9
JRH-XZ-70	350	140	140	70	71	115	70	16	20	23	17
JRH-XZ-80	550	240	156	80	81	155	78	21	25	28	41

5.9.2　缓冲减震器

5.9.2.1　弹性阻尼体技术简介

弹性阻尼体是一种由多种化合物精炼合成的高分子材料，该种材料于20世纪80年代首次被用于工业减震缓冲设备的设计开发，并在其后的近30年工业实践中得以不断完善与发展。今天，弹性阻尼减震、缓冲技术已成为国际公认的成熟尖端技术，在冶金、军工、铁路、航天、航空、航海、建筑等重要领域得到广泛应用。

5.9.2.2　弹性阻尼体基本特性

作为工业缓冲、减震、消振设备核心填充材料的弹性阻尼体具备以下两点突出特性：

（1）高黏性。

糊状弹性阻尼体（半流体状）黏性为10000000~20000000cSt（厘斯），可产生极强的黏稠摩擦力，能有效转换吸收外力所产生的巨大能量，这种特性使弹性阻尼产品具备了特殊的热功转化能力。

（2）可压缩性。

当弹性阻尼体受到很大外力时，其体积缩小，压力变化在0~4×10^{3}kgf/cm^{2}时，其收缩率可达15%，即在最大压缩体积时，可产生4×10^{3}kgf/cm^{2}的弹性反力，这种特性使弹性阻尼产品具备了优秀的即时反应能力和动–势能转化能力。

以上特性决定了弹性阻尼体可放置于一特制的密闭耐压容器中，以一定的机械结构实现其减震、平衡、缓冲、消振功能，采用这一技术生产的弹性阻尼系列产品贮能大，无须维修，无老化现象，工作可靠，易于安装，可省去其他类缓冲减震器所需的预应力装置、外部电源等辅助设备，其优点是显而易见的。

弹性阻尼体的制备及性能特点：

弹性阻尼体母体是由精选的多种化工原料合成稳定的高分子化合物后，经水解、裂解，然后在催化剂作用下，进行离子型开环聚合而成的性能稳定的高分子化合物。母体制成后，需经过补强、抗老化、增黏等多道工序，以完善其各项物理指标性能。

最后配置出的高分子化合物为酮类制品，根据不同需要，分子量稳定在30万~120万之间，以聚合物形态出现，呈现鲜红色半流体状，静置后，表面呈现金属光泽。

5.9.2.3　弹性阻尼体产成品具有以下性能特点：

（1）高黏性；

（2）强压缩性；

（3）良好的热稳定性(-70~400℃)；

（4）特殊的化学惰性；

（5）无老化现象。

5.9.2.4　弹性阻尼体的制备流程图

弹性阻尼体技术的应用示例见图5.9.10。

以上优越的特性使弹性阻尼体材料成为高端缓冲器、消振器的理想介质，利用这些固有特性，开发研制的弹性阻尼体缓冲器、消振器在众多领域被广泛应用于设备及各类结构的减震、缓冲、消振等部位。

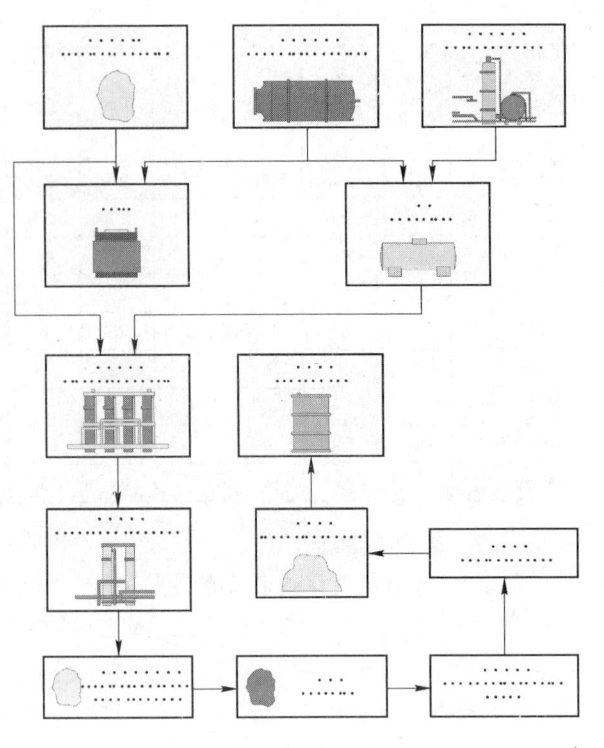

图5.9.10　弹性阻尼体技术的应用示例

5.9.3　工业用弹性阻尼体缓冲器

5.9.3.1　工作原理

弹性阻尼体缓冲器是基于弹性阻尼体技术生产的高效能量转换设备，根据不同的工况要求设计为单缸、多缸、双向等多种形式，特殊结构的活塞和多阻尼腔结构与弹性阻尼体特性的有效配合，保证了能量吸收的高效率（见图5.9.10、图5.9.11）。

当弹性阻尼体缓冲器受到外界载荷作用时，缓冲器活塞杆被压入腔体，腔体内的阻尼介质受到压缩，内部压力升高，对活塞杆产生弹性反力，同时活塞头和精巧的阻尼结构与高黏性阻尼介质产生极大的摩擦力，速度越高，黏滞阻力越大，可在极短的时间内使冲击动能转化为热能和弹性势能并释放，达到良好的吸能效果。外力消失后，缓冲器利用阻尼介质预先贮存的弹性势能自动复位。

5.9.3.2　产品优势

（1）贮能大，质量轻，终极反力（F_{max}）低，吸能过程中对设备的附加力小，在相同的额定容量下，弹性阻尼体缓冲器体积只相当于弹簧橡胶类缓冲器的 $\frac{1}{3}\sim\frac{1}{2}$ ，终极反力只相当于弹簧橡胶类缓冲器的30%~60%；其力能曲线对比图见图5.9.12。

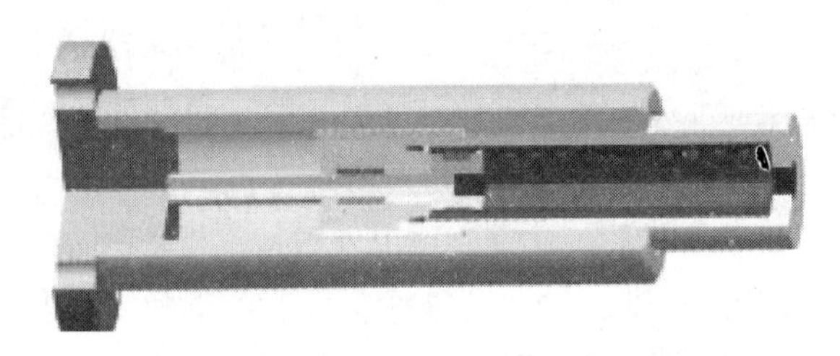

图5.9.11　弹性阻尼体缓冲器的工作原理示意图

（2）耐高温，抗腐蚀，在-50~200℃环境温度下可正常工作。

（3）密封环节少，不易泄漏，无需日常维护。

（4）在长时间高频度使用下，能自行动态调整冲击动能转换为热能和弹性势能的分配比例。

（5）同橡胶缓冲器相比，弹性阻尼体缓冲器耐高温、耐腐蚀、无老化失效现象、刚性强、抗冲击强度高、工作稳定，能适应恶劣环境。

（6）同传统气动式、空气油液式或液压式缓冲器相比，它安装方便快捷，结构紧凑，体积小，质量轻，无需日常维护，寿命长，由于密封环节少且不易损坏，它更适用于气、液型缓冲器所无法工作的高温环境并且不需要其他繁琐的附属设备，无泄漏等现象，工作稳定可靠。

（7）弹性阻尼体缓冲器的吸能比最高可以达到95%，可为设备提供最优的保护。

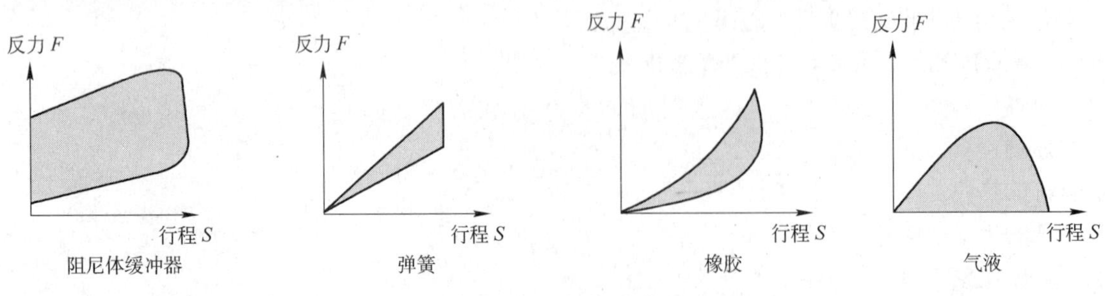

图5.9.12　力能曲线对比

基本型和特型弹性阻尼器类型和特型见表5.9.7。

表5.9.7 基本型和特型弹性阻尼器类型和特型

名称	结构简图	静态曲线	动态曲线	应用示例
基本型弹性阻尼体缓冲器	单向预压式	反力F 行程S	反力F 行程S	
特殊型弹性阻尼体缓冲器	单向可调式	反力F 行程S	反力F 行程S	
	双向预压式	反力F O 行程S	反力F O 行程S	
	双向拉压式	反力F O 行程S	反力F O 行程S	
	双向预压式	反力F 行程S	反力F 行程S	
	扭转式	反力F 行程S	反力F 行程S	

注：对于特殊型缓冲器，可由我中心根据用户具体情况免费设计选型，提供专用产品。

5.9.3.3 基本型弹性阻尼体缓冲器工作条件

(1) 弹性阻尼体具有超强的抗老化性及热稳定性，缓冲器的工作温度：-70~400℃。

(2) 弹性阻尼体缓冲器常规选型适用冲击速度小于2 m/s，如果冲击速度超过此范围，需要特殊定制。

(3) 弹性阻尼体缓冲器所吸收的能量转变为热能，散热需要一定的时间，因此缓冲器的工作频率受到一定限制。一般情况下每小时累计输入能量应小于缓冲器额定容量的5~10倍。

(4) 缓冲器的寿命与工作频率、工况有密切的关系。

5.9.3.4 弹性阻尼体缓冲器的应用

(1) 在冶金行业，弹性阻尼体缓冲器可以应用于各类固定挡板、活动挡板缓冲，如入炉挡板、定尺机挡板、精整台架挡板等（见图5.9.13）。弹性

图5.9.13 弹性阻尼器在冶炼行业和铁路运输行业中应用

阻尼体缓冲器还可应用于各种平车、台车、活动辊道等的端部缓冲及安全止挡，如钢包车缓冲、铁水罐车缓冲、过跨平车缓冲等。在一些特殊部位弹性阻尼体缓冲器也可发挥优异作用，如氧枪小车行走安全防护装置等。

(2) 在铁路运输行业，弹性阻尼体缓冲器常应用于机车端部的防撞和机车车辆的车钩缓冲。

(3) 在起重行业，可以应用于天车、港口起重设备用缓冲等（见图5.9.14）。

图5.9.14　弹性阻尼器在起重行业中应用

5.9.3.5　弹性阻尼体缓冲器选型说明

用户需要在设计选型前确定以下参数：

(1) 冲击物质量（范围）。

(2) 冲击速度（范围）。

(3) 安装方式（中间法兰、端部法兰、螺纹安装）。

(4) 环境温度。

(5) 外形尺寸（范围）。

(6) 冲击频率（次/h）。

(7) 环境温度其他要求（是否要求定位、定位精度等）。

不同工况的能量计算示例（见图5.9.15）。

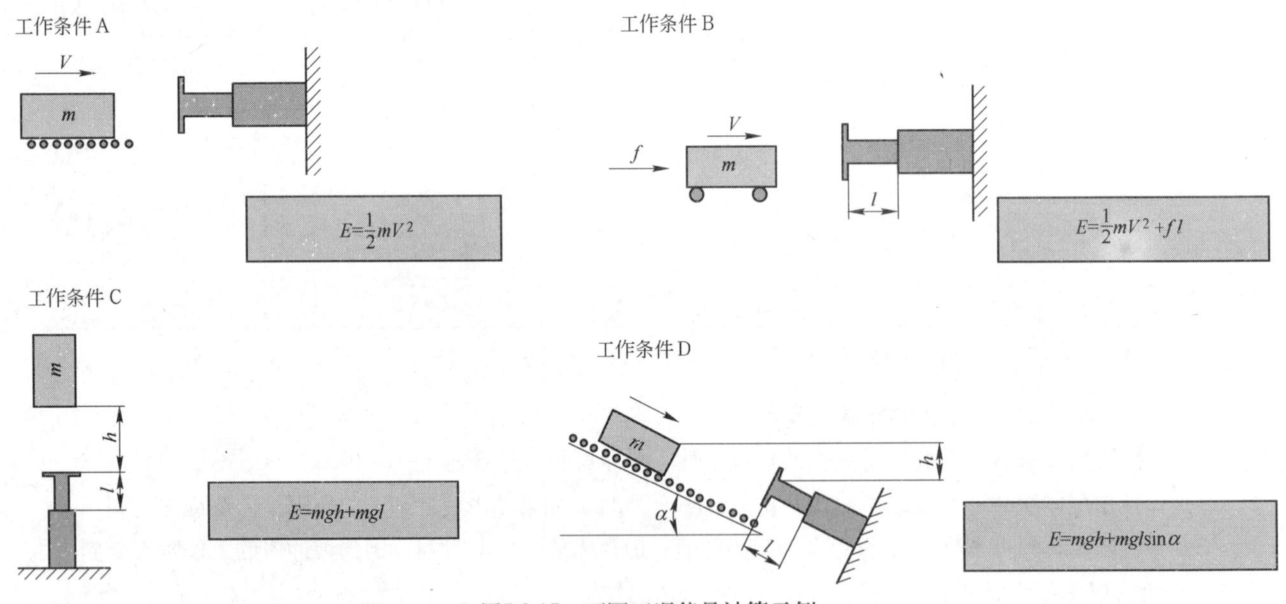

图5.9.15　不同工况能量计算示例

选型示例见图5.9.16。

小车：dolly 缓冲器：buffer 基础：foundation

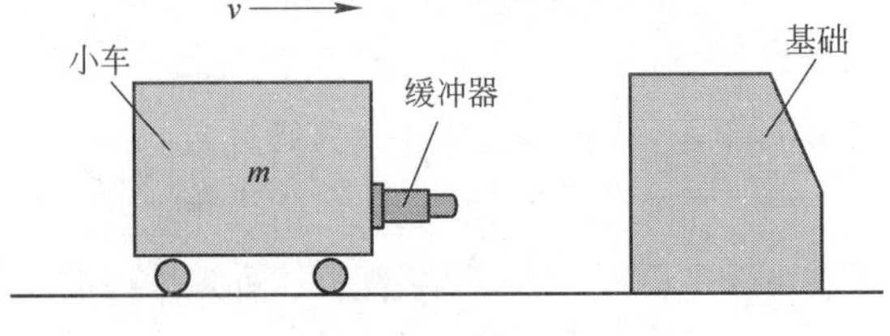

图5.9.16　选型示例

已知：冲击物总质量m：小车质量m_1=13000kg;小车满载载重m_2=3000kg。

冲击速度v：小车运行速度v=0.69m/s；小车允许承受最大反力：$F \leqslant 120$kN；

环境温度：0~50℃；撞击频率：10次/h。安装要求：端部法兰安装。

5.9.3.6 **选型计算**

(1) 计算冲击物总质量$m=m_1+m_2$=16000kg;

(2) 每次冲击缓冲器所受的冲击能量：$E=mv2$=3.8kJ;

(3) 根据已知的工况及初步计算，确定冲击载荷系数kd=1.2~1.5，$E_n=kd \cdot E$（E_n 为选型表中缓冲器容量）；

(4) 根据以上条件选用JRH-QY1-D(C)型缓冲器。

弹性阻尼体缓冲器型号标记示例（见图5.9.17）。

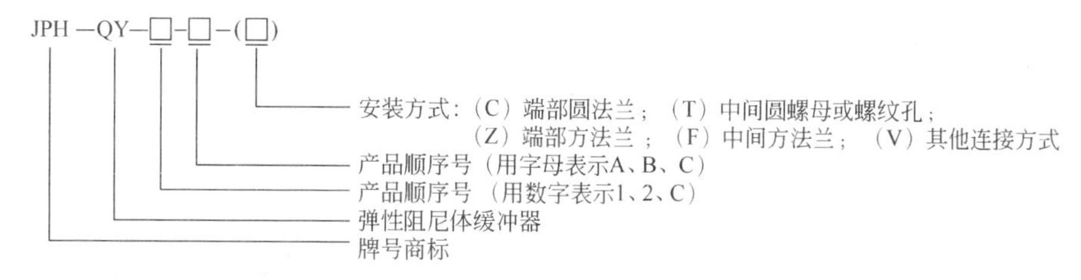

图5.9.17 型号标记示例

5.9.3.7 **弹性阻尼体缓冲器选型表**

特别提示：

(1) 如果冲击速度大于2m/s，应通知我中心技术部做特殊设计；

(2) 由于缓冲器的应用情况差异较大，若选型表中没有合适的型号，我中心可根据用户填写的信息表及使用要求进行设计选型；

(3) 选型时请务必注明安装方式，如：F、Z、C、T 等。

JRH-QY1 系列（外形尺寸见图5.9.18，选型见表5.9.8）。

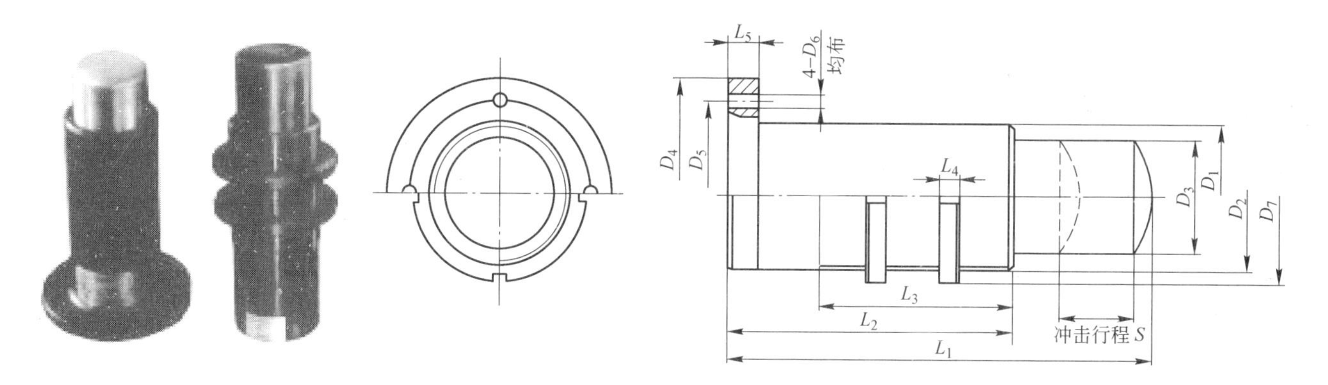

图5.9.18 JRH-QY1 系列弹性阻尼体缓冲器外形尺寸

表5.9.8 JRH-QY1 系列弹性阻尼体缓冲器选型

型号	尺寸/mm												额定容量/kJ	额定行程/mm	额定阻抗力/kN	单支质量/kg	
	L_1	L_2	L_3	L_4	L_5	D_1	D_2	D_3	D_4	D_5	D_6	D_7					
JRH-QY1-A	175	130	90	12	10	50	M52 × 1.5	38	90	70	9	78	0.68	35	40	2.1	说明：安装方式为C(端部圆法兰)、T(中间圆螺母或螺纹孔)
JRH-QY1-B	188	140	90	12	10	60	M60 × 2	48	106	85	11	90	1.2	40	60	4.1	
JRH-QY1-C	218	149	100	15	10	75	M76 × 2	60	125	100	11	110	2.64	50	100	5.8	
JRH-QY1-D	265	183	100	18	10	95	M95 × 2	80	150	120	11	130	4.8	65	150	12.2	
JRH-QY1-E	337	218	100	18	15	110	M110 × 2	95	165	140	13	150	9.6	80	230	18.7	

JRH-QY2、QY3、QY5系列（外形尺寸见图5.9.19，选型见表5.9.9~表5.9.11）。

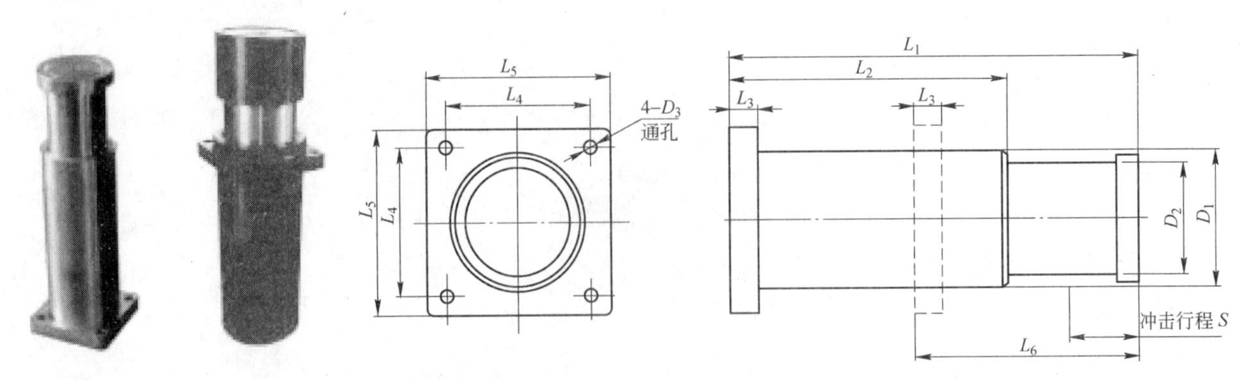

图5.9.19　JRH-QY2、JRH-QY3、JRH-QY5 系列弹性阻尼体缓冲器外形尺寸

表5.9.9　JRH-QY2 系列弹性阻尼体缓冲器选型

型号	尺寸/mm									额定容量/kJ	额定行程/mm	额定阻抗力/kN	单支质量/kg	
	L_1	L_2	L_3	L_4	L_5	L_6	D_1	D_2	D_3					
JRH-QY2-A	200	150	10	100	125	–	75	55	13	0.4	35	14	6.1	说明：安装方式为Z（端部方法兰）、F（中间方法兰）
JRH-QY2-B	280	200	20	125	160	120	125	100	17	2	60	50	21.7	
JRH-QY2-C	300	200	20	125	160	130	125	100	17	5	80	90	21.8	
JRH-QY2-D	340	220	20	180	224	160	200	170	22	10	90	184	60.1	
JRH-QY2-E	360	240	20	180	224	180	200	170	22	14	100	200	66.9	
JRH-QY2-F	380	240	20	224	280	200	240	200	22	20	110	280	94.2	
JRH-QY2-G	400	260	20	224	280	210	240	200	22	25	120	300	97.6	

表5.9.10　JRH-QY3 系列弹性阻尼体缓冲器选型

型号	尺寸/mm									额定容量/kJ	额定行程/mm	额定阻抗力/kN	单支质量/kg	
	L_1	L_2	L_3	L_4	L_5	L_6	D_1	D_2	D_3					
JRH-QY3-A	415	295	20	105	135	180	116	95	16	20	105	310	25.1	说明：安装方式为Z（端部方法兰）、F（中间方法兰）
JRH-QY3-B	500	350	25	125	155	215	142	115	18	40	120	540	45.5	
JRH-QY3-C	520	345	30	140	175	245	160	135	18	60	140	650	58.1	
JRH-QY3-D	585	385	35	170	215	275	180	155	22	80	160	800	84.3	
JRH-QY3-E	670	445	40	195	250	305	215	185	26	100	180	950	137.6	

表5.9.11　JRH-QY5 系列弹性阻尼体缓冲器选型

型号	尺寸/mm									额定容量/kJ	额定行程/mm	额定阻抗力/kN	单支质量/kg	
	L_1	L_2	L_3	L_4	L_5	L_6	D_1	D_2	D_3					
JRH-QY5-A	260	178	18	120	150	152	95	75	18	1.25	51	25	13.5	说明：安装方式为Z（端部方法兰）、F（中间方法兰）
JRH-QY5-B	420	286	18	120	150	184	95	75	18	3.2	100	45	23.5	
JRH-QY5-C	520	346	20	150	210	239	146	110	26	6.7	114	60	42.2	
JRH-QY5-D	1721	1032	30	210	270	928	175	140	30	40	400	200	120	

JRH-QY4 系列（外形尺寸见图5.9.20，选型见表5.9.12）。

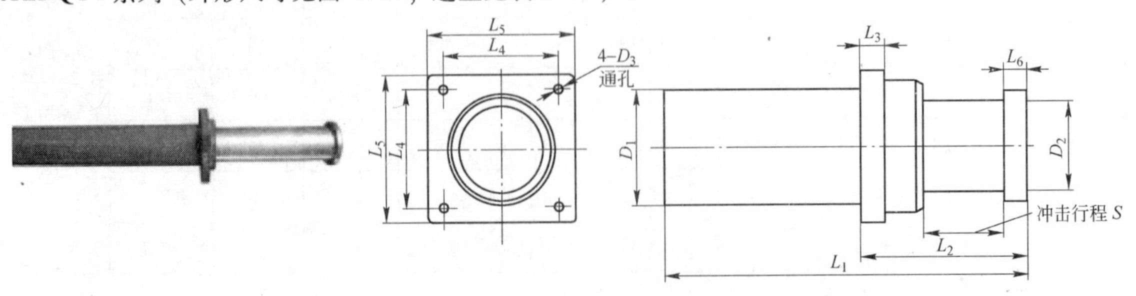

图5.9.20　JRH-QY4 系列弹性阻尼体缓冲器外形尺寸

表5.9.12 JRH-QY4 系列弹性阻尼体缓冲器选型

型号	尺寸/mm									额定容量/kJ	额定行程/mm	额定阻抗力/kN	单支质量/kg	
	L_1	L_2	L_3	L_4	L_5	L_6	D_1	D_2	D_3					
JRH-QY4-A	690	320	20	105	135	12	90	72	14	20	270	112	21.5	说明：安装方式为F(中间方法兰)
JRH-QY4-B	855	335	25	140	175	15	110	87	18	40	275	230	44.7	
JRH-QY4-C	1370	460	25	140	175	15	110	87	18	80	400	320	72.2	
JRH-QY4-D	1400	575	30	170	215	20	140	120	22	120	500	380	109.3	
JRH-QY4-E	1780	725	30	170	215	20	155	135	22	200	650	490	163.7	

JRH-QY6 系列（外形尺寸见图5.9.21，选型见表5.9.13）。

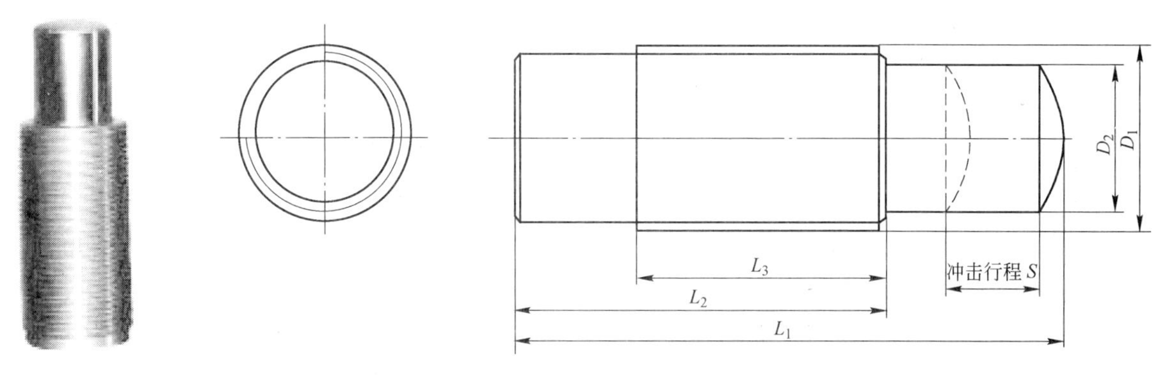

图5.9.21 JRH-QY6 系列弹性阻尼体缓冲器外形尺寸

表5.9.13 JRH-QY6 弹性阻尼体缓冲器选型

型号	尺寸/mm					额定容量/kJ	额定行程/mm	额定阻抗力/kN	单支质量/kg	
	L_1	L_2	L_3	D_1	D_2					
JRH-QY6-A	70	50	47	M27X1.5	18.5	10	14	1.2	0.5	说明：安装方式为T(中间圆螺母或螺纹孔)
JRH-QY6-B	80	55	52	M27X1.5	18.5	40	14	3.2	0.6	
JRH-QY6-C	110	85	75	M50X1.5	35	100	20	6.8	1.3	
JRH-QY6-D	135	110	85	M60X1.5	42	220	25	12	2.0	
JRH-QY6-E	160	130	130	M64X2	45	500	30	23	2.5	

弹性阻尼体缓冲器欧标系列选型表。

JRH-UZ1 系列（外形尺寸见图5.9.22，选型见表5.9.14）。

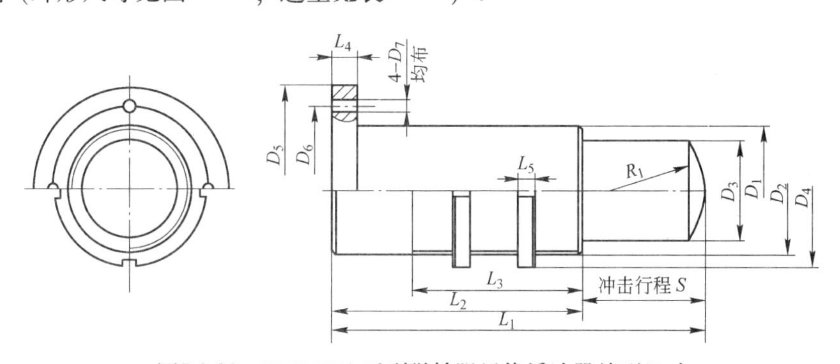

图5.9.22 JRH-UZ1 系列弹性阻尼体缓冲器外形尺寸

表5.9.14　JRH–UZ1 系列弹性阻尼体缓冲器选型

型号	对应欧标型号	尺寸/mm													额定容量/kJ	额定行程/mm	额定阻抗力/kN	单支质量/kg	
		L_1	L_2	L_3	L_4	L_5	R_1	D_1	D_2	D_3	D_4	D_5	D_6	D_7					
JRH-UZ1-A	BC1ZN	75	53	52	10	7	—	M25×1.5	20	19	38	57	41	7	0.1	12	11	0.3	说明：安装方式为C(端部圆法兰)、T(中间圆螺母或螺纹孔)
JRH-UZ1-B	BC1BN	120	98	96	12	8	—	M35×1.5	32	25	52	80	60	9	0.43	22	27	0.7	
JRH-UZ1-C	BC1BN-M	120	98	96	12	9	—	M40×1.5	32	25	58	—	—	—	0.43	22	27	0.8	
JRH-UZ1-D	BC1DN	175	140	138	12	11	—	M50×1.5	45	38	70	90	70	9	1.5	35	60	1.9	
												—	85	11				60	
JRH-UZ1-E	BC1DN-M	175	175	138	12	11	130	M60×2	45	38	81	—	—	—	1.5	35	100	2	
JRH-UZ1-F	BC1EN	213	213	158	10	13	150	M75×2	72	60	98	122	100	11	3.4	45	150	5	
JRH-UZ1-G	BC1FN	270	270	130	12	16	350	M90×2	90	74.5	120	150	120	13	7	60	230	10.5	
JRH-UZ1-H	BC1GN	337	337	145	14	19		M110×2	110	90	145	175	14	18	14	80		17	

JRH-UZ5 系列（外形尺寸见图5.9.23，选型见表5.9.15）。

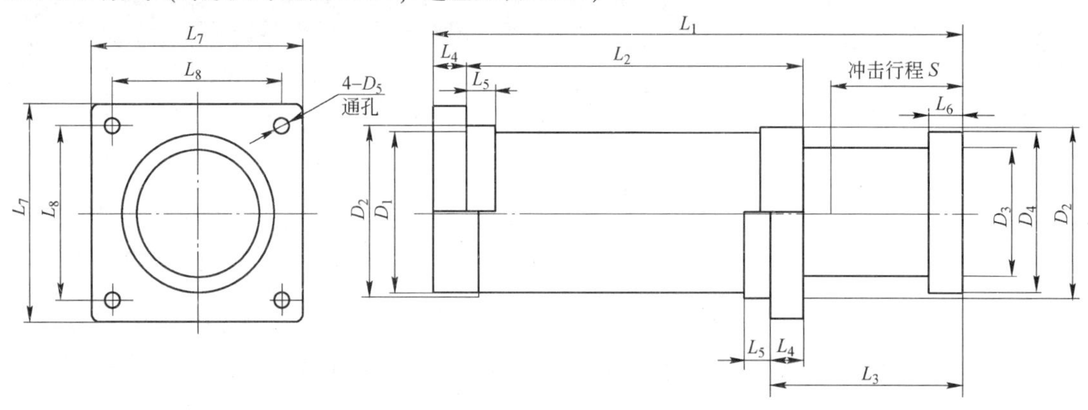

图5.9.23　JRH-UZ5 系列弹性阻尼体缓冲器外形尺寸

表5.9.15　JRH–UZ5 系列弹性阻尼体缓冲器选型

型号	对应欧标型号	尺寸/mm													额定容量/kJ	额定行程/mm	额定阻抗力/kN	单支质量/kg	
		L_1	L_2	L_3	L_4	L_5	L_6	L_7	L_8	D_1	D_2	D_3	D_4	D_5					
JRH-UZ5-A	BC5-A	415	275	140	20	30	15	135	105	—	116	87	120	14	25	100	310	25	说明：安装方式为Z(端部方法兰)、F(中间方法兰)
JRH-UZ5-B	BC5-B	500	325	175	25	33	30	155	125	142	142	115	138	15	50	120	540	40	
JRH-UZ5-C	BC5-C	520	315	205	30	36	35	175	140	160	160	132	158	18	75	140	700	45	
JRH-UZ5-D	BC5-D	585	350	235	35	40	40	215	170	180	180	153	185	22	100	160	820	73	
JRH-UZ5-E	BC5-E	670	405	265	40	45	45	250	195	215	215	182	220	26	150	180	1100	117	

JRH-UZXLR 系列（外形尺寸见图5.9.24，选型见表5.9.16）。

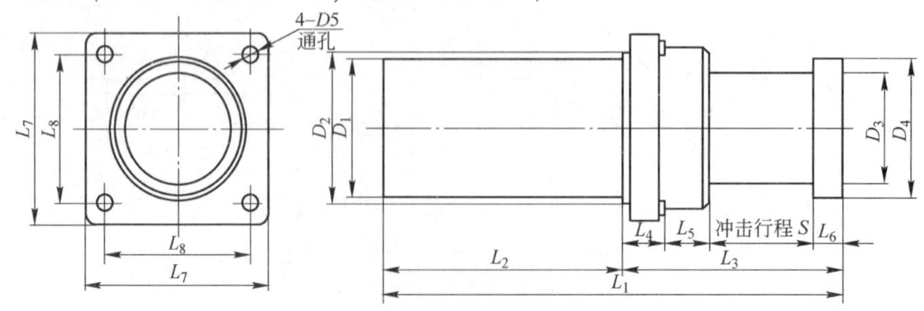

图5.9.24　JRH-UZXLR 系列弹性阻尼体缓冲器外形尺寸

表5.9.16 JRH-UZXLR 系列弹性阻尼体缓冲器选型

型号	对应欧标型号	尺寸/mm													额定容量/kJ	额定行程/mm	额定阻抗力/kN	单支质量/kg	
		L_1	L_2	L_3	L_4	L_5	L_6	L_7	L_8	D_1	D_2	D_3	D_4	D_5					
JRH-UZXLR-A	XLR6-150	410	231	179	19	0	10	ϕ 90	ϕ 70	50	ϕ 90	38	50	9	6	150	50	4.2	说明：安装方式为F（中间方法兰）
JRH-UZXLR-B	XLR12-150	480	285	195	18	15	12	110	85	75	90	57	80	11	12	150	100	11	
JRH-UZXLR-C	XLR12-200	530	285	245	18	15	12	110	85	75	90	57	80	11	12	200	78	11	
JRH-UZXLR-D	XLR25-200	620	370	250	20	18	12	135	105	90	110	72	100	14	25	200	150	20	
JRH-UZXLR-E	XLR25-270	690	370	320	20	18	12	135	105	90	110	72	100	14	25	270	112	25	
JRH-UZXLR-F	XLR50-275	855	520	335	25	20	15	175	140	110	150	87	120	18	50	275	230	40	
JRH-UZXLR-G	XLR50-400	980	520	460	25	20	15	175	140	110	150	87	120	18	50	400	150	40	
JRH-UZXLR-H	XLR100-400	1370	910	460	25	20	15	175	140	110	150	87	120	18	100	400	320	65	
JRH-UZXLR-I	XLR100-600	1570	910	660	25	20	15	175	140	110	150	87	120	18	100	600	230	65	
JRH-UZXLR-J	XLR150-800	2640	1780	860	25	20	15	175	140	110	150	87	120	18	150	800	250	115	

JRH-UZBCLR 系列（外形尺寸见图5.9.25，选型见表5.9.17）。

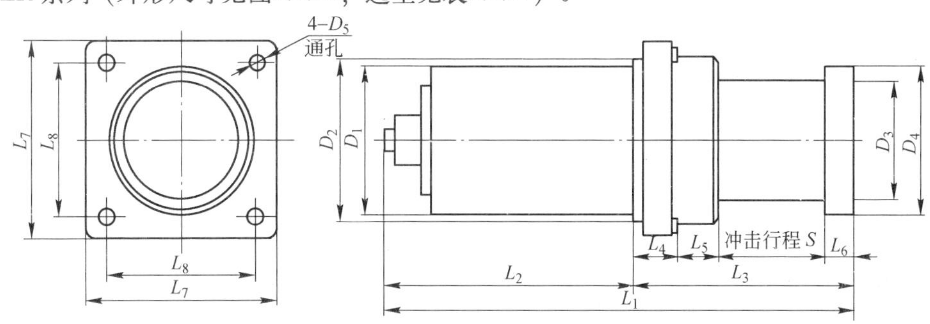

图5.9.25 JRH-UZBCLR 系列弹性阻尼体缓冲器外形尺寸

表5.9.17 JRH-UZBCLR 系列弹性阻尼体缓冲器选型

型号	对应欧标型号	尺寸/mm													额定容量/kJ	额定行程/mm	额定阻抗力/kN	单支质量/kg	
		L_1	L_2	L_3	L_4	L_5	L_6	L_7	L_8	D_1	D_2	D_3	D_4	D_5					
JRH-UZBCLR-A	BCLR-100	1120	660	460	25	20	15	175	140	130	150	110	140	18	100	400	310	63	说明：安装方式为F（中间方法兰）
JRH-UZBCLR-B	BCLR-150	1350	775	575	30	25	20	215	170	140	185	120	150	22	150	500	380	90	
JRH-UZBCLR-C	BCLR-220	1258	783	475	30	25	20	215	170	140	185	120	150	22	220	400	685	100	
JRH-UZBCLR-D	BCLR-250	1750	1025	725	30	25	20	215	170	155	185	135	170	22	250	650	490	135	
JRH-UZBCLR-E	BCLR-400	2185	1250	935	35	25	25	265	210	175	235	150	190	27	400	850	600	218	
JRH-UZBCLR-F	BCLR-600	2555	1420	1135	35	25	25	265	210	200	235	175	215	27	600	1050	740	295	
JRH-UZBCLR-G	BCLR-800	2935	1630	1305	40	35	30	300	240	220	270	190	235	30	800	1200	860	420	
JRH-UZBCLR-H	BCLR-100	3225	1820	1405	40	35	30	300	240	230	270	205	248	30	1000	1300	1000	470	

5.9.3.8 工业用弹性阻尼体消振器

外形尺寸图见图5.9.26。

(1) 工作原理：当弹性阻尼体消振器受到外界激振作用时，消振器活塞杆在阻尼腔内产生往复运动，活塞头和精巧的阻尼结构与高黏性阻尼介质产生极大的摩擦力，速度越高，黏性阻力越大，将冲击动能迅速转化为热能释放，达到良好的减振效果。

(2) 应用：弹性阻尼体消振器主要应用于大型振动设备（如振动筛）、精密仪器、精密机械、机械手、高端家装等，以减少振动和噪声，保护设备设施免受破坏。设计内能：由于各类工况条件不同，其阻尼力从300kg到14t不等，使用时需根据具体情况精确计算。

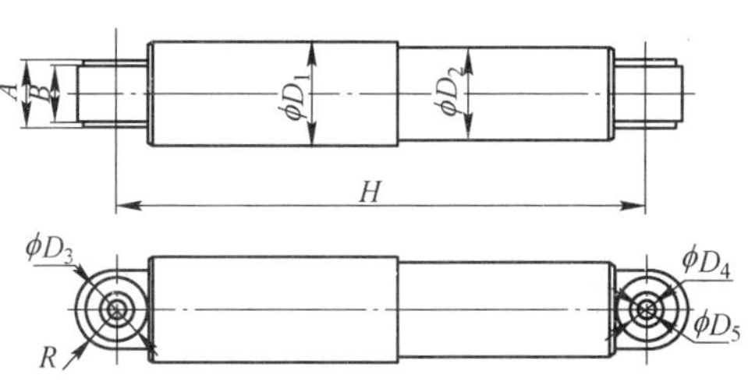

图5.9.26 工业用弹性阻尼消振器外形尺寸

(3) 力能曲线（见图5.9.27）。

(4) 选型表见表5.9.18，外形尺寸见图5.9.28。

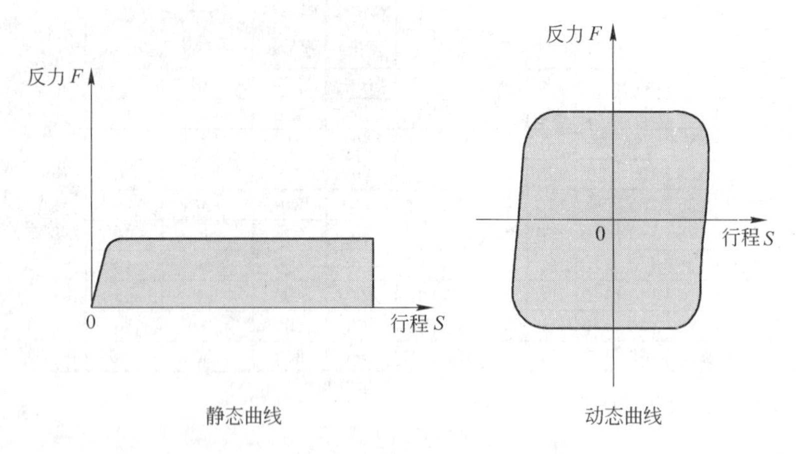

图5.9.27 力能曲线

图5.9.28 JRH-QYX1 系列弹性阻尼体消振器外形尺寸图

表5.9.18 JRH-QYX1 系列弹性阻尼体缓冲器选型

型号	主要尺寸/mm										阻尼力/kN	行程/mm	单支质量/kg
	59	50	25	16	12	18	40	30	350	250			
JRH-QYX1-A	75	65	30	20	16	20	45	35	425	325	3~4	100	6.5
JRH-QYX1-B	90	80	35	25	20	23	50	40	545	395	8~10.6	100	17.4
JRH-QYX1-C	95	85	60	30	21	35	60	50	490	350	18~24	150	40
JRH-QYX1-D	115	105	75	45	36	50	75	65	490	350	20~30	140	50
JRH-QYX1-E	135	123	40	30	25	25	80	70	595	445	30~42	140	75
JRH-QYX1-F	175	163	55	45	40	30	85	75	685	535	46~61	150	100
JRH-QYX1-G	D1	D2	D3	D4	D5	R	A	B	H_{max}	H_{min}	100~141	150	215

5.9.4 减震器

5.9.4.1 弹性阻尼体技术及其应用

弹性阻尼体是一种由多种化合物合成的高分子材料，该材料于1964年首次被用于工业减震器的设计开发，并在其后的几十年中不断完善和发展。今天，弹性阻尼减震、缓冲技术已经成为国际公认的成熟技术，并被许多诸如西马克等著名机械生产厂家直接设计选用。

5.9.4.2 弹性阻尼体的制备

弹性阻尼体母体是由精选的多种化工原料合成稳定的高分子化合物后，经水解、裂解，然后在催化剂作用下，进行离子型开环聚合而成的性能稳定的高分子化合物。母体制成后，需经过补强、抗老化、增黏等多道工序，以完善其各项物理指标性能。最后配置出的高分子化合物为酮类制品，根据不同需要，分子量稳定在40万~70 万之间，以聚合物形态出现，呈现鲜红色半流体状，静置后，表面呈现金属光泽。

5.9.4.3 弹性阻尼体的性能特点

弹性阻尼体具有以下突出特性：

(1) 黏性。

糊状弹性阻尼体（半流体状）黏性为10000000~20000000cSt（厘斯），可产生极强的黏稠摩擦力，吸收活塞运动时外力所产生的巨大能量，这种特性使减震器或缓冲器具有特殊的减震缓冲功能。

(2) 可压缩性。

当弹性阻尼体受到很大外力时，其体积缩小，收缩部分体积与液体相似，压力变化在（1~4）$\times 10^3$kgf/cm^{2}时，其收缩率可达15%，这种特性使它具备了优于弹簧的功能。

(3) 良好的热稳定性(-70~250℃)。

(4) 特殊的化学惰性。

(5) 无老化现象。

以上特点决定了弹性阻尼体可被置于一密闭容器中，以一定的机械结构来实现其减震、平衡、缓冲功能。采用这一技术生产出的弹性阻尼体减震缓冲产品性能良好，贮能大，无需维修，无老化现象，工作可靠，易于安装，并可省去其他类缓冲减震产品所需的弹簧预应力装置、外部电源等辅助设备，其优点是显而易见的。

5.9.4.4 弹性阻尼体技术在轧机上的应用

轧机的轧辊平衡分离装置是轧机的主要组成部分。长期以来，该装置采用传统的弹簧、橡胶垫、液压等平衡方式，实践中发现采用这些平衡方式存在许多弊端，如弹簧平衡压下力不足、易损坏、过钢时跳动严重，影响产品精度；橡胶垫平衡，平衡力过大，常因轧辊产生挠度而断辊；液压平衡环节过多、故障频繁、易污染等。为了合理解决这一问题，欧洲轧机制造厂家于1964年推出了基于弹性阻尼体技术生产的轧机用阻尼体平衡减震器，该减震器的体积小、使用方便、承载力大、寿命长、工作稳定、无需外接设备，很快为许多钢铁企业所接受。本中心于1995 年基于当前国际最先进的弹性阻尼体配料及密封形式，推出了适合国内轧钢设备的平衡减震器系列产品，至今国内已有百余条轧钢生产线配备了本中心生产的此类装置，并取得了良好的效果。

5.9.4.5 轧机用柱状弹性阻尼体减震器

(1) 基本构造及原理。

如图5.9.29、图5.9.30所示，通过专用设备由单向阀充入预压力P，当外力F小于P时，活塞杆静止不动，当外力F大于P时，活塞杆向下运动，缸体内弹性阻尼体体积减小，压力P 增大，直至与外力F 相等。对于轧机而言，活塞杆未被压缩时，即为上下辊分离状态（未工作），当压下装置压下，即外力大于减震器贮存能量时，活塞杆被压缩，轧机处于工作状态，工作状态结束，松开压下装置，活塞杆由于减震器内力P恢复原位，上下辊分离。与钢弹簧及橡胶减震器相比，弹性阻尼体减震器的贮能更大，曲线更平缓，平衡减震效果亦更加理想，其优势是十分明显的。以下是三种材料减震器的力与行程关系曲线（见图5.9.31）。

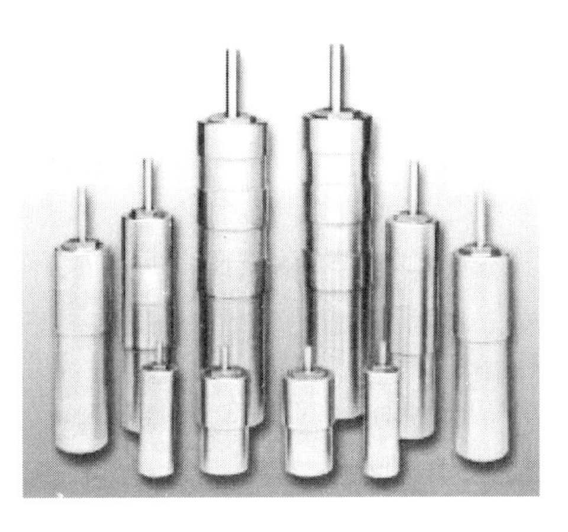

图5.9.29 轧机用柱状弹性阻尼体减震器

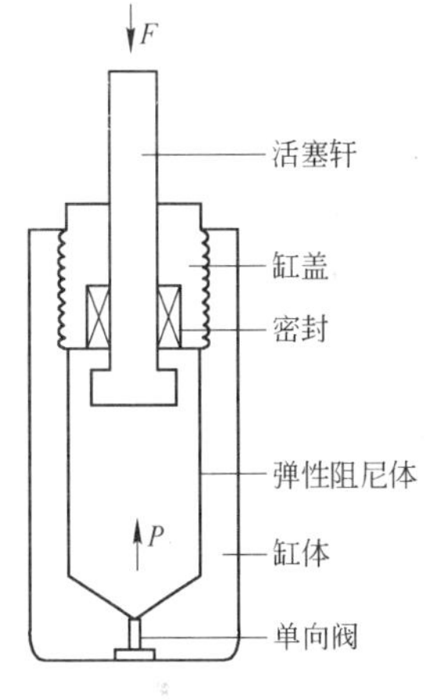

图5.9.30 基本构造及原理

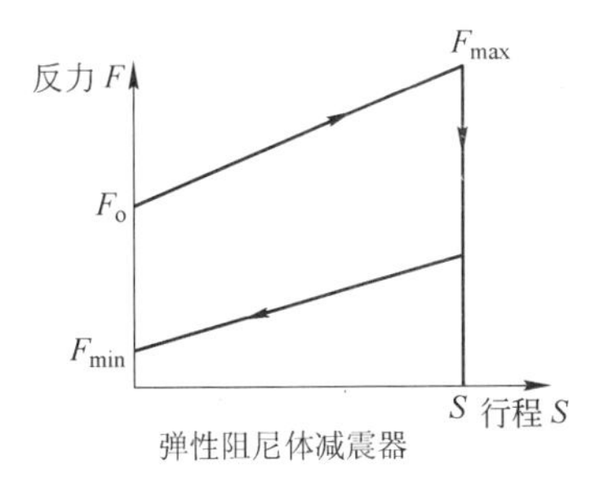

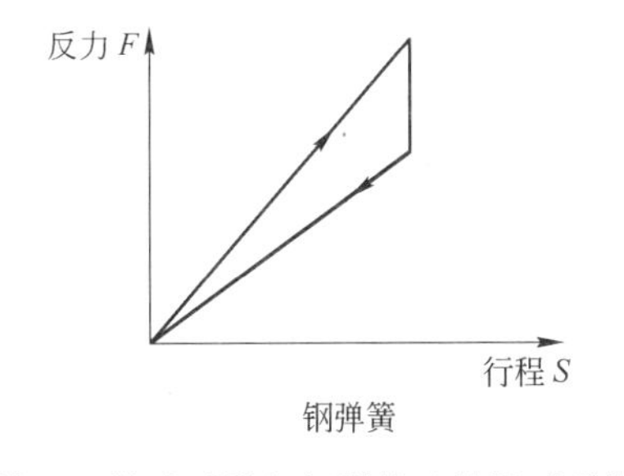

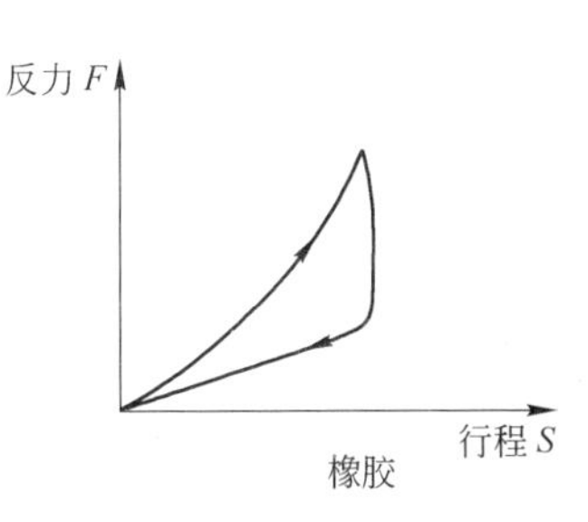

图5.9.31 弹性阻尼体减震器与钢弹簧及橡胶减震器贮能比较

(2) 安装方式对加工腔体的主要要求。

1) D1 E9/f9 配合。

2) G 面一定要垂直于D1 中心线。

3) D1 内腔圆粗糙度为3.2。

4) 压盖中放置防尘圈。

5) D2 与压盖配合间隙大于0.4 ~ 0.5mm。

当行程过大无法达到减震器安全要求时，可于G面或B面添加垫块。图示为减震器主体装于上辊轴承座中情形，亦可位于下辊轴承座中，效果相同，为了减少冷却水及钢屑对减震器的侵蚀和损害，建议优选装于上辊轴承座中的安装方式。安装时应清洗相关零部件、涂润滑油脂,尤其应注意不得划伤活塞杆外表面。若原有轧机为液压平衡,可直接拆除液压系统，用减震器取代原有柱塞；若轧机上原无放置减震器的位置,则须加工轴承座。

(3) 弹性阻尼体减震器的选型。

1) 选型方法。

每一支减震器都是一个力能贮存装置，具有其固有的力特性曲线，当轴向外力大于其内力时，装置被压缩，反之，则恢复到原始位置。

减震器内贮存能F_{min}，应按如下原则计算得出，即轧机上工作辊辊系重量的$1/n$（式中n为上下辊装配体之间配备减震器个数，一般为四支或四支以上）乘以一定的过平衡系数（二辊轧机为1.3~1.5,四辊轧机为1.1~1.3）。即$F_{min}=K$(过平衡系数)$\times G$(上辊系质量)$/n$

值得注意的是在计算上辊系质量时，不仅应将上辊质量和上辊轴承座质量相加，还应考虑传动端接轴的质量和非传动端轧辊轴向调整装置的夹持力的影响，对四辊轧机而言，在计算辊系质量时，还应加上上支撑辊质量。

减震器行程计算应按如下公式得出：

$$行程(S)\geqslant 最大辊径(\phi\ max)-最小辊径(\phi\ min)+预留辊缝(d)$$

当行程过大无法达到减震器安全要求时，可采取加垫方法，原则如下：

$$垫块厚度(B)+行程(S)\geqslant 最大辊径(\phi\ max)-最小辊径(\phi\ min)+预留辊缝(d)$$

必要时B值也可分开为$B=B_1+B_2+B_3+\cdots$

2) 选型举例。

举例：某钢厂二辊轧机，上辊辊系质量为4t，最大辊径为365，最小辊径为345，预留辊缝为10，减震器为4个，则减震器选择应为：

$$F_{min}(贮存力能)=(4/4)\times 1.3=1.3t=1300kg$$

$$S(行程)\geqslant(365-345)+10=30mm$$

参照选型表，可选择BTH-5 型或BTH-6 型。

3) 产品外形尺寸及型号标记说明（见图5.9.32、图5.9.33和表5.9.19）。

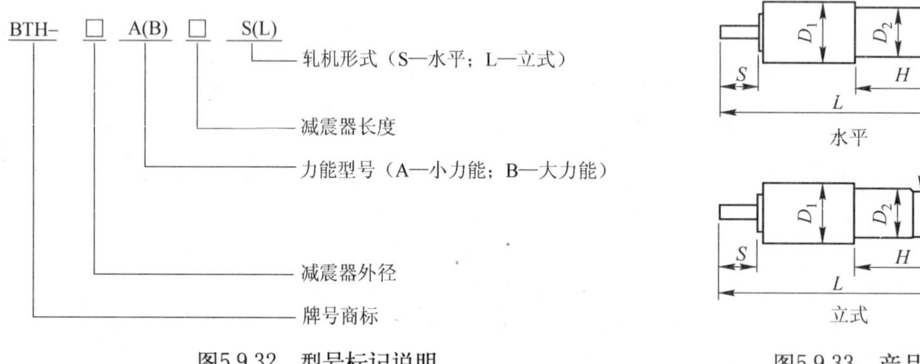

图5.9.32 型号标记说明

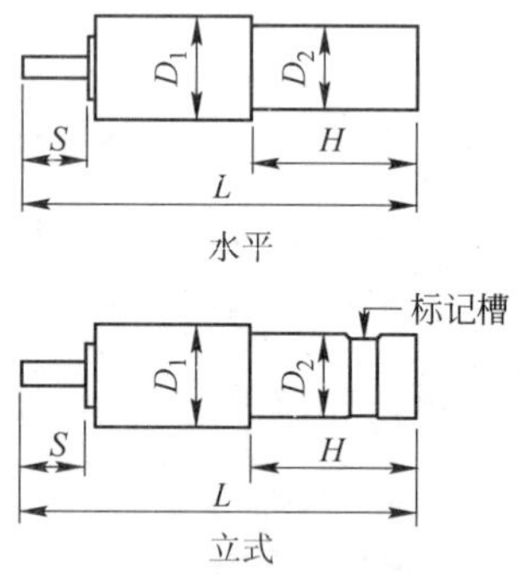

图5.9.33 产品外形尺寸

4) 关于选型的几点说明。

选型表（见表5.9.19）中所列型号为BTH-1~BTH-11系列轧机用减震器，厂家可根据具体情况选定,我们亦可根据用户提供的有关数据提供单独设计方案。

在S和F_{min}确定后，L及D_1大于表中所列尺寸，均可达到安全要求，相应位置的D_1值及L越大，越可满足行程S的要求。

注：选型表中F_{min}及F_{max}值均为水平轧机减震器力能参数。

同型号立式轧机减震器的F_{min}及F_{max}值为水平轧机的60%。

立式轧机减震器尾部开8~10mm浅标记槽，其余外形尺寸均与水平轧机相同。

轧机用BTH 系列减震器选型表。

表5.9.19　减震器型号

系列型号	产品型号	反力(最小)/kg	行程/mm	总长/mm	反力(最大)/kg	D_1/mm	D_2/mm	H/mm	质量/kg
BTH-1	BTH-30A105	100	20	105	550	30	28	自定	0.39
	BTH-30A120	200	15	120	600	30	28	自定	0.47
	BTH-32A130	200	20	130	550	32	30	自定	0.54
BTH-2	BTH-35A150	300	20	150	750	35	32	自定	0.73
	BTH-35A170	300	25	170	750	35	32	自定	0.82
	BTH-35A180	400	20	180	1000	35	32	自定	0.98
	BTH-35A190	300	30	190	950	35	32	自定	0.96
	BTH-35A275	400	55	275	1050	35	32	自定	1.21
BTH-3	BTH-40A145	520	25	145	1200	40	35	自定	1.06
	BTH-40A200	400	30	200	950	40	35	自定	1.38
	BTH-45A150	350	40	150	950	45	40	自定	1.12
	BTH-45A180	550	30	180	1250	45	40	自定	1.53
	BTH-45A190	650	30	190	950	45	40	自定	1.68
	BTH-45A200	400	40	200	1000	45	40	自定	1.57
	BTH-45A210	650	30	210	1280	45	40	自定	1.78
	BTH-45A220	550	40	220	1300	45	40	自定	1.78
	BTH-45A230	400	50	230	1000	45	40	自定	1.82
	BTH-45B230	650	40	230	1500	45	40	自定	1.86
	BTH-48A180	500	39.5	180	2000	45	40	自定	1.65
BTH4	BTH-50A215	550	45	215	1250	50	45	自定	2.04
	BTH-50A230	800	40	230	2300	50	45	自定	2.33
	BTH-50B230	800	40	230	1550	50	45	自定	2.33
BTH4	BTH-50A232	1000	35	232	2000	50	45	自定	2.33
	BTH-50A235	550	50	235	1300	50	45	自定	2.18
	BTH-50A240	700	50	240	2000	50	45	自定	2.28
	BTH-50B240	700	40	240	1400	50	45	自定	2.46
	BTH-50A255	650	40	255	1250	50	45	自定	2.45
	BTH-50A275	650	50	275	1600	50	45	自定	2.56
	BTH-50A312	1100	62	312	2300	50	45	自定	2.84
	BTH-50A342	550	71	342	1950	50	45	自定	3.05
	BTH-51A301	1100	51	301	2300	50	45	自定	2.99
BTH-5	BTH-54A210	800	30	210	1620	54	50	自定	2.53
	BTH-54A230	800	40	230	2150	54	50	自定	2.70
	BTH-54B230	1000	40	230	2500	54	50	自定	2.70
	BTH-54A235	700	45	235	1450	54	50	自定	2.67
	BTH-54A250	800	45	250	2100	54	50	自定	2.88
	BTH-54A265	1500	30	265	2700	54	50	自定	3.23
	BTH-54A275	700	55	275	1450	54	50	自定	3.05
	BTH-54A290	700	60	290	1450	54	50	自定	3.04
	BTH-54A313	1200	53	313	1900	54	50	自定	3.52
	BTH-55A352	600	83	352	2100	55	50	自定	3.76
	BTH-55A362	600	83	362	2600	55	60	自定	3.92
	BTH-55A366	1400	65	366	2600	55	50	自定	4.20
	BTH-55A380	1000	70	380	1950	55	50	自定	4.30
	BTH-56A267	1200	40	267	2300	56	50	自定	3.36
	BTH-56A292	1200	40	292	2100	56	50	自定	3.67
	BTH-56A330	1200	68	330	3000	56	50	自定	3.83
	BTH-56A370	1200	68	370	2600	56	50	自定	4.33

续表5.9.19

系列型号	产品型号	反力(最小)/kg	行程/mm	总长/mm	反力(最大)/kg	D_1/mm	D_2/mm	H/mm	质量/kg
BTH-6	BTH-60A222	850	40	222	2050	60	55	自定	3.18
	BTH-60A230	550	55	230	2000	60	55	自定	3.12
	BTH-60A245	1000	45	245	1950	60	55	自定	3.56
	BTH-60A250	800	50	250	2500	60	55	自定	3.56
	BTH-60A260	1400	40	260	2700	60	55	自定	3.80
	BTH-60A270	1000	50	270	1950	60	55	自定	3.86
	BTH-60A280	800	60	280	1550	60	55	自定	3.86
	BTH-60B280	1300	58	280	3200	60	55	自定	3.61
	BTH-60A295	1300	80	295	2800	60	55	自定	3.77
	BTH-60A300	1200	50	300	1950	60	55	自定	4.24
	BTH-60A335	1600	60	335	2700	60	55	自定	4.56
	BTH-60A353	900	100	353	3200	60	55	自定	3.86
	BTH-60A442	1200	83	442	2200	60	55	自定	5.57
	BTH-60B450	2000	72	450	3300	60	55	自定	6.09
	BTH-60A500	1500	70	500	2750	60	55	自定	7.01
BTH-7	BTH-65A260	1500	40	260	2700	65	60	自定	4.32
	BTH-65A280	1500	50	280	3000	65	60	自定	4.63
	BTH-65A290	1500	60	290	3100	65	60	自定	4.63
	BTH-65B290	1800	40	290	2800	65	60	自定	4.97
	BTH-65A300	1000	60	300	1600	65	60	自定	4.71
	BTH-65A302	1400	40	302	2300	65	60	自定	5.19
	BTH-65A305	1300	25	305	1600	65	60	自定	5.48
BTH-7	BTH-65A312	950	40	312	2150	65	60	自定	5.34
	BTH-65A320	1200	60	320	2300	65	60	自定	5.14
	BTH-65A325	1800	50	325	3150	65	60	自定	5.35
	BTH-65A334	1500	60	334	2700	65	60	自定	5.32
	BTH-65A335	1400	60	335	2450	65	60	自定	5.35
	BTH-65A340	2000	60	340	3650	65	60	自定	5.48
	BTH-65A350	1500	50	350	2800	65	60	自定	5.82
	BTH-65A365	2000	60	365	3500	65	60	自定	5.86
	BTH-65A420	2000	77	420	5200	65	60	自定	6.58
	BTH-65B440	2500	56	440	4200	65	60	自定	6.90
	BTH-65A460	2000	77	460	3500	65	60	自定	7.26
BTH-8	BTH-69A295	1200	50	295	2500	69	65	自定	5.73
	BTH-70B265	3100	30	265	4950	70	65	自定	5.38
	BTH-70A290	800	45	290	1900	70	65	自定	5.72
	BTH-70B305	3100	40	305	5350	70	65	自定	5.91
	BTH-70A310	1200	70	310	2300	70	65	自定	5.53
	BTH-70A325	1400	70	325	2800	70	65	自定	5.85
	BTH-70A330	1350	60	330	2500	70	65	自定	5.76
	BTH-70B330	2300	50	330	4500	70	65	自定	6.43
	BTH-70A333	1800	68	333	3650	70	65	自定	6.10
	BTH-70A340	1800	60	340	3150	70	65	自定	6.35
	BTH-70A341	1250	71	341	2910	70	65	自定	6.18
	BTH-70A344	1500	74	344	3145	70	65	自定	6.15

续表5.9.19

系列型号	产品型号	反力(最小)/kg	行程/mm	总长/mm	反力(最大)/kg	D_1/mm	D_2/mm	H/mm	质量/kg
BTH-8	BTH-70A350	1700	30	350	2100	70	65	自定.	7.46
	BTH-70A360	2200	70	360	3250	70	65	自定	6.09
	BTH-70A365	2000	60	365	3600	70	65	自定	6.84
	BTH-70A380	2000	70	380	3800	70	65	自定	6.80
	BTH-70A400	2100	60	400	4000	70	65	自定	7.38
	BTH-70A450	1100	60	450	1800	70	65	自定	9.51
	BTH-70A435	2000	40	435	2450	70	65	自定	9.07
	BTH-70B435	2200	40	435	2900	70	65	自定	9.05
	BTH-70A487	2000	40	487	2600	70	65	自定	10.12
	BTH-70A490	2500	40	490	3150	70	65	自定	10.24
	BTH-70A520	1500	70	520	2300	70	65	自定	9.89
BTH-9	BTH-75A335	2500	50	335	4750	75	70	自定	7.65
	BTH-75A370	1500	80	370	2750	75	70	自定	7.62
	BTH-75B370	2300	60	370	4250	75	70	自定	8.09
	BTH-75A380	900	68	380	1560	75	70	自定	8.15
	BTH-75A385	3000	50	385	5200	75	70	自定	8.66
	BTH-75A405	2200	70	405	3500	75	70	自定	8.71
	BTH-75A410	2000	75.5	410	3170	75	70	自定	8.61
	BTH-75A415	2200	60	415	3150	75	70	自定	9.14
	BTH-75A420	1600	82	420	3000	75	70	自定	8.70
	BTH-75A470	3100	80	470	5500	75	70	自定	9.75
BTH-10	BTH-80A345	1650	70	345	2950	80	75	自定	8.07
	BTH-80A360	2300	60	360	4000	80	75	自定	8.66
	BTH-80A460	1800	70	460	2600	80	75	自定	10.96
	BTH-85A370	2300	70	370	4100	85	80	自定	10.10
	BTH-85A390	1800	90	390	3520	85	80	自定	10.04
	BTH-90A360	2500	70	360	4000	90	85	自定	10.55
	BTH-90A370	2800	90	370	5450	90	85	自定	10.33
	BTH-90A380	2000	90	380	3800	90	95	自定	10.50
	BTH-90B380	2700	105	380	5350	90	85	自定	10.13
	BTH-90A415	2500	105	415	5200	90	85	自定	11.70
	BTH-90A450	3100	80	450	4400	90	85	自定	13.04
	BTH-90A523	3000	101	523	4550	90	85	自定	15.23
H-11	BTH-100A420	2300	100	420	4100	100	95	自定	15.19
	BTH-110A395	3500	110	395	6650	110	100	自定	15.67
	BTH-115A350	3000	80	350	5200	115	110	自定	17.50
	BTH-115A370	2500	100	370	4750	115	110	自定	17.50
	BTH-115B370	3500	80	370	5900	115	110	自定	18.54
	BTH-115A400	3500	90	400	5900	115	110	自定	19.57
	BTH-115A410	3000	100	410	5200	115	110	自定	19.57
	BTH-120A440	3500	110	440	5900	120	115	自定	24.01
	BTH-125A450	2700	110	450	6050	125	115	自定	26.45

5.9.4.6 **碟形高能弹性阻尼体减震器**

应用范围：

我中心生产的碟形高能弹性阻尼体减震器（简称：碟形减震器）是一种设计结构紧凑，中部有通孔的环形高能阻尼减震器。其独特的外形结构使其可方便地套在轴类零件上，适应一切轴向空间的减震要求。与碟形弹簧相比，碟形减震器省去了叠加安装的繁琐工序，使安装变得十分简单，且无需维护。由于它实现了以一个减震器代替多个钢弹簧叠加的减震方式，所以在使用中它所体现出的刚性、耐老化性能及力学稳定性，是用其他方式所无法比拟的。弹性阻尼体的优秀特性使碟形减震器可以在十分小的体积下，实现大承载的减震要求，从而可以有效地节约设计空间。它的这些优异特性，同样适用于地脚减震等场合。

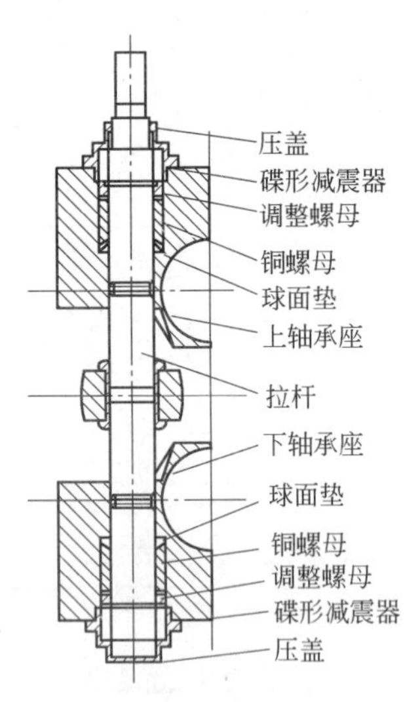

图5.9.34 碟形减震器的基本构造

基本构造及原理：

减震器缸体内填充的阻尼体具备一定的预压力，当作用于减震器上的外力F小于该预压力时，环形活塞杆静止不动；当F大于该预压力时，环形活塞杆部分埋入缸体，产生行程。此时，填充有阻尼体的内腔体积减小，阻尼体受压缩后内部压力逐渐增大，直至与外力F平衡，当外力撤销后，环形活塞杆受减震器内压力的作用恢复原位。减震器基本构造如图5.9.34、图5.9.35所示。

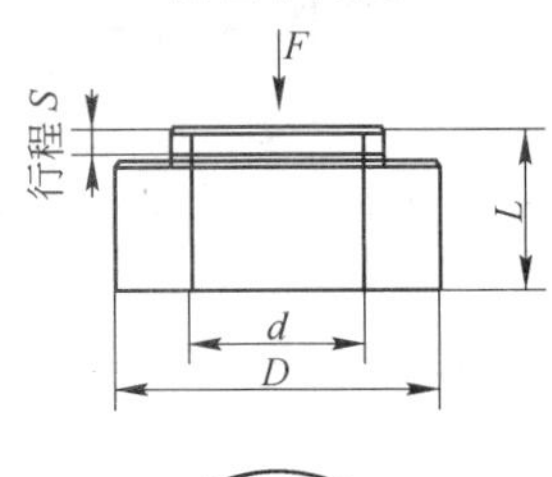

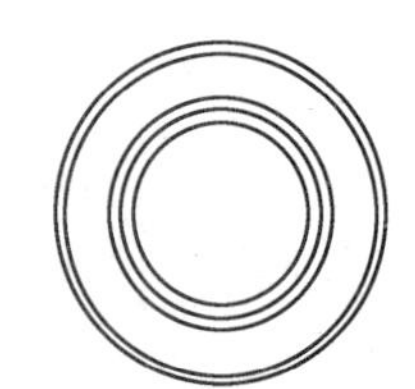
图5.9.35 碟形减震器

碟形减震器的选型：

(1) 选型方法。

用户可根据设备具体结构形式，计算出需要碟形减震器提供的最小反力，以及系统能够承受的碟形减震器的最大反力。再根据具体结构尺寸，确定碟形减震器的安装空间，参考选型表选出合适的型号。

也可以针对用户的特殊要求免费提供设计和选型服务。

(2) 选型示例碟形减震器可广泛应用于各类替代碟形弹簧的场合。下面介绍其中的一种用途——轧钢机拉杆预拉伸装置。

如图5.9.35所示，碟形减震器安装于拉杆的上下两端，压盖压迫碟形减震器形成位移，使压盖与轴承座贴紧。同时，碟形减震器自身产生反力，对拉杆起到拉伸作用。消除了拉杆与螺母间梯形螺纹间隙，保证过钢时不再出现震动现象。

举例：已知数据如下：MY470轧机拉杆上下梯形螺纹：Tr130×8（右旋）Tr130×8LH（左旋）；拉杆所需最小预拉伸力F=800kg，拉杆所能承受载荷F'=1600kg。

选型如下：

(1) 根据螺纹外径尺寸130，选择减震器内孔d>130mm。

(2) 减震器最小反力$F_{min}=F$=800kg。

(3) 初选减震器型号为BTH-D193/135-95

其中：内孔d=135mm>130mm

最小反力：$F_{min}=F$=800kg

最大反力：F_{max}=1200kg <F'

行程：S=7.5mm <螺距8mm

确定选用：BTH-D193/135-95减震器

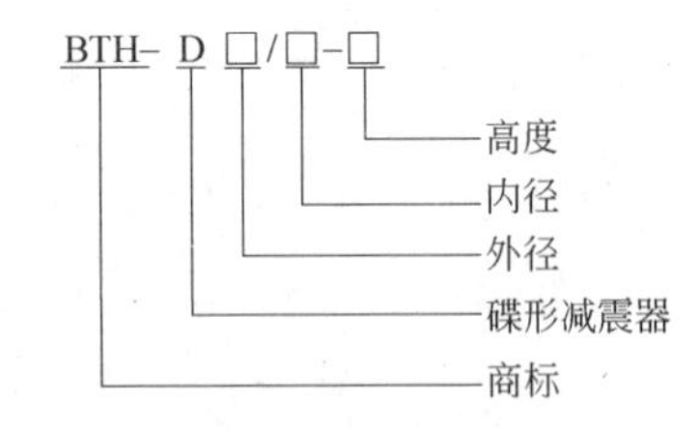

图5.9.36 碟形减震器型号标记

(4) 碟形减震器型号标记见图5.9.36，选型见表5.9.20。

表5.9.20 碟形减震器选型

型 号	外圆/mm	内孔/mm	总高/mm	行程/mm	最小反力[①]/kg	最大反力/kg	质量/kg
BTH-D156/97-65	156	97	65	5	600	1800	4.5
BTH-D156/100-90	158	100	90	7	700	1500	8
BTH-D188/134-95	188	134	95	7	800	1500	9.4
BTH-D193/135-95	193	135	95	7	800	2000	9.6
BTH-D226/152-100	226	152	100	8	1000	2500	15
BTH-D312/225-120	312	225	120	10	1880	6240	30

注：选型表所列型号为标准型号，本中心亦可根据用户要求，提供独特设计方案。
①的最小反力为预压 3mm行程时的反力。

5.10 武汉南星冶金设备备件有限公司

5.10.1 NTL钢制拖链

5.10.1.1 **产品说明**

NTL系列拖链分NTL型长寿命钢制拖链，NTLK型快速移动钢制拖链，NTLM型封闭式移动钢制拖链；NTLS型不锈钢钢制拖链和NTLSM型封闭式不锈钢制拖链5种类型。拖链的主体是由链板（优质钢板涂复特殊材料）支撑板（挤拉铝合金）轴销（合金钢）等部件组成，使电缆或橡胶管与拖链之间不产生相对运动，不产生扭曲变形，链板经表面处理外形效果新颖，结构合理，灵巧强度高，钢性好不变形，安装方便，使用可靠，易拆装，尤其是本产品采用了高强度耐磨材料，合金钢为轴销，提高了产品的耐磨强度，弯曲更灵活，阻力更小，降低了噪声，从而可保证长时间使用不变形，不下垂，并且在长距离运动过程中不会产生扭曲现象。

与塑料拖链相比，钢制拖链应用在特定的场合时可拥有更多的优势：

(1) 架设沉重的电缆和软管时；

(2) 架设距离很长而又没有支架时；

(3) 承受很重的机械载荷时；

(4) 穿过障碍物时；

(5) 周边温度很高时；

(6) 极端恶劣的环境条件下；

(7) 最大限度附加负载，对无支撑长距离运行非常适合；

(8) 优越的可靠性操作；

(9) 无需维护；

(10) 装配简单快捷；

(11) 最低空间要求；

(12) 降低软管电缆磨耗特性；

(13) 优美的外观；

(14) 良好的性价比；

(15) 操作安全。

1) 拖链按照本公司专利技术制造。

2) 由于本公司别具一格的工艺特征，可以最大限度地（或较大范围内）实现非标拖链的生产（任意弯曲半径、任意截距、任意链板高h_g)可以满足更广泛的需要。

3) 由于结构上的合理性，或在较大范围内选材上的任意性，本公司拖链在同样附加负载条件下，可以提供比普通拖链长得多的无支撑运行状态的拖链。

4) NTL型的最大移动速度为60m/min。

5) NTLK型的最大移动速度为180m/min。

6) 当拖链超过允许的最大宽度B_{max}时，可采用由三条链带平行组成的复合拖链来完成。或者由于宽度受到限制时，可以通过增加截距，加大链板高h_g，使线、管、缆多层重叠布置。这是本公司生产任意截距拖链的优越性所致。

5.10.1.2 NTL**拖链主要参数**

NTL拖链主要参数见表5.10.1~表5.10.3，拖链标记意义及连接方式见图5.10.1，各种拖链行程和支撑允许长度见图5.10.2。

表5.10.1 NTL拖链主要参数（一）

<table>
<tr><th>型号参数</th><th colspan="3">NTL65</th><th colspan="3">NTL95</th><th colspan="4">NTL125</th><th colspan="4">NTL180</th><th colspan="3">NTL225</th><th colspan="2">NTL250</th><th colspan="2">NTL320</th></tr>
<tr><td rowspan="4">弯曲半径R</td><td>75</td><td>90</td><td>115</td><td>115</td><td>145</td><td>200</td><td>145</td><td>180</td><td>200</td><td>250</td><td>200</td><td>250</td><td>280</td><td>300</td><td>350</td><td>450</td><td>600</td><td>400</td><td>450</td><td>500</td><td>600</td></tr>
<tr><td>125</td><td>145</td><td>185</td><td>250</td><td>300</td><td>320</td><td>300</td><td>320</td><td>350</td><td>400</td><td>350</td><td>400</td><td>450</td><td>500</td><td rowspan="2">750</td><td></td><td></td><td rowspan="2">500</td><td rowspan="2">600</td><td rowspan="2">650</td><td rowspan="2">700</td></tr>
<tr><td rowspan="2"></td><td rowspan="2"></td><td rowspan="2"></td><td rowspan="2">350</td><td rowspan="2">400</td><td rowspan="2">450</td><td>450</td><td>470</td><td>500</td><td>535</td><td>550</td><td>560</td><td>600</td><td>650</td><td></td><td></td></tr>
<tr><td>575</td><td>600</td><td>700</td><td>750</td><td>700</td><td>750</td><td></td><td></td><td></td><td></td><td></td><td>700</td><td>700</td><td>800</td><td>900</td></tr>
<tr><td>节距T</td><td colspan="3">65</td><td colspan="3">95</td><td colspan="4">125</td><td colspan="4">180</td><td colspan="3">225</td><td colspan="2">250</td><td colspan="2">320</td></tr>
<tr><td>拖链最小宽度B_{min}</td><td colspan="3">70</td><td colspan="3">120</td><td colspan="4">120</td><td colspan="4">200</td><td colspan="3">250</td><td colspan="2">300</td><td colspan="2">350</td></tr>
</table>

续表5.10.1

型号参数	NTL65	NTL95	NTL125	NTL180	NTL225	NTL250	NTL320
拖链最大宽度B_{max}	350	450	550	800	1000	1100	1200
拖链长度L	由用户按需要自定						
支撑板最大扎径D_1	30	50	70	110	150	1700(200)	200
矩形孔D_{max}	25	46	65	110	160	190	260
链板高	44	70	96	144	200	220(250)	300

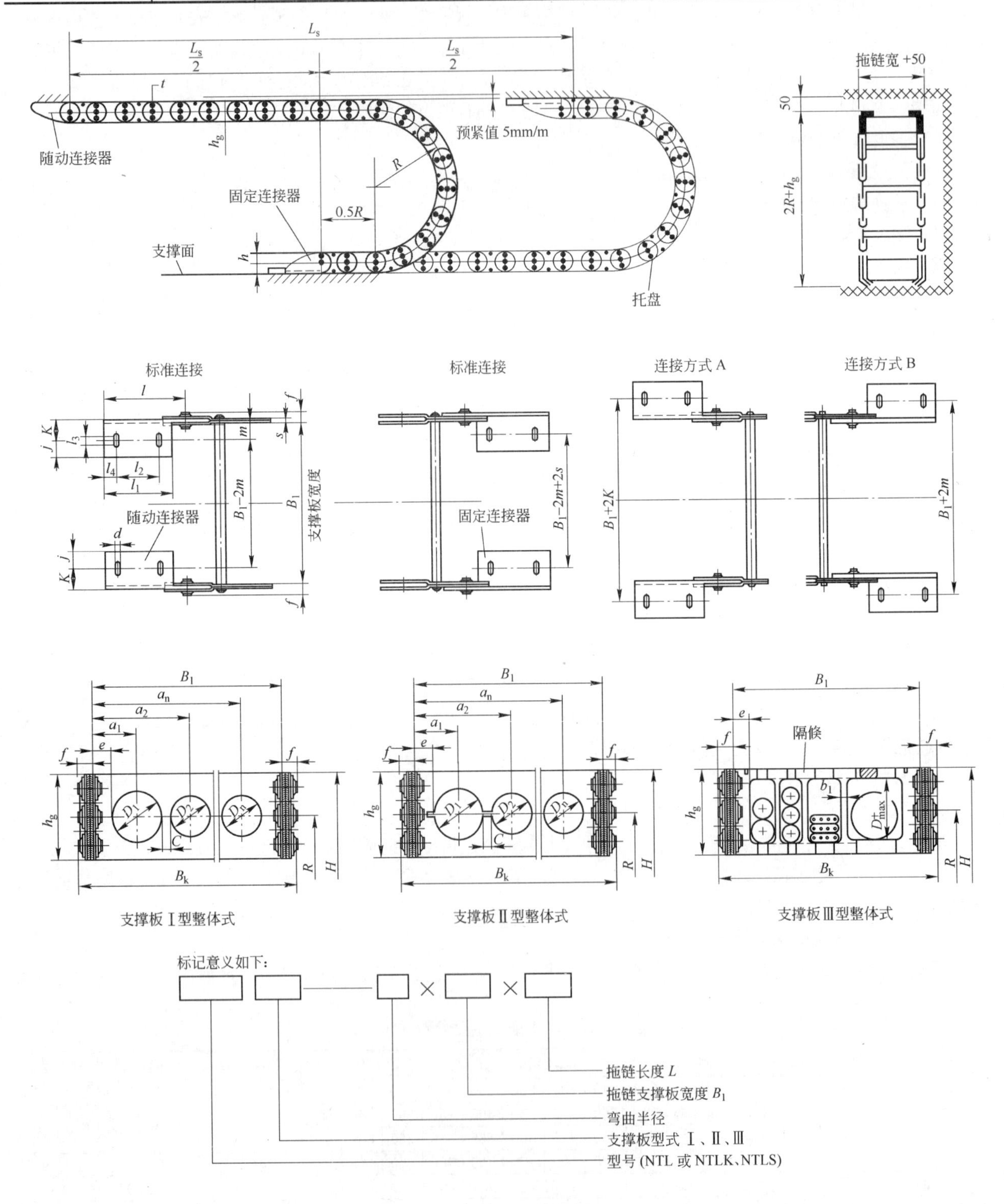

图5.10.1　拖链标记意义及连接方式

表5.10.2　NTL拖链主要参数（二）

型　号	NTL65			NTL95			NTL125			NTL180	NTL225	NTL250	NTL320
支撑板型号	I	II	III	I	II	III	I	II	III	II	II	II	II
e	10			12			12			15	22	22	22
f	8			10			12			15	15（19）	15（19）	15（19）
b_1	—		3	—		4	—		5	—	—	—	—
a1~am$D$1~Dn	由用户按需要自定												

表5.10.3　NTL拖链主要参数（三）

参数型号	h_g	D	C_{min}	j	k	m	l	l_1	l_2	l_3	l_4	d	h	s
NTL65	44	26	4	13	17	14	95	75	45	5	15	7	22	3
NTL95	70	46	5	25	30	26	125	105	65	10	20	9	35	4
NTL125	96	72	6	25	30	25	155	130	80	10	25	11	48	5
NTL180	114	—	7	25	35	29	210	175	115	10	30	13	72	6
NTL225	200	—	10	35	45	39	300	200	140	10	30	18	100	6(8)
NTL250	220(250)	—	10	43	47	41	300	250	2×85	10	40	18	110（125）	6(8)
NTL320	300	—	10	53	57	51	300	300	2×100	10	50	32	150	6(8)

建议将固定点选择在行程的中心，可以得到最短最经济的电缆拖链装置。

L_K为电缆拖链长度；

L_S为机械位移的最大行程。

拖链的负载图可取决于附加负载。图5.10.3所示为附加负载图。

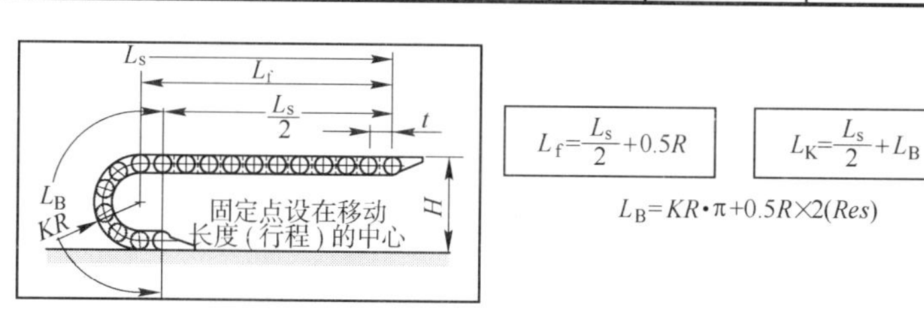

图5.10.2　各种拖链行程或支撑允许长度

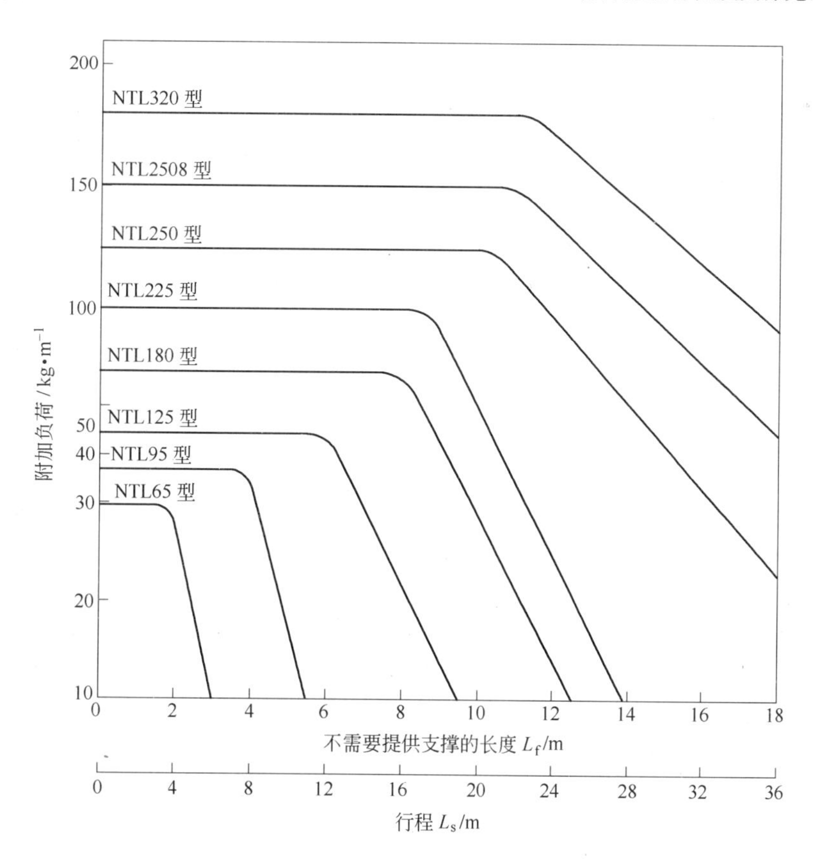

图5.10.3　附加负载

5.10.1.3　**拖链的选用**

(1) 支撑板内腔孔径$D_1=d+0.1d$（取整数）。其中D为电线、电缆、液、气软管的外径。

(2) 根据支撑板内腔最大孔径D_{max}来确定链板高度h_g和拖链型号NTLXX。

(3) 根据拖链功能要求来确定支撑板形式和拖链的弯曲半径：

1) 当拖链需承载较大管、缆负荷时，应选用高强度支撑板Ⅰ型（整块式）。

2) 当管缆的管接头尺寸大于支撑板内腔孔径或须经常拆装、维修等时，可选用支撑板Ⅱ型。属分开式类型支撑板。安装管缆的规格品种较多时，可选用支撑板Ⅲ型（框架式）。

(4) 根据安装管缆的数量来决定支撑板宽度B_1，从而可得拖链宽度B。

(5)弯曲半径R：$R_{min}=5\sim12\times d$（直径），d=电缆或软管直径 R制造公差−0.05mm。

(6)拖链使用场合或受环境影响时，需要采用钢带防护。支撑板时，请与本公司另行提出。

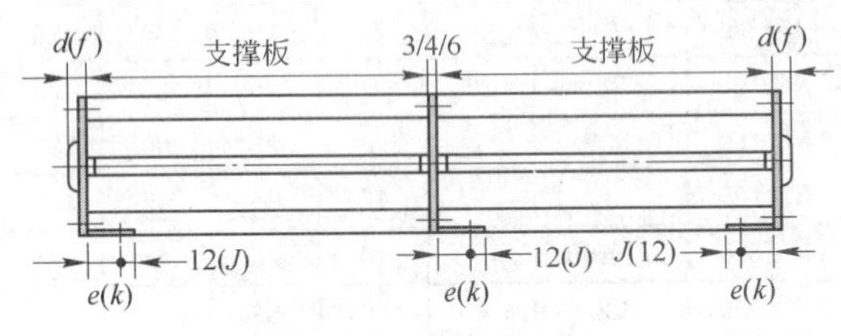

图5.10.4　两个拖链板

5.10.1.4　**带三条链板的拖链**

因为支撑板最大长度为600~650mm，在较宽拖链上可以装置一个或多个拖链链板，图5.10.4所示为两个拖链板。另外的原因是可提高较窄的拖链的稳定性，此外也可通过第三条链板将套管与电缆隔开。

5.10.1.5　**液压管的弹性状况（见图5.10.5）**

要注意，液压管在压力下会伸长或缩短，因此，应考虑到软管的弹性系数，特别是在高压级手链长度较长的情况下，应引起注意。

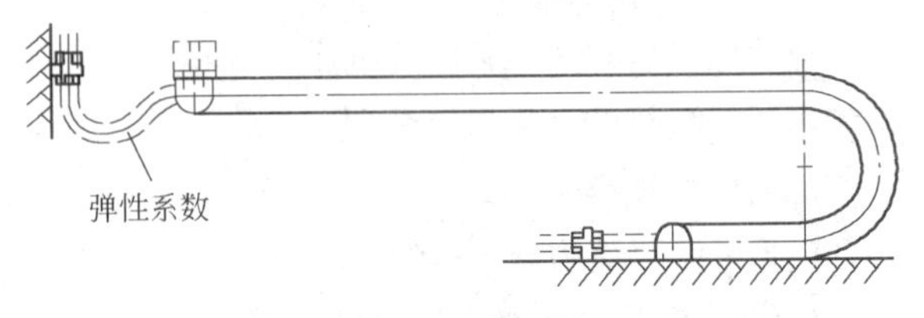

图5.10.5　液压管的弹性状况

5.10.1.6　**不同的装配方法（见图5.10.6和图5.10.7）**

NT01：水平卧式安装“自撑式的”（标准）

NT02：水平卧式安装“自撑悬伸式的”

NT03：水平卧式安装“有支撑”

NT04：水平卧式安装“有连续支撑结构”

NT05：水平侧装安装“以90°旋转一直立”

NT06：绕行侧装安装“以90°旋转一绕行”

NT07：垂直安装“竖立”

NT08：垂直安装“悬垂”

NT09：水平、垂直安装“多轴”

NT10：垂直安装“卷曲”

NT11：垂直安装“悬挂在链轮齿上”

其他选择。

这些方法可与上述装配方法配合使用。

若一个电缆拖链电缆横截面的宽度不够，可使用以下方法：

A1并列安装（适合所有电缆拖链）；

A2复合排列安装（适合钢制拖链）；

如果使用上述的护套安装可用空间不够，可以将拖链重叠在一起或相向安装；

A3重叠安装（合适左右电缆拖链）；

A4相向运行安装（适合所有电缆拖链）。

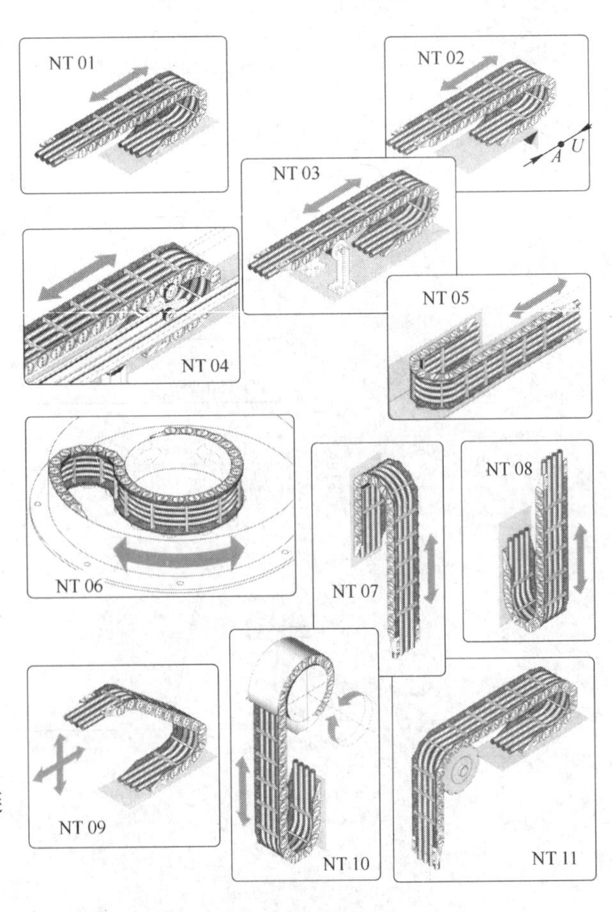

图5.10.6　不同的装配方法1

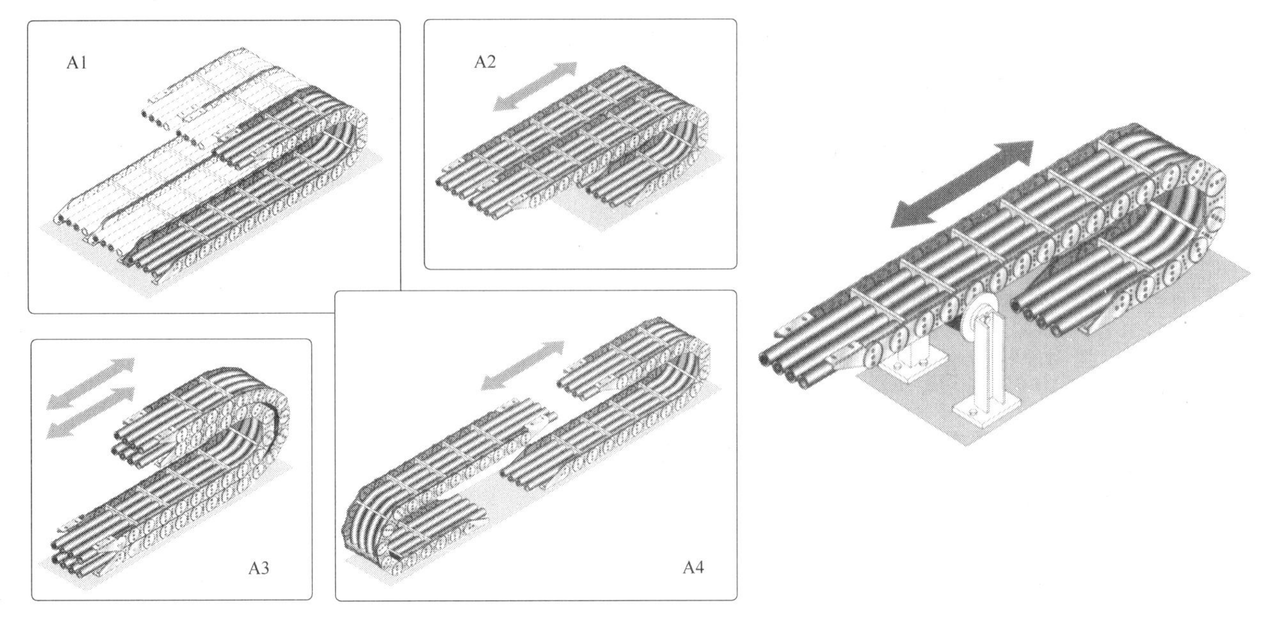

图5.10.7 不同的装配方法2

有支撑的水平卧式安装：

安装方法NT03。

如果无支撑的电缆拖链过长，其超长部分可用滚轮支撑（见图5.10.6）。

支撑架的位置。

单个支撑架的位置。

当$L_s<3Lf$，$aR=\frac{L_s}{6}$

此位置中支撑架到固定点的距离大约行程的六分之一。

滚轮支撑图见图5.10.8；滚轮和支撑架尺寸见表5.10.4。

支撑轮直径：D_R

法兰直径：D_S

链宽：B_K

辊轴底宽：B_1

支撑架全宽：B_G

辊轴宽：B_R

轴轴安装宽：B_E

底座宽：B_P

支撑滚轮轴高：H_a

底座长：L_P

U形侧面宽：U

孔间距：a=1~3

安装孔直径：d

底座厚度：s

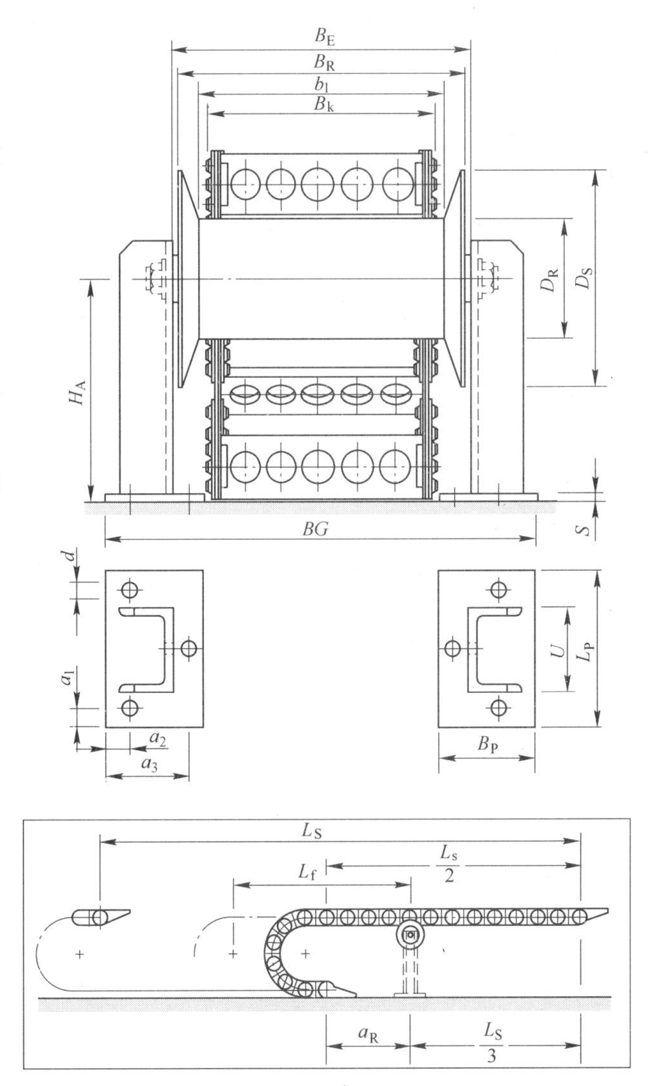

图5.10.8 电缆拖链用滚轮支撑

表5.10.4 滚轮和支撑架的尺寸

滚轮	B_1	B_R	B_E	B_G	Ds	H_A	Bp	Lp	U	a_1	a_2	a_3	d	s
DR 90	Bk+15	Bk+45	Bk+59	Bk+169	ϕ170	2KR-45	80	180	80	20	40	—	ϕ14	8
DR 120	Bk+20	Bk+50	Bk+64	Bk+174	ϕ200	2KR-60	100	180	80	20	20	80	ϕ18	8
DR 220	Bk+30	Bk+60	Bk+74	Bk+184	ϕ300	2KR-110	100	180	80	20	20	80	ϕ18	8

5.10.1.7 **圆形旋转90°的水平卧式安置**

安装方法NT06（见图5.10.9）。

为了配合机械零件的循环运动，此装置中电缆拖链成90°旋转。

在这种装置中，电缆拖链会一直位于循环槽中，还需配备一个合乎尺寸的内向或外向驱动接头。

电缆拖链通过装在链条下端的或者圆形滑道，球形脚轮，钢滚轮或者包胶钢滚轮在片状金属导向器里滑动。

鉴于这种安装构造本身有多种设计方案，建议您随时向我方技术部咨询。

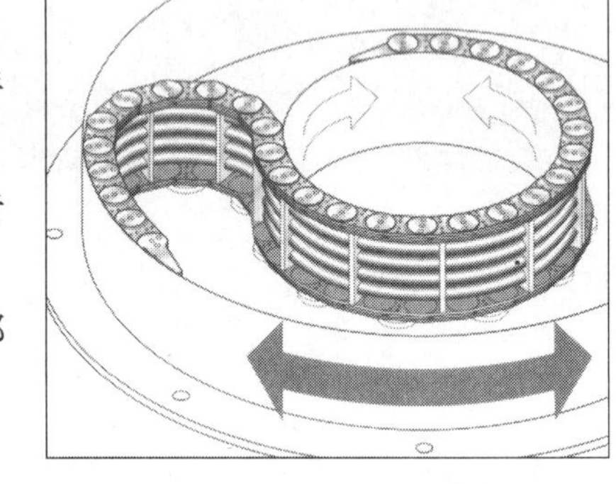

图5.10.9 圆形旋转90°的水平卧式安置

5.10.1.8 **单边安置**

带偏置导槽（示意图见图5.10.10）。

旋转角可达600°

要点：

A=定点角；β=行程；B_E=电缆拖链宽；

b_{KA}=槽道宽度；B_{KA}=槽道宽；H_E=电缆拖链高；

H_{KA}=导槽高；K_R=弯曲半径；R_{KR}=反向弯曲半径；

r_{KA}=内槽半径；R_{KA}=外槽半径；F=固定点；

M_1=传动轮终点位置1；M_2=传动轮终点位置2。

如果行程过长或装置过高，可以使用导向滑架来固定电缆拖链。

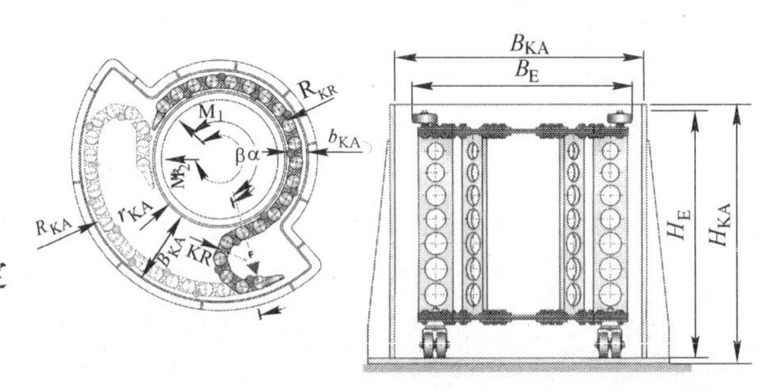

图5.10.10 槽道剖面

5.10.1.9 **带滑形滚轮拖链**

带滑形滚轮拖链（见图5.10.11）。

安装方法NT06（见图5.10.12）。

当拖链移动距离过长或附加载负荷过大，可以在行程中点以外（即$L_s/2$以外）铺设导向板（导轨），让装有滚轮的拖链在导向板导轨上自由移动，实现拖链动作。

滑动行走拖链：

本公司采用特殊机构制造的滑动行走拖链，能使超长行走的拖链往复运动自如，如图拖链在导槽中行走，运动方式有两种形式。

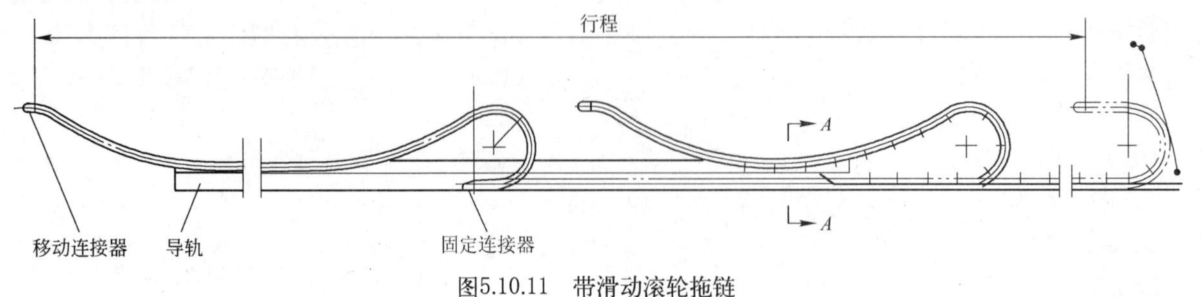

图5.10.11 带滑动滚轮拖链

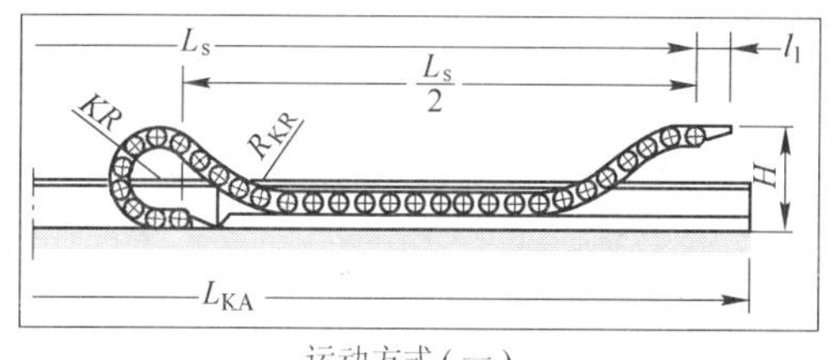

运动方式(一)

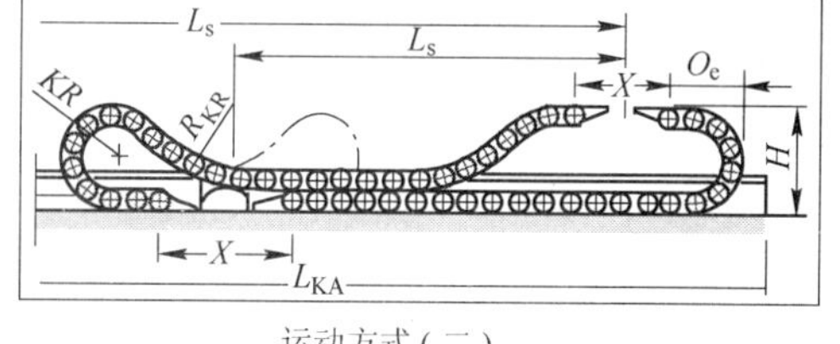

运动方式(二)

滑动行走拖链导槽

图5.10.12　滑动行走拖链安装形式

5.10.1.10　**订货举例**

拖链型号NTL载距=95，支撑板Ⅲ型，弯曲半径R=250，支撑板宽度=300、长度=4750。表示为：拖链NTLⅢ-250×300×4750。

支撑板形式表示举例：

Ⅰ型为支撑板整体式3个孔每个孔ϕ30。

Ⅱ型为支撑板上下分开式3个孔ϕ30。

Ⅲ型为上下式铝板内有隔离片。

5.10.1.11　NTL**保护型拖链特性**

NTL型长寿钢制拖链为现代化装备提供服务。

最突出的特点：

拖链使用中不下垂、不扭曲，结构紧凑，运动平稳，运转灵活自如。

最显著的特征：

不受模具限制，任意载距、任意弯曲半径的实现可以更加广泛地适应客户的需要。

最佳的适应能力：

高强度、高耐蚀性在高温、低温、污染腐蚀的恶劣环境下为工作母机实现安全无故障的运行提供保障。

最经济的生产效能：

长寿命钢制拖链靠链板游动槽的特殊抗磨处理实现摩擦阻力小磨损少，使工作母机整体寿命的提高成为可能。

5.11　山东省冶金设计院股份有限公司

5.11.1　智能润滑系统设备选型

5.11.1.1　**设备描述**

(1) 智能集中润滑系统性能特点。

智能润滑系统是我公司为满足现代生产及润滑要求而精心研制的新一代润滑高新技术产品。该系统可根据设备工作状态、现场环境温度等不同条件及设备润滑部位的不同要求，准确、定量、可靠地满足各种润滑要求。

本系统在克服传统润滑方式运行不可靠、计量不准确、不能调整、设备运行故障率高且不宜检修等缺点的基础上，采用西门子技术作为主要控制系统，应用先进的文本显示器及微机作为显示与操作系统，可网络挂接实现计算机系统集中控制和通过远程监控、维护，使整个润滑系统的工作状况一目了然，运行可靠，操作方便，维护简单。

(2) 系统结构及工作原理。

该系统由五大部分构成：控制系统、高压润滑泵站、执行机构、检测系统、油路。其工作原理如下：

1) 控制系统为润滑系统的指挥中心，其主要功能为：安装、调试、维护过程中的监控及调整；设备运转实时监控；设备运转信息收集；设备运转参数修改；执行控制中心的命令；输出报警。

2) 高压润滑泵站为润滑系统的心脏设备，其主要功能为：将润滑脂输送到管路，通过管路及执行机构，到达每一个需要润滑的部位。

3) 执行机构由电子给油器组构成，其主要功能为：执行主控系统传输的指令，控制油路的开启、关闭。

4) 检测系统由压力传感器和流量传感器组成，适时监控润滑点运行的压力，将信息反馈给主控系统，实现闭环控制。

5）油路即连接整个系统，输送润滑脂的通路。

5.11.1.2　**主要技术参数**

主要技术参数见表5.11.1。

表5.11.1　主要技术参数

系统形式	项目		参数	备注
智能集中式	公称压力/MPa		40	
	最大工作压力/MPa		35	环境温度为-28℃时
	最小工作压力/MPa		5	环境温度为60℃时
	公称流量/$mL \cdot min^{-1}$		400	
	润滑点数		1024点（可调）	
	每点每次给油量/mL		1.2~5（可调）	
	给油时间/s		0~32768（可调）	
	给油间隔时间/min		0~32768（可调）	
	润滑脂罐容积/L		100	
智能集中式	管线规格	主管	φ42×4	流体输送用无缝钢管
		支管	φ10×1.5	无缝钢管
	管接头形式	主管	插入焊接式	
		支管	卡套式	
	电源		三相四线380V/50Hz 6kW	
	系统主要元件		JHRB-P400Z电动高压润滑泵一套	含2台润滑泵，一用一备
			DJB-V70 电动加油泵	
			DGYQ-4电磁给油器	
			ASDK-PLL控制系统	西门子PLC集控柜
			储脂罐	（可选）

5.11.1.3　**设备选型**

设备型号见图5.11.1。

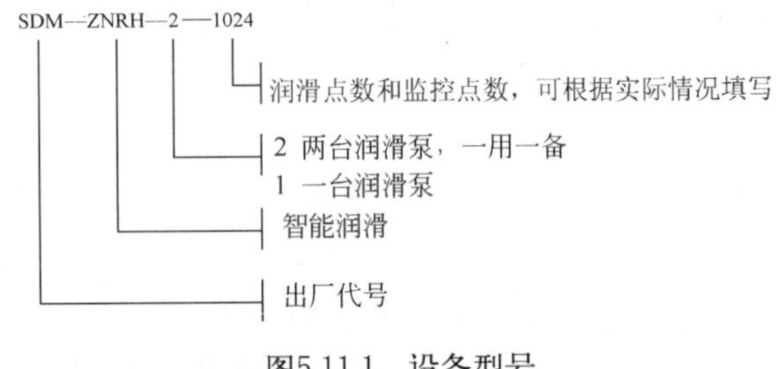

图5.11.1　设备型号

5.11.1.4　**设备在典型案例中的应用**

智能集中润滑系统作为新一代润滑高新技术产品在冶金行业应用广泛，灵活，具有很可观的发展前景。其主要应用于高炉炉顶设备的润滑，炉前泥炮开口机设备润滑，轧线炉前炉后辊道，轧机等高温、不易检点的设备润滑处。

5.11.2　加热炉技术

5.11.2.1　**数字化加热炉**

加热炉的燃烧与控制采用计算机自动控制-数字化燃烧控制。

数字化加热炉技术的主要优点为炉型结构简单，烧嘴数量少，燃烧管道简单；缺点是对煤气热值稳定性有一定要求。

5.11.2.2　**蓄热式加热炉**

蓄热式加热炉通过近十年应用，使用日趋成熟，通过蓄热燃烧可直接利用高炉煤气（998℃）产生1350℃以上的炉膛温度，满足轧钢加热温度的要求，节约了能源。

优点：换热效率高，排烟温度低，节约能源，可利用低热值煤气等。

缺点：（1）系统复杂、操作和维护量大；（2）燃烧自动控制较难投入。

5.11.2.3　**步进梁式加热炉**

步进梁式加热炉汽化冷却技术也是我们推广的应用技术之一，与水冷式加热炉技术比：

优点：（1）减轻钢坯黑印，改善钢坯加热质量；（2）节约能源，汽化冷却循环水量小，水泵节电；（3）将加热炉余热蒸汽与炼钢的转炉余热蒸汽并网发电，经济效益显著。

缺点：（1）投资高约100万元；（2）系统复杂、操作和维护量大。

5.11.2.4 **业绩**

近几年相关加热炉技术典型业绩见表5.11.2。

表5.11.2 加热炉技术典型业绩

序号	厂家	炉 型	数量	炉型基本尺寸 /mm×mm	坯料尺寸 /mm×mm×mm	产量 /t·h^{-1}	投产日期	燃 料
1	莱钢特钢	棒材双排料推钢加热炉	2	31044×3770	235×235×1200 180×220×3300	65	1997年6月	重油
2	莱钢特钢	棒材推钢加热炉	2	31044×3770	150×150×3300 180×220×3300	85	1999年8月	混合煤气
3	莱钢特钢	棒材推钢加热炉	1	30624×3248	150×150×2700 180×220×2700	45	2000年10月	混合煤气
4	莱钢特钢	棒材推钢单蓄热加热炉	1	26800×3480	150×150×3000 180×220×3000	45	2002年7月	混合煤气
5	莱钢棒材厂	棒材线推钢双蓄热加热炉	1	28869×6400	150×150×6000	70	2002年8月	混合煤气
6	莱钢棒材厂	棒材线推钢双蓄热加热炉	1	25656×3016	150×150×2700	50	2002年8月	高炉煤气
7	莱钢型钢厂	小型H型 钢推钢双蓄热加热炉	1	21960×3800	150×150×3000 165×200×3000	50	2004年7月	高炉煤气
8	莱钢型钢厂	小型H型 钢推钢双蓄热加热炉	1	32640×4400	150×150×(2450~3900) 165×225×(2450~3300) 180×225×(2450~3000)	50	2007年7月	高炉煤气
9	莱钢银山型钢	大型H异型 坯步进梁式加热炉	1	35800×14400	550×440×13600 750×370×13600 1030×380×13600	260	2005年8月	混合煤气 数字化脉冲燃烧 异型坯
10	莱钢银山型钢	板坯步进梁式加热炉	2	35800×12800	160×(750~1400)×12000	240	2005年6月	混合煤气 数字化脉冲燃烧 异型坯
11	莱钢宽厚板	步进梁式加热炉 （双步进机构双排料）	2	46800×9800	(150~300)×(750~2500)×(2600~4100)	200	2008年11月	混合煤气
12	莱钢棒材厂	棒材步进梁式加热炉	1	26000×10800	150×150×(8000~10000) 180×220×(8000~10000) 160×160×(8000~10000)	120	2008年11月	混合煤气
13	莱钢宽厚板	台车式加热炉	2	11600×6000	(300~600)×(1500~2500)×(2500~4100)	180t/炉	2008年11月	混合煤气
14	莱钢特殊钢厂	棒材辊底式连续热处理炉	1	55000×2200		8	2003年10月	混合煤气

5.12 北京中冶华润科技发展有限公司

5.12.1 用户对设备润滑管理的要求

21世纪节能减排成了制造业的关键词，用户对设备润滑管理重视程度越来越高，不仅仅表现在润滑方式，用户从各个角度对润滑管理提出不同的要求，如图5.12.1所示。

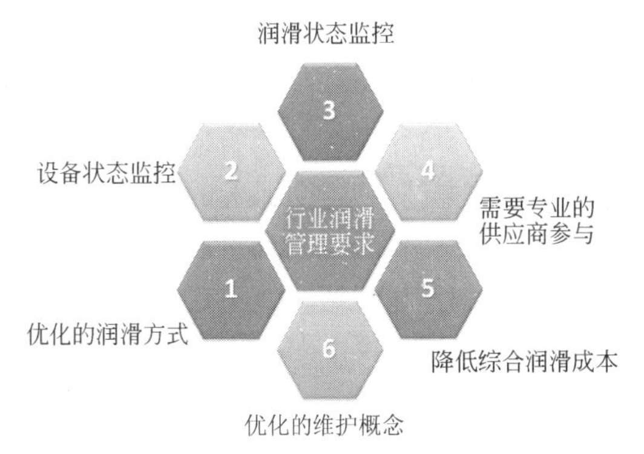

图5.12.1 用户对设备润滑管理的要求

(1) 优化的润滑方式：针对不同设备选择的合适润滑方式。

(2) 设备的状态监控：针对设备运行状况的监控，包含轴承震动检测、温度检测等。

(3) 润滑状态的监控：润滑点供油状态的监控，包含供油量、供油周期等。

(4) 专业供应商的参与：越来越多的用户在选择润滑解决方案时开始选择专业的供应商。

(5) 降低综合成本：设备润滑的最终目标是降低综合成本。

(6) 优化的维护概念：设备润滑管理最终达到对设备维护概念的优化。

润滑管理的革新——智能润滑的全面解决方案：

中冶华润从创始之初就开始致力于智能润滑的研究，不断提升智能润滑的品质，并将智能润滑发展为全面解决方案，我们已经具备了完善的全面智能润滑服务项目：完备的产品线、高性能的产品、针对性的计划工程服务、潜在的效益改进项目和专业的多级服务网络（见图5.12.2）服务于客户，使客户达到最终的效益最大化。

图5.12.2　智能润滑的全面解决方案

(1) 完善的服务项目：从技术调研开始定制方案、研发、生产、安装、调试、培训、售后监控等一系列的服务项目。中冶华润目前正在投入建设中控基地，最终通过互联网监控所售出润滑系统的状态，出现问题，中冶华润将会直接调度售后服务前往处理。

(2) 完备的产品线：中冶华润的领先润滑技术。

智能干油润滑技术——油脂润滑系统。

智能喷油润滑技术——喷射润滑系统。

智能干喷油润滑技术——油脂及喷射混合系统。

智能气动润滑技术——高温高湿环境专用润滑系统。

智能油气润滑技术——油气润滑系统。

(3) 高性能的产品：中冶华润在2006年就取得了欧盟CE认证，2009年又取得了ISO9001质量体系认证，中冶华润提供高质量产品的同时，更注重润滑全流程的管理，设计研发了专门的润滑管理软件，对所有润滑点供油制度进行管理，并实时检测所有润滑点的状态。

(4) 针对性的计划工程服务：中冶华润针对不同的工程项目，制定不同的方针策略，以利于客户的运作，保证客户的主体利益。

(5) 潜在的效益项目改进：中冶华润帮助客户落实降本增效的技术改进项目，促进客户的效益最大化。

(6) 专业的多级服务网络：中冶华润从市场、研发、技术、培训、售后等多角度与客户接触，做到全速响应，2011年中冶华润已经在中国大陆建立了15个售后服务中心，并且在不断地增加，中冶华润的追求就是“我随时在你身边”！

5.12.2　中冶华润为客户创造的生产价值

5.12.2.1　直接效益

(1) 油品的节省：润滑管理革新最直接的效益就是油品的节省，智能润滑可以帮助管理者调整每一个润滑点的供油制度，达到精益润滑的目的。

(2) 人工成本：润滑管理的革新基本上告别了人员的现场操作，全信息化管理体系，通过润滑管理软件可对系统进行全面管理。

(3) 动力的消耗：润滑管理的革新促使每一个润滑点都达到精益润滑的目的，润滑是减少摩擦最行之有效的办法，摩擦是动力消耗最大的一部分，每个润滑部位的精益润滑是减少动力消耗最行之有效的方法。

(4) 摩擦副的使用寿命：润滑管理的革新旨在于对每一个摩擦副进行润滑管理，合理的润滑是延长摩擦副部件寿命最有效的办法。

(5) 维护费用的降低：设备使用寿命的延长，直接影响着设备的维护费用、维护工器具及人力的投入。

5.12.2.2　间接效益

(1) OEE的提高：时间开动率、性能开动率、合格品率的提高是每一个生产制造企业的追求，设备故障率直接影响着OEE的提高，设备故障多数属于机械故障，机械故障根源多数又源自润滑不良，润滑管理直接影响着OEE的提高。

(2) 故障的快速诊断：润滑管理的革新中设备润滑管理软件对每个润滑部位的润滑状态进行监控并诊断，润滑管理通过智能诊断能够很快地查找到故障原因，极大的提高了作业效率。

(3) 污染排放的降低：溢出设备的油脂造成工作环境的恶化，进入排放水系对工业污水COD、BOD指标影响很大，处理起来成本也增高；溢出的油脂还会对产品的表面质量造成影响；润滑管理的革新对每一个润滑点供油制度的控制，可直接精益控制油脂溢出的量。

(4) 设备的巡检安全：设备润滑状况监测在以往的巡检过程中多数通过肉眼观看，每次都要亲临现场，无疑增加设备巡检人员的安全隐患，比如高炉气密、高线润滑等，润滑管理的革新可以通过润滑管理软件人机交互界面看到每一个润滑点的供油状况，设备管理员在中控室就能监控所有润滑部位，减少设备巡检带来的安全隐患。

(5) 产品质量的提高：在钢铁企业，最终产品板材、型材等产品的质量控制里油脂泄漏在产品上对产品的质量有着极大的影响，所以控制每一个点合适的供油量对产品质量也有着不可或缺的意义。

当然，润滑为客户创造的生产价值不只是这些，中冶华润正在通过不断的挖潜润滑全面管理，最终通过润滑管理达到客户生产效益最大化！

5.12.3 ZDRH系列智能集中润滑系统

ZDRH系列智能集中润滑系统（见图5.12.3~图5.12.5）是中冶华润研制开发的专利产品(专利号：012402260.5)，该系统改变传统润滑思路，在内部结构、工作原理及配置等方面具有突出优点，系国内外首创。目前该系列产品已拥有ZDRH-2000、ZDRH-3000、ZDRH-4000型多种产品。

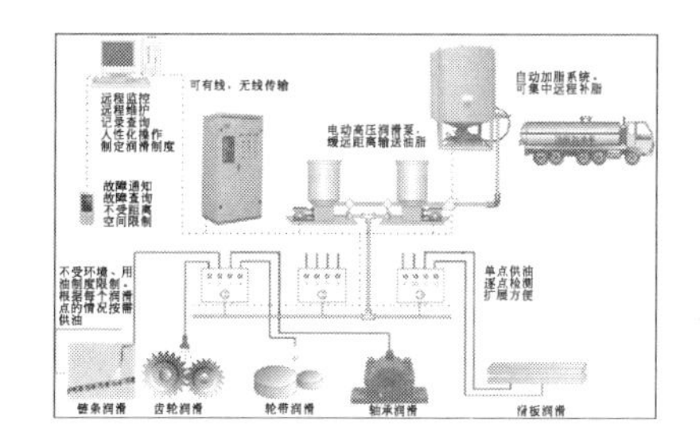

图5.12.3 ZDRH-2000型智能润滑系统图

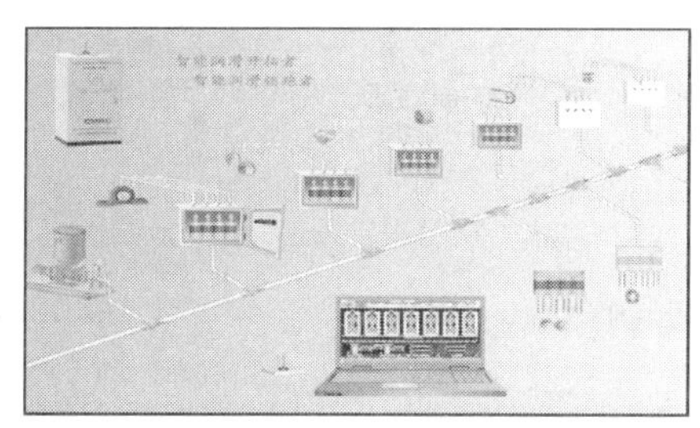

图5.12.4 ZDRH-3000型智能润滑系统图

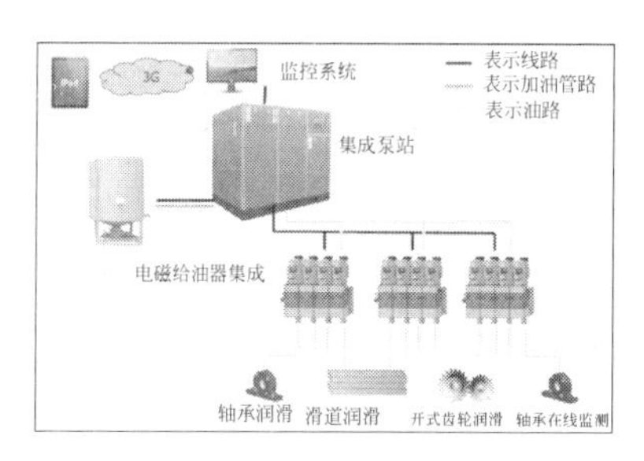

图5.12.5 ZDRH-4000型智能润滑系统图

ZDRH系列产品主要技术参数见表5.12.1。

表5.12.1 ZDRH系列产品主要技术参数

系统参数	范 围
交流电源额定电压	380V±10%/460V±10%/440V
交流电源额定频率	±10%、220V±10%
额定功率/Hz	50、60
润滑泵电机功率/kW	6.5
加油泵电机功率/kW	1.5、1.1
ZDRH系统外形尺寸（$L\times W\times H$）/mm	1600×700×350
ZDRH系统净重/kg	76
噪声/dB	<70
IP防护等级	IP54
控制润滑点数	1000点
控制油量精度/mL	1、1.5、3
单点循环周期调节范围/min	1~32767
最高压力/MPa	40

5.12.3.1 ZDRH系列智能干油润滑系统特点

单点供油、逐点检测能够做到每一个点故障清晰可见。

每一点都可设定循环周期及供油量，同时可批量编辑相同的润滑制度润滑点。

年、月、日油量统计及报表管理。

可视化润滑管理软件，坐在监视器前如临现场。

设备各部分模块化，维护检修简单。

对工作电压、电流、环境温度等参考性信号进行实时检测。

冗余式系统，在润滑泵故障时可切换至备用泵。

数据化管理，帮助管理员管理全厂润滑系统。

开放式OPC Server,方便全厂系统的集中管理。

适用设备：干法除尘、转炉耳轴、行车、LF电炉、钢包倾翻、大包回转、连铸机、辊道、冷床、拉矫机等监控画面（见图5.12.6~图5.12.9）。

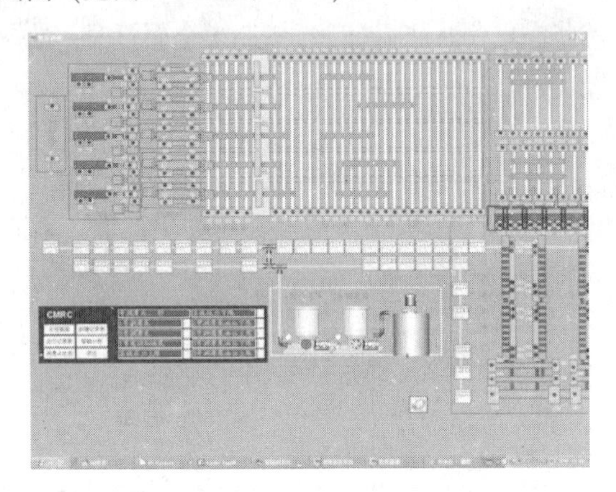

图5.12.6　智能干油润滑系统1

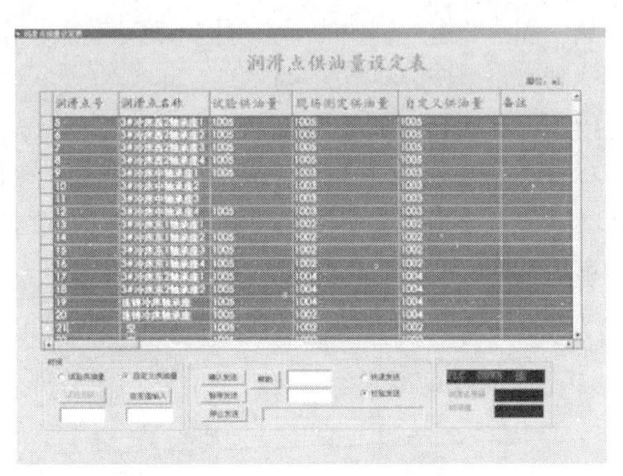

图5.12.7　智能干油润滑系统2

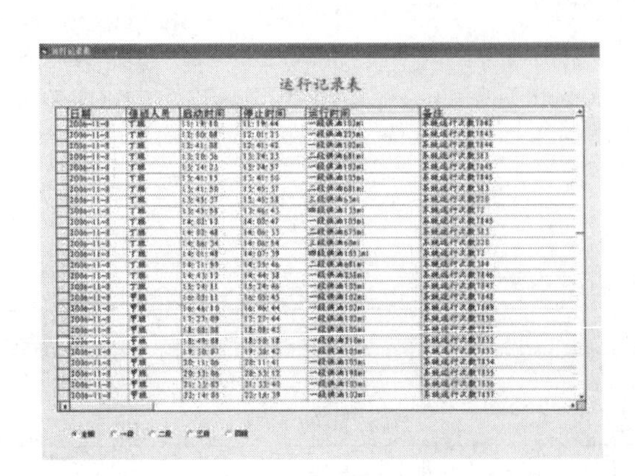

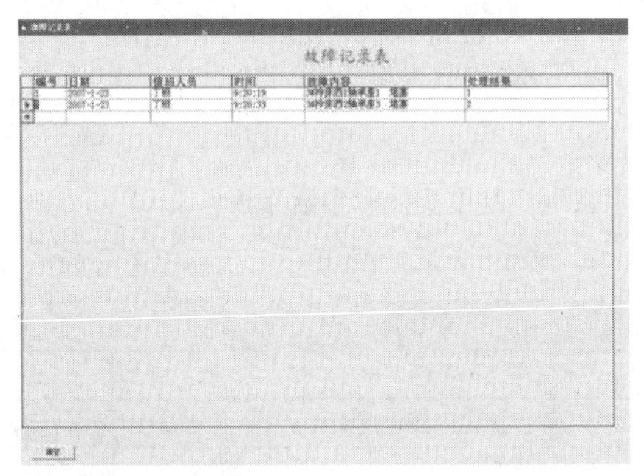

图5.12.8　智能干油润滑系统3

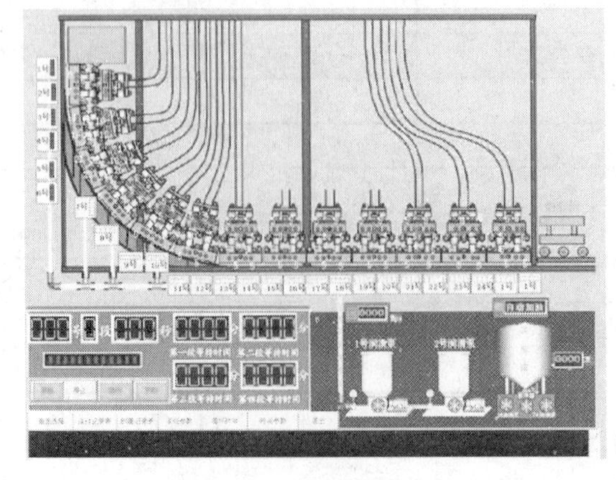

图5.12.9　智能干油润滑系统4

5.13 浙江省嵊州市崇仁花田板保温砖厂

5.13.1 耐火砖

5.13.1.1 黏土质隔热耐火砖技术指标

黏土质隔热耐火砖技术指标见表5.13.1。

5.13.1.2 硅藻土轻质高强热隔热砖技术指标

硅藻土轻质高强热隔热砖技术指标见表5.13.2。

表5.13.1 黏土质隔热耐火砖技术指标

项目	型号	体积密度(<)/g·cm^{-3}	常温耐压强度(>)/MPa	重烧变形化不大于2%的试验温度/℃	导热系数/W·(m·K)$^{-1}$	化学组成/% Al_2O_3(>)	化学组成/% Fe_2O_3(>)
黏土质	NG-1.2	1.2	3.5	1400	0.6	42	2.5
黏土质	NG-1.0	1.0	3.0	1400	0.5	42	2.5
黏土质	NG-0.8	0.8	2.5	1300	0.35	42	2.5
黏土质	NG-0.6	0.6	2.0	1200	0.25	40	3.0
黏土质	NG-0.4	0.4	1.0	1150	0.20	35	3.0

表5.13.2 硅藻土轻质高强热隔热砖技术指标

项目 \ 型号	SA-3	SA-4	SA-5	SA-6	SA-7	SA-8	SA-9
体积密度(<)/g·cm^{-3}	0.3	0.4	0.5	0.6	0.7	0.8	1.0
导热系数(<350+10℃)/W·(m·K)$^{-1}$	0.07	0.10	0.13	0.15	0.18	0.22	0.27
常温抗压强度(>)/MPa	1.2	1.8	2.2	2.5	4.5	6	8.7
重烧变形化/MPa	2	2	2	2	2	1.5	1.5

5.13.1.3 高强度硅藻土隔热砖理化指标

高强度硅藻土隔热砖理化指标见表5.13.3。

表5.13.3 高强度硅藻土隔热砖理化指标

标号 国标	标号 企标	体积密度(≤)/g·cm^{-3}	常温耐压强度(≥)/MPa	导热系数变化(≤)/W·(m·K)$^{-1}$(300±10℃)	重烧线变化(≤)/%
GG-0.4	—	0.4	0.8	0.13	2
GG-0.6a	—	0.5	0.8	0.15	2
GG-0.5	—	0.5	0.6	0.16	2
—	SG-5	0.5	1.2	0.13	2
GG-0.6	—	0.6	0.8	0.17	2
—	SG-6	0.6	1.5	0.15	2
GG-0.7a	—	0.7	2.5	0.20	2
GG-0.7	—	0.7	1.2	0.21	2
—	SG-7	0.7	2.5	0.18	2
—	SG-8	0.8	5.0	0.26	2
—	SG-10	1.0	8.0	0.30	2
火泥	—	0.7	—	0.21	2

5.13.1.4 **硅藻土轻质高强热隔热砖技术指标**

硅藻土轻质高强热隔热砖技术指标见表5.13.4。

表5.13.4 硅藻土轻质高强热隔热砖技术指标

项目	单位	产品规格 /mm×mm×mm	产品规格	常温耐压强度(≥)/MPa	导热系数变化/W·(m·K)$^{-1}$	重烧线变化/%	标准
名称					300±10℃	2	GB3996—1983
T-3	块	230×114×65	0.7	1.2	0.21	2	GB3996—1983
T-6	块	250×123×65	0.7	1.2	0.21	2	GB3996—1983
T-38	块	(250×123×65×55)/2	0.7	1.2	0.21	2	GB3996—1983
T-39	块	(250×123×65×45)/2	0.7	1.2	0.21	2	GB3996—1983

可以生产GG-0.5、GG-0.6b、特异型各种规格的制品。

5.14 北京通达耐火技术股份有限公司

5.14.1 公司冶金行业主要产品介绍

5.14.1.1 **热风炉耐火材料**

(1) 热风炉用不定形产品指标见表5.14.1。

表5.14.1 热风炉用不定形产品指标

项目 \ 产品名称		高铝浇注料		耐酸喷涂料	中质喷涂料
化学成分/%	Al_2O_3	70	55	45	40
	CaO	—	—	≤0.5	SiO_2≤50
体积密度/g·cm^{-3}		≥2.65	≥2.30	≥1.9	≥1.9
耐压强度/MPa	110℃×24h	≥45	≥25	≥10	≥35
	1350℃×3h	—	≥50	≥20	≥45
	1500℃×3h	≥60	—	—	—
抗折强度/MPa	110℃×24h	≥8	≥5	—	≥4
	1350℃×3h	—	≥8	—	≥4
	1500℃×3h	≥10	—	—	—
烧后线变化率/%	1350℃×3h	—	±0.5	±1.0	±1.0
	1500℃×3h	±0.5	—	—	—
使用部位		热风炉燃烧口、卸球口	热风炉气流通道	热风炉炉壳造衬，球顶，烟道等	高炉炉顶、重力除尘、升管等

(2) 热风炉用定形产品（典型产品指标）见表5.14.2。

表5.14.2 热风炉用定形产品典型产品指标

项目 \ 产品名称		高纯全红柱石砖		黏土砖	高铝砖	抗剥落砖	低蠕变高铝砖	高强高铝球	莫来石球	高铝堇青石燃烧器	莫来石堇青石燃烧器
		ZHR-1	ZHR-2	SN-42	SN-65	SN-80	SN-65D	SN-BA	SN-BM	SN-H	SN-M
化学成分/%	Al_2O_3(≥)	60	58	42	65	80	65	75	65	55	60
	Fe_2O_3(≤)	1	1.2	—	—	—	—	1.5	1.5	1.0	1.0
耐火度		1790	1790	1750	1790	1790	1790	1790	1790	1790	1790
显气孔率		16	18	24	24	19	19	22	21	22	19
体积密度/g·cm^{-3}		2.5	2.45	—	—	—	—	2.6	2.65	2.5	2.7
耐压强度		60	50	29.4	49.0	80	70	12	20	58	80
烧后线变化率/%	1500℃×2h	(1500℃×3h) -0.1~+0.2	(1500℃×3h) -0.1~+0.2	(1450℃×2h) 0~-0.4	+0.1~-0.4	0~0.2	0~0.2	—	—	(1400℃×2h)-0.3	+0.1
荷重软化点/℃		1680	1650	1400	1500	1520	1600	1480	1550	1450	1550
蠕变率/%		(1500℃)0.6	(1450℃)0.6	—	—	—	—	—	1.0	—	—
热震稳定性/次（1100℃水冷）		10	10	—	—	—	—	18	20	40	55

(3) 特色产品：高纯全红柱石砖。

“高风温长寿型热风炉用全红柱石耐火材料研究与应用”科技成果项目在郑州市通过了科技成果鉴定，鉴定专家一致认为该产品主要性能指标达到甚至超过了国际先进水平，填补了国内全红柱石耐火材料产品的空白。

高风温长寿型热风炉用全红柱石耐火材料全部采用高纯全红柱石为原料，通过严格控制烧成工艺，能够充分满足热风炉、高风温等高效率、长寿命的要求，其代表性产品“高纯全红柱石砖”具有荷重软化温度高、蠕变率低、热震稳定性好、强度高等特点。该项技术和产品经过宝钢、莱钢、济钢、宣钢以及出口日本、意大利、巴西等多座热风炉实际使用检验，证明效果良好，全面达到设计参数标准。

5.14.1.2 **高炉本体耐火材料**

定形制品参考规格：

(1) 热风炉用不定形产品见表5.14.3。

表5.14.3 热风炉用不定形产品

项目 \ 产品名称	炉 底	炉 缸	风口、渣口、铁口组合砖
长度/mm	345~550	230~460	根据客户图纸进行分解设计
宽度/mm	180~270	110~150	
厚度/mm	85~114	75~125	
单重/kg	13~35	8~26	25~35

(2) 炉底、炉缸、风口、铁口、渣口组合砖见表5.14.4。

表5.14.4 炉底、炉缸、风口、铁口、渣口组合砖

产品名称 \ 项目		刚玉氮化硅	塑性相结合刚玉复合砖		复合棕刚玉砖	刚玉莫来石砖	烧成铝碳砖	
			ZSG-1	ZSG-2	ZZA-1	ZAM-1	MT-A1	MT-A2
化学成分/%	Al_2O_3	78	75	70	75	75	58	55
	SiC	Si_3N_4≥6~10	7~9	9~11	14	—	8	6
	C	—	—	—	—	—	14	15
体积密度/g·cm^{-3}		(1500℃×3h)3.3	3.0	2.95	2.9	2.55	2.5	2.5
耐压强度/MPa		(110℃×24h)50 (1500℃×3h)100	100	90	90	70	30	25
抗折强度/MPa		—	—	—	—	—	12	9
显气孔率/%		(1500℃×3h)12	15	16	16	18	13	15
荷重软化温度/℃		1600	1680	1600	1660	1600	1630	1600
抗碱性		优	优	优	优	优	—	—
抗铁侵蚀性		优	优	优	优	优	—	—
应用		炉缸、炉底、风口、铁口、渣口部位				炉底	炉身下部、炉腹、炉腰	

(3) 高炉本体用不定形耐火材料及泥浆系列见表5.14.5。

表5.14.5 高炉本体用不定形耐火材料及泥浆系列

产品名称 \ 项目		黏土高强浇注料	刚玉质浇注料	碳化硅质浇注料	非水系中自流浇注料	缓冲泥浆		刚玉磷酸盐泥浆	无水压入泥浆
		MT-130	GY-90	MT-SC	MT-CG	高铝质HN-A	碳化硅质HN-SC	GN-90	GP-60W
化学成分/%	Al_2O_3(≥)	50	90	—	60	70	20	80	60
	SiC(≥)	—	—	75	SiO≤24	SiC+C≥50	—	—	—
体积密度/g·cm^{-3}		2.45	2.8	2.45	2.3	—	1.6	—	2.1
耐压强度/MPa	110℃×24h	10	35	8	10	0.5	1.0	—	10
	1000℃×3h	(1400℃×3h)40	(1500℃×3h)75	(1450℃×3h)45	(1400℃×3h)30	0.2	0.25	—	—
抗折强度/MPa	110℃×24h	6	10	3	4	—	—	2	4.0
	1500℃×3h	(1400℃×3h)8	(1500℃×3h)12	(1450℃×3h)5	(1400℃×3h)8	—	—	8	0.5
线变化率/%	1400℃×3h	±0.3	±0.3	±0.2	±0.3	±1	±1	—	(1200℃×3h)±0.5
热态压缩率/%		—	—	—	—	—	—	15	30
耐火度/℃		—	—	—	—	1700	1700	1790	1750

(4) 特色产品。

刚玉氮化硅预制件系列:

选用优质刚玉、氮化硅及少量添加剂经浇注预制成型，低温烘烤而成，具有强度高，抗铁侵蚀性优，抗渣侵蚀性优，抗碱侵蚀性优等优点，可根据客户要求生产各种异型、特异型及大块制品。

塑性相结合刚玉复合砖系列:

选用刚玉、莫来石、优质碳化硅、金属复合添加剂，经机压成型高温烧制而成。

复合棕刚玉砖:

选用优质棕刚玉、碳化硅、添加剂等原料，机压成型并高温烧制而成，具有强度高，抗渣侵蚀性优，抗碱性优等特性。

刚玉莫来石砖:

选用优质刚玉、莫来石、添加剂，机压成型高温烧制而成，具有强度高，抗铁侵蚀性优等特性。

5.14.1.3 **高炉出铁场用耐火材料**

(1) 高炉铁沟用浇注料系列 (见表5.14.6) 。

表5.14.6 高炉铁沟用浇注料系列

项目 \ 产品名称		MT-TC	MT-M	MT-SA	MT-LM	MT-LC
化学成分/%	Al_2O_3	75	68	60	60	70
	SiC+C(≥)	15	18	15	25	15
体积密度 /g·cm^{-3}	110℃×24h	2.95	2.90	2.70	2.90	2.90
	1450℃×3h	2.90	2.85	2.60	2.80	2.90
耐压强度 /MPa	110℃×24h	35	35	30	35	30
	1450℃×3h	65	50	50	60	60
抗折强度 /MPa	110℃×24h	6.0	5.0	4.0	5.0	2.0
	1450℃×3h	7.0	6.5	6.0	6.0	8.0
线变化率/%	1450℃×3h	±0.3	±0.3	±0.3	±0.3	±0.3
加水量/L		4.8~5.0	5.0~5.2	5.2~5.5	5.3~5.5	5.0~5.5
应　用		大中型高炉主铁冲击区	大中型高炉主沟渣铁分离区	支铁沟	主沟渣线	维修快烘烤

(2) 高炉炉前系统耐火材料 (见表5.14.7) 。

表5.14.7 高炉炉前系统耐火材料

项　目 \ 产品名称		铁沟免烘烤捣打料			炮泥	铁水罐及鱼雷罐用耐火材料		
		ASC-80	ASC-70	ASC-65	MT-PN	Al_2O_3-SiC-C砖		Al_2O_3-SiC-C浇注料
						ASC-1(烧成)	ASC-2(不烧)	MT-TG
化学成分/%	Al_2O_3							
	SiO_2	—	—	—	2~10	—	—	—
	Si_3N_4	—	—	—	5~20	—	—	—
	SiC+C(≥)	15	15	12	SiC_5~17 .	20	20	18
	C	—	—	—	10~25	—	—	—
体积密度 /g·cm^{-3}	180℃×24h	2.65	2.55	2.52	—	(110℃×24h)2.70	(110℃×24h)2.90	—
	1450℃×3h	2.60	2.48	2.45	1200℃×3h(埋碳)	—	—	2.75
耐压强度 /MPa	180℃×24h	30	20	15	200℃烘干	(110℃×24h)60	(110℃×24h)45	(110℃×24h)40
	1450℃×3h	50	30	15	—	—	—	60
	1500℃×3h	—	—	—	8	—	—	—
抗折强度/MPa	180℃×24h	8.0	5.0	5.0	(110℃×24h)烘干	—	—	(110℃×24h)7
	1450℃×3h	12.0	8.0	6.0	(1500℃×3h)4	—	—	12
线变化率/%	1450℃×3h	±0.3	±0.3	±0.3	(1500℃×3h) -1.5~0	—	—	—
热震稳定性/次(1100℃水冷)		—	—	—	—	50		50
应　用		中小型高炉主铁沟冲击区	中小型高炉主沟料	支铁沟	高炉出铁口	铁水罐及鱼雷罐系统		

5.14.1.4 炼铁系统耐火材料整体解决方案

炼铁系统耐火材料整体解决方案见表5.14.8。

表5.14.8 炼铁系统耐火材料整体解决方案

使用部位 \ 高炉规格			300~1000m^3	1000~2000m^3	2000~4000m^3	4000m^3以上
热风炉系统	定形	拱顶	SN-65D	SN-65D	SN-65 DZHR-1	ZHR-1
		燃烧室	SN-65D	SN-65D	SN-65 DZHR-1	ZHR-1
		其他	SN-42 SN-65	SN-42 SN-65	SN-42 SN-65	SN-65
	不定形		SN-GS SN-DN GP-MS	SN-GS SN-DN GP-MS	SN-GS SN-DN GP-MS	MT-GS MT-DN GP-MS
	燃烧室耐火球		SN-BA	SN-BM	SN-BM	SN-BM
	陶瓷燃烧器		SN-H	SN-M	SN-M	SN-M
高炉本体	陶瓷杯	炉底	ZZA-1 ZAM-1	ZZA-1 ZSG-1	ZSG-1	ZSG-1
		炉缸	ZZA-1 ZSG-2	ZZA-1 ZSG-1	ZSG-1	ZSG-1
		组合砖	ZZA-1 ZSG-2	ZZA-1 ZSG-1	ZSG-1 AN-1	ZSG-1 AN-1
	炉腹，炉腰		MT-A1 SN-65 SN-42	MT-A1 SN-65 SN-42	MT-A1 SN-65 SN-42	MT-A1 SN-65 SN-42
	不定形	炉身	MT-130 MT-SC MT-CG GP-BF	MT-130 MT-SC MT-CG GP-BF	MT-130 MT-SC MT-CG GP-BF	MT-130 MT-SC MT-CG GP-BF
		直吹管	GY-90	GY-90	GY-90	GY-90
铁前系统		铁口	MT-PN	MT-PN	MT-PN	MT-PN
铁沟		主沟	ASC-80 MT-TC MT-M	ASC-70	MT-MG MT-MY	MT-MG4 MT-MY4
		支沟	ASC-65 MT-SA	ASC-65	MT-TG MT-ZG	MT-TG4 MT-ZG4
铁水罐（含鱼雷罐）		定形	ASC-1 ASC-2	ASC-1 ASC-2	SN-42	ASC-1 ASC-2
		不定形	MT-SA	MT-SA	MT-SA	MT-SA

5.14.1.5 钢包用耐火材料

钢包用耐火材料见表5.14.9。

表5.14.9 钢包用耐火材料

项目 \ 产品名称		LL-90	AM-90	LS-70	LS-70
		刚玉尖晶石质浇注料	高纯铝镁质浇注料	矾土尖晶石质浇注料	铝镁浇注料
化学成分/%	Al_2O_3	90	90	70	75
	MgO	5	5	12	8
体积密度/$g\cdot cm^{-3}$	110℃×24h	3.00	3.05	2.85	2.70
	1500℃×3h	2.95	3.00	2.80	2.68
耐压强度/MPa	110℃×24h	40	40	40	40
	1100℃×3h	55	55	50	50
	1500℃×3h	95	95	80	80
抗折强度/MPa	110℃×24h	5	5	5	5
	1100℃×3h	7	7	6	6
	1500℃×3h	12	12	9	10
烧后线变化率/%	1500℃×3h	±0.5	±0.5	±0.5	±0.5
用途		大型钢包包衬及包底浇注料和预制块		中小型钢包包衬及包底	

5.14.1.6 LF炉、电炉炉盖耐火材料

LF炉、电炉炉盖耐火材料见表5.14.10。

表5.14.10 LF炉、电炉炉盖耐火材料

项目 \ 产品名称		LL-90	AM-90	LS-70
		DAC-90	DA-90	DA-90
化学成分/%	Al_2O_3	85	90	75
	Cr_2O_3	2~5	—	—
	MgO	—	—	8
体积密度/$g\cdot cm^{-3}$		2.95	2.95	2.85
耐压强度/MPa	110℃×24h	80	80	60
	1500℃×3h	100	100	100
抗折强度/MPa	110℃×24h	10	10	6
	1500℃×3h	12	12	9
耐火度/℃		1850	1850	1850
重烧线变化率/%	1500℃×3h	0~+0.6	0~+0.5	0~+0.8
热震稳定性/次		15	15	15
用途		大功率电炉炉盖三角区浇注料或预制件		LF炉炉盖

5.14.1.7 连铸中间包内衬耐火材料

连铸中间包内衬耐火材料见表5.14.11。

表5.14.11 连铸中间包内衬耐火材料

项目 \ 产品名称		ZMD-85	ZMC-85	ZMT-85	GF-16	ZW-90	ZW-88	ZC-85	ZBG-65
		镁质	镁钙质	镁质	高铝质	刚玉质	镁质	镁质	铝镁质
化学成分/%	Al_2O_3(≥)	—	CaO	—	75	90	—	—	65
	MgO(≥)	85	10~20	85	—	—	88	85	6
体积密度/g·cm^{-3}	110℃×24h	(270℃×24h) 2.4	70~80	2.2	2.6	2.95	2.60	2.40	2.30
	1550℃×3h	2.4	(270℃×24h) 2.4	2.3	2.55	3.00	2.65	2.45	2.40
耐压强度/MPa	110℃×24h	(270℃×24h) 15	2.4	10	80	40	30	25	10
	1550℃×3h	20	(270℃×24h) 15	20	80	100	50	40	35
抗折强度/MPa	110℃×24h	(270℃×24h) 5	25	4	8	8	3.5	6	5
	1550℃×3h	10	(270℃×24h) 3	10	8	16	5	10	10
线变化率/%	1550℃×3h	0~-0.35	6	0~-0.4	±0.3	±0.5	±0.5	±0.5	±0.5
用途		中间包干式料	0~-0.35	中间包涂料	中间包永久衬	稳流器、冲击板、侧板			中包盖

5.14.1.8 加热炉用耐火材料

加热炉用耐火材料见表5.14.12。

表5.14.12 加热炉用耐火材料

项目 \ 产品名称		莫来石自流浇注料	炉顶浇注料	可塑料	轻质浇注料	莫来石浇注料	抗渣浇注料	自流浇注料	炉体用浇注料	
		MAD-65	M-14	PK-70	ML-10	MAS-6	SA-65	M-17	M-13H	M-16H
最高使用温度/℃		1650	1500	1450	1100	1650	1600	1600	1350	1600
化学成分/%	Al_2O_3(≥)	70	60	70	30	65	65	75	60	75
体积密度/g·cm^{-3}	110℃×24h	2.72	2.45	2.2	—	—	2.70	2.6	2.5	2.7
	1400℃×3h	2.75	2.5	2.3	1.0	2.5	2.80	2.7	2.5	2.7
抗折强度/MPa	110℃×24h	12	12	8.5	1.5	11	10.0	14	6	8
	1400℃×3h	8	6.0	4.5	1.5	5.5	3.50	6	4	6
耐压强度/MPa	110℃×24h	90	70	50	6.0	110	90	100	60	80
	1400℃×3h	60	40	15	4.5	50	30	50	40	45
线变化率/%	1100℃×3h	±0.3	0~1.0	±0.2	±0.5	±0.3	±0.3	±0.3	±0.5	±0.5
热震稳定性/次(1100℃水冷)		≥50	≥60	—	—	—	—	—	—	—
用途		自流快干防爆，水冷管包扎	炉顶工作衬预制件	炉衬、炉顶、管壁及其他特殊形状的部位	隔热保温	烧嘴砖预制件	加热炉炉底部位以及氧化铁渣较多的部位	结构较复杂，人工无法振捣的部位	低温带、烟道部位以及温度不高于1300℃的加热炉炉体	高温、中温带，使用温度在1400~1550℃

5.14.1.9 理化指标

理化指标见表5.14.13。

表5.14.13 理化指标

牌号		塑性相结合刚玉复合砖	刚玉莫来石砖
		ZAM-1	ZSG-1
化学成分/%	AlO_3(≥)	75	85
	SiC(≥)	7~9	—
体积密度(≥)/g·cm^{-3}		3.0	3.0
耐压强度(≥)/MPa		100	70
显气孔率(≤)/%		15	18
荷重软化温度(≥)/℃(0.2MPa, 0.6%)		1700	1700
抗碱性		优	优
抗铁侵蚀性		优	优

续表5.14.13

牌　　号		塑性相结合刚玉复合砖	刚玉莫来石砖
		ZSG-1	ZAM-1
化学成分/%	Al_2O_3(≥)	75	85
	SiC(≥)	7~9	—
体积密度(≥)/g·cm^{-3}		3.0	3.0
耐压强度(≥)/MPa		100	70
显气孔率(≤)/%		15	18
荷重软化温度(≥)/℃(0.2MPa，0.6%)		1700	1700
抗碱性		优	优
抗铁侵蚀性		优	优

5.15 宁波恒力液压股份有限公司

5.15.1 HL-A4VSO型轴向柱塞变量泵

(1) 规格计算。

输出流量：　$Q=V_g n\eta/100$ (L/min)

扭矩：　$M=1.59V_g\Delta P/10\eta_{mh}$ (N·m)

功率：　$P=Mn/9549=Q\Delta P/60\eta_t$ (kW)

其中，V_g为排量（mL/r）；ΔP为压差（MPa）；n为转速（r/min）；η_{mh}为机械效率；η_t为总效率。

(2) 液压泵执行标准。

JB/T 7043—2006 液压轴向柱塞泵。

5.15.1.1 HL-A4V型组合泵

(1) HL-A4VSO系列组合泵。

技术数据见表5.15.1。

表5.15.1 技术数据

规　格		40	71	125	180	250	355
允许通轴驱动扭矩/N·m	花键轴	445	792	1390	2000	2780	3950
	平键轴	380	700	1390	1400	2300	3550
与主泵安装法兰有关的允许惯性矩/N·m		1800	2000	4200	4200	9300	15600

注：惯性矩计算简图见图5.15.1。

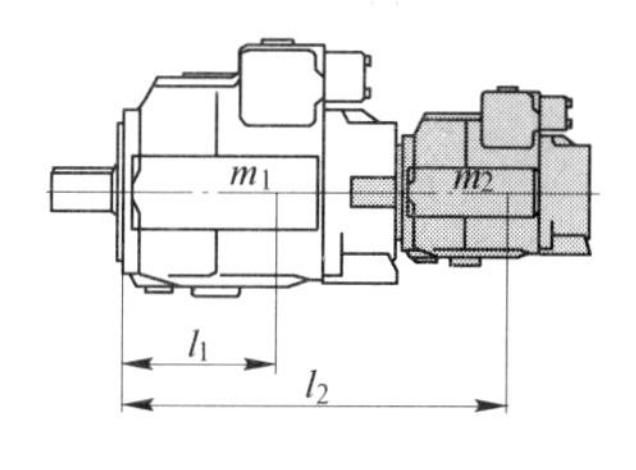

图5.15.1 惯性矩计算简图

(2) HL-A4VSG系列组合泵。

技术数据见表5.15.2。

表5.15.2 技术数据

规　格		40	71	125	180	250	355
允许通轴驱动扭矩/N·m	花键轴	445	792	1390	2000	2780	3950
	平键轴	380	700	1390	1400	2300	3550
与主泵安装法兰有关的允许惯性矩/N·m		1800	2000	4200	4200	9300	15600

5.15.1.2 HL-A4VSG型轴向柱塞变量泵

(1) 规格计算。

输出流量: $Q=V_g n \eta/100$ (L/min)

扭矩: $M=1.59V_g \Delta P/10\eta_{mh}$ (N·m)

功率: $P=Mn/9549=Q\Delta P/60\eta_t$ (kW)

其中，V_g为排量（mL/r）；ΔP为压差（MPa）；n为转速（r/min）；η_v为容积效率；η_{mh}为机械效率；η_t为总效率。

(2) 液压泵执行标准。

JB/T 7043—2006 液压轴向柱塞泵。

5.15.1.3 HL-A4FO型定排量泵

(1) 规格计算。

输出流量: $Q=V_g n \eta/100$ (L/min)

扭矩: $M=1.59V_g \Delta P/10\eta_{mh}$ (N·m)

功率: $P=Mn/9549=Q\Delta P/60\eta_t$ (kW)

其中，V_g为排量（mL/r）；ΔP为压差（MPa）；n为转速（r/min）；η_v为容积效率；η_{mh}为机械效率；η_t为总效率。

(2) 液压泵执行标准。

JB/T 7043—2006 液压轴向柱塞泵。

5.15.1.4 HL-A4FM型定量马达

(1) 规格计算。

流量: $q_v=\dfrac{v_g n}{100\cdot\eta_v}$ (L/min)

扭矩: $T=\dfrac{v_g\Delta P\eta_{mh}}{2\eta_n}$ (L/min)

功率: $P=\dfrac{Tn}{9549}=\dfrac{2nTn}{6000}=\dfrac{q_v\Delta P\eta_t}{60}$ (kW)

其中，V_g为排量（mL/r）；ΔP为压差（MPa）；n为转速（r/min）；η_v为容积效率；η_{mh}为机械效率；η_t为总效率。

(2) 液压泵执行标准。

JB/T 10829—2008 液压马达。

5.15.1.5 HL-A4V系列柱塞泵使用须知

运转步骤:

(1) 运转前应检查柱塞泵安装是否正确可靠，联轴器安装是否合乎要求，用手转动联轴器是否有卡死现象。

(2) 初次使用或者长期存放后运转时，应在启动前按说明书的要求向柱塞泵的壳体内注满清洁的工作油液，否则不准启动，启动前检查原动机的转向，检查进油管的阀门是否打开。

(3) 将系统中溢流阀等调节到最低值，严禁带载启动。

(4) 启动时应先点动，正常工作后再连续运转。在运转一定时间后现象发生，再逐步调节到所需压力和流量。安全溢流阀的最大调节值不应超过规定。

注：未按规定使用而造成柱塞泵损害不在三包范围内。

5.16 佛山市科达液压机械有限公司

5.16.1 泵、阀

5.16.1.1 KD-A4VSO泵规格及特点

(1) 规格。

系列1、系列2和系列3；额定压力35MPa，尖峰压力42MPa。

(2) 特点（见图5.16.1）。

1) KD-A4VSO斜盘结构轴向柱塞变量泵，为开式回路液压驱动设计；
2) 泵的流量正比于泵的转速及排量，调节斜盘倾角排量可无极调节；
3) 无极变量，位置控制斜盘结构；
4) 优良的吸入特性；
5) 额定工作压力可达35MPa；
6) 噪声低，寿命长；
7) 驱动轴能承受轴向及径向负载；
8) 叠加式设计，优良的功率/质量比；
9) 控制相应时间短；
10) 通轴结构，可形成组合泵；
11) 有斜盘角度指示器；
12) 安装位置可选；
13) 可选用HF液体工作，但运行参数有所降低。

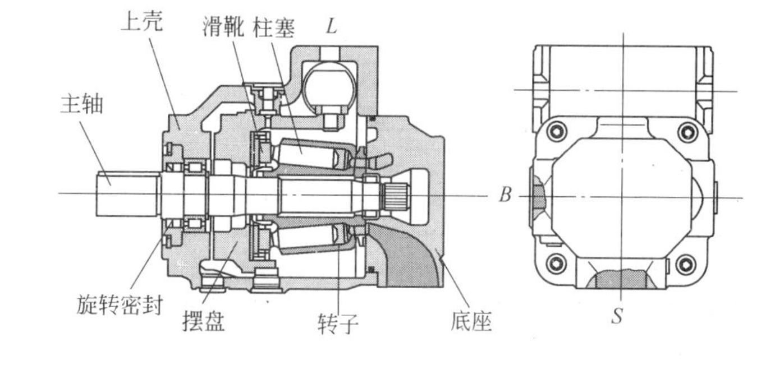

图5.16.1 KD-A4VSO泵特点

5.16.1.2 订货代码

图5.16.2所示为订货代码。

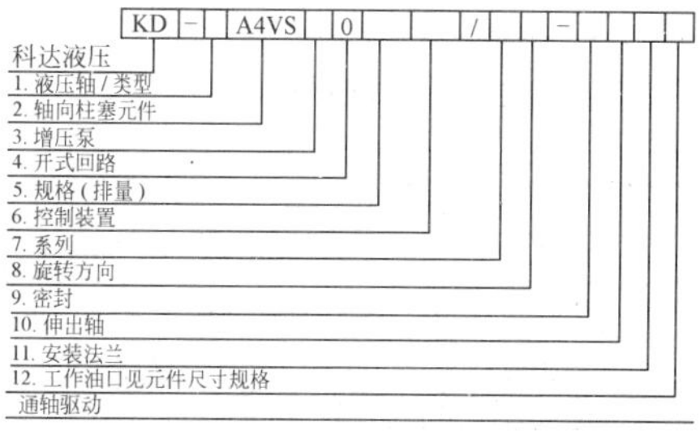

KD | – | | A4VS | | 0 | | | / | | | – | | | |

科达液压
1. 液压轴/类型
2. 轴向柱塞元件
3. 增压泵
4. 开式回路
5. 规格（排量）
6. 控制装置
7. 系列
8. 旋转方向
9. 密封
10. 伸出轴
11. 安装法兰
12. 工作油口见元件尺寸规格
通轴驱动

图5.16.2 订货代码

(1) 液压油/类型见表5.16.1。

表5.16.1 液压油/类型

规 格	40	71	125	180	250	355	370	500	
HM矿物油（无代号）	√	√	√	√	√	√	√	△	
HF液压油（防护、润滑用特种液压油除外）	√	√	√	√	√	√	√	△	E
高速型系列		▲	▲	▲	√	√	√	△	H

注：√=有现货；△=在准备中；▲=无货。

(2) 轴向柱塞元件。

工业用的斜盘结构变量泵	A4VS

(3) 增压泵（吸入增压）。

规格	40	71	125	180	250	355	370	500	
	△	△	△	√	√	√	△	△	L

(4) 运行模式。

泵，开式回路	O

(5) 规格。

排量V_{gmax}/mL·r^{-1}	40	71	125	180	250	355	370	500
	√	√	√	√	√	√	√	△

(6) 控制装置。

规 格	40	71	125	180	250	355	370	500
压力控制 DR	√	√	√	√	√	√	√	△
双曲线功率控制 LR	√	√	√	√	√	√	√	△
电子控制 EO	√	√	√	√	√	√	√	△

(7) 系列。

规　格	40	71	125	180	250	355	370	500
10系列	√	√	▲	▲	▲	▲	▲	▲
22系列	▲	▲	√	√	√	√	√	▲
30系列	▲	▲	√	√	√	√	√	△

(8) 旋转方向。

从轴端看	顺时针	R
	逆时针	L

(9) 密封。

丁腈橡胶NBR（按DIN ISO 1629）	P
氟橡胶FPM（按DIN ISO 1629）	V

(10) 伸出轴。

平键直轴，按DIN6885	P
花键直轴，按DIN5480	Z

(11) 安装法兰。

规格	40	71	125	180	250	355	370	500	
ISO4孔	√	√	√	√	√	√	√	▲	B
ISO8孔	√	√	√	√	√	√	√	△	H

(12) 进出油口B和S位置。

规　　格	40	71	125	180	250	355	370	500	
油口B和S：SAE在侧面，偏移90°，公制固定螺纹	√	√	√	√	√	√	√	△	13
油口B和S：SAE在侧面，偏移90°，公制固定螺纹二次压力油口B1在B对侧一供货时以法兰堵住	√	√	√	√	√	√	√	△	25

通轴驱动技术特性见表5.16.2。

表5.16.2　通轴驱动技术特性

规　　格			40	71	125	180	250	355	370	500	
无辅助泵，无通轴驱动			√	√	√	√	√	√	√	△	N00
带通轴驱动，可连接轴向柱塞元件、齿轮泵或径向柱塞泵											
法兰	轴套/轴	可连接									
ISO 125,4-孔	花键轴32×2×30×14×9g	A4VSO/H/G 40	√	√	√	√	√	√	√	△	K13
ISO 140,4-孔	花键轴40×2×30×18×9g	A4VSO/H/G 71	▲	√	√	√	√	√	√	△	K33
ISO 160,4-孔	花键轴50×2×30×24×9g	A4VSO/H/G 125	▲	▲	√	√	√	√	√	△	K34
ISO 160,4-孔	花键轴50×2×30×24×9g	A4VSO/G 180	▲	▲	▲	√	√	√	√	△	K34
ISO 224,4-孔	花键轴60×2×30×28×9g	A4VSO/H/G 250	▲	▲	▲	▲	√	√	√	△	K35
ISO 224,4-孔	花键轴70×3×30×22×9g	A4VSO/G 355	▲	▲	▲	▲	▲	√	√	△	K77
ISO 315,8-孔	花键轴80×3×30×25×9g	A4VSO/G 500	▲	▲	▲	▲	▲	▲	▲	△	K43
ISO 80,2-孔	花键轴3/4"19-4(SAE A-B)	A4VSO 18	△	△	√	√	√	△	△	△	KB2
ISO 100,2-	花键轴7/8"22-4(SAE B)	A4VSO 28	√	√	√	√	√	√	√	△	KB3
ISO 100,2-孔	花键轴1"25-4(SAE B-B)	A4VSO 45	▲	△	√	√	√	△	△	△	KB4
ISO 125,2-孔	花键轴1 1/4"19-4(SAE C)	A4VSO 71	▲	△	√	√	√	△	△	△	KB5
ISO 125,2-孔	花键轴1 1/2"38-4(SAE C-C)	A4VSO 100	▲	▲	√	√	√	△	△	△	KB6
ISO 180,4-孔	花键轴1 3/4"44-4(SAE D)	A4VSO 140	▲	▲	▲	△	√	√	△	△	KB7
82- 2（SAE A,2-孔）	花键轴5/8"16-4(SAE A)	G2/GC2/GC3-1X	√	√	√	√	√	√	√	△	K01
101- 2（SAE B,2-孔）	花键轴3/4"19-4(SAE A-B)	A10VSO 18	√	√	√	√	√	√	√	△	K52
101- 2（SAE B）	花键轴7/8" (SAE B)	G3	√	√	√	√	√	√	√	△	K02
101- 2（SAE B）	花键轴25-4(SAE B-B)	GC14-1X,A10VO 45	▲	▲	√	√	√	√	√	△	K04
127- 2（SAE C）	花键轴32-4(SAE C)	A10VO 71	▲	▲	√	√	√	△	△	△	K07
101- 2（SAE B）	花键轴32-4(SAE C)	GC5-1X	▲	▲	√	√	√	△	△	△	K06
127- 2（SAE C）	花键轴38-4(SAE C-C)	GC6-1X,A10VO 100	▲	▲	√	√	√	△	△	△	K24
152- 4（SAE D）	花键轴44-4(SAE D)	A10VO 140	▲	▲	▲	√	√	△	△	△	K17
¢63,metric 4-孔	带键轴¢25	R4	√	√	√	√	√	△	△	△	K57
101- 2（SAE B）	花键轴22-4(SAE B)	G4, A10VO 28	√	√	√	√	√	√	△	△	K68
带通轴驱动，无轴套，无变径法兰，带盖板			√	√	√	√	√	√	√	△	K99

5.16.1.3 液压油

(1) 选用液压油时应注意事项。

为了选用正确的液压油，必须知道油箱中油液的工作温度（开式回路）与环境温度的关系。

选择液压油，必须保证在工作温度范围内，油液的工作黏度处于最佳范围（V_{opt}），见选择图的阴影部分。

建议在每种场合尽可能选用高的黏度等级。

例如：在X℃的温度下，工作油液温度为60℃，在最佳工作黏度范围（V_{opt}阴影部分）内对应有VG46或VG68，应选VG68。

(2) 选用图表（见图5.16.3）。

(3) 工作黏度范围。

为了得到最佳的效率和寿命，我们推荐把油液的工作黏度（在工作黏度下）选在下列范围内：

V_{opt} = 最佳工作黏度16~36mm^2/s与（开式油路）油箱温度有关。

(4) 黏度范围的限制。

在90℃的最高温度下，允许短时间内的泄漏黏度的极限值为：

V_{min}=10mm^2/s，t_{min}=−25℃，t_{max}=+90℃

冷启动时，短时间内允许的黏度极限值：

V_{max}=1000mm^2/s

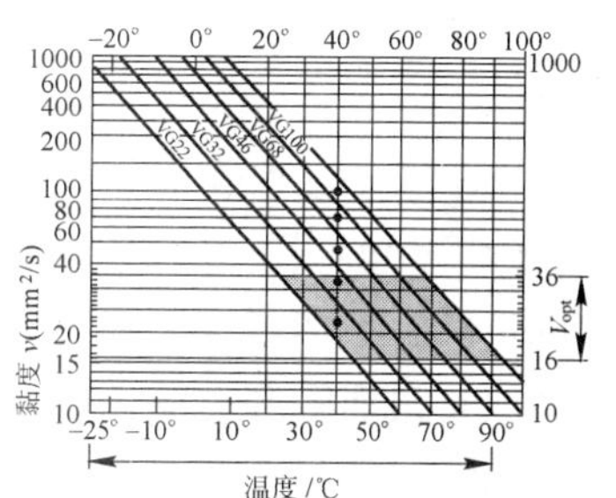

图5.16.3　选用图表温度范围（见选择图）

t_{min}=−25℃；t_{max}=+90℃

t_{min}=−25℃；油液温度范围 t_{max}=+90℃

注意：泄漏油（壳体泄漏）温度受泵的压力和转速的影响，并总是高于油箱油温。然而，系统任何地方的最高温度不得超过90℃。

(5) 油液的过滤（轴向柱塞元件）。

为了保证轴向柱塞元件的正常运行，需要油液的清洁度至少为：9 to NAS 1638或18/15 to ISO/DIS 4406。

(6) 轴承的冲洗。

在下列工况下，必须对轴承进行冲洗以确保其长期安全地持续工作。

1）采用特定的工业油液（非矿物油），因为其润滑性能的限制和较小的工作温度范围。

2）采用矿物油，在极限温度和极限黏度下工作。

3）泵采用立式安装（驱动轴朝上），建议对轴承进行冲洗，以确保前端轴承和轴封有足够的润滑。轴承的冲洗，通过靠近变量泵前法兰的油口U进行。冲洗油液流过主轴轴承，并和泵的壳体泄漏油一起从泄漏口排出。

(7) 冲洗各种规格泵的油液冲洗流量见下表：

规　格	40	71	125	180	250	355	370	500
流量/$L \cdot min^{-1}$	3	4	5	7	10	15	15	20

为了达到此给定流量，在油口U（包括接头）和壳体泄油腔之间应保持约2bar（对1系列和2系列）和3bar（对3系列）的压差。

(8) 30系列的注意事项。

当利用U口给轴承冲洗时，在U口处的节流螺钉必须拧到底，调到最大。

5.16.1.4 安装注意事项

(1) 垂直安装（轴端向上）。

在垂直安装时，建议对轴承进行冲洗，以确保前端轴的润滑。

下列安装情况仅供参考：

1）安装在油箱内。

当油箱的最低液面（R/L）与泵的法兰面（T、S）同高或更高时，“R/L”、“T”、“S”口可开放（见图5.17.4）。

如果油箱的最低液面（R/L）低于泵的法兰面（T、S）时，那么“R/L”、“T”、“S”口必须用管道连接。如图5.17.5所示，该情况与2）中所述相同。

2）安装在油箱外。

安装前，泵水平卧置并灌满液压油，T口通油箱，R/T口堵住。安装时通过R口灌油，通过T口排气，最后R口堵上。

备注：泵的最低进口压力（吸入压力）必须不低于0.8bar绝对压力。如果要求低噪声运行，则应避免将泵置于油箱之上。

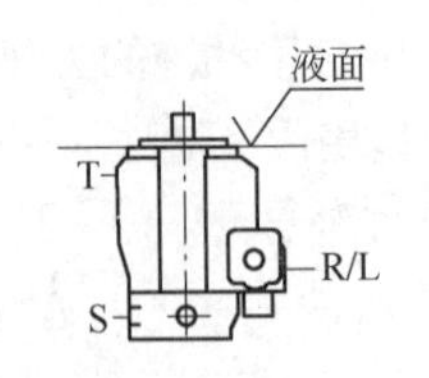

图5.16.4　当R/L面T、S同高时或更高时

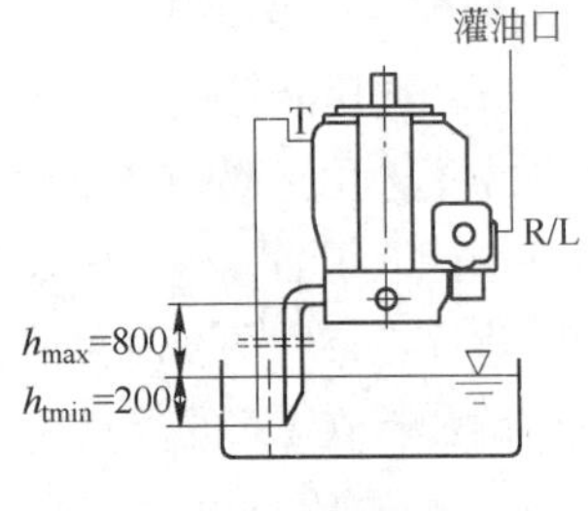

图5.16.5　当R/L面低于T、S时

（2）卧置。

将T.K1.K2或R/L口置于最高位置，并把灌油/通气口和泄漏油管连接。

1）安装在油箱内。

当油箱的最低液面R/L于泵上端同高或更高时和泵的上端同高或更高时，泄油和S口可开放（见图5.16.6）。

当油箱的最低液面R/L比泵的上端低时，泄油口以及S口必须尽可能用管道连接（见图5.16.7），情况如同2）安装在油箱外。泵体在试运行前应灌满液压油。

2）安装在油箱外面。

如安装在油箱上，请参考图5.16.7，并按（1）安装在油箱外）相关的要求进行。泵体在试运行前应灌满液压油。

如安装在油箱之下，泄漏管和S口用管道连接，如图5.17.8所示。泵体在试运行前应灌满液压油。

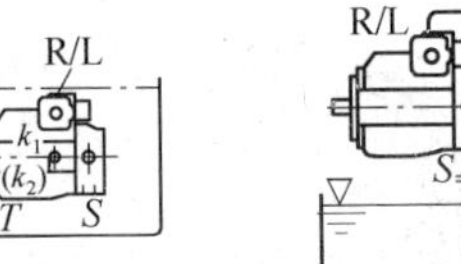

图5.16.6　N/L面与泵上端同高或更高时

图5.16.7　R/L面与泵上端低时

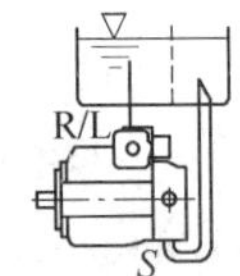

图5.16.8　泄露管与S口用管道连接

5.16.1.5　**输入功率及流量**

输入功率和流量见图5.16.9（工作液体：液压油ISO VG 46 DIN 51519，t=50℃）。

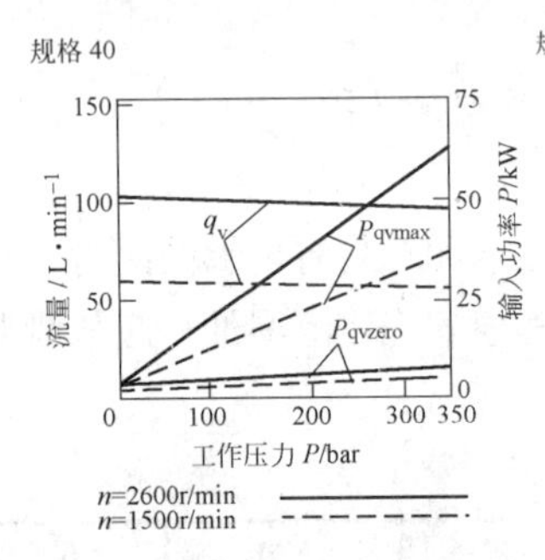

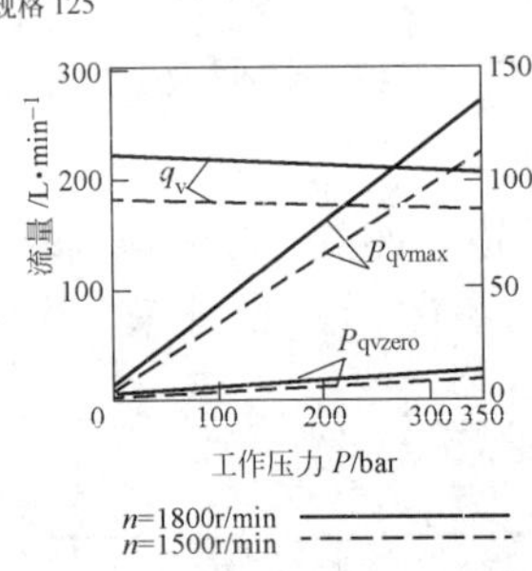

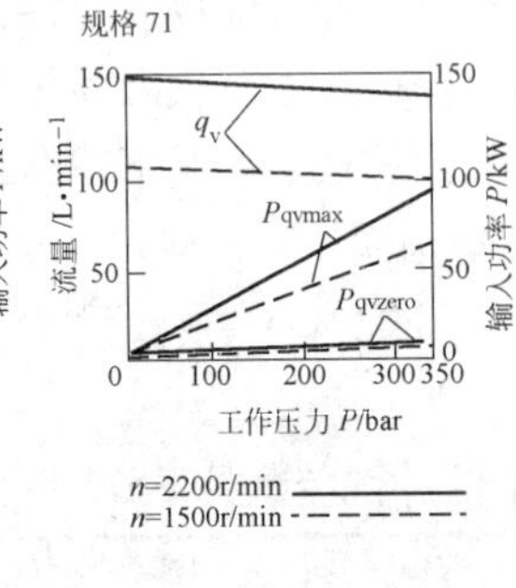

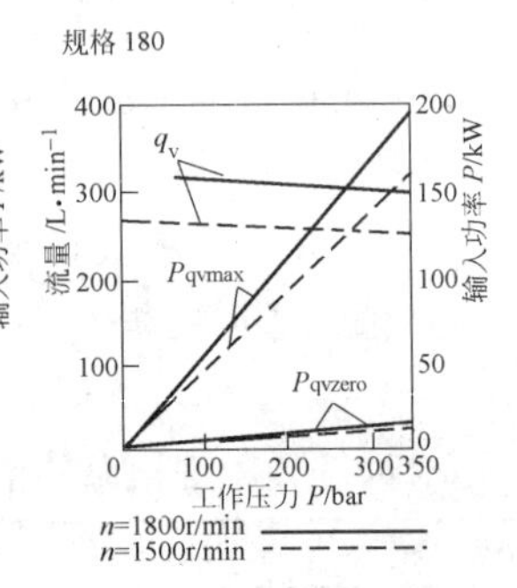

图5.16.9　输入功率及流量

总效率
$$\eta_t=\frac{q_v\, p}{P_{qv\,max}\,600}$$

容积效率
$$\eta_v=\frac{q_v}{q_{vtheor}}$$

5.16.1.6　***技术参数（矿物油工作有效）***

（1）进油口工作范围：S口（进口）的绝对压力。

Pabs min　0.8bar

Pabs max　30bar

（2）出油口工作压力范围：在B口的压力。

额定压力P_n　35MPa

尖峰压力P_{max}　42MPa

（3）油液流动方向。

从S口到B口。排量的减少或转速的增加，决定吸入口S处的进口压力Pabs。进口压力为静态的输入压力或增压压力的最小值（见图5.16.10）。

(4) 壳体泄油压力:

壳体允许泄油压力（泵体压力）与泵轴动转速的关系（见图5.16.11）。

壳体最大泄油压力（泵体压力）P_{max}为4bar，这是近似值，在某些工况下此值需减小。

(5) 技术特性见表5.16.3。

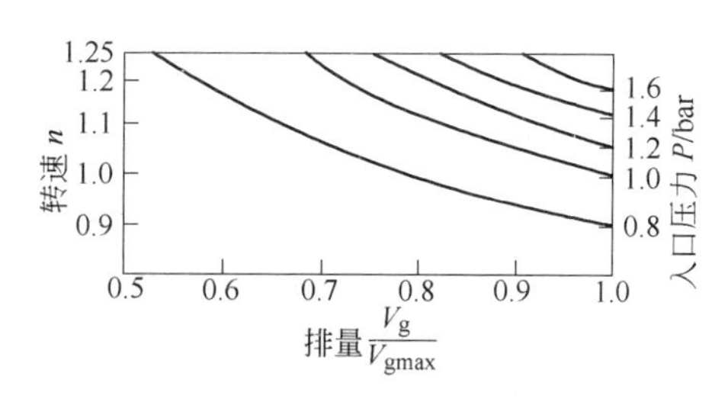

图5.16.10 排量与转速的关系

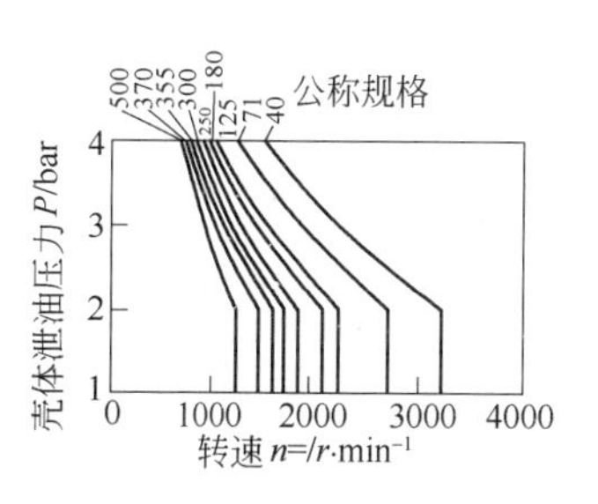

图5.16.11 泵体动与泵轴动的关系

表5.16.3 技术特性

规　格	单位	40	71	125	180	250	355	370	500
排量V_{gmax}	cm^3	40	71	135	180	250	355	370	500
转速$n_{o\ max\ zul}$	min^{-1}	2600	2200	1800	1800	1500	1500	1500	1320
最高转速$n_{o\ max\ zul}$	r/min	3200	2700	2200	2100	1800	1700	1700	1600
流量n_E=1500RPM时	L/min	60	107	186	270	375	532	555	750
功率n_E=1500RPM时	kW	35	62	109	158	219	311	324	437
扭矩$n_{g\ max}$ 时	N·m	64	113	199	286	398	564	588	795
质量	kg	39	53	88	102	184	207	207	320
最大轴向力	N	600	800	1000	1400	1800	2000	2000	2000
最大径向力	N	1000	1200	1600	2000	2000	2200	2200	2500

注：$V_g<V_{gmax}$。

5.16.1.7 控制形式

(1) 压力控制DR（见图5.16.12）。

调节液压系统中的最大压力:

可设定范围：2~35MPa。

可选项:

远程压力控制（DRG）。

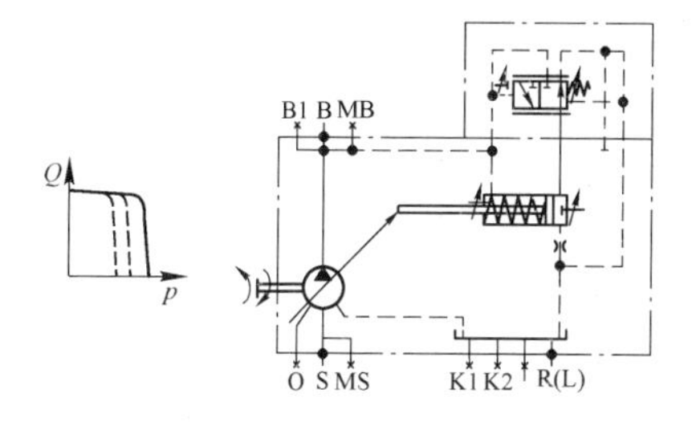

图5.16.12 压力控制

(2) 双曲线功率控制LR2（见图5.16.13）。

双曲线功率控制在相同的输入转速下保持预设的驱动功率恒定。

可选项:

压力控制（LR2D）;

远程控制（LR2G）;

流量控制（LR2F,LR2S）

液压行程限制器（LR2H）;

机械行程限制器（LR2M）;

液压两点控制（LR2Z）;

用于帮助启动的电气卸荷阀（LR2Y）。

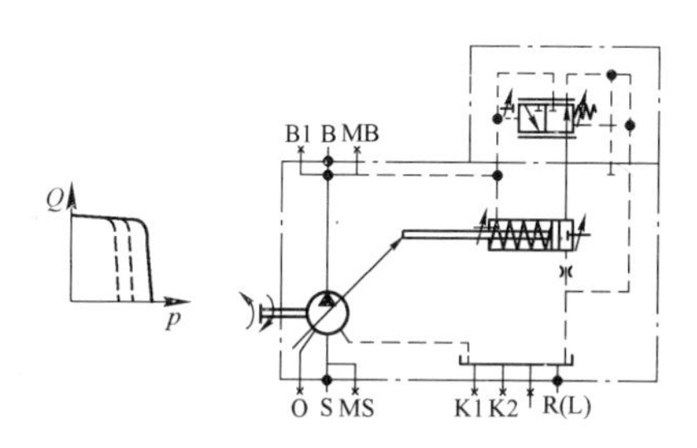

图5.16.13 双曲线功率控制

(3) 液压流量控制EO1/2（见图5.16.14）。

通过带有斜盘角度电气反馈例阀实现无级排量调整。

电子控制。

可选项:

短路阀（EO1K，EO2K）;

无阀门（EO1E，EO2E）。

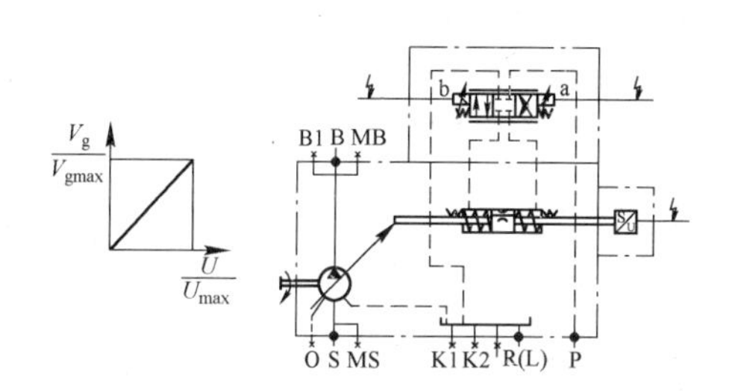

图5.16.14 液压流量控制

5.16.1.8 尺寸规格

液压泵规格尺寸见表5.16.4～表5.16.8和图5.16.15。

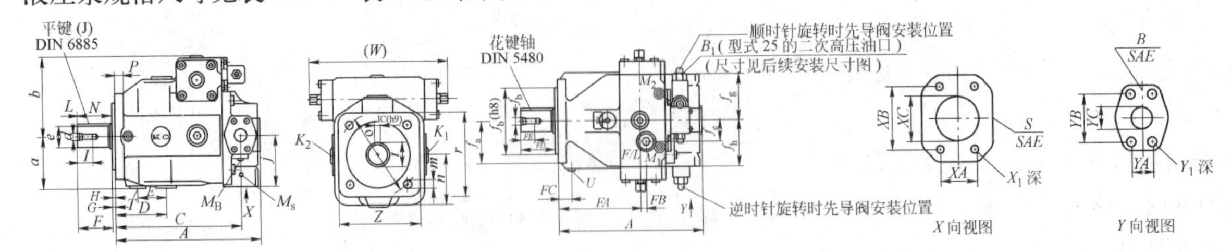

图5.16.15

表5.16.4 液压泵规格尺寸1 (mm)

规格	A	C	D	E	F	G	H	I	J键	L	N	O	P	W	JC	Z
40	269	227	90	52	58	10	8	22	10×8×56	1.5	56	160	18	260	10	150
71	298	254	101	61	70	10	8	22	12×8×68	1.5	68	180	18	296	12	170
125	355	310	125	70	82	10	8	36	14×9×80	1.5	80	200	22	354	14	200
180	379	318	125	70	82	10	8	36	14×9×80	1.5	80	200	22	354	14	200
250	435	380	150	90	105	10	8	42	18×11×100	1.5	100	280	30	424	18	265
355	468	393	150	90	105	10	8	42	20×12×100	1.5	100	280	30	424	20	265
370	468	393	150	90	105	10	8	42	20×12×100	1.5	100	280	30	424	20	265
500	520	441	155	80	130	47	16	42	22×14×125	3	125	450	32	510	22	380

表5.16.5 液压泵规格尺寸2 (mm)

规格	a	b	d	e	j	m	n	r	t	fa	fb	fd	fe	fg. fh
40	91	140	M10	ϕ32k6	80	15	85	150	35	79	ϕ125	M10	30	80
71	106	157	M12	ϕ40k6	92.5	15	97	170	43	92	ϕ140	M12	34	92.5
125	120.5	191	M16	ϕ50k6	112.5	20	114.5	200	53.5	112	ϕ160	M16	50	112.5
180	120.5	191	M16	ϕ50k6	116	20	114.5	200	53.5	112	ϕ160	M16	55	112.5
250	151	238	M20	ϕ60m6	144	24	114.5	265	64	144	ϕ224	M20	55	144
355	151	238	M20	ϕ70m6	144	24	114.5	265	74.5	144	ϕ224	M20	55	148
370	151	238	M20	ϕ70m6	144	24	114.5	265	74.5	144	ϕ224	M20	55	148
500	190	238	M20	ϕ80m6	200	24	190	380	85	189	ϕ315	M20	50	182

表5.16.6 液压泵规格尺寸3 (mm)

规 格	FA	FB	FC	FD	FE
40	144	25	30	36	22
71	166	27	27	45	28
125	203	14	33	54	36
180	203	14	33	54	36
250	248	17	44	70	42
355	248	17	44	82	42
370	248	17	44	82	42
500	279	50	16	90	42

表5.16.7 液压泵规格尺寸4 (mm)

规格	XA	XB	XC	X1	H1	S吸油口	YA	YB	YC	Y1	H2	B压力油口
40	35.7	68.9	40	M12×20	20	1 1/2"	23.8	50.8	20.5	M10×17	17	3/4"
71	42.9	77.8	50	M12×20	20	2"	27.8	57.2	25	M12×20	20	1"
125	50.8	88.9	75	M12×20	17	2 1/2"	31.8	66.7	31	M12×20	19	1 1/4"
180	61.9	106.4	75	M16×24	24	3"	31.8	66.7	31	M14×22	19	1 1/4"

续表5.16.7

规格	XA	XB	XC	X1	H1	S吸油口	YA	YB	YC	Y1	H2	B压力油口
250	61.9	106.4	75	M16×24	24	3"	36.5	79.4	40	M16×22	21	1 1/2"
355	77.8	130.2	100	M16×24	24	4"	36.5	79.4	40	M16×22	21	1 1/2"
370	77.8	130.2	100	M16×24	24	4"	36.5	79.4	40	M16×22	21	1 1/2"
500	92.1	152.4	125	M16×24	24	5"	44.5	96.8	50	M20×25	24	2"

表5.16.8 液压泵规格尺寸5 (mm)

规 格	冲洗油口k1.k2	泄油口T	测试点MB.MS	注油+通气口	冲洗油口U（堵）	测压点M1.M2
40	M22×1.5深14	M22×1.5深14	M14×1.5深12	M22×1.5	M14×1.5深12	M14×1.5
71	M27×2深16	M27×2深16	M14×1.5深12	M27×2	M14×1.5深12	M14×1.5
125	M33×2深18	M33×2深18	M14×1.5深12	M33×2	M14×1.5深12	M14×1.5
180	M33×2深18	M33×2深18	M14×1.5深12	M33×2	M14×1.5深12	M14×1.5
250	M42×2深20	M42×2深20	M14×1.5深12	M42×2	M14×1.5深12	M18×1.5
355	M42×2深20	M42×2深20	M14×1.5深12	M42×2	M18×1.5深12	M18×1.5
370	M42×2深20	M42×2深20	M14×1.5深12	M42×2	M18×1.5深12	M18×1.5
500	M48×2深22	M48×2深22	M14×1.5深48	M48×2	M18×1.5深12	M18×1.5

(1) KD-A4VSO40安装尺寸图（见图5.16.16）。

1.系列，规格40的元件尺寸。

B 压力油口 SAE 3/4"（高压范围）

S 吸油口SAE 1 1/2"（标准范围）

B1 辅助油口M22×1.5；深14（堵）

K1，K2 冲洗油口M22×1.5；深14（堵）

T 泄油口 M22×1.5；深14（堵）

MB，MS 测试点 M14×1.5；深12（堵）

R（L）注油口+通气口 M22×1.5

U C 冲洗油口 M14×1.5；深12（堵）

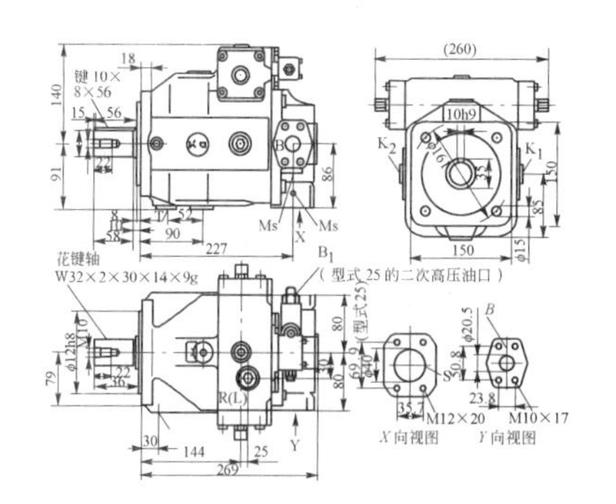

图5.16.16 KD-A4VSO40安装尺寸

(2) KD-A4VSO71安装尺寸图（见图5.16.17）。

1.系列，规格71的元件尺寸

B 压力油口 SAE 1"（高压范围）

S 吸油口 SAE 2"（标准范围）

B1 辅助油口M27×2深 16（堵）

K1，K2冲洗油口M27×2；深16（堵）

T 泄油口 M27×2；深16（堵）

MB,MS 测试点 M14×1.5；深12（堵）

R（L） 注油口+通气口 M27×2

U 冲洗油口 M14×1.5；深12（堵）

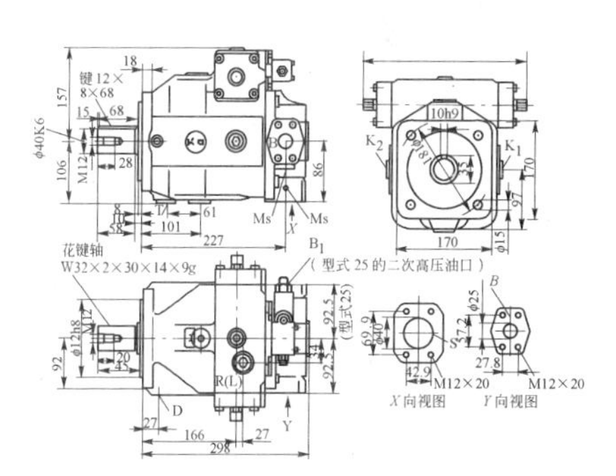

图5.16.17 KD-A4VSO71安装尺寸

(3) KD-A4VSO 125安装尺寸图（见图5.16.18）。

2.3系列，规格125的元件尺寸

B 压力油口 SAE 1 1/4"（高压范围）

S 吸油口 SAE 2"（标准范围）

B1 辅助油口M33×2；深18（堵）

K1，K2 冲洗油口M33×2；深18（堵）

T 泄油口 M33×2；深18（堵）

MB,MS 测试点 M14×1.5；深12（堵）

R（L） 注油口+通气口 M33×2

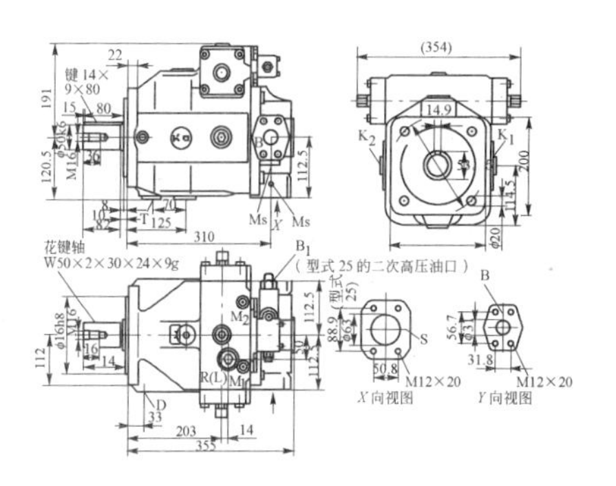

图5.16.18 KD-A4VSO125安装尺寸

U　冲洗油口 M14×1.5；深12（堵）

M1、M2　测压口　M14×1.5（堵）

(4) KD-A4VSO180安装尺寸图（见图5.16.19）。

2.3系列，规格180的元件尺寸

B 压力油口 SAE 1 1/4＂（高压范围）

S 吸油口 SAE 3＂（标准范围）

B1 辅助油口 M33×2；深 18（堵）

K1，K2 冲洗油口 M33×2；深18（堵）

T　泄油口　M33×2；深18（堵）

MB,MS 测试点　M14×1.5；深12（堵）

R（L）注油口+通气口　M33×2

U　冲洗油口　M14×1.5；深12（堵）

M1、M2　测压口M14×1.5（堵）

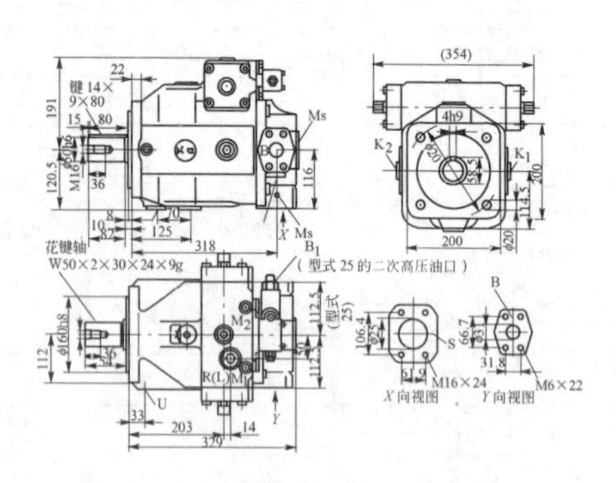

图5.16.19　KD-A4SO180安装尺寸

(5) KD-A4VSO250安装尺寸图（见图5.16.20）。

2.3系列，规格250的元件尺寸

B压力油口SAE 1 1/2＂（高压范围）

S 吸油口 SAE 3＂（标准范围）

B1辅助油口M42×2；深 20（堵）

K1，K2冲洗油口M42×2；深20（堵）

T 泄油口　M42×2；深20（堵）

MB,MS 测试点 M14×1.5；深12（堵）

R（L）注油口+通气口 M42×2

U 冲洗油口 M14×1.5；深12（堵）

M1、M2 测压口 M18×1.5（堵）

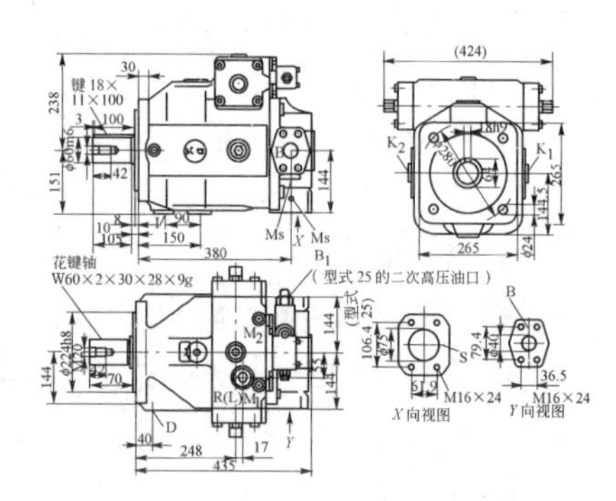

图5.16.20　KD-A4VSO250安装尺寸

(6) KD-A4SO355/370安装尺寸图（见图5.16.21）。

2.3系列，规格300/355/370的元件尺寸

B 压力油口 SAE 1 1/2＂（高压范围）

S 吸油口　SAE 4＂（标准范围）

B1 辅助油口 M42×2；深20（堵）

K1，K2 冲洗油口M42×2；深20（堵）

T 泄油口M42×2；深20（堵）

MB,MS 测试点 M14×1.5；深12（堵）

R（L） 注油口+通气口　M42×2

U 冲洗油口M18×1.5；深12（堵）

M1、M2 测压口M18×1.5（堵）

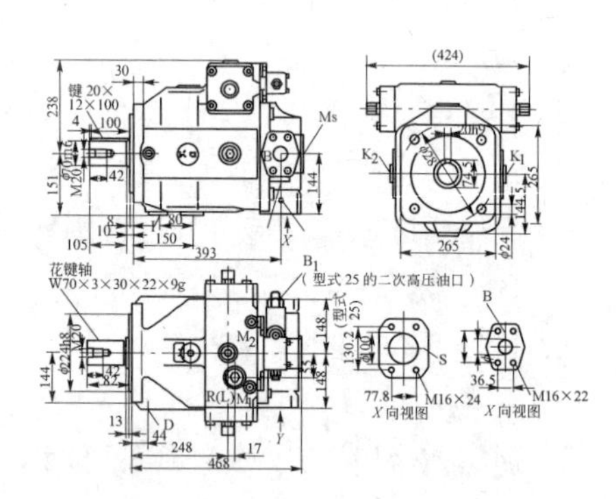

图5.16.21　KD-VSO350/370安装尺寸

5.16.1.9　泵标准调节方法

泵标准调节方法见图5.16.22。

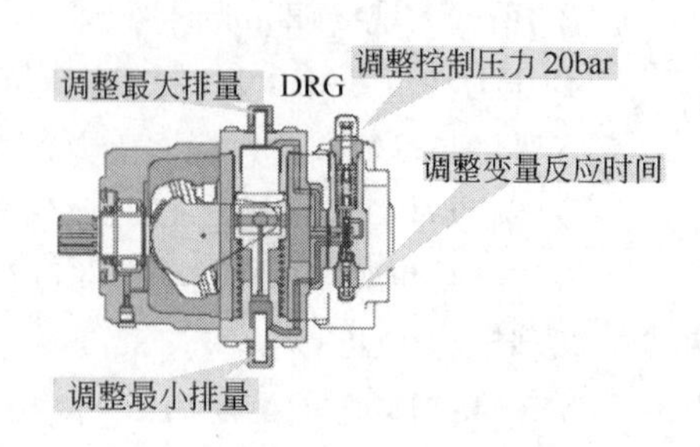

图5.16.22　泵标准调节方法

5.16.1.10　排量的计算

2.3系列，规格355的元件尺寸

流量　$q_v=\dfrac{V_g \cdot n \cdot \eta_v}{1000}$　(L/min)

驱动转矩　$T=\dfrac{1.59 \cdot v_g \cdot \Delta P}{100 \cdot \eta_{mh}}$　(N·m)

驱动功率 $p=\frac{2\pi\cdot T\cdot n}{60000}=\frac{T\cdot n}{9549}=\frac{q_v\cdot\Delta P}{600\cdot\eta_t}$ (kW)

其中，V_g为每转几何（cm^3）；ΔP为压力差（bar）；n为转速（r/min）；η_v为容积效率；η_{mh}为机械-液压效率；η_t为总效率（$\eta_t=\eta_v\cdot\eta_{mh}$）。

5.16.1.11 **售后与库存**

提供进口及国产优质KD-A4VSO泵零部件供应，液压泵维修、检测；

提供各型液压机器、老旧设备液压系统改造方案的设计及实施，定量泵改变量KD-A4VSO泵，节能改造，增产提速。

5.16.1.12 **KD-A4VSO液压泵联轴器装配及吊装方法**

平键泵轴与联轴器的安装，必须采用热装法安装。将与泵轴配合的联轴器端放入<90℃的热油容器中加热40min，待轻松放入泵轴后，用水快速冷却油泵轴头，以免过热致使主轴密封损坏，造成漏油。冷却后再锁紧平键处紧定螺钉，放入缓冲胶。严禁安装联轴器时敲击主轴造成轴承损坏。

5.16.1.13 **KD-A4VSO泵3种正确的吊装方式**

严禁吊装油泵主轴！严禁敲击主轴！否则易造成主轴承碎裂（见图5.16.23~图5.16.25）。

图5.16.23 吊变量螺栓两端

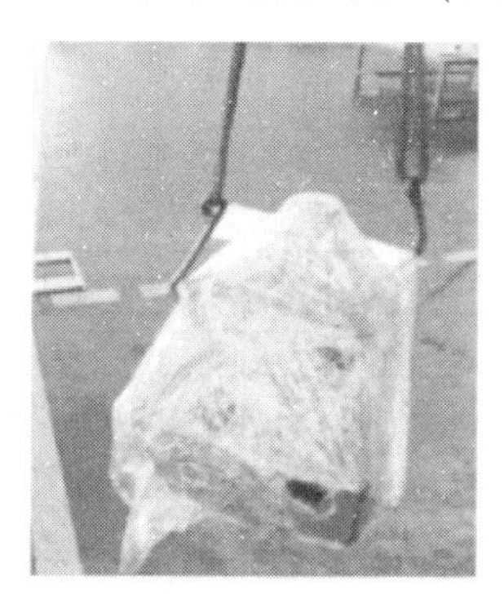

图5.16.24 双钩吊法兰对角孔

图5.16.25 平叉两侧变量端盖

5.16.2 压力阀

5.16.2.1 溢流阀

(1) 叠加式溢流阀（见表5.16.9）。

表5.16.9 叠加式溢流阀

美柯玛斯型号（替代ATOS）	ATOS型号	美柯玛斯型号（替代REXROTH）	REXROTH型号
MA-HMP-011	HMP-011	MA-ZDBY 6 DP 2-1X/	ZDBY 6 DP 2-1X/
MA-HMP-012	HMP-012	MA-ZDBY 6 DC 2-1X/	ZDBY 6 DC 2-1X/
MA-HMP-013	HMP-013	MA-ZDBY 6 DA 2-1X/	ZDBY 6 DA 2-1X/
MA-HMP-014	HMP-014	MA-ZDBY 6 DB 2-1X/	ZDBY 6 DB 2-1X/
MA-HMP-015	HMP-015	MA-ZDBY 6 DD 2-1X/	ZDBY 6 DD 2-1X/
MA-KM-011	KM-011	MA-ZDBY 10 DP 2-1X/	ZDBY 10 DP 2-1X/
MA-KM-012	KM-012	MA-ZDBY 10 DC 2-1X/	ZDBY 10 DC 2-1X/
MA-KM-013	KM-013	MA-ZDBY 10 DA 2-1X/	ZDBY 10 DA 2-1X/
MA-KM-014	KM-014	MA-ZDBY 10 DB 2-1X/	ZDBY 10 DB 2-1X/
MA-KM-015	KM-015	MA-ZDBY 10 DD 2-1X/	ZDBY 10 DD 2-1X/

(2) 直动式溢流阀（见表5.16.10）。

表5.16.10 直动式溢流阀

美柯玛斯型号（替代REXROTH）	REXROTH型号
MA-DBD S 6P 1X/	DBD S 6P 1X/

续表5.16.10

美柯玛斯型号（替代REXROTH）	REXROTH型号
MA-DBD S 10P 1X/	DBD S 10P 1X/
MA-DBD S 20P 1X/	DBD S 20P 1X/
MA-DBD S 30P 1X/	DBD S 30P 1X/
MA-DBD S 6G 1X/	DBD S 6G 1X/
MA-DBD S 8G 1X/	DBD S 8G 1X/
MA-DBD S 10G 1X/	DBD S 10G 1X/
MA-DBD S 20G 1X/	DBD S 20G 1X/
MA-DBD S 25G 1X/	DBD S 25G 1X/
MA-DBD S 30G 1X/	DBD S 30G 1X/
MA-DBD S 6K 1X/	DBD S 6K 1X/
MA-DBD S 10K 1X/	DBD S 10K 1X/
MA-DBD S 20K 1X/	DBD S 20K 1X/
MA-DBD S 30K 1X/	DBD S 30K 1X/

(3) 先导式溢流阀（见表5.16.11）。

表5.16.11 先导式溢流阀

美柯玛斯型号（替代ATOS）	ATOS型号	美柯玛斯型号（替代REXROTH）	REXROTH型号
MA-GAM-10	AGAM-10	MA-DB 10	DB 10
MA-GAM-20	AGAM-20	MA-DB 20	DB 20
MA-GAM-30	AGAM-30	MA-DB 30	DB 30
MA-GAM-10/10（11）	AGAM-10/10（11）	MA-DBW 10	DBW 10
MA-GAM-20/10（11）	AGAM-20/10（11）	MA-DBW 20	DBW 20
MA-GAM-30/10（11）	AGAM-30/10（11）	MA-DBW 30	DBW 30

5.16.2.2 减压阀

(1) 直动式减压阀（见表5.16.12）。

表5.16.12 直动式减压阀

美柯玛斯型号（替代REXROTH）	REXROTH型号
MA-DR 6 DP	DR 6 DP

(2) 先导式减压阀（见表5.16.13）。

表5.16.13 先导式减压阀

美柯玛斯型号（替代ATOS）	ATOS型号	美柯玛斯型号（替代REXROTH）	REXROTH型号
MA-GIR-10/	AGIR-10/	MA-DR 10- *-5X/ **M	DR 10- *-5X/ **M
MA-GIR-20/	AGIR-20/	MA-DR 20- *-5X/ **M	DR 20- *-5X/ **M
MA-GIRR-10/	AGIRR-10/	MA-DR 10- *-5X/ **	DR 10- *-5X/ **
MA-GIRR-20/	AGIRR-20/	MA-DR 20- *-5X/ **	DR 20- *-5X/ **

(3) 叠加式减压阀（见表5.16.14）。

表5.16.14 叠加式减压阀

美柯玛斯型号（替代ATOS）	ATOS型号	美柯玛斯型号（替代REXROTH）	REXROTH型号
MA-HG-0 31	HG-0 31	MA-Z DR 6D P	Z DR 6D P
MA-HG-0 33	HG-0 33	MA-Z DR 6D A	Z DR 6D A
MA-HG-0 34	HG-0 34	MA-Z DR 6D B	Z DR 6D B
MA-KG-0 31	KG-0 31	MA-Z DR 10D P	Z DR 10D P
MA-KG-0 33	KG-0 33	MA-Z DR 10D A	Z DR 10D A
MA-KG-0 34	KG-0 34	MA-Z DR 10D B	Z DR 10D B

5.16.2.3 **顺序阀**

直动式顺序阀（见表5.16.15）。

表5.16.15 制动式顺序阀

直动式溢流阀	直动式溢流阀
MA-DZ 6 DP*-5X/**（M）	DZ 6 DP*-5X/**（M）
MA-DZ 10 DP*-4X/**（M）	DZ 10 DP*-4X/**（M）

5.16.3 流量阀

(1) 管式节流阀（见表5.16.16）。

表5.16.16 管式节流阀

美柯玛斯型号（替代ATOS）	ATOS型号	美柯玛斯型号（替代REXROTH）	REXROTH型号
		MA-MG 6 G 1X /	MG 6 G 1X /
MA-QF-10	AQF-10	MA-MG 8 G 1X /	MG 8 G 1X /
MA-QF-15	AQF-15	MA-MG 10 G 1X /	MG 10 G 1X /
MA-QF-20	AQF-20	MA-MG 15 G 1X /	MG 15 G 1X /
MA-QF-25	AQF-25	MA-MG 20 G 1X /	MG 20 G 1X /
MA-QF-32	AQF-32	MA-MG 25 G 1X /	MG 25 G 1X /
		MA-MG 30 G 1X /	MG 30 G 1X /
		MA-MK 6 G 1X /	MK 6 G 1X /
MA-QFR-10	AQFR-10	MA-MK 8 G 1X /	MK 8 G 1X /
MA-QFR-15	AQFR-15	MA-MK 10 G 1X /	MK 10 G 1X /
MA-QFR-20	AQFR-20	MA-MK 15 G 1X /	MK 15 G 1X /
MA-QFR-25	AQFR-25	MA-MK 20 G 1X /	MK 20 G 1X /
MA-QFR-32	AQFR-32	MA-MK 25 G 1X /	MK 25 G 1X /
		MA-MK 30 G 1X /	MK 30 G 1X /

(2) 叠加式单向节流阀（见表5.16.17）。

表5.16.17 叠加式单向节流阀

美柯玛斯型号（替代ATOS）	ATOS型号	美柯玛斯型号（替代REXROTH）	REXROTH型号
MA-HQ-0 12	HQ-0 12	MA-Z2FS 6 -*-4X /（A/B出口节流）	Z2FS 6 -*-4X /（A/B出口节流）
MA-HQ-0 13	HQ-0 13	MA-Z2FS 6 A*-4X /（A口出口节流）	Z2FS 6 A*-4X /（A口出口节流）
MA-HQ-0 14	HQ-0 14	MA-Z2FS 6 B*-4X /（B口出口节流）	Z2FS 6 B*-4X /（B口出口节流）
MA-HQ-0 22	HQ-0 22	MA-Z2FS 6-*-4X /（A/B进口节流）	Z2FS 6-*-4X /（A/B进口节流）
MA-HQ-0 23	HQ-0 23	MA-Z2FS 6 A*-4X /（A口进口节流）	Z2FS 6 A*-4X /（A口进口节流）
MA-HQ-0 24	HQ-0 24	MA-Z2FS 6 B*-4X /（B口进口节流）	Z2FS 6 B*-4X /（B口进口节流）
MA-KQ-0 12	HQ-0 24	MA-Z2FS 10-*-3X /	Z2FS 10-*-3X /
MA-KQ-0 13	KQ-0 13	MA-Z2FS 10A*-3X /S2	Z2FS 10A*-3X /S2
MA-KQ-0 14	KQ-0 14	MA-Z2FS 10B*-3X /S2	Z2FS 10B*-3X /S2
MA-KQ-0 22	KQ-0 22	MA-Z2FS 10-*-3X /	Z2FS 10-*-3X /
MA-KQ-2 23	KQ-2 23	MA-Z2FS 10 A*-3X /S	Z2FS 10 A*-3X /S
MA-KQ-2 24	KQ-2 24	MA-Z2FS 10 B*-3X /S	Z2FS 10 B*-3X /S
MA-JPQ-2 12	PQ-2 12	MA-Z2FS 16- -3X /S2	Z2FS 16- -3X /S2
MA-JPQ-2 13	JPQ-2 13	MA-Z2FS 16 A -3X /S2	Z2FS 16 A -3X /S2
MA-JPQ-2 14	JPQ-2 14	MA-Z2FS 16 B -3X /S2	Z2FS 16 B -3X /S2
MA-JPQ-2 22	JPQ-2 22	MA-Z2FS 16- -3X /S2	Z2FS 16- -3X /S2
MA-JPQ-2 23	JPQ-2 23	MA-Z2FS 16 A -3X /S2	Z2FS 16 A -3X /S2
MA-JPQ-2 24	JPQ-2 24	MA-Z2FS 16 B -3X /S2	Z2FS 16 B -3X /S2
MA-JPQ-3 12	JPQ-3 12	MA-Z2FS 22- -3X /S2	Z2FS 22- -3X /S2
MA-JPQ-3 13	JPQ-3 13	MA-Z2FS 22 A -3X /S2	Z2FS 22 A -3X /S2
MA- JPQ-3 14	JPQ-3 14	MA-Z2FS 22 B -3X /S2	Z2FS 22 B -3X /S2
MA-JPQ-3 22	JPQ-3 22	MA-Z2FS 22- -3X /S2	Z2FS 22- -3X /S2
MA-JPQ-3 23	JPQ-3 23	MA-Z2FS 22 A -3X /S2	Z2FS 22 A -3X /S2
MA-JPQ-3 24	JPQ-3 24	MA-Z2FS 22 B -3X /S2	Z2FS 22 B -3X /S2

5.16.4 方向阀

（1）直动式电磁换向阀（见表5.16.18）。

表5.16.18 制动式电磁换向阀

美柯玛斯型号（替代ATOS）	ATOS型号	美柯玛斯型号（替代REXROTH）	REXROTH型号
MA-SDHE-0 7**	SDHE-0 7**	MA-4 WE6 E	4 WE6 E
MA-SDHE-0 6**	SDHE-0 6**	MA-4 WE6 D	4 WE6
MA-DKE-1 7**	DKE-1 7**	MA-4 WE10 E	4 WE10 E
MA-DKE-1 6**	DKE-1 6**	MA-4 WE10 D	4 WE10 D

（2）电液换向阀（见表5.16.19）。

表5.16.19 电液换向阀

美柯玛斯型号（替代ATOS）	ATOS型号	美柯玛斯型号（替代REXROTH）	REXROTH型号
MA-DPH U -1 7**	DPH U -1 7**	MA-4WEH 10 E	4WEH 10 E
MA-DPH U -1 6**	DPH U -1 6**	MA-4WEH 10 D	4WEH 10 D
MA-DPH U -2 7**	DPH U -1 6**	MA-4WEH 16 E	4WEH 16 E
MA-DPH U -2 6**	DPH U -2 6**	MA-4WEH 16 D	4WEH 16 D
MA-DPH U -3 7**	DPH U -3 7**	MA-4WEH 25 E	4WEH 25 E
MA-DPH U -3 6**	DPH U -3 6**	MA-4WEH 25 D	4WEH 25 D

（3）液控换向阀（见表5.16.20）。

表5.16.20 液控换向阀

美柯玛斯型号（替代ATOS）	REXROTH型号
MA-DH-04**	DH-04**
MA-DH-05**	DH-05**
MA-DH-14**	DH-14**
MA-DH-15**	DH-15**
MA-DH-24**	DH-24**
MA-DH-25**	DH-25**
MA-DH-34**	DH-34**
MA-DH-35**	DH-35**

（4）手动换向阀（见表5.16.21）。

表5.16.21 手动换向阀

美柯玛斯型号（替代ATOS）	ATOS型号	美柯玛斯型号（替代REXROTH）	REXROTH型号
MA-DH-01**	DH-01**		
MA-DH-11**	DH-11**	MA-4 WMM 10	4 WMM 10
MA-DH-21**	DH-21**	MA-4 WMM 16	4 WMM 16
MA-DH-31**	DH-31**	MA-4 WMM 22	4 WMM 22

（5）管式单向阀（见表5.16.22）。

表5.16.22 管式单向阀

美柯玛斯型号（替代ATOS）	ATOS型号	美柯玛斯型号（替代REXROTH）	REXROTH型号
MA-DR-06	ADR-06	MA-S 6 A	S 6 A
MA-DR-10	ADR-10	MA-S 8 A	S 8 A
MA-DR-15	ADR-15	MA-S 10 A	S 10 A
MA-DR-20	ADR-20	MA-S 15 A	S 15 A
MA-DR-25	ADR-25	MA-S 20 A	S 20 A
MA-DR-32	ADR-32	MA-S 25 A	S 25 A
		MA-S 30 A	S 30 A

(6) 板式单向阀（见表5.16.23）。

表5.16.23　板式单向阀

美柯玛斯型号（替代ATOS）	ATOS型号	美柯玛斯型号(替代REXROTH)	REXROTH型号
MA-DR 10 P	DR 10 P	MA-P 10 P	S 10 P
MA-DR 20 P	DR 20 P	MA-P 20 P	S 20 P
MA-DR 30 P	DR 30 P	MA-P 30 P	S 30 P

(7) 插装式单向阀（见表5.16.24）。

表5.16.24　插装式单向阀

美柯玛斯型号（替代REXROTH）	REXROTH型号
MA-M-SR 6 KE	M-SR 6 KE
MA-M-SR 8 KE	M-SR 8 KE
MA-M-SR 10 KE	M-SR 10 KE
MA-M-SR 15 KE	M-SR 15 KE
MA-M-SR 20 KE	M-SR 20 KE
MA-M-SR 25 KE	M-SR 25 KE
MA-M-SR 30 KE	M-SR 30 KE

(8) 叠加式单向阀（见表5.16.25）。

表5.16.25　叠加式单向阀

美柯玛斯型号（替代ATOS）	ATOS型号	美柯玛斯型号（替代REXROTH）	REXROTH型号
MA-HR-011	HR-011	MA-Z1S 6 P	Z1S 6 P
MA-HR-016	HR-016	MA-Z1S 6 T	Z1S 6 T
		MA-Z1S 6 A	Z1S 6 A
		MA-Z1S 6 B	Z1S 6 B
MA-HR-003	HR-003	MA-Z1S 6 C	Z1S 6 C
MA-HR-004	HR-004	MA-Z1S 6 D	Z1S 6 D
MA-HR-002	HR-002	MA-Z1S 6 E	Z1S 6 E
		MA-Z1S 6 F	Z1S 6 F
	KR-011	MA-Z1S 10 P	Z1S 10 P
MA-KR-016	KR-016	MA-Z1S 10 T	Z1S 10 T
		MA-Z1S 10 A	Z1S 10 A
		MA-Z1S 10 B	Z1S 10 B
MA-KR-003	KR-003	MA-Z1S 10 C	Z1S 10 C
MA-KR-004	KR-004	MA-Z1S 10 D	Z1S 10 D
MA-KR-002	KR-002	MA-Z1S 10 E	Z1S 10 E
		MA-Z1S 10 F	Z1S 10 F
MA-JPR-2 11	JPR-2 11		
MA-JPR-2 03	JPR-2 03		
MA-JPR-2 04	JPR-2 04		
MA-JPR-2 02	JPR-2 02		
MA-JPR-2 16	JPR-2 16		

(9) 叠加式液控单向阀（见表5.16.26）。

表5.16.26　叠加式液控单向阀

美柯玛斯型号（替代ATOS）	ATOS型号	美柯玛斯型号（替代REXROTH）	REXROTH型号
MA-HR-0 12	HR-0 12	MA-Z2S 6 -	Z2S 6 -
MA-HR-0 13	HR-0 13	MA-Z2S 6 A	Z2S 6 A
MA-HR-0 14	HR-0 14	MA-Z2S 6 B	Z2S 6 B

续表5.16.26

美柯玛斯型号（替代ATOS）	ATOS型号	美柯玛斯型号（替代REXROTH）	REXROTH型号
MA-KR-0 12	KR-0 12	MA-Z2S 10 -	Z2S 10 -
MA-KR-0 13	KR-0 13	MA-Z2S 10 A	Z2S 10 A
MA-KR-0 14	KR-0 14	MA-Z2S 10 B	Z2S 10 B
MA-JPR-2 12	JPR-2 12	MA-Z2S 16 -	Z2S 16 -
MA-JPR-2 13	JPR-2 13	MA-Z2S 16 A	Z2S 16 A
MA-JPR-2 14	JPR-2 14	MA-Z2S 16 B	Z2S 16 B

（10）板式液控单向阀（见表5.16.27）。

表5.16.27　板式液控单向阀

美柯玛斯型号（替代ATOS）	ATOS型号	美柯玛斯型号（替代REXROTH）	REXROTH型号
MA-GRL 10	GRL 10	MA-SV 10 P	SV 10 P
MA-GRL 20	GRL 20	MA-SV 20 P	SV 20 P
MA-GRL 32	GRL 32	MA-SV 30 P	SV 30 P
MA-DRL 10	DRL 10	MA-SV 10 G	SV 10 G
MA-DRL 20	DRL 20	MA-SV 20 G	SV 20 G
MA-DRL 32	DRL 32	MA-SV 30 G	SV 30 G
MA-GRLE 10	GRLE 10	MA-SL 10 P	SL 10 P
MA-GRLE 20	GRLE 20	MA-SL 20 P	SL 20 P
MA-GRLE 32	GRLE 32	MA-SL 30 P	SL 30 P
MA-DRLE 10	DRLE 10	MA-SL 10 G	SL 10 G
MA-DRLE 20	DRLE 10	MA-SL 20 G	SL 20 G
MA-DRLE 32	DRLE 32	MA-SL 30 G	SL 30 G

5.17　鞍山天利机械工程有限公司

5.17.1　双丝摆动埋弧自动堆焊机床

5.17.1.1　设备简介

双丝摆动埋弧自动堆焊机床可用于轧辊或回转表面堆焊耐磨、耐高温、耐蚀等合金，轧辊的修复再制造。本产品采用国际先进技术，配有双工位，可同时堆焊双辊，也可双枪同时焊单辊，大大提高生产效率，可实现焊剂的自动筛分、回收和输送，采用美国林肯电源、送丝机、控制系统，大大提高了设备的稳定性。我公司经过数年的开发、研制、生产和应用，积累了大量的堆焊设备生产经验和堆焊工艺，通过引进英国COREWIRE公司的焊接技术，大大提高了辊子的使用寿命，成为奥钢联、西马克、达涅列等国际冶金巨头指定的辊子堆焊技术。我公司产品广泛应用在钢铁产业，位于行业领先水平。

5.17.1.2　基本功能

送丝方式：单丝、双丝埋弧堆焊；

焊接工艺：摆动、不摆动堆焊；

焊接方式：螺旋式、步进式，单圈环焊、轴向直线焊接和点焊补洞；

可根据焊接工艺要求自由设定起弧、收弧、堆焊时的电压、送丝速度；

人机对话：彩色触摸屏与PLC程序控制的结合，实现了人机对话，可形象直观的控制操作；人工预置线速度和焊道宽度参数，可根据辊直径和辊身长度自动调节最适合的辊转数和焊道接量；

可实现焊剂的自动筛分、回收和输送；（专利）

大功率，高效率的水冷焊枪可实现高熔敷率的堆焊效率。（专利）

技术参数见表5.17.1。

表5.17.1　WTT500-8B详细技术参数

序　号	名　称	描　述
1	设备总长	8000mm
2	设备高度	2400mm

续表5.17.1

序　号	名　称	描　述
3	焊接工艺	摆动、不摆动埋弧焊
4	工作方式	单机独立、双机同步
5	送丝方式	单丝、双丝
6	焊接方式	螺旋式、步进式、点焊
7	适应焊丝	药芯焊丝
8	焊丝直径范围	φ2.4~5.0mm桶装或盘装焊丝
9	额定输出电流	DC-1000A max
10	额定输出电压	DC-26~24V
11	焊接工件最大长度	6000mm（按需定制）
12	焊接工件直径范围	φ150~600mm（按需定制）
13	焊丝送丝速度	50~300英寸/min
14	金属熔敷率	10~15kg/h(20kg/h_{max})
15	焊接线速度调节范围	100~600mm/min
16	转胎主轴转速范围	0.064~1.911r/min
17	焊枪横向（X轴）	运动速度 0~600mm/min，最大行程6000mm
18	焊枪横向（Y轴）	运动速度 100mm/min，最大行程260mm
19	焊枪横向（Z轴）	最大行程240mm
20	摆动器摆幅行程	0~80mm
21	摆动器频率范围	25~50Hz/min(可调)
22	螺旋焊角度	30°~80°
23	焊道小车运动速度	100~600mm/min
24	焊道搭接宽度	5~15mm
25	堆焊金属每层厚度	1~5mm
26	最大载荷	5000kg

5.17.1.3　设备组成

(1) 轧辊转胎机构。

由坚固的主轴箱、可调速的变频电机、大速比的减速器、同步带轮组成高速比的可调速的机械传动系统，并配有受热可自动胀缩的机床尾座（专利）及导电良好的头尾焊接受电系统，根据用户的要求配备三爪或四爪的头尾双卡盘。

(2) 焊接电子控制系统。

动力电源控制和PLC作为主控机，通过触摸屏通讯实现人机对话，装有林肯NA-5焊接工艺控制系统，可根据焊接工艺要求，实现焊接参数设定，储存和自动控制。

机前数据按钮控制站：

按钮站和触摸屏组合在一起使操作者很方便控制焊接准备（参数输入和运算）、焊接开始、参数修改、焊接停止等操作，只要输入轧辊直径，辊身长度，线速度要求，即可自动运算控制轧辊的转速和焊道最佳搭接尺寸，避免了浪费，解决了焊接最后因焊道缺肉需要补焊的问题。

(3) 焊接动力系统。

由美国林肯电气公司DC-1000焊接电源提供44V、1000A的直流焊接电源，为负压焊剂回收机提供焊剂回收气源焊接驱动执行系统：

大功率高速焊枪安装在由步进电机驱动的横梁移动的重载小车上，通过滑动导轨和滚珠丝杠机构可实现精确的XYZ三轴联动，确保堆焊枪平稳运行，精度可达±≤1mm，重载的焊接小车同时承载40kg焊剂料斗、焊丝输送机、矫直器、导向器和电缆桥架（压缩空气管）的同步拖动。

(4) 堆焊摆动器（专利）。

由重载荷的滚动滑块机构和可调摆幅的曲拐机构组成，通过电子调速系统调节摆动频率，组成了能承受重载荷的平稳摆动焊接装置。

(5) 大功率的高速水冷焊枪（专利）。

专利设计的大功率高速水冷焊枪，具有高效水冷，实现大功率输出、高熔敷率的堆焊效率功能，独特设计可方便更换的四面单丝和双丝导电嘴可大大减少易损件的消耗。

(6) 焊接机架。

可满足承载的坚固钢结构机架，床身的V形导轨保证了床头和床尾的精确的同心度，可手动轻便移动在导轨上滚动的尾座。固定在机架上的焊剂，熔渣振动输送机构，运行平稳无噪声，并可分离筛分焊剂和熔渣；

焊剂输送回收系统（专利）（可选）：

可通过负压焊剂输送机将回收的焊剂通过管路定时或手控自动输送到焊接小车的移动焊剂料斗中，再电控定量送给焊剂下料斗，实现焊剂自动输送和回收；

焊接动力输送系统：

装载桥架内的焊接电缆，控制电缆，冷却水管，气管和焊剂输送高压风管可以自由移动，小车拖动与焊枪同步移动。

(7) 焊接冷却系统。

大功率水冷箱保障双焊头水冷系统迅速降低焊枪的温度，保证高速焊枪的大功率输出。

(8) 焊接预热保温加热系统（可选）。

可以使轧辊在堆焊机床上转动加热和保温的装置，采用可调节配风量的煤气或液化气高效加热器和可方便拆卸的活动隔热罩，确保焊接的层间温度要求。

5.17.1.4 主要部件品牌

主要部件品牌见表5.17.2。

表5.17.2 主要部件品牌一览表

部件名称	品牌
焊接电源	美国林肯DC-1000A
送丝机	美国林肯
控制器	美国林肯
触摸屏	台湾HITECH
PLC	台湾台达
伺服电机	台湾台达
继电器	施耐德
接触器	施耐德
电器元件	施耐德

5.17.1.5 设备配置

设备配置见表5.17.3。

表5.17.3 设备配置

序号	数量/套	配置名称
1	2	LINCOLN DC1000电源
2	2	LINCOLN NA5焊接控制器
3	2	LINCOLN NA5送丝电机
4	2	焊剂料斗
5	1	9m横梁和两个2m高立柱
6	2	数控焊接小车和送丝辅助导向机构
7	2	垂直动力导轨
8	2	Z轴手动导轨
9	1	电气控制柜
10	1	地面电缆桥架
11	2	焊丝矫直器
12	2	重型水冷焊枪
13	2	摆动器

续表5.17.3

序　号	数量/套	配 置 名 称
14	2	成套控制电缆和桥架
15	1	水冷系统
16	2	成套的水冷、风冷管、焊剂输送管
17	2	主轴箱体
18	2	伺服电机及减速器
19	2	移动式自动补偿尾座
20	4	三爪卡盘
21	1	焊剂负压回收系统
22	1	变频振动输送机
23	1	焊剂正压自动输送系统
24	1	总体设备底座
25	1	设备基础团和电气图纸
26	1	料位报警系统
27	1	设备操作说明书图册、易损件易耗件明细表及相关图纸

5.18　太原富朗德液压技术有限公司

5.18.1　DIN管接头

5.18.1.1　**产品特点**

富朗德DIN系列管接头是采用德国DIN标准制造的24°锥密封式管接头。分为卡套式和焊接式两种。 该系列管接头完全可与同类进口产品互换。具有密封性好、可靠性高的特点。特别适合于高负荷及有冲击压力、脉动压力的场合，如冶金、有色、矿山、电力等。

5.18.1.2　**产品系列**

重(S)系列：管径6、8、10、12、14、16、20、25、30、38、50

最高额定工作压力500bar

轻(L)系列：管径6、8、10、12、15、18、22、28、35、42、50

最高额定工作压力800bar

5.18.1.3　**产品形式**

端连接、管路连接、法兰连接、转换连接；对接接头、可调向接头、单向阀接头、旋转接头等多种形式。

5.18.1.4　**对外连接**

公制螺纹M、MK，英制螺纹G、R美制螺纹，UN/UNF、NPT等。

端部密封有硬密封、弹性WD密封、组合垫密封、O形圈密封等。

5.18.2　胶管接头及总成

5.18.2.1　**产品特点**

胶管接头形式多、品种全，符合GB、DIN、SAE、JIC等国际通用标准。胶管总成采用进口FINN-POWER数控扣压机加工、O+P胶管实验台测试并清洗内壁（见图5.18.1）。

5.18.2.2　**产品系列**

胶管通径DN4-DN76，最高额定工作压力2800bar。

胶管管体可选国内名牌或进口品牌。

5.18.2.3　**密封形式**

平面密封、球面密封、锥面密封、卡套密封、螺纹密封等。

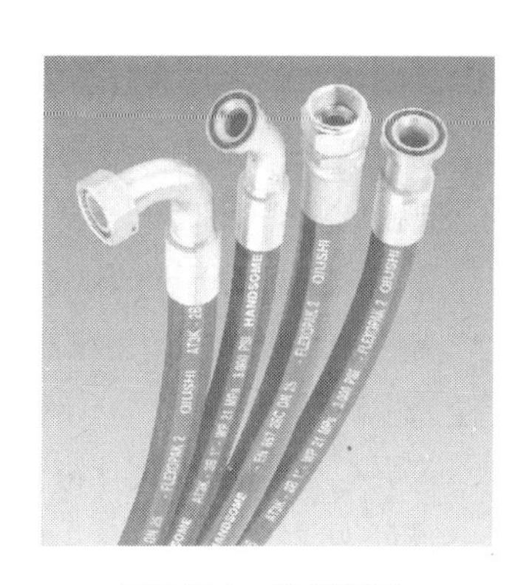

图5.18.1　胶管接头

5.18.2.4 **对外连接**

公制螺纹M、MK，英制螺纹G、R，美制螺纹UN/UNF、NPT、美制SAE等。

5.18.3 高压法兰

5.18.3.1 **产品特点**

富朗德高压法兰，从选材到加工严格按照美制SAE、德国DIN或ISO标准执行，能保证在苛刻工况下安全使用。可完全与进口同类法兰互换（见图5.18.2）。

除非特殊说明，高压法兰在供货时均是金属本色涂油，并配以进口丁腈橡胶密封圈及10.9级公制内六角螺栓。

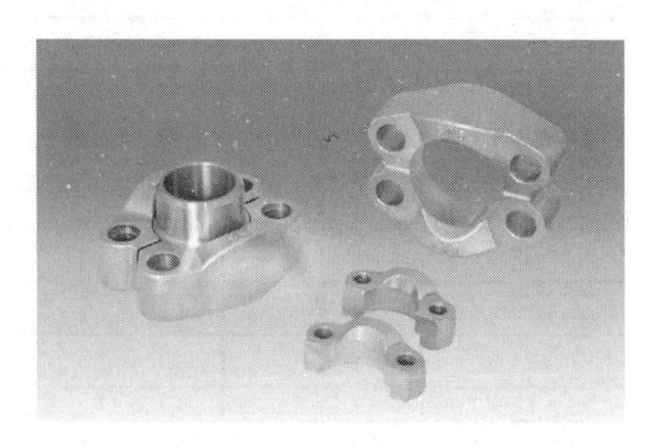

图5.18.2 高压法兰

5.18.3.2 **产品系列**

SAE 系列：3000psi 规格1/2~5英寸，管径16~140，壁厚任选。

最高额定工作压力345bar。

6000psi 规格1/2~3英寸，管径16~114，壁厚任选。

最高额定工作压力420bar。

ISO法兰系列：规格DN10~DN150，管径16~273，壁厚任选。

最高额定工作压力500bar。

5.18.3.3 **产品形式**

单法兰接头、双法兰接头、三通法兰、插焊法兰、旋入法兰、对焊法兰、直角法兰、24°转换法兰、ISO法兰及DIN2633法兰（见图5.18.3）。

5.18.4 快速接头

5.18.4.1 **产品特点**

快速接头是一种在使用中无需借助其他工具即可结合或分离的接头。具有结构简单、使用方便、互换性好等特点。可简化工作，缩短检修时间，减少软管拆装中油液泄漏对环境的污染。富朗德快速接头符合ISO7241、ISO16028等国际通用标准，可以与同类进口产品互换。

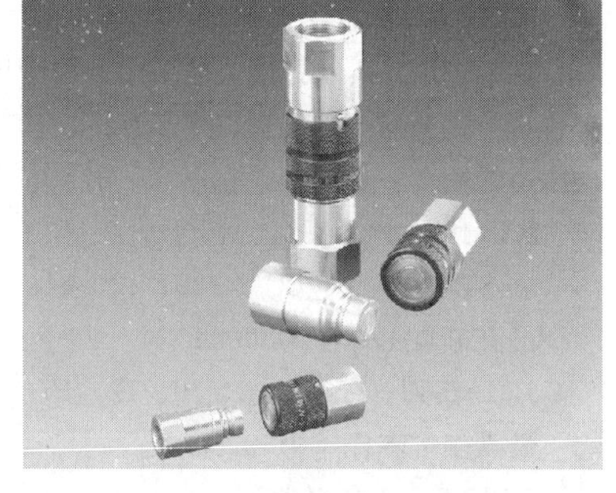

图5.18.3 产品形式

5.18.4.2 **产品系列**

通径DN5~DN50，最高额定压力1100bar。

5.18.4.3 **产品形式**

钢球锁定式、螺纹旋紧式；锥阀结构、平齐端面结构等。

5.18.4.4 **对外连接**

内螺纹公制M，英制G、R，美制NPT等。

5.18.5 其他产品

富朗德还生产高品质的旋转接头、测试接头、高压水路管件、管夹、超高压管件等其他管路附件产品。

旋转接头：带轴承结构。最高工作压力可达315bar，一般设计转速为 20~30/min，最高转速 2500/min。通径DN10~DN250。

测试接头：用于检测、排气或取样。采用锥阀结构，适用于气体和液体检测。最高工作压力630bar。

高压水路管件：适用于高压水及液压管路。一般工作压力160~210bar，最高工作压力可达350bar。以英制管径为主。

管夹：塑料管夹尺寸符合德国DIN3015。材料有聚丙烯及铝。适用管子外径6~406mm。还有钢管夹、U型管夹等可供选择。

超高压管件：工作压力1000~2800bar。见图5.18.4、图5.18.5。

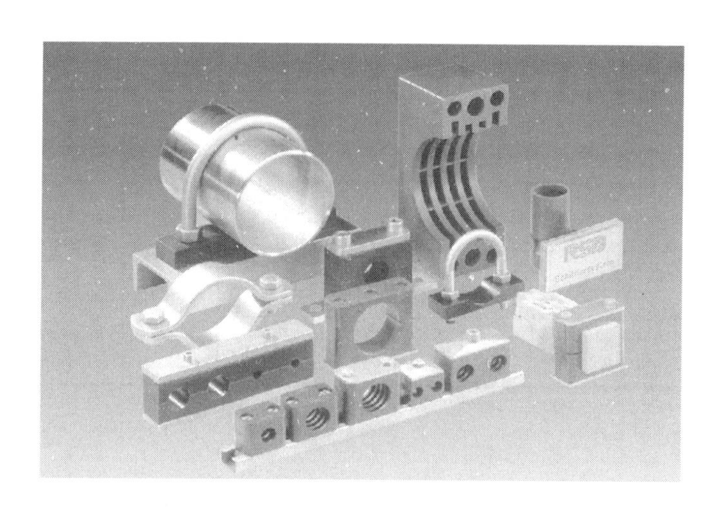
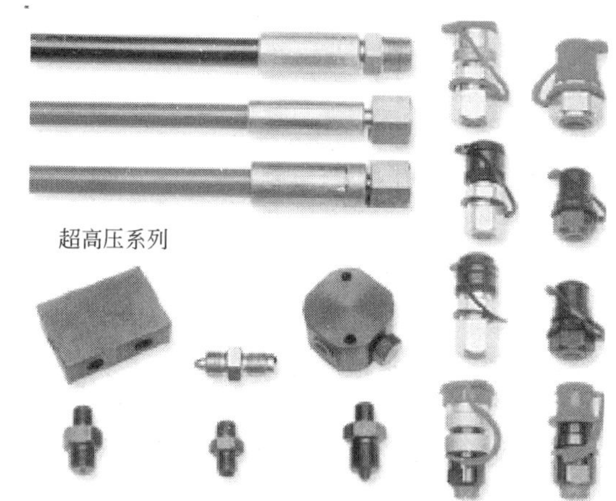

图5.18.4　其他产品

图5.18.5　应用实例

5.19　吉林市泽诚冶金设备有限公司

5.19.1　GA–L型高压绝缘胶管总成系列产品专利技术节能产品

荣获国家专利，专利号：ZL200820071584.1。见表5.19.1以及图5.19.1~图5.19.4。

高压绝缘胶管总成系列产品的诞生不仅解决了传统高压绝缘接头繁杂连接安装工艺，而且解决了在高压流体介质作用下难以解决的绝缘、密封、渗漏等问题。同时本专利产品替代了冶金电炉液压系统中的树脂软管，解决了树脂软管使用寿命低的问题。

本产品是采用新型绝缘复合材料，经过一系列加工工艺而制成的，可根据用户的要求，提供以下性能系列高压绝缘胶管总成产品。

表5.19.1　GA–L型高压绝缘胶管总成系列产品（选型明细）

	规格型号	胶管内径 /mm	胶管外径 /mm	焊接头外径 /mm	连接螺纹执行国标	工作压力 /MPa	击穿电压 /V	绝缘性能	生产长度 /m
1	GA6/15-M14/32-L	6	15	8	M14×1.5	32	3000	≥2000MΩ	用户定
2	GA8/19-M16/50-L	8	19	11	M16×1.5	50	3000		
3	GA10/21-M18/40-L	10	21	13	M18×1.5	40	3000		
4	GA13/25-M22/36-L	13	25	16	M22×1.5	36	3000		

续表5.19.1

序号	规格型号	胶管内径 /mm	胶管外径 /mm	焊接头外径 /mm	连接螺纹执行国标	工作压力 /MPa	击穿电压 /V	绝缘性能	生产长度 /m
5	GA16/28-M27/21-L	16	28	19	M27×1.5	21	3000	≥2000MΩ	用户定
6	GA19/32-M30/18-L	19	32	22	M30×1.5	18	3000		
7	GA22/35-M36/16-L	22	35	28	M36×2	16	3000		
8	GA25/38-M39/14-L	25	38	31	M39×2	14	3000		

注：特殊规格由用户提出参数可定做。

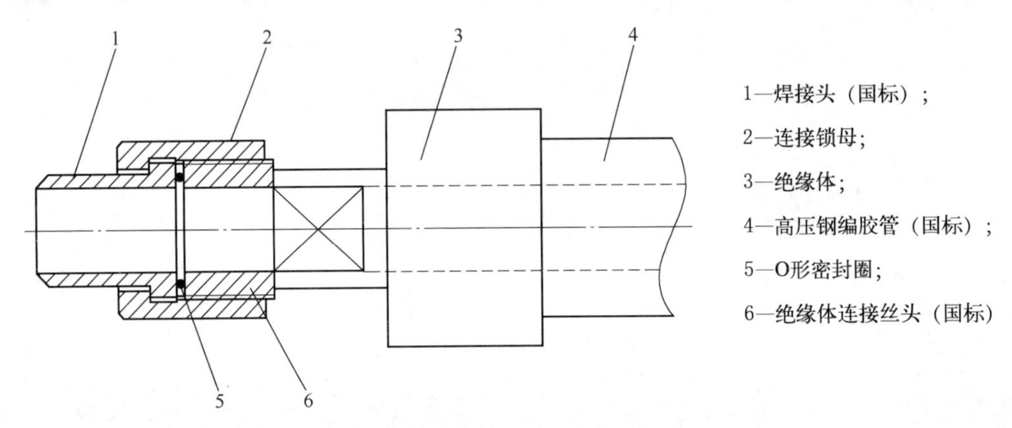

图5.19.1　GA-L型高压绝缘胶管总成安装示意图

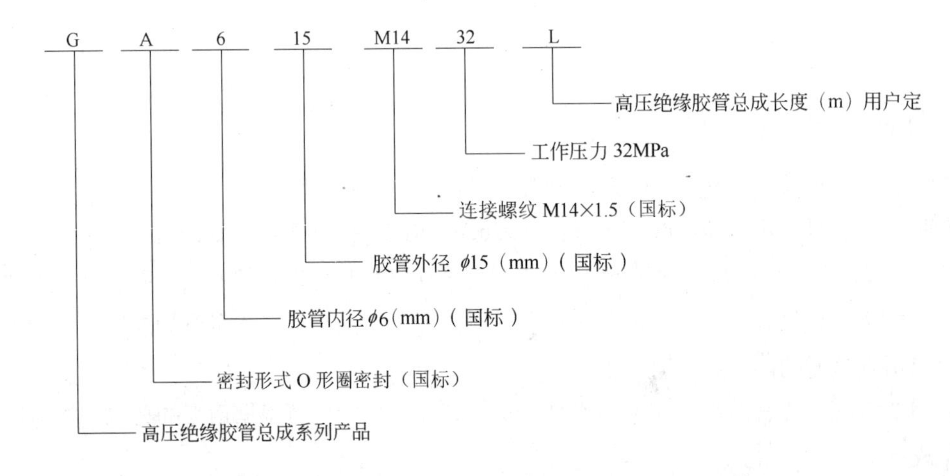

图5.19.2　GA-L型高压绝缘胶管总成系列产品型号示例

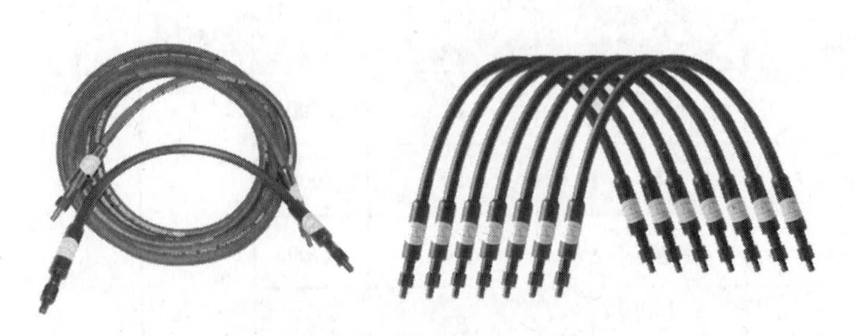

图5.19.3　高压绝缘胶管总成实物

图5.19.4　高压绝缘胶管在冶金电炉上应用实例

5.20 中冶焊接科技有限公司

5.20.1 焊接产品

5.20.1.1 不锈钢药芯焊丝

中冶焊接科技有限公司凭借自身装备、技术和人才优势，在不锈钢药芯焊丝的研发和生产制造领域经过多年潜心研究，形成了具有自身特点的不锈钢药芯焊丝成套生产技术。

中冶焊接科技有限公司拥有国际最先进的不锈钢药芯焊丝生产装备、成套分析检测仪器以及专业化研发队伍。

目前已形成以奥氏体不锈钢系列药芯焊丝为主，兼顾马氏体不锈钢系列药芯焊丝、铁素体不锈钢系列药芯焊丝及双相不锈钢系列药芯焊丝的产品结构，产品符合GB/T 17853、JIS Z3323、AWS A5.22等标准，产品质量达到国际先进水平。

中冶焊接科技有限公司生产的系列气体保护不锈钢药芯焊丝，系由优质不锈钢钢带，包覆优质合金粉末，经轧制、退火、拉拔而成，断面为O形。系列不锈钢药芯焊丝，具有良好的工艺性能和焊接性能，焊接飞溅少，脱渣性好、焊缝成形优良；适用于各种不锈钢的全位置焊接。

主要产品见表5.20.1。

表5.20.1 主要产品

焊丝牌号	产品型号	典型化学成分/%	典型应用
ZY-YF308L-G	E308LT1-1	C:0.03 Mn:1.3 Si:0.5 Cr:19.9 Ni:9.7 Mo:0.1	显微组织由奥氏体组织和适量铁素体组成，适用于焊接18%Cr-8%Ni不锈钢
ZY-YF309L-G	E309LT1-1	C:0.03 Mn:1.4 Si:0.5 Cr:24.5 Ni:12.5 Mo:0.2	用于不锈钢和碳钢或低合金钢的异种钢焊接，在碳钢或低合金钢上堆焊不锈钢时的打底焊
ZY-YF309MoL-G	E309MoLT1-1	C:0.03 Mn:1.3 Si:0.5 Cr:24.0 Ni:12.5 Mo:2.5	用于不锈钢和碳钢或低合金钢的异种钢焊接，在碳钢或低合金钢上堆焊不锈钢时的打底焊
ZY- YF316L-G	E316LT1-1	C:0.03 Mn:1.6 Si:0.5 Cr:19.9 Ni:12.8 Mo:2.5	用于焊接18%Cr-12%Ni-2%Mo不锈钢
ZY- YF317L-G	E317LT1-1	C:0.03 Mn:1.4 Si:0.4 Cr:19.5 Ni:13.5 Mo:3.5	用于焊接18%Cr-12%Ni-3%Mo不锈钢
ZY- YF347L-G	E347LT1-1	C:0.03 Mn:1.6 Si:0.5 Cr:19.1 Ni:10.5 Mo:0.1 Nb:0.8	用于焊接18%Cr-8%Ni-Nb和18%Cr-8%Ni-Ti等不锈钢
ZY- YF410NiMo-G	E410NiMoT1-1	C:0.03 Mn:0.5 Si:0.4 Cr:12.1 Ni:4.5 Mo:0.5	用于焊接13%Cr和13%Cr-Al等不锈钢
ZY- YF430-G	E430T1-1	C:0.06 Mn:1.0 Si:0.6 Cr:17.5 Ni:0.5 Mo:0.5	用于焊接13%Cr和13%Cr-Al等不锈钢的打底焊
ZY- YF2209-G	E2209T1-1	C:0.04 Mn:1.2 Si:0.5 Cr:22.1 Ni:9.2 Mo:2.8	用于焊接2205双相不锈钢及其他相应钢种

性能特点：

(1) 具有良好的工艺性能和焊接性，电弧稳定性高，飞溅小，焊缝脱渣性好，无冶金缺陷；

(2) 焊接工艺参数的使用范围较宽，可用于自动或半自动焊接；

(3) 焊丝的熔敷速度快（手工焊条的2倍以上），熔敷效率高（90%以上），经济高效；

(4) 焊缝成形美观，质量优良；

(5) 焊接综合成本低；

(6) 不锈钢药芯焊丝的技术特点符合当今焊接领域中追求自动、高效和低成本的发展要求，是当前焊接领域最具有吸引力的焊接材料之一。

应用行业：

可用于化工、石化、汽车、机械、食品、酿酒、制药、轻工、民用器具、铁路、建筑和给水、排污等市政建筑领域中各种不锈钢的焊接及不锈钢堆焊。

5.20.1.2 **特殊涂层气体保护实芯焊丝**

产品特点：

(1) 采用特殊的表面涂层处理技术，生产过程没有铜污染；焊丝制造中的废水、废液排放量为生产同规格、同重量的镀铜焊丝的40%，有效地减轻了环境的负荷。

(2) 涂层与焊丝基体结合紧密，焊接过程中涂层不脱落，送丝稳定性强。

(3) 涂层结构致密，抗锈能力强。

(4) 焊接烟尘量比同类镀铜焊丝减少40%以上，其中铜烟尘减少85%以上，锰烟尘减少40%以上，大大减轻焊接烟尘对焊工身体的危害。

(5) 焊接飞溅率低，焊缝成形均匀美观，焊丝可实现全位置焊接。涂层薄且含有活化剂、导电剂，焊接时电弧稳定，熔滴颗粒细小，短路过渡频率80次/s。

(6) 符合实芯焊丝低污染、高性能的发展方向。

产品使用：

本品使用过程中需根据工件厚度及接头形式合理调整焊接参数；使用过程尽量避免直接用手接触焊丝表面；焊接烟尘和弧光对身体有害，使用过程需采取适当防护措施。

使用行业：

ZY50-6T特殊涂层焊丝适用于车辆、桥梁、建筑、机械等行业的碳钢及500MPa级低合金钢的单道及多道焊，也可用于薄板、管线钢的高速焊接。

5.20.1.3 **电焊条**

中冶焊接科技有限公司秉承原中冶集团建筑研究总院有限公司焊接材料领域的雄厚积累，不断研究、集最新电焊条焊接冶金理论以及当今世界电焊条生产设备、工艺等之大成，研制出了新一代碱性碳钢焊条、低合金钢焊条、不锈钢焊条、堆焊焊条、铸铁焊条、镍基合金焊条等，达到了高效制造性能、优良焊接操作工艺性能、优良焊缝金属性能的匹配。期待为用户提供更好的服务，并可提供其他各类特种焊条（见表5.20.2）。

表5.20.2 电焊条产品

类 别	牌号（一例）	执行标准	用 途
碱性碳钢焊条	ZYJ507	GB/T 5117—1995 AWS A5.1	适用于碳钢或低合金钢及船舶用A、B、D、E级钢所建造的船舶主要构件以及锅炉、压力容器、管道等重要钢结构件的焊接
低合金钢焊条	ZYJ557	GB/T 5118—1995 AWS A5.5	适用于中碳钢和15MnTi、15MnV等低合金钢结构的焊接
不锈钢焊条	ZYT308	GB/T 983—1995 AWS A5.4	适用于压力容器工作温度低于300℃的0Cr19Ni9不锈钢的焊接
堆焊焊条	ZYD256	GB/T 984—2001 AWS A5.13	适用于破碎机、钢轨、推土机等受冲击易磨损件的堆焊
铸铁焊条	ZYZ308	GB/T 10044—2006 AWS A5.15	适用于铸铁薄件及加工面的焊接
镍基合金焊条	ZYNiCrFe—3	GB/T 13814—2008 AWS A5.11	适用于有耐热蚀要求的镍基合金焊接

5.20.1.4 **通用药芯焊丝**

中冶焊接科技有限公司为满足市场对通用焊材的大量需求，成功开发出了低碳钢和低合金高强钢用药芯焊丝产品。产品均为自主研发，并已经形成了批量生产规模。产品广泛应用于工程机械、矿山机械、桥梁、压力容器、锅炉等制造行业（见表5.20.3）。

表5.20.3 焊丝牌号

焊丝牌号	执行标准	用 途
ZY—YJ501(Q)	GB/T10045 AWS A5.20 E71T—1	适用于低碳钢和490MPa级高强度结构钢的焊接
ZY—YJ501(Q)	GB/T10045 AWS A5.20 E71T—1	适用于低碳钢和490MPa级高强度结构钢的焊接
ZY—YJ501Ni(Q)	GB/T10045 AWS A5.20 E71T1—1J	适用于低碳钢和490MPa级高强度结构钢的焊接
ZY—YJ507(Q)	GB/T10045 AWS A5.20 E71T—5	适用于低碳钢和490MPa级高强钢中、厚板结构的焊接
ZY—YJ550Ni(Q)	GB/T17493 E551T1—K2 AWS A5.29 E81T1—K2C	适用于550MPa级低合金高强钢药芯焊丝，适用于桥梁、港口机械、制造、海洋平台等

5.20.1.5 **特种药芯焊丝**

中冶焊接拥有雄厚的科研队伍，我们不仅开发市场需求量比较大的通用焊材，还成功开发出了耐热钢焊丝、耐候钢药芯焊丝、垂直立电焊等一系列焊材产品，替代了进口焊丝，已经形成了批量生产规模。产品广泛应用于压力容器、锅炉等制造行业、储油罐、钢结构等（见表5.20.4）。

表5.20.4 特种药芯焊丝

焊丝牌号	执行标准	用 途
ZY—YJ501NiCrCu(Q)	GB/T10045 AWS A5.20 E71T—1	适用于低碳钢和490MPa级高强度结构钢的焊接
ZY—YJ81 B2(Q)	GB/T10045 AWS A5.20 E71T1—1J	适用于低碳钢和490MPa级高强度结构钢的焊接
ZY—YJ80B 2B (Q)	GB/T10045 AWS A5.20 E71T—5	适用于低碳钢和490MPa级高强钢中、厚板结构的焊接
ZY—YJ81 B2V(Q)	DGS K 1801.01—2006	为钛型渣系的CO_2气保护耐热钢药芯焊丝，适用于工作在540℃以下的珠光体耐热钢(如12Cr1MoV)
ZY—EG60	JIS Z3319 YEEG—32C	为气电立焊CO_2气保护药芯焊丝，用于立焊船舶的外壳及各种内部构件、储罐侧板和桥梁的箱式梁复板、冶金高炉等中厚板的对接焊缝
ZY—YJ550Ni2(Q)	GB/T17493 E551T1—Ni2 AWS A5.29 E81T1—Ni2C	为590MPa级低合金高强钢CO_2
ZY—YJ601Ni1(Q)	GB/T17493 E551T1—Ni1C AWS A5.29 E81T1—Ni1C	为590MPa级用CO_2气保护药芯焊丝，适用于起重机械、桥梁、储罐、钢架结构等重要结构的焊接
ZY—YJ601Ni1.5(Q)	GB/T17493 E551T1—K2C AWS A5.29 E81T1—K2C	为590MPa级低合金高强钢CO_2气保护药芯焊丝，广泛用于起重机械、桥梁、储罐、钢架结构等重要结构的焊接

5.20.1.6 **硬面成套技术**

(1) 大型热轧支撑辊堆焊修复制造技术。

由于热轧支撑辊消耗量大，轧辊价格昂贵，越来越引起技术人员的重视。采用堆焊方法修复的复合轧辊，不但修复成本低，而且能提高轧辊使用寿命，降低轧辊耗量，合理使用并节约合金元素，同时能够提高轧机的效益和产品的质量。

(2) 夹送辊、助卷辊修复制造。

夹送辊和助卷辊是热轧板厂地下卷取机的主要部件，夹送辊工作时承受很大的压力，表面温度一般为500~600℃，辊子易出现粘钢、龟裂和磨损等问题，要求辊子表面应具有很好的耐热疲劳和磨损等性能。用堆焊复合制造的方法，对夹送辊和助卷辊表面进行强化修复制造延长使用寿命，取得了良好的效果。

(3) ZYDH-20XX型堆焊专用机床。

ZYDH-20XX型堆焊专用机床适用于在各种辊类等回转体工件表面的堆焊，使工件在获得高硬度表面的同时，成倍地提高工件的耐磨性和使用寿命。本机采用了先进的计算机控制系统和交流伺服电机带动齿轮和齿条传动机构，具有很高的焊接质量和稳定性，可满足各种工件的表面堆焊加工。

(4) 火力发电厂磨煤机磨辊堆焊修复。

磨盘和磨辊的堆焊修复多是选用自动保护明弧堆焊，强化堆焊层焊后硬度(参考值)58~63HRC左右。熔敷金属为含碳化铬、铌的高合金。Nb成分可以加到6%~7%，由于大量碳化铌的存在，增加了熔敷金属的耐磨性和抗冲击能力，强化基体组织。在工作温度≤450℃时，具有抗低冲击和耐高应力(撞击)磨损的极佳性能，比纯碳化铬具有更优良的机械性能。

(5) 连铸辊堆焊药芯焊丝。

中冶焊接生产的堆焊药芯焊丝材料采用埋弧堆焊，堆焊工艺性好，焊道成型美观，脱渣容易，性能稳定；堆焊后的连铸辊(包括足辊和弧形段辊)经机加工后检测，堆焊金属无气孔、裂纹、夹渣等焊接缺陷，堆焊金属硬度均匀、稳定。可以根据用户的不同硬度要求在37~47HRC范围内提供不同的焊丝，满足用户使用。

5.20.2 连铸坯火焰切割成套技术

5.20.2.1 氢氧火焰切割成套技术

利用YJ系列水电解氢氧发生器（专利号：ZL201120019433.3、ZL201120019456.4、ZL201120019457.9）现场制取氢气和氧气取代化石类燃气，用于连铸坯火焰切割，至今已应用于近600流连铸坯火焰切割，取得了较好的经济和社会效益。利用氢氧气切割连铸坯：

(1) 高效。利用氢氧气切割连铸坯，其使用费用为化石类燃气的1/2，采用连铸坯氢氧断火切割技术可再降低50%以上。

(2) 安全。氢氧发生器使用气体压力低，不属于压力容器，管理要求低；气体随产随用，避免了在运输、存储中存在的安全问题。

(3) 节能。生产氢氧气只需消耗电和普通水，成本低廉，150mm×150mm方坯吨钢切割成本0.59元。

(4) 环保。氢氧气燃烧后产物为水，无毒、无味、无烟，不会危害操作人员身体健康，是真正的绿色燃气。

5.20.2.2 连铸坯切割设备成套技术

连铸坯切割设备由切割机本体、电控系统、能介控制系统等组成，具有切割精度高、操作简单、运行可靠、维护方便等特点。主要切割机型有被动式切割机、主动式切割机、板坯切割机，适用于不同断面的方坯、矩形坯、圆坯、异型坯、板坯的连铸在线及离线的火焰切割。

5.21 五矿邯邢矿业霍邱机械设备有限公司

5.21.1 铸球生产线

5.21.1.1 生产线

该生产线用于生产高、中、低铬各种系列铸球产品。控制先进，成球率高，质量稳定，使用性能好（见图5.21.1~图5.21.4）。

图5.21.1 铸球自动生产线

图5.21.2 ϕ100铸球

图5.21.3 ϕ80铸球

图5.21.4 ϕ60铸球

5.21.1.2 **消失模铸造生产线**

采用消失模铸造工艺可生产更复杂、更精确的中、高难度铸件，铸件安装尺寸精确，表面光洁度高，产品质量稳定（见图5.21.5）。

图5.21.5 消失模铸造生产线

5.21.1.3 **各种衬板**

各种衬板见图5.21.6。

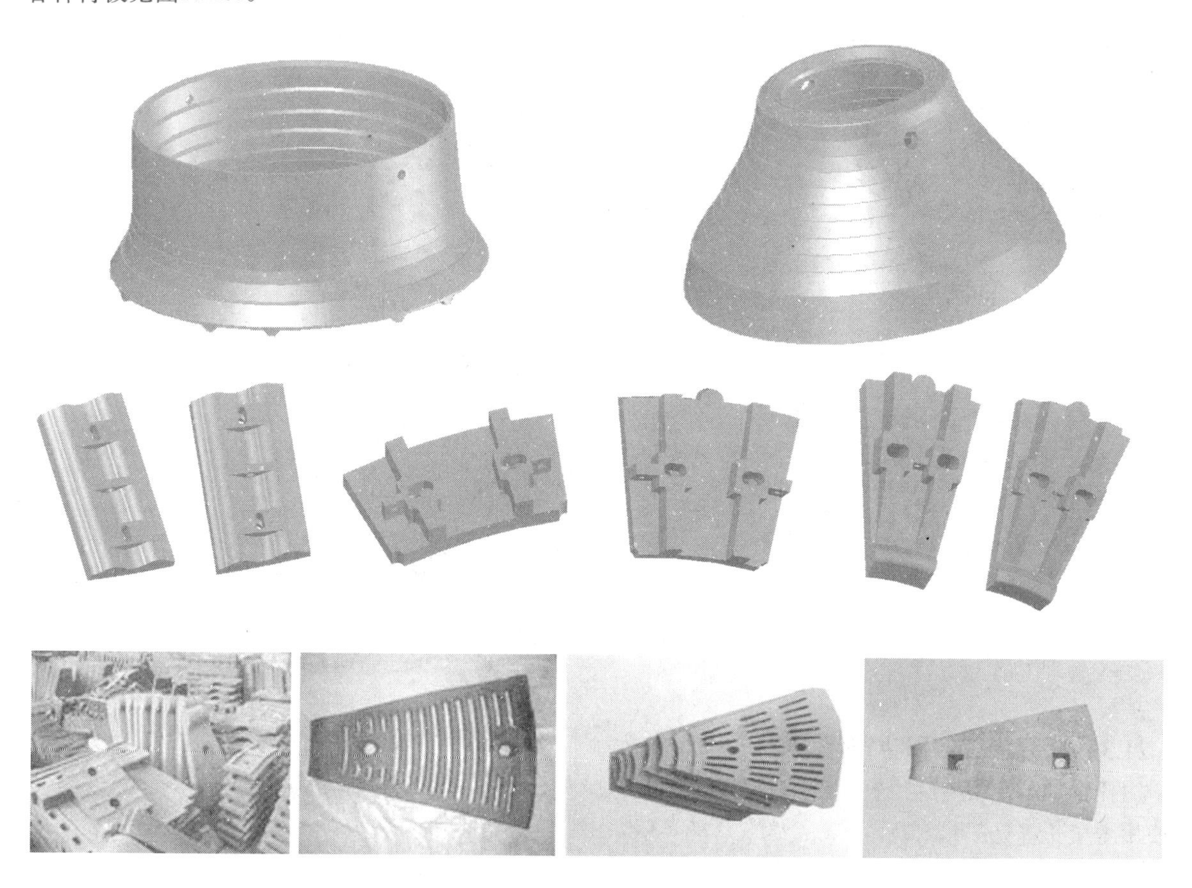

图5.21.6 各种衬板

5.21.2 机器人焊接工作站

5.21.2.1 **工作站图片**

应用机器人焊接工作站焊接的各种结构矿车和铲斗：焊接的产品成形好，焊缝均匀，无焊接缺陷（见图5.21.7）。

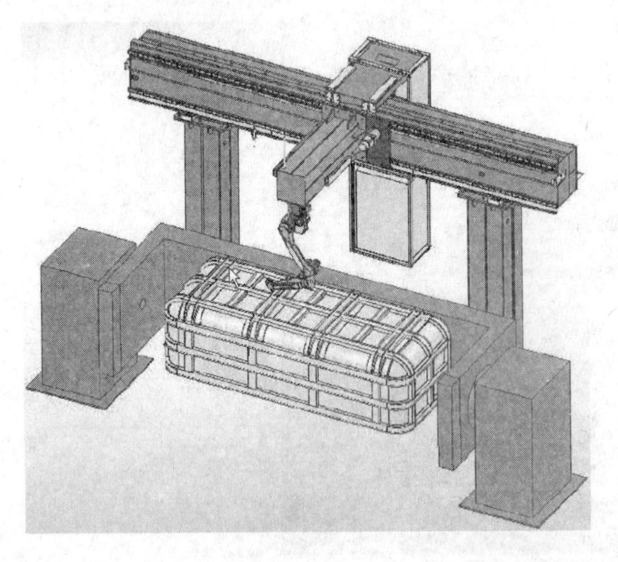
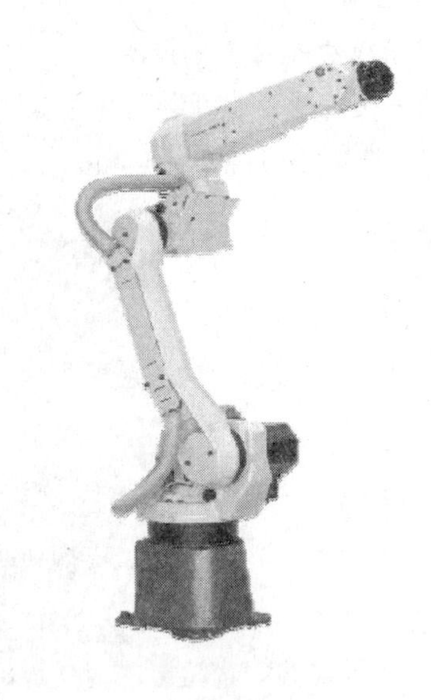

图5.21.7　机器人焊接工作站

5.21.2.2　工作站产品铲斗和矿车系列产品

铲斗和矿车系列产品见图5.21.8。

$4m^3$铲斗

$1.6m^3$矿车

$4m^3$矿车

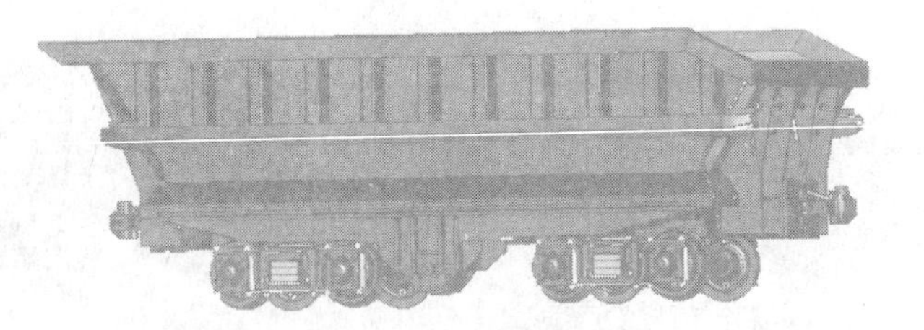

$10m^3$矿车

图5.21.8　铲斗和矿车系列产品

5.21.3　托辊加工专用生产线

采用托辊加工专用生产线生产的托辊优点：加工尺寸精确，焊缝均匀，焊接强度高，密封性好，组装误差小，使用寿命长（见图5.21.9）。

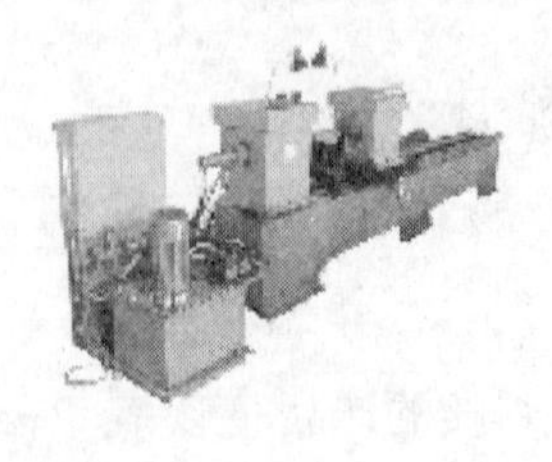

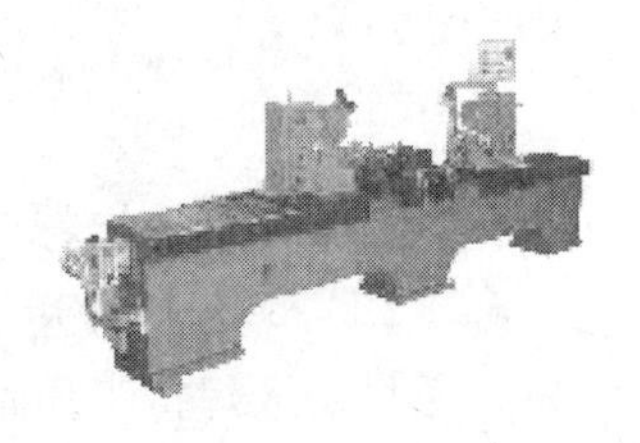

图5.21.9　托辊加工专用生产线

5.21.4　皮带机及其配件

皮带机及其配件见图5.21.10。

带式输送机

槽型托辊

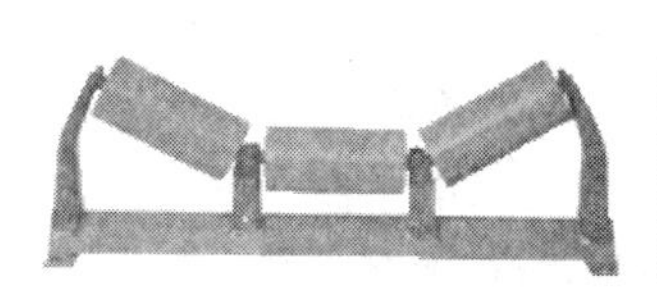

槽型上托辊组

下平行托辊组

图5.21.10　皮带机及其配件

5.22　江苏华杉环保科技有限公司

5.22.1　HSAN-C吹脱回收硫酸铵工艺

工艺原理：

新型吹脱塔是氨氮废水在碱性条件和一定温度下，通过高频超声的空化作用和专用塔板，在空气的动力作用下，使废水中的游离氨最大程度进入空气中，从而降低废水中氨氮含量的新型设备，吹脱出的氨气进入高效回收塔，可回收25%的硫酸铵产品，也可通过分离装置直接回收高纯度的硫酸铵晶体（见图5.22.1）。

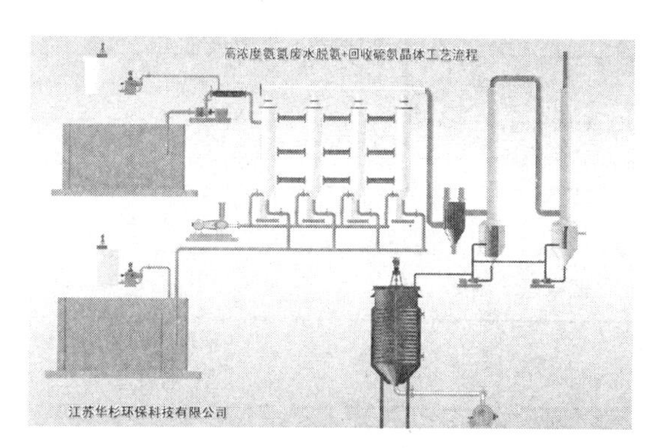

图5.22.1　HSAN-C吹脱回收硫酸铵工艺流程

经过我公司多年的研究、改进和优化，吹脱塔一次性吹脱效率可达92%以上，该设备目前已广泛应用于煤化工、有色金属、精细化工等行业。

性能比见表5.22.1。

表5.22.1　性能比

性能指标	国内常用吹脱塔	HSAN-C高效吹脱塔
进水pH值	10.5~11.5	10.5~11.5
气：水	(6000~8000)：1	1500：1
进水温度	30~40℃	30~40℃
吨水处理功率	11kW	3.0kW
去除氨氮效果	60%~70%	92%~95%
冬季运行效果	30%~40%	88%~90%
冬季最大耗蒸汽量（以环境温度0℃计）	60kg蒸汽/t废水	20kg蒸汽/t废水
回收硫酸铵	由于风量大，导致回收设备占地过大，回收液回收效率较低，所以一般无法回收	可回收25%的硫酸铵或硫酸铵晶体

5.22.2　HSAN-Z低压蒸氨回收氨水工艺

工艺原理：

本工艺采用蒸汽汽提技术回收氨水，该技术是根据国内知名蒸馏专家，享受国务院特殊津贴专家、香港国际科学院院士许开天教授的ST蒸馏技术改进而开发的低能耗蒸氨技术（见图5.22.2）。

为了提高效率降低能耗，该技术将塔釜高温水与原料进行换热，废水通过换热器进入汽提塔，由于氨的相对挥发度大于水，因此在蒸汽的作用下更多的氨进入气相，并与上一层S型塔板流下的液体建立新的气液平衡，经过多次气液相平衡后，气相中的氨浓度被提高到设计要求，然后由塔顶进入冷凝器，被完全液化，该液体部分再从塔顶回流到塔中，剩余部分作为产品被输送到产品储罐，随着氨气不断挥发，液体中氨浓度越来越低，到塔釜时，水中的氨浓度已降低到达标排放的要求。特性指标见表5.22.2。

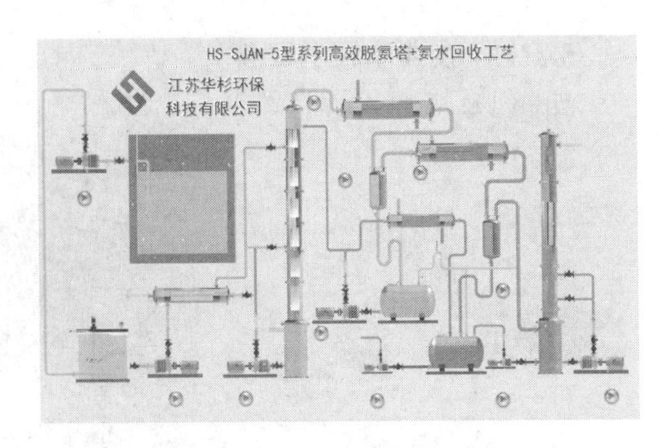

图5.22.2　HSAN-Z低压蒸氨回收氨水工艺流程

表5.22.2　特性指标

性能指标	国内常用吹脱塔	高效蒸氨塔
蒸汽压力	≥4kgf/cm²	≥2.5kgf/cm²
蒸汽消耗量	120~200kg/t水	80~110kg/t水
回收氨水浓度	≥15%	≥15%
效　果	操作弹性小，传质效率低，分离效果差，氨氮去除效率在85%左右	气液接触时间较长，塔板传质效率较高，压降低，操作弹性大，氨氮去除效率在95%以上

5.22.3　蒸发浓缩回收铵盐及零排放工艺

工艺原理：

对于偏酸性高氨氮废水，氨氮均以铵盐形式存在，如采用吹脱、蒸馏等技术需将氨氮转化为游离氨，不仅需消耗大量的液碱，而且铵盐转化为钠盐，未能根本解决出水达标问题；而采用低温多效蒸发技术，使铵盐结晶回收，冷凝出水达到回用标准，从而实现高氨氮废水处理的零排放（见图5.22.3）。

特点：

(1) 利用负压多效蒸发技术，提高了生蒸汽的利用率，从而达到节约蒸汽的目的，通常二效或多效蒸发每吨废水蒸气消耗量为0.28~0.33t。

(2) 可直接回收高纯度的硫酸铵、氯化铵、硝酸铵和硫酸钠晶体，出水达回用标准，从而实现废水处理的零排放。

(3) 蒸发器采用专利分离技术，保证冷凝水铵盐含量≤0.2%。

(4) 设备采用特氟龙防腐技术，很好地解决了传统多效蒸发系统对于高盐分废水设备的腐蚀性问题。

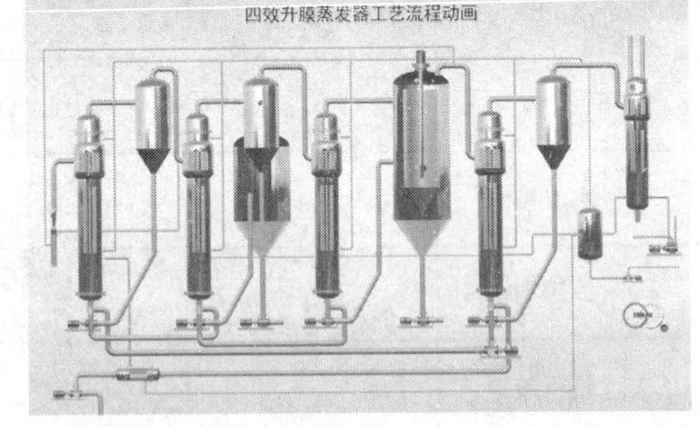

图5.22.3　蒸发浓缩回收铵盐及零排放工艺流程

5.23　太原重工股份有限公司

5.23.1　锻压设备

5.23.1.1　有色金属挤压机

有色金属挤压方法适用于多种金属及其合金的挤压生产，其产品应用领域甚广，尤其是在建筑、航空、航天、交通、通讯等领域。

有色金属挤压机按工作轴线分，有卧式、立式挤压机，除一些特殊工艺要求采用立式挤压机外，目前，国内外应用的多为卧式挤压机。卧式挤压机按结构类型可分为单动和双动长行程或短行程挤压机；就工艺特点来说有正向挤压机和反向挤压机等。这里只介绍普通常用的卧式单动、双动正向油泵直接传动挤压机的结构型式、性能特点、工作原理和主要参数。

(1) 结构、性能特点。

有色金属挤压机由挤压机本体、液压传动与控制系统、机械化设备、挤压机自动检测与控制装置和电气系统等组成。

现代单动有色金属挤压机本体一般都是采用预应力的组合框架（由前横梁和后横梁、拉杆、压套组成一个封闭的预应力受力框架），主工作缸、侧缸、挤压梁装置、挤压筒装置、挤压筒锁紧缸、移动模架装置、主剪装置、快换模装置、下导向架装置、模内剪装置等部件组成。

双动有色金属挤压机除包括单动挤压机本体结构部分外，还有单独的穿孔装置、伸缩缸装置。铜、黑色和稀有金属挤压机一般没有主剪装置，而是采用锯切装置。

液压传动和控制系统一般为油泵直接传动，系统比例控制，挤压速度比环控制，液压回路为程序控制下的柔性动作系统。

机械化设备由锭、垫、压余机械化处理系统构成。

自动检测与控制装置有位置检测、对中检测、压力检测、速度控制、远红外测温控制、挤压筒温度控制、油箱油温检测和控制。

电气控制系统由上位工业控制计算机和工业可编程序控制器两级控制，具有挤压速度、行程、挤压力、挤压筒温度等参数的数字显示，压机故障显示等功能。

压机具有如下特点：

1) 压机具有快换挤压筒、挤压杆、快换模、机械装卸穿孔针的功能，更换挤压工具省时省力、提高效率；

2) 挤压筒分区加热，并设有风冷系统，可提高挤压筒寿命；

3) 穿孔系统在压机中心导向，中心定位准确，挤压管材精度高；

4) 压机采用计算机控制，系统具有作为操作人员在挤压操作的界面对话；为提高产量和质量的等温挤压功能；为提高压机精度的对中检测功能。

(2) 工作原理。

把金属坯锭通过加热炉加热到设定的温度后，通过供锭机械手运送到挤压机内部，进入温度可控的挤压筒内部，在主工作缸和侧缸的推动下，经挤压杆和挤压垫片（固定挤压垫或活动挤压垫）对金属坯锭施加挤压力，此时，金属坯锭处于三向压应力状态，当金属坯锭所受到的应力达到一定值时，锭坯便从模具的孔中被挤出，形成挤压制品。

(3) 主要技术参数。

1) 铝及铝合金挤压机。

单动长行程铝挤压机：

单动长行程铝挤压机被称为常规挤压机型式，挤压机供坯锭时，挤压筒在模具的锁紧位，坯锭在挤压筒和挤压轴之间，单动长行程铝挤压机结构较长。单动长行程铝挤压机主要技术参数见表5.23.1。

单动短行程铝挤压机：

单动短行程铝挤压机分为前上料和后上料两种型式。前上料单动短行程铝挤压机与常规挤压机相比压机结构短一个坯锭的长度，挤压机供坯锭时，挤压筒在挤压轴位，坯锭在挤压筒和挤压模之间。后上料单动短行程铝挤压机供坯锭的方式与前上料挤压机相同，坯锭在挤压筒和挤压梁之间，此时挤压轴必须水平或垂直移离压机中心。单动短行程铝挤压机主要技术参数见表5.23.2。

双动长行程铝挤压机：

双动长行程铝挤压机具有独立的穿孔装置，可以挤压无缝钢管和异型、空心型材。双动长行程铝挤压机也称为常规挤压机。双动长行程铝挤压机主要技术参数见表5.23.3。

双动短行程铝挤压机：

双动短行程铝挤压机主要技术参数见表5.23.4。

表5.23.1 单动长行程铝挤压机的基本参数

参数名称	单位	型号 参数值												
		20MN	25MN	31.5MN	36MN	40MN	50MN	55MN	75MN	90MN	100MN	110MN	125MN	150MN
公称力	MN	20	25	31.5	36	40	50	55	75	90	100	110	125	150
回程力	MN	1.14	1.54	2.2	2.37	2.55	2.95	3.6	4.4	5.0	6.6	7.8	8.3	13.3
挤压筒锁紧力	MN	1.8	2.53	3.52	4.25	4.45	5.06	6.9	9.8	11.5	15	16	12	20
主剪力	MN	1.0	1.27	1.7	1.69	1.97	1.97	2.6	3.2	4.1	4.76	4.9	5.0	5.7
主柱塞行程	mm	1900	2350	2500	2750	2950	3050	3150	3300	3750	4050	4350	4500	4800
挤压速度	mm/s	0.2~20	0.2~20	0.2~20	0.2~20	0.2~20	0.2~20	0.2~20	0.2~20	0.2~20	0.2~20	0.2~20	0.2~20	0.2~20
挤压筒内径	mm	210~260	240~280	260~300	280~360	300~380	340~400	360~420	420~520	460~560	520~600	530~620	580~650	600~700
挤压筒长度	mm	900	1100	1200	1350	1450	1500	1550	1650	1850	2000	2150	2200	2300
介质压力	MPa	28	28	28	28	28	28	28	28	30	30	30	30	31.5

表5.23.2 单动短行程铝挤压机的基本参数

参数名称	单位	型号 参数值												
		20MN	25MN	31.5MN	36MN	40MN	50MN	55MN	75MN	90MN	100MN	110MN	125MN	150MN
公称力	MN	20	25	31.5	36	40	50	55	75	90	100	110	125	150
回程力	MN	1.14	1.54	2.2	2.37	2.55	2.95	3.6	4.4	5.0	6.6	7.8	8.3	13.3
挤压筒锁紧力	MN	1.8	2.53	3.52	4.25	4.45	5.06	6.9	9.8	11.5	15	16	12	20
主剪力	MN	1.0	1.27	1.7	1.69	1.97	1.97	2.6	3.2	4.1	4.76	4.9	5.0	5.7
主柱塞行程	mm	1360	1580	1750	1850	2000	2150	2050	2250	2650	2850	3050	3150	3300
挤压速度	mm/s	0.2~20	0.2~20	0.2~20	0.2~20	0.2~20	0.2~20	0.2~20	0.2~20	0.2~20	0.2~20	0.2~20	0.2~20	0.2~20
挤压筒内径	mm	170~240	210~250	220~280	280~320	300~380	320~400	360~420	420~520	460~560	520~600	530~620	580~650	600~700
挤压筒长度	mm	900	1100	1200	1350	1450	1500	1550	1650	1850	2000	2150	2200	2300
介质压力	MPa	28	28	28	28	28	28	28	28	30	30	30	30	31.5

表5.23.3 双动长行程铝挤压机的基本参数

参数名称	单位	型号 参数值												
		20MN	25MN	31.5MN	36MN	40MN	50MN	55MN	75MN	90MN	100MN	110MN	125MN	150MN
公称力	MN	20	25	31.5	36	40	50	55	75	90	100	110	125	150
回程力	MN	1.14	1.54	2.2	2.37	2.55	2.95	3.6	4.4	5.0	6.6	7.8	8.3	13.3
挤压筒锁紧力	MN	1.8	2.53	3.52	4.25	4.45	5.06	6.9	9.8	11.5	15	16	12	20
穿孔力	MN	6	7.5	10	11.8	12.5	15	18	22.5	27	30	30	37.5	45
主柱塞行程	mm	1900	2350	2500	2750	2950	3050	3150	3300	3750	4050	4400	4500	4800
穿孔行程	mm	940	1150	1250	1400	1500	1550	1600	1700	1900	2050	2200	2250	2350
挤压速度	mm/s	0.2~20	0.2~20	0.2~20	0.2~20	0.2~20	0.2~20	0.2~20	0.2~20	0.2~20	0.2~20	0.2~20	0.2~20	0.2~20
挤压筒内径	mm	210~260	240~280	260~300	280~360	300~380	340~400	360~420	420~520	460~560	520~600	530~620	580~650	600~700
挤压筒长度	mm	900	1100	1200	1350	1450	1500	1550	1650	1850	2000	2150	2200	2300
介质压力	MPa	30	30	30	30	30	30	30	30	30	30	30	30	31.5

表5.23.4　双动短行程铝挤压机的基本参数

参数名称	单位	型号												
		参数值												
		20MN	25MN	31.5MN	36MN	40MN	50MN	55MN	75MN	90MN	100MN	110MN	125MN	150MN
公称力	MN	20	25	31.5	36	40	50	55	75	90	100	110	125	150
回程力	MN	1.14	1.54	2.2	2.37	2.55	2.95	3.6	4.4	5.0	6.6	7.8	8.3	13.3
挤压筒锁紧力	MN	1.8	2.53	3.52	4.25	4.45	5.06	6.9	9.8	11.5	15	16	12	20
穿孔力	MN	6	7.5	10	11.8	12.5	15	18	22.5	27	30	30	37.5	45
主剪力	MN	1.0	1.27	1.7	1.69	1.97	1.97	2.6	3.2	4.1	4.76	4.9	5.0	5.7
主柱塞行程	mm	1360	1580	1750	1850	2000	2050	2050	2250	2650	2850	3050	3150	3300
穿孔行程	mm	940	1150	1250	1400	1500	1550	1600	1700	1900	2050	2200	2250	2350
挤压速度	mm/s	0.2~20	0.2~20	0.2~20	0.2~20	0.2~20	0.2~20	0.2~20	0.2~20	0.2~20	0.2~20	0.2~20	0.2~20	0.2~20
挤压筒内径	mm	210~260	240~280	260~300	280~360	300~380	340~400	360~420	420~520	460~560	520~600	530~620	580~650	600~700
挤压筒长度	mm	900	1100	1200	1350	1450	1500	1550	1650	1850	2000	2150	2200	2300
介质压力	MPa	28	28	28	28	28	28	28	28	30	30	30	30	31.5

2）铜及铜合金挤压机。

铜及铜合金挤压机主要用于挤压铜管、棒、型材的设备，其主机结构型式与铝挤压机结构型式基本相同，而挤压速度大于铝挤压机，铜及铜合金单动及双动挤压机主要技术参数见表5.23.5和表5.23.6。

表5.23.5　铜及铜合金单动挤压机的基本参数

参数名称	单位	型号					
		参数值					
		12.5MN	16MN	20MN	25MN	31.5MN	40MN
公称力	MN	12.5	16	20	25	31.5	40
挤压筒锁紧力	MN	0.94	1.14	1.51	1.75	2.20	2.81
主柱塞行程	mm	1600	1700	1800	1900	2000	2100
挤压速度	mm/s	2~50	2~50	2~50	2~50	2~50	2~50
挤压筒内径	mm	130~170	150~200	170~250	200~260	220~280	250~350
挤压筒长度	mm	700	750	780	800	900	1000

表5.23.6　铜及铜合金双动挤压机的基本参数

参数名称	单位	型号					
		参数值					
		12.5MN	16MN	20MN	25MN	31.5MN	40MN
公称力	MN	12.5	16	20	25	31.5	40
挤压筒锁紧力	MN	0.94	1.14	1.51	1.75	2.20	2.81
主柱塞行程	mm	1600	1700	1800	1900	2000	2100
穿孔力	MN	1.9	2.5	3	4	5	6
穿孔行程	mm	730	780	810	830	900	950
挤压速度	mm/s	2~50	2~50	2~50	2~50	2~50	2~50
挤压筒内径	mm	130~170	150~200	170~250	205~305	300~360	200~420
挤压筒长度	mm	700	750	800	850	900	900

3）黑色金属及稀有金属挤压机。

黑色金属及稀有金属挤压机主要用于不锈钢、合金钢碳钢等金属棒材、型材及无缝型材与管材的热挤压生产，宜用于钛合金、铜合金等稀有金属的挤压生产。

黑色金属及稀有金属挤压机主要技术参数见表5.23.7。

表5.23.7 黑色金属及稀有色金属挤压机的基本参数

参数名称	单位	型号						
		参数值						
		12.5MN	16.3MN	25MN	35MN	40MN	50MN	63MN
公称力	MN	12.5	16.3	25	35	40	50	63
挤压筒锁紧力	MN	0.95	1.2	1.6	3.3	5	5.2	6.1
主柱塞行程	mm	1350	1500	1750	2240	2250	3450	3050
穿孔力	MN	1.76	2.8	5.08	6.46	5.5	10	11.8
穿孔行程	mm	550	700	2600	3340	1100	5150	4450
挤压速度	mm/s	70	300	0～50（容积调速） 50～300（节流调速）	300	2～45（容积调速） 45～100（节流调速）	300	300
挤压筒内径	mm	120	100～150	125～170	180～300	216～480	190～410	189～434
挤压筒长度	mm	550	700	850	1100	1100	1700	1500

(4) 选型原则、方法、选型步骤。

1) 根据产品规格及材料计算工艺挤压力选择压机的公称力。

2) 根据挤压制品定尺长度选择挤压筒的直径和长度。

(5) 典型案例的应用见表5.23.8。

表5.23.8 典型案例应用

序号	产品规格	使用单位
1	75MN单动铝型材挤压机	辽源麦达斯铝业有限公司
2	110MN双动短行程铝材挤压机	辽源麦达斯铝业有限公司
3	95MN双动正反向铝材挤压机	辽源麦达斯铝业有限公司
4	75MN单动铝型材挤压机	辽阳忠旺集团
5	90MN单动铝型材挤压机	辽阳忠旺集团
6	55MN双动铝挤压机	巴基斯坦拉瓦尔金属厂
7	100MN双动短行程铝挤压机	青海国鑫铝合金管棒材股份公司
8	50MN单动短行程铝挤压机	韩国NAMSUNG铝业有限公司
9	31.5MN双动铜材挤压机	浙江海亮铜业集团有限公司
10	40MN双动铜材挤压机	洛阳铜加工厂
11	25MN单动反向铜挤压机	宁波甬灵有色金属
12	16.3MN双动黑色金属挤压机	西北有色金属研究院
13	35MN双动黑色金属挤压机	宁夏东方钽业
14	12.5MN双动黑色金属挤压机	巴基斯坦

5.23.1.2 **锻造液压机及相应配套操作机**

快速自由锻造液压机及全液压轨道式操作机成套设备，用于黑色及有色金属的轴类、环类、筒类、饼类、方坯类以及其他类锻件的快速自由锻造生产，采用液压油为传动介质，配备了移动工作台、砧子库、砧子横移装置、砧子快速更换装置、钢锭升降台或横移小车等自动化辅助设备。相对于传统的自由锻造设备，具有速度快、精度高、节能环保、自动化程度高等诸多优点。锻造产品广泛应用于核电、能源、石油化工、航空航天、船舶、军工等领域。

(1) 锻造液压机。

1) 结构、性能特点。

锻造油压机由压机本体、机械化设备、液压传动与控制系统、自动检测与控制装置和电气控制系统等组成。结构形式有四柱预应力式和双柱斜置预应力式两种结构。具有以下特点：

预应力组合框架结构。

双球铰柱塞式工作缸结构。

全封闭立柱平面导向方式。

“宜人化”的锻造操作环境。

一个人操作的控制系统。

较高的行程速度和锻造频。

高的锻造尺寸精度控制。

与操作机联机操作系统。

2）工作原理。

锻造压机本体由预应力组合框架、主工作缸、侧缸、组合式活动横梁/上垫板、活动横梁导向装置、回程缸、上砧快速夹紧和旋转装置、工作台移动装置和基础梁装置等部件构成。组合框架承受压机的加载力，主工作缸、侧缸由液压系统作为动力源驱动活动横梁及上砧压制工件实现锻造，回程缸由液压系统作为动力源驱动活动横梁及上砧回程，如此反复实现连续锻造。移动工作台、砧库、砧子横移装置、砧子快速更换装置实现砧子的调用及快速更换，缩短辅助时间。

3）主要参数（见表5.23.9）。

表5.23.9 主要参数

推荐公称力P/MN	活动横梁行程S/mm	开口高度H/mm	立柱内侧净空距L/mm	横向允许锻造偏心距e/mm
16	1400	2900	1850	150
25	1800	3500	2600（2400）	200
35	2100（2300）	4000	2800	250
50	2400（2300）	4800	3500（3200）	250
63	2700（2600）	5500（5300）	3500（3800）	300
80	2800（2600）	6000	3800	300
100	3000	6500	5200	300
125	3500（3800）	7500（7000）	6000	350
160	4000（3500）	8000（7500）	7500	350
200	4500（5000）	8500（9000）	8000	400

4）选型原则、方法、选型步骤。

根据钢锭或锻件的最大工艺变形力选择压机的公称力。

根据钢锭或锻件的最大外形尺寸选择压机的横向开档（立柱内侧净空距）及垂直开档（开口高度）。

根据锻件的变形量总和选择压机的活动横梁行程。

根据锻件的材料及锻造工艺选择压机的工作速度。

5）典型案例的应用。

80MN锻造压机应用于中钢集团邢台轧辊厂、马钢集团、重庆焱炼公司。

63MN锻造压机应用于无锡大昶公司、扬州承德公司。

125MN锻造压机应用于太原重工股份有限公司。

（2）锻造操作机。

1）结构、性能特点（见表5.23.10）。

全液压轨道式锻造操作机由机械部分、液压系统、电气系统、润滑及检测系统组成。机械部分主要包括机架、夹钳装置、钳杆装置、升降摆移和缓冲装置、前车轮、后车轮、大车行走驱动装置、轨道装置。能夹持锻件作旋转、提升、倾斜、侧移、侧摆和进退等动作，配合压机完成钢锭开坯、拔长、整圆等锻造工艺。具有工作平稳、结构紧凑、操作灵敏方便，运动精度高，响应速度快，便于实现联动及自动化等特点。

表5.23.10 性能特点

项　目	单位		10t	20t	40t	50t	60t	100t	160t	180t
夹钳夹持质量	kN		100	200	400	500	600	1000	1600	1800
夹钳夹持力矩	kN·m		200	500	800	1100	1250	2500	4000	4000
钳口夹持范围	mm	min	ϕ80	ϕ150	ϕ150	ϕ300	ϕ200	ϕ200	ϕ300	ϕ314
		max	ϕ1000	ϕ1100	ϕ1600	ϕ1720	ϕ1750	ϕ2644	ϕ2500	ϕ2650
钳体最大回转直径	mm		ϕ1950	ϕ2050	ϕ2530	ϕ2770	ϕ2870	ϕ3935	ϕ3976	ϕ4340
夹钳中心线至轨面最小距离	mm		950	850	900	1000	1150	1600	1600	1700
钳杆升降行程	mm		1100	1700	1700	2800	1800	2200	2500	3700
大车行走行程	m		10	15	18	15	18	25	23	25

2）工作原理。

钳口夹紧由油缸无杆腔产生夹紧力，产生的夹紧力较大，驱动过渡杆，带动钳臂绕销轴旋转，使钳口张开或夹紧。

钳杆旋转由液压马达驱动减速机，带动钳架上的齿轮产生旋转运动。

大车行走由液压马达驱动减速机，带动大齿轮在地面上的销齿条上行走，整台设备的质量承受在前后车轮上，大齿轮、销齿条不承受设备质量。

钳杆平行提升/下降、上下倾、侧移、侧摆由四连杆结构实现。四个柱塞缸可实现夹钳的侧移和侧摆。倾斜缸的伸出缩回实现夹钳的上下倾。两套提升油缸实现夹钳升降。两套水平缓冲油缸实现夹钳的缓冲。

3）主要参数（见表5.23.11）。

表5.23.11　主要参数

钳杆旋转速度/r·min^{-1}	0~18	0~18	0~12	0~12	0~18	0~10/0~14	0~5/0~10	0~6/0~12
大车行走速度/m·min^{-1}	0~42	0~42	0~30	0~30	0~30	0~42/0~60	0~21/0~42	0~24/0~48
设备总功率/kW	~275	~360	~420	~420	~420	~750	~975	~997

4）选型原则、方法、选型步骤。

根据钢锭或锻件的最大质量选择操作机的夹持质量。

根据钢锭或锻件锻造时的最大长度计算选择操作机的夹持力矩。

根据钢锭或锻件的最大直径选择钳口夹持范围尺寸。

根据钢锭或锻件的变形量总和选择钳杆升降行程。

根据锻件的最大长度选择大车行走行程。

5）典型案例的应用。

40t、100t操作机应用于中钢集团邢台轧辊厂、重庆焱炼公司，与80MN锻造压机配套。

60t操作机应用于无锡大昶公司、扬州承德公司，与63MN锻造压机配套。

180t操作机应用于太原重工股份有限公司，与125MN锻造压机配套。

5.23.1.3　60MN、80MN**模锻压机**

（1）概述。

60MN、80MN模锻压机是用于汽车锻造轮毂生产的专用设备，锻造材料为铝及铝合金、镁及镁合金。

（2）结构、性能特点。

模锻压机由压机本体、液压传动与控制系统、电气控制系统、润滑和检测系统等组成。压机本体为立式板框结构，单缸加载，双缸回程，动梁四面X型导向。具有加载力集中、加工制造容易等特点。

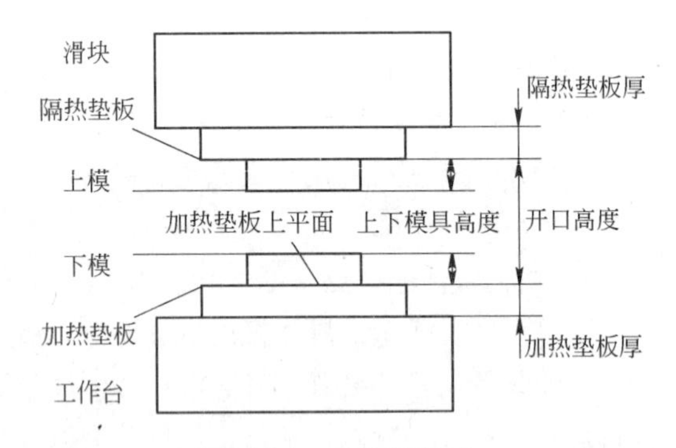

图5.23.1　工作原理图

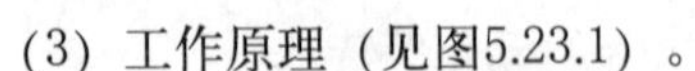
（3）工作原理（见图5.23.1）。

模锻压机采用油泵直接传动，二通插装阀集成块控制。液压泵站输出的压力油通过控制阀进入主缸实现压机滑块的向下加载实现锻造，通过控制阀进入回程缸实现压机滑块的回程。工件的成型由模具实现，模具的上模安装在滑块上，下模安装在工作台上。

（4）主要参数（见表5.23.12）。

表5.23.12　主要参数

公称力/MN	回程力/MN	最大开口高度/mm	滑块最大行程/mm	加载速度/mm·s^{-1}	地面上高度/mm	装机总功率/kW
60	3	1300	1000	0~14	10000	780
80	5	1700	1200	0~14	11000	1100

(5) 选型原则、方法、选型步骤。

1) 根据产品规格及材料计算工艺成型力选择压机的公称力。

2) 根据坯料及产品高度选择压机开口高度计算滑块最大行程。

3) 根据产品直径及模具尺寸选择工作台面尺寸。

(6) 典型案例的应用。

1) 60MN模锻压机应用于秦皇岛戴卡兴隆公司。

2) 80MN模锻压机应用于浙江万丰公司。

5.23.1.4 板冲压机系列

(1) 概述。

单、双动板冲压液压机主要用于塑性材料的薄、厚板的压制成型、拉深、冲裁、落料、弯曲等工艺。

(2) 结构、性能特点。

板冲压液压机由压机本体、液压传动与控制系统、电气控制系统、润滑及检测系统等组成。结构形式有单动和双动两种结构。压机本体均采用预应力框架结构，油泵直接传动，二通插装阀集成块控制。

(3) 工作原理。

板冲压机采用油泵直接传动，二通插装阀集成块控制。液压泵站输出的压力油通过控制阀进入主缸实现压机滑块的向下加载实现冲压，通过控制阀进入回程缸实现压机滑块的回程。工件的成型由模具实现，模具的上模安装在滑块上，下模安装在工作台上。

(4) 主要参数（见表5.23.13）。

表5.23.13 主要参数

名 称	公称力/MN	滑块行程/mm	最小闭合高度/mm	工作台尺寸/mm×mm	地面以上高度/mm	装机总功率/kW
2×20MN纵梁压机	2×20	1500	500	6000×1900	9100	271
42MN纵梁压机	42	1500	1000	7000×2800	9420	350
42MN封头液压机	42	2300/1250	1200	4000×4000	11270	850

(5) 选型原则、方法、选型步骤。

1) 根据零件的成型力选择压机的公称力。

2) 根据板材大小及模具尺寸选择工作台尺寸。

3) 根据零件的成型工艺选择滑块行程。

(6) 典型案例的应用。

1) 2×20MN纵梁压机应用于原丹东汽车厂。

2) 42MN纵梁压机应用于跃进汽车集团。

3) 42MN封头液压机应用于西安车辆厂。

5.23.1.5 矫直机辅助设备

(1) 宽厚板矫直机（压平机）。

1) 概述。

宽厚板矫直机（压平机）用于厚板及特厚板的矫平处理。

当钢板由推板送到工作位置时，横移小车带动压头横移到钢板弯曲处,辊轮下降，大托辊上升到第二设定高度(高于工作台面一定尺寸),根据钢板弯曲的情况放置上、下垫铁，完成压平前的准备工作。然后大托辊下降，压头压下进入矫平过程。如此反复直至将钢板矫平为止。

2) 结构、性能特点。

压平机为压头横向移动、板材纵向进给的结构形式，压平机主要由主机、辅机、液压控制系统、电气控制系统等部分组成。主机由工作缸装配、横移小车、上横梁装配、拉柱装配、立柱装配、底座装配等组成。主机采用预应力框架结构，刚度好，精度高。辅机由平台、辊轮升降机构、大托辊、移送装置组成。辅机前后对称布置，用于钢板吊入、吊出、钢板升降、钢板移送。

3）工作原理（见图5.23.2）。

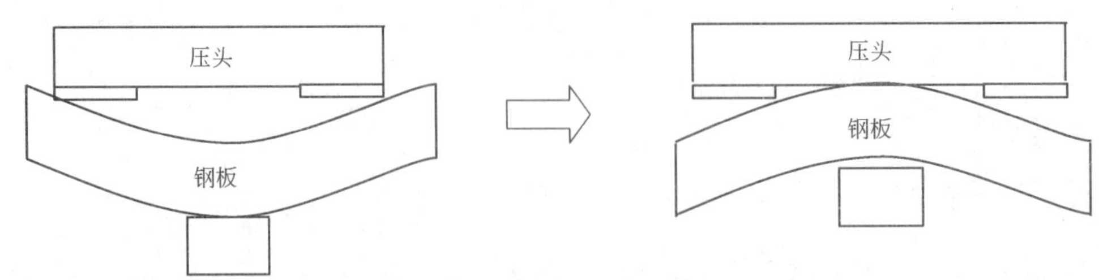

图5.23.2　矫直机工作原理

当钢板由推板送到工作位置时，横移小车带动压头横移到钢板弯曲处,辊轮下降，大托辊上升到第二设定高度(高于工作台面一定尺寸),根据钢板弯曲的情况放置上、下垫铁，完成压平前的准备工作。然后大托辊下降，压头压下进入矫平过程。如此反复直至将钢板矫平为止。

4）主要参数（见表5.23.14）。

表5.23.14　主要参数

公称力/MN	压头工作行程/mm	压头移动距离/mm	压制钢板规格				装机总功率/kW
			板厚	宽度	长度	质量	
			mm	m	m	t	
20	600	±900	40~80	1.5~3	3~12	≤12	180
25	600	±900	30~160	1.2~4.1	2~18	≤35	200
40	900	±900	30~400	0.9~4.9	3~21	≤65	480
42	900	±900	30~400	0.9~5.4	3~26	≤65	480
50	700	±900	30~300	0.9~4.2	3~18	≤45	480

5）选型原则、方法、选型步骤。

根据压制钢板规格，参照上述主要参数表，选取相应规格的压平机。

如果客户提供以下参数，我们还可根据客户的需求设计开发、生产制造、安装调试其他规格的压平机。

钢板种类、钢种及钢级、钢板状态、钢板规格、钢板质量、钢板单位长度质量、钢板冷态下屈服限。

6）典型案例的应用。

20MN压平机应用于太钢临汾钢铁公司。

25MN压平机应用于上海钢铁三厂、上海宝钢集团、湘潭钢铁有限公司。

40MN压平机应用于河北普阳钢厂。

42MN压平机应用于鞍山钢铁集团公司。

(2）管、棒矫直机。

1）概述。

管、棒矫直液压机主要用于大直径管、棒材的矫直。

2）结构、性能特点。

主机设计为卧式C型机架，承受主缸工作压力。

固定压头根据被矫直件工艺和直径做成V形，在装有导槽的横梁上固定，人工装拆方便。

工作台板和移动压头组成移动压头机构，两套可独立调整。可满足钢管不同弯曲度支点的调整。

搬运托辊布置在压机的中间和两侧，完成被矫工件的横向运输。

旋转托辊布置在压机两侧的搬运托辊之间，完成被矫工件的旋转。

3）工作原理。

卧式压力矫直机是三点式矫直原理，通过辅助设备把钢管弯曲处托平后主缸加载进行水平矫直，并且两移动支点可以在水平方向上单独调整，选择合适的支点间距以适应钢管不同的弯曲度。

4）主要参数。

公称压力（可调）　　25MN

回程力　　1MN

柱塞最大工作行程　　625mm

被矫件工作温度　　≤550℃

支点间距　　1000~3000mm

5）选型原则、方法、选型步骤。

根据用户提供的产品纲领计算矫直力和支点间距，确定压机吨位；

根据用户提供的最大钢管或钢棒的直径确定压机的开档和喉深；

根据用户提供的最大钢管或钢棒的长度确定辅机辊道的长度；

根据用户提供的最大钢管或钢棒的质量确定提升托架和旋转辊的提升质量。

6）典型案例的应用。

25MN压力矫直机应用于湖南衡阳华菱连轧管有限公司和内蒙古北方重工业集团。

浙江恒久特种链条有限公司

浙江恒久特种链条有限公司（诸暨市特种链条厂，以下简称“公司”）是国内最大规模的生产制造大规格及特种链条生产基地之一，是中国链传动协会和全国链传动标准化技术委员会成员单位。企业拥有自营进出口权。企业在链条行业率先通过ISO9001:2000质量管理体系认证。

企业位于诸暨市牌头镇，占地4.5万余平方米，固定资产4500万元，员工450余人，其中工程技术人员80人，具有中高级职称的15人。年生产销售各种链条、链轮和输送设备均在9000t以上，其中近60%出口国外。特别是冶金行业用链条制造销售量在国内居首位，为国内最大规模的冶金行业用链条制造供应商之一。

近年来，冶金行业用传动及输送链条业务不断扩大，公司与北钢院、重钢院、武钢院、马钢院、包钢院等各大钢铁设计院保持着良好技术合作关系，许多冶金项目中传动及输送链条由公司参与设计。产品应用于国内各重要冶金企业，其中不少替代进口或在进口主机中使用，如天津钢管公司与公司建立了长期合作关系，公司冶金行业用传动及输送链条被该公司指定为冶金行业用链条定点供应单位，其热处理改造、中间库改造、钢管二套、钢管三套扩建等项目均采用公司链条、链轮产品；宝山钢铁公司长期将公司产品作为各类项目配套使用，如中厚板项目、5m宽厚板项目、ERW钢管项目等均使用公司链条、链轮产品；萍乡钢铁公司200万吨轧材项目；大冶钢铁公司高速齿轮钢项目；鞍山钢卷输送线改造项目；衡阳钢管公司二连轧技改项目；马鞍山钢铁公司；南京钢铁公司；武汉钢铁公司；攀成钢公司等冶金企业改造项目均采用本公司产品。同时，国内各重要冶金企业还长期采用公司的各类非标、特种链条、链轮作为备件。另外，国内如一重、二重、北方重工、太原重机、太原矿机、陕西压延、洛阳矿机、武汉船用、上海重机、彭浦机器、常州冶机、苏州冶机等大多冶金机械制造厂也将公司作为链条、链轮配套供应商。

可以自豪地说，通过企业的努力和广大客户的支持，公司冶金行业用非标、特种链条因产品质量稳定、制造周期满足、售后服务保证而信誉良好，赢得用户的信任。

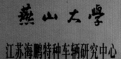

公司简介
COMPANY INTRODUCTION

镭目公司成立于1993年，高新技术企业，软件企业，湖南省首批创新试点企业。公司专业从事冶金生产过程的自动检测与控制技术的科研开发，为全球钢铁企业提供先进的自动控制解决方案，主要技术性能和技术指标均已达到或超过国外同类产品，在国内市场占有率达85%。年销售额达3亿元，湖南省出口创汇重点企业，授予软件出口先进企业称号。

镭目公司现由衡阳总部、长沙分公司、北京研究所及印度办事处组成。技术力量雄厚，成就卓著，公司被认定为省级企业技术中心、授予国家级企业博士后科研工作站。公司承担并完成了多项国家科技成果重点推广计划项目和国家火炬计划项目，成功开发30多项先进技术，填补国内技术空白，已经获得45项国家专利及软件著作权12项，部分关键技术已取得国际专利。公司连续三年被评为国家规划布局内重点软件企业（湖南省仅3家）。

目前，镭目公司的产品已经应用于全球16个国家，国内客户主要有宝钢、武钢、鞍钢、首钢、包钢、沙钢、唐钢、本钢、湘钢、涟钢等260多家钢铁企业。国外客户有印度TATA、LLOYDS、ISMT，韩国POSCO，巴西CSN-UPV等40多家钢铁公司。公司以“创一流技术，创世界品牌”为企业宗旨，将始终遵循自主创新和专业服务的方向，向钢铁企业提供领先的产品和周到的服务，提升连铸技术水平，共同致力于钢铁产业的发展。

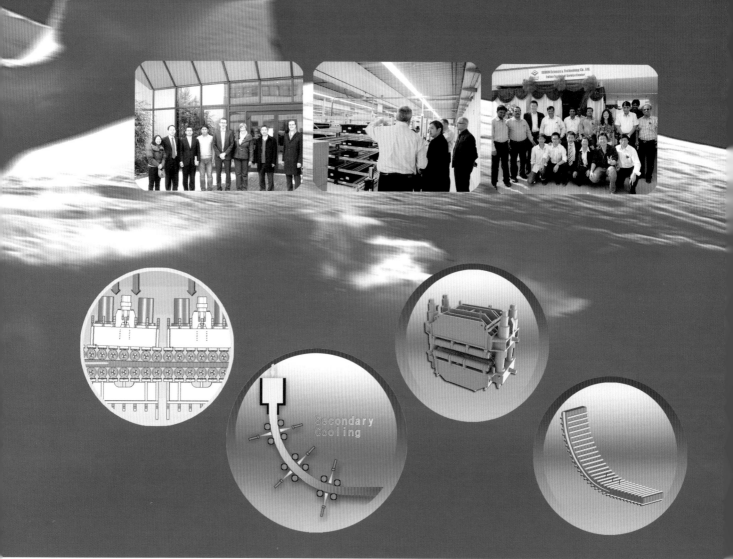

济钢 360 m²烧结机工程　　山东富伦 1650 m³高炉工程　　马钢转底炉（RHF）脱锌工程　　马钢 100t 电炉工程　　马钢异形坯连铸机工程

安徽马钢工程技术有限公司

MASTEEL　ANHUI MASTEEL ENGINEERING & TECHNOLOGY CO., LTD.

安徽马钢工程技术有限公司（METC）的前身是马钢设计研究院有限责任公司（MSDRI），是马鞍山钢铁股份有限公司控股的工程技术型公司，METC实施了以质量、环境和职业健康安全“三标”管理体系并保持认证，为国家高新技术企业，2008年荣获第二批“全国文明单位”荣誉称号。

METC现有员工290人，各类注册执业人员165人，设有7个职能部门、8个工程设计研究所、2个分公司和2个子公司。配备烧结、球团、机械化运输、炼铁、炼钢、轧钢、工业炉、耐火、总图运输、机械、热力、燃气、暖通、给排水、管道、电力、电控、机器、电讯、规划、建筑、结构、安全、环境保护、工程经济、技术经济等近30个专业。形成配套完整的组织结构和专业结构体系。

METC拥有国家相关部门颁发的冶金、建筑、环境工程设计、工程咨询和工程监理甲级资质；市政公用工程（给水、排水）、火力发电工程设计乙级资质；城市规划、工程造价咨询乙级资质以及第一、二类压力容器和“GB、GC”压力管道设计资质以及上述设计资质范围的工程总承包、项目管理总承包的资质。同时还拥有国家商务部颁发的对外承包工程资格。METC服务范围已从马钢拓展到全国10多个省、市及海外。

在冶金工程和环境工程方面主要业绩有：300～500m²系列大型烧结机工程；100万吨/年竖炉球团和120万～250万吨/年级链箅机回转窑球团生产线工程；1000～2500m³系列高炉工程；70～120t转炉和120t大型超高功率电弧炉（EAF）炼钢及配套精炼工程；各种规格的方坯、异形坯、超大规格(ϕ600～800)圆坯和高效板坯连铸机工程；100万吨/年棒、线、型（H型钢)、中板材轧钢生产线工程；车轮及轮箍生产线工程；40万吨/年热镀锌(CGL)生产线工程；20万吨/年彩涂板(CCL)生产线工程；100万吨/年步进加热炉；20万吨/年环形加热炉；20万吨/年含锌尘泥转底炉(RHF)脱锌工程；10000～40000 m³/h系列制氧机工程；全燃高炉煤气锅炉发电工程；高炉顶压发电（TRT）工程；烧结废气余热发电工程；废气、废水、噪声治理和钢渣、污泥综合处理利用工程的成套技术。

通过“十五”、“十一五”的发展，METC综合实力得以大幅度提升。该公司将在“十二五”发展征程中，进一步加强技术研发和集成创新，增强企业核心竞争力和市场影响力，秉承“先进适用、诚信规范；顾客满意、持续改进”的方针，关注社会、员工和相关方的利益，积极寻求与海内外客商的广泛合作，为行业的科学发展谱写新的篇章。（文中涉及数据和资料由安徽马钢工程技术有限公司提供）

公司地址：安徽省马鞍山市西园路33号　邮编：243000　联系电话：0555-2886301　2882439

马钢车轮系统改造工程

马钢 2250 热轧薄板工程

马钢热镀锌生产线工程

台湾东和棒材生产线工程

坚持星级管理思想　创新万点受控工程
不断夯实企业实现持续发展的物质技术管理基础

武汉钢铁股份有限公司

武钢股份冷轧五机架系统

武钢股份热轧粗轧机组

武钢股份冷轧硅钢生产线

武钢股份冷轧酸轧联机

武汉钢铁股份有限公司在实施精品名牌战略，加速实施汽车板、硅钢和高强度结构钢“三个基地”建设过程中，按照争创技术、产品、管理和节能环保“四个一流”要求，坚持推进“星级管理”、“万点受控”、“设备三率”和“综合效率”四大品牌建设，为企业生产经营实现跨跃式发展奠定了坚实的物质技术管理基础。到“十一五”末，公司连年保持了重、特大设备事故为零，主要生产设备事故故障率、功能完好率和精度精确率分别为2.27‰、99.61%和99.65%，达到了优良水平。设备固定资产原值较“十五”末增长143%，国际国内先进技术装备达到了92.65%。连续四年保持国家测量体系“AAA”级资质认证。连续八届获得全国设备管理优秀单位称号。

(1)不断加强设备综合管理建设。1)推进设备管理基础制度建设，完成设备管理制度修编整合为31项，夯实了实施标准化、规范化、法治化和科学化管理的制度保障基础。2)推进设备“万点受控”工程建设，将多个应用系统的过程、软件、标准和硬件进行全面集成，形成了以信息化平台为支持的设备状态控制预防管理网络体系。3)推进设备资产管理信息化数据库建设，完成资产数据113万条，设备管理业务全部实现信息化，有力地提升了企业设备管理现代化水平。

(2)不断加强设备检修规范管理。1)完善设备检修和维护保产管理制度，对维护、检修保产体系作进一步整合和优化，确立了公司六大家法定参保单位的核心地位。2)科学组织实施2号高炉大修工程，在实施中坚持“安全第一、质量优先、工期确保、费用受控、廉洁规范”的原则，精心组织建设施工，仅用7个月就实现高炉送风、5天实现达产，创造了高炉检修工程史上新的纪录。3)加强维修投资管理，通过招标比价核减费用1227万元，其中一冷轧五机架主传动系统改造节约资金700余万元。

(3)不断完善备件管理保障功能。1)组织完成备件储备和消耗定额优化1.95万条和10.83万条，构建了“事故备件和供方市场备件有储备定额、常用备件有消耗定额、零库存备件有安全存量”的全定额管理平台。2)推进备件零库存管理，与供方签订备件及时供协议和托管合同6.97万项，零库存比例达到63%。百元机电设备固定资产储备1.1元，保持行业领先水平。3)加强大型工具科学管理，通过全程资源控制，不断消化存量，使采购资金由5亿元降至2.8亿元。4)加大备件修复，使修复量占消耗总量的比例达到了25.62%。同时开展了160项进口设备的国产化研制工作。

(4)不断夯实测量体系管理基础。1)完善企业大宗原燃料计量体系管理，为公司净增收益2723万元。2)完成满足检验集中管理需要的热轧材全自动拉伸试验机检验室建设，实现了重轨、型材、线材、棒材和板材等品种集中检验，提高了产品检验过程自动化水平和检测效率。

(5)不断推进设备节能减排发展。1)组织完成烧结、炼铁1、4、5号高炉除尘系统改造以及烧结烟气NID干法脱硫改造，粉尘和SO_2排放得到有效治理，环保水平处于行业先进。2)组织完成炼铁4号和5号高炉TRT余压发电改造，吨铁发电超过36kW·h的行业一流水平。

（获得第一届至第八届全国设备管理优秀单位；1997年武钢星级设备管理获得国家冶金工业局现代化管理成果二等奖；2006年武钢“万点受控”获得中国冶金科学技术一等奖；2009年和2010年中国设备管理成果评估和中国设备工程“卓越贡献奖”）

HBIS 河北钢铁集团

河北钢铁集团承钢公司

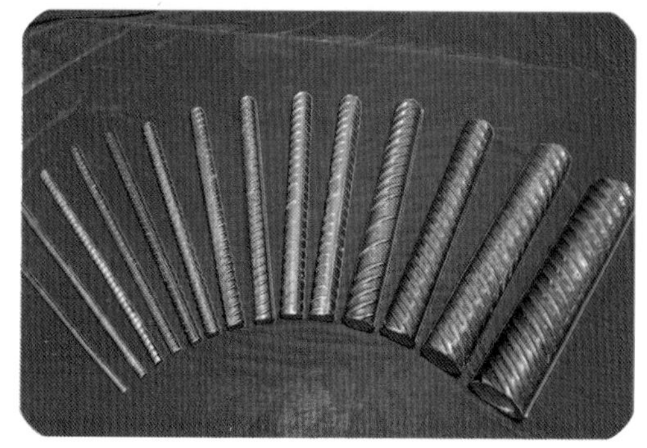

河北钢铁集团承钢公司（以下简称“承钢”）始建于1954年，是中国钒钛产业发祥地和先导企业。2006年1月，承钢与唐钢、宣钢组建成立了唐钢集团。2008年6月，河北省组建成立河北钢铁集团，承钢成为河北钢铁集团一级子公司。

50多年来，承钢不断发展和完善钒钛磁铁矿的冶炼技术，钒的提取技术和加工应用技术，逐步形成了以钒钛产品和冶炼、轧制含钒钛低合金钢材为主业，冶、炼、轧、钒完整的钒钢生产体系。2009年，承钢形成钢产能800万吨、钒渣产能36万吨、钒产品产能3万吨规模，主体装备实现了大型化、现代化。承钢主要产品有钢、钒、钛三大系列：一是含钒低合金热轧带肋钢筋、高速线材、圆钢等优质长材产品以及热轧卷板、热轧中等宽度带钢等优质板材产品；二是五氧化二钒、三氧化二钒、50钒铁、80钒铁、氮化钒、高纯氧化钒等钒系列产品；三是高、低品位钛精粉。

承钢的“燕山牌”热轧带肋钢筋是名牌产品，早在1981年，就成功开发了英标460公称直径40mm热轧带肋钢筋，产品应用在北京长城饭店。多年来又相继开发了HRB400（E）、HRB500（E）、英标、澳标、日标、美标以及公称直径6mm、公称直径50mm、公称直径60mm极限规格热轧带肋钢筋产品，并在中央电视台新址、鸟巢、水立方、三峡大坝、青藏铁路等国家重点工程得到广泛应用。承钢公司制定了“低成本+精品+特色”三大战略。在“十二五”期间，继续加大技术创新力度，对钒钛技术进行深层次研究，延长钒钛产业链，形成承钢特色的钒钛产业；引进世界上先进的冶炼、轧钢设备，生产优质精品钢材，提高钢铁产品的高技术含量，把承钢建设成为装备水平高、管理先进、产品竞争力强的一流钒钛钢铁企业之一。

达涅利中国

DANIELI® CHINA

达涅利中国简介

达涅利于1979年进入中国钢铁市场，并且最终作为以满足客户需求为准的全球战略的一部分，并且能为中国客户提供更好的质量技术解决等服务，达涅利集团于2004年建立达涅利冶金设备（北京）有限公司，于2007年建立常熟达涅利冶金设备有限公司。至此，再同一个更强更具组织力的管理层的领导下，两家公司共同组成了达涅利中国机构。

现今，达涅利中国的总面积已超过225000m²，其中车间面积超过100000m²；雇员人数已超过1700人，并仍在继续增长。达涅利中国的经营活动包括：销售、项目管理、工程设计、研发、采购、质量/监制、制造与组装、现场监督与售后服务。迄今为止，达涅利在中国的投资总额已超过7000万欧元。公司将继续加大投资，计划到2012年底使投资额达到9000万欧元，到2014年底达到1亿2000万欧元。

达涅利的研发活动覆盖达涅利产品创新的全部环节——从提高现有设备的核心研究、持续增强现有设备能力与竞争力，到全新的创新工程设计和以环境保护与节能减排为导向的产品研发。

如今，达涅利中国在中国市场已成功赢得众多优质客户的信赖与合作。为满足技术和产品的革新的需要，团队合作和双赢合作都是必不可少的，以臻达到公司的目标。公司衷心感谢客户那些极具创新价值的意见和建议，正是这些意见和建议不断鞭策我们在提高金属工业产品质量和设备效能方面不断向前。

可靠性和竞争力使公司不断追求我们的座右铭：达涅利的技术和制造中心，全球同质！

达涅利冶金设备（北京）有限公司

地址：北京市亦庄经济技术开发区景园街8号

邮编：100176

电话：+86-10-58082828

传真：+86-10-58082999

网址：www.danieli.com

常熟达涅利冶金设备有限公司

地址：江苏省常熟经济开发区兴港路19号

邮编：215536

电话：+86-512-52267000

传真：+86-512-52267222

网址：www.danieli.com

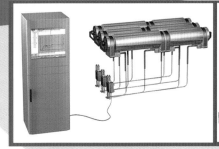

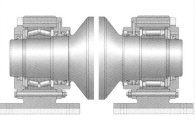

火焰清理机CHSU型烧嘴（Cold Hot Scarfing Unit）

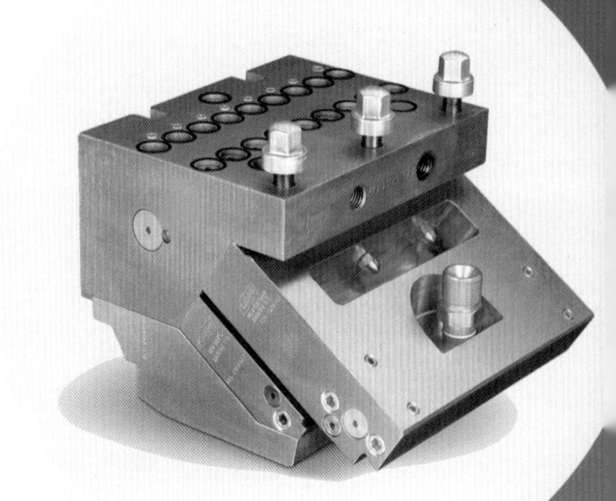

CHSU 烧嘴对于为热坯清理而设计的清理机而言，喷出预热燃气的增加，狭孔喷出角度为32°，不仅对热坯而且对冷坯也能进行清理。同时，烧嘴头部块的内部采用了氧气挡板对保护氧气进行整流调整，提高了平滑性和清理性能。

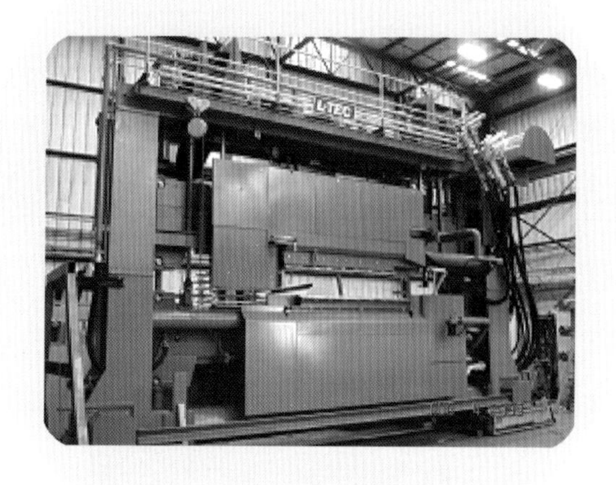

火焰清理机PMSU型烧嘴 （Post Mix Scarfing Unit）

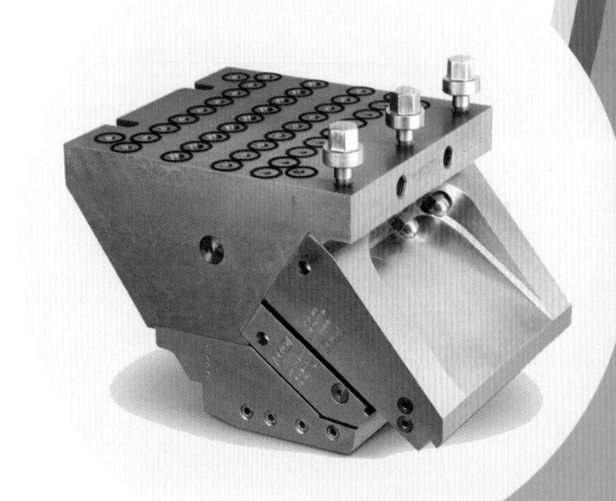

解决了采用Postmix方式时的回火问题。由于拆除了Mixer，以及扩大预热区域的原因，Start时的深坑程度也被控制在最低范围。

1979年以后的交货设备中被采用。

Machine Type

火焰清理机大体上可以分为三大类。

热坯清理机设备

该火焰清理机对材料的轧制温度要求在1000℃左右或以上的热板坯、热方坯、热小方坯以及圆形材料进行清理。

通过一次清理可以对材料的4个面或2个面进行同时清理。

冷坯 / 温坯清理机设备

该设备是对900℃左右的冷坯和温坯进行清理的设备。

通过一次清理可以对材料的4个面或2个面进行全面的清理。

带清 / 机械局部清理机设备

该设备是对冷坯～热坯的小方坯、方坯和板坯进行清理。

按照烧嘴的宽度单位通过一次或多次清理的方式进行带状清理、部分清理及全面清理。

	项目	型号	类型	描述
板坯用	4面火焰清理机	CM-78	热坯火焰清理机	一般的4面火焰清理机。主要将温坯及热坯清理时推荐的。方坯/板坯兼用型
		CM-90	冷 / 温坯火焰清理机	一般的4面火焰清理机。可对应冷坯~热坯
		CM-98	带清火焰清理机	分别控制每个烧嘴，可对应带状清理
	2面火焰清理机	CM-69	冷 / 温坯火焰清理机	一般的2面火焰清理机
		CM-69S	带清火焰清理机	可控制每个烧嘴，可对应带状清理
		CM-45	冷 / 温坯火焰清理机	可改造为4面火焰清理机
	特殊	CM-99	带清 / 局部火焰清理机	可对应带状清理及局部清理。2面火焰清理机
		CM-88	局部火焰清理机	可对应局部清理。板坯固定，火焰清理机本体及操作室移动
BLOOM	CM-58		热坯火焰清理机	可对应最大尺寸□367mm的方坯火焰清理机
	CM-71		热坯火焰清理机	可对应最大厚度548mm，最大宽度1091mm的方坯火焰清理机

Scarfing Machine Photo

CM-69-8-2 Scarfing Machine

SCARFING UNITS

SLAB

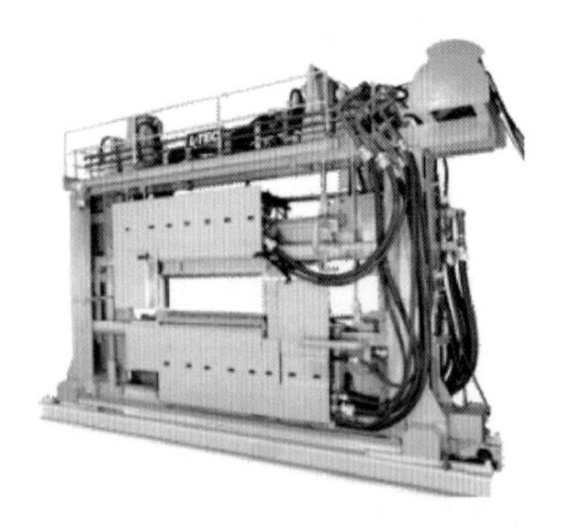

CM-90-8-2 Scarfing Machine

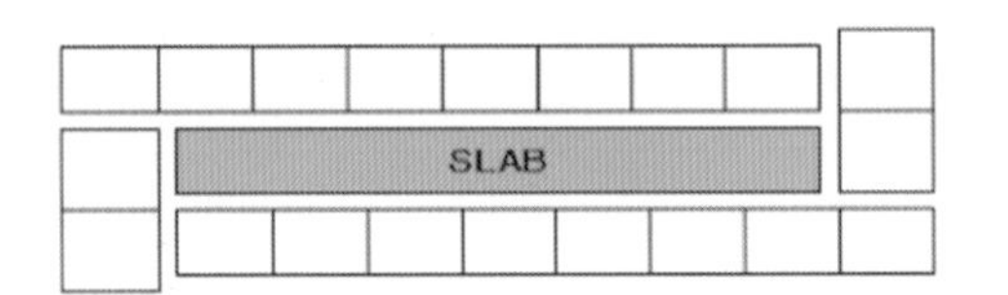

CM-58B Bloom Scarfing Machine

火焰清理机 / 美国L-TEC公司

火焰清理机的种类

火焰清理机大体上可以分为三大类。

热坯清理——该火焰清理机对材料的轧制温度要求在1000℃左右或以上的热板坯、热方坯、热小方坯以及圆形材料进行清理。

通过一次清理可以对材料的4个面或2个面进行同时清理。

项目	CM-58	CM-71
清理机可以清理的 宽度 厚度	小方坯、方坯 102 ~ 367 mm 51 ~ 367 mm	小方坯、板坯 102 ~ 1091 mm 64 ~ 548 mm
使用的烧嘴	#6 or #9 SPSU	#9 SPSU (#9 CHSU)
清理面	上面、下面及两侧面进行同时全面清理 (表面的选择为自选项)	上面、下面及两侧面进行同时全面清理 (表面的选择为自选项)
清理深度	1.5 ~ 4.5 mm (单面/一次清理)	1.5 ~ 4.5 mm (单面/一次清理)

冷坯 / 温坯清理机设备——该设备是对900℃左右的冷坯和温坯进行清理的设备。通过一次清理可以对材料的4个面或2个面进行全面的清理。

项目	CM-69	CM-90	CM-91
清理机可以清理的 宽度 厚度	板坯 397 ~ 2448 mm 76 ~ 548 mm	板坯 548 ~ 2448 mm 152 ~ 548 mm	板坯、方坯 102 ~ 548 mm 102 ~ 548 mm
可以清理的尺寸是由布置的烧嘴数量决定的			
烧嘴	#9 PMSU	#9 PMSU , #9 ESSU #9 NESSU	#9 PMSU
清理表面	上面及1个侧面进行同时清理 (表面的选择为自选项)	上面、下面及两侧面进行同时全面清理 (表面的选择为自选项)	上面、下面及两侧面进行同时全面清理 (表面的选择为自选项)
清理深度	1.5 ~ 4.5 mm (单面 / 一次清理)	1.5 ~ 4.5 mm (单面 / 一次清理)	1.5 ~ 4.5 mm (单面 / 一次清理)

带清/机械部分清理——该设备是对冷坯～热坯的小方坯、方坯和板坯按照烧嘴的宽度单位通过一次或多次清理的方式进行带状清理、部分清理及全面清理。

项目	CM-99	CM-69S	CM-98
清理机可以清理的 宽度 厚度	方坯、板坯 210 ~ 1620 mm	板坯 200 ~ 2200 mm ~ 400 mm	板坯 600 ~ 2200 mm 125 ~ 400 mm
烧嘴	#8 SSU, #9 SSU	#8 SSU, #9 SSU	#8 SSU, #8 ESSU #8 NESSU
清理面	上面烧嘴宽度 对200mm的宽度进行部分清理	根据选择的烧嘴宽度对有效清理上表面及一个侧面的部分/进行全面清理	根据选择的烧嘴宽度对有效清理上表面、下表面及二侧面的部分/进行全面清理
清理深度	1.5 ~ 4.5 mm (单面 / 一次清理)	1.5 ~ 4.5 mm (单面 / 一次清理)	1.5 ~ 4.5 mm (单面 / 一次清理)

北京市捷瑞特弹性阻尼体技术研究中心

Beijing JERRAT Springs Damper Technology Research Center

北京市捷瑞特弹性阻尼体技术研究中心成立于1997年，是专业从事弹性阻尼黏滞材料研究和相关产品开发生产的高新技术企业，主要产品有弹性阻尼体减震器、缓冲器、管道阻尼器、桥梁建筑用阻尼器及其相关附件产品：

- 全部产品都具备自主知识产权；
- 下设加工车间、组装车间、产品动静态实验室；
- 拥有完备的设计、实验、生产体系；
- 研发部20余名研发人员全部具有本科以上学历，其中博士2人，硕士3人，具有科学严谨的研发体系；
- 与清华大学结成了技术型战略伙伴关系；
- 多次承担国家重点工程项目、重要领域相关产品的研发制造，其中包括国家大剧院抗震工程项目、重庆轻轨进站缓冲工程项目、军事航空雷达阻停项目等国家特级项目相关工程的产品供应；
- 产品主要应用于冶金、铁路、军工、建筑等行业，是百余家知名大型工业企业的指定供应商。

弹性阻尼体减震器

普通轧机用柱状减震器

短应力轧机用碟型减震器

弹性阻尼体缓冲器

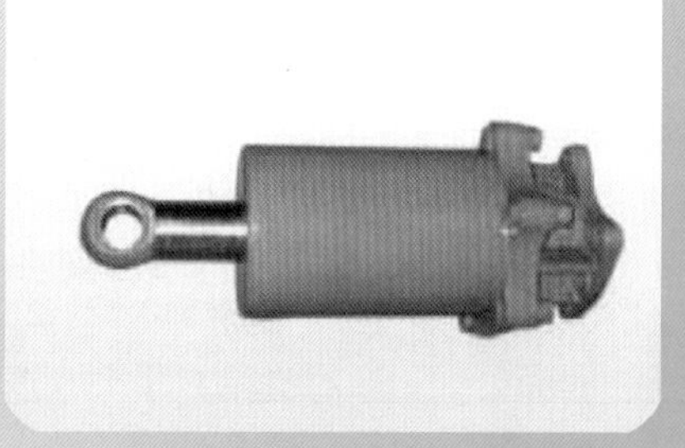

铁路车钩缓冲器

地车缓冲器

天车缓冲器

弹性阻尼体阻尼器

建筑抗震阻尼器（工业厂房）

高炉管道阻尼器

Steadfast, 踏实、诚信 塑造企业灵魂
Honest, mould the enterprise soul perfectly.

MOUNTOP 大峘集团
Jiangsu Mountop Group Co.,Ltd.
中国冶金设备南京有限公司

集团简介

Brief Introduction

江苏大峘集团有限公司1978年成立，原隶属于国家冶金工业部。集团总部（研发设计中心）坐落于江苏省南京市江宁经济开发区，占地面积约2664m²，建筑面积约20000m²。2004年成功改制为中国冶金设备南京有限公司，2007年更名为江苏大峘集团有限公司。是集工程设计、设备制造与研发、工程建设施工一体化的大型工程技术公司。

拥有工程设计、工程总承包资质。具有基于核心技术、关键设备制造的工程综合与集成能力。面向国内、外市场提供EPC（设计、设备供货、土建安装）、EPO（设计、设备供货、生产操作）等方式的工程总承包服务。

为中国钢铁工业协会成员单位、江苏省金属学会副理事长单位、江苏省冶金行业协会设备分会会长单位，连续多年获得宝钢“A”类供应商称号，公司通过了ISO9001、14001、18001国际体系认证。

作为国家高新技术企业，拥有多项专利、专有技术。高炉喷煤系统是集团近年来研发的拳头技术及工艺，包括热风自循环制粉、喷煤量自适应控制、安全喷吹烟煤、远距离输送等一系列专有技术，其市场占有率稳居全国第一。主编、参编国家级、行业级的标准规范，集团是《高炉喷吹烟煤系统防爆安全规程（GB 16543—2008）》和《粉尘爆炸危险场所用收尘器防爆导则（GB/T 17919—2008）》标准的主要起草单位。集团公司注重自主技术进步和技术研发，并与冶金高等院校、研究院所建立人才培养、技术开发等合作关系，是在校研究生实习培养基地。

集团注重企业文化建设，先后获得“全国企业文化优秀成果奖”，“中国企业文化建设先进单位”，“最关注员工发展企业家”等多个奖项。“家文化”是集团和谐发展的前提和保证，每个员工得到承认和尊重使和谐真实而有效，提升了企业的社会评价和员工的职业崇高感。

地址：江苏省南京市江宁区天元东路368号 邮编：211112 电话：86-25-51198888
传真：86-25-51198616 网址：www.mountop.com.cn 邮箱：mtp@mountop.com.cn

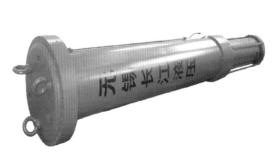

山东宏康装备集团

SHANDONG HONGKANG MACHINERY MANUFACTURING CO.,LTD.

山东宏康装备集团(简称“宏康集团”)是以山东宏康机械制造有限公司为母公司,山东大铉机械有限公司、山东宏康钢铁物流配送有限公司和泰安宏力康机床有限公司为子公司组建成立的创新型现代化企业集团。主导产品为数控板料开卷矫平剪切生产线、数控铣镗床和钢铁物流配送，目前已成为我国研制生产数控板料开卷矫平剪切生产线的骨干企业之一，不仅可替代进口，还出口到韩国、日本、美国和西班牙等国家。宏康牌数控铣镗床符合机械装备智能、绿色、低碳的发展方向，达到国际先进水平，迅速得到市场认可。

宏康集团是中国机床工具工业协会会员单位、中国机械工程学会塑性工程（锻压）学会会员单位、中国钢结构协会团体会员单位、山东省中小企业协会副会长单位、山东机械工程学会常务理事单位、中国机床工具工业协会锻压机械分会常务理事单位和山东航空产业协会理事单位。先后通过了质量、环境和职业健康安全3个管理体系以及CE认证和三级保密认证，拥有中国钢结构制造一级企业资质。

宏康集团是国家高新技术企业，拥有省级企业技术中心、省级工业设计中心、山东省开矫弯卷成形工程技术研究中心、山东省中韩开矫装备合作研究中心、山东省开矫弯卷成形工程实验室和山东省宏康机械制造院士工作站等技术创新平台。现有50多项国家发明和实用新型专利，被评为“中国专利山东明星企业”。负责制订了JB/T10678—2006《板料开卷矫平剪切生产线》国家行业标准、GB 26485—2011《开卷矫平剪切生产线安全要求》和GB/T 26486—2011《数控开卷矫平剪切生产线》两项国家标准。其中，《板料开卷矫平剪切生产线》国家行业标准获中国标准创新贡献奖二等奖，正在负责制订12项有关国家行业标准。

“宏康”牌金属板材开卷矫平剪切成套设备荣获“山东名牌产品”称号，荣获中国（山东）国际装备制造业博览会金奖，“宏康”牌锻压机械被评为山东省著名商标。先后承担了3项国家火炬计划、2项国家重点新产品计划。“25.4×2200大型中厚板精剪成套设备”达到国内领先水平，荣获山东省科技进步奖二等奖；最新研制的“(3～12)×2000板料开卷矫平移动剪切生产线”和“T44-(5～25.4)×2200开卷矫平移动剪切生产线”达到国际先进水平，认定为山东省重点领域国内首台（套）技术装备；“T44-(5～25.4)×2200开卷矫平移动剪切生产线”入选2010年度中国国内首台（套）技术装备示范项目；“大型数控中厚板精整成套设备产业化项目”被列入2011年山东省自主创新成果转化重大专项计划。

宏康

数控铣镗床典型产品

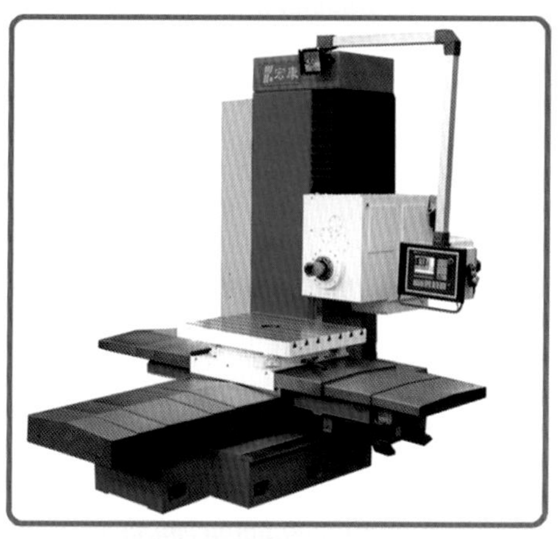

TK系列数控卧式铣镗床

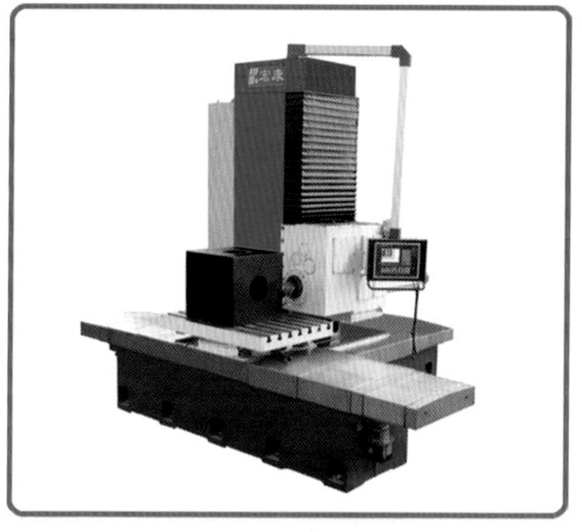

TK6511系列数控刨台式铣镗床

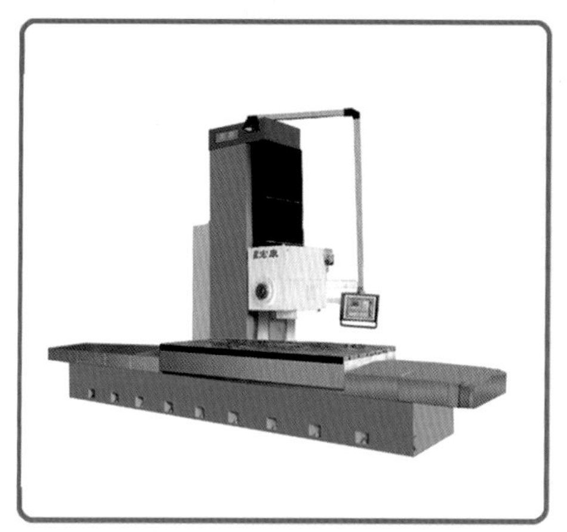

TK6513-1数控刨台式铣镗床

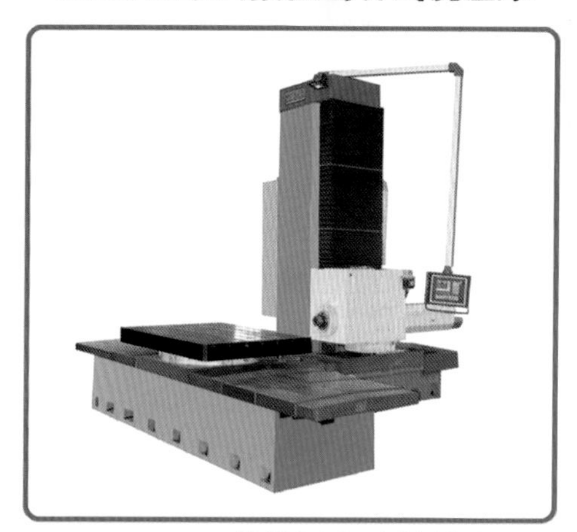

TK6513-2数控刨台式铣镗床

TK系列数控落地铣镗床

天津市征远专业烘炉服务有限公司

TianJinShi ZhengYuan ZhuanYe HongLu FuWu CO.,LTD.

天津市征远专业烘炉服务有限公司（以下简称“公司”）座落于天津市津南开发区东侧，是从事工业炉窑烘烤的专业服务公司。经过近10年的发展，公司以精湛的烘炉技术得到了客户的一致好评，并与上百家钢铁企业、煤化工企业、冶金设计院等建立长期合作关系。公司经过多方面调研发现，至今我国一些地区冶金行业的高炉、热风炉、加热炉，以及煤化工行业的气化炉等仍采用传统的（木材和煤炭）烘烤工艺。这样根本保证不了恒温，达不到烘炉曲线要求，极易引发局部升温过快而导致局部爆裂现象，造成炉内衬寿命缩短。公司技术人员根据多年经验，自主研发制造了新型热风烘烤设备，该设备配备二次助燃装置，不仅解决了旧的（木材和煤炭）烘烤工艺解决不了的难题，同时可节约30%的燃料消耗，对于炼铁行业还可以提前5~6h出铁。该设备具有热功率大、燃烧效率高、烘烤质量好、无工业污染、节约能源、操作安全等优点。

公司服务范围包括：高炉、热风炉、焦炉、玻璃窑、回转窑、加热炉、环形加热炉、钢包、电厂循环流化床锅炉、工业锅炉、煤化工加热炉、气化炉等炉型的烘烤。

公司烘炉设备可使用多种燃料，包括：高炉煤气、焦炉煤气、天然气、液化气、热脏煤气、柴油、煤焦油。尤其对高炉煤气和煤焦油的成功使用，可以为企业大量降低成本。（如遇高炉修风等情况，造成煤气供应不足，公司新型烘炉设备还可以启动柴油保驾护航装置，保证烘炉曲线的稳定性。特别对于一些没有燃烧介质的新建项目，公司可提供液化天然气及LNG转换设备等配套装置，为企业节省开支。）

公司技术优势：

(1)公司具有多种烘炉设备，以满足不同炉型的烘烤，特别是针对硅砖热风炉的特性，公司新型烘炉设备（专为硅砖热风炉设计）能达到以下施工标准：

1）点火后，保证设备出风口温度在50℃以下，然后按照烘炉曲线继续升温。

2）烘炉期间升温、保温偏差±2℃之内。

3）无纸记录仪详细记录烘炉温度的历史趋势。

4）拱顶燃烧室温度可达到1100℃以上（根据甲方要求及炉型情况，最高可达1300℃），对硅砖界面温度可控制在700~800℃之间，烟道温度控制在250~350℃之间。

5）为保证送风量，公司新型烘炉设备配备2台风机，每小时送风量可达10000m³。

(2)公司保证在800℃以上风温，可以全焦开炉，可以为甲方节省焦炭、节省用电等，提前5~6h出铁。

地　址：天津市津南经济技术开发区　邮　编：300350
联系人：陈加贵　手　机：15222702203
电　话：022-28679615　400-6192-400
传　真：022-28679615
E-mail：zhengyuanhl@163.com
网　址:www.tj-zyhl.cn　www.tj-zyhl.com

新型烘炉设备

沧州中铁2350m³高炉

沈阳科达洁能燃气公司－气化炉（20座）

巨能特钢1080m³热风炉

LNG转换器

广州市凯棱工业用微波设备有限公司

广州市凯棱工业用微波设备有限公司是专业研发、制造、销售微波能应用、热泵等相关设备的高新技术企业，是华南地区实力最强的工业微波设备制造厂家，是广州市科技局认定的《广州市民营科技企业》。

公司领导骨干均从事工业微波设备制造10年以上。资深微波专家郭建中先生从事微波行业40多年。公司自成立以来，业务飞速发展，订单纷至，成为行业里的佼佼者。已为数百家用户（其中有不少上市公司及老客户）提供了高质量的凯棱牌工业用微波设备，获得广泛好评。公司并与诸多相关生产企业及华南理工大学、中山大学等著名大学、科研院所建立了良好的协作关系。

公司具有突出的竞争优势：

(1) 人才。拥有一流的微波能应用专家，一批从业10年以上优秀的经营管理和设计、制造、技术服务人才及3D设计和PLC控制系统设计的年轻新锐，使公司的设计、制造水平在行业内处于领先地位。

(2) 创新。自主创新，不断开发新产品。拥有国家专利《一种微波水解设备》等。近二年和大专院校、科研单位合作、申报了6项科技创新项目。

(3) 制造。先进的加工设备和技术手段，以数控机床精密加工。公司有行业内最好的加工设施，数控冲床、数控折弯机，激光、数控线切线切割机、等离子切割机等确保产品加工高质量。

(4) 品质。严格的质量管理体系，实行TQC全员质量管理。工业微波设备制造是新兴行业，产品均为“量身定做”的非标产品。我公司依据国家相关技术标准，结合本行业特点和多年经验，特别制订了《KL-JB微波设备产品制造技术标准》。确保产品品质精优，居于国内外先进水平。

(5) 品牌。公司设计、制造的凯棱(KL)牌系列微波能应用设备获得“中国著名品牌”称号。

凯棱公司精心做好售前、售中、售后的技术服务，使产品适销对路，负责产品安装、调试，培训用户维修操作人员，让用户用得放心、用得好。

山东省四方技术

国家冶金行业生产力促进中心高铬辊推广中心

- 首创系列高铬合金新材料和智能控温近终成型铸造新技术；
- 达到美国的D2、H13，德国的X155CrVMo121、X38CrMoV5-1，日本的SKD11、SKD61等国际高端锻钢轧辊水平；
- 使用寿命超过进口轧辊，是国产9Cr2Mo、3Cr2W8V、GCr15等锻钢轧辊的3倍以上；
- 硬度表里一致，耐磨、抗裂、耐激冷激热，且越磨越光亮；
- 满足轧辊订货品种多、批量小、周期短的特点；
- 获4项授权发明专利和4项授权实用新型专利；
- 获中国冶金科学技术二等奖、中国冷弯型钢协会“技术创新奖”和“特色品种奖”、山东省科技进步二等奖和济南市技术发明一等奖；
- 项目列入国家火炬计划；
- 四方新型轧辊已被天津钢管、上海宝钢等国内大型钢管企业广泛采用，用户覆盖面超过80%以上，成为中国钢管轧辊第一品牌；
- 四方新型轧辊已出口到美国、德国、印度、韩国、泰国、以色列、南非、阿曼、乌克兰、白俄罗斯等国家。

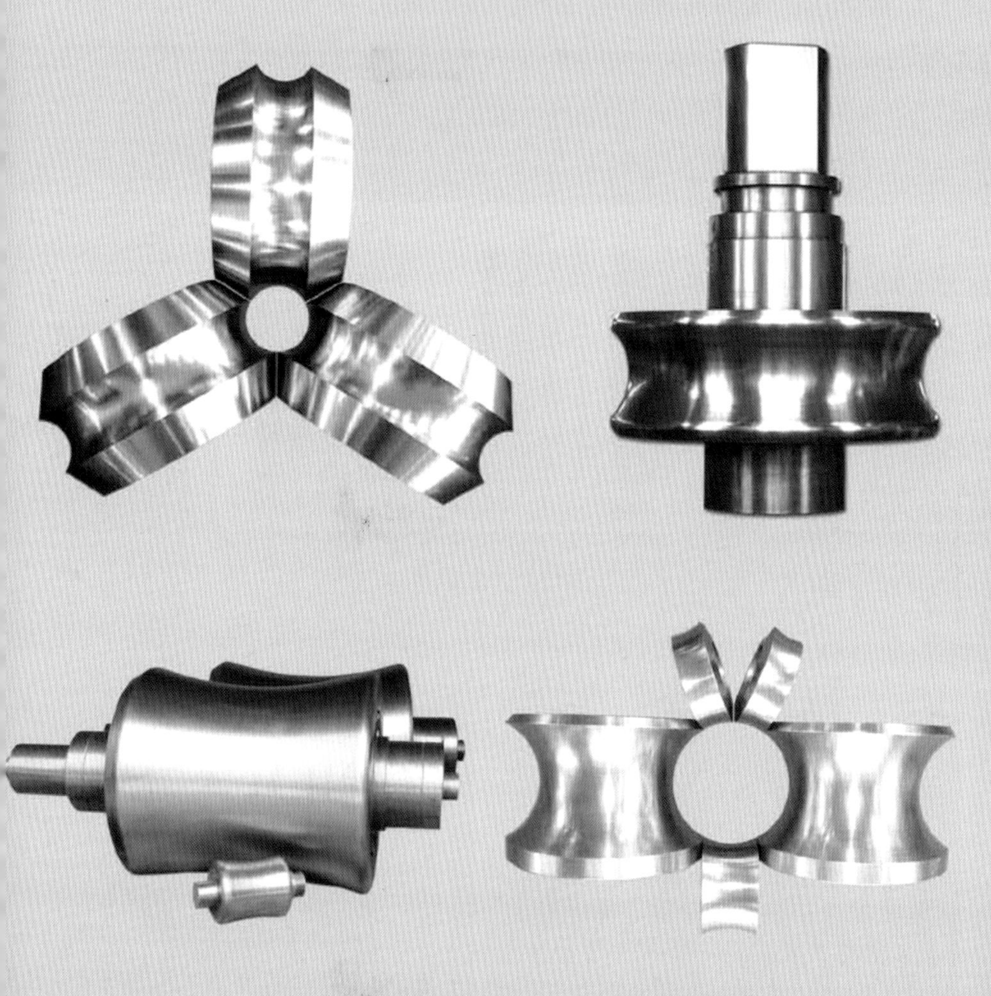

NIPPON STEEL

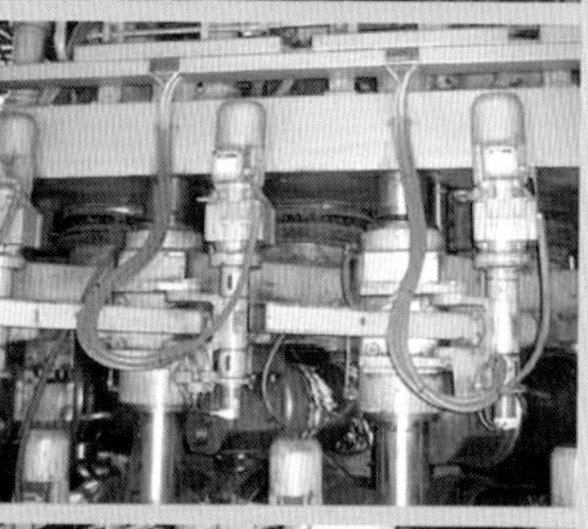

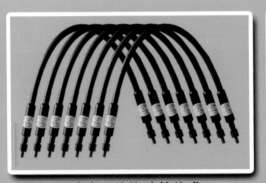

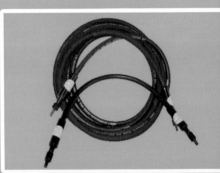

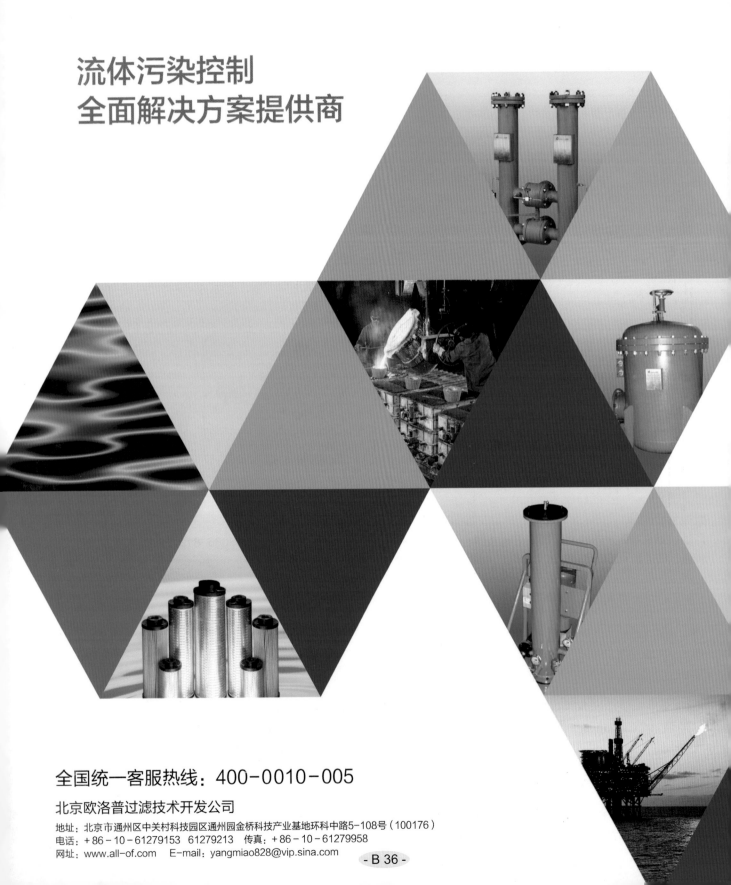

太原市人民政府廉毅敏市长听取磐泓科技成果汇报

山西德汇 ϕ219 热轧无缝钢管生产线投产仪式

太原市人民政府王建生副市长在磐泓调研

磐泓公司与太原理工大学院企合作签约仪式

省科技厅领导参观磐泓科技成果

承德隆城钢管制造有限公司二期张减生产线投产典礼

磬泓的成长与荣誉

2006年以来，公司坚持以科技创新为宗旨，以产品质量为根本，在产、学、研结合的实践中真正走出了一条独特的高新技术企业发展之路，取得了多项行业内关键科技专利，攻关成果共计30余项。公司奉行“做产品精益求精，服务客户竭诚尽力”的行动指南，成功地为国内数十家钢管制造企业提供了设计新颖、制造精良的成套先进生产装备及强大的技术支持。

2006年实现营销额900余万元

2007年实现营销额1200余万元

2008年实现营销额4000余万元

2009年实现营销额3000余万元

2010年实现营销额3800余万元

2011年实现营销额4800余万元

山西德汇无缝钢管有限公司

江阴长江无缝钢管厂

天津市无缝钢管厂

承德隆城钢管制造有限公司

山东聊城申昊金属制品有限公司

山东中正钢管制造有限公司

聊城市京鑫无缝钢管制造有限公司

山东中德金属材料有限公司

聊城鑫鹏集团无缝钢管厂

河北汇科无缝钢管厂

浙江海盐森泰无缝钢管厂

河北嘉远天成无缝钢管厂

福建漳州嘉年钢铁有限公司

攀成钢成都无缝钢管厂

华菱集团衡阳无缝钢管厂

磬泓的文化

磬泓使命：

为中国钢管装备技术引领世界而努力，使中国钢管企业成为世界经济的栋梁

磬泓愿景：

2015年成为中国最具竞争力的管材设备制造企业

磬泓价值观：

诚信：诚实守信的品行

专注：专注服务的态度

创新：持续创新的习惯

负责：勇于负责的精神

共赢：合作共赢的格局

博爱：博爱天下的境界

磬泓使命宣言：

为客户提供最具信赖感的产品

为同仁搭建最具成长性的平台

为股东创造最具持续性的收益

为社会创建最具责任感的企业

磬泓的未来

我们坚信“标准决定水准，人品决定产品”的品质理念必将使磬泓——为中国钢管装备业的全面技术升级做出卓越的贡献。

中径21m蓄热式环形加热炉

卧式锥形穿孔机

新型三辊Assel轧管机

十二机架微张力减径机

二十四机架强张力减径机

旋转式飞锯

八立柱六辊矫直机

新型辊式冷床

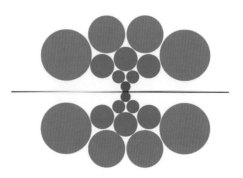

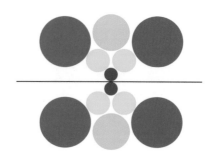

部分产品介绍:

BSRT的独特之处在于: 公司拥有百余名优秀的冶金专家、工程技术人员及上百名经验丰富的技术工人。他们涉及工厂设计、工艺设计、机械设计、机械加工、电气传动系统、自动化系统、液压传动系统等多个专业，使BSRT成为为数不多的、可以独立完成“设计研发、设备制造、系统集成、现场指导、技术支持”这一完整工程服务的优秀冷轧设备供应商。

BSRT技术的发展和进步还得益于与国内外同行的技术交流与合作，得益于每一个客户的支持与配合。

BSRT 的产品现已经形成三大系列：宽幅 （1000~1700mm）高精度（5μm）薄规格（0.1mm）多辊轧机系列（SR12辊、SR20辊、SR12/20辊辊系可换）；中宽（400~900mm）精密多辊轧机系列（SR20辊、SR12/4辊等）；极薄规格特殊精密合金轧机系列，以适应碳钢、合金钢、不锈钢、硅钢、铜、铝、钛、铌、钽、铍铜等高精密带材的生产。

1450mm SR12辊 双机架可逆冷轧机

1450mm SR20辊 不锈钢冷轧机

550mm SR20辊 铍铜冷轧机

1200mm SR12辊 极薄碳钢冷轧机

1700mm 4辊 平整机

1450mm SR12辊 硅钢冷轧机

京诚科技
引领轧钢科技

部分产品

破鳞拉矫机

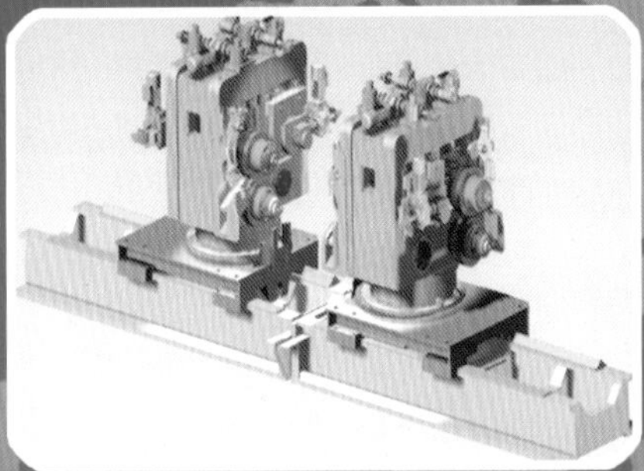
圆盘剪

滚切式定尺剪

ACC水淬冷却装置

中厚板热矫直机

中厚板冷矫直机

彩涂生产线

酸洗生产线（推拉式、连续式）

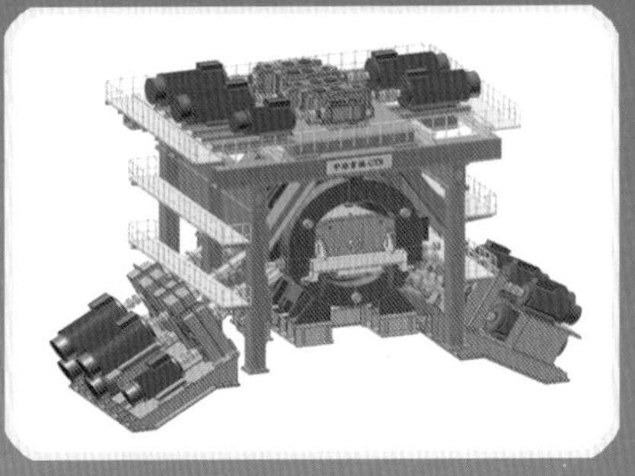
JCTR系列三辊连轧管机

六辊五机架冷连轧机组

六辊单机架可逆轧机

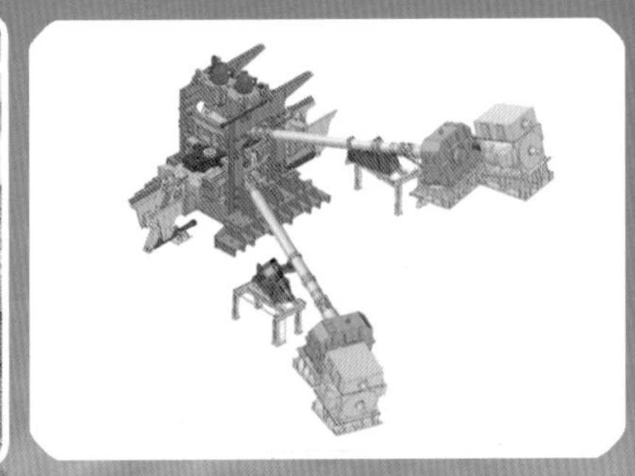
JCPM系列穿孔机

地　址：北京市北京经济技术开发区建安街7号　　邮　编：100176
电　话：010-67836054　　传　真：010-67835749
网　址：www.jctco.com.cn

CISRI
中国钢研

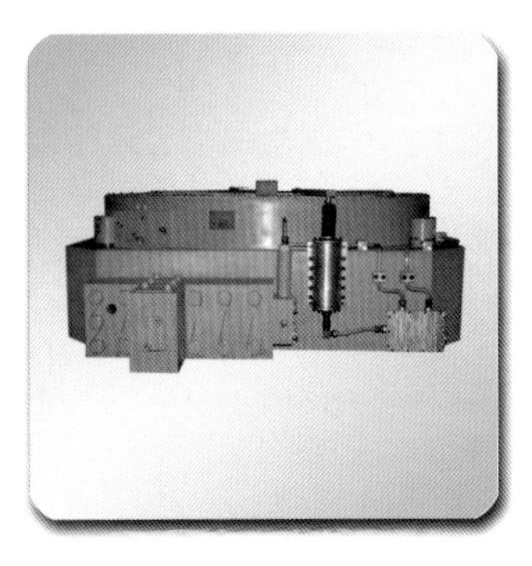

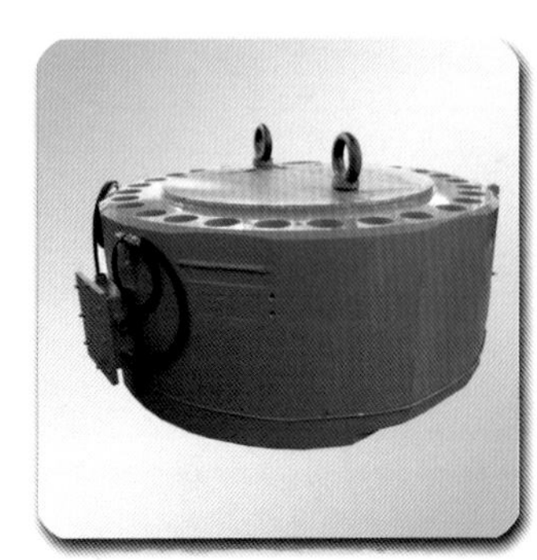

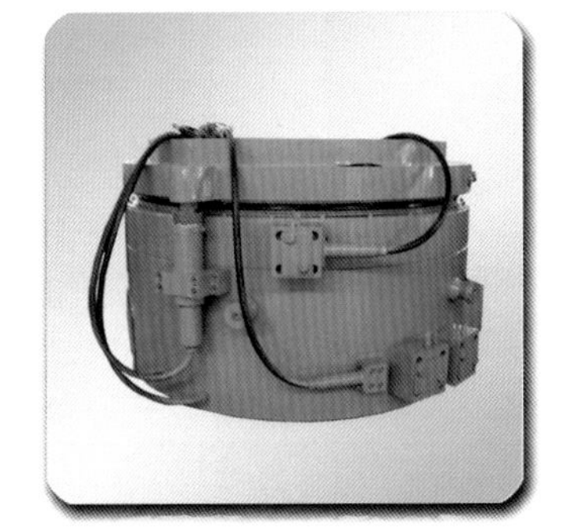

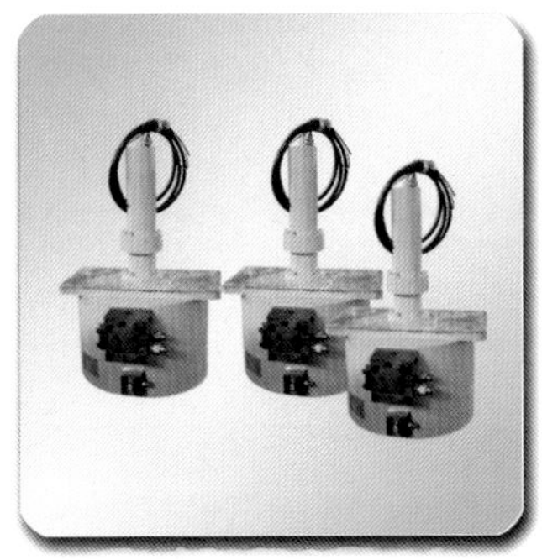

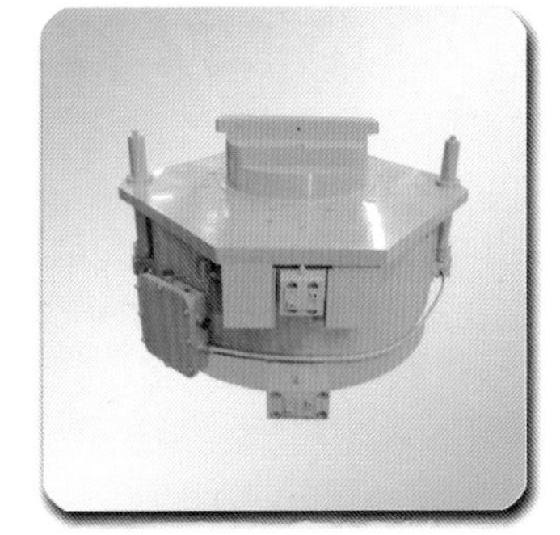
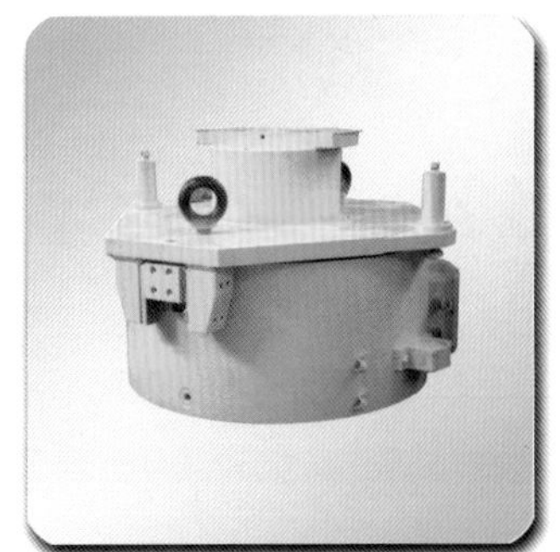

中冶焊接科技有限公司（中冶建筑研究总院有限公司焊接研究所），由中冶建筑研究总院有限公司、中冶宝钢技术服务有限公司、中冶京诚工程技术有限公司共同出资设立，依托中冶建筑研究总院有限公司焊接所50余年的焊接专业资源和丰富的产学研资源，集成中冶集团焊接产业及综合优势创立的高科技企业。公司致力于焊接技术、特种焊接材料（硬面堆焊系列、不锈钢系列、工具钢系列、耐磨耐候等）、通用焊接材料、堆焊专用设备、水电解氢氧发生器、连铸坯切割设备、新型组合系列楼板的研制、生产与销售，面向市场专业提供焊接科技成套解决方案和焊接检测咨询服务，是科研专业水准国内领先、国际一流的创新型公司之一。

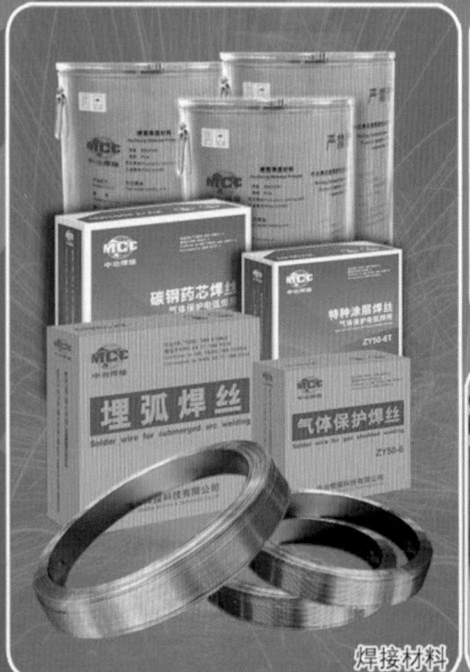

焊接材料

水电解氢氧发生器

复合制造与再制造

组合楼板

焊接检测与咨询

中冶焊接科技有限公司
MCC Welding Science & Technology Co.,Ltd.
中冶建筑研究总院有限公司焊接研究所
Welding Research Institute of CRIBC.MCC

地址：北京市通州区通州经济开发区东区靓丽五街2号
电话：010-82227150 82227337 82227310 82228924（焊接材料）
010-82227303 82227315（氢氧发生器、连铸切割系统）
传真：010-82227305 **网址：**www.yj-weld.com **邮编：**101106

国家冷轧板带装备及工艺工程技术研究中心

国家冷轧板带装备及工艺工程技术研究中心由 8 个创新团队组成。现有固定人员 60 人，其中研发人员 45 人，技术人员 10 人，管理人员 5 人。在研发人员中，有“燕赵学者”1人，“百千万人才工程”一、二层次人员2人，新世纪“百千万人才工程”国家级人选 1 人。

中心建有约 9000 m^2 的中试车间、实验室、分析室、研究室及产业化基地，基建总投资 2400 万元。中试车间 24 m主跨面积约 1400m^2，附属间面积约 400 m^2。中心设备资产原值 1500 万元，其中 30 万元以上大型设备 40 余台，全部设备状态良好，运行高效。

近5年，中心承担“973”项目、“863”项目、国家自然科学基金重大项目、国家自然科学基金重点项目、面上项目、国家攻关等大批研究与开发任务 100 余项，取得了一批重要的研究成果。获国家级奖励 8 项，省部级奖励 30 余项，获得发明专利 77 项，实用新型 17 项，软件著作权登记 5 项。发表核心以上学术论文 457 篇，其中被三大索引收录的论文 180 余篇。

地址：河北省秦皇岛市河北大街西段 438 号　　邮编(P.C.)：066004
Add: 438, Hebei Avenue, Qinhuangdao City, Hebei Province, P.R.China
电话(Tel)：0335-8387652　传真(Fax)：0335-8387652　E-mail：erc@ysu.edu.cn　网址(Web)：http://erc.ysu.edu.cn

北京中冶迈克液压有限责任公司

电炉液压系统【规格：15~110 t】

主要参数：
机工作压力：8~12 MPa
额定流量：100~320 L/min
使用介质：水乙二醇
油液清洁度：NAS 7级
控制方式：比例控制

精炼炉液压系统【规格：40~210 t】

主要参数：
工作压力：8~12 MPa
额定流量：100~200 L/min
使用介质：水乙二醇
油液清洁度：NAS 7级
控制方式：常规和比例控制

连铸液压系统（含液压剪）

【规格：方坯、圆坯、矩形坯（40mm×40mm）~（400mm×250mm）】
主要参数：
工作压力：6.3~25 MPa
额定流量：63~500 L/min
使用介质：液压油/水乙二醇
油液清洁度：NAS 8级
控制方式：复合控制

电话：010-67155560 / 地址：北京市崇文门广渠门内幸福家园3号楼1206室

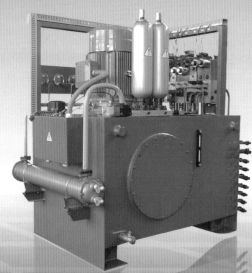

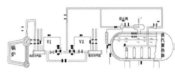

无锡谐圣环保设备有限公司

Wuxi Xiesheng Environmental Protection Equipment Co.,Ltd.

无锡谐圣环保设备有限公司位于风景秀丽的太湖之滨，灵山胜境之城；距沪宁高速无锡北出口仅500m，水陆交通便利；是以设计、生产、安装、调试、服务除尘系统工程为主的专业公司；特别在治理各种工业炉窑、电炉、精炼炉、AOD炉、中频炉、高炉、垃圾焚烧炉等烟尘中，积累了大量的实践经验，创出了公司独特的治理方式，既节能又可靠，在环保行业中遥遥领先。

公司拥有训练有素的制造队伍，经验丰富、做事严谨、敢于创新的工程设计人员、生产技术人员及先进的CAD设计工作站；并以设计院、科研单位、高等院校作为技术后盾，技术力量雄厚、生产设备先进、工艺精良、有完善的检测手段，严格按 ISO9001 质量保证体系生产、销售、服务；生产的“谐圣”牌系列产品，荣获“中国著名品牌”、“中国除尘器质量公认十佳名优品牌”、“江苏省质量信得过产品”、“质量、服务、信誉AAA级企业”等荣誉，并具有“江苏省环境治理资格证书”及多项专利，产品销往世界各地，广泛应用于冶金、火电、铸造、化工及水泥建材等行业的烟、粉尘作业场所。

作为专业的环保公司，以和谐求发展，以创新求市场，以质量求生存，将优质的产品、上乘的售后服务、低廉的价格奉献给客户；为了全世界的环境保护事业；竭诚欢迎新老朋友携手共进，和谐共创美好圣洁的环境！

治理烟尘污染　打造绿色炼钢

地址：江苏省无锡市西漳工业园　电话：0510-83758518　传真：0510-83758528
网址：wxxiesheng.cn.gongchang.com　手机：13861875851　联系人：邱鸣光

安丘浩宇结晶器有限公司

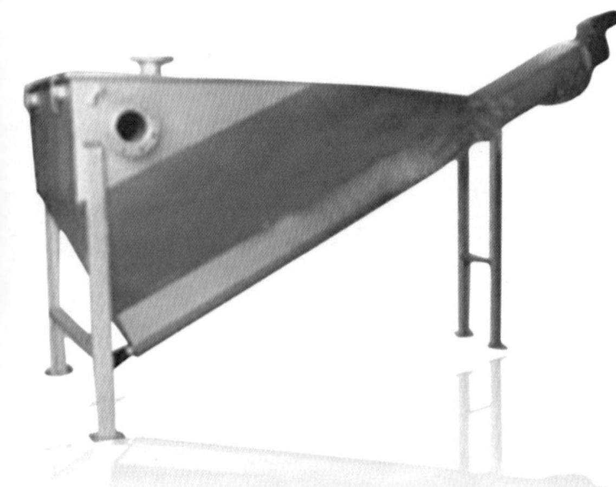

螺旋提渣机

(1) 分离效率可高达98%，可分离出粒径≥0.3mm的颗粒。

(2) 采用螺旋结构，轴承外置，维护方便、维修费用低。

(3) 结构简单、紧凑，质量轻。

(4) 为了保证叶片的耐用度，采用耐磨优质钢材制作，厚度可根据客户要求制作。另外对硬颗粒渣的提取，螺旋叶片可衬耐磨材料，大大提高使用寿命。叶片可以设计成能拆卸式的，便于用户维修更换。

(5) 分离后渣的含水量小于等于60%。

煤粉燃烧器

(1) 煤粉燃烧器排放的烟气黑度为林格曼0～1级。

(2) 煤粉燃烧器内灰渣固定碳含量在0.1%左右，基本无碳粉。

(3) 新型煤粉燃烧器的节能率为30%~40%。

(4) 燃烧器内烟气含量在烟道无任何除尘设备情况下改用下烟道，只要风煤燃烧充分，即可达到国家标准。

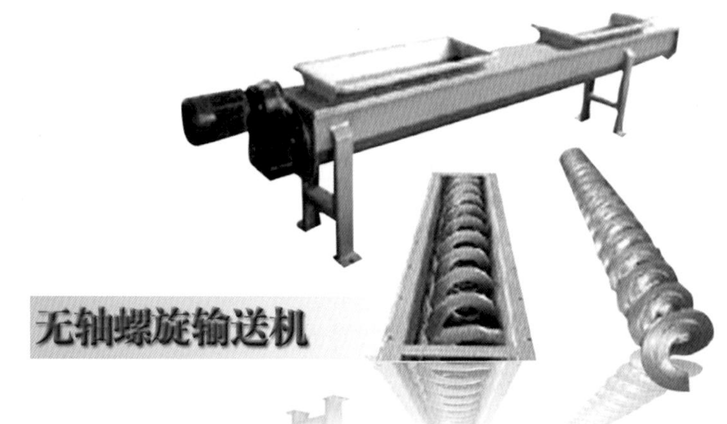

无轴螺旋输送机

无轴螺旋输送机与传统有轴螺旋输送机相比，它采用了无中心轴、吊轴承设计，利用具有一定柔性的整体钢制螺旋推送物料，因而具有以下突出优点：

(1) 螺旋具有超强耐磨性和耐用性，使用寿命长。

(2) 抗缠绕性强：无中心轴干扰，对于输送黏稠的、大块状的、易缠绕的物料有特殊的优越性，防止阻塞引起事故。

(3) 环保性能好：采用全封闭输送和易清洗的螺旋表面，可以保证环境卫生和所输送物料不受污染、不泄漏。

(4) 扭矩大、能耗低：由于螺旋无轴、物料不易堵塞，因而可以较低速度运转，平稳传动，降低能耗。

(5) 输送量大：输送量是相同直径传统有轴输送机的1.5倍，最大达40m³/h。输送距离长，可达25m，并可以根据用户需要，采用多级串联式安装，超长距离输送物料。

(6) 结构紧凑，操作简便，经济耐用，维护量极少，维护费用低。

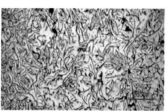

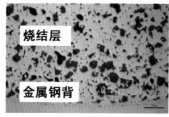